华　章　数　学　译　丛

52

Matrix Analysis

(Second Edition)

矩阵分析

（原书第2版）

（美）　Roger A. Horn　著
　　　　Charles R. Johnson

张明尧　张凡　译

机械工业出版社
China Machine Press

图书在版编目（CIP）数据

矩阵分析（原书第 2 版）/（美）霍恩（Horn, R. A.），（美）约翰逊（Johnson, C. R.）著；
张明尧，张凡译 . —北京：机械工业出版社，2014.9（2023.1 重印）
（华章数学译丛）
书名原文：Matrix Analysis, Second Edition

ISBN 978-7-111-47754-9

I. 矩⋯　II. ①霍⋯　②约⋯　③张⋯　④张⋯　III. 矩阵分析 – 研究生 – 教材　IV. O151.21

中国版本图书馆 CIP 数据核字（2014）第 195855 号

北京市版权局著作权合同登记　图字：01-2014-0328 号。

本书从数学分析的角度阐述了矩阵分析的经典和现代方法，主要内容有特征值、特征向量、范数、相似性、酉相似、三角分解、极分解、正定矩阵、非负矩阵等 . 新版全面修订和更新，增加了奇异值、CS 分解和 Weyr 标准范数等相关的小节，扩展了与逆矩阵和矩阵块相关的内容，对基础线性代数和矩阵理论作了全面总结，有 1100 多个问题，并给出一些问题的提示，还有很详细的索引 .

本可作为工程硕士以及数学、统计、物理等专业研究生的教材，对从事线性代数纯理论研究和应用研究的人员来说，本书也是一本必备的参考书 .

出版发行：机械工业出版社（北京市西城区百万庄大街 22 号　邮政编码：100037）

责任编辑：迟振春		责任校对：殷　虹	
印　　刷：三河市宏达印刷有限公司		版　　次：2023 年 1 月第 1 版第 14 次印刷	
开　　本：186mm×240mm　1/16		印　　张：35.5	
书　　号：ISBN 978-7-111-47754-9		定　　价：119.00 元	

客服电话：（010）88361066　68326294

译 者 序

Roger A. Horn 和 Charles R. Johnson 是线性代数和矩阵理论领域的国际著名专家，两位所著的《Matrix Analysis》一书最初于 1985 年出版，这次出版的《矩阵分析（原书第 2 版）》是该书英文第 2 版的中文译本.

本书的第 1 版共有 9 章和 5 个附录，而第 2 版有 9 章和 6 个附录. 单从章节和附录的目录名称来看，它们几乎没有太大的变化. 但是实际上本书的第 2 版与第 1 版相比有巨大的改变. 关于所有这些改变（包含更加丰富的新内容、新方法、新结果以及新的习题），作者在第 2 版前言中作了极其详尽的说明，这里译者仅提及一件事：1991 年，两位作者曾经在同一出版社出版了有关矩阵分析的另一部著作——《Topics in Matrix Analysis》，作为其英文第 1 版的一个补充，现在的第 2 版里也包含了该书的许多内容.

在翻译本书的过程中，译者发现了书中有一些错误，其中绝大多数都是印刷排版方面的错误. 我们曾试图与原作者联系，希望他们能对发现的错误予以确认. 为此出版社也作了相应的努力，但迄今为止我们所有的努力都未能获得成功. 鉴于此，本书中文版只能根据我们的认识和理解将我们发现的所有错误一一做了更正（如果有心的读者对照中英文版本，当不难发现我们的修改之处），这些修改如有谬误之处，盖由译者负责.

对于本书责任编辑为出版本书所付出的巨大努力以及合作和敬业精神，谨此表示衷心的感谢！此前，我们与她已经愉快地合作过多次，因而是相互非常信任的老朋友了. 但愿这部中文版能对数学专业以及其他专业的学生与教师都有良好的助益.

张明尧　张　凡

2014 年 3 月 27 日

第 2 版前言

第 2 版里保留了第 1 版的基本结构, 因为它与我们的如下目标仍然一致: 我们的目的是撰写"一部书, 用有用的现代方法处理范围广泛的论题……它可以用作本科生或者研究生的教材, 也可用作各类读者的自学参考书."引号中的话取自第 1 版前言, 该书当初所宣告的写作目的现在依然没有改变.

那么本书第 2 版有何不同之处呢?

标准型的核心作用在第 2 版将得以扩充, 成为理解相似性(复的、实的以及同时相似)、酉等价、酉相似、相合、* 相合、酉相合、三角等价以及其他等价关系的统一性元素. 对于本书考虑的许多不等式中等式出现的情形, 也给予了更多的关注. 在新版的阐述中处处都有分块矩阵出现.

学习数学从来都不像观看比赛那样被动地接受, 所以在新版里继续强调了习题和问题对于积极主动型读者所具有的价值. 本书自始至终都用大量 2×2 矩阵的例子来阐释概念. 问题的线索(有一些问题跨越了几章的内容)发展成为特别的论题, 成为正文中内容演化的基础. 例如, 有一些关于转置伴随矩阵、复合矩阵、有限维量子系统、Loewner 椭球与 Loewner-John 矩阵以及可正规化矩阵的线索, 见关于这些线索的参考文献的页面索引. 第 1 版大约有 690 个问题, 而第 2 版则有 1100 多个. 许多问题带有提示, 这些提示可以在恰好位于索引前面出现的附属材料中找到.

对一本书来说, 一份详尽全面的索引是很重要的, 这样在书起初作为教材用过之后, 它还可以被用作参考资料. 第 1 版的索引大约有 1200 个条目, 而新版本的索引条目则超过 3500 个. 在正文中遇到一个不熟悉的术语应该查询索引, 在那里很可能会找到一个指向定义的指示(在第 0 章或者其他某个地方).

自 1985 年以来获得的新发现已经形成许多论题的现在的表述形式, 它们还持续地刺激新的内容的加入. 几个代表性的例子是: 秩 1 摄动的 Jordan 标准型, 它是由于受到学生对于 Google 矩阵的兴趣启发而产生的; 实正规矩阵的推广(使得 $A \overline{A}$ 是实矩阵的正规矩阵 A); 关于同时酉相似或者同时酉相合的可计算的分块矩阵判别法; G. Belitskii 发现的结论, 即矩阵与 Weyr 标准型可交换, 当且仅当它是分块上三角的, 且有一种特殊的构造; 由 K. C. O'Meara 和 C. Vinsonhaler 发现的, 即与 Jordan 标准型对应的情形不同, 交换族可以通过相似这样一种方式来实现同时上三角化, 使得这个族中任何一个指定的矩阵都在 Weyr 标准型中; 关于相合与 * 相合的标准型.

来自许多读者的疑问促使我们对于某些论题的表达方式做出改变. 例如, Lidskii 的特征值优化不等式的讨论由原本专门讲述奇异值不等式的那一节转移到了讨论优化的这一节. 幸运的是, Lidskii 不等式现在有了由 C. K. Li 和 R. Mathias 给出的一个极为美妙的新证明, 它与第 4 章的新方法完美地密切配合, 给出关于 Hermite 矩阵的特征值不等式. 第二个例子是 Birkhoff 定理的一个新的证明, 它与第 1 版中给出的证明有完全不同的味道.

那些习惯于第 1 版中的论题排列次序的教师可能会对以下逐章简短介绍新版中不同之处的评述感兴趣.

第 0 章大约增加了 75% 的内容, 其中包含了有用的概念以及结果的更为广泛的总结, 目的是作为方便的参考资料. 在整本书中用到的术语以及记号的定义都可在其中找到, 但这一章里没有习题或者问题. 正式的课程或者自学阅读通常从第 1 章开始.

第 1 章包含与相似以及特征多项式有关的新的例子, 还进一步强调了左特征向量在矩阵分析中的作用.

第 2 章包含了有关实正交相似的一个详尽的阐述, 对有关同时三角化的 McCoy 定理的一个说明, 以及对特征值的连续性的一个严格的处理, 它在本质上用到了 Schur 酉三角化定理的酉的以及三角的这两个方面. 2.4 节(Schur 三角化定理的推论)的篇幅几乎是第 1 版中对应章节篇幅的 2 倍. 有两节是新增加的, 一节讨论奇异值分解, 而另一节讨论 CS 分解. 较早引入奇异值分解允许我们将矩阵分析的这个基本工具应用到本书其余部分.

第 3 章通过 Weyr 特征来处理 Jordan 标准型; 它包含对于 Weyr 标准型及其酉不变量的一个说明, 这些材料都不曾在第 1 版中出现. 3.2 节(Jordan 标准型的推论)讨论了许多新的应用; 它包含的材料要比第 1 版中对应的那一节多出 60% 的内容.

第 4 章对变分原理和关于 Hermite 矩阵的特征值不等式现在有一个用子空间的交给出的现代表述. 对于与交错性以及其他经典结果有关的反问题, 这一章里对它们的处理增加了很大的篇幅. 它对酉相合的详细处理既包括了 Youla 定理(复方阵 A 在与 $A\,\overline{A}$ 的特征构造相伴的酉相合下的正规型), 也包括了关于共轭正规矩阵、相合正规矩阵以及平方正规矩阵的标准型. 它还给出了新近发现的关于相合与 * 相合的标准型以及构造共轭特征空间的基的一种新算法的介绍.

第 5 章展开讨论了范数对偶, 还包含许多新的问题以及对于半内积的处理, 而半内积对讨论第 7 章中的有限维量子系统有应用价值.

第 6 章对 Geršgorin 定理"不相交的圆盘"这一部分有一个新的处理方式, 重新组织了对特征值摄动的讨论, 包括单重特征值的可微性.

第 7 章现在进行了重新组织: 将奇异值分解放在第 2 章介绍. 对极分解有一个新的处理方式, 给出了一些与奇异值分解相关的新的分解, 并特别强调了行与列的包容性. Von Newmann 迹定理(通过 Birkhoff 定理证明的)现在成了奇异值分解的许多应用赖以存在的基础. 如同关于正定矩阵的经典的行列式不等式那样, 对 Loewner 偏序以及分块矩阵用新的技术详细进行了研究.

第 8 章用到第 1 章里介绍的有关左特征向量的结果, 从而使得对于正的以及非负矩阵的 Perron-Frobenius 理论的阐述更为精简高效.

附录 D 包含了多项式零点以及矩阵特征值的新的用显式表达的摄动界限.

附录 F 用现代的表格形式列出了一对 Hermite 矩阵或者其中一个为对称矩阵另一个为斜对称矩阵这样一对矩阵的标准型. 这些标准对是第 4 章里给出的相合以及 * 相合标准型

的应用.

对于书籍制作的技术感到好奇的读者，有可能也会对这本书是怎样由印度的一家公司从第 1 版的实体书通过手工造出一组 LaTeX 文件的制作过程感兴趣. 那些文件利用了 Scientific WorkPlace 图形用户界面以及排版系统加以编辑修改.

第 2 版的封面艺术设计来自 2003 年春天从盐湖城乘达美航空公司的航班飞往洛杉矶途中的一次幸运邂逅. 坐在中间座位上的一位年轻人说他是画抽象画的艺术家，他的画作的灵感有时候来自于数学. 在友好交谈的过程中，他显露出他特别欣赏的数学领域是线性代数，而且他还曾经学过**矩阵分析**. 在我们相互对这次会面的机缘表示惊叹且进行了一次愉快的讨论之后，我们认同合适的封面艺术设计会提高第 2 版的视觉吸引力；他说他愿意寄一些东西供我参考. 在约定的期间从西雅图寄来一个包裹. 里面有一封信以及一张令人喜之不胜的 4.5 英寸×5 英寸的照片，背面显示它是 2002 年绘于画布上的一幅 72 英寸×66 英寸油画的图片. 那封信上说："这幅画的标题是 *Surprised Again on the Diagonal*，它的灵感来自于数学（无论是几何、分析、代数、集合论还是逻辑）中对角线的反复盛行. 我认为它会给你的优秀著作增添吸引力."Lun-Yi Tsai，为了你杰出的封面设计，谢谢你！

自从本书的第 1 版于 1985 年问世以来，大量的学生、教师以及同行都对推进这部书新版的形成有所贡献. 这里要特别对以下各位表示谢意：T. Ando，Wayne Barrett，Ignat Domanov，Jim Fill，Carlos Martins da Fonseca，Tatiana Gerasimova，Geoffrey Goodson，Robert Guralnick，Thomas Hawkins，Eugene Herman，Khakim Ikramov，Ilse Ipsen，Dennis C. Jespersen，Hideki Kosaki，Zhongshan Li，Teck C. Lim，Ross A. Lippert，Roy Mathias，Dennis Merino，Arnold Neumaier，Kevin O'Meara，Peter Rosenthal，Vladimir Sergeichuk，Wasin So，Hugo Woerdeman 以及 Fuzhen Zhang.

R. A. H.

第 1 版前言

线性代数以及矩阵理论长期以来既是数学各个分支的基本工具，也有理由自身成为研究的肥沃土壤．在这部书中，以及在与之相伴的另一卷书《Topics in Matrix Analysis》中，我们要讲述矩阵分析的那些已被证明对应用数学极为重要的经典结论以及新近发现的结果．本书可以用作本科生或者研究生的教材，也可用作各类读者的自学参考书．我们要求读者掌握相当于一学期的初等线性代数课程以及有关基本分析概念的知识．我们的讲述从特征值以及特征向量开始，不要求事先了解这些概念．

超出初等线性代数课程范围的有关矩阵的知识对于从实质上理解数学科学的任一领域（无论是微分方程、概率统计、最优化，还是在理论和应用经济学、工程学以及运筹学中的应用，等等）都是必需的．但直到最近，还有众多必要的材料仅散见于（甚至根本就没有出现在）本科生以及研究生的教学计划中．鉴于人们对应用数学的兴趣日益高涨，有更多的课程专门研究高等矩阵论，正如同需要有关这一题材的现代参考资料一样，显而易见也需要一部教材以提供广泛选择的论题．

关于矩阵论已经有几部备受喜爱的经典著作，但它们不太适合一般的课堂使用，也不适合用于系统地自学．这些书缺少问题，不注重应用，没有激发读者的学习动力；索引不完善，一些传统参考资料的读者用过时的陈旧方法会遇到困难．更为现代的书籍倾向于要么是初等的教材，要么是讨论特殊专题的专著．我们的目的是撰写一部书，用有用的现代方法处理范围广泛的论题．

"矩阵分析"的一种观点是：矩阵分析的**论题**由线性代数中那些因为数学分析（如多元微积分、复变量、微分方程、最优化以及逼近论）的需要而产生的内容组成．另一种观点是：矩阵分析是解决实的与复的线性代数问题的一种**途径**，它会毫不犹豫地采用分析中的概念（如极限、连续以及幂级数），只要这些概念看起来比纯粹的代数方法更有效且更自然．矩阵分析的这两种观点在本书论题的选择以及处理方法上都有所体现．我们更倾向于用**线性代数的矩阵分析**这样的术语来作为这个领域中广泛的范围以及研究方法的确切表达．

为了复习以及方便查阅，在第 0 章介绍了初等线性代数的必备知识以及其他一些虽然未必初等但却是有用的结果．第 1～3 章主要介绍可能包含在线性代数或者矩阵论的第二课程中的核心内容：特征值、特征向量和相似性的基本处理；酉相似、Schur 三角化及其含义，正规矩阵；标准型与分解，包括 Jordan 型、LU 分解、QR 分解以及友矩阵．除此之外，每章都相当独立地做了展开，而且对主要的论题都做了有某种深度的处理．

1. Hermite 矩阵与复对称矩阵（第 4 章）．我们重点介绍研究 Hermite 矩阵的特征值的变分方法，包括优化概念的简要介绍．

2. **向量与矩阵上的范数**（第 5 章）．它们对于数值线性代数算法的误差分析以及矩阵幂级数与迭代过程的研究来说都是很重要的. 我们在一定程度上详细讨论了范数的代数、几何以及解析性质, 并对依赖于矩阵范数的次积性公理的矩阵的范数结果以及与矩阵范数的次积性公理无关的矩阵的范数结果做了仔细的区分.

3. **特征值位置以及摄动的结果**(第 6 章). 这是对于一般性的(不一定是 Hermite)矩阵来讨论的, 并且在许多应用中都是重要的. 我们对于 Geršgorin 区域的理论、它的某些现代改进以及相关的图论概念做了详细的介绍.

4. **正定矩阵**(第 7 章)以及它们的应用, 包括不等式, 都用一定的篇幅做了介绍. 极分解以及奇异值分解的讨论也包含其中, 同时还讨论了在矩阵逼近问题中的应用.

5. **逐个元素非负的以及正的矩阵**(第 8 章)出现在许多应用中, 在这些应用中(概率论、经济学和工程学等)必定会出现非负的量, 而且它们引人注目的理论也推动了应用. 我们对于非负的、正的、本原的以及不可约的矩阵的理论展开的方式是以利用范数的初等方式进行的.

在本书的姊妹篇中, 我们处理了一些同样值得关注的论题: 值域和推广, 惯性指数、稳定矩阵、M-矩阵和有关的特殊类型, 矩阵方程、Kronecker 乘积和 Hadamard 乘积, 将函数与矩阵联系起来的各种方法.

根据特定的读者对象选取适宜的章节, 本书可作为一学期或两学期的课程的基础素材. 我们建议教师根据特定课程的需要事先对本书的章节以及章节中的部分内容做审慎的选择. 这大概会包括第 1 章、第 2 章和第 3 章的绝大部分, 第 4 章和第 5 章中关于 Hermite 矩阵以及范数的内容.

大多数章节都包含一些较为专业或者非传统的内容. 例如, 第 2 章不仅包括 Schur 关于单独一个矩阵酉三角化的基本定理, 而且也讨论了矩阵族的同时三角化. 在关于酉等价那一节里, 介绍了常见的结果之后我们还讨论了两个矩阵成为酉等价的迹条件. 第 4 章中关于复对称矩阵的讨论提供了与 Hermite 矩阵的经典理论不尽相同的补充及对照. 在每章的开始几节里给出一个论题的基本内容, 而在这些章节的结尾或者在该章的后面几节中再来做更为精细的讨论. 这样的策略有一种好处: 它可以按照顺序对论题加以讨论, 提高了本书作为参考书的价值. 它还给教师提供了广泛选择的余地.

本书所讨论的许多结果对于定义在其他的域或者定义在某种更为广泛的代数结构上的矩阵是正确的, 或者是可以推广成为正确的. 不过, 我们有意限于在实数域或者复数域中讨论, 在这些域中, 可以利用熟知的经典分析方法以及形式代数技巧.

尽管我们一般考虑的矩阵都有复的元素, 但大多数的例子仅限于实的矩阵, 所以不要求掌握高深的复分析知识. 熟悉复数的算术运算对于理解矩阵分析就够用了, 附录中涵盖了所必需的知识内容. 其他简要的附录则覆盖了一些次要的但仍然基本的论题, 例如 Weierstrass 定理以及凸性.

我们在本书中加入了许多习题和问题, 因为我们认为这些东西对于逐步理解书中的论题及其内涵是至关重要的. 习题是自始至终作为每节的内容的一部分呈现的; 一般而言它们是初等的, 直接用于理解概念. 我们建议读者至少动手做其中的大部分. 每一节的最后列出了一些问题(没有特别的次序),涉及一系列难题和典型题(从理论到计算),它们有可能是对论题的一种拓广,展现特别的内容,或者对重要的想法提供其他可供选择的证明.对于更为困难的问题则给出有意义的提示.有些问题的结果可能要参考其他问题或正文本身的内容.我们特别强调,读者要积极参与完成习题以及求解问题.

虽然本书自身并不讨论应用,但为了阐述动机,我们在每一章的开始一节会概述几个应用问题,以期引入这一章的主题.

如果读者希望查阅所论述的主题的其他处理方式以及与之相关的资料,可以参看附录后面所列出的参考文献.

书中所列出的参考文献并非包罗万象.在一部有多个一般论题的著作中,迫于篇幅有限的缘故,我们在正文中对引用文献的数量做了最小化处理.仅选取了我们明显用到其结果的少量论文作为参考文献出现在绝大多数章节的末尾,并伴随一个简明扼要的讨论,但是我们并未试图对经典的结果搜集相关的历史文献.更为广泛的图书文献资料在我们推荐参考的更为专门的著作中可以找到.

感谢我们的同事以及学生们提供有助益的建议,他们对作为本书前期脚本的课堂笔记以及初始手稿提出了修改意见.他们当中包括 Wayne Barrett, Leroy Beasley, Bryan Cain, David Carlson, Dipa Choudhury, Risana Chowdhury, Yoo Pyo Hong, Dmitry Krass, Dale Olesky, Stephen Pierce, Leiba Rodman 以及 Pauline van den Driessche.

R. A. Horn

C. R. Johnson

目　录

第0章　综述与杂叙

0.0　引言

在首章我们要总结许多有用的概念和结果，其中的一些内容给本书其余部分的材料提供了基础. 这部分材料中有一些已包含在规范的线性代数的初等课程之中，不过我们还另外增加了一些有用的内容，尽管这些内容在后面的阐释中并不出现. 读者可以将这一章当作本书第1章中主要部分开始讲述之前的一个温习热身；其后，它还可以被用作后续章节中遇到的记号和定义的一个方便的参考资料. 我们假设读者已经熟悉线性代数的基本概念以及类似矩阵乘法和矩阵加法这样的矩阵运算的技术手段.

0.1　向量空间

有限维的向量空间是矩阵分析的基本架构.

0.1.1　纯量域

构成向量空间的基础是它的**域**（field），或者说是纯量的集合. 就我们的目的而言，典型的基础域是实数 **R** 或者复数 **C**（见附录 A），不过它也可以是有理数，以一个特殊的素数为模的整数，或者是某个另外的域. 当域被指定时，我们就用符号 **F** 来表示它. 为验证它是一个域，集合必须关于两个二元运算"加法"与"乘法"是封闭的. 这两个运算都必须满足结合律和交换律，且在该集合中每一运算都需有一个单位元；对于加法，每一元素在该集合中都必须有逆元存在，而对于乘法，除了加法的单位元之外，其他每一元素在该集合中也都必须有逆元存在；乘法关于加法必须是可分配的.

0.1.2　向量空间

域 **F** 上的一个**向量空间**（vector space）V 是一组对象（称为**向量**）的集合 V，它关于一个满足结合律和交换律的二元运算（"加法"）封闭，有一个单位元（**零向量**，记为 0）并且加法在该集合中有逆元. 该集合关于用纯量域 **F** 中的元素进行向量的"数乘"运算也是封闭的，且对所有 a，$b \in$ **F** 以及所有 x，$y \in V$ 有下述性质：$a(x+y) = ax + ay$，$(a+b)x = ax + bx$，$a(bx) = (ab)x$，又对乘法单位元 $e \in$ **F** 有 $ex = x$.

对给定的域 **F** 和给定的正整数 n，由 **F** 中的元素形成的 n 元数组的集合 **F**^{n} 在 **F**^{n} 中逐个元素相加的加法之下构成 **F** 上的一个向量空间. 我们约定 **F**^{n} **中的元素总是表示成列向量**，通常称之为 n **元向量**（n-vector）. 特殊的例子 **R**^{n} 和 **C**^{n} 是这本书中基本的向量空间，**R**^{n} 是一个实向量空间（即它是实数域上的向量空间），而 **C**^{n} 既是实向量空间，又是复向量空间（即复数域上的向量空间）. 实系数或者复系数（不高于一个指定次数或者任意次数的）多项式的集合以及在 **R** 或者 **C** 的子集合上的实值函数或者复值函数的集合（全都带有通常的函数加法以及数与函数的乘法的概念）也都是实的或者复的向量空间的例子.

0.1.3　子空间，生成子空间以及线性组合

域 F 上的向量空间 V 的一个**子空间**(subspace)是 V 的一个子集，其本身也是 F 上的一个向量空间，它有与 V 中同样的向量加法以及数乘运算．确切地说，V 的一个子集是一个子空间，当然，前提是它关于这两个运算是封闭的．例如，$\{[a,\ b,\ 0]^T: a,\ b\in \mathbf{R}\}$ 是 $\mathbf{R}^3$ 的一个子空间，转置记号见 (0.2.5)．子空间的交总是一个子空间，子空间的并不一定还是一个子空间．子集 $\{0\}$ 和 V 永远是 V 的子空间，所以它们常被称为**平凡的子空间**(trivial subspace)；V 的一个子空间称为**非平凡的**(nontrivial)，如果它异于 $\{0\}$ 和 V．V 的一个子空间称为**真子空间**(proper subspace)，如果它不等于 V．我们把 $\{0\}$ 称为**零向量空间**(zero vector space)．由于一个向量空间总是包含零向量，故而子空间不可能是空的．

如果 S 是域 F 上向量空间 V 的一个子集，则 S 的生成子空间 span$S$ 是 V 中所有包含 S 的子空间的交．如果 S 非空，那么 span$S=\{a_1 v_1+\cdots+a_k v_k: v_1,\ \cdots,\ v_k\in S,\ a_1,\ \cdots,\ a_k\in \mathbf{F},\ k=1,\ 2,\ \cdots\}$；如果 S 是空集，则它包含在 V 的每一个子空间中．V 的每个子空间的交就是子空间 $\{0\}$，故而此定义确保 span$S=\{0\}$．注意，即使 S 不是子空间，span$S$ 也总是一个子空间；S 称为 span$V$，如果 span$S=V$．

域 F 上向量空间 V 中向量的一个**线性组合**(linear combination)是任意一个形如 $a_1 v_1+\cdots+a_k v_k$ 的表达式，其中 k 是正整数，$a_1,\ \cdots,\ a_k\in \mathbf{F}$，而 $v_1,\ \cdots,\ v_k\in V$．于是，V 的一个非空子集 S 的生成子空间就由 S 中有限多个向量的所有线性组合组成．线性组合 $a_1 v_1+\cdots+a_k v_k$ 是**平凡的**(trivial)，如果 $a_1=\cdots=a_k=0$；反之，它就是**非平凡的**(nontrivial)．根据定义，一个线性组合就是向量空间中**有限多个元素的和**．

设 S_1 和 S_2 是域 F 上一个向量空间的子空间．S_1 与 S_2 的**和**(sum)是子空间

$$S_1+S_2=\mathrm{span}\{S_1\bigcup S_2\}=\{x+y:x\in S_1,y\in S_2\}$$

如果 $S_1\bigcap S_2=\{0\}$，我们就说 S_1 与 S_2 的和是**直和**(direct sum)，并将它记为 $S_1\oplus S_2$；每一个 $z\in S_1\oplus S_2$ 都可以用唯一一种方式表示成 $z=x+y$，其中 $x\in S_1$，而 $y\in S_2$．

0.1.4　线性相关与线性无关

我们称域 F 上向量空间 V 中有限多个向量 $v_1,\ \cdots,\ v_k$ 是**线性相关的**(linearly dependent)，当且仅当存在不全为零的纯量 $a_1,\ \cdots,\ a_k\in \mathbf{F}$，使得 $a_1 v_1+\cdots+a_k v_k=0$．于是，一组向量 $v_1,\ \cdots,\ v_k$ 是线性相关的，当且仅当 $v_1,\ \cdots,\ v_k$ 的某个非平凡的线性组合是零向量．通常更为方便的是说"$v_1,\ \cdots,\ v_k$ 是线性相关的"，而不用更为正式的说法"一组向量 $v_1,\ \cdots,\ v_k$ 是线性相关的"．称向量组 $v_1,\ \cdots,\ v_k$ 的**长度**(length)为 k．有两个或者更多个向量的向量组是线性相关的，如果这些向量中有一个是其余向量中某一些的线性组合．特别地，至少含有两个向量且有两个向量相等的向量组是线性相关的．两个向量是线性相关的，当且仅当其中一个是另一个的纯量倍数．仅由零向量组成的一组向量是线性相关的，因为对 $a_1=1$ 有 $a_1 0=0$．

域 F 上的向量空间 V 中的有限多个向量 $v_1,\ \cdots,\ v_k$ 的向量组是**线性无关的**(linearly independent)，如果它不是线性相关的．再次可以方便地说成"$v_1,\ \cdots,\ v_k$ 是线性无关的"，而不说"一组向量 $v_1,\ \cdots,\ v_k$ 是线性无关的"．

有时会遇到一组自然状态的向量，它们有无穷多个元素，例如，所有实系数多项式组成的向量空间中的单项式 1，t，t^2，t^3，$\cdots$，以及以 $[0,2\pi]$ 为周期的复值连续函数组成的向量空间中的复指数 1，e^{it}，e^{2it}，e^{3it}，$\cdots$。

如果在一个向量组（有限或者无限的）中去掉某些向量，则得到的向量组是原来向量组的一个**子向量组**(sublist)。一个有无穷多个向量的向量组称为是线性相关的，如果它的某个有限的子向量组是线性相关的；它称为是线性无关的，如果它的任何一个有限的子向量组是线性无关的。线性无关的向量组的任意一个子向量组都是线性无关的，而具有一组线性相关的子向量组的任何一组向量都是线性相关的。由于仅由零向量组成的向量组是线性相关的，因而包含零向量的任意一组向量都是线性相关的。有可能一组向量是线性相关的，然而它的任意一个真子向量组都是线性无关的，见 (1.4. P12)。一组空向量组不是线性相关的，故而它是线性无关的。

一个有限集合的**基数**(cardinality)是它的（必定不相同的）元素的个数。对于向量空间 V 中一组给定的向量 v_1，$\cdots$，v_k，集合 $\{v_1,\cdots,v_k\}$ 的基数小于 k，当且仅当该组中至少有两个向量是相同的；如果 v_1，$\cdots$，v_k 线性无关，那么集合 $\{v_1,\cdots,v_k\}$ 的基数就是 k。一组向量（有限或无限多个）的**生成子空间**(span)是该组中元素集合的生成子空间；一组向量张成 V，如果 V 是这组向量的生成子空间。

称向量的集合 S 是线性无关的，如果 S 中每一组有限多个不同的向量都是线性无关的；称 S 是线性相关的，如果 S 中某一组有限多个不同的向量是线性相关的。

0.1.5　基

向量空间 V 中一组以 V 作为其生成子空间的线性无关的向量称为 V 的一组**基**(basis)。V 的每一个元素都可以用唯一一种方式表示成基中向量的线性组合，而只要向基中添加或者从基中删除任何一个向量，这一结论就不再成立。V 中一组线性无关的向量是 V 的一组基，当且仅当任何一组包含它作为真子集的向量都不会是线性无关的。一组生成 V 的向量是 V 的一组基，当且仅当它的任何一个真子集都不可能生成 V。空的向量组是零向量空间的基。

0.1.6　扩充成基

向量空间 V 中任何一组线性无关的向量看起来都可以用多于一种方式扩充成为 V 的一组基。向量空间可以有非有限的基，例如，无限多个单项式 1，t，t^2，t^3，$\cdots$ 就是所有实系数多项式组成的实向量空间的一组基，每一个多项式都是这组基中（有限多个）元素的唯一的线性组合。

0.1.7　维数

如果存在一个正整数 n，使得向量空间 V 的一组基恰好包含 n 个向量，那么 V 的每组基都恰好由 n 个向量组成，基的这个共同的基数就是向量空间 V 的**维数**(dimension)，并记为 $\dim V$。在此情形，V 是**有限维的**(finite-dimensional)，反之则 V 是**无限维的**(infinite-dimensional)。对于无限维的情形，任何两组基的元素之间都有一个一一对应。实向量空间 $\mathbf{R}^n$ 的维数是 n。向量空间 $\mathbf{C}^n$ 关于域 $\mathbf{C}$ 的维数是 n，而关于域 $\mathbf{R}$ 的维数则是 $2n$。$\mathbf{F}^n$ 中的

基 e_1，$\cdots$，e_n（每一个 n 元向量 e_i 的第 i 个元素是 1，而其他元素均为 0）称为**标准基**（standard basis）.

将"V 是一个维数为 n 的有限维向量空间"简略说成"V 是一个 n 维向量空间"是很方便的. 一个 n 维向量空间的任意一个子空间都是有限维的，其维数严格小于 n，如果它是真子空间.

设 V 是一个有限维向量空间，并设 S_1 与 S_2 是 V 的两个给定的子空间. 则**子空间交引理**（subspace intersection lemma）说的是

$$\dim(S_1 \cap S_2) + \dim(S_1 + S_2) = \dim S_1 + \dim S_2 \qquad (0.1.7.1)$$

将此恒等式改写成

$$\dim(S_1 \cap S_2) = \dim S_1 + \dim S_2 - \dim(S_1 + S_2) \geqslant \dim S_1 + \dim S_2 - \dim V \qquad (0.1.7.2)$$

它揭示了一个有用的事实：如果 $\delta = \dim S_1 + \dim S_2 - \dim V \geqslant 1$，那么子空间 $S_1 \cap S_2$ 的维数至少是 δ，从而它包含 δ 个线性无关的向量，也就是 $S_1 \cap S_2$ 的基中的任意 δ 个元素. 特别地，$S_1 \cap S_2$ 包含一个非零向量. 归纳法指出，如果 S_1，$\cdots$，S_k 是 V 的子空间，且如果 $\delta = \dim S_1 + \cdots + \dim S_k - (k-1)\dim V \geqslant 1$，那么

$$\dim(S_1 \cap \cdots \cap S_k) \geqslant \delta \qquad (0.1.7.3)$$

从而 $S_1 \cap \cdots \cap S_k$ 包含 δ 个线性无关的向量，特别地，它包含一个非零向量.

0.1.8　同构

如果 U 和 V 是同一个纯量域 $\mathbf{F}$ 上的向量空间，又如果 $f: U \to V$ 是满足如下条件的一个可逆函数：对所有 x，$y \in U$ 以及所有 a，$b \in \mathbf{F}$ 都有 $f(ax+by) = af(x) + bf(y)$，那么 f 就称为是一个**同构**（isomorphism），而 U 和 V 就称为是**同构的**（isomorphic）（即"构造相同的"）. 同一个域上的两个有限维向量空间是同构的，当且仅当它们有相同的维数. 于是，$\mathbf{F}$ 上任意一个 n 维向量空间都与 $\mathbf{F}^n$ 同构. 这样一来，任意一个 n 维实向量空间都同构于 $\mathbf{R}^n$，而任意一个 n 维复向量空间都同构于 $\mathbf{C}^n$. 特别地，如果 V 是域 $\mathbf{F}$ 上一个 n 维向量空间，它有指定的基 $\mathcal{B} = \{x_1, \cdots, x_n\}$，那么，由于任何元素 $x \in V$ 都可以用唯一的方式表示成 $x = a_1 x_1 + \cdots + a_n x_n$，其中每个 $a_i \in \mathbf{F}$，故而我们可以将 x 和一个 n 元向量 $[x]_\mathcal{B} = [a_1 \cdots a_n]^\mathrm{T}$ 等同起来. 对任何基 $\mathcal{B}$，映射 $x \to [x]_\mathcal{B}$ 都是 V 与 $\mathbf{F}^n$ 之间的一个同构.

0.2　矩阵

这里研究的基本对象可以用两种重要的方式来考虑：视为纯量的矩形阵列，或者视为两个向量空间之间的线性变换（对每个空间给出指定的基）.

0.2.1　矩形阵列

矩阵（matrix）是从域 $\mathbf{F}$ 中取出的纯量组成的一个 $m \times n$ 阵列. 如果 $m = n$，该矩阵就称为**方阵**（square）. $\mathbf{F}$ 上所有 $m \times n$ 矩阵的集合记为 $M_{m,n}(\mathbf{F})$，而 $M_{n,n}(\mathbf{F})$ 通常记为 $M_n(\mathbf{F})$. 向量空间 $M_{n,1}(\mathbf{F})$ 与 $\mathbf{F}^n$ 等同. 如果 $\mathbf{F} = \mathbf{C}$，那么 $M_n(\mathbf{C})$ 就进一步简写为 M_n，而 $M_{m,n}(\mathbf{C})$ 则简写为 $M_{m,n}$. 矩阵通常用大写字母表示，而矩阵里的元素一般用双下标的小写字母表示. 例如，如果

$$A = \begin{bmatrix} 2 & -\dfrac{3}{2} & 0 \\ -1 & \pi & 4 \end{bmatrix} = [a_{ij}]$$

那么 $A \in M_{2,3}(\mathbf{R})$ 的元素是 $a_{11}=2$，$a_{12}=-3/2$，$a_{13}=0$，$a_{21}=-1$，$a_{22}=\pi$，$a_{23}=4$. 给定矩阵的**子矩阵**(submatrix)是位于给定矩阵中指定的行和列处的元素组成的阵列. 例如，$[\pi \quad 4]$ 是 A 的一个(位于第 2 行，第 2 列和第 3 列处的)子矩阵.

假设 $A=[a_{ij}] \in M_{n,m}(\mathbf{F})$. A 的**主对角线**(main diagonal)是元素列 a_{11}，a_{22}，$\cdots$，a_{qq}，其中 $q=\min\{n,m\}$. 有时将 A 的主对角线表示为一个向量 $\mathrm{diag}A=[a_{ii}]_{i=1}^{q} \in \mathbf{F}^q$ 是很方便的. A 的第 p 条**超对角线**(superdiagonal)是元素列 $a_{1,p+1}$，$a_{2,p+2}$，$\cdots$，$a_{k,p+k}$，其中 $k=\min\{n, m-p\}$，$p=0,1,2,\cdots,m-1$；而 A 的第 p 条**次对角线**(subdiagonal)是元素列 $a_{p+1,1}$，$a_{p+2,2}$，$\cdots$，$a_{p+l,l}$，其中 $l=\min\{n-p,m\}$，$p=0,1,2,\cdots,n-1$.

0.2.2　线性变换

设 U 是一个 n 维向量空间，而 V 是一个 m 维向量空间，它们都以 $\mathbf{F}$ 为基域；设 $\mathcal{B}_U$ 是 U 的一组基，而 $\mathcal{B}_V$ 则是 V 的一组基. 我们可以利用同构 $x \to [x]_{\mathcal{B}_U}$ 和 $y \to [y]_{\mathcal{B}_V}$ 将 U 和 V 中的向量分别表示为 $\mathbf{F}$ 上的 n 元向量以及 m 元向量. 一个**线性变换**(linear transformation)是一个函数 $T: U \to V$，它使得任何纯量 a_1，a_2 以及向量 x_1，x_2 都有 $T(a_1 x_1 + a_2 x_2) = a_1 T(x_1) + a_2 T(x_2)$. 矩阵 $A \in M_{m,n}(\mathbf{F})$ 以下述方式与一个线性变换 $T: U \to V$ 相对应，即 $y=T(x)$ 当且仅当 $[y]_{\mathcal{B}_V} = A[x]_{\mathcal{B}_U}$. 矩阵 A 被说成是**表示线性变换** T(相对于基 $\mathcal{B}_U$ 和 $\mathcal{B}_V$)，表示矩阵 A 依赖于基的选取. 在研究矩阵 A 时，我们意识到是对于一组特别选定的基研究线性变换，不过通常并不需要明显提及基.

0.2.3　与矩阵或线性变换相关的向量空间

$\mathbf{F}$ 上的任意一个 n 维向量空间都可以等同于 $\mathbf{F}^n$，我们可以把 $A \in M_{m,n}(\mathbf{F})$ 视为从 $\mathbf{F}^n$ 到 $\mathbf{F}^m$ 的线性变换(也可视为一个阵列) $x \to Ax$. 这个线性变换的**定义域**(domain)是 $\mathbf{F}^n$，它的**值域**(range)是 $\mathrm{range}A=\{y \in \mathbf{F}^m: y=Ax\}$(对某个 $x \in \mathbf{F}^n$)，它的**零空间**(null space)是 $\mathrm{null\ space}A=\{x \in \mathbf{F}^n: Ax=0\}$. A 的值域是 $\mathbf{F}^m$ 的一个子空间，A 的零空间是 $\mathbf{F}^n$ 的子空间 A 的零空间的维数记为 $\mathrm{nullity}A$(即 A 的零化度)，$\mathrm{range}A$ 的维数记为 $\mathrm{rank}A$. 这些数由**秩–零化度定理**(rank-nullity theorem)联系在一起：对 $A \in M_{m,n}(\mathbf{F})$ 有

$$\dim(\mathrm{range}A) + \dim(\mathrm{null\ space}A) = \mathrm{rank}A + \mathrm{nullity}A = n \qquad (0.2.3.1)$$

A 的零空间是 $\mathbf{F}^n$ 中的一组向量，这些向量的元素满足 m 个齐次线性方程.

0.2.4　矩阵运算

矩阵加法对相同维数的阵列定义为逐个元素相加，并用＋号表示("$A+B$")，它与线性变换(关于同一组基)的加法相对应，且它保持纯量域的交换性以及结合性. **零矩阵**(zero matrix)(所有元素均为零)是加法的单位元，而 $M_{m,n}(\mathbf{F})$ 则是 $\mathbf{F}$ 上的一个向量空间. 矩阵的乘法用矩阵并列("AB")表示，它与线性变换的复合相对应. 因此，矩阵乘法仅当 $A \in M_{m,n}(\mathbf{F})$ 且 $B \in M_{n,q}(\mathbf{F})$ 时才有定义. 它是结合的但通常不可交换. 例如

5

$$\begin{bmatrix} 1 & 2 \\ 6 & 8 \end{bmatrix} = \begin{bmatrix} 1 & 0 \\ 0 & 2 \end{bmatrix}\begin{bmatrix} 1 & 2 \\ 3 & 4 \end{bmatrix} \neq \begin{bmatrix} 1 & 2 \\ 3 & 4 \end{bmatrix}\begin{bmatrix} 1 & 0 \\ 0 & 2 \end{bmatrix} = \begin{bmatrix} 1 & 4 \\ 3 & 8 \end{bmatrix}$$

单位矩阵(identity matrix)

$$I = \begin{bmatrix} 1 & & \\ & \ddots & \\ & & 1 \end{bmatrix} \in M_n(\mathbf{F})$$

是 $M_n(\mathbf{F})$ 中的乘法单位元, 它的主对角线上的元素均为 1, 而所有其他元素均为 0. 单位矩阵以及它(作为一个**纯量矩阵**)的任意纯量倍数都与 $M_n(\mathbf{F})$ 中每个矩阵可交换, 它们是有此性质的仅有的矩阵. 矩阵乘法关于矩阵加法是可分配的.

在本书中始终用符号 0 表示下述诸量中的每一个: 域的纯量零, 向量空间的零向量, $\mathbf{F}^n$ 中的 n 元零向量(所有元素都等于 $\mathbf{F}$ 中的纯量零)以及 $M_{m,n}(\mathbf{F})$ 中的零矩阵(所有元素都等于纯量零). 符号 I 表示任意大小的单位矩阵. 如果有出现混淆的可能, 我们将用下标指明零矩阵以及单位矩阵的维数, 例如 $0_{p,q}$, 0_k 或者 I_k.

0.2.5 转置, 共轭转置以及迹

如果 $A = [a_{ij}] \in M_{m,n}(\mathbf{F})$, 则 A 的**转置**(transpose)(记为 A^{T})是 $M_{n,m}(\mathbf{F})$ 中的一个矩阵, 后者的第 i 行第 j 列的元素是 a_{ji}, 这就是说, 行和列做了交换, 反之亦然. 例如

$$\begin{bmatrix} 1 & 2 & 3 \\ 4 & 5 & 6 \end{bmatrix}^{\mathrm{T}} = \begin{bmatrix} 1 & 4 \\ 2 & 5 \\ 3 & 6 \end{bmatrix}$$

当然有 $(A^{\mathrm{T}})^{\mathrm{T}} = A$. $A \in M_{m,n}(\mathbf{C})$ 的**共轭转置**(conjugate transpose)[有时称为**伴随**(adjoint)**矩阵**或者 Hermite **伴随**(Hermitian adjoint)**矩阵**]记为 A^*, 其定义为 $A^* = \overline{A}^{\mathrm{T}}$, 其中 $\overline{A}$ 是对 A 逐个元素取共轭复数. 例如

$$\begin{bmatrix} 1+i & 2-i \\ -3 & -2i \end{bmatrix}^* = \begin{bmatrix} 1-i & -3 \\ 2+i & 2i \end{bmatrix}$$

转置与共轭转置都遵从**反序法则**(reverse-order law): $(AB)^* = B^* A^*$ 以及 $(AB)^{\mathrm{T}} = B^{\mathrm{T}} A^{\mathrm{T}}$. 对乘积的复共轭而言无需反序: $\overline{AB} = \overline{A}\,\overline{B}$. 如果 x, y 是同样大小的实向量或者复向量, 那么 $y^* x$ 是纯量, 且其共轭转置与复共轭是相同的: $(y^* x)^* = \overline{y^* x} = x^* y = y^{\mathrm{T}} \overline{x}$.

许多重要的矩阵类都是用含有转置或者共轭转置的恒等式来定义的. 例如, $A \in M_n(\mathbf{F})$ 称为是**对称的**(symmetric), 如果有 $A^{\mathrm{T}} = A$; 它称为是**斜对称的**(skew symmetric), 如果有 $A^{\mathrm{T}} = -A$; 称为是**正交的**(orthogonal), 如果有 $A^{\mathrm{T}} A = I$; $A \in M_n(\mathbf{C})$ 称为是 Hermite 的 (Hermitian), 如果 $A^* = A$; 它称为是**斜 Hermite 的**(skew Hermitian), 如果 $A^* = -A$; 它称为是**本性 Hermite 的**(essentially Hermitian), 如果对某个 $\theta \in \mathbf{R}$, $\mathrm{e}^{\mathrm{i}\theta} A$ 是 Hermite 的; 它称为是**酉的**(unitary), 如果 $A^* A = I$; 它称为是**正规的**(normal), 如果 $A^* A = AA^*$.

每一个 $A \in M_n(\mathbf{F})$ 都可以用恰好一种方式写成 $A = S(A) + C(A)$, 其中 $S(A)$ 是对称的, 而 $C(A)$ 是斜对称的: $S(A) = \frac{1}{2}(A + A^{\mathrm{T}})$ 是 A 的**对称部分**, 而 $C(A) = \frac{1}{2}(A - A^{\mathrm{T}})$ 则是 A 的**斜对称部分**.

每一个 $A \in M_{m,n}(\mathbf{C})$ 都可以用恰好一种方式写成 $A = B + iC$，其中 B，$C \in M_{m,n}(\mathbf{R})$：$B = \frac{1}{2}(A + \overline{A})$ 是 A 的**实部**，而 $C = \frac{1}{2}(A - \overline{A})$ 则是 A 的**虚部**.

每一个 $A \in M_n(\mathbf{C})$ 都可以用恰好一种方式写成 $A = H(A) + iK(A)$，其中 $H(A)$ 和 $K(A)$ 是 Hermite 的：$H(A) = \frac{1}{2}(A + A^*)$ 是 A 的 Hermite **部分**，$iK(A) = \frac{1}{2}(A - A^*)$ 是 A 的**斜 Hermite 部分**. 复矩阵或者实矩阵的表达式 $A = H(A) + iK(A)$ 称为是它的 Toeplitz **分解**(Toeplitz decomposition).

$A = [a_{ij}] \in M_{m,n}(\mathbf{F})$ 的**迹**(trace)是它的主对角线上元素之和 $\operatorname{tr} A = a_{11} + \cdots + a_{qq}$，其中 $q = \min\{m, n\}$. 对任何 $A = [a_{ij}] \in M_{m,n}(\mathbf{C})$，有 $\operatorname{tr} AA^* = \operatorname{tr} A^* A = \sum_{i,j} |a_{ij}|^2$，所以

$$\operatorname{tr} AA^* = 0 \text{ 当且仅当 } A = 0 \tag{0.2.5.1}$$

一个向量称为是**迷向的**(isotropic)，如果 $x^{\mathrm{T}} x = 0$. 例如，$[1 \quad i]^{\mathrm{T}} \in \mathbf{C}^2$ 是一个非零的迷向向量. 在 $\mathbf{R}^n$ 中不存在非零的迷向向量.

0.2.6 矩阵乘法的基本知识

作为对于矩阵与向量乘法以及矩阵与矩阵乘法的寻常定义的补充，另外一些可供选择的视点可能是有用的.

1. 如果 $A \in M_{m,n}(\mathbf{F})$，$x \in \mathbf{F}^n$，$y \in \mathbf{F}^m$，那么(列)向量 Ax 是 A 的列的线性组合，这个线性组合的系数是 x 中的元素. 行向量 $y^{\mathrm{T}} A$ 则是 A 的行的线性组合，这一线性组合的系数是 y 中的元素.

2. 如果 b_j 是 B 的第 j 列，而 a_i^{T} 是 A 的第 i 行，那么 AB 的第 j 列是 Ab_j，而 AB 的第 i 行则是 $a_i^{\mathrm{T}} B$.

换言之，在矩阵乘积 AB 中，**用 A 左乘是乘以 B 的列，而用 B 右乘是乘以 A 的行**. 当其中有一个因子是对角矩阵时这一结果的一个重要的特例见(0.9.1).

假设 $A \in M_{m,p}(\mathbf{F})$，且 $B \in M_{n,q}(\mathbf{F})$. 设 a_k 是 A 的第 k 列，b_k 是 B 的第 k 列，则有下列结论.

3. 如果 $m = n$，那么 $A^{\mathrm{T}} B = [a_i^{\mathrm{T}} b_j]$：$A^{\mathrm{T}} B$ 位于 (i, j) 处的元素是纯量 $a_i^{\mathrm{T}} b_j$.

4. 如果 $p = q$，那么 $AB^{\mathrm{T}} = \sum_{k=1}^n a_k b_k^{\mathrm{T}}$：每一个求和项都是一个 $m \times n$ 矩阵，它是 a_k 与 b_k 的**外积**(outer product).

0.2.7 矩阵的列空间与行空间

$A \in M_{m,n}(\mathbf{F})$ 的值域也称为它的**列空间**(column space)，因为对于任何 $x \in \mathbf{F}^n$，Ax 都是 A 的列的一个线性组合(x 的元素是这个线性组合中的系数). $\operatorname{range} A$ 是 A 的列生成的子空间. 类似地，$\{y^{\mathrm{T}} A : y \in \mathbf{F}^m\}$ 称为 A 的**行空间**(row space). 如果 $A \in M_{m,n}(\mathbf{F})$ 的列空间包含在 $B \in M_{m,k}(\mathbf{F})$ 的列空间之中，那么就存在某个 $X \in M_{k,n}(\mathbf{F})$，使得 $A = BX$(反之亦然). X 的第 j 列中的元素告诉我们怎样将 A 的第 j 列表示成为 B 的列的一个线性组合.

如果 $A \in M_{m,n}(\mathbf{F})$，$B \in M_{m,q}(\mathbf{F})$，那么

$$\operatorname{range} A + \operatorname{range} B = \operatorname{range}[A \quad B] \tag{0.2.7.1}$$

如果 $A \in M_{m,n}(\mathbf{F})$，$B \in M_{p,n}(\mathbf{F})$，那么

$$\mathrm{nullspace}A \cap \mathrm{nullspace}B = \mathrm{nullspace}\begin{bmatrix} A \\ B \end{bmatrix} \qquad (0.2.7.2)$$

0.2.8　全 1 矩阵和全 1 向量

在 $\mathbf{F}^n$ 中，向量 $e = e_1 + \cdots + e_n$ 的每个元素都是 1. 矩阵 $J_n = ee^{\mathrm{T}}$ 的每个元素也都是 1.

0.3　行列式

在数学中，用单独一个数简要描述多元现象常常是有用的，而行列式函数就是其中之一例. 其定义域是 $M_n(\mathbf{F})$（仅对方阵定义），且它可以用若干不同的方式表达. 我们用 $\det A$ 来记 $A \in M_n(\mathbf{F})$ 的行列式.

0.3.1　按照行或者列用子式作 Laplace 展开

行列式可以用如下方法对 $A = [a_{ij}] \in M_n(\mathbf{F})$ 归纳定义. 假设行列式已经对 $M_{n-1}(\mathbf{F})$ 有定义了，令 $A_{ij} \in M_{n-1}(\mathbf{F})$ 表示从 A 中去掉第 i 行和第 j 列得到的 $A \in M_n(\mathbf{F})$ 的子矩阵. 那么，对于任何 $i, j \in \{1, \cdots, n\}$，我们有

$$\det A = \sum_{k=1}^{n} (-1)^{i+k} a_{ik} \det A_{ik} = \sum_{k=1}^{n} (-1)^{k+j} a_{kj} \det A_{kj} \qquad (0.3.1.1)$$

第一个和是**用第 i 行子式作 Laplace 展开**（Laplace expansion by minors along row i）；而第二个和是**用第 j 列子式作 Laplace 展开**（Laplace expansion by minors along column j）. 这一归纳表述始于将 1×1 矩阵的行列式定义为单个元素的值. 从而

$$\det[a_{11}] = a_{11}$$

$$\det \begin{bmatrix} a_{11} & a_{12} \\ a_{21} & a_{22} \end{bmatrix} = a_{11}a_{22} - a_{12}a_{21}$$

$$\det \begin{bmatrix} a_{11} & a_{12} & a_{13} \\ a_{21} & a_{22} & a_{23} \\ a_{31} & a_{32} & a_{33} \end{bmatrix} = a_{11}a_{22}a_{33} + a_{12}a_{23}a_{31} + a_{13}a_{21}a_{32} - a_{11}a_{23}a_{32} - a_{12}a_{21}a_{33} - a_{13}a_{22}a_{31}$$

如此等等. 注意，有 $\det A^{\mathrm{T}} = \det A$，$\det A^* = \overline{\det A}$（如果 $A \in M_n(\mathbf{C})$）以及 $\det I = 1$.

0.3.2　交错和以及置换

$\{1, \cdots, n\}$ 的**置换**（permutation）是一个一对一函数 $\sigma: \{1, \cdots, n\} \rightarrow \{1, \cdots, n\}$. **恒等置换**（identity permutation）满足 $\sigma(i) = i$（对每个 $i = 1, \cdots, n$）. $\{1, \cdots, n\}$ 有 $n!$ 个不同的置换，且所有这样的置换组成的集合关于函数的复合运算构成一个群.

与 (0.3.1) 中低维数的例子相一致，对 $A = [a_{ij}] \in M_n(\mathbf{F})$ 我们有交错表示

$$\det A = \sum_{\sigma} \left(\mathrm{sgn}\sigma \prod_{i=1}^{n} a_{i\sigma(i)} \right) \qquad (0.3.2.1)$$

其中的求和经过 $\{1, \cdots, n\}$ 的所有 $n!$ 个置换，而 $\mathrm{sgn}\sigma$，即置换 σ 的"符号"（sign 或者 signum）是 +1 或者 -1，要视从起始状态 $\{1, \cdots, n\}$ 到达 σ 所需要做的对换（两两交换）的

最少次数是偶数还是奇数而定. 我们称置换 σ 是**偶的**(even), 如果 $\text{sgn}\sigma = +1$; 称 σ 是**奇的**(odd), 如果 $\text{sgn}\sigma = -1$.

如果(0.3.2.1)中的 $\text{sgn}\sigma$ 代之以 σ 的某个另外的函数, 那么代替 $\det A$, 我们就得到了**推广的矩阵函数**(generalized matrix function). 例如, A 的**积和式**(permanent)用 $\text{per}A$ 表示, 它是用恒等于 $+1$ 的函数取代 $\text{sgn}\sigma$ 而得到的.

0.3.3 行和列的初等运算

有三种关于行和列的简单而基本的运算, 称为**行和列的初等运算**(elementary row and column operation), 它们可以用来将矩阵(方阵或者矩形阵)变换成简单的形式, 以方便求解线性方程、求秩、计算行列式与求方阵的逆之类的问题. 我们集中讨论**行运算**(row operation), 行运算可以通过用矩阵从左边作用而实施之. **列运算**(column operation)依照类似的方式定义和使用, 此时矩阵需从右边作用之.

类型 1: 交换两行

对于 $i \neq j$, 交换 A 的第 i 行和第 j 行可以用

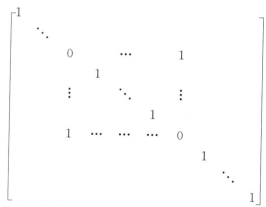

左乘 A 得到. 其中两个位于对角线之外的 1, 它们的位置是 (i, j) 以及 (j, i), 对角线上的两个 0 位于 (i, i) 以及 (j, j), 而所有未指出的元素均为 0.

类型 2: 用一个非零的纯量乘以一行

用一个非零的纯量 c 乘以 A 的第 i 行可以用

左乘 A 得到. 其中 (i, i) 处的元素是 c, 对角线上所有其他元素均为 1, 而所有未指出的元素均为 0.

类型 3：将一行的一个纯量倍数加到另一行

对于 $i \neq j$，将 A 的第 i 行的 c 倍加到第 j 行可以用

左乘 A 得到．其中 (j, i) 处的元素是 c，所有主对角线元素均为 1，而所有未指出的元素均为 0．所给出的矩阵描述了 $j > i$ 时的情形．

三个初等行（列）运算中的每一个运算的矩阵都正好是对单位矩阵 I 施行相应运算（对行运算用左乘；而对列运算用右乘）所产生的结果．类型 1 的运算对行列式的作用效果是用 -1 乘以它；类型 2 的运算的作用效果是用非零纯量 c 乘以它；而类型 3 的运算不改变行列式．有一行为零的方阵的行列式为零．方阵的行列式为零，当且仅当矩阵的行的某个子集是线性相关的．

0.3.4　化简的行梯形矩阵

对每个 $A = [a_{ij}] \in M_{m,n}(\mathbf{F})$，在 $M_{m,n}(\mathbf{F})$ 中有一个（唯一的）标准型与之相对应，此即**化简的行梯形矩阵**（Reduced Row Echelon Form，RREF），也称为 **Hermite 标准型**（Hermite normal form）．

如果 A 的一行不全为零，其**首项**（leading entry）是它的第一个非零元素．则 RREF 的确切的表述如下：

（a）任何零行都出现在矩阵的底部．

（b）任何非零行的首项都是 1．

（c）首项所在的列中其余元素均为零．

（d）首项从左向右以阶梯状的模式出现，这就是说，如果第 i 行是非零行，且 a_{ik} 是它的首项，那么要么 $i = m$，要么第 $i+1$ 行是零，要么第 $i+1$ 行的首项是 $a_{i+1,l}$，其中 $l > k$．

例如

$$\begin{bmatrix} 0 & 1 & -1 & 0 & 0 & 2 \\ 0 & 0 & 0 & 1 & 0 & \pi \\ 0 & 0 & 0 & 0 & 1 & 4 \\ 0 & 0 & 0 & 0 & 0 & 0 \end{bmatrix}$$

就有 RREF 之形式．

如果 $R \in M_{m,n}(\mathbf{F})$ 是 A 的 RREF，那么 $R = EA$，其中非奇异矩阵 $E \in M_m(\mathbf{F})$ 是与将 A 化简为 RREF 所执行的一系列行初等运算相对应的类型 1、类型 2 以及类型 3 的初等矩阵的乘积．

$A \in M_n(\mathbf{F})$ 的行列式不为零，当且仅当它的 RREF 是 I_n．$\det A$ 的值可以通过记录将其导向 RREF 所作的每一个初等运算的行列式的效果来加以计算．

对于线性方程组 $Ax=b$，其中 $A \in M_{m,n}(\mathbf{F})$ 以及 $b \in \mathbf{F}^m$ 是给定的，而 $x \in \mathbf{F}^n$ 是未知的，如果对 A 和 b 这两者执行同样的一串行初等运算，那么该方程组的解集不发生变化. 通过检查 $[A \quad b]$ 的 RREF，就揭示出 $Ax=b$ 的解. 由于 RREF 是唯一的，对于给定的 A_1，$A_2 \in M_{m,n}$ 以及给定的 b_1，$b_2 \in \mathbf{F}^m$，线性方程组 $A_1x=b_1$ 和 $A_2x=b_2$ 有同样的解集，当且仅当 $[A_1 \quad b_1]$ 和 $[A_2 \quad b_2]$ 有同样的 RREF.

0.3.5 积性

行列式函数的一个关键性质是它是积性的：对于 A，$B \in M_n(\mathbf{F})$ 有

$$\det AB = \det A \det B$$

这可以利用对 A 和 B 两者作行化简的初等运算予以证明.

0.3.6 行列式的函数特征

如果把行列式视为一个矩阵的每一行（每一列）的函数，而让其他的行（列）固定不变，则 Laplace 展开 (0.3.1.1) 表明，行列式是任意给定的一行（列）的元素的线性函数. 我们如下总结这个性质：称函数 $A \to \det A$ 关于 A 的行（列）是**多重线性的**(multilinear).

行列式函数 $A \to \det A$ 是具有下列性质的唯一的函数 f：$M_n(\mathbf{F}) \to \mathbf{F}$：

（a）关于行变量是多重线性的；

（b）交错性：对 A 作任何类型 1 的运算改变 $f(A)$ 的符号；

（c）规范性：$f(I)=1$.

积和式函数(permanent function) 也是多重线性的（作为另一类推广的矩阵函数），而且它也是规范的，但它不是交错的.

0.4 秩

0.4.1 定义

如果 $A \in M_{m,n}(\mathbf{F})$，则 $\text{rank} A = \dim \text{range} A$ 是 A 的最长的线性无关列向量组的长度. 长度等于**秩**(rank) 的线性无关的列向量组可能有多于一组. 一个值得注意的事实是 $\text{rank} A^{\mathrm{T}} = \text{rank} A$. 这样一来，可以用 A 的最长的线性无关的行向量组的长度来作为秩的等价定义：行秩＝列秩.

0.4.2 秩和线性方程组

设给定 $A \in M_{m,n}(\mathbf{F})$ 和 $b \in \mathbf{F}^m$. 线性方程组 $Ax=b$ 可能没有解，可能有一组解，或者有无穷多组解；这些就是仅有的可能性. 如果它至少有一组解，则该线性方程组是**相容的**(consistent)；如果它没有解，该线性方程组就是**不相容的**(inconsistent). 线性方程组 $Ax=b$ 是相容的，当且仅当 $\text{rank}[A \quad b] = \text{rank} A$. 矩阵 $[A \quad b] \in M_{m,n+1}(\mathbf{F})$ 是**增广矩阵** (augmented matrix). 说线性方程组的增广矩阵和**系数矩阵** A 有相同的秩，等同于说 b 是 A 的列的线性组合. 在此情形，将 b 添加到 A 的列中并不增加它的秩. 线性方程组 $Ax=b$ 的一组**解**(solution) 就是将 b 表示成 A 的列的线性组合时表示式中的系数作元素得到的向量 x.

0.4.3　RREF 与秩

初等运算不改变矩阵的秩, 从而 A 的秩与 A 的 RREF 的秩相等, 这个秩恰好等于其 RREF 中非零行的个数. 然而, 事实上通过计算 RREF 来计算秩是不明智的. 在数值计算中间环节产生的舍入误差有可能使得 RREF 中的零行变成非零行出现, 从而会影响到对于秩的判断.

0.4.4　秩的特征

关于一个给定矩阵 $A \in M_{m,n}(\mathbf{F})$ 的如下诸命题是等价的, 每一个命题可能在某个不同情况下有用. 注意(b)和(c)中的关键点在于矩阵的列向量组或者行向量组的线性无关性.

(a) $\mathrm{rank}A = k$.

(b) A 的行向量中有 k 个(且不多于 k 个)是线性无关的.

(c) A 的列向量中有 k 个(且不多于 k 个)是线性无关的.

(d) 存在 A 的某个 $k \times k$ 子矩阵有非零的行列式, 且 A 的每一个 $(k+1) \times (k+1)$ 子矩阵的行列式都为零.

(e) $\dim(\mathrm{range}A) = k$.

(f) 存在 k 个(但不多于 k 个)线性无关的向量 b_1, $\cdots$, b_k, 使得对每个 $j = 1$, $\cdots$, k, 线性方程组 $Ax = b_j$ 都是相容的.

(g) $k = n - \dim(\mathrm{nullspace}A)$ (**秩-零化度定理**).

(h) $k = \min\{p: A = XY^{\mathrm{T}}$, 对某个 $X \in M_{m,p}(\mathbf{F})$, $Y \in M_{n,p}(\mathbf{F})\}$.

(i) 对某些 x_1, $\cdots$, $x_p \in \mathbf{F}^m$, y_1, $\cdots$, $y_p \in \mathbf{F}^n$ 有 $k = \min\{p: A = x_1 y_1^{\mathrm{T}} + \cdots + x_p y_p^{\mathrm{T}}\}$.

0.4.5　有关秩的不等式

有如下关于秩的基本不等式.

(a) 如果 $A \in M_{m,n}(\mathbf{F})$, 那么 $\mathrm{rank}A \leqslant \min\{m, n\}$.

(b) 若从一个矩阵中删去一行或多行(一列或多列), 则所得到的子矩阵的秩不大于原矩阵的秩.

(c) **Sylvester 不等式**: 如果 $A \in M_{m,k}(\mathbf{F})$ 且 $B \in M_{k,n}(\mathbf{F})$, 那么
$$(\mathrm{rank}A + \mathrm{rank}B) - k \leqslant \mathrm{rank}AB \leqslant \min\{\mathrm{rank}A, \mathrm{rank}B\}$$

(d) **秩-和不等式**(rank-sum inequality): 如果 A, $B \in M_{m,n}(\mathbf{F})$, 那么
$$|\mathrm{rank}A - \mathrm{rank}B| \leqslant \mathrm{rank}(A + B) \leqslant \mathrm{rank}A + \mathrm{rank}B \qquad (0.4.5.1)$$

其中第二个不等式中的等号成立, 当且仅当 $(\mathrm{range}A) \bigcap (\mathrm{range}B) = \{0\}$ 以及 $(\mathrm{range}A^{\mathrm{T}}) \bigcap (\mathrm{range}B^{\mathrm{T}}) = \{0\}$. 如果 $\mathrm{rank}B = 1$, 那么
$$|\mathrm{rank}(A + B) - \mathrm{rank}A| \leqslant 1 \qquad (0.4.5.2)$$

特别地, 改变矩阵的一个元素至多将它的秩改变 1.

(e) **Frobenius 不等式**: 如果 $A \in M_{m,k}(\mathbf{F})$, $B \in M_{k,p}(\mathbf{F})$, $C \in M_{p,n}(\mathbf{F})$, 那么
$$\mathrm{rank}AB + \mathrm{rank}BC \leqslant \mathrm{rank}B + \mathrm{rank}ABC$$

其中的等号成立, 当且仅当存在矩阵 X 和 Y, 使得 $B = BCX + YAB$.

0.4.6 有关秩的等式

下面是与秩有关的一些等式.

（a）如果 $A \in M_{m,n}(\mathbf{C})$，则 $\text{rank}A^* = \text{rank}A^{\mathrm{T}} = \text{rank}\,\overline{A} = \text{rank}A$.

（b）如果 $A \in M_m(\mathbf{F})$ 与 $C \in M_n(\mathbf{F})$ 非奇异，又 $B \in M_{m,n}(\mathbf{F})$，那么 $\text{rank}AB = \text{rank}B = \text{rank}BC = \text{rank}ABC$，也就是说，用一个非奇异矩阵左乘或者右乘不改变原矩阵的秩.

（c）如果 $A, B \in M_{m,n}(\mathbf{F})$，那么 $\text{rank}A = \text{rank}B$，当且仅当存在一个非奇异矩阵 $X \in M_m(\mathbf{F})$ 以及一个非奇异矩阵 $Y \in M_n(\mathbf{F})$，使得 $B = XAY$.

（d）如果 $A \in M_{m,n}(\mathbf{C})$，那么 $\text{rank}A^*A = \text{rank}A$.

（e）**满秩分解**（full-rank factorization）：如果 $A \in M_{m,n}(\mathbf{F})$，那么 $\text{rank}A = k$ 当且仅当对某个 $X \in M_{m,k}(\mathbf{F})$ 以及 $Y \in M_{n,k}(\mathbf{F})$ 有 $A = XY^{\mathrm{T}}$，X 与 Y 各自的列向量都是线性无关的. 对于某个非奇异的 $B \in M_k(\mathbf{F})$，等价的分解 $A = XBY^{\mathrm{T}}$ 也可能是有用的. 特别地，$\text{rank}A = 1$ 当且仅当对某个非零向量 $x \in \mathbf{F}^m$ 以及 $y \in \mathbf{F}^n$ 有 $A = xy^{\mathrm{T}}$.

（f）如果 $A \in M_{m,n}(\mathbf{F})$，那么 $\text{rank}A = k$ 当且仅当存在非奇异的矩阵 $S \in M_m(\mathbf{F})$ 以及 $T \in M_n(\mathbf{F})$，使得 $A = S\begin{bmatrix} I_k & 0 \\ 0 & 0 \end{bmatrix}T$.

（g）设 $A \in M_{m,n}(\mathbf{F})$. 如果 $X \in M_{n,k}(\mathbf{F})$ 以及 $Y \in M_{m,k}(\mathbf{F})$，又如果 $W = Y^{\mathrm{T}}AX$ 是非奇异的，那么

$$\text{rank}(A - AXW^{-1}Y^{\mathrm{T}}A) = \text{rank}A - \text{rank}AXW^{-1}Y^{\mathrm{T}}A \qquad (0.4.6.1)$$

当 $k = 1$ 时，这就是 **Wedderburn 秩 1 化简公式**（Wedderburn rank-one reduction formula）：如果 $x \in \mathbf{F}^n$ 且 $y \in \mathbf{F}^m$，又如果 $\omega = y^{\mathrm{T}}Ax \neq 0$，那么

$$\text{rank}(A - \omega^{-1}Axy^{\mathrm{T}}A) = \text{rank}A - 1 \qquad (0.4.6.2)$$

反之，如果 $\sigma \in \mathbf{F}$，$u \in \mathbf{F}^n$，$v \in \mathbf{F}^m$，且 $\text{rank}(A - \sigma uv^{\mathrm{T}}) < \text{rank}A$，那么 $\text{rank}(A - \sigma uv^{\mathrm{T}}) = \text{rank}A - 1$，且存在 $x \in \mathbf{F}^n$ 以及 $y \in \mathbf{F}^m$，使得 $u = Ax$，$v = A^{\mathrm{T}}y$，$y^{\mathrm{T}}Ax \neq 0$ 以及 $\sigma = (y^{\mathrm{T}}Ax)^{-1}$.

0.5 非奇异性

一个线性变换或者矩阵称为是**非奇异的**（nonsingular），如果它仅对输入 0 才得到输出 0. 反之则称它是**奇异的**（singular）. 如果 $A \in M_{m,n}(\mathbf{F})$ 且 $m < n$，那么 A 必定是奇异的. $A \in M_n(\mathbf{F})$ 是**可逆的**（invertible），如果存在一个矩阵 $A^{-1} \in M_n(\mathbf{F})$（$A$ 的逆），使得 $A^{-1}A = I$. 如果 $A \in M_n$ 且 $A^{-1}A = I$，那么 $AA^{-1} = I$；这就是说，A^{-1} 是**左逆**（left inverse）当且仅当它是**右逆**（right inverse）；A^{-1} 只要存在，就是唯一的.

回忆种种关于方阵何时才是非奇异的判别法是有用的. 对给定的 $A \in M_n(\mathbf{F})$，以下诸结论等价.

（a）A 是非奇异的.

（b）A^{-1} 存在.

（c）$\text{rank}A = n$.

（d）A 的行线性无关.

(e) A 的列线性无关.

(f) $\det A \neq 0$.

(g) A 的值域的维数是 n.

(h) A 的零空间的维数是 0.

(i) 对每个 $b \in \mathbf{F}^n$, $Ax = b$ 都是相容的.

(j) 如果 $Ax = b$ 相容,那么解是唯一的.

(k) 对每个 $b \in \mathbf{F}^n$, $Ax = b$ 都有唯一解.

(l) $Ax = 0$ 仅有解 $x = 0$.

(m) 0 不是 A 的特征值(见第 1 章).

对于有限维向量空间 V 上的线性变换 $T: V \rightarrow V$,条件(g)和(h)是等价的;也就是说,对每一个 $y \in V$, $Tx = y$ 都有解 x,当且仅当满足 $Tx = 0$ 的仅有的 x 是 $x = 0$,当且仅当对每个 $y \in V$, $Tx = y$ 有唯一解 x.

$M_n(\mathbf{F})$ 中的非奇异矩阵构成一个群,称为**一般线性群**(general linear group),常用 $GL(n, \mathbf{F})$ 来表示.

如果 $A \in M_n(\mathbf{F})$ 非奇异,那么 $[(A^{-1})^{\mathrm{T}} A^{\mathrm{T}}]^{\mathrm{T}} = A(A^{-1}) = I$,所以 $(A^{-1})^{\mathrm{T}} A^{\mathrm{T}} = I$,这就意味着 $(A^{-1})^{\mathrm{T}} = (A^{\mathrm{T}})^{-1}$. 将 $(A^{-1})^{\mathrm{T}}$ 或者 $(A^{\mathrm{T}})^{-1}$ 写成 $A^{-\mathrm{T}}$ 是很方便的. 如果 $A \in M_n(\mathbf{C})$ 非奇异,那么 $(A^{-1})^* = (A^*)^{-1}$,从而可以确保将这两者写成 A^{-*}.

0.6   Euclid 内积与范数

0.6.1   定义

纯量 $\langle x, y \rangle = y^* x$ 是 $x, y \in \mathbf{C}^n$ 的 **Euclid 内积**(Euclidean inner product),也称**标准内积**(standard inner product)、**常用内积**(usual inner product)、**纯量积**(scalar product)、**点积**(dot product). $\mathbf{C}^n$ 上的 **Euclid 范数**(Euclidean norm)函数是实值函数 $\|x\|_2 = \langle x, x \rangle^{1/2} = (x^* x)^{1/2}$,Euclid 范数也称**常用范数**(usual norm)、**Euclid 长度**(Euclidean length). 这个函数的两个重要性质是:对所有非零的 $x \in \mathbf{C}^n$ 有 $\|x\|_2 > 0$ 以及对所有 $x \in \mathbf{C}^n$ 和所有 $\alpha \in \mathbf{C}$ 有 $\|\alpha x\|_2 = |\alpha| \, \|x\|_2$.

函数 $\langle \cdot, \cdot \rangle: \mathbf{C}^n \times \mathbf{C}^n \rightarrow \mathbf{C}$ 关于第一个变量是线性的,关于第二个变量是**共轭线性的**(conjugate linear);也就是说,对所有 $\alpha, \beta \in \mathbf{C}$ 以及 $y_1, y_2 \in \mathbf{C}^n$ 有 $\langle \alpha x_1 + \beta x_2, y \rangle = \alpha \langle x_1, y \rangle + \beta \langle x_2, y \rangle$ 以及 $\langle x, \alpha y_1 + \beta y_2 \rangle = \bar{\alpha} \langle x, y_1 \rangle + \bar{\beta} \langle x, y_2 \rangle$ 成立. 如果 V 是一个实的或者复的向量空间,且 $f: V \times V \rightarrow \mathbf{C}$ 关于第一个变量是线性的函数而关于第二个变量是共轭线性的函数,我们就称 f 在 V 上是**半双线性的**(sesquilinear);f 是 V 上的**半内积**(semi-inner product),如果它在 V 上是半双线性的,且对每个 $x \in V$ 都有 $f(x, x) \geq 0$;f 是 V 上的**内积**(inner product),如果它在 V 上是半双线性的,且对每个非零的 $x \in V$ 都有 $f(x, x) > 0$. **内积空间**(inner product space)是元素对 (V, f),其中 V 是实的或者复的向量空间,而 f 则是 V 上的内积.

0.6.2   正交性和标准正交性

两个向量 $x, y \in \mathbf{C}^n$ 是**正交的**(orthogonal),如果 $\langle x, y \rangle = 0$. 在 $\mathbf{R}^2$ 和 $\mathbf{R}^3$ 中,"正交"

有常规的几何解释——"垂直". 一组向量 x_1, $\cdots$, $x_m \in \mathbf{C}^n$ 说成是正交的, 如果对所有不同的 i, $j \in \{1, \cdots, m\}$ 都有 $\langle x_i, x_j \rangle = 0$. 一组非零的正交向量是线性无关的. Euclid 范数为 1 的向量称为是**标准化的**(normalized)(**单位向量**, unit vector). 对任何非零的 $x \in \mathbf{C}^n$, $x/\|x\|_2$ 是单位向量. 一组正交向量是标准正交的向量组, 如果它的每一个元素都是单位向量. 一组标准正交的向量是线性无关的. 这些概念中的每一个都在内积空间中有直接的推广.

0.6.3 Cauchy-Schwarz 不等式

Cauchy-Schwarz **不等式**说的是, 对所有 x, $y \in \mathbf{C}^n$ 有

$$|\langle x, y \rangle| \leqslant \|x\|_2 \|y\|_2$$

其中的等式成立, 当且仅当其中有一个向量是另一个的纯量倍数. 两个非零实向量 x, $y \in \mathbf{R}^n$ 之间的**角度**(angle)θ 定义为

$$\cos\theta = \frac{\langle x, y \rangle}{\|x\|_2 \|y\|_2}, \quad 0 \leqslant \theta \leqslant \pi \tag{0.6.3.1}$$

0.6.4 Gram-Schmidt 标准正交化

一个内积空间中的任意有限多个线性无关的向量可以用一组有同样生成空间的标准正交向量组替代. 这种替代可以用许多方式来实现, 其中有一种系统的方法可以实现, 而且此法有一个有用的特殊性质. **Gram-Schmidt 方法**从一组向量 v_1, $\cdots$, v_n 着手, 产生出一组标准正交的向量 z_1, $\cdots$, z_n(如果给定的向量组是线性无关的), 使得对每个 $k=1$, $\cdots$, n 都有 $\mathrm{span}\{z_1, \cdots, z_k\} = \mathrm{span}\{x_1, \cdots, x_k\}$. 向量 z_i 可以如下依次计算: 设 $y_1 = x_1$ 并将它标准化: $z_1 = y_1/\|y_1\|_2$. 设 $y_2 = x_2 - \langle x_2, z_1 \rangle z_1$($y_2$ 与 z_1 正交)并将它标准化: $z_2 = y_2/\|y_2\|_2$. 一旦 z_1, $\cdots$, z_{k-1} 已经确定, 则向量

$$y_k = x_k - \langle x_k, z_{k-1} \rangle z_{k-1} - \langle x_k, z_{k-2} \rangle z_{k-2} - \cdots - \langle x_k, z_1 \rangle z_1$$

与 z_1, $\cdots$, z_{k-1} 正交; 将其标准化: $z_k = y_k/\|y_k\|_2$. 继续下去直到 $k=n$ 为止. 如果记 $Z = [z_1 \quad \cdots \quad z_n]$ 以及 $X = [x_1 \quad \cdots \quad x_n]$, 则 Gram-Schmidt 方法给出分解式 $X = ZR$, 其中方阵 $R = [r_{ij}]$ 是非奇异的且是上三角的, 即只要 $i > j$ 都有 $r_{ij} = 0$.

如果向量 x_1, $\cdots$, x_k 是标准正交的, 且 x_1, $\cdots$, x_k, x_{k+1}, $\cdots$, x_n 是线性无关的, 对后一组向量应用 Gram-Schmidt 方法就得出标准正交的向量组 x_1, $\cdots$, x_k, z_{k+1}, $\cdots$, z_n.

Gram-Schmidt 方法可以应用于任意一组有限多个向量, 无论它们是线性无关的还是线性相关的. 如果 x_1, $\cdots$, x_n 线性相关, 则 Gram-Schmidt 方法对于使得 x_k 是 x_1, $\cdots$, x_{k-1} 的线性组合的最小的 k 值产生一个向量 $y_k = 0$.

0.6.5 标准正交基

内积空间的一组**标准正交基**(orthonormal basis)是其元素构成一组标准正交向量的基. 由于任何一组有限的有序基都可以用 Gram-Schmidt 方法转变成一组标准正交基, 任意一个有限维的内积空间都有标准正交基, 且任意一组标准正交向量都可以扩充成为一组标准正交基. 与这样一组基打交道令人愉悦, 因为内积的计算中交叉项相乘的结果全都等于零.

0.6.6　正交补

给定任意一个子集 $S \subset \mathbf{C}^n$，S 的**正交补**(orthogonal complement)是集合 $S^\perp = \{x \in \mathbf{C}^n : x^* y = 0,$ 对所有 $y \in S\}$. 即使 S 不是子空间，$S^\perp$ 也总是一个子空间. 我们有 $(S^\perp)^\perp =$ span$S$，且当 S 是一个子空间时有 $(S^\perp)^\perp = S$. 恒有 $\dim S^\perp + \dim(S^\perp)^\perp = n$. 如果 S_1 和 S_2 是子空间，那么就有 $(S_1 + S_2)^\perp = S_1^\perp \bigcap S_2^\perp$.

对给定的 $A \in M_{m,n}$，range$A$ 是 nullspaceA^* 的正交补. 于是，对给定的 $b \in \mathbf{C}^m$，线性方程组 $Ax = b$ 有一组解（不一定是唯一的），当且仅当对每个满足 $A^* z = 0$ 的 $z \in \mathbf{C}^m$ 都有 $b^* z = 0$. 有时把这种等价性称为 **Fredholm 择一性**(alternative)（也称为**择一定理**）——下面两个命题中恰有一个为真：或者 (1) $Ax = b$ 有解；或者 (2) $A^* y = 0$ 有满足 $y^* b \neq 0$ 的解.

如果 $A \in M_{m,n}$ 且 $B \in M_{m,q}$，又有 $X \in M_{m,r}$ 以及 $Y \in M_{m,s}$，又如果 range$X =$ nullspaceA^* 且 range$Y =$ nullspaceB^*，那么我们就有以下与 (0.2.7.1) 以及 (0.2.7.2) 相伴的结果：

$$\text{range}A \bigcap \text{range}B = \text{nullspace} \begin{bmatrix} X^* \\ Y^* \end{bmatrix} \tag{0.6.6.1}$$

0.7　集合与矩阵的分划

集合 $\mathcal{S}$ 的一个**分划**(partition)是 $\mathcal{S}$ 的子集组成的集合，它使得 $\mathcal{S}$ 的每一个元素是其中一个且也仅为其中一个子集的元素. 例如，集合 $\{1, 2, \cdots, n\}$ 的分划是其子集 $\alpha_1, \cdots, \alpha_t$（称为**指标集**，index set）的一个集合，它使得介于 1 和 n 之间的每个整数都在这些指标集中且仅在其中一个之中. $\{1, 2, \cdots, n\}$ 的**顺序分划**(sequential partition)是这样一种分划，其指标集有如下特殊的形式 $\alpha_1 = \{1, \cdots, i_1\}$，$\alpha_2 = \{i_1 + 1, \cdots, i_2\}$，$\cdots$，$\alpha_t = \{i_{t-1} + 1, \cdots, n\}$.

矩阵的**分划**(partition)是将矩阵划分成子矩阵的分解，它使得原始矩阵中的每个元素在且仅在一个子矩阵中. 分划矩阵对于理解有用的构造通常是一种便捷的工具. 例如，按照列所作的分划 $B = [b_1 \cdots b_n] \in M_n(\mathbf{F})$ 揭示出矩阵乘积的表达式 $AB = [Ab_1 \cdots Ab_n]$（根据 AB 的列来分划）.

0.7.1　子矩阵

设 $A \in M_{m,n}(\mathbf{F})$. 对指标集 $\alpha \subseteq \{1, \cdots, m\}$ 和 $\beta \subseteq \{1, \cdots, n\}$，我们用 $A[\alpha, \beta]$ 来记 A 的位于由 α 所指定的那些行以及由 β 所指定的那些列的位置上的那些元素所构成的（子）矩阵. 例如

$$\begin{bmatrix} 1 & 2 & 3 \\ 4 & 5 & 6 \\ 7 & 8 & 9 \end{bmatrix}[\{1,3\}, \{1,2,3\}] = \begin{bmatrix} 1 & 2 & 3 \\ 7 & 8 & 9 \end{bmatrix}$$

如果 $\alpha = \beta$，则子矩阵 $A[\alpha] = A[\alpha, \alpha]$ 就是 A 的一个**主子矩阵**(principal submatrix). 一个 $n \times n$ 矩阵有 $\binom{n}{k}$ 个不同的 k 阶主子矩阵.

对 $A \in M_n(\mathbf{F})$ 以及 $k \in \{1, \cdots, n\}$，$A[\{1, \cdots, k\}]$ 是**前主子矩阵**(leading principal submatrix)，而 $A[\{k，\cdots，n\}]$ 则是**尾主子矩阵**(trailing principal submatrix).

通常用删除行或列的方法比用加入行或列的方法来指明子矩阵或者主子矩阵更为方便. 这可以用设置指标集予以实现. 设 $\alpha^c=\{1，\cdots，m\}\setminus\alpha$ 以及 $\beta^c=\{1，\cdots，n\}\setminus\beta$ 分别表示与 α 和 β 互补的指标集. 那么 $A[\alpha^c，\beta^c]$ 就是从原矩阵中**删去**由 α 指定的行以及删去由 β 指定的列之后所得到的子矩阵. 例如，子矩阵 $A[\alpha，\varnothing^c]$ 包含 A 中由 α 指定的那些行；$A[\varnothing^c，\beta]$ 则包含 A 中由 β 指定的那些列.

A 中一个 $r\times r$ 子矩阵的行列式称为一个**子式**(minor)；如果我们希望指出这个子矩阵的大小，就称它的行列式是一个 r **阶子式**(minor of size r). 如果一个 $r\times r$ 子矩阵是一个**主子矩阵**，那么它的行列式就是一个(r 阶)**主子式**(principal minor)；如果该子矩阵是一个**前主子矩阵**，那么它的行列式就是一个**前主子式**(leading principal minor)；如果该子矩阵是一个**尾主子矩阵**，那么它的行列式就是一个**尾主子式**(trailing principal minor). 我们约定，空的主子式是 1，即 $\det A[\varnothing]=1$.

像出现在 Laplace 展开式(0.3.1.1)中那样带有符号的子式 $[(-1)^{i+j}\det A_{ij}]$ 称为**代数余子式**(cofactor)；如果希望指出其子矩阵的大小，就将这个带有符号的行列式称为一个 r **阶代数余子式**(cofactor of size r).

0.7.2 分划，分块矩阵以及乘法

如果 $\alpha_1，\cdots，\alpha_t$ 构成 $\{1，\cdots，m\}$ 的一个分划，而 $\beta_1，\cdots，\beta_s$ 构成 $\{1，\cdots，n\}$ 的一个分划，那么矩阵 $A[\alpha_i，\beta_j](1\leqslant i\leqslant t，1\leqslant j\leqslant s)$ 就构成矩阵 $A\in M_{m,n}(\mathbf{F})$ 的一个分划. 如果 $A\in M_{m,n}(\mathbf{F})$ 的分划以及 $B\in M_{n,p}(\mathbf{F})$ 的分划使得 $\{1，\cdots，n\}$ 的两个分划完全相同，则这两个矩阵分划就称为是**共形的**(conformal). 在此情形有

$$(AB)[\alpha_i，\gamma_j]=\sum_{k=1}^{s}A[\alpha_i，\beta_k]B[\beta_k，\gamma_j] \tag{0.7.2.1}$$

其中各自的子矩阵 $A[\alpha_i，\beta_k]$ 以及 $B[\beta_k，\gamma_j]$ 的集合分别是 A 和 B 的共形分划. (0.7.2.1)的左边是乘积 AB 的一个子矩阵(用常规方法计算)，而右边的每一个求和项都是一个标准的矩阵乘积. 于是，共形分划的矩阵之乘法与通常的矩阵之乘法极为相似. 两个大小相同的分划矩阵 $A，B\in M_{m,n}(\mathbf{F})$ 之和有类似的令人愉悦的表达式，如果它们的行的分划(它们列的分划)是相同的：

$$(A+B)[\alpha_i，\beta_j]=A[\alpha_i，\beta_j]+B[\alpha_i，\beta_j]$$

如果对一个矩阵的行和列作顺序分划，所产生的分划矩阵就称为一个**分块矩阵**(block matrix). 例如，如果 $A\in M_n(\mathbf{F})$ 的行和列用同样的顺序分划 $\alpha_1=\{1，\cdots，k\}$，$\alpha_2=\{k+1，\cdots，n\}$ 加以划分，则所产生的分块矩阵是

$$A=\begin{bmatrix}A[\alpha_1，\alpha_1] & A[\alpha_1，\alpha_2]\\ A[\alpha_2，\alpha_1] & A[\alpha_2，\alpha_2]\end{bmatrix}=\begin{bmatrix}A_{11} & A_{12}\\ A_{21} & A_{22}\end{bmatrix}$$

其中的**分块**(block)是 $A_{ij}=A[\alpha_i，\alpha_j]$. 在本书中始终使用分块矩阵进行计算，$2\times 2$ 分块矩阵最为重要也最为有用.

0.7.3 分划矩阵的逆

在经过分划的非奇异矩阵 A 的逆矩阵中，知道对应的分块是有用的，也就是将分划矩

阵的逆表示成共形分划的形式. 这可以用多种表面上看似不同但却等价的方式来实现——假设 $A \in M_n(\mathbf{F})$ 与 A^{-1} 的某些子矩阵也是非奇异的. 为简略起见, 设 A 被分划成 2×2 分块矩阵

$$A = \begin{bmatrix} A_{11} & A_{12} \\ A_{21} & A_{22} \end{bmatrix}$$

其中 $A_{ii} \in M_{n_i}(\mathbf{F})$ $(i=1, 2)$, $n_1 + n_2 = n$. 有关 A^{-1} 的对应分划表示的一个有用的表达式是

$$\begin{bmatrix} (A_{11} - A_{12}A_{22}^{-1}A_{21})^{-1} & A_{11}^{-1}A_{12}(A_{21}A_{11}^{-1}A_{12} - A_{22})^{-1} \\ A_{22}^{-1}A_{21}(A_{12}A_{22}^{-1}A_{21} - A_{11})^{-1} & (A_{22} - A_{21}A_{11}^{-1}A_{12})^{-1} \end{bmatrix} \qquad (0.7.3.1)$$

假设其中涉及的所有逆矩阵都存在. 有关 A^{-1} 的这个表达式可以用 A 作分划矩阵的乘法然后予以化简加以验证. 按照一般指标集的记号, 可以记

$$A^{-1}[\alpha] = (A[\alpha] - A[\alpha, \alpha^c]A[\alpha^c]^{-1}A[\alpha^c, \alpha])^{-1}$$

以及

$$\begin{aligned} A^{-1}[\alpha, \alpha^c] &= A[\alpha]^{-1}A[\alpha, \alpha^c](A[\alpha^c, \alpha]A[\alpha]^{-1}A[\alpha, \alpha^c] - A[\alpha^c])^{-1} \\ &= (A[\alpha, \alpha^c]A[\alpha^c]^{-1}A[\alpha^c, \alpha] - A[\alpha])^{-1}A[\alpha, \alpha^c]A[\alpha^c]^{-1} \end{aligned}$$

这里再次假设有关的逆矩阵都存在. 在这些表达式与 Schur 补之间有一个密切的关系, 见 (0.8.5). 注意 $A^{-1}[\alpha]$ 是 A^{-1} 的一个子矩阵, 而 $A[\alpha]^{-1}$ 则是 A 的一个子矩阵的逆, 一般说来, 这两者是不相同的.

0.7.4　Sherman-Morrison-Woodbury 公式

假设非奇异的矩阵 $A \in M_n(\mathbf{F})$ 有一个已知的逆 A^{-1}, 同时考虑 $B = A + XRY$, 其中 X 是 $n \times r$ 矩阵, Y 是 $r \times n$ 矩阵, 而 R 是 $r \times r$ 非奇异矩阵. 如果 B 和 $R^{-1} + YA^{-1}X$ 是非奇异的, 那么

$$B^{-1} = A^{-1} - A^{-1}X(R^{-1} + YA^{-1}X)^{-1}YA^{-1} \qquad (0.7.4.1)$$

如果 r 比 n 小得多, 那么对 R 和 $R^{-1} + YA^{-1}X$ 求逆比对 B 求逆要容易得多. 例如, 如果 $x, y \in \mathbf{F}^n$ 是非零向量, $X = x$, $Y = y^{\mathrm{T}}$, $y^{\mathrm{T}}A^{-1}x \neq -1$, 且 $R = [1]$, 那么 (0.7.4.1) 就变成一个对 A 作秩 1 修正的逆的公式:

$$(A + xy^{\mathrm{T}})^{-1} = A^{-1} - (1 + y^{\mathrm{T}}A^{-1}x)^{-1}A^{-1}xy^{\mathrm{T}}A^{-1} \qquad (0.7.4.2)$$

特别地, 如果对 $x, y \in \mathbf{F}^n$ 以及 $y^{\mathrm{T}}x \neq -1$ 有 $B = I + xy^{\mathrm{T}}$, 那么 $B^{-1} = I - (1 + y^{\mathrm{T}}x)^{-1}xy^{\mathrm{T}}$.

0.7.5　零化度互补

假设 $A \in M_n(\mathbf{F})$ 非奇异, 设 α 和 β 是 $\{1, \cdots, n\}$ 的非空子集, 并用 $|\alpha| = r$ 和 $|\beta| = s$ 记 α 和 β 的基数. 则**零化度互补**(complementary nullity)**法则**说的就是

$$\mathrm{nullity}(A[\alpha, \beta]) = \mathrm{nullity}(A^{-1}[\beta^c, \alpha^c]) \qquad (0.7.5.1)$$

它等价于秩恒等式

$$\mathrm{rank}(A[\alpha, \beta]) = \mathrm{rank}(A^{-1}[\beta^c, \alpha^c]) + r + s - n \qquad (0.7.5.2)$$

由于我们可以对行和列作排列, 首先放置由 α 指定的 r 行以及由 β 指定的 s 列, 所以只需考虑表达式

$$A = \begin{bmatrix} A_{11} & A_{12} \\ A_{21} & A_{22} \end{bmatrix}, \quad A^{-1} = \begin{bmatrix} B_{11} & B_{12} \\ B_{21} & B_{22} \end{bmatrix}$$

即可，其中 A_{11} 和 B_{11}^{T} 是 $r \times s$ 矩阵，而 A_{22} 和 B_{22}^{T} 是 $(n-r) \times (n-s)$ 矩阵．这样(0.7.5.1)说的就是 $\mathrm{nullity} A_{11} = \mathrm{nullity} B_{22}$．

这里的基本原则十分简单．假设 A_{11} 的**零化度**(nullity)为 k．如果 $k \geqslant 1$，设 $X \in M_{s,k}(\mathbf{F})$ 的列是 A_{11} 的零空间的一组基．由于 A 非奇异，故而

$$A \begin{bmatrix} X \\ 0 \end{bmatrix} = \begin{bmatrix} A_{11} X \\ A_{21} X \end{bmatrix} = \begin{bmatrix} 0 \\ A_{21} X \end{bmatrix}$$

是满秩的，所以 $A_{21} X$ 有 k 个线性无关的列．但是

$$\begin{bmatrix} B_{12}(A_{21}X) \\ B_{22}(A_{21}X) \end{bmatrix} = A^{-1} \begin{bmatrix} 0 \\ A_{21}X \end{bmatrix} = A^{-1} A \begin{bmatrix} X \\ 0 \end{bmatrix} = \begin{bmatrix} X \\ 0 \end{bmatrix}$$

所以 $B_{22}(A_{21}X) = 0$，从而 $\mathrm{nullity} B_{22} \geqslant k = \mathrm{nullity} A_{11}$，此命题当 $k=0$ 时平凡地成立．从 B_{22} 出发用类似的推理可得 $\mathrm{nullity} A_{11} \geqslant \mathrm{nullity} B_{22}$．不同的讨论方法参见(3.5. P13)．

当然，(0.7.5.1)也告诉我们有 $\mathrm{nullity} A_{12} = \mathrm{nullity} B_{12}$，$\mathrm{nullity} A_{21} = \mathrm{nullity} B_{21}$，以及 $\mathrm{nullity} A_{22} = \mathrm{nullity} B_{11}$．如果 $r+s=n$，那么 $\mathrm{rank} A_{11} = \mathrm{rank} B_{22}$ 且 $\mathrm{rank} A_{22} = \mathrm{rank} B_{11}$，而如果 $n=2r=2s$，则也有 $\mathrm{rank} A_{12} = \mathrm{rank} B_{12}$ 以及 $\mathrm{rank} A_{21} = \mathrm{rank} B_{21}$．最后，(0.7.5.2)告诉我们，一个 $n \times n$ 非奇异矩阵的 $r \times s$ 子矩阵的秩至少为 $r+s-n$．

0.7.6 分划矩阵以及主秩矩阵中的秩

将 $A \in M_n(\mathbf{F})$ 分划为

$$A = \begin{bmatrix} A_{11} & A_{12} \\ A_{21} & A_{22} \end{bmatrix}, \quad A_{11} \in M_r(\mathbf{F}), \quad A_{22} \in M_{n-r}(\mathbf{F})$$

如果 A_{11} 非奇异，则当然有 $\mathrm{rank}[A_{11} \quad A_{12}] = r$ 以及 $\mathrm{rank} \begin{bmatrix} A_{11} \\ A_{21} \end{bmatrix} = r$．值得注意的是其逆命题亦为真：

$$\text{如果 } \mathrm{rank} A = \mathrm{rank}[A_{11} \quad A_{12}] = \mathrm{rank} \begin{bmatrix} A_{11} \\ A_{21} \end{bmatrix}, \quad \text{那么 } A_{11} \text{ 非奇异} \quad (0.7.6.1)$$

这可以由(0.4.6(c))推出：如果 A_{11} 是奇异的，那么 $\mathrm{rank} A_{11} = k < r$，且存在非奇异的 S，$T \in M_r(\mathbf{F})$，使得

$$S A_{11} T = \begin{bmatrix} I_k & 0 \\ 0 & 0_{r-k} \end{bmatrix}$$

于是

$$\hat{A} = \begin{bmatrix} S & 0 \\ 0 & I_{n-r} \end{bmatrix} A \begin{bmatrix} T & 0 \\ 0 & I_{n-r} \end{bmatrix} = \begin{bmatrix} \begin{bmatrix} I_k & 0 \\ 0 & 0_{r-k} \end{bmatrix} & S A_{12} \\ A_{21} T & A_{22} \end{bmatrix}$$

的秩是 r，正如它的第一个分块行和分块列所给出的那样．因为 $\hat{A}$ 的第一个分块列的第 r 行是零，故 $S A_{12}$ 中必定存在一列，它的第 r 个元素不为零，这就意味着 $\hat{A}$ 至少有 $r+1$ 列是线

性无关的. 这与 rank $\hat{A}$＝rank$A$＝r 矛盾, 所以 A_{11} 必定是非奇异的.

设 $A \in M_{m,n}(\mathbf{F})$, 又假设 rank$A$＝$r>0$. 令 $A=XY^{\mathrm{T}}$ 是满秩分解, 其中 X, $Y \in M_{m,r}(\mathbf{F})$, 见(0.4.6c). 设 α, $\beta \subseteq \{1, \cdots, m\}$ 以及 γ, $\delta \subseteq \{1, \cdots, n\}$ 是基数为 r 的指标集. 那么 $A[\alpha, \gamma]=X[\alpha, \varnothing^{\mathrm{c}}]Y[\gamma, \varnothing^{\mathrm{c}}]^{\mathrm{T}} \in M_r(\mathbf{F})$, 它是非奇异的, 只要 rank$X[\alpha, \varnothing^{\mathrm{c}}]$＝rank$Y[\gamma, \varnothing^{\mathrm{c}}]$＝$r$. 积性性质(0.3.5)确保有

$$\det A[\alpha, \gamma]\det A[\beta, \delta] = \det A[\alpha, \delta]\det A[\beta, \gamma] \qquad (0.7.6.2)$$

假设 $A \in M_n(\mathbf{F})$ 且 rank$A$＝r. 我们说 A 是**主秩的**(rank principal), 如果它有一个非奇异的 $r \times r$ 主子矩阵. 由(0.7.6.1)推出, 如果存在某个指标集 $\alpha \subset \{1, \cdots, n\}$, 使得

$$\mathrm{rank}A = \mathrm{rank}A[\alpha, \varnothing^{\mathrm{c}}] = \mathrm{rank}A[\varnothing^{\mathrm{c}}, \alpha] \qquad (0.7.6.3)$$

(这就是说, 如果 A 有 r 个线性无关的行, 使得对应的 r 个列是线性无关的), 那么 A 就是主秩的. 此外, $A[\alpha]$ 还是非奇异的.

如果 $A \in M_n(\mathbf{F})$ 是对称的或者斜对称的, 或者如果 $A \in M_n(\mathbf{C})$ 是 Hermite 的或者斜 Hermite 的, 那么对每个指标集 α 有 rank$A[\alpha, \varnothing^{\mathrm{c}}]$＝rank$A[\varnothing^{\mathrm{c}}, \alpha]$, 所以 A 满足(0.7.6.3), 从而它也是主秩的.

0.7.7 交换性, 反交换性以及分块对角矩阵

两个矩阵 A, $B \in M_n(\mathbf{F})$ 称为是**交换的**(commute), 如果 AB＝BA. 交换性不是常规性质, 但却是会经常遇到的重要情形. 假设 $\Lambda=[\Lambda_{ij}]_{i,j=1}^s \in M_n(\mathbf{F})$ 是一个分块矩阵, 其中 $\Lambda_{ij}=0$ (如果 $i \neq j$); $\Lambda_{ii}=\lambda_i I_{n_i}$ (对某个 $\lambda_i \in \mathbf{F}$ 以及每个 $i=1, \cdots, s$); 又对 $i \neq j$ 有 $\lambda_i \neq \lambda_j$. 与 Λ 共形地分划 $B=[B_{ij}]_{i,j=1}^s \in M_n(\mathbf{F})$. 那么 $\Lambda B=B\Lambda$, 当且仅当对每个 i, $j=1, \cdots, s$ 有 $\lambda_i B_{ij}=B_{ij}\lambda_j$, 即对每个 i, $j=1, \cdots, s$ 有 $(\lambda_i-\lambda_j)B_{ij}=0$. 这些恒等式能够满足, 当且仅当只要 $i \neq j$ 就有 $B_{ij}=0$. 于是, Λ 与 B 可交换, 当且仅当 B 与 Λ 是共形的分块对角矩阵, 见(0.9.2).

两个矩阵 A, $B \in M_n(\mathbf{F})$ 称为是**反交换的**(anticommute), 如果 AB＝$-BA$. 例如, 矩阵 $\begin{bmatrix} 1 & 0 \\ 0 & -1 \end{bmatrix}$ 和 $\begin{bmatrix} 0 & 1 \\ 1 & 0 \end{bmatrix}$ 是反交换的.

0.7.8 映射 vec

将矩阵 $A \in M_{m,n}(\mathbf{F})$ 按照列进行分划: $A=[a_1 \quad \cdots \quad a_n]$. 映射 vec: $M_{m,n}(\mathbf{F}) \rightarrow \mathbf{F}^{mn}$ 是

$$\mathrm{vec}A = [a_1^{\mathrm{T}} \quad \cdots \quad a_n^{\mathrm{T}}]^{\mathrm{T}}$$

也就是说, vec$A$ 是从左向右叠置 A 的列所得到的向量. 在与矩阵方程有关的问题中, vec 算子可能是一个便利的工具.

0.8 再谈行列式

关于行列式的某些进一步的结果以及恒等式是有用的参考资料.

0.8.1 复合矩阵

令 $A \in M_{m,n}(\mathbf{F})$. 设 $\alpha \subseteq \{1, \cdots, m\}$ 和 $\beta \subseteq \{1, \cdots, n\}$ 是基数为 $r \leqslant \min\{m, n\}$ 个元素

的指标集. 其位于 α, β 处的元素是 $\det A[\alpha, \beta]$ 的那个 $\binom{m}{r} \times \binom{n}{r}$ 矩阵称为 A 的第 r 个**复合矩阵**(compound matrix), 并记之为 $C_r(A)$. 在构造 $C_r(A)$ 的行和列时, 我们按照字典顺序对指标集排序, 也就是说, $\{1, 2, 4\}$ 先于 $\{1, 2, 5\}$ 先于 $\{1, 3, 4\}$, 如此等等. 例如, 如果

$$A = \begin{bmatrix} 1 & 2 & 3 \\ 4 & 5 & 6 \\ 7 & 8 & 10 \end{bmatrix} \tag{0.8.1.0}$$

那么 $C_2(A) =$

$$\begin{bmatrix} \det\begin{bmatrix} 1 & 2 \\ 4 & 5 \end{bmatrix} & \det\begin{bmatrix} 1 & 3 \\ 4 & 6 \end{bmatrix} & \det\begin{bmatrix} 2 & 3 \\ 5 & 6 \end{bmatrix} \\ \det\begin{bmatrix} 1 & 2 \\ 7 & 8 \end{bmatrix} & \det\begin{bmatrix} 1 & 3 \\ 7 & 10 \end{bmatrix} & \det\begin{bmatrix} 2 & 3 \\ 8 & 10 \end{bmatrix} \\ \det\begin{bmatrix} 4 & 5 \\ 7 & 8 \end{bmatrix} & \det\begin{bmatrix} 4 & 6 \\ 7 & 10 \end{bmatrix} & \det\begin{bmatrix} 5 & 6 \\ 8 & 10 \end{bmatrix} \end{bmatrix} = \begin{bmatrix} -3 & -6 & -3 \\ -6 & -11 & -4 \\ -3 & -2 & 2 \end{bmatrix}$$

如果 $A \in M_{m,k}(\mathbf{F})$, $B \in M_{k,n}(\mathbf{F})$, 且 $r \leqslant \{m, k, n\}$, 由 Cauchy-Binet 公式 (0.8.7) 得出

$$C_r(AB) = C_r(A)C_r(B) \tag{0.8.1.1}$$

这就是第 r 个复合矩阵的**积性性质**(multiplicativity property).

定义 $C_0(A) = 1$. 我们有 $C_1(A) = A$; 如果 $A \in M_n(\mathbf{F})$, 则有 $C_n(A) = \det A$.

如果 $A \in M_{m,k}(\mathbf{F})$ 且 $t \in \mathbf{F}$, 那么 $C_r(tA) = t^r C_r(A)$

如果 $1 \leqslant r \leqslant n$, 那么 $C_r(I_n) = I_{\binom{n}{r}} \in M_{\binom{n}{r}}$

如果 $A \in M_n$ 非奇异且 $1 \leqslant r \leqslant n$, 那么 $C_r(A)^{-1} = C_r(A^{-1})$

如果 $A \in M_n$ 且 $1 \leqslant r \leqslant n$, 那么 $\det C_r(A) = (\det A)^{\binom{n-1}{r-1}}$

如果 $A \in M_{m,n}(\mathbf{F})$ 且 $r = \operatorname{rank} A$, 那么 $\operatorname{rank} C_r(A) = 1$

如果 $A \in M_{m,n}(\mathbf{F})$ 且 $1 \leqslant r \leqslant \min\{m, n\}$, 那么 $C_r(A^{\mathrm{T}}) = C_r(A)^{\mathrm{T}}$

如果 $A \in M_{m,n}(\mathbf{C})$ 且 $1 \leqslant r \leqslant \min\{m, n\}$, 那么 $C_r(A^*) = C_r(A)^*$.

如果 $\Delta = [d_{ij}] \in M_n(\mathbf{F})$ 是上(下)三角矩阵(见(0.9.3)), 那么 $C_r(\Delta)$ 是上(下)三角矩阵. 它的主对角线上的元素是从 d_{11}, $\cdots$, d_{nn} 中选取 r 个元素组成的 $\binom{n}{r}$ 个可能的乘积, 也就是说, 它们是 $\binom{n}{r}$ 个按照字典顺序排列的纯量 $d_{i_1 i_1}$, $\cdots$, $d_{i_r i_r}$, 其中 $1 \leqslant i_1 < \cdots < i_r \leqslant n$. 如果 $D = \operatorname{diag}(d_1, \cdots, d_n) \in M_n(\mathbf{F})$ 是对角矩阵, 则 $C_r(D)$ 亦然, 它的主对角线元素是从 d_1, $\cdots$, d_n 中选取 r 个元素组成的 $\binom{n}{r}$ 个可能的乘积, 也就是说, 它们是 $\binom{n}{r}$ 个按照字典顺序排列的纯量 d_{i_1}, $\cdots$, d_{i_r}, 其中 $1 \leqslant i_1 < \cdots < i_r \leqslant n$. 关于复合矩阵的详尽的讨论请参见 Fiedler(1986) 专著的第 6 章.

0.8.2 转置伴随矩阵与逆矩阵

如果 $A \in M_n(\mathbf{F})$ 且 $n \geqslant 2$，那么 A 的诸代数余子式构成的转置矩阵

$$\mathrm{adj}A = \left[(-1)^{i+j}\det A[\{j\}^c, \{i\}^c]\right] \tag{0.8.2.0}$$

称为 A 的**转置伴随**（adjugate）**矩阵**，也称为 A 的**经典伴随**（classical adjoint）**矩阵**. 例如，
$\mathrm{adj}\begin{bmatrix} a & b \\ c & d \end{bmatrix} = \begin{bmatrix} d & -b \\ -c & a \end{bmatrix}$.

利用关于行列式的 Laplace 展开式进行计算揭示出转置伴随矩阵的基本性质：

$$(\mathrm{adj}A)A = A(\mathrm{adj}A) = (\det A)I \tag{0.8.2.1}$$

由此可见，如果 A 是非奇异的，则 $\mathrm{adj}A$ 是非奇异的，而且有 $\det(\mathrm{adj}A) = (\det A)^{n-1}$.

如果 A 非奇异，那么

$$\mathrm{adj}A = (\det A)A^{-1}, \quad 即 \quad A^{-1} = (\det A)^{-1}\mathrm{adj}A \tag{0.8.2.2}$$

例如，$\begin{bmatrix} a & b \\ c & d \end{bmatrix}^{-1} = (ad-bc)^{-1}\begin{bmatrix} d & -b \\ -c & a \end{bmatrix}$（如果 $ad \neq bc$）. 特别地，$\mathrm{adj}(A^{-1}) = A/\det A = (\mathrm{adj}A)^{-1}$.

如果 A 是奇异的，且 $\mathrm{rank}A \leqslant n-2$，那么 A 的每个 $n-1$ 阶子式都是零，所以 $\mathrm{adj}A = 0$.

如果 A 是奇异的，且 $\mathrm{rank}A = n-1$，那么 A 的某个 $n-1$ 阶子式不等于零，所以 $\mathrm{adj}\,A \neq 0$ 且 $\mathrm{rank}\,\mathrm{adj}A \geqslant 1$. 此外，$A$ 的某 $n-1$ 列是线性无关的，所以，恒等式 $(\mathrm{adj}A)A = (\det A)I = 0$ 确保 $\mathrm{adj}A$ 的零空间的维数至少为 $n-1$，从而 $\mathrm{rank}\,\mathrm{adj}A \leqslant 1$. 我们断言 $\mathrm{rank}\,\mathrm{adj}A = 1$. 满秩分解（0.4.6(e)）确保对某个非零的 $\alpha \in \mathbf{F}$ 以及非零的 $x, y \in \mathbf{F}^n$ 有 $\mathrm{adj}A = \alpha xy^{\mathrm{T}}$，它们可以如下来确定：计算

$$(Ax)y^{\mathrm{T}} = A(\mathrm{adj}A) = 0 = (\mathrm{adj}A)A = x(y^{\mathrm{T}}A)$$

并得出结论 $Ax = 0$ 以及 $y^{\mathrm{T}}A = 0$，这就是说，x（或 y）作为 A（或 A^{T}）的一维零空间的非零元素被确定到相差一个非零的纯量倍数.

函数 $A \to \mathrm{adj}A$ 在 M_n 上连续（$\mathrm{adj}A$ 的每个元素都是关于 A 的元素的多项式），且 M_n 中的每个矩阵都是非奇异矩阵的极限，故而转置伴随矩阵的性质可以由连续性以及反函数的性质推导出来. 例如，如果 $A, B \in M_n$ 非奇异，那么 $\mathrm{adj}(AB) = (\det AB)(AB)^{-1} = (\det A)(\det B)B^{-1}A^{-1} = (\det B)B^{-1}(\det A)A^{-1} = (\mathrm{adj}B)(\mathrm{adj}A)$. 这样连续性就确保有

$$\mathrm{adj}(AB) = (\mathrm{adj}B)(\mathrm{adj}A), \quad 对所有 A, B \in M_n \tag{0.8.2.3}$$

对任何 $c \in \mathbf{F}$ 以及任何 $A \in M_n(\mathbf{F})$，有 $\mathrm{adj}(cA) = c^{n-1}\mathrm{adj}A$. 特别地，有 $\mathrm{adj}(cI) = c^{n-1}I$ 以及 $\mathrm{adj}0 = 0$.

如果 A 非奇异，那么

$\mathrm{adj}(\mathrm{adj}A) = \mathrm{adj}((\det A)A^{-1}) = (\det A)^{n-1}\mathrm{adj}A^{-1} = (\det A)^{n-1}(A/\det A) = (\det A)^{n-2}A$

故而连续性就确保有

$$\mathrm{adj}(\mathrm{adj}A) = (\det A)^{n-2}A, \quad 对所有 A \in M_n \tag{0.8.2.4}$$

如果 $A+B$ 非奇异，那么 $A(A+B)^{-1}B = B(A+B)^{-1}A$，故而连续性就确保有

$$A\mathrm{adj}(A+B)B = B\mathrm{adj}(A+B)A, \quad 对所有 A, B \in M_n \tag{0.8.2.5}$$

令 $A, B \in M_n$ 并假设 A 与 B 可交换. 如果 A 非奇异，那么 $BA^{-1} = A^{-1}ABA^{-1} =$

$A^{-1}BAA^{-1}=A^{-1}B$，所以 A^{-1} 与 B 可交换. 但是 $BA^{-1}=(\det A)^{-1}B\mathrm{adj}A$ 且 $A^{-1}B=(\det A)^{-1}(\mathrm{adj}A)B$，所以 $\mathrm{adj}A$ 与 B 可交换. 连续性确保，只要 A 与 B 可交换，那么 $\mathrm{adj}A$ 也就与 B 可交换，即便 A 是奇异的，此结论依然成立.

如果 $A=[a_{ij}]$ 是上三角的，那么 $\mathrm{adj}A=[b_{ij}]$ 也是上三角的，且每一个 $b_{ii}=\prod_{j\neq i}a_{jj}$；如果 A 是对角的，则 $\mathrm{adj}A$ 亦然.

转置伴随矩阵是 $\det A$ 的梯度的转置：

$$(\mathrm{adj}A)=\left[\frac{\partial}{\partial a_{ij}}\det A\right]^{\mathrm{T}} \tag{0.8.2.6}$$

如果 A 非奇异，由 (0.8.2.6) 即推出有

$$\left[\frac{\partial}{\partial a_{ij}}\det A\right]^{\mathrm{T}}=(\det A)A^{-1} \tag{0.8.2.7}$$

如果 $A\in M_n$ 非奇异，那么 $\mathrm{adj}A^{\mathrm{T}}=(\det A^{\mathrm{T}})A^{-\mathrm{T}}=(\det A)A^{-\mathrm{T}}=[(\det A)A^{-1}]^{\mathrm{T}}=(\mathrm{adj}A)^{\mathrm{T}}$. 连续性保证有

$$\mathrm{adj}A^{\mathrm{T}}=(\mathrm{adj}A)^{\mathrm{T}},\quad \text{对所有} A\in M_n(\mathbf{F}) \tag{0.8.2.8}$$

类似的推理给出

$$\mathrm{adj}A^*=(\mathrm{adj}A)^*,\quad \text{对所有} A\in M_n \tag{0.8.2.9}$$

设 $A=[a_1\cdots a_n]\in M_n(\mathbf{F})$ 按照它的列加以分划，并设 $b\in\mathbf{F}^n$. 定义

$$(A\underset{i}{\leftarrow}b)=[a_1\ \cdots\ a_{i-1}\ b\ a_{i+1}\ \cdots\ a_n]$$

这就是说，$(A\underset{i}{\leftarrow}b)$ 表示这样一个矩阵，它的第 i 列为 b 而其余的列与 A 的列相同. 对 $\det(A\underset{i}{\leftarrow}b)$ 的第 i 列的子式用 Laplace 展开式 (0.3.1.1) 检验，表明它是向量 $(\mathrm{adj}A)b$ 的第 i 个元素，也就是说

$$\left[\det(A\underset{i}{\leftarrow}b)\right]_{i=1}^n=(\mathrm{adj}A)b \tag{0.8.2.10}$$

将这个向量恒等式应用到 $C=[c_1\ \cdots\ c_n]\in M_n(\mathbf{F})$ 的每一列上就给出矩阵恒等式

$$\left[\det(A\underset{i}{\leftarrow}c_j)\right]_{i,j=1}^n=(\mathrm{adj}A)C \tag{0.8.2.11}$$

0.8.3 Cramer 法则

当 $A\in M_n(\mathbf{F})$ 非奇异时，Cramer 法则是对 $Ax=b$ 的解的特定元素给出解析表达式的有用的方法. 恒等式

$$A\left[\det(A\underset{i}{\leftarrow}b)\right]_{i=1}^n=A(\mathrm{adj}A)b=(\det A)b$$

由 (0.8.2.9) 推出. 如果 $\det A\neq 0$，我们就对解向量 x 的第 i 个元素 x_i 得到 Cramer 法则

$$x_i=\frac{\det(A\underset{i}{\leftarrow}b)}{\det A}$$

Cramer 法则也可以由行列式的积性直接得出. 方程组 $Ax=b$ 可以改写成

$$A(I\underset{i}{\leftarrow}x)=A\underset{i}{\leftarrow}b$$

在两边取行列式（利用积性）就给出

$$(\det A)\det(I \underset{i}{\leftarrow} x) = \det(A \underset{i}{\leftarrow} b)$$

但是 $\det(I \underset{i}{\leftarrow} x) = x_i$，这就得到了公式.

0.8.4 逆矩阵的子式

Jacobi 恒等式推广了非奇异矩阵的逆的转置伴随公式，且把 A^{-1} 的子式与 $A \in M_n(\mathbf{F})$ 的子式联系在一起：

$$\det A^{-1}[\alpha^c, \beta^c] = (-1)^{p(\alpha,\beta)} \frac{\det A[\beta,\alpha]}{\det A} \tag{0.8.4.1}$$

其中 $p(\alpha,\beta) = \sum\limits_{i \in \alpha} i + \sum\limits_{j \in \beta} j$. 我们一般约定 $\det A[\varnothing] = 1$. 对主子矩阵，Jacobi 恒等式有简单的形式

$$\det A^{-1}[\alpha^c] = \frac{\det A[\alpha]}{\det A} \tag{0.8.4.2}$$

0.8.5 Schur 补和行列式公式

设给定 $A = [a_{ij}] \in M_n(\mathbf{F})$，并假设 $\alpha \subseteq \{1, \cdots, n\}$ 是使得 $A[\alpha]$ 非奇异的一个指标集. 基于利用 α 和 α^c 对 A 作的 2 分划，就有一个关于 $\det A$ 的重要公式

$$\det A = \det A[\alpha]\det(A[\alpha^c] - A[\alpha^c,\alpha]A[\alpha]^{-1}A[\alpha,\alpha^c]) \tag{0.8.5.1}$$

它推广了关于 2×2 矩阵的行列式的一个熟悉的公式. 特殊的矩阵

$$A/A[\alpha] = A[\alpha^c] - A[\alpha^c,\alpha]A[\alpha]^{-1}A[\alpha,\alpha^c] \tag{0.8.5.2}$$

称为 $A[\alpha]$ 在 A 中的 Schur 补，它也出现在(0.7.3.1)中的逆矩阵的分划形式中. 在方便的时候，取 $\alpha = \{1, \cdots, k\}$，并将 A 写成 2×2 分块矩阵 $A = [A_{ij}]$，其中 $A_{11} = A[\alpha]$，$A_{22} = A[\alpha^c]$，$A_{12} = A[\alpha, \alpha^c]$，以及 $A_{21} = A[\alpha^c, \alpha]$. 公式(0.8.5.1)可以通过计算恒等式

$$\begin{bmatrix} I & 0 \\ -A_{21}A_{11}^{-1} & I \end{bmatrix}\begin{bmatrix} A_{11} & A_{12} \\ A_{21} & A_{22} \end{bmatrix}\begin{bmatrix} I & -A_{11}^{-1}A_{12} \\ 0 & I \end{bmatrix} = \begin{bmatrix} A_{11} & 0 \\ 0 & A_{22} - A_{21}A_{11}^{-1}A_{12} \end{bmatrix} \tag{0.8.5.3}$$

两边的行列式加以验证，此恒等式含有大量有关 Schur 补 $S = [s_{ij}] = A/A_{11} = A_{22} - A_{21}A_{11}^{-1}A_{12}$ 的信息.

（a）如果将 A 的前 k 行（列）的线性组合用这样一种方式添加到后 $n-k$ 行（列），使得在其左下角（右上角）产生出一个零分块，那么 Schur 补 S（仅仅）出现在右下角；这就是 **Gauss 分块消元法**（block Gaussian elimination），这是（仅有的）可能，因为 A_{11} 是非奇异的. A 的任何包含 A_{11} 作为其主子矩阵的子矩阵在消元法之前及之后都有相同的行列式，这一方法产生出(0.8.5.3)中的分块对角形. 于是，对任何指标集 $\beta = \{i_1, \cdots, i_m\} \subseteq \{1, \cdots, n-k\}$，如果我们构作平移指标集 $\widetilde{\beta} = \{i_1+k, \cdots, i_m+k\}$，那么 $\det A[\alpha \cup \widetilde{\beta}, \alpha \cup \widetilde{\gamma}]$（之前的行列式）$= \det(A_{11} \oplus S[\beta, \gamma])$（之后的行列式），所以

$$\det S[\beta,\gamma] = \det A[\alpha \cup \widetilde{\beta}, \alpha \cup \widetilde{\gamma}]/\det A[\alpha] \tag{0.8.5.4}$$

例如，如果 $\beta = \{i\}$ 且 $\gamma = \{j\}$，那么对 $\alpha = \{1, \cdots, k\}$ 我们有

$$\det S[\beta,\gamma] = s_{ij} = \det A[\{1,\cdots,k,k+i\},\{1,\cdots,k,k+j\}]/\det A_{11} \tag{0.8.5.5}$$

所以 S 的所有元素都是 A 的子式的比值.

(b) $\text{rank}A = \text{rank}A_{11} + \text{rank}S \geqslant \text{rank}A_{11}$，且 $\text{rank}A = \text{rank}A_{11}$，当 且 仅 当 $A_{22} = A_{21}A_{11}^{-1}A_{12}$.

(c) A 是非奇异的，当且仅当 S 是非奇异的，因为 $\det A = \det A_{11}\det S$. 如果 A 是非奇异的，那么 $\det S = \det A/\det A_{11}$.

假设 A 是非奇异的. 那么在 $(0.8.5.3)$ 的两边取逆就对逆矩阵给出一种不同于 $(0.7.3.1)$ 的表示法：

$$A^{-1} = \begin{bmatrix} A_{11} + A_{11}^{-1}A_{12}S^{-1}A_{21}A_{11}^{-1} & -A_{11}^{-1}A_{12}S^{-1} \\ -S^{-1}A_{21}A_{11}^{-1} & S^{-1} \end{bmatrix} \tag{0.8.5.6}$$

其中它还告诉我们 $A^{-1}[\{k+1,\cdots,n\}] = S^{-1}$，所以

$$\det A^{-1}[\{k+1,\cdots,n\}] = \det A_{11}/\det A \tag{0.8.5.7}$$

这是 Jacobi 恒等式 $(0.8.4.1)$ 的一种形式. 另一种形式可以通过用转置伴随矩阵表示逆矩阵得到，这就给出

$$\det((\text{adj}A))[\{k+1,\cdots,n\}] = (\det A)^{n-k-1}\det A_{11} \tag{0.8.5.8}$$

当 α^c 由单独一个元素组成时，$A[\alpha]$ 在 A 中的 Schur 补是一个纯量，且 $(0.8.5.1)$ 转化为恒等式

$$\det A = A[\alpha^c]\det A[\alpha] - A[\alpha^c,\alpha](\text{adj}A[\alpha])A[\alpha,\alpha^c] \tag{0.8.5.9}$$

此式甚至在 $A[\alpha]$ 为奇异时也成立. 例如，如果 $\alpha = \{1,\cdots,n-1\}$，那么 $\alpha^c = \{n\}$ 且 A 被表示成**加边矩阵**(bordered matrix)的形式

$$A = \begin{bmatrix} \widetilde{A} & x \\ y^T & a \end{bmatrix}$$

其中 $a \in \mathbf{F}$，x，$y \in \mathbf{F}^{n-1}$，而 $\widetilde{A} \in M_{n-1}(\mathbf{F})$；$(0.8.5.9)$ 就是加边矩阵的行列式的 Cauchy 展开式

$$\det\begin{bmatrix} \widetilde{A} & x \\ y^T & a \end{bmatrix} = a\det\widetilde{A} - y^T(\text{adj }\widetilde{A})x \tag{0.8.5.10}$$

Cauchy 展开式 $(0.8.5.10)$ 与 A 的带符号的 $n-2$ 阶子式（$\text{adj }\widetilde{A}$ 的元素）以及一行**与**一列元素的一个双线性型有关，Laplace 展开式 $(0.3.1.1)$ 与 A 的带符号的 $n-1$ 阶子式以及一行**或者**一列元素的一个线性型有关. 如果 $a \neq 0$，我们可以利用 $[a]$ 在 A 中的 Schur 补表示

$$\det\begin{bmatrix} \widetilde{A} & x \\ y^T & a \end{bmatrix} = a\det(\widetilde{A} - a^{-1}xy^T)$$

将这个恒等式的右边与 $(0.8.5.10)$ 的右边等同起来，并置 $a = -1$ 就给出**秩 1 扰动的行列式的 Cauchy 公式**

$$\det(\widetilde{A} + xy^T) = \det\widetilde{A} + y^T(\text{adj }\widetilde{A})x \tag{0.8.5.11}$$

(a) 中所讨论的 Schur 补的唯一性可以用来推导出一个与 Schur 补（在一个 Schur 补的范围内）有关的恒等式. 假设非奇异的 $k \times k$ 分块 A_{11} 被分划成为 2×2 分块矩阵 $A_{11} = [\mathcal{A}_{ij}]$，它的左上部的 $l \times l$ 块 $\mathcal{A}_{11}$ 是非奇异的. 记 $A_{21} = [\mathcal{A}_1 \quad \mathcal{A}_2]$，其中 $\mathcal{A}_1$ 是 $(n-k) \times l$ 的，又记 $A_{12}^T = [\mathcal{B}_1^T \quad \mathcal{B}_2^T]$，其中 $\mathcal{B}_1$ 是 $l \times (n-k)$ 的. 这给出加细的分划

$$A = \begin{bmatrix} \mathcal{A}_{11} & \mathcal{A}_{12} & \mathcal{B}_1 \\ \mathcal{A}_{21} & \mathcal{A}_{22} & \mathcal{B}_2 \\ \mathcal{A}_1 & \mathcal{A}_2 & \mathcal{A}_{22} \end{bmatrix}$$

现在将 A 的前 l 行的线性组合添加到接下来的 $k-l$ 行, 从而将 $\mathcal{A}_{21}$ 化简为一个零分块. 其结果是

$$A' = \begin{bmatrix} \mathcal{A}_{11} & \mathcal{A}_{12} & \mathcal{B}_1 \\ 0 & A_{11}/\mathcal{A}_{11} & \mathcal{B}'_2 \\ \mathcal{A}_1 & \mathcal{A}_2 & A_{22} \end{bmatrix}$$

在这里我们已经确认所得到的 A' 的 2×2 分块就是 $\mathcal{A}_{11}$ 在 A_{11} 中的(必定非奇异的)Schur 补. 现在将 A' 的前 k 行的线性组合添加到最后 $n-k$ 行, 从而将 $[\mathcal{A}_1 \quad \mathcal{A}_2]$ 化简为一个零分块. 结果得到

$$A'' = \begin{bmatrix} \mathcal{A}_{11} & \mathcal{A}_{12} & \mathcal{B}_1 \\ 0 & A_{11}/\mathcal{A}_{11} & \mathcal{B}'_2 \\ 0 & 0 & A/A_{11} \end{bmatrix}$$

在这里我们确认所得到的 A'' 的 3×3 分块就是 A_{11} 在 A 中的 Schur 补. A'' 的右下方的 2×2 分块必定是 A/A_{11}, 即 $\mathcal{A}_{11}$ 在 A 中的 Schur 补. 此外, A/A_{11} 的右下角分块必定是 $A_{11}/\mathcal{A}_{11}$ 在 $A/\mathcal{A}_{11}$ 中的 Schur 补. 这个结果就是 **Schur 补的商性质**(quotient property):

$$A/A_{11} = (A/\mathcal{A}_{11})/(A_{11}/\mathcal{A}_{11}) \tag{0.8.5.12}$$

如果(0.8.5.3)中的四个分块 A_{ij} 都是方阵且有同样的大小, 又如果 A_{11} 与 A_{21} 可交换, 那么 $\det A = \det A_{11} \det S = \det(A_{11}S) = \det(A_{11}A_{22} - A_{11}A_{21}A_{11}^{-1}A_{12}) = \det(A_{11}A_{22} - A_{21}A_{12})$ 如果 A_{11} 与 A_{12} 可交换, 则同样的结论可以通过计算 $\det A = (\det S)(\det A) = \det(SA_{11})$ 得出. 根据连续性, 只要 A_{11} 与 A_{21} 可交换或者 A_{11} 与 A_{12} 可交换, 恒等式

$$\det A = \det(A_{11}A_{22} - A_{21}A_{12}) \tag{0.8.5.13}$$

就成立, 即使 A_{11} 为奇异亦然. 如果 A_{22} 与 A_{12} 可交换或者 A_{22} 与 A_{21} 可交换, 则利用 A_{22} 的 Schur 补所作的类似的讨论就证明了

$$\det A = \det(A_{11}A_{22} - A_{12}A_{21}) \tag{0.8.5.14}$$

如果 A_{22} 与 A_{21} 可交换或者 A_{22} 与 A_{12} 可交换.

0.8.6 Sylvester 行列式恒等式与 Kronecker 行列式恒等式

考虑(0.8.5.4)的两个推论. 如果我们置

$$B = [b_{ij}] = [\det A[\{1,\cdots k, k+i\}, \{1,\cdots, k, k+j\}]]_{i,j=1}^{n-k}$$

那么 B 的每个元素都是形如(0.8.5.10)的加边矩阵的行列式: $\tilde{A}$ 是 A_{11}, x 是 A_{12} 的第 j 列, y^{T} 是 A_{21} 的第 i 行, 而 a 是 A_{22} 的位于 (i, j) 处的元素. 恒等式(0.8.5.5)告诉我们 $B = (\det A_{11})S$, 所以

$$\det B = (\det A_{11})^{n-k}\det S = (\det A_{11})^{n-k}(\det A/\det A_{11}) = (\det A_{11})^{n-k-1}\det A$$

关于 B 的这一结论就是**加边行列式的 Sylvester 恒等式**:

$$\det B = (\det A[\alpha])^{n-k-1}\det A \tag{0.8.6.1}$$

其中 $B = [\det A[\alpha \cup \{i\}, \alpha \cup \{j\}]]$, 而 i, j 则是不包含在 α 中的指标.

如果 $A_{22}=0$，那么 B 的每个元素都是形如(0.8.5.10)的一个加边矩阵的行列式(对于 $a=0$)．在此情形，Schur 补 $A/A_{11}=-A_{21}A_{11}^{-1}A_{12}$ 的秩至多为 k，故而 B 的每个 $(k+1)\times(k+1)$ 子矩阵的行列式都是零．关于 B 的这一结论就是**加边行列式的 Kronecker 定理**(Kronecker's theorem for bordered determinant)．

27

0.8.7 Cauchy-Binet 公式

由于与矩阵乘法公式外表上的相似性，这个有用的公式能够记得住．这并非偶然，因为它与复合矩阵的积性(0.8.1.1)等价．设 $A\in M_{m,k}(\mathbf{F})$，$B\in M_{k,n}(\mathbf{F})$，以及 $C=AB$．进一步设 $1\leqslant r\leqslant\min\{m,\ k,\ n\}$，又设 $\alpha\subseteq\{1,\ \cdots,\ m\}$ 与 $\beta\subseteq\{1,\ \cdots,\ n\}$ 是指标集，它们每一个的基数都是 r．C 的 α，β 子式的一个表达式是

$$\det C[\alpha,\beta]=\sum_{\gamma}\det A[\alpha,\gamma]\det B[\gamma,\beta]$$

其中的和式取遍基数为 r 的所有指标集 $\gamma\subseteq\{1,\ \cdots,\ k\}$．

0.8.8 子式之间的关系

设给定 $A\in M_{m,n}(\mathbf{F})$ 以及一个基数为 k 的固定的指标集 $\alpha\subseteq\{1,\ \cdots,\ m\}$．当 $\omega\subseteq\{1,\ \cdots,\ n\}$ 取遍基数为 k 的**有序**指标集时，诸子式 $\det A[\alpha,\ \omega]$ 并非是代数无关的，因为在子矩阵中间子式的个数要比不同的元素更多．在这些子式之间已知有二次关系．设 $i_1,\ i_2,\ \cdots,\ i_k\in\{1,\ \cdots,\ n\}$ 是 k 个不同的指标，不一定按自然顺序排列，又设 $A[\alpha;i_1,\ \cdots,\ i_k]$ 表示这样一个矩阵，它的行由 α 指出，而它的第 j 列是 $A[\alpha,\{1,\ \cdots,\ n\}]$ 的第 i_j 列．这个记号与我们先前的记号之间的区别在于，它的列可能如同在 $A(\{1,\ 3\};4,\ 2)$ 中那样不是按自然顺序出现，$A(\{1,\ 3\};4,\ 2)$ 的第 1 列是 A 的第 1 行第 4 列以及第 3 行第 4 列元素．这样一来，对每个 $s=1,\ \cdots,\ k$ 以及所有不同的指标序列 $i_1,\ \cdots,\ i_k\in\{1,\ \cdots,\ n\}$ 以及 $j_1,\ \cdots,\ j_k\in\{1,\ \cdots,\ n\}$，我们就有关系式

$$\det A[\alpha;i_1,\cdots,i_k]\det A[\alpha;j_1,\cdots,j_k]$$
$$=\sum_{t=1}^{k}\det A[\alpha;i_1,\cdots,i_{s-1},j_t,i_{s+1},\cdots,i_k]\det A[\alpha;j_1,\cdots,j_{t-1},i_s,j_{t+1},\cdots,j_k]$$

0.8.9 Laplace 展开定理

用给定的一行或者一列的子式计算的 Laplace 展开式(0.3.1.1)包含在有关行列式的一族自然的表达式中．设 $A\in M_n(\mathbf{F})$，又设给定 $k\in\{1,\ \cdots,\ n\}$，并令 $\beta\subseteq\{1,\ \cdots,\ n\}$ 是任意一个给定的基数为 k 的指标集．那么

$$\det A=\sum_{\alpha}(-1)^{p(\alpha,\beta)}\det A[\alpha,\beta]\det A[\alpha^c,\beta^c]=\sum_{\alpha}(-1)^{p(\alpha,\beta)}\det A[\beta,\alpha]\det A[\beta^c,\alpha^c]$$

其中的和式取遍基数为 k 的所有指标集 $\alpha\subseteq\{1,\ \cdots,\ n\}$，而 $p(\alpha,\beta)=\sum_{i\in\alpha}i+\sum_{j\in\beta}j$．选取 $k=1$ 以及 $\beta=\{i\}$ 或者 $\{j\}$ 就给出(0.3.1.1)中的展开式．

0.8.10 行列式的导数

设 $A(t)=[a_1(t)\cdots a_n(t)]=[a_{ij}(t)]$ 是一个 $n\times n$ 复矩阵，其元素是 t 的可微函数，并定

义 $A'(t) = [a'_{ij}(t)]$. 由行列式的多重线性(0.3.6(a))以及导数的定义可得

$$\frac{\mathrm{d}}{\mathrm{d}t}\det A(t) = \sum_{j=1}^{n}\det(A(t)\underset{j}{\leftarrow}a'_j(t)) = \sum_{j=1}^{n}\sum_{i=1}^{n}((\mathrm{adj}A(t))^{\mathrm{T}})_{ij}a'_{ij}(t)$$
$$= \mathrm{tr}((\mathrm{adj}A(t))A'(t)) \tag{0.8.10.1}$$

例如，如果 $A \in M_n$ 且 $A(t) = tI - A$，那么 $A'(t) = I$，且有

$$\frac{\mathrm{d}}{\mathrm{d}t}\det(tI - A) = \mathrm{tr}((\mathrm{adj}A(t))I) = \mathrm{tr}\,\mathrm{adj}(tI - A). \tag{0.8.10.2}$$

0.8.11 Dodgson 恒等式

设 $A \in M_n(\mathbf{F})$. 定义 $a = \det A[\{n\}^c]$, $b = A[\{n\}^c, \{1\}^c]$, $c = A[\{1\}^c, \{n\}^c]$, $d = \det A[\{1\}^c]$ 以及 $e = \det A[\{1, n\}^c]$. 如果 $e \neq 0$，那么 $\det A = (ad - bc)/e$.

0.8.12 转置伴随与复合

设 $A, B \in M_n(\mathbf{F})$. 设 $\alpha \subseteq \{1, \cdots, m\}$ 以及 $\beta \subseteq \{1, \cdots, n\}$ 是基数为 $r \leqslant n$ 的指标集. 第 r 个转置伴随矩阵 $\mathrm{adj}_r(A) \in M_{\binom{n}{r}}(\mathbf{F})$ 的 (α, β) 元素是

$$(-1)^{p(\alpha,\beta)}\det A[\beta^c, \alpha^c] \tag{0.8.12.1}$$

其中 $p(\alpha,\beta) = \sum_{i \in \alpha}i + \sum_{j \in \beta}j$. $\mathrm{adj}_r(A)$ 的行和列是按照字典顺序排列指标集所得到的，正如对第 r 个复合矩阵那样. 例如，利用(0.8.1.0)中的矩阵 A，我们就有

$$\mathrm{adj}_2(A) = \begin{bmatrix} 10 & -6 & 3 \\ -8 & 5 & -2 \\ 7 & -4 & 1 \end{bmatrix}$$

第 r 个转置伴随矩阵的**积性性质**是

$$\mathrm{adj}_r(AB) = \mathrm{adj}_r(B)\mathrm{adj}_r(A) \tag{0.8.12.2}$$

定义 $\mathrm{adj}_n(A) = 1$. 我们有 $\mathrm{adj}_0(A) = \det A$ 以及 $\mathrm{adj}_1(A) = A$. 第 r 个转置伴随矩阵和第 r 个复合矩阵由恒等式

$$\mathrm{adj}_r(A)C_r(A) = C_r(A)\mathrm{adj}_r(A) = (\det A)I_{\binom{n}{r}}$$

联系在一起，(0.8.9)中的恒等式是它的特例. 特别地，有 $C_r(A)^{-1} = (\det A)^{-1}\mathrm{adj}_r(A)$，如果 A 非奇异.

矩阵之和的行列式可以用第 r 个转置伴随矩阵以及第 r 个复合矩阵来表示：

$$\det(sA + tB) = \sum_{k=0}^{n}s^k t^{n-k}\mathrm{tr}(\mathrm{adj}_k(A)C_r(B)) \tag{0.8.12.3}$$

特别地，$\det(A + I) = \sum_{k=0}^{n}\mathrm{tr}\,\mathrm{adj}_k(A) = \sum_{k=0}^{n}\mathrm{tr}C_r(B)$.

0.9 特殊类型的矩阵

某种特殊类型的矩阵频繁地出现并有重要的性质. 我们将其中的一些罗列在这里以备参考和术语查询.

0.9.1 对角矩阵

矩阵 $D=[d_{ij}]\in M_{n,m}(\mathbf{F})$ 是**对角的**(diagonal)，如果只要 $j\neq i$，就有 $d_{ij}=0$. 如果一个对角矩阵的所有对角元素都是正(非负)实数，我们就称之为**正(非负)对角矩阵**(positive (non-negative)diagonal matrix). 术语**正对角矩阵**表示该矩阵是对角矩阵，且有正的对角元素，它不涉及有正的对角元素的一般性的矩阵. 单位矩阵 $I\in M_n$ 是一个正对角矩阵. 对角方阵 D 是**纯量矩阵**(scalar matrix)，如果它的对角元素全都相等，也就是说，对某个 $\alpha\in\mathbf{F}$ 有 $D=\alpha I$. 用纯量矩阵左乘或者右乘一个矩阵与对应的纯量乘该矩阵有同样的效果.

如果 $A=[a_{ij}]\in M_{n,m}(\mathbf{F})$，且 $q=\min\{m,n\}$，那么 $\mathrm{diag}A=[a_{11},\cdots,a_{qq}]^{\mathrm{T}}\in\mathbf{F}^q$ 就表示 A 的对角元素组成的向量(0.2.1). 反过来，如果 $x\in\mathbf{F}^q$ 且 m 和 n 是满足 $\min\{m,n\}=q$ 的正整数，那么 $\mathrm{diag}x\in M_{n,m}(\mathbf{F})$ 就表示满足 $\mathrm{diag}A=x$ 的 $n\times m$ 对角矩阵 A，为使得 $\mathrm{diag}x$ 有良好的定义，必须对 m 和 n 两者加以指定. 对任何 $a_1,\cdots,a_n\in\mathbf{F}$，$\mathrm{diag}(a_1,\cdots,a_n)$ 总是表示这样的矩阵 $A=[a_{ij}]\in M_n(\mathbf{F})$：对每个 $i=1,\cdots,n$ 都有 $a_{ii}=a_i$，而对 $i\neq j$ 则有 $a_{ij}=0$.

假设 $D=[d_{ij}]$，$E=[e_{ij}]\in M_n(\mathbf{F})$ 是对角矩阵，又设给定 $A=[a_{ij}]\in M_n(\mathbf{F})$. 那么(a) $\det D=\prod_{i=1}^n d_{ii}$；(b) D 是非奇异的，当且仅当所有 $d_{ii}\neq 0$；(c)用 D **左乘** A 就是用 D 的对角元素乘以 A 的行(DA 的第 i 行即是 d_{ii} 乘以 A 的第 i 行)；(d)用 D **右乘** A 就是用 D 的对角元素乘以 A 的列，也就是说，AD 的第 j 列即是 d_{jj} 乘以 A 的第 j 列；(e) $DA=AD$ 当且仅当只要 $d_{ii}\neq d_{jj}$ 就有 $a_{ij}=0$；(f)如果 D 的所有对角元素都不相同，且 $DA=AD$，那么 A 是对角的；(g)对任何正整数 k，$D^k=\mathrm{diag}(d_{11}^k,\cdots,d_{nn}^k)$；(h)任何两个同样大小的对角矩阵 D 和 E 都是可交换的：$DE=\mathrm{diag}(d_{11}e_{11},\cdots,d_{nn}e_{nn})=ED$.

0.9.2 分块对角矩阵与直和

形如

$$A=\begin{bmatrix} A_{11} & & \mathbf{0} \\ & \ddots & \\ \mathbf{0} & & A_{kk} \end{bmatrix}$$

的一个矩阵 $A\in M_n(\mathbf{F})$ 称为**分块对角的**(block diagonal)，其中 $A_{ii}\in M_{n_i}(\mathbf{F})$，$i=1,\cdots,k$，$\sum_{i=1}^k n_i=n$，而分块对角线上方与下方所有的块都是零块. 将这样一个矩阵写成

$$A=A_{11}\oplus A_{22}\oplus\cdots\oplus A_{kk}=\bigoplus_{i=1}^k A_{ii}$$

是很方便的. 这就是矩阵 $A_{11},\cdots,A_{kk}$ 的**直和**(direct sum). 分块对角矩阵的许多性质都是对角矩阵性质的推广. 例如，$\det(\bigoplus_{i=1}^k A_{ii})=\prod_{i=1}^k\det A_{ii}$，所以，$A=\oplus A_{ii}$ 是非奇异的，当且仅当每个 $A_{ii}(i=1,\cdots,k)$ 都是非奇异的. 此外，两个直和 $A=\oplus_{i=1}^k A_{ii}$ 与 $B=\oplus_{i=1}^k B_{ii}$ 可交换(每个 A_{ii} 与 B_{ii} 都有同样的大小)，当且仅当每一对 A_{ii} 与 B_{ii} 可交换，$i=1,\cdots,k$. 又有 $\mathrm{rank}(\oplus_{i=1}^k A_{ii})=\sum_{i=1}^k\mathrm{rank}A_{ii}$.

如果 $A \in M_n$ 与 $B \in M_n$ 是非奇异的，那么 $(A \oplus B)^{-1} = A^{-1} \oplus B^{-1}$ 且 $(\det(A \oplus B)) \times (A \oplus B)^{-1} = (\det A)(\det B)(A^{-1} \oplus B^{-1}) = ((\det B)(\det A)A^{-1} \oplus (\det A)(\det B)B^{-1})$，所以连续性推理就确保有

$$\operatorname{adj}(A \oplus B) = (\det B)\operatorname{adj}A \oplus (\det A)\operatorname{adj}B \tag{0.9.2.1}$$

0.9.3 三角矩阵

矩阵 $T = [t_{ij}] \in M_{n,m}(\mathbf{F})$ 是**上三角的**(upper triangular)，如果只要 $i > j$ 就有 $t_{ij} = 0$. 如果只要 $i \geqslant j$ 就有 $t_{ij} = 0$，那么就称 T 是**严格上三角的**(strictly upper triangular). 类似地，T 是**下三角的**(lower triangular)(**严格下三角的**，strictly lower triangular)，如果它的转置是上三角的(严格上三角的). 三角矩阵或者是下三角的，或者是上三角的；**严格三角矩阵**(strictly triangular matrix)既是严格上三角的，又是严格下三角的. **单位三角矩阵**(unit triangular matrix)是一个主对角线上元素均为 1 的三角矩阵(上三角的或者下三角的). 有时用名词**右**(代替上)和**左**(代替下)来描述三角矩阵.

设给定 $T \in M_{n,m}(\mathbf{F})$. 如果 T 是上三角的，那么当 $n \leqslant m$ 时有 $T = [R \quad T_2]$，而当 $n \geqslant m$ 时则有 $T = \begin{bmatrix} R \\ 0 \end{bmatrix}$；$R \in M_{\min\{n,m\}}(\mathbf{F})$ 是上三角的，而 T_2 是任意的($n = m$ 时它是空的). 如果 T 是下三角的，那么当 $n \leqslant m$ 时有 $T = [L \quad 0]$，而当 $n \geqslant m$ 时则有 $T = \begin{bmatrix} L \\ T_2 \end{bmatrix}$；$L \in M_{\min\{n,m\}}(\mathbf{F})$ 是下三角的，而 T_2 是任意的(当 $n = m$ 时它是空的).

正方的三角矩阵与正方的对角矩阵共享这样的性质：其行列式等于其对角元素之乘积. 正方的三角矩阵与相同大小的其他的正方的三角矩阵不一定是可交换的. 然而，如果 $T \in M_n$ 是三角的，其对角元素均不相同，又与 $B \in M_n$ 可交换，那么 B 必定是与 T 类型相同的三角矩阵(2.4.5.1).

对每个 $i = 1, \cdots, n$，用一个下三角矩阵 L 左乘 $A \in M_n(\mathbf{F})$($A \rightarrow LA$)就是用 A 的前 i 行的一个线性组合来替代 A 的第 i 行. 对 A 执行有限多次第 3 类行运算(0.3.3)的结果是一个矩阵 LA，其中 L 是一个单位下三角矩阵. 关于列运算以及用上三角矩阵作的右乘运算可以得出相应的命题.

三角矩阵的秩至少是其主对角线上非零元素的个数(也可以大于这个数). 如果一个正方的三角矩阵是非奇异的，那么它的逆也是同一类型的三角矩阵；同样大小且同种类型的正方的三角矩阵的乘积是同样类型的三角矩阵；这样一个矩阵乘积中的每个位于 (i, i) 处的对角元素都是其因子的位于 (i, i) 处的元素之乘积.

0.9.4 分块三角矩阵

形如

$$A = \begin{bmatrix} A_{11} & \bigstar & \bigstar \\ & \ddots & \bigstar \\ \mathbf{0} & & A_{kk} \end{bmatrix} \tag{0.9.4.1}$$

的矩阵 $A \in M_n(\mathbf{F})$ 是**分块上三角的**(block upper triangular)，其中 $A_{ii} \in M_{n_i}(\mathbf{F})$，$i = 1, \cdots,$

k，$\sum\limits_{i=1}^{k} n_i = n$，且位于分块对角线下方所有的分块都为零．进而，它是严格分块上三角的，如果它所有的对角分块都是零块．一个矩阵是**分块下三角的**（block lower triangular），如果它的转置是分块上三角的；它是**严格分块下三角的**（strictly block lower triangular），如果它的转置是严格分块上三角的．我们说一个矩阵是**分块三角的**（block triangular），要么它是分块下三角的，要么它是分块上三角的；一个矩阵既是分块下三角的又是分块上三角的，当且仅当它是分块对角的．

对角块均为 1×1 或者 2×2 的分块上三角矩阵称为**拟上三角的**（upper quasitriangular）．一个矩阵是**拟下三角的**（lower quasitriangular），如果它的转置是拟上三角的；它是**拟三角的**（quasitriangular），如果它是拟上三角的，或者是拟下三角的．既是拟上三角又是拟下三角的矩阵就是**拟对角的**（quasidiagonal）．

考虑（0.9.4.1）中的分块三角方阵 A．我们有 $\det A = \det A_{11} \cdots \det A_{kk}$，且 $\mathrm{rank}\,A \geqslant \mathrm{rank}\,A_{11} + \cdots + \mathrm{rank}\,A_{kk}$．如果 A 非奇异（即对所有 $i = 1$，$\cdots$，k，A_{ii} 均是非奇异的），那么 A^{-1} 就是一个与 A 共形分划的分块三角矩阵，其对角块是 A_{11}^{-1}，$\cdots$，A_{kk}^{-1}．

如果 $A \in M_n(\mathbf{F})$ 是上三角的，那么，对 $\{1, \cdots, n\}$ 的**任意一个**顺序分划 α_1，$\cdots$，α_t，$[A(\alpha_i, \alpha_j)]_{i,j=1}^t$ 都是分块上三角的（0.7.2）．

0.9.5 置换矩阵

方阵 P 是一个**置换矩阵**（permutation matrix），如果每一行以及每一列中恰好都仅有一个元素等于 1，而所有其他元素均为 0．用这样一个矩阵来作乘法的效果等同于对被乘的矩阵的行或者列作置换．例如

$$\begin{bmatrix} 0 & 1 & 0 \\ 1 & 0 & 0 \\ 0 & 0 & 1 \end{bmatrix} \begin{bmatrix} 1 \\ 2 \\ 3 \end{bmatrix} = \begin{bmatrix} 2 \\ 1 \\ 3 \end{bmatrix}$$

就描述了一个置换矩阵作用在一个向量时对该向量的行（元素）所产生的置换：它把第 1 个元素安置到第 2 个位置上，把第 2 个元素安置到第 1 个位置上，而把第 3 个元素保留在第 3 个位置上．用一个 $m \times m$ 置换矩阵 P 左乘矩阵 $A \in M_{m,n}$ 是对 A 的行进行置换，而用一个 $n \times n$ 置换矩阵 P 右乘 A 是对 A 的列进行置换．执行第 1 类初等运算（0.3.3）的矩阵是一种特殊类型的置换矩阵的例子，称为**对换**（transposition）．任何置换矩阵都是对换的乘积．

置换矩阵的行列式等于 ± 1，所以置换矩阵是非奇异的．尽管置换矩阵不一定可交换，但两个置换矩阵的乘积仍然是一个置换矩阵．由于单位矩阵是置换矩阵，且对每个置换矩阵 P 有 $P^{\mathrm{T}} = P^{-1}$，$n \times n$ 置换矩阵的集合是 $GL(n, \mathbf{C})$ 的一个基数为 $n!$ 的子群．

由于用 $P^{\mathrm{T}} = P^{-1}$ 右乘就是按照与用 P 左乘对行作置换的同样的方式对列作置换，因而变换 $A \rightarrow PAP^{\mathrm{T}}$ 以同样的方式对 $A \in M_n$ 的行和列（从而也对主对角线上的元素）进行置换．在以 A 为系数矩阵的线性方程组中，这一变换等同于用同样的方式对变量和方程重新编号．对某个置换矩阵 P 使得 PAP^{T} 成为三角矩阵的矩阵 $A \in M_n$ 称为**本性三角的**（essentially triangular），这些矩阵与三角矩阵有许多共同点．

如果 $\Lambda \in M_n$ 是对角的，而 $P \in M_n$ 是置换矩阵，那么 $P\Lambda P^{\mathrm{T}}$ 是对角矩阵．

$n \times n$ **反序矩阵**(reversal matrix)是置换矩阵

$$K_n = \begin{bmatrix} & & 1 \\ & \iddots & \\ 1 & & \end{bmatrix} = [\kappa_{ij}] \in M_n \qquad (0.9.5.1)$$

其中 $\kappa_{i,n-i+1}=1$(对 $i=1$，$\cdots$，n)，而所有其他的元素均为零. $K_n A$ 的行是按照相反次序排列的 A 的行，而 AK_n 的列则是按照相反次序排列的 A 的列. 反序矩阵有时也称为 sip **矩阵**(**标准对合置换**(standard involutory permutation))、**后向恒等式**(backward identity)或者**交换矩阵**(exchange matrix).

对任何 $n \times n$ 矩阵 $A = [a_{ij}]$，元素 $a_{i,n-i+1}$(对 $i=1$，$\cdots$，n)构成它的**反对角线**(counterdiagonal)，有时也称为**第二对角线**(second diagonal)、**后向对角线**(backward diagonal)、**交叉对角线**(cross diagonal)、**右对角线**(dexter-diagonal)或者**反对角线**(antidiagonal).

广义置换矩阵(generalized permutation matrix)是一个形如 $G=PD$ 的矩阵，其中 P，$D \in M_n$，P 是一个置换矩阵，而 D 则是非奇异的对角矩阵. $n \times n$ 广义置换矩阵的集合是 $GL(n, \mathbf{C})$ 的一个子群.

0.9.6 循环矩阵

形如

$$A = \begin{bmatrix} a_1 & a_2 & \cdots & a_n \\ a_n & a_1 & a_2 & \cdots & a_{n-1} \\ a_{n-1} & a_n & a_1 & \cdots & a_{n-2} \\ \vdots & \vdots & \ddots & \ddots & \vdots \\ a_2 & a_3 & \cdots & a_n & a_1 \end{bmatrix} \qquad (0.9.6.1)$$

的矩阵 $A \in M_n(\mathbf{F})$ 是一个**循环矩阵**(circulant matrix). 每一行都是前一行向前循环一步得到的，每一行中的元素都是第 1 行中元素的一个循环排列. $n \times n$ 置换矩阵

$$C_n = \begin{bmatrix} 0 & 1 & 0 & \cdots & 0 \\ \vdots & 0 & 1 & & \vdots \\ & & \ddots & \ddots & 0 \\ 0 & & & & 1 \\ 1 & 0 & & \cdots & 0 \end{bmatrix} = \begin{bmatrix} 0 & I_{n-1} \\ 1 & 0_{1,n-1} \end{bmatrix} \qquad (0.9.6.2)$$

是**基本循环置换矩阵**(basic circulant permutation matrix). 矩阵 $A \in M_n(\mathbf{F})$ 可以写成形式

$$A = \sum_{k=0}^{n-1} a_{k+1} C_n^k \qquad (0.9.6.3)$$

(它是关于矩阵 C_n 的多项式)，当且仅当它是循环的. 我们有 $C_n^0 = I = C_n^n$，而系数 a_1，$\cdots$，a_n 则是 A 的第 1 行的元素. 这个表达式表明阶为 n 的循环矩阵是一个交换代数：循环矩阵的线性组合和乘积是循环矩阵，非奇异的循环矩阵的逆是循环矩阵，任何两个同样大小的循环矩阵是可交换的.

0.9.7 Toeplitz 矩阵

形如

$$A = \begin{bmatrix} a_0 & a_1 & a_2 & \cdots & \cdots & a_n \\ a_{-1} & a_0 & a_1 & a_2 & \cdots & a_{n-1} \\ a_{-2} & a_{-1} & a_0 & a_1 & \cdots & a_{n-2} \\ \vdots & \vdots & \ddots & \ddots & \ddots & \vdots \\ \vdots & \vdots & & \ddots & \ddots & a_1 \\ a_{-n} & a_{-n+1} & \cdots & \cdots & a_{-1} & a_0 \end{bmatrix}$$

的矩阵是一个 **Toeplitz 矩阵**. 对某个给定的序列 a_{-n}, a_{-n+1}, $\cdots$, a_{-1}, a_0, a_1, a_2, $\cdots$, a_{n-1}, $a_n \in \mathbf{C}$, 元素 a_{ij} 与 a_{j-i} 相等. A 中向下沿着与主对角线平行的对角线上的元素是常数. 根据它们对标准基 $\{e_1, \cdots, e_{n+1}\}$ 的作用效果, Toeplitz 矩阵

$$B = \begin{bmatrix} 0 & 1 & & \mathbf{0} \\ & 0 & \ddots & \\ & & \ddots & 1 \\ \mathbf{0} & & & 0 \end{bmatrix} \quad \text{和} \quad F = \begin{bmatrix} 0 & & & \mathbf{0} \\ 1 & 0 & & \\ & \ddots & \ddots & \\ \mathbf{0} & & 1 & 0 \end{bmatrix}$$

称为**后向位移**(backward shift)和**前向位移**(forward shift). 此外, $F = B^{\mathrm{T}}$ 且 $B = F^{\mathrm{T}}$. 矩阵 $A \in M_{n+1}$ 可以写成

$$A = \sum_{k=1}^{n} a_{-k} F^k + \sum_{k=0}^{n} a_k B^k \tag{0.9.7.1}$$

当且仅当它是 Toeplitz 矩阵. Toeplitz 矩阵自然出现在与三角矩有关的问题中.

利用适当大小的反序矩阵 $K(0.9.5.1)$, 注意前向平移矩阵与后向平移矩阵是相关联的: $F = KBK = B^{\mathrm{T}}$ 以及 $B = KFK = F^{\mathrm{T}}$. 表达式 $(0.9.7.1)$ 确保对任何 Toeplitz 矩阵 A 有 $KA = A^{\mathrm{T}}K$, 即有 $A^{\mathrm{T}} = KAK = KAK^{-1}$.

上三角 Toeplitz 矩阵 $A \in M_{n+1}(\mathbf{F})$ 可以表示成 B 的多项式:

$$A = a_0 I + a_1 B + \cdots + a_n B^n$$

这个表达式(以及 $B^{n+1} = 0$ 这一事实)使得我们清楚地看出, 为什么阶为 n 的上三角 Toeplitz 矩阵是一个交换代数: 上三角 Toeplitz 矩阵的线性组合以及乘积是上三角 Toeplitz 矩阵; A 是非奇异的, 当且仅当 $a_0 \neq 0$, 且在此情形 $A^{-1} = b_0 I + b_1 B + \cdots + b_n B^n$ 也是上三角 Toeplitz 矩阵, 其中 $b_0 = a_0^{-1}$, 而对 $k = 1, \cdots, n$ 有 $b_k = a_0^{-1}\left(\sum_{m=0}^{k-1} a_{k-m} b_m\right)$. 任何两个同样大小的上三角 Toeplitz 矩阵可交换.

0.9.8 Hankel 矩阵

形如

$$A = \begin{bmatrix} a_0 & a_1 & a_2 & \cdots & a_n \\ a_1 & a_2 & \cdots & \iddots & a_{n+1} \\ a_2 & & \iddots & & \vdots \\ \vdots & a_n & & & a_{2n-1} \\ a_n & a_{n+1} & \cdots & a_{2n-1} & a_{2n} \end{bmatrix}$$

的矩阵 $A \in M_{n+1}(\mathbf{F})$ 是 Hankel 矩阵. 对某个给定的序列 a_0, a_1, a_2, $\cdots$, a_{2n-1}, a_{2n}, 每个元素 a_{ij} 都与 a_{i+j-2} 相等. A 的沿着与主对角线垂直的对角线上的元素是常数. Hankel 矩阵自然出现在与幂矩有关的问题中. 利用适当大小的反序矩阵 K(0.9.5.1), 注意, 对任何 Toeplitz 矩阵 A, KA 与 AK 都是 Hankel 矩阵; 对任何 Hankel 矩阵 H, KH 和 HK 都是 Toeplitz 矩阵. 由于 $K = K^{\mathrm{T}} = K^{-1}$, 且 Hankel 矩阵都是对称的, 这就意味着任何 Toeplitz 矩阵是带有特殊构造的两个对称矩阵的乘积: 一个是反序矩阵, 另一个是 Hankel 矩阵.

0.9.9 Hessenberg 矩阵

矩阵 $A = [a_{ij}] \in M_n(\mathbf{F})$ 称为是一个**上 Hessenberg 型**(upper Hessenberg form)或者**上 Hessenberg 矩阵**(upper Hessenberg matrix), 如果对所有 $i > j+1$ 都有 $a_{ij} = 0$:

$$A = \begin{bmatrix} a_{11} & & & & ^{\bigstar} \\ a_{21} & a_{22} & & & \\ & a_{32} & \ddots & & \\ & & \ddots & \ddots & \\ 0 & & & a_{n,n-1} & a_{nn} \end{bmatrix}$$

一个上 Hessenberg 矩阵 A 说成是**未约化的**(unreduced), 如果它所有次对角线元素都不等于零, 也就是说, 如果对所有 $i = 1$, $\cdots$, $n-1$ 都有 $a_{i+1,i} \neq 0$. 这样一个矩阵的秩至少为 $n-1$, 由于它的前 $n-1$ 列是线性无关的.

设 $A \in M_n(\mathbf{F})$ 是未约化的上 Hessenberg 矩阵. 那么, 对所有 $\lambda \in \mathbf{F}$, $A - \lambda I$ 都是未约化的上 Hessenberg 矩阵, 故而对所有 $\lambda \in \mathbf{F}$ 有 $\mathrm{rank}(A - \lambda I) \geqslant n-1$.

矩阵 $A \in M_n(\mathbf{F})$ 是**下 Hessenberg 矩阵**, 如果 A^{T} 是上 Hessenberg 矩阵.

0.9.10 三对角矩阵, 双对角矩阵以及其他构造的矩阵

既是上 Hessenberg 型又是下 Hessenberg 型的矩阵 $A = [a_{ij}] \in M_n(\mathbf{F})$ 称为**三对角的** (tridiagonal), 也就是说, A 是三对角的, 如果只要 $|i-j| > 1$, 就有 $a_{ij} = 0$:

$$A = \begin{bmatrix} a_1 & b_1 & & 0 \\ c_1 & a_2 & \ddots & \\ & \ddots & \ddots & b_{n-1} \\ 0 & & c_{n-1} & a_n \end{bmatrix} \tag{0.9.10.1}$$

A 的行列式可以归纳地加以计算: 从 $\det A_1 = a_1$ 出发, $\det A_2 = a_1 a_2 - b_1 c_1$, 接下来计算一系列 2×2 矩阵乘积

$$\begin{bmatrix} \det A_{k+1} & 0 \\ \det A_k & 0 \end{bmatrix} = \begin{bmatrix} a_{k+1} & -b_k c_k \\ 1 & 0 \end{bmatrix} \begin{bmatrix} \det A_k & 0 \\ \det A_{k-1} & 0 \end{bmatrix}, \quad k = 2, \cdots, n-1$$

Jacobi 矩阵是次对角线元素均为正数的实对称的三对角矩阵.

上双对角矩阵(upper bidiagonal matrix)$A \in M_n(\mathbf{F})$ 是满足 $c_1 = \cdots = c_{n-1} = 0$ 的三对角矩阵(0.9.10.1). 矩阵 $A \in M_n(\mathbf{F})$ 是**下双对角的**(lower bidiagonal), 如果 A^{T} 是上双对角的.

分块三对角矩阵或者分块双对角矩阵有与(0.9.10.1)中的式样相似的块状结构, 其对角线上的块都是正方的, 而超对角分块与次对角分块的大小则由离它们最近的对角块的大小来决定.

矩阵 $A = [a_{ij}] \in M_n(\mathbf{F})$ 是**全对称的**(persymmetric)，如果对所有 i，$j = 1$，$\cdots$，n 都有 $a_{ij} = a_{n+1-j,n+1-i}$，也就是说，全对称矩阵是关于反对角线对称的矩阵．它的另一种也是很有用的刻画是：A 是全对称的，如果 $K_n A = A^T K_n$，其中 K_n 是反序矩阵(0.9.5.1)．如果 A 是全对称且可逆的，那么 A^{-1} 也是全对称的，这是因为 $K_n A^{-1} = (AK_n)^{-1} = (K_n A^T)^{-1} = A^{-T} K_n$．Toeplitz 矩阵是全对称的．我们说 $A \in M_n(\mathbf{F})$ 是**斜全对称的**(skew persymmetric)，如果 $K_n A = -A^T K_n$．非奇异的斜全对称矩阵的逆是斜全对称的．

满足 $K_n A = A^* K_n$ 的复矩阵 $A \in M_n(\mathbf{F})$ 是**全 Hermite 的**(perhermitian)．A 是**斜全 Hermite**(skew perhermitian)，如果 $K_n A = -A^* K_n$．非奇异的全 Hermite(斜全 Hermite)矩阵的逆是全 Hermite(斜全 Hermite)的．

矩阵 $A = [a_{ij}] \in M_n(\mathbf{F})$ 是**中心对称的**(centrosymmetric)，如果对所有 i，$j = 1$，$\cdots$，n 都有 $a_{ij} = a_{n+1-i,n+1-j}$．等价地，A 是中心对称的，如果 $K_n A = AK_n$；A 是**斜中心对称的**(skew centrosymmetric)，如果 $K_n A = -AK_n$．中心对称的矩阵是关于其几何中心为对称的，正如下面的例子

$$A = \begin{bmatrix} 1 & 2 & 3 & 4 & 5 \\ 0 & 6 & 7 & 8 & 9 \\ -1 & -2 & -3 & -2 & -1 \\ 9 & 8 & 7 & 6 & 0 \\ 5 & 4 & 3 & 2 & 1 \end{bmatrix}$$

所描述的那样．如果 A 是非奇异的，且是中心对称的(斜中心对称的)，那么 A^{-1} 也是中心对称的(斜中心对称的)，这是由于 $KA^{-1} = (AK_n)^{-1} = (K_n A)^{-1} = A^{-1} K_n$．如果 A 与 B 是中心对称的，那么 AB 是中心对称的，这是由于 $K_n AB = AK_n B = ABK_n$．如果 A 与 B 是斜中心对称的，那么 AB 是中心对称的．

中心对称的矩阵 $A \in M_n(\mathbf{F})$ 有特殊的分块结构．如果 $n = 2m$，那么

$$A = \begin{bmatrix} B & K_m CK_m \\ C & K_m BK_m \end{bmatrix}, \quad B, C \in M_m(\mathbf{F}) \tag{0.9.10.2}$$

如果 $n = 2m + 1$，那么

$$A = \begin{bmatrix} B & K_m y & K_m CK_m \\ x^T & \alpha & x^T K_m \\ C & y & K_m BK_m \end{bmatrix}, \quad B, C \in M_m(\mathbf{F}), x, y \in \mathbf{F}^m, \alpha \in \mathbf{F} \tag{0.9.10.3}$$

满足 $K_n A = \overline{A} K_n$ 的复矩阵 $A \in M_n$ 是**中心 Hermite 的**(centrohermitian)；它是**斜中心 Hermite 的**(skew centrohermitian)，如果 $K_n A = -\overline{A} K_n$．一个非奇异的中心 Hermite(斜中心 Hermite)矩阵的逆是中心 Hermite(斜中心 Hermite)的．中心 Hermite 矩阵的乘积是中心 Hermite 的．

0.9.11　Vandermonde 矩阵与 Lagrange 插值

Vandermonde 矩阵 $A \in M_n(\mathbf{F})$ 有形式

$$A = \begin{bmatrix} 1 & x_1 & x_1^2 & \cdots & x_1^{n-1} \\ 1 & x_2 & x_2^2 & \cdots & x_2^{n-1} \\ \vdots & \vdots & \vdots & \ddots & \vdots \\ 1 & x_n & x_n^2 & \cdots & x_n^{n-1} \end{bmatrix} \tag{0.9.11.1}$$

其中 x_1，$\cdots$，$x_n \in \mathbf{F}$，也就是说，$A = [a_{ij}]$，其中 $a_{ij} = x_i^{j-1}$. 事实上有

$$\det A = \prod_{\substack{i,j=1 \\ i>j}}^{n} (x_i - x_j) \tag{0.9.11.2}$$

所以 Vandermonde 矩阵是非奇异的，当且仅当诸参数 x_1，$\cdots$，x_n 各不相同.

如果 x_1，$\cdots$，x_n 是不相同的，Vandermonde 矩阵(0.9.11.1)的逆 $A^{-1} = [a_{ij}]$ 是

$$\alpha_{ij} = (-1)^{i-1} \frac{S_{n-i}(x_1, \cdots, \hat{x}_j, \cdots, x_n)}{\prod_{k \neq j} (x_k - x_j)}, \quad i, j = 1, \cdots, n$$

其中 $S_0 = 1$，而如果 $m > 0$，则 $S_m(x_1, \cdots, \hat{x}_j, \cdots, x_n)$ 是 $n-1$ 个变量 $x_k(k=1, \cdots, n$，$k \neq j)$ 的第 m 个初等对称函数，见(1.2.14).

Vandermonde 矩阵出现在**插值问题**(interpolation problem)中，该问题是寻求次数至多为 $n-1$ 且系数在 $\mathbf{F}$ 中的多项式 $p(x) = a_{n-1}x^{n-1} + a_{n-2}x^{n-2} + \cdots + a_1 x + a_0$，它满足

$$p(x_1) = a_0 + a_1 x_1 + a_2 x_1^2 + \cdots + a_{n-1} x_1^{n-1} = y_1$$
$$p(x_2) = a_0 + a_1 x_2 + a_2 x_2^2 + \cdots + a_{n-1} x_2^{n-1} = y_2$$
$$\vdots \quad \vdots \qquad \vdots \qquad\qquad \vdots \qquad\qquad\qquad \vdots$$
$$p(x_n) = a_0 + a_1 x_n + a_2 x_n^2 + \cdots + a_{n-1} x_n^{n-1} = y_n \tag{0.9.11.3}$$

其中 x_1，$\cdots$，x_n 和 y_1，$\cdots$，y_n 是 $\mathbf{F}$ 中给定的元素. 插值条件(0.9.11.3)是有 n 个未知系数 a_0，$\cdots$，a_{n-1} 以及 n 个方程的方程组，它们有形式 $Aa = y$，其中 $a = [a_0 \ \cdots \ a_{n-1}]^{\mathrm{T}} \in \mathbf{F}^n$，$y = [y_1 \cdots y_n]^{\mathrm{T}} \in \mathbf{F}^n$，而 $A \in M_n(\mathbf{F})$ 是 Vandermonde 矩阵(0.9.11.1). 这个插值问题总会有解，如果诸点 x_1，x_2，$\cdots$，x_n 各不相同，这是因为在此情形 A 是非奇异的.

如果诸点 x_1，x_2，$\cdots$，x_n 各不相同，则插值多项式的系数原则上可以通过求解方程组 (0.9.11.3)得到，但通常更为有用的是将插值多项式 $p(x)$ 表示成为 Lagrange **插值多项式** (interpolation polynomial)

$$L_i(x) = \frac{\prod_{j \neq i} (x - x_j)}{\prod_{j \neq i} (x_i - x_j)}, \quad i = 1, \cdots, n$$

的线性组合. 每一个多项式 $L_i(x)$ 的次数都是 $n-1$ 且有如下性质：如果 $k \neq i$，则有 $L_i(x_k) = 0$，但 $L_i(x_i) = 1$. Lagrange **插值公式**

$$p(x) = y_1 L_1(x) + \cdots + y_n L_n(x) \tag{0.9.11.4}$$

提供了满足诸方程(0.9.11.3)的一个阶至多为 $n-1$ 的多项式.

0.9.12 Cauchy 矩阵

Cauchy 矩阵 $A \in M_n(\mathbf{F})$ 是一个形如 $A = [(a_i + b_j)^{-1}]_{i,j=1}^{n}$ 的矩阵，其中 a_1，$\cdots$，a_n 和 b_1，$\cdots$，b_n 是满足 $a_i + b_j \neq 0$(对所有 i，$j = 1$，$\cdots$，n)的纯量. 事实上有

$$\det A = \frac{\prod_{1 \leqslant i < j \leqslant n} (a_j - a_i)(b_j - b_i)}{\prod_{1 \leqslant i \leqslant j \leqslant n} (a_i + b_j)} \tag{0.9.12.1}$$

所以，A 是非奇异的，当且仅当对所有 $i \neq j$ 都有 $a_i \neq a_j$ 以及 $b_i \neq b_j$. **Hilbert 矩阵** $H_n = [(i +$

$(j-1)^{-1}]_{i,j=1}^n$ 是这样一种矩阵：它既是 Cauchy 矩阵，又是 Hankel 矩阵．事实上有

$$\det H_n = \frac{(1!2!\cdots(n-1)!)^4}{1!2!\cdots(2n-1)!} \qquad (0.9.12.2)$$

所以，Hilbert 矩阵总是非奇异的．它的逆矩阵 $H_n^{-1} = [h_{ij}]_{i,j=1}^n$ 的元素是

$$h_{ij} = \frac{(-1)^{i+j}(n+i-1)!(n+j-1)!}{((i-1)!(j-1)!)^2(n-i)!(n-j)!(i+j-1)} \qquad (0.9.12.3)$$

0.9.13　对合矩阵，幂零矩阵，射影矩阵，共轭对合矩阵

矩阵 $A \in M_n(\mathbf{F})$ 是

- **对合矩阵**（involution），如果 $A^2 = I$，即 $A = A^{-1}$（也用术语**对合的**（involutory））
- **幂零矩阵**（nilpotent），如果对某个正整数 k 有 $A^k = 0$．最小的这样的 k 称为 A 的**幂零指数**（index of nilpotence）
- **射影矩阵**（projection），如果 $A^2 = A$（也用术语**幂等的**（idempotent））

现在假设 $\mathbf{F} = \mathbf{C}$．矩阵 $A \in M_n$ 是

- **Hermite 射影矩阵**（Hermitian projection），如果 $A^* = A$ 且 $A^2 = A$（也用术语**正交射影**（orthogonal projection）**矩阵**，见（4.1.P19））
- **共轭对合矩阵**（coninvolution），如果 $A\overline{A} = I$，即 $\overline{A} = A^{-1}$（也用术语**共轭对合的**（coninvolutory））

0.10　基的变换

设 V 是域 $\mathbf{F}$ 上的一个 n 维向量空间，而向量组 $\mathcal{B}_1 = \{v_1, v_2, \cdots, v_n\}$ 是 V 的一组基．任何向量 $x \in V$ 都可以表示成 $x = \alpha_1 v_1 + \alpha_2 v_2 + \cdots + \alpha_n v_n$，这是因为 V 由 $\mathcal{B}_1$ 生成．如果还有另外一种用同样的基给出的表示 $x = \beta_1 v_1 + \beta_2 v_2 + \cdots + \beta_n v_n$，那么

$$0 = x - x = (\alpha_1 - \beta_1)v_1 + (\alpha_2 - \beta_2)v_2 + \cdots + (\alpha_n - \beta_n)v_n$$

由此推出所有的 $\alpha_i - \beta_i = 0$，这是因为向量组 $\mathcal{B}_1$ 线性无关．给定基 $\mathcal{B}_1$，由 V 到 $\mathbf{F}^n$ 的线性映射

$$x \to [x]_{\mathcal{B}_1} = \begin{bmatrix} \alpha_1 \\ \vdots \\ \alpha_n \end{bmatrix}, \qquad \text{其中 } x = \alpha_1 v_1 + \alpha_2 v_2 + \cdots + \alpha_n v_n$$

有良好的定义，且是一对一的满映射．纯量 α_i 是 x 关于基 $\mathcal{B}_1$ 的**坐标**（coordinate），而列向量 $[x]_{\mathcal{B}_1}$ 则是 x 唯一的 $\mathcal{B}_1$ **坐标表示**（$\mathcal{B}_1$-coordinate representation）．

设 $T: V \to V$ 是一个给定的线性变换．一旦我们知道了 n 个向量 $Tv_1, Tv_2, \cdots, Tv_n$，T 在 $x \in V$ 上的作用就被确定了，因为任何 $x \in V$ 都有一个唯一的表示 $x = \alpha_1 v_1 + \cdots + \alpha_n v_n$，而根据线性则有 $Tx = T(\alpha_1 v_1 + \cdots + \alpha_n v_n) = T(\alpha_1 v_1) + \cdots + T(\alpha_n v_n) = \alpha_1 Tv_1 + \cdots + \alpha_n Tv_n$．于是，只要知道了 $[x]_{\mathcal{B}_1}$，Tx 的值就确定了．

设 $\mathcal{B}_2 = \{w_1, w_2, \cdots, w_n\}$ 也是 V 的一组基（与 $\mathcal{B}_1$ 可能不同也可能相同），并假设 Tv_j 的 $\mathcal{B}_2$ 坐标表示是

$$[Tv_j]_{\mathcal{B}_2} = \begin{bmatrix} t_{1j} \\ \vdots \\ t_{nj} \end{bmatrix}, \quad j = 1, 2, \cdots, n$$

这样一来，对任何 $x \in V$ 我们有

$$[Tx]_{\mathcal{B}_2} = \left[\sum_{j=1}^{n} \alpha_j Tv_j \right]_{\mathcal{B}_2} = \sum_{j=1}^{n} \alpha_j [Tv_j]_{\mathcal{B}_2} = \sum_{j=1}^{n} \alpha_j \begin{bmatrix} t_{1j} \\ \vdots \\ t_{nj} \end{bmatrix} = \begin{bmatrix} t_{11} & \cdots & t_{1n} \\ \vdots & \ddots & \vdots \\ t_{n1} & \cdots & t_{nn} \end{bmatrix} = \begin{bmatrix} \alpha_1 \\ \vdots \\ \alpha_n \end{bmatrix}$$

$n \times n$ 阵列 $[t_{ij}]$ 与 T 有关，且与基 $\mathcal{B}_1$ 以及 $\mathcal{B}_2$ 的选取有关，但它与 x 无关. 定义 T 的 $\mathcal{B}_1$-$\mathcal{B}_2$ **基表示**($\mathcal{B}_1$-$\mathcal{B}_2$ basis representation)为

$$_{\mathcal{B}_2}[T]_{\mathcal{B}_1} = \begin{bmatrix} t_{11} & \cdots & t_{1n} \\ \vdots & \ddots & \vdots \\ t_{n1} & \cdots & t_{nn} \end{bmatrix} = \begin{bmatrix} [Tv_1]_{\mathcal{B}_2} \cdots [Tv_n]_{\mathcal{B}_2} \end{bmatrix}$$

我们刚刚指出了，对任何 $x \in V$ 有 $[Tx]_{\mathcal{B}_2} = {_{\mathcal{B}_2}[T]_{\mathcal{B}_1}} [x]_{\mathcal{B}_1}$. 在 $\mathcal{B}_2 = \mathcal{B}_1$ 这一重要的特殊情

形，我们有 $_{\mathcal{B}_1}[T]_{\mathcal{B}_1}$，它称为是 T 的 $\mathcal{B}_1$ **基表示**(basis representation).

考虑恒等线性变换 $I: V \to V$，它对所有 x 定义为 $Ix = x$. 这样就对所有 $x \in V$ 有

$$[x]_{\mathcal{B}_2} = [Ix]_{\mathcal{B}_2} = {_{\mathcal{B}_2}[I]_{\mathcal{B}_1}} [x]_{\mathcal{B}_1} = {_{\mathcal{B}_2}[I]_{\mathcal{B}_1}} [Ix]_{\mathcal{B}_1} = {_{\mathcal{B}_2}[I]_{\mathcal{B}_1}} {_{\mathcal{B}_1}[I]_{\mathcal{B}_2}} [x]_{\mathcal{B}_2}$$

依次选取 $x = w_1, w_2, \cdots, w_n$，这个恒等式使得我们可以辨识出 $_{\mathcal{B}_2}[I]_{\mathcal{B}_1} {_{\mathcal{B}_1}[I]_{\mathcal{B}_2}}$ 的每一列，而且还证明了

$$_{\mathcal{B}_2}[I]_{\mathcal{B}_1} {_{\mathcal{B}_1}[I]_{\mathcal{B}_2}} = I_n$$

如果从 $[x]_{\mathcal{B}_1} = [Ix]_{\mathcal{B}_1} = \cdots$ 出发来做同样的计算，我们就求得

$$_{\mathcal{B}_1}[I]_{\mathcal{B}_2} {_{\mathcal{B}_2}[I]_{\mathcal{B}_1}} = I_n$$

于是，每一个形如 $_{\mathcal{B}_2}[I]_{\mathcal{B}_1}$ 的矩阵都是可逆的，且 $_{\mathcal{B}_1}[I]_{\mathcal{B}_2}$ 就是它的逆. 反过来，每一个可逆矩阵 $S = [s_1 s_2 \cdots s_n] \in M_n(\mathbf{F})$ 都有 $_{\mathcal{B}_1}[I]_{\mathcal{B}}$ 的形式(对某个基 $\mathcal{B}$). 我们可以取 $\mathcal{B}$ 为由 $[\tilde{s}_i]_{\mathcal{B}_1} = s_i (i = 1, 2, \cdots, n)$ 所定义的向量 $\{\tilde{s}_1, \tilde{s}_2, \cdots, \tilde{s}_n\}$. 向量组 $\mathcal{B}$ 是线性无关的，因为 S 是可逆的.

注意

$$_{\mathcal{B}_2}[I]_{\mathcal{B}_1} = \begin{bmatrix} [Iv_1]_{\mathcal{B}_2} \cdots [Iv_n]_{\mathcal{B}_2} \end{bmatrix} = \begin{bmatrix} [v_1]_{\mathcal{B}_2} \cdots [v_n]_{\mathcal{B}_2} \end{bmatrix}$$

所以 $_{\mathcal{B}_2}[I]_{\mathcal{B}_1}$ 描述了基 $\mathcal{B}_1$ 的元素是怎样由基 $\mathcal{B}_2$ 的元素构成的. 现在设 $x \in V$ 并计算

$$_{\mathcal{B}_1}[T]_{\mathcal{B}_2} [x]_{\mathcal{B}_2} = [Tx]_{\mathcal{B}_2} = [I(Tx)]_{\mathcal{B}_2} = {_{\mathcal{B}_2}[I]_{\mathcal{B}_1}} [Tx]_{\mathcal{B}_1} = {_{\mathcal{B}_2}[I]_{\mathcal{B}_1}} {_{\mathcal{B}_1}[T]_{\mathcal{B}_1}} [x]_{\mathcal{B}_1}$$
$$= {_{\mathcal{B}_2}[I]_{\mathcal{B}_1}} {_{\mathcal{B}_1}[T]_{\mathcal{B}_1}} [Ix]_{\mathcal{B}_1} = {_{\mathcal{B}_2}[I]_{\mathcal{B}_1}} {_{\mathcal{B}_1}[T]_{\mathcal{B}_1}} {_{\mathcal{B}_1}[I]_{\mathcal{B}_2}} [x]_{\mathcal{B}_2}$$

相继选取 $x = w_1, w_2, \cdots, w_n$，我们就得出结论

$$_{\mathcal{B}_2}[T]_{\mathcal{B}_2} = {_{\mathcal{B}_2}[I]_{\mathcal{B}_1}} {_{\mathcal{B}_1}[T]_{\mathcal{B}_1}} {_{\mathcal{B}_1}[I]_{\mathcal{B}_2}} \tag{0.10.1.1}$$

这个恒等式指出了，如果基改变成了 $\mathcal{B}_2$，T 的 $\mathcal{B}_1$ 基表示会怎样改变. 为此，我们将矩阵 $_{\mathcal{B}_2}[I]_{\mathcal{B}_1}$ 称为 $\mathcal{B}_1$-$\mathcal{B}_2$ **基变换矩阵**($\mathcal{B}_1$-$\mathcal{B}_2$ change of basis matrix).

任何矩阵 $A \in M_n(\mathbf{F})$ 都是某个线性变换 $T: V \to V$ 的一个基表示，因为如果 $\mathcal{B}$ 是 V 的任意一组基，我们就能利用 $[Tx]_{\mathcal{B}} = A[x]_{\mathcal{B}}$ 确定 Tx. 对于这个 T，计算表明有 $_{\mathcal{B}}[T]_{\mathcal{B}} = A$.

0.11 等价关系

设 S 是一个给定的集合, 而 Γ 是 $S \times S = \{(a, b): a \in S, b \in S\}$ 的一个给定的子集. 这样 Γ 就按照如下的方式定义了 S 上的一个**关系**(relation): 我们说 a 与 b **有关系**(记为 $a \sim b$), 如果 $(a, b) \in \Gamma$. S 上的一个关系称为**等价关系**(equivalence relation), 如果它是: (a) **自反的**(reflexive)(对每个 $a \in S$ 有 $a \sim a$), (b)**对称的**(symmetric)(只要 $b \sim a$ 就有 $a \sim b$), (c)**传递的**(transitive)(只要 $a \sim b$ 且 $b \sim c$, 就有 $a \sim c$). S 上的一个等价关系以一种自然的方式给出 S 的一个不相交的分划: 对任何 $a \in S$, 如果我们用 $S_a = \{b \in S: b \sim a\}$ 来定义它的**等价类**(equivalence class), 那么就有 $S = \bigcup_{a \in S} S_a$, 且对每个 $a, b \in S$, 或者有 $S_a = S_b$ (如果 $a \sim b$), 或者有 $S_a \cap S_b = \varnothing$ (如果 $a \nsim b$). 反之, S 的任何不相交的分划都可以用来定义 S 上的一个等价关系.

右边的表列出了在矩阵分析中出现的一些等价关系. 因子 D_1, D_2, S, T, L 以及 R 都是方阵, 且是非奇异的; U 和 V 是酉矩阵; L 是下三角的; R 是上三角的; D_1 和 D_2 是对角的; 而对于等价、酉等价、三角等价或者对角等价来说, A 和 B 不一定是方阵.

等价关系 $\sim$	$A \sim B$
相合	$A = SBS^{\mathrm{T}}$
酉相合	$A = UBU^{\mathrm{T}}$
$*$ 相合	$A = SBS^*$
共轭相似	$A = SB\overline{S}^{-1}$
等价	$A = SBT$
酉等价	$A = UBV$
对角等价	$A = D_1 BD_2$
相似	$A = SBS^{-1}$
酉相似	$A = UBU^*$
三角等价	$A = LBR$

只要在矩阵分析中出现一种有意义的等价关系, 辨识出其等价类的一组特殊的代表元是很有用的(这种等价关系的一个**标准型**(canonical form)或者**正规型**(normal form)). 换言之, 我们常会希望有有效的判别法(不变量)能用来确定两个给定的矩阵是否属于同一个等价类.

抽象地说, 集合 S 上**等价关系 $\sim$ 的一个标准型**(canonical form for an equivalence relation $\sim$) 是 S 的一个子集 C, 它满足 $S = \bigcup_{a \in C} S_a$ 以及 $S_a \cap S_b = \varnothing$ (只要 $a, b \in C$ 且 $a \neq b$); **元素 $a \in S$ 的标准型**(canonical form of an element $a \in S$)是满足 $a \in S_c$ 的唯一的元素 $c \in C$.

对矩阵分析中一个给定的等价关系而言, 重要的是用巧妙而简洁的方式选择标准型, 有时我们会尝试多种方式以使得标准型能量身定做般地适用于特定的要求. 例如, Jordan 标准型和 Weyr 标准型对相似来说是不同的标准型, Jordan 标准型在涉及矩阵的幂的问题中有良好的效用, 而 Weyr 标准型则在与交换性有关的问题中有良好的效果.

S 上等价关系 $\sim$ 的**不变量**(invariant)是 S 上一个函数 f, 它使得只要 $a \sim b$ 就有 $f(a) = f(b)$. S 上一个等价关系 $\sim$ 的一族不变量 $\mathcal{F}$ 称为是**完备的**(complete), 如果对所有 $f \in \mathcal{F}$ 有 $f(a) = f(b)$ 成立, 当且仅当 $a \sim b$. 一族完备的不变量常被称作**完备不变量系**(complete system of invariants). 例如, 对酉等价来说, 矩阵的奇异值就是一个完备不变量系.

第1章　特征值，特征向量和相似性

1.0　引言

在每章的开始一节，我们将用一些例子对这一章里要讨论的某些关键内容的动机加以阐述，这些例子说明了它们作为概念或者在应用中是如何产生的.

在整本书中，我们都使用在第 0 章里引进的记号与术语. 读者可以查询索引以寻求不熟悉的名词的定义，不熟悉的记号通常可以通过查阅文献后面有关记号的那一节了解辨认.

1.0.1　基变换与相似性

每一个可逆矩阵都是一个可以变换基的矩阵，而每一个可以变换基的矩阵也都是可逆的(0.10). 于是，如果 $\mathcal{B}$ 是向量空间 V 的一组给定的基，T 是 V 上一个给定的线性变换，又如果 $A = {}_\mathcal{B}[T]_\mathcal{B}$ 是 T 的 $\mathcal{B}$ 基表示，则 T 的所有可能的基表示的集合是

$$\{ {}_{\mathcal{B}_1}[I]_{\mathcal{B}}\, {}_{\mathcal{B}}[T]_{\mathcal{B}}\, {}_{\mathcal{B}}[I]_{\mathcal{B}_1} : \mathcal{B}_1 \text{ 是 } V \text{ 的基} \} = \{ S^{-1}AS : S \in M_n(\mathbf{F}) \text{ 是可逆的} \}$$

这恰好是所有与给定的矩阵 A **相似的**(similar)矩阵之集合. 这样一来，相似但不相等的矩阵正好就是单个线性变换的不同的基表示.

我们可以期待相似矩阵共享许多重要的性质(至少是那些反映基础线性变换本质的性质)，而这是线性代数的一个重要课题. 从关于一个给定矩阵的问题退回到线性变换(这个线性变换的矩阵仅仅是它的众多可能的表达方式之一)的某个本质性质的问题常常是有用的.

相似是本章中一个关键的概念.

1.0.2　限制极值与特征值

本章中第二个关键的概念是**特征向量**(eigenvector)和**特征值**(eigenvalue). 使得 Ax 是 x 的一个纯量倍数的非零向量 x 在分析矩阵或者线性变换的构造中起着主导的作用，但是这样的向量出现在使从属于几何限制的实对称二次型最大化(或者最小化)这种更为初等的内容之中：对给定的实对称矩阵 $A \in M_n(\mathbf{R})$，

$$\text{极大化 } x^\mathrm{T}Ax, \quad \text{服从条件 } x \in \mathbf{R}^n, \quad x^\mathrm{T}x = 1 \tag{1.0.3}$$

解决这样一个有限制条件的最优化问题的常规方法是引进 Lagrange 算子 $L = x^\mathrm{T}Ax - \lambda x^\mathrm{T}x$. 取极值的必要条件是

$$0 = \nabla L = 2(Ax - \lambda x) = 0$$

于是，如果一个满足 $x^\mathrm{T}x = 1$ 的向量 $x \in \mathbf{R}^n$(从而 $x \neq 0$)是 $x^\mathrm{T}Ax$ 的一个极值，它就必定满足方程 $Ax = \lambda x$. 对某个非零向量 x，满足 $Ax = \lambda x$ 的纯量 λ 就是 A 的一个**特征值**(eigenvalue).

问题

1.0.P1 利用 Weierstrass 定理(见附录 E)解释为什么限制极值问题(1.0.3)有解，并导出结论：每一个实对称矩阵至少有一个实的特征值.

1.0.P2 假设 $A \in M_n(\mathbf{R})$ 是对称的. 证明：$\max\{x^\mathrm{T}Ax : x \in \mathbf{R}^n, x^\mathrm{T}x = 1\}$ 是 A 的**最大的**实特征值.

1.1　特征值-特征向量方程

矩阵 $A \in M_n$ 可以视为从 $\mathbf{C}^n$ 到 $\mathbf{C}^n$ 的一个线性变换，也即

$$A: x \to Ax \tag{1.1.1}$$

不过把它视为数的阵列也是有用的．根据数的阵列告诉我们的有关线性变换的知识，A 的这两种概念之间的交互作用是矩阵分析的中心内容以及通向应用之关键．矩阵分析中的一个基本概念就是复方阵的**特征值之集合**.

定义 1.1.2　设 $A \in M_n$. 如果纯量 λ 和非零向量 x 满足方程

$$Ax = \lambda x, \quad x \in \mathbf{C}^n, \quad x \neq 0, \quad \lambda \in \mathbf{C} \tag{1.1.3}$$

那么 λ 就称为是 A 的一个特征值，而 x 则称为 A 的一个与 λ 相伴的特征向量．元素对 (λ, x) 称为 A 的一个特征对．

上一个定义中的纯量 λ 和向量 x 天生注定成对出现．定义中的关键点是：**特征向量永远不会是零向量**.

习题　考虑对角矩阵 $D = \mathrm{diag}(d_1, d_2, \cdots, d_n)$. 说明为什么标准基向量 $e_i (i=1, \cdots, n)$ 是 D 的特征向量．每一个特征向量 e_i 与哪一个特征值相伴？◀

方程 1.1.3 可以改写成 $\lambda x - Ax = (\lambda I - A)x = 0$，这是一个正方的齐次线性方程组．如果这个方程组有非平凡的解，那么 λ 就是 A 的一个特征值，而矩阵 $\lambda I - A$ 就是奇异的．反过来，如果 $\lambda \in \mathbf{C}$ 且 $\lambda I - A$ 是奇异的，那么就存在一个非零向量 x，使得 $(\lambda I - A)x = 0$，所以 $Ax = \lambda x$，也就是说，(λ, x) 是 A 的一个特征值-特征向量对．

定义 1.1.4　$A \in M_n$ 的谱是 A 的所有特征值 $\lambda \in \mathbf{C}$ 组成的集合，我们将这个集合记为 $\sigma(A)$.

对给定的 $A \in M_n$，此时我们还不知道 $\sigma(A)$ 是否是空集，或者如果它非空，我们也不知道它包含有限多个还是无限多个复数．

习题　如果 x 是与 A 的特征值 λ 相伴的特征向量，证明：x 的任何非零纯量倍数也是 A 的与 λ 相伴的特征向量．◀

如果 x 是 $A \in M_n$ 的与 λ 相伴的特征向量，将它标准化通常更为方便，所谓标准化就是构造一个单位向量 $\xi = x/\|x\|_2$，它依然是 A 的与 λ 相伴的特征向量．标准化并没有选择与 λ 相伴的唯一的特征向量，无论如何，$(\lambda, \mathrm{e}^{\mathrm{i}\theta}\xi)$ 都是 A 的特征值-特征向量对（对所有 $\theta \in \mathbf{R}$）.

习题　如果 $Ax = \lambda x$，注意有 $\overline{A}\overline{x} = \overline{\lambda}\overline{x}$. 说明为什么 $\sigma(\overline{A}) = \overline{\sigma(A)}$. 如果 $A \in M_n(\mathbf{R})$ 且 $\lambda \in \sigma(A)$，说明为什么也有 $\overline{\lambda} \in \sigma(A)$.◀

特征值与特征向量即便没有其他的重要性，它们在代数上也是很有意义的：根据 (1.1.3)，特征向量恰好是那样的非零向量：用 A 来乘与用纯量 λ 来乘有相同的结果．

习题　考虑矩阵

$$A = \begin{bmatrix} 7 & -2 \\ 4 & 1 \end{bmatrix} \in M_2 \tag{1.1.4a}$$

那么 $3 \in \sigma(A)$ 且 $\begin{bmatrix} 1 \\ 2 \end{bmatrix}$ 是一个与之相伴的特征向量，这是因为

$$A \begin{bmatrix} 1 \\ 2 \end{bmatrix} = \begin{bmatrix} 3 \\ 6 \end{bmatrix} = 3 \begin{bmatrix} 1 \\ 2 \end{bmatrix}$$

又有 $5 \in \sigma(A)$. 求一个与特征值 5 相伴的特征向量. ◀

有时一个矩阵的构造使人容易想象出它的一个特征向量，从而其相伴的特征值也容易计算出来.

习题 设 J_n 是 $n \times n$ 矩阵，其元素全都等于 1. 考虑元素全都等于 1 的 n 元向量 e，并设 $x_k = e - n e_k$，其中 $\{e_1, \cdots, e_n\}$ 是 $\mathbf{C}^n$ 的一组标准基. 对 $n=2$，证明 e 和 x_1 是 J_2 的线性无关的特征向量，而 2 和 0 分别是相伴的特征值. 对 $n=3$，证明 e、x_1 以及 x_2 是 J_3 的线性无关的特征向量，而 2、0 和 0 分别是相伴的特征值. 一般来说，证明 $e, x_1, \cdots, x_{n-1}$ 是 J_n 的线性无关的特征向量，而 $n, 0, \cdots, 0$ 分别是相伴的特征值. ◀

习题 证明 1 和 4 是矩阵

$$A = \begin{bmatrix} 3 & -1 & -1 \\ -1 & 3 & -1 \\ -1 & -1 & 3 \end{bmatrix}$$

的特征值. 提示：利用特征向量. 记 $A = 4I - J_3$，并利用上一习题. ◀

实系数或者复系数 k 次多项式

$$p(t) = a_k t^k + a_{k-1} t^{k-1} + \cdots + a_1 t + a_0, \quad a_k \neq 0 \tag{1.1.5a}$$

在矩阵 $A \in M_n$ 处的值有良好的定义，因为我们可以作出给定方阵的整数幂的线性组合. 定义

$$p(A) = a_k A^k + a_{k-1} A^{k-1} + \cdots + a_1 A + a_0 I \tag{1.1.5b}$$

其中注意通用的约定 $A^0 = I$. k 次多项式 (1.1.5a) 被说成是**首一的**（monic），如果 $a_k = 1$；由于 $a_k \neq 0$，故而 $a_k^{-1} p(t)$ 总是首一的. 当然，首一多项式不可能是零多项式.

有另外一种方法来表示 $p(A)$，它有很重要的推论. **代数基本定理**（fundamental theorem of algebra）（附录 C）确保次数为 $k \geqslant 1$ 的任何首一多项式 (1.1.5a) 可以表示成恰好 k 个复的或者实的线性因子的乘积：

$$p(t) = (t - \alpha_1) \cdots (t - \alpha_k) \tag{1.1.5c}$$

$p(t)$ 的这个表达式除了因子的排列顺序外是唯一的. 它告诉我们：对每个 $j = 1, \cdots, k$ 有 $p(\alpha_j) = 0$，所以每个 α_j 都是方程 $p(t) = 0$ 的一个**根**（root）；我们也说成每个 α_j 是 $p(t)$ 的一个**零点**（zero）. 反过来，如果 β 是一个复数，它使得 $p(\beta) = 0$，那么 $\beta \in \{\alpha_1, \cdots, \alpha_k\}$，所以一个次数为 $k \geqslant 1$ 的多项式至多有 k 个不同的零点. 在乘积 (1.1.5c) 中，有些因子可能会重复，例如，$p(t) = t^2 + 2t + 1 = (t+1)(t+1)$. 因子 $(t - \alpha_j)$ 重复的次数就是 α_j 作为 $p(t)$ 零点的**重数**（multiplicity）. 分解式 (1.1.5c) 给出 $p(A)$ 的分解式：

$$p(A) = (A - \alpha_1 I) \cdots (A - \alpha_k I) \tag{1.1.5d}$$

$p(A)$ 的特征值与 A 的特征值以一种简单的方式联系在一起.

定理 1.1.6 设 $p(t)$ 是给定的 k 次多项式. 如果 λ，x 是 $A \in M_n$ 的一个特征值-特征向量对，那么 $p(\lambda)$，x 就是 $p(A)$ 的一个特征值-特征向量对. 反过来，如果 $k \geqslant 1$ 且 μ 是 $p(A)$ 的一个特征值，那么就存在 A 的某个特征值 λ 使得 $\mu = p(\lambda)$.

证明 我们有

$$p(A)x = a_k A^k x + a_{k-1} A^{k-1} x + \cdots + a_1 A x + a_0 x, \quad a_k \neq 0$$

重复应用特征值-特征向量方程又有 $A^j x = A^{j-1} A x = A^{j-1} \lambda x = \lambda A^{j-1} x = \cdots = \lambda^j x$. 从而

$$p(A)x = a_k \lambda^k x + \cdots + a_0 x = (a_k \lambda^k + \cdots + a_0) x = p(\lambda) x$$

反过来，如果 μ 是 $p(A)$ 的一个特征值，那么 $p(A)-\mu I$ 是奇异的．由于 $p(t)$ 的次数 $k \geqslant 1$，故而多项式 $q(t)=p(t)-\mu$ 的次数 $k \geqslant 1$，我们就可以将它分解成 $q(t)=(t-\beta_1)\cdots(t-\beta_k)$（对某些复数或者实数 $\beta_1,\cdots,\beta_k$）．由于 $p(A)-\mu I=q(A)=(A-\beta_1 I)\cdots(A-\beta_k I)$ 是奇异的，故而它的某个因子 $A-\beta_j I$ 是奇异的，这就意味着 β_j 是 A 的特征值．但是 $0=q(\beta_j)=p(\beta_j)-\mu$，所以有 $\mu=p(\beta_j)$，如所断言．□

习题 假设 $A \in M_n$．如果 $\sigma(A)=\{-1,1\}$，那么 $\sigma(A^2)$ 是什么？**小心**：定理 1.1.6 中的第一个结论可以使人找出 $\sigma(A^2)$ 中的一个点，但是你必须求助第二个结论来确定它是否是 $\sigma(A^2)$ 中**仅有**的点．◀

习题 考虑 $A=\begin{bmatrix} 0 & 1 \\ 0 & 0 \end{bmatrix}$．$A^2$ 等于什么？证明 e_1 是 A 和 A^2 的特征向量，且它们两者都是与特征值 $\lambda=0$ 相伴的．证明 e_2 是 A^2 的特征向量但不是 A 的特征向量．说明为什么定理 1.1.6 的"逆命题"部分只谈到了 $p(A)$ 的特征值，而未谈及其特征向量．证明：除了 e_1 的纯量倍数之外，A 没有其他的特征向量了，并说明为什么有 $\sigma(A)=\{0\}$．◀

结论 1.1.7 矩阵 $A \in M_n$ 是奇异的，当且仅当 $0 \in \sigma(A)$．

证明 矩阵 A 是奇异的，当且仅当对某个 $x \neq 0$ 有 $Ax=0$．而这当且仅当对某个 $x \neq 0$ 有 $Ax=0x$，也就是当且仅当 $\lambda=0$ 是 A 的特征值时才会发生．□

结论 1.1.8 设给定 $A \in M_n$ 以及 $\lambda,\mu \in \mathbf{C}$．那么，$\lambda \in \sigma(A)$ 当且仅当 $\lambda+\mu \in \sigma(A+\mu I)$．

证明 如果 $\lambda \in \sigma(A)$，则存在一个非零向量 x，使得 $Ax=\lambda x$，从而 $(A+\mu I)x=Ax+\mu x=\lambda x+\mu x=(\lambda+\mu)x$．于是，$\lambda+\mu \in \sigma(A+\mu I)$．反过来，如果 $\lambda+\mu \in \sigma(A+\mu I)$，则存在一个非零向量 y，使得 $Ay+\mu y=(A+\mu I)y=(\lambda+\mu)y=\lambda y+\mu y$．于是 $Ay=\lambda y$，从而 $\lambda \in \sigma(A)$．□

我们现在准备给出一个很重要的结论：每个复矩阵都有非空的谱，也就是说，对每个 $A \in M_n$，存在某个纯量 $\lambda \in \mathbf{C}$ 以及非零的向量 $x \in \mathbf{C}^n$，使得 $Ax=\lambda x$．

定理 1.1.9 设给定 $A \in M_n$．那么 A 有特征值．事实上，对每个给定的非零的 $y \in \mathbf{C}^n$，存在一个至多 $n-1$ 次多项式 $g(t)$，使得 $g(A)y$ 是 A 的特征向量．

证明 设 m 是使得向量 $y,Ay,A^2y,\cdots,A^ky$ 线性相关的**最小的**整数 k．那么有 $m \geqslant 1$（由于 $y \neq 0$），且有 $m \leqslant n$（由于 $\mathbf{C}^n$ 中任意 $n+1$ 个向量都是线性相关的）．设 $a_0,a_1,\cdots,a_m$ 是不全为零的纯量，它们使得

$$a_m A^m y+a_{m-1}A^{m-1}y+\cdots+a_1 Ay+a_0 y=0 \tag{1.1.10}$$

如果 $a_m=0$，那么 (1.1.10) 蕴含向量 $y,Ay,A^2y,\cdots,A^{m-1}y$ 线性相关，这与 m 的最小性矛盾．于是 $a_m \neq 0$，我们可以考虑多项式 $p(t)=t^m+(a_{m-1}/a_m)t^{m-1}+\cdots+(a_1/a_m)t+(a_0/a_m)$．恒等式 (1.1.10) 确保 $p(A)y=0$，所以 $0,y$ 是 $p(A)$ 的一个特征值-特征向量对．定理 1.1.6 就确保 $p(t)$ 的 m 个零点中有一个是 A 的特征值．

假设 λ 是 $p(t)$ 的一个零点，它是 A 的一个特征值，分解 $p(t)=(t-\lambda)g(t)$，其中 $g(t)$ 是一个 $m-1$ 次多项式．如果 $g(A)y=0$，则 m 的最小性再次出现矛盾，所以 $g(A)y \neq 0$．但是 $0=p(A)y=(A-\lambda I)(g(A)y)$，所以非零向量 $g(A)y$ 是 A 的一个与特征值 λ 相伴的特征向量．□

47

上面的讨论表明，对给定的 $A \in M_n$ 可以求得一个次数最多为 n 的多项式，它**至少有一个**零点是 A 的特征值．在下一节里，我们要介绍一个次数恰好为 n 的多项式 $p_A(t)$，它的每个零点都是 A 的特征值，且 A 的每一个特征值也都是 $p_A(t)$ 的零点，也就是说，$p_A(\lambda)=0$ 当且仅当 $\lambda \in \sigma(A)$．

问题

1.1.P1 假设 $A \in M_n$ 非奇异. 根据(1.1.7), 这就等价于假设 $0 \notin \sigma(A)$. 对每一个 $\lambda \in \sigma(A)$, 证明 $\lambda^{-1} \in \sigma(A^{-1})$. 如果 $Ax = \lambda x$ 且 $x \neq 0$, 证明 $A^{-1}x = \lambda^{-1}x$.

1.1.P2 设给定 $A \in M_n$. (a)证明 A 的每一行的元素之和为 1 当且仅当 $1 \in \sigma(A)$ 且向量 $e = [1, 1, \cdots, 1]^T$ 是与之相伴的特征向量, 也就是说, $Ae = e$. (b)假设 A 的每一行的元素之和是 1. 如果 A 非奇异, 证明 A^{-1} 的每一行元素之和也是 1. 此外, 对任意给定的多项式 $p(t)$, 证明 $p(A)$ 的每一行元素之和都相等. 等于什么?

1.1.P3 设 $A \in M_n(\mathbf{R})$. 假设 λ 是 A 的一个实的特征值, 且 $Ax = \lambda x$, $x \in \mathbf{C}^n$, $x \neq 0$. 设 $x = u + iv$, 其中 $u, v \in \mathbf{R}^n$ 分别是 x 的实部和虚部, 见(0.2.5). 证明 $Au = \lambda u$ 以及 $Av = \lambda v$. 解释为什么 u, v 中至少有一个必定不是零, 并推出结论: A 有与 λ 相伴的实的特征向量. u 与 v 两者都必定是 A 的特征向量吗? A 能有与一个非实数的特征值相伴的实的特征向量吗?

1.1.P4 考虑分块对角矩阵

$$A = \begin{bmatrix} A_{11} & 0 \\ 0 & A_{22} \end{bmatrix}, \quad A_{ii} \in M_{n_i}$$

证明 $\sigma(A) = \sigma(A_{11}) \bigcup \sigma(A_{22})$. 你必须证明三件事: (a)如果 λ 是 A 的特征值, 那么它要么是 A_{11} 的特征值要么是 A_{22} 的特征值; (b)如果 λ 是 A_{11} 的特征值, 那么它也是 A 的特征值; (c)如果 λ 是 A_{22} 的特征值, 那么它也是 A 的特征值.

1.1.P5 设 $A \in M_n$ 是幂等的, 即 $A^2 = A$. 证明 A 的每个特征值或者是 0 或者是 1. 说明为什么 I 是唯一的非奇异的幂等矩阵.

1.1.P6 证明: 幂零矩阵的所有特征值都是 0. 给出一个非零的幂零矩阵的例子. 说明为什么 0 矩阵是仅有的幂零幂等矩阵.

1.1.P7 如果 $A \in M_n$ 是 Hermite 矩阵, 证明 A 的所有特征值都是**实数**.

48

1.1.P8 说明, 如果我们试图利用(1.1.9)中的推理方法来证明每个实方阵都有实特征值时是如何失效的.

1.1.P9 利用定义(1.1.3)证明实矩阵 $A = \begin{bmatrix} 0 & 1 \\ -1 & 0 \end{bmatrix}$ 没有实的特征值. 然而, (1.1.9)却显示 A 有复的特征值. 实际上, 它有两个复的特征值, 这两个特征值是什么?

1.1.P10 对如下的例子给出细节, 这个例子表明无限维复向量空间上的线性算子可能**没有**特征值. 设 $V = \{(a_1, a_2, \cdots): a_i \in \mathbf{C}, i = 1, 2, \cdots\}$ 是由所有无限的形式复数序列组成的向量空间, 并用 $S(a_1, a_2, \cdots) = (0, a_1, a_2, \cdots)$ 来定义 V 上的**右平移算子**(right-shift operator). 验证 S 是一个线性变换. 如果 $Sx = \lambda x$, 证明有 $x = 0$.

1.1.P11 设给定 $A \in M_n$ 以及 $\lambda \in \sigma(A)$. 那么 $A - \lambda I$ 是奇异的, 所以 $(A - \lambda I)\mathrm{adj}(A - \lambda I) = [\det(A - \lambda I)]I = 0$, 见(0.8.2). 说明为什么存在某个 $y \in \mathbf{C}^n$(有可能 $y = 0$), 使得 $\mathrm{adj}(A - \lambda I) = xy^*$. 得出结论: $\mathrm{adj}(A - \lambda I)$ 的每个非零的列都是 A 的与特征值 λ 相伴的特征向量. 这个结论为什么仅当 $\mathrm{rank}(A - \lambda I) = n - 1$ 时才是有用的?

1.1.P12 假设 λ 是 $A = \begin{bmatrix} a & b \\ c & d \end{bmatrix} \in M_2$ 的一个特征值. 利用(1.1.P11)证明: 如果 $\begin{bmatrix} d - \lambda & -b \\ -c & a - \lambda \end{bmatrix}$ 有一列不为零, 那么它就是 A 的与 λ 相伴的特征向量. 为什么这些列中必定有一列是另一列的纯量倍数? 利用这个方法求(1.1.4a)中的矩阵与特征值 3 以及 5 相伴的特征向量.

1.1.P13 设 $A \in M_n$, 又 λ, x 是 A 的一个特征值-特征向量对. 证明: x 是 $\mathrm{adj}A$ 的一个特征向量.

1.2 特征多项式与代数重数

一个复方阵会有多少个特征值? 可以怎样用系统的方式来刻画它们的特征?

将特征值-特征向量方程(1.1.3)改写成

$$(\lambda I - A)x = 0, \quad x \neq 0 \tag{1.2.1}$$

从而，$\lambda \in \sigma(A)$ 当且仅当 $\lambda I - A$ 是奇异的，即当且仅当

$$\det(\lambda I - A) = 0 \tag{1.2.2}$$

定义 1.2.3 视为 t 的形式多项式，则 $A \in M_n$ 的**特征多项式**(characterictic polynomial)就是

$$p_A(t) = \det(tI - A)$$

我们把方程 $p_A(A) = 0$ 称为 A 的**特征方程**(characteristic equation).

结论 1.2.4 每一个 $A = [a_{ij}] \in M_n$ 的特征多项式的次数都是 n，且 $p_A(t) = t^n - (\operatorname{tr} A)$ $t^{n-1} + \cdots + (-1)^n \det A$. 此外，$p_A(\lambda) = 0$ 当且仅当 $\lambda \in \sigma(A)$，故而 $\sigma(A)$ 至多包含 n 个复数.

证明 $tI - A$ 的行列式的表达式(0.3.2.1)中的每一个求和项都是 $tI - A$ 中恰好 n 个元素的乘积，每个元素都取自不同的行和列，所以每一个求和项也都是关于 t 的次数至多为 n 的多项式. 一个求和项的次数能达到 n，当且仅当乘积中的每个因子都包含 t，这仅对是对角元素乘积的那个求和项

$$(t - a_{11}) \cdots (t - a_{nn}) = t^n - (a_{11} + \cdots + a_{nn}) t^{n-1} + \cdots \tag{1.2.4a}$$

才会发生. 任何其他的求和项都必定包含一个因子 $-a_{ij}$(对 $i \neq j$)，所以对角元素 $(t - a_{ii})$(在与 a_{ij} 同一行)以及 $(t - a_{ii})$(在与 a_{ij} 同一列)不可能也是因子. 这样一来，这个求和项的次数不可能大于 $n-2$. 于是，多项式 $p_A(t)$ 中 t^n 与 t^{n-1} 的系数仅仅在求和项(1.2.4a)中出现. $p_A(t)$ 中的常数项正好是 $p_A(0) = \det(0I - A) = \det(-A) = (-1)^n \det A$. 剩下的结论是与(1.2.1)、(1.2.2)以及一个次数为 $n \geq 1$ 的多项式至多有 n 个不同的零点这一事实等价的结果. $\square$

习题 证明 $\det(A - tI) = 0$ 的根与 $\det(tI - A) = 0$ 的根相同，又有 $\det(A - tI) = (-1)^n$ $\det(tI - A) = (-1)^n (t^n + \cdots)$. ◀

特征多项式也可以定义为 $\det(A - tI) = (-1)^n t^n + \cdots$. 我们所取的习惯定义确保特征多项式中 t^n 的系数恒为 $+1$.

习题 设 $A = \begin{bmatrix} a & b \\ c & d \end{bmatrix} \in M_2$. 证明 A 的特征多项式是

$$p_A(t) = t^2 - (a + d)t + (ad - bc) = t^2 - (\operatorname{tr} A)t + \det A$$

设 $r = (-\operatorname{tr} A)^2 - 4\det A = (a - d)^2 + 4bc$，这是 $p_A(t)$ 的**判别式**(discriminant)，又令 $\sqrt{r}$ 是 r 的一个固定的平方根. 证明

$$\lambda_1 = \frac{1}{2}(a + d + \sqrt{r}) \quad \text{与} \quad \lambda_2 = \frac{1}{2}(a + d - \sqrt{r}) \tag{1.2.4b} ◀$$

这两者中每一个都是 A 的特征值. 验证 $\operatorname{tr} A = \lambda_1 + \lambda_2$ 以及 $\det A = \lambda_1 \lambda_2$. 说明为什么 $\lambda_1 \neq \lambda_2$ 当且仅当 $r \neq 0$. 如果 $A \in M_2(\mathbf{R})$，证明(a)A 的特征值是实的，当且仅当 $r \geq 0$；(b)A 的特征值是实的，当且仅当 $bc \geq 0$；(c)如果 $r < 0$，那么 $\lambda_1 = \overline{\lambda_2}$，也即 λ_1 是 λ_2 的复共轭.

上一习题用例子说明了，矩阵 $A \in M_n (n > 1)$ 的特征值 λ 可能是 $p_A(t)$ 的重零点(等价地说，是它的特征方程的一个重根). 的确，$I \in M_n$ 的特征多项式是

$$p_I(t) = \det(tI - I) = \det((t-1)I) = (t-1)^n \det I = (t-1)^n$$

故而其特征值 $\lambda = 1$ 是 $p_I(t)$ 的一个 n 重零点. 应该怎样来说明特征值的这样一种重复计

数呢?

对一个给定的 $A \in M_n (n>1)$,将它的特征多项式分解成 $p_A(t)=(t-\alpha_1)\cdots(t-\alpha_n)$. 我们知道, $p_A(t)$ 的每一个零点 α_i(不记其重数)都是 A 的一个特征值. 计算给出

$$p_A(t) = t^n - (\alpha_1 + \cdots + \alpha_n)t^{n-1} + \cdots + (-1)^n \alpha_1 \cdots \alpha_n \qquad (1.2.4c)$$

所以将(1.2.4)与(1.2.4c)作比较即告诉我们: $p_A(t)$ 的零点之和是 A 的迹,而 $p_A(t)$ 的零点之积则是 A 的行列式. 如果 $p_A(t)$ 的每个零点的重数都是 1,也就是说,如果只要 $i \neq j$,就有 $\alpha_i \neq \alpha_j$,那么 $\sigma(A)=\{\alpha_1, \cdots, \alpha_n\}$,所以 $\mathrm{tr}A$ **是 A 的特征值之和**,而 $\det A$ 则是 A 的**特征值之积**. 如果即使在 $p_A(t)$ 的某些零点有大于 1 的重数时这两个命题依然为真,我们就必须按照它们作为特征方程的根的重数来对 A 的特征值加以计数.

定义 1.2.5 设 $A \in M_n$. A 的特征值 λ 的重数是指它作为特征多项式 $p_A(t)$ 的零点的重数. 为清晰起见,我们有时把特征值的重数称为它的代数重数.

从现在开始, $A \in M_n$ 的特征值总是指这个特征值与其相应的(代数)重数的合并称谓. 于是, A 的特征多项式的零点(包含其重数在内)与 A 的特征值(包含其重数在内)是相同的:

$$p_A(t) = (t-\lambda_1)(t-\lambda_2)\cdots(t-\lambda_n) \qquad (1.2.6)$$

其中 $\lambda_1, \cdots, \lambda_n$ 是 A 的 n 个特征值,按照任意次序排列. 当我们提及 A 的**不同的**特征值时,指的就是集合 $\sigma(A)$ 的元素.

现在无需限制就能说:**每个矩阵 $A \in M_n$ 在复数中恰好有 n 个特征值**;A 的迹和行列式分别是它的特征值之和以及乘积. 如果 A 是实的,它的特征值中可能有某些不是实的或者全部不是实的.

习题 考虑一个实矩阵 $A \in M_n(\mathbf{R})$. (a)说明为什么 $p_A(t)$ 的所有系数都是实数. (b)假设 A 有一个特征值 λ 不是实的. 利用(a)说明为什么 $\bar{\lambda}$ 也是 A 的特征值,又为什么 λ 与 $\bar{\lambda}$ 的代数重数相同. 如果 x, λ 是 A 的一个特征对,我们知道 $\bar{x}, \bar{\lambda}$ 也是它的一个特征对(为什么?). 注意, x 以及 $\bar{x}$ 是 A 的与**不同的**特征值 λ 以及 $\bar{\lambda}$ 相伴的特征向量. ◁

例 1.2.7 设 $x, y \in \mathbf{C}^n$. $I+xy^*$ 的特征值与行列式是什么? 利用(0.8.5.11)以及 $\mathrm{adj}(\alpha I)=\alpha^{n-1}I$ 这一事实,我们来计算

$$\begin{aligned} p_{I+xy^*}(t) &= \det(tI-(I+xy^*)) = \det((t-1)I-xy^*) \\ &= \det((t-1)I) - y^* \mathrm{adj}((t-1)I)x = (t-1)^n - (t-1)^{n-1}y^*x \\ &= (t-1)^{n-1}(t-(1+y^*x)) \end{aligned}$$

于是, $I+xy^*$ 的特征值是 $1+y^*x$ 和 1(重数为 $n-1$),所以 $\det(I+xy^*)=(1+y^*x)\times(1)^{n-1}=1+y^*x$.

例 1.2.8(Brauer 定理) 设 $x, y \in \mathbf{C}^n$, $x \neq 0$,且 $A \in M_n$. 假设 $Ax=\lambda x$,又设 A 的特征值是 $\lambda, \lambda_2, \cdots, \lambda_n$. 那么 $A+xy^*$ 的特征值是什么? 首先注意 $(t-\lambda)x=(tI-A)x$ 蕴含 $(t-\lambda)\mathrm{adj}(tI-A)x=\mathrm{adj}(tI-A)(tI-A)x=\det(tI-A)x$,这就是

$$(t-\lambda)\mathrm{adj}(tI-A)x = p_A(t)x \qquad (1.2.8a)$$

利用(0.8.5.11)来计算

$$\begin{aligned} p_{A+xy^*}(t) &= \det(tI-(A+xy^*)) = \det((tI-A)-xy^*) \\ &= \det(tI-A) - y^* \mathrm{adj}(tI-A)x \end{aligned}$$

用 $(t-\lambda)$ 来乘两边,利用(1.2.8a)就得到

$$(t-\lambda)p_{A+xy^*}(t) = (t-\lambda)\det(tI-A)-y^*(t-\lambda)\mathrm{adj}(tI-A)x$$
$$= (t-\lambda)p_A(t)-p_A(t)y^*x$$

这是一个多项式恒等式

$$(t-\lambda)p_{A+xy^*}(t) = (t-(\lambda+y^*x))p_A(t)$$

左边多项式的零点是 λ 以及 $A+xy^*$ 的 n 个特征值. 右边多项式的零点则是 $\lambda+y^*x$, λ, λ_2, $\cdots$, λ_n. 由此推出, $A+xy^*$ 的特征值是 $\lambda+y^*x$, λ_2, $\cdots$, λ_n.

由于我们现在知道每一个 $n\times n$ 复矩阵都有有限多个特征值, 故可以做出如下的定义.

定义 1.2.9 设 $A\in M_n$. 则 A 的**谱半径**(spectral radius)是 $\rho(A)=\max\{|\lambda|:\lambda\in\sigma(A)\}$.

习题 说明为什么 $A\in M_n$ 的每个特征值都位于复平面中封闭的有界圆盘 $\{z:z\in\mathbf{C}$ 且 $|z|\leqslant\rho(A)\}$ 内. ◀

习题 假设 $A\in M_n$ 至少有一个非零特征值. 说明为什么 $\min\{|\lambda|:\lambda\in\sigma(A)$ 且 $\lambda\neq 0\}>0$. ◀

习题 上面两个习题的基础在于如下的事实：$\sigma(A)$ 是一个非空有限集. 解释其原因. ◀

有时一个矩阵的构造使得它的特征多项式容易计算. 这就是对角矩阵或者三角矩阵的情形.

习题 考虑上三角矩阵

$$T = \begin{bmatrix} t_{11} & \cdots & t_{1n} \\ & \ddots & \vdots \\ 0 & & t_{nn} \end{bmatrix} \in M_n$$ ◀

证明 $p_T(t)=(t-t_{11})\cdots(t-t_{nn})$, 所以 T 的特征值是它的对角元素 t_{11}, t_{22}, $\cdots$, t_{nn}. 如果 T 是下三角矩阵呢? 如果 T 是对角矩阵呢?

习题 假设 $A\in M_n$ 是分块上三角的

$$A = \begin{bmatrix} A_{11} & & \bigstar \\ & \ddots & \\ 0 & & A_{kk} \end{bmatrix}, \quad A_{ii}\in M_{n_i}, \quad i=1,\cdots,n_k$$ ◀

解释为什么 $p_A(t)=p_{A_{11}}(t)\cdots p_{A_{kk}}(t)$, 又为什么 A 的特征值是由 A_{11} 的特征值、A_{22} 的特征值, $\cdots$, 以及 A_{kk} 的特征值连同它们的重数一起所构成. 这一结论是计算特征值的许多算法之基础. 说明为什么上一题是这一题的特殊情形.

定义 1.2.10 设 $A\in M_n$. 它的 k 阶主子式(这样的主子式有 $\binom{n}{k}$ 个)之和记为 $E_k(A)$.

52

我们已经在特征多项式

$$p_A(t)=t^n+a_{n-1}t^{n-1}+\cdots+a_2t^2+a_1t+a_0 \tag{1.2.10a}$$

的两个系数中遇到过主子式和了. 如果 $k=1$, 那么 $\binom{n}{k}=n$ 且 $E_1(A)=a_{11}+\cdots+a_{nn}=\mathrm{tr}A=-a_{n-1}$; 如果 $k=n$, 那么 $\binom{n}{k}=1$ 且 $E_n(A)=\det A=(-1)^n a_0$. 系数与主子式之和之间的更广泛的联系是如下事实的推论：这些系数是 $p_A(t)$ 在 $t=0$ 的某种导数的显式函数：

$$a_k = \frac{1}{k!} p_A^{(k)}(0), \quad k = 0, 1, \cdots, n-1 \tag{1.2.11}$$

利用(0.8.10.2)计算导数

$$p_A'(t) = \operatorname{tr} \operatorname{adj}(tI - A)$$

注意到 tr adj$A$ 是 A 的 $n-1$ 阶主子式之和,所以 tr adj$A = E_{n-1}(A)$. 这样就有

$$a_1 = p_A'(t)\big|_{t=0} = \operatorname{tr} \operatorname{adj}(tI - A)\big|_{t=0} = \operatorname{tr} \operatorname{adj}(-A)$$
$$= (-1)^{n-1} \operatorname{tr} \operatorname{adj}(A) = (-1)^{n-1} E_{n-1}(A)$$

现在注意 tr adj$(tI - A) = \sum_{i=1}^{n} p_{A_{(i)}}(t)$ 是 A 的 n 个 $n-1$ 阶主子矩阵的特征多项式之和,这些主子矩阵记为 $A_{(1)}, \cdots, A_{(n)}$. 再次利用(0.8.10.2)计算

$$p_A''(t) = \frac{\mathrm{d}}{\mathrm{d}t} \operatorname{tr} \operatorname{adj}(tI - A) = \sum_{i=1}^{n} \frac{\mathrm{d}}{\mathrm{d}t} p_{A_{(i)}}(t) = \sum_{i=1}^{n} \operatorname{tr} \operatorname{adj}(tI - A_{(i)}) \tag{1.2.12}$$

每一个求和项 tr adj$(tI - A_{(i)})$ 都是 $tI - A$ 的一个主子式的 $n-1$ 个 $n-2$ 阶主子式之和,所以每一个求和项都是 $tI - A$ 的某些 $n-2$ 阶主子式之和. $tI - A$ 的 $\binom{n}{n-2}$ 个 $n-2$ 阶主子式中的每一个都在(1.2.12)中出现两次:删去标号分别是 k 以及 l 的行与列得到的主子式既在 $i = k$ 也在 $i = l$ 时出现. 这样就有

$$a_2 = \frac{1}{2} p_A''(t)\big|_{t=0} = \frac{1}{2} \sum_{i=1}^{n} \operatorname{tr} \operatorname{adj}(tI - A_{(i)})\big|_{t=0} = \frac{1}{2} \sum_{i=1}^{n} \operatorname{tr} \operatorname{adj}(-A_{(i)})$$
$$= \frac{1}{2} (-1)^{n-2} \sum_{i=1}^{n} \operatorname{tr} \operatorname{adj}(A_{(i)}) = \frac{1}{2} (-1)^{n-2} (2 E_{n-2}(A)) = (-1)^{n-2} E_{n-2}(A)$$

重复此法显示有 $p_A^{(k)}(0) = k! (-1)^{n-k} E_{n-k}(A)$, $k = 0, 1, \cdots, n-1$, 故而特征多项式(1.2.11)的系数是

$$a_k = \frac{1}{k!} p_A^{(k)}(0) = (-1)^{n-k} E_{n-k}(A), \quad k = 0, 1, \cdots, n-1$$

从而

$$p_A(t) = t^n - E_1(A) t^{n-1} + \cdots + (-1)^{n-1} E_{n-1}(A) t + (-1)^n E_n(A) \tag{1.2.13}$$

记住有恒等式(1.2.6),我们给出下面的定义.

定义 1.2.14 n 个复数 $\lambda_1, \cdots, \lambda_n$ 的第 k 个初等对称函数($k \leqslant n$)是

$$S_k(\lambda_1, \cdots, \lambda_n) = \sum_{1 \leqslant i_1 < \cdots < i_k \leqslant n} \prod_{j=1}^{k} \lambda_{i_j}$$

注意,这个和式有 $\binom{n}{k}$ 个求和项. 如果 $A \in M_n$ 且 $\lambda_1, \cdots, \lambda_n$ 为它的特征值,我们就定义 $S_k(A) = S_k(\lambda_1, \cdots, \lambda_n)$.

习题 $S_1(\lambda_1, \cdots, \lambda_n)$ 和 $S_n(\lambda_1, \cdots, \lambda_n)$ 等于什么?说明:如果对数组 $\lambda_1, \cdots, \lambda_n$ 重新编号或者排序,为什么每一个函数 $S_k(\lambda_1, \cdots, \lambda_n)$ 都不会改变. ◀

对(1.2.6)作计算给出

$$p_A(t) = t^n - S_1(A) t^{n-1} + \cdots + (-1)^{n-1} S_{n-1}(A) t + (-1)^n S_n(A) \tag{1.2.15}$$

(1.2.13)与(1.2.15)比较就给出矩阵的特征值的初等对称函数与其主子式的和之间的如下

恒等式.

定理 1.2.16 设 $A\in M_n$. 那么 $S_k(A)=E_k(A)$（对每个 $k=1,\cdots,n$）.

下一个定理表明，一个奇异的复矩阵总可以稍加平移使之成为非奇异的. 这个重要的事实常常使得我们可以利用连续性方法从非奇异矩阵的性质推导出有关奇异矩阵的结果.

定理 1.2.17 设 $A\in M_n$. 则存在某个 $\delta>0$，使得只要 $\varepsilon\in\mathbf{C}$ 且 $0<|\varepsilon|<\delta$，$A+\varepsilon I$ 就是非奇异的.

证明 结论 1.1.8 确保 $\lambda\in\sigma(A)$ 的充分必要条件是 $\lambda+\varepsilon\in\sigma(A+\varepsilon I)$. 这样一来，$0\in\sigma(A+\varepsilon I)$ 当且仅当对某个 $\lambda\in\sigma(A)$ 有 $\lambda+\varepsilon=0$，即当且仅当对某个 $\lambda\in\sigma(A)$ 有 $\varepsilon=-\lambda$. 如果 A 的所有特征值都为零，就取 $\delta=1$. 如果 A 的某个特征值不为零，则令 $\delta=\min\{|\lambda|:\lambda\in\sigma(A)$ 且 $\lambda\neq 0\}$. 如果我们选取任何一个满足 $0<|\varepsilon|<\delta$ 的 ε，我们确信必有 $-\varepsilon\notin\sigma(A)$，所以 $0\notin\sigma(A+\varepsilon I)$ 且 $A+\varepsilon I$ 是非奇异的. $\square$

在多项式 $p(t)$ 的导数与其零点的重数之间有一个有用的联系：α 是 $p(t)$ 的一个重数为 $k\geqslant 1$ 的零点，当且仅当可以将 $p(t)$ 写成形式

$$p(t)=(t-\alpha)^k q(t)$$

其中 $q(t)$ 是一个满足 $q(\alpha)\neq 0$ 的多项式. 对此恒等式微分给出 $p'(t)=k(t-\alpha)^{k-1}q(t)+(t-\alpha)^k q'(t)$，它表明 $p'(\alpha)=0$ 当且仅当 $k>1$. 如果 $k\geqslant 2$，那么 $p''(t)=k(k-1)(t-\alpha)^{k-2}\times q(t)+$ 若干个多项式项，其中每一项都含有一个因子 $(t-\alpha)^m$，$m\geqslant k-1$，所以，$p''(\alpha)=0$ 当且仅当 $k>2$. 重复这一计算表明，α 是 $p(t)$ 的 k 重零点，当且仅当 $p(\alpha)=p'(\alpha)=\cdots=p^{(k-1)}(\alpha)=0$ 以及 $p^{(k)}(\alpha)\neq 0$.

定理 1.2.18 设 $A\in M_n$ 并假设 $\lambda\in\sigma(A)$ 的代数重数为 k. 那么 $\mathrm{rank}(A-\lambda I)\geqslant n-k$，且其中的等式当 $k=1$ 时成立.

证明 对矩阵 $A\in M_n$ 的特征多项式 $p_A(t)$ 应用上一结论，该矩阵有一个重数为 $k\geqslant 1$ 的特征值 λ. 如果令 $B=A-\lambda I$，那么 0 就是 B 的一个重数为 k 的特征值，从而有 $p_B^{(k)}(0)\neq 0$. 但是 $p_B^{(k)}(0)=k!(-1)^{n-k}E_{n-k}(B)$，故有 $E_{n-k}(B)\neq 0$. 特别地，$B=A-\lambda I$ 的某个 $n-k$ 阶主子式不为零，所以 $\mathrm{rank}(A-\lambda I)\geqslant n-k$. 如果 $k=1$，我们就可以说得更多一些：$A-\lambda I$ 是奇异的，故而 $n>\mathrm{rank}(A-\lambda I)\geqslant n-1$，这就意味着：如果特征值 λ 的代数重数为 1，那么 $\mathrm{rank}(A-\lambda I)=n-1$. $\square$

问题

1.2.P1 设 $A\in M_n$. 利用恒等式 $S_n(A)=E_n(A)$ 验证 (1.1.7).

1.2.P2 对矩阵 $A\in M_{m,n}$ 以及 $B\in M_{n,m}$，用直接计算证明 $\mathrm{tr}(AB)=\mathrm{tr}(BA)$. 对任何 $A\in M_n$ 以及任何非奇异的 $S\in M_n$，推出有 $\mathrm{tr}(S^{-1}AS)=\mathrm{tr}A$. 对任何 $A,B\in M_n$，利用行列式函数的积性证明 $\det(S^{-1}AS)=\det A$. 导出结论：M_n 上的行列式函数是相似不变量.

1.2.P3 设 $D\in M_n$ 是对角矩阵. 计算其特征多项式 $p_D(t)$ 并证明 $p_D(D)=0$.

1.2.P4 假设 $A\in M_n$ 是幂等的. 利用 (1.2.15) 以及 (1.1.P5) 证明：$p_A(t)$ 的每个系数都是整数（正的、负的或者零）.

1.2.P5 利用 (1.1.P6) 证明：幂零矩阵的迹为零. 幂零矩阵的特征多项式是什么？

1.2.P6 如果 $A\in M_n$，且 $\lambda\in\sigma(A)$ 的重数为 1，我们知道 $\mathrm{rank}(A-\lambda I)=n-1$. 考虑其逆命题：如果 $\mathrm{rank}(A-\lambda I)=n-1$，$\lambda$ 必定是 A 的特征值吗？它必定有重数 1 吗？

1.2.P7 利用 (1.2.13) 来确定三对角矩阵

$$\begin{bmatrix} 1 & 1 & 0 & 0 & 0 \\ 1 & 1 & 1 & 0 & 0 \\ 0 & 1 & 1 & 1 & 0 \\ 0 & 0 & 1 & 1 & 1 \\ 0 & 0 & 0 & 1 & 1 \end{bmatrix}$$

的特征多项式. 考虑可以怎样来利用此方法计算一般的 $n \times n$ 三对角矩阵的特征多项式.

1.2. P8　设给定 $A \in M_n$ 与 $\lambda \in \mathbf{C}$, 假设 A 的特征值是 $\lambda_1, \cdots, \lambda_n$. 说明为什么 $p_{A+\lambda I}(t) = p_A(t-\lambda)$, 并由此恒等式得出结论: $A + \lambda I$ 的特征值是 $\lambda_1 + \lambda, \cdots, \lambda_n + \lambda$.

1.2. P9　用显式计算 $S_2(\lambda_1, \cdots, \lambda_6)$, $S_3(\lambda_1, \cdots, \lambda_6)$, $S_4(\lambda_1, \cdots, \lambda_6)$ 以及 $S_5(\lambda_1, \cdots, \lambda_6)$.

1.2. P10　如果 $A \in M_n(\mathbf{R})$ 且 n 是**奇数**, 证明 A 至少有一个实的特征值.

1.2. P11　设 V 是域 $\mathbf{F}$ 上的一个向量空间. 线性变换 $T: V \to V$ 的特征值是一个纯量 $\lambda \in \mathbf{F}$, 它使得存在一个非零向量 $v \in V$ 满足 $Tv = \lambda v$. 如果 $\mathbf{F} = \mathbf{C}$, 且 V 是有限维的, 证明: 每个线性变换 $T: V \to V$ 都有特征值. 给出例子来说明, 如果其中有一个假设被减弱(V 不是有限维的或者 $\mathbf{F} \neq \mathbf{C}$), 那么 T 有可能没有特征值.

1.2. P12　设给定 $x = [x_i]$, $y = [y_i] \in \mathbf{C}^n$ 以及 $a \in \mathbf{C}$, 又令 $A = \begin{bmatrix} 0_n & x \\ y^* & a \end{bmatrix} \in M_{n+1}$. 用两种方法证明 $p_A(t) = t^{n-1}(t^2 - at - y^* x)$: (a)利用 Cauchy 展开式(0.8.5.10)计算 $p_A(t)$. (b)说明为什么 $\mathrm{rank} A \leqslant 2$, 并利用(1.2.13)计算 $p_A(t)$. 为什么只需要计算 $E_1(A)$ 和 $E_2(A)$, 又为什么仅需要考虑形如 $\begin{bmatrix} 0 & x_i \\ y_i & a \end{bmatrix}$ 的主子矩阵? 证明 A 的特征值是 $(a \pm \sqrt{a^2 + 4y^* x})/2$ 加上 $n-1$ 个零特征值.

1.2. P13　设 $x, y \in \mathbf{C}^n$, $a \in \mathbf{C}$, 而 $B \in M_n$. 考虑加边矩阵 $A = \begin{bmatrix} B & x \\ y^* & a \end{bmatrix} \in M_{n+1}$. (a)利用(0.8.5.10)证明

$$p_A(t) = (t-a) p_B(t) - y^* (\mathrm{adj}(tI - B)) x \qquad (1.2.19)$$

(b) 如果 $B = \lambda I_n$, 导出

$$p_A(t) = (t-\lambda)^{n-1} (t^2 - (a+\lambda)t + a\lambda - y^* x) \qquad (1.2.20)$$

并得出结论: $\begin{bmatrix} \lambda I_n & x \\ y^* & a \end{bmatrix}$ 的特征值是 λ(重数为 $n-1$)以及 $\frac{1}{2}(a + \lambda \pm ((a-\lambda)^2 + 4y^* x)^{1/2})$.

1.2. P14　设 $n \geqslant 3$, $B \in M_{n-2}$ 且 $\lambda, \mu \in \mathbf{C}$. 考虑分块矩阵

$$A = \begin{bmatrix} \lambda & \bigstar & \bigstar \\ 0 & \mu & 0 \\ 0 & \bigstar & B \end{bmatrix}$$

其中的记号 $\bigstar$ 所代表的元素不一定是零. 证明 $p_A(t) = (t-\lambda)(t-\mu) p_B(t)$.

1.2. P15　假设 $A(t) \in M_n$ 是一个给定的连续的矩阵值的函数, 又每一个向量值函数 $x_1(t), \cdots, x_n(t) \in \mathbf{C}^n$ 都满足常微分方程组 $x_j'(t) = A(t) x_j(t)$. 设 $X(t) = [x_1(t) \cdots x_n(t)]$ 以及 $W(t) = \det X(t)$. 利用(0.8.10)以及(0.8.2.11), 并对下面的论证

$$W'(t) = \sum_{j=1}^n \det(X(t) \underset{j}{\leftarrow} x_j'(t)) = \mathrm{tr}[\det(X(t) \underset{i}{\leftarrow} x_j'(t))]_{i,j=1}^n$$
$$= \mathrm{tr}((\mathrm{adj} X(t)) X'(t)) = \mathrm{tr}((\mathrm{adj} X(t)) A(t) X(t)) = W(t) \mathrm{tr} A(t)$$

给出细节. 这样一来, $W(t)$ 就满足纯量微分方程 $W'(t) = \mathrm{tr} A(t) W(t)$, 它的解是关于 Wronski 行列式的 Abel 公式

$$W(t) = W(t_0) \mathrm{e}^{\int_{t_0}^t \mathrm{tr} A(s) \mathrm{d}s}$$

由此得出结论：如果对 $t=t_0$，向量 $x_1(t)$，$\cdots$，$x_n(t)$ 线性无关，那么对所有的 t 它们都线性无关. 你如何利用(1.2.P2)中的恒等式 $\mathrm{tr}\,BC=\mathrm{tr}\,CB$？

1.2.P16 设给定 $A\in M_n$ 和 x，$y\in \mathbf{C}^n$. 设 $f(t)=\det(A+txy^{\mathrm{T}})$. 利用(0.8.5.11)证明 $f(t)=\det A+\beta t$，这是 t 的一个线性函数. β 等于什么呢？对任何 $t_1\ne t_2$，证明 $\det A=(t_2 f(t_1)-t_1 f(t_2))/(t_2-t_1)$. 现在考虑

56

$$A=\begin{bmatrix} d_1 & b & \cdots & b \\ c & d_2 & \ddots & \vdots \\ \vdots & \ddots & \ddots & b \\ c & \cdots & c & d_n \end{bmatrix}\in M_n$$

$x=y=e$(元素全为 1 的向量)，$t_1=b$ 且 $t_2=c$. 设 $q(t)=(d_1-t)\cdots(d_n-t)$. 证明：如果 $b\ne c$，则有 $\det A=(bq(c)-cq(b))/(b-c)$；而如果 $b=c$，则有 $\det A=q(b)-bq'(b)$. 如果 $d_1=\cdots=d_n=0$，证明：如果 $b\ne c$，则有 $p_A(t)=(b(t+c)^n-c(t+b)^n)/(b-c)$；而如果 $b=c$，则有 $p_A(t)=(t+b)^{n-1}(t-(n-1)b)$.

1.2.P17 设 A，$B\in M_n$ 以及 $C=\begin{bmatrix} 0_n & A \\ B & 0_n \end{bmatrix}$. 利用(0.8.5.13)和(0.8.5.14)证明 $p_C(t)=p_{AB}(t^2)=p_{BA}(t^2)$，并详细说明为什么这就蕴含 AB 和 BA 有相同的特征值. 说明为什么这就确证有 $\mathrm{tr}\,AB=\mathrm{tr}\,BA$ 以及 $\det AB=\det BA$. 还要说明为什么有 $\det(I+AB)=\det(I+BA)$.

1.2.P18 设 $A\in M_3$. 说明为什么 $p_A(t)=t^3-(\mathrm{tr}A)t^2+(\mathrm{tr}\,\mathrm{adj}A)t-\det A$.

1.2.P19 假设 $A=[a_{ij}]\in M_n$ 的所有元素或者是零，或者是 1，并假设 A 的所有特征值 λ_1，$\cdots$，λ_n 都是正实数. 说明为什么 $\det A$ 是一个正整数，并对如下结论提供证明细节：

$$n\geqslant \mathrm{tr}A=\frac{1}{n}(\lambda_1+\cdots+\lambda_n)n\geqslant n(\lambda_1\cdots\lambda_n)^{1/n}=n(\det A)^{1/n}\geqslant n$$

导出结论：所有 $\lambda_i=1$，所有 $a_{ii}=1$ 且 $\det A=1$.

1.2.P20 对任何 $A\in M_n$，证明 $\det(I+A)=I+E_1(A)+\cdots+E_n(A)$.

1.2.P21 设给定 $A\in M_n$ 以及非零向量 x，$v\in \mathbf{C}^n$. 假设 $c\in \mathbf{C}$，$v^* x=1$，$Ax=\lambda x$，且 A 的特征值是 λ，λ_2，$\cdots$，λ_n. 证明 Google 矩阵 $A(c)=cA+(1-c)\lambda xv^*$ 的特征值是 λ，$c\lambda_2$，$\cdots$，$c\lambda_n$.

1.2.P22 考虑(0.9.6.2)中的 $n\times n$ 循环矩阵 C_n. 对给定的 $\varepsilon>0$，令 $C_n(\varepsilon)$ 是用 ε 代替 C_n 的位于 $(n,1)$ 处的元素所得到的矩阵. 证明：$C_n(\varepsilon)$ 的特征多项式是 $p_{C_n(\varepsilon)}(t)=t^n-\varepsilon$，它的谱是 $\sigma(C_n(\varepsilon))=\{\varepsilon^{1/n}e^{2\pi ik/n}:k=0,1,\cdots,n-1\}$，且 $I+C_n(\varepsilon)$ 的谱半径是 $\rho(I+C_n(\varepsilon))=1+\varepsilon^{1/n}$.

1.2.P23 如果 $A\in M_n$ 是奇异的，且有不同的特征值，证明它有一个 $n-1$ 阶非奇异的主子式.

注记 主子式之**和**出现在关于特征多项式系数的讨论之中. 主子式之**积**也以自然的方式出现，见(7.8.11).

1.3 相似性

我们知道，M_n 中矩阵的相似变换与 $\mathbf{C}^n$ 上在另一组基下表示它的基本线性变换相对应. 于是，研究相似性可以看成是研究线性变换固有的性质或者是它们所有的基表示都共有的性质.

57

定义 1.3.1 设给定 A，$B\in M_n$. 我们说 B 相似于 A，如果存在一个非奇异的矩阵 $S\in M_n$，使得

$$B=S^{-1}AS$$

变换 $A\to S^{-1}AS$ 称为由相似矩阵 S 给出的相似变换. 我们说 B 置换相似于 A，即如果存在

一个置换矩阵 P，使得 $B=P^{\mathrm{T}}AP$. 关系"B 相似于 A"有时简记为 $B\sim A$.

结论 1.3.2 相似性是 M_n 上的一个等价关系，也就是说，相似性是自反的、对称的以及传递的，见 (0.11).

与任何等价关系类似，相似性将集合 M_n 分划成不相交的等价类. 每一个等价类是 M_n 中与一个给定矩阵(这个类的一个代表元)相似的所有矩阵组成之集合. 一个等价类中所有的矩阵都是相似的. 不同等价类中的矩阵是不相似的. 关键的结论是处于一个相似类中的矩阵共同享有许多重要的性质. 其中有一些性质在这里提到，而对于**相似不变量** (similarity invariant)(例如 Jordan 标准型)的完整描述放在第 3 章讲述.

定理 1.3.3 设 A，$B\in M_n$. 如果 B 相似于 A，那么 A 与 B 有相同的特征多项式.

证明 计算

$$p_B(t)=\det(tI-B)=\det(tS^{-1}S-S^{-1}AS)=\det(S^{-1}(tI-A)S)$$
$$=\det S^{-1}\det(tI-A)\det S=(\det S)^{-1}(\det S)\det(tI-A)=\det(tI-A)=p_A(t)\ \square$$

推论 1.3.4 设 A，$B\in M_n$，并假设 A 与 B 相似. 那么

(a) A 与 B 有同样的特征值.

(b) 如果 B 是对角矩阵，那么它的主对角线上的元素就是 A 的特征值.

(c) $B=0$(这是一个对角矩阵)当且仅当 $A=0$.

(d) $B=I$(这是一个对角矩阵)当且仅当 $A=I$.

◻ **习题** 验证上面推论中的结论. ◀

例 1.3.5 对相似性来说，有相同的特征值是一个必要但非充分的条件. 考虑 $\begin{bmatrix}0&1\\0&0\end{bmatrix}$ 与 $\begin{bmatrix}0&0\\0&0\end{bmatrix}$，它们有同样的特征值，但并不是相似的(为什么不相似?).

◻ **习题** 假设 A，$B\in M_n$ 是相似的且 $q(t)$ 是一个给定的多项式. 证明：$q(A)$ 与 $q(B)$ 相似. 特别地，证明：对任何 $\alpha\in\mathbf{C}$，$A+\alpha I$ 与 $B+\alpha I$ 相似. ◀

◻ **习题** 设 A，B，C，$D\in M_n$. 假设 $A\sim B$ 以及 $C\sim D$，两者都通过同一个相似矩阵 S 相似. 证明 $A+C\sim B+D$ 以及 $AC\sim BD$. ◀

58 ◻ **习题** 设 A，$S\in M_n$ 并假设 S 是非奇异的. 证明：对所有 $k=1,\cdots,n$ 都有 $S_k(S^{-1}AS)=S_k(A)$，并说明为什么对所有 $k=1,\cdots,n$ 有 $E_k(S^{-1}AS)=E_k(A)$. 这样一来，所有主子式之和 $(1.2.10)$ 是相似不变量，而并非只有行列式与迹是相似不变量. ◀

◻ **习题** 说明为什么秩是一个相似不变量：如果 $B\in M_n$ 与 $A\in M_n$ 相似，那么 $\mathrm{rank}B=\mathrm{rank}A$. 提示：见 $(0.4.6)$. ◀

由于对角矩阵特别简单且有很好的性质，我们乐于知道何种矩阵与对角矩阵相似.

定义 1.3.6 如果 $A\in M_n$ 与一个对角矩阵相似，那么就说 A 是可以对角化的.

定理 1.3.7 设给定 $A\in M_n$. 那么 A 与一个形如

$$\begin{bmatrix}\Lambda&C\\0&D\end{bmatrix},\quad \Lambda=\mathrm{diag}(\lambda_1,\cdots,\lambda_k),\quad D\in M_{n-k},\quad 1\leqslant k<n \tag{1.3.7.1}$$

的分块矩阵相似，当且仅当在 $\mathbf{C}^n$ 中存在 k 个线性无关的向量，它们每一个都是 A 的特征向量. 矩阵 A 是可以对角化的，当且仅当存在 n 个线性无关的向量，它们每一个都是 A 的特征向量. 如果 $x^{(1)},\cdots,x^{(n)}$ 是 A 的线性无关的特征向量且 $S=[x^{(1)}\ \cdots\ x^{(n)}]$，那么

$S^{-1}AS$ 是对角矩阵. 如果 A 与一个形如(1.3.7.1)的矩阵相似，那么 Λ 的对角元素是 A 的特征值；如果 A 与对角矩阵 Λ 相似，那么 Λ 的对角元素是 A 所有的特征值.

证明　假设 $k<n$，且 n 元向量 $x^{(1)}$，$\cdots$，$x^{(k)}$ 是线性无关的，又对每个 $i=1$，$\cdots$，k 有 $Ax^{(i)}=\lambda_i x^{(i)}$. 设 $\Lambda=\mathrm{diag}(\lambda_1,\cdots,\lambda_k)$，$S_1=[x^{(1)}\quad\cdots\quad x^{(k)}]$，并选取任意一个 $S_2\in M_n$，使得 $S=[S_1\quad S_2]$ 是非奇异的. 计算

$$S^{-1}AS=S^{-1}[Ax^{(1)}\cdots Ax^{(k)}\;AS_2]=S^{-1}[\lambda_1 x^{(1)}\cdots\lambda_k x^{(k)}\;AS_2]$$
$$=[\lambda_1 S^{-1}x^{(1)}\cdots\lambda_k S^{-1}x^{(k)}\;S^{-1}AS_2]=[\lambda_1 e_1\cdots\lambda_k e_k\;S^{-1}AS_2]$$
$$=\begin{bmatrix}\Lambda & C\\ 0 & D\end{bmatrix},\quad \Lambda=\mathrm{diag}(\lambda_1,\cdots,\lambda_k),\begin{bmatrix}C\\ D\end{bmatrix}=S^{-1}AS_2$$

反过来，如果 S 是非奇异的，$S^{-1}AS=\begin{bmatrix}\Lambda & C\\ 0 & D\end{bmatrix}$，且我们给出分划 $S=[S_1\quad S_2]$，其中 $S_1\in M_{n,k}$，那么 S_1 的列就是线性无关的，且 $[AS_1\quad AS_2]=AS=S\begin{bmatrix}\Lambda & C\\ 0 & D\end{bmatrix}=[S_1\Lambda\quad S_1C+S_2D]$. 于是，$AS_1=S_1\Lambda$，所以 S_1 的每一列都是 A 的特征向量.

如果 $k=n$ 且有 $\mathbf{C}^n$ 的一组基 $\{x^{(1)},\cdots,x^{(n)}\}$，使得对每个 $i=1$，$\cdots$，n 有 $Ax^{(i)}=\lambda_i x^{(i)}$，令 $\Lambda=\mathrm{diag}(\lambda_1,\cdots,\lambda_n)$ 以及 $S=[x^{(1)}\quad\cdots\quad x^{(n)}]$，后者是非奇异的. 我们上面的计算表明 $S^{-1}AS=\Lambda$. 反过来，如果 S 是非奇异的，且 $S^{-1}AS=\Lambda$，那么 $AS=S\Lambda$，故而 S 的每一列都是 A 的特征向量.

有关特征值的最后面那些结论可以从检查特征多项式得出来：如果 $k<n$，则有 $p_A(t)=p_\Lambda(t)p_D(t)$ 以及，如果 $k=n$，则有 $p_A(t)=p_\Lambda(t)$.

原则上讲，定理 1.3.7 的证明是对一个可以对角化的矩阵 $A\in M_n$ 进行对角化的一种算法：求出 A 的所有 n 个特征值，求出 n 个与之相伴的(而且是线性无关的!)特征向量，并作出矩阵 S. 然而，除了很小的例子之外，**这不是**一种有实用价值的计算方法.

□

59

>　**习题**　证明 $\begin{bmatrix}0 & 1\\ 0 & 0\end{bmatrix}$ 是**不可以对角化**的. 提示：如果它可以对角化，它就会与零矩阵相似. 换一种问法，有多少个线性无关的特征向量与特征值 0 相伴呢？◀

>　**习题**　设 $q(t)$ 是给定的多项式. 如果 A 是可以对角化的，证明：$q(A)$ 也是可以对角化的. 如果 $q(A)$ 是可以对角化的，那么 A 必定是可以对角化的吗？为什么？◀

>　**习题**　如果 λ 是 $A\in M_n$ 的一个特征值，其重数为 $m\geqslant 1$，证明：A 不可对角化，如果 $\mathrm{rank}(A-\lambda I)>n-m$. ◀

>　**习题**　如果在 $\mathbf{C}^n$ 中存在 k 个线性无关的向量，它们中的每一个都是 $A\in M_n$ 的与一个给定的特征值 λ 相伴的特征向量，详细说明为什么 λ 的(代数)重数至少为 k. ◀

如果所有特征值都不相同，则可以确保对角化. 这一事实的基础在于如下的与某些特征值有关的重要引理.

引理 1.3.8　设 λ_1，$\cdots$，λ_k 是 $A\in M_n$ 的 $k\geqslant 2$ 个不同的特征值(即如果 $i\neq j$ 且 $1\leqslant i$，$j\leqslant k$，就有 $\lambda_i\neq\lambda_j$)，又假设对每个 $i=1$，$\cdots$，k，$x^{(i)}$ 是与 λ_i 相伴的特征向量. 那么诸向量 $x^{(1)}$，$\cdots$，$x^{(k)}$ 是线性无关的.

证明　假设存在复纯量 α_1，$\cdots$，α_k，使得 $\alpha_1 x^{(1)}+\alpha_2 x^{(2)}+\cdots+\alpha_k x^{(k)}=0$. 设 $B_1=(A-$

$\lambda_2 I)(A-\lambda_3 I)\cdots(A-\lambda_k I)$（乘积中略去了 $A-\lambda_1 I$）．由于对每个 $i=1,\cdots,n$，$x^{(i)}$ 是与特征值 λ_i 相伴的特征向量，我们就有 $B_1 x^{(i)}=(\lambda_i-\lambda_2)(\lambda_i-\lambda_3)\cdots(\lambda_i-\lambda_k)x^{(i)}$，它当 $2\leqslant i\leqslant k$ 时为零（这些因子中有一个为零），而当 $i=1$ 时不为零（没有因子为零且 $x^{(1)}\neq 0$）．从而

$$0=B_1(\alpha_1 x^{(1)}+\alpha_2 x^{(2)}+\cdots+\alpha_k x^{(k)})=\alpha_1 B_1 x^{(1)}+\alpha_2 B_1 x^{(2)}+\cdots+\alpha_k B_1 x^{(k)}$$
$$=\alpha_1 B_1 x^{(1)}+0+\cdots+0=\alpha_1 B_1 x^{(1)}$$

这就确保有 $\alpha_1=0$，这是由于 $B_1 x^{(1)}\neq 0$．对每个 $j=2,\cdots,k$ 重复这种论证方法，用类似于定义 B_1 的乘积来定义 B_j，不过在其中要略去因子 $A-\lambda_j I$．对每个 j，我们求得 $\alpha_j=0$，故而 $\alpha_1=\cdots=\alpha_k=0$，从而 $x^{(1)},\cdots,x^{(k)}$ 是线性无关的．　　□

定理 1.3.9　　如果 $A\in M_n$ 有 n 个不同的特征根，那么 A 是可以对角化的．

证明　　设对每个 $i=1,\cdots,n$，$x^{(i)}$ 是与特征值 λ_i 相伴的特征向量．由于所有的特征值都不相同，引理 1.3.8 确保向量 $x^{(1)},\cdots,x^{(n)}$ 是线性无关的．这样定理 1.3.7 就保证了 A 可以对角化．　　□

有不同的特征值是可以对角化的**充分**条件，不过当然，它不是**必要**条件．

习题　　给出一个可以对角化但不是有不同特征值的矩阵的例子．　　◀

习题　　设 $A,P\in M_n$，并假设 P 是一个置换矩阵，所以 P 的每一个元素或者为 0，或者为 1，且有 $P^T=P^{-1}$，见 (0.9.5)．证明：置换相似 PAP^{-1} 对 A 的对角元素改动了次序．对任意一个给定的对角矩阵 $D\in M_n$，说明为什么存在一个置换相似 PDP^{-1}，它把 D 的对角元素安排成任意给定的次序．特别地，说明为什么 P 可以这样来选取，使得任何重复的对角元素都邻接在一起出现．　　◀

一般而言，矩阵 $A,B\in M_n$ **不可交换**，但是如果 A 和 B 两者皆为对角矩阵，那么它们总是可以交换的．后一结论可以稍作推广．在这方面，下一引理是有助益的．

引理 1.3.10　　设给定 $B_1\in M_{n_1},\cdots,B_d\in M_{n_d}$，并设 B 是直和

$$B=\begin{bmatrix} B_1 & & 0 \\ & \ddots & \\ 0 & & B_d \end{bmatrix}=B_1\oplus\cdots\oplus B_d$$

那么 B 是可以对角化的，当且仅当 $B_1,\cdots,B_d$ 是可以对角化的．

证明　　如果对每个 $i=1,\cdots,d$，存在一个非奇异的 $S_i\in M_{n_i}$，使得 $S_i^{-1}B_i S_i$ 是对角矩阵，又如果我们定义 $S=S_1\oplus\cdots\oplus S_d$，然后我们来检验 $S^{-1}BS$ 是对角的．

关于其逆命题，我们用归纳法．对 $d=1$ 没什么要证明的．假设 $d\geqslant 2$，且假设此结论已经对不多于 $d-1$ 个直和项的直和得到证明．设 $C=B_1\oplus\cdots\oplus B_{d-1}$，$n=n_1+\cdots+n_{d-1}$，并设 $m=n_d$．设 $S\in M_{n+m}$ 是非奇异的，且

$$S^{-1}BS=S^{-1}(C\oplus B_d)S=\Lambda=\mathrm{diag}(\lambda_1,\lambda_2,\cdots,\lambda_{n+m})$$

将此恒等式改写成 $BS=S\Lambda$．分划 $S=\begin{bmatrix} s_1 & s_2 & \cdots & s_{n+m} \end{bmatrix}$，其中

$$s_i=\begin{bmatrix} \xi_i \\ \eta_i \end{bmatrix}\in\mathbf{C}^{n+m},\quad \xi_i\in\mathbf{C}^n,\eta_i\in\mathbf{C}^m,i=1,2,\cdots,n+m$$

那么 $Bs_i=\lambda_i s_i$ 蕴含 $C\xi_i=\lambda_i\xi_i$ 以及 $B_d\eta_i=\lambda_i\eta_i$（对 $i=1,2,\cdots,n+m$）．$\begin{bmatrix} \xi_1 & \cdots & \xi_{n+m} \end{bmatrix}\in M_{n,n+m}$ 的行秩是 n，因为这个矩阵由非奇异矩阵 S 的前 n 行组成．从而它的列秩也是 n，所以向量组 $\xi_1,\cdots,\xi_{n+m}$ 包含由 n 个向量组成的线性无关组，其中每一个都是 C 的特征向量．

定理 1.3.7 确保 C 可以对角化，而归纳假设就保证了它的直和项 B_1，$\cdots$，B_d 全都是可以对角化的. $\begin{bmatrix} \eta_1 & \cdots & \eta_{n+m} \end{bmatrix} \in M_{n,n+m}$ 的行秩是 m，故而向量组 η_1，$\cdots$，η_{n+m} 包含 m 个向量的线性无关组. 由此推出 B_d 也是可以对角化的. $\qquad\square$

定义 1.3.11 两个矩阵 A，$B \in M_n$ 说成是可同时对角化的，如果存在单独一个非奇异的矩阵 $S \in M_n$，使得 $S^{-1}AS$ 和 $S^{-1}BS$ 这两者都是对角矩阵.

习题 设 A，B，$S \in M_n$，并假设 S 非奇异. 证明 A 与 B 可交换，当且仅当 $S^{-1}AS$ 与 $S^{-1}BS$ 可交换.

习题 如果 A，$B \in M_n$ 是可同时对角化的，证明它们可交换. 提示：对角矩阵可交换.

习题 证明：如果 $A \in M_n$ 是可以对角化的，且 $\lambda \in \mathbf{C}$，那么 A 与 λI 是可同时对角化的.

定理 1.3.12 设 A，$B \in M_n$ 是可对角化的. 那么 A 与 B 可交换，当且仅当它们是可同时对角化的.

证明 假设 A 与 B 可交换，对 A 与 B 两者作相似变换使 A 对角化（但并不一定使 B 对角化），并将 A 的重特征值组合在一起. 如果 μ_1，$\cdots$，μ_d 是 A 的不同的特征值，而 n_1，$\cdots$，n_d 分别是它们的重数，那么我们就可以假设

$$A = \begin{bmatrix} \mu_1 I_{n_1} & & & 0 \\ & \mu_2 I_{n_2} & & \\ & & \ddots & \\ 0 & & & \mu_d I_{n_d} \end{bmatrix}, \quad \mu_i \neq \mu_j, \quad i \neq j \qquad (1.3.13)$$

由于 $AB = BA$，（0.7.7）就保证

$$B = \begin{bmatrix} B_1 & & 0 \\ & \ddots & \\ 0 & & B_d \end{bmatrix}, \quad 每个 \ B_i \in M_{n_i} \qquad (1.3.14)$$

是与 A 共形的分块对角矩阵. 由于 B 是可对角化的，（1.3.10）确保每个 B_i 都是可对角化的. 设 $T_i \in M_{n_i}$ 是非奇异的且使得 $T_i^{-1}B_iT_i$ 为对角矩阵（对每个 $i = 1$，$\cdots$，d），令

$$T = \begin{bmatrix} T_1 & & & 0 \\ & T_2 & & \\ & & \ddots & \\ 0 & & & T_d \end{bmatrix} \qquad (1.3.15)$$

那么 $T_i^{-1} \mu_i I_{n_i} T_i = \mu_i I_{n_i}$，所以 $T^{-1}AT = A$ 与 $T^{-1}BT$ 两者同为对角矩阵. 相反的结论包含在稍早的一个习题中. $\qquad\square$

我们希望对定理 1.3.12 有一个包容任意多个可交换的可对角化矩阵的形式. 我们的研究中心是不变子空间的概念以及与之相伴的分块三角矩阵的概念.

定义 1.3.16 矩阵族 $\mathcal{F} \subseteq M_n$ 是矩阵的一个非空有限或者无限的集合；交换族是这样一族矩阵，其中每一对矩阵都是可交换的. 对给定的 $A \in M_n$，我们称子空间 $W \subseteq \mathbf{C}^n$ 是 A-不变的，如果对每个 $w \in W$ 都有 $Aw \in W$. 子空间 $W \subseteq \mathbf{C}^n$ 称为是平凡的，如果或者 $W =$

{0}，或者 $W=\mathbf{C}^n$；反之则称它是非平凡的．对一个给定的族 $\mathcal{F}\subseteq M_n$，我们称子空间 $W\subseteq$ $\mathbf{C}^n$ 是 $\mathcal{F}$-不变的，如果对每个 $A\in\mathcal{F}$，W 都是 A-不变的．给定的族 $\mathcal{F}\subseteq M_n$ 称为是可约的，如果 $\mathbf{C}^n$ 中某个非平凡的子空间是 $\mathcal{F}$-不变的，反之则称 $\mathcal{F}$ 是不可约的．

习题 对 $A\in M_n$，证明：$\mathbf{C}^n$ 的一维 A-不变子空间中的每一个非零元素都是 A 的一个特征向量． ◀

习题 假设 $n\geqslant 2$，且 $S\in M_n$ 是非奇异的．分划 $S=[S_1\quad S_2]$，其中 $S_1\in M_{n,k}$，而 $S_2\in M_{n,n-k}(1<k<n)$．说明为什么

$$S^{-1}S_1=[e_1\cdots e_k]=\begin{bmatrix}I_k\\0\end{bmatrix},\quad S^{-1}S_2=[e_{k+1}\cdots e_n]=\begin{bmatrix}0\\I_{n-k}\end{bmatrix}$$ ◀

不变子空间与分块三角矩阵是同一个有价值的事物的两个面：前者是关于线性代数的，而后者则是关于矩阵分析的．设 $A\in M_n(n\geqslant 2)$，并假设 $W\subseteq\mathbf{C}^n$ 是一个 k 维子空间 $(1<k<n)$．选取 W 的一组基 $s_1,\cdots,s_k$，并令 $S_1=[s_1\cdots s_k]\in M_{n,k}$．选取任意的 $s_{k+1},\cdots,s_n$，使得 $s_1,\cdots,s_n$ 是 $\mathbf{C}^n$ 的一组基，设 $S_2=[s_{k+1}\cdots s_n]\in M_{n,n-k}$，并令 $S=[S_1\quad S_2]$．S 的列是线性无关的，所以它是非奇异的．如果 W 是 A-不变的，那么对每个 $j=1,\cdots,k$ 都有 $As_j\in W$，所以每个 As_j 都是 $s_1,\cdots,s_k$ 的线性组合，这就是说，对某个 $B\in M_k$ 有 $AS_1=S_1B$．如果 $AS_1=S_1B$，那么就有 $AS=[AS_1\quad AS_2]=[S_1B\quad AS_2]$，从而

$$S^{-1}AS=[S^{-1}S_1B\quad S^{-1}AS_2]=\left[\begin{bmatrix}I_k\\0\end{bmatrix}B\quad S^{-1}AS_2\right]$$

$$=\begin{bmatrix}B&C\\0&D\end{bmatrix},\quad B\in M_k,1\leqslant k\leqslant n-1 \tag{1.3.17}$$

结论是：A 与一个分块三角矩阵 $(1.3.17)$ 相似，如果它有一个 k 维不变子空间．不过我们可以稍微再多说一点：我们知道 $B\in M_k$ 有一个特征值，故可假设对某个纯量 λ 以及一个非零的 $\xi\in\mathbf{C}^k$ 有 $B\xi=\lambda\xi$．这样就有 $0\neq S_1\xi\in W$ 以及 $A(S_1\xi)=(AS_1)\xi=S_1B\xi=\lambda(S_1\xi)$，这就意味着 A 在 W 中有一个特征向量．

反过来，如果 $S=[S_1\quad S_2]\in M_n$ 是非奇异的，$S_1\in M_{n,k}$，且 $S^{-1}AS$ 有分块三角型 $(1.3.17)$，这样就有

$$AS_1=AS\begin{bmatrix}I_k\\0\end{bmatrix}=S\begin{bmatrix}B&C\\0&D\end{bmatrix}\begin{bmatrix}I_k\\0\end{bmatrix}=[S_1\quad S_2]\begin{bmatrix}B_1\\0\end{bmatrix}=S_1B$$

所以 S_1 的列生成的（k 维）子空间是 A-不变的．我们把上面的讨论总结成如下的结论．

结论 1.3.18 假设 $n\geqslant 2$．给定的 $A\in M_n$ 与一个形如 $(1.3.17)$ 的分块三角矩阵相似，当且仅当 $\mathbf{C}^n$ 的某个非平凡的子空间是 A-不变的．此外，如果 $W\subseteq\mathbf{C}^n$ 是一个非零的 A-不变子空间，那么 W 中某个向量就是 A 的一个特征向量．一个给定的族 $\mathcal{F}\subseteq M_n$ 是可约的，当且仅当存在某个 $k\in\{2,\cdots,n-1\}$ 以及一个非奇异的 $S\in M_n$，使得对每个 $A\in\mathcal{F}$，$S^{-1}AS$ 有 $(1.3.17)$ 的形式．

下面的引理是许多后续结果的核心要素．

引理 1.3.19 设 $\mathcal{F}\subset M_n$ 是一个交换族．那么 $\mathbf{C}^n$ 中某个非零向量是每个 $A\in\mathcal{F}$ 的特征向量．

证明 总有一个非零的 $\mathcal{F}$-不变子空间，即 $\mathbf{C}^n$．设 $m=\min\{\dim V:V$ 是 $\mathbf{C}^n$ 的非零的

$\mathcal{F}$-不变子空间}，并令 W 是任意一个给定的 $\mathcal{F}$-不变子空间，它使得 $\dim W = m$. 设给定任意的 $A \in \mathcal{F}$. 由于 W 是 $\mathcal{F}$-不变的，故而它是 A-不变的，所以(1.3.18)确保存在某个非零的 $x_0 \in W$ 以及某个 $\lambda \in \mathbf{C}$，使得 $Ax_0 = \lambda x_0$. 考虑子空间 $W_{A,\lambda} = \{x \in W : Ax = \lambda x\}$. 这样就有 $x_0 \in W_{A,\lambda}$，所以 $W_{A,\lambda}$ 是 W 的一个非零的子空间. 对任何 $B \in \mathcal{F}$ 以及任何 $x \in W_{A,\lambda}$，W 的 $\mathcal{F}$-不变量确保 $Bx \in W$. 利用 $\mathcal{F}$ 的交换性，我们来计算

$$A(Bx) = (AB)x = (BA)x = B(Ax) = B(\lambda x) = \lambda(Bx)$$

它表明 $Bx \in W_{A,\lambda}$. 于是，$W_{A,\lambda}$ 是 $\mathcal{F}$-不变且非零的，所以 $\dim W_{A,\lambda} \geqslant m$. 但是 $W_{A,\lambda} \subseteq W$，所以 $\dim W_{A,\lambda} \leqslant m$，从而 $W = W_{A,\lambda}$. 现在我们就已经指出了：对每个 $A \in \mathcal{F}$，存在某个纯量 λ_A，使得对所有 $x \in W$ 都有 $Ax = \lambda_A x$，所以 W 中每个非零向量都是 $\mathcal{F}$ 中每个矩阵的一个特征向量. □

习题 考虑上面证明中的非零的 $\mathcal{F}$-不变子空间 W. 说明为什么 $m = \dim W = 1$. ◀

习题 假设 $\mathcal{F} \subset M_n$ 是一个交换族. 证明：存在一个非奇异的 $S \in M_n$，使得对每个 $A \in \mathcal{F}$，$S^{-1}AS$ 都有分块三角型(1.3.17)(对 $k = 1$). ◀

引理 1.3.19 关注的是任意非零基数的交换族. 我们的下一个结果表明，定理 1.3.12 可以延拓到由可对角化矩阵组成的任意的交换族上去.

定义 1.3.20 一个族 $\mathcal{F} \subset M_n$ 说成是**可同时对角化的**(simultaneously diagonalizable)，如果存在单独一个非奇异的 $S \in M_n$，使得对每个 $A \in \mathcal{F}$，$S^{-1}AS$ 都是对角的.

定理 1.3.21 设 $\mathcal{F} \subset M_n$ 是一个可对角化矩阵族. 那么 $\mathcal{F}$ 是一个交换族，当且仅当它是一个可同时对角化的族. 此外，对任意给定的 $A_0 \in \mathcal{F}$ 以及 A_0 的特征值的任意给定的排序 $\lambda_1, \cdots, \lambda_n$，都存在一个非奇异的 $S \in M_n$，使得对每个 $B \in \mathcal{F}$，$S^{-1}A_0 S = \mathrm{diag}(\lambda_1, \cdots, \lambda_n)$ 以及 $S^{-1}BS$ 都是对角的.

证明 如果 $\mathcal{F}$ 是可同时对角化的，那么根据上一习题，它就是一个交换族. 我们用对 n 的归纳法证明其逆. 如果 $n = 1$，就没什么需要证明的，因为每一个族既是交换的，又是对角的. 假设 $n \geqslant 2$，又设对每个 $k = 1, 2, \cdots, n-1$，任何由 $k \times k$ 可对角化矩阵组成的交换族都是可同时对角化的. 如果 $\mathcal{F}$ 中每个矩阵都是纯量矩阵，就没什么要证明的，故而我们可以假设 $A \in \mathcal{F}$ 是一个 $n \times n$ 可对角化矩阵，它有不同的特征值 $\lambda_1, \lambda_2, \cdots, \lambda_k$，且 $k \geqslant 2$，又设对每个 $B \in \mathcal{F}$ 有 $AB = BA$，且每个 $B \in \mathcal{F}$ 都是可对角化的. 利用(1.3.12)中的论证方法，我们将其转化成 A 形如(1.3.13)中的情形. 由于每个 $B \in \mathcal{F}$ 都与 A 可交换，(0.7.7)就确保每一个 $B \in \mathcal{F}$ 都有(1.3.14)的形式. 设 $B, \hat{B} \in \mathcal{F}$，所以 $B = B_1 \oplus \cdots \oplus B_k$，且 $\hat{B} = \hat{B}_1 \oplus \cdots \oplus \hat{B}_k$，其中 B_i 与 $\hat{B}_i$ 中每一个都有同样的大小，且它们的阶不超过 $n-1$. B 与 $\hat{B}$ 的交换性以及可对角化性质蕴含 B_i 与 $\hat{B}_i$ 的交换性以及可对角化性质(对每个 $i = 1, \cdots, d$). 根据归纳假设，存在 k 个有适当大小的相似矩阵 $T_1, T_2, \cdots, T_k$，它们中每一个都可以使 $\mathcal{F}$ 中每一个矩阵的对应的分块对角化. 这样一来，直和(1.3.15)就使得 $\mathcal{F}$ 中每一个矩阵对角化了.

我们证明了，存在一个非奇异的 $T \in M_n$，使得对每个 $B \in \mathcal{F}$，$T^{-1}BT$ 都是对角矩阵. 这样就对某个置换矩阵 P 有 $T^{-1}A_0 T = P\mathrm{diag}(\lambda_1, \cdots, \lambda_n)P^{\mathrm{T}}$，$P^{\mathrm{T}}(T^{-1}A_0 T)P = (TP)^{-1}A_0 \times (TP) = \mathrm{diag}(\lambda_1, \cdots, \lambda_n)$ 与 $(TP)^{-1}B(TP) = P^{\mathrm{T}}(T^{-1}BT)P$ 都是对角的(对每个 $B \in \mathcal{F}$)(0.9.5). □

注 我们将两件重要的事项推迟到第 3 章：(1)给定 $A, B \in M_n$，怎样来确定 A 是否与 B 相似？(2)在不知道其

64

特征向量的情况下, 如何才能得知给定的矩阵是否是可以对角化的?

尽管 AB 与 BA 不一定相同(即便当两个乘积都有定义时, 这两个乘积的大小也未必相同), 它们的特征值有可能有相当多是相同的. 的确, 如果 A 和 B 两者均为方阵, 那么 AB 与 BA 恰好有完全相同的特征值. 这些重要的事实可以从一个简单而十分有用的结论中推导出来.

习题 设给定 $X \in M_{m,n}$. 说明为什么 $\begin{bmatrix} I_m & X \\ 0 & I_n \end{bmatrix} \in M_{m+n}$ 是非奇异的, 并验证它的逆是 $\begin{bmatrix} I_m & -X \\ 0 & I_n \end{bmatrix}$. ◀

定理 1.3.22 假设 $A \in M_{m,n}$ 以及 $B \in M_{n,m} (m \leqslant n)$. 那么 BA 的 n 个特征值是 AB 的 m 个特征值加上 $n-m$ 个零, 这就是说, $p_{BA}(t) = t^{n-m} p_{AB}(t)$. 如果 $m=n$ 且 A 与 B 中至少有一个非奇异, 那么 AB 与 BA 相似.

证明 计算给出

$$\begin{bmatrix} I_m & -A \\ 0 & I_n \end{bmatrix} \begin{bmatrix} AB & 0 \\ B & 0_n \end{bmatrix} \begin{bmatrix} I_m & A \\ 0 & I_n \end{bmatrix} = \begin{bmatrix} 0_m & 0 \\ B & BA \end{bmatrix}$$

而上一习题确保 $C_1 = \begin{bmatrix} AB & 0 \\ B & 0_n \end{bmatrix}$ 与 $C_2 = \begin{bmatrix} 0_m & 0 \\ B & BA \end{bmatrix}$ 相似. C_1 的特征值是 AB 的特征值加上 n 个零. C_2 的特征值是 BA 的特征值加上 m 个零. 由于 C_1 与 C_2 的特征值是相同的, 这就得到定理的第一个论断. 定理的最后论断得自如下结论: 如果 A 非奇异且 $m=n$, 那么就有 $AB = A(BA)A^{-1}$. □

定理 1.3.22 有许多应用, 其中的一些出现在下面几章中. 这里只是其中的四个应用.

例 1.3.23(下秩矩阵的特征值) 假设 $A \in M_n$ 分解成 $A = XY^{\mathrm{T}}$, 其中 $X, Y \in M_{n,r}$, 且 $r < n$. 这样 A 的特征值就与 $r \times r$ 矩阵 $Y^{\mathrm{T}} X$ 的特征值相同, 再加上 $n-r$ 个零. 例如, 考虑 $n \times n$ 全 1 矩阵 $J_n = ee^{\mathrm{T}}(0.2.8)$. 其特征值是 1×1 矩阵 $e^{\mathrm{T}} e = [n]$ 的特征值, 即 n 加上 $n-1$ 个零. 任何形如 $A = xy^{\mathrm{T}}$ 的矩阵的特征值(其中 $x, y \in \mathbf{C}^n$)(A 的秩至多为 1)是 $y^{\mathrm{T}} x$ 再加上 $n-1$ 个零. 任意一个形如 $A = xy^{\mathrm{T}} + zw^{\mathrm{T}} = [x \quad z][y \quad w]^{\mathrm{T}}$ 的矩阵(其中 $x, y, z, w \in \mathbf{C}^n$) ($A$ 的秩至多为 2)是 $[y \quad w]^{\mathrm{T}} [x \quad z] = \begin{bmatrix} y^{\mathrm{T}} x & y^{\mathrm{T}} z \\ w^{\mathrm{T}} x & w^{\mathrm{T}} z \end{bmatrix}$ 的两个特征值(1.2.4b)加上 $n-2$ 个零.

65

例 1.3.24(Cauchy 行列式恒等式) 设给定非奇异的 $A \in M_n$ 以及 $x, y \in \mathbf{C}^n$. 那么

$$\det(A + xy^{\mathrm{T}}) = (\det A)(\det(I + A^{-1} xy^{\mathrm{T}})) = (\det A) \prod_{i=1}^{n} \lambda_i(I + A^{-1} xy^{\mathrm{T}})$$

$$= (\det A) \prod_{i=1}^{n} (1 + \lambda_i(A^{-1} xy^{\mathrm{T}})) = (\det A)(1 + y^{\mathrm{T}} A^{-1} x) \quad (应用(1.3.23))$$

$$= \det A + y^{\mathrm{T}}((\det A)A^{-1})x = \det A + y^{\mathrm{T}}(\mathrm{adj} A)x$$

对任何 $A \in M_n$, Cauchy 恒等式 $\det(A + xy^{\mathrm{T}}) = \det A + y^{\mathrm{T}}(\mathrm{adj} A)x$ 都成立, 现在它可以由连续性得出. 有关不同的方法, 见(0.8.5).

例 1.3.25 对任何 $n \geqslant 2$, 考虑 $n \times n$ 实对称 Hankel 矩阵

$$A = [i+j]_{i,j=1}^n = \begin{bmatrix} 2 & 3 & 4 & \cdots \\ 3 & 4 & 5 & \cdots \\ 4 & 5 & 6 & \cdots \\ \vdots & & & \ddots \end{bmatrix} = ve^{\mathrm{T}} + ev^{\mathrm{T}} = [v \quad e][e \quad v]^{\mathrm{T}}$$

其中 $e \in \mathbf{R}^n$ 的每个元素都是 1，且 $v = [1 \quad 2 \quad \cdots \quad n]^{\mathrm{T}}$. A 的特征值与

$$B = [e \quad v]^{\mathrm{T}}[v \quad e] = \begin{bmatrix} e^{\mathrm{T}}v & e^{\mathrm{T}}e \\ v^{\mathrm{T}}v & v^{\mathrm{T}}e \end{bmatrix} = \begin{bmatrix} \dfrac{n(n+1)}{2} & n \\ \dfrac{n(n+1)(2n+1)}{6} & \dfrac{n(n+1)}{2} \end{bmatrix}$$

的特征值相同，再加上 $n-2$ 个零. 按照 (1.2.4b)，B 的特征值（一正一负）是

$$n(n+1)\left[\frac{1}{2} \pm \sqrt{\frac{2n+1}{6(n+1)}} \right]$$

例 1.3.26 对任何 $n \geqslant 2$，考虑 $n \times n$ 实斜对称的 Toeplitz 矩阵

$$A = [i-j]_{i,j=1}^n = \begin{bmatrix} 0 & -1 & -2 & \cdots \\ 1 & 0 & -1 & \cdots \\ 2 & 1 & 0 & \cdots \\ \vdots & & & \ddots \end{bmatrix} = ve^{\mathrm{T}} - ev^{\mathrm{T}} = [v \quad -e][e \quad v]^{\mathrm{T}}$$

其中 $e \in \mathbf{R}^n$ 的每个元素都是 1，且 $v = [1 \quad 2 \quad \cdots \quad n]^{\mathrm{T}}$. 除了 $n-2$ 个零之外，A 的特征值与

$$B = [e \quad v]^{\mathrm{T}}[v \quad -e] = \begin{bmatrix} e^{\mathrm{T}}v & -e^{\mathrm{T}}e \\ v^{\mathrm{T}}v & -v^{\mathrm{T}}e \end{bmatrix}$$

的特征值相同，再次利用 (1.2.4b) 得出后者的特征值是 $\pm \dfrac{ni}{2}\sqrt{\dfrac{n^2-1}{3}}$.

关于 AB 相对于 BA 的特征值的定理 1.3.22 仅仅是这方面内容的一部分，我们将在 (3.2.11) 中再次回到这个论题.

如果 $A \in M_n$ 可以对角化，且 $A = S\Lambda S^{-1}$，那么对任何 $a \neq 0$，aS 也都可以使 A 对角化. 于是，对角化相似从来就不是唯一的. 尽管如此，A 与一个特殊的对角矩阵的**每一个**相似都可以从一个给定的相似得出.

定理 1.3.27 假设 $A \in M_n$ 可以对角化，设 $\mu_1, \cdots, \mu_d$ 是它的不同的特征值，相应的重数分别为 $n_1, \cdots, n_d$. 设 $S, T \in M_n$ 是非奇异的，又假设 $A = S\Lambda S^{-1}$，其中 Λ 是形如 (1.3.13) 的对角矩阵.

(a) $A = T\Lambda T^{-1}$ 当且仅当 $T = S(R_1 \oplus \cdots \oplus R_d)$，其中每一个 $R_i \in M_{n_i}$ 都是非奇异的.

(b) 如果将 $S = [S_1 \quad \cdots \quad S_d]$ 以及 $T = [T_1 \quad \cdots \quad T_d]$ 与 Λ 共形地分划，那么 $A = S\Lambda S^{-1} = T\Lambda T^{-1}$，当且仅当对每个 $i = 1, \cdots, d$，S_i 的列空间与 T_i 的列空间相同.

(c) 如果 A 有不同的特征值，且 $S = [s_1 \quad \cdots \quad s_n]$ 与 $T = [t_1 \quad \cdots \quad t_n]$ 按照它们的列来进行分划，那么 $A = S\Lambda S^{-1} = T\Lambda T^{-1}$，当且仅当存在一个非奇异的对角矩阵 $R = \mathrm{diag}(r_1, \cdots, r_n)$，使得 $T = SR$，当且仅当对每个 $i = 1, \cdots, n$，列 s_i 是对应的列 t_i 的一个非零的纯量倍数.

证明 我们有 $S\Lambda S^{-1} = T\Lambda T^{-1}$，当且仅当 $(S^{-1}T)\Lambda = \Lambda(S^{-1}T)$，当且仅当 $S^{-1}T$ 是与

Λ 共形的分块对角矩阵(0.7.7), 即当且仅当 $S^{-1}T=R_1\oplus\cdots\oplus R_d$ 且每一个 $R_i\in M_{n_i}$ 都是非奇异的. 对于(b), 注意到如果 $1\leqslant k\leqslant n$, 那么 $X\in M_{n,k}$ 的列空间包含在 $Y\in M_{n,k}$ 的列空间中, 当且仅当存在某个 $C\in M_k$, 使得 $X=YC$. 进一步, 如果 $\mathrm{rank}X=\mathrm{rank}Y=k$, 那么 C 必定是非奇异的. 结论(c)是(a)与(b)的特例.   □

如果实矩阵是通过一个复矩阵相似的, 那么它们也能通过一个实矩阵相似吗? 对于可交换的实矩阵, (1.3.21)有实的形式吗? 下面的引理是回答这类问题的关键.

引理 1.3.28 设 $S\in M_n$ 非奇异, 而 $S=C+iD$, 其中 $C,D\in M_n(\mathbf{R})$. 那么存在一个实数 τ, 使得 $T=C+\tau D$ 是非奇异的.

证明 如果 C 是非奇异的, 取 $\tau=0$. 如果 C 是奇异的, 考虑多项式 $p(t)=\det(C+tD)$, 它不是常数(零次)多项式, 这是因为 $p(0)=\det C=0\neq\det S=p(\mathrm{i})$. 由于 $p(t)$ 在复平面上仅有有限多个零点, 故而存在一个实数 τ, 使得 $p(\tau)\neq 0$, 所以 $C+\tau D$ 是非奇异的.   □

定理 1.3.29 设 $\mathcal{F}=\{A_\alpha:\alpha\in\mathcal{I}\}\subset M_n(\mathbf{R})$ 以及 $\mathcal{G}=\{B_\alpha:\alpha\in\mathcal{I}\}\subset M_n(\mathbf{R})$ 是给定的实矩阵族. 如果存在一个非奇异的 $S\in M_n$, 使得对每个 $\alpha\in\mathcal{I}$ 都有 $A_\alpha=SB_\alpha S^{-1}$, 那么就存在一个非奇异的 $T\in M_n(\mathbf{R})$, 使得对每个 $\alpha\in\mathcal{I}$ 都有 $A_\alpha=TB_\alpha T^{-1}$. 特别地, 两个在 $\mathbf{C}$ 上相似的实矩阵在 $\mathbf{R}$ 上也是相似的.

证明 设 $S=C+iD$ 是非奇异的, 其中 $C,D\in M_n(\mathbf{R})$. 上面的引理确保存在一个实数 τ, 使得 $T=C+\tau D$ 是非奇异的. 相似性 $A_\alpha=SB_\alpha S^{-1}$ 等价于恒等式 $A_\alpha(C+iD)=A_\alpha S=SB_\alpha=(C+iD)B_\alpha$. 令这个恒等式的实部和虚部分别相等表明 $A_\alpha C=CB_\alpha$ 以及 $A_\alpha D=DB_\alpha$. 由此有 $A_\alpha C=CB_\alpha$ 以及 $A_\alpha(\tau D)=(\tau D)B_\alpha$, 所以 $A_\alpha T=TB_\alpha$ 且 $A_\alpha=TB_\alpha T^{-1}$.   □

上面定理的一个直接推论是(1.3.21)的实的形式.

推论 1.3.30 设 $\mathcal{F}=\{A_\alpha:\alpha\in\mathcal{I}\}\subset M_n(\mathbf{R})$ 是具有实特征值的可对角化的实矩阵族. 那么 $\mathcal{F}$ 是一个交换族, 当且仅当存在一个非奇异的实矩阵 T, 使得 $T^{-1}A_\alpha T=\Lambda_\alpha$ 对每个 $A_\alpha\in\mathcal{F}$ 都是对角矩阵. 此外, 对任何给定的 $\alpha_0\in\mathcal{I}$ 以及 A_{α_0} 的特征值的任意一种给定的排序 $\lambda_1,\cdots,\lambda_n$, 存在一个非奇异的 $T\in M_n(\mathbf{R})$, 使得对每个 $\alpha\in\mathcal{I}$, $T^{-1}A_{\alpha_0}T=\mathrm{diag}(\lambda_1,\cdots,\lambda_n)$ 与 $T^{-1}A_\alpha T$ 都是对角矩阵.

证明 对"必要性"这部分结论, 将上面的定理应用到族 $\mathcal{F}=\{A_\alpha:\alpha\in\mathcal{I}\}$ 以及 $\mathcal{G}=\{\Lambda_\alpha:\alpha\in\mathcal{I}\}$ 上. 而"充分性"这部分的结论可以如同(1.3.21)中那样得出.   □

关于相似性的最后一个定理表明, 复矩阵的特征值与其主对角元素之间**仅有**的联系是: 它们各自的和相等.

定理 1.3.31(Mirsky) 设给定一个整数 $n\geqslant 2$ 与复的纯量 $\lambda_1,\cdots,\lambda_n$ 以及 $d_1,\cdots,d_n$. 则存在一个 $A\in M_n$, 其特征值为 $\lambda_1,\cdots,\lambda_n$, 而主对角元素为 $d_1,\cdots,d_n$ 的充分必要条件是 $\sum_{i=1}^n\lambda_i=\sum_{i=1}^n d_i$. 如果 $\lambda_1,\cdots,\lambda_n$ 与 $d_1,\cdots,d_n$ 全是实数, 且有同样的和, 那么就存在一个 $A\in M_n(\mathbf{R})$, 使得 $\lambda_1,\cdots,\lambda_n$ 为其特征值, 而 $d_1,\cdots,d_n$ 为其主对角元素.

证明 我们知道, 对任何 $A\in M_n$ 有 $\mathrm{tr}A=E_1(A)=S_1(A)$ (1.2.16), 这就确立了所述条件的必要性. 我们尚需证明它是充分的.

如果 $k\geqslant 2$, 且 $\lambda_1,\cdots,\lambda_k$ 以及 $d_1,\cdots,d_k$ 是任意给定的复的纯量, 它们使得 $\sum_{i=1}^k\lambda_i=$

$\sum_{i=1}^{k} d_i$，我们断言：上双对角矩阵

$$T(\lambda_1, \cdots, \lambda_k) = \begin{bmatrix} \lambda_1 & 1 & & \\ & \lambda_2 & \ddots & \\ & & \ddots & 1 \\ & & & \lambda_k \end{bmatrix} \in M_k$$

与一个以 d_1，$\cdots$，d_k 为对角元素的矩阵相似，该矩阵有所断言之性质．设 $L(s, t) = \begin{bmatrix} 1 & 0 \\ s-t & 1 \end{bmatrix}$，所以 $L(s, t)^{-1} = \begin{bmatrix} 1 & 0 \\ t-s & 1 \end{bmatrix}$．

首先考虑 $k=2$ 的情形，此时 $\lambda_1 + \lambda_2 = d_1 + d_2$．计算相似性给出

$$L(\lambda_1, d_1) T(\lambda_1, \lambda_2) L(\lambda_1, d_1)^{-1} = \begin{bmatrix} 1 & 0 \\ \lambda_1 - d_1 & 1 \end{bmatrix} \begin{bmatrix} \lambda_1 & 1 \\ 0 & \lambda_2 \end{bmatrix} \begin{bmatrix} 1 & 0 \\ d_1 - \lambda_1 & 1 \end{bmatrix}$$

$$= \begin{bmatrix} d_1 & \bigstar \\ \bigstar & \lambda_1 + \lambda_2 - d_1 \end{bmatrix} = \begin{bmatrix} d_1 & \bigstar \\ \bigstar & d_2 \end{bmatrix}$$

这里我们利用了假设 $\lambda_1 + \lambda_2 - d_1 = d_1 + d_2 - d_1 = d_2$．这就验证了 $k=2$ 时的结论．

我们来用归纳法．假设结论已经对某个 $k \geqslant 2$ 得到了证明，且有 $\sum_{i=1}^{k+1} \lambda_i = \sum_{i=1}^{k+1} d_i$．分划 $T(\lambda_1, \cdots, \lambda_{k+1}) = [T_{ij}]_{i,j=1}^2$，其中 $T_{11} = T(\lambda_1, \lambda_2)$，$T_{12} = E_2$，$T_{21} = 0$，而 $T_{22} = T(\lambda_3, \cdots, \lambda_{k+1})$（其中 $E_2 = [e_2 \quad 0 \quad \cdots \quad 0] \in M_{2,k-1}$，而 $e_2 = [0 \quad 1]^T \in \mathbf{C}^2$）．令 $\mathcal{L} = L(\lambda_1, d_1) \oplus I_{k-1}$ 并计算 $\mathcal{L} T(\lambda_1, \cdots, \lambda_{k+1}) \mathcal{L}^{-1}$

$$= \begin{bmatrix} L(\lambda_1, d_1) & 0 \\ 0 & I_{k-1} \end{bmatrix} \begin{bmatrix} T(\lambda_1, \lambda_2) & E_2 \\ 0 & T(\lambda_3, \cdots, \lambda_{k+1}) \end{bmatrix} \begin{bmatrix} L(d_1, \lambda_1) & 0 \\ 0 & I_{k-1} \end{bmatrix}$$

$$= \begin{bmatrix} \begin{bmatrix} d_1 & \bigstar \\ \bigstar & \lambda_1 + \lambda_2 - d_1 \end{bmatrix} & E_2 \\ 0 & T(\lambda_3, \cdots, \lambda_{k+1}) \end{bmatrix} = \begin{bmatrix} d_1 & \bigstar \\ \bigstar & T(\lambda_1 + \lambda_2 - d_1, \lambda_3, \cdots, \lambda_{k+1}) \end{bmatrix} = \begin{bmatrix} d_1 & \bigstar \\ \bigstar & D \end{bmatrix}$$

$D = T(\lambda_1 + \lambda_2 - d_1, \lambda_3, \cdots, \lambda_{k+1}) \in M_k$ 的特征值之和是 $\sum_{i=1}^{k+1} \lambda_i - d_1 = \sum_{i=1}^{k+1} d_i - d_1 = \sum_{i=2}^{k+1} d_i$，所以归纳假设就确保存在一个非奇异的 $S \in M_k$，使得 SDS^{-1} 的对角元素是 d_2，$\cdots$，d_{k+1}．这样一来，$\begin{bmatrix} 1 & 0 \\ 0 & S \end{bmatrix} \begin{bmatrix} d_1 & \bigstar \\ \bigstar & D \end{bmatrix} \begin{bmatrix} 1 & 0 \\ 0 & S \end{bmatrix}^{-1} = \begin{bmatrix} d_1 & \bigstar \\ \bigstar & SDS^{-1} \end{bmatrix}$ 就有对角元素 d_1，d_2，$\cdots$，d_{k+1}．

如果 λ_1，$\cdots$，λ_n 与 d_1，$\cdots$，d_n 全是实数，则上面的推理中所有的矩阵以及相似变换矩阵也全都是实矩阵． □

习题 写出上一证明中从 $k=2$ 到 $k=3$ 的归纳证明细节. ◄

问题

1.3.P1 令 A，$B \in M_n$．假设 A 与 B 是可对角化且可交换的．设 λ_1，$\cdots$，λ_n 是 A 的特征值，而 μ_1，$\cdots$，μ_n 是 B 的特征值．(a)证明 $A + B$ 的特征值是 $\lambda_1 + \mu_{i_1}$，$\lambda_2 + \mu_{i_2}$，$\cdots$，$\lambda_n + \mu_{i_n}$，这里 i_1，$\cdots$，i_n 是 1，$\cdots$，n 的某个排列．(b)如果 B 是幂零的，说明为什么 A 与 $A + B$ 有相同的特征值．(c) AB 的特征值是什么？

68

1.3.P2　如果 A，$B \in M_n$，且 A 与 B 可交换，证明关于 A 的任何多项式与关于 B 的任何多项式都是可交换的.

1.3.P3　如果 $A \in M_n$，$SAS^{-1} = \Lambda = \mathrm{diag}(\lambda_1, \cdots, \lambda_n)$，且 $p(t)$ 是一个多项式，证明 $p(A) = S^{-1} p(\Lambda) S$ 以及 $p(\Lambda) = \mathrm{diag}(p(\lambda_1), \cdots, p(\lambda_n))$. 如果可以将 A 对角化，这就对计算 $p(A)$ 提供了一个简单的方法.

1.3.P4　如果 $A \in M_n$ 有不同的特征值 $\alpha_1, \cdots, \alpha_n$ 且与一个给定的矩阵 $B \in M_n$ 可交换，证明 B 是可以对角化的，且存在一个次数至多为 $n-1$ 的多项式 $p(t)$，使得 $B = p(A)$.

1.3.P5　给出两个不可同时对角化的交换矩阵的例子. 这与(1.3.12)矛盾吗？为什么？

1.3.P6　(a) 如果 $\Lambda = \mathrm{diag}(\lambda_1, \cdots, \lambda_n)$，证明 $p_\Lambda(\Lambda)$ 是零矩阵. (b)假设 $A \in M_n$ 可对角化. 说明为什么 $p_A(t) = p_\Lambda(t)$ 以及 $p_\Lambda(A) = S p_\Lambda(\Lambda) S^{-1}$. 导出 $p_A(A)$ 是零矩阵这一结论.

69

1.3.P7　矩阵 $A \in M_n$ 是 $B \in M_n$ 的 **平方根**(square root)，如果 $A^2 = B$. 证明：每一个可对角化的矩阵 $B \in M_n$ 都有平方根. $B = \begin{bmatrix} 0 & 1 \\ 0 & 0 \end{bmatrix}$ 有平方根吗？为什么？

1.3.P8　如果 A，$B \in M_n$ 且其中至少有一个矩阵有不同的特征值(对另外一个矩阵，甚至没有假设它可以对角化)，对下述的几何推理提供细节，A 与 B 可交换，当且仅当它们可同时对角化：一个方向的证明容易；对另一方向的证明，假设 B 有不同的特征值且 $Bx = \lambda x\,(x \neq 0)$. 那么 $B(Ax) = A(Bx) = A\lambda x = \lambda Ax$，所以对某个 $\mu \in \mathbf{C}$ 有 $Ax = \mu x$(为什么？见(1.2.18)). 于是，我们可以用使得 B 对角化的特征向量组成的同一个矩阵来将 A 对角化. 自然，A 的特征值不一定都是不相同的.

1.3.P9　考虑奇异矩阵 $A = \begin{bmatrix} 1 & 0 \\ 0 & 0 \end{bmatrix}$ 以及 $B = \begin{bmatrix} 0 & 0 \\ 1 & 0 \end{bmatrix}$. 证明：$AB$ 与 BA 不相似，但是它们的确有同样的特征值.

1.3.P10　设给定 $A \in M_n$，又设 $\lambda_1, \cdots, \lambda_k$ 是 A 的不同的特征值. 对每个 $i = 1, 2, \cdots, k$，假设 $x_1^{(i)}$，$x_2^{(i)}, \cdots, x_{n_i}^{(i)}$ 是 A 的与特征值 λ_i 相伴的一列线性无关的特征向量. 证明：所有这样的向量组成的向量组 $x_1^{(1)}, x_2^{(1)}, \cdots, x_{n_1}^{(1)}, \cdots, x_1^{(k)}, x_2^{(k)}, \cdots, x_{n_k}^{(k)}$ 是线性无关的.

1.3.P11　对如下的关于(1.3.19)的另一种证明给出证明细节：(a)假设 A，$B \in M_n$ 可交换，$x \neq 0$，且 $Ax = \lambda x$. 考虑一列向量 x，Bx，$B^2 x$，$B^3 x$，$\cdots$. 假设 k 是使得 $B^k x$ 是它前面元素的线性组合这一结论成立的最小正整数；$S = \mathrm{span}\{x, Bx, B^2 x, \cdots, B^{k-1} x\}$ 是 B-不变的，从而它包含 B 的一个特征向量. 但是 $AB^j x = B^j Ax = B^j \lambda x = \lambda B^j x$，所以 $\mathcal{S}$ 中每个非零向量都是 A 的特征向量. 由此推出结论：A 与 B 有一个共同的特征向量. (b)如果 $\mathcal{F} = \{A_1, A_2, \cdots, A_m\} \subset M_n$ 是一个有限的交换族，利用归纳法证明它有一个共同的特征向量. 如果 $y \neq 0$ 是 $A_1, A_2, \cdots, A_{m-1}$ 的共同的特征向量，考虑 y，$A_m y$，$A_m^2 y$，$A_m^3 y$，$\cdots$. (c)如果 $\mathcal{F} \subset M_n$ 是一个无限的交换族，那么在 $\mathcal{F}$ 中不存在多于 n^2 个矩阵，它们可以是线性无关的. 选取一个极大线性无关组，并说明为什么这一组有限多个矩阵集合的共同特征向量也是 $\mathcal{F}$ 的共同特征向量.

1.3.P12　设 A，$B \in M_n$，并假设 A 或者 B 是非奇异的. 如果 AB 可对角化，证明 BA 也可对角化. 考虑 $A = \begin{bmatrix} 0 & 1 \\ 0 & 0 \end{bmatrix}$ 以及 $B = \begin{bmatrix} 1 & 1 \\ 0 & 0 \end{bmatrix}$，以此来证明：如果 A 与 B 两者都是奇异的，则此结论不一定为真.

1.3.P13　证明：两个可对角化的矩阵是相似的，当且仅当它们的特征多项式相同. 对于两个并非都能对角化的矩阵，此结论是否成立？

1.3.P14　假设 $A \in M_n$ 可以对角化. (a)证明 A 的秩等于它的非零特征值的个数. (b)证明 $\mathrm{rank} A = \mathrm{rank} A^k$(对所有 $k = 1, 2, \cdots$). (c)证明：A 是幂零的，当且仅当 $A = 0$. (d)如果 $\mathrm{tr} A = 0$，证明 $\mathrm{rank} A \neq 1$.

(e)利用以上四个结果中的每一个来证明 $B=\begin{bmatrix} 0 & 1 \\ 0 & 0 \end{bmatrix}$ 是不可对角化的.

1.3. P15 设给定 $A\in M_n$ 以及一个多项式 $p(t)$. 如果 A 可以对角化，证明 $p(A)$ 可以对角化. 其逆命题呢？

1.3. P16 设 $A\in M_n$，并假设 $n>\mathrm{rank}A=r\geqslant1$. 如果 A 与 $B\oplus 0_{n-r}$ 相似（故而 $B\in M_r$ 是非奇异的），证明 A 有一个非奇异的 $r\times r$ 主子矩阵（这就是说，A 是主秩的(0.7.6)). 如果 A 是主秩的，它必定与 $B\oplus 0_{n-r}$ 相似吗？

1.3. P17 设给定 A，$B\in M_n$. 证明存在一个非奇异的矩阵 $T\in M_n(\mathbf{R})$ 使得 $A=TBT^{-1}$ 成立的充分必要条件是：存在一个非奇异的 $S\in M_n$，使得 $A=SBS^{-1}$ 与 $\overline{A}=S\,\overline{B}S^{-1}$ 两者都成立.

1.3. P18 假设 A，$B\in M_n$ 是共轭对合的，也即 $A\overline{A}=B\overline{B}=I$. 证明 A 和 B 在 $\mathbf{C}$ 上是相似的，当且仅当它们在 $\mathbf{R}$ 上是相似的.

70

1.3. P19 设 B，$C\in M_n$，并定义 $\mathcal{A}=\begin{bmatrix} B & C \\ C & B \end{bmatrix}\in M_{2n}$. 设 $Q=\dfrac{1}{\sqrt{2}}\begin{bmatrix} I_n & I_n \\ I_n & -I_n \end{bmatrix}$，验证 $Q^{-1}=Q=Q^{\mathrm{T}}$. 令 $\mathcal{K}_{2n}=\begin{bmatrix} 0_n & I_n \\ I_n & 0_n \end{bmatrix}$. （a）$M_{2n}$ 中具有 $\mathcal{A}$ 的块状结构的矩阵称为 2×2 **分块中心对称的**（block centrosymmetric). 证明：$\mathcal{A}\in M_{2n}$ 是 2×2 分块中心对称的，当且仅当 $\mathcal{K}_{2n}\mathcal{A}=\mathcal{A}\,\mathcal{K}_{2n}$. 由此恒等式导出结论：非奇异的 2×2 分块中心对称矩阵的逆也是 2×2 分块中心对称的，而且 2×2 分块中心对称矩阵的乘积也是 2×2 分块中心对称的. （b）证明 $Q^{-1}\mathcal{A}\,Q=(B+C)\oplus(B-C)$. （c）说明为什么有 $\det\mathcal{A}=\det(B^2+CB-BC-C^2)$ 以及 $\mathrm{rank}\,\mathcal{A}=\mathrm{rank}(B+C)+\mathrm{rank}(B-C)$. （d）说明为什么 $\begin{bmatrix} 0 & C \\ C & 0 \end{bmatrix}$ 与 $C\oplus(-C)$ 相似，又为什么它的特征值按照"$\pm$"成对出现. 如果 C 是实的，那么它的特征值有什么性质？一个更加确切的命题，请见(4.6.P20).

1.3. P20 将任何 A，$B\in M_n$ 表示成 $A=A_1+iA_2$ 以及 $B=B_1+iB_2$，其中 A_1，A_2，B_1，$B_2\in M_n(\mathbf{R})$. 定义 $R_1(A)=\begin{bmatrix} A_1 & A_2 \\ -A_2 & A_1 \end{bmatrix}\in M_{2n}(\mathbf{R})$. 证明如下结论.

(a) $R_1(A+B)=R_1(A)+R_1(B)$，$R_1(AB)=R_1(A)R_1(B)$，以及 $R(I_n)=I_{2n}$.

(b) 如果 A 是非奇异的，那么 $R_1(A)$ 是非奇异的，$R_1(A)^{-1}=R_1(A^{-1})$，且 $R_1(A)^{-1}=\begin{bmatrix} X & Y \\ -Y & X \end{bmatrix}$ 与 $R_1(A)$ 有同样的分块结构.

(c) 如果 S 是非奇异的，那么 $R_1(SAS^{-1})=R_1(S)R_1(A)R_1(S)^{-1}$.

(d) 如果 A 与 B 相似，那么 $R_1(A)$ 与 $R_1(B)$ 也相似.

设 A 的特征值为 λ_1，$\cdots$，λ_n，令 $S=\begin{bmatrix} I_n & iI_n \\ 0 & I_n \end{bmatrix}$ 以及 $U=\dfrac{1}{\sqrt{2}}\begin{bmatrix} I_n & iI_n \\ iI_n & I_n \end{bmatrix}$. 证明如下之结论.

(e) $S^{-1}=\overline{S}$ 以及 $U^{-1}=\overline{U}=U^*$.

(f) $S^{-1}R_1(A)S=\begin{bmatrix} A & 0 \\ -A_2 & \overline{A} \end{bmatrix}$ 以及 $U^{-1}R_1(A)U=\begin{bmatrix} A & 0 \\ 0 & \overline{A} \end{bmatrix}$.

(g) $R_1(A)$ 的特征值与 $A\oplus\overline{A}$ 的特征值相同，它们是 λ_1，$\cdots$，λ_n，$\overline{\lambda_1}$，$\cdots$，$\overline{\lambda_n}$（更确切的结论见(1.3.P30)).

(h) $\det R_1(A)=|\det A|^2\geqslant0$ 且 $\mathrm{rank}R_1(A)=2\mathrm{rank}A$.

(i) 如果 $R_1(A)$ 非奇异，那么 A 也非奇异.

(j) iI_n 不与 $-iI_n$ 相似，但是 $R_1(iI_n)$ 与 $R_1(-iI_n)$ 相似，故而(d)中的结论不是可逆的.

(k) $p_{R_1(A)}(t)=p_A(t)p_{\overline{A}}(t)$.

(l) $R_1(A^*)=R_1(A)^T$，所以 A 是 Hermite 矩阵，当且仅当 $R_1(A)$ 是（实的）对称矩阵，又 A 是西矩阵，当且仅当 $R_1(A)$ 是实正交矩阵.

(m) A 与 A^* 可交换，当且仅当 $R_1(A)$ 与 $R_1(A)^T$ 可交换，也就是说，复矩阵 A 是正规的，当且仅当实矩阵 $R_1(A)$ 是正规的，见 (2.5).

(n) $M_{2n}(\mathbf{R})$ 中具有 $R_1(A)$ 的分块结构的矩阵称为一个**复型矩阵**（matrix of complex type）. 设 $S_{2n}=\begin{bmatrix} 0_n & I_n \\ -I_n & 0_n \end{bmatrix}$. 证明：$A\in M_{2n}(\mathbf{R})$ 是一个复型矩阵，当且仅当 $S_{2n}A=AS_{2n}$. 由此恒等式推出：一个实的复型矩阵的逆是复型矩阵，且实的复型矩阵之积是复型矩阵.

分块矩阵 $R_1(A)$ 是 A 的**实表示**（real representation）的一个例子；它推广到**复表示**（complex representation）见 (4.4. P29)，也称为**四元数型矩阵**（matrix of quaternion type）.

1.3. P21 利用与上一问题中同样的记号，定义 $R_2(A)=\begin{bmatrix} A_1 & A_2 \\ A_2 & -A_1 \end{bmatrix}\in M_{2n}(\mathbf{R})$. 设 $V=\dfrac{1}{\sqrt{2}}\begin{bmatrix} -\mathrm{i}I_n & -\mathrm{i}I_n \\ I_n & -I_n \end{bmatrix}$，并考虑 $R_2(\mathrm{i}I_n)=\begin{bmatrix} 0 & I_n \\ I_n & 0 \end{bmatrix}$ 以及 $R_2(I_n)=\begin{bmatrix} I_n & 0 \\ 0 & -I_n \end{bmatrix}$. 证明如下结论.

71

(a) $V^{-1}=V^*$，$R_2(I_n)^{-1}=R_2(I_n)=R_2(I_n)^*$，$R_2(\mathrm{i}I_n)^{-1}=R_2(\mathrm{i}I_n)=R_2(\mathrm{i}I_n)^*$，以及 $R_2(\mathrm{i}I_n)=V^{-1}R_2(I_n)V$.

(b) $A=B$ 当且仅当 $R_2(A)=R_2(B)$ 以及 $R_2(A+B)=R_2(A)+R_2(B)$.

(c) $R_2(A)=V\begin{bmatrix} 0 & \overline{A} \\ A & 0 \end{bmatrix}V^{-1}$.

(d) $\det R_2(A)=(-1)^n\,|\det A|^2$，见 (0.8.5.13).

(e) $R_2(A)$ 是非奇异的，当且仅当 A 是非奇异的.

(f) 特征多项式与特征值：$p_{R_2(A)}(t)=\det(t^2 I-A\overline{A})=p_{A\overline{A}}(t^2)$ (0.8.5.13)，所以，如果 $\mu_1,\cdots,\mu_n$ 是 $A\overline{A}$ 的特征值，那么 $\pm\mu_1,\cdots,\pm\mu_n$ 就是 $R_2(A)$ 的特征值. 此外，$p_{R_2(A)}(t)$ 有实系数，所以 $A\overline{A}$ 的非实的特征值成对共轭出现.

(g) $R_2(AB)=R_2(A\cdot I_n\cdot B)=R_2(A)R_2(I_n)R_2(B)$.

(h) $R_2(\overline{A})=R_2(I_n)R_2(A)R_2(I_n)$，所以 $R_2(\overline{A})$ 与 $R_2(A)$ 相似，且 $R_2(A\overline{B}C)=R_2(A)R_2(B)R_2(C)$.

(i) $-R_2(A)=R_2(-A)=R_2(\mathrm{i}I_n\cdot A\cdot\mathrm{i}I_n)=(R_2(\mathrm{i}I_n)R_2(I_n))\cdot R_2(A)\cdot(R_2(\mathrm{i}I_n)R_2(I_n))^{-1}$，所以 $R_2(-A)$ 与 $R_2(A)$ 相似.

(j) $R_2(A)R_2(B)=V(\overline{A}B\oplus A\overline{B})V^{-1}$.

(k) 如果 A 非奇异，那么 $R_2(A)^{-1}=R_2(\overline{A}^{-1})$.

(l) $R_2(A)^2=R_1(\overline{A}A)=R_2(A\overline{A})R_2(I_n)$.

(m) 如果 S 非奇异，那么 $R_2(SA\overline{S}^{-1})=(R_2(S)R_2(I_n))\cdot R_2(A)\cdot(R_2(S)R_2(I_n))^{-1}$，所以 $R_2(SA\overline{S}^{-1})$ 与 $R_2(A)$ 相似. 其逆命题见 (4.6. P19)：如果 $R_2(A)$ 与 $R_2(B)$ 相似，那么就存在一个非奇异的 S，使得 $B=SA\overline{S}^{-1}$.

(n) $R_2(A^T)=R_2(A)^T$，所以 A 是（复）对称的，当且仅当 $R_2(A)$ 是（实）对称的.

(o) A 是西矩阵，当且仅当 $R_2(A)$ 是实正交矩阵.

分块矩阵 $R_2(A)$ 是 A 的**实表示**的第二个例子.

1.3. P22 设 $A,B\in M_n$. 证明：A 与 B 相似，当且仅当存在 $X,Y\in M_n$，它们中至少有一个是非奇异的，且使得 $A=XY$ 以及 $B=YX$.

1.3.P23 设 $B\in M_n$ 且 $C\in M_{n,m}$，又定义 $\mathcal{A}=\begin{bmatrix} B & C \\ 0 & 0_m \end{bmatrix}\in M_{n+m}$. 证明：$\mathcal{A}$ 与 $B\oplus 0_m$ 相似，当且仅当 $\mathrm{rank}\begin{bmatrix} B & C \end{bmatrix}=\mathrm{rank}B$，也就是说，当且仅当存在某个 $X\in M_{n,m}$，使得 $C=BX$.

1.3.P24 对给定的整数 $n\geqslant 3$，令 $\theta=2\pi/n$ 以及 $A=[\cos(j\theta+k\theta)]_{j,k=1}^n\in M_n(\mathbf{R})$. 证明 $A=\begin{bmatrix} x & y \end{bmatrix}\begin{bmatrix} x & y \end{bmatrix}^{\mathrm{T}}$，其中 $x=[\alpha\ \alpha^2\ \cdots\ \alpha^n]^{\mathrm{T}}$，$y=[\alpha^{-1}\ \alpha^{-2}\ \cdots\ \alpha^{-n}]^{\mathrm{T}}$，且 $\alpha=\mathrm{e}^{2\pi i/n}$. 证明 A 的特征值是 $n/2$ 与 $-n/2$，外加 $n-2$ 个零.

1.3.P25 设给定 x，$y\in\mathbf{C}^n$，并假设 $y^*x\neq -1$. (a) 验证 $(I+xy^*)^{-1}=I-cxy^*$，其中 $c=(1+y^*x)^{-1}$. (b) 设 $\Lambda=\mathrm{diag}(\lambda_1,\cdots,\lambda_n)$ 并假设 $y^*x=0$. 说明为什么

$$A=(I+xy^*)\Lambda(I-xy^*)=\Lambda+xy^*\Lambda-\Lambda xy^*-(y^*\Lambda x)xy^*$$

的特征值是 $\lambda_1,\cdots,\lambda_n$. 注意：$A$ 的元素是整数，如果 x，y 以及 Λ 的元素都是整数. 利用这一结论来构造一个元素为整数且特征值为 1，2 以及 7 的有趣的 3×3 矩阵，验证你构造的矩阵有所述的特征值.

1.3.P26 设 $e_1,\cdots,e_n$ 与 $\varepsilon_1,\cdots,\varepsilon_m$ 分别表示 $\mathbf{C}^n$ 与 $\mathbf{C}^m$ 的规范的标准正交基. 考虑 $n\times m$ 分块矩阵 $P=[P_{ij}]\in M_{mn}$，其中的每一个块 $P_{ij}\in M_{m,n}$ 由 $P_{ij}=\varepsilon_j e_i^{\mathrm{T}}$ 给出. (a) 证明 P 是置换矩阵. (b) 任何矩阵 $A\in M_{mn}$ 通过 P 给出的相似性都给出一个矩阵 $\widetilde{A}=PAP^{\mathrm{T}}$，其元素是 A 的元素的一个重新排列. 将 A 与 $\widetilde{A}$ 作适当的分划，使得我们可以用简单的方式来描述这个重新排列. 将 $A=[A_{ij}]\in M_{mn}$ 写成一个 $m\times m$ 分块矩阵，其中每一个块 $A_{kl}=[a_{ij}^{(k,l)}]\in M_n$，又将 $\widetilde{A}=[\widetilde{A}_{ij}]$ 写成一个 $n\times n$ 分块矩阵，其中每一个块 $\widetilde{A}_{ij}\in M_m$. 说明为什么 $\widetilde{A}_{pq}$ 的位于 (i,j) 处的元素是 A_{ij} 的位于 (p,q) 处的元素（对所有 i，$j=1,\cdots,m$ 以及 p，$q=1,\cdots,n$），即 $\widetilde{A}_{pq}=[a_{pq}^{(i,j)}]$. 由于 A 与 $\widetilde{A}$ 是置换相似的，故而它们有相同的特征值和有相同的行列式等. (c) A 的元素中各种特殊的模式在 $\widetilde{A}$ 的元素中也产生特殊的模式（反之亦然）. 例如，说明为什么（ⅰ）所有的分块 A_{ij} 都是上三角的，当且仅当 $\widetilde{A}$ 是分块上三角的；（ⅱ）所有的分块 A_{ij} 都是上 Hessenberg 的，当且仅当 $\widetilde{A}$ 是分块上 Hessenberg 的；（ⅲ）所有的块 A_{ij} 都是对角的，当且仅当 $\widetilde{A}$ 是分块对角的；（ⅳ）A 是分块上三角的且所有的块 A_{ij} 都是上三角的，当且仅当 $\widetilde{A}$ 是分块对角的，且它所有的主对角块都是上三角的.

72

1.3.P27 (1.3.P26 续) 设 $A=[A_{kl}]\in M_{mn}$ 是一个给定的 $m\times m$ 分块矩阵，其中每一个 $A_{kl}=[a_{ij}^{(k,l)}]\in M_n$. 又假设每一个块 A_{kl} 都是上三角的. 说明为什么 A 的特征值与 $\widetilde{A}_{11}\oplus\cdots\oplus\widetilde{A}_{nn}$ 的特征值相同，其中 $\widetilde{A}_{pp}=[a_{pp}^{(i,j)}]$（对 $p=1,\cdots,n$）. 于是，A 的特征值只与块 A_{ij} 的主对角元素有关. 特别地，$\det A=(\det\widetilde{A}_{11})\cdots(\det\widetilde{A}_{nn})$. 如果每一个块 A_{ij} 的对角元素都是常数（故而存在纯量 α_{kl} 使得对所有 $i=1,\cdots,n$ 以及所有 k，$l=1,\cdots,m$ 都有 $a_{ii}^{(k,l)}=\alpha_{kl}$），那么你能对 A 的特征值以及行列式说些什么？

1.3.P28 设给定 $A\in M_{m,n}$ 以及 $B\in M_{n,m}$. 证明 $\det(I_m+AB)=\det(I_n+BA)$.

1.3.P29 设 $A=[a_{ij}]\in M_n$. 假设每一个 $a_{ii}=0$（对 $i=1,\cdots,n$）以及 $a_{ij}\in\{-1,1\}$（对所有 $i\neq j$）. 说明为什么 $\det A$ 是整数. 利用 Cauchy 恒等式 (1.3.24) 证明：如果 A 有任何一个元素从 -1 变成 $+1$，则 $\det A$ 的奇偶性不发生改变，也就是说，如果它原来是偶数，它仍保持是偶数，如果它原来是奇数，则仍保持为奇数. 证明：$\det A$ 的奇偶性与 $\det(J_n-I)$ 的奇偶性相同，而后者的奇偶性与 n 的奇偶性相反. 导出结论：如果 n 是偶数，那么 A 是非奇异的.

1.3.P30 假设 $A\in M_n$ 是可以对角化的，且 $A=S\Lambda S^{-1}$，其中 Λ 有 (1.3.13) 的形式. 如果 f 是一个复值函数，其定义域包含 $\sigma(A)$，我们就定义 $f(A)=Sf(\Lambda)S^{-1}$，其中 $f(\Lambda)=f(\mu_1)I_{n_1}\oplus\cdots\oplus f(\mu_d)I_{n_d}$. $f(A)$ 与对角化所用的相似矩阵的选取有关吗（这个矩阵从来都不是唯一的）？利用定理 1.3.27 证明它与相似矩阵的选取无关；也即，如果 $A=S\Lambda S^{-1}=T\Lambda T^{-1}$，证明 $Sf(\Lambda)S^{-1}=Tf(\Lambda)T^{-1}$. 如果 A 有实的特征值，证明 $\cos^2 A+\sin^2 A=I$.

1.3. P31 设 a, $b \in \mathbf{C}$. 证明 $\begin{bmatrix} a & b \\ -b & a \end{bmatrix}$ 的特征值是 $a \pm ib$.

1.3. P32 设 $x \in \mathbf{C}^n$ 是一个给定的非零向量, 记 $x = u + iv$, 其中 u, $v \in \mathbf{R}^n$. 证明: 向量 x, $\bar{x} \in \mathbf{C}^n$ 是线性无关的, 当且仅当向量 u, $v \in \mathbf{R}^n$ 是线性无关的.

1.3. P33 假设 $A \in M_n(\mathbf{R})$ 有一个非实的特征值 λ, 记 $\lambda = a + ib$, 其中 a, $b \in \mathbf{R}$ 且 $b > 0$. 令 x 是 A 的一个与 λ 相伴的特征向量, 记 $x = u + iv$, 其中 u, $v \in \mathbf{R}^n$. (a) 说明为什么 $\bar{\lambda}$, $\bar{x}$ 是 A 的一个特征对. (b) 说明为什么 x 与 $\bar{x}$ 是线性无关的, 并导出 u 与 v 是线性无关的. (c) 证明 $Au = au - bv$ 以及 $Av = bu + av$, 所以 $A[u \quad v] = [u \quad v]B$, 其中 $B = \begin{bmatrix} a & b \\ -b & a \end{bmatrix}$. (d) 设 $S = [u \quad v \quad S_1] \in M_n(\mathbf{R})$ 是非奇异的. 说明为什么 $S^{-1}[u \quad v] = \begin{bmatrix} I_2 \\ 0 \end{bmatrix}$, 并检验 $S^{-1}AS = S^{-1}[A[u \quad v] \quad AS_1] = S^{-1}[[u \quad v] \quad B \quad AS_1] = \begin{bmatrix} B & \bigstar \\ 0 & A_1 \end{bmatrix}$, 其中 $A_1 \in M_{n-2}$. 于是, 有非实的特征值 λ 的实方阵与一个 2×2 分块上三角矩阵(其左上块揭示出 λ 的实部和虚部)实相似. (e) 说明为什么 λ 与 $\bar{\lambda}$ 中每一个作为 A_1 的特征值的重数都比它们作为 A 的特征值的重数小 1.

1.3. P34 如果 A, $B \in M_n$ 是相似的, 证明 $\mathrm{adj}A$ 与 $\mathrm{adj}B$ 是相似的.

1.3. P35 集合 $\mathcal{A} \subseteq M_n$ 是一个**代数**(algebra), 如果(i) $\mathcal{A}$ 是一个子空间, 且(ii)只要 A, $B \in \mathcal{A}$, 就有 $AB \in \mathcal{A}$. 对下面的结论提供细节并组织成**关于矩阵代数的 Burnside 定理**(Burnside's theorem on matrix algebras): 设 $n \geqslant 2$, 且 $\mathcal{A} \subseteq M_n$ 是一个给定的代数. 那么 $\mathcal{A} = M_n$ 当且仅当 $\mathcal{A}$ 是不可约的.

(a) 如果 $n \geqslant 2$, 且代数 $\mathcal{A} \subseteq M_n$ 是可约的, 那么 $\mathcal{A} \neq M_n$. 这就是 Burnside 定理的直接含义, 需要做点工作来证明: 如果 $\mathcal{A}$ 是不可约的, 那么 $\mathcal{A} = M_n$. 在下面, $\mathcal{A} \subseteq M_n$ 是一个给定的代数, 且 $\mathcal{A}^* = \{A^* : A \in \mathcal{A}\}$.

(b) 如果 $n \geqslant 2$, 且 $\mathcal{A}$ 是不可约的, 那么 $\mathcal{A} \neq \{0\}$.

(c) 如果 $x \in \mathbf{C}^n$ 不是零, 那么 $\mathcal{A}x = \{Ax : A \in \mathcal{A}\}$ 是 $\mathbf{C}^n$ 的一个 $\mathcal{A}$-不变子空间.

(d) 如果 $n \geqslant 2$, $x \in \mathbf{C}^n$ 不是零, 且 $\mathcal{A}$ 是不可约的, 那么 $\mathcal{A}x = \mathbf{C}^n$.

(e) 对任何给定的 $x \in \mathbf{C}^n$, $\mathcal{A}^*x = \{A^*x : A \in \mathcal{A}\}$ 是 $\mathbf{C}^n$ 的一个子空间.

(f) 如果 $n \geqslant 2$, $x \in \mathbf{C}^n$ 不是零, 且 $\mathcal{A}$ 是不可约的, 那么 $\mathcal{A}^*x = \mathbf{C}^n$.

(g) 如果 $n \geqslant 2$, 且 $\mathcal{A}$ 是不可约的, 那么存在一个 $A \in \mathcal{A}$, 使得 $\mathrm{rank}A = 1$.

(h) 如果 $n \geqslant 2$, $\mathcal{A}$ 是不可约的, 且存在非零的 y, $z \in \mathbf{C}^n$, 使得 $yz^* \in \mathcal{A}$, 那么 $\mathcal{A}$ 包含每个秩 1 矩阵.

(i) 如果 $\mathcal{A}$ 包含每个秩 1 矩阵, 那么 $\mathcal{A} = M_n$, 见(0.4.4i).

1.3. P36 设 A, $B \in M_n$, 并假设 $n \geqslant 2$. **由 A 与 B 生成的代数**(记为 $\mathcal{A}(A, B)$)是关于 A 以及 B 的所有字(word)的集合所生成的子空间(2.2.5). (a) 如果 A 与 B 没有共同的特征向量, 说明为什么 $\mathcal{A}(A, B) = M_n$. (b) 设 $A = \begin{bmatrix} 0 & 1 \\ 0 & 0 \end{bmatrix}$ 以及 $B = A^{\mathrm{T}}$, 证明 A 与 B 没有共同的特征向量, 所以 $\mathcal{A}(A, B) = M_2$. 通过给出由关于 A 与 B 的字所组成的 M_2 的一组基来给出一个直接的证明.

1.3. P37 设 $A \in M_n$ 是中心对称的. 如果 $n = 2m$ 且 A 表示成分块的形式(0.9.10.2), 证明: A 通过实正交矩阵 $Q = \frac{1}{\sqrt{2}} \begin{bmatrix} I_m & I_m \\ -K_m & K_m \end{bmatrix}$ 而与 $(B - K_mC) \oplus (B + K_mC)$ 相似. 如果 $n = 2m+1$, 且 A 表示成分块的形式(0.9.10.3), 证明 A 相似于

$$(B - K_mC) \oplus \begin{bmatrix} \alpha & \sqrt{2}x^{\mathrm{T}} \\ \sqrt{2}K_my & B + K_mC \end{bmatrix}, \text{通过} \quad Q = \frac{1}{\sqrt{2}} \begin{bmatrix} I_m & 0 & I_m \\ 0 & \sqrt{2} & 0 \\ -K_m & 0 & K_m \end{bmatrix}$$

且 Q 是实正交矩阵.

1.3. P38 设 J_n 是全 1 矩阵(0.2.8)，且 $B(t)=(1-t)I_n+tJ_n$，其中 $n\geqslant2$. (a)描述 $B(t)$ 的元素. 说明为什么它的特征值是 $1+(n-1)t$ 以及 $1-t$，重数是 $n-1$. (b)验证：如果 $1\neq t\neq-(n-1)^{-1}$，那么 $B(t)$ 是非奇异的，且有 $B(t)^{-1}=(1-t)^{-1}(I_n-t(1+(n-1)t)^{-1}J_n)$.

1.3. P39 设给定 $A\in M_n$，并假设 $\mathrm{tr}A=0$. 如果 A 可对角化，说明为什么 $\mathrm{rank}A\neq1$. (1.3.5)中有一个矩阵的秩为 1，而迹为零. 对于它你能得出何种结论？

1.3. P40 A，$B\in M_n$ 的 Jordan 积是 $]A$，$B[=AB+BA$. 矩阵 A 与 B 称为是**反交换的**(anticommute)，如果 $]A$，$B[=0$，见(0.7.7). (a)给出一个包含无穷多个不同矩阵的矩阵交换族的例子. (b)设 $\mathcal{F}=\{A_1,A_2,\cdots\}$ 是一个矩阵族，它使得当 $i\neq j$ 时有 $]A_i,A_j[=0$，但是对所有 $i=1,2,\cdots$ 有 $A_i^2\neq0$；这就是说，$\mathcal{F}$ 中没有矩阵与其自身是反交换的. 证明：$I\notin\mathcal{F}$，且 $\mathcal{F}$ 中矩阵的任何有限集合都是线性无关的. 推出结论：$\mathcal{F}$ 至多包含 n^2-1 个矩阵. (c)如果 $\mathcal{F}=\{A_1,A_2,\cdots\}$ 是由两两反交换、可对角化的不同的矩阵所组成的族，证明它是有限族，且 $\{A_1^2,A_2^2,\cdots\}$ 是可对角化矩阵组成的一个(有限)交换族.

1.3. P41 如果 $A\in M_n$ 没有不同的特征值，那么不存在与 A 相似的矩阵能有不同的特征值，但是似乎有某个与 A 对角等价的矩阵有不同的特征值. (a)如果 $D_1,D_2\in M_n$ 是非奇异的对角矩阵，又如果 D_1AD_2 有不同的特征值，说明为什么存在一个非奇异的 $D\in M_n$，使得 DA 有不同的特征值. (b)如果 $A\in M_n$ 是严格三角的，且 $n\geqslant2$，说明为什么不存在与 A 对角等价的矩阵有不同的特征值. (c)设 $n=2$，$A=\begin{bmatrix}a & b \\ c & d\end{bmatrix}$，并假设不存在与 A 对角等价的矩阵能有不同的特征值. 那么 $A_z=\begin{bmatrix}1 & 0 \\ 0 & z\end{bmatrix}A=\begin{bmatrix}a & b \\ zc & zd\end{bmatrix}$ 对所有非零的 $z\in C$ 都有一个二重特征值. 证明：$p_{A_z}(t)$ 的判别式是 $(a+dz)^2-4(ad-bc)z=d^2z^2+(2ad-4(ad-bc))z+a^2$. 为什么这个判别式对所有非零的 $z\in\mathbf{C}$ 都等于零？说明为什么 $d=0$，$a=0$，以及 $bc=0$，并得出结论：A 是严格三角的. (d)在 $n=2$ 的情形，说明为什么 $A\in M_n$ 不与有不同特征值的矩阵对角等价，当且仅当 A 是奇异的，且 A 的每个 $n-1$ 阶主子式都为零. (e)(d)中的结论已知对所有 $n\geqslant2$ 都是正确的.

注记以及进一步的阅读参考 定理 1.3.31 属于 L. Mirsky(1958)，我们的证明取材自 E. Carlen 与 E. Lieb. Mirsky 与 Horn，Short proofs of theorems of Mirsky and Horn on diagonals and eigenvalues of matrices，*Electron. J. Linear Algebra* 18(2009)438-441. 已知 Mirsky 定理的一个补充结果：如果给定 n^2 个复数 $\lambda_1,\cdots,\lambda_n$ 以及 $a_{ij}(i,j=1,\cdots,n,i\neq j)$，那么就存在 n 个复数 $a_{11},\cdots,a_{nn}$，使得 $\lambda_1,\cdots,\lambda_n$ 是 $A=[a_{ij}]_{i,j=1}^n$ 的特征值，见 S. Frieland，Matrices with prescribed off-diagonal elements，*Israel J. Math.* 11(1975)184-189. (1.3. P35)中 Burnside 定理的证明取自 I. Halperin 与 P. Rosenthal，Burnside's theorem on algebra of matrices，*Amer. Math. Monthly* 87(1980)810. 有关其他可供选择的方法，见 Radjavi 与 Rosenthal(2000)以及 V. Lomonosov 与 P. Rosenthal，The simplest proof of Burnside's theorem on matrix algebras，*Linear Algebra Appl.* 383(2004)45-47. 作为(1.3. P41(e))中论断的证明，见 M. D. Choi，Z. Huang，C. K. Li 以及 N. S. Sze，Every invertible matrix is diagonally equivalent to a matrix with distinct eigenvalues，*Linear Algebra Appl.* 436(2012)3773-3776.

1.4 左右特征向量与几何重数

矩阵的特征向量之重要性不仅在于它在对角化中所起的作用，而且也在于它在各种应用中的成效. 我们先来给出有关特征值的一个重要结果.

结论 1.4.1 设 $A\in M_n$. (a)A 与 A^{T} 的特征值相同. (b)A^* 的特征值是 A 的特征值的复共轭.

证明 由于 $\det(tI - A^T) = \det(tI - A)^T = \det(tI - A)$，我们有 $p_{A^T}(t) = p_A(t)$，所以 $p_{A^T}(\lambda) = 0$ 当且仅当 $p_A(\lambda) = 0$. 类似地，$\det(\bar{t}I - A^*) = \det[(tI - A)^*] = \overline{\det(tI - A)}$，所以 $p_{A^*}(\bar{t}) = \overline{p_A(t)}$，又 $p_{A^*}(\bar{\lambda}) = 0$ 当且仅当 $p_A(\lambda) = 0$. □

习题 如果 $x, y \in \mathbf{C}^n$ 两者都是 $A \in M_n$ 的与特征值 λ 相伴的特征向量，证明 x 与 y 的任何非零的线性组合也是它的与 λ 相伴的特征向量. 导出结论：与一个特别的 $\lambda \in \sigma(A)$ 相伴的所有特征向量组成的集合与零向量合起来作成 $\mathbf{C}^n$ 的一个**子空间**(subspace). ◀

习题 上一习题中所描述的子空间是 $A - \lambda I$ 的**零空间**(null space)，它就是齐次线性方程组 $(A - \lambda I)x = 0$ 的解集. 说明为什么这个子空间的维数是 $n - \mathrm{rank}(A - \lambda I)$. ◀

定义 1.4.2 设 $A \in M_n$. 对给定的 $\lambda \in \sigma(A)$，满足 $Ax = \lambda x$ 的所有向量 $x \in \mathbf{C}^n$ 组成的集合称为 A 的与特征值 λ 相伴的**特征空间**(eigenspace). 这个特征空间中的每一个非零的元素都是 A 的与 λ 相伴的特征向量.

习题 证明：A 的与特征值 λ 相伴的特征空间是一个 A-不变子空间，但是一个 A-不变子空间不一定就是 A 的特征空间. 说明为什么**最小的** A-不变子空间（它是这样一个 A-不变子空间：它不包含有严格来说更低维度的非零的 A-不变子空间）W 是 A 的**单独一个**特征向量所生成的子空间，也就是说 $\dim W = 1$. ◀

定义 1.4.3 设 $A \in M_n$ 且 λ 是 A 的一个特征值. A 的与特征值 λ 相伴的特征空间的维数是 λ 的**几何重数**(geometric multiplicity). λ 作为 A 的特征多项式的零点的重数是 λ 的**代数重数**(algebraic multiplicity). 如果用到重数这一术语而未加申明与 λ 之联系，那么就都是指其代数重数. 我们称 λ 是**单重的**(simple)，如果它的代数重数为 1；称它是**半单的**(semisimple)，如果它的代数重数与几何重数相等.

用多于一种方式来考虑 $A \in M_n$ 的特征值 λ 的几何重数常常是有用的：由于几何重数是 $A - \lambda I$ 的零空间的维数，它等于 $n - \mathrm{rank}(A - \lambda I)$. 它也是与 λ 相伴的线性无关特征向量的最大个数. 定理 1.2.18 与定理 1.3.7 两者都包含特征值的几何重数与代数重数之间的不等式，不过是从两种不同的观点着眼.

习题 利用(1.2.18)说明为什么特征值的代数重数大于或者等于它的几何重数. 如果代数重数为 1，为什么几何重数也等于 1? ◀

习题 利用(1.3.7)说明为什么特征值的几何重数小于或者等于它的代数重数. 如果代数重数为 1，为什么几何重数必定也为 1? ◀

习题 对如下各个矩阵验证下面的命题且它们的特征值 $\lambda = 1$.

(a) $A_1 = \begin{bmatrix} 1 & 0 \\ 0 & 2 \end{bmatrix}$：几何重数＝代数重数＝1；单重的.

(b) $A_2 = \begin{bmatrix} 1 & 0 \\ 0 & 1 \end{bmatrix}$：几何重数＝代数重数＝2；半单的.

(c) $A_3 = \begin{bmatrix} 1 & 1 \\ 0 & 1 \end{bmatrix}$：几何重数＝1；代数重数＝2. ◀

定义 1.4.4 设 $A \in M_n$. 我们说 A 是**有亏的**(defective)，如果 A 的某个特征值的几何重数严格小于它的代数重数. 如果 A 的每个特征值的几何重数都与它的代数重数相同，我们就称 A 是**无亏的**(nondefective). 如果 A 的每个特征值的几何重数都是 1，我们就称 A

是**无损的**(nonderogatory)；否则就称为**有损的**(derogatory).

一个矩阵可对角化，当且仅当它是无亏的；它有不同的特征值，当且仅当它是无损的且是无亏的.

习题   在上一习题中说明，为什么 A_1 是无亏的；A_2 是无亏的且是有损的；而 A_3 则是有亏的且是无损的.

例 1.4.5   尽管 A 与 A^{T} 有相同的特征值，它们与给定特征值相伴的特征空间有可能是不同的. 例如，设 $A=\begin{bmatrix} 2 & 3 \\ 0 & 4 \end{bmatrix}$. 那么 A 的与特征值 2 相伴的（一维）特征空间是由 $\begin{bmatrix} 1 \\ 0 \end{bmatrix}$ 生成的，而 A^{T} 的与特征值 2 相伴的特征空间是由 $\begin{bmatrix} 1 \\ -3/2 \end{bmatrix}$ 生成的.

定义 1.4.6   非零向量 $y\in\mathbf{C}^n$ 是 $A\in M_n$ 的一个与 A 的特征值 λ 相伴的**左特征向量**(left eigenvector)，如果 $y^*A=\lambda y^*$. 如果需要表述清晰，我们就把 (1.1.3) 中的向量 x 称为**右特征向量**(right eigenvector)；当上下文中不要求区分时，我们继续把 x 称为特征向量.

结论 1.4.6a   设 $x\in\mathbf{C}^n$ 是非零向量，而 $A\in M_n$，又假设 $Ax=\lambda x$. 如果 $x^*A=\mu x^*$，那么 $\lambda=\mu$.

证明   我们可以假设 x 是一个单位向量. 计算给出 $\mu=\mu x^*x=(x^*A)x=x^*Ax=x^*(Ax)=x^*(\lambda x)=\lambda x^*x=\lambda$. $\qquad\square$

习题   证明：与 $A\in M_n$ 的特征值 λ 相伴的左特征向量 y 是 A^* 的与 $\bar{\lambda}$ 相伴的右特征向量；还要证明 $\bar{y}$ 是 A^{T} 的与 λ 相伴的右特征向量.

习题   假设 $A\in M_n$ 可以对角化，S 非奇异，且 $S^{-1}AS=\Lambda=\mathrm{diag}(\lambda_1,\cdots,\lambda_n)$. 按照列来分划 $S=[x_1\ \cdots\ x_n]$ 与 $S^{-*}=[y_1\ \cdots\ y_n]$ (0.2.5). 恒等式 $AS=S\Lambda$ 告诉我们，S 的每一列 x_j 都是 A 的与特征值 λ_j 相伴的右特征向量. 说明：为什么 $(S^{-*})^*A=\Lambda(S^{-*})^*$；$S^{-*}$ 的每一列 y_j 都是 A 的与特征值 λ_j 相伴的左特征向量；对每个 $j=1,\cdots,n$ 有 $y_j^*x_j=1$，而只要 $i\neq j$ 就有 $y_i^*x_j=0$.

请不要将左特征向量仅仅贬低为是在理论上与右特征向量平行的另一种概念. 每一种类型的特征向量都传递出有关矩阵的不同信息，而了解这两种类型的特征向量是怎样相互影响的，可能是非常有用的. 接下来我们来检查上一个习题中关于不一定能对角化的矩阵的那些结果的一种形式.

定理 1.4.7   设给定 $A\in M_n$，非零向量 $x,y\in\mathbf{C}^n$ 以及纯量 $\lambda,\mu\in\mathbf{C}$. 假设 $Ax=\lambda x$ 以及 $y^*A=\mu y^*$.

(a) 如果 $\lambda\neq\mu$，那么 $y^*x=0$.

(b) 如果 $\lambda=\mu$ 且 $y^*x\neq0$，那么存在一个形如 $S=[x\ \ S_1]$ 的非奇异的 $S\in M_n$，使得 $S^{-*}=[y/(x^*y)Z_1]$ 以及

$$A=S\begin{bmatrix} \lambda & 0 \\ 0 & B \end{bmatrix}S^{-1},\quad B\in M_{n-1} \qquad (1.4.8)$$

反过来，如果 A 与一个形如 (1.4.8) 的分块矩阵相似，那么它就有一对与特征值 λ 相伴的非正交的左右特征向量.

证明   (a) 设 y 是 A 的与 μ 相伴的左特征向量，而 x 则是 A 的与 λ 相伴的右特征向

量. 用两种方式处理 $y^* A x$:

$$y^* A x = y^* (\lambda x) = \lambda(y^* x) = (\mu y^*) x = \mu(y^* x)$$

由于 $\lambda \neq \mu$, 故而仅当 $y^* x = 0$ 时有 $\lambda y^* x = \mu y^* x$.

(b) 假设 $A x = \lambda x$, $y^* A = \lambda y^*$, 且 $y^* x \neq 0$. 如果用 $y/(x^* y)$ 代替 y, 我们可以假设 $y^* x = 1$. 令 $S_1 \in M_{n,n-1}$ 的列是 y 的正交补的任意一组基(所以 $y^* S_1 = 0$), 并考虑 $S = [x \quad S_1] \in M_n$. 设 $z = [z_1 \quad \zeta^{\mathrm{T}}]^{\mathrm{T}}$(其中 $\zeta \in \mathbf{C}^{n-1}$), 并假设 $S z = 0$. 那么

$$0 = y^* S z = y^* (z_1 x + S_1 \zeta) = z_1 (y^* x) + (y^* S_1)\zeta = z_1$$

所以 $z_1 = 0$ 且 $0 = S z = S_1 \zeta$, 这蕴含 $\zeta = 0$, 这是因为 S_1 是列满秩的. 我们断言 S 是非奇异的. 用 $\eta \in \mathbf{C}^n$ 分划 $S^{-*} = [\eta \quad Z_1]$, 并计算

$$I_n = S^{-1} S = \begin{bmatrix} \eta^* \\ Z_1^* \end{bmatrix} [x \quad S_1] = \begin{bmatrix} \eta^* x & \eta^* S_1 \\ Z_1^* x & Z_1^* S_1 \end{bmatrix} = \begin{bmatrix} 1 & 0 \\ 0 & I_{n-1} \end{bmatrix}$$

其中包含四个恒等式. 恒等式 $\eta^* S_1 = 0$ 蕴含 η 与 y 的正交补正交, 所以对某个纯量 α 有 $\eta = \alpha y$. 恒等式 $\eta^* x = 1$ 告诉我们 $\eta^* x = (\alpha y)^* x = \bar{\alpha}(y^* x) = \bar{\alpha} = 1$, 所以 $\eta = y$. 利用恒等式 $\eta^* S_1 = y^* S_1 = 0$ 与 $Z_1^* x = 0$, 以及 x 与 y 的特征向量的性质, 计算相似矩阵

$$S^{-1} A S = \begin{bmatrix} y^* \\ Z_1^* \end{bmatrix} A [x \quad S_1] = \begin{bmatrix} y^* A x & y^* A S_1 \\ Z_1^* A x & Z_1^* A S_1 \end{bmatrix}$$

$$= \begin{bmatrix} (\lambda y^*) x & (\lambda y^*) S_1 \\ Z_1^* (\lambda x) & Z_1^* A S_1 \end{bmatrix} = \begin{bmatrix} \lambda(y^* x) & \lambda(y^* S_1) \\ \lambda(Z_1^* x) & Z_1^* A S_1 \end{bmatrix} = \begin{bmatrix} \lambda & 0 \\ 0 & Z_1^* A S_1 \end{bmatrix}$$

这就验证了(1.4.8).

反过来, 假设存在一个非奇异的 S, 使得 $A = S([\lambda] \oplus B) S^{-1}$. 设 x 是 S 的第一列, y 是 S^{-*} 的第一列, 且分划 $S = [x \quad S_1]$ 以及 $S^{-*} = [y \quad Z_1]$. 则恒等式 $S^{-1} S = I$ 的位于(1, 1)处的元素告诉我们 $y^* x = 1$; 恒等式

$$[A x \quad A S_1] = A S = S([\lambda] \oplus B) = [\lambda x \quad S_1 B]$$

的第一列告诉我们 $A x = \lambda x$; 而恒等式

$$\begin{bmatrix} y^* A \\ Z_1^* A \end{bmatrix} = S^{-1} A = ([\lambda] \oplus B) S^{-1} = \begin{bmatrix} \lambda y^* \\ B Z_1^* \end{bmatrix}$$

的第一行告诉我们 $y^* A = \lambda y^*$.   □

(1.4.7a)中的结论是**双正交原理**(principle of biorthogonality). 人们可能还会问: 如果与**同一个**特征值相伴的左右特征向量或者正交, 或者线性相关, 那时将会发生什么? 这些情形将在(2.4.11.1)中讨论.

相似不改变矩阵的特征值, 它的特征向量在相似之下以一种简单的方式进行变换.

定理 1.4.9 设 $A, B \in M_n$, 并假设对某个非奇异的 S 有 $B = S^{-1} A S$. 如果 $x \in \mathbf{C}^n$ 是 B 的与特征值 λ 相伴的右特征向量, 那么 $S x$ 就是 A 的与特征值 λ 相伴的右特征向量. 如果 $y \in \mathbf{C}^n$ 是 B 的与特征值 λ 相伴的左特征向量, 那么 $S^{-*} y$ 就是 A 的与 λ 相伴的左特征向量.

证明 如果 $B x = \lambda x$, 那么 $S^{-1} A S x = \lambda x$, 或者 $A(S x) = \lambda(S x)$. 由于 S 是非奇异的, 且 $x \neq 0$, $S x \neq 0$, 故而 $S x$ 是 A 的一个特征向量. 如果 $y^* B = \lambda y^*$, 那么 $y^* S^{-1} A S = \lambda y^*$, 或者 $(S^{-*} y)^* A = \lambda(S^{-*} y)^*$.   □

关于主子矩阵的特征值的信息可能对特征值的代数重数不可能小于它的几何重数这一基本结论加以改进.

定理 1.4.10 设给定 $A \in M_n$ 以及 $\lambda \in \mathbf{C}$，又设 $k \geqslant 1$ 是给定的正整数. 考虑如下三个命题.

（a）λ 是 A 的几何重数至少为 k 的特征值.

（b）对每一个 $m = n-k+1, \cdots, n$，λ 是 A 的每一个 $m \times m$ 主子矩阵的特征值.

（c）λ 是 A 的代数重数至少为 k 的特征值.

那么（a）蕴含（b），且（b）蕴含（c）. 特别地，特征值的代数重数至少与其几何重数一样大.

证明 （a）$\Rightarrow$（b）：设 λ 是 A 的几何重数至少为 k 的特征值，这就意味着 $\operatorname{rank}(A-\lambda I) \leqslant n-k$. 假设 $m > n-k$. 那么 $A-\lambda I$ 的每个 $m \times m$ 子式是零. 特别地，$A-\lambda I$ 的每个 $m \times m$ 主子式是零，故而 $A-\lambda I$ 的每个 $m \times m$ 主子矩阵是奇异的. 于是，λ 是 A 的每个 $m \times m$ 主子矩阵的特征值.

（b）$\Rightarrow$（c）：假设对每个 $m \geqslant n-k+1$，λ 是 A 的每个 $m \times m$ 主子矩阵的特征值. 那么，$A-\lambda I$ 的每个阶至少为 $n-k+1$ 的主子式都是零，所以，对所有 $j \geqslant n-k+1$，每个主子式的和 $E_j(A-\lambda I)=0$. 这样（1.2.13）与（1.2.11）确保有 $p_{A-\lambda I}^{(i)}(0)=0$（对 $i=0, 1, \cdots, k-1$）. 但是 $p_{A-\lambda I}(t)=p_A(t+\lambda)$，所以 $p_A^{(i)}(\lambda)=0$（对 $i=0, 1, \cdots, k-1$）. 这就是说，λ 是 $p_A(t)$ 的重数至少为 k 的零点. $\square$

几何重数为 1 的特征值 λ 可能有代数重数 2 或者更高，但这只有在与 λ 相伴的左右特征向量为正交时才可能发生. 然而，如果 λ 的代数重数为 1，那么它的几何重数为 1，与 λ 相伴的左右特征向量不可能是正交的. 我们推导出这些结果的方法依赖于如下的引理.

引理 1.4.11 设给定 $A \in M_n$，$\lambda \in \mathbf{C}$ 以及非零向量 $x, y \in \mathbf{C}^n$. 假设 λ 作为 A 的特征值的几何重数为 1，$Ax=\lambda x$，且 $y^* A=\lambda y^*$. 那么存在一个非零的 $\gamma \in \mathbf{C}$，使得 $\operatorname{adj}(\lambda I-A)=\gamma x y^*$.

证明 我们有 $\operatorname{rank}(\lambda I-A)=n-1$，故而 $\operatorname{rank} \operatorname{adj}(\lambda I-A)=1$，这就是 $\operatorname{adj}(\lambda I-A)=\xi \eta^*$（对某个非零的 $\xi, \eta \in \mathbf{C}^n$），见（0.8.2）. 但是 $(\lambda I-A)(\operatorname{adj}(\lambda I-A))=\det(\lambda I-A)I=0$，所以 $(\lambda I-A)\xi\eta^*=0$，且 $(\lambda I-A)\xi=0$，它蕴含对某个非零的纯量 α 有 $\xi=\alpha x$. 按照类似的方式利用恒等式 $(\operatorname{adj}(\lambda I-A))(\lambda I-A)=0$，我们得出结论：对某个非零的纯量 β 有 $\eta=\beta y$. 于是有 $\operatorname{adj}(\lambda I-A)=\alpha\beta x y^*$. $\square$

定理 1.4.12 设给定 $A \in M_n$，$\lambda \in \mathbf{C}$ 以及非零向量 $x, y \in \mathbf{C}^n$. 假设 λ 是 A 的一个特征值，$Ax=\lambda x$，且 $y^* A=\lambda y^*$.

（a）如果 λ 的代数重数为 1，那么 $y^* x \neq 0$.

（b）如果 λ 的几何重数为 1，那么它的代数重数为 1，当且仅当 $y^* x \neq 0$.

证明 对于（a）与（b）这两种情形，λ 的几何重数都为 1. 上一个引理告诉我们，存在一个非零的 $\gamma \in \mathbf{C}$，使得 $\operatorname{adj}(\lambda I-A)=\gamma x y^*$. 这样就有 $p_A(\lambda)=0$ 以及 $p_A'(\lambda)=\operatorname{tr} \operatorname{adj}(\lambda I-A)=\gamma y^* x$，见（0.8.10.2）. 在（a）中我们假设了代数重数是 1，所以 $p_A'(\lambda) \neq 0$，从而 $y^* x \neq 0$. 在（b）中我们假设了 $y^* x \neq 0$，所以 $p_A'(\lambda) \neq 0$，故而其代数重数为 1. $\square$

问题

1.4.P1 设给定非零向量 $x, y \in \mathbf{C}^n$，$A=xy^*$，又设 $\lambda=y^* x$. 证明：（a）λ 是 A 的特征值；（b）x 是 A 的与 λ 相伴的右特征向量，而 y 则是 A 的与 λ 相伴的左特征向量；（c）如果 $\lambda \neq 0$，那么它是 A 的**仅**

有的非零特征值(代数重数＝1). 说明为什么与 y 正交的任何向量都在 A 的零空间中. 特征值 0 的几何重数是什么? 说明为什么 A 可对角化, 当且仅当 $y^* x \neq 0$?

1.4. P2 设 $A \in M_n$ 是斜对称的. 证明 $p_A(t) = (-1)^n p_A(-t)$, 并导出结论: 如果 λ 是 A 的重数为 k 的特征值, 那么 $-\lambda$ 亦然. 如果 n 是奇数, 说明为什么 A 必定是奇异的. 说明为什么 A 的每一个奇数阶的主子式都是奇异的. 利用斜对称矩阵是主秩的这一事实(0.7.6)来证明 $\mathrm{rank}A$ 必定是偶数.

1.4. P3 假设 $n \geqslant 2$, 又令 $T = [t_{ij}] \in M_n$ 是上三角的. (a)设 x 是 T 的与特征值 t_{nn} 相伴的特征向量, 说明为什么 e_n 是与 t_{nn} 相伴的左特征向量. 如果对每个 $i = 1, \cdots, n-1$ 都有 $t_{ii} \neq t_{nn}$, 证明 x 最后那个元素**必定**不是零. (b)设 $k \in \{1, \cdots, n-1\}$. 证明存在 T 的与特征值 t_{kk} 相伴的特征向量 x, x 的最后 $n-k$ 个元素都是零, 即 $x^{\mathrm{T}} = [\xi^{\mathrm{T}} \quad 0]^{\mathrm{T}}$, 其中 $\xi \in \mathbf{C}^k$. 如果对所有 $i = 1, \cdots, k-1$ 有 $t_{ii} \neq t_{kk}$, 说明为什么 x 的第 k 个元素**必定**不是零.

1.4. P4 假设 $A \in M_n$ 是三对角的, 且有为零的主对角线. 设 $S = \mathrm{diag}(-1, 1, -1, \cdots, (-1)^n)$, 并证明 $S^{-1}AS = -A$. 如果 λ 是 A 的重数为 k 特征值, 说明为什么 $-\lambda$ 也是 A 的重数为 k 的特征值. 如果 n 是奇数, 证明 A 是奇异的.

1.4. P5 考虑分块三角矩阵

$$A = \begin{bmatrix} A_{11} & A_{12} \\ 0 & A_{22} \end{bmatrix}, \quad A_{ii} \in M_{n_i}, \quad i = 1,2$$

如果 $x \in \mathbf{C}^{n_1}$ 是 A_{11} 的与 $\lambda \in \sigma(A_{11})$ 相伴的右特征向量, 又如果 $y \in \mathbf{C}^{n_2}$ 是 A_{22} 的与 $\mu \in \sigma(A_{22})$ 相伴的左特征向量, 证明 $\begin{bmatrix} x \\ 0 \end{bmatrix} \in \mathbf{C}^{n_1 + n_2}$ 和 $\begin{bmatrix} 0 \\ y \end{bmatrix}$ 分别是 A 的与 λ 和 μ 相伴的右特征向量以及左特征向量. 利用这个结论来证明, A 的特征值就是 A_{11} 的特征值与 A_{22} 的特征值之合集.

1.4. P6 假设 $A \in M_n$ 有一个元素皆为正数的左特征向量以及一个元素皆为正数的右特征向量, 两者皆与特征值 λ 相伴. (a)证明: 对于任何一个异于 λ 的特征值, A 没有与之相伴的每个元素均为非负的左特征向量或者右特征向量. (b)如果 λ 的几何重数为 1, 证明它的代数重数也为 1. A 的这一性质(确保存在与 A 的一个特定的特征值相伴的正的左右特征向量的充分条件)见(8.2.2)以及(8.4.4).

1.4. P7 在这个问题中我们来概略描述求 $A \in M_n$ 的最大模特征值以及与之相伴的特征向量的**幂方法**(power method)的一种简单的形式. 假设 $A \in M_n$ 有不同的特征值 $\lambda_1, \cdots, \lambda_n$, 且恰好存在一个特征值 λ_n 有最大模 $\rho(A)$. 如果 $x^{(0)} \in \mathbf{C}^n$ **不**正交于与 λ_n 相伴的一个左特征向量, 证明序列

$$x^{(k+1)} = \frac{1}{(x^{(k)*} x^{(k)})^{1/2}} A x^{(k)}, \quad k = 0,1,2,\cdots$$

收敛于 A 的一个特征向量, 且向量 $Ax^{(k)}$ 与 $x^{(k)}$ 中一个给定元素的比值收敛于 λ_n.

1.4. P8 继续采用(1.4. P7)中的假设以及记号. A 的更多的特征值(特征向量)可以通过将幂方法与释放出低一阶方阵的**压缩法**(deflation)组合起来进行计算, 这个新的低一阶矩阵的谱(计入重数)包含 A 的除了一个特征值以外所有其他的特征值. 设 $S \in M_n$ 是非奇异的, 且其第一列是与特征值 λ_n 相伴的特征向量 $y^{(n)}$. 证明 $S^{-1}AS = \begin{bmatrix} \lambda_n & * \\ 0 & B \end{bmatrix}$, 且 $B \in M_{n-1}$ 的特征值是 $\lambda_1, \cdots, \lambda_{n-1}$. 另一个特征值可以重复用压缩法由 B 计算出来.

1.4. P9 设 $A \in M_n$ 有特征值 $\lambda_1, \cdots, \lambda_{n-1}, 0$, 所以 $\mathrm{rank}A \leqslant n-1$. 假设 A 的最后一行是前 $n-1$ 行的线性组合. 分划 $A = \begin{bmatrix} B & x \\ y^{\mathrm{T}} & \alpha \end{bmatrix}$, 其中 $B \in M_{n-1}$. (a)说明为什么存在一个 $z \in \mathbf{C}^{n-1}$, 使得 $y^{\mathrm{T}} = z^{\mathrm{T}}B$ 以及 $\alpha = z^{\mathrm{T}}x$. 为什么 $\begin{bmatrix} z \\ -1 \end{bmatrix}$ 是 A 的与特征值 0 相伴的左特征向量? (b)证明 $B + xz^{\mathrm{T}} \in M_{n-1}$ 有特

征值 λ_1，$\cdots$，λ_{n-1}．这个构造是另一种类型的**压缩法**；有关压缩法的进一步的例子，见 (1.3. P33)．(c) 如果已知 A 的一个特征值 λ，说明如何对一个合适的置换 P 将这种结构应用到 $P(A-\lambda I)P^{-1}$．

1.4. P10 设 $T\in M_n$ 是一个非奇异的矩阵，它的列是 $A\in M_n$ 的左特征向量．证明 T^{-*} 的列是 A 的右特征向量．

1.4. P11 假设 $A\in M_n$ 是一个不可约的上 Hessenberg 矩阵 (0.9.9)．说明为什么对每个 $\lambda\in\mathbf{C}$ 有 $\text{rank}(A-\lambda I)\geqslant n-1$，并导出结论：$A$ 的每个特征值的几何重数皆为 1，即 A 是非损的．

1.4. P12 设 λ 是 $A\in M_n$ 的一个特征值．(a) 证明 $A-\lambda I$ 的每一组 $n-1$ 列都是线性无关的，当且仅当不存在 A 的与 λ 相伴的特征向量有一个为零的元素．(b) 如果不存在 A 的与 λ 相伴的特征向量有一个为零的元素，为什么 λ 必定几何重数为 1？

1.4. P13 设给定 $A\in M_n$ 以及非零向量 x，$y\in\mathbf{C}^n$，又设 λ，λ_2，$\cdots$，λ_n 是 A 的特征值．假设 $Ax=\lambda x$ 以及 $y^*A=\lambda y^*$，又 λ 的几何重数为 1．那么 (1.4.11) 是说 $\text{adj}(\lambda I-A)=\gamma xy^*$ 以及 $\gamma\neq 0$．(a) 说明为什么 $\gamma y^*x=\text{tr}(\lambda I-A)=E_{n-1}(\lambda I-A)=S_{n-1}(\lambda I-A)=(\lambda-\lambda_2)(\lambda-\lambda_3)\cdots(\lambda-\lambda_n)$．(b) 由 (a) 推出结论：$y^*x\neq 0$ 当且仅当 λ 是单重特征值．(c) 参数 γ 不是零，而无论 λ 的重数是多少．如果 λ 是单重的，说明为什么 $\gamma=(\lambda-\lambda_2)\cdots(\lambda-\lambda_n)/y^*x$．作为计算 γ 的不同方式，见 (2.6. P12)．(d) 说明为什么 x 与 y 的每个元素都不是零 $\Leftrightarrow\lambda I-A$ 的每个主子式都不是零 $\Leftrightarrow\text{adj}(\lambda I-A)$ 的每个**主对角**元素都不是零 $\Leftrightarrow\text{adj}(\lambda I-A)$ 的**每一个**元素都不是零．

1.4. P14 设 $A\in M_n$ 并令 $t\in\mathbf{C}$．说明为什么 $(A-tI)\text{adj}(A-tI)=\text{adj}(A-tI)(A-tI)=p_A(t)I$．现在假设 λ 是 A 的一个特征值．证明：(a) $\text{adj}(A-\lambda I)$ 的每个非零的列都是 A 的与 λ 相伴的一个特征向量；(b) $\text{adj}(A-\lambda I)$ 的每个非零的行都是 A 的与 λ 相伴的一个左特征向量的共轭转置；(c) $\text{adj}(A-\lambda I)\neq 0$ 当且仅当 λ 的几何重数为 1；(d) 如果 λ 是 $A=\begin{bmatrix}a & b\\ c & d\end{bmatrix}$ 的一个特征值，那么 $\begin{bmatrix}d-\lambda & -b\\ -c & a-\lambda\end{bmatrix}$ 的每一个非零的列都是 A 的与 λ 相伴的一个特征向量，每一个非零的行都是 A 的与 λ 相伴的一个左特征向量的共轭转置．

1.4. P15 假设 λ 是 $A\in M_n$ 的一个单重特征值，又假设 x，y，z，$w\in\mathbf{C}^n$，$Ax=\lambda x$，$y^*A=\lambda y^*$，$y^*z\neq 0$ 以及 $w^*x\neq 0$．证明 $A-\lambda I+\kappa zw^*$ 对所有 $\kappa\neq 0$ 都是非奇异的．说明为什么可以取 $z=x$．

1.4. P16 证明复的三对角 Toeplitz 矩阵

$$A=\begin{bmatrix}a & b & & \\ c & a & \ddots & \\ & \ddots & \ddots & b\\ & & c & a\end{bmatrix}\in M_n,\quad bc\neq 0 \tag{1.4.13}$$

是可以对角化的，且有谱 $\sigma(A)=\left\{a+2\sqrt{bc}\cos\left(\dfrac{\pi\kappa}{n+1}\right):\kappa=1,\cdots,n\right\}$，其中 $\text{Re}\sqrt{bc}\geqslant 0$ 且 $\text{Im}\sqrt{bc}>0$，如果 bc 是实的，且是负数．

1.4. P17 如果在 (1.4.13) 中有 $a=2$ 以及 $b=c=-1$，证明 $\sigma(A)=\left\{4\sin^2\left(\dfrac{\pi\kappa}{2(n+1)}\right):\kappa=1,\cdots,n\right\}$．

82

第 2 章　酉相似与酉等价

2.0　引言

在第 1 章里，我们通过一般性的非奇异矩阵 S 对于 $A \in M_n$ 的相似性，即对变换 $A \rightarrow S^{-1}AS$ 作了初步的研究. 对某种很特别的非奇异矩阵，称为**酉矩阵**(unitary matrix)，S 的逆有简单的形式：$S^{-1} = S^*$. 通过酉矩阵 U 的相似 $A \rightarrow U^*AU$ 不仅在概念上比一般的相似性更加简单(共轭转置要比计算逆矩阵简单得多)，而且在数值计算中也有较高的稳定性. 酉相似的一个基本性质是：每一个 $A \in M_n$ 都与一个上三角矩阵酉相似，这个上三角矩阵的对角元素是 A 的特征值. 这个三角形式可以在一般相似性之下进一步加以改进，我们将在第 3 章里研究后者.

变换 $A \rightarrow S^*AS$(其中 S 是非奇异的，但不一定是酉矩阵)称为 * **相合**(* congruence)；我们将在第 4 章里研究它. 注意，通过酉矩阵的相似性既是相似，也是一个 * 相合.

对 $A \in M_{n,m}$，变换 $A \rightarrow UAV$(其中 $U \in M_m$ 与 $V \in M_n$ 两者都是酉矩阵)称为**酉等价**(unitary equivalence). 在酉相似之下可以得到的上三角形式在酉等价之下可以大为改进并推广到长方形矩阵的情形：每一个 $A \in M_{n,m}$ 都与一个非负的对角矩阵酉等价，这个对角矩阵的对角元素(A 的奇异值)有极大的重要性.

2.1　酉矩阵与 QR 分解

定义 2.1.1　一列向量 $x_1, \cdots, x_k$ 是正交的，如果对所有 $i \neq j$ 以及 $i, j \in \{1, \cdots, k\}$ 都有 $x_i^* x_j = 0$. 此外，如果对所有 $i = 1, \cdots, k$ 都有 $x_i^* x_i = 1$(即这些向量是标准化的)，那么这组向量就是标准正交的. 我们常常说"$x_1, \cdots, x_k$ 是正交的(标准正交的)"，而不说成更正式的"向量组 $x_1, \cdots, x_k$ 是正交的(标准正交的)"，这样更为方便.

83

习题　如果 $y_1, \cdots, y_k \in \mathbf{C}^n$ 是正交的非零向量，证明：由 $x_i = (y_i^* y_i)^{-1/2} y_i$，$i = 1, \cdots, k$ 定义的向量 $x_1, \cdots, x_k$ 是标准正交的. ◀

定理 2.1.2　$\mathbf{C}^n$ 中每个标准正交的向量组都是线性无关的.

证明　假设 $\{x_1, \cdots, x_k\}$ 是一个标准正交组，又设 $0 = \alpha_1 x_1 + \cdots + \alpha_k x_k$. 那么 $0 = (\alpha_1 x_1 + \cdots + \alpha_k x_k)^* (\alpha_1 x_1 + \cdots + \alpha_k x_k) = \sum_{i,j} \overline{\alpha_i} \alpha_j x_i^* x_j = \sum_{i=1}^k |\alpha_i|^2 x_i^* x_i = \sum_{i=1}^k |\alpha_i|^2$，因为诸向量 x_i 是正交的且标准化的. 于是，所有 $\alpha_i = 0$，从而 $\{x_1, \cdots, x_k\}$ 是线性无关的向量组. □

习题　证明 $\mathbf{C}^n$ 中每个非零的正交的向量组都是线性无关的. ◀

习题　如果 $x_1, \cdots, x_k \in \mathbf{C}^n$ 是正交的，证明要么 $k \leqslant n$，要么诸向量 x_i 中至少有 $k - n$ 个是零向量. ◀

当然，线性无关组不一定是标准正交的，不过我们可以对它应用 Gram-Schmidt 标准正交化方法(0.6.4)，从而得到一组具有相同生成子空间的标准正交基.

习题　证明 $\mathbf{R}^n$ 或者 $\mathbf{C}^n$ 的任何非零子空间都有标准正交基(0.6.5). ◀

定义 2.1.3　矩阵 $U \in M_n$ 是酉矩阵，如果 $U^*U = I$. 矩阵 $U \in M_n(\mathbf{R})$ 是实正交矩阵，

如果 $U^{\mathrm{T}}U=I$.

习题 证明：$U\in M_n$ 与 $V\in M_m$ 是酉矩阵，当且仅当 $U\oplus V\in M_{n+m}$ 是酉矩阵. ◀

习题 验证：(1.3)节的(P19，P20 以及 P21)中的矩阵 Q，U 以及 V 是酉矩阵.

M_n 中的酉矩阵构成一个不寻常的重要集合. 我们在(2.1.4)中列出 U 是酉矩阵的基本等价条件. ◀

定理 2.1.4 如果 $U\in M_n$，则下列诸命题等价.

(a) U 是酉矩阵.

(b) U 是非奇异的，且 $U^*=U^{-1}$.

(c) $U^*U=I$.

(d) U^* 是酉矩阵.

(e) U 的列是标准正交的.

(f) U 的行是标准正交的.

(g) 对所有 $x\in\mathbf{C}^n$，$\|x\|_2=\|Ux\|_2$，即 x 与 Ux 有相同的 **Euclid 范数**(Euclidean norm).

证明 (a)蕴含(b)是因为 U^{-1}(当它存在时)是唯一的矩阵，用它左乘得到 $I(0.5)$，酉矩阵的定义就是说 U^* 正是这样一个矩阵. 由于 $BA=I$ 当且仅当 $AB=I$(对 A，$B\in M_n$ (0.5))，所以(b)蕴含(c). 由于 $(U^*)^*=U$，所以(c)蕴含 U^* 是酉矩阵，也就是说，(c)蕴含(d). 这些蕴含关系中每一个的逆命题都可以类似地处理，故而(a)~(d)是等价的.

按照列作分划 $U=[u_1\cdots u_n]$. 那么 $U^*U=I$ 就意味着对所有 $i=1$，$\cdots$，n 有 $u_i^*u_i=1$ 以及对所有 $i\neq j$ 有 $u_i^*u_j=0$. 于是，$U^*U=I$ 是 U 的列标准正交的另一种表述方法，从而(a)等价于(e). 类似地，(d)与(f)等价.

如果 U 是酉矩阵，且 $y=Ux$，那么 $y^*y=x^*U^*Ux=x^*Ix=x^*x$，所以(a)蕴含(g). 为证明其逆，设 $U^*U=A=[a_{ij}]$，且给定 z，$w\in\mathbf{C}$，又在(g)中取 $x=z+w$. 那么 $x^*x=z^*z+w^*w+2\mathrm{Re}z^*w$，且 $y^*y=x^*Ax=z^*Az+w^*Aw+2\mathrm{Re}z^*Aw$. (g)确保 $z^*z=z^*Az$ 以及 $w^*w=w^*Aw$，从而对任意的 z 与 w 有 $\mathrm{Re}z^*w=\mathrm{Re}z^*Aw$. 取 $z=e_p$ 以及 $w=ie_q$，并计算 $\mathrm{Re}\,ie_p^{\mathrm{T}}e_q=0=\mathrm{Re}\,ie_p^{\mathrm{T}}Ae_q=\mathrm{Re}\,ia_{pq}=-ima_{pq}$，所以 A 的每个元素都是实的. 最后，取 $z=e_p$ 以及 $w=e_q$，并计算 $e_p^{\mathrm{T}}e_q=\mathrm{Re}\,e_p^{\mathrm{T}}e_q=\mathrm{Re}\,e_p^{\mathrm{T}}Ae_q=a_{pq}$，这就告诉我们有 $A=I$，且 U 是酉矩阵. □

定义 2.1.5 线性变换称为 **Euclid 等距**(Euclidean isometry)，如果对所有 $x\in\mathbf{C}^n$ 都有 $\|x\|_2=\|Tx\|_2$. 定理 2.1.4 是说：复方阵 $U\in M_n$ 是 Euclid 等距的(通过 U：$x\rightarrow Ux$)，当且仅当它是酉矩阵. 其他种类的等距，请见(5.4. P11~13).

习题 设 $U_\theta=\begin{bmatrix}\cos\theta & -\sin\theta\\ \sin\theta & \cos\theta\end{bmatrix}$，其中 θ 是实参数. (a)证明：给定的 $U\in M_2(\mathbf{R})$ 是实的正交矩阵，当且仅当要么 $U=U_\theta$，要么对某个 $\theta\in\mathbf{R}$ 有 $U=\begin{bmatrix}1 & 0\\ 0 & -1\end{bmatrix}U_\theta$. (b)证明：给定的 $U\in M_2(\mathbf{R})$ 是实正交的，当且仅当对某个 $\theta\in\mathbf{R}$ 有 $U=U_\theta$ 或者 $U=\begin{bmatrix}0 & 1\\ 1 & 0\end{bmatrix}U_\theta$. 这些结论是 2×2 实正交矩阵的两种不同的表达方式(涉及一个参数 θ). 用几何方式对它们予以解释. ◀

结论 2.1.6 如果 U，$V\in M_n$ 是酉矩阵(实正交矩阵)，那么 UV 也是酉矩阵(实正交矩阵).

习题　利用(2.1.4)的(b)证明(2.1.6).　◀

结论 2.1.7　M_n 中酉矩阵(实正交矩阵)的集合作成一个群. 这个群通常称为 $n \times n$ 酉(实正交)群，它是 $GL(n, \mathbf{C})$ 的一个子群(0.5).

习题　群是对单独一个满足结合律的二元运算("乘法")封闭的集合，且在此集合中含有该运算的恒等元以及逆元. 验证(2.1.7). 提示：封闭性利用(2.1.6)，矩阵乘法是可结合的，$I \in M_n$ 是酉矩阵，而 $U^* = U^{-1}$ 仍然是酉矩阵.　◀

M_n 中酉矩阵的集合(群)有其他非常重要的性质. 矩阵序列的"收敛性"以及"极限"的概念确定将在第 5 章里给出，但在这里可以被理解为其元素的"收敛性"以及"极限". 定义等式 $U^*U = I$ 表明 U 的每一列的 Euclid 范数均为 1，因而 $U = [u_{ij}]$ 中没有任何元素的绝对值大于 1. 如果我们把酉矩阵的集合视为 $\mathbf{C}^{n^2}$ 的一个子集，这就是说是它的一个**有界**子集. 如果 $U_k = [u_{ij}^{(k)}]$ 是酉矩阵组成的一个无限序列($k = 1, 2, \cdots$)，使得对所有 $i, j = 1, 2, \cdots, n$ 都有 $\lim\limits_{k \to \infty} u_{ij}^k = u_{ij}$，那么由恒等式 $U_k^* U_k = I$(对所有 $k = 1, 2, \cdots$)我们就看出 $\lim\limits_{k \to \infty} U_k^* U_k = U^* U = I$，其中 $U = [u_{ij}]$. 于是，极限矩阵 U 也是酉矩阵. 这就是说，酉矩阵的集合是 $\mathbf{C}^{n^2}$ 的封闭子集.

由于有限维 Euclid 空间的封闭且有界的子集是一个**紧集**(compact set)(见附录 E)，我们断言：M_n 中酉矩阵的集合(群)是紧的. 对我们的目的来说，这一结论的最重要的推论是如下关于酉矩阵的**选择原理**(selection principle).

引理 2.1.8　设 $U_1, U_2, \cdots \in M_n$ 是一个给定的由酉矩阵组成的无穷序列. 则存在一个无穷子序列 $U_{k_1}, U_{k_2}, \cdots (1 \leqslant k_1 < k_2 < \cdots)$，使得当 $i \to \infty$ 时，U_{k_i} 的所有的元素都收敛于一个酉矩阵的元素.

证明　这里所需要的全部事实都来自紧集的任何无限子序列，有人或许总是会选取一个收敛的子序列. 我们已经注意到，如果酉矩阵的序列收敛于某个矩阵，那么极限矩阵必定是酉矩阵.

引理确保存在的酉极限未必是唯一的；它有可能与子序列的选择有关.　□

习题　考虑酉矩阵序列 $U_k = \begin{bmatrix} 0 & 1 \\ 1 & 0 \end{bmatrix}^k$ ($k = 1, 2, \cdots$). 证明其子序列有两个可能的极限.　◀

习题　说明为什么选择原理(2.1.8)也适用于(实的)正交群，也就是说，由实正交矩阵组成的无穷序列有一个无限子序列收敛于一个实正交矩阵.　◀

酉矩阵 U 有这样的性质：U^{-1} 等于 U^*. 推广酉矩阵的一种方式是要求 U^{-1} 与 U^* 相似. 这样的矩阵组成之集合容易刻画成映射 $A \to A^{-1} A^*$ 的值域(对所有非奇异的 $A \in M_n$).

定理 2.1.9　设 $A \in M_n$ 非奇异. 那么 A^{-1} 相似于 A^*，当且仅当存在一个非奇异的 $B \in M_n$，使得 $A = B^{-1} B^*$.

证明　如果对某个非奇异的 $B \in M_n$ 有 $A = B^{-1} B^*$，那么 $A^{-1} = (B^*)^{-1} B$ 且 $B^* A^{-1} \times (B^*)^{-1} = B(B^*)^{-1} = (B^{-1} B^*)^* = A^*$，所以 A^{-1} 通过相似矩阵 B^* 与 A^* 相似. 反过来，如果 A^{-1} 与 A^* 相似，那么就存在一个非奇异的 $S \in M_n$，使得 $SA^{-1} S^{-1} = A^*$，从而 $S = A^* SA$. 置 $S_\theta = \mathrm{e}^{\mathrm{i}\theta} S$(对 $\theta \in \mathbf{R}$)，所以 $S_\theta = A^* S_\theta A$，且 $S_\theta^* = A^* S_\theta^* A$. 将这两个恒等式相加给出 $H_\theta = A^* H_\theta A$，其中 $H_\theta = S_\theta + S_\theta^*$ 是 Hermite 的. 如果 H_θ 是奇异的，那么就会存在一个非零的 $x \in \mathbf{C}^n$，使得 $0 = H_\theta x = S_\theta x + S_\theta^* x$，所以 $-x = S_\theta^{-1} S_\theta^* x = \mathrm{e}^{-2\mathrm{i}\theta} S^{-1} S^* x$，且

$S^{-1}S^* x = -\mathrm{e}^{2\mathrm{i}\theta} x$. 选取一个值 $\theta = \theta_0 \in [0, 2\pi)$，使得 $-\mathrm{e}^{2\mathrm{i}\theta_0}$ 不是 $S^{-1}S^*$ 的特征值；所产生的 Hermite 矩阵 $H = H_{\theta_0}$ 就是非奇异的，且有性质 $H = A^* HA$.

现在选取任意一个复的 α，使得 $|\alpha| = 1$，且 α 不是 A^* 的特征值. 置 $B = \beta(\alpha I - A^*)H$，其中复参数 $\beta \neq 0$ 有待选取，注意 B 是非奇异的. 我们希望有 $A = B^{-1}B^*$，即 $BA = B^*$. 计算 $B^* = H(\bar{\beta}\bar{\alpha}I - \bar{\beta}A)$ 以及 $BA = \beta(\alpha I - A^*)HA = \beta(\alpha HA - A^* HA) = \beta(\alpha HA - H) = H(\alpha\beta A - \beta I)$. 如果我们能选取一个非零的 β，使得 $\beta = -\bar{\beta}\bar{\alpha}$，我们就完成了，但是如果 $\alpha = \mathrm{e}^{\mathrm{i}\psi}$，那么就有 $\beta = \mathrm{e}^{\mathrm{i}(\pi - \psi)/2}$，这也完成了证明. □

如果酉矩阵作为 2×2 分块矩阵出现，那么它落在对角线之外的那些块的秩相等，它的对角线块的秩通过一个简单的公式相联系.

引理 2.1.10 设酉矩阵 $U \in M_n$ 被分划成 $U = \begin{bmatrix} U_{11} & U_{12} \\ U_{21} & U_{22} \end{bmatrix}$，其中 $U_{11} \in M_k$. 这样就有 $\mathrm{rank}\, U_{12} = \mathrm{rank}\, U_{21}$ 以及 $\mathrm{rank}\, U_{22} = \mathrm{rank}\, U_{11} + n - 2k$. 特别地，$U_{12} = 0$ 当且仅当 $U_{21} = 0$，在此情形 U_{11} 与 U_{22} 为酉矩阵.

证明 关于秩的那两个论断立即由零性互补法则（0.7.5）推出，并用到 $U^{-1} = \begin{bmatrix} U_{11}^* & U_{21}^* \\ U_{12}^* & U_{22}^* \end{bmatrix}$ 这一事实.

习题 利用上一引理来证明：酉矩阵是上三角的，当且仅当它是对角矩阵. ◄

平面旋转与 Householder 矩阵是特殊的（也是非常简单的）酉矩阵，它们在建立某些基本的矩阵分解过程中起着重要的作用.

例 2.1.11（平面旋转） 设 $1 \leqslant i < j \leqslant n$，并令

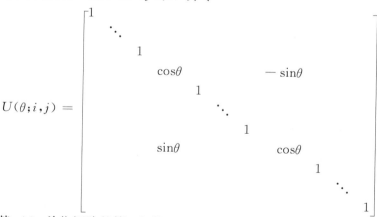

表示用 $\cos\theta$ 代替 $n \times n$ 单位矩阵的第 i 行第 i 列和第 j 行第 j 列的元素，用 $-\sin\theta$ 代替它的第 i 行第 j 列的元素，而用 $\sin\theta$ 代替它的第 j 行第 i 列的元素所得到的结果. 矩阵 $U(\theta; i, j)$ 称为**平面旋转**（plane rotation）或者 **Givens 旋转**（Givens rotation）.

习题 验证：对任何一对指数 i，$j(1 \leqslant i < j \leqslant n)$ 以及任何参数 $\theta \in [0, 2\pi)$，$U(\theta; i, j) \in M_n(\mathbf{R})$ 都是实正交的. 矩阵 $U(\theta; i, j)$ 在 $\mathbf{R}^n$ 的 i，j 坐标平面上执行一个旋转（旋转任意角度 θ）. 用 $U(\theta; i, j)$ 左乘只影响被乘的矩阵的第 i 行和第 j 行，而用 $U(\theta; i, j)$ 右乘只影响被乘的矩阵的第 i 列和第 j 列. ◄

习题 验证 $U(\theta;\ i,\ j)^{-1}=U(-\theta;\ i,\ j)$.

例 2.1.12(Householder 矩阵) 设 $w\in\mathbf{C}^n$ 是一个非零向量. Householder 矩阵 $U_w\in M_n$ 定义为 $U_w=I-2(w^*w)^{-1}ww^*$. 如果 w 是单位向量, 则有 $U_w=I-2ww^*$.

习题 证明: Householder 矩阵 U_w 既是酉矩阵, 也是 Hermite 矩阵, 所以 $U_w^{-1}=U_w$.

习题 设 $w\in\mathbf{R}^n$ 是一个非零向量. 证明 Householder 矩阵 U_w 是实正交的且是对称的. 为什么 U_w 的每一个特征值或者是 $+1$, 或者是 -1?

习题 证明 Householder 矩阵 U_w 在子空间 $w^{\perp}$ 上的作用是恒等元, 而它在由 w 生成的一维子空间上的作用是一个反射. 也就是说: $U_wx=x$ 成立, 如果 $x\perp w$ 且 $U_ww=-w$.

习题 利用(0.8.5.11)证明: 对所有 n 有 $\det U_w=-1$. 于是, 对所有 n 以及每个非零的 $w\in\mathbf{R}^n$, Householder 矩阵 $U_w\in M_n(\mathbf{R})$ 是实正交矩阵, 它从来就不是**真旋转矩阵**(proper rotation matrix)(真旋转矩阵是行列式为 $+1$ 的实正交矩阵).

习题 利用(1.2.8)证明 Householder 矩阵的特征值永远是 -1, 1, $\cdots$, 1, 并说明为什么它的行列式总是 -1.

习题 设 $n\geqslant2$, 并设 x, $y\in\mathbf{R}^n$ 是单位向量. 如果 $x=y$, 令 w 是任意一个与 x 正交的实单位向量. 如果 $x\neq y$, 令 $w=x-y$. 证明 $U_wx=y$. 导出结论: 任意的 $x\in\mathbf{R}^n$ 可以由实的 Householder 矩阵变换成任何一个满足 $\|x\|_2=\|y\|_2$ 的向量 $y\in\mathbf{R}^n$.

习题 在 $\mathbf{C}^n$ 中情形不同. 证明在那里不存在 $w\in\mathbf{C}^n$ 使得 $U_we_1=ie_1$.

Householder 矩阵以及纯量酉矩阵可以用来构造一个酉矩阵, 它将 $\mathbf{C}^n$ 中任意给定的向量变换成 $\mathbf{C}^n$ 中有同样 Euclid 范数的另外任意一个向量.

定理 2.1.13 设给定 x, $y\in\mathbf{C}^n$, 并假设 $\|x\|_2=\|y\|_2>0$. 如果 $y=e^{i\theta}x$(对某个实的 θ), 令 $U(y,\ x)=e^{i\theta}I_n$; 反之, 设 $\phi\in[0,\ 2\pi)$ 使得 $x^*y=e^{i\phi}|x^*y|$(如果 $x^*y=0$, 就取 $\phi=0$); 设 $w=e^{i\phi}x-y$; 又令 $U(y,\ x)=e^{i\phi}U_w$, 其中 $U_w=I-2(w^*w)^{-1}ww^*$ 是一个 Householder 矩阵. 这样 $U(y,\ x)$ 就是一个酉矩阵, 且是本性 Hermite 的, $U(y,\ x)x=y$, 又只要 $z\perp x$, 就有 $U(y,\ x)z\perp y$. 如果 x 与 y 是实的, 那么 $U(y,\ x)$ 是实正交矩阵: 如果 $y=x$, 则有 $U(y,\ x)=I$, 反之则 $U(y,\ x)$ 是实的 Householder 矩阵 U_{x-y}.

证明 如果 x 与 y 线性相关(也就是说, 如果对某个实的 θ 有 $y=e^{i\theta}x$), 那么这些结论容易验证. 如果 x 与 y 线性无关, 则 Cauchy-Schwartz 不等式(0.6.3)就确保有 $x^*x\neq|x^*y|$. 计算

$$w^*w=(e^{i\phi}x-y)^*(e^{i\phi}x-y)=x^*x-e^{-i\phi}x^*y-e^{i\phi}y^*x+y^*y$$
$$=2(x^*x-\mathrm{Re}(e^{-i\phi}x^*y))=2(x^*x-|x^*y|)$$

和

$$w^*x=e^{-i\phi}x^*x-y^*x=e^{-i\phi}x^*x-e^{-i\phi}|y^*x|=e^{-i\phi}(x^*x-|x^*y|)$$

最后计算

$$e^{i\phi}U_wx=e^{i\phi}(x-2(w^*w)^{-1}ww^*x)=e^{i\phi}(x-(e^{i\phi}x-y)e^{-i\phi})=y$$

如果 z 与 x 正交, 那么 $w^*z=-y^*z$, 且

$$y^*U(y,x)z=e^{i\phi}\left(y^*z-\frac{1}{\|x\|_2^2-|x^*y|}(e^{i\phi}y^*x-\|y\|_2^2)(-y^*x)\right)$$

$$= e^{i\phi}(y^*z + (-y^*x)) = 0$$

由于 U_w 是酉矩阵，且是 Hermite 矩阵，故而 $U(y, x) = (e^{i\phi}I)U_w$ 是酉矩阵（它是两个酉矩阵的乘积），且是本性 Hermite 的，见(0.2.5). □

习题 设 $y \in \mathbf{C}^n$ 是一个给定的单位向量，又设 e_1 是 $n \times n$ 单位矩阵的第一列. 利用上一个定理中的方法构造 $U(y, e_1)$，并验证它的第一列是 y（它应该如此，因为 $y = U(y, e_1)e_1$）. ◀

习题 设 $x \in \mathbf{C}^n$ 是一个给定的非零向量. 说明为什么上面定理中构造出来的矩阵 $U(\|x\|_2 e_1, x)$ 是本性 Hermite 的酉矩阵，它把 x 变成 $\|x\|_2 e_1$. ◀

下面的复矩阵或者实矩阵的 QR 分解在理论上与计算上都有相当的重要性.

定理 2.1.14(QR 分解) 设给定 $A \in M_{n,m}$.

（a）如果 $n \geqslant m$，则存在一个具有标准正交列向量的 $Q \in M_{n,m}$ 以及一个具有非负主对角元素的上三角矩阵 $R \in M_m$，使得 $A = QR$.

（b）如果 $\mathrm{rank}\,A = m$，那么(a)中的因子 Q 和 R 是唯一确定的，且 R 的主对角元素全为正数.

（c）如果 $m = n$，那么(a)中的因子 Q 是酉矩阵.

（d）存在一个酉矩阵 $Q \in M_n$ 以及一个有非负对角元素的上三角矩阵 $R \in M_{n,m}$，使得 $A = QR$.

（e）如果 A 是实的，那么(a)、(b)、(c)以及(d)中的因子 Q 与 R 也可以取成实的.

证明 设 $a_1 \in \mathbf{C}^n$ 是 A 的第一列，$r_1 = \|a_1\|_2$，又设 U_1 是一个酉矩阵，它使得 $U_1 a_1 = r_1 e_1$. 定理 2.1.13 对这样的矩阵给出了一个明显的构造，它或者是一个纯量的酉矩阵，或者是一个纯量的酉矩阵与一个 Householder 矩阵的乘积. 分划

$$U_1 A = \begin{bmatrix} r_1 & \bigstar \\ 0 & A_2 \end{bmatrix}$$

其中 $A_2 \in M_{n-1, m-1}$. 设 $a_2 \in \mathbf{C}^{n-1}$ 是 A_2 的第一列，并令 $r_2 = \|a_2\|_2$. 再次利用(2.1.13)来构造一个酉矩阵 $V_2 \in M_{n-1}$，使得 $V_2 a_2 = r_2 e_1$，再令 $U_2 = I_1 \oplus V_2$. 那么

$$U_2 U_1 A = \begin{bmatrix} r_1 & & \bigstar \\ 0 & r_2 & \\ 0 & 0 & A_3 \end{bmatrix}$$

重复这一结构 m 次就得到

$$U_m U_{m-1} \cdots U_2 U_1 A = \begin{bmatrix} R \\ 0 \end{bmatrix}$$

89

其中 $R \in M_m$ 是上三角的，其主对角线元素是 $r_1, \cdots, r_m$，它们全都是非负的. 设 $U = U_m U_{m-1} \cdots U_2 U_1$. 分划 $U^* = U_1^* U_2^* \cdots U_{m-1}^* U_m^* = [Q \quad Q_2]$，其中 $Q \in M_{n,m}$ 的列是标准正交的（它包含了一个酉矩阵的前 m 个列）. 这样就有 $A = QR$，如所希望的那样. 如果 A 是列满秩的，则 R 是非奇异的，所以它的主对角线元素全是正的.

假设 $\mathrm{rank}\,A = m$，且 $A = QR = \widetilde{Q}\widetilde{R}$，其中 R 与 $\widetilde{R}$ 是上三角的且有正的主对角线元素，而 Q 与 $\widetilde{Q}$ 都有标准正交的列向量. 那么 $A^*A = R^*(Q^*Q)R = R^*IR = R^*R$，且还有 $A^*A = \widetilde{R}^*\widetilde{R}$，所以 $R^*R = \widetilde{R}^*\widetilde{R}$ 且 $\widetilde{R}^{-*}R^* = \widetilde{R}R^{-1}$. 这就是说下三角矩阵等于一个上三角矩阵，所以它们两者必定都是对角矩阵：$\widetilde{R}R^{-1} = D$ 是对角的，且它必定有正的主对角线元素，这

是因为 $\widetilde{R}$ 与 R^{-1} 这两者的主对角线元素都是正的. 但是 $\widetilde{R}=DR$ 蕴含 $D=\widetilde{R}R^{-1}=\widetilde{R}^{-*}R^*=$ $(DR)^{-*}R^*=D^{-1}R^{-*}R^*=D^{-1}$, 所以 $D^2=I$, 从而 $D=I$. 我们断言有 $\widetilde{R}=R$ 以及 $\widetilde{Q}=Q$.

(c) 中的结论由列向量标准正交的方阵是酉矩阵这一事实推出.

如果在 (d) 中有 $n\geqslant m$, 我们可以从 (a) 中的分解开始, 设 $\widetilde{Q}=\begin{bmatrix} Q & Q_2 \end{bmatrix}\in M_n$ 是酉矩阵, 令 $\widetilde{R}=\begin{bmatrix} R \\ 0 \end{bmatrix}\in M_{n,m}$, 并注意到 $A=QR=\widetilde{Q}\widetilde{R}$. 如果 $n<m$, 我们可以采用 (a) 中的构造 (用 Householder 变换的一列纯量倍数左乘) 并在 n 步后停止, 这时就得到分解式 $U_n\cdots U_1A=\begin{bmatrix} R & \bigstar \end{bmatrix}$, 而 R 是上三角的. $\bigstar$ 这个块中的元素不一定为零.

最后的结论 (e) 从 (2.1.13) 中的如下结论推出: (a) 与 (d) 的结构中所包含的酉矩阵 U_i 可以全部取为实矩阵. □

习题 证明: 任何形如 $B=A^*A$ 的 $B\in M_n (A\in M_n)$ 可以写成 $B=LL^*$, 其中 $L\in M_n$ 是下三角的, 且有非负的对角元素. 说明为什么这个分解是唯一的, 如果 A 是非奇异的. 这是 B 的 Cholesky 分解, 每一个正定的或半正定的矩阵都可以用此种方式进行分解, 见 (7.2.9). ◀

$A\in M_{n,m}$ 的 QR 分解的某些简单的变量可能是有用的. 首先假设 $n\leqslant m$, 并令 $A^*=QR$, 其中 $Q\in M_{n,m}$ 有标准正交的列, 而 $R\in M_m$ 是上三角的. 这样, $A=R^*Q^*$ 就是形如

$$A=LQ \tag{2.1.15a}$$

的一个分解, 其中 $Q\in M_{n,m}$ 有标准正交的行, 且 $L\in M_n$ 是下三角的. 如果 $\widetilde{Q}=\begin{bmatrix} Q \\ \widetilde{Q}_2 \end{bmatrix}$ 是酉矩阵, 我们就有形如

$$A=\begin{bmatrix} L & 0 \end{bmatrix}\widetilde{Q} \tag{2.1.15b}$$

的分解.

现在设 K_p 是 (实正交以及对称的) $p\times p$ 反序矩阵 (0.9.5.1), 它有令人愉悦的性质 $K_p^2=I_p$. 对方阵 $R\in M_p$, 如果 R 是上三角的, 那么矩阵 $L=K_pRK_p$ 是下三角的; L 的主对角元素就是 R 的主对角元素, 只不过次序相反而已.

如果像在 (2.1.14a) 中那样有 $n\geqslant m$ 以及 $AK_m=QR$, 那么 $A=(QK_m)(K_mRK_m)$, 这是这种形式的一个分解 (其中 $Q\in M_n$ 是酉矩阵, 而 $R\in M_n$ 是上三角矩阵), 那么

$$A=QL \tag{2.1.17a}$$

其中 $Q\in M_{n,m}$ 有标准正交的列, 而 $L\in M_m$ 是下三角的. 如果 $\widetilde{Q}=\begin{bmatrix} Q & Q_2 \end{bmatrix}$ 是酉矩阵, 我们就有形如

$$A=\widetilde{Q}\begin{bmatrix} L \\ 0 \end{bmatrix} \tag{2.1.17b}$$

的分解.

如果 $n\leqslant m$, 我们可以将 (2.1.17a) 以及 (2.1.17b) 应用于 A^*, 就得到形如

$$A=RQ=\begin{bmatrix} R & 0 \end{bmatrix}\widetilde{Q} \tag{2.1.17c}$$

的分解, 其中 $R\in M_n$ 是上三角的, $Q\in M_{n,m}$ 有标准正交的行, 且 $\widetilde{Q}\in M_m$ 是酉矩阵. 如果 $n\leqslant m$, 且将 (2.1.14d) 应用于 AK_m, 我们就得到 $A=(QK_n)(K_n\begin{bmatrix} R & \bigstar \end{bmatrix}K_m)$, 这是形如

$$A = \widetilde{Q} L \tag{2.1.17d}$$

的分解，其中 $\widetilde{Q} \in M_n$ 是酉矩阵，而 $L \in M_{n,m}$ 则是下三角的.

一个重要的几何事实是：任何两个有相同个数的标准正交向量组都通过酉变换联系在一起.

定理 2.1.18 如果 $X = [x_1 \ \cdots \ x_k] \in M_{n,k}$ 与 $Y = [y_1 \ \cdots \ y_k] \in M_{n,k}$ 有标准正交的列，那么存在一个酉矩阵 $U \in M_n$，使得 $Y = UX$. 如果 X 与 Y 是实的，那么 U 可以取为实的.

证明 将标准正交向量组 $x_1, \cdots, x_k$ 与 $y_1, \cdots, y_k$ 中的每一个都扩充成为 $\mathbf{C}^n$ 的一组标准正交基，见 (0.6.4) 和 (0.6.5). 这也就是构造酉矩阵 $V = [X \ X_2]$ 以及 $W = [Y \ Y_2] \in M_n$. 那么 $U = WV^*$ 是酉矩阵，且 $[Y \ Y_2] = W = UV = [UX \ UX_2]$，所以 $Y = UX$. 如果 X 与 Y 是实的，则矩阵 $[X \ X_2]$ 与 $[Y \ Y_2]$ 可以选为实的正交矩阵（它们的列是 $\mathbf{R}^n$ 的标准正交基）. □

问题

2.1.P1 如果 $U \in M_n$ 是酉矩阵，证明 $\det|U| = 1$.

2.1.P2 如果 $U \in M_n$ 是酉矩阵，又令 λ 是 U 的一个给定的特征值. 证明：(a) $|\lambda| = 1$ 以及 (b) x 是 U 的与 λ 相伴的 (右) 特征向量，当且仅当 x 是 U 的与 λ 相伴的左特征向量.

2.1.P3 给定实参数 $\theta_1, \theta_2, \cdots, \theta_n$，证明 $U = \text{diag}(e^{i\theta_1}, e^{i\theta_2}, \cdots, e^{i\theta_n})$ 是酉矩阵. 证明每一个对角酉矩阵都有此形状.

2.1.P4 刻画实对角正交矩阵的特征.

2.1.P5 证明：M_n 中的置换矩阵 (0.9.5) 是实正交矩阵群的一个子群（子群指的是本身也作成群的子集合）. M_n 中有多少不同的置换矩阵？

2.1.P6 给出 3×3 正交群的一个参数表示. 2×2 正交群的两个表示给出在接在 (2.1.5) 后面的习题中.

2.1.P7 假设 $A, B \in M_n$ 且 $AB = I$. 对下面关于 $BA = I$ 的论证提供细节：每个 $y \in \mathbf{C}^n$ 都可以表示成 $y = A(By)$，所以 $\text{rank} A = n$，因此 $\dim(\text{nullspace}(A)) = 0$ (0.2.3.1). 计算 $A(AB - BA) = A(I - BA) = A - (AB)A = A - A = 0$，所以 $AB - BA = 0$.

2.1.P8 矩阵 $A \in M_n$ 是**复正交的** (complex orthogonal)，如果 $A^T A = I$. (a) 证明：复正交矩阵是酉矩阵，当且仅当它是实的. (b) 设 $S = \begin{bmatrix} 0 & 1 \\ -1 & 0 \end{bmatrix} \in M_2(\mathbf{R})$. 证明 $A(t) = (\cosh t) I + (i \sinh t) S \in M_2$ 对所有 $t \in \mathbf{R}$ 都是复正交矩阵，但是 $A(t)$ 仅当 $t = 0$ 时是酉矩阵. 双曲函数由 $\cosh t = (e^t + e^{-t})/2$，$\sinh t = (e^t - e^{-t})/2$ 来定义. (c) 证明，与酉矩阵不同，复正交矩阵的集合不是一个有界的集合，因此它也就不是紧集. (d) 证明：给定阶的复正交矩阵的集合作成一个群. 给定阶的实正交矩阵组成的更小的（以及紧的）群常称为**正交群** (orthogonal group). (e) 如果 $A \in M_n$ 是复正交的，证明 $|\det A| = 1$，考虑 (b) 中的 $A(t)$ 来证明 A 可以有 $|\lambda| \neq 1$ 的特征值 λ. (f) 如果 $A \in M_n$ 是复正交矩阵，证明 $\overline{A}$，A^T 以及 A^* 全都是复正交的，且都是非奇异的. A 的行（列）是正交的吗？(g) 刻画复对角正交矩阵的特征. 与 2.1.P4 作比较. (h) 证明 $A \in M_n$ 既是复正交矩阵，也是酉矩阵，当且仅当它是实正交矩阵.

2.1.P9 如果 $U \in M_n$ 是酉矩阵，证明 $\overline{U}$，U^T 以及 U^* 全都是酉矩阵.

2.1.P10 如果 $U \in M_n$ 是酉矩阵，证明 $x, y \in \mathbf{C}^n$ 是正交的，当且仅当 Ux 与 Uy 是正交的.

2.1.P11 非奇异的矩阵 $A \in M_n$ 是**斜正交的** (skew orthogonal)，如果 $A^{-1} = -A^T$. 证明：A 是斜正交的，当且仅当 $\pm iA$ 是正交的. 更一般地，如果 $\theta \in \mathbf{R}$，证明：$A^{-1} = e^{i\theta} A^T$ 当且仅当 $e^{i\theta/2} A$ 是正交的. 对 $\theta = 0$ 以及 π 结论如何？

2. 1. P12　证明：如果 $A \in M_n$ 与一个酉矩阵相似，那么 A^{-1} 与 A^* 相似.

2. 1. P13　考虑 $\mathrm{diag}\left(2, \dfrac{1}{2}\right) \in M_2$ 并证明：与酉矩阵相似的矩阵集合是使得 A^{-1} 与 A^* 相似的那种矩阵 A 组成的集合的一个真子集.

2. 1. P14　证明 M_n 中的酉矩阵群与 M_n 中的复正交矩阵群的交是 M_n 中的实正交矩阵群.

2. 1. P15　如果 $U \in M_n$ 是酉矩阵，$\alpha \subset \{1, \cdots, n\}$，且 $U\left[\alpha \quad \alpha^c\right] = 0$，(0.7.1) 表明 $U\left[\alpha^c \quad \alpha\right] = 0$，且 $U[\alpha]$ 与 $U[\alpha^c]$ 是酉矩阵.

2. 1. P16　设 $x, y \in \mathbf{R}^n$ 是给定的线性无关的单位向量，令 $w = x + y$. 考虑 Palais 矩阵 $P_{x,y} = I - 2(w^{\mathrm{T}}w)^{-1}ww^{\mathrm{T}} + 2yx^{\mathrm{T}}$. 证明：(a) $P_{x,y} = (I - 2(w^{\mathrm{T}}w)^{-1}ww^{\mathrm{T}})(I - 2xx^{\mathrm{T}}) = U_w U_x$ 是两个实 Householder 矩阵的乘积，所以它是实正交矩阵；(b) $\det P_{x,y} = +1$，所以 $P_{x,y}$ 总是真旋转矩阵；(c) $P_{x,y}x = y$ 以及 $P_{x,y}y = -x + 2(x^{\mathrm{T}}y)y$；(d) $P_{x,y}z = z$，如果 $z \in \mathbf{R}^n$，$z \perp x$ 以及 $z \perp y$；(e) $P_{x,y}$ 在 $(n-2)$ 维子空间 $(\mathrm{span}\{x, y\})^\perp$ 上的作用像是恒等元，且它是在二维子空间 $\mathrm{span}\{x, y\}$ 上将 x 变成 y 的真旋转；(f) 如果 $n = 3$，说明为什么 $P_{x,y}$ 是将 x 变成 y 且保持向量的叉积 $x \times y$ 不变的唯一的真旋转；(g) $P_{x,y}$ 的特征值是 $x^{\mathrm{T}}y \pm i(1 - (x^{\mathrm{T}}y)^2)^{1/2} = e^{\pm i\theta}$, 1, $\cdots$, 1，其中 $\cos\theta = x^{\mathrm{T}}y$.

2. 1. P17　假设 $A \in M_{n,m}$，$n \geqslant m$，且 $\mathrm{rank}A = m$. 描述将 Gram-Schmidt 方法应用到 A 的列时的步骤（从左向右进行）. 说明为什么逐列往下做时这个程序会产生出一个具有标准正交列的显式矩阵 $Q \in M_{n,m}$ 以及一个上三角阵 $R \in M_m$，使得 $Q = AR$. 这一分解与 (2.1.14) 中的分解有怎样的联系？

2. 1. P18　设 $A \in M_n$ 如同在 (2.1.14) 中那样被分解成 $A = QR$，按照列来分划 $A = [a_1 \quad \cdots \quad a_n]$ 以及 $Q = [q_1 \quad \cdots \quad q_n]$，又设 $R = [r_{ij}]_{i,j=1}^n$. (a) 说明为什么对每个 $k = 1, \cdots, n$，$\{q_1, \cdots, q_k\}$ 都是 $\mathrm{span}\{a_1, \cdots, a_k\}$ 的一组标准正交基. (b) 证明：对每个 $k = 2, \cdots, n$，r_{kk} 都是 a_k 到 $\mathrm{span}\{a_1, \cdots, a_{k-1}\}$ 的 Euclid 距离.

2. 1. P19　设 $X = [x_1 \quad \cdots \quad x_m] \in M_{n,m}$，假设 $\mathrm{rank}X = m$，且如在 (2.1.14) 中那样分解 $X = QR$. 设 $Y = QR^{-*} = [y_1 \quad \cdots \quad y_m]$. (a) 证明 Y 的列是子空间 $\mathcal{S} = \mathrm{span}\{x_1, \cdots, x_m\}$ 的一组基，且 $Y^*X = I_m$，所以 $y_i^* x_j = 0$（如果 $i \neq j$）且每一个 $y_i^* x_i = 1$. 给定 $\mathcal{S}$ 的基 $x_1, \cdots, x_m$，它的**对偶基**（dual basis）（有时称为 reciprocal basis）就是 $y_1, \cdots, y_m$. (b) 说明为什么 $x_1, \cdots, x_m$ 的对偶基是唯一的，也就是说，如果 $Z \in M_{n,m}$ 的列在 $\mathcal{S}$ 中，且 $Z^*X = I$，那么 $Z = Y$. (c) 证明向量组 $y_1, \cdots, y_m$ 的对偶基就是 $x_1, \cdots, x_m$. (d) 如果 $n = m$，证明 X^{-*} 的列是 $\mathbf{C}^n$ 的一组与基 $x_1, \cdots, x_n$ 对偶的基.

2. 1. P20　如果 $U \in M_n$ 是酉矩阵，证明 $\mathrm{adj}U = (\det U)U^*$，并断言 $\mathrm{adj}U$ 是酉矩阵.

2. 1. P21　说明：如果用**复正交矩阵**代替酉矩阵，为什么 (2.1.10) 依然为真. 导出结论：复正交矩阵是上三角的，当且仅当它是对角的. 复的对角正交矩阵看起来像什么样子？

2. 1. P22　假设 $X, Y \in M_{n,m}$ 有标准正交的列. 证明：X 与 Y 有相同的值域（列空间），当且仅当存在一个酉矩阵 $U \in M_m$，使得 $X = YU$.

2. 1. P23　设 $A \in M_n$，令 $A = QR$ 是 QR 分解，设 $R = [r_{ij}]$，又按照它们的列来分划 A，Q 以及 R：$A = [a_1 \quad \cdots \quad a_n]$，$Q = [q_1 \quad \cdots \quad q_n]$，$R = [r_1 \quad \cdots \quad r_n]$. 说明为什么 $|\det A| = \det R = r_{11} \cdots r_{nn}$ 以及为什么 $\|a_i\|_2 = \|r_i\|_2 \geqslant r_{ii}$（对每个 $i = 1, \cdots, n$），其中等式对某个 i 成立，当且仅当 $a_i = r_{ii}q_i$.

导出结论 $|\det A| \leqslant \displaystyle\prod_{i=1}^n \|a_i\|_2$，其中等式成立，当且仅当要么 (a) $a_i = 0$，要么 (b) A 的列向量正交（即 $A^*A = \mathrm{diag}(\|a_1\|_2^2, \cdots, \|a_n\|_2^2)$）. 这就是 Hadamard **不等式**.

2. 1. P24　设 $E = [e_{ij}] \in M_3$，其中每个 $e_{ij} = +1$. (a) 证明：E 的积和式 (0.3.2) 是 $\mathrm{per}E = 6$. (b) 设 $B = [b_{ij}] \in M_3$，其中每个 $b_{ij} = \pm 1$. 利用 Hadamard 不等式证明：不存在正负号的选取方式，能使得有 $\mathrm{per}E = \det B$.

2. 1. P25　如果 $U \in M_n$ 是酉矩阵，且 $r \in \{1, \cdots, n\}$，说明为什么复合矩阵 $C_r(U)$ 是酉矩阵.

2. 1. P26 说明为什么(a)每一个 $A \in M_n$ 都可以分解成 $A = H_1 \cdots H_{n-1} R$，其中每个 H_i 是 Householder 矩阵，而 R 是上三角矩阵；(b)每一个酉矩阵 $U \in M_n$ 可以分解成 $U = H_1 \cdots H_{n-1} D$，其中每个 H_i 是 Householder 矩阵，而 D 是对角酉矩阵；(c)每一个实正交矩阵 $Q \in M_n(\mathbf{R})$ 可以分解成 $Q = H_1 \cdots H_{n-1} D$，其中每个 H_i 是实的 Householder 矩阵，而 $D = \mathrm{diag}(1, \cdots, 1, \pm 1) = \mathrm{diag}(1, \cdots, 1, (-1)^{n-1}, \det Q)$.

93

　　下面三个问题给出上一问题的类似结果，在这三个结果中用平面旋转代替了 Householder 矩阵.

2. 1. P27 设 $n \geqslant 2$ 以及 $x = [x_i] \in \mathbf{R}^n$，如果 $x_n = x_{n-1} = 0$，令 $\theta_1 = 0$；反之则选取 $\theta_1 \in [0, 2\pi)$，使得 $\cos\theta_1 = x_{n-1} / \sqrt{x_n^2 + x_{n-1}^2}$ 以及 $\sin\theta_1 = -x_n / \sqrt{x_n^2 + x_{n-1}^2}$. 设 $x^{(1)} = [x_i^{(1)}] = U(\theta_1; n-1, n)x$. 证明 $x_n^{(1)} = 0$ 以及 $x_{n-1}^{(1)} \geqslant 0$. 令 $x^{(2)} = [x_i^{(2)}] = U(\theta_2; n-2, n-1)U(\theta_1; n-1, n)x$. 你如何选取 θ_2，使得 $x_n^{(2)} = x_{n-1}^{(2)} = 0$ 以及 $x_{n-2}^{(2)} \geqslant 0$？如果 $1 \leqslant k < n$，说明如何来构造 k 个平面旋转组成的序列 $U_1, \cdots, U_k$，使得向量 $x^{(k)} = [x_i^{(k)}] = U_k, \cdots, U_1 x$ 满足 $x_n^{(k)} = \cdots = x_{n-k+1}^{(k)} = 0$ 以及 $x_{n-k}^{(k)} \geqslant 0$. 为什么有 $\|x\|_2 = \|x^{(k)}\|_2$？

2. 1. P28 设 $A \in M_{n,m}(\mathbf{R})$，其中 $n \geqslant m$. (a)说明怎样构造平面旋转的一个有限序列 $U_1, \cdots, U_N$，使得 $U_N \cdots U_1 A = \begin{bmatrix} B \\ 0 \end{bmatrix}$，其中 $B = [b_{ij}] \in M_m(\mathbf{R})$ 是上三角的，而 $b_{11}, \cdots, b_{m-1,m-1}$ 中的每一个都是非负的. (b)说明为什么向上三角型的这种化简可以通过一列 $N = m\left(n - \dfrac{m+1}{2}\right)$ 个平面旋转来达到. 这些平面旋转中有一些可能是恒等旋转，所以有可能只需要少于 N 个非平凡的平面旋转. (c)利用(a)来证明：每一个 $A \in M_n(\mathbf{R})$ 都可以分解成 $A = U_1, \cdots, U_N R$，其中 $N = n(n-1)/2$，每一个 U_i 是一个平面旋转，$R = [r_{ij}]$ 是上三角的，而每一个 $r_{11}, \cdots, r_{n-1,n-1}$（但 r_{m} 不一定）都是非负的.

2. 1. P29 说明为什么每个实正交矩阵 $Q \in M_n(\mathbf{R})$ 都可以分解成 $Q = U_1 \cdots U_N D$，其中 $N = n(n-1)/2$，每个 U_i 是一个平面旋转，而 $D = \mathrm{diag}(1, \cdots, 1, \det Q) = \mathrm{diag}(1, \cdots, 1, \pm 1) \in M_n(\mathbf{R})$.

进一步的阅读参考 有关满足(2.1.9)条件的矩阵的更多的信息，请见 C. R. DePrima 以及 C. R. Johnson, The range of $A^{-1}A^*$ in $GL(n, \mathbf{C})$, *Linear Algebra Appl.* 9(1974)209-222.

2.2 酉相似

　　由于对酉矩阵 U 有 $U^* = U^{-1}$，故而 M_n 上由 $A \to U^* A U$ 给出的变换是相似变换，如果 U 是酉矩阵. 这种特殊类型的相似称为**酉相似**(unitary similarity).

　　定义 2.2.1 设给定 $A, B \in M_n$. 我们称 A 与 B **酉相似**(unitary similar)，如果存在一个酉矩阵 $U \in M_n$，使得 $A = UBU^*$. 如果 U 可以取为实的(从而它是实正交的)，那么就说 A 与 B **实正交相似**(real orthogonally similar). 我们称 A 可以**酉对角化**(unitarily diagonalizable)，如果它与一个对角矩阵酉相似；我们称 A 可以**实正交对角化**(real orthogonally diagonalizable)，如果它与一个对角矩阵实正交相似.

　　习题 证明酉相似是一个等价关系.

　　定理 2.2.2 设 $U \in M_n$ 与 $V \in M_m$ 是酉矩阵. 令 $A = [a_{ij}] \in M_{n,m}$ 以及 $B = [b_{ij}] \in M_{n,m}$，又假设 $A = UBV$. 那么 $\displaystyle\sum_{i,j=1}^{n,m} |b_{ij}|^2 = \sum_{i,j=1}^{n,m} |a_{ij}|^2$. 特别地，这个恒等式当 $m = n$ 以及 $V = U^*$ 时，即当 A 与 B 酉相似时是满足的.

　　证明 只要验证 $\mathrm{tr}B^* B = \mathrm{tr}A^* A$ 即可，见(0.2.5). 计算给出 $\mathrm{tr}A^* A = \mathrm{tr}((UBV)^*$

94 $(UBV))=\text{tr}(V^*B^*U^*UBV))=\text{tr}V^*B^*BV=\text{tr}B^*BVV^*=\text{tr}B^*B.$ □

> **习题** 证明：矩阵 $\begin{bmatrix} 3 & 1 \\ -2 & 0 \end{bmatrix}$ 与 $\begin{bmatrix} 1 & 1 \\ 0 & 2 \end{bmatrix}$ 相似，但并非是酉相似．

酉相似蕴含相似，但反之不然．酉相似这个等价关系将 M_n 分划成比相似这个等价关系**更精细的**等价类．与相似类同的是，酉相似对应于基的改变，不过是特殊类型的——酉相似对应的是从一组**标准正交**基到另一组标准正交基的改变． ◀

> **习题** 利用 $(2.1.11)$ 的记号，说明为什么在实正交相似下，通过平面旋转 $U(\theta;i,j)$ 改变的仅仅是标号为 i 与 j 的行与列． ◀

> **习题** 利用 $(2.1.13)$ 的记号，说明为什么对任何 $A\in M_n$ 有 $U(y,x)^*AU(y,x)=U_w^*AU_w$，这就是说，通过形如 $U(y,x)$ 的本性 Hermite 酉矩阵给出的酉相似就是通过 Householder 矩阵给出的酉相似．通过 Householder 矩阵给出的酉（或者实正交）相似常称为 Householder 变换． ◀

鉴于计算或者理论的原因，通过酉相似将一个给定的矩阵变换成另一个特殊形式的矩阵，常会带来方便．这里给出两个例子．

例 2.2.3（酉相似于对角元素相等的矩阵） 设给定 $A=[a_{ij}]\in M_n$．我们断言存在一个酉矩阵 $U\in M_n$，使得 $UAU^*=B=[b_{ij}]$ 的所有主对角元素都相等，如果 A 是实的，则 U 可以取为实正交的．如果这一断言为真，那么 $\text{tr}A=\text{tr}B=nb_{11}$，所以 B 的每个主对角元素都等于 A 的主对角元素之平均值．

首先考虑复的情形以及 $n=2$．由于我们可以用 $A-\left(\frac{1}{2}\text{tr}A\right)I$ 代替 $A\in M_2$，故而不失一般性，我们假设 $\text{tr}A=0$，在此情形 A 的两个特征值是 $\pm\lambda$（对某个 $\lambda\in\mathbf{C}$）．我们希望确定一个单位向量 u 使得 $u^*Au=0$．如果 $\lambda=0$，设 u 是任意一个使得 $Au=0$ 的单位向量．如果 $\lambda\neq0$，令 w 与 z 是与不同的特征值 $\pm\lambda$ 相伴的任意单位特征向量．设 $x(\theta)=e^{i\theta}w+z$，它对所有 $\theta\in\mathbf{R}$ 都不等于零，这是因为 w 与 z 是线性无关的．计算 $x(\theta)^*Ax(\theta)=\lambda(e^{i\theta}w+z)^*(e^{i\theta}w-z)=2i\lambda\text{Im}(e^{i\theta}z^*w)$．如果 $z^*w=e^{i\phi}|z^*w|$，那么 $x(-\phi)^*Ax(-\phi)=0$．设 $u=x(-\phi)/\|x(-\phi)\|_2$．现在设 $v\in\mathbf{C}^2$ 是任意一个与 u 正交的单位向量，并令 $U=[u\ \ v]$．那么 U 是酉矩阵，且 $(U^*AU)_{11}=u^*Au=0$．但是 $\text{tr}(U^*AU)=0$，所以也有 $(U^*AU)_{22}=0$．

现在假设 $n=2$，且 A 是实的．如果 $A=[a_{ij}]$ 的对角元素不相等，考虑平面旋转矩阵 $U_\theta=\begin{bmatrix}\cos\theta & -\sin\theta \\ \sin\theta & \cos\theta\end{bmatrix}$．计算发现 $U_\theta AU_\theta^T$ 的对角元素相等，如果有 $(\cos^2\theta-\sin^2\theta)(a_{11}-a_{22})=2\sin\theta\cos\theta(a_{12}+a_{21})$，所以，如果可以选取到 $\theta\in(0,\pi/2)$ 使得 $\cot2\theta=(a_{12}+a_{21})/(a_{11}-a_{22})$，那么就可以做到使其对角元素均相等．

我们现在已经指出了：任何 2×2 复矩阵 A 都酉相似于一个两个对角线元素都等于 A
95 的对角元素之平均值的矩阵，如果 A 是实的，则相似可以取为实正交的．

现在假设 $n>2$，并定义 $f(A)=\max\{|a_{ii}-a_{jj}|:i,j=1,2,\cdots,n\}$．如果 $f(A)>0$，就对满足 $f(A)=|a_{ii}-a_{jj}|$ 的一对指标 i,j，令 $A_2=\begin{bmatrix}a_{ii} & a_{ij} \\ a_{ji} & a_{jj}\end{bmatrix}$（可能存在若干对指标都能取到这个最大的正的差值，这时就任取其中的一对）．设 $U_2\in M_2$ 是酉矩阵，当 A 是实

的时它是实的，且使得 $U_2^* A_2 U_2$ 的两个主对角线元素都等于 $\frac{1}{2}(a_{ii}+a_{jj})$. 以在 (2.1.11) 中从 2×2 平面旋转构造出 $U(\theta\,;\,i,\,j)$ 的同样的方式从 U_2 构造出 $U(i,\,j)\in M_n$. 酉相似 $U(i,\,j)^* A U(i,\,j)$ 只影响到行与列在 i 与 j 的元素，所以它保持 A 的每一个主对角线元素不变，除非该元素的位置在 i 与 j 处，这样的元素以平均值 $\frac{1}{2}(a_{ii}+a_{jj})$ 取代之. 对任何 $k\neq i,\,j$，三角不等式确保有

$$\left| a_{kk} - \frac{1}{2}(a_{ii}+a_{jj}) \right| = \left| \frac{1}{2}(a_{kk}-a_{ii}) + \frac{1}{2}(a_{kk}-a_{jj}) \right|$$

$$\leqslant \frac{1}{2}\left| a_{kk}-a_{ii} \right| + \frac{1}{2}\left| a_{kk}-a_{jj} \right| \leqslant \frac{1}{2}f(A) + \frac{1}{2}f(A) = f(A)$$

其中的等式仅当纯量 $a_{kk}-a_{ii}$ 与 $a_{kk}-a_{jj}$ 两者都位于复平面的同一条射线上且 $|a_{kk}-a_{ii}|=|a_{kk}-a_{jj}|$ 时才成立. 这两个条件蕴含 $a_{ii}=a_{jj}$，故而由此推出：对所有 $k\neq i,\,j$ 有 $|a_{kk}-\frac{1}{2}(a_{ii}+a_{jj})|<f(A)$. 这样一来，我们刚刚构造出来的酉相似矩阵中满足 $f(A)=|a_{kk}-a_{\ell\ell}|$ 的有限多对指标对 $k,\,\ell$ 就会减少一对. 如果需要，就重复这一做法，以此来处理剩下来的任何指标对并得到一个酉矩阵 U（如果 A 是实的，它还是实的），使得 $f(U^* A U)<f(A)$.

最后，考虑紧集 $R(A)=\{U^* AU: U\in M_n$ 是酉矩阵$\}$. 由于 f 是 $R(A)$ 上一个非负值的连续函数，它在其中取得最小值，也就是说，存在某个 $B\in R(A)$，使得对所有 $A\in R(A)$ 都有 $f(A)\geqslant f(B)\geqslant 0$. 如果 $f(B)>0$，我们就恰好看到存在一个酉矩阵 U（如果 A 是实的，它也是实的），使得 $f(B)>f(U^* AU)$. 这个矛盾表明 $f(B)=0$，故而 B 的所有对角元素都相等.

例 2.2.4 (与上 Hessenberg 矩阵酉相似) 设给定 $A=[a_{ij}]\in M_n$. 下面的构造表明 A 与一个第一条次对角线元素非负的上 Hessenberg 矩阵是酉相似的. 设 a_1 是 A 的第一列，它被分划成 $a_1^T=\begin{bmatrix} a_{11} & \xi^T \end{bmatrix}$，其中 $\xi\in\mathbf{C}^{n-1}$. 如果 $\xi=0$，就令 $U_1=I_{n-1}$；反之，就利用 (2.1.13) 来构造 $U_1=U(\|\xi\|_2 e_1,\,\xi)\in M_{n-1}$，它是将 ξ 变成 e_1 的正倍数的酉矩阵. 构造酉矩阵 $V_1=I_1\oplus U_1$ 并注意到 $V_1 A$ 的第一列是向量 $\begin{bmatrix} a_{11} & \|\xi\|_2 & 0 \end{bmatrix}^T$. 此外，$A_1=(V_1 A)V_1^*$ 与 $V_1 A$ 的第一列相同，且与 A 酉相似. 将它分划成

$$\mathcal{A}_1 = \begin{bmatrix} a_{11} & \bigstar \\ \begin{bmatrix} \|\xi\|_2 \\ 0 \end{bmatrix} & A_2 \end{bmatrix}, \qquad A_2\in M_{n-1}$$

按照同样的方式，再次利用 (2.1.13) 作出一个酉矩阵 U_2，它将 A_2 的第一列变成第二个元素之下所有元素皆为零而第二个元素为非负数的向量. 设 $V_2=I_2\oplus U_2$，并令 $\mathcal{A}_2=V_2 A V_2^*$. 这个相似并不影响 $\mathcal{A}_1$ 的第一列. 经过至多 $n-1$ 步，这个构造就产生出一个上 Hessenberg 矩阵 $\mathcal{A}_{n-1}$，它与 A 酉相似，且次对角线元素非负.

习题 如果 A 是 Hermite 矩阵或者斜 Hermite 矩阵，说明为什么上面例子中的构造产生出一个与 A 酉相似的三对角的 Hermite 矩阵或者三对角的斜 Hermite 矩阵. ◀

定理 2.2.2 对于两个给定的矩阵是否为酉相似提供了一个必要但非充分的条件. 它可以增补一些附加的恒等式以共同给出必要且充分的条件. 如下的简单概念起着关键的作

用. 设 s，t 是两个给定的非交换变量. s 与 t 的非负幂组成的任何有限的形式乘积

$$W(s,t) = s^{m_1} t^{n_1} s^{m_2} t^{n_2} \cdots s^{m_k} t^{n_k}, \quad m_1, n_1, \cdots, m_k, n_k \geqslant 0 \tag{2.2.5}$$

称为一个**关于 s 与 t 的字**(word in s and t). 字 $W(s, t)$ 的**长度**(length)是非负整数 $m_1 + n_1 + m_2 + n_2 + \cdots + m_k + n_k$，即这个字中的所有指数之和. 如果给定 $A \in M_n$，我们将关于 **A 与 A^* 的字**(word in A and A^*)定义为

$$W(A, A^*) = A^{m_1} (A^*)^{n_1} A^{m_2} (A^*)^{n_2} \cdots A^{m_k} (A^*)^{n_k}$$

由于 A 与 A^* 的幂不一定可交换，因而有可能无法通过在乘积中重新排列各个项来简化 $W(A，A^*)$ 的表达式.

假设 A 与 $B \in M_n$ 酉相似，也就是说，对某个酉矩阵 $U \in M_n$ 有 $A = UBU^*$. 对任何字 $W(s，t)$ 我们有

$$\begin{aligned}
W(A, A^*) &= (UBU^*)^{m_1} (UB^*U^*)^{n_1} \cdots (UBU^*)^{m_k} (UB^*U^*)^{n_k} \\
&= UB^{m_1} U^* U (B^*)^{n_1} U^* \cdots UB^{m_k} U^* U (B^*)^{n_k} U^* \\
&= UB^{m_1} (B^*)^{n_1} \cdots B^{m_k} (B^*)^{n_k} U^* = UW(B, B^*) U^*
\end{aligned}$$

故而 $W(A，A^*)$ 与 $W(B，B^*)$ 酉相似. 从而有 $\mathrm{tr}W(A, A^*) = \mathrm{tr}W(B, B^*)$. 如果取字 $W(s，t) = ts$，我们就得到(2.2.2)中的恒等式.

如果考虑所有可能的字 $W(s，t)$，这种观察到的结果就会对两个矩阵的酉相似给出无穷多个必要条件. 我们将不加证明地陈述 W. Specht 的一个定理，此定理保证了这些必要条件也是充分的.

定理 2.2.6 两个矩阵 $A，B \in M_n$ 是酉相似的，当且仅当对关于两个非交换变量的每一个字 $W(s，t)$ 都有

$$\mathrm{tr}W(A, A^*) = \mathrm{tr}W(B, B^*) \tag{2.2.7}$$

通过给出一个违反(2.2.7)的特殊的字，Specht 定理可以用来证明两个矩阵不是酉相似的. 然而，除了在特殊情形(见 2.2.P6)，它在证明两个给定的矩阵是酉相似的这一点上可能没什么用，这是因为必须验证的条件有无穷多个. 幸运的是，Specht 定理的一个改进的形式确保只需对有限多个字查验迹恒等式(2.2.7)就够了，这就提供了一个实际可操作的判别法则来对阶比较小的矩阵的酉相似性进行判别.

定理 2.2.8 设给定 $A，B \in M_n$.

(a) A 与 B 是酉相似的，当且仅当对关于两个非交换变量的长度至多为

$$n \sqrt{\frac{2n^2}{n-1} + \frac{1}{4}} + \frac{n}{2} - 2$$

的每一个字 $W(s，t)$，(2.2.7)都是满足的.

(b) 如果 $n = 2$，则 A 与 B 是酉相似的，当且仅当(2.2.7)对三个字 $W(s，t) = s$；s^2 以及 st 是满足的.

(c) 如果 $n = 3$，则 A 与 B 是酉相似的，当且仅当(2.2.7)对七个字 $W(s，t) = s$；s^2，st；s^3，s^2t；s^2t^2；以及 s^2t^2st 是满足的.

(d) 如果 $n = 4$，A 与 B 是酉相似的，当且仅当(2.2.7)对如下表中的 20 个字 $W(s，t)$ 是满足的：

$$s \qquad\qquad s^2, st$$
$$s^3, s^2 t \qquad\qquad s^4, s^3 t, s^2 t^2, stst$$
$$s^3 t^2 \qquad\qquad s^2 ts^2 t, s^2 t^2 st, t^2 s^2 ts$$
$$s^3 t^2 st \qquad\qquad s^3 t^2 s^2 t, s^3 t^3 st, t^3 s^3 ts$$
$$s^3 ts^2 tst, s^2 t^2 sts^2 t \quad s^3 t^3 s^2 t^2$$

两个实矩阵是酉相似的,当且仅当它们是实正交相似的,见(2.5.21). 于是,(2.2.8)中的判别法对两个实矩阵 A 与 B 实正交相似是必要且充分的.

问题

2.2.P1 设 $A = [a_{ij}] \in M_n(\mathbf{R})$ 是对称的,但不是对角的,又选取指标 i, j 满足 $i < j$,使得 $|a_{ij}| = \max\{|a_{pq}| : p < q\}$. 由 $\cot 2\theta = (a_{ii} - a_{jj})/2a_{ij}$ 来定义 θ,令 $U(\theta; i, j)$ 是平面旋转(2.1.11),又令

$$B = U(\theta; i, j)^{\mathrm{T}} A U(\theta; i, j) = [b_{pq}].$$ 证明 $b_{ij} = 0$, $\displaystyle\sum_{p,q=1}^{n} |b_{pq}|^2 = \sum_{p,q=1}^{n} |a_{pq}|^2$ 以及

$$\sum_{p \neq q} |b_{pq}|^2 = \sum_{p \neq q} |a_{pq}|^2 - 2|a_{ij}|^2 \leqslant \left(1 - \frac{2}{n^2 - n}\right) \sum_{p \neq q} |a_{pq}|^2$$

说明为什么通过这种方式选取的平面旋转所给出的一列实正交相似矩阵(在每一步做一个平面旋转,它使得对角线之外大小最大的元素变为零)收敛于一个对角矩阵,它的对角元素是 A 的特征值. 作为这一过程的一个副产品,怎样才能得到对应的特征向量呢? 这就是计算实对称矩阵特征值的 Jacobi **方法**. 在实践中是用一种规避计算任意三角函数或者它们的反函数的算法来实施 Jacobi 方法,见 Golub 与 VanLoan(1996).

2.2.P2 Givens 的计算实矩阵特征值的方法也用到平面旋转,不过是以不同的方式. 对 $n \geqslant 3$,对下面的论证提供细节:每个 $A = [a_{ij}] \in M_n(\mathbf{R})$ 都与一个实的下 Hessenberg 矩阵实正交相似,这个实的下 Hessenberg 矩阵必定是三对角的,如果 A 是对称的,见(0.9.9)以及(0.9.10). 如同在上一个问题中那样,选取一个形如 $U(\theta; 1, 3)$ 的平面旋转 $U_{1,3}$,使得 $U_{1,3}^* A U_{1,3}$ 的处于位置(1, 3)的元素为零. 选取形如 $U_{1,4} = U(\theta; 1, 4)$ 的另一个平面旋转,使得 $U_{1,4}^*(U_{1,3}^* A U_{1,3}) U_{1,4}$ 的处于位置(1, 4)的元素为零,继续此法直到用一列实正交相似将其第一行的其余元素全部变为零. 然后再从第二行的处于位置(2, 4)的元素开始,并将处于位置(2, 4),(2, 5),$\cdots$,(2, n)的元素全部变为零. 说明为什么这个过程不会扰乱此前已经得到的元素零,又为什么如果 A 是对称的,它还能保持对称性. 继续此程序直至 $n-3$ 行,在经过由平面旋转给出的有限多个实正交相似之后,就产生一个下 Hessenberg 矩阵. 此矩阵是三对角的,如果 A 是对称的. 然而,A 的特征值不能像在 Jacobi 方法中那样显现出来,它们必须要用进一步的计算才能得到.

2.2.P3 设 $A \in M_2$. (a)证明:对(2.2.8b)中那三个字中的每一个字都有 $\mathrm{tr}\, W(A, A^*) = \mathrm{tr}\, W(A^{\mathrm{T}}, \overline{A})$. (b)说明为什么每一个 2×2 复矩阵都与它的转置是酉相似的.

2.2.P4 设 $A \in M_3$. (a)证明:对(2.2.8c)中所列出的前六个字中的每一个字都有 $\mathrm{tr}\, W(A, A^*) = \mathrm{tr}\, W(A^{\mathrm{T}}, \overline{A})$,并得出结论:$A$ 与 A^{T} 酉相似,当且仅当 $\mathrm{tr}(A^2(A^{*2})AA^*) = \mathrm{tr}((A^{\mathrm{T}})^2 \overline{A}^2 A^{\mathrm{T}} \overline{A})$. (b)说明为什么 A 与 A^{T} 酉相似,当且仅当 $\mathrm{tr}(AA^*(A^*A - AA^*)A^*A) = 0$. (c)利用(b)或者(c)中的判别法则证明:矩阵

$$\begin{bmatrix} 1 & 1 & 1 \\ -1 & 0 & 1 \\ -1 & -1 & -1 \end{bmatrix}$$

与它的转置不是酉相似的. 然而注意,每一个复方阵都与它的转置相似(3.2.3).

2.2.P5 如果 $A \in M_n$,且存在一个酉矩阵 $U \in M_n$ 使得 $A^* = UAU^*$,证明 U 与 $A + A^*$ 可交换. 将此结论应用到上一问题中的 3×3 矩阵并得出结论:如果它与自己的转置酉相似,则任何这样的酉相似

矩阵必定都是对角的. 证明不存在对角的酉相似矩阵, 可以把这个矩阵变成自己的转置, 所以它不与自己的转置酉相似.

2.2.P6 设给定 $A \in M_n$ 以及 B, $C \in M_m$. 利用(2.2.6)或者(2.2.8)证明: B 与 C 是酉相似的, 当且仅当下面诸条件中有任何一个满足.

(a) $\begin{bmatrix} A & 0 \\ 0 & B \end{bmatrix}$ 与 $\begin{bmatrix} A & 0 \\ 0 & C \end{bmatrix}$ 酉相似.

(b) $B \oplus \cdots \oplus B$ 与 $C \oplus \cdots \oplus C$ 酉相似, 如果两个直和包含同样多的直和项.

(c) $A \oplus B \oplus \cdots \oplus B$ 与 $A \oplus C \oplus \cdots \oplus C$ 酉相似, 如果两个直和包含同样多的直和项.

2.2.P7 给出两个 2×2 矩阵的例子, 它们满足恒等式(2.2.2), 但它们并不是酉相似的. 说明原因.

2.2.P8 设 A, $B \in M_2$ 并令 $C = AB - BA$. 利用例 2.2.3 证明: 对某个纯量 λ 有 $C^2 = \lambda I$.

2.2.P9 设 $A \in M_n$ 并假设 $\mathrm{tr}A = 0$. 利用(2.2.3)证明: A 可以写成两个幂零矩阵之和. 反之, 如果 A 可以写成幂零矩阵之和, 说明为什么 $\mathrm{tr}A = 0$.

2.2.P10 设 $n \geq 2$ 是给定的整数, 并定义 $\omega = e^{2\pi i/n}$. (a)说明为什么 $\sum_{k=0}^{n} \omega^{k\ell} = 0$, 除非对某个 $m = 0, \pm 1, \pm 2, \cdots$ 有 $\ell = mn$(在此情形, 这个和等于 n). (b)设 $F_n = n^{-1/2} \left[\omega^{(i-1)(j-1)} \right]_{i,j=1}^{n}$ 表示 $n \times n$Fourier **矩阵**. 证明 F_n 是对称的酉矩阵, 且是共轭对合的: $F_n F_n^* = F_n \overline{F_n} = I$. (c)设 C_n 表示基本的循环置换矩阵(0.9.6.2). 说明为什么 C_n 是酉矩阵(实正交矩阵). (d)设 $D = \mathrm{diag}(1, \omega, \omega^2, \cdots, \omega^{n-1})$, 并证明 $C_n F_n = F_n D$, 所以 $C_n = F_n D F_n^*$ 且对所有 $k = 1, 2, \cdots$ 都有 $C_n^k = F_n D^k F_n^*$. (e)设 A 表示循环矩阵(0.9.6.1), 它的第一行是 $[a_1 \ \cdots \ a_n]$, 此矩阵表示成(0.9.6.3)的和式. 说明为什么 $A = F_n \Lambda F_n^*$, 其中 $\Lambda = \mathrm{diag}(\lambda_1, \cdots, \lambda_n)$, A 的特征值是

$$\lambda_\ell = \sum_{k=0}^{n-1} a_{k+1} \omega^{k(\ell-1)}, \quad \ell = 1, \cdots, n \tag{2.2.9}$$

而 $\lambda_1, \cdots, \lambda_n$ 是向量 $n^{1/2} F_n^* A e_1$ 的元素. 于是, Fourier 矩阵就对每个循环矩阵提供了显明的酉对角化. (f)如果存在某个 $i \in \{1, \cdots, n\}$ 使得 $|a_i| > \sum_{j \neq i} |a_j|$, 从(2.2.9)推导出 A 是非奇异的. 我们可以将此判别法则重新表述如下: 如果一个循环矩阵是奇异的且第一行是 $[a_1 \cdots a_n]$, 那么那个行向量是**平衡的**(balanced), 见(7.2.P28). (g)记 $F_n = \mathcal{C}_n + i\,\mathcal{S}_n$, 其中 $\mathcal{C}_n$ 与 $\mathcal{S}_n$ 都是实的. $\mathcal{C}_n$ 与 $\mathcal{S}_n$ 的元素是什么? 矩阵 $H_n = \mathcal{C}_n + \mathcal{S}_n$ 是 Hartley **矩阵**. (h)证明 $\mathcal{C}_n^2 + \mathcal{S}_n^2 = I$, $\mathcal{C}_n \mathcal{S}_n = \mathcal{S}_n \mathcal{C}_n = 0$, H_n 是对称的, 而且 H_n 是实正交的. (i)设 K_n 表示反序矩阵(0.9.5.1). 证明 $\mathcal{C}_n K_n = K_n \mathcal{C}_n = \mathcal{C}_n$, $\mathcal{S}_n K_n = K_n \mathcal{S}_n = -\mathcal{S}_n$, 且 $H_n K_n = K_n H_n$, 所以 $\mathcal{C}_n$, $\mathcal{S}_n$ 以及 H_n 都是中心对称的. 已知对任何形如 $A = E + K_n F$ 的矩阵(其中 E 与 F 是实循环矩阵, $E = E^{\mathrm{T}}$ 以及 $F = -F^{\mathrm{T}}$), $H_n A H_n = \Lambda$ 都是对角的. Λ 的对角元素(这样一个矩阵 A 的特征值)是向量 $n^{1/2} H_n A e_1$ 的元素. 特别地, Hartley 矩阵对每个实对称循环矩阵提供了显式实正交对角化.

注记以及进一步的阅读参考 有关(2.2.6)的原始证明, 见 W. Specht, Zur Theorie der Matrizen Ⅱ, *Jahresber. Deutsch. Math. -Verein.* 50(1940)19-23; 在[Kap]中有一个现代的证明. 有关(2.2.8)中所谈及的事项之综述, 见 D. Đjokovié 以及 C. R. Johnson, Unitarily achievable zero patterns and traces of words in A and A^*, *Linear Algebra Appl.* 421(2007)63-68. (2.2.8d)中所列出的字出现在 D. Đjoković, Poincaré series of some pure and mixed trace algebras of two generic matrices, *J. Algebra* 309(2007)654-671 的定理 4.4 中. 一个 4×4 复矩阵与它的转置酉相似, 当且仅当(2.2.P4(b))中那种类型的七个零迹恒等式满足, 见 S. R. Garcia, D. E. Poore 以及 J. E. Tener, Unitary equivalence to a complex symmetric matrix: low dimensions, *Linear Algebra Appl.* 437(2012)271-284 的定理 1. 对两个非奇异的矩阵 A, $B \in M_n$ (2.2.6)有一个近似的形式: A 与 B 是酉相似的, 当且仅当对关于两个非交换变量的每一个字 $W(s, t)$ 都有 $|\mathrm{tr}W(A, A^*) - \mathrm{tr}W(B, B^*)| \leq 1$ 以及 $|\mathrm{tr}W((A, A^*)^{-1}) - \mathrm{tr}W((B, B^*)^{-1})| \leq 1$, 见 L. W. Marcoux,

M. Mastnak 以 及 H. Radjavi，An appxoximate，multivariable version of Specht's theorem，*Linear Multilinear Algebra* 55(2007)159-173.

2.3　酉三角化以及实正交三角化

初等矩阵论中基本上最有用的事实可能是 I. Schur 给出的一个定理：任何复方阵 A 与以 A 的特征值作为对角元素的一个三角矩阵酉相似，此三角矩阵的对角元素以任意指定的次序排列. 我们的证明与一系列由酉相似给出的定义有关.

定理 2.3.1(Schur 型；Schur 三角化)　设 $A \in M_n$ 有特征值 λ_1，$\cdots$，λ_n，它们以任意指定的次序排列，又设 $x \in \mathbf{C}^n$ 是满足 $Ax = \lambda_1 x$ 的单位向量.

（a）存在一个酉矩阵 $U = \begin{bmatrix} x & u_2 & \cdots & u_n \end{bmatrix} \in M_n$，使得 $U^* AU = T = [t_{ij}]$ 是以 $t_{ii} = \lambda_i$，$i = 1$，$\cdots$，n 为对角元素的上三角矩阵.

（b）如果 $A \in M_n(\mathbf{R})$ 仅有实的特征值，那么可选取 x 为实的，且存在一个实正交矩阵 $Q = \begin{bmatrix} x & q_2 & \cdots & q_n \end{bmatrix} \in M_n(\mathbf{R})$，使得 $Q^{\mathrm{T}} AQ = T = [t_{ij}]$ 是以 $t_{ii} = \lambda_i (i = 1，\cdots，n)$ 为对角元素的上三角矩阵.

证明　设 x 是 A 的与特征值 λ_1 相伴的标准化特征向量，即 $x^* x = 1$，且 $Ax = \lambda_1 x$. 设 $U_1 = \begin{bmatrix} x & u_2 & \cdots & u_n \end{bmatrix}$ 是任意一个第一列为 x 的酉矩阵. 例如，可以如同在 (2.1.13) 中那样取 $U_1 = U(x, e_1)$，或者如同在 2.3.P1 中那样去做. 这样就有

$$U_1^* AU_1 = U_1^* \begin{bmatrix} Ax & Au_2 & \cdots & Au_n \end{bmatrix} = U_1^* \begin{bmatrix} \lambda_1 x & Au_2 & \cdots & Au_n \end{bmatrix}$$

$$= \begin{bmatrix} x^* \\ u_2^* \\ \vdots \\ u_n^* \end{bmatrix} \begin{bmatrix} \lambda_1 x & Au_2 & \cdots & Au_n \end{bmatrix} = \begin{bmatrix} \lambda_1 x^* x & x^* Au_2 & \cdots & x^* Au_n \\ \lambda_1 u_2^* x & & & \\ \vdots & & A_1 & \\ \lambda_1 u_n^* x & & & \end{bmatrix} = \begin{bmatrix} \lambda_1 & \bigstar \\ 0 & A_1 \end{bmatrix}$$

因为 U_1 的列是标准正交的. 子矩阵 $A_1 = [u_i^* Au_j]_{i,j=2}^n \in M_{n-1}$ 的特征值是 λ_2，$\cdots$，λ_n. 如果 $n = 2$，我们就完成了所希望的酉三角化. 如若不然，设 $\xi \in \mathbf{C}^{n-1}$ 是 A_1 的一个与 λ_2 相伴的单位特征向量，并对 A_1 执行上面的化简. 如果 $U_2 \in M_{n-1}$ 是任意一个以 ξ 为第一列的酉矩阵，那么我们就看到了

$$U_2^* A_1 U_2 = \begin{bmatrix} \lambda_2 & \bigstar \\ 0 & A_2 \end{bmatrix}$$

设 $V_2 = [1] \oplus U_2$，并计算酉相似

$$(U_1 V_2)^* AU_1 V_2 = V_2^* U_1^* AU_1 V_2 = \begin{bmatrix} \lambda_1 & \bigstar & \bigstar \\ 0 & \lambda_2 & \bigstar \\ 0 & 0 & A_2 \end{bmatrix}$$

继续这一化简以产生出酉矩阵 $U_i \in M_{n-i+1}$，$i = 1$，$\cdots$，$n-1$ 以及酉矩阵 $V_i \in M_n$，$i = 2$，$\cdots$，$n-2$. 矩阵 $U = U_1 V_2 V_3 \cdots V_{n-2}$ 是酉矩阵，而 $U^* AU$ 是上三角的.

如果 $A \in M_n(\mathbf{R})$ 所有的特征值都是实的，那么上面的算法中所有的特征向量以及酉矩阵都可以取为实的(1.1.P3 以及(2.1.13)).　　　□

习题　利用 (2.3.1) 中的记号，设 $U^* A^{\mathrm{T}} U$ 是上三角的. 设 $V = \bar{U}$，并说明为什么 $V^* AV$ 是下三角的.

例 2.3.2   如果 A 的特征值重新排序，并执行相应的上三角化 (2.3.1)，T 的位于主对角线上方的元素可能不同. 考虑

$$T_1 = \begin{bmatrix} 1 & 1 & 4 \\ 0 & 2 & 2 \\ 0 & 0 & 3 \end{bmatrix}, \quad T_2 = \begin{bmatrix} 2 & -1 & 3\sqrt{2} \\ 0 & 1 & \sqrt{2} \\ 0 & 0 & 3 \end{bmatrix}, \quad U = \frac{1}{\sqrt{2}} \begin{bmatrix} 1 & 1 & 0 \\ 1 & -1 & 0 \\ 0 & 0 & \sqrt{2} \end{bmatrix}$$

验证 U 是酉矩阵，且 $T_2 = UT_1U^*$.

习题 （**Schur 不等式；标准化的缺陷**）   如果 $A = [a_{ij}] \in M_n$ 有特征值 $\lambda_1, \cdots, \lambda_n$，且它与一个上三角矩阵 $T = [t_{ij}] \in M_n$ 酉相似，T 的对角元素是 A 的特征值按照某种次序的排列. 将 (2.2.2) 应用于 A 以及 T 以证明 ◀

$$\sum_{i=1}^{n} |\lambda_i|^2 = \sum_{i,j=1}^{n} |a_{ij}|^2 - \sum_{i<j} |t_{ij}|^2 \leqslant \sum_{i,j=1}^{n} |a_{ij}|^2 = \operatorname{tr}(AA^*) \tag{2.3.2a}$$

其中等式当且仅当 T 是对角矩阵时成立.

习题   如果 $A = [a_{ij}]$ 与 $B = [b_{ij}] \in M_2$ 有相同的特征值，又如果 $\sum_{i,j=1}^{2} |a_{ij}|^2 = \sum_{i,j=1}^{2} |b_{ij}|^2$，利用 (2.2.8) 中的判别法证明 A 与 B 是酉相似的. 然而，考虑

$$A = \begin{bmatrix} 1 & 3 & 0 \\ 0 & 2 & 4 \\ 0 & 0 & 3 \end{bmatrix} \quad \text{以及} \quad B = \begin{bmatrix} 1 & 0 & 0 \\ 0 & 2 & 5 \\ 0 & 0 & 3 \end{bmatrix} \tag{2.3.2b}$$

它们有同样的特征值以及同样的元素平方之和. 利用 (2.2.8) 中的判别法或者利用 (2.4.5.1) 后面的习题证明 A 与 B 不是酉相似的. 然而无论如何，A 与 B 是相似的. 为什么？ ◀

(2.3.1) 有一个有用的推广：由复矩阵组成的一个交换族可以通过单独一个酉相似同时化简为上三角型.

定理 2.3.3   设 $\mathcal{F} \subseteq M_n$ 是非空的交换族. 则存在一个酉矩阵 $U \in M_n$，使得对每个 $A \in \mathcal{F}$，U^*AU 都是上三角的.

证明   回到 (2.3.1) 的证明. 在该证明的每一步选取特征向量（以及酉矩阵）时，利用 (1.3.19) 选取对每一个 $A \in \mathcal{F}$ 所共有的一个单位特征向量，并构作一个以这个公共特征向量作为第一列的酉矩阵，它用同样的方式（通过酉相似）缩减 $\mathcal{F}$ 中的每一个矩阵. 相似则将交换性保留下来，分划矩阵的乘法计算显示，如果两个形如 $\begin{bmatrix} A_{11} & A_{12} \\ 0 & A_{22} \end{bmatrix}$ 以及 $\begin{bmatrix} B_{11} & B_{12} \\ 0 & B_{22} \end{bmatrix}$ 的矩阵可交换，那么 A_{22} 与 B_{22} 也可交换. 我们断言：(2.3.1) 中关于 U 的所有组成成分都可以对交换族的所有成员用同样的方式选取. □

在 (2.3.1) 中我们可以指定 T 的主对角线（即可以预先指定 A 的特征值出现在缩减过程中的排列次序），但是 (2.3.3) 没有声明这一点. 在缩减的每一步，所用到的公共特征向量是与 $\mathcal{F}$ 中**每一个**矩阵的**某个**特征值相伴的，但是我们或许不能指出它是哪一个. 根据由 (1.3.19) 所保证的公共特征向量，我们必须随意选取特征值.

下一个习题说明了：在实相似之下寻求实矩阵可能达致的三角型时，为什么会出现拟

三角矩阵以及拟对角矩阵, 见(0.9.4).

习题 证明: $a \pm ib$ 是实 2×2 矩阵 $\begin{bmatrix} a & b \\ -b & a \end{bmatrix}$ 的特征值. ◀

如果一个实矩阵 A 有任何非实的特征值, 就没有希望通过一个实的相似将它化简为上三角型 T, 因为 T 的某个主对角线元素(A 的特征值)就会不是实的. 然而, 我们总可以通过实正交相似将 A 化为一个实的拟三角型, 成对共轭的非实特征值与 2×2 分块相伴.

定理 2.3.4(实 Schur 型) 设给定 $A \in M_n(\mathbf{R})$.

(a) 存在一个实的非奇异的 $S \in M_n(\mathbf{R})$, 使得 $S^{-1}AS$ 是实的上拟三角矩阵

$$\begin{bmatrix} A_1 & & & \bigstar \\ & A_2 & & \\ & & \ddots & \\ 0 & & & A_m \end{bmatrix}, \quad \text{每个 } A_i \text{ 都是 } 1 \times 1 \text{ 或 } 2 \times 2 \text{ 的} \tag{2.3.5}$$

它具有下述性质: (i)它的 1×1 对角块给出 A 的实特征值; (ii)它的每一个 2×2 对角块有特殊的形式, 它给出 A 的一对共轭的非实的特征值:

$$\begin{bmatrix} a & b \\ -b & a \end{bmatrix}, \quad a, b \in \mathbf{R}, b > 0, \text{且 } a \pm ib \text{ 是 } A \text{ 的特征值} \tag{2.3.5a}$$

(iii) 它的对角块由 A 的特征值完全确定; 它们可以按照任意预先指定的次序出现.

[103]

(b) 存在一个实正交矩阵 $Q \in M_n(\mathbf{R})$, 使得 $Q^{\mathrm{T}}AQ$ 是具有如下性质的实的上拟三角矩阵: (i)它的 1×1 对角块给出 A 的实特征值; (ii)它的每一个 2×2 对角块给出一对共轭的非实的特征值(不过没有特定的形式); (iii)对角块的排序可以按照如下的意义预先加以指定: 如果 A 的实特征值以及成对共轭的非实的特征值按照预先指定的次序列出, 那么 $Q^{\mathrm{T}}AQ$ 的各个对角块 $A_1, \cdots, A_m$ 代表的实特征值与成对共轭的非实的特征值也按照同样的次序排列.

证明 (a)(2.3.1)的证明指出怎样用与任意给定的实特征对相对应的实正交相似来缩减 A, 那样的缩减产生出实的 1×1 对角块以及一个形如 $\begin{bmatrix} \lambda & * \\ 0 & \mathcal{A} \end{bmatrix}$ 的缩减的矩阵. 问题 1.3. P33 描述了如何通过与特征对 λ, x 对应的实相似来缩减 A, 其中 λ 不是实的. 这种缩减产生出有特殊形式(2.3.5a)的 2×2 对角块 B 以及一个形如 $\begin{bmatrix} B & * \\ 0 & \mathcal{A} \end{bmatrix}$ 的缩减的矩阵. 仅需有限多次缩减就可以构造出一个非奇异的 S, 使得 $S^{-1}AS$ 有所结论中的上拟三角型. 通过在每次缩减时选择一个特殊的特征值以及与之对应的特征向量, 我们可以控制对角块出现的次序.

(b) 假设给定 A 的实特征值以及成对共轭的非实特征值的一个排序, 又令 S 是一个非奇异的实矩阵, 它使得 $S^{-1}AS$ 有(2.3.5)的形状, 其对角块按照指定的次序排列. 利用 (2.1.14)将 S 分解成 $S = QR$, 其中 Q 是实正交矩阵, 而 R 是实的上三角矩阵. 将 $R = [r_{ij}]$ 按照与(2.3.5)共形地予以分划并计算 $S^{-1}AS = R^{-1}Q^{\mathrm{T}}AQR$, 所以

$$Q^{\mathrm{T}}AQ = R \begin{bmatrix} A_1 & & & \bigstar \\ & A_2 & & \\ & & \ddots & \\ 0 & & & A_m \end{bmatrix} R^{-1} = \begin{bmatrix} R_{11}A_1R_{11}^{-1} & & & \bigstar \\ & R_{22}A_2R_{22}^{-1} & & \\ & & \ddots & \\ 0 & & & R_{mm}A_mR_{mm}^{-1} \end{bmatrix}$$

是上拟三角矩阵，它的 1×1 对角块与(2.3.5)的那些是相同的，而它的 2×2 对角块与 (2.3.5)的对应的分块是相似的.   □

上面的定理有一个用交换族来表达的形式：一个由实矩阵组成的交换族可以通过单独一个实相似或者实正交相似被同时简化成共同的上拟三角型. 用如下的说法来描述 (2.3.5)的分划的结构是方便的：它按照与给定的拟对角矩阵 $D=J_{n_1}\oplus\cdots\oplus J_{n_m}\in M_n$ 共形地加以分划，其中 J_k 记 $k\times k$ 全 1 矩阵(0.2.8)，而每个 n_j 取值或者为 1，或者为 2.

定理 2.3.6 设 $\mathcal{F}\subseteq M_n(\mathbf{R})$ 是一个非空的交换族.

(a) 存在一个非奇异的 $S\in M_n(\mathbf{R})$ 以及一个拟对角矩阵 $D=J_{n_1}\oplus\cdots\oplus J_{n_m}\in M_n$，使得：

(i)对每个 $A\in\mathcal{F}$，$S^{-1}AS$ 都是形如

$$\begin{bmatrix} A_1(A) & & & \bigstar \\ & A_2(A) & & \\ & & \ddots & \\ 0 & & & A_m(A) \end{bmatrix} \tag{2.3.6.1}$$

的实的上拟三角矩阵，它与 D 共形地分划；(ii)如果 $n_i=2$，则对每个 $A\in\mathcal{F}$ 我们有

$$A_j(A)=\begin{bmatrix} a_j(A) & b_j(A) \\ -b_j(A) & a_j(A) \end{bmatrix}\in M_2(\mathbf{R}) \tag{2.3.6.2}$$

且 $a_j(A)\pm ib_j(A)$ 是 A 的特征值；(iii)对每个满足 $n_j=2$ 的 $j\in\{1,\cdots,m\}$，存在某个 $A\in\mathcal{F}$，使得 $b_j(A)\neq0$. 如果 $\mathcal{F}$ 中每个矩阵都只有实特征值，那么对每个 $A\in\mathcal{F}$，$S^{-1}AS$ 都是上三角的.

(b) 存在一个实正交矩阵 $Q\in M_n(\mathbf{R})$ 以及一个拟对角矩阵 $D=J_{n_1}\oplus\cdots\oplus J_{n_m}\in M_n$，使得：(i)对每个 $A\in\mathcal{F}$，$Q^{\mathrm{T}}AQ$ 都是形如(2.3.6.1)的与 D 共形分划的上拟三角矩阵；(ii)对每个满足 $n_j=2$ 的 $j\in\{1,\cdots,m\}$，存在某个 $A\in\mathcal{F}$，使得 $A_j(A)$ 有一对共轭的非实特征值. 如果 $\mathcal{F}$ 中每个矩阵都只有实特征值，那么对每个 $A\in\mathcal{F}$，$Q^{\mathrm{T}}AQ$ 都是上三角的.

证明 (a)遵循(2.3.3)证明中的归纳模式，只需要构造一个非奇异的实矩阵，它以同样的方式(通过相似性)缩减 $\mathcal{F}$ 中的每一个矩阵就够了. 利用(1.3.19)来选取每一个 $A\in\mathcal{F}$ 所共有的单位特征向量 $x\in\mathbf{C}^n$. 记 $x=u+iv$，其中 $u,v\in\mathbf{R}^n$. 这里有两种可能性，第一种可能性是(i)$\{u,v\}$ 是线性相关的. 在此情形，存在一个实的单位向量 $w\in\mathbf{R}^n$ 以及不全为零的实的纯量 α 与 β，使得 $u=\alpha w$ 以及 $v=\beta w$. 这样 $x=(\alpha+i\beta)w$ 与 $w=(\alpha+i\beta)^{-1}x$ 就是每一个 $A\in\mathcal{F}$ 的实单位特征向量. 设 Q 是一个实正交矩阵，它的第一列是 w，并注意到对每个 $A\in\mathcal{F}$ 有 $Q^{\mathrm{T}}AQ=\begin{bmatrix} \lambda(A) & * \\ 0 & * \end{bmatrix}$，其中 $\lambda(A)$ 是 A 的一个实特征值. 第二种可能性是(ii)$\{u,v\}$ 是线性无关的. 在此情形(1.3.P3)指出了怎样构造一个实的非奇异的矩阵 S，使得对每个 $A\in\mathcal{F}$，有 $S^{-1}AS=\begin{bmatrix} A_1(A) & * \\ 0 & * \end{bmatrix}$，其中 $A_1(A)$ 有(2.3.6.2)的形式. 如果 $b_1(A)\neq 0$，那么 $a_1(A)\pm ib_1(A)$ 是 A 的一对共轭的非实特征值. 然而，如果 $b_1(A)=0$，则 $a_1(A)$ 是 A 的二重实特征值. 如果对每个 $A\in\mathcal{F}$ 有 $b_1(A)=0$(例如，如果 $\mathcal{F}$ 中每个矩阵都只有实特征值)，那么就将 2×2 块分成两个 1×1 块.

(b) 设 S 是非奇异的实矩阵，它有(a)中所断言的性质，又设 $S=QR$ 是 QR 分解

(2.1.14). 按照在(2.3.4)的证明中同样的方法，可以证明 Q 有所断言的性质. □

正如在(2.3.3)中那样，我们不能控制与上一个定理中的对角块相对应的特征值出现的次序，我们不得不根据(1.3.19)所保证存在的公共特征向量让特征值随意出现.

习题 设 $A \in M_n$. 说明为什么 A 与 $\bar{A}$ 可交换，当且仅当 $A\bar{A}$ 是实的. ◀

习题 设 $A = \begin{bmatrix} 1 & i \\ -i & 1 \end{bmatrix}$. 证明 $A\bar{A}$ 是实的，且 $\mathrm{Re}A$ 与 $\mathrm{Im}A$ 可交换. ◀

习题 设 $A \in M_n$ 并记 $A = B + iC$，其中 B 与 C 是实的. 证明：$A\bar{A} = \bar{A}A$ 成立当且仅当 $BC = CB$. ◀

使得 $A\bar{A}$ 是实数的矩阵之集合 $\mathcal{S} = \{A \in M_n : A\bar{A} = \bar{A}A\}$ 大于实矩阵的集合 $M_n(\mathbf{R})$，不过它们有一个共同的重要性质：任何实方阵实正交相似于一个实的上拟三角矩阵，而 $\mathcal{S}$ 中的任何矩阵都实正交相似于一个**复的**上拟三角矩阵.

推论 2.3.7 设 $A \in M_n$，并假设 $A\bar{A} = \bar{A}A$. 则存在一个实正交矩阵 $Q \in M_n(\mathbf{R})$ 以及一个拟对角矩阵 $D = J_{n_1} \oplus \cdots \oplus J_{n_m} \in M_n$，使得 $Q^T A Q \in M_n$ 是一个形如(2.3.6.1)的复的上拟三角矩阵，它与 D 共形地分划且有如下性质：对每个使得 $n_j = 2$ 成立的 $j \in \{1, \cdots, m\}$，$\mathrm{Re}A_j$ 或者 $\mathrm{Im}A_j$ 中至少有一个有一对共轭的非实特征值. 如果 $\mathrm{Re}A_j$ 与 $\mathrm{Im}A_j$ 中的每一个都只有实特征值，那么 $Q^T A Q \in M_n$ 是上三角矩阵.

证明 记 $A = B + iC$，其中 B 与 C 是实数. 这些假设以及上一个习题保证了 B 与 C 可交换. 由(2.3.6b)推出，存在一个实正交矩阵 $Q \in M_n(\mathbf{R})$ 以及一个拟对角矩阵 $D = J_{n_1} \oplus \cdots \oplus J_{n_m} \in M_n$，使得 $Q^T B Q$ 与 $Q^T C Q$ 中的每一个都是形如(2.3.6.1)的实的上拟三角矩阵，它与 D 共形地分划. 此外，对每个使得 $n_j = 2$ 成立的 $j \in \{1, \cdots, m\}$，$A_j(B)$ 或者 $A_j(C)$ 中至少有一个有一对共轭的非实特征值. 由此推出，$Q^T A Q = Q^T (B + iC) Q = Q^T B Q + iQ^T C Q$ 是一个复的上拟三角矩阵，它与 D 共形地分划. 如果 B 与 C 中的每一个都只有实特征值，那么每个 $n_j = 1$，且 $Q^T B Q$ 与 $Q^T C Q$ 中每一个都是上三角的. □

问题

2.3.P1 设 $x \in \mathbf{C}^n$ 是一个给定的单位向量，并记 $x = [x_1 \quad y^T]^T$，其中 $x_1 \in \mathbf{C}$，而 $y \in \mathbf{C}^{n-1}$. 选取 $\theta \in \mathbf{R}$，使得 $e^{i\theta}x_1 \geq 0$，并定义 $z = e^{i\theta}x = [z_1 \quad \zeta^T]^T$，其中 $z_1 \in \mathbf{R}$ 是非负的，而 $\zeta \in \mathbf{C}^{n-1}$. 考虑 Hermite 矩阵

$$V_x = \begin{bmatrix} z_1 & \zeta^* \\ \hline \zeta & -I + \dfrac{1}{1+z_1}\zeta\zeta^* \end{bmatrix}$$

利用分划的乘法来计算 $V_x^* V_x = V_x^2$. 我们推出 $U = e^{-i\theta} V_x = [x \quad u_2 \quad \cdots \quad u_n]$ 是酉矩阵，它的第一列是给定的向量 x.

2.3.P2 如果 $x \in \mathbf{R}^n$ 是一个给定的单位向量，指出如何精简(2.3.P1)中所描述的构造，从而产生出一个实正交矩阵 $Q \in M_n(\mathbf{R})$，它的第一列就是 x. 证明你的构造是成功的.

2.3.P3 设 $A \in M_n(\mathbf{R})$. 说明为什么 A 的非实的特征值必定共轭成对出现.

2.3.P4 考虑族 $\mathcal{F} = \left\{ \begin{bmatrix} 0 & -1 \\ 0 & -1 \end{bmatrix}, \begin{bmatrix} 1 & 1 \\ 0 & -1 \end{bmatrix} \right\}$，并证明(2.3.3)中的可交换性猜想虽然足以蕴含对 $\mathcal{F}$ 同时酉上三角化，但却并非是必要的.

2.3.P5 设 $\mathcal{F} = \{A_1, \cdots, A_k\} \subset M_n$ 是一个给定的族，又设 $\mathcal{G} = \{A_i A_j : i, j = 1, 2, \cdots, k\}$ 是 $\mathcal{F}$ 中的矩阵两两成对的乘积组成的族. 如果 $\mathcal{G}$ 是交换的，已知 $\mathcal{F}$ 可以同时酉上三角化，当且仅当每个**换位子**

(commutator)$A_iA_j-A_jA_i$ 的每个特征值都是零. 指出 $\mathcal{G}$ 的交换性假设比 $\mathcal{F}$ 的交换性假设更弱. 证明 (2.3.P4) 中的族 $\mathcal{F}$ 有对应的 $\mathcal{G}$, $\mathcal{G}$ 是交换的且也满足零特征值条件.

2.3.P6 设给定 A, $B\in M_n$, 并假设 A 与 B 同时相似于上三角矩阵, 也就是说, 对某个非奇异的 $S\in M_n$, $S^{-1}AS$ 与 $S^{-1}BS$ 两者均为上三角矩阵. 证明 $AB-BA$ 的每个特征值都必定是零.

2.3.P7 如果一个给定的 $A\in M_n$ 可以写成 $A=Q\Delta Q^{\mathrm{T}}$, 其中 $Q\in M_n$ 是复的正交矩阵, 而 $\Delta\in M_n$ 是上三角矩阵, 证明 A 至少有一个特征向量 $x\in \mathbf{C}^n$ 使得 $x^{\mathrm{T}}x\neq 0$. 考虑 $A=\begin{bmatrix}1 & i \\ i & -1\end{bmatrix}$, 证明: 并非每一个 $A\in M_n$ 都能通过复的正交相似来实现上三角化.

2.3.P8 设 $Q\in M_n$ 是复正交矩阵, 又假设 $x\in\mathbf{C}^n$ 是 Q 的与一个特征值 $\lambda\neq\pm 1$ 相伴的特征向量. 证明 $x^{\mathrm{T}}x=0$. (2.1.P8a) 给出一个例子, 这个例子中给出一族 2×2 复正交矩阵, 它们的两个特征值都异于 ± 1. 证明: 这些矩阵中没有一个能通过复正交相似转化为上三角型.

2.3.P9 设 λ_1, $\cdots$, λ_n 是 $A\in M_n$ 的特征值, 假设 x 是满足 $Ax=\lambda x$ 的非零向量, 又设给定 $y\in\mathbf{C}^n$ 以及 $\alpha\in\mathbf{C}$. 对下面的论证提供细节, 以证明加边矩阵 $\mathcal{A}=\begin{bmatrix}\alpha & y^* \\ x & A\end{bmatrix}\in M_{n+1}$ 的特征值是 $\begin{bmatrix}\alpha & y^*x \\ 1 & \lambda\end{bmatrix}$ 的两个特征值加上 λ_2, $\cdots$, λ_n: 作出一个酉矩阵 U, 它的第一列是 $x/\|x\|_2$. 设 $V=[1]\oplus U$, 并证明 $V^*\mathcal{A}V=\begin{bmatrix}B & \bigstar \\ 0 & C\end{bmatrix}$, 其中 $B=\begin{bmatrix}\alpha & y^*x/\|x\|_2 \\ \|x\|_2 & \lambda\end{bmatrix}\in M_2$, 而 $C\in M_{n-2}$ 有特征值 λ_2, $\cdots$, λ_n. 考虑 B 通过 $\mathrm{diag}(1,\|x\|_2^{-1})$ 所作的相似. 如果 $y\perp x$, 推出结论: $\mathcal{A}$ 的特征值是 α, λ, λ_2, $\cdots$, λ_n. 说明为什么 $\begin{bmatrix}a & y^* \\ x & A\end{bmatrix}$ 与 $\begin{bmatrix}A & x \\ y^* & \alpha\end{bmatrix}$ 的特征值相同.

2.3.P10 设 $A=[a_{ij}]\in M_n$ 以及 $c=\max\{|a_{ij}|:1\leqslant i,j\leqslant n\}$. 用两种方法证明 $|\det A|\leqslant c^n n^{n/2}$: (a) 设 λ_1, $\cdots$, λ_n 是 A 的特征值. 利用算术-几何平均不等式以及 (2.3.2a) 来说明为什么 $|\det A|^2=|\lambda_1\cdots\lambda_n|^2\leqslant((|\lambda_1|^2+\cdots+|\lambda_n|^2)/n)^n\leqslant\left(\sum_{i,j=1}^n|a_{ij}|^2/n\right)^n\leqslant(nc^2)^n$.

(b) 利用 (2.1.P23) 中的 Hadamard 不等式

2.3.P11 利用 (2.3.1) 证明: 如果 $A\in M_n$ 的所有的特征值都是零, 那么 $A^n=0$.

2.3.P12 设 $A\in M_n$, 又设 λ_1, $\cdots$, λ_n 是它的特征值, 再令 $r\in\{1,\cdots,n\}$. (a) 利用 (2.3.1) 证明: 复合矩阵 $C_r(A)$ 的特征值是 $\binom{n}{r}$ 个可能的乘积 $\lambda_{i_1}\cdots\lambda_{i_r}$, 其中 $1\leqslant i_1<i_2<\cdots<i_r\leqslant n$. (b) 说明为什么 $\mathrm{tr}C_r(A)=S_r(\lambda_1,\cdots,\lambda_n)=E_r(A)$; 见 (1.2.14) 以及 (1.2.16). (c) 如果 A 的特征值排列成 $|\lambda_1|\geqslant\cdots\geqslant|\lambda_n|$, 说明为什么 $C_r(A)$ 的谱半径是 $\rho(C_r(A))=|\lambda_1\cdots\lambda_r|$. (d) 说明为什么 $p_A(t)=\sum_{k=0}^n(-1)^t t^{n-k}\mathrm{tr}C_r(A)$, 从而有 $\det(I+A)=\sum_{k=0}^n\mathrm{tr}C_r(A)$. (e) 对下面的推理提供细节: 如果 A 是非奇异的, 那么

$$\det(A+B)=\det A\det(I+A^{-1}B)=\det A\sum_{k=0}^n\mathrm{tr}C_r(A^{-1}B)$$

$$=\det A\sum_{k=0}^n\mathrm{tr}(C_r(A^{-1})C_r(B))=\det A\sum_{k=0}^n\mathrm{tr}(C_r(A)^{-1}C_r(B))$$

$$=\det A\sum_{k=0}^n\mathrm{tr}(\det A^{-1}\mathrm{adj}_k(A)C_r(B))=\sum_{k=0}^n\mathrm{tr}(\mathrm{adj}_k(A)C_r(B))$$

(f) 证明恒等式 (0.8.12.3).

2.3. P13 考虑 $A = \begin{bmatrix} -2 & 5 \\ -1 & 2 \end{bmatrix}$. (a)证明 $\pm i$ 是 A 的特征值，并说明为什么 A 与 $B = \begin{bmatrix} 0 & 1 \\ -1 & 0 \end{bmatrix}$ 是实相似的.
(b)说明为什么 A 与 B 不是实正交相似的.

2.3. P14 设 $A = [a_{ij}] \in M_n$. (a)设 $V = [v_{ij}] \in M_n$ 是酉矩阵. 说明为什么 $\left| \mathrm{tr} VA \right| = \left| \sum_{i,j} v_{ij} a_{ji} \right| \leqslant \sum_{i,j} |a_{ji}|$. (b) 设 $\lambda_1, \cdots, \lambda_n$ 是 A 的特征值. 证明 $\sum_i |\lambda_i| \leqslant \sum_{i,j} |a_{ji}|$.

进一步的阅读参考　有关上三角化(2.3.1)的一个改进的结果，见(3.4.3.1). (2.3. P5)中给出的(2.3.3)的一个更强形式的证明见 Y. P. Hong 以及 R. A. Horn, On simultaneous reduction of families of matrices to triangular or diagonal form by unitary congruences, *Linear Multilinear Algebra* 17(1985)271-288.

2.4　Schur 三角化定理的推论

从 Schur 的酉三角化定理可以收获一批结果. 在这一节里我们研究其中的几个.

2.4.1　迹与行列式

假设 $A \in M_n$ 有特征值 $\lambda_1, \cdots, \lambda_n$. 在(1.2)中我们曾利用特征多项式证明了 $\sum_{i=1}^n \lambda_i = \mathrm{tr} A$, $\sum_{i=1}^n \prod_{j \neq i}^n \lambda_j = \mathrm{tr}(\mathrm{adj} A)$ 以及 $\det A = \prod_{i=1}^n \lambda_i$，但是这些恒等式以及其他一些结果都可以从对(2.3.1)中的三角型的核查直接得出.

对任何非奇异的 $S \in M_n$，我们有 $\mathrm{tr}(S^{-1} A S) = \mathrm{tr}(A S S^{-1}) = \mathrm{tr} A$；$\mathrm{tr}(\mathrm{adj}(S^{-1} A S)) = \mathrm{tr}((\mathrm{adj} S)(\mathrm{adj} A)(\mathrm{adj} S^{-1})) = \mathrm{tr}((\mathrm{adj} S)(\mathrm{adj} A)(\mathrm{adj} S)^{-1}) = \mathrm{tr}(\mathrm{adj} A)$；以及 $\det(S^{-1} A S) = (\det S^{-1})(\det A)(\det S) = (\det S)^{-1}(\det A)(\det S) = \det A$. 这样一来，$\mathrm{tr} A$，$\mathrm{tr}(\mathrm{adj} A)$ 以及 $\det A$ 都可以用任何与 A 相似的矩阵来计算. (2.3.1)中的上三角矩阵 $T = [t_{ij}]$ 对这一目的来说是方便的，因为它的主对角线元素 $t_{11}, \cdots t_{nn}$ 是 A 的特征值，$\mathrm{tr} T = \sum_{i=1}^n t_{ii}$, $\det T = \prod_{i=1}^n t_{ii}$,而 $\mathrm{adj} T$ 的主对角线元素是 $\prod_{j \neq 1}^n t_{jj}, \cdots, \prod_{j \neq n}^n t_{jj}$.

2.4.2　A 的多项式的特征值

假设 $A \in M_n$ 有特征值 $\lambda_1, \cdots, \lambda_n$，并设 $p(t)$ 是一个给定的多项式. 在(1.1.6)中我们证明了，对每一个 $i = 1, \cdots, n$, $p(\lambda_i)$ 都是 $p(A)$ 的特征值，又如果 μ 是 $p(A)$ 的一个特征值，那么就存在某个 $i \in \{1, \cdots, n\}$，使得 $\mu = p(\lambda_i)$. 这些结论将 $p(A)$ 的不同的特征值（即它的谱(1.1.4)）辨识出来，但没有给出它们的重数. Schur 定理 2.3.1 揭示出它们的重数.

设 $A = U T U^*$，其中 U 是酉矩阵，而 $T = [t_{ij}]$ 是上三角矩阵，其主对角元素是 $t_{11} = \lambda_1$, $t_{22} = \lambda_2$, $\cdots$, $t_{nn} = \lambda_n$. 这样就有 $p(A) = p(U T U^*) = U p(T) U^*$ (1.3. P2). $p(T)$ 的主对角元素是 $p(\lambda_1)$, $p(\lambda_2)$, $\cdots$, $p(\lambda_n)$, 故而这些就是 $p(T)$（从而也就是 $p(A)$）的特征值（计入重数）. 特别地，对每个 $k = 1, 2, \cdots$, A^k 的特征值是 $\lambda_1^k, \cdots, \lambda_n^k$，且
$$\mathrm{tr} A^k = \lambda_1^k + \cdots + \lambda_n^k \qquad (2.4.2.1)$$

习题 如果 $T \in M_n$ 是严格上三角的，证明：T^p 的主对角线以及前 $p-1$ 条超对角线上的所有元素都是零，$p=1$，$\cdots$，n，特别地，有 $T^n=0$.

假设 $A \in M_n$. 我们知道(1.1. P6)：如果对某个正整数 k 有 $A^k=0$，那么 $\sigma(A)=\{0\}$，所以 A 的特征多项式是 $p_A(t)=t^n$. 现在我们可以证明它的逆命题，且还能略微得到更多一点结果. 如果 $\sigma(A)=\{0\}$，那么存在一个酉矩阵 U 以及一个**严格**上三角矩阵 T，使得 $A=UTU^*$；上一个习题告诉我们有 $T^n=0$，所以 $A^n=UT^nU^*=0$. 于是，如下结论对 $A \in M_n$ 是等价的：(a)A 是幂零的；(b)$A^n=0$；以及(c)$\sigma(A)=\{0\}$.

2.4.3 Cayley-Hamilton 定理

每个复方阵都满足它自己的特征方程这一事实可由 Schur 定理以及关于有特殊零元素模式的三角矩阵的乘法的一个结论推出.

引理 2.4.3.1 假设 $R=[r_{ij}]$，$T=[t_{ij}] \in M_n$ 是上三角矩阵，且 $r_{ij}=0$，$1 \leq i$，$j \leq k < n$，以及 $t_{k+1,k+1}=0$. 设 $S=[s_{ij}]=RT$. 那么 $s_{ij}=0$，$1 \leq i$，$j \leq k+1$.

证明 这些假设条件描述了形如

$$R = \begin{bmatrix} 0_k & R_{12} \\ 0 & R_{22} \end{bmatrix}, \quad T = \begin{bmatrix} T_{11} & T_{12} \\ 0 & T_{22} \end{bmatrix}, \quad T_{11} \in M_k$$

的分块矩阵 R 和 T，其中 R_{22}，T_{11} 以及 T_{22} 都是上三角的，且 T_{22} 的第一列为零. 乘积 RT 必定是上三角的. 我们必须证明它在左上角有一个为零的 $k+1$ 阶主子矩阵. 分划 $T_{22}=\begin{bmatrix} 0 & Z \end{bmatrix}$ 以显示出它的第一列，作分块乘法

$$RT = \begin{bmatrix} 0_k T_{11}+R_{12}0 & 0_k T_{12}+R_{12}\begin{bmatrix} 0 & Z \end{bmatrix} \\ 0 T_{11}+R_{22}0 & 0 T_{12}+R_{22}\begin{bmatrix} 0 & Z \end{bmatrix} \end{bmatrix} = \begin{bmatrix} 0_k & \begin{bmatrix} 0 & R_{12}Z \end{bmatrix} \\ 0 & \begin{bmatrix} 0 & R_{22}Z \end{bmatrix} \end{bmatrix}$$

它显示出所希望的位于左上角的那个 $k+1$ 阶零主子矩阵. □

定理 2.4.3.2(Cayley-Hamilton) 设 $p_A(t)$ 是 $A \in M_n$ 的特征多项式. 那么 $p_A(A)=0$.

证明 如同在(1.2.6)中那样分解 $p_A(t)=(t-\lambda_1)(t-\lambda_2)\cdots(t-\lambda_n)$，利用(2.3.1)将 A 记为 $A=UTU^*$，其中 U 是酉矩阵，T 是上三角矩阵，而 T 的主对角元是 λ_1，$\cdots$，λ_n.

109

计算

$$p_A(A) = p_A(UTU^*) = Up_A(T)U^*$$
$$= U[(T-\lambda_1 I)(T-\lambda_2 I)\cdots(T-\lambda_n I)]U^*$$

只要证明 $p_A(T)=0$ 就足够了. $T-\lambda_1 I$ 的左上角的 1×1 分块是零，而 $T-\lambda_2 I$ 位于$(2，2)$处的元素是零，所以上一个引理确保$(T-\lambda_1 I)(T-\lambda_2 I)$ 的左上角 2×2 主子矩阵是零. 假设$(T-\lambda_1 I)\cdots(T-\lambda_k I)$ 的左上角 $k \times k$ 主子矩阵是零. $(T-\lambda_{k+1}I)$ 的位于 $k+1$，$k+1$ 处的元素是零，故而再次借用该引理我们就知道，$(T-\lambda_1 I)\cdots(T-\lambda_{k+1}I)$ 的左上角的 $k+1$ 阶主子矩阵也是零. 根据归纳法，我们得出$((T-\lambda_1 I)\cdots(T-\lambda_{n-1}I))(T-\lambda_n I)=0$. □

习题 下面的推理中何处有错误？"由于对 $A \in M_n$ 的每一个特征值 λ_i 有 $p_A(\lambda_i)=0$，又因为 $p_A(A)$ 的特征值是 $p_A(\lambda_1)$，$\cdots$，$p_A(\lambda_n)$，故而 $p_A(A)$ 的所有特征值都是 0. 这样一来就有 $p_A(A)=0$."给出一个例子来说明推理中的错误.

习题 下面的推理中何处有错误？"由于 $p_A(t)=\det(tI-A)$，我们就有 $p_A(A)=\det(AI-A)=\det(A-A)=\det 0=0$. 这样一来就有 $p_A(A)=0$."

Cayley-Hamilton 定理常常被解释成"每个方阵都满足它自己的特征方程"(1.2.3)，不过这必须要仔细加以理解：纯量多项式 $p_A(t)$ 首先是作为 $p_A(t)=\det(tI-A)$ 来计算的；然后才是通过代换 $t \to A$ 来计算矩阵 $p_A(A)$.

我们已经对元素为复数的矩阵证明了 Cayley-Hamilton 定理，从而它必定对元素取自复数的任意子域（例如实数或者有理数）的矩阵也成立. 事实上，Cayley-Hamilton 定理是一个完全形式的结果，它对元素取自任何域（更一般地，是对任何交换环）的矩阵都成立；见(2.4.P3).

Cayley-Hamilton 定理的一项重要用途是将 $A \in M_n$ 的幂 A^k（对 $k \geqslant n$）写成 I，A，A^2，$\cdots$，A^{n-1} 的线性组合.

例 2.4.3.3 设 $A=\begin{bmatrix} 3 & 1 \\ -2 & 0 \end{bmatrix}$. 那么 $p_A(t)=t^2-3t+2$，所以 $A^2-3A+2I=0$. 从而 $A^2=3A-2I$；$A^3=A(A^2)=3A^2-2A=3(3A-2I)-2A=7A-6I$；$A^4=7A^2-6A=15A-14I$，如此等等. 我们还可以将非奇异矩阵 A 的负数次幂表示成 A 与 I 的线性组合. 将 $A^2-3A+2I=0$ 写成 $2I=-A^2+3A=A(-A+3I)$，或者 $I=A\left[\frac{1}{2}(-A+3I)\right]$. 从而 $A^{-1}=-\frac{1}{2}A+\frac{3}{2}I=\begin{bmatrix} 0 & -1/2 \\ 1 & 3/2 \end{bmatrix}$，$A^{-2}=\left(-\frac{1}{2}A+\frac{3}{2}I\right)^2=\frac{1}{4}A^2-\frac{3}{2}A+\frac{9}{4}I=\frac{1}{4}(3A-2I)-\frac{3}{2}A+\frac{9}{4}I=-\frac{3}{4}A+\frac{7}{4}I$，如此等等.

推论 2.4.3.4 假设 $A \in M_n$ 是非奇异的，且 $p_A(t)=t^n+a_{n-1}t^{n-1}+\cdots+a_1t+a_0$. 令 $q(t)=-(t^{n-1}+a_{n-1}t^{n-2}+\cdots+a_2t+a_1)/a_0$. 那么 $A^{-1}=q(A)$ 是 A 的多项式.

证明 将 $p_A(A)=0$ 写成 $A(A^{n-1}+a_{n-1}A^{n-2}+\cdots+a_2A+a_1I)=-a_0I$，这就是 $Aq(A)=I$. $\square$

110

习题 如果 A，$B \in M_n$ 是相似的，而 $g(t)$ 是任意一个给定的多项式，证明 $g(A)$ 与 $g(B)$ 相似，且 A 满足的任何多项式方程也被 B 满足. 对其逆命题给出某种见解：满足同一个多项式方程就蕴含相似——这一结论是真还是假？◀

例 2.4.3.5 我们已经证明了：每一个 $A \in M_n$ 都满足一个 n 次多项式方程，例如它的特征方程. 然而对 $A \in M_n$ 来说，它有可能满足一个次数低于 n 的多项式方程. 考虑

$$A=\begin{bmatrix} 1 & 0 & 0 \\ 0 & 1 & 1 \\ 0 & 0 & 1 \end{bmatrix} \in M_3$$

其特征多项式是 $p_A(t)=(t-1)^3$，而且确有 $(A-I)^3=0$. 但是 $(A-I)^2=0$，所以 A 满足一个 2 次多项式方程. 不存在一次多项式 $h(t)=t+a_0$，使得 $h(A)=0$，这是因为对所有 $a_0 \in \mathbf{C}$ 都有 $h(A)=A+a_0I \neq 0$.

习题 假设一个可以对角化的矩阵 $A \in M_n$ 有 $d \leqslant n$ 个不同的特征值 λ_1，$\cdots$，λ_d. 设 $q(t)=(t-\lambda_1)\cdots(t-\lambda_d)$. 证明 $q(A)=0$，所以 A 满足一个 d 次多项式方程. 为什么不存在次数严格小于 d 的多项式 $g(t)$，使得 $g(A)=0$？考虑上一个例子中的矩阵，证明：能被一个不可对角化的矩阵满足的多项式方程的最小次数可能严格大于它的不同的特征值的个数. ◀

2.4.4 关于线性矩阵方程的 Sylvester 定理

与交换性有关的方程 $AX-XA=0$ 是线性矩阵方程 $AX-XB=C$ 的一个特例，通常称为 **Sylvester 方程**。对每个给定的 C，下面的定理对 Sylvester 方程有唯一解给出了一个必要且充分的条件。它依赖于 Cayley-Hamilton 定理以及如下的结论：如果 $AX=XB$，那么 $A^2X=A(AX)=A(XB)=(AX)B=(XB)B=XB^2$，$A^3X=A(A^2X)=A(XB^2)=(AX)B^2=XB^3$，如此等等。于是，根据标准的约定俗成，我们总是将 A^0 视为单位矩阵，我们就有

$$\Big(\sum_{k=0}^{m}a_kA^k\Big)X=\sum_{k=0}^{m}a_kA^kX=\sum_{k=0}^{m}a_kXB^k=X\Big(\sum_{k=0}^{m}a_kB^k\Big)$$

我们将这个结论总结成如下的引理。

引理 2.4.4.0 设 $A\in M_n$，$B\in M_m$ 以及 $X\in M_{n,m}$。如果 $AX-XB=0$，那么对任何多项式 $g(t)$ 都有 $g(A)X-Xg(B)=0$。

定理 2.4.4.1(Sylvester) 设给定 $A\in M_n$ 以及 $B\in M_m$。对每个给定的 $C\in M_{n,m}$，方程 $AX-XB=C$ 有唯一解 $X\in M_{n,m}$，当且仅当 $\sigma(A)\bigcap\sigma(B)=\varnothing$，也就是说，当且仅当 A 与 B 没有公共的特征值。特别地，如果 $\sigma(A)\bigcap\sigma(B)=\varnothing$，那么满足 $AX-XB=0$ 的唯一的解就是 $X=0$。如果 A 与 B 是实的，那么对每个给定的 $C\in M_{n,m}(\mathbf{R})$，$AX-XB=C$ 有唯一的解 $X\in M_{n,m}(\mathbf{R})$。

111

证明 考虑由 $T(X)=AX-XB$ 定义的线性变换 $T:M_{n,m}\to M_{n,m}$。为确保对每个给定的 $C\in M_{n,m}$，方程 $T(X)=C$ 有唯一解 X，只需要证明 $T(X)=0$ 的唯一解是 $X=0$ 就足够了；见 (0.5)。如果 $AX-XB=0$，由上面的讨论我们知道 $p_B(A)X-Xp_B(B)=0$。Cayley-Hamilton 定理确保有 $p_B(B)=0$，所以 $p_B(A)X=0$。

设 $\lambda_1,\cdots,\lambda_n$ 是 B 的特征值，所以 $p_B(t)=(t-\lambda_1)\cdots(t-\lambda_n)$，且 $p_B(A)=(A-\lambda_1 I)\cdots(A-\lambda_n I)$。如果 $\sigma(A)\bigcap\sigma(B)=\varnothing$，则每一个因子 $A-\lambda_j I$ 都是非奇异的，从而 $p_B(A)$ 是非奇异的，且 $p_B(A)X=0$ 的唯一解就是 $X=0$。反过来，如果 $p_B(A)X=0$ 有一个非平凡的解，那么 $p_B(A)$ 必定是奇异的，从而它的某个因子 $A-\lambda_j I$ 是奇异的，因而某个 λ_j 就是 A 的一个特征值。

如果 A 与 B 是实的，考虑由 $T(X)=AX-XB$ 定义的线性变换 $T:M_{n,m}(\mathbf{R})\to M_{n,m}(\mathbf{R})$。同样的讨论表明：实矩阵 $p_B(A)$ 是非奇异的，当且仅当 $\sigma(A)\bigcap\sigma(B)=\varnothing$（即便当 B 的某些特征值 λ_i 不为实数时也依然成立）。 □

形如 $AX=XB$ 的矩阵恒等式称为**缠绕关系**(intertwining relation)。交换性方程 $AB=BA$ 似乎是最为熟悉的缠绕关系；其他的例子是反交换性方程 $AB=-BA$，$AB=BA^{\mathrm{T}}$，$AB=B\overline{A}$，以及 $AB=BA^*$。Sylvester 定理的如下推论常用来证明：一个矩阵是分块对角的，如果它满足某种类型的缠绕关系。

推论 2.4.4.2 设 $B,C\in M_n$ 是分块对角的，且共形地分划成 $B=B_1\oplus\cdots\oplus B_k$ 以及 $C=C_1\oplus\cdots\oplus C_k$。假设只要 $i\neq j$ 就有 $\sigma(B_i)\bigcap\sigma(C_j)=\varnothing$。如果 $A\in M_n$ 且 $AB=CA$，那么 A 是与 B 以及 C 分块对角共形的，也就是说，$A=A_1\oplus\cdots\oplus A_k$，且对每个 $i=1,\cdots,k$ 有 $A_iB_i=C_iA_i$。

证明 与 B 以及 C 共形地分划 $A=[A_{ij}]$。那么 $AB=CA$，当且仅当 $A_{ij}B_j=C_iA_{ij}$。如

果 $i\neq j$，那么(2.4.4.1)就保证有 $A_{ij}=0$.

一个值得记住的基本原则是：如果 $AX=XB$，且如果对于 A 和 B 的结构存在某种特殊性，那么关于 X 的结构也就可能存在某种特殊性. 通过用标准型代替 A 与 B，并研究所产生的与标准型以及被变换的 X 有关的缠绕关系，我们或许能够发现特殊的结构是什么. 下面的推论是这种类型的结果的一个例子.   □

推论 2.4.4.3 设 A，$B\in M_n$. 假设存在一个非奇异的 $S\in M_n$，使得 $A=S(A_1\oplus\cdots\oplus A_d)S^{-1}$，其中每个 $A_j\in M_{n_j}(j=1,\cdots,d)$，且只要 $i\neq j$，就有 $\sigma(A_i)\bigcap\sigma(A_j)=\varnothing$. 那么，$AB=BA$ 当且仅当 $B=S(B_1\oplus\cdots\oplus B_d)S^{-1}$，其中每个 $B_j\in M_{n_j}(j=1,\cdots,d)$，又对每个 $i=1,\cdots,d$，有 $A_iB_i=B_iA_i$.

证明 如果 A 与 B 可交换，那么 $(S^{-1}AS)(S^{-1}BS)=(S^{-1}BS)(S^{-1}AS)$，所以结论中 $S^{-1}BS$ 的直和分解即由上面的推论得出. 而其逆则由计算得出.

在上一结果的通常应用中，每一个矩阵 A_i 都有单独一个特征值，且它常常是一个纯量矩阵：$A_i=\lambda_iI_{n_i}$.   □   [112]

2.4.5 Schur 三角化定理中的唯一性

对给定的 $A\in M_n$，(2.3.1)中描述的那种可以通过酉相似得到的上三角型 T 不一定是唯一的. 也就是说，有相同主对角线的不同的上三角矩阵可能是酉相似的.

如果 T，$T'\in M_n$ 是上三角的，且有相同的主对角线，主对角线上相同的元素归并在一起，关于使得 $T'=WTW^*$（也就是 $WT=T'W$）成立的酉矩阵 $W\in M_n$，能说些什么呢？下面的定理说的是：W 必定是分块对角的，而且在关于 T 的超对角线元素的某种假设之下，W 必定是对角矩阵，甚至是一个纯量矩阵. 在后一种情形有 $T=T'$.

定理 2.4.5.1 设 n，d，n_1，$\cdots$，n_d 是正整数，它们满足 $n_1+\cdots+n_d=n$. 设 $\Lambda=\lambda_1I_{n_1}\oplus\cdots\oplus\lambda_dI_{n_d}\in M_n$，其中 $\lambda_i\neq\lambda_j$（如果 $i\neq j$）. 设 $T=[t_{ij}]\in M_n$ 以及 $T'=[t'_{ij}]\in M_n$ 是与 Λ 有相同主对角线的上三角矩阵. 与 Λ 共形地分划 $T=[T_{ij}]_{i,j=1}^d$，$T'=[T'_{ij}]_{i,j=1}^d$ 以及 $W=[W_{ij}]_{i,j=1}^d\in M_n$. 假设 $WT=T'W$.

(a) 如果 $i>j$ 就有 $W_{ij}=0$，也就是说，W 是与 Λ 共形的分块上三角矩阵.

(b) 如果 W 是酉矩阵，那么它是与 Λ 共形的分块对角矩阵：$W=W_{11}\oplus\cdots\oplus W_{dd}$.

(c) 假设每一个块 T_{11}，$\cdots$，T_{dd} 的第一条超对角线的每个元素都不是零. 那么 W 是上三角的. 如果 W 是酉矩阵，那么它是对角矩阵：$W=\text{diag}(w_1,\cdots,w_n)$.

(d) 如果 W 是酉矩阵，且对每个 $i=1,\cdots,n-1$ 有 $t_{i,i+1}>0$ 以及 $t'_{i,i+1}>0$，那么 W 是一个纯量酉矩阵：$W=wI$. 在此情形有 $T=T'$.

证明 (a)如果 $d=1$，就没有什么要证明的了，故而可以假设 $d\geq2$. 我们的策略是研究恒等式 $WT=T'W$ 两边对应的块的相等. WT 的位于 $(d,1)$ 处的分块是 $W_{d1}T_{11}$，而 $T'W$ 的位于 $(d,1)$ 处的分块是 $T'_{dd}W_{d1}$. 由于 $\sigma(T_{11})$ 与 $\sigma(T'_{dd})$ 是不相交的，(2.4.4.1)就确保 $W_{d1}=0$ 是 $W_{d1}T_{11}=T'_{dd}W_{d1}$ 的仅有的解. 如果 $d=2$，我们就此停止. 如果 $d>2$，那么 WT 的位于 $(d,2)$ 处的分块是 $W_{d2}T_{22}$（由于 $W_{d1}=0$），而 $T'W$ 的位于 $(d,2)$ 处的分块是 $T'_{dd}W_{d2}$，我们就有 $W_{d2}T_{22}=T'_{dd}W_{d2}$. (2.4.4.1)再次确保 $W_{d2}=0$，这是因为 $\sigma(T_{22})$ 与 $\sigma(T'_{dd})$ 是不相交的. 按照此程序做下去，越过 $TW=WT'$ 的第 d 个分块行，我们发现 W_{d1}，$\cdots$，

$W_{d,d-1}$ 全都是零. 现在, 对于 $k=1$, $\cdots$, $d-2$, 让 $WT=T'W$ 的位于 $(d-1$, $k)$, 位置上的分块相等, 我们就用同样的方法推断出 $W_{d-1,1}$, $\cdots$, $W_{d-1,d-2}$ 全都是零. 从左到右, 一直向上做完 $WT=T'W$ 的分块行, 我们就得出结论: 对所有 $i>j$ 都有 $W_{ij}=0$.

（b）现在假设 W 是酉矩阵. 分划 $W=\begin{bmatrix} W_{11} & X \\ 0 & \hat{W} \end{bmatrix}$ 并由 (2.1.10) 推断有 $X=0$. 由于 $\hat{W}$ 也是分块上三角的, 且还是酉矩阵, 归纳法就导致结论: $W=W_{11}\oplus\cdots\oplus W_{dd}$, 见 (2.5.2).

（c）我们有 d 个恒等式 $W_{ii}T_{ii}=T'_{ii}W_{ii}$, $i=1$, $\cdots$, d, 又我们假设, 每个 T_{ii} 的第一条超对角线的所有元素都不是零. 这样的话, 只需要考虑 $d=1$ 的情形就够了: $T=[t_{ij}]\in M_n$ 与 $T'=[t'_{ij}]\in M_n$ 是上三角的, 对所有 $i=1$, $\cdots$, n 有 $t_{ii}=t'_{ii}=\lambda$, 而对所有 $i=1$, $\cdots$, $n-1$, $t_{i,i+1}$ 都不为零, 又有 $WT=T'W$. 如同在 (a) 中那样, 让恒等式 $WT=T'W$ 对应的元素相等: 在位置 $(n$, $2)$ 我们有 $w_{n1}t_{12}+w_{n2}\lambda=\lambda w_{n2}$ 或者 $w_{n1}t_{12}=0$; 由于 $t_{12}\neq 0$, 由此推出
$w_{n1}=0$. 由此往前直至越过 $WT=T'W$ 的第 n 行, 我们就得到一列恒等式 $w_{ni}t_{i,i+1}+w_{n,i+1}\lambda=\lambda w_{n,i+1}$ $(i=1$, $\cdots$, $n-1)$, 由此推出 $w_{ni}=0$ (对所有 $i=1$, $\cdots$, $n-1$). 以这种方式从左向右顺着 $WT=T'W$ 的行一直往上做下去, 我们发现对所有 $i>j$ 都有 $w_{ij}=0$. 从而 W 是上三角的, 如果它是酉矩阵, 那么 (b) 中的论证确保它是对角的.

（d）假设条件与 (c) 确保 $W=\mathrm{diag}(w_1$, $\cdots$, $w_n)$ 是对角的酉矩阵. 让 $WT=T'W$ 处于位置 $(i$, $i+1)$ 处的元素相等, 我们就有 $w_i t_{i,i+1}=t'_{i,i+1}w_{i+1}$, 所以 $t_{i,i+1}/t'_{i,i+1}=w_{i+1}/w_i$, 它是正的实数, 且它的模为 1. 我们得出结论: 对每个 $i=1$, $\cdots$, $n-1$ 都有 $w_{i+1}/w_i=1$, 从而 $w_1=\cdots=w_n$ 以及 $W=w_{11}I$. □

习题 假设 A, $B\in M_n$ 是酉相似的（通过纯量酉矩阵）. 说明为什么 $A=B$. ◀

习题 假设 T, $T'\in M_n$ 是上三角的, 且有同样的主对角线（主对角线上的元素各不相同）, 又它们通过一个酉矩阵 $U\in M_n$ 而相似. 说明为什么 U 必定是对角的. 如果 T 与 T' 的第一条超对角线的所有元素都是正的实数, 说明为什么 $T=T'$. ◀

习题 如果 $A=[a_{ij}]\in M_n$, 且对每一个 $i=1$, $\cdots$, $n-1$ 有 $a_{i,i+1}\neq 0$. 证明: 存在一个对角酉矩阵 D, 使得 DAD^* 的第一条超对角线上的元素是正的实数. 提示: 考虑 $D=\mathrm{diag}(1$, $a_{12}/|a_{12}|$, $a_{12}a_{23}/|a_{12}a_{23}|$, $\cdots)$. ◀

2.4.6 每一个方阵都可以分块对角化

（2.3.1）的如下的应用以及拓广是通向 Jordan 标准型的重要一步, 我们将在下一章里来讨论 Jordan 标准型.

定理 2.4.6.1 设 $A\in M_n$ 的不同的特征值是 λ_1, $\cdots$, λ_d, 重数分别为 n_1, $\cdots$, n_d. 定理 2.3.1 确保 A 与一个 $d\times d$ 分块上三角矩阵 $T=[T_{ij}]_{i,j=1}^d$ 酉相似, 其中每一个分块 T_{ij} 是 $n_i\times n_j$ 的, 如果 $i>j$, 则有 $T_{ij}=0$, 且每一个对角分块 T_{ii} 都是上三角的, 其对角元素为 λ_i, 也就是说, 每一个 $T_{ii}=\lambda_i I_{n_i}+R_i$, 且 $R_i\in M_{n_i}$ 是严格上三角的. 这样 A 就相似于

$$\begin{bmatrix} T_{11} & & & 0 \\ & T_{22} & & \\ & & \ddots & \\ 0 & & & T_{dd} \end{bmatrix} \tag{2.4.6.2}$$

如果 $A \in M_n(\mathbf{R})$，且它所有的特征值都是实的，那么将 A 化简为特殊的上三角型 T 的酉相似以及将 T 化简为分块对角型(2.4.6.2)的相似矩阵这两者都可以取为实的.

证明 将 T 分划为

$$T = \begin{bmatrix} T_{11} & Y \\ 0 & S_2 \end{bmatrix}$$

其中 $S_2 = [T_{ij}]_{i,j=2}^{d}$. 注意 T_{11} 的仅有的特征值是 λ_1，而 S_2 的特征值是 $\lambda_2, \cdots, \lambda_n$. Sylvester 定理 2.4.4.1 保证了方程 $T_{11}X - XS = -Y$ 有一个解 X，用它来构造

$$M = \begin{bmatrix} I_{n_1} & X \\ 0 & I \end{bmatrix} \quad \text{以及其逆} \quad M^{-1} = \begin{bmatrix} I_{n_1} & -X \\ 0 & I \end{bmatrix}$$

那么

$$M^{-1}TM = \begin{bmatrix} I_{n_1} & -X \\ 0 & I \end{bmatrix}\begin{bmatrix} T_{11} & Y \\ 0 & S_2 \end{bmatrix}\begin{bmatrix} I_{n_1} & X \\ 0 & I \end{bmatrix} = \begin{bmatrix} T_{11} & T_{11}X - XS_2 + Y \\ 0 & S_2 \end{bmatrix} = \begin{bmatrix} T_{11} & 0 \\ 0 & S_2 \end{bmatrix}$$

如果 $d=2$，这就是所要的分块对角化. 如果 $d>2$，重复这一化简过程来证明 S_2 与 $T_{22} \oplus S_3$ 相似，其中 $S_3 = [T_{ij}]_{i,j=3}^{d}$. 经过 $d-1$ 次化简，我们就得知 T 相似于 $T_{11} \oplus \cdots \oplus T_{dd}$.

如果 A 是实的且有实特征值，那么它与一个刚刚考虑过的实的分块上三角矩阵实正交相似. 每一步的化简都可以用实相似来实现. $\square$

习题 假设 $A \in M_n$ 与一个 $d \times d$ 分块上三角矩阵 $T = [T_{ij}]_{i,j=1}^{d}$ 酉相似. 如果满足 $j>i$ 的任何分块 T_{ij} 都不是零，利用(2.2.2)说明为什么 T 不与 $T_{11} \oplus \cdots \oplus T_{dd}$ 酉相似. ◄

上一定理有两个拓广的结果，一是对交换族，二是对同时相似(但不一定是酉相似)，这大大改善了(2.3.3)中得到的分块结构.

定理 2.4.6.3 设 $\mathcal{F} \subset M_n$ 是一个交换族，令 A_0 是 $\mathcal{F}$ 中任意一个给定的矩阵，又假设 A_0 有 d 个不同的特征值 $\lambda_1, \cdots, \lambda_d$，重数分别为 $n_1, \cdots, n_d$. 那么就存在一个非奇异的 $S \in M_n$，使得

(a) $\hat{A}_0 = S^{-1}A_0S = T_1 \oplus \cdots \oplus T_d$，其中每个 $T_i \in M_{n_i}$ 都是上三角的，且它所有的对角元素都是 λ_i；

(b) 对每个 $A \in \mathcal{F}$，$S^{-1}AS$ 都是上三角的，且是与 $\hat{A}_0$ 共形的分块对角矩阵.

证明 首先利用(2.4.6.1)选取一个非奇异的 S_0，使得 $S_0^{-1}A_0S_0 = R_1 \oplus \cdots \oplus R_d = \tilde{A}_0$，其中每一个 $R_i \in M_{n_i}$ 都以 λ_i 作为它仅有的特征值. 设 $S_0^{-1}\mathcal{F}S_0 = \{S_0^{-1}AS_0 : A \in \mathcal{F}\}$，它也是一个交换族. 将任意给定的 $B \in S_0^{-1}\mathcal{F}S_0$ 与 $\tilde{A}_0$ 共形地分划成 $B = [B_{ij}]_{i,j=1}^{d}$. 那么 $[R_i \quad B_{ij}] = \tilde{A}_0B = B\tilde{A}_0 = [B_{ij} \quad R_j]$，所以对所有 $i, j = 1, \cdots, d$ 都有 $R_iB_{ij} = B_{ij}R_j$. 现在 Sylvester 定理 2.4.4.1 确保对所有 $i \neq j$ 都有 $B_{ij} = 0$，这是因为 R_i 与 R_j 没有共同的特征值. 从而 $S_0^{-1}\mathcal{F}S_0$ 是一个由全都与 $\tilde{A}_0$ 共形的分块对角矩阵组成的交换族. 对每一个 $i = 1, \cdots, d$，考虑族 $\mathcal{F}_i \subset M_{n_i}$，它是由 $S_0^{-1}\mathcal{F}S_0$ 中每一个矩阵的第 i 个对角分块组成的；注意到对每个 $i = 1, \cdots, d$，有 $R_i \in \mathcal{F}_i$. 每一个 $\mathcal{F}_i$ 都是一个交换族，所以(2.3.3)确保存在一个酉矩阵 $U_i \in M_{n_i}$，使得 $U_i^* \mathcal{F}_i U_i$ 是一个上三角族. $U_i^* R_i U_i$ 的主对角元素是它的特征值，它们全都等于 λ_i. 设 $U = U_1 \oplus \cdots \oplus U_d$ 并注意到 $S = S_0U$ 就完成了结论中所断言的化简，其中 $T_i = U_i^* R_i U_i$. $\square$

推论 2.4.6.4 设 $\mathcal{F} \subset M_n$ 是一个交换族. 则存在一个非奇异的 $S \in M_n$ 以及正整数 k，

115 n_1，…，n_k，使得 $n_1+\cdots+n_k=n$，且对每个 $A\in\mathcal{F}$，$S^{-1}AS=A_1\oplus\cdots\oplus A_k$（其中 $A_i\in M_{n_i}$）都是分块对角的（对每个 $i=1$，…，k）. 此外，每个对角分块 A_i 都是上三角的且恰好只有一个特征值.

证明　如果 $\mathcal{F}$ 中每个矩阵都仅有一个特征值，运用 (2.3.3) 并停止. 如果 $\mathcal{F}$ 中某个矩阵至少有两个不同的特征值，设 $A_0\in\mathcal{F}$ 是在 $\mathcal{F}$ 的所有矩阵之中任意一个有最大数目的不同特征值的矩阵. 如同在上一个定理中那样，构造一个同时分块对角的上三角化，并注意得到的每一个对角分块的大小都严格小于 A_0 的大小. 与 A_0 的化简的形式中的每一个对角块相伴的是一个交换的矩阵族. 在那个族的成员之中，要么 (a) 每一个矩阵都只有一个特征值（无须进一步的化简），要么 (b) 某个矩阵至少有两个不同的特征值，在此情形，我们选取任何一个有最大个数不同特征值的矩阵，并再次化简它，以得到一组严格更小的对角分块. 循环重复这一化简，它必定在有限多步之后终止，一直到任何交换族中没有任何成员能有多于一个特征值为止.　□

2.4.7　每个方阵都是几乎可以对角化的

Schur 的结果的另一个用途是用两种可能的解释来使得每个复方阵都是"几乎可以对角化的"这一说法变得明晰. 第一种解释是说存在一个可对角化的矩阵，它任意接近给定的矩阵；第二种解释是说任意给定的矩阵都相似于一个上三角矩阵，这个上三角矩阵位于对角线之外的元素任意地小.

定理 2.4.7.1　设 $A=[a_{ij}]\in M_n$. 对每个 $\varepsilon>0$，存在一个矩阵 $A(\varepsilon)=[a_{ij}(\varepsilon)]\in M_n$，它有 n 个不同的特征值（于是它可以对角化），且使得 $\sum_{i,j=1}^{n}|a_{ij}-a_{ij}(\varepsilon)|^2<\varepsilon$.

证明　设 $U\in M_n$ 是酉矩阵，它使得 $U^*AU=T$ 是上三角的. 设 $E=\mathrm{diag}(\varepsilon_1,\varepsilon_2,\cdots,\varepsilon_n)$，其中 $\varepsilon_1,\varepsilon_2,\cdots,\varepsilon_n$ 这样来选取，使得 $|\varepsilon_i|<\left(\dfrac{\varepsilon}{n}\right)^{1/2}$，所以对所有 $i\neq j$ 都有 $t_{ii}+\varepsilon_i\neq t_{jj}+\varepsilon_j$.（考虑一下可以看出这可以做到.）这样一来 $T+E$ 就有 n 个不同的特征值 $t_{11}+\varepsilon_1$，…，$t_{nn}+\varepsilon_n$，故而 $A+UEU^*$ 亦然，而后者与 $T+E$ 相似. 设 $A(\varepsilon)=A+UEU^*$，所以 $A-A(\varepsilon)=-UEU^*$，从而 (2.2.2) 确保有 $\sum_{i,j}|a_{ij}-a_{ij}(\varepsilon)|^2=\sum_{i=1}^{n}|\varepsilon_i|^2<n\left(\dfrac{\varepsilon}{n}\right)=\varepsilon$.　□

习题　证明：(2.4.6) 中的条件 $\sum_{i,j}|a_{ij}-a_{ij}(\varepsilon)|^2<\varepsilon$ 可以用 $\max_{i,j}|a_{ij}-a_{ij}(\varepsilon)|<\varepsilon$ 来代替. 提示：用 ε^2 代替 ε 来应用定理并完成之，如果一个平方和小于 ε^2，那么其中的每一项之绝对值必定小于 ε. ◄

定理 2.4.7.2　设 $A\in M_n$. 对每个 $\varepsilon>0$，存在一个非奇异的矩阵 $S_\varepsilon\in M_n$，使得 $S_\varepsilon^{-1}AS_\varepsilon=T_\varepsilon=[t_{ij}(\varepsilon)]$ 是上三角的，且对所有满足 $i<j$ 的 i，$j\in\{1,\cdots,n\}$，都有 $|t_{ij}(\varepsilon)|\leqslant\varepsilon$.

证明　首先应用 Schur 定理作出一个酉矩阵 $U\in M_n$ 以及一个上三角矩阵 $T\in M_n$，使得 $U^*AU=T$. 对一个非零的纯量 α，定义 $D_\alpha=\mathrm{diag}(1,\alpha,\alpha^2,\cdots,\alpha^{n-1})$，并置 $t=\max_{i<j}|t_{ij}|$.

116 假设 $\varepsilon<1$，这是由于这肯定足以用来证明在此情形下的命题. 如果 $t\leqslant1$，令 $S_\varepsilon=UD_\varepsilon$；如果 $t>1$，则令 $S_\varepsilon=UD_{1/t}D_\varepsilon$. 在随便哪种情形，合适的 S_ε 都说明定理的结论是正确的. 如果 $t\leqslant1$，计算表明 $t_{ij}(\varepsilon)=t_{ij}\varepsilon^{-i}\varepsilon^j=t_{ij}\varepsilon^{j-i}$，其绝对值不大于 ε^{j-i}，如果 $i<j$，这自然不大于 ε. 如果 $t>1$，通过 $D_{1/t}$ 所作的相似对矩阵预处理，就得到一个矩阵，它的位于对角线之外的元素的

绝对值均不大于 1.

习题 证明 (2.4.7.2) 的如下变形：如果 $A \in M_n$ 且 $\varepsilon > 0$，则存在一个非奇异的 $S_\varepsilon \in M_n$，使得 $S_\varepsilon^{-1} A S_\varepsilon = T_\varepsilon = [t_{ij}(\varepsilon)]$ 是上三角的，且 $\sum_{j>i} |t_{ij}(\varepsilon)| \leqslant \varepsilon$．提示：应用 (2.4.7)，在其中用 $[2/n(n-1)]\varepsilon$ 代替 ε.

2.4.8 交换族以及同时三角化

现在要利用 Schur 定理的交换族形式 (2.3.3) 来证明：对于可交换的矩阵，其特征值可以按照某种秩序"相加"以及"相乘".

定理 2.4.8.1 假设 $A, B \in M_n$ 可交换．那么就存在 A 的特征值的一个排序 $\alpha_1, \cdots, \alpha_n$ 以及 B 的特征值的一个排序 $\beta_1, \cdots, \beta_n$，使得 $A + B$ 的特征值是 $\alpha_1 + \beta_1, \cdots, \alpha_n + \beta_n$，且 AB 的特征值是 $\alpha_1 \beta_1, \cdots, \alpha_n \beta_n$．特别地，$\sigma(A+B) \subseteq \sigma(A) + \sigma(B)$，$\sigma(AB) \subseteq \sigma(A)\sigma(B)$.

证明 由于 A 与 B 可交换，(2.3.3) 确保存在一个酉矩阵 $U \in M_n$，使得 $U^* A U = T = [t_{ij}]$ 以及 $U^* B U = R = [r_{ij}]$ 这两者都是上三角的．上三角矩阵 $T + R = U^*(A+B)U$ 的主对角元素（因此也就是其特征值）就是 $t_{11} + r_{11}, \cdots, t_{nn} + r_{nn}$，这些就是 $A + B$ 的特征值，这是因为 $A + B$ 与 $T + R$ 相似．上三角矩阵 $TR = U^*(AB)U$ 的主对角元素（因此也就是其特征值）是 $t_{11} r_{11}, \cdots, t_{nn} r_{nn}$，这些就是 AB 的特征值，它是与 TR 相似的．

习题 假设 $A, B \in M_n$ 可交换．说明为什么 $\rho(A+B) \leqslant \rho(A) + \rho(B)$ 以及 $\rho(AB) \leqslant \rho(A) + \rho(B)$，所以谱半径函数对于可交换的矩阵是**次加性的**（subadditive）且是**次积性的**（submultiplicative）.

例 2.4.8.2 即使 A 与 B 可交换，它们的特征值的每一对相应的和也不一定都是 $A + B$ 的特征值．考虑对角矩阵

$$A = \begin{bmatrix} 1 & 0 \\ 0 & 2 \end{bmatrix} \quad \text{以及} \quad B = \begin{bmatrix} 3 & 0 \\ 0 & 4 \end{bmatrix}$$

由于 $1 + 4 = 5 \notin \{4, 6\} = \sigma(A+B)$，我们看到 $\sigma(A+B)$ 包含在 $\sigma(A) + \sigma(B)$ 中，但并不与之相等.

例 2.4.8.3 如果 A 与 B **不可**交换，很难说 $\sigma(A+B)$ 与 $\sigma(A)$ 以及 $\sigma(B)$ 有何种关联．特别地，$\sigma(A+B)$ 不一定包含在 $\sigma(A) + \sigma(B)$ 中．设

$$A = \begin{bmatrix} 0 & 1 \\ 0 & 0 \end{bmatrix} \quad \text{以及} \quad B = \begin{bmatrix} 0 & 0 \\ 1 & 0 \end{bmatrix}$$

这样就有 $\sigma(A+B) = \{-1, 1\}$，而 $\sigma(A) = \sigma(B) = \{0\}$.

习题 考虑上一个例子中的矩阵．说明为什么 $\rho(A+B) > \rho(A) + \rho(B)$，所以 M_n 上的谱半径函数不是次加性的.

117

例 2.4.8.4 是否有 (2.4.8.1) 的逆命题存在？如果将 A 与 B 的特征值按照某种次序相加，A 与 B 必须可交换吗？答案是否定的，即使对所有纯量 α 和 β，按照某种次序将 αA 与 βB 的特征值相加亦然如此．这是一个有意思的现象，刻画这样一对矩阵的特征是一个尚未解决的问题！考虑不可交换的矩阵

$$A = \begin{bmatrix} 0 & 1 & 0 \\ 0 & 0 & -1 \\ 0 & 0 & 0 \end{bmatrix} \quad \text{以及} \quad B = \begin{bmatrix} 0 & 0 & 0 \\ 1 & 0 & 0 \\ 0 & 1 & 0 \end{bmatrix}$$

对它们有 $\sigma(A)=\sigma(B)=\{0\}$. 此外, $p_{\alpha A+\beta B}(t)=t^3$, 所以, 对所有 α, $\beta \in \mathbf{C}$ 都有 $\sigma(\alpha A+\beta B)=\{0\}$, 且特征值可以相加. 如果 A 与 B 可以同时上三角化, 则 (2.4.8.1) 的证明表明: AB 的特征值就是 A 与 B 的特征值按照某种次序的乘积. 然而, $\sigma(AB)=\{-1, 0, 1\}$, 它不包含在 $\sigma(A) \cdot \sigma(B)=\{0\}$ 中, 故而 A 与 B 不可以同时三角化.

推论 2.4.8.5 假设 A, $B \in M_n$ 可交换, $\sigma(A)=\{\alpha_1, \cdots, \alpha_{d_1}\}$, 而 $\sigma(B)=\{\beta_1, \cdots, \beta_{d_2}\}$. 如果对所有 i, j 都有 $\alpha_i \neq -\beta_j$, 那么 $A+B$ 是非奇异的.

习题 利用 (2.4.8.1) 验证 (2.4.8.5). ◀

习题 假设 $T=[t_{ij}]$ 以及 $R=[r_{ij}]$ 是同样大小的 $n \times n$ 上三角矩阵, 又设 $p(s, t)$ 是关于两个非交换变量的多项式, 也就是说, 它是关于两个非交换变量的字的一个任意的线性组合. 说明为什么 $p(T, R)$ 是上三角的, 且它的主对角元素 (即它的特征值) 是 $p(t_{11}, t_{11})$, $\cdots$, $p(t_{nn}, r_{nn})$. ◀

对复矩阵而言, 同时三角化与同时酉三角化是等价的概念.

定理 2.4.8.6 设给定 $A_1, \cdots, A_m \in M_n$. 则存在一个非奇异的 $S \in M_n$, 使得对每一个 $i=1, \cdots, m$, $S^{-1} A_i S$ 都是上三角的, 当且仅当存在一个酉矩阵 $U \in M_n$, 使得对所有 $i=1, \cdots, m$, $U^* A_i U$ 都是上三角的.

证明 利用 (2.1.14) 记 $S=QR$, 其中 Q 是酉矩阵, 而 R 是上三角矩阵. 那么 $T_i = S^{-1} A_i S = (QR)^{-1} A_i (QR) = R^{-1}(Q^* A_i Q)R$ 是上三角矩阵, 所以, 作为三个上三角矩阵的乘积, $Q^* A_i Q = R T_i R^{-1}$ 也是上三角矩阵. □

用相似性对 m 个矩阵同时上三角化的特征已经由下面 McCoy 的定理给出了完全的刻画. 该定理涉及一个有 m 个非交换变量的多项式 $p(t_1, \cdots, t_m)$, 它是这些变量的幂的乘积的线性组合, 也就是说, 它是关于 m 个非交换变量的字的线性组合. 关键点掌控在上一个习题中: 如果 $T_1, \cdots, T_m$ 是上三角的, 那么 $p(T_1, \cdots, T_m)$ 亦然, 而且 $T_1, \cdots, T_m$ 与 $p(T_1, \cdots, T_m)$ 的主对角线展现出它们的特征值的特定的次序. 对每个 $k=1, \cdots, n$, $p(T_1, \cdots, T_m)$ 的第 k 个主对角元素 (它是 $p(T_1, \cdots, T_m)$ 的一个特征值) 分别是关于 $T_1, \cdots, T_m$ 的第 k 个主对角元素的同样的多项式.

118

定理 2.4.8.7 (McCoy) 设给定 $m \geqslant 2$ 以及 $A_1, \cdots, A_m \in M_n$. 则下面的命题是等价的.

(a) 对关于 m 个非交换变量的每个多项式 $p(t_1, \cdots, t_m)$ 以及每一个 $k, \ell=1, \cdots, m$, $p(A_1, \cdots, A_m)(A_k A_\ell - A_\ell A_k)$ 都是幂零的.

(b) 存在一个酉矩阵 $U \in M_n$, 使得 $U^* A_i U$ 对每个 $i=1, \cdots, m$ 都是上三角的.

(c) 每个矩阵 A_i 的特征值都存在一个排序 $\lambda_1^{(i)}, \cdots, \lambda_n^{(i)}$ $(i=1, \cdots, m)$, 使得关于 m 个非交换变量的任何一个多项式 $p(t_1, \cdots, t_m)$, $p(A_1, \cdots, A_m)$ 的特征值都是 $p(\lambda_i^{(1)}, \cdots, \lambda_i^{(m)})$ (对 $i=1, \cdots, n$).

证明 (b)$\Rightarrow$(c): 设 $T_k = U^* A_k U = [t_{ij}^{(k)}]$ 是上三角的, 并设 $\lambda_1^{(k)} = t_{11}^{(k)}, \cdots, \lambda_n^{(k)} = t_{nn}^{(k)}$. 那么 $p(A_1, \cdots, A_m) = p(U T_1 U^*, \cdots, U T_m U^*) = U p(T_1, \cdots, T_m) U^*$ 的特征值是 $p(T_1, \cdots, T_m)$ 的主对角元素, 即是 $p(\lambda_i^{(1)}, \cdots, \lambda_i^{(m)})$ (对 $i=1, \cdots, n$).

(c)$\Rightarrow$(a): 对关于 m 个非交换变量的任意一个给定的多项式 $p(t_1, \cdots, t_m)$, 考虑关于 m 个非交换变量的多项式 $q_{k\ell}(t_1, \cdots, t_m) = p(t_1, \cdots, t_m)(t_k t_\ell - t_\ell t_k)$ (对 $k, \ell=1, \cdots$,

m). 根据(c)$q_{k\ell}(A_1，\cdots，A_m)$的特征值是 $q_{k\ell}(\lambda_i^{(1)}，\cdots，\lambda_i^{(m)})=p(\lambda_i^{(1)}，\cdots，\lambda_i^{(m)})(\lambda_i^{(k)}\lambda_i^{(\ell)}-\lambda_i^{(\ell)}\lambda_i^{(k)})=p(\lambda_i^{(1)}，\cdots，\lambda_i^{(m)})\times 0=0$(对所有 $i=1，\cdots，n$). 于是，每一个矩阵 $p(A_1，\cdots，A_m)(A_kA_\ell-A_\ell A_k)$ 都是幂零的，见(2.4.2).

(a)$\Rightarrow$(b)：假设(见下面的引理)$A_1，\cdots，A_m$ 有公共的单位特征向量 x. 在此假设下，我们如同在(2.3.3)的证明中那样用归纳法来进行. 设 U_1 是任意一个以 x 为其第一列的酉矩阵. 利用 U_1 依照同样的方法来压缩每一个 $\mathcal{A}_i$：

$$\mathcal{A}_i=U_1^*A_iU_1=\begin{bmatrix}\lambda_1^{(i)} & \bigstar \\ 0 & \widetilde{A}_i\end{bmatrix}，\quad \widetilde{A}_i\in M_{n-1}，i=1，\cdots，m \tag{2.4.8.8}$$

设 $p(t_1，\cdots，t_m)$ 是关于 m 个非交换变量的任意一个给定的多项式. 这样(a)就确保矩阵
$$U^*p(A_1，\cdots，A_m)(A_kA_\ell-A_\ell A_k)U=p(\mathcal{A}_1，\cdots，\mathcal{A}_m)(\mathcal{A}_k\mathcal{A}_\ell-\mathcal{A}_\ell\mathcal{A}_k) \tag{2.4.8.9}$$
对每个 $k，\ell=1，\cdots，m$ 都是幂零的. 与(2.4.8.8)共形地分划每一个矩阵(2.4.8.9)，并注意到位置$(1，1)$上的元素是零，而它的右下方的分块是 $p(\widetilde{A}_1，\cdots，\widetilde{A}_m)(\widetilde{A}_k\widetilde{A}_\ell-\widetilde{A}_\ell\widetilde{A}_k)$，它必定是幂零的. 从而，矩阵$\widetilde{A}_1，\cdots，\widetilde{A}_m\in M_{n-1}$也具有性质(a)。如同在(2.3.3)中那样，由归纳法就得出(b). $\square$

我们知道交换矩阵总是有一个公共的特征向量(1.3.19). 如果上一个定理中的矩阵 $A_1，\cdots，A_m$ 可交换，则条件(a)显然满足，这是因为对所有 $k，\ell=1，\cdots，m$ 都有 $p(A_1，\cdots，A_m)(A_kA_\ell-A_\ell A_k)=0$. 下面的引理表明：条件(a)(它弱于交换性)已足以保证公共特征向量的存在.

引理 2.4.8.10 设给定 $A_1，\cdots，A_m\in M_n$. 假设对关于 $m\geqslant 2$ 个非交换变量的每一个多项式 $p(t_1，\cdots，t_m)$，以及对每个 $k，\ell=1，\cdots，m$，矩阵 $p(A_1，\cdots，A_m)(A_kA_\ell-A_\ell A_k)$ 中的每一个都是幂零的. 那么，对每个给定的非零向量 $x\in\mathbf{C}^n$，都存在关于 m 个非交换变量的一个多项式 $q(t_1，\cdots，t_m)$，使得 $q(A_1，\cdots，A_m)x$ 是 $A_1，\cdots，A_m$ 的一个公共特征向量.

证明 我们只考虑 $m=2$ 的情形，它展现了一般情形的所有特征. 设 $A，B\in M_n$，$C=AB-BA$，又假设 $p(A，B)C$ 对每一个关于两个非交换变量的多项式 $p(s，t)$ 都是幂零的. 设 $x\in\mathbf{C}^n$ 是任意一个给定的非零向量. 我们断言：存在关于两个非交换变量的多项式 $q(s，t)$，使得 $q(A，B)x$ 是 A 与 B 的公共特征向量.

从(1.1.9)开始，并且令 $g_1(t)$ 是一个多项式，它使得 $\xi_1=g_1(A)x$ 是 A 的一个特征向量：$A\xi_1=\lambda\xi_1$.

情形 I：假设对每个多项式 $p(t)$ 有 $Cp(B)\xi_1=0$，也就是说对**每个**多项式 $p(t)$ 有
$$ABp(B)\xi_1=BAp(B)\xi_1 \tag{2.4.8.11}$$
对 $p(t)=1$ 利用这个恒等式即给出 $AB\xi_1=BA\xi_1$. 现在用归纳法：假设对某个 $k\geqslant 1$ 已经有 $AB^k\xi_1=B^kA\xi_1$. 利用(2.4.8.11)以及归纳假设，我们计算
$$AB^{k+1}\xi_1=AB\cdot B^k\xi_1=BA\cdot B^k\xi_1=B\cdot AB^k\xi_1=B\cdot B^kA\xi_1=B^{k+1}A\xi_1$$
我们断定，对每个 $k\geqslant 1$ 都有 $AB^k\xi_1=B^kA\xi_1$. 从而对每个多项式 $p(t)$ 都有 $Ap(B)\xi_1=p(B)A\xi_1=p(B)\lambda\xi_1=\lambda(p(B)\xi_1)$. 于是，如果 $p(B)\xi_1$ 不为零，它就是 A 的一个特征向量. 再次利用(1.1.9)选取一个多项式 $g_2(t)$，使得 $g_2(B)\xi_1=g_2(B)g_1(A)x$ 是 B 的一个特征向量(一定不为零). 设 $q(s，t)=g_2(t)g_1(s)$. 我们就证明了 $q(A，B)x$ 是 A 与 B 的一个公共特

征向量，如所断言．

情形 Ⅱ：假设存在**某个**多项式 $f_1(t)$，使得 $Cf_1(B)\xi_1\neq0$．利用 (1.1.9) 来求一个多项式 $q_1(t)$，使得 $\xi_2=q_1(A)Cf_1(B)\xi_1$ 是 A 的一个特征向量．如果对每个多项式 $p(t)$ 都有 $Cp(B)\xi_2=0$，那么情形 Ⅰ 使得我们可以构造出所想要的公共特征向量；否则就设 $f_2(t)$ 是使得 $Cf_2(B)\xi_2\neq0$ 的一个多项式，并令 $q_2(t)$ 是这样一个多项式，它使得 $\xi_3=q_2(A)Cf_2(B)\xi_2$ 是 A 的一个特征向量．继续此法构造出 A 的一列特征向量

$$\xi_k = q_{k-1}(A)Cf_{k-1}(B)\xi_{k-1}, \quad k=2,3,\cdots \tag{2.4.8.12}$$

直到要么 (i) 对某个多项式 $p(t)$ 有 $Cp(B)\xi_k=0$，或者 (ii) $k=n+1$．如果对某个 $k\leqslant n$ 有情形 (i) 出现．情形 Ⅰ 允许我们构造出所想要的 A 与 B 的公共特征向量．如果对每一个 $k=1$，2，$\cdots$，n，(i) 都是错的，我们的构造就产生出 $n+1$ 个向量 ξ_1，$\cdots$，ξ_{n+1}，它们必定是线性相关的，故而存在 $n+1$ 个不全为零的纯量 c_1，$\cdots$，c_{n+1}，使得 $c_1\xi_1+\cdots+c_{n+1}\xi_{n+1}=0$．设 $r=\min\{i: c_i\neq0\}$．这样就有

$$-c_r\xi_r = \sum_{i=r}^{n}c_{i+1}\xi_{i+1} = \sum_{i=r}^{n}c_{i+1}q_i(A)Cf_i(B)\xi_i$$

$$=c_{r+1}q_r(A)Cf_r(B)\xi_r + \sum_{i=r}^{n-1}c_{i+2}q_{i+1}(A)Cf_{i+1}(B)\xi_{i+1} \tag{2.4.8.13}$$

利用 (2.4.8.12)，(2.4.8.13) 中满足 $i=r$ 的求和项就可以展开成表达式

$$c_{r+2}q_{r+1}(A)Cf_{r+1}(B)q_r(A)Cf_r(B)\xi_r$$

按照同样的方式，我们可以利用 (2.4.8.12) 将 (2.4.8.13) 中的每一个求和项（对 $i=r+1$，$r+2$，$\cdots$，$n-1$）展开成形如 $h_i(A，B)Cf_r(B)\xi_r$ 的表达式，其中每一个 $h_i(A，B)$ 都是关于 A 与 B 的多项式．以这种方法我们得到一个形如 $-c_r\xi_r=p(A，B)Cf_r(B)\xi_r$ 的恒等式，其中 $p(s，t)$ 是关于两个非交换变量的多项式．这就意味着 $f_r(B)\xi_r$ 是 $p(A，B)C$ 的与非零特征值 $-c_r$ 相伴的特征向量，这与 $p(A，B)C$ 是幂零矩阵的假设矛盾．这个矛盾表明 (i) 对某个 $k\leqslant n$ 为真，从而 A 与 B 有结论中那种形式的公共特征向量． $\square$

我们已经陈述了关于复矩阵的 McCoy 定理 2.4.8.7，但是如果我们重新表述 (b) 仅要求同时相似（而不是同时酉相似），那么该定理对 $\mathbf{C}$ 的包含所有矩阵 A_1，$\cdots$，A_m 的特征值的任意一个子域上的矩阵和多项式都成立．

2.4.9 特征值的连续性

Schur 的酉三角化定理可以用来证明一个基本的然而却有广泛用途的事实：实方阵或者复方阵的特征值连续地依赖于它的元素．Schur 定理的两个方面（酉的和三角的）在证明中起着关键作用．下面的引理囊括了所涉及的基本原理．

引理 2.4.9.1 设给定一个由矩阵组成的无穷序列 A_1，A_2，$\cdots\in M_n$，并假设 $\lim_{k\to\infty}A_k=A$（逐个按照元素收敛）．那么就存在由正整数组成的一个无穷序列 $k_1<k_2<\cdots$ 以及一列酉矩阵 $U_{k_i}\in M_n$（对 $i=1$，2，$\cdots$），使得

（a）对所有 $i=1$，2，$\cdots$，$T_i=U_{k_i}^*A_{k_i}U_{k_i}$ 都是上三角的；

（b）$U=\lim_{i\to\infty}U_{k_i}$ 存在且是酉矩阵；

（c）$T=U^*AU$ 是上三角的；

(d) $\lim_{i\to\infty} T_i = T$.

证明 利用(2.3.1),对每一个 $k=1$, 2, $\cdots$,设 $U_k \in M_n$ 是酉矩阵,且使得 $U_k^* A U_k$ 是上三角的. 引理 2.1.8 确保存在一个无穷子列 U_{k_1}, U_{k_2}, $\cdots$ 以及一个酉矩阵 U,使得 $U_{k_i} \to U$(当 $i\to\infty$ 时). 这样一来,它的三个因子中每一个的收敛性就确保乘积 $T_i = U_{k_i}^* A_{k_i} U_{k_i}$ 收敛于一个极限 $T = U^* A U$,它是上三角的,因为每一个 T_i 都是上三角的. $\square$

在上面的推理中,每一个上三角矩阵 T, T_1, T_2, $\cdots$ 的主对角线分别是 A, A_{k_1}, A_{k_2}, $\cdots$ 的特征值的一个特别的表示(视之为一个 n 元向量). 逐个元素的收敛性 $T_i \to T$ 确保有直到 $n!$ 种不同的方式将每一个矩阵 A, A_{k_1}, A_{k_2}, $\cdots$ 的特征值表示成为一个 n 元向量,对每一个矩阵,至少有一种表示使得其特征值所对应的向量分别收敛于一个向量,这个向量的元素包含 A 所有的特征值. 正是在这个意义上,在下面的定理里总结成结论:实方阵或者复方阵的特征值连续地依赖于它的元素.

定理 2.4.9.2 设给定一个无穷序列 A_1, A_2, $\cdots \in M_n$,并假设 $\lim_{k\to\infty} A_k = A$(逐个按照元素收敛). 设 $\lambda(A) = [\lambda_1(A) \cdots \lambda_n(A)]^T$ 以及 $\lambda(A_k) = [\lambda_1(A_k) \cdots \lambda_n(A_k)]^T$ 分别是 A 与 A_k 的特征值的给定的表示(对 $k=1$, 2, $\cdots$). 设 $S_n = \{\pi : \pi$ 是 $\{1, 2, \cdots, n\}$ 的一个排列$\}$. 那么对每个给定的 $\varepsilon > 0$,存在一个正整数 $N = N(\varepsilon)$,使得

$$\min_{\pi \in S_n} \max_{i=1,\cdots,n} \{|\lambda_{\pi(i)}(A_k) - \lambda_i(A)|\} \leqslant \varepsilon, \quad \text{对所有 } k \geqslant N \qquad (2.4.9.3)$$

证明 如果论断(2.4.9.3)不真,则存在一个 $\varepsilon_0 > 0$ 以及正整数组成的一个无穷序列 $k_1 < k_2 < \cdots$,使得对每个 $j=1$, 2, $\cdots$,都有

$$\max_{i=1,\cdots,n} |\lambda_{\pi(i)}(A_{k_j}) - \lambda_i(A)| > \varepsilon_0, \quad \text{对每个 } \pi \in S_n \qquad (2.4.9.4)$$

然而,(2.4.9.1)确保存在一个无穷子列 $k_1 \leqslant k_{j_1} < k_{j_2} < \cdots$,一列酉矩阵 U, $U_{k_{j_1}}$, $U_{k_{j_2}}$, $\cdots$,一个上三角矩阵 $T = U^* A U$,以及 $T_p = U_{k_{j_p}}^* A_{k_{j_p}} U_{k_{j_p}}$(对 $p=1$, 2, $\cdots$),使得当 $p\to\infty$ 时,T_p 的所有元素(特别是它的主对角线元素)都收敛于 T 的对应的元素. 由于 T, T_1, T_2, $\cdots$ 的主对角元素组成的向量可以通过对它们的元素进行排列从而分别从特征值 $\lambda(A)$, $\lambda(A_{k_{j_1}})$, $\lambda(A_{k_{j_2}})$, $\cdots$ 的给定的表示得到,我们已经看到的逐个元素的收敛性与(2.4.9.4)矛盾,这就证明了定理. $\square$

上一个定理中的存在性结论"对每个给定的 $\varepsilon > 0$,存在一个正整数 $N = N(\varepsilon)$"可以用显式的界限取代,见附录 D 中的(D2).

2.4.10 秩 1 摄动的特征值

知道一个矩阵的任意一个特征值都能通过秩 1 摄动来任意移动而不干扰其他的特征值,常常是有用的.

定理 2.4.10.1(A. Brauer) 假设 $A \in M_n$ 有特征值 λ, λ_2, $\cdots$, λ_n,又设 x 是一个非零向量,它使得 $Ax = \lambda x$. 则对任何 $v \in \mathbf{C}^n$,$A + x v^*$ 的特征值是 $\lambda + v^* x$, λ_2, $\cdots$, λ_n.

证明 设 $\xi = x/\|x\|_2$,并令 $U = [\xi \; u_2 \; \cdots \; u_n]$ 是酉矩阵. 那么(2.3.1)的证明表明

$$U^* A U = \begin{bmatrix} \lambda & \bigstar \\ 0 & A_1 \end{bmatrix}$$

其中 $A_1 \in M_{n-1}$ 有特征值 λ_2, $\cdots$, λ_n. 又有

$$\boxed{122}\quad U^* x v^* U = \begin{bmatrix} \xi^* x \\ u_2^* x \\ \vdots \\ u_n^* x \end{bmatrix} v^* U = \begin{bmatrix} \|x\|_2 \\ 0 \\ \vdots \\ 0 \end{bmatrix} \begin{bmatrix} v^* \xi & v^* u_2 & \cdots & v^* u_n \end{bmatrix} = \begin{bmatrix} \|x\|_2 v^* \xi & \bigstar \\ 0 & 0 \end{bmatrix} = \begin{bmatrix} v^* x & \bigstar \\ 0 & 0 \end{bmatrix}$$

这样一来,

$$U^*(A + x v^*) U = \begin{bmatrix} \lambda + v^* x & \bigstar \\ 0 & A_1 \end{bmatrix}$$

就有特征值 $\lambda + v^* x$, λ_2, $\cdots \lambda_n$. $\qquad\qquad\qquad\qquad\qquad\qquad\qquad\qquad\square$

对此结果的一种不同的论证方法, 见(1.2.8).

2.4.11 双正交的完备原理

双正交原理(principle biorthogonality)是说与不同特征值相伴的左右特征向量是正交的, 见(1.4.7(a)). 我们现在来对左右特征向量阐述所有的可能性.

定理 2.4.11.1 设给定 $A \in M_n$, 单位向量 x, $y \in \mathbf{C}^n$, 以及 λ, $\mu \in \mathbf{C}$.

(a) 如果 $Ax = \lambda x$, $y^* A = \mu y^*$, 且 $\lambda \neq \mu$, 这样就有 $y^* x = 0$. 设 $U = [x \quad y \quad u_3 \quad \cdots \quad u_n] \in M_n$ 是酉矩阵. 那么

$$U^* A U = \begin{bmatrix} \lambda & \bigstar & \bigstar \\ 0 & \mu & 0 \\ 0 & \bigstar & A_{n-2} \end{bmatrix}, \quad A_{n-2} \in M_{n-2} \tag{2.4.11.2}$$

(b) 假设 $Ax = \lambda x$, $y^* A = \lambda y^*$, 且 $y^* x = 0$. 设 $U = [x \quad y \quad u_3 \quad \cdots \quad u_n] \in M_n$ 是酉矩阵. 那么

$$U^* A U = \begin{bmatrix} \lambda & \bigstar & \bigstar \\ 0 & \lambda & 0 \\ 0 & \bigstar & A_{n-2} \end{bmatrix}, \quad A_{n-2} \in M_{n-2} \tag{2.4.11.3}$$

且 λ 的代数重数至少为 2.

(c) 假设 $Ax = \lambda x$, $y^* A = \lambda y^*$, 且 $y^* x \neq 0$. 设 $S = [x \quad S_1] \in M_n$, 其中 S_1 的列是 y 的正交补的任意一组给定的基. 这样 S 就是非奇异的, S^{-*} 的第一列是 y 的非零的纯量倍数, 且 $S^{-1} A S$ 有分块形式

$$\begin{bmatrix} \lambda & 0 \\ 0 & A_{n-1} \end{bmatrix}, \quad A_{n-1} \in M_{n-1} \tag{2.4.11.4}$$

如果 λ 的几何重数为 1, 那么它的代数重数也为 1. 反之, 如果 A 与形如(2.4.11.4)的分块矩阵相似, 那么它就有一对与特征值 λ 相伴的非正交的左以及右特征向量.

(d) 假设 $Ax = \lambda x$, $y^* A = \lambda y^*$, 且 $x = y$, 这样的 x 称为**正规特征向量**(normal eigenvector). 设 $U = [x \quad U_1] \in M_n$ 是酉矩阵. 那么 $U^* A U$ 有分块形式(2.4.11.4).

证明 (a) 与(2.3.1)中的化简比较, (2.4.11.2)的第二行额外多出来的零来自左特征向量 $y^* A u_i = \mu y^* u_i = 0$(对 $i = 3, \cdots, n$).

(b) (2.4.11.3)中零的样式与(2.4.11.2)中的相同, 其原因相同. 有关其代数重数的结论, 见(1.2.P14).

(c) 见(1.4.7)以及(1.4.12).

(d) 与(2.3.1)中的化简比较,(2.4.11.4)的第一行中出现额外多出来的零,是因为 x 也是一个左特征向量: $x^* A U_1 = \lambda x^* U_1 = 0$. $\square$

问题

2.4.P1 假设 $A = [a_{ij}] \in M_n$ 有 n 个不同的特征值. 利用(2.4.9.2)证明: 存在一个 $\varepsilon > 0$, 使得满足
$$\sum_{i,j=1}^{n} |a_{ij} - b_{ij}|^2 < \varepsilon$$
的每一个 $B = [b_{ij}] \in M_n$ 都有 n 个不同的特征值. 导出结论: 有不同特征值的矩阵组成的集合是 M_n 的一个**开**子集.

2.4.P2 为什么一个上三角矩阵的秩至少与它的不为零的主对角元素的个数一样大? 设 $A = [a_{ij}] \in M_n$, 又假设 A 恰好有有 $k \geqslant 1$ 个非零的特征值 $\lambda_1, \cdots, \lambda_k$. 记 $A = UTU^*$, 其中 U 是酉矩阵, 而 $T = [t_{ij}]$ 是上三角矩阵. 证明 $\mathrm{rank} A \geqslant k$, 其中的等式当 A 可对角化时成立. 说明为什么
$$\left| \sum_{i=1}^{k} \lambda_i \right|^2 \leqslant k \sum_{i=1}^{k} |\lambda_i|^2 = k \sum_{i=1}^{n} |t_{ii}|^2 \leqslant k \sum_{i,j=1}^{n} |t_{ij}|^2 = k \sum_{i,j=1}^{k} |a_{ij}|^2$$
并推出结论 $\mathrm{rank} A \geqslant |\mathrm{tr} A|^2 / (\mathrm{tr} A^* A)$, 其中的等式当且仅当对某个非零的 $a \in \mathbf{C}$ 有 $T = a I_k \oplus 0_{n-k}$ 时成立.

2.4.P3 我们对(2.4.3.2)的证明依赖于复矩阵有特征值这一事实, 但是与特征多项式的定义无关, 也与涉及特征值或者复数域的任何特殊性质的代换 $p_A(t) \to p_A(A)$ 无关. 事实上, Cayley-Hamilton 定理对元素来自**有单位元的交换环**(commutative ring with unit)的矩阵是正确的, 以某个整数 k 为模的整数环(当且仅当 k 为素数时它是一个域)以及关于一个或者多个形式不定元的复系数多项式环就是这样的例子. 对于下面所给出的(2.4.3.2)的证明给出证明细节. 注意: 此证明中用到的代数运算涉及加法和乘法, 但不涉及除法运算以及求多项式方程的根.

(a) 从基本恒等式 $(tI - A)(\mathrm{adj}(tI - A)) = \det(tI - A)I = p_A(t)I$(0.8.2)出发, 并记
$$p_A(t)I = It^n + a_{n-1}It^{n-1} + a_{n-2}It^{n-2} + \cdots + a_1 It + a_0 I \tag{2.4.12}$$
它是关于 t 的以矩阵为系数的 n 次多项式, 它的每一个系数都是一个纯量矩阵.

(b) 说明为什么 $\mathrm{adj}(tI - A)$ 是一个以关于 t 的至多 $n-1$ 次多项式为其元素的矩阵, 从而它可以写成形式
$$\mathrm{adj}(tI - A) = A_{n-1}t^{n-1} + A_{n-2}t^{n-2} + \cdots + A_1 t + A_0 \tag{2.4.13}$$
其中 $A_0 = (-1)^{n-1}\mathrm{adj} A$, 而每一个 A_k 都是一个 $n \times n$ 矩阵, 该矩阵的元素都是 A 的元素的多项式函数.

(c) 利用(2.4.13)将乘积 $(tI - A)(\mathrm{adj}(tI - A))$ 作为
$$A_{n-1}t^n + (A_{n-2} - AA_{n-1})t^{n-1} + \cdots + (A_0 - AA_1)t - AA_0 \tag{2.4.14}$$
来计算.

(d) 将(2.4.12)与(2.4.14)对应的系数等同起来, 从而得到 $n+1$ 个方程
$$\begin{aligned}
A_{n-1} &= I \\
A_{n-2} - AA_{n-1} &= a_{n-1}I \\
&\vdots \\
A_0 - AA_1 &= a_1 I \\
-AA_0 &= a_0 I
\end{aligned} \tag{2.4.15}$$

(e) 对每个 $k=1, \cdots, n$, 用 A^{n-k+1} 左乘(2.4.15)中的第 k 个方程, 并把全部 $n+1$ 个方程相加, 就得到 Cayley-Hamilton 定理 $0 = p_A(A)$.

(f) 对每个 $k=1, \cdots, n-1$, 用 A^{n-k} 左乘(2.4.15)中的第 k 个方程, 仅把前 n 个方程相加, 就得到恒等式

123

124

$$\mathrm{adj}A = (-1)^{n-1}(A^{n-1} + a_{n-1}A^{n-2} + \cdots + a_2 A + a_1 I) \tag{2.4.16}$$

于是，$\mathrm{adj}A$ 是 A 的多项式，其系数（除 $a_0 = (-1)^n \det A$ 之外）与在 $p_A(t)$ 中的系数相同，不过是按照相反的次序．

（g）利用(2.4.15)证明：(2.4.13)的右边的矩阵系数是 $A_{n-1} = I$ 以及

$$A_{n-k-1} = A^k + a_{n-1}A^{k-1} + \cdots + a_{n-k+1}A + a_{n-k}I \tag{2.4.17}$$

（对 $k=1$，$\cdots$，$n-1$）．

2.4.P4 设 A，$B \in M_n$，并假设 A 与 B 可交换．说明为什么 B 与 $\mathrm{adj}A$ 可交换，又为什么 $\mathrm{adj}A$ 与 $\mathrm{adj}B$ 可交换．如果 A 是非奇异的，推导出 B 与 A^{-1} 可交换．

2.4.P5 考虑矩阵 $\begin{bmatrix} 0 & \varepsilon \\ 0 & 0 \end{bmatrix}$，并说明为什么有可能存在不可对角化的矩阵，它们可以任意接近于一个给定的可对角化矩阵．利用(2.4.P1)说明为什么在给定的矩阵有不同的特征值时，这种情形不可能发生．

2.4.P6 证明：对

$$A = \begin{bmatrix} 1 & 0 & 0 \\ 0 & 2 & 0 \\ 0 & 0 & 3 \end{bmatrix} \quad 以及 \quad B = \begin{bmatrix} 2 & 1 & 2 \\ -1 & -2 & -1 \\ 1 & 1 & 1 \end{bmatrix}$$

有 $\sigma(aA+bB) = \{a-2b, 2a-2b, 3a+b\}$（对所有纯量 a，$b \in \mathbb{C}$），但是 A 与 B 不同时与上三角矩阵相似．AB 的特征值是什么？

2.4.P7 利用(2.3.P6)中的判别法证明：(2.4.8.4)中的两个矩阵不可能同时上三角化．对(2.4.P6)中的两个矩阵应用同样的判别法．

2.4.P8 对 McCoy 定理本质的观察在证明两个矩阵**并非**西相似这方面有时是有用的．设 $p(t, s)$ 是关于两个非交换变量的复系数多项式，又设 A，$B \in M_n$ 是西相似的，其中 $A = UBU^*$（对某个西矩阵 $U \in M_n$）．说明为什么 $p(A, A^*) = Up(B, B^*)U^*$．导出结论：如果 A 与 B 是西相似的，那么对关于两个非交换变量的每一个复多项式 $p(t, s)$，都有 $\mathrm{tr}\, p(A, A^*) = \mathrm{tr}\, p(B, B^*)$．这与(2.2.6)有何关系？

2.4.P9 设 $p(t) = t^n + a_{n-1}t^{n-1} + \cdots + a_1 t + a_0$ 是一个给定的 n 次首 1 多项式，其零点为 λ_1，$\cdots$，λ_n．设 $\mu_k = \lambda_1^k + \cdots + \lambda_n^k$ 表示零点的 k 阶矩，$k=0$，1，$\cdots$（取 $\mu_0 = n$）．对 Newton **恒等式**

$$ka_{n-k} + a_{n-k+1}\mu_1 + a_{n-k+2}\mu_2 + \cdots + a_{n-1}\mu_{k-1} + \mu_k = 0 \tag{2.4.18}$$

（对 $k=1$，2，$\cdots$，$n-1$）以及

$$a_0\mu_k + a_1\mu_{k+1} + \cdots + a_{n-1}\mu_{n+k-1} + \mu_{n+k} = 0 \tag{2.4.19}$$

（对 $k=0$，1，2，$\cdots$）的如下证明提供细节：首先证明，如果 $|t| > R = \max\{|\lambda_i| : i=1, \cdots, n\}$，那么 $(t - \lambda_i)^{-1} = t^{-1} + \lambda_i t^{-2} + \lambda_i^2 t^{-3} + \cdots$，从而

$$f(t) = \sum_{i=1}^{n}(t - \lambda_i)^{-1} = nt^{-1} + \mu_1 t^{-2} + \mu_2 t^{-3} + \cdots, \quad |t| > R$$

现在证明 $p'(t) = p(t)f(t)$ 并比较系数．Newton 恒等式表明，一个 n 次首 1 多项式的零点的前 n 个矩唯一地确定它的系数．有关 Newton 恒等式的矩阵分析方法，见(3.3.P18)．

2.4.P10 证明：A，$B \in M_n$ 有同样的特征多项式（从而有同样的特征值）当且仅当对所有 $k=1$，2，$\cdots$，n 都有 $\mathrm{tr}A^k = \mathrm{tr}B^k$．导出结论：$A$ 是幂零的，当且仅当对所有 $k=1$，2，$\cdots$，n 都有 $A^k = 0$．

2.4.P11 设给定 A，$B \in M_n$ 并考虑它们的**换位子**(commutator)$C = AB - BA$．证明(a) $\mathrm{tr}C = 0$．(b)考虑 $A = \begin{bmatrix} 0 & 0 \\ 1 & 0 \end{bmatrix}$ 与 $B = \begin{bmatrix} 0 & 1 \\ 0 & 0 \end{bmatrix}$，并证明换位子未必是幂零的；也就是说，换位子可能有一些非零的特征值，但是它们的和必定为零．(c)如果 $\mathrm{rank}C \leqslant 1$，证明 C 是幂零的．(d)如果 $\mathrm{rank}C = 0$，

说明为什么 A 和 B 可以同时酉三角化. (e)如果 $\mathrm{rank}\,C=1$, **Laffey 定理**说的是 A 与 B 可以通过相似同时三角化. 对于下面给出的 Laffey 定理的证明概述加入细节. 我们可以假设 A 是奇异的（如果需要, 就用 $A-\lambda I$ 代替 A）. 如果 A 的零空间是 B -不变的, 那么它就是一个非零的公共不变子空间, 所以 A 与 B 同时相似于一个形如(1.3.17)的分块矩阵. 如果 A 的零空间**不是** B -不变的, 令 $x\neq 0$ 使得 $Ax=0$ 以及 $ABx\neq 0$. 那么 $Cx=ABx$, 所以存在一个 $z\neq 0$, 使得 $C=ABxz^{\mathrm{T}}$. 对任何 y, 有 $(z^{\mathrm{T}}y)ABx=Cy=ABy-BAy$, $BAy=AB(y-(z^{\mathrm{T}}y)x)$, 从而 $\mathrm{range}\,BA\subset \mathrm{range}\,AB\subset \mathrm{range}\,A$, $\mathrm{range}\,A$ 是 B -不变的, 而 A 与 B 同时相似于一个形如(1.3.17)的分块矩阵. 现在假设 $A=\begin{bmatrix} A_{11} & A_{12} \\ 0 & A_{22} \end{bmatrix}$, $B=\begin{bmatrix} B_{11} & B_{12} \\ 0 & B_{22} \end{bmatrix}$, $A_{11},\ B_{11}\in M_k$, $1\leqslant k<n$, 而 $C=\begin{bmatrix} A_{11}B_{11}-B_{11}A_{11} & X \\ 0 & A_{22}B_{22}-B_{22}A_{22} \end{bmatrix}$ 的秩为 1. C 的对角分块中至少有一个为零, 故我们可以求助于(2.3.3). 如果有一个对角分块的秩为 1, 而它的阶大于 1, 就重复这一化简. 1×1 对角分块的秩不可能为 1.

2.4.P12 设 $A,B\in M_n$, 又设 $C=AB-BA$. 这个问题检查了 C 与 A 或者与 B、或者与它们两者都可交换这一假设条件的若干推论. (a)如果 C 与 A 可交换, 说明为什么对所有 $k=2,\cdots,n$ 都有 $\mathrm{tr}\,C^k=\mathrm{tr}(C^{k-1}(AB-BA))=\mathrm{tr}(AC^{k-1}B-C^{k-1}BA)=0$. 从(2.4.P10)推导出 **Jacobson 引理**: C 是幂零的, 如果它或者与 A 或者与 B 可交换. (b)如果 $n=2$, 证明: C 与 A 以及 B 两者都可交换, 当且仅当 $C=0$, 也即当且仅当 A 与 B 可交换. (c)如果 A 可以对角化, 证明: C 与 A 可交换, 当且仅当 $C=0$. (d)A 与 B 称为**拟交换的**(quasicommute), 如果它们两者都与 C 可交换. 如果 A 与 B 是拟交换的, 且 $p(s,t)$ 是关于两个非交换变量的任意一个多项式, 证明 $p(A,B)$ 与 C 可交换, 借助于(2.4.8.1), 并用(a)证明 $p(A,B)C$ 是幂零的. (e)如果 A 与 B 是拟交换的, 利用(2.4.8.7)证明 A 与 B 可以同时三角化. 这个结论称为**小 McCoy 定理**(little McCoy's theorem). (f)设 $n=2$, 如果 C 与 A 可交换, 则(3.2.P32)确保 A 与 B（从而 B 与 C 亦如此）是可以同时三角化的. 证明: A 与 B 可以同时三角化, 当且仅当 $C^2=0$. (g)这种情形与 $n=3$ 不同. 考虑

$$A=\begin{bmatrix} 0 & 1 & 0 \\ 0 & 0 & 0 \\ 0 & 0 & 0 \end{bmatrix} \quad \text{以及} \quad B=\begin{bmatrix} 0 & 0 & 0 \\ 0 & 0 & 1 \\ 1 & 0 & 0 \end{bmatrix}$$

证明: (i)A 与 C 可交换, 所以 A 与 C 可同时三角化; (ii)B 与 C 不可交换; 以及(iii)B 与 C（从而 A 与 B 亦然）不可同时三角化. (h)设 $n=3$. Laffey 的另一个定理是说: A 与 B 可以同时三角化, 当且仅当 C, AC^2, BC^2, 以及 A^2C^2, ABC^2 与 B^2C^2 中至少有一个是幂零的. 由此定理推导出结论: A 与 B 可以同时三角化, 如果 $C^2=0$. 给出一个例子来说明: 条件 $C^3=0$ **并不**蕴含 A 与 B 可以同时三角化.

2.4.P13 对有关线性矩阵方程 $AX-XB=C$ 的结果(2.4.4.1)的另一种证明提供细节: 假设 $A\in M_n$ 与 $B\in M_m$ 没有公共的特征值. 考虑由 $T_1(X)=AX$ 以及 $T_2(X)=XB$ 所定义的线性变换 T_1, T_2: $M_{n,m}\rightarrow M_{n,m}$. 证明 T_1 与 T_2 可交换, 并由(2.4.8.1)推出结论: $T=T_1-T_2$ 的特征值是 T_1 与 T_2 的特征值之差. 讨论: λ 是 T_1 的特征值, 当且仅当存在一个非零的 $X\in M_{n,m}$, 使得 $AX-\lambda X=0$, 此情形当且仅当 λ 是 A 的一个特征值（而 X 的每一个非零的列都是它一个对应的特征向量）时才会发生. 这样一来, T_1 与 A 的谱就是相同的, 且对 T_2 与 B 也有类似的结论. 从而, 如果 A 与 B 没有公共的特征值, 那么 T 就是非奇异的. 如果 x 是 A 的与特征值 λ 相伴的特征向量, 而 y 则是 B 的与特征值 μ 相伴的左特征向量, 考虑 $X=xy^*$, 证明 $T(X)=(\lambda-\mu)X$, 并推出结论: T 的谱由 A 与 B 的特征值的所有可能的差组成.

2.4. P14 设 $A \in M_n$，并假设 $\operatorname{rank} A = r$．证明 A 与一个上三角矩阵酉相似，这个上三角矩阵的前 r 行是线性无关的，而后 $n-r$ 行都是零．

2.4. P15 设 A，$B \in M_n$，并考虑由 $p_{A,B}(s, t) = \det(tB - sA)$ 所定义的关于两个复变量的多项式．(a)假设 A 与 B 可以同时三角化，其中 $A = S\mathcal{A}S^{-1}$，$B = S\mathcal{B}S^{-1}$，这里的 $\mathcal{A}$ 与 $\mathcal{B}$ 是上三角矩阵，$\operatorname{diag} \mathcal{A} = (\alpha_1, \cdots, \alpha_n)$，而 $\operatorname{diag} \mathcal{B} = (\beta_1, \cdots, \beta_n)$．证明 $p_{A,B}(s, t) = \det(t\mathcal{B} - s\mathcal{A}) = \prod\limits_{i=1}^{n}(t\beta_i - s\alpha_i)$．(b)现在假设 A 与 B 可交换．导出结论

$$p_{A,B}(B, A) = \prod_{i=1}^{n}(\beta_i A - \alpha_i B) = S\left(\prod_{i=1}^{n}(\beta_i \mathcal{A} - \alpha_i \mathcal{B})\right)S^{-1}$$

说明为什么上三角矩 $\beta_i \mathcal{A} - \alpha_i \mathcal{B}$ 的位于 (i, i) 处的元素是零．(c)利用引理 2.4.3.1 证明 $p_{A,B}(B, A) = 0$，如果 A 与 B 可交换．说明为什么这个恒等式是 Cayley-Hamilton 定理的一个两变量推广．(d)假设 A，$B \in M_n$ 可交换．对 $n = 2$，证明 $p_{A,B}(B, A) = (\det B)A^3 - (\operatorname{tr}(A\operatorname{adj}B))AB + (\det A)B^2$．对 $n = 3$，证明 $p_{A,B}(B, A) = (\det B)A^3 - (\operatorname{tr}(A\operatorname{adj}B))A^2B + \operatorname{tr}((B\operatorname{adj}A))AB^2 - (\det A)B^3$．对 $B = I$ 这些恒等式是什么？(e)对例 2.4.8.3 以及例 2.4.8.4 中的矩阵，计算 $\det(tB - sA)$；并加以讨论．(f)为什么我们在(b)中而不在(a)中假设交换性？

127

2.4. P16 设 λ 是 $A = \begin{bmatrix} a & b \\ c & d \end{bmatrix} \in M_2$ 的一个特征值．(a)说明为什么 $\mu = a + d - \lambda$ 是 A 的特征值．(b)说明为什么 $(A - \lambda I)(A - \mu I) = (A - \mu I)(A - \lambda I) = 0$．(c)导出结论：$\begin{bmatrix} a-\lambda & b \\ c & d-\lambda \end{bmatrix}$ 的任何非零的列都是 A 的与 μ 相伴的特征向量，且其任何非零的行都是与 λ 相伴的一个左特征向量的共轭转置．(d)推出结论：$\begin{bmatrix} \lambda-d & b \\ c & \lambda-a \end{bmatrix}$ 的任何非零的列都是 A 的与 μ 相伴的特征向量，而其任何非零的行都是与 λ 相伴的一个左特征向量的共轭转置．

2.4. P17 设给定 A，$B \in M_n$ 并考虑 $\mathcal{A}(A, B)$，它是 M_n 的由 A 与 B 生成的子代数（见(1.3.P36)）．那么 $\mathcal{A}(A, B)$ 是 M_n 的一个子空间，所以 $\dim \mathcal{A}(A, B) \leqslant n^2$．考虑 $n = 2$，$A = \begin{bmatrix} 0 & 1 \\ 0 & 0 \end{bmatrix}$，以及 $B = A^{\mathrm{T}}$，在此情形证明 $\dim \mathcal{A}(A, B) = n^2$．利用 Cayley-Hamilton 定理证明：对任何 $A \in M_n$ 有 $\dim \mathcal{A}(A, I) \leqslant n$．Gerstenhaber 定理说的是：如果 A，$B \in M_n$ 可交换，那么 $\dim \mathcal{A}(A, B) \leqslant n$．

2.4. P18 假设 $A = \begin{bmatrix} A_{11} & A_{12} \\ 0 & A_{22} \end{bmatrix} \in M_n$，$A_{11} \in M_k$，$1 \leqslant k < n$，$A_{22} \in M_{n-k}$．证明：$A$ 是幂零的，当且仅当 A_{11} 与 A_{22} 两者都是幂零的．

2.4. P19 设给定 $n \geqslant 3$ 以及 $k \in \{1, \cdots, n-1\}$．(a)假设 $A = \begin{bmatrix} A_{11} & A_{12} \\ 0 & A_{22} \end{bmatrix} \in M_n$，$B = \begin{bmatrix} B_{11} & B_{12} \\ 0 & B_{22} \end{bmatrix} \in M_n$，$A_{11}$，$B_{11} \in M_k$，以及 A_{22}，$B_{22} \in M_{n-k}$．证明 A 与 B 可以同时上三角化，当且仅当以下两个条件同时成立：(i)A_{11} 与 B_{11} 可同时上三角化以及(ii)A_{22} 与 B_{22} 可同时上三角化．(b)如果 $m \geqslant 3$，$\mathcal{F} = \{A_1, \cdots, A_m\} \subset M_n$，且每个 $A_j = \begin{bmatrix} A_{j1} & A_{j2} \\ 0 & A_{j3} \end{bmatrix}$ $(A_{j1} \in M_k)$，证明：$\mathcal{F}$ 可同时上三角化，当且仅当 $\{A_{11}, \cdots, A_{m1}\}$ 与 $\{A_{13}, \cdots, A_{m3}\}$ 中的每一个都（分别）是可以同时上三角化的．

2.4. P20 假设 A，$B \in M_n$ 且 $AB = 0$，所以 $C = AB - BA = -BA$．令 $p(s, t)$ 是关于两个非交换变量的多项式．(a)如果 $p(0, 0) = 0$，证明 $Ap(A, B)B = 0$，因此 $(p(A, B)C)^2 = 0$．(b)证明 $C^2 = 0$．(c)利用(2.4.8.7)证明 A 与 B 可以同时上三角化．(d)$\begin{bmatrix} -3 & 3 \\ -4 & 4 \end{bmatrix}$ 与 $\begin{bmatrix} 2 & -1 \\ 2 & -1 \end{bmatrix}$ 是同时可上三角化的吗？

2. 4. P21   设 $A \in M_n$ 有特征值 λ_1, $\cdots$, λ_n. Hankel 矩阵 $K = [\text{tr}A^{i+j-2}]_{i,j=1}^n$ 称为是与 A 相伴的**矩矩阵** (moment matrix). 我们恒取 $A^0 = I$, 所以 $\text{tr}A^0 = n$. (a)证明 $K = VV^T$, 其中 $V \in M_n$ 是 Vandermonde 矩阵(0. 9. 11. 1), 这个矩阵的第 j 列是 $[1, \lambda_j, \lambda_j^2, \cdots, \lambda_j^{m-1}]^T$ ($j = 1, \cdots, n$). (b)说明为什么 $K = (\det V)^2 = \prod_{i<j} (\lambda_j - \lambda_i)^2$; 这个乘积就是 A 的**判别式**(discriminant). (c)推出结论: A 的特征值是不同的, 当且仅当它的矩矩阵非奇异. (d)说明为什么 K(从而 A 的判别式亦然)在 A 的相似之下是不变的. (e)计算 $A = \begin{bmatrix} a & b \\ c & d \end{bmatrix} \in M_2$ 的矩矩阵的行列式; 验证它是 A 的判别式, 如同在包含(1. 2. 4b)的习题中计算的那样. (f)考虑实矩阵

$$A = \begin{bmatrix} a & b & 0 \\ 0 & 0 & c \\ d & -e & 0 \end{bmatrix}, a, b, c, d \text{ 是正数} \tag{2.4.20}$$

它的零元素是指定的, 而剩下的元素仅仅符号的样式是指定的. A 的矩矩阵是

$$K = \begin{bmatrix} 3 & a & a^2 - 2ce \\ a & a^2 - 2ce & a^3 + 3bcd \\ a^2 - 2ce & a^3 + 3bcd & a^4 + 4bdac + 2e^2 c^2 \end{bmatrix}$$

而 $\det K = -27b^2 c^2 d^2 - 4c^3 e^3 - 4a^4 ce - 8a^2 c^2 e^2 - 4a^3 bcd - 36abc^2 de$. 说明为什么 A 恒有三个不同的特征值.

2. 4. P22   假设 $A \in M_n$ 有 d 个不同的特征值 μ_1, $\cdots$, μ_d, 它们分别有重数 v_1, $\cdots$, v_d. 矩阵 $K_m = [\text{tr}A^{i+j-2}]_{i,j=1}^m$ 是与 A 相伴的 m 阶矩矩阵, $m = 1, 2, \cdots$; 如果 $m \leqslant n$, 它就是上一个问题中的矩矩阵 K 的**前主子矩阵**(leading principal submatrix). 设 $v_j^{(m)} = [1, \mu_j, \mu_j^2, \cdots, \mu_j^{m-1}]^T$, $j = 1, \cdots, d$, 并构造 $m \times d$ 矩阵 $V_m = [v_1^{(m)} \ \cdots \ v_d^{(m)}]$. 设 $D = \text{diag}(v_1, \cdots, v_d) \in M_d$. 证明: (a) V_m 有行秩 m, 如果 $m \leqslant d$; 它有列秩 d, 如果 $m \geqslant d$; (b) $K_m = V_m D V_m^T$; (c)如果 $1 \leqslant p < q$, K_p 就是 K_q 的一个前主子矩阵; (d) K_d 是非奇异的; (e) $\text{rank}K_m = d$, 如果 $m \geqslant d$; (f) $d = \max\{m \geqslant 1: K_m \text{ 非奇异}\}$, 但是 K_p 有可能对某个 $p < d$ 是奇异的; (g) K_d 是非奇异的, 且 K_{d+1}, $\cdots$, K_n, K_{n+1} 中每一个全都是奇异的; (h) $K_n = K$, 即是上一问题中的矩矩阵; (i) $\text{rank}K$ 恰好是 A 的不同特征值的个数.

2. 4. P23   假设 $T = [t_{ij}] \in M_n$ 是上三角. 证明 $\text{adj}T = [\tau_{ij}]$ 是上三角的, 且有主对角元素 $\tau_{ii} = \prod_{j \neq i} t_{jj}$.

2. 4. P24   设 $A \in M_n$ 有特征值 λ_1, $\cdots$, λ_n. 证明 $\text{adj}A$ 的特征值是 $\prod_{j \neq i} \lambda_j$, $i = 1, \cdots, n$.

2. 4. P25   设 A, $B \in M_2$, 并假设 λ_1, λ_2 是 A 的特征值. (a)证明 A 与 $\begin{bmatrix} \lambda_1 & x \\ 0 & \lambda_2 \end{bmatrix}$ 酉相似, 其中 $x \geqslant 0$, 且 $x^2 = \text{tr}AA^* - |\lambda_1|^2 - |\lambda_2|^2$. (b)证明: A 与 B 酉相似, 当且仅当 $\text{tr}A = \text{tr}B$, $\text{tr}A^2 = \text{tr}B^2$, 以及 $\text{tr}AA^* = \text{tr}BB^*$.

2. 4. P26   设 $B \in M_{n,k}$ 以及 $C \in M_{k,n}$. 证明: 对任意多项式 $p(t)$ 有 $BCp(BC) = Bp(CB)C$.

2. 4. P27   设给定 $A \in M_n$. (a)如果 $A = BC$ 且 B, $C^T \in M_{n,k}$, 利用(2. 4. 3. 2)证明: 存在一个次数最多为 $k+1$ 的多项式 $q(t)$, 使得 $q(A) = 0$.

2. 4. P28   假设 $A \in M_n$ 是奇异的, 又令 $r = \text{rank}A$. 证明存在一个次数至多为 $r+1$ 的多项式 $p(t)$, 使得 $p(A) = 0$.

2. 4. P29   设 $A \in M_n$, 并假设 x, $y \in \mathbb{C}^n$ 是满足 $Ax = \lambda x$ 以及 $y^* A = \lambda y^*$ 的非零向量. 如果 λ 是 A 的一个单重特征值, 证明 $A - \lambda I + \kappa xy^*$ 对所有 $\kappa \neq 0$ 都是非奇异的.

2.4. P30　对于(2.4.3.3)中所描述的计算有一个系统的解决方法. 设给定 $A \in M_n$，并假定 $p(t)$ 是一个次数大于 n 的多项式. 利用 Euclid 算法(多项式长除法)将它表示成 $p(t) = h(t)p_A(t) + r(t)$，其中 $r(t)$ 的次数严格小于 n(有可能为零). 说明为什么 $p(A) = r(A)$.

2.4. P31　利用(2.4.3.2)证明：如果 $A \in M_n$ 的所有的特征值都为零，那么 $A^n = 0$.

2.4. P32　设 $A, B \in M_n$，又令 $C = AB - BA$. 说明为什么不可能有 $\mathrm{tr}\,C \neq 0$. 特别地，如果 $c \neq 0$，则不可能有 $C = cI$.

2.4. P33　设 $A, B \in M_n$，并设 p 是一个正整数. 假设 $A = \begin{bmatrix} A_{11} & A_{12} \\ 0 & A_{22} \end{bmatrix}$，其中 $A_{11} \in M_k$ 与 $A_{22} \in M_{n-k}$ 没有公共的特征值. 如果 $B^p = A$，证明：B 是与 A 共形的分块上三角矩阵，$B = \begin{bmatrix} B_{11} & B_{12} \\ 0 & B_{22} \end{bmatrix}$，$B_{11}^p = A_{11}$，且 $B_{22}^p = A_{22}$.

2.4. P34　设 $A = \begin{bmatrix} a & b \\ c & d \end{bmatrix} \in M_2$. 通过显式计算，对 A 来验证 Cayley-Hamilton 定理，也就是验证 $A^2 - (a+d)A + (ad-bc)I_2 = 0$.

2.4. P35　设 $A \in M_n(\mathbf{F})$($\mathbf{F} = \mathbf{R}$ 或者 $\mathbf{C}$). 利用(2.4.4.2)证明 A 与 $M_n(\mathbf{F})$ 中的每个酉矩阵可交换，当且仅当 A 是一个纯量矩阵.

注记以及进一步的阅读参考　有关同时三角化的详尽的阐述，见 Radjavi 以及 P. Rosenthal(2000)的专著. 定理 2.4.8.7 及其推广由 N. McCoy, On the characteristic roots of matric polynomials, *Bull. Amer. Math. Soc.* 42 (1936) 592-600 给出了证明. 我们对(2.4.8.7)给出的证明取自 M. P. Drazin, J. W. Dungey 以及 K. W. Gruenberg, Some theorems on commutative matrices, *J. London Math. Soc.* 26(1951)221-228，它包含了对 $m \geqslant 2$ 的一般情形(2.4.8.10)的一个证明. 特征值与线性组合之间的关系在 T. Motzkin 以及 O. Taussky, Pairs of matrices with property L, *Trans. Amer. Math. Soc.* 73(1952)108-114 中进行了讨论. 一对对所有 $a, b \in \mathbf{C}$ 都满足 $\sigma(aA + bB) = \{a\alpha_j + b\beta_{i_j} : j = 1, \cdots, n\}$ 的 $A, B \in M_n$ 称为有**性质** L(propertyL)；条件(2.4.8.7(c))称为**性质** P(propertyP). 对所有 $n = 2, 3, \cdots$，性质 P 蕴含性质 L；仅当 $n = 2$ 时性质 L 蕴含性质 P. 性质 L 还没有得到充分的研究和了解，不过已经知道：一对正规矩阵有性质 L，当且仅当它们可交换. 见 N. A. Wiegmann, A note on pairs of normal matrices with property L, *Proc. Amer. Math. Soc.* 4(1953)35-36. 对于(2.4.P10)中的结论，有一个引人关注的近似表述形式：非奇异矩阵 $A, B \in M_n$ 有同样的特征多项式(从而有同样的特征值)，当且仅当 $|\mathrm{tr}\,A^k - \mathrm{tr}\,B^k| \leqslant 1$(对所有 $k = \pm 1, \pm 2, \cdots$)，见(2.2)末尾提及的 Marcoux, Mastnak 以及 Radjavi 的论文. Jacobson 引理(2.4.P12)是 N. Jacobson, Rational methods in the theory of Lie algebras, *Ann. of Math.* (2)36 (1935)875-881 中的引理 2. 拟交换性这一概念(2.4.P12)是在量子力学中出现的：位置以及动量算子 x 与 p_x(线性算子，但不是有限维的，见(2.4.P32)满足恒等式 $x p_x - p_x x = ihI$. 这个恒等式(它蕴含关于位置和动量的 Heisenberg 测不准原理)确保 x 与 p_x 这两者都与它们的换位子可交换. (2.4.P12g)中的例子属于 Gérald Bourgeois. (2.4.P11)以及(2.4.P12)中提到的 Laffey 定理的证明在 T. J. Laffey, Simultaneous triangularization of a pair of matrices-low rank cases and the nonderogatory case, *Linear Multilinear Algebra* 6(1978) 269-306 以及 T. J. Laffey, Simultaneous quasidiagonalization of a pair of 3×3 complex matrices, *Rev. Roumaine Math. Pures Appl.* 23(1978)1047-1052 中给出. 矩阵(2.4.20)是要求不同的特征值的符号模式矩阵的一个例子. 这一令人极感兴趣的性质的讨论，见 Z. Li 以及 L. Harris, Sign patterns that require all distinct eigenvalues, *JP J. Algebra Number Theory Appl.* 2(2002)161-179，这篇论文包含了一列具有此项性质的所有不可约的 3×3 符号模式矩阵. (2.4.P34)中所要求的显式计算发表在 A. Cayley, A memoir on the theory of matrices, *Philos. Trans. R. Soc. London* 148(1858)17-37 中；见该文

第 23 页. 在第 24 页上，Cayley 说他还验证了 3×3 的情形(可能由其他的人作了显式计算，而计算并未出现在该论文中)，但是他"并不认为有必要花力气来对任意阶矩阵的一般情形给出定理的正式的证明."在一篇发表于 1878 年的论文中，F. G. Frobenius 对如下结论给出了一个严格的证明：每一个复方阵满足它自己的特征方程，但是他的方法与我们对(2.4.3.2)的证明迥然不同. Frobenius 首先定义了矩阵的极小多项式(这是他本人创造的一个新概念，见(3.3))，然后他证明了：极小多项式整除特征多项式，见 Ferdinand Georg Frobenius：*Gesammelte Abhandlungen*(Frobenius 全集)，第 1 卷第 355 页(由 J. P. Serre 编辑，Springer 出版社，Berlin，1968). (2.4.P3) 中概述的 Cayley-Hamilton 定理的证明取自 A. Buchheim，Mathematical notes，*Messenger Math*. 13(1884)62-66.

2.5 正规矩阵

正规矩阵类(它在酉相似那一部分自然出现)在整个矩阵分析中都是重要的，它包括酉矩阵、Hermite 矩阵、斜 Hermite 矩阵、实正交矩阵、实对称矩阵以及实的斜对称矩阵.

定义 2.5.1 矩阵 $A \in M_n$ 称为是**正规的**(normal)，如果 $AA^* = A^*A$，也就是，如果 A 与它的共轭转置可交换.

习题 如果 $A \in M_n$ 是正规的，且 $\alpha \in \mathbf{C}$，证明 αA 是正规的. 给定大小的正规矩阵类在用复纯量作的乘法运算下是封闭的. ◀

习题 如果 $A \in M_n$ 是正规的，又如果 B 与 A 酉相似，证明 B 是正规的. 给定大小的正规矩阵类在酉相似之下是封闭的. ◀

习题 如果 $A \in M_n$ 与 $B \in M_m$ 是正规的，证明 $A \oplus B \in M_{n+m}$ 是正规的. 正规矩阵类在直和运算之下是封闭的. ◀

习题 如果 $A \in M_n$ 且 $B \in M_m$，又如果 $A \oplus B \in M_{n+m}$ 是正规的，证明 A 与 B 是正规的. ◀

习题 如果给定 a，$b \in \mathbf{C}$. 证明 $\begin{bmatrix} a & b \\ -b & a \end{bmatrix}$ 是正规的且有特征值 $a \pm ib$. ◀

习题 证明：每个酉矩阵都是正规的. ◀

习题 证明：每个 Hermite 矩阵或者斜 Hermite 矩阵都是正规的. ◀

131

习题 验证：$A = \begin{bmatrix} 1 & e^{i\pi/4} \\ -e^{i\pi/4} & 1 \end{bmatrix}$ 是正规的，但是 A 的任何纯量倍数都不是酉矩阵、不是 Hermite 矩阵或者斜 Hermite 矩阵. ◀

习题 说明为什么每个对角矩阵都是正规的. 如果一个对角矩阵是 Hermite 的，为什么它必定是实的？ ◀

习题 证明：酉矩阵、Hermite 矩阵以及斜 Hermite 矩阵组成的每一个类在酉相似之下都是封闭的. 如果 A 是酉矩阵，且 $|\alpha| = 1$，证明 αA 是酉矩阵. 如果 A 是 Hermite 矩阵且 α 是实数，证明 αA 是 Hermite 矩阵. 如果 A 是斜 Hermite 矩阵且 α 是实数，证明 αA 是斜 Hermite 矩阵. ◀

习题 证明：Hermite 矩阵的主对角元素是实数. 证明：斜 Hermite 矩阵的主对角元素是纯虚数. 一个实的斜对称矩阵的主对角元素是什么样的？ ◀

习题 检查(1.3.7)的证明，并导出结论：$A \in M_n$ 是可以酉对角化的，当且仅当 $\mathbf{C}^n$ 中存在一组 n 个标准正交的向量，它们每一个都是 A 的一个特征向量. ◀

在理解并利用正规矩阵的定义恒等式 $AA^* = A^*A$ 时，在脑子里保留一个几何的解释会是有助益的. 按照它们的列来分划 $A = [c_1 \ \cdots \ c_n]$ 以及 $A^{\mathrm{T}} = [r_1 \ \cdots \ r_n]$；向量 c_j 是 A 的列，而向量 r_i^{T} 是 A 的行. 审视定义恒等式 $AA^* = A^*A$ 揭示出：A 是正规的，当且仅当对所有 $i, j = 1, \cdots, n$ 都有 $c_i^* c_j = \overline{r_i^* r_j}$. 特别地，$c_i^* c_i = \|c_i\|_2^2 = \|r_i\|_2^2 = r_i^* r_i$，所以 A 的每一列与它对应的行一样，有同样的 Euclid 范数；一列为零当且仅当对应的行为零.

如果 $A \in M_n(\mathbf{R})$ 是实的正规矩阵，那么对所有 i 与 j 都有 $c_i^{\mathrm{T}} c_j = \langle c_i, c_j \rangle = \langle r_i, r_j \rangle = r_i^{\mathrm{T}} r_j$. 如果 i 列与 j 列不是零，那么 i 行与 j 行不是零，且恒等式

$$\frac{\langle c_i, c_j \rangle}{\|c_i\|_2 \|c_j\|_2} = \frac{\langle r_i, r_j \rangle}{\|r_i\|_2 \|r_j\|_2}$$

告诉我们：A 的 i 列与 j 列的向量之间的角度与 A 的 i 行与 j 行的向量之间的角度是相同的，见(0.6.3.1).

对于正规矩阵，不仅为零的行或者列，而且关于它的某种为零的分块有某些特殊之处.

引理 2.5.2 设 $A \in M_n$ 被分划成 $A = \begin{bmatrix} A_{11} & A_{12} \\ 0 & A_{22} \end{bmatrix}$，其中 A_{11} 与 A_{22} 是方阵. 那么 A 是正规的，当且仅当 A_{11} 与 A_{22} 是正规的，且 $A_{12} = 0$. 分块上三角矩阵是正规的，当且仅当它位于对角线之外的分块是零且每一个对角线上的分块都是正规的. 特别地，上三角矩阵是正规的，当且仅当它是对角的.

证明 如果 A_{11} 与 A_{22} 是正规的，且 $A_{12} = 0$，那么 $A = A_{11} \oplus A_{22}$ 就是正规矩阵的直和，故而它是正规的.

反之，如果 A 是正规的，那么

$$AA^* = \begin{bmatrix} A_{11}A_{11}^* + A_{12}A_{12}^* & \bigstar \\ \bigstar & \bigstar \end{bmatrix} = \begin{bmatrix} A_{11}^* A_{11} & \bigstar \\ \bigstar & \bigstar \end{bmatrix} = A^*A$$

所以 $A_{11}^* A_{11} = A_{11} A_{11}^* + A_{12} A_{12}^*$，它蕴含

$$\mathrm{tr} A_{11}^* A_{11} = \mathrm{tr}(A_{11}A_{11}^* + A_{12}A_{12}^*)$$
$$= \mathrm{tr} A_{11}A_{11}^* + \mathrm{tr} A_{12}A_{12}^* = \mathrm{tr} A_{11}^* A_{11} + \mathrm{tr} A_{12}A_{12}^*$$

从而 $\mathrm{tr} A_{12} A_{12}^* = 0$. 由于 $\mathrm{tr} A_{12} A_{12}^*$ 是 A_{12} 的元素的绝对值的平方和(0.2.5.1)，由此推出 $A_{12} = 0$. 这样 $A = A_{11} \oplus A_{22}$ 就是正规的，所以 A_{11} 与 A_{22} 都是正规的.

假设 $B = [B_{ij}]_{i,j=1}^k \in M_n$ 是正规的，且是分块上三角的，也就是说，$B_{ii} \in M_{n_i}$（对 $i = 1, \cdots, k$）以及 $B_{ij} = 0$（对 $i > j$）. 将它分划成 $B = \begin{bmatrix} B_{11} & X \\ 0 & \widetilde{B} \end{bmatrix}$，其中 $X = [B_{12} \ \cdots \ B_{1k}]$，而 $\widetilde{B} = [B_{ij}]_{i,j=2}^k$ 是分块上三角的. 那么 $X = 0$，且 $\widetilde{B}$ 是正规的，故而有限归纳法允许我们得出 B 是分块对角的结论. 关于其逆，在上一个习题中我们已经注意到：正规矩阵的直和仍是正规矩阵. □

习题 设 $A \in M_n$ 是正规的，又令 $\alpha \in \{1, \cdots, n\}$ 是给定的指标集. 如果 $A[\alpha, \alpha^c] = 0$，

证明 $A[\alpha^c, \alpha]=0$.

接下来我们对有关正规矩阵的基本结果进行整理分类.

定理 2.5.3 设 $A=[a_{ij}]\in M_n$ 有特征值 $\lambda_1, \cdots, \lambda_n$, 则下述诸命题等价.

（a）A 是正规的.

（b）A 可以酉对角化.

（c）$\displaystyle\sum_{i,j=1}^n |a_{ij}|^2 = \sum_{i=1}^n |\lambda_i|^2$.

（d）A 有 n 个标准正交的特征向量.

证明 利用 (2.3.1) 将 A 写成 $A=UTU^*$, 其中 $U=[U_1 \quad \cdots \quad U_n]$ 是酉矩阵, 而 $T=[t_{ij}]\in M_n$ 是上三角矩阵.

如果 A 是正规的, 则 T 亦然（与每一个与 A 酉相似的矩阵一样）. 上一个引理确保 T 实际上是对角矩阵, 故而 A 可以酉对角化.

如果存在一个酉矩阵 V, 使得 $A=V\Lambda V^*$, 且 $\Lambda=\mathrm{diag}(\lambda_1, \cdots, \lambda_n)$, 那么由 (2.2.2) 有 $\mathrm{tr}A^*A=\mathrm{tr}\Lambda^*\Lambda$, 这就是 (c) 中的结论.

T 的对角元素是 $\lambda_1, \cdots, \lambda_n$（按照某种次序排列）, 从而 $\mathrm{tr}A^*A=\mathrm{tr}T^*T=\displaystyle\sum_{i=1}^n |\lambda_i|^2 + \sum_{i<j} |t_{ij}|^2$. 于是, (c) 蕴含 $\displaystyle\sum_{i<j} |t_{ij}|^2=0$, 所以 T 是对角的. 分解式 $A=UTU^*$ 等价于等式 $AU=UT$, 该等式是说, 对每一个 $i=1, \cdots, n$ 都有 $Au_i=t_{ii}u_i$. 从而, U 的 n 列是 A 的标准正交的特征向量.

最后, 标准正交组是线性无关的, 所以 (d) 确保 A 可以对角化, 且可以选择标准正交化的列作为对角化相似矩阵 (1.3.7). 这就意味着 A 与一个对角矩阵（从而是酉矩阵）酉相似, 所以 A 是正规的. $\square$

正规矩阵 $A\in M_n$ 表示成 $A=U\Lambda U^*$（其中 U 是酉矩阵, 而 Λ 是对角矩阵）的表示法称为 A 的**谱分解** (spectral decomposition).

习题 说明为什么正规矩阵是无亏的, 也就是说, 它的每一个特征值的几何重数与其代数重数相同.

习题 如果 $A\in M_n$ 是正规的, 证明: $x\in \mathbf{C}^n$ 是 A 的一个与 A 的特征值 λ 相伴的右特征向量, 当且仅当 x 是 A 的与 λ 相伴的左特征向量; 也就是说, 如果 A 是正规的, 那么 $Ax=\lambda x$ 等价于 $x^*A=\lambda x^*$. 提示: 将 x 标准化, 并记 $A=U\Lambda U^*$, 其中以 x 作为 U 的第一列. 那么 A^* 是什么? A^*x 呢? 另一个证明见 (2.5.P20).

习题 如果 $A\in M_n$ 是正规的, 又如果 x 与 y 是 A 的与不同的特征值相伴的特征向量, 利用上一个习题以及双正交原理证明 x 与 y 是正交的.

一旦已知一个正规矩阵 $A\in M_n$ 的不同的特征值 $\lambda_1, \cdots, \lambda_d$, 就能通过如下概念性的处置方法将它酉对角化: 对每一个特征空间 $\{x\in \mathbf{C}^n: Ax=\lambda x\}$, 确定一组基并将它标准正交化以得到一组标准正交基. 这些特征空间是相互正交的, 且每一个特征空间的维数等于其对应的特征值的重数（A 的正规性是这两者成立的理由）, 所以这些基的并集就是关于 $\mathbf{C}^n$ 的一组标准正交基. 将这些基向量排列成一个矩阵 U 的列, 就得到一个酉矩阵, 它使得 $U^* AU$ 是对角矩阵.

然而, 特征空间总会有多于一组标准正交基, 故而按照上面的概念性处理方法所构造的对角化酉矩阵从来都不是唯一的. 如果 X, $Y \in M_{n,k}$ 都有标准正交的列 (即 $X^* X = I_k = Y^* Y$), 又如果 $\mathrm{range} X = \mathrm{range} Y$, 那么 X 的每一列都是 Y 的列的线性组合, 这就是说, 对某个 $G \in M_k$ 有 $X = YG$. 这样就有 $I_k = X^* X = (YG)^* (YG) = G^* (Y^* Y) G = G^* G$, 所以 G 必定是酉矩阵. 这一结果就对如下唯一性定理的第一部分给出一个几何的解释.

定理 2.5.4 设 $A \in M_n$ 是正规的, 且有不同的特征值 λ_1, $\cdots$, λ_d, 其重数分别为 n_1, $\cdots$, n_d. 设 $\Lambda = \lambda_1 I_{n_1} \oplus \cdots \oplus \lambda_d I_{n_d}$, 并假设 $U \in M_n$ 是酉矩阵以及 $A = U \Lambda U^*$.

(a) 对某个酉矩阵 $V \in M_n$ 有 $A = V \Lambda V^*$, 当且仅当存在酉矩阵 W_1, $\cdots$, W_d, 每个 $W_i \in M_{n_i}$, 使得 $U = V(W_1 \oplus \cdots \oplus W_d)$.

(b) 两个正规矩阵是酉相似的, 当且仅当它们有同样的特征值.

证明 (a)如果 $U \Lambda U^* = V \Lambda V^*$, 那么 $\Lambda U^* V = U^* V \Lambda$, 所以 $W = U^* V$ 是酉矩阵, 且与 Λ 可交换, (2.4.4.2)确保 W 是与 Λ 共形的分块对角矩阵. 反之, 如果 $U = VW$ 以及 $W = W_1 \oplus \cdots \oplus W_d$, 其中每一个 $W_i \in M_{n_i}$, 这样 W 就与 Λ 可交换, 且 $U \Lambda U^* = VW \Lambda W^* V^* = V \Lambda WW^* V^* = V \Lambda V^*$.

134

(b)如果对某个酉矩阵 V 有 $B = V \Lambda V^*$, 那么 $(UV^*) B (UV^*)^* = (UV^*) V \Lambda V^* \times (UV^*)^* = U \Lambda U^* = A$. 反之, 如果 B 与 A 相似, 那么它们有相同的特征值; 如果 B 与一个正规矩阵酉相似, 那么它也是正规的. □

接下来注意可交换的正规矩阵可以同时酉对角化.

定理 2.5.5 设 $\mathcal{N} \subseteq M_n$ 是一个非空的正规矩阵族. 那么 $\mathcal{N}$ 是一个交换族, 当且仅当它是可以同时酉对角化的族. 对任一给定的 $A_0 \in \mathcal{N}$ 以及对 A_0 的特征值的任意一个给定的排序 λ_1, $\cdots$, λ_n, 都存在一个酉矩阵 $U \in M_n$, 使得 $U^* A_0 U = \mathrm{diag}(\lambda_1, \cdots, \lambda_n)$, 且对每个 $B \in \mathcal{N}$, $U^* BU$ 都是对角矩阵.

习题 利用(2.3.3)以及正规的三角矩阵必定是对角矩阵这一事实来证明(2.5.5). 关于 A_0 的最后那个结论可以如同在(1.3.21)的证明中那样得出, 这是因为每一个置换矩阵都是酉矩阵. ◄

(2.5.3)应用于 Hermite 矩阵这种特殊情形就会得到一个基本的结果, 它称之为关于 **Hermite 矩阵的谱定理**(spectral theorem for Hermitian matrices).

定理 2.5.6 设 $A \in M_n$ 是 Hermite 矩阵且有特征值 λ_1, $\cdots$, λ_n. 设 $\Lambda = \mathrm{diag}(\lambda_1, \cdots, \lambda_n)$.

(a) λ_1, $\cdots$, λ_n 是实数.

(b) A 可以酉对角化.

(c) 存在一个酉矩阵 $U \in M_n$, 使得 $A = U \Lambda U^*$.

证明 Hermite 对角矩阵的对角元素必定是实数, 所以(a)就从(b)以及如下事实推出: Hermite 矩阵的集合在酉相似之下是封闭的. 命题(b)由(2.5.3)推出, 因为 Hermite 矩阵是正规的. 命题(c)是(b)的复述并加入了如下信息: Λ 的对角元素必定是 A 的特征值. □

　　与第 1 章里的有关对角化的讨论相比,在(2.5.4)以及(2.5.6)中没有理由假设特征值各不相同,在(2.5.5)中不需要假设可对角化. 特征向量的基(事实上是标准正交基)在结构上由正规性加以保证. 这就是 Hermite 矩阵以及正规矩阵如此重要且有如此令人赏心悦目的性质的原因.

　　现在我们转过来讨论**实的**正规矩阵. 它们可以通过**复的酉**相似对角化. 但是通过**实正交**相似可以得到何种特殊的形式呢? 由于实正规矩阵可能有非实的特征值,有可能无法用实相似使之对角化. 然而,每一个实矩阵都与一个实的拟三角矩阵实正交相似,这个拟三角矩阵必定还是拟对角的,如果它是正规的.

　　引理 2.5.7　假设 $A=\begin{bmatrix} a & b \\ c & d \end{bmatrix}\in M_2(\mathbf{R})$ 是正规的,且有一对共轭的非实特征值. 那么 $c=-b\neq 0$ 且 $d=a$.

　　证明　计算表明: $AA^\mathrm{T}=A^\mathrm{T}A$ 当且仅当 $b^2=c^2$ 且 $ac+bd=ab+cd$. 如果 $b=c$,则 A 是 Hermite 的(因为它是实对称的),所以上面的定理保证它有两个实的特征值. 这样一来,我们必有 $b=-c\neq 0$ 以及 $b(d-a)=b(a-d)$,这就蕴含 $a=d$. □

135

　　定理 2.5.8　设 $A\in M_n(\mathbf{R})$ 是正规的.

　　(a) 存在一个实正交矩阵 $Q\in M_n(\mathbf{R})$,使得 $Q^\mathrm{T}AQ$ 是实的拟对角矩阵

$$A_1 \oplus \cdots \oplus A_m \in M_n(\mathbf{R}),\quad \text{每个 } A_i \text{ 都是 } 1\times 1 \text{ 或 } 2\times 2 \text{ 的} \tag{2.5.9}$$

它满足下述性质:(2.5.9)中的那些 1×1 直和项给出 A 所有实的特征值. (2.5.9)中每一个 2×2 直和项有特殊的形式

$$\begin{bmatrix} a & b \\ -b & a \end{bmatrix} \tag{2.5.10}$$

其中 $b>0$. 该矩阵是正规的且有特征值 $a\pm ib$.

　　(b) (2.5.9)中的直和项由 A 的特征值完全决定,它们可以按照任意预先指定的次序出现.

　　(c) 两个实的 $n\times n$ 正规矩阵是实正交相似的,当且仅当它们有同样的特征值.

　　证明　(a) 定理 2.3.4b 确保 A 与一个实的上拟三角矩阵实正交相似,它的每一个 2×2 对角分块有一对非实的共轭特征值. 由于这个上拟三角矩阵是正规的,(2.5.2)就保证了它实际上是拟对角的,且它的每一个 2×2 直和项都是正规的,且有一对共轭的非实特征值. 上一个引理告诉我们:这些 2×2 直和项中的每一个都有特殊的形式(2.5.10),其中 $b\neq 0$. 如果必要,我们可以通过用矩阵 $\begin{bmatrix} 1 & 0 \\ 0 & -1 \end{bmatrix}$ 做成的相似来确保 $b>0$. (b) (2.5.9)中的直和项给出了 A 所有的特征值,且通过置换相似还能使得这些直和项按照所希望的任何次序排列.

　　(c) 两个有同样特征值的实的 $n\times n$ 正规矩阵与同一个形如(2.5.9)的直和实正交相似. □

　　上一个定理揭示出实正规矩阵在实正交相似下的标准型. 它引导到实对称矩阵、实的斜对称矩阵以及实正交矩阵在实正交相似之下的标准型.

　　推论 2.5.11　设 $A\in M_n(\mathbf{R})$.

　　(a) $A=A^\mathrm{T}$,当且仅当存在一个实正交矩阵 $Q\in M_n(\mathbf{R})$,使得

$$Q^T A Q = \mathrm{diag}(\lambda_1, \cdots, \lambda_n) \in M_n(\mathbf{R}) \qquad (2.5.12)$$

A 的特征值是 λ_1, $\cdots$, λ_n. 两个实对称矩阵是实正交相似的, 当且仅当它们有相同的特征值.

(b) $A = -A^T$, 当且仅当存在一个实正交矩阵 $Q \in M_n(\mathbf{R})$ 和一个非负整数 p, 使得 $Q^T A Q$ 有形式

$$0_{n-2p} \oplus b_1 \begin{bmatrix} 0 & 1 \\ -1 & 0 \end{bmatrix} \oplus \cdots \oplus b_p \begin{bmatrix} 0 & 1 \\ -1 & 0 \end{bmatrix}, \quad \text{所有 } b_j > 0 \qquad (2.5.13)$$

如果 $A \neq 0$, 它的非零特征值是 $\pm i b_1$, $\cdots$, $\pm i b_p$. 两个实的斜对称矩阵是实正交相似的, 当且仅当它们有同样的特征值.

(c) $A A^T = I$ 当且仅当存在一个实正交矩阵 $Q \in M_n(\mathbf{R})$ 和一个非负整数 p, 使得 $Q^T A Q$ 有形式

$$\Lambda_{n-2p} \oplus \begin{bmatrix} \cos\theta_1 & \sin\theta_1 \\ -\sin\theta_1 & \cos\theta_1 \end{bmatrix} \oplus \cdots \oplus \begin{bmatrix} \cos\theta_p & \sin\theta_p \\ -\sin\theta_p & \cos\theta_p \end{bmatrix} \qquad (2.5.14)$$

其中 $\Lambda_{n-2p} = \mathrm{diag}(\pm 1, \cdots, \pm 1) \in M_{n-2p}(\mathbf{R})$, 而每一个 $\theta_j \in (0, \pi)$. A 的特征值是 Λ_{n-2p} 的对角元素添上 $\mathrm{e}^{\pm i\theta_1}$, $\cdots$, $\mathrm{e}^{\pm i\theta_p}$. 两个实正交矩阵是实正交相似的, 当且仅当它们有同样的特征值.

证明 每一个假设条件都确保 A 是实的且是正规的, 所以它与一个形如 (2.5.9) 的拟对角矩阵实正交相似. 只要考虑每一个假设对于 (2.5.9) 中的直和项蕴含何种意义就足够了. 如果 $A = A^T$, 有可能不存在形如 (2.5.10) 的直和项. 如果 $A = -A^T$, 则每一个 1×1 直和项都是零, 而任何一个 2×2 直和项的对角元素都是零. 如果 $A A^T = I$, 则每一个 1×1 直和项形如 $[\pm 1]$, 而任何 2×2 分块 (2.5.10) 有行列式 ± 1, 所以 $a^2 + b^2 = 1$, 且存在某个 $\theta \in (0, \pi)$, 使得 $a = \cos\theta$ 以及 $b = \sin\theta$, 也就是 $a \pm ib = \mathrm{e}^{\pm i\theta}$. $\qquad \square$

习题 设 $A_1 = \begin{bmatrix} a & b \\ -b & a \end{bmatrix} \in M_2$, $A_2 = \begin{bmatrix} \alpha & \beta \\ \gamma & \delta \end{bmatrix} \in M_2$, 并假设 $b \neq 0$. 证明 A_1 与 A_2 可交换, 当且仅当 $\alpha = \delta$ 以及 $\gamma = -\beta$. ◀

习题 设 $a, b \in \mathbf{C}$. 说明为什么 $\begin{bmatrix} a & b \\ -b & a \end{bmatrix}$ 与 $\begin{bmatrix} a & -b \\ b & a \end{bmatrix}$ 是实正交相似的. 提示: 考虑通过 $\begin{bmatrix} 1 & 0 \\ 0 & -1 \end{bmatrix}$ 所作的相似. ◀

下面的定理是 (2.5.5) 的实正规矩阵表述形式.

定理 2.5.15 设 $\mathcal{N} \in M_n(\mathbf{R})$ 是由实正规矩阵组成的非空的交换族. 则存在一个实正交矩阵 Q 以及一个非负整数 q, 使得对每个 $A \in \mathcal{N}$, $Q^T A Q$ 都是一个形如

$$\Lambda(A) \oplus \begin{bmatrix} a_1(A) & b_1(A) \\ -b_1(A) & a_1(A) \end{bmatrix} \oplus \cdots \oplus \begin{bmatrix} a_q(A) & b_q(A) \\ -b_q(A) & a_q(A) \end{bmatrix} \qquad (2.5.15a)$$

的实拟对角矩阵, 其中每一个 $\Lambda(A) \in M_{n-2q}(\mathbf{R})$ 都是对角的; 对所有 $A \in \mathcal{N}$ 以及所有 $j = 1, \cdots, q$, 参数 $a_j(A)$ 与 $b_j(A)$ 都是实的; 又对每一个 $j \in \{1, \cdots, q\}$, 都存在某个 $A \in \mathcal{N}$, 对于它有 $b_j(A) > 0$.

证明 定理 2.3.6b 确保存在一个实正交矩阵 Q 以及一个拟对角矩阵 $D = J_{n_1} \oplus \cdots \oplus J_{n_m}$，使得对每个 $A \in \mathcal{N}$，$Q^T A Q$ 都是一个形如 $(2.3.6.1)$ 的上拟三角矩阵，它与 D 共形地加以分划. 此外，如果 $n_j = 2$，则对某个 $A \in \mathcal{N}$，$A_j(A)$ 有一对共轭的非实特征值. 由于每一个上拟三角矩阵 $Q^T A Q$ 都是正规的，$(2.5.2)$ 确保它实际上是拟对角的，也就是说，对每一个 $A \in \mathcal{N}$，$Q^T A Q = A_1(A) \oplus \cdots \oplus A_m(A)$ 都是与 D 共形地进行分划的，且每一个直和项 $A_j(A)$ 都是正规的. 如果每个 $n_j = 1$，就没什么要进一步证明的了. 假设 $n_j = 2$ 就考虑交换族 $\mathcal{F} = \{A_j(A) : A \in \mathcal{N}\}$. 由于 $\mathcal{F}$ 中某个矩阵有一对共轭的非实特征值，$(2.5.7)$ 告诉我们：它有特别的形式 $(2.5.10)$，其中 $b \neq 0$；如果必要，我们可以通过矩阵 $\begin{bmatrix} 1 & 0 \\ 0 & -1 \end{bmatrix}$ 来执行一个相似运算以确保 $b > 0$. 现在上一个习题告诉我们：$\mathcal{F}$ 中每个矩阵都有 $(2.5.10)$ 的形式. 执行最后的同时置换相似，使能得到分划矩阵 $(2.5.15a)$ 中所展现的直和排列的次序. □

[137]

如果 $A, B \in M_n$ 是正规的（可以是复的或者实的），且满足一个缠绕关系，Fuglede-Putnam 定理说的是 A^* 与 B^* 满足同样的缠绕关系. 这一结果证明的关键在于如下事实：对 $a, b \in \mathbf{C}$，$ab = 0$ 当且仅当 $a\bar{b} = 0$ 时成立. 不同的证明参见 $(2.5. \text{P26})$.

定理 2.5.16（Fuglede-Putnam） 设 $A \in M_n$ 与 $B \in M_m$ 是正规的，又设给定 $X \in M_{n,m}$. 那么 $AX = XB$ 当且仅当 $A^* X = XB^*$.

证明 设 $A = U \Lambda U^*$ 以及 $B = VMV^*$ 是谱分解. 其中 $\Lambda = \mathrm{diag}(\lambda_1, \cdots, \lambda_n)$，而 $M = \mathrm{diag}(\mu_1, \cdots, \mu_m)$. 设 $U^* XV = [\xi_{ij}]$，那么，$AX = XB \Leftrightarrow U \Lambda U^* X = XVMV^* \Leftrightarrow \Lambda(U^* XV) = (U^* XV)M \Leftrightarrow \lambda_i \xi_{ij} = \xi_{ij} \mu_j$（对所有 i, j）$\Leftrightarrow \xi_{ij}(\lambda_i - \mu_j) = 0$（对所有 i, j）$\Leftrightarrow \xi_{ij} \overline{(\lambda_i - \mu_j)} = 0$（对所有 i, j）$\Leftrightarrow \bar{\lambda}_i \xi_{ij} = \xi_{ij} \bar{\mu}_j$（对所有 i, j）$\Leftrightarrow \bar{\Lambda}(U^* XV) = (U^* XV)\bar{M} \Leftrightarrow U \bar{\Lambda} U^* X = XV \bar{M} V^* \Leftrightarrow A^* X = XB^*$. □

上面两个定理引导到与它们的转置（或者等价地说，与它们的复共轭）可交换的正规矩阵的一种有用的表示.

习题 假设 $A \in M_n$ 是正规的，$\bar{A}A = A\bar{A}$，且 $A = B + iC$，其中 B 与 C 是实的. 说明为什么 B 与 C 是正规的且可交换. 提示：$B = (A + \bar{A})/2$. ◀

习题 设给定 $A = \begin{bmatrix} a & b \\ -b & a \end{bmatrix} \in M_2(\mathbf{C})$，其中 $b \neq 0$，令 $A_0 = \begin{bmatrix} 1 & i \\ -i & 1 \end{bmatrix}$，且 $Q = \begin{bmatrix} 1 & 0 \\ 0 & -1 \end{bmatrix}$. 证明：(a) A 是非奇异的，当且仅当 $A = c\begin{bmatrix} \alpha & \beta \\ -\beta & \alpha \end{bmatrix}$，$c, \beta \neq 0$，且 $\alpha^2 + \beta^2 = 1$；(b) A 是奇异的非零矩阵，当且仅当 A 是 A_0 或者 $\overline{A_0}$ 的一个纯量倍数；(c) Q 是实正交矩阵且 $\overline{A_0} = QA_0Q^T$. ◀

定理 2.5.17 设 $A \in M_n$ 是正规矩阵. 则下面三个命题等价.

(a) $\bar{A}A = A\bar{A}$.

(b) $A^T A = AA^T$.

(c) 存在一个实正交矩阵 Q，使得 $Q^T A Q$ 是按照任意预先指定次序的分块的直和，其中每一个分块要么是零块，要么是

$$[1], \begin{bmatrix} 0 & 1 \\ -1 & 0 \end{bmatrix}, \begin{bmatrix} a & b \\ -b & a \end{bmatrix} \text{或者} \begin{bmatrix} 1 & i \\ -i & 1 \end{bmatrix} (a, b \in \mathbf{C}) \qquad (2.5.17.1)$$

中某一个的非零的纯量倍数, 其中 $a \neq 0 \neq b$, 且 $a^2 + b^2 = 1$.

反之, 如果 A 与形如 (2.5.17.1) 的分块的复的纯量倍数的某个直和实正交相似, 那么 A 是正规的, 且有 $A\overline{A} = \overline{A}A$.

证明 (a) 与 (b) 的等价性由上一个定理推出: $\overline{A}A = A\overline{A}$, 当且仅当 $A^{\mathrm{T}}A = (\overline{A})^* A = A(\overline{A})^* = AA^{\mathrm{T}}$.

设 $A = B + \mathrm{i}C$, 其中 B 与 C 是实的. (2.5.16) 后面的习题表明 $\{B, C\}$ 是一个实正规的交换族, 故而 (2.5.15) 确保存在一个实正交矩阵 Q 和一个非负整数 q, 使得

$$Q^{\mathrm{T}}BQ = \Lambda(B) \oplus \begin{bmatrix} a_1(B) & b_1(B) \\ -b_1(B) & a_1(B) \end{bmatrix} \oplus \cdots \oplus \begin{bmatrix} a_q(B) & b_q(B) \\ -b_q(B) & a_q(B) \end{bmatrix}$$

以及

$$Q^{\mathrm{T}}CQ = \Lambda(C) \oplus \begin{bmatrix} a_1(C) & b_1(C) \\ -b_1(C) & a_1(C) \end{bmatrix} \oplus \cdots \oplus \begin{bmatrix} a_q(C) & b_q(C) \\ -b_q(C) & a_q(C) \end{bmatrix}$$

成立, 其中 $\Lambda(B), \Lambda(C) \in M_{n-2q}$ 中的每一个都是对角的, 且对每一个 $j \in \{1, \cdots, q\}$, $b_j(B)$ 与 $b_j(C)$ 中至少有一个是正的. 这样就有

$$Q^{\mathrm{T}}AQ = Q^{\mathrm{T}}(B + \mathrm{i}C)Q \qquad (2.5.17.2)$$

$$= \Lambda(A) \oplus \begin{bmatrix} \alpha_1(A) & \beta_1(A) \\ -\beta_1(A) & \alpha_1(A) \end{bmatrix} \oplus \cdots \oplus \begin{bmatrix} \alpha_q(A) & \beta_q(A) \\ -\beta_q(A) & \alpha_q(A) \end{bmatrix}$$

其中 $\Lambda(A) = \Lambda(B) + \mathrm{i}\Lambda(C)$, 每一个 $\alpha_j(A) = a_j(B) + \mathrm{i}a_j(C)$, 且每一个 $\beta_j(A) = b_j(B) + \mathrm{i}b_j(C) \neq 0$. 上一个习题表明, (2.5.17.2) 中每一个非奇异的 2×2 分块都是 $\begin{bmatrix} 0 & 1 \\ -1 & 0 \end{bmatrix}$ 或者是 $\begin{bmatrix} a & b \\ -b & a \end{bmatrix}$ (其中 $a \neq 0 \neq b$ 且 $a^2 + b^2 = 1$) 的非零纯量倍数. 这也表明 (2.5.17.2) 中每一个奇异的 2×2 分块或者是 $\begin{bmatrix} 1 & i \\ -i & 1 \end{bmatrix}$ 的非零纯量倍数, 或者与它的一个非零纯量倍数实正交相似. □

上一定理的两种特殊情形在下一节里起着重要的作用: 对称的酉矩阵或者是斜对称的酉矩阵.

习题 证明: (2.5.17.1) 中的头两个分块是酉矩阵; 第三个分块是复正交的但不是酉矩阵; 而第四个分块则是奇异的, 所以它既不是酉矩阵, 也不是复正交矩阵. ◀

推论 2.5.18 设 $U \in M_n$ 是酉矩阵.

(a) 如果 U 是对称的, 那么就存在一个实正交矩阵 $Q \in M_n(\mathbf{R})$ 以及实数 $\theta_1, \cdots, \theta_n \in [0, 2\pi)$, 使得

$$U = Q\mathrm{diag}(\mathrm{e}^{\mathrm{i}\theta_1}, \cdots, \mathrm{e}^{\mathrm{i}\theta_n})Q^{\mathrm{T}} \qquad (2.5.19.1)$$

(b) 如果 U 是斜对称的, 那么 n 是偶数且存在一个实正交矩阵 $Q \in M_n(\mathbf{R})$ 以及实数 $\theta_1, \cdots, \theta_{n/2} \in [0, 2\pi)$, 使得

$$U = Q\left(\mathrm{e}^{i\theta_1}\begin{bmatrix} 0 & 1 \\ -1 & 0 \end{bmatrix} \oplus \cdots \oplus \mathrm{e}^{i\theta_{n/2}}\begin{bmatrix} 0 & 1 \\ -1 & 0 \end{bmatrix}\right)Q^{\mathrm{T}} \qquad (2.5.19.2)$$

反之，任何一个形如 (2.5.19.1) 的矩阵都是酉矩阵且是对称的，而任何一个形如 (2.5.19.2) 的矩阵都是酉矩阵且是斜对称的.

证明 或者对称或者斜对称的酉矩阵 U 满足恒等式 $UU^{\mathrm{T}} = U^{\mathrm{T}}U$，所以 (2.5.17) 确保存在一个实正交矩阵 Q，使得 $Q^{\mathrm{T}}AQ$ 是从 (2.5.17.1) 的四种类型中选取的分块的非零纯量倍数之直和.

(a) 如果 U 是对称的，从 (2.5.17.1) 中只可以选取对称的分块，所以 $Q^{\mathrm{T}}UQ$ 是形如 $c[1]$ 的分块之直和，其中 $|c|=1$，因为 U 是酉矩阵.

(b) 如果 U 是斜对称的，从 (2.5.17.1) 中只可以选取斜对称的分块，所以 $Q^{\mathrm{T}}UQ$ 是形如 $c\begin{bmatrix} 0 & 1 \\ -1 & 0 \end{bmatrix}$ 的分块之直和，其中 $|c|=1$，因为 U 是酉矩阵. 由此推出 n 是偶数. □

我们最后一个定理在酉相似这个框架下是与 (1.3.29) 类似的结果：实矩阵是酉相似的，当且仅当它们是实正交相似的. 为此我们给出如下的习题和推论作为预备知识.

习题 设给定 $U \in M_n$. 说明为什么 U 既是酉矩阵又是复正交矩阵的充分必要条件是：它是实正交矩阵. 提示：$U^{-1} = U^* = U^{\mathrm{T}}$. ◀

推论 2.5.20 设 $U \in M_n$ 是酉矩阵.

(a) 如果 U 是对称的，则存在一个对称的酉矩阵 V，使得 $V^2 = U$，且 V 是关于 U 的多项式. 此外，V 与任何与 U 可交换的矩阵都是可交换的.

(b) (酉矩阵的 QS 分解) 存在一个实正交矩阵 Q 以及一个对称的酉矩阵 S，使得 $U = QS$，且 S 是 $U^{\mathrm{T}}U$ 的多项式. 此外，S 以及任何与 $U^{\mathrm{T}}U$ 可交换的矩阵都是可交换的.

证明 (a) 利用上一个推论来分解 $U = P\mathrm{diag}(\mathrm{e}^{i\theta_1}, \cdots, \mathrm{e}^{i\theta_n})P^{\mathrm{T}}$，其中 P 是实正交矩阵，而 $\theta_1, \cdots, \theta_n \in [0, 2\pi)$ 是实数. 设 $p(t)$ 是这样一个多项式，对每一个 $j = 1, \cdots, n$ 有 $p(\mathrm{e}^{i\theta_j}) = \mathrm{e}^{i\theta_j/2}$ (0.9.11.4)，又设 $V = p(U)$. 那么

$$\begin{aligned} V = p(U) &= p(P\mathrm{diag}(\mathrm{e}^{i\theta_1}, \cdots, \mathrm{e}^{i\theta_n})P^{\mathrm{T}}) \\ &= Pp(\mathrm{diag}(\mathrm{e}^{i\theta_1}, \cdots, \mathrm{e}^{i\theta_n}))P^{\mathrm{T}} = P\mathrm{diag}(p(\mathrm{e}^{i\theta_1}), \cdots, p(\mathrm{e}^{i\theta_n}))P^{\mathrm{T}} \\ &= P\mathrm{diag}(\mathrm{e}^{i\theta_1/2}, \cdots, \mathrm{e}^{i\theta_n/2})P^{\mathrm{T}} \end{aligned}$$

所以 V 是酉矩阵，且是对称的，而 $V^2 = P(\mathrm{diag}(\mathrm{e}^{i\theta_1/2}, \cdots, \mathrm{e}^{i\theta_n/2})^2)P^{\mathrm{T}} = P\mathrm{diag}(\mathrm{e}^{i\theta_1}, \cdots, \mathrm{e}^{i\theta_n})P^{\mathrm{T}} = U$. 最后那个结论由 (2.4.4.0) 推出.

(b) (a) 这部分的结论确保存在一个对称的酉矩阵 S，使得 $S^2 = U^{\mathrm{T}}U$，且 S 是 $U^{\mathrm{T}}U$ 的多项式. 考虑酉矩阵 $Q = US^*$，它有如下性质：$QS = US^*S = U$. 计算 $Q^{\mathrm{T}}Q = S^*U^{\mathrm{T}}US^* = S^*S^2S^* = I$. 从而 Q 既是正交矩阵也是酉矩阵，故而上一个习题确保它是实正交的. □

习题 如果 $U \in M_n$ 是酉矩阵，说明为什么存在一个实正交矩阵 Q 以及一个对称的酉矩阵 S，使得 $U = SQ$，且 S 是 UU^{T} 的多项式. ◀

定理 2.5.21 设 $\mathcal{F} = \{A_\alpha : \alpha \in \mathcal{I}\} \subset M_n(\mathbf{R})$ 与 $\mathcal{G} = \{B_\alpha : \alpha \in \mathcal{I}\} \subset M_n(\mathbf{R})$ 是给定的实矩阵族. 如果存在一个酉矩阵 $U \in M_n$ 使得对每个 $\alpha \in \mathcal{I}$ 都有 $A_\alpha = UB_\alpha U^*$，那么就存在一个实

正交矩阵 $Q \in M_n(\mathbf{R})$，使得对每个 $\alpha \in \mathcal{I}$ 都有 $A_\alpha = QB_\alpha Q^\mathrm{T}$．特别地，两个酉相似的实矩阵也是实正交相似的．

证明   由于每一个 A_α 与 B_α 都是实的，$A_\alpha = UB_\alpha U^* = \overline{U}B_\alpha U^\mathrm{T} = \overline{A}_\alpha$，所以对每个 $\alpha \in \mathcal{I}$ 都有 $U^\mathrm{T}UB_\alpha = B_\alpha U^\mathrm{T}U$．上一个推论确保存在一个对称的酉矩阵 S 与一个实正交矩阵 Q，使得 $U = QS$ 且 S 与 B_α 可交换．于是对每个 $\alpha \in \mathcal{I}$ 都有 $A_\alpha = UB_\alpha U^* = QSB_\alpha S^* Q^\mathrm{T} = QB_\alpha SS^* Q^\mathrm{T} = QB_\alpha Q^\mathrm{T}$． □

问题

2.5. P1   证明：$A \in M_n$ 是正规的，当且仅当对所有 $x \in \mathbf{C}^n$ 都有 $(Ax)^*(Ax) = (A^*x)^*(A^*x)$，也即对所有 $x \in \mathbf{C}^n$ 都有 $\|Ax\|_2 = \|A^*x\|_2$．

2.5. P2   证明：正规矩阵是酉矩阵，当且仅当它所有特征值的绝对值都为 1．

2.5. P3   证明：正规矩阵是 Hermite 矩阵，当且仅当它所有特征值都是实的．

2.5. P4   证明：正规矩阵是斜 Hermite 矩阵，当且仅当它所有特征值都是纯虚数（即实部等于零）．

2.5. P5   如果 $A \in M_n$ 是斜 Hermite(Hermite)矩阵，证明 iA 是 Hermite(斜 Hermite)矩阵．

2.5. P6   证明：$A \in M_n$ 是正规的，当且仅当它与某个有不同特征值的正规矩阵可交换．

2.5. P7   如同在(2.1.9)中那样，考虑形如 $A = B^{-1}B^*$ 的矩阵 $A \in M_n$(对某个非奇异的 $B \in M_n$)．(a)证明：A 是酉矩阵当且仅当 B 是正规矩阵．(b)如果 B 有形式 $B = HNH$，其中 N 是正规矩阵，而 H 是 Hermite 矩阵(且两者都是非奇异的)，证明 A 与一个酉矩阵相似．

2.5. P8   将 $A \in M_n$ 写成 $A = H(A) + iK(A)$，其中 $H(A)$ 与 $K(A)$ 是 Hermite 矩阵，见(0.2.5)．证明：A 是正规的，当且仅当 $H(A)$ 与 $K(A)$ 可交换．

2.5. P9   将 $A \in M_n$ 写成 $A = H(A) + iK(A)$，其中 $H(A)$ 与 $K(A)$ 是 Hermite 矩阵．如果 $H(A)$ 的每个特征向量都是 $K(A)$ 的一个特征向量，证明 A 是正规的．关于其逆命题你有何结论？考虑
$$A = \begin{bmatrix} 1 & i \\ -i & 1 \end{bmatrix}.$$

2.5. P10   假设 $A, B \in M_n$ 两者均为正规矩阵．如果 A 与 B 可交换，证明 AB 与 $A \pm B$ 全都是正规矩阵．关于其逆有什么结论？验证 $A = \begin{bmatrix} 1 & -1 \\ 1 & 1 \end{bmatrix}$，$B = \begin{bmatrix} -1 & 1 \\ 1 & 1 \end{bmatrix}$，$AB$ 以及 BA 全都是正规的，但是 A 与 B 不可交换．

2.5. P11   对任何复数 $z \in \mathbf{C}$，证明存在 $\theta, \tau \in \mathbf{R}$，使得 $\overline{z} = e^{i\theta}z$ 以及 $|z| = e^{i\tau}z$．注意 $[e^{i\theta}] \in M_1$ 是酉矩阵．对角酉矩阵 $U \in M_n$ 看起来像什么样？

141

2.5. P12   推广(2.5.P11)来证明：如果 $\Lambda = \mathrm{diag}(\lambda_1, \cdots, \lambda_n) \in M_n$，则存在对角的酉矩阵 U 与 V，使得 $\overline{\Lambda} = U\Lambda = \Lambda U$，且 $|\Lambda| = \mathrm{diag}(|\lambda_1|, \cdots, |\lambda_n|) = V\Lambda = \Lambda V$．

2.5. P13   利用(2.5.P12)证明：$A \in M_n$ 是正规的，当且仅当存在一个酉矩阵 $V \in M_n$，使得 $A^* = AV$．如果 A 是正规的，导出结论：如果 A 是正规的，那么 $\mathrm{range}A = \mathrm{range}A^*$．

2.5. P14   设给定 $A \in M_n(\mathbf{R})$．说明为什么 A 是正规的，且它所有的特征值是实的，当且仅当 A 是对称的．

2.5. P15   证明：两个正规矩阵是相似的，当且仅当它们有同样的特征多项式．如果去掉两个矩阵均为正规的假设，结论还成立吗？考虑 $\begin{bmatrix} 0 & 0 \\ 0 & 0 \end{bmatrix}$ 与 $\begin{bmatrix} 0 & 1 \\ 0 & 0 \end{bmatrix}$．

2.5. P16   如果 $U, V, \Lambda \in M_n$，且 U 与 V 是酉矩阵，证明 $U\Lambda U^*$ 与 $V\Lambda V^*$ 是酉相似的．导出结论：两个正规矩阵相似，当且仅当它们是酉相似的．给出两个可对角化的矩阵的例子：它们是相似的，但不是酉相似的．

2.5.P17 如果 $A \in M_n$ 是正规的，且 $p(t)$ 是给定的多项式，利用 (2.5.1) 证明 $p(A)$ 是正规的．利用 (2.5.3) 对此事实给出另外一个证明．

2.5.P18 如果 $A \in M_n$ 且存在一个非零的多项式 $p(t)$，使得 $p(A)$ 是正规的，可以推出 A 是正规的吗？

2.5.P19 设给定 $A \in M_n$ 以及 $a \in \mathbb{C}$．利用定义 (2.5.1) 证明：A 是正规的，当且仅当 $A + aI$ 是正规的．不得借助于谱定理 (2.5.3)．

2.5.P20 设 $A \in M_n$ 是正规的，并假设 $x \in \mathbb{C}^n$ 是 A 的与特征值 λ 相伴的右特征向量．利用 (2.5.P1) 以及 (2.5.P19) 证明：x 是 A 的与同一个特征值 λ 相伴的左特征向量．

2.5.P21 假设 $A \in M_n$ 是正规的．利用上一个问题证明：$Ax = 0$ 当且仅当 $A^* x = 0$，这就是说，A 的零空间与 A^* 的零空间相同．考虑 $B = \begin{bmatrix} 0 & 1 \\ 0 & 1 \end{bmatrix}$ 来证明：即便 B 可对角化，非正规矩阵 B 的零空间也不一定与 B^* 的零空间相同．

2.5.P22 利用 (2.5.6) 证明：复 Hermite 矩阵的特征多项式的系数是实数．

2.5.P23 矩阵 $\begin{bmatrix} 1 & i \\ i & 1 \end{bmatrix}$ 与 $\begin{bmatrix} i & i \\ i & -1 \end{bmatrix}$ 两者都是对称的．证明：其中一个是正规的，而另一个不是．这就是实对称矩阵与复对称矩阵之间的一个重要区别．

2.5.P24 如果 $A \in M_n$ 既是正规的又是幂零的，证明 $A = 0$．

2.5.P25 假设 $A \in M_n$ 与 $B \in M_m$ 是正规的，并设给定 $X \in M_{n,m}$．说明为什么 $\overline{B}$ 是正规的，并导出结论：$AX = X\overline{B}$ 当且仅当 $A^* X = X B^{\mathrm{T}}$．

2.5.P26 设给定 $A \in M_n$．(a) 如果存在一个多项式 $p(t)$，使得 $A^* = p(A)$，证明 $A \in M_n$ 是正规的．(b) 如果 A 是正规的，证明存在一个次数至多为 $n-1$ 的多项式 $p(t)$，使得 $A^* = p(A)$．(c) 如果 A 是实的正规矩阵，证明存在一个实系数且次数至多为 $n-1$ 的多项式 $p(t)$，使得 $A^{\mathrm{T}} = p(A)$．(d) 如果 A 是正规矩阵，证明存在一个实系数且次数至多为 $2n-1$ 的多项式 $p(t)$，使得 $A^* = p(A)$．(e) 如果 A 是正规的，且 $B \in M_m$ 也是正规的，证明：存在一个次数至多为 $n+m-1$ 的多项式 $p(t)$，使得 $A^* = p(A)$ 且 $B^* = p(B)$．(f) 如果 A 是正规的，且 $B \in M_m$ 也是正规的，证明：存在一个实系数且次数至多为 $2n+2m-1$ 的多项式 $p(t)$，使得 $A^* = p(A)$ 且 $B^* = p(B)$．(g) 利用 (e) 以及 (2.4.4.0) 证明 Fuglede-Putnam 定理 (2.5.16)．(h) 利用 (f) 证明 (2.5.P25) 中的结论．

142

2.5.P27 (a) 设 $A, B \in M_{n,m}$．如果 AB^* 与 $B^* A$ 两者都是正规的，证明 $BA^* A = AA^* B$．(b) 设 $A \in M_n$．证明 $A\overline{A}$ 是正规的（这样一个矩阵称为是**相合正规的** (congruence normal)），当且仅当 $AA^* A^{\mathrm{T}} = A^{\mathrm{T}} A^* A$．(c) 如果 $A \in M_n$ 是相合正规的，证明三个正规矩阵 $A\overline{A}$，$\overline{A^* A}$ 以及 AA^* 可交换，从而可同时酉对角化．

2.5.P28 设给定 Hermite 矩阵 $A, B \in M_n$，并假设 AB 是正规的．(a) 为什么 BA 是正规的？(b) 证明 A 与 B^2 可交换，且 B 与 A^2 可交换．(c) 如果存在一个多项式 $p(t)$，使得有 $A = p(A^2)$ 或者 $B = p(B^2)$，证明 A 与 B 可交换，且 AB 实际上是 Hermite 矩阵．(d) 说明为什么 (c) 中的条件是满足的，如果 A 或者 B 有如下性质：只要 λ 是一个非零的特征值，那么 $-\lambda$ 就不会也是一个特征值．例如，如果 A 或者 B 所有的特征值均不是负数，这个条件就满足．(d) 讨论例子 $A = \begin{bmatrix} 0 & 1 \\ 1 & 0 \end{bmatrix}$，$B = \begin{bmatrix} 0 & i \\ -i & 0 \end{bmatrix}$．

2.5.P29 设 $A = \begin{bmatrix} a & b \\ c & d \end{bmatrix} \in M_2$ 并假设 $bc \neq 0$．(a) 证明：A 是正规的当且仅当存在某个 $\theta \in \mathbb{R}$，使得 $c = e^{i\theta} b$ 以及 $a - d = e^{i\theta} b(\overline{a} - \overline{d})/\overline{b}$．特别地，如果 A 是正规的，则必定有 $|c| = |b|$．(b) 设 $b = |b| e^{i\phi}$．如果 A 是正规的，且 $c = b e^{i\theta}$，证明 $e^{-i(\phi + \theta/2)}(A - aI)$ 是 Hermite 的．反之，如果存在一个 $\gamma \in \mathbb{C}$

使得 $A-\gamma I$ 是本性 Hermite 的，证明 A 是正规的．(c)如果 A 是实的，从(a)导出结论：A 是正规的，当且仅当或者 $c=b(A=A^{\mathrm{T}})$，或者 $c=-b$ 且 $a=d(AA^{\mathrm{T}}=(a^2+b^2)I$ 以及 $A=-A^{\mathrm{T}}$，如果 $a=0)$．

2.5.P30 证明：一个给定的 $A\in M_n$ 是正规的，当且仅当对所有 $x,y\in\mathbf{C}^n$ 都有 $(Ax)^*(Ay)=(A^*x)^*\times(A^*y)$．如果 A,x 以及 y 是实的，这就意味着 Ax 以及 Ay 之间的角度与 $A^{\mathrm{T}}x$ 以及 $A^{\mathrm{T}}y$ 之间的角度总是相同的．与(2.5.P1)比较．如果我们取 $x=e_i$ 以及 $y=e_j$ (标准 Euclid 基向量)，这个条件的含义是什么？如果对所有 $i,j=1,\cdots,n$ 都有 $(Ae_i)^*(Ae_j)=(A^*e_i)^*(A^*e_j)$．证明 A 是正规的．

2.5.P31 设 $A\in M_n(\mathbf{R})$ 是实正规矩阵，即 $AA^{\mathrm{T}}=A^{\mathrm{T}}A$．如果 AA^{T} 有 n 个不同的特征值，证明 A 是对称的．

2.5.P32 如果 $A\in M_3(\mathbf{R})$ 是实正交的，注意到 A 有一个或者三个实的特征值．如果它有正的行列式，利用(2.5.11)证明它正交相似于 $[1]\in M_1$ 与一个平面旋转的直和．讨论其几何解释，视之为绕着某个经过 $\mathbf{R}^3$ 中原点的固定轴转动 θ 角的一个旋转．这是力学中 Euler 定理的一部分：刚体的每一个运动都是一个平移以及绕某个轴的一个旋转的复合．

2.5.P33 如果 $\mathcal{F}\subseteq M_n$ 是正规矩阵组成的一个交换族，证明存在单独一个 Hermite 矩阵 B，使得对每个 $A_\alpha\in\mathcal{F}$，存在一个次数至多为 $n-1$ 的多项式 $p_\alpha(t)$，使得 $A_\alpha=p_\alpha(B)$．注意：对 $\mathcal{F}$ 中所有矩阵，B 都是固定不变的，但是多项式可能与 $\mathcal{F}$ 的元素有关．

143

2.5.P34 设 $A\in M_n$，并设 $x\in\mathbf{C}^n$ 不为零．我们称 x 是 A 的一个**正规特征向量**(normal eigenvector)，如果它同时是 A 的右特征向量以及左特征向量．(a)如果 $Ax=\lambda x$ 且 $x^*A=\mu x^*$，证明 $\lambda=\mu$．(b)如果 x 是 A 的与特征值 λ 相伴的正规特征向量，证明 A 与 $[\lambda]\oplus A_1$ 酉相似，其中 $A_1\in M_{n-1}$ 是上三角的．(c)证明：A 是正规的，当且仅当它的每一个特征向量都是正规特征向量．

2.5.P35 设 $x,y\in\mathbf{C}^n$ 是给定的非零向量．(a)证明：$xx^*=yy^*$ 当且仅当存在某个实数 θ，使得 $x=e^{i\theta}y$．(b)证明如下诸结论对于秩 1 矩阵 $A=xy^*$ 是等价的：(i)A 是正规的；(ii)存在一个正实数 r 以及一个实数 $\theta\in[0,2\pi)$，使得 $x=re^{i\theta}y$；(iii)A 是本性 Hermite 的．

2.5.P36 对任何 $A\in M_n$，证明：$\begin{bmatrix} A & A^* \\ A^* & A \end{bmatrix}\in M_{2n}$ 是正规的．于是，任何方阵都能成为一个正规矩阵的主子矩阵(每一个 $A\in M_n$ 都有一个成为正规矩阵的**膨体**(dilation))．任何方阵都能是一个 Hermite 矩阵的主子矩阵吗？对西矩阵呢？

2.5.P37 设 $n\geqslant2$，并假设 $A=\begin{bmatrix} a & x^* \\ y & B \end{bmatrix}\in M_n$ 是正规的，其中 $B\in M_{n-1}$，而 $x,y\in\mathbf{C}^{n-1}$．(a)证明 $\|x\|_2=\|y\|_2$ 以及 $xx^*-yy^*=BB^*-B^*B$．(b)说明为什么对每个复方阵 F 都有 $\mathrm{rank}(FF^*-F^*F)\neq1$．(c)说明为什么存在两种互相排斥的可能性：或者(i)主子矩阵 B 是正规的，或者(ii)$\mathrm{rank}(BB^*-B^*B)=2$．(d)说明为什么 B 是正规的，当且仅当对某个实数 θ 有 $x=e^{i\theta}y$．(e)讨论例子 $B=\begin{bmatrix} 0 & 1 \\ 0 & 0 \end{bmatrix}$，$x=[-\sqrt{2}\ \ 1]^{\mathrm{T}}$，$y=[1\ \ -\sqrt{2}]^{\mathrm{T}}$ 以及 $a=1-\sqrt{2}$．

2.5.P38 设 $A=[a_{ij}]\in M_n$ 以及 $C=AA^*-A^*A$．(a)说明为什么 C 是 Hermite 矩阵以及为什么 C 是幂零的，当且仅当 $C=0$．(b)证明：A 是正规的，当且仅当它与 C 可交换．(c)证明 $\mathrm{rank}C\neq1$．(d)说明为什么 A 是正规的，当且仅当 $\mathrm{rank}C\leqslant1$，即只有两种可能性：$\mathrm{rank}C=0(A$ 是正规的)以及 $\mathrm{rank}C\geqslant2(A$ 不是正规的)．我们称 A 是**几乎正规的**(nearly normal)，如果 $\mathrm{rank}C=2$．(d)假设 A 是三对角的 Toeplitz 矩阵．证明 $C=\mathrm{diag}(\alpha,0,\cdots,0,-\alpha)$，其中 $\alpha=|a_{12}|^2-|a_{21}|^2$．推出结论：$A$ 是正规的，当且仅当 $|a_{12}|=|a_{21}|$；如若不然，A 就是几乎正规的．

2.5.39 假设 $U\in M_n$ 是酉矩阵，故而它所有的特征值的模均为 1．(a)如果 U 是对称的，证明它的特征值唯一地确定它的表示(2.5.19.1)，相差不过是对角元素的排列次序．(b)如果 U 是斜对称的，说明(2.5.19.2)中的纯量 $e^{i\theta_j}$ 是如何与它的特征值联系在一起的．为什么 U 的特征值必定按照 $\pm$ 成对地出现？证明：U 的特征值唯一地决定它的表示(2.5.19.2)，所相差的不过是其直和项的排列次序．

2.5.P40 设 $A=\begin{bmatrix} 0 & B \\ 0 & 0 \end{bmatrix}\in M_4$，其中 $B=\begin{bmatrix} 1 & i \\ -i & 1 \end{bmatrix}$．验证 A 与 A^{T} 可交换，A 与 $\overline{A}$ 可交换，但 A 与 A^* 不可交换，即 A 不是正规的．

2.5.P41 设 $z\in\mathbf{C}^n$ 是非零的，并记 $z=x+iy$，其中 $x,y\in\mathbf{R}^n$．(a)证明下面三个命题是等价的：(1)$\{z,\overline{z}\}$ 是线性相关的；(2)$\{x,y\}$ 是线性相关的；(3)存在一个单位向量 $u\in\mathbf{R}^n$ 和一个非零的 $c\in\mathbf{C}$，使得 $z=cu$．(b)证明以下诸命题等价：(1)$\{z,\overline{z}\}$ 是线性无关的；(2)$\{x,y\}$ 是线性无关的；(3)存在标准正交的实向量 $v,w\in\mathbf{R}^n$，使得在 $\mathbf{C}$ 上有 $\mathrm{span}\{z,\overline{z}\}=\mathrm{span}\{v,w\}$．

2.5.P42 设 $A,B\in M_n$，并假设 $\lambda_1,\cdots,\lambda_n$ 是 A 的特征值．函数 $\Delta(A)=\mathrm{tr}A^*A-\sum\limits_{i=1}^{n}|\lambda_i|^2$ 称为 A **偏离正规性的亏量**(defect of A from normality)．Schur 不等式(2.3.2a)是说 $\Delta(A)\geqslant0$，(2.5.3(c))则保证：A 是正规的，当且仅当 $\Delta(A)=0$．(a)如果 A,B 以及 AB 都是正规的，证明 $\mathrm{tr}((AB)^*(AB))=\mathrm{tr}((BA)^*(BA))$，并说明为什么 BA 是正规的．(b)假设 A 是正规的，A 与 B 有同样的特征多项式，且 $\mathrm{tr}A^*A=\mathrm{tr}B^*B$．证明 B 是正规的，且与 A 酉相似．与(2.5.P15)比较．

144

2.5.P43 设 $A=[a_{ij}]\in M_n$ 是正规的．(a)分划 $A=[A_{ij}]_{i,j=1}^{k}$，其中每一个 A_{ii} 都是方阵．假设 A 的特征值就是 $A_{11},A_{22},\cdots$ 以及 A_{kk} 的特征值(计入重数)；例如，我们可以假设 $p_A(t)=p_{A_{11}}(t)\cdots p_{A_{kk}}(t)$．证明 A 是分块对角的，即对所有 $i\neq j$ 都有 $A_{ij}=0$，且每个对角分块 A_{ii} 都是正规的．(b)如果 A 的每个对角元素 a_{ii} 都是 A 的特征值，说明为什么它是对角矩阵．

2.5.P44 (a)证明：$A\in M_n$ 是 Hermite 的，当且仅当 $\mathrm{tr}A^2=\mathrm{tr}A^*A$．(b)证明：Hermite 矩阵 $A,B\in M_n$ 可交换，当且仅当 $\mathrm{tr}(AB)^2=\mathrm{tr}(A^2B^2)$．

2.5.P45 设 $\mathcal{F}\subseteq M_n(\mathbf{R})$ 是由实对称矩阵组成的一个交换族．证明：存在单独一个实正交矩阵 Q，使得对每一个 $A\in\mathcal{F}$，$Q^{\mathrm{T}}AQ$ 都是对角矩阵．

2.5.P46 利用(2.3.1)证明：实矩阵的任何非实的特征值都必定成对共轭出现．

2.5.P47 设 $A\in M_n$ 是正规的，且有特征值 $\lambda_1,\cdots,\lambda_n$．证明(a)$\mathrm{adj}A$ 是正规的，且有特征值 $\prod\limits_{j\neq i}\lambda_j$，$i=1,\cdots,n$；(b)$\mathrm{adj}A$ 是 Hermite 的，如果 A 是 Hermite 的；(c)$\mathrm{adj}A$ 有正的(非负的)特征值，如果 A 有正的(非负的)特征值；(d)$\mathrm{adj}A$ 是酉矩阵，如果 A 是酉矩阵．

2.5.P48 设 $A\in M_n$ 是正规的，并假设 $\mathrm{rank}A=r>0$．利用(2.5.3)记 $A=U\Lambda U^*$，其中 $U\in M_n$ 是酉矩阵，且 $\Lambda=\Lambda_r\oplus 0_{n-r}$ 是对角矩阵．(a)说明为什么 $\det\Lambda_r\neq0$．设 $\det\Lambda_r=|\det\Lambda_r|e^{i\theta}$，其中 $\theta\in[0,2\pi)$．(b)分划 $U=[V\quad U_2]$，其中 $V\in M_{n,r}$．说明为什么 $A=V\Lambda_rV^*$．这是 A 的一个满秩分解．(c)设 $\alpha,\beta\subseteq\{1,\cdots,n\}$ 是基数为 r 的指标集，并令 $V[\alpha\quad\varnothing^c]=V_\alpha$．说明为什么 $A[\alpha\quad\beta]=V_\alpha\Lambda_rV_\beta^*$；$\det A[\alpha]\det A[\beta]=\det A[\alpha\quad\beta]\det A[\beta\quad\alpha]$；以及 $\det A[\alpha]=|\det V_\alpha|^2\det\Lambda_r$．(d)说明为什么 A 的每个 r 阶主子式都位于复平面的射线 $\{se^{i\theta}:s\geqslant0\}$ 上，且这些主子式中至少有一个不为零．(e)导出结论：A 是主秩的．如果 A 是 Hermite 矩阵，此结果的一种表述形式见(4.2.P30)，也见(3.1.P20)．

2.5.P49 假设 $A\in M_n$ 是上三角的，且可以对角化．证明它可以通过一个上三角相似来对角化．

2.5.P50 反序矩阵 K_n(0.9.5.1)是实对称的．检验它也是实正交的，并说明为什么它的特征值只能是 ±1．验证：如果 n 是偶数，则 $\mathrm{tr}K_n=0$；如果 n 是奇数，则 $\mathrm{tr}K_n=1$．说明为什么当 n 为偶数时，K_n 的特征值为 ± 1，每一个特征值的重数均为 $n/2$；而当 n 为奇数时，K_n 的特征值为 $+1$（其重数为 $(n+1)/2$）以及 -1（其重数为 $(n-1)/2$）.

2.5.P51 设 $A \in M_n$ 是正规矩阵，令 $A = U\Lambda U^*$ 是谱分解，其中 $\Lambda = \mathrm{diag}(\lambda_1, \cdots, \lambda_n)$，设 $x \in \mathbf{C}^n$ 是任意给定的单位向量，又设 $\xi = [\xi_i] = Ux$. 说明为什么 $x^* A x = \sum_{i=1}^{n} |\xi_i|^2 \lambda_i$，为什么 $x^* A x$ 位于 A 的特征值组成的凸包中，又为什么位于 A 的特征值的凸包中的每一个复数都等于 $x^* A x$（对某个单位向量 x）. 于是，如果 A 是正规的，那么对每个单位向量 x 都有 $x^* A x \neq 0$ 的充分必要条件是：0 不在 A 的特征值的凸包中.

2.5.P52 设 $A, B \in M_n$ 是非奇异的. 矩阵 $C = ABA^{-1}B^{-1}$ 称为 A 与 B 的**积性换位子**（multiplicative commutator）. 说明为什么 $C = I$ 成立的充分必要条件是 A 与 B 可交换. 假设 A 与 C 是正规的，且 0 不在 B 的特征值的凸包之中. 下面给出了 A 与 C 可交换当且仅当 A 与 B 可交换（这就是 Marcus-Thompson **定理**）这一命题的证明概述，请补充证明的细节：设 $A = U\Lambda U^*$ 以及 $C = UMU^*$ 是谱分解，其中 $\Lambda = \mathrm{diag}(\lambda_1, \cdots, \lambda_n)$，而 $M = \mathrm{diag}(\mu_1, \cdots, \mu_n)$. 设 $\mathcal{B} = U^* B U = [\beta_{ij}]$. 那么所有 $\beta_{ii} \neq 0$，且 $M = U^* C U = \Lambda \mathcal{B} \Lambda^{-1} \mathcal{B}^{-1} \Rightarrow M \mathcal{B} = \Lambda \mathcal{B} \Lambda^{-1} \Rightarrow \mu_i \beta_{ii} = \beta_{ii} \Rightarrow M = I \Rightarrow C = I$. 与 (2.4.P12(c)) 比较.

2.5.P53 设 $U, V \in M_n$ 是酉矩阵，并假设 V 的所有的特征值都落在单位圆的长度为 π 的一段开弧上；这样一个矩阵称为**受限的酉矩阵**（cramped unitary matrix）. 令 $C = UVU^*V^*$ 是 U 与 V 的积性换位子. 利用上一个问题证明 Frobenius 定理：U 与 C 可交换，当且仅当 U 与 V 可交换.

2.5.P54 如果 $A, B \in M_n$ 是正规的，证明：(a) A 的零空间与 A 的值域正交；(b) A 与 A^* 的值域相同；(c) A 的零空间包含在 B 的零空间中，当且仅当 A 的值域包含 B 的值域.

2.5.P55 验证 (2.2.8) 对正规矩阵的如下改进：如果 $A, B \in M_n$ 是正规的，那么 A 与 B 酉相似，当且仅当 $\mathrm{tr} A^k = \mathrm{tr} B^k$，$k = 1, 2\cdots, n$.

2.5.P56 设给定 $A \in M_n$ 以及一个整数 $k \geqslant 2$，又设 $\omega = e^{2\pi i/(k+1)}$. 证明 $A^k = A^*$，当且仅当 A 是正规的，且它的谱包含在集合 $\{0, 1, \omega, \omega^2, \cdots, \omega^k\}$ 中. 如果 $A^k = A^*$，且 A 是非奇异的，说明为什么它是酉矩阵.

2.5.P57 设给定 $A \in M_n$. 证明：(a) A 是正规的且是对称的，当且仅当存在一个实正交矩阵 $Q \in M_n$ 以及一个对角矩阵 $\Lambda \in M_n$，使得 $A = Q\Lambda Q^{\mathrm{T}}$；(b) A 是正规的，且是斜对称的，当且仅当存在一个实正交矩阵 $Q \in M_n$，使得 $Q^{\mathrm{T}} A Q$ 是一个零块与形如 $\begin{bmatrix} 0 & z_j \\ -z_j & 0 \end{bmatrix}$ ($z_j \in \mathbf{C}$) 的分块的直和.

2.5.P58 设 $A \in M_n$ 是正规的. 那么 $A\bar{A} = 0$，当且仅当 $AA^{\mathrm{T}} = A^{\mathrm{T}}A = 0$. (a) 利用 (2.5.17) 证明之. (b) 对另一种证明提供细节：$A\bar{A} = 0 \Rightarrow 0 = A^* A \bar{A} = 0 = AA^* \bar{A} \Rightarrow \bar{A} A^{\mathrm{T}} A = 0 \Rightarrow (A^{\mathrm{T}} A)^* (A^{\mathrm{T}} A) = 0 \Rightarrow A^{\mathrm{T}} A = 0 (0.2.5.1)$.

2.5.P59 设 $A, B \in M_n$. 假设 A 是正规的且有不同的特征值. 如果 $AB = BA$，证明 B 是正规的. 与 (1.3.P3) 比较.

2.5.P60 设给定 $x = [x_i] \in \mathbf{C}^n$. (a) 说明为什么 $\max_i |x_i| \leqslant \|x\|_2$ (0.6.1). (b) 设 $e = e_1 + \cdots + e_n \in \mathbf{C}^n$ 是所有元素是 $+1$ 的向量. 如果 $x^{\mathrm{T}} e = 0$，证明 $\max_i |x_i| \leqslant \sqrt{\dfrac{n-1}{n}} \|x\|_2$，其中等式当且仅当对某个 $c \in M_n$ 以及某个指标 j 有 $x = c(ne_j - e)$ 时成立.

2.5.P61 设给定的 $A \in M_n$ 的特征值是 $\lambda_1, \cdots, \lambda_n$. (a) 证明

$$\max_{i=1,\cdots,n} \left| \lambda_i - \frac{\mathrm{tr} A}{n} \right| \leqslant \sqrt{\frac{n-1}{n}} \left(\sum_{i=1}^{n} |\lambda_i|^2 - \frac{|\mathrm{tr} A|^2}{n} \right)^{1/2}$$

并推导出

$$\max_{i=1,\cdots,n}\Big|\lambda_i-\frac{\mathrm{tr}A}{n}\Big|\leqslant\sqrt{\frac{n-1}{n}}\Big(\mathrm{tr}A^*A-\frac{|\mathrm{tr}A|^2}{n}\Big)^{1/2}$$

其中等式当且仅当 A 是正规的且有特征值 $(n-1)c,-c,\cdots,-c$（对某个 $c\in\mathbf{C}$）时成立. (b)关于 A 的特征值从几何上说有何结论? 如果 A 是 Hermite 矩阵呢? (c)量 $\mathrm{spread}A=\max\{|\lambda-\mu|:\lambda,\mu\in\sigma(A)\}$ 表示 A 的两个特征值之间的最大距离. 说明为什么 $\mathrm{spread}A\leqslant 2\sqrt{\frac{n-1}{n}}\times\Big(\mathrm{tr}A^*A-\frac{|\mathrm{tr}A|^2}{n}\Big)^{1/2}$，又如果 A 是 Hermite 矩阵，则 $\mathrm{spread}A\leqslant 2\sqrt{\frac{n-1}{n}}\Big(\mathrm{tr}A^2-\frac{|\mathrm{tr}A|^2}{n}\Big)^{1/2}$. 关于 $\mathrm{spread}A$ 的下界，见(4.3.P16).

146

2.5. P62 如果 $A\in M_n$ 恰有 k 个非零的特征值，我们知道 $\mathrm{rank}A\geqslant k$. 如果 A 是正规的，为什么 $\mathrm{rank}A=k$?

2.5. P63 假设 $A=[a_{ij}]\in M_n$ 是三对角的. 如果 A 是正规的，证明：对每个 $i=1,\cdots,n-1$ 有 $|a_{i,i+1}|=|a_{i+1,i}|$. 关于其逆有何结论? 与(2.5.P38(d))作比较.

2.5. P64 设给定 $A\in M_n$. (a)证明 $\mathrm{rank}(AA^*-A^*A)\neq1$.

2.5. P65 假设 $A\in M_n$ 是正规的，又令 $r\in\{1,\cdots,n\}$. 说明为什么复合矩阵 $C_r(A)$ 是正规的.

2.5. P66 设 $A\in M_n$. 我们称 A 是**平方正规的**(squared normal)，如果 A^2 是正规的. 已知：A 是平方正规的，当且仅当 A 与这样的分块之直和酉相似，其中的每一分块都有如下之形状：

$$[\lambda]\ \text{或者}\ \tau\begin{bmatrix}0&1\\\mu&0\end{bmatrix},\ \text{其中}\ \tau\in\mathbf{R},\lambda,\mu\in\mathbf{C},\tau>0\ \text{且}\ |\mu|<1. \qquad (2.5.22a)$$

这个直和是由 A 唯一决定的，相差不过是各个分块的排列次序. 利用(2.2.8)证明(2.5.22a)中每一个 2×2 分块都与一个形如 $\begin{bmatrix}\nu&r\\0&-\nu\end{bmatrix}$ 的分块酉相似，其中 $\nu=\tau\sqrt{\mu}\in\mathcal{D}_+$，$r=\tau(1-|\mu|)$，且 $\mathcal{D}_+=\{z\in\mathbf{C}:\ \mathrm{Re}\,z>0\}\cup\{it:\ t\in\mathbf{R}\ \text{且}\ t\geqslant0\}$. 导出结论：$A^2$ 是正规的，当且仅当 A 与这样的分块之直和酉相似，其中每一分块都有如下之形状：

$$[\lambda]\ \text{或者}\ \begin{bmatrix}\nu&r\\0&-\nu\end{bmatrix},\ \text{其中}\ \lambda,\mu\in\mathbf{C},r\in\mathbf{R},r>0\ \text{且}\ \nu\in\mathcal{D}_+. \qquad (2.5.22b)$$

说明为什么这个直和由 A 唯一决定（相差至多是分块的排列）.

2.5. P67 设 $A,B\in M_n$ 是正规的. 证明：$AB=0$ 当且仅当 $BA=0$.

2.5. P68 设 $A,B\in M_n$. 假设 B 是正规的且 A 的零空间中的每个向量都是正规的特征向量. 证明：$AB=0$ 当且仅当 $BA=0$.

2.5. P69 考虑一个 $k\times k$ 分块矩阵 $M_A=[A_{ij}]_{i,j=1}^k\in M_{kn}$，其中 $A_{ij}=0$（如果 $i\geqslant j$）以及 $A_{ij}=I_n$（如果 $j=i+1$）. 类似地定义 $M_B=[B_{ij}]_{i,j=1}^k$. 设 $W=[W_{ij}]_{i,j=1}^k\in M_{kn}$ 与 M_A 以及 M_B 共形地分划. (a)如果 $M_AW=WM_B$，证明 W 是分块上三角的，且 $W_{11}=\cdots=W_{kk}$. (b)如果 W 是酉矩阵，且 $M_AW=WM_B$（即 $M_A=WM_BW^*$，故而 M_A 与 M_B 通过 W 酉相似），证明 W 是分块对角的，$W_{11}=U$ 是酉矩阵，$W=U\oplus\cdots\oplus U$，且对所有 i,j 都有 $A_{ij}=UB_{ij}U^*$. 分块矩阵 M_A 以及 M_B 的进一步的性质，见(4.4.P46)以及(4.4.P47).

2.5. P70 设给定 $n\times n$ 复矩阵对 $(A_1,B_1),\cdots,(A_m,B_m)$. 我们称这些矩阵对是**同时酉相似的**(simultaneously unitarily similar)，如果存在一个酉矩阵 $U\in M_n$，使得对每个 $j=1,\cdots,m$，都有 $A_j=UB_jU^*$. 考虑 $(m+2)\times(m+2)$ 分块矩阵 $N_A=[N_{ij}]_{i,j=1}^k$，其中 $N_{ij}=I_n$（如果 $j=i+1$），$N_{ij}=A_i$（如果 $j=i+2$）以及 $N_{ij}=0$（如果 $j-i\notin\{1,2\}$）. 以类似的方式定义 N_B. (a)说明为什么 N_A 与 N_B 酉相似的充分必要条件是矩阵对 $(A_1,B_1),\cdots,(A_m,B_m)$ 同时酉相似. (b)描述具有这种令人愉悦的性质的其他的分块矩阵. (c)说明怎样通过有限多次计算对有限多对同阶复矩阵对是否同时酉相似加以验证或者证伪.

147

2.5. P71 矩阵 $\begin{bmatrix} a & b \\ -b & a \end{bmatrix} \in M_2(\mathbf{R})$ 在我们关于实正规矩阵的讨论中起着重要的作用. 作为 (3.1. P20) 中研究过的实表示 $R_1(A)$ 的一个特例, 讨论这个矩阵的性质.

2.5. P72 考虑矩阵 $A_1 = \begin{bmatrix} i & 0 \\ 0 & -i \end{bmatrix}$ 以及 $A_2 = \begin{bmatrix} 0 & 1 \\ -1 & 0 \end{bmatrix}$. (a) 证明每一个矩阵都是正规的且与它的复共轭可交换. (b) 每一个矩阵的特征值是什么? (c) 说明为什么 A_1 与 A_2 酉相似. (d) 证明 A_1 不与 A_2 实正交相似. (e) 设 $A \in M_n$ 是正规的且满足 (2.5.17) 的条件 (a) 或者 (b) 中的某一个. 那么 A 与一个直和实正交相似, 这个直和是由一个零矩阵以及 (2.5.17.1) 中四种类型的分块中的一个或者多个的非零纯量倍数作成的. 为了确定哪些分块以及何种纯量倍数会在直和中出现, 说明为什么我们必须除了知晓特征值之外还需对 A 知道得更多.

2.5. P73 设 $A \in M_n(\mathbf{R})$ 是正规的, 并令 λ, x 是 A 的一个特征对, 其中 $\lambda = a + ib$ 不是实数. (a) 证明 $\bar{\lambda}$, $\bar{x}$ 是 A 的特征对, 且 $x^{\mathrm{T}} x = 0$. (b) 设 $x = u + iv$, 其中 u 与 v 是实向量. 证明 $u^{\mathrm{T}} u = v^{\mathrm{T}} v \neq 0$ 以及 $u^{\mathrm{T}} v = 0$. (c) 设 $q_1 = u / \sqrt{u^{\mathrm{T}} u}$ 以及 $q_2 = v / \sqrt{v^{\mathrm{T}} v}$, 并设 $Q = [q_1 \quad q_2 \quad Q_1] \in M_n(\mathbf{R})$ 是实正交矩阵. 证明 $Q^{\mathrm{T}} A Q = \begin{bmatrix} B & * \\ 0 & * \end{bmatrix}$, 其中 $B = \begin{bmatrix} a & b \\ -b & a \end{bmatrix}$. (d) 给 (2.5.8) 另一个不依赖于 (2.3.4b) 的证明.

2.5. P74 设 A, B, $X \in M_n$. 如果 $AX = XB$ 且 X 是正规的, $AX^* = X^* B$ 是正确的吗? 与 Fuglede-Putnam 定理 (2.5.16) 作比较.

2.5. P75 设 A, B, $X \in M_n$. (a) 证明 $AX = XB$ 且 $XA = BX$ 成立的充分必要条件是 $\begin{bmatrix} 0 & X \\ X & 0 \end{bmatrix}$ 与 $\begin{bmatrix} A & 0 \\ 0 & B \end{bmatrix}$ 可交换. (b) 如果 X 是正规的, $AX = XB$ 且 $XA = BX$, 证明 $AX^* = X^* B$ 以及 $X^* A = BX^*$.

2.5. P76 假设 $A \in M_n(\mathbf{R})$ 的每个元素都是 0 或者 1, 设 $e \in \mathbf{R}^n$ 是全 1 向量, 又设 $J \in M_n(\mathbf{R})$ 是全 1 矩阵. 令 $A = [c_1 \quad \cdots \quad c_n]$ 以及 $A^{\mathrm{T}} = [r_1 \quad \cdots \quad r_n]$. (a) 说明为什么 Ae 的元素既是行和, 又是 A 的行的 Euclid 范数之平方. 用类似的方式解释 $A^{\mathrm{T}} e$ 的元素. (b) 证明: A 是正规的, 当且仅当 $Ae = A^{\mathrm{T}} e$ 以及 $c_i^{\mathrm{T}} c_j = r_i^{\mathrm{T}} r_j$ (对所有 $i \neq j$). (c) 证明: A 是正规的, 当且仅当补余 0-1 矩阵 $J-A$ 是正规的.

注记以及进一步的阅读参考 有关正规性的 89 种特征刻画的讨论, 见 R. Grone, C. R. Johnson, E. Sa, 以及 H. Wolkowicz, Normal matrices, *Linear Algebra Appl.* 87 (1987) 213-225 以及 L. Elsner 与 Kh. Ikramov, Normal matrices: an update, *Linear Algebra Appl.* 285 (1998) 291-303. 尽管在 (2.5. P72) 中提出了这一事项, (2.5.17) 中所描述的表示实际上就是在实正交相似之下的标准型, 相差仅限于直和项的排列次序以及直和项可以用其转置来代替 (除了特征值之外, 还存在其他的实正交相似不变量); 见 G. Goodson 以及 R. A. Horn, Canonical forms for normal matrices that commute with their complex conjugate, *Linear Algebra Appl.* 430 (2009) 1025-1038. 有关平方正规矩阵的标准型 (2.5.22a, b) 的一个证明, 见 R. A. Horn 以及 V. V. Sergeichuk, Canonical forms for unitary congruence and $*$ congruence, *Linear Multilinear Algebra* 57 (2009) 777-815. 问题 4.4. P38 包含 (2.5.20(b)) 的一个有深远影响的推广: 每一个非奇异的复方阵 (以及某些奇异的矩阵) 都有 QS 分解.

2.6 酉等价与奇异值分解

假设给定的矩阵 A 是 n 维复向量空间上一个线性变换 $T: V \to V$ 关于一组给定的标准正交基的基表示. 酉相似 $A \to UAU^*$ 与从给定的这组基到另一组标准正交基的改变相对应, 酉矩阵 U 是基变化矩阵.

如果 $T: V_1 \rightarrow V_2$ 是从一个 n 维复向量空间到一个 m 维复向量空间的线性变换, 又如果 $A \in M_{m,n}$ 是它关于 V_1 与 V_2 的给定的标准正交基的基表示, 那么酉等价 $A \rightarrow UAW^*$ 对应于 V_1 与 V_2 从一组给定的标准正交基到另一组标准正交基的基的改变.

酉等价 $A \rightarrow UAV$ 涉及**两个**可以独立选取的酉矩阵. 这个附加的灵活性允许我们将其化简到特殊的形式, 而这种特殊的形式或许用酉相似无法达到.

为了确保能用相同的酉相似将 $A, B \in M_n$ 化为上三角型, 必须对它们设定某种条件 (如交换性). 然而, 我们可以用相同的酉等价将**任意**两个给定的矩阵化为上三角型.

定理 2.6.1 设 $A, B \in M_n$. 则存在酉矩阵 $V, W \in M_n$, 使得 $A = VT_A W^*$, $B = VT_B W^*$, 且 T_A 和 T_B 两者都是上三角的. 如果 B 是非奇异的, $T_B^{-1} T_A$ 的主对角线元素就是 $B^{-1}A$ 的特征值.

证明 假设 B 是非奇异的, 利用 (2.3.1) 记 $B^{-1}A = UTU^*$, 其中 U 是酉矩阵, 而 T 是上三角的. 利用 QR 分解 (2.1.14) 来记 $BU = QR$, 其中 Q 是酉矩阵, 而 R 是上三角的. 那么 $A = BUTU^* = Q(RT)U^*$ 就是上三角的, RT 是上三角的, 且 $B = QRU^*$. 此外, $B^{-1}A = UR^{-1}Q^* QRTU^* = UTU^*$ 的特征值是 T 的主对角线元素.

如果 A 与 B 两者都是奇异的, 则存在一个 $\delta > 0$, 使得只要 $0 < \varepsilon < \delta$, $B_\varepsilon = B + \varepsilon I$ 就是非奇异的, 见 (1.2.17). 对任何满足这一限制条件的 ε, 我们已经证明了存在酉矩阵 V_ε, $W_\varepsilon \in M_n$, 使得 $V_\varepsilon^* A W_\varepsilon$ 与 $V_\varepsilon^* B W_\varepsilon$ 两者都是上三角的. 选取一列非零的纯量 ε_k, 使得 $\varepsilon_k \rightarrow 0$ 且 $\lim_{k \rightarrow \infty} V_{\varepsilon_k} = V$ 与 $\lim_{k \rightarrow \infty} W_{\varepsilon_k} = W$ 这两者都存在. 极限 V 与 W 中的每一个都是酉矩阵, 见 (2.1.8). 这样, $\lim_{k \rightarrow \infty} V_{\varepsilon_k}^* A W_{\varepsilon_k} = V^* A W = T_A$ 与 $\lim_{k \rightarrow \infty} V_{\varepsilon_k}^* B W_{\varepsilon_k} = V^* B W = T_B$ 中每一个都是上三角的. 我们就得出结论 $A = VT_A W^*$ 与 $B = VT_B W^*$, 如所断言. $\square$

这个定理还有一个实的形式, 它利用了如下的事实.

习题 假设 $A, B \in M_n$, A 是上三角的, 而 B 是上拟三角的. 证明: AB 是与 B 共形的上拟三角矩阵. ◀

定理 2.6.2 设 $A, B \in M_n(\mathbf{R})$. 则存在实正交矩阵 $V, W \in M_n$, 使得 $A = VT_A W^T$, $B = VT_B W^T$, T_A 是实的且是上拟三角的, 而 T_B 则是实的且是上三角的.

证明 如果 B 是非奇异的, 就利用 (2.3.4) 记成 $B^{-1}A = UTU^T$, 其中 U 是实正交矩阵, 而 T 是实的上拟三角矩阵. 利用 (2.1.14d) 记 $BU = QR$, 其中 Q 是实正交矩阵, 而 R 则是实的上三角矩阵. 这样 RU 就是上拟三角矩阵, $A = Q(RT)U^T$, 而 $B = QRU^T$. 如果 A 与 B 两者都是奇异的, 就可以利用上一个证明中的实形式的极限论证方法. $\square$

尽管只有正规的方阵才可以用酉相似来使其对角化, 任何复矩阵也可以用酉等价来对角化.

定理 2.6.3 (奇异值分解) 设给定 $A \in M_{n,m}$, 令 $q = \min\{m, n\}$ 并假设 $\text{rank} A = r$.

(a) 存在酉矩阵 $V \in M_n$ 与 $W \in M_m$, 以及一个对角方阵

$$\Sigma_q = \begin{bmatrix} \sigma_1 & & 0 \\ & \ddots & \\ 0 & & \sigma_q \end{bmatrix} \tag{2.6.3.1}$$

使得 $\sigma_1 \geqslant \sigma_2 \geqslant \cdots \geqslant \sigma_r > 0 = \sigma_{r+1} = \cdots = \sigma_q$ 以及 $A = V\Sigma W^*$, 其中

149

$$\Sigma = \Sigma_q \qquad\qquad\qquad\text{如果 } m = n$$

$$\Sigma = [\Sigma_q \quad 0] \in M_{n,m} \qquad\quad \text{如果 } m > n \qquad\qquad (2.6.3.2)$$

$$\Sigma = \begin{bmatrix} \Sigma_q \\ 0 \end{bmatrix} \in M_{n,m} \qquad\quad \text{如果 } n > m$$

(b) 参数 $\sigma_1, \cdots, \sigma_r$ 是 AA^* 的按照递减次序排列的非零特征值的正的平方根, 它们与 A^*A 的按照递减次序排列的非零特征值的正的平方根是相同的.

证明 首先假设 $m = n$. Hermite 矩阵 $AA^* \in M_n$ 与 $A^*A \in M_n$ 有同样的特征值 (1.3.22), 从而它们是酉相似的 (2.5.4(d)), 于是存在一个酉矩阵 U, 使得 $A^*A = U(AA^*)U^*$. 这样就有

$$(UA)^*(UA) = A^*U^*UA = A^*A = UAA^*U^* = (UA)(UA)^*$$

所以 UA 是正规的. 设 $\lambda_1 = |\lambda_1|\,e^{i\theta_1}, \cdots, \lambda_n = |\lambda_n|\,e^{i\theta_n}$ 是 UA 的按照次序 $|\lambda_1| \geqslant \cdots \geqslant |\lambda_n|$ 排列的特征值. 这样 $r = \mathrm{rank}A = \mathrm{rank}UA$ 就是正规矩阵 UA 的非零特征值的个数, 所以 $|\lambda_r| > 0$ 且 $\lambda_{r+1} = \cdots = \lambda_n = 0$. 设 $\Lambda = \mathrm{diag}(\lambda_1, \cdots, \lambda_n)$, 令 $D = \mathrm{diag}(e^{i\theta_1}, \cdots, e^{i\theta_n})$, $\Sigma_q = \mathrm{diag}(|\lambda_1|, \cdots, |\lambda_n|)$, 又设 X 是酉矩阵, 它使得 $UA = X\Lambda X^*$. 那么 D 是酉矩阵且 $A = U^*X\Lambda X^* = U^*X\Sigma_q DX^* = (U^*X)\Sigma_q(DX^*)$ 就给出了所欲求之分解, 其中 $V = U^*X$ 与 $W = XD^*$ 是酉矩阵, 而 $\sigma_j = |\lambda_j|$, $j = 1, \cdots, n$.

现在假设 $m > n$. 这样就有 $r \leqslant n$, 故而 A 的零空间的维数为 $m - r \geqslant m - n$. 设 $x_1, \cdots, x_{m-n}$ 是 A 的零空间中任意一组标准正交的向量, 设 $X_2 = [x_1 \quad \cdots \quad x_{m-n}] \in M_{m,m-n}$, 又设 $X = [X_1 \quad X_2] \in M_m$ 是酉矩阵, 即将给定的标准正交向量组扩展成为 $\mathbf{C}^m$ 的一组基. 那么就有 $AX = [AX_1 \quad AX_2] = [AX_1 \quad 0]$ 以及 $AX_1 \in M_n$. 利用上一种情形, 记 $AX_1 = V\Sigma_q W^*$, 其中 $V, W \in M_n$ 是酉矩阵, 而 Σ_q 有 (2.6.3.1) 的形式. 这就给出

$$A = [AX_1 \quad 0]X^* = [V\Sigma_q W^* \quad 0]X^* = V[\Sigma_q \quad 0]\left(\begin{bmatrix} W^* & 0 \\ 0 & I_{m-n} \end{bmatrix} X^* \right)$$

这就是结论中所说的分解.

如果 $n > m$, 将上面的情形应用于 A^*.

利用分解 $A = V\Sigma W^*$, 注意 $\mathrm{rank}A = \mathrm{rank}\Sigma$ (这是因为 V 与 W 是非奇异的). 但是 $\mathrm{rank}\Sigma$ 等于 Σ 的不为零的 (从而是正的) 对角元素的个数, 如结论所说. 现在计算 $AA^* = V\Sigma W^* W\Sigma^T V^* = V\Sigma\Sigma^T V^*$, 它与 $\Sigma\Sigma^T$ 酉相似. 如果 $n = m$, 那么 $\Sigma\Sigma^T = \Sigma_q^2 = \mathrm{diag}(\sigma_1^2, \cdots, \sigma_n^2)$. 如果 $m > n$, 则 $\Sigma\Sigma^T = [\Sigma_q \quad 0]\begin{bmatrix} \Sigma_q \\ 0 \end{bmatrix} = \Sigma_q^2 = 0_n = \Sigma_q^2$. 最后, 如果 $n > m$, 那么

$$\Sigma\Sigma^T = \begin{bmatrix} \Sigma_q \\ 0 \end{bmatrix}[\Sigma_q \quad 0] = \begin{bmatrix} \Sigma_q^2 & 0 \\ 0 & 0_{n-m} \end{bmatrix}$$

在每一种情形, AA^* 的非零特征值都是 $\sigma_1^2, \cdots, \sigma_r^2$, 如所断言. □

(2.6.3.2) 中矩阵 Σ 的对角元素 (即纯量 $\sigma_1, \cdots \sigma_q$, 它们是方阵 Σ_q 的对角元素) 称为 A 的**奇异值** (singular value). A 的奇异值 σ 的**重数** (multiplicity) 是 σ^2 作为 AA^* 的特征值的重数, 或者等价地说, 也就是 A^*A 的特征值的重数. A 的一个奇异值 σ 称为是**单重的** (simple), 如果 σ^2 是 AA^* 的单重特征值, 或者等价地说是 A^*A 的单重特征值. A 的秩**等于**它的非零奇异值的个数, 而 $\mathrm{rank}A$ **不小于** (有可能大于) 它的非零特征值的个数.

A 的奇异值由 A^*A 的特征值唯一地决定 (等价地说, 是由 AA^* 的特征值唯一地决定),

所以，A 的奇异值分解式中对角因子 Σ 除了对角元素的排列可能会有变化之外也是唯一确定的；为使得 Σ 唯一，习惯上选择让奇异值按照非增的次序排列，不过也可以采用其他的选择方法.

习题 设 $A \in M_{m,n}$. 说明为什么 A，$\overline{A}$，A^T 以及 A^* 有同样的奇异值. ◀

设 $\sigma_1, \cdots, \sigma_n$ 是 $A \in M_n$ 的奇异值. 说明为什么有

$$\sigma_1 \cdots \sigma_n = |\det A| \quad \text{以及} \quad \sigma_1^2 + \cdots + \sigma_n^2 = \text{tr} A^* A. \tag{2.6.3.3}$$

习题 证明：$A \in M_2$ 的两个平方的奇异值是 ◀

$$\sigma_1^2, \sigma_2^2 = \frac{1}{2} \left((\text{tr} A^* A) \pm \sqrt{(\text{tr} A^* A)^2 - 4|\det A|^2} \right) \tag{2.6.3.4}$$

习题 说明为什么幂零矩阵

$$A = \begin{bmatrix} 0 & a_{12} & & 0 \\ & \ddots & \ddots & \\ & & \ddots & a_{n-1,n} \\ 0 & & & 0 \end{bmatrix} \in M_n$$

的奇异值(除了在第一条超对角线上的某些非零元素之外，其他地方的元素处处都是零)是 0，$|a_{12}|$，$\cdots$，$|a_{n-1,n}|$. ◀

下面的定理对如下的结论给出一个精确的总结：矩阵的奇异值连续地依赖于它的元素.

定理 2.6.4 设给定一个无穷序列 A_1，A_2，$\cdots \in M_{n,m}$，假设 $\lim_{k \to \infty} A_k = A$(逐个元素地收敛)，又设 $q = \min\{m, n\}$. 设 $\sigma_1(A) \geqslant \cdots \geqslant \sigma_q(A)$ 以及 $\sigma_1(A_k) \geqslant \cdots \geqslant \sigma_q(A_k)$ 分别是 A 与 A_k 按照非增次序排列的奇异值(对 $k = 1$，2，$\cdots$). 那么，对每个 $i = 1$，$\cdots$，q 都有 $\lim_{k \to \infty} \sigma_i(A_k) = \sigma_i(A)$.

证明 如果定理的结论不真，则存在某个 $\varepsilon_0 > 0$ 以及正整数的无穷序列 $k_1 < k_2 < \cdots$，使得对每个 $j = 1$，2，$\cdots$ 都有

$$\max_{i=1,\cdots q} |\sigma_i(A_{k_j}) - \sigma_i(A)| > \varepsilon_0 \tag{2.6.4.1}$$

对每个 $j = 1$，2，$\cdots$，设 $A_{k_j} = V_{k_j} \Sigma_{k_j} W_{k_j}^*$，其中 $V_{k_j} \in M_n$ 和 $W_{k_j} \in M_m$ 是酉矩阵，而 $\Sigma_{k_j} \in M_{n,m}$ 是非负对角矩阵，它满足 $\text{diag} \Sigma_{k_j} = [\sigma_1(A_{k_j}) \cdots \sigma_q(A_{k_j})]^T$. 引理 2.1.8 确保存在一个无穷子列 $k_{j_1} < k_{j_2} < \cdots$ 以及酉矩阵 V 与 W，使得 $\lim_{\ell \to \infty} V_{k_{j\ell}} = V$ 以及 $\lim_{\ell \to \infty} W_{k_{j\ell}} = W$。那么

$$\lim_{\ell \to \infty} \Sigma_{k_{j\ell}} = \lim_{\ell \to \infty} V_{k_{j\ell}}^* A_{k_{j\ell}} W_{k_{j\ell}} = \left(\lim_{\ell \to \infty} V_{k_{j\ell}}^* \right) \left(\lim_{\ell \to \infty} A_{k_{j\ell}} \right) \left(\lim_{\ell \to \infty} V_{k_{j\ell}} \right) = V^* A W$$

存在，且是对角元素按非增次序排列的非负对角矩阵；我们用 Σ 表示它，并注意 $A = V\Sigma W^*$. A 的奇异值的唯一性确保 $\text{diag} \Sigma = [\sigma_1(A) \cdots \sigma_q(A)]^T$，这与(2.6.4.1)矛盾，这就证明了定理. □

奇异值分解中的酉因子从来都不是唯一的. 例如，如果 $A = V\Sigma W^*$，我们可以用 $-V$ 代替 V，用 $-W$ 代替 W. 下面的定理以一种显明且有用的方式描述了这样一个事实：在奇异值分解中给定一对酉因子，就可以得到所有可能的酉因子对.

定理 2.6.5(Autonne 唯一性定理) 设给定 $A \in M_{n,m}$，其中 $\text{rank} A = r$. 设 $s_1, \cdots, s_d$

是 A 的不同的正的奇异值，它们按照任意次序排列，且重数分别为 n_1，$\cdots$，n_d，又设 $\Sigma_d = s_1 I_{n_1} \oplus \cdots \oplus s_d I_{n_d} \in M_r$. 设 $A = V\Sigma W^*$ 是奇异值分解，其中 $\Sigma = \begin{bmatrix} \Sigma_d & 0 \\ 0 & 0 \end{bmatrix} \in M_{n,m}$，如同在 (2.6.3.2) 中那样，则 $\Sigma^T \Sigma = s_1^2 I_{n_1} \oplus \cdots \oplus s_d^2 I_{n_d} \oplus 0_{n-r}$，且 $\Sigma\Sigma^T = s_1^2 I_{n_1} \oplus \cdots \oplus s_d^2 I_{n_d} \oplus 0_{m-r}$（如果 A 是满秩的，就会有一个为零的直和项不出现；如果 A 是方阵且非奇异，那么这两个为零的直和项就都不出现）. 设 $\hat V \in M_n$ 与 $\hat W \in M_m$ 是酉矩阵. 那么 $A = \hat V \Sigma \hat W^*$ 当且仅当存在酉矩阵 $U_1 \in M_{n_1}$，$\cdots$，$U_d \in M_{n_d}$，$\tilde V \in M_{n-r}$，以及 $\tilde W \in M_{m-r}$，使得

$$\hat V = V(U_1 \oplus \cdots \oplus U_d \oplus \tilde V) \text{ 以及 } \hat W = W(U_1 \oplus \cdots \oplus U_d \oplus \tilde W) \qquad (2.6.5.1)$$

152
如果 A 是实的且诸因子 V，W，$\hat V$，$\hat W$ 是实正交的，那么，矩阵 U_1，$\cdots$，U_d，$\tilde V$ 以及都 $\tilde W$ 可以取为实正交矩阵.

证明 Hermite 矩阵 A^*A 被表示成 $A^*A = (V\Sigma W^*)^*(V\Sigma W^*) = W\Sigma^T\Sigma W^*$，也可表示为 $A^*A = \hat W \Sigma^T \Sigma \hat W^*$. 定理 2.5.4 确保存在酉矩阵 W_1，$\cdots$，W_d，W_{d+1}，其中 $W_i \in M_{n_i}$（对 $i = 1$，$\cdots$，d），使得 $\hat W = W(W_1 \oplus \cdots \oplus W_d \oplus W_{d+1})$. 我们又有 $AA^* = V\Sigma\Sigma^T V^* = \hat V \Sigma\Sigma^T \hat V^*$，所以 (2.5.4) 再次告诉我们：存在酉矩阵 V_1，$\cdots$，V_d，V_{d+1} 其中 $V_i \in M_{n_i}$（对 $i = 1$，$\cdots$，d），使得 $\hat V = V(V_1 \oplus \cdots \oplus V_d \oplus V_{d+1})$. 由于 $A = V\Sigma W^* = \hat V \Sigma \hat W^*$，我们有 $\Sigma = (V^*\hat V)\Sigma(\hat W^* W)$，也即对 $i = 1$，$\cdots$，$d+1$ 有 $s_i I_{n_i} = V_i(s_i I_{n_i})W_i^*$，或者说对每个 $i = 1$，$\cdots$，d 有 $V_i W_i^* = I_{n_i}$. 矩阵 $\tilde V$ 与 $\tilde W$，如果存在的话，也是任意的. 由此推出，对每个 $i = 1$，$\cdots$，d 有 $V_i = W_i$. 最后的结论由上面的讨论以及 $V^T \hat V$ 与 $W^T \hat W$ 均为实的这一事实推出. $\square$

奇异值分解是矩阵分析以及在工程、数值计算、统计、图像压缩以及其他许多领域中难以计数的应用中非常重要的工具. 更详细的介绍请见 Horn 与 Johnson(1991) 所著书中的第 7 章以及第 3 章.

我们用上面的唯一性定理的三个应用来结束这一章：对称矩阵或者斜对称矩阵的奇异值分解可以选取为酉相合，而且实矩阵有这样的奇异值分解，其中三个因子全都是实的.

推论 2.6.6 设 $A \in M_n$，并令 $r = \operatorname{rank} A$.

(a) (Autonne) $A = A^T$ 当且仅当存在一个酉矩阵 $U \in M_n$ 以及一个非负的对角矩阵 Σ，使得 $A = U\Sigma U^T$. Σ 的对角元素是 A 的奇异值.

(b) 如果 $A = -A^T$，那么 r 是偶数且存在一个酉矩阵 $U \in M_n$ 以及正实的纯量 s_1，$\cdots$，$s_{r/2}$，使得

$$A = U\left(\begin{bmatrix} 0 & s_1 \\ -s_1 & 0 \end{bmatrix} \oplus \cdots \oplus \begin{bmatrix} 0 & s_{r/2} \\ -s_{r/2} & 0 \end{bmatrix} \oplus 0_{n-r}\right)U^T \qquad (2.6.6.1)$$

A 的非零的奇异值是 s_1，s_1，$\cdots$，$s_{r/2}$，$s_{r/2}$. 反之，任何形如 (2.6.6.1) 的矩阵都是斜对称的.

证明 (a) 如果对一个酉矩阵 $U \in M_n$ 以及一个非负对角矩阵 Σ 有 $A = U\Sigma U^T$，那么 A 是对称矩阵，且 Σ 的对角元素是它的奇异值. 反之，设 s_1，$\cdots$，s_d 是 A 的不同的正的奇异值，按照任意次序排列，其重数分别为 n_1，$\cdots$，n_d，又设 $A = V\Sigma W^*$ 是奇异值分解，其中 V，$W \in M_n$ 是酉矩阵，而 $\Sigma = s_1 I_{n_1} \oplus \cdots \oplus s_d I_{n_d} \oplus 0_{n-r}$. 如果 A 是非奇异的，那么其中不出

现为零的分块. 我们有 $A=V\Sigma W^{*}=\overline{W}\Sigma\overline{V}^{*}=A$, 所以上一定理确保存在酉矩阵 U_w 与 U_v, 使得 $\overline{V}=WU_w$, $\overline{W}=VU_v$, $U_v=U_1\oplus\cdots\oplus U_d\oplus\widetilde{V}$, $U_w=U_1\oplus\cdots\oplus U_d\oplus\widetilde{W}$, 且每一个 $U_i\in M_{n_i}$, $i=1,\cdots,d$. 这样就有 $U_w=W^{*}\overline{V}=(V^{*}\overline{W})^{\mathrm{T}}=U_v^{\mathrm{T}}$, 它蕴含结论: 每一个 $U_j=U_j^{\mathrm{T}}$, 即每一个 U_j 都是酉矩阵, 且是对称的. 推论 2.5.20a 确保存在对称的酉矩阵 R_j, 使得对每个 $j=1,\cdots,d$ 都有 $R_j^2=U_j$. 设 $R=R_1\oplus\cdots\oplus R_d\oplus I_{n-r}$. 则 R 是对称的酉矩阵, 且 $U_v\Sigma=R^2\Sigma=R\Sigma R$, 所以 $A=\overline{W}\Sigma V^{\mathrm{T}}=VU_v\Sigma V^{\mathrm{T}}=VR\Sigma RV^{\mathrm{T}}=(VR)\Sigma(VR)^{\mathrm{T}}$ 是结论中所说的分解.

(b) 从恒等式 $V\Sigma W^{*}=-\overline{W}\Sigma V^{\mathrm{T}}=-\overline{W}\Sigma\overline{V}^{*}$ 出发, 并完全按照 (a) 中那样去做, 我们就有 $\overline{V}=WU_w$, $\overline{W}=-VU_v$, 这也就是 $U_w=W^{*}\overline{V}$ 以及 $U_v=-V^{*}\overline{W}=-U_w^{\mathrm{T}}$. 特别地, 对 $j=1,\cdots,d$ 有 $U_j=-U_j^{\mathrm{T}}$, 即每一个 U_j 都是酉矩阵, 且是斜对称的. 推论 2.5.18b 确保对每个 $j=1,\cdots,d$, n_j 都是偶数, 且存在实正交矩阵 Q_j 以及实参数 $\theta_1^{(j)},\cdots,\theta_{n_j/2}^{(j)}\in[0,2\pi)$, 使得

$$U_j=Q_j\left(\mathrm{e}^{i\theta_1^{(j)}}\begin{bmatrix}0&1\\-1&0\end{bmatrix}\oplus\cdots\oplus\mathrm{e}^{i\theta_{n_j/2}^{(j)}}\begin{bmatrix}0&1\\-1&0\end{bmatrix}\right)Q_j^{\mathrm{T}}$$

定义实正交矩阵 $Q=Q_1\oplus\cdots\oplus Q_d\oplus I_{n-r}$ 以及斜对称的酉矩阵

$$S_j=\mathrm{e}^{i\theta_1^{(j)}}\begin{bmatrix}0&1\\-1&0\end{bmatrix}\oplus\cdots\oplus\mathrm{e}^{i\theta_{n_j/2}^{(j)}}\begin{bmatrix}0&1\\-1&0\end{bmatrix},\quad j=1,\cdots,d$$

设 $S=S_1\oplus\cdots\oplus S_d\oplus 0_{n-r}$. 那么 $U_v\Sigma=QSQ^{\mathrm{T}}\Sigma=QS\Sigma Q$, 所以 $A=-\overline{W}\Sigma V^{\mathrm{T}}=VU_v\Sigma V^{\mathrm{T}}=VQS\Sigma Q^{\mathrm{T}}V^{\mathrm{T}}=(VQ)S\Sigma(VQ)^{\mathrm{T}}$ 是结论中那种形式的分解, 且 $\mathrm{rank}A=n_1+\cdots+n_d$ 是偶数. □

推论 2.6.7 设 $A\in M_{n,m}(\mathbf{R})$, 并假设 $\mathrm{rank}A=r$. 那么 $A=P\Sigma Q^{\mathrm{T}}$, 其中 $P\in M_n(\mathbf{R})$ 与 $Q\in M_m(\mathbf{R})$ 是实正交矩阵, 而 $\Sigma\in M_{n,m}(\mathbf{R})$ 则是非负的对角矩阵, 且有 (2.6.3.1) 或者 (2.6.3.2) 的形状.

证明 利用 (2.6.4) 中的记号, 设 $A=V\Sigma W^{*}$ 是给定的奇异值分解, 酉矩阵 V 与 W 不一定是实的. 我们有 $V\Sigma W^{*}=A=\overline{A}=\overline{V}\Sigma\overline{W}$, 所以 $V^{\mathrm{T}}V\Sigma=\Sigma W^{\mathrm{T}}W$. 定理 2.6.5 确保存在酉矩阵 $U_v=U_1\oplus\cdots\oplus U_d\oplus\widetilde{V}\in M_n$ 以及 $U_w=U_1\oplus\cdots\oplus U_d\oplus\widetilde{W}\in M_m$, 使得 $\overline{V}=VU_v$ 以及 $\overline{W}=WU_w$. 这样 $U_v=V^{*}\overline{V}=\overline{V}^{\mathrm{T}}\overline{V}$ 以及 $U_w=\overline{W}^{\mathrm{T}}\overline{W}$ 是酉矩阵, 且是对称的, 所以 $\widetilde{V}$, $\widetilde{W}$ 亦如此, 且每一个 U_i 也都是酉矩阵, 且是对称的. 推论 2.5.20(a) 确保存在对称的酉矩阵 $R_{\widetilde{V}}$, $R_{\widetilde{W}}$ 以及 $R_1,\cdots,R_d$, 使得 $R_{\widetilde{V}}^2=\widetilde{V}$, $R_{\widetilde{W}}^2=\widetilde{W}$ 以及 $R_i^2=U_i$ (对每个 $i=1,\cdots,d$). 设 $R_v=R_1\oplus\cdots\oplus R_d\oplus R_{\widetilde{V}}$ 以及 $R_w=R_1\oplus\cdots\oplus R_d\oplus R_{\widetilde{W}}$. 那么 R_v 与 R_w 是对称的, 且是酉矩阵, $R_v^{-1}=R_v^{*}=\overline{R}_v$, $R_w^{-1}=R_w^{*}=\overline{R}_w$, $R_v^2=U_v$, $R_v^2=U_v$, 以及 $R_v\Sigma\overline{R}_w=\Sigma$, 所以

$$A=\overline{V}\Sigma\overline{W}^{*}=VU_v\Sigma(WU_w)^{*}=VR_v^2\Sigma(WR_w^2)^{*}$$
$$=(VR_v)(R_v\Sigma\overline{R_w})(WR_w)^{*}=(VR_v)\Sigma(WR_w)^{*}$$

我们用下面的观察结果来作为结束: 我们有 $\overline{V}=VU_v=VR_v^2$ 以及 $\overline{W}=WU_w=WR_w^2$, 所以有 $\overline{VR_v}=\overline{V}R_v^{*}=VR_v$ 以及 $\overline{WR_w}=\overline{W}R_w^{*}=WR_w$. 这就是说, VR_v 与 WR_w 两者都是酉矩阵且是实的, 故而两者都是实正交的. □

153

问题

2.6.P1　设 $A \in M_{n,m}$，其中 $n \geqslant m$．证明：A 是列满秩的，当且仅当它所有的奇异值都是正数．

2.6.P2　假设 A，$B \in M_{n,m}$ 可以用酉等价同时对角化，也就是说，假设存在酉矩阵 $X \in M_n$ 以及 $Y \in M_m$，使得 $X^* AY = \Lambda$ 和 $X^* BY = M$ 中的每一个都是对角的(0.9.1)．证明：AB^* 与 $B^* A$ 两者都是正规的．

2.6.P3　何时 A，$B \in M_{n,m}$ 同时与对角矩阵酉等价？证明：AB^* 与 $B^* A$ 两者都是正规的，当且仅当存在酉矩阵 $X \in M_n$ 以及 $Y \in M_m$，使得 $A = X\Sigma Y^*$；$B = X\Lambda Y^*$；Σ，$\Lambda \in M_{n,m}$ 是对角的；且 $\Sigma \in M_{n,m}$ 有(2.6.3.1)和(2.6.3.2)的形式．

2.6.P4　何时 A，$B \in M_{n,m}$ 与实对角矩阵或非负的实对角矩阵是同时酉等价的？(a)证明：AB^* 与 $B^* A$ 两者都是 Hermite 矩阵，当且仅当存在酉矩阵 $X \in M_n$ 以及 $Y \in M_m$，使得 $A = X\Sigma Y^*$；$B = X\Lambda Y^*$；Σ，$\Lambda \in M_{n,m}(\mathbf{R})$ 是对角的；且 Σ 有(2.6.3.1)和(2.6.3.2)的形式．(b)如果 A 与 B 是实的，证明：AB^{T} 与 $B^{\mathrm{T}} A$ 两者都是实对称的，当且仅当存在实正交矩阵 $X \in M_n(\mathbf{R})$ 以及 $Y \in M_m(\mathbf{R})$，使得 $A = X\Sigma Y^{\mathrm{T}}$；$B = X\Lambda Y^{\mathrm{T}}$；$\Sigma$，$\Lambda \in M_{n,m}(\mathbf{R})$ 是对角的；且 Σ 有(2.6.3.1)和(2.6.3.2)的形式．(c)在(a)与(b)这两者中证明：Λ 可以选取成有非负对角元素，当且仅当 Hermite 矩阵 AB^* 与 $B^* A$ 的所有特征值都是非负的．

2.6.P5　设给定 $A \in M_{n,m}$，并记 $A = B + \mathrm{i}C$，其中 B，$C \in M_{n,m}(\mathbf{R})$．证明：存在实正交矩阵 $X \in M_n(\mathbf{R})$ 以及 $Y \in M_m(\mathbf{R})$，使得 $A = X\Lambda Y^{\mathrm{T}}$ 与 $\Lambda \in M_{n,m}(\mathbf{C})$ 是对角的，当且仅当 BC^{T} 与 $C^{\mathrm{T}} B$ 两者都是实对称的．

2.6.P6　设给定 $A \in M_n$，并令 $A = QR$ 是 QR 分解(2.1.14)．(a)说明为什么 QR 是正规的，当且仅当 RQ 是正规的．(b)证明：A 是正规的，当且仅当 Q 与 R^* 可以用酉等价同时对角化．

2.6.P7　证明：两个同样大小的复矩阵是酉等价的，当且仅当它们有同样的奇异值．

2.6.P8　设给定 $A \in M_{n,k}$ 以及 $B \in M_{k,m}$．利用奇异值分解证明 $\mathrm{rank} AB \leqslant \min\{\mathrm{rank} A$，$\mathrm{rank} B\}$．

2.6.P9　设给定 $A \in M_n$．假设 $\mathrm{rank} A = r$，按照递减次序排列正的奇异值来构作 $\Sigma_1 = \mathrm{diag}\{\sigma_1, \cdots, \sigma_r\}$，并设 $\Sigma = \Sigma_1 \oplus 0_{n-r}$．假设 $W \in M_n$ 是酉矩阵，且 $A^* A = W\Sigma^2 W^*$．证明：存在一个酉矩阵 $V \in M_n$，使得 $A = V\Sigma W^*$．

2.6.P10　设给定 A，$B \in M_n$，设 $\sigma_1 \geqslant \cdots \geqslant \sigma_n \geqslant 0$ 是 A 的奇异值，又设 $\Sigma_1 = \mathrm{diag}\{\sigma_1, \cdots, \sigma_r\}$．证明下面三个命题是等价的：(a)$A^* A = B^* B$；(b)存在酉矩阵 W，X，$Y \in M_n$，使得 $A = X\Sigma W^*$ 以及 $B = Y\Sigma W^*$；(c)存在一个酉矩阵 $U \in M_n$，使得 $B = UA$．作为它的推广，请见(7.3.11)．

2.6.P11　设给定 $A \in M_{n,m}$ 以及一个正规矩阵 M_m．证明 $A^* A$ 与 B 可交换，当且仅当存在酉矩阵 $V \in M_n$ 与 $W \in M_m$，以及对角矩阵 $\Sigma \in M_{n,m}$ 与 $\Lambda \in M_m$，使得 $A = X\Sigma W^*$ 以及 $B = W\Lambda W^*$．

2.6.P12　设 $A \in M_n$ 有奇异值分解 $A = V\Sigma W^*$，其中 $\Sigma = \mathrm{diag}(\sigma_1, \cdots, \sigma_n)$，而 $\sigma_1 \geqslant, \cdots, \geqslant \sigma_n$．(a)证明：$\mathrm{adj} A$ 有奇异值分解 $\mathrm{adj} A = X^* SY$，其中 $X = (\det W)(\mathrm{adj} W)$，$Y = (\det V)(\mathrm{adj} V)$，而 $S = \mathrm{diag}(s_1, \cdots, s_n)$，其中每一个 $s_i = \prod_{j \neq i} \sigma_j$．(b)利用(a)说明为什么 $\mathrm{adj} A = 0$，如果 $\mathrm{rank} A \leqslant n - 2$．(c)如果 $\mathrm{rank} A = n - 1$，且 v_n，$w_n \in \mathbf{C}^n$ 分别是 V 与 W 的最后一列，证明 $\mathrm{adj} A = \sigma_1 \cdots \sigma_{n-1} \mathrm{e}^{\mathrm{i}\theta} w_n v_n^*$，其中 $\det(VW^*) = \mathrm{e}^{\mathrm{i}\theta}$，$\theta \in \mathbf{R}$．

2.6.P13　设 $A \in M_n$，且令 $A = V\Sigma W^*$ 是奇异值分解．(a)证明：A 是酉矩阵当且仅当 $\Sigma = I$．(b)证明：A 是酉矩阵的纯量倍数的充分必要条件是，只要 x，$y \in \mathbf{C}^n$ 正交，Ax 与 Ay 就正交．

2.6.P14　设给定 $A \in M_n$．(a)假设 A 是正规的，并设 $A = U\Lambda U^*$ 是谱分解，其中 U 是酉矩阵，而 $\Lambda = \mathrm{diag}(\lambda_1, \cdots, \lambda_n) = \mathrm{diag}(\mathrm{e}^{\mathrm{i}\theta_1} |\lambda_1|, \cdots, \mathrm{e}^{\mathrm{i}\theta_n} |\lambda_n|)$．令 $D = \mathrm{diag}(\mathrm{e}^{\mathrm{i}\theta_1}, \cdots, \mathrm{e}^{\mathrm{i}\theta_n})$ 以及 $\Sigma = \mathrm{diag}(|\lambda_1|, \cdots, |\lambda_n|)$．说明为什么 $A = (UD)\Sigma U^*$ 是 A 的奇异值分解，以及为什么 A 的奇异值是它的特征值之绝对值．(b)设 $s_1, \cdots, s_d$ 是 A 的不同的奇异值，并令 $A = V\Sigma W^*$ 是奇异值分

解，其中 V，$W \in M_n$ 是酉矩阵，而 $\Sigma = s_1 I_{n_1} \oplus \cdots \oplus s_d I_{n_d}$. 证明：$A$ 是正规的，当且仅当存在一个与 Σ 共形地分划的分块对角酉矩阵 $U = U_1 \oplus \cdots \oplus U_d$，使得 $V = WU$. (c)如果 A 是正规的，且有不同的奇异值，又如果 $A = V\Sigma W^*$ 是奇异值分解，说明为什么 $V = WD$，其中的 D 是一个对角酉矩阵. 有不同奇异值的假设对 A 的特征值有何结论？

2.6. P15 设 $A = [a_{ij}] \in M_n$ 有特征值 λ_1，$\cdots$，λ_n，其排序满足 $|\lambda_1| \geqslant \cdots \geqslant |\lambda_n|$，又有奇异值 σ_1，$\cdots$，σ_n，其排序为 $\sigma_1 \geqslant \cdots \geqslant \sigma_n$. 证明：(a) $\sum_{i,j=1}^n |a_{ij}|^2 = \mathrm{tr} A^* A = \sum_{i=1}^n \sigma_i^2$；(b) $\sum_{i=1}^n |\lambda_i|^2 \leqslant \sum_{i=1}^n \sigma_i^2$，其中的等式当且仅当 A 是正规矩阵时成立(Schur 不等式)；(c)对所有 $i = 1$，$\cdots$，n 都有 $\sigma_i = |\lambda_i|$ 成立之充分必要条件是：A 是正规矩阵；(d)如果对所有 $i = 1$，$\cdots$，n 都有 $|a_{ii}| = \sigma_i$，那么 A 是对角矩阵；(e)如果 A 是正规的，且对所有 $i = 1$，$\cdots$，n 都有 $|a_{ii}| = |\lambda_i|$，那么 A 是对角矩阵.

2.6. P16 设 U，$V \in M_n$ 是酉矩阵. (a)证明总存在酉矩阵 X，$Y \in M_n$ 以及一个对角的酉矩阵 $D \in M_n$，使得 $U = XDY$ 以及 $V = Y^* D X^*$. (b)说明为什么 M_n 上的酉等价映射 $A \to UAV = XDYAY^* DX^*$ 是一个酉相似、一个对角的酉相合以及一个酉相似的合成.

2.6. P17 设 $A \in M_{n,m}$. 利用奇异值分解来说明为什么 $\mathrm{rank} A = \mathrm{rank} AA^* = \mathrm{rank} A^* A$.

2.6. P18 设 $A \in M_n$ 是一个射影矩阵，并假设 $\mathrm{rank} A = r$. (a)证明 A 与 $\begin{bmatrix} I_r & X \\ 0 & 0_{n-r} \end{bmatrix}$ 酉相似，见(1.1. P5).

(b)设 $X = V\Sigma W^*$ 是奇异值分解. 证明：A 通过 $V \oplus W$ 与 $\begin{bmatrix} I_r & \Sigma \\ 0 & 0_{n-r} \end{bmatrix}$ 酉相似，从而 A 的奇异值是 $(I_r + \Sigma\Sigma^{\mathrm{T}}) \oplus 0_{n-r}$ 的对角元素；设 σ_1，$\cdots$，σ_g 是 A 的大于 1 的奇异值. (c)证明 A 与 $0_{n-r-g} \oplus I_{r-g} \oplus \begin{bmatrix} 1 & (\sigma_1^2 - 1)^{1/2} \\ 0 & 0 \end{bmatrix} \oplus \cdots \oplus \begin{bmatrix} 1 & (\sigma_g^2 - 1)^{1/2} \\ 0 & 0 \end{bmatrix}$ 酉相似.

2.6. P19 设 $U = \begin{bmatrix} U_{11} & U_{12} \\ U_{21} & U_{22} \end{bmatrix} \in M_{k+\ell}$ 是酉矩阵，其中 $U_{11} \in M_k$，$U_{22} \in M_\ell$，且 $k \leqslant \ell$. 证明：U 的分块的按照非增次序排列的奇异值由下述诸恒等式联系在一起：对每一个 $i = 1$，$\cdots$，k 有 $\sigma_i(U_{11}) = \sigma_i(U_{22})$ 以及 $\sigma_i(U_{12}) = \sigma_i(U_{21}) = (1 - \sigma_{k-i+1}^2(U_{11}))^{1/2}$；而对每个 $i = k+1$，$\cdots \ell$ 则有 $\sigma_i(U_{22}) = 1$. 特别地，有 $|\det U_{11}| = |\det U_{22}|$ 以及 $\det U_{12} U_{12}^* = \det U_{21}^* U_{21}$. 说明为什么这些结果蕴含(2.1.10).

2.6. P20 设 $A \in M_n$ 是对称矩阵. 假设当 A 是**非奇异**时，已知(2.6.6(a))中特殊的奇异值分解. 下面两种途径证明了：即便当 A 为奇异时此结论依然为真. 请对这两种方法补充证明的细节. (a)考虑 $A_\varepsilon = A + \varepsilon I$；利用(2.1.8)以及(2.6.4). (b)设 $U_1 \in M_{n,\nu}$ 的列是 A 的零空间的一组标准正交基，又设 $U = [U_1 \quad U_2] \in M_n$ 是酉矩阵. 令 $U^{\mathrm{T}} AU = [A_{ij}]_{i,j=1}^2$(与 U 共形地分划). 说明为什么 A_{11}，A_{12} 以及 A_{21} 是零矩阵，而 A_{22} 是非奇异的对称矩阵.

2.6. P21 设 A，$B \in M_n$ 是对称矩阵. 证明 $A\bar{B}$ 是正规的，当且仅当存在一个酉矩阵 $U \in M_n$，使得 $A = U\Sigma U^{\mathrm{T}}$，$B = U\Lambda U^{\mathrm{T}}$，$\Sigma$，$\Lambda \in M_n$ 是对角矩阵，而 Σ 的对角元素是非负的.

2.6. P22 设 A，$B \in M_n$ 是对称矩阵. (a)证明 $A\bar{B}$ 是 Hermite 矩阵，当且仅当存在一个酉矩阵 $U \in M_n$，使得 $A = U\Sigma U^{\mathrm{T}}$，$B = U\Lambda U^{\mathrm{T}}$，$\Sigma$，$\Lambda \in M_n(\mathbf{R})$ 是对角矩阵，而 Σ 的对角元素是非负的. (b)证明：$A\bar{B}$ 是 Hermite 矩阵且有非负的特征值，当且仅当存在一个酉矩阵 $U \in M_n$，使得 $A = U\Sigma U^{\mathrm{T}}$，$B = U\Lambda U^{\mathrm{T}}$，$\Sigma$，$\Lambda \in M_n(\mathbf{R})$ 是对角矩阵，而 Σ 与 Λ 的对角元素都是非负的.

2.6. P23 设给定 $A \in M_n$. 假设 $\mathrm{rank} A = r \geqslant 1$，又假设 A 是**自零化的**(self-annihilating)，也即 $A^2 = 0$. 下面给出 A 与

$$\sigma_1\begin{bmatrix}0&1\\0&0\end{bmatrix}\oplus\cdots\oplus\sigma_r\begin{bmatrix}0&1\\0&0\end{bmatrix}\oplus 0_{n-2r}. \qquad (2.6.8)$$

酉相似的证明概述，请对此证明提供细节，上式中 $\sigma_1\geqslant\cdots\geqslant\sigma_r>0$ 是 A 的正的奇异值. (a) $\mathrm{range}\overline{A}\subseteq\mathrm{nullspace}A$，从而 $2r\leqslant n$. (b) 设 $U_2\in M_{n,n-r}$ 的列是 A^* 的零空间的一组标准正交基，所以 $U_2^*A=0$. 设 $U=[U_1\quad U_2]\in M_n$ 是酉矩阵. 说明为什么 $U_1\in M_{n,r}$ 的列是 A 的值域的一组标准正交基，且 $AU_1=0$. (c) $U^*AU=\begin{bmatrix}0&B\\0&0\end{bmatrix}$，其中 $B\in M_{r,n-r}$，且 $\mathrm{rank}B=r$. (d) $B=V[\Sigma_r\quad 0_{r,n-2r}]W^*$，其中 $V\in M_r$ 以及 $W\in M_{n-r}$ 是酉矩阵，且 $\Sigma_r=\mathrm{diag}(\sigma_1,\cdots,\sigma_r)$. (e) 设 $Z=V\oplus W$. 那么 $Z^*(U^*AU)Z=\begin{bmatrix}0&\Sigma_r\\0&0\end{bmatrix}\oplus 0_{n-2r}$，它通过一个置换矩阵与 $(2.6.8)$ 相似.

2.6. P24 设给定 $A\in M_n$. 假设 $\mathrm{rank}A=r\geqslant 1$，且 A 是**共轭自零化的**（conjugate self-annihilating）: $A\overline{A}=0$. 下面给出了 A 与 $(2.6.8)$ 酉相合的证明概述，请对此补充证明细节，其中 $\sigma\geqslant\cdots\geqslant\sigma_r>0$ 是 A 的正的奇异值. (a) $\mathrm{range}\overline{A}\subseteq\mathrm{nullspace}A$，从而 $2r\leqslant n$. (b) 设 $U_2\in M_{n,n-r}$ 的列是 A^{T} 的零空间的一组标准正交基，所以 $U_2^{\mathrm{T}}A=0$. 设 $U=[U_1\quad U_2]\in M_n$ 是酉矩阵. 说明为什么 $U_1\in M_{n,r}$ 的列是 $\overline{A}$ 的值域的一组标准正交基，且 $AU_1=0$. (c) $U^{\mathrm{T}}AU=\begin{bmatrix}0&B\\0&0\end{bmatrix}$，其中 $B\in M_{r,n-r}$，且 $\mathrm{rank}B=r$. (d) $B=V[\Sigma_r\quad 0_{r,n-2r}]W^*$，其中 $V\in M_r$ 和 $W\in M_{n-r}$ 是酉矩阵，且 $\Sigma_r=\mathrm{diag}(\sigma_1,\cdots,\sigma_r)$. (e) 设 $Z=\overline{V}\oplus W$. 那么 $Z^{\mathrm{T}}(U^{\mathrm{T}}AU)Z=\begin{bmatrix}0&\Sigma_r\\0&0\end{bmatrix}\oplus 0_{n-2r}$，它通过一个置换矩阵与 $(2.6.8)$ 酉相合. 不同的处理方法请参见 $(3.4.\mathrm{P}5)$.

2.6. P25 设 $A\in M_n$，并假设 $\mathrm{rank}A=r<n$. 设 $\sigma_1\geqslant\cdots\geqslant\sigma_r>0$ 是 A 的正的奇异值，又设 $\Sigma_r=\mathrm{ding}(\sigma_1,\cdots,\sigma_r)$. 证明存在一个酉矩阵 $U\in M_n$ 以及矩阵 $k\in M_r$ 与 $L\in M_{r,n-r}$，使得

$$A=U\begin{bmatrix}\Sigma_r K&\Sigma_r L\\0&0_{n-r}\end{bmatrix}U^*,\qquad KK^*+LL^*=I_r \qquad (2.6.9)$$

2.6. P26 设 $A\in M_n$，并假设 $1\leqslant\mathrm{rank}A=r<n$，并考虑表示 $(2.6.9)$. 证明: (a) A 是正规的，当且仅当 $L=0$ 且 $\Sigma_r K=K\Sigma_r$; (b) $A^2=0$ 当且仅当 $K=0$（在此情形有 $LL^*=I_r$）; (c) $A^2=0$ 当且仅当 A 与一个形如 $(2.6.8)$ 的直和酉相似.

157 2.6. P27 设 $A\in M_n$ 是斜对称的. 如果 $\mathrm{rank}A\leqslant 1$，说明为什么 $A=0$.

2.6. P28 矩阵 $A\in M_n$ 称为 **EP 矩阵**，如果 A 与 A^* 有相同的值域. 每一个正规矩阵都是 EP 矩阵 $(2.5.\mathrm{P}54b)$，且每一个非奇异的矩阵（正规矩阵或非正规矩阵）都是一个 EP 矩阵. (a) 证明: A 是 EP 矩阵且 $\mathrm{rank}A=r$，当且仅当存在一个非奇异的 $B\in M_r$ 以及一个酉矩阵 $V\in M_n$，使得 $A=V\begin{bmatrix}B&0\\0&0\end{bmatrix}V^*$. (b) 说明为什么 EP 矩阵是主秩的.

2.6. P29 如果 $x\in\mathbf{C}^n$ 是 $A\in M_n$ 的与特征值 λ 相伴的正规特征向量，证明 $|\lambda|$ 是 A 的一个奇异值.

2.6. P30 利用奇异值分解对复矩阵验证 $(0.4.6f)$: $A\in M_{m,n}$ 的秩为 r 的充分必要条件是: 存在非奇异的矩阵 $S\in M_m$ 以及 $T\in M_n$，使得 $A=S\begin{bmatrix}I_r&0\\0&0\end{bmatrix}T$.

2.6. P31 设 $A\in M_{m,n}$. (a) 利用奇异值分解 $A=V\Sigma W^*$ 证明: Hermite 矩阵 $\mathcal{A}=\begin{bmatrix}0&A\\A^*&0\end{bmatrix}\in M_{m+n}$ 与实矩阵 $\begin{bmatrix}0&\Sigma\\\Sigma^{\mathrm{T}}&0\end{bmatrix}$ 是酉相似的. (b) 如果 $m=n$ 且 $\Sigma=\mathrm{diag}(\sigma_1,\cdots,\sigma_n)$，说明为什么 $\mathcal{A}$ 的特征值是 $\pm\sigma_1,\cdots,\pm\sigma_n$.

2.6. P32　设 $A \in M_n$，并设 $\mathcal{A} = \begin{bmatrix} 0 & A \\ A^T & 0 \end{bmatrix} \in M_{2n}$．如果 σ_1，$\cdots$，σ_n 是 A 的奇异值，证明：σ_1，σ_1，$\cdots$，σ_n，σ_n 是 $\mathcal{A}$ 的奇异值．

2.6. P33　设 $\sigma_1 \geqslant \cdots \geqslant \sigma_n$ 是 $A \in M_n$ 的有序排列的奇异值，又设 $r \in \{1, \cdots, n\}$．证明：复合矩阵 $C_r(A)$ 的奇异值是 $\dbinom{n}{r}$ 个可能的乘积 σ_{i_1}，$\cdots$，σ_{i_r}，其中 $1 \leqslant i_1 < i_2 < \cdots < i_r \leqslant n$．说明为什么 $\mathrm{tr}(C_r(A) C_r(A)^*) = \mathrm{tr} C_r(AA^*) = S_r(\sigma_1^2, \cdots, \sigma_n^2)$ 是 $C_r(A)$ 的奇异值的平方之和；见 (1.2.14)．特别地，$\mathrm{tr} C_2(AA^*) = \sum\limits_{1 \leqslant i < j \leqslant n} \sigma_i^2(A) \sigma_j^2(A)$．说明为什么 $\sigma_1 \cdots \sigma_r$ 是 $C_r(A)$ 的最大的奇异值．对于与 $C_r(A)$ 的特征值有关的结果，见 (2.3. P12)．

2.6. P34　用 $\lambda_1(A)$，$\cdots$，$\lambda_n(A)$ 以及 $\lambda_1(A^2)$，$\cdots$，$\lambda_n(A^2)$ 分别记 $A \in M_n$ 以及 A^2 的特征值；用 $\sigma_1(A)$，$\cdots$，$\sigma_n(A)$ 以及 $\sigma_1(A^2)$，$\cdots$，$\sigma_n(A^2)$ 分别记它们的奇异值．(a) 将 Schur 不等式 (2.3.2a) 应用于 A^2，推导出不等式 $\sum\limits_{i=1}^{n} |\lambda_i(A)|^4 \leqslant \sum\limits_{i=1}^{n} \sigma_i^2(A^2)$．(b) 将 Schur 不等式应用于复合矩阵 $C_2(A)$，推导出不等式 $\sum\limits_{1 \leqslant i < j \leqslant n} |\lambda_i(A) \lambda_j(A)|^2 \leqslant \sum\limits_{1 \leqslant i < j \leqslant n} \sigma_i^2(A) \sigma_j^2(A)$．(c) 证明 $(\mathrm{tr} AA^*)^2 = \sum\limits_{i=1}^{n} \sigma_i^4(A) + 2 \sum\limits_{1 \leqslant i < j \leqslant n} \sigma_i^2(A) \sigma_j^2(A)$．(d) 证明 $\mathrm{tr}((AA^* - A^* A)^2) = 2 \sum\limits_{i=1}^{n} \sigma_i^4(A) - 2 \sum\limits_{i=1}^{n} \sigma_i^2(A^2)$．(e) 证明 $\left(\sum\limits_{i=1}^{n} |\lambda_i(A)|^2 \right)^2 = \sum\limits_{i=1}^{n} |\lambda_i(A)|^4 + 2 \sum\limits_{1 \leqslant i < j \leqslant n} |\lambda_i(A) \lambda_j(A)|^2$．(f) 导出结论

$$\sum_{i=1}^{n} |\lambda_i(A)|^2 \leqslant \sqrt{(\mathrm{tr} AA^*)^2 - \frac{1}{2} \mathrm{tr}((AA^* - A^* A)^2)} \qquad (2.6.10)$$

它加强了 Schur 不等式 (2.3.2a)．为什么当 A 为正规矩阵时，(2.6.10) 中的等式成立？说明为什么 (2.6.10) 中等式成立当且仅当 A^2 与 $C_2(A)$ 两者都是正规的．

2.6. P35　利用上一个问题中的记号，证明

$$\sum_{i=1}^{n} |\lambda_i(A)|^2 \leqslant \sqrt{(\mathrm{tr} AA^* - \frac{1}{n} |\mathrm{tr} A|^2)^2 - \frac{1}{2} \mathrm{tr}((AA^* - A^* A)^2)} + \frac{1}{n} |\mathrm{tr} A|^2 \qquad (2.6.11)$$

进而证明：(2.6.11) 中的上界小于或者等于 (2.6.10) 中的上界，其中的等式当且仅当 $\mathrm{tr} A = 0$ 或者 A 是正规矩阵时成立．

158

2.6. P36　设 $A \in M_n$ 的秩为 r，设 s_1，$\cdots$，s_d 是 A 的不同的正的奇异值，按任意次序排列，其重数分别为 n_1，$\cdots$，n_d，又令 $A = V \Sigma W^*$ 是奇异值分解，其中 V，$W \in M_n$ 是酉矩阵，而 $\Sigma = s_1 I_{n_1} \oplus \cdots \oplus s_d I_{n_d} \oplus 0_{n-r}$．(a) 说明为什么 A 是对称的充分必要条件是 $V = \overline{W}(S_1 \oplus \cdots \oplus S_d \oplus \widetilde{W})$，其中 $\overline{W} \in M_{n-r}$ 是酉矩阵，而每一个 $S_j \in M_{n_j}$ 都是酉矩阵，且是对称的．(b) 如果 A 的奇异值各不相同 (即如果 $d \geqslant n-1$)，说明为什么 A 是对称的，当且仅当 $V = \overline{W} D$，其中 $D \in M_n$ 是一个对角酉矩阵．

2.6. P37　假设 $A \in M_n$ 有不同的奇异值．设 $A = V \Sigma W^*$ 以及 $A = \hat{V} \Sigma \hat{W}^*$ 是奇异值分解．(a) 如果 A 是非奇异的，说明为什么存在一个对角酉矩阵 D，使得 $\hat{V} = VD$ 以及 $\hat{W} = WD$．(b) 如果 A 是奇异的，说明为什么存在至多相差一个对角元素的对角酉矩阵 D 以及 $\widetilde{D}$，使得有 $\hat{V} = VD$ 以及 $\hat{W} = W \widetilde{D}$．

2.6. P38　设 $A \in M_n$ 是非奇异的，并设 σ_n 是 $A + A^{-*}$ 的最小的奇异值．证明 $\sigma_n \geqslant 2$．对于等式成立的情形有何结论？

2.6. P39　设 $A \in M_n$ 是共轭对合的，所以 A 是非奇异的，且 $A = \overline{A}^{-1}$．说明为什么 A 的不等于 1 的奇异

值出现在倒数对中.

2.6.P40　利用(2.4.5.1)的记号，假设 T 与 T' 是酉相似的. (a)说明：对于每个 i，$j=1$，$\cdots$，d，为什么 T_{ij} 与 T'_{ij} 的奇异值都必定是相同的. (b)当 $n=2$ 时这个必要条件说的是什么？在此情形为什么它既是必要的，又是充分的？(c)设 $n=4$ 以及 $d=2$. 考虑例子 $T_{11}=T'_{11}=\begin{bmatrix}1 & 1\\ 0 & 1\end{bmatrix}$，$T_{22}=T'_{22}=\begin{bmatrix}2 & 2\\ 0 & 2\end{bmatrix}$，$T_{12}=\begin{bmatrix}3 & 0\\ 0 & 4\end{bmatrix}$ 以及 $T'_{11}=\begin{bmatrix}0 & 4\\ 3 & 0\end{bmatrix}$；说明为什么(a)中的必要条件不一定是充分的.

注记以及进一步的阅读参考　复对称矩阵的特殊的奇异值分解(2.6.6a)是由 L. Autonne 于 1915 年发表的，自从那时起，它又多次被人重新发现. Autonne 的证明用到了(2.6.4)的一种形式，不过他的方法要求矩阵是非奇异的. (2.6.P20)指出了怎样从非奇异的情形推导出奇异的情形. 有关奇异值分解的历史，包括对 Autonne 的贡献的介绍，参见 Horn 与 Johnson(1991)所著书中的 3.0 节.

2.7　CS 分解

CS 分解是分划的酉矩阵在分划的酉等价之下的标准型. 它的证明涉及奇异值分解、QR 分解以及如下习题中的结果.

习题　设 Γ，$L\in M_p$. 假设 $\Gamma=\mathrm{diag}(\gamma_1，\cdots，\gamma_p)$，其中 $0\leqslant\gamma_1\leqslant\cdots\leqslant\gamma_p\leqslant 1$，$L=[\ell_{ij}]$ 是下三角的，且 $[\Gamma\ L\ 0]\in M_{p,2p+k}$ 的行是标准正交的. 说明为什么 L 是对角的，$L=\mathrm{diag}(\gamma_1，\cdots，\gamma_p)$，且 $|\lambda_j|^2=1-\gamma_j^2$，$j=1$，$\cdots$，$p$. 提示：如果 $\gamma_1=1$，为什么 $L=0$？如果 $\gamma_1<1$，那么 $|\ell_{11}|^2=1-\gamma_1^2$. 为什么正交性能确保有 $\ell_{21}=\cdots=\ell_{p1}=0$？对行着手去做. ◀

⎣159⎦

定理 2.7.1(CS 分解)　设 p，q 与 n 是给定的整数，其中 $1<p\leqslant q<n$ 且 $p+q=n$. 设 $U=\begin{bmatrix}U_{11} & U_{12}\\ U_{21} & U_{22}\end{bmatrix}\in M_n$ 是酉矩阵，其中 $U_{11}\in M_p$ 且 $U_{22}\in M_q$. 则存在酉矩阵 V_1，$W_1\in M_p$ 以及 V_2，$W_2\in M_q$，使得

$$\begin{bmatrix}V_1 & 0\\ 0 & W_1\end{bmatrix}\begin{bmatrix}U_{11} & U_{12}\\ U_{21} & U_{22}\end{bmatrix}\begin{bmatrix}V_2 & 0\\ 0 & W_2\end{bmatrix}=\begin{bmatrix}C & S & 0\\ -S & C & 0\\ 0 & 0 & I_{q-p}\end{bmatrix}\qquad(2.7.1.2)$$

其中 $C=\mathrm{diag}(\sigma_1，\cdots，\sigma_p)$，$\sigma_1\geqslant\cdots\geqslant\sigma_p$ 是 U_{11} 的按照非增次序排列的奇异值，而 $S=\mathrm{diag}\left((1-\sigma_1^2)^{1/2}，\cdots，(1-\sigma_p^2)^{1/2}\right)$.

证明　我们的策略是做出一系列分划的酉等价，它们一步一步将 U 化简为具有所需要的形式的分块矩阵. 第一步是利用奇异值分解：记 $U_{11}=V\Sigma W=(VK_p)(K_p\Sigma K_p)(K_p W)=\widetilde V\Gamma\widetilde W$，其中 V，$W\in M_p$ 是酉矩阵，K_p 是 $p\times p$ 反序矩阵(0.9.5.1). $\widetilde V=VK_p$，$\widetilde W=K_p W$，$\Sigma=\mathrm{diag}(\sigma_1，\cdots，\sigma_p)$，其中 $\sigma_1\geqslant\cdots\geqslant\sigma_p$，且 $\Gamma=K_p\Sigma K_p=\mathrm{diag}(\sigma_p，\cdots，\sigma_1)$. 计算

$$\begin{bmatrix}\widetilde V^* & 0\\ 0 & I_q\end{bmatrix}\begin{bmatrix}U_{11} & U_{12}\\ U_{21} & U_{22}\end{bmatrix}\begin{bmatrix}\widetilde W^* & 0\\ 0 & I_q\end{bmatrix}=\begin{bmatrix}\Gamma & \hat V^* U_{12}\\ U_{21}\widetilde W^* & U_{22}\end{bmatrix}$$

这个矩阵是酉矩阵(它是三个酉矩阵的乘积)，所以每一列的 Euclid 范数均为 1，这就意味着 $\sigma_1=\gamma_p\leqslant 1$. 现在利用 QR 分解(2.1.14)以及它的变形(2.1.15b)来记 $\widetilde V^* U_{12}=[L\ 0]\widetilde Q$

以及 $U_{21}\widetilde{W}^* = Q\begin{bmatrix} R \\ 0 \end{bmatrix}$，其中 $\widetilde{Q}$，$Q \in M_q$ 是酉矩阵，$L = [\ell_{ij}] \in M_p$ 是下三角矩阵，而 $R = [r_{ij}] \in M_p$ 是上三角矩阵. 计算

$$\begin{bmatrix} I_p & 0 \\ 0 & Q^* \end{bmatrix} \begin{bmatrix} \Gamma & \widetilde{V}^* U_{12} \\ U_{21}\widetilde{W}^* & U_{22} \end{bmatrix} \begin{bmatrix} I_p & 0 \\ 0 & \widetilde{Q}^* \end{bmatrix} = \begin{bmatrix} \Gamma & [L \quad 0] \\ \begin{bmatrix} R \\ 0 \end{bmatrix} & Q^* U_{22} \widetilde{Q}^* \end{bmatrix}$$

上一习题中的论证方法表明：L 与 R 两者都是对角的，且对每个 $i = 1, \cdots, p$ 有 $|r_{ii}| = |\ell_{ii}| = \sqrt{1 - \gamma_i^2}$. 设 $M = \mathrm{diag}(\sqrt{1 - \gamma_1^2}, \cdots, \sqrt{1 - \gamma_p^2})$，并令 $t = \max\{i : \gamma_i < 1\}$. （我们可以假设 $t \geq 1$，因为如果 $\gamma_1 = 1$，那么 $\Gamma = I_p$，且 $M = 0$，所以就对 $C = I_p$ 以及 $S = 0_p$ 有 (2.7.1.2)成立.）则存在对角酉矩阵 D_1，$D_2 \in M_p$ 使得 $D_1 R = -M$ 以及 $LD_2 = M$，所以通过 $I_p \oplus D_1 \oplus I_{n-2p}$ 在左边作成的酉相合与通过 $I_p \oplus D_2 \oplus I_{n-2p}$ 在右边作成的酉相合产生出一个形如

$$\begin{bmatrix} \Gamma & [M \quad 0] \\ \begin{bmatrix} -M \\ 0 \end{bmatrix} & Z \end{bmatrix} = \begin{bmatrix} \Gamma_1 & 0 & M_1 & 0 & 0 \\ 0 & I_{p-t} & 0 & 0_{p-t} & 0 \\ -M_1 & 0 & Z_{11} & Z_{12} & Z_{13} \\ 0 & 0_{p-t} & Z_{21} & Z_{22} & Z_{23} \\ 0 & 0 & Z_{31} & Z_{32} & Z_{33} \end{bmatrix}$$

的酉矩阵，其中有分划的矩阵 $\Gamma = \Gamma_1 \oplus I_{p-t}$ 以及 $M = M_1 \oplus 0_{p-t}$，所以 M_1 是非奇异的. 第一和第三分块列的正交性（以及 M_1 的非奇异性）就蕴含 $Z_{11} = \Gamma_1$，因此要求每一行和每一列都是单位向量就确保了 Z_{12}，Z_{13}，Z_{21} 以及 Z_{31} 全都是零分块. 从而我们有

$$\begin{bmatrix} \Gamma_1 & 0 & M_1 & 0 & 0 \\ 0 & I_{p-t} & 0 & 0_{p-t} & 0 \\ -M_1 & 0 & \Gamma_1 & 0 & 0 \\ 0 & 0_{p-t} & 0 & Z_{22} & Z_{23} \\ 0 & 0 & 0 & Z_{32} & Z_{33} \end{bmatrix}$$

其右下角的分块 $\widetilde{Z} = \begin{bmatrix} Z_{22} & Z_{23} \\ Z_{32} & Z_{33} \end{bmatrix} \in M_{q-t}$ 是酉矩阵的一个直和项，故而它是酉矩阵，于是对某个酉矩阵 $\hat{V}$，$\hat{W} \in M_{q-1}$ 有 $\widetilde{Z} = \hat{V} I_{q-t} \hat{W}$. 通过 $I_{p+t} \oplus \hat{V}^*$ 在左边作出的酉等价以及通过 $I_{p+t} \oplus \hat{W}^*$ 在右边作出的酉等价产生出分块矩阵

160

$$\begin{bmatrix} \Gamma_1 & 0 & M_1 & 0 & 0 \\ 0 & I_{p-t} & 0 & 0_{p-t} & 0 \\ -M_1 & 0 & \Gamma_1 & 0 & 0 \\ 0 & 0_{p-t} & 0 & I_{p-t} & 0 \\ 0 & 0 & 0 & 0 & I_{q-p} \end{bmatrix}$$

最后，通过 $K_p \oplus K_p \oplus I_{q-p}$ 作出的酉相似产生出一个酉矩阵，它具有所要求的构造 (2.7.1.2). $\square$

CS 分解是与 $I_p \oplus I_q$ 共形地加以分划且阶为 $n = p + q$（为方便起见，设 $p \leq q$，但这不

是本质的要求)的所有酉矩阵 $U = \begin{bmatrix} U_{11} & U_{12} \\ U_{21} & U_{22} \end{bmatrix} \in M_n$ 组成的集合的一种参数化的描述. 这些参数是四个更小的任意的酉矩阵 V_1, $W_1 \in M_p$ 以及 V_2, $W_2 \in M_q$, 以及任意 p 个实数 σ_1, $\cdots$, σ_p, $1 \geqslant \sigma_1 \geqslant \cdots \geqslant \sigma_p \geqslant 0$. 这四个分块的参数化是

$$U_{11} = V_1 C W_1, \quad U_{12} = V_1 \begin{bmatrix} S & 0 \end{bmatrix} W_2, \tag{2.7.1.3}$$

$$U_{21} = V_2 \begin{bmatrix} -S \\ 0 \end{bmatrix} W_1, \quad \text{以及} \quad U_{22} = V_2 \begin{bmatrix} C & 0 \\ 0 & I_{q-p} \end{bmatrix} W_2$$

其中 $C = \mathrm{diag}(\sigma_1, \cdots, \sigma_p)$, 而 $S = \mathrm{diag}((1-\sigma_1^2)^{1/2}, \cdots, (1-\sigma_p^2)^{1/2})$. CS 分解是一种用途广泛的工具, 特别是在与子空间之间的距离以及角度有关的问题中.

问题

利用 CS 分解求解如下的每一个问题, 即使这些问题有可能用其他方法解决. 一个给定的 $A \in M_{n,m}$ 称作一个**短缩**(contraction), 如果它最大的奇异值小于或等于 1.

2.7. P1 证明: 酉矩阵的每一个子矩阵都是一个短缩; 这里的子矩阵不一定是主子矩阵, 也不一定是方阵.

2.7. P2 对上一个问题有一个有意思的逆命题. 设 $A \in M_{m,n}$ 是一个短缩, 并假设它的奇异值中恰好有 ν 个是严格小于 1 的. 证明: 存在矩阵 B, C 以及 D, 使得 $U = \begin{bmatrix} D & B \\ C & A \end{bmatrix} \in M_{\max(m,n) + |m,n| + \nu}$ 是酉矩阵. 这样一个矩阵 U 称为短缩 A 的**酉膨体**(unitary dilation).

2.7. P3 如果 A 是一个 $n \times n$ 酉矩阵的 $k \times k$ 子矩阵, 且如果 $2k > n$, 证明 A 的某个奇异值等于 1.

2.7. P4 设 $U = \begin{bmatrix} U_{11} & U_{12} \\ U_{21} & U_{22} \end{bmatrix}$ 是酉矩阵, 其中 $U_{11} \in M_p$ 且 $U_{22} \in M_q$. 证明: U_{11} 与 U_{22} 的零空间相同, 而 U_{12} 与 U_{21} 的零空间相同. 与(0.7.5)比较.

2.7. P5 证明(2.6.P19)中的结论.

2.7. P6 设 $U = \begin{bmatrix} u_{11} & u_{12} \\ u_{21} & u_{22} \end{bmatrix} \in M_2$ 是酉矩阵. (a)证明 $|u_{11}| = |u_{22}|$ 以及 $|u_{21}| = |u_{12}| = (1-|u_{11}|^2)^{1/2}$. (b)证明: U 对角酉相似于一个复的对称矩阵.

进一步的阅读参考 关于历史综述以及 CS 分解的一种形式(它包含酉矩阵 $U = [U_{ij}] \in M_n$ 的任意的 2×2 分划, 这里 $U_{ij} \in M_{r_i, c_j}$, $i, j = 1, 2, r_1 + r_2 = n = c_1 + c_2$), 见 C. Paige 以及 M. Wei, History and generality of the CS decomposition, *Linear Algebra Appl.* 208/209(1994)303-326.

第3章　相似的标准型与三角分解的标准型

3.0　引言

我们如何判断两个给定的矩阵是相似的？矩阵

$$A = \begin{bmatrix} 0 & 1 & 0 & 0 \\ 0 & 0 & 0 & 0 \\ 0 & 0 & 0 & 1 \\ 0 & 0 & 0 & 0 \end{bmatrix} \quad 以及 \quad B = \begin{bmatrix} 0 & 1 & 0 & 0 \\ 0 & 0 & 1 & 0 \\ 0 & 0 & 0 & 0 \\ 0 & 0 & 0 & 0 \end{bmatrix} \qquad (3.0.0)$$

有同样的特征值，从而它们有同样的特征多项式、迹和行列式. 它们也有同样的秩，但是 $A^2 = 0$，而 $B^2 \neq 0$，所以 A 与 B 不相似.

确定给定的复方阵 A 与 B 是否相似的一种方法是掌握一组指定形式的特殊矩阵，看看两个给定的矩阵是否能通过相似性化简成同一个特殊矩阵. 如果可以，那么 A 与 B 必定是相似的，因为相似关系是传递的，而且是自反的. 如若不然，我们希望能得出 A 与 B 不相似的结论. 什么样的特殊矩阵集合适合这样的目的呢？

每一个复方阵都与一个上三角矩阵相似. 然而，有相同主对角线而主对角线外的某些元素不同的两个上三角矩阵仍有可能是相似的（2.3.2b）. 因此，我们就有一个唯一性问题：如果将 A 与 B 化简为两个有同样主对角线的不同的上三角矩阵，我们不能仅仅由此事实就断定 A 与 B 不相似.

上三角矩阵类对我们的目的来说过于庞大，但是关于更小的对角矩阵类又怎么样呢？唯一性不再是问题，但现在我们有一个存在性问题：某些相似等价类不包含对角矩阵.

现在已知的是，寻求一种合适的特殊矩阵集合的途径是介于对角矩阵与上三角矩阵之间某种适当的折中产物：Jordan 矩阵是一种特殊的分块上三角型，它可以通过相似性对每个复矩阵得到. 两个 Jordan 矩阵相似，当且仅当它们有同样的对角分块（不计对角分块的排列次序）. 此外，在 Jordan 矩阵 J 的相似等价类中，没有其他的矩阵在对角元素之外能比 J 有严格意义上更少的非零元素.

相似性仅仅是矩阵论中众多有意义的等价关系中的一个，在（0.11）中列出了另外一些等价关系. 只要在一个矩阵集合上有一个等价关系，我们就希望能确定给定的矩阵 A 与 B 是否在同一个等价类之中. 对这样一个决定性问题，一个经典且广为成功的方法是：对给定的等价关系辨识出一组代表矩阵，使得(a)每一个等价类中有一个代表矩阵，且(b)不同的代表矩阵是不等价的. 为检验 A 与 B 的等价性，通过等价关系将它们中的每一个转化成一个代表矩阵，然后看这两个代表矩阵是否相同. 这样一组代表矩阵的集合就是该等价关系的**标准型**（canonical form）.

例如，（2.5.3）提供了正规矩阵集合在酉相似之下的标准型：对角矩阵是代表矩阵的集合（我们将两个对角矩阵视为等同，如果其中一个是另一个的置换相似）. 另外的例子是奇异值分解（2.6.3），它对 M_n 提供了在酉等价之下的标准型：对角矩阵 $\Sigma = \mathrm{diag}(\sigma_1, \cdots, \sigma_n)(\sigma_1 \geqslant \cdots \geqslant \sigma_n \geqslant 0)$ 是代表矩阵.

3.1 Jordan 标准型定理

定义 3.1.1   一个 Jordan 块 $J_k(\lambda)$ 是一个形如

$$J_k(\lambda) = \begin{bmatrix} \lambda & 1 & & & \\ & \lambda & 1 & & \\ & & \ddots & \ddots & \\ & & & \lambda & 1 \\ & & & & \lambda \end{bmatrix}; \quad J_1(\lambda) = [\lambda], \quad J_2(\lambda) = \begin{bmatrix} \lambda & 1 \\ 0 & \lambda \end{bmatrix} \tag{3.1.2}$$

的 $k \times k$ 上三角矩阵. 纯量 λ 在主对角线上出现 k 次; 如果 $k > 1$, 则在超对角线上有 $k-1$ 个 "$+1$"; 所有其他的元素均为零. 一个 Jordan 矩阵 $J \in M_n$ 是 Jordan 块的直和

$$J = J_{n_1}(\lambda_1) \oplus J_{n_2}(\lambda_2) \oplus \cdots \oplus J_{n_q}(\lambda_q), \qquad n_1 + n_2 + \cdots + n_q = n \tag{3.1.3}$$

无论是分块的大小 n_i 还是纯量 λ_i 都不一定是各不相同的.

这一节的主要结果是: 每个复矩阵都与一个本质上唯一的 Jordan 矩阵相似. 我们分三步来证明这个结论, 我们已经完成了其中的两步.

第 1 步   定理 2.3.1 确保每个复矩阵都相似于一个上三角矩阵, 这个上三角矩阵的特征值出现在其主对角线上, 且相等的特征值放在一起.

第 2 步   定理 2.4.6.1 确保第 1 步中所描述的那种形式的矩阵相似于一个分块对角的上三角矩阵 (2.4.6.2), 其中每个对角分块都有相等的对角元素.

第 3 步   在这一节里, 我们要证明: 有相等对角元素的上三角矩阵相似于一个 Jordan 矩阵.

我们还对如下结论感兴趣: 如果一个矩阵是实的, 且只有实的特征值, 那么它可以通过**实**相似化简为 Jordan 矩阵. 如果实矩阵 A 只有实的特征值, 那么 (2.3.1) 与 (2.4.6.1) 确保存在一个实的相似矩阵 S, 使得 $S^{-1}AS$ 是一个形如 (2.4.6.2) 的 (实的) 分块对角的上三角矩阵. 于是, 只要证明有相等主对角元素的实的上三角矩阵可以通过实相似化简成 Jordan 块的直和就足够了.

下面的引理在第 3 步中是有助益的, 它的证明完全是直接的计算. 特征值为零的 $k \times k$ Jordan 块称为**幂零 Jordan 块** (nilpotent Jordan block).

引理 3.1.4   设给定 $k \geqslant 2$. 设 $e_i \in \mathbf{C}^k$ 表示第 i 个标准单位基向量, 又设给定 $x \in \mathbf{C}^k$. 那么

$$J_k^{\mathrm{T}}(0) J_k(0) = \begin{bmatrix} 0 & 0 \\ 0 & I_{k-1} \end{bmatrix} \quad \text{且} \quad J_k(0)^p = 0, \text{如果 } p \geqslant k$$

此外, $J_k(0) e_{i+1} = e_i$ (对 $i = 1, 2, \cdots, k-1$), 且 $[I_k - J_k^{\mathrm{T}}(0) J_k(0)] x = (x^{\mathrm{T}} e_1) e_1$.

现在我们来陈述第 3 步中的事项.

定理 3.1.5   设 $A \in M_n$ 是严格的上三角矩阵. 则存在一个非奇异的 $S \in M_n$ 以及整数 $n_1, n_2, \cdots, n_m$, 其中 $n_1 \geqslant n_2 \geqslant \cdots \geqslant n_m \geqslant 1$ 且 $n_1 + n_2 + \cdots + n_m = n$, 使得

$$A = S\big(J_{n_1}(0) \oplus J_{n_2}(0) \oplus \cdots \oplus J_{n_m}(0)\big) S^{-1} \tag{3.1.6}$$

如果 A 是实的, 则相似矩阵 S 可以取为实的.

证明   如果 $n = 1$, 就有 $A = [0]$, 故而结论是平凡的. 我们对 n 用归纳法. 假设 $n > 1$

且结论对所有阶小于 n 的所有严格上三角矩阵都已得到证明. 分划 $A = \begin{bmatrix} 0 & a^T \\ 0 & A_1 \end{bmatrix}$, 其中 $a \in \mathbf{C}^{n-1}$, 且 $A_1 \in M_{n-1}$ 是严格上三角矩阵. 根据归纳假设, 存在一个非奇异的 $S_1 \in M_{n-1}$, 使得 $S_1^{-1} A_1 S_1$ 有所希望的的形式(3.1.6), 即

$$S_1^{-1} A_1 S_1 = \begin{bmatrix} J_{k_1} & & \\ & \ddots & \\ & & J_{k_s} \end{bmatrix} = \begin{bmatrix} J_{k_1} & 0 \\ 0 & J \end{bmatrix} \tag{3.1.7}$$

其中 $k_1 \geqslant k_2 \geqslant \cdots \geqslant k_s \geqslant 1$, $k_1 + k_2 + \cdots + k_s = n-1$, $J_{k_i} = J_{k_i}(0)$, 且 $J = J_{k_2} \oplus \cdots \oplus J_{k_s} \in M_{n-k_1-1}$. J 中没有阶大于 k_1 的对角 Jordan 块, 所以 $J^{k_1} = 0$. 计算表明

$$\begin{bmatrix} 1 & 0 \\ 0 & S_1^{-1} \end{bmatrix} A \begin{bmatrix} 1 & 0 \\ 0 & S_1 \end{bmatrix} = \begin{bmatrix} 0 & a^T S_1 \\ 0 & S_1^{-1} A_1 S_1 \end{bmatrix} \tag{3.1.8}$$

分划 $a^T S_1 = [a_1^T \quad a_2^T]$, 其中 $a_1 \in \mathbf{C}^{k_1}$, 而 $a_2 \in \mathbf{C}^{n-k_1-1}$, 并将(3.1.8)写成

$$\begin{bmatrix} 1 & 0 \\ 0 & S_1^{-1} \end{bmatrix} A \begin{bmatrix} 1 & 0 \\ 0 & S_1 \end{bmatrix} = \begin{bmatrix} 0 & a_1^T & a_2^T \\ 0 & J_{k_1} & 0 \\ 0 & 0 & J \end{bmatrix}$$

现在考虑相似性

$$\begin{bmatrix} 1 & -a_1^T J_{k_1}^T & 0 \\ 0 & I & 0 \\ 0 & 0 & I \end{bmatrix} \begin{bmatrix} 0 & a_1^T & a_2^T \\ 0 & J_{k_1} & 0 \\ 0 & 0 & J \end{bmatrix} \begin{bmatrix} 1 & a_1^T J_{k_1}^T & 0 \\ 0 & I & 0 \\ 0 & 0 & I \end{bmatrix}$$

$$= \begin{bmatrix} 0 & a_1^T(I - J_{k_1}^T J_{k_1}) & a_2^T \\ 0 & J_{k_1} & 0 \\ 0 & 0 & J \end{bmatrix} = \begin{bmatrix} 0 & (a_1^T e_1) e_1^T & a_2^T \\ 0 & J_{k_1} & 0 \\ 0 & 0 & J \end{bmatrix} \tag{3.1.9}$$

其中用到恒等式 $(I - J_k^T J_k) x = (x^T e_1) e_1$. 现在有两种可能性, 它们要根据 $a_1^T e_1 \neq 0$ 还是 $a_1^T e_1 = 0$ 而定.

如果 $a_1^T e_1 \neq 0$, 那么

$$\begin{bmatrix} 1/a_1^T e_1 & 0 & 0 \\ 0 & I & 0 \\ 0 & 0 & (1/a_1^T e_1)I \end{bmatrix} \begin{bmatrix} 0 & (a_1^T e_1) e_1^T & a_2^T \\ 0 & J_{k_1} & 0 \\ 0 & 0 & J \end{bmatrix} \begin{bmatrix} a_1^T e_1 & 0 & 0 \\ 0 & I & 0 \\ 0 & 0 & a_1^T e_1 I \end{bmatrix}$$

$$= \begin{bmatrix} 0 & e_1^T & a_2^T \\ 0 & J_{k_1} & 0 \\ 0 & 0 & J \end{bmatrix} = \begin{bmatrix} \tilde{J} & e_1 a_2^T \\ 0 & J \end{bmatrix}$$

注意到 $\tilde{J} = \begin{bmatrix} 0 & e_1^T \\ 0 & J_{k_1} \end{bmatrix} = J_{k_1+1}(0)$. 由于 $\tilde{J}_{e_{i+1}} = e_i$ (对 $i = 1, 2, \cdots, k_1$), 计算表明

$$\begin{bmatrix} I & e_2 a_2^T \\ 0 & I \end{bmatrix} \begin{bmatrix} \tilde{J} & e_1 a_2^T \\ 0 & J \end{bmatrix} \begin{bmatrix} I & -e_2 a_2^T \\ 0 & I \end{bmatrix} = \begin{bmatrix} \tilde{J} & -\tilde{J} e_2 a_2^T + e_1 a_2^T + e_2 a_2^T J \\ 0 & J \end{bmatrix} = \begin{bmatrix} \tilde{J} & e_2 a_2^T J \\ 0 & J \end{bmatrix}$$

我们可以用递推方式对 $i = 2, 3, \cdots$ 计算相似矩阵序列

$$\begin{bmatrix} I & e_{i+1}a_2^{\mathrm{T}}J^{i-1} \\ 0 & I \end{bmatrix}\begin{bmatrix} \widetilde{J} & e_ia_2^{\mathrm{T}}J^{i-1} \\ 0 & J \end{bmatrix}\begin{bmatrix} I & -e_{i+1}a_2^{\mathrm{T}}J^{i-1} \\ 0 & I \end{bmatrix}=\begin{bmatrix} \widetilde{J} & e_{i+1}a_2^{\mathrm{T}}J^i \\ 0 & J \end{bmatrix}$$

由于 $J^{k_1}=0$，经过至多 k_1 步计算之后，这个相似矩阵序列中不在对角线上的元素最终都变为零. 我们得出结论：A 相似于 $\begin{bmatrix} \widetilde{J} & 0 \\ 0 & J \end{bmatrix}$，它就是一个有所要求形状的严格上三角 Jordan 矩阵.

如果 $a_1^{\mathrm{T}}e_1=0$，则(3.1.9)表明 A 相似于

$$\begin{bmatrix} 0 & 0 & a_2^{\mathrm{T}} \\ 0 & \widetilde{J}_{k_1} & 0 \\ 0 & 0 & J \end{bmatrix}$$

它与

$$\begin{bmatrix} J_{k_1} & 0 & 0 \\ 0 & 0 & a_2^{\mathrm{T}} \\ 0 & 0 & J \end{bmatrix} \tag{3.1.10}$$

置换相似. 根据归纳假设，存在一个非奇异的 $S_2\in M_{n-k_1}$，使得 $S_2^{-1}\begin{bmatrix} 0 & a_2^{\mathrm{T}} \\ 0 & J \end{bmatrix}S_2=\hat{J}\in M_{n-k_1}$ 是主对角线为零的 Jordan 矩阵. 这样一来，矩阵(3.1.10)，从而 A 本身都与 $\begin{bmatrix} J_{k_1} & 0 \\ 0 & \hat{J} \end{bmatrix}$ 相似，这就是一个有所要求形式的 Jordan 矩阵，除了对角 Jordan 块有可能不是按照其大小非增的次序排列. 如果需要的话，用分块置换相似就产生出所需的形式.

最后注意到，如果 A 是实的，那么这一证明中所有的相似矩阵也都是实的，所以 A 通过实相似与所要求形式的 Jordan 矩阵相似. □

定理 3.1.5 基本上完成了第 3 步，由于一般情形是幂零情形的简单推论. 如果 $A\in M_n$ 是所有对角元素都为 λ 的上三角矩阵，那么 $A_0=A-\lambda I$ 就是一个严格上三角矩阵. 如果 $S\in M_n$ 是非奇异的，且 $S^{-1}A_0S$ 是幂零 Jordan 块 $J_{n_i}(0)$ 的直和（正如(3.1.5)所保证的那样），那么 $S^{-1}AS=S^{-1}A_0S+\lambda I$ 就是特征值为 λ 的 Jordan 块 $J_{n_i}(\lambda)$ 的直和. 现在我们就确立了 Jordan **标准型定理**中的存在性结论.

定理 3.1.11 设给定 $A\in M_n$. 则存在一个非奇异的 $S\in M_n$，正整数 q 以及 n_1，$\cdots$，n_q，其中 $n_1+n_2\cdots+n_q=n$，以及纯量 λ_1，$\cdots$，$\lambda_q\in \mathbf{C}$，使得

$$A=S\begin{bmatrix} J_{n_1}(\lambda_1) & & \\ & \ddots & \\ & & J_{n_q}(\lambda_q) \end{bmatrix}S^{-1} \tag{3.1.12}$$

Jordan 矩阵 $J_A=J_{n_1}(\lambda_1)\oplus\cdots\oplus J_{n_q}(\lambda_q)$ 由 A 唯一地确定（至多相差其直和项的一个排列）. 如果 A 是实的且仅有实的特征值，那么 S 可以取为实的.

上一个定理中的 Jordan 矩阵 J_A 就是 A 的 **Jordan 标准型**(Jordan canonical form)（相差不过直和项的排列）. 矩阵 $J_k(\lambda)$，$\lambda\in\mathbf{C}$，$k=1$，2，$\cdots$是**相似的标准分块**(canonical blocks for similarity).

两个事实为理解 Jordan 标准型定理中的唯一性论断提供了关键思路：(1)如果两个矩阵都用同样的纯量矩阵来做平移，其相似性保持不变；(2)秩是一个相似不变量.

如果 A，B，$S \in M_n$，S 是非奇异的，且 $A = SBS^{-1}$，那么对任何 $\lambda \in \mathbf{C}$，$A - \lambda I = SBS^{-1} - \lambda SS^{-1} = S(B - \lambda I)S^{-1}$. 此外，对每个 $k = 1, 2, \cdots$，矩阵 $(A - \lambda I)^k$ 与 $(B - \lambda I)^k$ 相似，特别地，它们的秩相等. 我们集中研究当 $B = J = J_{n_1}(\lambda_1) \oplus \cdots \oplus J_{n_q}(\lambda_q)$ 是一个与 A 相似的 Jordan 矩阵((3.1.11)的存在性结论)以及 λ 是 A 的一个特征值时的结论. 在对 J 的对角块作排列之后(置换相似)，可以假设 $J = J_{m_1}(\lambda) \oplus \cdots \oplus J_{m_p}(\lambda) \oplus \hat{J}$，其中的 Jordan 矩阵 $\hat{J}$ 是异于 λ 的特征值对应的 Jordan 块的直和. 这样 $A - \lambda I$ 就相似于

$$J - \lambda I = (J_{m_1}(\lambda) - \lambda I) \oplus \cdots \oplus (J_{m_p}(\lambda) - \lambda I) \oplus (\hat{J} - \lambda I)$$
$$= J_{m_1}(0) \oplus \cdots \oplus J_{m_p}(0) \oplus (\hat{J} - \lambda I)$$

它是 p 个各种阶的幂零 Jordan 块以及一个非奇异的 Jordan 矩阵 $\hat{J} - \lambda I \in M_m$ 的直和，其中 $m = n - (m_1 + \cdots + m_p)$. 此外，对每个 $k = 1, 2, \cdots$，$(A - \lambda I)^k$ 与 $(J - \lambda I)^k = J_{m_1}(0)^k \oplus \cdots \oplus J_{m_p}(0)^k \oplus (\hat{J} - \lambda I)^k$ 相似. 由于直和的秩等于各个直和项的秩之和(0.9.2)，故而对每个 $k = 1, 2, \cdots$ 我们有

$$\mathrm{rank}(A - \lambda I)^k = \mathrm{rank}(J - \lambda I)^k = \mathrm{rank} J_{m_1}(0)^k + \cdots + \mathrm{rank} J_{m_p}(0)^k + \mathrm{rank}(\hat{J} - \lambda I)^k$$
$$= \mathrm{rank} J_{m_1}(0)^k + \cdots + \mathrm{rank} J_{m_p}(0)^k + m \qquad (3.1.13)$$

幂零 Jordan 块的幂的秩等于什么？检查(3.1.2)揭示出：$J_\ell(0)$ 的第一列是零，而它的后 $\ell - 1$ 列是线性无关的(第一条超对角线中仅有的非零元素是 1)，所以 $\mathrm{rank} J_\ell(0) = \ell - 1$. $J_\ell(0)^2$ 中仅有的非零元素是在第二条超对角线中的 1，所以它的前两列都是零，它的后 $\ell - 2$ 列是线性无关的，且 $\mathrm{rank} J_\ell(0)^2 = \ell - 2$. 随着幂每提高一次，这些 1 就向上移动一条超对角线(所以为零的列的个数就增加 1，而秩则减小 1)，直到 $J_\ell(0)^{\ell-1}$ 时恰只有一个非零的元素(在位置 $(1, \ell)$ 处)，且 $\mathrm{rank} J_\ell(0)^{\ell-1} = 1 = \ell - (\ell - 1)$. 当然，对所有 $k = \ell, \ell + 1, \cdots$，都有 $J_\ell(0)^k = 0$. 一般来说，对每个 $k = 1, 2, \cdots$，我们有 $\mathrm{rank} J_\ell(0)^k = \max\{\ell - k, 0\}$，所以

$$\mathrm{rank} J_\ell(0)^{k-1} - \mathrm{rank} J_\ell(0)^k = \begin{cases} 1 & \text{如果 } k \leqslant \ell \\ 0 & \text{如果 } k > \ell \end{cases}, \quad k = 1, 2, \cdots \qquad (3.1.14)$$

其中我们注意有标准的约定记号 $\mathrm{rank} J_\ell(0)^0 = \ell$.

现在设 $A \in M_n$，$\lambda \in \mathbf{C}$，令 k 是一个正整数，设

$$r_k(A, \lambda) = \mathrm{rank}(A - \lambda I)^k, \quad r_0(A, \lambda) := n \qquad (3.1.15)$$

又定义

$$w_k(A, \lambda) = r_{k-1}(A, \lambda) - r_k(A, \lambda), \quad w_1(A, \lambda) := n - r_1(A, \lambda) \qquad (3.1.16)$$

习题 如果 $A \in M_n$，且 $\lambda \in \mathbf{C}$ 不是 A 的特征值. 说明为什么对所有 $k = 1, 2, \cdots$ 有 $w_k(A, \lambda) = 0$. ◀

习题 考虑 Jordan 矩阵

$$J = J_3(0) \oplus J_3(0) \oplus J_2(0) \oplus J_2(0) \oplus J_2(0) \oplus J_1(0) \qquad (3.1.16a)$$

验证 $r_1(J, 0) = 7$，$r_2(J, 0) = 2$ 以及 $r_3(J, 0) = r_4(J, 0) = 0$. 再验证：$w_1(J, 0) = 6$ 是阶至少为 1 的分块的个数，$w_2(J, 0) = 5$ 是阶至少为 2 的分块的个数，$w_3(J, 0) = 2$ 是阶

至少为 3 的分块的个数，而 $w_4(J, 0)=0$ 是阶至少为 4 的分块的个数. 注意到 $w_1(J, 0)-$
$w_2(J, 0)=1$ 是阶为 1 的分块的个数，$w_2(J, 0)-w_3(J, 0)=3$ 是阶为 2 的分块的个数，而
$w_3(J, 0)-w_4(J, 0)=2$ 则是阶为 3 的分块的个数. 这不是偶然的. ◀

习题 利用(3.1.13)以及(3.1.14)来说明 $w_k(A, \lambda)$ 的代数意义：

$$w_k(A, \lambda) = \left(\operatorname{rank} J_{m_1}(0)^{k-1} - \operatorname{rank} J_{m_1}(0)^k \right) + \cdots + \left(\operatorname{rank} J_{m_p}(0)^{k-1} - \operatorname{rank} J_{m_p}(0)^k \right)$$

$$= (1, \text{如果 } m_1 \geq k) + \cdots + (1, \text{如果 } m_p \geq k)$$

$$= \text{特征值为 } \lambda \text{ 且阶至少为 } k \text{ 的分块的个数.} \tag{3.1.17}$$

特别地，$w_1(A, \lambda)$ 是 A 的以 λ 为特征值的所有各阶的 Jordan 块的个数，它就是 λ 作为 A 的特征值的几何重数. ◀

利用特征刻画(3.1.17)，我们看出 $w_k(A, \lambda)-w_{k+1}(A, \lambda)$ 是以 λ 为特征值而阶至少为 k 且不含阶至少为 $k+1$ 的 Jordan 块的个数；这也就是以 λ 为特征值且阶恰为 k 的 Jordan 块的个数.

习题 设给定 $A, B \in M_n$ 以及 $\lambda \in \mathbf{C}$. 如果 A 与 B 相似，说明为什么对所有 $k=1$, 2, ⋯ 都有 $w_k(A, \lambda)=w_k(B, \lambda)$. ◀

习题 设给定 $A \in M_n$ 以及 $\lambda \in \mathbf{C}$. 说明为什么 $w_1(A, \lambda) \geq w_2(A, \lambda) \geq w_3(A, \lambda) \geq \cdots$, 也就是说，序列 $w_1(A, \lambda)$, $w_2(A, \lambda)$, ⋯ 是非增的. 提示：$w_k(A, \lambda)-w_{k+1}(A, \lambda)$ 总是一个非负的整数，为什么？ ◀

习题 设给定 $A \in M_n$ 以及 $\lambda \in \mathbf{C}$. 用 q 表示 A 的以 λ 为特征值的最大的 Jordan 块的阶，并考虑秩恒等式(3.1.13). 说明为什么(a)对所有 $k \geq q$，都有 $\operatorname{rank}(A-\lambda I)^k = \operatorname{rank}(A-\lambda I)^{k+1}$, (b)$w_q(A, \lambda)$ 是 A 的以 λ 为特征值且最大阶为 q 的 Jordan 块的个数，以及(c)对所有 $k>q$ 都有 $w_k(A, \lambda)=0$. 这个整数 q 称为 λ 作为 A 的特征值的**指数**(index). ◀

习题 设给定 $A \in M_n$ 以及 $\lambda \in \mathbf{C}$. 说明为什么 λ 作为 A 的特征值的指数可以(等价地)定义为使得 $\operatorname{rank}(A-\lambda I)^k = \operatorname{rank}(A-\lambda I)^{k+1}$ 成立的最小整数 $k \geq 0$. 微妙之处在于：为什么这样的最小整数必定存在？ ◀

习题 设给定 $A \in M_n$ 以及 $\lambda \in \mathbf{C}$. 如果 λ 不是 A 的特征值，说明为什么它作为 A 的特征值的指数是零. ◀

上一个习题确保由(3.1.16)所定义的序列 $w_1(A, \lambda)$, $w_2(A, \lambda)$, ⋯ 中只有有限多项不是零.

习题 设 $A \in M_n$，并设 $\lambda \in \mathbf{C}$ 作为 A 的特征值的指数为 q. 说明为什么(a)$w_1(A, \lambda)$ 是 λ 的几何重数(在 A 的 Jordan 标准型中特征值 λ 对应的 Jordan 块的个数)；(b)$w_1(A, \lambda)+$ $w_2(A, \lambda)+\cdots+w_q(A, \lambda)$ 是 λ 的代数重数(A 的以 λ 为特征值的所有 Jordan 块的阶之和)；(c)对每个 $p=2, 3, \cdots q$，都有 $w_p(A, \lambda)+w_{p+1}(A, \lambda)+\cdots+w_q(A, \lambda)=\operatorname{rank}(A-\lambda I)^{p-1}$. ◀

$A \in M_n$ 的与 $\lambda \in \mathbf{C}$ 相关的 **Weyr 特征**(Weyr characterictic)定义为

$$w(A, \lambda) = (w_1(A, \lambda), \cdots, w_q(A, \lambda))$$

其中的整数序列 $w_1(A, \lambda)$, $w_2(A, \lambda)$, ⋯ 由(3.1.16)定义，而 q 是 λ 作为 A 的特征值的指数. 有时为方便起见，就把序列 $w_1(A, \lambda)$, $w_2(A, \lambda)$, ⋯ 本身称为 $A \in M_n$ 的与 $\lambda \in \mathbf{C}$

相关的 Weyr 特征. 我们刚刚看到了, 与 A 相似的 Jordan 矩阵 J 的构造是完全由 A 的与不同的特征值相关的 Weyr 特征所决定的: 如果 λ 是 A 的一个特征值, 而 J 是与 A 相似的 Jordan 矩阵, 则 J 中 Jordan 块 $J_k(\lambda)$ 的个数恰好是 $w_k(A, \lambda) - w_{k+1}(A, \lambda)(k=1, 2, \cdots)$. 这就意味着两个本质上不同的 Jordan 矩阵(即对某个特征值, 它们各自与该特征值相关的按照非减次序排列的分块的阶的列表是不相同的)不可能都与 A 相似, 因为它们的 Weyr 特征必定是不相同的. 现在我们已经证明了(3.1.11)中的唯一性部分, 甚至得到的比这还稍许多一些.

引理 3.1.18 设 λ 是 $A \in M_n$ 的一个给定的特征值, 又设 $w_1(A, \lambda)$, $w_2(A, \lambda)$, $\cdots$ 是 $A \in M_n$ 的与 $\lambda \in \mathbf{C}$ 相关的 Weyr 特征. 在 A 的 Jordan 标准型中形如 $J_k(\lambda)$ 的分块的个数是 $w_k(A, \lambda) - w_{k+1}(A, \lambda)(k=1, 2, \cdots)$. 两个复方阵 $A, B \in M_n$ 相似, 当且仅当 (a) 它们有同样的各不相同的特征值 $\lambda_1, \cdots, \lambda_d$, 以及 (b) 对每个 $i=1, \cdots, d$, 都有 $w_k(A, \lambda_i) = w_k(B, \lambda_i)$(对所有 $k=1, 2, \cdots$), 也就是说, 与每一个特征值相关的 Weyr 特征都是相同的.

对 A 的每个不同的特征值 λ, 列出 A 的以 λ 为特征值的所有 Jordan 块的阶, 则给定的 $A \in M_n$ 的 Jordan 构造就可以完全确定. 将 A 的以 λ 为特征值的 Jordan 块的阶按照**非增次序**排列而成的表

$$s_1(A, \lambda) \geqslant s_2(A, \lambda) \geqslant \cdots \geqslant s_{w_1(A, \lambda)}(A, \lambda) > 0$$
$$= 0 = s_{w_1(A, \lambda)+1}(A, \lambda) = \cdots \tag{3.1.19}$$

称为 A 的与特征值 λ 相关的 **Segre 特征**. 方便的做法是对所有 $k > w_1(A, \lambda)$ 定义 $s_k(A, \lambda) = 0$. 注意到 $s_1(A, \lambda)$ 是 λ 作为 A 的特征值的指数(即 A 的以 λ 为特征值的最大的 Jordan 块的阶), 而 $s_{w_1(A, \lambda)}(A, \lambda)$ 是 A 的以 λ 为特征值的最小的 Jordan 块的阶. 例如, 矩阵 (3.1.16a) 的与零这个特征值相关的 Segre 特征是 3, 3, 2, 2, 2, 1($s_1(J, 0) = 3$ 以及 $s_6(J, 0) = 1$).

如果 $s_k = s_k(A, \lambda)(k=1, 2, \cdots)$ 是 $A \in M_n$ 的以 λ 为特征值的 Segre 特征, 而 $w_1 = w_1(A, \lambda)$, A 的 Jordan 标准型中包含的以 λ 为特征值的所有 Jordan 块的那一部分就是

$$\begin{bmatrix} J_{s_1}(\lambda) & & & \\ & J_{s_2}(\lambda) & & \\ & & \ddots & \\ & & & J_{s_{w_1}}(\lambda) \end{bmatrix} \tag{3.1.20}$$

如果已知 Segre 特征, 那么 Weyr 特征就容易得出, 且反之亦然. 例如, 从 Segre 特征 3, 3, 2, 2, 2, 1 我们看出有 6 个块的阶大于等于 1, 有 5 个块的阶大于等于 2, 而有 2 个块的阶大于等于 3. 其 Weyr 特征就是 6, 5, 2. 反过来, 从 Weyr 特征 6, 5, 2 我们可以看出有 $6-5=1$ 个阶为 1 的块, 有 $5-2=3$ 个阶为 2 的块, 以及 $2-0=2$ 个阶为 3 的块. 其 Segre 特征就是 3, 3, 2, 2, 2, 1.

我们对于 Jordan 标准型的推导基于一种显式算法, 不过它不能植入软件包中实施以计算 Jordan 标准型. 一个简单的例子显示其困难之所在: 如果 $A_\varepsilon = \begin{bmatrix} \varepsilon & 0 \\ 1 & 0 \end{bmatrix}$ 且 $\varepsilon \neq 0$, 那么

$A_\varepsilon = S_\varepsilon J_\varepsilon S_\varepsilon^{-1}$，其中 $S_\varepsilon = \begin{bmatrix} 0 & \varepsilon \\ 1 & 1 \end{bmatrix}$，而 $J_\varepsilon = \begin{bmatrix} 0 & 0 \\ 0 & \varepsilon \end{bmatrix}$．如果我们令 $\varepsilon \to 0$，那么 $J_\varepsilon \to \begin{bmatrix} 0 & 0 \\ 0 & 0 \end{bmatrix} =$ $J_1(0) \oplus J_1(0)$，但是 $A_\varepsilon \to A_0 = \begin{bmatrix} 0 & 0 \\ 1 & 0 \end{bmatrix}$，后者的 Jordan 标准型是 $J_2(1)$．矩阵中元素的微小改变可能在它的 Jordan 标准型中产生重大的改变．这一困难的根源在于 $\mathrm{rank}\,A$ 不是 A 的元素的连续函数．

有时，知道下面这一点会是有帮助的：每个矩阵都相似于一个形如（3.1.12）的矩阵，而它的 Jordan 块中所有元素"+1"都代之以一个任意的 $\varepsilon \neq 0$．

推论 3.1.21 设给定 $A \in M_n$ 以及一个非零的 $\varepsilon \in \mathbf{C}$．那么存在一个非奇异的 $S(\varepsilon) \in M_n$，使得

$$A = S(\varepsilon) \begin{bmatrix} J_{n_1}(\lambda_1, \varepsilon) & & \\ & \ddots & \\ & & J_{n_k}(\lambda_k, \varepsilon) \end{bmatrix} S(\varepsilon)^{-1} \tag{3.1.22}$$

其中 $n_1 + n_2 + \cdots + n_k = n$，且

$$J_m(\lambda, \varepsilon) = \begin{bmatrix} \lambda & \varepsilon & & & \\ & \ddots & \ddots & & \\ & & \ddots & \ddots & \\ & & & \ddots & \varepsilon \\ & & & & \lambda \end{bmatrix} \in M_m$$

如果 A 是实的且有实的特征值，又如果 $\varepsilon \in \mathbf{R}$，那么 $S(\varepsilon)$ 可以取为实的．

证明 首先寻求一个非奇异的矩阵 $S_1 \in M_n$，使得 $S_1^{-1} A S_1$ 是形如（3.1.3）的 Jordan 矩阵（如果 A 是实的且有实的特征值，就取实的 S_1）．设 $D_{\varepsilon,i} = \mathrm{diag}(1, \varepsilon, \varepsilon^2, \cdots, \varepsilon^{n_i-1})$，定义 $D_\varepsilon = D_{\varepsilon,1} \oplus \cdots \oplus D_{\varepsilon,q}$，并计算 $D_\varepsilon^{-1}(S_1^{-1} A S_1) D_\varepsilon$．这个矩阵就有（3.1.22）的形式，所以 $S(\varepsilon) = S_1 D_\varepsilon$ 符合所述之要求．   □

问题

3.1.P1 补充计算细节以证明（3.1.4）．

3.1.P2 （3.0.0）中两个矩阵的 Jordan 标准型是什么？

3.1.P3 假设 $A \in M_n$ 有某些非实的元素，但只有实的特征值．证明 A 与一个实矩阵相似．相似矩阵也可以取为实矩阵吗？

171
3.1.P4 设给定 $A \in M_n$．如果对某个满足 $|c| \neq 1$ 的复纯量 c，A 与 cA 相似，证明 $\sigma(A) = \{0\}$，从而 A 是幂零的．反之，如果 A 是幂零矩阵，证明：对所有非零的 $c \in \mathbf{C}$，A 都与 cA 相似．

3.1.P5 说明为什么每一个 Jordan 块 $J_k(\lambda)$ 都有与特征值 λ 相伴的一维特征空间．推出结论：作为 $J_k(\lambda)$ 的特征值，λ 的几何重数为 1 而代数重数为 k．

3.1.P6 执行（3.1.11）证明中的三个步骤以求出

$$\begin{bmatrix} 1 & 1 \\ 1 & 1 \end{bmatrix} \quad 以及 \quad \begin{bmatrix} 3 & 1 & 2 \\ 0 & 3 & 0 \\ 0 & 0 & 3 \end{bmatrix}$$

的 Jordan 标准型．利用（3.1.18）验证你的答案．

3.1.P7 设 $A \in M_n$，令 λ 是 A 的一个特征值，又设 $k \in \{1, \cdots, n\}$．说明为什么 $r_{k-1}(A, \lambda) - 2r_k(A, \lambda) + r_{k+1}(A, \lambda)$ 是 A 的以 λ 为特征值且阶为 k 的 Jordan 块的个数．

3.1.P8 设给定 $A \in M_n$. 假设 $\text{rank} A = r \geqslant 1$ 以及 $A^2 = 0$. 利用上一个问题或者 (3.1.18) 证明：A 的 Jordan 标准型是 $J_2(0) \oplus \cdots \oplus J_2(0) \oplus 0_{n-2r}$ (有 r 个 2×2 的分块). 与 (2.6.P23) 比较.

3.1.P9 设 $n \geqslant 3$. 证明 $J_n(0)^2$ 的 Jordan 标准型是 $J_m(0) \oplus J_m(0)$ (如果 $n = 2m$ 是偶数) 以及 $J_{m+1}(0) \oplus J_m(0)$ (如果 $n = 2m+1$ 是奇数).

3.1.P10 对任何 $\lambda \in \mathbf{C}$ 以及任何正整数 k, 证明 $-J_k(\lambda)$ 的 Jordan 标准型是 $J_k(-\lambda)$. 特别地, $-J_k(0)$ 的 Jordan 标准型是 $J_k(0)$.

3.1.P11 与一个给定特征值相关的 Weyr 特征中所包含的信息可以用一个**点图** (dot diagram) 表示出来, 有时将它称为 **Ferrers 图**或者 **Young 图**. 例如, 考虑 (3.1.16a) 中的 Jordan 矩阵 J 以及它的 Weyr 特征 $w(J, 0) = (w_1, w_2, w_3)$. 构造点图

$$
\begin{array}{cccccc}
w_1 & \bullet & \bullet & \bullet & \bullet & \bullet & \bullet \\
w_2 & \bullet & \bullet & \bullet & \bullet & \bullet & \bullet \\
w_3 & \bullet & \bullet \\
\hline
& s_1 & s_2 & s_3 & s_4 & s_5 & s_6
\end{array}
$$

它的作法是: 在第一行放置 w_1 个点, 在第二行放置 w_2 个点, 在第三行放置 w_3 个点. 在第三行我们终止, 因为对所有 $k \geqslant 4$ 有 $w_k = 0$. 从左边着手, 相应各列的长度分别是 3, 3, 2, 2, 2, 1, 这就是它的 Segre 特征 $s_k = s_k(J, 0)$, $k = 1, 2, \cdots, 6$. 这就是说, J 有 2 个形如 $J_3(0)$ 的 Jordan 块, 有 3 个形如 $J_2(0)$ 的 Jordan 快, 有 1 个形如 $J_1(0)$ 的 Jordan 块. 反过来, 如果我们首先按照如下方法构造出一个点图: 在第一列放 s_1 个点, 在第二列放 s_2 个点, 依此下去, 这样一来, 在第一行就有 w_1 个点, 在第二行就有 w_2 个点, 而在第三行有 w_3 个点. 在这个意义上, Segre 特征与 Weyr 特征是它们共同的和 n 的**共轭分划** (conjugate partition); 每一个特征都可以通过点图从另一个特征推导出来. 一般来说, 对于 $A \in M_n$ 以及 A 的一个给定的特征值 λ, 利用 Weyr 特征构造出一个点图, 只要 $w_k(A, \lambda) > 0$, 就在第 $k = 1, 2, \cdots$ 行放置 $w_k(A, \lambda)$ 个点. (a) 说明为什么在第 j 列有 $s_j(A, \lambda)$ 个点 (对每个 $j = 1, 2, \cdots$). (b) 说明为什么也可以从 Segre 特征出发, 由它构造出点图的列, 然后从点图的行就辨识出 Weyr 特征.

172

3.1.P12 设 $A \in M_n$, 又设 k 与 p 是给定的正整数. 设 $w_k = w_k(A, \lambda)(k = 1, 2, \cdots)$ 以及 $s_k = s_k(A, \lambda)$, $(k = 1, 2, \cdots)$ 两者分别表示 A 的与一个给定的特征值 λ 相关的 Weyr 特征以及 Segre 特征. 证明: (a) 如果 $w_k > 0$, 则有 $s_{w_k} \geqslant k$; (b) 对所有 $k = 1, 2, \cdots$ 都有 $k > s_{w_k+1}$; (c) 如果 $s_k > 0$, 则有 $w_{s_k} \geqslant k$; (d) 对所有 $k = 1, 2, \cdots$ 都有 $k > w_{s_k+1}$. (e) 说明为什么 $s_k \geqslant p > s_{k+1}$ 成立的充分与必要条件是 $w_p = k$. (f) 证明下面三个命题是等价的: (i) $s_k \geqslant p > p-1 \geqslant s_{k+1}$; (ii) $s_k \geqslant p > s_{k+1}$ 且 $s_k \geqslant p-1 \geqslant s_{k+1}$; (iii) $p \geqslant 2$ 且 $w_p = w_{p-1} = k$. (g) 说明为什么 $s_k > s_k - 1 > s_{k+1}$ 当且仅当在 A 的 Jordan 标准型中不存在阶为 $\ell = s_k - 1$ 的块 $J_\ell(\lambda)$. (h) 证明下面四个命题是等价的: (i) $s_k - s_{k+1} \geqslant 2$; (ii) $s_k = s_k \geqslant s_k - 1 > s_{k+1}$; (iii) $p = s_k \geqslant 2$, 且在 A 的 Jordan 标准型中不存在块 $J_{p-1}(\lambda)$; (iv) $p = s_k \geqslant 2$ 以及 $w_p = w_{p-1} = k$.

3.1.P13 设 k 与 m 是给定的正整数, 并考虑**分块 Jordan 矩阵**

$$
J_k^+(\lambda I_m) := \begin{bmatrix} \lambda I_m & I_m & & \\ & \lambda I_m & \ddots & \\ & & \ddots & I_m \\ & & & \lambda I_m \end{bmatrix} \in M_{km}
$$

(这是一个 $k \times k$ 矩阵). 计算 $J_k^+(\lambda I_m)$ 的 Weyr 特征, 并用它来证明: $J_k^+(\lambda I_m)$ 的 Jordan 标准型是 $J_k(\lambda) \oplus \cdots \oplus J_k(\lambda)$ (m 个直和项).

3.1.P14 设 $A \in M_n$. 利用 (3.1.18) 证明 A 与 A^T 相似. A 与 A^* 相似吗?

3.1.P15 设 $n \geqslant 2$, 令 $x, y \in \mathbf{C}^n$ 是给定的非零向量, 又设 $A = xy^*$. (a) 证明: A 的 Jordan 标准型是 $B \oplus$

0_{n-2}，其中 $B = \begin{bmatrix} y^*x & 0 \\ 0 & 0 \end{bmatrix}$（如果 $y^*x \neq 0$）以及 $B = J_2(0)$（如果 $y^*x = 0$）．（b）说明为什么秩 1 矩阵可以对角化的充分必要条件是它的迹不为零．

3.1.P16 假设 $\lambda \neq 0$ 且 $k \geqslant 2$．这样一来，$J_k(\lambda)^{-1}$ 是关于 $J_k(\lambda)$ 的多项式（2.4.3.4）．（a）说明为什么 $J_k(\lambda)^{-1}$ 是上三角的 Toeplitz 矩阵，它主对角线上的全部元素都是 λ^{-1}．（b）设 $[\lambda^{-1} \ a_2 \ \cdots \ a_n]$ 是 $J_k(\lambda)^{-1}$ 的第一行．验证 $J_k(\lambda)J_k(\lambda)^{-1}$ 的位于 1，2 处的元素是 $\lambda a_2 + \lambda^{-1}$，并说明为什么 $J_k(\lambda)^{-1}$ 的第一条超对角线上的所有元素都是 $-\lambda^{-2}$，特别地，这些元素全都不为零．（c）证明 $\mathrm{rank}(J_k(\lambda)^{-1} - \lambda^{-1}I)^k = n-k$（对 $k = 1, \cdots, n$），并说明为什么 $J_k(\lambda)^{-1}$ 的 Jordan 标准型是 $J_k(\lambda^{-1})$．

3.1.P17 假设 $A \in M_n$ 是非奇异的．证明 A 与 A^{-1} 相似的充分必要条件是：对 A 的每一个满足 $\lambda \neq \pm 1$ 的特征值 λ，A 的 Jordan 标准型中形如 $J_k(\lambda)$ 的 Jordan 块的个数等于形如 $J_k(\lambda^{-1})$ 的块的个数，也就是说，如果 $\lambda \neq \pm 1$，则块 $J_k(\lambda)$ 与 $J_k(\lambda)^{-1}$ 成对出现（对于以 ± 1 为特征值的块没有限制）．

3.1.P18 假设 $A \in M_n$ 是非奇异的．（a）如果 A 的每一个特征值不是 $+1$ 就是 -1，说明为什么 A 与 A^{-1} 相似．（b）假设存在非奇异的 $B, C, S \in M_n$，使得 $A = BC$，$B^{-1} = SBS^{-1}$ 以及 $C^{-1} = SCS^{-1}$．证明 A 与 A^{-1} 相似．

173

3.1.P19 设给定 $x, y \in \mathbf{R}^n$ 以及 $t \in \mathbf{R}$．定义上三角矩阵

$$A_{x,y,t} = \begin{bmatrix} 1 & x^{\mathrm{T}} & t \\ & I_n & y \\ & & 1 \end{bmatrix} \in M_{n+2}(\mathbf{R})$$

又令 $\mathcal{H}_n(\mathbf{R}) = \{A_{x,y,t} : x, y \in \mathbf{R}^n$ 以及 $t \in \mathbf{R}\}$．（a）证明 $A_{x,y,t}A_{\xi,\eta,\tau} = A_{x+\xi, y+\eta, t+\tau}$ 以及 $(A_{x,y,t})^{-1} = A_{-x,-y,-t}$．（b）说明为什么 $\mathcal{H}_n(\mathbf{R})$ 是 $M_{n+2}(\mathbf{R})$ 中所有主对角线元素均为 $+1$ 的上三角矩阵组成的群的一个子群（这个子群称为 n 阶 Heisenberg 群）．（c）说明为什么 $A_{x,y,t}$ 的 Jordan 标准型是 $J_3(1) \oplus I_{n-1}$（如果 $x^{\mathrm{T}}y \neq 0$）；而如果 $x^{\mathrm{T}}y = 0$，它的 Jordan 标准型或者是 $J_2(1) \oplus J_2(1) \oplus I_{n-2}$（$x \neq 0 \neq y$），或者是 $J_2(1) \oplus I_n$（$x = 0$ 或 $y = 0$，但两者不同时成立），或者是 I_{n+2}（$x = y = 0$）．（d）说明为什么 $A_{x,y,t}$ 总是与它的逆矩阵相似．

3.1.P20 设 $A \in M_n$，并假设 $n > \mathrm{rank}A \geqslant 1$．如果 $\mathrm{rank}A = \mathrm{rank}A^2$，即 0 是 A 的一个半单的特征值，证明 A 是主秩的；见（0.7.6）．有关这一结果的特殊情形，请见（2.5.P48）以及（4.1.P30）．

3.1.P21 设 $A \in M_n$，是一个未约化的上 Heisenberg 矩阵，见（0.9.9）．（a）对 A 的每一个特征值 λ，说明为什么 $w_1(A, \lambda) = 1$ 且 A 是无损的．（b）假设 A 是可对角化的（例如，A 可以是 Hermite 矩阵且是三对角的）．说明为什么 A 有 n 个不同的特征值．

3.1.P22 设 $A \in M_n(\mathbf{R})$ 是三对角的．（a）如果对所有 $i = 1, \cdots, n-1$ 都有 $a_{i,i+1}a_{i+1,i} > 0$，证明 A 有 n 个不同的实特征值．（b）如果对所有 $i = 1, \cdots, n-1$ 都有 $a_{i,i+1}a_{i+1,i} \geqslant 0$，证明 A 的所有特征值都是实的．

3.1.P23 设 $A = [a_{ij}] \in M_n$ 是三对角的，其中 a_{ii} 对所有 $i = 1, \cdots, n$ 都是实数．（a）如果 $a_{i,i+1}a_{i+1,i}$ 是实的且是正的（对 $i = 1, \cdots, n-1$），证明 A 有 n 个不同的实特征值．（b）如果 $a_{i,i+1}a_{i+1,i}$ 是实的且是非负的（对所有 $i = 1, \cdots, n-1$），证明 A 的所有特征值都是实的．（c）如果每一个 $a_{ii} = 0$，且每一个 $a_{i,i+1}a_{i+1,i}$ 是实的且是负的（对 $i = 1, \cdots, n-1$），由（a）推导出 A 有 n 个不同的纯虚数的特征值．此外，证明那些特征值是 $\pm$ 成对出现的，故而，如果 n 是奇数，则 A 是奇异的．

3.1.P24 考虑 4×4 矩阵 $A = [A_{ij}]_{i,j=1}^2$ 以及 $B = [B_{ij}]_{i,j=1}^2$，其中 $A_{11} = A_{22} = B_{11} = B_{22} = J_2(0)$，$A_{21} = B_{21} = 0_2$，$A_{12} = \begin{bmatrix} 0 & 1 \\ 1 & 1 \end{bmatrix}$ 以及 $B_{12} = \begin{bmatrix} 1 & 1 \\ 1 & 0 \end{bmatrix}$．（a）对所有 $k = 1, 2, \cdots$，证明 A^k 与 B^k 是有同样多个元素等于 1 的 $0-1$ 矩阵（即每个元素或者是 0，或者是 1 的矩阵）．（b）说明为什么 A 与 B 是幂零的且是相似的．它们的 Jordan 标准型是什么？（c）说明为什么两个置换相似的 $0-1$ 矩阵中取值为 1 的元素

个数相同. (d)证明 A 与 B 不是置换相似的.

3.1. P25   利用(3.1.11)证明 $A \in M_n$ 可以对角化的充分且必要条件是对 A 的每一个特征值 λ 有如下条件满足：如果 $x \in \mathbf{C}^n$ 且 $(A-\lambda I)^2 x = 0$，那么 $(A-\lambda I)x = 0$.

3.1. P26   设 $A \in M_n$ 是正规的. 利用上一个问题从定义(2.5.1)推导出 A 可以对角化，不要求助于谱定理 (2.5.3).

3.1. P27   设 $A \in M_n$ 是正规的. 利用上一个问题以及 QR 分解(2.1.14)证明 A 可以酉对角化.

3.1. P28   设 A，$B \in M_n$. 证明：A 与 B 是相似的，当且仅当对 A 的每个特征值 λ 以及每个 $k = 1$，$\cdots$，n 都有 $r_k(A, \lambda) = r_k(B, \lambda)$.

3.1. P29   设 $A \in M_n$ 是上三角的. 假设对每个 $i = 1$，$\cdots$，n 都有 $a_{ii} = 1$，且对每个 $i = 1$，$\cdots$，$n-1$ 都有 $a_{i,i+1} \neq 0$. 证明 A 与 $J_k(1)$ 相似.

3.1. P30   假设 $A \in M_n$ 的仅有的特征值是 $\lambda = 1$. 证明：对每个 $k = 1$，2，$\cdots$，n，A 都与 A^k 相似.

注记以及进一步的阅读参考   Camille Jordan 在 C. Jordan，*Traité des Substitutions et des Équations Algébriques*，Gauthier-Villars，Paris，1870(见第 157 节第 125-126 页)一书中发表了以他的名字命名的标准型. 我们对(3.1.11)给出的证明基于 R. Fletcher 以及 D. Sorensen，An algorithmic derivation of the Jordan canonical form，*Amer. Math. Monthly* 90(1983)12-16 中的精神. 关于组合方法，见 R. Brualdi，The Jordan canonical form：An old proof，*Amer. Math. Monthly* 94(1987)257-267.

3.2   Jordan 标准型的推论

3.2.1   Jordan 矩阵的构造

Jordan 矩阵

$$J = \begin{bmatrix} J_{n_1}(\lambda_1) & & \\ & \ddots & \\ & & J_{n_k}(\lambda_k) \end{bmatrix}, \quad n_1 + n_2 + \cdots + n_k = n \qquad (3.2.1.1)$$

有确定的构造，这种构造使得与之相似的任何矩阵都显然具有某些基本性质.

1. Jordan 块的个数 k(计入同样的 Jordan 块出现的次数)就是 J 的线性无关的特征向量的最大个数.

2. 矩阵 J 可以对角化，当且仅当 $k = n$，即当且仅当所有的 Jordan 块都是 1×1 的.

3. 与一个给定的特征值相对应的 Jordan 块的个数就是该特征值的几何重数，它也就是其相伴的特征空间的维数. 与一个给定的特征值对应的所有 Jordan 块的阶之和就是它的代数重数.

4. 设 $A \in M_n$ 是一个给定的非零矩阵，假设 λ 是 A 的一个特征值. 利用(3.1.14)，并利用(3.1.15)中的记号，我们知道存在某个正整数 q，使得

$$r_1(A, \lambda) > r_2(A, \lambda) > \cdots > r_{q-1}(A, \lambda) > r_q(A, \lambda) = r_{q+1}(A, \lambda)$$

这个整数 q 就是 λ 作为 A 的特征值的指数；它也是 A 的以 λ 为特征值的最大 Jordan 块的阶.

3.2.2   线性常微分方程组

Jordan 标准型的一个有重要理论价值的应用是常系数的一阶线性常微分方程组的解的分析. 设给定 $A \in M_n$，考虑一阶初值问题

$$x'(t) = Ax(t)$$
$$x(0) = x_0 \text{ 给定} \tag{3.2.2.1}$$

其中 $x(t) = [x_1(t), x_2(t), \cdots, x_n(t)]^T$，而撇号（$'$）表示关于 t 的导数. 如果 A 不是对角矩阵，这个方程组就称为**耦合的**(coupled)，也就是说，$x_i'(t)$ 不仅与 $x_i(t)$ 有关，也与向量 $x(t)$ 的其他元素有关. 这种耦合性使得问题难以求解，但是，如果 A 可以变换成对角（或者几乎对角）型，则耦合的数量可以减少，甚至消除，因而问题有可能变得容易求解. 如果 $A = SJS^{-1}$，而 J 是 A 的 Jordan 标准型，那么(3.2.2.1)就变成

$$y'(t) = Jy(t)$$
$$y(0) = y_0 \text{ 给定} \tag{3.2.2.2}$$

其中 $x(t) = Sy(t)$ 且 $y_0 = S^{-1}x_0$. 如果问题(3.2.2.2)可以求解，那么(3.2.2.1)的解 $x(t)$ 中的每一个元素都正好是(3.2.2.2)的解的元素的线性组合，而且该线性组合由 S 给出.

如果 A 可以对角化，那么 J 是一个对角矩阵，且(3.2.2.2)正好就是形如 $y_k'(t) = \lambda_k y_k(t)$ 的非耦合的方程组，这个方程组有解 $y_k(t) = y_k(0) e^{\lambda_k t}$. 如果特征值 λ_k 是实的，这是一个简单的指数，而如果 $\lambda_k = a_k + ib_k$ 不是实的，$y_k(t) = y_k(0) e^{a_k t}[\cos(b_k t) + i\sin(b_k t)]$ 就是带有实指数因子的振动项(如果 $a_k \neq 0$).

如果 J 不是对角的，解就更加复杂，但可以用显明的方式加以描述. $y(t)$ 的与 J 中不同的 Jordan 块对应的元素不是耦合的，故而只需要考虑 $J = J_m(\lambda)$ 是单独一个 Jordan 块的情形就够了. 方程组(3.2.2.2)是

$$y_1'(t) = \lambda y_1(t) + y_2(t)$$
$$\vdots \qquad \qquad \vdots$$
$$y_{m-1}'(t) = \lambda y_{m-1}(t) + y_m(t)$$
$$y_m'(t) = \lambda y_m(t)$$

它可以直接从下往上求解. 从最后一个方程开始，我们得到

$$y_m(t) = y_m(0) e^{\lambda t}$$

所以

$$y_{m-1}'(t) = \lambda y_{m-1}(t) + y_m(0) e^{\lambda t}$$

它有解

$$y_{m-1}(t) = e^{\lambda t}[y_m(0)t + y_{m-1}(0)]$$

现在这个解可以用在下一个方程中. 它变成

$$y_{m-2}'(t) = \lambda y_{m-2}(t) + y_m(0) t e^{\lambda t} + y_{m-1}(0) e^{\lambda t}$$

它有解

$$y_{m-2}(t) = e^{\lambda t}\left[y_m(0) \frac{t^2}{2} + y_{m-1}(0)t + y_{m-2}(0)\right]$$

如此下去. 解的每一个元素都有如下形式：

$$y_k(t) = e^{\lambda t} q_k(t) = e^{\lambda t} \sum_{i=k}^{m} y_i(0) \frac{t^{i-k}}{(i-k)!}$$

所以 $q_k(t)$ 是一个次数至多为 $m-k(k=1, \cdots, m)$ 且可以用显式确定的多项式.

根据这一分析，我们断言：问题(3.2.2.1)的解 $x(t)$ 的元素有如下形式

$$x_j(t) = e^{\lambda_1 t} p_1(t) + e^{\lambda_2 t} p_2(t) + \cdots + e^{\lambda_k t} p_k(t)$$

其中 λ_1, λ_2, $\cdots$, λ_k 是 A 的不同的特征值, 而每一个 $p_j(t)$ 都是这样一个多项式, 其次数严格小于与 λ_j 对应的最大 Jordan 块的阶(也就是说, 严格小于 λ_j 的指数). 实的特征值与包含实指数因子的项相关, 而非实的特征值则与包含振动因子(且也有可能包含实的指数因子)的项相关.

3.2.3　矩阵与其转置的相似性

设 K_m 是 $m \times m$ 反序矩阵 $(0.9.5.1)$, 它是对称的且是对合的: $K_m = K_m^T = K_m^{-1}$.

习题　验证 $K_m J_m(\lambda) = J_m(\lambda)^T K_m$ 以及 $J_m(\lambda) K_m = K_m J_m(\lambda)^T$. 导出结论: $K_m J_m(\lambda)$ 与 $J_m(\lambda) K_m$ 是对称的, 且 $J_m(\lambda) = K_m^{-1} J_m(\lambda)^T K_m = K_m J_m(\lambda)^T K_m$. 提示: 见 $(0.9.7)$. ◀

上一个习题表明: 每一个 Jordan 块都相似于它的转置(通过一个反序矩阵). 这样一来, 如果 J 是给定的 Jordan 矩阵 $(3.2.1.1)$, 那么 J^T 与 J 通过对称的对合矩阵 $K = K_{n_1} \oplus \cdots \oplus K_{n_k}$ 而相似: $J^T = KJK$. 如果 $S \in M_n$ 是非奇异的(但不一定是对称的)且 $A = SJS^{-1}$, 那么 $J = S^{-1}AS$,

$$A^T = S^{-T} J^T S^T = S^{-T} KJK S^T = S^{-T} K(S^{-1}AS) K S^T$$
$$= (S^{-T} K S^{-1}) A(SKS^T) = (SKS^T)^{-1} A(SKS^T)$$

且使得 A 与 A^T 之间的相似矩阵 SKS^T 是对称的. 我们就证明了如下的定理.

定理 3.2.3.1　设 $A \in M_n$. 则存在一个非奇异的复对称矩阵 S, 使得 $A^T = SAS^{-1}$.

如果 A 是无损的, 我们还可以稍微再多说一点: A 与 A^T 之间的**每个**相似都**必定**是通过一个对称矩阵实现的, 见 $(3.2.4.4)$.

回到 A 与它的 Jordan 标准型之间的相似, 我们可以记

$$A = SJS^{-1} = (SKS^T)(S^{-T}KJS^{-1}) = (SJKS^T)(S^{-T}KS^{-1})$$

其中 KJ 与 JK 是对称的. 这一结论证明了如下的定理.

定理 3.2.3.2　每一个复方阵都是两个复对称矩阵的乘积, 可以选择其中任一个因子是非奇异的.

对**任意的域 F**, 已知 $M_n(\mathbf{F})$ 中的每个矩阵都可以通过 $M_n(\mathbf{F})$ 中某个对称矩阵相似于它的转置. 特别地, 每一个实方阵都可以通过某个实对称矩阵与其转置相似.

3.2.4　交换性与无损矩阵

对任何多项式 $p(t)$ 以及任何 $A \in M_n$, $p(A)$ 与 A 总是可交换的. 其逆命题呢? 如果给定 A, $B \in M_n$, 且如果 A 与 B 可交换, 是否存在某个多项式 $p(t)$, 使得 $B = p(A)$? 并非总能如此, 因为如果我们取 $A = I$, 则 A 与每个矩阵都可交换, 且 $p(I) = p(1)I$ 是纯量矩阵, 不存在非纯量矩阵能是 I 的多项式. 问题是 A 的形式允许它与许多矩阵可交换, 但是只允许它生成形如 $p(A)$ 的矩阵组成的一个有限制的集合.

如果 $A = J_m(\lambda)$ 是阶大于等于 2 的单个 Jordan 块, 我们能说些什么呢?

习题　设给定 $\lambda \in \mathbf{C}$ 以及一个整数 $m \geqslant 2$. 证明 $B \in M_m$ 与 $J_m(\lambda)$ 可交换, 当且仅当它与 $J_m(0)$ 可交换. 提示: $J_m(\lambda) = \lambda I_m + J_m(0)$. ◀

177

习题　证明：$B=\begin{bmatrix} b_{11} & b_{12} \\ b_{21} & b_{22} \end{bmatrix} \in M_2$ 与 $J_2(0)$ 可交换，当且仅当 $b_{21}=0$ 且 $b_{11}=b_{22}$；即当且仅当 $B=b_{11}I_2+b_{12}J_2(0)$，这是关于 $J_2(0)$ 的一个多项式.　◀

习题　证明：$B=[b_{ij}]\in M_3$ 与 $J_3(0)$ 可交换，当且仅当 B 是上三角的，$b_{11}=b_{22}=b_{33}$，且 $b_{12}=b_{23}$，即当且仅当 B 是上三角的 Toeplitz 矩阵(0.9.7). 这也就是当且仅当 $B=b_{11}I_3+b_{12}J_3(0)+b_{13}J_3(0)^2$，它是 $J_3(0)$ 的多项式.　◀

习题　关于 $B=[b_{ij}]\in M_4$ 你能说什么，如果它与 $J_4(0)$ 可交换？　◀

定义 3.2.4.1　复方阵称为**无损的**(nonderogatory)，如果它的每一个特征值的几何重数都为 1.

由于 Jordan 矩阵的一个给定的特征值的几何重数等于与该特征值对应的 Jordan 块的个数，故而一个矩阵是无损的，当且仅当它的每一个不同的特征值与它的 Jordan 标准型中恰好一个 Jordan 块相对应. 任何有 n 个不同特征值的矩阵或者只有一个特征值(其几何重数为1)的矩阵(即 A 与单个一个 Jordan 块相似)都是无损矩阵 $A\in M_n$ 的例子. 纯量矩阵与无损矩阵是相反的对象.

习题　如果 $A\in M_n$ 是无损的，为什么 $\mathrm{rank}A\geqslant n-1$？　◀

定理 3.2.4.2　假设 $A\in M_n$ 是无损的. 如果 $B\in M_n$ 与 A 可交换，则存在一个次数至多为 $n-1$ 的多项式 $p(t)$，使得 $B=p(A)$.

证明　设 $A=SJ_AS^{-1}$ 是 A 的 Jordan 标准型. 如果 $BA=AB$，那么 $BSJ_AS^{-1}=SJ_AS^{-1}B$，从而 $(S^{-1}BS)J_A=J_A(S^{-1}BS)$. 如果我们能证明 $S^{-1}BS=p(J_A)$，那么 $B=Sp(J_A)S^{-1}=p(SJ_AS^{-1})=p(A)$ 是 A 的多项式. 于是，只要假设 A 本身是个 Jordan 矩阵就够了.

假设(a)$A=J_{n_1}(\lambda_1)\oplus\cdots\oplus J_{n_k}(\lambda_k)$，其中 λ_1，λ_2，$\cdots$，λ_k 各不相同，且(b)A 与 B 可交换. 如果将 $B=[B_{ij}]_{i,j=1}^{k}$ 与 J 共形地加以分划，那么(2.4.4.2)确保 $B=B_{11}\oplus\cdots\oplus B_{kk}$ 是分块对角的. 此外，对每个 $i=1$，2，$\cdots$，k，有 $B_{ii}J_{n_i}(0)=J_{n_i}(0)B_{ii}$. 计算显示，每一个 B_{ii} 必定都是上三角的 Toeplitz 矩阵(0.9.7)，即

$$B_{ii}=\begin{bmatrix} b_1^{(i)} & b_2^{(i)} & \cdots & b_{n_i}^{(i)} \\ & \ddots & \ddots & \vdots \\ & & \ddots & b_2^{(i)} \\ & & & b_1^{(i)} \end{bmatrix} \qquad (3.2.4.3)$$

它是 $J_{n_i}(0)$ 的多项式，从而也是 $J_{n_i}(\lambda)$ 的多项式：

$$B_{ii}=b_1^{(i)}I_{n_i}+b_2^{(i)}J_{n_i}(0)+\cdots+b_{n_i}^{(i)}J_{n_i}(0)^{n_i-1}$$
$$=b_1^{(i)}(J_{n_i}(\lambda)-\lambda_iI_{n_i})^0+b_2^{(i)}(J_{n_i}(\lambda)-\lambda_iI_{n_i})^1+\cdots+b_{n_i}^{(i)}(J_{n_i}(\lambda)-\lambda_iI_{n_i})^{n_i-1}$$

如果我们能构造出次数至多是 $n-1$ 且具有如下性质的多项式 $p_i(t)$：对所有 $i\neq j$，有 $p_i(J_{n_j}(\lambda_j))=0$，且 $p_i(J_{n_i}(\lambda_i))=B_{ii}$，那么

$$p(t)=p_1(t)+\cdots+p_k(t)$$

就满足定理的结论. 定义

$$q_i(t) = \prod_{\substack{j=1 \\ j \neq i}}^{k} (t - \lambda_j)^{n_j}, \quad q_i(t) \text{ 的次数} = n - n_i$$

并注意到只要 $i \neq j$ 就有 $q_i(J_{n_j}(\lambda_j)) = 0$，这是因为 $(J_{n_j}(\lambda_j) - \lambda_j I)^{n_j} = 0$．上三角的 Toeplitz 矩阵 $q_i(J_{n_i}(\lambda_i))$ 是非奇异的，因为它的主对角元素 $q_i(\lambda_i)$ 不为零．

构造多项式 $p_i(t)$ 的关键在于注意到两个上三角的 Toeplitz 矩阵的乘积是上三角的 Toeplitz 矩阵，而且非奇异的上三角 Toeplitz 矩阵的逆有同样的形式（0.9.7）．从而，$[q_i(J_{n_i}(\lambda_i))]^{-1}B_{ii}$ 是上三角的 Toeplitz 矩阵，于是它是 $J_{n_i}(\lambda_i)$ 的多项式：

$$[q_i(J_{n_i}(\lambda_i))]^{-1}B_{ii} = r_i(J_{n_i}(\lambda_i))$$

其中 $r_i(t)$ 是次数至多为 $n_i - 1$ 的多项式．多项式 $p_i(t) = q_i(t)r_i(t)$ 的次数至多为 $n-1$，

$$p_i(J_{n_j}(\lambda_j)) = q_i(J_{n_j}(\lambda_j))r_i(J_{n_j}(\lambda_j)) = 0, \text{只要 } i \neq j$$

而

$$p_i(J_{n_i}(\lambda_i)) = q_i(J_{n_i}(\lambda_i))r_i(J_{n_i}(\lambda_i)) = q_i(J_{n_i}(\lambda_i))(q_i(J_{n_i}(\lambda_i))^{-1}B_{ii}) = B_{ii} \quad \Box$$

定理 3.2.4.2 有一个逆命题，见（3.2.P2）．

作为（3.2.4.2）的应用实例的是如下有关（3.2.3.1）在一种特殊情形的强化结论．

推论 3.2.4.4 设给定 A，B，$S \in M_n$，并假设 A 是无损的．

(a) 如果 $AB = BA^T$，那么 B 是对称的．

(b) 如果 S 是非奇异的，且 $A^T = S^{-1}AS$，那么 S 是对称的．

证明 (a)存在一个非奇异的对称矩阵 $R \in M_n$，使得 $A^T = RAR^{-1}$（3.2.3.1），所以 $AB = BA^T = BRAR^{-1}$，从而 $A(BR) = (BR)A$．这样一来，（3.2.4.2）就确保存在一个多项式 $p(t)$，使得 $BR = p(A)$．计算 $RB^T = (BR)^T = p(A)^T = p(A^T) = p(RAR^{-1}) = Rp(A)R^{-1} = R(BR)R^{-1} = RB$．由于 R 非奇异，由此就推得 $B^T = B$． $\Box$

(b)如果 $A^T = S^{-1}AS$，则 $SA^T = AS$，故而(a)确保 S 是对称的．

3.2.5 收敛矩阵以及幂有界矩阵

一个矩阵 $A \in M_n$ 称为是**收敛的**（convergent），如果当 $m \to \infty$ 时，A^m 的每个元素都趋向于零；它称为是**幂有界的**（power bounded），如果矩阵族 $\{A^m: m = 1, 2, \cdots\}$ 的所有元素都包含在 **C** 的一个有界子集之中．收敛矩阵是幂有界的，单位矩阵是这样一个例子：它是幂有界的矩阵，但却不是收敛的．收敛的矩阵在数值线性代数的算法分析中起着重要的作用．

对角矩阵（从而可对角化的矩阵亦然）是收敛的，当且仅当它所有的特征值的模都严格小于 1．同样的结论对不可对角化的矩阵也为真，不过要得出这一结论还需要仔细的分析．

设 $A = SJ_AS^{-1}$ 是 A 的 Jordan 标准型，所以 $A^m = SJ_A^mS^{-1}$，又当 $m \to \infty$ 时有 $A^m \to 0$ 的充分必要条件是当 $m \to \infty$ 时有 $J_A^m \to 0$．由于 J_A 是 Jordan 块的直和，故而只要考虑单独一个 Jordan 块的幂的性状就够了．对于 1×1 的 Jordan 块，当 $m \to \infty$ 时 $J_1(\lambda)^m = [\lambda^m] \to 0$ 的充分必要条件是 $|\lambda| < 1$．对于阶大于或等于 2 的块，$J_k(\lambda)^m = (\lambda I_k + J_k(0))^m$，我们可以利用二项式定理来计算它．我们有 $J_k(0)^m = 0$（对所有 $m \geq k$），所以对所有 $m \geq k$ 有

$$J_k(\lambda)^m = (\lambda I + J_k(0))^m = \sum_{j=0}^{m} \binom{m}{m-j} \lambda^{m-j} J_k(0)^j = \sum_{j=0}^{k-1} \binom{m}{m-j} \lambda^{m-j} J_k(0)^j$$

$J_k(\lambda)^m$ 的对角元素全都等于 λ^m，所以 $J_k(\lambda)^m \to 0$ 蕴含 $\lambda^m \to 0$，这就意味着有 $|\lambda| < 1$. 反过来，如果 $|\lambda| < 1$，只需要证明

$$\binom{m}{m-j}\lambda^{m-j} \to 0,\ \text{当}\ m \to \infty\ \text{时(对每个}\ j = 0, 1, 2, \cdots, k-1)$$

就够了. 如果 $\lambda = 0$ 或者 $j = 0$，那就没什么要证明的了，所以我们假设 $0 < |\lambda| < 1$ 且 $j \geqslant 1$；计算

$$\left| \binom{m}{m-j}\lambda^{m-j} \right| = \left| \frac{m(m-1)(m-2)\cdots(m-j+1)\lambda^m}{j!\lambda^j} \right| \leqslant \left| \frac{m^j \lambda^m}{j!\lambda^j} \right| \quad (3.2.5.1)$$

只需要证明当 $m \to \infty$ 时有 $m^j |\lambda|^m \to 0$ 成立就够了. 看出这点的一个方法是取对数，并注意当 $m \to \infty$ 时有 $j\log m + m\log|\lambda| \to -\infty$，这是因为 $\log|\lambda| < 0$ 以及 L'Hôpital 法则确保当 $m \to \infty$ 时有 $(\log m)/m \to 0$. 作为另一种与 Jordan 标准型无关的方法，请见(5.6.12).

为了分析幂有界的情形，我们需要检查对于模为 1 的特征值发生了什么. 对于 1×1 的 Jordan 块以及 $|\lambda| = 1$，$J_1(\lambda)^m = [\lambda^m]$ 当 $m \to \infty$ 时仍然是有界的. (3.2.5.1)中的恒等式表明：如果 $k \geqslant 2$ 且 $|\lambda| = 1$，则 $J_k(\lambda)^m$ 的超对角线元素并不保持有界. 我们将观察所得之结论总结在下面的定理中.

定理 3.2.5.2 设给定 $A \in M_n$. 那么 A 是收敛的，当且仅当 A 的每一个特征值的模严格小于 1；A 是幂有界的，当且仅当 A 的每个特征值的模至多为 1，且与模为 1 的特征值相关的每个 Jordan 块都是 1×1 的，即每个模为 1 的特征值都是半单的.

3.2.6 几何重数–代数重数不等式

给定 $A \in M_n$ 的一个特征值 λ 的**几何重数**(geometric multiplicity)是 A 的与 λ 对应的 Jordan 块的个数. 这个个数小于或者等于与 λ 对应的所有 Jordan 块的阶之和，而这个和就是 λ 的**代数重数**(algebraic multiplicity). 于是，特征值的几何重数小于或者等于它的代数重数. 一个特征值 λ 的几何重数与代数重数相等，即 λ 是一个**半单的特征值**(semisimple eigenvalue)，当且仅当与 λ 对应的每一个 Jordan 块都是 1×1 的. 前面我们已经从完全不同的观点讨论了特征值的代数重数与其几何重数之间的这个不等式，见(1.2.18)、(1.3.7)和(1.4.10).

3.2.7 可对角化＋幂零：Jordan 分解

对任何 Jordan 块，我们都有恒等式 $J_k(\lambda) = \lambda I_k + J_k(0)$ 以及 $J_k(0)^k = 0$. 于是，任何 Jordan 块都是一个对角矩阵与一个幂零矩阵之和.

更一般地，Jordan 矩阵(3.2.1.1)可以表示成 $J = D + N$，其中 D 是一个对角矩阵，其主对角线与 J 的主对角线相同，而 $N = J - D$. 矩阵 N 是幂零矩阵，且如果 k 是 J 中最大的 Jordan 块的阶，那么 $N^k = 0$，而且 k 是 0 作为 N 的特征值的指数.

最后，如果 $A \in M_n$，而 $A = SJ_A S^{-1}$ 是它的 Jordan 标准型，那么 $A = S(D+N)S^{-1} = SDS^{-1} + SNS^{-1} = A_D + A_N$，其中 A_D 是可对角化的，而 A_N 是幂零的. 此外，$A_D A_N = A_N A_D$，因为 D 与 N 这两者是共形分块的对角矩阵，且 D 中的对角块是纯量矩阵. 当然，A_D 与 A_N 也是可交换的，且有 $A = A_D + A_N$.

上面的讨论确立了 Jordan 分解(decomposition)的存在性：任何复方阵都是两个可交换的矩阵之和，其中一个是可以对角化的，而另一个是幂零的. 有关 Jordan 分解的唯一性，见(3.2.P18).

3.2.8 直和的 Jordan 标准型

设对 $i=1，\cdots，m$ 给定 $A_i \in M_{n_i}$，并假设每一个 $A_i = S_i J_i S_i^{-1}$，其中每个 J_i 是一个 Jordan 矩阵. 这样，直和 $A = A_1 \oplus \cdots \oplus A_m$ 就通过 $S = S_1 \oplus \cdots \oplus S_m$ 相似于直和 $J = J_1 \oplus \cdots \oplus J_m$. 此外，$J$ 是 Jordan 块的直和之直和，所以它是一个 Jordan 矩阵，从而 Jordan 标准型的唯一性就保证了它是 A 的 Jordan 标准型.

3.2.9 Jordan 标准型的最优性质

矩阵的 Jordan 标准型是仅在对角线外的第一条超对角线上才有非零元素的上三角矩阵之直和，故而它有许多为零的元素. 然而，在与给定矩阵相似的所有矩阵中，Jordan 标准型中的非零元素个数不一定是最少的. 例如，

$$A = \begin{bmatrix} 0 & 0 & 0 & -1 \\ 1 & 0 & 0 & 0 \\ 0 & 1 & 0 & 2 \\ 0 & 0 & 1 & 0 \end{bmatrix} \tag{3.2.9.1}$$

有 5 个非零元素，但是它的 Jordan 标准型 $J = J_2(1) \oplus J_2(-1)$ 却有 6 个非零元素. 然而，**A 在对角线之外**有 5 个非零元素，而 J 在对角线之外仅有 2 个非零元素. 我们现在来说明为什么没有任何与 A 相似的矩阵在对角线之外能有少于 2 个非零的元素.

结论 3.2.9.2 假设 $B = [b_{ij}] \in M_m$ 在对角线之外有少于 $m-1$ 个非零的元素. 那么就存在一个置换矩阵 P，使得 $P^T B P = B_1 \oplus B_2$，其中每一个 $B_i \in M_{n_i}$ 且每一个 $n_i \geqslant 1$.

为什么是这样？这里给出正式的推理，它可以做得很精确：考虑 m 座岛屿 $C_1，\cdots，C_m$，它们在大海中相互距离得很近. 两座不同的岛 C_i 与 C_j 之间有一座步行桥，当且仅当 $i \neq j$，且 $b_{ij} \neq 0$ 或者 $b_{ji} \neq 0$. 假设 $C_1，C_{j_2}，\cdots，C_{j_\nu}$ 是从 C_1 出发可以到达的所有不同的岛屿. 把所有这些岛屿连接起来所需要的桥的最少个数是 $m-1$. 假设有少于 $m-1$ 座桥，故而 $\nu < m$. （再次用 1 直到 m）按照任意的方式重新标记所有的岛屿，这就将新的标号 1，2，$\cdots，\nu$ 赋予 $C_1，C_{j_2}，\cdots，C_{j_\nu}$. 设 $P \in M_m$ 是与重新标注对应的一个置换矩阵. 那么 $P^T B P = B_1 \oplus B_2$，其中 $B_1 \in M_\nu$. 直和结构反映了一个事实：没有哪座桥能把(重新标注的)前 ν 座岛屿中的任意一座与剩下的 $n - \nu$ 座岛屿中的任意一座连接起来.

我们称一个给定的 $B \in M_m$ 是**在置换相似之下不可分解的**(indecoposable under permutation similarity)，如果不存在置换矩阵 P，使得 $P^T B P = B_1 \oplus B_2$，其中每一个 $B_i \in M_{n_i}$ 且每一个 $n_i \geqslant 1$. 这样(3.2.9.2)就是说：如果 $B \in M_m$ 在置换相似之下是不可分解的，那么它在对角线之外就至少有 $m-1$ 个非零的元素.

结论 3.2.9.3 任意给定的 $B \in M_n$ 都置换相似于一个由在置换相似下不可分解的矩阵组成的直和.

证明 考虑有限集合 $\mathcal{S} = \{P^T B P : P \in M_n$ 是置换矩阵$\}$. $\mathcal{S}$ 中有一些元素是分块对角

182

的(例如，取 $P=I_n$). 设 q 是使得 B 与 $B_1 \oplus \cdots \oplus B_q$ 置换相似的最大正整数，这里每一个 $B_i \in M_{n_i}$ 且每一个 $n_i \geqslant 1$；q 的最大性确保不存在在置换相似之下不可分解的直和项 B_i.   □

方阵中位于对角线之外的非零元素的个数在置换相似之下不变，所以我们可以将上面两个结论组合起来得到一个矩阵的 Jordan 标准型中 Jordan 块个数的下界.

结论 3.2.9.4 假设一个给定的 $B \in M_n$ 在对角线之外有 p 个非零的元素，且它的 Jordan 标准型 J_B 包含 r 个 Jordan 块. 那么 $r \geqslant n-p$.

证明 假设 B 与 $B_1 \oplus \cdots \oplus B_q$ 置换相似，其中每个 $B_i \in M_{n_i}$ 在置换相似之下都是不可分解的，且每一个 $n_i \geqslant 1$. B_i 中位于对角线之外的非零元素的个数至少是 n_i-1，所以 B 中位于对角线之外的非零元素的个数至少是 $(n_1-1)+\cdots+(n_q-1)=n-q$. 即 $p \geqslant n-q$，所以 $q \geqslant n-p$. 但是(3.2.8)确保 J_B 至少有 q 个 Jordan 块，所以 $r \geqslant q \geqslant n-p$.   □

我们最后一个结论是：在一个 $n \times n$ 的 Jordan 矩阵 $J=J_{n_1}(\lambda_1) \oplus \cdots \oplus J_{n_r}(\lambda_r)$ 中位于对角线之外的非零元素的个数恰好是 $(n_1-1)+\cdots+(n_r-1)=n-r$.

定理 3.2.9.5 设给定 $A,B \in M_n$. 假设 B 在对角线之外恰好有 p 个非零元素，且它与 A 相似. 设 J_A 是 A 的 Jordan 标准型，并假设 J_A 由 r 个 Jordan 块组成. 那么 $p \geqslant n-r$，它就是 J_A 中位于对角线之外的非零元素的个数.

证明 由于 B 与 A 相似，J_A 也是 B 的 Jordan 标准型，而(3.2.9.4)确保 $r \geqslant n-p$，故而 $p \geqslant n-r$.   □

3.2.10 分块上三角矩阵的特征值的指数

等价地说，$A \in M_n$ 的特征值 λ 的**指数**(λ 在 A 中的指数)是(a)A 的以 λ 为特征值的最大的 Jordan 块的阶，或者(b)使得 $\mathrm{rank}(A-\lambda I)^m = \mathrm{rank}(A-\lambda I)^{m+1}$ 成立的 $m=1,2,\cdots,n$ 的最小值(从而对所有 $k=1,2,\cdots$ 都有 $\mathrm{rank}(A-\lambda I)^m = \mathrm{rank}(A-\lambda I)^{m+k}$). 如果 λ 在 $A_{11} \in M_{n_1}$ 中的指数是 ν_1，λ 在 $A_{22} \in M_{n_2}$ 中的指数是 ν_2，那么 λ 在直和 $A_{11} \oplus A_{22}$ 中的指数是 $\max\{\nu_1,\nu_2\}$.

习题 考虑 $A=\begin{bmatrix} J_2(0) & I_2 \\ 0 & J_2(0)^{\mathrm{T}} \end{bmatrix}$，所以，特征值 0 在每一个对角分块中的指数都是 2. 证明：0 作为 A 的特征值的指数是 4. ◀

如果 λ 是分块上三角矩阵 $\begin{bmatrix} A_{11} & A_{12} \\ 0 & A_{22} \end{bmatrix}$ 中 A_{11} 或者 A_{22} 的特征值，又如果 $A_{12} \neq 0$，关于 λ 作为 A 的特征值的指数，我们能说些什么呢？为方便起见，取 $\lambda=0$. 设 λ 在 $A_{11} \in M_{n_1}$ 中的指数是 ν_1，λ 在 $A_{22} \in M_{n_2}$ 中的指数是 ν_2，又设 $m=\nu_1+\nu_2$. 那么

$$A^m = \begin{bmatrix} A_{11}^m & \sum_{k=0}^m A_{11}^k A_{12} A_{22}^{m-k} \\ 0 & A_{22}^m \end{bmatrix}$$

其中 $A_{11}^m = A_{11}^{\nu_1} A_{11}^{\nu_2} = 0$ 且 $A_{22}^m = A_{22}^{\nu_2} A_{22}^{\nu_1} = 0$. 此外，对每个 $k=0,1,\cdots,n$，或者 $k \geqslant \nu_1$，或者 $m-k \geqslant \nu_2$，所以每一个 $A_{11}^k A_{12} A_{22}^{m-k} = 0$. 我们断言 $A^m=0$，所以 λ 在 A 中的指数至多是 $\nu_1+\nu_2$. 归纳法允许我们把这个结论推广到任意的分块上三角矩阵中去.

定理 3.2.10.1 设 $A=[a_{ij}]_{i,j=1}^p \in M_n$ 是分块上三角矩阵，所以每个 A_{ii} 都是方阵，且对所有 $i>j$ 有 $A_{ij}=0$. 假设 λ 作为每一个对角分块 A_{ii} 的指数是 ν_i, $i=1, \cdots, p$. 那么 λ 作为 A 的特征值的指数至多是 $\nu_1 + \cdots + \nu_p$.

习题 给出用归纳法证明上一个定理的细节. ◀

推论 3.2.10.2 设 $\lambda \in \mathbf{C}$, 令 $A = \begin{bmatrix} A_{11} & A_{12} \\ 0 & \lambda I_{n_2} \end{bmatrix}$. 假设 $A_{11} \in M_{n_1}$ 是可以对角化的. 这样 A 的异于 λ 的特征值所对应的每一个 Jordan 块都是 1×1 的，而 A 的以 λ 为特征值的每一个 Jordan 块或者是 1×1 的，或者是 2×2 的.

3.2.11 AB 对 BA

如果 $A \in M_{m,n}$, 而 $B \in M_{n,m}$, (1.3.22)确保 AB 与 BA 的非零特征值是相同的，包括它们的重数在内. 事实上，我们可以给出一个强得多的命题：AB 与 BA 的 Jordan 标准型的非奇异部分是相同的.

定理 3.2.11.1 假设 $A \in M_{m,n}$, 而 $B \in M_{n,m}$. 对 AB 的每个非零的特征值 λ 以及对每个 $k=1, 2, \cdots$, AB 与 BA 各自的 Jordan 标准型含有同样个数的 Jordan 块 $J_k(\lambda)$.

证明 在(1.3.22)的证明中，我们发现 $C_1 = \begin{bmatrix} AB & 0 \\ B & 0_n \end{bmatrix}$ 与 $C_2 = \begin{bmatrix} 0_m & 0 \\ B & BA \end{bmatrix}$ 是相似的. 设给定 $\lambda \neq 0$, 并令 k 是任意给定的一个正整数. 首先注意到

$$(C_1 - \lambda I_{m+n})^k = \begin{bmatrix} (AB - \lambda I_m)^k & 0 \\ \bigstar & (-\lambda I_n)^k \end{bmatrix}$$

的行秩是 $n + \mathrm{rank}((AB - \lambda I_m)^k)$, 然后注意到

$$(C_2 - \lambda I_{m+n})^k = \begin{bmatrix} (-\lambda I_m)^k & 0 \\ \bigstar & (BA - \lambda I_n)^k \end{bmatrix}$$

的列秩是 $m + \mathrm{rank}((BA - \lambda I_n)^k)$. 但是 $(C_1 - \lambda I_{m+n})^k$ 与 $(C_2 - \lambda I_{m+n})^k$ 相似，所以它们的秩相等，即对每个 $k=1, 2 \cdots$ 有

$$\mathrm{rank}((AB - \lambda I_m)^k) = \mathrm{rank}((BA - \lambda I_n)^k) + m - n$$

它蕴含对每个 $k=1, 2 \cdots$ 有

$$\mathrm{rank}((AB - \lambda I_m)^{k-1}) - \mathrm{rank}((AB - \lambda I_m)^k)$$
$$= \mathrm{rank}((BA - \lambda I_n)^{k-1}) - \mathrm{rank}((BA - \lambda I_n)^k)$$

于是，AB 和 BA 各自与 AB 的任意一个给定的非零特征值 λ 相关的 Weyr 特征是相同的，所以(3.1.18)确保它们各自的 Jordan 标准型恰好包含同样个数的分块 $J_k(\lambda)$（对每个 $k=1, 2, \cdots$）. □ 184

3.2.12 Drazin 逆

对给定的 $A \in M_n$, 任何满足 $AXA = A$ 的 $X \in M_n$ 称为 A 的**广义逆**（generalized inverse）. 可以得到若干种类型的广义逆. 其中的每一种都有通常的逆矩阵的某些特征. 这一节里我们所考虑的广义逆是 Drazin 逆.

定义 3. 2. 12. 1　设 $A \in M_n$ 并假设

$$A = S \begin{bmatrix} B & 0 \\ 0 & N \end{bmatrix} S^{-1} \qquad (3.2.12.2)$$

其中 S 与 B 是方阵, 且是非奇异的, 而 N 则是幂零矩阵. 如果 A 是幂零的, 则直和项 B 不出现; 如果 A 是非奇异的, 则 N 不出现. A 的 Drazin 逆是

$$A^D = S \begin{bmatrix} B^{-1} & 0 \\ 0 & 0 \end{bmatrix} S^{-1} \qquad (3.2.12.3)$$

每一个 $A \in M_n$ 有一个形如 (3.2.12.2) 的表示: 利用 Jordan 标准型 (3.1.12), 其中 B 是 A 的所有非奇异的 Jordan 块的直和, 而 N 则是所有幂零块的直和.

除了 (3.2.12.2) 之外, 假设 A 表示成为

$$A = T \begin{bmatrix} C & 0 \\ 0 & N' \end{bmatrix} T^{-1} \qquad (3.2.12.4)$$

其中 T 与 C 是方阵, 且是非奇异的, 而 N' 是幂零的. 这样 $A^n = S \begin{bmatrix} B^n & 0 \\ 0 & 0 \end{bmatrix} S^{-1} = T \begin{bmatrix} C^n & 0 \\ 0 & 0 \end{bmatrix} T^{-1}$, 所以 $\mathrm{rank} A^n = \mathrm{rank} B^n = \mathrm{rank} B$ 就是 B 的阶, 因为它是非奇异的. 鉴于同样的理由, 这也就是 C 的阶. 我们断言 B 与 C 有同样的阶, 从而 N 与 N' 有同样的阶. 由于 $A = S \begin{bmatrix} B & 0 \\ 0 & N \end{bmatrix} S^{-1} = T \begin{bmatrix} C & 0 \\ 0 & N' \end{bmatrix} T^{-1}$, 由此推出 $R \begin{bmatrix} B & 0 \\ 0 & N \end{bmatrix} = \begin{bmatrix} C & 0 \\ 0 & N' \end{bmatrix} R$, 其中 $R = T^{-1} S$. 与 $\begin{bmatrix} B & 0 \\ 0 & N \end{bmatrix}$ 共形地分划 $R = [R_{ij}]_{i,j=1}^2$. 这样 (2.4.4.2) 就确保 $R_{12} = 0$ 以及 $R_{21} = 0$, 所以 $R = R_{11} \oplus R_{22}$, R_{11} 与 R_{22} 是非奇异的, $C = R_{11} B R_{11}^{-1}$, $N' = R_{22} N R_{22}^{-1}$, 且 $T = S R^{-1}$. 最后, 利用 (3.2.12.4) 计算 Drazin 逆:

$$T \begin{bmatrix} C^{-1} & 0 \\ 0 & 0 \end{bmatrix} T^{-1} = S R^{-1} \begin{bmatrix} (R_{11} B R_{11}^{-1})^{-1} & 0 \\ 0 & 0 \end{bmatrix} R S^{-1}$$

$$= S \begin{bmatrix} R_{11}^{-1} & 0 \\ 0 & R_{22}^{-1} \end{bmatrix} \begin{bmatrix} R_{11} B^{-1} R_{11}^{-1} & 0 \\ 0 & 0 \end{bmatrix} \begin{bmatrix} R_{11} & 0 \\ 0 & R_{22} \end{bmatrix} S^{-1} = S \begin{bmatrix} B^{-1} & 0 \\ 0 & 0 \end{bmatrix} S^{-1} = A^D$$

根据 (3.2.12.3) 我们断定 Drazin 逆有良好的定义.

习题　说明为什么当 A 为非奇异时有 $A^D = A^{-1}$.　◀

习题　说明为什么 Drazin 逆是广义逆, 即为什么对每个 $A \in M_n$ 都有 $A A^D A = A$.　◀
设 q 是 A 的特征值 0 的指数, 并考虑三个恒等式

$$AX = XA \qquad (3.2.12.5)$$

$$A^{q+1} X = A^q \qquad (3.2.12.6)$$

$$XAX = X \qquad (3.2.12.7)$$

习题　利用 (3.2.12.2) 以及 (3.2.12.3) 说明为什么 A 与 $X = A^D$ 满足上面三个恒等式的充分必要条件是: $A = \begin{bmatrix} B & 0 \\ 0 & N \end{bmatrix}$ 与 $X = \begin{bmatrix} B^{-1} & 0 \\ 0 & 0 \end{bmatrix}$ 满足这三者. 验证它们的确满足.　◀

上一习题中的结果有一个逆命题: 如果 X 满足 (3.2.12.5)～(3.2.12.7), 那么 $X = A^D$.

为验证此结论，与上一习题相同，用 $\begin{bmatrix} B & 0 \\ 0 & N \end{bmatrix}$ 代替 A，并与之共形地分划未知矩阵 $X = [X_{ij}]_{i,j=1}^{2}$. 我们必须证明 $X_{11} = B^{-1}$，还要证明 X_{12}，X_{21} 以及 X_{22} 都是零块. 将第一个恒等式 (3.2.12.5) 与 (2.4.4.2) 组合起来就确保有 $X_{12} = 0$ 以及 $X_{21} = 0$；此外，$NX_{22} = X_{22}N$. 第二个恒等式 (3.2.12.6) 是说 $\begin{bmatrix} B^{q+1} & 0 \\ 0 & 0 \end{bmatrix}\begin{bmatrix} X_{11} & 0 \\ 0 & X_{22} \end{bmatrix} = \begin{bmatrix} B^q & 0 \\ 0 & 0 \end{bmatrix}$，所以 $B^{q+1}X_{11} = B^q$，$BX_{11} = I$，且 $X_{11} = B^{-1}$. 第三个恒等式 (3.2.12.7) 确保有

$$X_{22} = X_{22}NX_{22} = NX_{22}^2 \tag{3.2.12.8}$$

它蕴含 $N^{q-1}X_{22} = N^{q-1}NX_{22}^2 = N^q X_{22}^2 = 0$，所以 $N^{q-1}X_{22} = 0$. 再次利用 (3.2.12.8)，我们看到 $N^{q-2}X_{22} = N^{q-2}NX_{22}^2 = (N^{q-1}X_{22})X_{22} = 0$，所以 $N^{q-2}X_{22} = 0$. 继续此法表明有 $N^{q-3}X_{22} = 0$，$\cdots$，$NX_{22} = 0$，最后有 $X_{22} = 0$.

我们最后一个结论是：Drazin 逆 A^D 是 A 的多项式.

习题 将 A 表示成 (3.2.12.2) 中那样. 按照 (2.4.3.4)，存在一个多项式 $p(t)$，使得 $p(B^{q+1}) = (B^{q+1})^{-1}$. 设 $g(t) = t^q p(t^{q+1})$. 验证 $g(A) = A^D$. ◄

3.2.13 秩 1 摄动的 Jordan 标准型

关于秩 1 摄动的特征值的 Brauer 定理 ((1.2.8) 以及 (2.4.10.1)) 对于 Jordan 块有类似的结论：在某种条件之下，复方阵的一个特征值可以通过一个秩 1 摄动几乎任意地加以变动而不破坏该矩阵的 Jordan 结构的其余部分.

定理 3.2.13.1 设 $n \geq 2$，又令 λ，λ_2，$\cdots$，λ_n 是 $A \in M_n$ 的特征值. 假设存在非零的向量 x，$y \in \mathbf{C}^n$，使得 $Ax = \lambda x$，$y^* A = \lambda y^*$，且 $y^* x \neq 0$. 那么

(a) 对某些正整数 k，n_1，$\cdots$，n_k 以及某个 $\{\nu_1, \cdots, \nu_k\} \subset \{\lambda_2, \cdots, \lambda_n\}$，$A$ 的 Jordan 标准型是

$$[\lambda] \oplus J_{n_1}(\nu_1) \oplus \cdots \oplus J_{n_k}(\nu_k) \tag{3.2.13.2}$$

186

(b) 对任何满足 $\lambda + v^* x \neq \lambda_j (j = 2, \cdots, n)$ 的 $v \in \mathbf{C}^n$，$A + xv^*$ 的 Jordan 标准型是

$$[\lambda + v^* x] \oplus J_{n_1}(\nu_1) \oplus \cdots \oplus J_{n_k}(\nu_k)$$

证明 (a) 中的结论由 (1.4.7) 得出，(1.4.7) 确保存在一个非奇异的 $S = [x \ \ S_1]$，使得对某个 $B \in M_{n-1}$ 有 $S^{-1}AS = [\lambda] \oplus B$. 直和 $J_{n_1}(\nu_1) \oplus \cdots \oplus J_{n_k}(\nu_k)$ 是 B 的 Jordan 标准型. 计算 $S^{-1}(xv^*)S = (S^{-1}x)(v^*S) = e_1(v^*S) = \begin{bmatrix} v^*x & w^* \\ 0 & 0 \end{bmatrix}$，其中 $w^* = v^*S_1$. 将上面给出的 A 的以及 xv^* 的相似性组合起来就给出 $S^{-1}(A + xv^*)S = \begin{bmatrix} \lambda + v^*x & w^* \\ 0 & B \end{bmatrix}$. 于是只要证明这个分块矩阵与 $[\lambda + v^*x] \oplus B$ 相似就够了. 对于任何 $\xi \in \mathbf{C}^{n-1}$，我们有 $\begin{bmatrix} 1 & \xi^* \\ 0 & I \end{bmatrix}^{-1} = \begin{bmatrix} 1 & -\xi^* \\ 0 & I \end{bmatrix}$，所以

$$\begin{bmatrix} 1 & \xi^* \\ 0 & I \end{bmatrix}^{-1}\begin{bmatrix} \lambda + v^*x & w^* \\ 0 & B \end{bmatrix}\begin{bmatrix} 1 & \xi^* \\ 0 & I \end{bmatrix} = \begin{bmatrix} \lambda + v^*x & w^* + \xi^*((\lambda + v^*x)I - B) \\ 0 & B \end{bmatrix}$$

我们假设了 $\lambda+v^*x$ 不是 B 的特征值, 故而可以取 $\xi^*=-w^*((\lambda+v^*x)I-B)^{-1}$, 这表明 $A+xv^*$ 与 $[\lambda+v^*x]\oplus B$ 相似. $\qquad\square$

问题

3.2.P1 设 $\mathcal{F}=\{A_\alpha:\alpha\in\mathcal{I}\}\subset M_n$ 是一个给定的矩阵族, 其指标由指标集 $\mathcal{I}$ 给出, 又假设存在一个无损的矩阵 $A_0\in\mathcal{F}$, 使得对所有 $\alpha\in\mathcal{I}$ 都有 $A_\alpha A_0=A_0 A_\alpha$. 证明: 对每一个 $\alpha\in\mathcal{I}$, 都存在一个次数至多为 $n-1$ 的多项式 $p_\alpha(t)$, 使得 $A_\alpha=p_\alpha(A_0)$, 从而 $\mathcal{F}$ 是一个交换族.

3.2.P2 设 $A\in M_n$. 如果每个与 A 可交换的矩阵都是 A 的多项式, 证明 A 是无损的.

3.2.P3 设 $A=B+iC\in M_n$, 其中 B 与 C 是实的 (0.2.5), 又设 J 是 A 的 Jordan 标准型. 考虑在 (1.3.P20) 中讨论过的实的表示 $R_1(A)=\begin{bmatrix}B&C\\-C&B\end{bmatrix}\in M_{2n}$. 说明为什么 $J\oplus\bar{J}$ 是 $R_1(A)$ 的 Jordan 标准型, 又为什么它是形如 $J_k(\lambda)\oplus J_k(\bar{\lambda})$ 的成对的项的直和, 即使 λ 是实数结论亦然成立.

3.2.P4 假设 $A\in M_n$ 是奇异的, 又设 $r=\mathrm{rank}A$. 在 (2.4.P28) 中我们知道存在一个次数为 $r+1$ 且使 A 零化的多项式. 给出如下结论的论证细节, 即 $h(t)=p_A(t)/t^{n-r-1}$ 是有如下性质的多项式: 设 A 的 Jordan 标准型是 $J\oplus J_{n_1}(0)\oplus\cdots\oplus J_{n_k}(0)$, 其中 Jordan 矩阵 J 是非奇异的. 设 $\nu=n_1+\cdots+n_k$, 又设 $n_{\max}=\max_i n_i$ 是特征值零的指数. (a) 说明为什么 $p_A(t)=p_1(t)t^\nu$, 其中 $p_1(t)$ 是一个多项式, 而 $p_1(0)\neq0$. (b) 证明 $p(t)=p_1(t)t^{n_{\max}}$ 使 A 零化, 所以 $p_A(t)=(p_1(t)t^{n_{\max}})t^{\nu-n_{\max}}$. (c) 说明为什么 $k=n-r$, $\nu-n_{\max}\geq k-1=n-r-1$ 以及 $h(A)=0$.

187 **3.2.P5** $A=\begin{bmatrix}i&1\\1&-i\end{bmatrix}$ 的 Jordan 标准型是什么?

3.2.P6 作用在次数至多为 3 的所有多项式组成的向量空间上的线性变换 $\mathrm{d}/\mathrm{d}t$: $p(t)\to p'(t)$ 关于基 $B=\{1,\ t,\ t^2,\ t^3\}$ 有基表示

$$\begin{bmatrix}0&1&0&0\\0&0&2&0\\0&0&0&3\\0&0&0&0\end{bmatrix}$$

这个矩阵的 Jordan 标准型是什么?

3.2.P7 满足 $A^3=I$ 的矩阵 $A\in M_n$ 的可能的 Jordan 标准型是什么?

3.2.P8 特征多项式为 $p_A(t)=(t+3)^4(t-4)^2$ 的矩阵 $A\in M_6$ 的可能的 Jordan 标准型是什么?

3.2.P9 假设 $k\geq2$, 说明为什么 $\mathrm{adj}J_k(\lambda)$ 的 Jordan 标准型是 $J_k(\lambda^{k-1})$ (如果 $\lambda\neq0$) 以及 $J_2(0)\oplus 0_{k-2}$ (如果 $\lambda=0$).

3.2.P10 假设一个给定的非奇异的 $A\in M_n$ 的 Jordan 标准型是 $J_{n_1}(\lambda_1)\oplus\cdots\oplus J_{n_k}(\lambda_k)$. 说明为什么 $\mathrm{adj}A$ 的 Jordan 标准型是 $J_{n_1}(\mu_1)\oplus\cdots\oplus J_{n_k}(\mu_k)$, 其中每个 $\mu_i=\lambda_i^{n_i-1}\prod_{j\neq i}\lambda_j^{n_j}$, $i=1,\cdots,k$.

3.2.P11 假设一个给定的奇异矩阵 $A\in M_n$ 的 Jordan 标准型是 $J_{n_1}(\lambda_1)\oplus\cdots\oplus J_{n_{k-1}}(\lambda_{k-1})\oplus J_{n_k}(0)$. 说明为什么 $\mathrm{adj}A$ 的 Jordan 标准型是 $J_2(0)\oplus 0_{n-2}$ (如果 $n_k\geq2$) 以及 $\prod_{i=1}^{k-1}\lambda_i^{n_i}\oplus 0_{n-1}$ (如果 $n_k=1$). 前一种情形可以由 $\mathrm{rank}A<n-1$ 来刻画, 而后一种情形则由 $\mathrm{rank}A=n-1$ 来刻画.

3.2.P12 说明理由: 如果 A 的 Jordan 标准型中含有两个或者更多个奇异的 Jordan 块, 则有 $\mathrm{adj}A=0$.

3.2.P13 (相似的消去定理) 设给定 $A\in M_n$ 以及 $B,C\in M_m$. 证明: $\begin{bmatrix}A&0\\0&B\end{bmatrix}\in M_{n+m}$ 相似于 $\begin{bmatrix}A&0\\0&C\end{bmatrix}$, 当且仅当 B 相似于 C.

3.2. P14　设给定 B, $C \in M_m$ 以及一个正整数 k. 证明：

$$\underbrace{B \oplus \cdots \oplus B}_{k\text{个直和项}} \quad \text{与} \quad \underbrace{C \oplus \cdots \oplus C}_{k\text{个直和项}}$$

相似，当且仅当 B 与 C 相似.

3.2. P15　设给定 $A \in M_n$ 以及 B, $C \in M_m$. 证明

$$A \oplus \underbrace{B \oplus \cdots \oplus B}_{k\text{个直和项}} \quad \text{与} \quad A \oplus \underbrace{C \oplus \cdots \oplus C}_{k\text{个直和项}}$$

相似，当且仅当 B 与 C 相似.

3.2. P16　如果 $A \in M_n$ 有 Jordan 标准型 $J_{n_1}(\lambda_1) \oplus \cdots \oplus J_{n_k}(\lambda_k)$. 如果 A 是非奇异的，证明：A^2 的 Jordan 标准型是 $J_{n_1}(\lambda_1^2) \oplus \cdots \oplus J_{n_k}(\lambda_k^2)$；也就是说，$A^2$ 的 Jordan 标准型恰好是由与 A 的 Jordan 块相同的集合组成的，但是每个特征值要取平方. 然而，如果 $m \geqslant 2$，$J_m(0)^2$ 的 Jordan 标准型不是 $J_m(0^2)$. 试说明原因.

3.2. P17　设给定 $A \in M_n$. 证明：$\text{rank}A = \text{rank}A^2$ 当且仅当特征值 $\lambda = 0$ 的几何重数与代数重数相等，也即当且仅当在 A 的 Jordan 标准型中与 $\lambda = 0$ 对应的 Jordan 块（如果有的话）都是 1×1 的. 说明为什么 A 可对角化，当且仅当对所有 $\lambda \in \sigma(A)$ 都有 $\text{rank}(A - \lambda I) = \text{rank}(A - \lambda I)^2$.

188

3.2. P18　设给定 $A \in M_n$. 在(3.2.7)中我们利用了 Jordan 标准型将 A 表示成为两个可交换的矩阵之和，其中一个可以对角化，而另一个是幂零的：Jordan 分解 $A = A_D + A_N$. 这个问题的目标是要证明 **Jordan 分解是唯一的**. 也就是说，假设(a)$A = B + C$，(b)B 与 C 可交换，(c)B 可对角化，以及(d)C 是幂零的；我们断言 $B = A_D$ 且 $C = A_N$. 利用如下的事实会有帮助：存在多项式 $p(t)$ 与 $q(t)$，使得 $A_D = p(A)$ 以及 $A_N = q(A)$，见 Horn 与 Johnson(1991)一书第 6.1 节中的问题 14(d). 给出下述结论的证明细节：(a)B 以及 C 都与 A 可交换；(b)B 以及 C 都与 A_D 以及 A_N 可交换；(c)B 与 A_D 可同时对角化，所以 $A_D - B$ 可对角化；(d)C 与 A_N 可同时上三角化，所以 $C - A_N$ 是幂零的；(e)$A_D - B = C - A_N$ 既是可对角化的，也是幂零的，所以它是零矩阵；（唯一确定的）矩阵 A_D 称为 A 的 **可对角化的部分**(diagonalizable part)；A_N 称为 A 的 **幂零的部分** (nilpotent part).

3.2. P19　设给定 $A \in M_n$，并设 λ 是 A 的一个特征值. (a)证明下面两个结论是等价的：(i)A 的每个与 λ 相关的 Jordan 块的阶大于或等于 2；(ii)A 的每个与 λ 相伴的特征向量都在 $A - \lambda I$ 的值域之中. (b)证明如下 5 个结论是等价的：(i)A 的某个 Jordan 块是 1×1 的；(ii)存在一个非零向量 x，使得 $Ax = \lambda x$，但 x 不在 $A - \lambda I$ 的值域之中；(iii)存在一个非零向量 x，使得 $Ax = \lambda x$，但 x 不与 $A^* - \bar{\lambda} I$ 的零空间正交；(iv)存在非零向量 x 与 y，使得 $Ax = \lambda x$，$y^* A = \lambda y^*$，且 $x^* y \neq 0$；(v)对某个 $B \in M_{n-1}$，A 相似于 $[\lambda] \oplus B$.

3.2. P20　设给定 A, $B \in M_n$. (a)证明：AB 与 BA 相似，当且仅当对每个 $k = 1$, 2, $\cdots$, n 都有 $\text{rank}(AB)^k = \text{rank}(BA)^k$. (b)如果 $r = \text{rank}A = \text{rank}AB = \text{rank}BA$，证明 AB 与 BA 相似. (c)说明为什么我们可以用 SAT 代替 A，用 $T^{-1}BS^{-1}$ 代替 B（对任意非奇异的 S, $T \in M_n$). 选择 S 与 T，使得 $SAT = I_r \oplus 0_{n-r}$. 考虑 $A = I_r \oplus 0_{n-r}$ 以及 $B = [B_{ij}]_{i,j=1}^2$. 计算 AB 以及 BA；说明为什么 $X = [B_{11} \quad B_{12}]$ 与 $Y^T = [B_{11}^T \quad B_{21}^T]$ 中的每一个都是满秩的. 说明为什么对任何 $C \in M_r$ 都有 $\text{rank}CX = \text{rank}C = \text{rank}YC$. 说明为什么对每个 $k = 1$, 2, $\cdots$, n 都有 $\text{rank}((AB)^{k+1}) = \text{rank}((B_{11})^k X) = \text{rank}((B_{11})^k) = \text{rank}(Y(B_{11})^k) = \text{rank}((BA)^{k+1})$.

3.2. P21　设 $A = \begin{bmatrix} J_2(0) & 0 \\ x^T & 0 \end{bmatrix} \in M_3$，其中 $x^T = [1 \quad 0]$，又令 $B = I_2 \oplus [0] \in M_3$. 证明：$AB$ 的 Jordan 标准型是 $J_3(0)$，而 BA 的 Jordan 标准型则是 $J_2(0) \oplus J_1(0)$.

3.2. P22　设 $A \in M_n$. 证明 AA^D 与 $I - AA^D$ 两者都是射影矩阵，且 $AA^D(I - AA^D) = 0$.

3.2. P23 设 $A \in M_n$，q 是 0 作为 A 的特征值的指数，又设 $k \geqslant q$ 是给定的整数. 证明 $A^D = \lim_{t \to 0} (A^{k+1} + tI)^{-1} A^k$.

3.2. P24 这个问题是(2.4. P12)的类似结果. 设 A，$B \in M_n$，λ_1，$\cdots$，λ_d 是 A 的不同的特征值，设 $D = AB - BA^T$，又假设 $AD = DA^T$. (a)证明 D 是奇异的. (b)如果 A 可对角化，证明 $D = 0$，也就是说 $AB = BA^T$. (c)如果 $DA = A^T D$，又有 $AD = DA^T$，证明 D 是幂零的. (d)假设 A 是无损的. 那么(3.2.4.4)就确保 D 是对称的. 进一步证明 $\mathrm{rank} D \leqslant n - d$，所以，0 作为 D 的特征值的几何重数至少是 d.

3.2. P25 设给定 $A \in M_n$，并假设 A^2 是无损的. 说明为什么(a)A 是无损的；(b)如果 λ 是 A 的非零的特征值，那么 $-\lambda$ 不是 A 的特征值；(c)如果 A 是奇异的，那么 0 作为 A 的特征值的代数重数为 1；(d)$\mathrm{rank} A \geqslant n - 1$；(e)存在一个多项式 $p(t)$，使得 $A = p(A^2)$.

3.2. P26 设给定 A，$B \in M_n$，并假设 A^2 是无损的. 如果 $AB = B^T A$ 且 $BA = AB^T$，证明 B 是对称的.

3.2. P27 (a)对每个 $k = 1$，2，$\cdots$，证明 $\mathrm{adj} J_k(0)$ 相似于 $J_2(0) \oplus 0_{k-2}$. (b)如果 $A \in M_n$ 是幂零的且 $\mathrm{rank} A = n - 1$，说明为什么 A 相似于 $J_n(0)$. (c)如果 $A \in M_n$ 是幂零的，证明 $(\mathrm{adj} A)^2 = 0$.

3.2. P28 设 A，x，y 以及 λ 满足(3.2.13.1)的假设，从而使得(3.2.13.2)是 A 的 Jordan 标准型. 设 $v \in \mathbf{C}^n$ 是任意一个满足 $v^* x = 1$ 的向量，并考虑 Google 矩阵 $Ac = cA + (1-c)\lambda x v^*$. 如果 c 不为零，且对每个 $j = 2$，$\cdots$，n 都有 $c\lambda_j \neq \lambda$，证明：$A(c)$ 的 Jordan 标准型是 $[\lambda] \oplus J_{n_1}(c\nu_1) \oplus \cdots \oplus J_{n_k}(c\nu_k)$. 与(1.2. P21)作比较.

3.2. P29 设 $\lambda \in \mathbf{C}$，$A = J_k(\lambda)$ 以及 $B = [b_{ij}] \in M_k$，又设 $C = AB - BA$. 如果我们假设了 $C = 0$，那么(3.2.4.2)确保 B 是上三角的，且是 Toeplitz 矩阵，故而 B 的所有特征值都是相同的. 取而代之以较弱的假设 $AC = CA$. (a)说明为什么 C 是上三角的 Toeplitz 矩阵，且是幂零的，即 $C = [\gamma_{j-i}]_{i,j=1}^k$，其中 $\gamma_{-k+1} = \cdots = \gamma_0 = 0$ 且 γ_1，$\cdots$，$\gamma_{k-1} \in \mathbf{C}$. (b)利用 C 的形式证明：B 是上三角的(但不是 Toeplitz 矩阵)，且它的特征值 b_{11}，$b_{11} + \gamma_1$，$b_{11} + 2\gamma_1$，$\cdots$，$b_{11} + (k-1)\gamma_1$ 构成算术级数.

3.2. P30 设给定 $A \in M_n$ 以及一个子空间 $\mathcal{S} \subset \mathbf{C}^n$. 对如下结论的证明概述提供细节：$\mathcal{S}$ 是 A 的不变子空间，当且仅当存在一个 $B \in M_n$ 使得 $AB = BA$，且 $\mathcal{S}$ 是 B 的零空间. "仅当"部分的证明：$B(A\mathcal{S}) = A(B\mathcal{S}) = A\{0\} = \{0\}$，所以 $A\mathcal{S} \subset \mathcal{S}$. "当"部分的证明：(a)如果 $\mathcal{S} = \{0\}$ 或者 $\mathcal{S} = \mathbf{C}^n$，取 $B = I$ 或者 $B = 0$，所以我们可以假设 $1 \leqslant \dim \mathcal{S} \leqslant n - 1$. (b)只要对某个与 A 相似的矩阵证明此蕴含关系就足够了(为什么?)，所以我们可以假设 $A = \begin{bmatrix} A_{11} & A_{12} \\ 0 & A_{22} \end{bmatrix}$，其中 $A_{11} \in M_k$；见 (1.3.17). (c)存在一个非奇异的 $X \in M_n$，使得 $AX = XA^T$，见(3.2.3.1). (d)存在一个非奇异的 $Y \in M_{n-k}$，使得 $YA_{22} = A_{22}^T Y$. 设 $C = 0_k \oplus Y$. (e)$CA = A^T C$. (f)设 $B = XC$. 那么 $AB = AXC = XA^T C = XCA = BA$.

3.2. P31 设给定 $A \in M_n$ 以及一个子空间 $\mathcal{S} \subset \mathbf{C}^n$. 证明：$\mathcal{S}$ 是 A 的一个不变子空间，当且仅当存在一个 $B \in M_n$ 使得 $AB = BA$，且 $\mathcal{S}$ 是 B 的值域.

3.2. P32 设 A，$B \in M_n$，$C = AB - BA$，并假设 A 与 C 可交换. 如果 $n = 2$，证明 A 与 B 可同时上三角化. 问题(2.4. P12(f))表明：如果 $n > 2$，那么 A 与 B **不一定**可以同时三角化.

3.2. P33 设 $A \in M_n$. 说明为什么 A^* 是无损的，当且仅当 A 是无损的.

3.2. P34 设 A，$B \in M_n$，假设 A 是无损的，且 B 与 A 以及 A^* 这两者都是可交换的. 证明 B 是正规的.

3.2. P35 这个问题考虑的是(2.5.17)的部分逆命题. (a)设 $A \in M_n$ 是无损的. 如果 $A\overline{A} = \overline{A}A$ 且 $AA^T = A^T A$，证明 $AA^* = A^* A$，也即 A 是正规的. (b)如果 $A \in M_2$，$A\overline{A} = \overline{A}A$，且 $AA^T = A^T A$，证明 A 是正规的. (c)对 $n = 3$，(b)中的蕴含关系是正确的，不过已知的证明是技巧性的且过程冗

长. 你能找出一个简单的证明吗?(d)设 $B=\begin{bmatrix} 1 & 1 \\ -1 & 1 \end{bmatrix}$ 以及 $C=\begin{bmatrix} 1 & i \\ -i & 1 \end{bmatrix}$,又定义 $A=\begin{bmatrix} B & C \\ 0 & B \end{bmatrix}\in M_4$. 证明 $A\overline{A}=\overline{A}A$ 以及 $AA^{\mathrm{T}}=A^{\mathrm{T}}A$,但是 A 不是正规的.

3.2. P36　设 $A\in M_n$ 是共轭对合的,所以 A 是非奇异的,且 $A=\overline{A}^{-1}$. (a)说明为什么 A 的 Jordan 标准型是形如 $J_k(e^{i\theta})$ 的分块(其中 $\theta\in[0,2\pi)$)与形如 $J_k(\lambda)\oplus J_k(1/\overline{\lambda})$ 的分块(其中 $0\neq|\lambda|\neq 1$)之直和. (b)如果 A 可以对角化,说明为什么它的 Jordan 标准型是形如 $[e^{i\theta}]$ 的分块(其中 $\theta_1,\cdots,\theta_n\in[0,2\pi)$)与形如 $[\lambda]\oplus[1/\overline{\lambda}]$ 的分块(其中 $0\neq|\lambda|\neq 1$)之直和.

3.2. P37　矩阵 $A\in M_n$ 称为是**半收敛的**(semiconvergent),如果 $\lim_{k\to\infty}A^k$ 存在. (a)说明为什么 A 是半收敛的,当且仅当 $\rho(A)\leqslant 1$,又如果 λ 是 A 的一个特征值且 $|\lambda|=1$,那么 $\lambda=1$,且 λ 是半单的. (b)如果 $A\in M_n$ 是半收敛的,证明 $\lim_{k\to\infty}A^k=I-(I-A)(I-A)^D$.

注记以及进一步的阅读参考　有关最优性质(3.2.9.4)的详尽讨论以及等式成立的情形的特征刻画,见 R. Brualdi, P. Pei 以及 X. Zhan, An extremal sparsity property of the Jordan canonical form, *Linear Algebra Appl.* 429 (2008) 2367-2372. 问题 3.2. P21 用实例说明了 AB 与 BA 的幂零部分的 Jordan 结构不一定相同,但是在下述意义上它们不可能有很大的差异:如果 $m_1\geqslant m_2\geqslant\cdots$ 是 AB 的幂零部分的 Jordan 块的阶,而 $n_1\geqslant n_2\geqslant\cdots$ 则是 BA 的幂零部分的 Jordan 块的阶(如果需要,就向其中的某一张表添加一个为零的阶以使得这些表有相同的长度),那么对所有 i 都有 $|m_i-n_i|\leqslant 1$. 有关的讨论以及证明,见 C. R. Johnson 以及 E. Schreiner, The relationship between AB and BA, *Amer. Math. Monthly* 103(1996) 578-582. 有关用 Weyr 特征给出的一个非常不同的证明,见 R. Lippert 以及 G. Strang, The Jordan forms of AB and BA, *Electron. J. Linear Algebra* 18(2009)281-288. (3.2. P31)以及(3.2. P32)中涉及矩阵与它的转置的相似性的论证方法属于 Ignat Domanov,这两个问题的结论就是 P. Halmos, Eigenvectors and adjoints, *Linear Algebra Appl.* 4 (1971)11-15 中的定理 3. 问题 3.2. P34 属于 G. Goodson.

3.3　极小多项式和友矩阵

多项式 $p(t)$ 称为使 $A\in M_n$ **零化**(annihilate),如果 $p(A)=0$. Cayley-Hamilton 定理 2.4.2 保证了:对每个 $A\in M_n$,存在一个 n 次的首 1 多项式 $p_A(t)$(特征多项式),使得 $p_A(A)=0$. 当然,有可能存在一个 $n-1$ 次或者 $n-2$ 次甚至更低次数的首 1 多项式使 A 零化. 我们特别感兴趣的是使 A 零化的最低次数的首 1 多项式. 显然这样一个多项式存在,下面的定理表明它还是唯一的.

定理 3.3.1　设给定 $A\in M_n$. 则存在唯一一个最小次数的首 1 多项式 $q_A(t)$ 使 A 零化. $q_A(t)$ 的次数至多为 n. 如果 $p(t)$ 是任何一个使 $p(A)=0$ 成立的首 1 多项式,那么 $q_A(t)$ 整除 $p(t)$,也即对某个首 1 多项式 $h(t)$ 有 $p(t)=h(t)q_A(t)$.

证明　使 A 零化的首 1 多项式的集合包含 $p_A(t)$,$p_A(t)$ 的次数是 n. 设 $m=\min\{k: p(t)$ 是 k 次的首 1 多项式且 $p(A)=0\}$,则必定有 $m\leqslant n$. 如果 $p(t)$ 是任何一个使 A 零化的首 1 多项式,又如果 $q(t)$ 是一个使 A 零化的 m 次首 1 多项式,那么 $p(t)$ 的次数是 m 或者更高. Euclid 算法确保存在一个首 1 多项式 $h(t)$ 以及一个次数严格小于 m 的多项式 $r(t)$,使得 $p(t)=q(t)h(t)+r(t)$. 但是 $0=p(A)=q(A)h(A)+r(A)=0h(A)+r(A)$,所以 $r(A)=0$. 如果 $r(t)$ 不是零多项式,我们就能将它规范化得到一个次数小于 m 的首 1 零化多项式,这会是个矛盾. 我们断定 $r(t)$ 是零多项式,从而 $q(t)$ 整除 $p(t)$,商为 $h(t)$. 如果存在两个最小次数的使 A 零化的首 1 多项式,这个论证表明它们中每一个都整除另外一个，由于它们次数相同，其中一个必定是另一个的纯量倍数．但由于两者都是首 1 的，纯量因子必为 +1，从而它们是相等的．   □

定义 3.3.2   设给定 $A \in M_n$．使 A 零化的唯一的最小次数首 1 多项式 $q_A(t)$ 称为 A 的极小多项式．

推论 3.3.3   相似矩阵有相同的极小多项式．

证明   如果 A，B，$S \in M_n$，且 $A = SBS^{-1}$，那么 $q_B(A) = q_B(SBS^{-1}) = Sq_B(B)S^{-1} = 0$，所以 $q_B(t)$ 是一个使 A 零化的首 1 多项式，从而 $q_A(t)$ 的次数小于或等于 $q_B(t)$ 的次数．但是 $B = S^{-1}AS$，所以同样的推理表明 $q_B(t)$ 的次数小于或等于 $q_A(t)$ 的次数．从而 $q_A(t)$ 与 $q_B(t)$ 都是使 A 零化的最小次数的首 1 多项式，故而 (3.3.1) 确保它们是相等的．   □

习题   考虑 $A = J_2(0) \oplus J_2(0) \in M_4$ 以及 $B = J_2(0) \oplus 0_2 \in M_4$．说明为什么 A 与 B 有同样的极小多项式，但它们并不相似．   ◀

推论 3.3.4   对每一个 $A \in M_4$，极小多项式 $q_A(t)$ 整除特征多项式 $p_A(t)$．此外，$q_A(\lambda) = 0$ 当且仅当 λ 是 A 的特征值，故而 $p_A(t) = 0$ 的每个根都是 $q_A(t) = 0$ 的根．

证明   由于 $p_A(A) = 0$，由 (3.2.1) 得出如下事实：存在一个多项式 $h(t)$，使得 $p_A(t) = h(t)q_A(t)$．这个分解式使得 $q_A(t) = 0$ 的每个根都是 $p_A(t) = 0$ 的根这一事实变得显然，从而 $q_A(t) = 0$ 的每个根都是 A 的特征值．如果 λ 是 A 的一个特征值，又如果 x 是与之相伴的特征向量，那么 $Ax = \lambda x$，且 $0 = q_A(A)x = q_A(\lambda)x$，所以 $q_A(\lambda) = 0$（因为 $x \neq 0$）．   □

上面这个推论表明，如果特征多项式 $p_A(t)$ 被完全分解成

$$p_A(t) = \prod_{i=1}^{d} (t - \lambda_i)^{s_i}, \quad 1 \leqslant s_i \leqslant n, \quad s_1 + s_2 + \cdots + s_d = n \tag{3.3.5a}$$

其中 λ_1，λ_2，$\cdots$，λ_d 各不相同，那么极小多项式 $q_A(t)$ 必定有形式

$$q_A(t) = \prod_{i=1}^{d} (t - \lambda_i)^{r_i}, \quad 1 \leqslant r_i \leqslant s_i \tag{3.3.5b}$$

这就从理论上对寻求给定矩阵 A 的极小多项式给出一个算法：

1. 首先计算 A 的特征值，包括它们的重数，这或许通过求出特征多项式并将其完全分解即可做到．用某种方法确定分解式 (3.3.5a)．

2. 存在有限多个形如 (3.3.5b) 的多项式．从所有 $r_i = 1$ 的乘积出发，用显式计算来确定使 A 零化的最小次数的乘积，这就是极小多项式．

从数值计算来说，如果它涉及一个大矩阵的特征多项式的因式分解，这就不是一个好的算法，但在处理形式简单的小矩阵的徒手计算时还是非常有效的．在不知悉特征多项式或者不知悉其特征值时计算极小多项式的另一种方法概述在 (3.3.P5) 中．

在 $A \in M_n$ 的 Jordan 标准型与 A 的极小多项式之间存在密切的联系．假设 $A = SJS^{-1}$ 是 A 的 Jordan 标准型，又首先假设 $J = J_n(\lambda)$ 是单独一个 Jordan 块．A 的特征多项式是 $(t - \lambda)^n$，由于当 $k < n$ 时有 $(J - \lambda I)^k \neq 0$，所以 J 的极小多项式也是 $(t - \lambda)^n$．然而，如果 $J = J_{n_1}(\lambda) \oplus J_{n_2}(\lambda) \in M_n$（其中 $n_1 \geqslant n_2$），则 J 的特征多项式仍然是 $(t - \lambda)^n$，但现在有 $(J - \lambda I)^{n_1} = 0$，且没有更低次的幂变为零．这样一来，$J$ 的极小多项式也是 $(t - \lambda)^{n_1}$．如果对特征值 λ 有多个 Jordan 块，则有相同结论：J 的极小多项式是 $(t - \lambda)^r$，其中 r 是与 λ 对应的最大 Jordan 块的阶．如果 J 是一般的 Jordan 矩阵，其极小多项式必定包含因子

$(t-\lambda_i)^{r_i}$（对每一个不同的特征值 λ_i）；而 r_i 必定是与 λ_i 对应的最大 Jordan 块的阶；没有更低的幂能零化与 λ_i 对应的所有 Jordan 块，而且也不需要更高的幂. 由于相似矩阵有相同的极小多项式，我们就证明了下面的定理.

定理 3.3.6 设 $A \in M_n$ 是一个给定的矩阵，其不同的特征值是 $\lambda_1 \cdots \lambda_d$. 则 A 的极小多项式是

$$q_A(t) = \prod_{i=1}^{d} (t-\lambda_i)^{r_i} \tag{3.3.7}$$

其中 r_i 是 A 的与特征值 λ_i 对应的最大 Jordan 块的阶.

实际上，这个结果在计算极小多项式时没有太多的帮助，因为通常确定一个矩阵的 Jordan 标准型比确定它的极小多项式更为困难. 的确，如果仅仅知道矩阵的特征值，它的极小多项式就可以通过简单的试错法确定. 然而，这个结果有一些有重要理论价值的推论. 由于一个矩阵可对角化当且仅当它所有 Jordan 块的阶均为 1，所以矩阵可对角化的一个充分必要条件就是 (3.3.7) 中所有的 $r_i = 1$.

推论 3.3.8 设 $A \in M_n$ 有不同的特征值 λ_1，$\lambda_2 \cdots$，λ_d，又令

$$q(t) = (t-\lambda_1)(t-\lambda_2) \cdots (t-\lambda_d) \tag{3.3.9}$$

那么，A 可对角化当且仅当 $q(A) = 0$.

这个判别法对于判断一个给定的矩阵是否可以对角化是有实际用途的，只要我们知道它不同的特征值：构造多项式 (3.3.9) 并观察它是否使 A 零化. 如果它使 A 零化，它必定就是 A 的极小多项式，这是因为没有更低次数的多项式能以 A 的所有不同的特征值作为其零点了. 如果它不能使 A 零化，那么 A 不可对角化. 将此结果总结成若干等价的形式是有助益的.

推论 3.3.10 设 $A \in M_n$，而 $q_A(t)$ 是它的极小多项式. 则以下诸结论等价：

(a) $q_A(t)$ 是不同线性因子的乘积.

(b) A 的每一个特征值作为 $q_A(t) = 0$ 的根的重数都是 1.

(c) 对 A 的每个特征值 λ，都有 $q_A'(\lambda) = 0$.

(d) A 可以对角化.

对给定的 $A \in M_n$，我们迄今正在考虑的是寻求使 A 零化的最小次数的首 1 多项式. 但是对于其逆，我们能说什么呢？给定一个首 1 多项式

$$p(t) = t^n + a_{n-1}t^{n-1} + a_{n-2}t^{n-2} + \cdots + a_1 t + a_0 \tag{3.3.11}$$

是否存在一个矩阵 A，使得它以 $p(t)$ 作为它的极小多项式呢？若如是，则 A 的大小必定至少是 $n \times n$. 考虑

$$A = \begin{bmatrix} 0 & & & & -a_0 \\ 1 & 0 & & & -a_1 \\ & 1 & \ddots & & \vdots \\ & & \ddots & 0 & -a_{n-2} \\ 0 & & & 1 & -a_{n-1} \end{bmatrix} \in M_n \tag{3.3.12}$$

并注意到

$$Ie_1 \quad = e_1 = \quad A^0 e_1$$
$$Ae_1 \quad = e_2 = \quad A e_1$$
$$Ae_2 \quad = e_3 = \quad A^2 e_1$$
$$Ae_3 \quad = e_4 = \quad A^3 e_1$$
$$\vdots \qquad \vdots \qquad \vdots$$
$$Ae_{n-1} \quad = e_n = \quad A^{n-1} e_1$$

进一步有

$$Ae_n = -a_{n-1} e_n - a_{n-2} e_{n-1} - \cdots - a_1 e_2 - a_0 e_1$$
$$= -a_{n-1} A^{n-1} e_1 - a_{n-2} A^{n-2} e_1 - \cdots - a_1 A e_1 - a_0 e_1 = A^n e_1$$
$$= (A^n - p(A)) e_1$$

于是

$$P(A) e_1 = (a_0 e_1 + a_1 A e_1 + a_2 A^2 e_1 + \cdots + a_{n-1} A^{n-1} e_1) + A^n e_1$$
$$= (p(A) - A^n) e_1 + (A^n - p(A)) e_1 = 0$$

此外，对每个 $k=1, 2, \cdots, n$ 有 $p(A)e_k = p(A) A^{k-1} e_1 = A^{k-1} p(A) e_1 = A^{k-1} 0 = 0$. 由于对每个基向量 e_k 有 $p(A)e_k = 0$，我们断定有 $p(A) = 0$. 从而 $p(t)$ 是使 A 零化的 n 次首 1 多项式. 如果存在一个更低次数 $m < n$ 且使 A 零化的多项式 $q(t) = t^m + b_{m-1} t^{m-1} + \cdots + b_1 t + b_0$，那么

$$0 = q(A) e_1 = A^m e_1 + b_{m-1} A^{m-1} e_1 + \cdots + b_1 A e_1 + b_0 e_1$$
$$= e_{m+1} + b_{m-1} e_m + \cdots + b_1 e_2 + b_0 e_1 = 0$$

而这是不可能的，因为 $e_1, \cdots, e_{m+1}$ 是线性无关的. 我们断言：n 次多项式 $p(t)$ 是使 A 零化的**最低**次数的首 1 多项式，所以它就是 A 的极小多项式. 特征多项式 $p_A(t)$ 也是一个使 A 零化的 n 次首 1 多项式，故而(3.3.1)确保 $p(t)$ 也是矩阵(3.3.12)的特征多项式.

定义 3.3.13 矩阵(3.3.12)称为多项式(3.3.11)的**友矩阵**(companion matrix).

我们已经证明了下面的结论.

定理 3.3.14 每一个首 1 多项式既是它的友矩阵的极小多项式，又是它的友矩阵的特征多项式.

如果 $A \in M_n$ 的极小多项式的次数为 n，那么(3.3.7)中的指数满足 $r_1 + \cdots + r_d = n$；也就是说，与每一个特征值对应的**最大的** Jordan 块就是与每一个特征值对应的**唯一的** Jordan 块. 这样的矩阵是无损的. 特别地，每一个友矩阵都是无损的. 当然，不一定每个无损的矩阵 $A \in M_n$ 都是友矩阵，但是 A 与 A 的特征多项式的友矩阵 C 有同样的 Jordan 标准型(与每一个不同的特征值 λ_i 对应的只有一个分块 $J_{r_i}(\lambda_i)$)，所以 A 与 C 相似.

习题 给出下面定理的证明细节.

定理 3.3.15 设 $A \in M_n$ 有极小多项式 $q_A(t)$ 以及特征多项式 $p_A(t)$. 则下面诸结论等价：

(a) $q_A(t)$ 的次数为 n.

(b) $p_A(t) = q_A(t)$.

(c) A 是无损的.

(d) A 与 $p_A(t)$ 的友矩阵相似.

问题

3.3.P1　设 A，$B \in M_3$ 是幂零的. 证明：A 与 B 相似当且仅当 A 与 B 有相同的极小多项式. 此结论在 M_4 中为真吗？

3.3.P2　假设 $A \in M_n$ 有不同的特征值 $\lambda_1, \cdots, \lambda_d$. 说明为什么 A 的极小多项式(3.3.7)由如下算法确定：对每一个 $i = 1, \cdots, d$，计算 $(A - \lambda_i I)^k$(对 $k = 1, \cdots, n$). 设 r_i 是使得 $\mathrm{rank}(A - \lambda_i I)^k = \mathrm{rank}(A - \lambda_i I)^{k+1}$ 成立的 k 的最小值.

195

3.3.P3　利用(3.3.10)证明：每一个射影矩阵(幂等矩阵)都是可对角化的. A 的极小多项式是什么？如果 A 是**三次幂等的**(tripotent)($A^3 = A$)，你有何结论？如果 $A^k = A$ 呢？

3.3.P4　如果 $A \in M_n$ 且对某个 $k > n$ 有 $A^k = 0$，利用极小多项式的性质说明为什么对某个 $r \leqslant n$ 有 $A^r = 0$.

3.3.P5　证明：Gram-Schmidt 方法的如下应用使得可以在不知道 A 的特征多项式或者不知道它的任何一个特征值时计算出给定矩阵 $A \in M_n$ 的极小多项式.

(a) 设定义如下的映射：$T: M_n \to \mathbf{C}^{n^2}$：对任何 $A \in M_n$ 按照它的列分划成 $A = [a_1 \ \cdots \ a_n]$，用 $T(A)$ 来记 $\mathbf{C}^{n^2}$ 中一个唯一的向量，这个向量的前 n 个元素是第一列 a_1 的元素，它的从第 $n+1$ 个到第 $2n$ 个元素是第二列 a_2 的元素，依此下去. 证明：这个映射 T 是向量空间 M_n 与 $\mathbf{C}^{n^2}$ 之间的一个同构(线性的、1 对 1 的且是满的).

(b) 对 $k = 0, 1, 2 \cdots, n$ 考虑 $\mathbf{C}^{n^2}$ 中的向量
$$v_0 = T(I), v_1 = T(A), v_2 = T(A^2), \cdots, v_k = T(A^k), \cdots$$
利用 Cayley-Hamilton 定理证明：向量 v_0，$v_1 \cdots$，v_n 是线性相关的.

(c) 将 Gram-Schmidt 方法应用于向量组 v_0，v_1，$\cdots$，v_n，直至产生出第一个零向量停止. 为什么必定会产生出一个零向量？

(d) 如果在 Gram-Schmidt 方法的第 k 步产生出第一个零向量，证明 $n-1$ 就是 A 的极小多项式的次数.

(e) 如果在 Gram-Schmidt 方法的第 k 步产生出向量 $\alpha_0 v_0 + \alpha_1 v_1 + \cdots + \alpha_{k-1} v_{k-1} = 0$，证明
$$T^{-1}(\alpha_0 v_0 + \alpha_1 v_1 + \cdots + \alpha_{k-1} v_{k-1}) = \alpha_0 I + \alpha_1 A + \alpha_2 A^2 + \cdots + \alpha_{k-1} A^{k-1} = 0$$
并得出结论：$q_A(t) = (\alpha_{k-1} t^{k-1} + \cdots \alpha_2 t^2 + \alpha_1 t + \alpha_0)/\alpha_{k-1}$ 就是 A 的极小多项式. 为什么 $\alpha_{k-1} \neq 0$?

3.3.P6　执行(3.3.P5)中的算法所要求的计算，从而确定 $\begin{bmatrix} 1 & 1 \\ 0 & 2 \end{bmatrix}$、$\begin{bmatrix} 1 & 1 \\ 0 & 1 \end{bmatrix}$ 以及 $\begin{bmatrix} 1 & 0 \\ 0 & 1 \end{bmatrix}$ 的极小多项式.

3.3.P7　考虑 $A = \begin{bmatrix} 0 & 1 \\ 0 & 0 \end{bmatrix}$ 以及 $B = \begin{bmatrix} 0 & 0 \\ 0 & 1 \end{bmatrix}$，证明 AB 与 BA 的极小多项式不一定相同. 然而，如果 $C, D \in M_n$，为什么 CD 与 DC 的特征多项式必定相同？

3.3.P8　设 $A_i \in M_{n_i}(i = 1, \cdots, k)$，又令 $q_{A_i}(t)$ 是每个 A_i 的极小多项式. 证明：$A = A_1 \oplus \cdots \oplus A_k$ 的极小多项式是 $q_{A_1}(t), \cdots, q_{A_k}(t)$ 的最小公倍式. 这就是可以被每个 $q_i(t)$ 整除的唯一的有最小次数的首 1 多项式. 利用这个结果对(1.3.10)给出一个不同的证明.

3.3.P9　如果 $A \in M_5$ 有特征多项式 $p_A(t) = (t-4)^3(t+6)^2$ 以及极小多项式 $q_A(t) = (t-4)^2(t+6)$，A 的 Jordan 标准型是什么？

196

3.3.P10　通过直接计算证明：多项式(3.3.11)是友矩阵(3.3.12)的特征多项式.

3.3.P11　设 $A \in M_n$ 是(3.3.11)中的多项式 $p(t)$ 的友矩阵(3.3.12). 设 K_n 是 $n \times n$ 反序矩阵. 设 $A_2 = K_n A K_n$，$A_3 = A^T$ 以及 $A_4 = K_N A^T K_n$. (a)将 A_2，A_3 以及 A_4 写成如同(3.3.12)中的显式阵列形式. (b)说明为什么 $p(t)$ 既是 A_2，A_3 以及 A_4 的极小多项式，也是它们的特征多项式，A_2，A_3 以及 A_4 中的每一个在文献中都是作为**友矩阵**的另一种定义遇到的.

3.3. P12　设 A，$B \in M_n$．假设 $p_A(t) = p_B(t) = q_A(t) = q_B(t)$．说明为什么 A 与 B 是相似的．利用这个事实证明：上一个问题中提到的另一种形式的友矩阵全都与(3.3.12)相似．

3.3. P13　说明为什么任何 n 个复数都可以是一个 $n \times n$ 友矩阵的特征值．然而，友矩阵的奇异值受到某些很强的限制．将友矩阵（3.3.12）表示成分块矩阵 $A = \begin{bmatrix} 0 & -a_0 \\ I_{n-1} & \xi \end{bmatrix}$，其中 $\xi = [-a_1 \ \cdots \ -a_{n-1}]^{\mathrm{T}} \in \mathbf{C}^{n-1}$．验证 $A^* A = \begin{bmatrix} I_{n-1} & \xi \\ \xi^* & s \end{bmatrix}$，其中 $s = |a_0|^2 + \|\xi\|_2^2$．设 $\sigma_1 \geqslant \cdots \geqslant \sigma_n$ 表示 A 的有序排列的奇异值．(a)证明 $\sigma_2 = \cdots = \sigma_{n-1} = 1$ 以及

$$\sigma_1^2, \sigma_n^2 = \frac{1}{2}\left(s + 1 \pm \sqrt{(s+1)^2 - 4|a_0|^2}\right) \tag{3.3.16}$$

另一种方法是利用交错不等式(4.3.18)证明：$A^* A$ 的特征值 1 的重数至少是 $n-2$．通过 $A^* A$ 的迹与行列式确定另外两个特征值．(b)验证 $\sigma_1 \sigma_n = |a_0|$，$\sigma_1^2 + \sigma_n^2 = s + 1$，且 $\sigma_1 \geqslant 1 \geqslant \sigma_n$，其中两个不等式是严格的，如果 $\xi \neq 0$．(c)公式(3.3.16)表明：友矩阵的奇异值只与它的元素的绝对值有关．通过一个适当形式与 A 对角的酉等价，用一种不同的方法证明此结论．问题 5.6. P28 以及 5.6. P31 利用(3.3.16)给出了多项式零点的界限．

3.3. P14　设 $A \in M_n$ 是友矩阵(3.3.12)．证明：(a)如果 $n=2$，那么 A 是正规的，当且仅当 $|a_0|=1$ 以及 $a_1 = -a_0 \bar{a}_1$；它是酉矩阵当且仅当 $|a_0|=1$ 以及 $a_1 = 0$；(b)如果 $n \geqslant 3$，则 A 是正规的当且仅当 $|a_0|=1$ 以及 $a_1 = \cdots = a_{n-1} = 0$，即当且仅当 $p_A(t) = t^n - c$ 以及 $|c|=1$；(c)如果 $n \geqslant 3$ 且 A 是正规的，那么 A 是酉矩阵，且存在一个 $\varphi \in [0, 2\pi/n)$，使得 A 的特征值是 $e^{i\varphi} e^{2\pi i k/n}$，$k = 0$，$1$，$\cdots$，$n-1$．

3.3. P15　设给定 $A \in M_n$，又设 $P(A) = \{p(A) : p(t)$ 是多项式$\}$．证明 $P(A)$ 是 M_n 的子代数：**由 A 生成的子代数**．说明为什么 $P(A)$ 的维数是 A 的极小多项式的次数，从而 $\dim P(A) \leqslant n$．

3.3. P16　如果 A，B，$C \in M_n$ 且存在多项式 $p_1(t)$ 与 $p_2(t)$，使得 $A = p_1(C)$ 以及 $B = p_2(C)$，那么 A 与 B 可交换．是否每一对可交换的矩阵都以这种方式出现？给出下面两个可交换的 3×3 矩阵（它们**不是**第三个矩阵的多项式）的构造细节：(a)设 $A = J_2(0) \oplus J_1(0)$ 以及 $B = J_3(0)^2$．证明 $AB = BA = A^2 = B^2 = 0$；$\{I, A, B\}$ 是 $\mathcal{A}(A, B)$ 的一组基，后者是由 A 与 B 生成的代数；而 $\dim \mathcal{A}(A, B) = 3$．(b)如果存在一个 $C \in M_3$ 以及多项式 $p_1(t)$ 和 $p_2(t)$，使得 $A = p_1(C)$ 以及 $B = p_2(C)$，那么 $\mathcal{A}(A, B) \subset P(C)$，所以 $\dim P(C) \geqslant 3$；$\dim P(C) = 3$；$\mathcal{A}(A, B) = P(C)$．(c)设 $C = \gamma I + \alpha A + \beta B$．那么 $(C - \gamma I)^2 = 0$，C 的极小多项式的次数至多为 2，且 $\dim P(C) \leqslant 2$．矛盾．

197

3.3. P17　说明为什么与友矩阵 C 可交换的任意矩阵必定是 C 的多项式．

3.3. P18　Newton 恒等式(2.4.18)和(2.4.19)可以通过对友矩阵应用标准的矩阵分析恒等式来证明．采用(2.4.P3)和(2.4.P9)的记号，并设 $A \in M_n$ 是 $p(t) = t^n + a_{n-1}t^{n-1} + \cdots + a_1 t + a_0$ 的友矩阵．对下面的论证提供细节：(a)由于 $p(t) = p_A(t)$，我们有 $p(A) = 0$ 和 $0 = \mathrm{tr}(A^k p(A)) = \mu_{n+k} + a_{n-1}\mu_{n+k-1} + \cdots + a_1 \mu_{k+1} + a_0 \mu_k$（对 $k = 0$，1，2，$\cdots$），这就是(2.4.19)．(b)利用(2.4.13)证明

$$\mathrm{tr}(\mathrm{adj}(tI - A)) = n t^{n-1} + \mathrm{tr}A_{n-2} t^{n-2} + \cdots + \mathrm{tr}A_1 t + \mathrm{tr}A_0 \tag{3.3.17}$$

并利用(2.4.17)证明 $\mathrm{tr}A_{n-k-1} = \mu_k + a_{n-1}\mu_{k-1} + \cdots + a_{n-k+1}\mu_1 + n a_{n-k}$，它是(3.3.17)右边 t^{n-k-1} 的系数（对 $k = 1$，$\cdots$，$n-1$）．利用(0.8.10.2)证明 $\mathrm{tr}(\mathrm{adj}(tI - A)) = n t^{n-1} + (n-1)a_{n-1}t^{n-2} + \cdots + 2a_2 t + a_1$，所以 $(n-k)a_{n-k}$ 是(3.3.17)左边 t^{n-k-1} 的系数（对 $k = 1$，$\cdots$，$n-1$）．导出结论 $(n-k)a_{n-k} = \mu_k + a_{n-1}\mu_{k-1} + \cdots + a_{n-k+1}\mu_1 + n a_{n-k}$（对 $k = 1$，$\cdots$，$n-1$），它等价于(2.4.17)．

3.3. P19　设 A，$B \in M_n$，并设 $C = AB - BA$ 是它们的换位子．在(2.4.P12)中我们知道了如果 C 与 A 可

交换，或者与 B 可交换，那么 $C^n = 0$. 如果 C 与 A 以及 B 两者都可交换，证明 $C^{n-1} = 0$. 如果 $n = 2$ 结果如何？

3.3.P20 设 A，$B \in M_n$ 是友矩阵（3.3.12），并设 $\lambda \in \mathbf{C}$.（a）证明：λ 是 A 的特征值，当且仅当 $x_\lambda = \begin{bmatrix} 1 & \lambda & \lambda^2 & \cdots & \lambda^{n-1} \end{bmatrix}^{\mathrm{T}}$ 是 A^{T} 的特征向量.（b）如果 λ 是 A 的特征值，证明：A^{T} 的每个与 λ 相伴的特征向量都是 x_λ 的纯量倍数. 由此推出 A 的每个特征值的几何重数都是 1.（c）说明为什么 A^{T} 与 B^{T} 有一个共同的特征向量的充分必要条件是：它们有一个共同的特征值.（d）如果 A 与 B 可交换，为什么 A 必定与 B 有一个共同的特征值？

3.3.P21 设 $n \geqslant 2$，而 C_n 则是 $p(t) = t^n + 1$ 的友矩阵（3.3.12），设 $L_n \in M_n$ 是严格下三角矩阵，它的主对角线以下的元素全都等于 $+1$，设 $E_n = L_n - L_n^{\mathrm{T}}$，又设 $\theta_k = \dfrac{\pi}{n}(2k+1)$，$k = 0$，$1$，$\cdots$，$n-1$. 给出下面 E_n 的谱半径等于 $\cot \dfrac{\pi}{2n}$ 的证明细节.（a）C_n 的特征值是 $\lambda_k = \mathrm{e}^{\mathrm{i}\theta_k}$，$k = 0$，$1$，$\cdots$，$n-1$，与它们相伴的特征向量分别是 $x_k = \begin{bmatrix} 1 & \lambda_k & \cdots & \lambda_k^{n-1} \end{bmatrix}^{\mathrm{T}}$.（b）$E_n = C_n + C_n^2 + \cdots + C_n^{n-1}$ 有特征向量 x_k，$k = 0$，1，$\cdots$，$n-1$，与之相伴的特征值分别是

$$\lambda_k + \lambda_k^2 + \cdots + \lambda_k^{n-1} = \frac{\lambda_k - \lambda_k^n}{1 - \lambda_k} = \frac{1 + \lambda_k}{1 - \lambda_k} = \frac{\mathrm{e}^{-\mathrm{i}\theta_k/2} + \mathrm{e}^{\mathrm{i}\theta_k/2}}{\mathrm{e}^{-\mathrm{i}\theta_k/2} - \mathrm{e}^{\mathrm{i}\theta_k/2}} = \mathrm{i} \cot \frac{\theta_k}{2}$$

（对 $k = 0$，1，$\cdots$，$n-1$）.（c）$\rho(E_n) = \cot \dfrac{\pi}{2n}$.

3.3.P22 设 $A \in M_n$. 说明为什么 A 的极小多项式的次数至多为 $\mathrm{rank} A + 1$，并用例子说明：这个关于次数的上界对于奇异矩阵来说已经是最好可能的结果：对每个 $r = 0$，1，$\cdots$，$n-1$，存在某个 $A \in M_n$，使得 $\mathrm{rank} A = r$，且 $q_A(t)$ 的次数为 $r+1$.

3.3.P23 证明：友矩阵可以对角化，当且仅当它有不同的特征值.

3.3.P24 利用（3.3.4）前面一个习题中的例子证明：存在不相似的 A，$B \in M_n$，使得对每一个多项式 $p(t)$ 都有 $p(A) = 0$ 的充分必要条件是 $p(B) = 0$.

3.3.P25 如果 $a_0 \neq 0$，证明（3.3.12）中友矩阵的逆是

$$A^{-1} = \begin{bmatrix} \dfrac{-a_1}{a_0} & 1 & 0 & \cdots & 0 \\ \dfrac{-a_2}{a_0} & 0 & 1 & & 0 \\ \vdots & \vdots & \ddots & \ddots & \\ \dfrac{-a_{n-1}}{a_0} & 0 & & \ddots & 1 \\ \dfrac{-1}{a_0} & 0 & \cdots & & 0 \end{bmatrix} \tag{3.3.18}$$

且它的特征多项式是

$$t^n + \frac{a_1}{a_0} t^{n-1} + \cdots + \frac{a_{n-1}}{a_0} t + \frac{1}{a_0} = \frac{t^n}{a_0} p_A(t^{-1}) \tag{3.3.19}$$

3.3.P26 这个问题是（2.4.P16）的推广. 设 λ_1，$\cdots$，λ_d 是 $A \in M_n$ 的不同的特征值，又设 $q_A(t) = (t - \lambda_1)^{\mu_1} \cdots (t - \lambda_d)^{\mu_d}$ 是 A 的极小多项式. 对 $i = 1$，$\cdots$，d，设 $q_i(t) = q_A(t)/(t - \lambda_i)$，又设 ν_i 表示 A 的 Jordan 标准型中 Jordan 块 $J_{\mu_i}(\lambda_i)$ 的个数. 证明：（a）对每个 $i = 1$，$\cdots$，d，$q_i(A) \neq 0$，它的每一个非零的列都是 A 的一个与 λ_i 相伴的特征向量，且它的每一个非零的行都是 A 的一个与 λ_i 相伴的左特征向量的复共轭；（b）对每个 $i = 1$，$\cdots$，d，$q_i(A) = X_i Y_i^*$，其中 X_i，$Y_i \in M_{n, \nu_i}$，它们每一个的秩都是 ν_i，$A X_i = \lambda_i X_i$，且 $Y_i^* A = \lambda_i Y_i^*$；（c）$\mathrm{rank} q_i(A) = \nu_i$，$i = 1$，$\cdots$，$d$；（d）如

198

果对某个 $i=1$，…，d 有 $\nu_i=1$，那么就存在一个多项式 $p(t)$，使得 $\mathrm{rank}\,p(A)=1$；(e)如果 A 是无损的，那么就存在一个多项式 $p(t)$，使得 $\mathrm{rank}\,p(A)=1$；(f)(d)中结论的逆命题也成立——你能证明它吗？

3.3.P27 通过引进辅助变量 $x_1=y$，$x_2=y'$，…，$x_n=y^{(n-1)}$，可以将含有一个实参数 t 的复值函数 $y(t)$ 的 n 阶线性齐次常微分方程

$$y^{(n)}+a_{n-1}y^{(n-1)}+a_{n-2}y^{(n-2)}+\cdots+a_1y'+a_0y=0$$

变换成一个一阶齐次常微分方程组 $x'=Ax$，$A\in M_n$，$x=[x_1\ \cdots\ x_n]^{\mathrm{T}}$．执行这个变换，并证明 A^{T} 是友矩阵(3.3.12)．

3.3.P28 假设 $K\in M_n$ 是一个对合矩阵．说明为什么 K 可以对角化，以及为什么 K 相似于 $I_m\oplus(-I_{n-m})$(对某个 $m\in\{0,1,\cdots,n\}$)．

3.3.P29 假设 A，$K\in M_n$，K 是对合矩阵，且 $A=KAK$．证明：(a)存在某个 $m\in\{0,1,\cdots,n\}$ 以及矩阵 $A_{11}\in M_m$，$A_{22}\in M_{n-m}$，使得 A 与 $A_{11}\oplus A_{22}$ 相似，而 KA 与 $A_{11}\oplus(-A_{22})$ 相似；(b)λ 是 A 的特征值，当且仅当或者 $+\lambda$，或者 $-\lambda$ 是 KA 的特征值；(c)如果 $A\in M_n$ 是中心对称的 (0.9.10)，且 $K=K_n$ 是反序矩阵(0.9.5.1)，那么 λ 是 A 的特征值，当且仅当或者 $+\lambda$，或者 $-\lambda$ 是 K_nA 的特征值，K_nA 表示 A 的行按照相反次序排列．

3.3.P30 假设 A，$K\in M_n$，K 是对合矩阵，且 $A=-KAK$．证明：(a)存在某个 $m\in\{0,1,\cdots,n\}$ 以及矩阵 $A_{12}\in M_{m,n-m}$，$A_{21}\in M_{n-m,m}$，使得 A 与 $\mathcal{B}=\begin{bmatrix}0_m&A_{12}\\A_{21}&0_{n-m}\end{bmatrix}$ 相似，而 KA 则与

$\begin{bmatrix}0_m&A_{12}\\-A_{21}&0_{n-m}\end{bmatrix}$ 相似；(b)A 与 iKA 相似，所以 λ 是 A 的特征值，当且仅当 $i\lambda$ 是 KA 的特征值；(c)如果 $A\in M_n$ 是斜中心对称的(0.9.10)且 K_n 是反序矩阵(0.9.5.1)，那么 A 与 iK_nA 相似(从而 λ 是 A 的特征值，当且仅当 $i\lambda$ 是 K_nA 的特征值，K_nA 表示 A 的行按照相反次序排列)．

3.3.P31 证明：不存在实的 3×3 矩阵以 x^2+1 为其极小多项式，不过，既存在一个实的 2×2 矩阵，也存在一个复的 3×3 矩阵具有这个性质．

3.3.P32 设 λ_1，…，λ_d 是给定的 $A\in M_n$ 的不同的特征值．将 A 的 Jordan 标准型中的 $N=w_1(A,\lambda_1)+\cdots+w_1(A,\lambda_d)$ 个块列成表．对于 $j=1,2,\cdots$ 直到这张表中没有剩下的块为止(这必定对某个 $j=r\leqslant N$ 发生)，执行下面两个步骤：(i)对每个 $k=1$，…，d，如果表中有一个与特征值 λ_k 相关的分块在此表中，就从表中去掉其中最大的那个分块；(ii)用 J_j 表示那些(至多 d 个)从(i)的这张表中去掉的 Jordan 分块的直和，设 $p_j(t)$ 表示 J_j 的特征多项式，并设 C_j 表示 $p_j(t)$ 的友矩阵．说明为什么：(a)每一个矩阵 J_j 都是无损的；(b)每一个 J_j 都与 C_j 相似；(c)A 与 $F=C_1\oplus\cdots\oplus C_r$ 相似；(d)$p_1(t)$ 是 A 的极小多项式，而 $p_1(t)\cdots p_r(t)$ 是 A 的特征多项式；(e)如果 A 是实的，则 F 是实的；(f)对每个 $j=1$，…，$r-1$，$p_{j+1}(t)$ 都整除 $p_j(t)$；(g)如果 $F'=C_1'\oplus\cdots\oplus C_s'$ 是友矩阵的直和，如果 F 与 A 相似，且对每个 $j=1$，…，s，$p_{C_{j+1}'}(t)$ 都整除 $p_{C_j'}(t)$，那么 $F'=F$．多项式 $p_1(t)\cdots p_r(t)$ 称为 A 的**不变因子**(invariant factor)．尽管我们利用了 A 的 Jordan 标准型(从而用到它的特征值)构造 F，但 A 的特征值并不明显地出现在 F 中．事实上，我们可以仅仅对 A 的元素用有限多次有理运算就可以计算出 A 的不变因子(从而计算出友矩阵 C_1，…，C_r)，而无须知道它的特征值．如果 A 是实的，那么那些有理运算也仅涉及实数；如果 A 的元素在域 $\mathbf{F}$ 中，则那些有理运算也仅仅涉及 $\mathbf{F}$ 中的元素．矩阵 F 称为 A 的**有理标准型**(rational canonical form)．

3.3.P33 设 z_1，…，z_n 是(3.3.11)中多项式 p 的零点．证明

$$\frac{1}{n}\sum_{i=1}^{n}|z_i|^2\leqslant 1-\frac{1}{n}+\frac{1}{n}\sum_{i=0}^{n-1}|a_i|^2<1+\max_{0\leqslant i\leqslant n-1}|a_i|^2$$

3.3. P34 设 A，$B \in M_n$，令 $C = AB - BA$，考虑 A 的极小多项式 (3.3.5b)，又设 $m = 2\max\{r_1, \cdots, r_d\} - 1$. 如果 A 与 C 可交换，已知 $C^m = 0$. 由这个事实推导出 (2.4. P12(a，c)) 中的结论.

3.3. P35 设 $A \in M_n$ 并假设 $\mathrm{rank} A = 1$. 证明：A 的极小多项式是 $q_A(t) = t(t - \mathrm{tr} A)$，并导出结论：$A$ 可对角化，当且仅当 $\mathrm{tr} A \neq 0$.

进一步的阅读参考 (3.3.16) 的第一个证明在 F. Kittaneh，Singular values of companion matrices and bounds on zeroes of polynomials，*SIAM J. Matrix Anal. Appl.* 16(1995)333-340 之中. 有关任意域上的矩阵的有理标准型的讨论，见 Hoffman 与 Kunze(1971) 中的 7.2 节，或者 Turnbull 与 Aitken(1945) 中的 V.4 节. (3.3. P34) 中提到的结果是在 J. Bračič 以及 B. Kuzma，Localizations of the Kleinecke- Shirokov theorem，*Oper. Matrices* 1(2007)385-389 中证明的.

200

3.4 实 Jordan 标准型与实 Weyr 标准型

在这一节里，我们讨论对于实矩阵的实形式的 Jordan 标准型，也讨论关于复矩阵的另外一种形式的 Jordan 标准型，它在与交换性有关的问题中特别有用.

3.4.1 实 Jordan 标准型

假设 $A \in M_n(\mathbf{R})$，所以任何非实的特征值必定成对共轭出现. 对任何 $\lambda \in \mathbf{C}$ 以及所有 $k = 1$，2，$\cdots$ 我们有 $\mathrm{rank}(A - \lambda I)^k = \mathrm{rank}\,\overline{(A - \lambda I)^k} = \mathrm{rank}\,\overline{(A - \lambda I)}^k = \mathrm{rank}(A - \bar{\lambda} I)^k$，所以 A 的与任何复的共轭特征值对相关的 Weyr 特征都是相同的（即对所有 $k = 1$，2，$\cdots$ 有 $w_k(A, \lambda) = w_k(A, \bar{\lambda})$）. 引理 3.1.18 确保 A 的与任何特征值 λ 相伴的 Jordan 构造以及 A 的与特征值 $\bar{\lambda}$ 相伴的 Jordan 构造是相同的（即对所有 $k = 1$，2，$\cdots$ 有 $s_k(A, \lambda) = s_k(A, \bar{\lambda})$）. 于是，$A$ 的各种阶的有非实特征值的 Jordan 分块中，同阶的分块总是共轭成对出现.

例如，如果 λ 是 $A \in M_n(\mathbf{R})$ 的一个非实的特征值，又如果在 A 的 Jordan 标准型中有 k 个分块 $J_2(\lambda)$，那么有 k 个 Jordan 块 $J_2(\bar{\lambda})$. 分块对角矩阵

$$\begin{bmatrix} J_2(\lambda) & \\ & J_2(\bar{\lambda}) \end{bmatrix} = \begin{bmatrix} \lambda & 1 & & \\ 0 & \lambda & & \\ \hline & & \bar{\lambda} & 1 \\ & & 0 & \bar{\lambda} \end{bmatrix}$$

置换相似于（交换 2、3 行以及 2、3 列）分块上三角矩阵

$$\begin{bmatrix} \lambda & 0 & 1 & 0 \\ 0 & \bar{\lambda} & 0 & 1 \\ \hline & & \lambda & 0 \\ & & 0 & \bar{\lambda} \end{bmatrix} = \begin{bmatrix} D(\lambda) & I_2 \\ & D(\lambda) \end{bmatrix}$$

其中 $D(\lambda) = \begin{bmatrix} \lambda & 0 \\ 0 & \bar{\lambda} \end{bmatrix} \in M_2$.

一般来说，形如

$$\begin{bmatrix} J_k(\lambda) & \\ & J_k(\bar{\lambda}) \end{bmatrix} \in M_{2k} \tag{3.4.1.1}$$

的 Jordan 矩阵置换相似于分块上三角（分块双对角）矩阵

$$\begin{bmatrix} D(\lambda) & I_2 & & & \\ & D(\lambda) & I_2 & & \\ & & \ddots & \ddots & \\ & & & \ddots & I_2 \\ & & & & D(\lambda) \end{bmatrix} \in M_{2k} \tag{3.4.1.2}$$

它在分块主对角线上有 k 个 2×2 的块 $D(\lambda)$, 且在分块超对角线上有 $k-1$ 个分块 I_2.

设 $\lambda=a+ib$, a, $b\in\mathbf{R}$. 计算表明 $D(\lambda)$ 相似于实矩阵

$$C(a,b):=\begin{bmatrix} a & b \\ -b & a \end{bmatrix}=SD(\lambda)S^{-1} \tag{3.4.1.3}$$

其中 $S=\begin{bmatrix} -\mathrm{i} & -\mathrm{i} \\ 1 & -1 \end{bmatrix}$, 而 $S^{-1}=\dfrac{1}{2\mathrm{i}}\begin{bmatrix} -1 & \mathrm{i} \\ -1 & -\mathrm{i} \end{bmatrix}$. 此外, 对非实的 λ, 每一个形如 (3.4.1.2) 的分块矩阵都通过相似矩阵 $S\oplus\cdots\oplus S(k$ 个直和项) 与形如

$$C_k(a,b):=\begin{bmatrix} C(a,b) & I_2 & & & \\ & C(a,b) & I_2 & & \\ & & \ddots & \ddots & \\ & & & \ddots & I_2 \\ & & & & C(a,b) \end{bmatrix} \in M_{2k} \tag{3.4.1.4}$$

的实分块矩阵相似. 从而每一个形如 (3.4.1.1) 的分块矩阵都相似于 (3.4.1.4) 中的矩阵 $C_k(a,b)$. 这些结论将我们引导到实 Jordan 标准型定理.

定理 3.4.1.5 每一个 $A\in M_n(\mathbf{R})$ 都通过一个实相似与一个形如

$$C_{n_1}(a_1,b_1)\oplus\cdots\oplus C_{n_p}(a_p,b_p)\oplus J_{m_1}(\mu_1)\oplus\cdots\oplus J_{m_r}(\mu_r) \tag{3.4.1.6}$$

的实分块对角矩阵相似, 其中 $\lambda_k=a_k+ib_k(k=1, 2, \cdots p)$ 是 A 的非实特征值, 每一个 a_k 以及 b_k 都是实的, 且 $b_k>0$, 而 μ_1, $\cdots$, μ_r 是 A 的实特征值. 每个实的分块三角矩阵 $C_{n_k}(a_k, b_k)\in M_{2n_k}$ 都有 (3.4.1.4) 的形式, 且与 A 的 Jordan 标准型 (3.1.12) 中与非零的实特征值 λ_k 相关的一对共轭 Jordan 块 $J_{n_k}(\lambda_k)$, $J_{n_k}(\overline{\lambda_k})\in M_{n_k}$ 相对应. (3.4.6) 中的实的 Jordan 块 $J_{m_k}(\mu_k)$ 就是 (3.1.12) 中有实特征值的那些 Jordan 块.

证明 我们证明了在 $\mathbf{C}$ 上 A 相似于 (3.4.1.6). 定理 1.3.28 确保在 $\mathbf{R}$ 上 A 相似于 (3.4.6). □

分块矩阵 (3.4.1.6) 就是 A 的**实 Jordan 标准型**. 下面的推论总结了另外几个与实矩阵相似的有用的判别法.

推论 3.4.1.7 设给定 $A\in M_n$. 则以下诸命题等价:

(a) A 与一个实矩阵相似.

(b) 对 A 的每个非零特征值 λ 以及每个 $k=1$, 2, $\cdots$, 分块 $J_k(\lambda)$ 以及 $J_k(\overline{\lambda})$ 各自的个数相等.

(c) 对 A 的每个非实特征值 λ 以及每个 $k=1$, 2, $\cdots$, 分块 $J_k(\lambda)$ 以及 $J_k(\overline{\lambda})$ 各自的个数相等.

(d) 对 A 的每个非实特征值 λ 以及每个 $k=1$, 2, $\cdots$, $\mathrm{rank}(A-\lambda I)^k=\mathrm{rank}(A-\overline{\lambda}I)^k$.

(e) 对 A 的每个非实特征值 λ 以及每个 $k=1$, 2, $\cdots$, $\mathrm{rank}(A-\lambda I)^k=\mathrm{rank}(\overline{A}-\lambda I)^k$.

（f）对 A 的每个非实特征值 λ，A 与 λ 以及与 $\bar{\lambda}$ 相关的 Weyr 特征是相同的.

（g）A 与 $\bar{A}$ 相似.

推论 3.4.1.8 如果 $A=\begin{bmatrix} B & C \\ 0 & 0 \end{bmatrix}\in M_n$，而 $B\in M_m$ 与一个实矩阵相似，那么 A 与一个实矩阵相似.

证明 假设 $S\in M_m$ 是非奇异的，且 $SBS^{-1}=R$ 是实的. 那么 $\mathcal{A}=(S\oplus I_{n-m})A(S\oplus I_{n-m})^{-1}=\begin{bmatrix} R & \bigstar \\ 0 & 0 \end{bmatrix}$ 与 A 相似. 如果 $\lambda\neq 0$，那么

$$(\mathcal{A}-\lambda I)^k = \begin{bmatrix} (R-\lambda I)^k & \bigstar \\ & (-\lambda)^k I_{n-m} \end{bmatrix}$$

与

$$(\bar{\mathcal{A}}-\lambda I)^k = \begin{bmatrix} (R-\lambda I)^k & \bigstar \\ & (-\lambda)^k I_{n-m} \end{bmatrix}$$

的列秩相同：$n-m+\mathrm{rank}(R-\lambda I)^k$. 我们断言 $\mathcal{A}$ 与 $\bar{\mathcal{A}}$ 相似，所以 $\mathcal{A}$（从而 A 亦然）与实矩阵相似. □

推论 3.4.1.9 对每个 $A\in M_n$，$A\bar{A}$ 与 $\bar{A}A$ 相似，也与一个实矩阵相似.

证明 定理 3.2.11.1 确保 $A\bar{A}$ 与 $\bar{A}A$ 的非奇异的 Jordan 构造是相同的. 由于矩阵与它的复共轭有同样的秩，对每个 $k=1,2,\cdots$ 有 $\mathrm{rank}(A\bar{A})^k=\mathrm{rank}\,\overline{(A\bar{A})^k}=\mathrm{rank}\,\overline{(A\bar{A})^k}=\mathrm{rank}(\bar{A}A)^k$. 于是，$A\bar{A}$ 与 $\bar{A}A$ 的幂零部分的 Jordan 构造也是相同的，所以 $A\bar{A}$ 与 $\bar{A}A$ 相似. 由于 $\overline{AA}=\overline{A}\,\overline{A}$，（3.4.1.7）就确保 $A\bar{A}$ 与一个实矩阵相似. □

每个复方阵 A 通过复相似而与一个复的上三角矩阵 T 相似（2.3.1）. 如果 A 可对角化，那么它通过一个复相似而与一个对角矩阵相似，且这个对角矩阵的对角元素与 T 的对角元素相同，这些元素就是 A 的特征值. 这个结论的实的类似结果是什么？

每一个实方阵 A 通过一个实相似与一个形如（2.3.5）的实的上拟三角矩阵 T 相似，其中任何 2×2 对角分块都有特殊的形式（2.3.5a），它与（3.4.1.3）相同. 如果 A 可以对角化，则（3.4.1.5）的如下推论就确保 A 通过一个实相似与一个实的拟对角矩阵相似，它的对角分块与 T 的对角分块相同.

推论 3.4.1.10 设给定 $A\in M_n(\mathbf{R})$，并假设它可以对角化. 设 $\mu_1,\cdots,\mu_q$ 是 A 的实特征值，并设 $a_1\pm ib_1,\cdots,a_\ell\pm ib_\ell$ 是 A 的非实特征值，其中每个 $b_j>0$. 那么 A 通过一个实相似与

$$C_1(a_1,b_1)\oplus\cdots\oplus C_1(a_\ell,b_\ell)\oplus[\mu_1]\oplus\cdots\oplus[\mu_q]$$

相似.

证明 这是（3.4.1.6）中 $n_1=\cdots=n_p=m_1=\cdots=m_r=1$ 的情形. □

3.4.2 Weyr 标准型

Weyr 特征（3.1.16）在我们关于 Jordan 标准型的唯一性的讨论中起着关键的作用. 它还可以用来定义一种相似标准型，这种定义有胜于 Jordan 标准型的某种优点. 我们先来定

义 Weyr 分块(Weyr block).

设给定 $\lambda \in \mathbf{C}$，设 $q \geqslant 1$ 是给定的正整数，$w_1 \geqslant \cdots \geqslant w_q \geqslant 1$ 是给定的由正整数组成的非增序列，又设 $w=(w_1, \cdots, w_q)$. 与 λ 以及 w 相关的 Weyr 分块 $W(w, \lambda)$ 是上三角的 $q \times q$ 分块双对角矩阵

$$W(w,\lambda) = \begin{bmatrix} \lambda I_{w_1} & G_{w_1,w_2} & & & \\ & \lambda I_{w_2} & G_{w_2,w_3} & & \\ & & \ddots & \ddots & \\ & & & \ddots & G_{w_{q-1},w_q} \\ & & & & \lambda I_{w_q} \end{bmatrix} \tag{3.4.2.1}$$

其中

$$G_{w_i,w_j} = \begin{bmatrix} I_{w_j} \\ 0 \end{bmatrix} \in M_{w_i,w_j}, \quad 1 \leqslant i < j$$

注意到 $\mathrm{rank}\, G_{w_i,w_j} = w_j$，且如果 $w_i = w_{i+1}$，则有 $G_{w_i,w_{i+1}} = I_{w_i}$.

Weyr 分块 $W(w, \lambda)$ 可以被看成为与 Jordan 分块相似的 $q \times q$ 分块矩阵. 对角分块是按照阶的大小不增的次序排列的纯量矩阵 λI，而超对角线分块是**列满秩的块**(full-column-rank block) $\begin{bmatrix} I \\ 0 \end{bmatrix}$，它的大小是由对角分块的大小所决定的.

习题 (3.4.2.1)中 Weyr 分块 $W(w, \lambda)$ 的大小是 $w_1 + \cdots + w_q$. 说明为什么
$$\mathrm{rank}(W(w,\lambda) - \lambda I) = w_2 + \cdots + w_q \qquad \blacktriangleleft$$

习题 验证 $G_{w_{k-1},w_k} G_{w_k,w_{k+1}} = G_{w_{k-1},w_{k+1}}$，即
$$\begin{bmatrix} I_{w_k} \\ 0_{w_{k-1}-w_k,w_k} \end{bmatrix} \begin{bmatrix} I_{w_{k+1}} \\ 0_{w_k-w_{k+1},w_{k+1}} \end{bmatrix} = \begin{bmatrix} I_{w_{k+1}} \\ 0_{w_{k-1}-w_{k+1},w_{k+1}} \end{bmatrix} \qquad \blacktriangleleft$$

利用上一个习题，我们发现 $(W(w, \lambda) - \lambda I)^2 =$

$$\begin{bmatrix} 0_{w_1} & 0 & G_{w_1,w_3} & & \\ & 0_{w_2} & 0 & \ddots & \\ & & 0_{w_3} & \ddots & G_{w_{q-2},w_q} \\ & & & \ddots & 0 \\ & & & & 0_{w_q} \end{bmatrix}$$

所以 $\mathrm{rank}(W(w, \lambda) - \lambda I)^2 = w_3 + \cdots + w_q$. 当从一个幂次移动到下一个幂次时，$(W(w, \lambda) - \lambda I)^p$ 的非零超对角线中的每一个分块 $G_{w_1,w_{p+1}}, \cdots, G_{w_{q-p},w_q}$ 就向上移动一个分块行，进入到 $(W(w, \lambda) - \lambda I)^{p+1}$ 的下一条更高的超对角线上，这条更高的超对角线上的分块是 $G_{w_1,w_{p+2}}, \cdots, G_{w_{q-p-1},w_q}$. 特别地，$\mathrm{rank}(W(w, \lambda) - \lambda I)^p = w_{p+1} + \cdots + w_q$(对每个 $p=1$, $2, \cdots$). 由此推出
$$\mathrm{rank}(W(w,\lambda) - \lambda I)^{p-1} - \mathrm{rank}(W(w,\lambda) - \lambda I)^p = w_p, \quad p = 1,\cdots,q$$
所以，$W(w, \lambda)$ 的与特征值 λ 相关的 Weyr 特征就是 w.

习题 说明为什么(3.4.2.1)中的对角分块的个数(参数 q)是 λ 作为 $W(w,\lambda)$ 的特征值的指数. ◄

Weyr 矩阵是与**不同的**特征值对应的 Weyr 分块的直和.

对任意给定的 $A \in M_n$,设 q 是 A 的特征值 λ 的指数,设 $w_k = w_k(A,\lambda)(k=1,2,\cdots)$ 是 A 的与 λ 相关的 Weyr 特征,并定义 A 的与特征值 λ 相关的 Weyr 分块是

$$W_A(\lambda) = W(w(A,\lambda),\lambda)$$

例如,(3.1.16a)中 Jordan 矩阵 J 的与特征值 0 相关的 Weyr 特征是 $w_1(J,0)=6$, $w_2(J,0)=5$, $w_3(J,0)=2$,所以

$$W_J(0) = \begin{bmatrix} 0_6 & G_{6,5} & \\ & 0_5 & G_{5,2} \\ & & 0_2 \end{bmatrix} \qquad (3.4.2.2)$$

习题 设 λ 是 $A \in M_n$ 的一个特征值. 说明为什么 Weyr 分块 $W_A(\lambda)$ 的大小是 λ 的代数重数. ◄

习题 对 Weyr 分块(3.4.2.2),用显式计算证明

$$W_J(0)^2 = \begin{bmatrix} 0_6 & 0_{6,5} & G_{6,2} \\ & 0_5 & G_{5,2} \\ & & 0_2 \end{bmatrix}$$

以及 $W_J(0)^3 = 0$. 说明为什么 $\text{rank}\,W_J(0) = 7$,$= w_2 + w_3$ 且 $\text{rank}\,W_J(0)^2 = 2 = w_3$,又为什么 $W_J(0)$ 的与它(仅有的)特征值 0 相关的 Weyr 特征是 6,5,2. 证明 $W_J(0)$ 与 J 相似. ◄

现在我们可以来陈述 **Weyr 标准型定理**了.

定理 3.4.2.3 设给定 $A \in M_n$,又设 $\lambda_1,\cdots,\lambda_d$ 是它的按照任意次序排列的不同的特征值. 则存在一个非奇异的 $S \in M_n$,且存在 Weyr 分块 $W_1,\cdots,W_d$,其中每一个都形如 (3.4.2.1),使得(a)W_j 的(仅有的)特征值是 λ_j(对每个 $j=1,\cdots,W_d$)以及(b)$A = S(W_1 \oplus \cdots \oplus W_d)S^{-1}$. Weyr 矩阵($A$ 与之相似)$W_1 \oplus \cdots \oplus W_d$ 由 A 以及所列举出的给定的不同的特征值唯一确定:对每个 $j=1,\cdots,d$ 有 $W_j = W_A(\lambda_j)$,所以

$$A = S \begin{bmatrix} W_A(\lambda_1) & & \\ & \ddots & \\ & & W_A(\lambda_d) \end{bmatrix} S^{-1}$$

如果 A 与一个 Weyr 矩阵相似,那么那个矩阵可以由 $W_A = W_A(\lambda_1) \oplus \cdots \oplus W_A(\lambda_d)$ 通过它的直和项的一个排列而得到. 如果 A 是实的且仅有实的特征值,那么 S 可以选取为实的.

证明 上面的结论表明 $W_A = W_A(\lambda_1) \oplus \cdots \oplus W_A(\lambda_d)$,且对于它们的每一个不同的特征值,$A$ 的与之相关的 Weyr 特征都是相同的. 引理 3.1.18 确保 W_A 与 A 是相似的,因为它们两者都相似于相同的 Jordan 标准型. 如果两个 Weyr 矩阵相似,那么它们必定有同样的不同的特征值,且对于每个特征值有相同的与之相关的 Weyr 特征;由此推出,它们有同样的 Weyr 分块,这些分块在各自的直和中可能有不同的排列次序. 如果 A 与它所有的特征值都是实的,则 W_A 是实的,且(1.3.29)确保 A 与 W_A 通过一个实的相似而相似. □

上一个定理中的 Weyr 矩阵 $W_A = W_A(\lambda_1) \oplus \cdots \oplus W_A(\lambda_d)$ 就是(至多相差直和项的排列次序)A 的 **Weyr 标准型**. Weyr 与 Jordan 标准型 W_A 与 J_A 包含了 A 的同样的信息,不过

各自是以不同的方式给出这些信息．Weyr 标准型以明显的方式展示了 A 的 Weyr 特征，而 Jordan 标准型则以显明的方式展现了它的 Segre 特征．点图（3.1.P11）可以用来从一种形式构造出另一种形式．此外，W_A 与 J_A 还是置换相似的，见（3.4.P8）.

习题　对给定的 $\lambda \in \mathbf{C}$，考虑 Jordan 矩阵 $J = J_3(\lambda) \oplus J_2(\lambda)$．说明为什么 $w(J, \lambda) = 2$，2，1，

$$
J = \left[\begin{array}{ccc|cc}
\lambda & 1 & 0 & & \\
0 & \lambda & 1 & & \\
0 & 0 & \lambda & & \\
\hline
 & & & \lambda & 1 \\
 & & & 0 & \lambda
\end{array}\right], \quad
W_J(\lambda) = \left[\begin{array}{cc|cc|c}
\lambda & 0 & 1 & 0 & \\
0 & \lambda & 0 & 1 & \\
\hline
 & & \lambda & 0 & 1 \\
 & & 0 & \lambda & 0 \\
\hline
 & & & & \lambda
\end{array}\right]
$$
◀

习题　注意到上一习题中的矩阵 J 与 W_J 在对角线之外有同样多个非零元素，也有同样多个非零元素． ◀

习题　设 $\lambda_1, \cdots, \lambda_d$ 是 $A \in M_n$ 的不同的特征值．（a）如果 A 是无损的，说明为什么存在 d 个正整数 $p_1, \cdots, p_d$，使得（i）对每个 $i = 1, \cdots, d$ 有 $w_1(A, \lambda_i) = \cdots = w_{p_i}(A, \lambda_i) = 1$ 以及 $w_{p_i+1}(A, \lambda_i) = 0$；（ii）$A$ 的 Weyr 标准型就是它的 Jordan 标准型．（b）如果对每个 $i = 1, \cdots, d$ 都有 $w_1(A, \lambda_i) = 1$，为什么 A 必定是无损的？ ◀

习题　设 $\lambda_1, \cdots, \lambda_d$ 是 $A \in M_n$ 的不同的特征值．（a）如果 A 可以对角化，说明为什么（i）对每个 $i = 1, \cdots, d$ 有 $w_2(A, \lambda_i) = 0$；（ii）$W_A(\lambda_i) = \lambda_i I_{w_1(A, \lambda_i)}$，$i = 1, \cdots, d$；（iii）$A$ 的 Weyr 标准型就是它的 Jordan 标准型．（b）如果对某个 i，$w_2(A, \lambda_i) = 0$，为什么 $w_1(A, \lambda_i)$ 等于 λ 的代数重数（它**总是**等于几何重数）？（c）如果对所有 $i = 1, \cdots, d$ 有 $w_2(A, \lambda_i) = 0$，为什么 A 必定可以对角化？ ◀

习题　设 $\lambda_1, \cdots, \lambda_d$ 是 $A \in M_n$ 的不同的特征值．说明为什么对每个 $i = 1, \cdots, d$，存在 A 的与特征值 λ_i 相关的至多 p 个 Jordan 块，当且仅当对每个 $i = 1, \cdots, d$ 有 $w_1(A, \lambda_i) \leqslant p$，这也等价于要求每一个 Weyr 分块 $W_A(\lambda_i)$ 的**每一个**对角块（3.4.2.1）都至多是 $p \times p$ 的． ◀

在（3.2.4）中我们研究了与单独一个给定的无损矩阵可交换的矩阵集合．理解这个集合的关键在于知道 $A \in M_k$ 与单独一个 Jordan 块 $J_k(\lambda)$ 可交换的充分必要条件是：A 是上三角的 Toeplitz 矩阵（3.2.4.3）．这样一来，一个矩阵与**无损的** Jordan 矩阵 J 可交换，当且仅当它是上三角的 Toeplitz 矩阵的直和（与 J 共形）；特别地，它是上三角的．无损矩阵的 Jordan 标准型以及 Weyr 标准型是相同的．**有损矩阵**的 Jordan 标准型与 Weyr 标准型不一定相同，而如果它们是不相同的，在与它们可交换的矩阵的构造中就存在一个非常重要的区别．

习题　设 $J = J_2(\lambda) \oplus J_2(\lambda)$ 以及 $A \in M_4$．证明：（a）$W_J = \begin{bmatrix} \lambda I_2 & I_2 \\ 0_2 & \lambda I_2 \end{bmatrix}$；（b）$A$ 与 J 可交换当且仅当 $A = \begin{bmatrix} B & C \\ D & E \end{bmatrix}$，其中每一个分块 $B, C, D, E \in M_2$ 都是上三角的 Toeplitz 阵；（c）A 与 W_J 可交换，当且仅当 $A = \begin{bmatrix} B & C \\ 0 & B \end{bmatrix}$，它是分块上三角的． ◀

下面的引理描绘出有如下性质的 Weyr 分块之特征：它使得任何与它可交换的矩阵都是分块上三角的．

引理 3.4.2.4 设给定 $\lambda \in \mathbf{C}$ 以及正整数 $n_1 \geqslant n_2 \geqslant \cdots \geqslant n_k \geqslant 1$. 考虑上三角的且以同样方式分划的矩阵

$$F = \left[F_{ij}\right]_{i,j=1}^k = \begin{bmatrix} \lambda I_{n_1} & F_{12} & & \bigstar \\ & \lambda I_{n_2} & \ddots & \\ & & \ddots & F_{k-1,k} \\ & & & \lambda I_{n_k} \end{bmatrix} \in M_n$$

以及

$$F' = \left[F'_{ij}\right]_{i,j=1}^k = \begin{bmatrix} \lambda I_{n_1} & F'_{12} & & \bigstar \\ & \lambda I_{n_2} & \ddots & \\ & & \ddots & F'_{k-1,k} \\ & & & \lambda I_{n_k} \end{bmatrix} \in M_n$$

假设所有超对角线分块 $F'_{i,i+1}$ 都是列满秩的. 如果 $A \in M_n$ 且 $AF = F'A$, 那么 A 是与 F 以及 F' 共形的分块上三角矩阵. 进而, 如果 A 是正规的, 那么 A 是与 F 以及 F' 共形的分块对角矩阵.

证明 与 F 以及 F' 共形地分划 $A = \left[A_{ij}\right]_{i,j=1}^k$. 我们的策略是按照特殊的次序来观察等式 $AF = F'A$ 的对应的分块. 在分块位置 $(k-1, 1)$ 处我们有 $\lambda A_{k-1,1} = \lambda A_{k-1,1} + F'_{k-1,k}A_{k1}$, 所以 $F'_{k-1,k}A_{k1} = 0$, 从而 $A_{k1} = 0$, 这是因为 $F'_{k-1,k}$ 是列满秩的. 在分块的位置 $(k-2, 1)$ 处, 我们有 $\lambda A_{k-2,1} = \lambda A_{k-2,1} + F'_{k-2,k-1}A_{k-1,1}$ (由于 $A_{k1} = 0$), 所以 $F'_{k-2,k-1}A_{k-1,1} = 0$ 且 $A_{k-1,1} = 0$. 在 A 的第一个分块列中向上进行, 并在每一步利用如下的事实: 我们已经指出在那个分块列的再下面的分块是零块, 我们发现对每个 $i = k, k-1, \cdots, 2$ 都有 $A_{i1} = 0$. 现在来检查分块的位置 $(k-1, 2)$ 处并按照同样的方式向上进行, 以此来证明对每个 $i = k, k-1, \cdots, 3$ 都有 $A_{i2} = 0$. 从左向右并从下向上继续这一程序, 我们就发现 A 是与 F 以及 F' 共形的分块上三角矩阵. 如果 A 是正规的且是分块三角的, 那么 (2.5.2) 确保它是分块对角的. □

利用上一个引理, 现在来证明: 如果 $A, B \in M_n$ 可交换, 那么存在一个同时相似, 它把 A 变成它的 Weyr 型 W_A, 并把 B 变成一个分块上三角矩阵, 这个矩阵的分块构造是由 W_A 的分块构造决定的.

定理 3.4.2.5 (Belitskii) 设给定 $A \in M_n$, 而 $\lambda_1, \cdots, \lambda_d$ 是它的按照任意次序排列的不同的特征值, 设 $w_k(A, \lambda_j)$ $(k = 1, 2, \cdots)$ 是 A 的与特征值 λ_j $(j = 1, \cdots, d)$ 相关的 Weyr 特征, 并设 $W_A(\lambda_j)$ 是对 $j = 1, 2, \cdots, d$ 的 Weyr 分块. 设 $S \in M_n$ 是非奇异的, 且使得 $A = S(W_A(\lambda_1) \oplus \cdots \oplus W_A(\lambda_d))S^{-1}$. 假设 $B \in M_n$ 且 $AB = BA$. 那么就有 (1) $S^{-1}BS = B^{(1)} \oplus \cdots \oplus B^{(k)}$ 是与 $W_A(\lambda_1) \oplus \cdots \oplus W_A(\lambda_d)$ 共形的分块对角矩阵, 以及 (2) 每个矩阵 $B^{(1)}$ 都是与 $W_A(\lambda_1)$ 的分划 (3.4.2.1) 共形的分块上三角矩阵.

证明 结论 (1) 从基本结果 (2.4.4.2) 推出, 结论 (2) 由上一个引理推出. □

任何与 Weyr 矩阵可交换的矩阵都是分块上三角的, 但是我们可以说得稍微多一点. 再次考虑 (3.1.16a) 中的 Jordan 矩阵 J, 它的 Weyr 标准型 $W_J = W_J(0)$ 是 (3.4.2.2). 为了揭示与 W_J 可交换的 (必定是分块上三角的) 矩阵的分块之间的某种恒等式, 我们在 W_J 上作更精细的分划. 设 $m_k = w_k - w_{k+1}$, $k = 1, 2, 3$, 所以每一个 m_k 都是 J 中阶为 k 的

Jordan 块的个数：$m_3=2$，$m_2=3$，以及 $m_1=1$. 我们有 $w_1=m_3+m_2+m_1=6$，$w_2=m_3+m_2=5$ 以及 $w_3=m_3=2$. 现在重新分划 W_J(3.4.2.2)，使对角分块的阶为 m_3，m_2，m_1；m_2，m_1；m_1，也即 2，3，1；2，3；2——这称为**标准分划**(standard partition)：这是 Weyr 分块的最粗略的分划，它使得每一个对角块都是一个纯量矩阵(方阵)，且它的每一个位于分块对角线之外的分块要么是一个单位矩阵(方阵)，要么是一个零矩阵(不一定是方阵). 在标准分划中，W_J 有形式

$$W_J=\begin{bmatrix} 0_2 & 0 & 0 & I_2 & 0 & \\ & 0_3 & 0 & 0 & I_3 & \\ & & 0_1 & 0 & 0 & \\ \hline & & & 0_2 & 0 & I_2 \\ & & & & 0_3 & 0 \\ \hline & & & & & 0_2 \end{bmatrix} \qquad (3.4.2.6)$$

尽管 Weyr 分块中的对角块是按照大小的阶非增的次序排列的，在实施了标准分划之后，新的更小的对角分块不一定按照大小的阶非增的次序排列. 计算表明 N 与 W_J 可交换的充分必要条件是它有如下的分块结构，这一分块结构是与(3.4.2.6)的分块结构共形的：

$$N=\begin{bmatrix} B & C & \bigstar & D & \bigstar & \bigstar \\ & F & \bigstar & E & \bigstar & \bigstar \\ & & G & 0 & \bigstar & \bigstar \\ \hline & & & B & C & D \\ & & & & F & E \\ \hline & & & & & B \end{bmatrix} \qquad (3.4.2.7)$$

对于 $\bigstar$ 代表的分块的元素没有任何限制条件. 如果我们将它的标准分划简化成为(3.4.2.2)的更为粗略的分划，或许更容易看出(3.4.2.7)的分块之间的等式是如何构造的：$N=\begin{bmatrix} N_{ij} \end{bmatrix}_{i,j=1}^3$，其中 $N_{11}\in M_{w_1}=M_6$，$N_{22}\in M_{w_2}=M_5$，以及 $N_{33}\in M_{w_3}=M_2$. 这样就有

$$N_{33}=\begin{bmatrix} B \end{bmatrix}, \quad N_{23}=\begin{bmatrix} D \\ E \end{bmatrix}, \quad N_{22}=\begin{bmatrix} B & C \\ 0 & F \end{bmatrix},$$

$$N_{12}=\begin{bmatrix} D & \bigstar \\ E & \bigstar \\ 0 & \bigstar \end{bmatrix}, \quad N_{11}=\begin{bmatrix} B & C & \bigstar \\ 0 & F & \bigstar \\ 0 & 0 & G \end{bmatrix}$$

这就是

$$N_{22}=\begin{bmatrix} N_{33} & \bigstar \\ 0 & \bigstar \end{bmatrix}, \quad N_{11}=\begin{bmatrix} N_{22} & \bigstar \\ 0 & \bigstar \end{bmatrix}, \quad N_{12}=\begin{bmatrix} N_{23} & \bigstar \\ 0 & \bigstar \end{bmatrix}$$

像

$$N_{i-1,j-1}=\begin{bmatrix} N_{ij} & \bigstar \\ 0 & \bigstar \end{bmatrix} \qquad (3.4.2.8)$$

这样的模式使得我们可以从最后那个分块列的分块开始反向向上到它们的分块对角线，从

而确定标准分划(包括对角线之外为零的分块的位置)中的分块之间所有的等式.

习题　考虑一个 Jordan 矩阵 $J \in M_{4n_1+2n_2}$, 它是 n_1 个 $J_4(\lambda)$ 的复制与 n_2 个 $J_2(\lambda)$ 的复制之直和. 说明为什么: (a)$w(J, \lambda)=n_1+n_2$, n_1+n_2, n_1, n_1; (b)在 $W_J(\lambda)$ 的标准分划中分块的大小 $m_k=w_k-w_{k+1}$ 是 n_2, n_1; n_2, n_1; n_1; n_1(m_k 的为零的值去掉了); (c)$W_J(\lambda)$ 以及它根据标准分划给出的表示是

$$W_J(\lambda) = \begin{bmatrix} \lambda I_{n_1+n_2} & I_{n_1+n_2} & & \\ & \lambda I_{n_1+n_2} & G_{n_1+n_2,n_1} & \\ & & \lambda I_{n_1} & I_{n_1} \\ & & & \lambda I_{n_1} \end{bmatrix} = \left[\begin{array}{cc|cc|cc} \lambda I_{n_1} & 0 & I_{n_1} & 0 & & \\ & \lambda I_{n_2} & 0 & I_{n_2} & & \\ \hline & & \lambda I_{n_1} & 0 & I_{n_1} & \\ & & & \lambda I_{n_2} & 0 & \\ \hline & & & & \lambda I_{n_1} & I_{n_1} \\ & & & & & \lambda I_{n_1} \end{array}\right]$$

(d) $NW_J=W_JN$ 成立, 当且仅当对其按照上一个矩阵共形地分划后, N 有形式

$$N = \left[\begin{array}{cc|cc|cc} B & D & E & \star & F & \star \\ C & 0 & \star & & G & \star \\ \hline & & B & D & E & F \\ & & C & 0 & & G \\ \hline & & & & B & E \\ & & & & & B \end{array}\right]$$

(3.4.2.7)的结构的最后的简化现在可以得到. 设 U_3, $\Delta_3 \in M_{m_3}$, U_2, $\Delta_2 \in M_{m_2}$ 以及 U_1, $\Delta_1 \in M_{m_1}$ 是酉矩阵, 且是上三角矩阵(2.3.1), 使得 $B=U_3\Delta_3U_3^*$, $F=U_2\Delta_2U_2^*$ 以及 $G=U_1\Delta_1U_1^*$(在此情形是平凡的分解). 设 | 209

$$U = U_3 \oplus U_2 \oplus U_1 \oplus U_3 \oplus U_2 \oplus U_3$$

那么

$$N' := U^*NU = \left[\begin{array}{ccc|ccc} \Delta_3 & C' & \star & D' & \star & \star \\ & \Delta_2 & \star & E' & \star & \star \\ & & \Delta_1 & 0 & \star & \star \\ \hline & & & \Delta_3 & C' & D' \\ & & & & \Delta_2 & E' \\ & & & & & \Delta_3 \end{array}\right] \qquad (3.4.2.9)$$

是上三角的, 我们有 $C'=U_3^*CU_2$, $D'=U_3^*DU_3$ 以及 $E'=U_2^*EU_3$. N' 的在分块对角线上以及在分块对角线上方的分块之间的等式与 N 的那些等式是相同的. 此外, 在通过用 U 所作的相似之后, W_J 没有改变, 即 $U^*W_JU=W_J$.

我们可以从上面的例子得出一个引人注目的结论. 假设 $A \in M_{13}$ 有 Jordan 标准型 (3.1.16a); $\mathcal{F}=\{A, B_1, B_2, \cdots\}$ 是一个交换族; 而 $S \in M_{13}$ 是非奇异的, 且 $S^{-1}AS=W_A$ 是 Weyr 标准型(3.4.2.11). 这样 $S^{-1}\mathcal{F}S=\{W_A, S^{-1}B_1S, S^{-1}B_2S, \cdots\}$ 就是一个交换族. 由于每一个矩阵 $S^{-1}B_iS$ 都与 W_A 可交换, 它就有标准分划中的分块上三角的形式 (3.4.2.7). 从而, 对每个 $j=1, \cdots, 6$, 在所有矩阵 $S^{-1}B_iS$ 的位置(j, j)处的对角分块

就构成一个交换族, 这个交换族可以通过单独一个酉矩阵 U_j 上三角化 (2.3.3). 对每个 $i=$ 1, 2, $\cdots$, 在 $S^{-1}B_iS$ 的位置 (1, 1), (4, 4) 以及 (6, 6) 处的对角分块受限成为相同的, 这样我们就可以 (的确如此) 要求 $U_1=U_4=U_6$. 由于同样的原因, 我们要求 $U_2=U_5$. 设 $U=U_1 \oplus \cdots \oplus U_6$. 这样一来, 每一个 $U^*(S^{-1}B_iS)U$ 都是上三角的, 并有 (3.4.2.9) 的形状, 又 $U^*S^{-1}ASU=U^*W_AU=W_A$. 结论就是: **对交换族** $\{A, B_1, B_2, \cdots\}$ **存在一个同时相似, 它将 A 化为 Weyr 标准型, 且将每一个 B_i 化为上三角型 (3.4.2.9).**

一般情形的所有本质的特征都包含在上一个例子中, 而根据它随后的发展, 我们可以证明如下的定理.

定理 3.4.2.10 设 λ_1, $\cdots$, λ_d 是给定的 $A \in M_n$ 的按照任意预先指定次序排列的不同的特征值, 它们各自作为 A 的特征值的指数分别为 q_1, $\cdots$, q_d, 又设它们的代数重数分别为 p_1, $\cdots$, p_d. 对每个 $i=1$, $\cdots$, d, 设 $w(A, \lambda_i)=(w_1(A, \lambda_i), \cdots, w_{q_i}(A, \lambda_i))$ 是 A 的与 λ_i 相关的 Weyr 特征, 并设 $W_A(\lambda_i)$ 是 A 的与 λ_i 相关的 Weyr 分块. 设

$$W_A = W_A(\lambda_1) \oplus \cdots \oplus W_A(\lambda_d) \tag{3.4.2.11}$$

是 A 的 Weyr 标准型, 并设 $A=SW_AS^{-1}$.

210

(a) (Belitskii) 假设 $B \in M_n$ 与 A 可交换. 那么 $S^{-1}BS=B^{(1)} \oplus \cdots \oplus B^{(d)}$ 是与 W_A 共形的分块对角矩阵. 对每个 $\ell=1$, $\cdots$, d, 分划 $B^{(\ell)}=[B_{ij}^{(\ell)}]_{i,j=1}^{q_\ell} \in M_{p_\ell}$, 其中每一个 $B_{jj}^{(\ell)} \in M_{w_j(A,\lambda_\ell)}$, $j=1$, $\cdots$, q_1. 在这个分划中, $B^{(\ell)}$ 是与 $W_A(\lambda_\ell)$ 共形的分块上三角矩阵, 而且它沿着第 k 条分块超对角线的分块是由等式

$$B_{j-k-1,j-1}^{(\ell)} = \begin{bmatrix} B_{j-k,j}^{(\ell)} & \bigstar \\ 0 & \bigstar \end{bmatrix}, \qquad \begin{array}{l} k=0,1,\cdots,q_\ell-1; \\ j=q_\ell,q_\ell-1,\cdots,k+1 \end{array} \tag{3.4.2.12}$$

联系在一起的.

(b) (O'Meara 与 Vinsonhaler) 设 $\mathcal{F}=\{A, A_1, A_2, \cdots\} \subset M_n$ 是一个交换族. 则存在一个非奇异的 $T \in M_n$, 使得 $T^{-1}\mathcal{F}T=\{W_A, T^{-1}A_1T, T^{-1}A_2T, \cdots\}$ 是一个上三角矩阵族. 每一个矩阵 $T^{-1}A_iT$ 都是与 (3.4.2.11) 共形的分块对角矩阵. 如果 $T^{-1}A_iT$ 的与 $W_A(\lambda_\ell)$ 对应的对角分块分划成大小为 $w_1(A, \lambda_\ell)$, $w_2(A, \lambda_\ell)$, $\cdots$, $w_{q_\ell}(A, \lambda_\ell)$ 的对角分块, 那么它沿着它的第 k 条分块超对角线的分块就由形如 (3.4.2.12) 的等式联系在一起.

3.4.3 酉 Weyr 型

定理 3.4.2.3 以及 QR 分解蕴含了 (2.3.1) 的一个改进结果, 它糅合了 Weyr 标准型的分块结构.

定理 3.4.3.1(Littlewood) 设 λ_1, $\cdots$, λ_d 是给定的 $A \in M_n$ 的按照任意预先指定次序排列的不同的特征值, 设 q_1, $\cdots$, q_d 是它们各自的指数, 而令 $q=q_1+\cdots+q_d$. 那么 A 酉相似于一个形如

$$F = \begin{bmatrix} \mu_1 I_{n_1} & F_{12} & F_{13} & \cdots & F_{1p} \\ & \mu_2 I_{n_2} & F_{23} & \cdots & F_{2p} \\ & & \mu_3 I_{n_3} & \ddots & \vdots \\ & & & \ddots & F_{p-1,p} \\ & & & & \mu_p I_{n_p} \end{bmatrix} \tag{3.4.3.2}$$

的上三角矩阵，其中

（a）$\mu_1 = \cdots = \mu_{q_1} = \lambda_1$；$\mu_{q_1+1} = \cdots = \mu_{q_1+q_2} = \lambda_2$；$\cdots$；$\mu_{p-q_d+1} = \cdots = \mu_p = \lambda_d$；

（b）对每个 $j = 1$，$\cdots$，d，q_j 个整数 n_i，$\cdots$，n_{i+q_j-1}（对它们有 $\mu_i = \cdots = \mu_{i+q_j-1} = \lambda_j$）是 λ_j 作为 A 的特征值的 Weyr 特征，即 $n_i = w_1(A, \lambda_j) \geqslant \cdots \geqslant n_{i+q_j-1} = w_{q_j}(A, \lambda_j)$；

（c）如果 $\mu_i = \mu_{i+1}$，那么 $n_i \geqslant n_{i+1}$，$F_{i,i+1} \in M_{n_i, n_{i+1}}$ 是上三角的，且它的对角元素是正实数.

如果 $A \in M_n(\mathbf{R})$ 且 λ_1，$\cdots$，$\lambda_d \in \mathbf{R}$，那么 A 与一个满足条件（a）、（b）以及（c）且形如（3.4.3.2）的实矩阵 F 是实正交相似的.

（3.4.3.2）中的矩阵 F 是在如下的等价性意义下由 A 所决定的：如果 A 与一个满足条件（a）、（b）以及（c）且形如（3.4.3.2）的矩阵 F' 酉相似，那么就存在一个与 F 共形的分块对角酉矩阵 $U = U_1 \oplus \cdots \oplus U_p$，使得 $F' = UFU^*$，即 $F'_{ij} = U_i^* F_{ij} U_j$，$i \leqslant j$，$i, j = 1$，$\cdots$，$p$.

证明 设 $S \in M_n$ 是非奇异的且使得

$$A = SW_A S^{-1} = S(W_A(\lambda_1) \oplus \cdots \oplus W_A(\lambda_d))S^{-1}$$

设 $S = QR$ 是 QR 分解（2.1.14），故而 Q 是酉矩阵. R 是上三角矩阵，其对角元素是正数，且 $A = Q(RW_A R^{-1})Q^*$ 酉相似于上三角矩阵 $RW_A R^{-1}$. 与 W_A 共形地分划 $R = [R_{ij}]_{i,j=1}^d$，并计算

211

$$RW_A R^{-1} = \begin{bmatrix} R_{11}W(A, \lambda_1)R_{11}^{-1} & & \bigstar \\ & \ddots & \\ & & R_{dd}W(A, \lambda_d)R_{dd}^{-1} \end{bmatrix}$$

只需要考虑对角分块，也就是考虑形如 $TW(A, \lambda)T^{-1}$ 的矩阵就够了. 矩阵 T 是上三角的，其对角元素是正数. 与 $W(A, \lambda)$ 共形地分划 $T = [T_{ij}]_{i,j=1}^q$ 以及 $T^{-1} = [T^{ij}]_{i,j=1}^q$，$W(A, \lambda)$ 的对角分块的大小是 $w_1 \geqslant \cdots \geqslant w_q \geqslant 1$. $TW(A, \lambda)T^{-1}$ 的对角分块是 $T_{ii}\lambda I_{w_i} T^{ii} = \lambda I_{w_i}$，这是由于 $T^{ii} = T_{ii}^{-1}$（0.9.10）；超对角线的分块是 $T_{ii} G_{i,i+1} T^{i+1,i+1} + \lambda(T_{ii} T^{i,i+1} + T_{i,i+1} T^{i+1,i+1}) = T_{ii} G_{i,i+1} T^{i+1,i+1}$（括号中的项是 $TT^{-1} = I$ 的位于 $(i, i+1)$ 位置上的分块元素）. 如果我们用 $C \in M_{w_i}$ 来分划 $T_{ii} = \begin{bmatrix} C & \bigstar \\ 0 & D \end{bmatrix}$（$C$ 是对角线元素为正数的上三角矩阵），那么

$$T_{ii} G_{i,i+1} T^{i+1,i+1} = \begin{bmatrix} C & \bigstar \\ 0 & D \end{bmatrix} \begin{bmatrix} I_{w_{i+1}} \\ 0 \end{bmatrix} T_{i+1,i+1}^{-1} = \begin{bmatrix} CT_{i+1,i+1}^{-1} \\ 0 \end{bmatrix}$$

是上三角的，且有正的对角元素，恰如结论所言.

如果 A 是实的且有实的特征值，（2.3.1.），（3.4.2.3）以及（2.1.14）就确保上面的推理过程中的化简（以及 QR 分解）可以用实矩阵来实现.

最后，假设 V_1，$V_2 \in M_n$ 是酉矩阵，$A = V_1 F V_1^* = V_2 F' V_2^*$，且 F 与 F' 两者都满足条件（a）、（b）以及（c）. 那么 $(V_2^* V_1)F = F'(V_2^* V_1)$，所以（3.4.2.4）确保 $V_2^* V_1 = U_1 \oplus \cdots \oplus U_p$ 是与 F 以及 F' 共形的分块对角矩阵，即 $V_1 = V_2(U_1 \oplus \cdots \oplus U_p)$ 以及 $F' = UFU^*$. □

下面的推论用例子说明了怎样利用（3.4.3.1）.

推论 3.4.3.3 设 $A \in M_n$ 是射影矩阵：$A^2 = A$. 设

$$\sigma_1 \geqslant \cdots \geqslant \sigma_g > 1 \geqslant \sigma_{g+1} \geqslant \cdots \geqslant \sigma_r > 0 = \sigma_{r+1} = \cdots$$

是 A 的奇异值, 所以 $r=\mathrm{rank}A$, 而 g 则是 A 的大于 1 的奇异值的个数. 那么 A 与

$$\begin{bmatrix} 1 & (\sigma_1^2-1)^{1/2} \\ 0 & 0 \end{bmatrix} \oplus \cdots \oplus \begin{bmatrix} 1 & (\sigma_g^2-1)^{1/2} \\ 0 & 0 \end{bmatrix} \oplus I_{r-g} \oplus 0_{n-r-g}$$

酉相似.

证明　A 的极小多项式是 $q_A(t)=t(t-1)$, 所以 A 可以对角化, 它的不同的特征值是 $\lambda_1=1$ 以及 $\lambda_2=0$, 它们的指数分别是 $q_1=q_2=1$, 它们的 Weyr 特征分别是 $w_1(A, 1)=r=\mathrm{tr}A$ 以及 $w_1(A, 0)=n-r$. 定理 3.4.3.1 确保 A 酉相似于 $F=\begin{bmatrix} I_r & F_{12} \\ 0 & 0_{n-r} \end{bmatrix}$, 且 F_{12} 在酉等价的意义下是确定的. 设 $h=\mathrm{rank}F_{12}$, 并设 $F_{12}=V\Sigma W^*$ 是奇异值分解: $V\in M_r$ 以及 $W\in M_{n-r}$ 是酉矩阵, 而 $\Sigma\in M_{r,n-r}$ 是以 $s_1\geqslant\cdots\geqslant s_h>0=s_{h+1}=\cdots$ 为对角元素的对角矩阵. 那么 F (通过 $V\oplus W$) 酉相似于 $\begin{bmatrix} I_r & \Sigma \\ 0 & 0_{n-r} \end{bmatrix}$, 而后者置换相似于

$$C=\begin{bmatrix} 1 & s_1 \\ 0 & 0 \end{bmatrix} \oplus \cdots \oplus \begin{bmatrix} 1 & s_h \\ 0 & 0 \end{bmatrix} \oplus I_{r-h} \oplus 0_{n-r-h}$$

C 的奇异值 (从而 A 的奇异值) 就是 $(s_1^2+1)^{1/2}$, $\cdots$, $(s_h^2+1)^{1/2}$ 再添上 $r-h$ 个 1 以及 $n-r-h$ 个零. 由此推出 $h=g$ 以及 $s_i=(\sigma_i^2-1)^{1/2}$, $i=1$, $\cdots$, g.　□

习题　对上面的证明提供细节. 说明为什么同样大小的两个射影矩阵是酉相似的, 当且仅当它们是酉等价的, 即当且仅当它们有同样的奇异值. 将上面的证明与 (2.6.P18) 中的推理方法加以比较.　◀

问题

3.4.P1　假设 $A\in M_n(\mathbf{R})$ 以及 $A^2=-I_n$. 证明: n 必定是偶数, 且存在一个非奇异的 $S\in M_n(\mathbf{R})$, 使得

$$S^{-1}AS=\begin{bmatrix} 0 & -I_{n/2} \\ I_{n/2} & 0 \end{bmatrix}$$

在下面三个问题中, 对给定的 $A\in M_n$, $\mathcal{C}(A)=\{B\in M_n: AB=BA\}$ 表示 A 的**中心化子** (centralizer): 与 A 可交换的矩阵之集合.

3.4.P2　说明为什么 $\mathcal{C}(A)$ 是一个代数.

3.4.P3　设 $J\in M_{13}$ 是 (3.1.16a) 中的矩阵. (a) 利用 (3.4.2.7) 证明 $\dim\mathcal{C}(J)=65$. (b) 证明 $w_1(J, 0)^2+w_2(J, 0)^2+w_3(J, 0)^2=65$.

3.4.P4　假设矩阵 $A\in M_n$ 的不同的特征值是 λ_1, $\cdots$, λ_d, 它们各自有指数 q_1, $\cdots$, q_d. (a) 证明 $\dim\mathcal{C}(A)=\sum_{j=1}^{d}\sum_{i=1}^{q_j}w_i(A, \lambda_j)^2$. (b) 证明 $\dim\mathcal{C}(A)\geqslant n$, 其中等式当且仅当 A 为无损时成立. (c) 假设 A 的每一个特征值 λ_j 的 Segre 特征是 $s_i(A, \lambda_j)$, $i=1$, $\cdots$, $w_1(A, \lambda_j)$. 已知 $\dim\mathcal{C}(A)=\sum_{j=1}^{d}\sum_{i=1}^{w_1(A,\lambda_j)}(2i-1)s_i(A, \lambda_j)$, 见 Horn 与 Johnson (1991) 中 4.4 节的问题 9. 说明为什么

$$\sum_{j=1}^{d}\sum_{i=1}^{q}w_i(A,\lambda)^2=\sum_{j=1}^{d}\sum_{i=1}^{w_1(A,\lambda_j)}(2i-1)s_i(A,\lambda_j)$$

对 (3.1.16a) 中的矩阵验证这个等式.

3.4.P5　设给定 $A\in M_n$, 并假设 $A^2=0$. 设 $r=\mathrm{rank}A$, 而 $\sigma_1\geqslant\cdots\geqslant\sigma_r$ 是 A 的正的奇异值. 证明 A 酉相似于

$$\begin{bmatrix} 0 & \sigma_1 \\ 0 & 0 \end{bmatrix} \oplus \cdots \oplus \begin{bmatrix} 0 & \sigma_r \\ 0 & 0 \end{bmatrix} \oplus 0_{n-2r}$$

说明为什么两个同样大小的自零化的矩阵是酉相似的，当且仅当它们有同样的奇异值，即当且仅当它们是酉等价的．有关一个不同的方法，参见(2.6.P24).

213

3.4.P6 证明：$A \in M_2(\mathbf{R})$ 相似于 $\begin{bmatrix} 1 & 1 \\ -1 & 1 \end{bmatrix}$，当且仅当对某个 $\alpha, \beta \in \mathbf{R}(\beta \neq 0)$ 有 $A = \begin{bmatrix} 1+\alpha & (1+\alpha^2)/\beta \\ -\beta & 1-\alpha \end{bmatrix}$.

3.4.P7 对下面的例子提供细节，这个例子表明：(3.4.2.10b)中所描述的同时相似不一定可能，如果用"Jordan"替代了"Weyr"．定义 $J = \begin{bmatrix} J_2(0) & 0 \\ 0 & J_2(0) \end{bmatrix}$ 以及 $A = \begin{bmatrix} 0 & I_2 \\ J_2(0) & 0 \end{bmatrix}$，并参考(3.4.2.4)前面那个习题．(a)注意到 A 的分块是上三角的 Toeplitz 矩阵，并说明（无须计算）为什么 A 必定与 J 可交换．(b)假设交换族 $\{J, A\}$ 有这样的同时相似，它把 J 变成 Jordan 标准型，而把 A 变成上三角型，即假设存在一个非奇异的 $S = [s_{ij}] \in M_4$，使得 $S^{-1}JS = J$，且 $S^{-1}AS = T = [t_{ij}]$ 是上三角的．验证

$$S = \begin{bmatrix} s_{11} & s_{12} & s_{13} & s_{14} \\ 0 & s_{11} & 0 & s_{13} \\ s_{31} & s_{32} & s_{33} & s_{34} \\ 0 & s_{31} & 0 & s_{33} \end{bmatrix}, \quad AS = \begin{bmatrix} s_{31} & * & * & * \\ * & s_{31} & * & * \\ 0 & s_{11} & * & * \\ * & * & * & * \end{bmatrix}$$

以及

$$ST = \begin{bmatrix} s_{11}t_{11} & * & * & * \\ * & s_{11}t_{22} & * & * \\ s_{31}t_{11} & s_{31}t_{12} + s_{32}t_{22} & * & * \\ * & * & * & * \end{bmatrix}$$

（ * 代表的元素与讨论无关）．(c)推导出 $s_{31} = 0$ 以及 $s_{11} = 0$．为什么这是一个矛盾？(d)推断 $\{J, A\}$ 不存在具有(b)的结论中所述性质的同时相似．

3.4.P8 在一个矩阵的 Weyr 标准型与 Jordan 标准型之间构造出一个置换相似的算法涉及一个有意思的数学对象，它称为（标准的）**Young 表**(tableau)．例如，考虑 $J = J_3(0) \oplus J_2(0) \in M_5$，它的 Weyr 特征是 $w_1 = 2$，$w_2 = 2$，$w_3 = 1$．(a)验证：与之伴随的点图(3.1.P11)以及 Weyr 标准型是

$$\begin{matrix} \bullet & \bullet \\ \bullet & \bullet \\ \bullet & \end{matrix} \quad \text{以及} \quad W = \begin{bmatrix} 0_2 & I_2 & \\ & 0_2 & G_{2,1} \\ & & 0 \end{bmatrix} \in M_5$$

用连续整数 $1, \cdots, 5$ 沿着行从左向右、从上到下给点图标注记号（这个标记的点图就是 Young 表），然后沿着列从上向下、从左向右读这张有标记的图，利用所得到的序列来构造一个置换 σ：

$$\text{Young 表} \begin{matrix} 1 & 2 \\ 3 & 4 \\ 5 & \end{matrix} \text{ 引导出置换 } \sigma = \begin{pmatrix} 1 & 2 & 3 & 4 & 5 \\ 1 & 3 & 5 & 2 & 4 \end{pmatrix}$$

构造置换矩阵 $P = [e_1 \quad e_3 \quad e_5 \quad e_2 \quad e_4] \in M_5$，它的列就是 I_n 的由 σ 所指定的列的置换．验证 $J = P^{\mathrm{T}}WP$，所以 $W = PJP^{\mathrm{T}}$．一般来说，为了在一个给定的 Weyr 标准型 $W \in M_n$ 与它的 Jordan 标准型之间构造一个置换相似，首先要用连续的整数 $1, 2, \cdots, n$ 从左向右经过每个相连接的行，再从上向下对 J 与 W 的 Weyr 特征的点图加以标注来作出 Young 表．接下来作一个矩阵 $\sigma = [\sigma_{ij}] \in M_{2,n}$，这个矩阵的第一行元素是 $1, 2, \cdots, n$，它的第二行元素是通过从上向下经过每个相连接的列，再从左向右读 Young 表而得到的．按照由 σ 指定的方式排列 I_n 的列来构造出置换矩阵 $P = [e_{\sigma_{2,1}} \ e_{\sigma_{2,2}}, \cdots, e_{\sigma_{2,n}}] \in M_n$．那么就有 $J = P^{\mathrm{T}}WP$ 以及 $W = PJP^{\mathrm{T}}$．(b)说明理由．(c)利用这一算法构造出 Jordan 矩阵(3.1.16a)与它的 Weyr 标准型之间的置换相似；验证它确为所求之置换相似．

214

3.4. P9   说明为什么在与给定矩阵 A 相似的所有矩阵中，A 的 Weyr 标准型（如同它的 Jordan 标准型 (3.2.9)那样）位于对角线之外的非零元素个数是最少的.

3.4. P10   证明：Jordan 矩阵 J 的 Weyr 标准型等于 J，当且仅当对 J 的每个特征值 λ，或者在 J 中恰好只有一个与特征值 λ 相关的 Jordan 块，或者 J 中每一个与特征值 λ 相关的 Jordan 块都是 1×1 的.

3.4. P11   设给定 $A \in M_n$. 证明 A 的 Weyr 标准型与 Jordan 标准型相同，当且仅当 A 是无损的，或者是可以对角化的，或者存在矩阵 B 以及 C，使得(a)B 是无损的，(b)C 可以对角化，(c)B 与 C 没有共同的特征值，以及(d)A 与 $B \oplus C$ 相似.

注记以及进一步的阅读参考　Eduard Weyr 在 E. Weyr, Répartition des matrices en espèces et formation de toutes les espèces, *C. R. Acad. Sci. Paris* 100(1885)966-969 一文中宣布了以他的名字命名的特征以及标准型，他的论文是由 Charles Hermite 提交给巴黎科学院的. 晚些时候 Weyr 在 E. Weyr, ZurTheorie der bilinearenFormen, *Monatsh Math. und Physik* 1(1890)163-236 一文中发表了一个详细的说明以及若干应用. 有关其现代的阐述（包括 Weyr 标准型的不依赖于先前 Jordan 标准型知识的推导）见 H. Shapiro, TheWeyr characteristic, *Amer. Math. Monthly* 196(1999)919-929 以及 Clark, O'Meara, Vinsonhaler(2011)的专著，这部专著包含了 Weyr 标准型的大量应用. Weyr 型（按照标准分划）由 G. Belitskii 重新发现，其动机是寻求一种有如下性质的相似标准型：每一个与它可交换的矩阵都是分块上三角矩阵. 用英语对 Belitskii 工作的说明（它也描述了与 Weyr 分块可交换的矩阵的标准分划的分块之间的恒等式），见 G. Belitskii, Normal forms in matrix spaces, *Integral Equations Operator Theory* 38(2000)251-283, 以及 V. V. Sergeichuk, Canonical matrices for linear matrix problems, *Linear Algebra Appl.* 317(2000)53-102. Sergeichuk 的论文还讨论了(3.4.P8)中所述的置换相似. 有关交换族的值得关注的定理 3.4.2.10b 是在 K. C. O'Meara 以及 C. Vinsonhaler, On approximately simultaneously diagonalizable matrices, *Linear Algebra Appl.* 412(2006)39-74 中给出的，它既包含了对 Weyr 标准型的另一个重新发现，又包含了与 Weyr 分块可交换的矩阵的分块之间的恒等式的一个富有成效的总结(3.4.2.12). 定理 3.4.3.1 反复被人重新发现，早先它源于 D. E. Littlewood, On unitary equivalence, *J. London Math. Soc.* 28(1953)314-322. (3.4.P7)中说明性的例子取自 Clark, O'Meara 以及 Vinsonhaler(2011)一书.

215

3.5　三角分解与标准型

如果一个线性方程组 $Ax = b$ 的系数矩阵 $A \in M_n$ 是非奇异的三角矩阵(0.9.3)，则其唯一解 x 的计算极其容易. 比方说，如果 $A = [a_{ij}]$ 是上三角的且非奇异，那么所有 $a_{ii} \neq 0$，从而我们可以用**后向代换**（back substitution）：$a_{nn} x_n = b_n$ 确定 x_n；然后 $a_{n-1,n-1} x_{n-1} + a_{n-1,n} x_n = b_{n-1}$ 就确定 x_{n-1}，这是因为 x_n 已知且 $a_{n-1,n-1} \neq 0$；按照同样的方式沿着 A 的相邻接的行向上推进，我们就确定了 x_{n-2}，x_{n-3}，$\cdots$，x_2，x_1.

习题　如果 $A \in M_n$ 是非奇异且是下三角的，描述求解 $Ax = b$ 的**前向代换**（forward substitution）技术.　◀

如果 $A \in M_n$ 不是三角的，我们仍然可以利用前向或者后向代换来求解 $Ax = b$，只要 A 是非奇异的且可以分解成 $A = LU$，其中 L 是下三角的，而 U 是上三角的：首先用前向代换求解 $Ly = b$，然后再用后向代换求解 $Ux = y$.

定义 3.5.1　设 $A \in M_n$. 表达式 $A = LU$（其中 $L \in M_n$ 是下三角的，而 $U \in M_n$ 是上三角的）称为 A 的 LU 分解.

习题　说明为什么下述两个结论是等价的：(1)$A \in M_n$ 有 LU 分解，其中 $L(U)$ 是非奇异的；(2)$A \in M_n$ 有 LU 分解，其中 $L(U)$ 是单位下三角（单位上三角）的．提示：如果 L 是非奇异的，记 $L = L'D$，其中 L' 是单位下三角的，而 D 是对角的. ◀

引理 3.5.2 设 $A \in M_n$，又假设 $A = LU$ 是 LU 分解．对任何一个分块的 2×2 分划

$$A = \begin{bmatrix} A_{11} & A_{12} \\ A_{21} & A_{22} \end{bmatrix}, \quad L = \begin{bmatrix} L_{11} & 0 \\ L_{21} & L_{22} \end{bmatrix}, \quad U = \begin{bmatrix} U_{11} & U_{12} \\ 0 & U_{22} \end{bmatrix}$$

其中 A_{11}，L_{11}，$U_{11} \in M_k$ 且 $k \leqslant n$，我们有 $A_{11} = L_{11}U_{11}$．由此可见，A 的每一个前主子矩阵都有 LU 分解，且分解式中的因子是 L 与 U 的对应的前主子矩阵．

定理 3.5.3 设给定 $A \in M_n$．那么

(a) A 有 LU 分解（其中 L 是非奇异的），当且仅当 A 有行包容性质：对每个 $i = 1, \cdots$，$n-1$，$A[\{i+1; 1, \cdots, i\}]$ 是 $A[\{1, \cdots, i\}]$ 的行的线性组合．

(b) A 有 LU 分解（其中 U 是非奇异的），当且仅当 A 有列包容性质：对每个 $j = 1, \cdots$，$n-1$，$A[\{1, \cdots, j; j+1\}]$ 是 $A[\{1, \cdots, j\}]$ 的列的线性组合．

证明 如果 $A = LU$，那么 $A[\{1, \cdots, i+1\}] = L[\{1, \cdots, i+1\}]U[\{1, \cdots, i+1\}]$．这样一来，为了验证行包容性质的必要性，只需要在 (3.5.2) 中给出的分划表示中取 $i = k = n-1$ 就够了．由于 L 是非奇异的且是三角矩阵，L_{11} 也是非奇异的，这样我们就有 $A_{21} = L_{21}U_{11} = L_{21}L_{11}^{-1}L_{11}U_{11} = (L_{21}L_{11}^{-1})A_{11}$，这就验证了行包容性质.

反之，如果 A 有行包容性质，我们就可以如下法来归纳地构造出 LU 分解，其中的 L 是非奇异的（$n=1$，2 的情形容易验证）：假设 $A_{11} = L_{11}U_{11}$，L_{11} 是非奇异的，且行向量 A_{21} 是 A_{11} 的行的线性组合．这样就存在一个向量 y 使得 $A_{21} = y^T A_{11} = y^T L_{11}U_{11}$，我们就可以取 $U_{12} = L_{11}^{-1}A_{12}$，$L_{21} = y^T L_{11}$，$L_{22} = 1$ 以及 $U_{22} = A_{22} - L_{21}U_{12}$，从而得到 A 的一个 LU 分解，其中 L 是非奇异的．

关于列包容性质的结论可以通过考虑 A^T 的 LU 分解得出. □

习题 考虑矩阵 $J_n \in M_n$，它所有的元素都是 1．求 J_n 的一个 LU 分解，其中 L 是单位下三角的．这个分解是现成的，$J_n = J_n^T = U^T L^T$ 就是 J_n 的带有一个单位上三角因子的 LU 分解． ◀

习题 证明行包容性质等价于如下的形式上更强的性质：对每一个 $i = 1, \cdots, n-1$，$A[\{i+1, \cdots, n\}; \{1, \cdots, i\}]$ 的每一行都是 $A[\{1, \cdots, i\}]$ 的行的线性组合．对列包容性对应的命题应如何表述？ ◀

如果 $A \in M_n$，$\text{rank}A = k$，且 $\det A[\{1, \cdots, j\}] \neq 0$，$j = 1, \cdots, k$，那么 A 既有行包容性质，也有列包容性质．下面的结果由 (3.5.3) 推出.

推论 3.5.4 假设 $A \in M_n$ 以及 $\text{rank}A = k$．如果对所有 $j = 1, \cdots, k$，$A[\{1, \cdots, j\}]$ 都是非奇异的，那么 A 有 LU 分解．此外，哪一个因子都可以取作为单位三角矩阵；L 与 U 两者都是非奇异的，当且仅当 $k = n$，即当且仅当 A 与它所有的前主子矩阵都是非奇异的．

例 3.5.5 不是每个矩阵都有 LU 分解．如果 $A = \begin{bmatrix} 0 & 1 \\ 1 & 0 \end{bmatrix}$ 可以写成 $A = LU = \begin{bmatrix} \ell_{11} & 0 \\ \ell_{21} & \ell_{22} \end{bmatrix} \begin{bmatrix} u_{11} & u_{12} \\ 0 & u_{22} \end{bmatrix}$，那么 $\ell_{11}u_{11} = 0$ 蕴含 L 与 U 中有一个是奇异的，但 $LU = A$ 是非奇异的．

216

习题 说明为什么有奇异的前主子矩阵的非奇异矩阵不可能有 LU 分解. ◀

习题 验证：

$$A = \begin{bmatrix} 0 & 0 & 0 \\ 0 & 0 & 1 \\ 0 & 1 & 0 \end{bmatrix} = \begin{bmatrix} 0 & 0 & 0 \\ 1 & 0 & 0 \\ 0 & 1 & 1 \end{bmatrix} \begin{bmatrix} 0 & 0 & 1 \\ 0 & 1 & 0 \\ 0 & 0 & 0 \end{bmatrix}$$

有 LU 分解，尽管 A 既没有行包容性质，也没有列包容性质. 然而，A 是一个没有 LU 分解的 4×4 矩阵

$$\hat{A} = \begin{bmatrix} A & e_1 \\ 0 & 0 \end{bmatrix} = \begin{bmatrix} 0 & \hat{A}_{12} \\ \hat{A}_{21} & 0 \end{bmatrix}, \quad \hat{A}_{12} = \begin{bmatrix} 0 & 1 \\ 1 & 0 \end{bmatrix}, \quad \hat{A}_{21} = \begin{bmatrix} 0 & 1 \\ 0 & 0 \end{bmatrix}$$

的主子矩阵. 通过对 $k=2$ 考虑(3.5.2)中的分块分解对此加以验证：$\hat{A}_{12} = L_{11} U_{12}$ 蕴含 L_{11} 是非奇异的，从而 $0 = L_{11} U_{11}$ 蕴含 $U_{11} = 0$，而这与 $L_{21} U_{11} = \hat{A}_{21} \neq 0$ 相违背. ◀

习题 考虑 $A = \begin{bmatrix} 1 & 0 \\ a & 1 \end{bmatrix} \begin{bmatrix} 0 & 1 \\ 0 & 2-a \end{bmatrix}$，并说明为什么即使要求 L 是单位下三角矩阵，LU 分解也不一定是唯一的. ◀

现在清楚了，一个给定矩阵的 LU 分解可能存在，也可能不存在，如果它存在，也不一定是唯一的. 无论是 A 的奇异性还是它的前主子矩阵的奇异性都会带来许多麻烦. 然而，利用(3.5.2)以及(3.5.3)的工具，我们可以在非奇异的情形给出充分的描述，而且可以施以正规化以使得分解是唯一的.

推论 3.5.6(LDU 分解) 设给定 $A = [a_{ij}] \in M_n$.

(a) 假设 A 是非奇异的. 那么 A 有 LU 分解 $A = LU$，当且仅当对所有 $i=1$，$\cdots$，n，$A[\{1, \cdots, i\}]$ 都是非奇异的.

(b) 假设对所有 $i=1$，$\cdots$，n，$A[\{1, \cdots, i\}]$ 都是非奇异的. 那么 $A = LDU$，其中 L，D，$U \in M_n$，L 是单位下三角矩阵，U 是单位上三角矩阵，$D = \mathrm{diag}(d_1, \cdots, d_n)$ 是对角矩阵，$d_1 = a_{11}$，且

$$d_i = \det A[\{1, \cdots, i\}] / \det A[\{1, \cdots, i-1\}], \quad i = 2, \cdots, n$$

因子 L，U 与 D 是唯一确定的.

习题 利用(3.5.2)，(3.5.3)以及前面一些习题对上一个推论的证明提供细节. ◀

习题 如果 $A \in M_n$ 有 LU 分解，其中 $L = [\ell_{ij}]$，而 $U = [u_{ij}]$，证明 $\ell_{11} u_{11} = \det[A\{1\}]$ 以及 $\ell_{ii} u_{ii} \det[A\{1, \cdots, i-1\}] = \det[A\{1, \cdots, i\}]$，$i = 2$，$\cdots$，$n$. ◀

回到非奇异的线性方程组 $Ax = b$ 的解，假设 $A \in M_n$ 不可能分解成 LU，但可以分解成 PLU，其中 $P \in M_n$ 是置换矩阵，而 L 与 U 分别是下三角和上三角的. 这等同于在分解之前将线性方程组中的方程重新排序. 在此情形，通过 $Ly = P^T b$ 以及 $Ux = y$，求解 $Ax = b$ 仍然是相当简单的. 值得了解任何 $A \in M_n$ 都可以这样分解且 L 可以取为非奇异的. $Ax = b$ 的解与 $Ux = L^{-1} P^T b$ 的解是相同的.

引理 3.5.7 设 $A \in M_n$ 是非奇异的. 那么就存在一个置换矩阵 $P \in M_k$，使得 $\det(P^T A)[\{1, \cdots, j\}] \neq 0$，$j = 1$，$\cdots$，$k$.

证明 证明对 k 用归纳法进行. 如果 $k=1$ 或者 2，用视察法可见结果是显然的. 假设

结论对直到 $k-1$ 都已成立. 考虑一个非奇异的 $A \in M_k$ 并删去它的最后一列. 剩下的 $k-1$ 列线性无关, 因此它们包含 $k-1$ 个线性无关的行. 将这些行置换到前 $k-1$ 行的位置, 并对非奇异的上 $(k-1) \times (k-1)$ 子矩阵应用归纳假设. 这就确定了一个所希望的全置换矩阵 P, 且 $P^\mathrm{T}A$ 是非奇异的. □

下一个定理中的分解称为 PLU 分解, 因子不一定是唯一的.

定理 3.5.8(PLU 分解) 对每个 $A \in M_n$, 存在一个置换矩阵 $P \in M_n$, 一个单位下三角矩阵 $L \in M_n$ 以及一个上三角矩阵 $U \in M_n$, 使得 $A = PLU$.

证明 如果我们证明了存在一个置换矩阵 Q, 使得 QA 有行包容性质, 那么(3.5.3)以及它后面的习题就确保有 $QA = LU$, 其中的因子 L 是单位下三角矩阵, 所以对 $P = Q^\mathrm{T}$ 有 $A = PLU$.

如果 A 是非奇异的, 所希望的置换矩阵由(3.5.7)予以保证.

如果 $\mathrm{rank}A = k < n$, 首先这样来排列 A 的行, 使得前 k 行是线性无关的. 由此推出 $A[\{i+1\}; \{1, \cdots, i\}]$ 是 $A[\{1, \cdots, i\}]$, $i = k, \cdots, n-1$ 的行的线性组合. 如果 $A[\{1, \cdots, k\}]$ 是非奇异的, 再次应用(3.5.7)来进一步排列它的行, 使得 $A[\{1, \cdots, k\}]$ (从而 A) 有行包容性质. 如果 $\mathrm{rank}A[\{1, \cdots, k\}] = \ell < k$, 就用与刚才处理 A 相同的方法对它加以处理, 这就对指数 $i = \ell, \cdots, n-1$ 得到了行包容性质. 继续按此方式行事, 直到或者是左上方分块是零, 在此情形对所有的指数我们都有行包容性质, 或者它是非奇异的, 在此情形进一步的排列就完成论证. □

习题 证明: 每一个 $A \in M_n$ 可以分解成 $A = LUP$, 其中 L 是下三角的, U 是单位上三角的, 且 P 是置换矩阵. ◀

习题 对给定的 $X \in M_n$ 以及 k, $\ell \in \{1, \cdots, n\}$, 定义

$$X_{[p,q]} = X[\{1, \cdots, p\}, \{1, \cdots, q\}] \tag{3.5.9}$$

设 $A = LBU$, 其中 L, B, $U \in M_n$, L 是下三角的, 而 U 是上三角的. 说明为什么对所有 p, $q \in \{1, \cdots, n\}$ 都有 $A_{[p,q]} = L_{[p,p]}B_{[p,q]}U_{[q,q]}$. 如果 L 与 U 是非奇异的, 说明为什么

$$\mathrm{rank}A_{[p,q]} = \mathrm{rank}B_{[p,q]}, \quad \text{对所有 } p, q \in \{1, \cdots, n\} \tag{3.5.10}$$ ◀

与上一个定理一样, 下面的定理描述了一种特殊的三角分解(LPU 分解), 它对每一个复方阵都成立. 在非奇异的情形, 因子 P 的唯一性有重要的推论.

定理 3.5.11(LPU 分解) 对每一个 $A \in M_n$, 存在一个置换矩阵 $P \in M_n$, 一个单位下三角矩阵 $L \in M_n$, 以及一个上三角矩阵 $U \in M_n$, 使得 $A = LPU$. 此外, 如果 A 是非奇异的, 那么 P 是唯一确定的.

证明 归纳地构造整数 $1, \cdots, n$ 的排列 $\pi_1, \cdots, \pi_n$ 如下: 设 $A^{(0)} = [a_{ij}^{(0)}] = A$, 并定义指标集 $\mathcal{I}_1 = \{i \in \{1, \cdots, n\}: a_{i1}^{(0)} \neq 0\}$. 如果 $\mathcal{I}_1$ 是非空的, 就令 π_1 是 $\mathcal{I}_1$ 中最小的整数; 反过来, 就令 π_1 是任意一个 $i \in \{1, \cdots, n\}$ 并着手下一步. 如果 $\mathcal{I}_1$ 是非空的, 在 $A^{(0)}$ 的第 π_1 行上利用第三类初等行变换消去 $A^{(0)}$ 的第一列中除了 $a_{\pi_1,1}^{(0)}$ 之外所有的非零元素 $a_{i1}^{(0)}$ (对所有这样的元素, $i > \pi_1$); 用 $A^{(1)}$ 来记所得到的矩阵. 注意, 对某个单位下三角矩阵 L_1, 有 $A^{(1)} = L_1 A^{(0)}$ (0.3.3).

假设 $2 \leqslant k \leqslant n$, 又假设 $\pi_1, \cdots, \pi_{k-1}$ 与 $A^{(k-1)} = [a_{ij}^{(k-1)}]$ 皆已构造出来. 设 $\mathcal{I}_k = \{i \in \{1, \cdots, n\}: i \neq \pi_1, \cdots, \pi_{k-1}$ 且 $a_{ik}^{(k-1)} \neq 0\}$. 如果 $\mathcal{I}_k$ 是非空的, 令 π_k 是 $\mathcal{I}_k$ 中最小的整数; 反之就令 π_k 是任意一个满足 $i \neq \pi_1, \cdots, \pi_{k-1}$ 的 $i \in \{1, \cdots, n\}$, 并进入到下一步. 如果 $\mathcal{I}_k$ 是非空的, 在 $A^{(k-1)}$

的第 π_k 行上利用第三类初等行变换消去 $A^{(k-1)}$ 的第 k 列中元素 $a_{\pi_k,k}^{(k-1)}$（对所有这样的元素，$i > \pi_k$）下方的每一个非零元素 $a_{i,k}^{(k-1)}$；用 $A^{(k)}$ 来记所得到的矩阵. 注意这些消元并不改变 $A^{(k-1)}$ 的第 1，$\cdots$，$k-1$ 列中的任何元素（因为对 $j = 1$，$\cdots$，$k-1$ 都有 $a_{\pi_k,j}^{(k-1)} = 0$），且对某个单位下三角矩阵 L_k，有 $A^{(k)} = L_k A^{(k-1)}$.

经过 n 步之后，我们的构造就产生出整数 1，$\cdots$，n 的一个排列 π_1，$\cdots$，π_n 以及一个矩阵 $A^{(n)} = [a_{ij}^{(n)}] = LA$，其中 $L = L_n \cdots L_1$ 是单位下三角矩阵. 此外，只要 $i > \pi_j$ 或者 $i < \pi_j$ 且 $i \in \{\pi_1, \cdots, \pi_{j-1}\}$，就有 $a_{ij}^{(n)} = 0$. 令 $L = L^{-1}$，这就使得 $A = LA^{(n)}$ 且 L 是单位下三角矩阵. 设 $P = [p_{ij}] \in M_n$，其中对 $j = 1$，$\cdots$，n 有 $p_{\pi_j,j} = 1$ 且所有其他的元素皆为零. 那么 P 是一个置换矩阵，$P^T A^{(n)} = U$ 是上三角矩阵，且 $A = LPU$.

如果 A 是非奇异的，那么 L 与 U 两者都是非奇异的. 上一个习题确保对所有 p，$q \in \{1, \cdots, n\}$ 有 $\mathrm{rank} A_{[p,q]} = \mathrm{rank} P_{[p,q]}$，且这些秩唯一地确定置换矩阵 P（见 (3.5.P11)）.   □

习题　说明上面证明中的构造怎样保证 $P^T A^{(n)}$ 是上三角的.   ◀

定义 3.5.12　矩阵 A，$B \in M_n$ 称为**三角等价的**（triangularly equivalent），如果存在非奇异的矩阵 L，$U \in M_n$，使得 L 是下三角的，U 是上三角的，且 $A = LBU$.

习题　验证三角等价是 M_n 上一个等价关系.   ◀

定理 3.5.11 为非奇异矩阵的三角等价提供了一种标准型. 标准的矩阵就是置换矩阵，(3.5.10) 中所描述的子矩阵的秩的集合就是一个完全不变量集.

定理 3.5.13　设 A，$B \in M_n$ 是非奇异的. 那么下述结论等价：

(a) 存在唯一一个置换矩阵 $P \in M_n$，使得 A 与 B 两者都与 P 三角等价.

(b) A 与 B 是三角等价的.

(c) 秩恒等式 (3.5.10) 满足.

证明　蕴含关系 (a) ⇒ (b) 显然成立，而蕴含关系 (b) ⇒ (c) 是 (3.5.11) 前面那个习题的内容. 如果 $A = L_1 P U_1$ 与 $B = L_2 P' U_2$ 是 LPU 分解，又如果采用了假设 (c)，则（利用 (3.5.9) 中的记号）对所有 p，$q \in \{1, \cdots, n\}$ 都有 $\mathrm{rank} P_{[p,q]} = \mathrm{rank} A_{[p,q]} = \mathrm{rank} B_{[p,q]} = \mathrm{rank} P'_{[p,q]}$. 问题 3.5.P11 确保有 $P = P'$，这蕴含 (a).   □

习题　设 A，$P \in M_n$. 假设 P 是一个置换矩阵，且 A 的所有主对角线元素都是 1. 说明为什么 $P^T A P$ 的所有主对角线元素都是 1.   ◀

我们最后一个定理与用单位三角矩阵来实现三角等价有关. 它用到如下事实：(a) 单位下三角矩阵的逆是单位下三角的，以及 (b) 单位下三角矩阵的乘积是单位下三角的，关于单位上三角矩阵有对应的结论.

定理 3.5.14（LPDU 分解）　对每个非奇异的 $A \in M_n$，存在一个唯一的置换矩阵 P，一个唯一的非奇异的对角矩阵 D，一个单位下三角矩阵 L，以及一个单位上三角矩阵 U，使得 $A = LPDU$.

证明　定理 3.5.11 确保存在一个单位下三角矩阵 L，一个唯一的置换矩阵 P，以及一个非奇异的上三角矩阵 U'，使得 $A = LPU'$. 设 D 表示这样一个对角矩阵，它与 U' 各自的对角元素相同，即 $D = \mathrm{diag}(\mathrm{diag}(U'))$，又设 $U = D^{-1} U'$. 那么 D 是单位上三角矩阵，且 $A = LPDU$. 假设 D_2 是一个对角矩阵，它使得 $A = L_2 P D_2 U_2$，其中 L_2 是单位下三角矩阵，而 U_2 是单位三角矩阵. 那么

$$(P^{\mathrm{T}}(L_2^{-1}L)P)D = D_2(U_2U^{-1}) \tag{3.5.15}$$

自然，U_2U^{-1} 与 $L_2^{-1}L$ 的主对角线元素全是 1，上一个习题确保 $P^{\mathrm{T}}(L_2^{-1}L)P$ 的主对角线元素也全是 1. 于是，(3.5.15)左边的主对角线与 D 的主对角线相同，而(3.5.15)右边的主对角线与 D_2 的主对角线相同. 由此推出 $D=D_2$. □

问题

3.5.P1 我们讨论了分解式 $A=LU$，其中 L 是下三角的，而 U 是上三角的. 讨论关于分解式 $A=UL$ 的一个平行的理论，注意两个分解式中相同字母标注的因子有可能不同.

3.5.P2 描述怎样求解 $Ax=b$，如果 A 表示成 $A=QR$，其中 Q 是酉矩阵，而 R 是上三角矩阵(2.1.14).

3.5.P3 矩阵 A，$B \in M_n$ 称为是**单位三角等价的**(unit triangularly equivalent)，如果对某个单位下三角矩阵 L 以及某个单位上三角矩阵 U 有 $A=LBU$. 说明为什么(a)单位三角等价既是在 M_n 上也是在 $GL(n, \mathbf{C})$ 上的等价关系；(b)如果 P，D，P'，$D' \in M_n$，P 与 P' 是置换矩阵，而 D 与 D' 是非奇异的对角矩阵，那么 $PD=P'D'$ 当且仅当 $P=P'$ 且 $D=D'$；(c)M_n 中每一个非奇异的矩阵都单位三角等价于一个唯一的广义置换矩阵(0.9.5)；(d)M_n 中两个广义置换矩阵是单位三角等价的，当且仅当它们是相等的；(e)$n \times n$ 广义置换矩阵是 $GL(n, \mathbf{C})$ 上关于单位三角等价这一等价关系的标准矩阵之集合.

3.5.P4 如果 $A \in M_n$ 的前主子式全都是非零的，说明可以怎样通过用第三种行初等运算将对角线下方的元素变为零来得到 A 的 LU 分解.

3.5.P5 (Lanczos 三对角化算法)设给定 $A \in M_n$ 以及 $x \in \mathbf{C}^n$. 定义 $X=[x \quad Ax \quad A^2x \quad \cdots \quad A^{n-1}x]$. 我们称 X 的列构成一个 **Krylov 序列**. 假设 X 是非奇异的. (a)证明 $X^{-1}AX$ 是关于 A 的特征多项式的友矩阵(3.3.12). (b)如果 $R \in M_n$ 是任何给定的非奇异的上三角矩阵，且 $S=XR$，证明 $S^{-1}AS$ 在一个上 Hessenberg 型中(0.9.9). (c)设 $y \in \mathbf{C}^n$，并定义 $Y=[y \quad A^*y \quad (A^*)^2y \quad \cdots \quad (A^*)^{n-1}y]$. 假设 Y 是非奇异的，且 Y^*X 可以表示成 LDU，其中 L 是下三角的，U 是上三角且非奇异的，而 D 是对角的且非奇异的. 证明：存在非奇异的上三角矩阵 R 以及 T，使得 $(XR)^{-1}=T^*Y^*$ 且 T^*Y^*AXR 是三对角的，且与 A 相似. (d)如果 $A \in M_n$ 是 Hermite 矩阵，利用这些思想来阐述一个算法，使之产生出一个与 A 相似的三对角的 Hermite 矩阵.

221

3.5.P6 说明为什么 M_n 中一个给定矩阵的位于 n，n 处的元素对它是否有 LU 分解没有影响，还是对 L 为非奇异的情形有影响，抑或对 U 为非奇异的情形有影响？

3.5.P7 证明：$C_n=[1/\max\{i, j\}] \in M_n(\mathbf{R})$ 有形如 $C_n=L_nL_n^{\mathrm{T}}$ 的 LU 分解，其中下三角矩阵 L_n 的元素是 $\ell_{ij}=1/\max\{i, j\}$(对 $i \geqslant j$). 推出结论 $\det L_n=(1/n!)^2$.

3.5.P8 证明：(3.5.6)中的条件"对所有 $i=1, \cdots, n$，$A[\{1, \cdots, i\}]$ 都是非奇异的"可以用条件"对所有 $i=1, \cdots, n$，$A[\{i, \cdots, n\}]$ 都是非奇异的"来代替.

3.5.P9 设 $A \in M_n(\mathbf{R})$ 是对称的三对角矩阵(0.9.10)，它所有的主对角线元素都等于 $+2$ 且第一条超对角线以及第一条次对角线的所有元素都等于 -1. 考虑

$$L = \begin{bmatrix} 1 & & & & \\ -\dfrac{1}{2} & 1 & & & \\ & -\dfrac{2}{3} & \ddots & & \\ & & \ddots & 1 & \\ & & & -\dfrac{n-1}{n} & 1 \end{bmatrix}, U = \begin{bmatrix} 2 & -1 & & & \\ & \dfrac{3}{2} & -1 & & \\ & & \ddots & \ddots & \\ & & & \dfrac{n}{n-1} & -1 \\ & & & & \dfrac{n+1}{n} \end{bmatrix}$$

证明 $A=LU$ 以及 $\det A=n+1$. A 的特征值是 $\lambda_k = 4\sin^2 \dfrac{k\pi}{2(n+1)}$，$k=1, \cdots, n$(见 1.4.P17).

注意到当 $n \to \infty$ 时有 $\lambda_1(A) \to 0$ 以及 $\lambda_n(A) \to 4$，且 $\det A = \lambda_1 \cdots \lambda_n \to \infty$.

3.5.P10　假设 $A \in M_n$ 是对称的，且它所有的前主子矩阵都是非奇异的. 证明：存在一个非奇异的下三角矩阵 L，使得 $A = LL^T$，即 A 有 LU 分解，其中 $U = L^T$.

3.5.P11　考虑与 $1, \cdots, n$ 的排列 $\pi_1, \cdots, \pi_n$ 对应的置换矩阵 $P = [p_{ij}] \in M_n$，即对 $j = 1, \cdots, n$ 有 $p_{\pi_j, j} = 1$，而所有其他元素都为零. 利用 (3.5.9) 中的记号，并定义 $\operatorname{rank} P_{[\ell, 0]} = 0$，$\ell = 1, \cdots, n$. 证明 $\pi_j = \min\{k \in \{1, \cdots, n\}: \operatorname{rank} P_{[k, j]} = \operatorname{rank} P_{[k, j-1]} + 1\}$，$j = 1, \cdots, n$. 推出结论：$n^2$ 个数 $\operatorname{rank} P_{[k, j]}$，$k, j \in \{1, \cdots, n\}$ 唯一地确定 P.

3.5.P12　设 $P \in M_n$ 是置换矩阵，分划成 $P = \begin{bmatrix} P_{11} & P_{12} \\ P_{21} & P_{22} \end{bmatrix}$，所以 $P^{-1} = \begin{bmatrix} P_{11}^T & P_{12}^T \\ P_{21}^T & P_{22}^T \end{bmatrix}$. 对下面有关 P 的零性互补法则 (0.7.5) 的证明中的论证提供细节：$\operatorname{nullity} P_{11} = P_{11}$ 中零列的个数 $= P_{21}$ 中零列的个数 $= P_{22}$ 中零行的个数 $= \operatorname{nullity} P_{22}^T$.

3.5.P13　对于零性互补法则 (0.7.5) 的如下方法提供细节，它通过 LPU 分解，从（简单的）置换矩阵的情形推导出了一般的情形.（a）设 $A \in M_n$ 是非奇异的. 将 A 与 A^{-1} 共形地分划成 $A = \begin{bmatrix} A_{11} & A_{12} \\ A_{21} & A_{22} \end{bmatrix}$ 以及 $A^{-1} = \begin{bmatrix} B_{11} & B_{12} \\ B_{21} & B_{22} \end{bmatrix}$. 零性互补法则断言 $\operatorname{nullity} A_{11} = \operatorname{nullity} B_{22}$；这就是我们寻求证明的结论.（b）设 $A = LPU$ 是 LPU 分解，所以 $A^{-1} = U^{-1} P^T L^{-1}$ 是 LPU 分解. 两个分解式中的置换矩阵因子是唯一确定的. 将 P 如同在上一个问题中那样与 A 的分划共形地分划.（c）$\operatorname{nullity} A_{11} = \operatorname{nullity} P_{11} = \operatorname{nullity} P_{22}^T = \operatorname{nullity} B_{22}$.

进一步的阅读参考　问题 3.5.P5 取自 [Ste]，在那里还可以找到有关 LU 分解的数值应用的进一步信息. 我们有关 LPU 分解、$LPDU$ 分解以及三角等价的讨论取自 L. Elsner, On some algebraic problems in connection with general eigenvalue algorithms, *Linear Algebra Appl.* 26(1979)123-138，该文还讨论了对称矩阵以及斜对称矩阵的**下三角相合**(lower triangular congruence)（$A = LBL^T$，其中 L 是下三角的非奇异矩阵）.

第4章 Hermite 矩阵，对称矩阵以及相合

4.0 引言

例 4.0.1 如果 $f: D \rightarrow \mathbf{R}$ 是某个区域 $D \subset \mathbf{R}^n$ 上的二阶连续可微函数，实矩阵

$$H(x) = [h_{ij}(x)] = \left[\frac{\partial^2 f(x)}{\partial x_i \partial x_j} \right] \in M_n$$

称为 f 的 **Hesse 矩阵**（Hessian）。它是 x 的函数且在最优化理论中起着重要的作用，因为它可以用来确定一个临界点是否是一个相对极大或者相对极小；见 (7.0)。在此，$H = H(x)$ 仅有的使我们感兴趣的性质来自混合偏导数相等这一事实，即

$$\frac{\partial^2 f}{\partial x_i \partial x_j} = \frac{\partial^2 f}{\partial x_j \partial x_i}, \quad \text{对所有 } i, j = 1, \cdots, n$$

从而，一个实值二阶连续可微函数的 Hesse 矩阵恒为实对称矩阵。

例 4.0.2 设 $A = [a_{ij}] \in M_n$ 的元素是实数或者复数，并考虑 $\mathbf{R}^n$ 或者 $\mathbf{C}^n$ 上由 A 生成的二次型：

$$Q(x) = x^{\mathrm{T}} A x = \sum_{i,j=1}^{n} a_{ij} x_i x_j = \sum_{i,j=1}^{n} \frac{1}{2} (a_{ij} + a_{ji}) x_i x_j = x^{\mathrm{T}} \left[\frac{1}{2} (A + A^{\mathrm{T}}) \right] x$$

于是，A 与 $\frac{1}{2}(A + A^{\mathrm{T}})$ 两者生成相同的二次型，而后面那个矩阵是对称的。这样一来，为了研究实的或者复的二次型，就只需要研究由对称矩阵生成的二次型。例如，在物理学中表示一个物体的惯性时会自然出现实的二次型。

225

例 4.0.3 考虑由

$$Lf(x) = \sum_{i,j=1}^{n} a_{ij}(x) \frac{\partial^2 f(x)}{\partial x_i \partial x_j} \tag{4.0.4}$$

所定义的二阶线性偏微分算子 L。系数函数 a_{ij} 以及函数 f 假设是在同一个区域 $D \subset \mathbf{R}^n$ 上定义的，而 f 应该是在 D 上二阶连续可微的。算子 L 以一种自然的方式与矩阵 $A(x) = [a_{ij}(x)]$ 联系在一起，这个矩阵未必是对称的，然而因为 f 的混合偏导数相等，我们就有

$$Lf = \sum_{i,j=1}^{n} a_{ij}(x) \frac{\partial^2 f}{\partial x_i \partial x_j} = \sum_{i,j=1}^{n} \frac{1}{2} \left[a_{ij}(x) \frac{\partial^2 f}{\partial x_i \partial x_j} + a_{ji}(x) \frac{\partial^2 f}{\partial x_j \partial x_i} \right]$$

$$= \sum_{i,j=1}^{n} \frac{1}{2} \left[a_{ij}(x) + a_{ij}(x) \right] \frac{\partial^2 f}{\partial x_i \partial x_j}$$

于是，对称矩阵 $\frac{1}{2}(A(x) + A(x)^{\mathrm{T}})$ 与矩阵 $A(x)$ 产生同样的算子 L。为了研究形如 $(4.0.4)$ 的实的或者复的线性偏微分算子，只需要考虑对称的系数矩阵就够了。

例 4.0.5 考虑一个无向图 Γ：一组**结点**（node）$\{P_1, P_2, \cdots, P_n\}$ 的集合 N 以及一组称为**边**（edge）的无序结点对 $E = \{\{P_{i_1}, P_{j_1}\}, \{P_{i_2}, P_{j_2}\}, \cdots\}$ 的集合 E。与图 Γ 相关联的是它的**邻接矩阵**（adjacency matrix）$A = [a_{ij}]$，其中

$$a_{ij} = \begin{cases} 1 & \text{如果}\{P_i, P_j\} \in E \\ 0 & \text{其他} \end{cases}$$

由于 Γ 是无向的, 它的邻接矩阵就是对称的.

例 4.0.6 设 $A = [a_{ij}] \in M_n(\mathbf{R})$, 并考虑实的双线性型

$$Q(x, y) = y^{\mathrm{T}} A x = \sum_{i,j=1}^{n} a_{ij} y_i x_j, \quad x, y \in \mathbf{R}^n \tag{4.0.7}$$

当 $A = I$ 时, 它转化为通常的内积. 如果我们希望对所有的 x, y 都有 $Q(x, y) = Q(y, x)$, 那么其必要且充分条件就是对所有的 i, $j = 1$, $\cdots$, n 都有 $a_{ij} = a_{ji}$. 为证明此点, 只需要注意, 如果 $x = e_j$ 且 $y = e_i$, 就有 $Q(e_j, e_i) = a_{ij}$ 以及 $Q(e_i, e_j) = a_{ji}$ 就够了. 于是, 实的对称双线性型与实对称矩阵自然联系在一起.

现在设 $A = [a_{ij}] \in M_n$ 是实的或者复的矩阵, 并考虑复的型

$$H(x, y) = y^* A x = \sum_{i,j=1}^{n} a_{ij} \overline{y_i} x_j, \quad x, y \in \mathbf{C}^n \tag{4.0.8}$$

它如同 (4.0.7) 那样, 当 $A = I$ 时转化为通常的内积. 这个型不再是双线性的, 但它关于第一个变量是线性的, 而关于第二个变量则是共轭线性的: $H(ax, by) = a\overline{b}H(x, y)$. 这样的型称为**半双线性的**(sesquilinear). 如果我们想要有 $H(x, y) = \overline{H(y, x)}$, 那么与上一情形同样的讨论表明其充分必要条件是 $a_{ij} = \overline{a_{ji}}$, 即 $A = \overline{A^{\mathrm{T}}} = A^*$, 故而 A 必须是 Hermite 矩阵.

$n \times n$ 复的 Hermite 矩阵类在许多方面都是 $n \times n$ 实对称矩阵类的一个自然的推广. 当然, 实的 Hermite 矩阵就是实的对称矩阵. 非实的复对称矩阵类尽管其自身很有趣, 却未能具有实对称矩阵类的许多重要性质. 在这一章, 我们研究复的 Hermite 矩阵以及对称矩阵, 我们将专门指出在实对称矩阵的情形所发生的结果.

4.1 Hermite 矩阵的性质及其特征刻画

定义 4.1.1 矩阵 $A = [a_{ij}] \in M_n$ 称为 **Hermite 的**(Hermitian), 如果 $A = A^*$; 它是**斜 Hermite 的**(skew Hermitian), 如果 $A = -A^*$.

对 A, $B \in M_n$ 可得出某些结论.

1. $A + A^*$, AA^* 以及 $A^* A$ 都是 Hermite 的.

2. 如果 A 是 Hermite 的, 那么对所有 $k = 1$, 2, 3, $\cdots$, A^k 都是 Hermite 的. 如果 A 还是非奇异的, 那么 A^{-1} 是 Hermite 的.

3. 如果 A 与 B 是 Hermite 的, 那么对所有实的纯量 a, b, $aA + bB$ 是 Hermite 的.

4. $A - A^*$ 是斜 Hermite 的.

5. 如果 A 与 B 是斜 Hermite 的, 那么对所有实的纯量 a, b, $aA + bB$ 是斜 Hermite 的.

6. 如果 A 是 Hermite 的, 那么 iA 是斜 Hermite 的.

7. 如果 A 是斜 Hermite 的, 那么 iA 是 Hermite 的.

8. $A = \frac{1}{2}(A + A^*) + \frac{1}{2}(A - A^*) = H(A) + S(A) = H(A) + iK(A)$, 其中 $H(A) = \frac{1}{2}$

$(A+A^*)$ 是 A 的 **Hermite 部分**（Hermitian part），$S(A)=\dfrac{1}{2}(A-A^*)$ 则是 A 的**斜 Hermite 部分**（skew Hermitian part），而 $K(A)=\dfrac{1}{2\mathrm{i}}(A-A^*)$.

9. 如果 A 是 Hermite 的，则 A 的主对角线元素全都为实数. 为了指定 A 的 n^2 个元素，可以自由选取任意 n 个实数（作为主对角线元素）以及任意 $\dfrac{1}{2}n(n-1)$ 个复数（作为对角线之外的元素）.

10. 如果记 $A=C+\mathrm{i}D$，其中 C，$D\in M_n(\mathbf{R})$（A 的实部与虚部），那么 A 是 Hermite 的，当且仅当 C 是对称的，且 D 是斜对称的.

11. 实对称矩阵是复的 Hermite 矩阵.

定理 4.1.2（Toeplitz 分解） 每个 $A\in M_n$ 都可以用唯一的方式写成 $A=H+\mathrm{i}K$，其中 H 与 K 两者都是 Hermite 矩阵. 它还可以用唯一的方式写成 $A=H+S$，其中 H 是 Hermite 的，而 S 则是斜 Hermite 的.

证明 记 $A=\dfrac{1}{2}(A+A^*)+\mathrm{i}\left[\dfrac{1}{2\mathrm{i}}(A-A^*)\right]$，并注意到 $H=\dfrac{1}{2}(A+A^*)$ 以及 $K(A)=\dfrac{1}{2\mathrm{i}}(A-A^*)$ 两者皆为 Hermite 的. 对唯一性这一结论，注意到如果 $A=E+\mathrm{i}F$，其中 E 与 F 皆为 Hermite 的，那么

$$2H=A+A^*=(E+\mathrm{i}F)+(E+\mathrm{i}F)^*=E+\mathrm{i}F+E^*-\mathrm{i}F^*=2E$$

所以 $E=H$. 类似地可以证明 $F=K$. 有关表示法 $A=H+S$ 的结论可以用同样的方法证明. □

前述结论提示我们，如果将 M_n 视为是与复数类似的对象，那么 Hermite 矩阵就与实数类似，$\mathbf{C}$ 中的复共轭运算的类似物就是 M_n 上的 $*$ 运算（共轭转置）. 实数就是满足 $z=\bar{z}$ 的复数 z；Hermite 矩阵就是满足 $A=A^*$ 的矩阵 $A\in M_n$. 诚如每个复数 z 都可以唯一地写成 $z=s+\mathrm{i}t$ 一样（其中 s，$t\in\mathbf{R}$），每一个复矩阵也可以用唯一的方式写成 $A=H+\mathrm{i}K$（其中 H 与 K 是 Hermite 矩阵）. 还有一些进一步的性质强化了这种类似.

定理 4.1.3 设 $A\in M_n$ 是 Hermite 的. 那么

(a) x^*Ax 对所有 $x\in\mathbf{C}^n$ 都是实的.

(b) A 的特征值是实的.

(c) 对所有 $S\in M_n$，S^*AS 都是 Hermite 的.

证明 计算 $\overline{(x^*Ax)}=(x^*Ax)^*=x^*A^*x=x^*Ax$，所以 x^*Ax 与其复共轭相等，从而它是实的. 如果 $Ax=\lambda x$ 且 $x^*x=1$，那么由（a）可知 $\lambda=\lambda x^*x=x^*\lambda x=x^*Ax$ 是实的. 最后，$(S^*AS)^*=S^*A^*S=S^*AS$，所以 S^*AS 总是 Hermite 的. □

习题 当 $n=1$ 时，上一个定理中的 Hermite 矩阵 $A\in M_n$ 的每一条性质说的是什么？◀
（4.1.3）中的每一条性质实际上（几乎）就是 Hermite 矩阵的一条特征的刻画.

定理 4.1.4 设给定 $A=[a_{ij}]\in M_n$. 那么 A 是 Hermite 的，当且仅当以下诸条件中至少有一条满足：

(a) 对所有 $x\in\mathbf{C}^n$，x^*Ax 都是实的.

(b) A 是正规的且只有实的特征值.

(c) 对所有 $S \in M_n$，$S^* AS$ 都是 Hermite 的.

证明 只需要对每一条件中的充分性加以证明就够了. 如果对所有 $x \in \mathbf{C}^n$，$x^* Ax$ 都是实的，那么对所有 x，$y \in \mathbf{C}^n$，$(x+y)^* A(x+y)=(x^* Ax+y^* Ay)+(x^* Ay+y^* Ax)$ 是实的. 由于根据假设 $x^* Ax$ 与 $y^* Ay$ 是实的，我们就断定：对所有 x，$y \in \mathbf{C}^n$，$x^* Ay+y^* Ax$ 是实的. 如果我们选取 $x=e_k$ 以及 $y=e_j$，那么 $x^* Ay+y^* Ax=a_{kj}+a_{jk}$ 是实的，所以 $\mathrm{Im}a_{kj}=-\mathrm{Im}a_{jk}$. 如果我们选取 $x=\mathrm{i}e_k$ 以及 $y=e_j$，那么 $x^* Ay+y^* Ax=-\mathrm{i}a_{kj}+\mathrm{i}a_{jk}$ 是实的，所以 $\mathrm{Re}a_{kj}=\mathrm{Re}a_{jk}$. 将关于 a_{kj} 以及 a_{jk} 的实部与虚部的这些等式组合起来就得出等式 $a_{kj}=\bar{a}_{jk}$，又因为 j，k 是任意的，我们就得出结论 $A=A^*$.

如果 A 是正规的，那么可以酉对角化，所以 $A=U\Lambda U^*$，其中 $\Lambda=\mathrm{diag}(\lambda_1, \lambda_2, \cdots, \lambda_n)$. 一般说来，我们有 $A^*=U\bar{\Lambda}U^*$，但如果 Λ 是实的，我们就有 $A^*=U\Lambda U^*=A$.

条件 (c) 蕴含 A 是 Hermite 的 (如果选取 $S=I$).   □

由于 Hermite 矩阵是正规的 ($AA^*=A^2=A^* A$)，第 2 章里有关正规矩阵的所有结果都适用于 Hermite 矩阵. 例如，与不同特征值相伴的特征向量是正交的，存在一组由特征向量组成的标准正交基以及 Hermite 矩阵可以酉对角化.

为便于引用，我们来复述关于 Hermite 矩阵的谱定理 (2.5.6).

定理 4.1.5 矩阵 $A \in M_n$ 是 Hermite 的，当且仅当存在一个酉矩阵 $U \in M_n$ 以及一个实的对角矩阵 $\Lambda \in M_n$，使得 $A=U\Lambda U^*$. 此外，A 是实的 Hermite 矩阵 (即实对称矩阵)，当且仅当存在一个实正交矩阵 $P \in M_n$ 以及一个实对角矩阵 $\Lambda \in M_n$，使得 $A=P\Lambda P^{\mathrm{T}}$.

尽管 Hermite 矩阵的实线性组合恒为 Hermite 矩阵，但是 Hermite 矩阵的复线性组合不一定是 Hermite 矩阵. 例如，如果 A 是 Hermite 矩阵，$\mathrm{i}A$ 仅当 $A=0$ 时才是 Hermite 矩阵. 此外，如果 A 与 B 是 Hermite 矩阵，那么 $(AB)^*=B^* A^*=BA$，所以 AB 是 Hermite 矩阵，当且仅当 A 与 B 可交换.

关于可交换的 Hermite 矩阵的一个最有名的结果 (对于量子力学中的算子有重要的推广) 是 (2.5.5) 的如下特例.

定理 4.1.6 设 $\mathscr{F}$ 是一个给定的非空的 Hermite 矩阵族. 则存在一个酉矩阵 U，使得对所有 $A \in \mathscr{F}$，UAU^* 都是对角矩阵的充分必要条件是，对所有 A，$B \in \mathscr{F}$ 都有 $AB=BA$.

Hermite 矩阵 A 有这样的性质：A 等于 A^*. 推广 Hermite 矩阵这一概念的一种方法是考虑使得 A 相似于 A^* 的矩阵类. 如下的定理拓广了 (3.4.1.7)，并用若干种方式刻画了这个矩阵类的特征. 其中第一种说的是这样的矩阵必定相似于 (但不一定酉相似于) 一个实的 (但不一定是对角的) 矩阵.

定理 4.1.7 设给定 $A \in M_n$. 则如下诸命题等价：

(a) A 与一个实矩阵相似.

(b) A 与 A^* 相似.

(c) A 通过一个 Hermite 相似变换与 A^* 相似.

(d) $A=HK$，其中 H，$K \in M_n$ 是 Hermite 矩阵，且至少有一个因子是非奇异的.

(e) $A=HK$，其中 H，$K \in M_n$ 是 Hermite 矩阵.

证明 首先注意 (a) 与 (b) 是等价的：每一个复矩阵都与它的转置相似 (3.2.3.1)，所以，A 相似于 $A^* = \overline{A}^T$ 当且仅当 A 相似于 $\overline{A}$，当且仅当 A 相似于一个实矩阵(3.4.1.7).

为验证(b)蕴含(c)，假设存在一个非奇异的 $S \in M_n$，使得 $S^{-1}AS = A^*$. 设 $\theta \in \mathbf{R}$，并令 $T = \mathrm{e}^{i\theta}S$. 注意到 $T^{-1}AT = A^*$. 这样一来，就有 $AT = TA^*$，或者等价地说，就有 $AT^* = T^*A^*$. 将这两个等式相加就得到等式 $A(T + T^*) = (T + T^*)A^*$. 如果 $T + T^*$ 是非奇异的，我们就能断言 A 与 A^* 通过 Hermite 矩阵 $T + T^*$ 而相似，所以就只需要证明存在某个 θ，使得 $T + T^*$ 是非奇异的. 矩阵 $T + T^*$ 是非奇异的，当且仅当 $T^{-1}(T + T^*) = I + T^{-1}T^*$ 是非奇异的，当且仅当 $-1 \notin \sigma(T^{-1}T^*)$. 但是 $T^{-1}T^* = \mathrm{e}^{-2i\theta}S^{-1}S^*$，所以我们可以选取满足 $-\mathrm{e}^{2i\theta} \notin \sigma(S^{-1}S^*)$ 的任何 θ.

现在假设(c)成立，并记 $R^{-1}AR = A^*$，其中 $R \in M_n$ 是非奇异的 Hermite 矩阵. 那么 $R^{-1}A = A^*R^{-1}$ 且 $A = R(A^*R^{-1})$. 但是 $(A^*R^{-1})^* = R^{-1}A = A^*R^{-1}$，所以 A 是两个 Hermite 矩阵 R 与 A^*R^{-1} 的乘积，且 R 是非奇异的.

如果 $A = HK$，其中 H 与 K 是 Hermite 矩阵，且 H 还是非奇异的，那么 $H^{-1}AH = KH = (HK)^* = A^*$. 如果 K 是非奇异的，则讨论类似. 于是，(d)等价于(b).

(d)肯定蕴含(e)，我们现在来证明(c)蕴含(a). 如果 $A = HK$，其中 H 与 K 是 Hermite 矩阵，且两者都是奇异的，考虑 $U^*AU = (U^*HU)(U^*KU)$，其中 $U \in M_n$ 是酉矩阵，$U^*HU = \begin{bmatrix} D & 0 \\ 0 & 0 \end{bmatrix}$，且 $D \in M_k$ 是非奇异的实对角矩阵. 与 U^*HU 共形地分划 $U^*KU = \begin{bmatrix} K' & \bigstar \\ \bigstar & \bigstar \end{bmatrix}$，并计算

$$U^*AU = (U^*HU)(U^*KU) = \begin{bmatrix} D & 0 \\ 0 & 0 \end{bmatrix}\begin{bmatrix} K' & \bigstar \\ \bigstar & \bigstar \end{bmatrix} = \begin{bmatrix} DK' & \bigstar \\ 0 & 0 \end{bmatrix}$$

分块 $DK' \in M_k$ 是两个 Hermite 矩阵的乘积，其中一个是非奇异的，所以(d)、(b)以及(a)的等价性确保它与一个实矩阵相似. 现在，推论 3.4.1.8 告诉我们 U^*AU(从而 A 也)与一个实矩阵相似. $\square$

特征刻画(4.1.4(a))可以通过考虑只取正(或者非负)值的 Hermite 型予以改进.

定理 4.1.8   设给定 $A \in M_n$. 那么，对所有的 $x \in \mathbf{C}^n$，x^*Ax 是正实数(x^*Ax 是非负实数)的充分必要条件是：A 是 Hermite 矩阵且它所有的特征值都是正的(非负的).

证明   如果只要 $x \neq 0$ 时 x^*Ax 就是正实数(非负实数)，那么对所有 $x \in \mathbf{C}^n$，x^*Ax 都是实数，所以(4.1.4(a))确保 A 是 Hermite 矩阵. 此外，如果 $u \in \mathbf{C}^n$ 是 A 的与特征值 λ 相伴的特征向量，那么就有 $\lambda = u^*(\lambda u) = u^*Au$，所以假设条件就确保 $\lambda > 0$($\lambda \geqslant 0$). 反过来，如果 A 是 Hermite 矩阵，且只有正的(非负的)特征值，那么(4.2.5)就确保 $A = U\Lambda U^*$，其中酉矩阵 $U = [u_1 \cdots u_n]$ 的列是 A 的与 $\Lambda = \mathrm{diag}(\lambda_1, \cdots, \lambda_n)$ 的正的(非负的)对角元素相伴的特征向量. 这样 $x^*Ax = x^*U\Lambda U^*x = (U^*x)^*\Lambda(U^*x) = \sum_{k=1}^{n} \lambda_k |u_k^*x|^2$ 总是非负的；如果所有 $\lambda_k > 0$ 且有某个 $u_k^*x \neq 0$，那么它是正的，而 $x \neq 0$ 肯定就是这种情形. $\square$

定义 4.1.9   矩阵 $A \in M_n$ 是**正定的**(positive definite)，如果对于所有非零的 $x \in \mathbf{C}^n$，x^*Ax 都是正实数；它是**半正定的**(positive semidefinite)，如果对于所有非零的 $x \in \mathbf{C}^n$，x^*Ax 都是非负实数；它是**不定的**(indefinite)，如果对所有 $x \in \mathbf{C}^n$，x^*Ax 都是实数，且存在非零向量 $y, z \in \mathbf{C}^n$，使得 $y^*Ay < 0 < z^*Az$.

习题 设 $A \in M_n$ 以及 $B = A^* A$. 用两种方法证明 B 是半正定的：(a)用它的奇异值分解代替 A；(b)注意 $x^* Bx = \|Ax\|_2^2$. ◀

上一个定理说的是：复矩阵是正定的(半定的)，当且仅当它是 Hermite 的，且它所有的特征值都是正的(非负的). 有一些作者在正定以及半定的定义之中加入了该矩阵是 Hermite 矩阵这一假设. 上一个定理表明，对复的矩阵和向量，这个假设是不必要的，不过这没什么害处. 然而，如果我们考虑实的矩阵以及它们所生成的实的二次型，情形就有所不同. 如果 $A \in M_n(\mathbf{R})$ 且 $x \in \mathbf{C}^n$，那么 $x^{\mathrm{T}} Ax = \frac{1}{2} x^{\mathrm{T}}(A + A^{\mathrm{T}})$，所以，对所有非零的 $x \in \mathbf{R}^n$ 有 $x^{\mathrm{T}} Ax > 0$ 或者 $x^{\mathrm{T}} Ax \geqslant 0$ 这一假设仅仅是在 A 的对称部分上附加了一个条件，它的斜对称部分并未受到限制. 上一个定理在实的情形的类似结果必须将一个对称性假设加入进去.

定理 4.1.10 设 $A \in M_n(\mathbf{R})$ 是对称的. 那么，对所有非零的 $x \in \mathbf{R}^n$ 有 $x^{\mathrm{T}} Ax > 0$ ($x^{\mathrm{T}} Ax \geqslant 0$)，当且仅当 A 的每一个特征值都是正的(非负的).

证明 由于 A 是 Hermite 的，故而只要证明下述结论就够了：只要 $z = x + \mathrm{i}y \in \mathbf{C}^n$，其中 $x, y \in \mathbf{R}^n$，且 x, y 中至少有一个不为零，就有 $z^* Az > 0$($z^* Az \geqslant 0$). 由于 $(y^{\mathrm{T}} Ax)^{\mathrm{T}} = x^{\mathrm{T}} Ay$，我们有

$$Z^* Az = (x + \mathrm{i}y)^* A(x + \mathrm{i}y) = x^{\mathrm{T}} Ax + y^{\mathrm{T}} Ay + \mathrm{i}(x^{\mathrm{T}} Ay - y^{\mathrm{T}} Ax)$$
$$= x^{\mathrm{T}} Ax + y^{\mathrm{T}} Ay$$

它是正的(非负的)，如果 x 与 y 至少有一个不为零. □

定义 4.1.11 对称矩阵 $A \in M_n(\mathbf{R})$ 称为**正定的**(positive definite)，如果对所有非零的 $x \in \mathbf{R}^n$ 都有 $x^{\mathrm{T}} Ax > 0$；它称为**半正定的**(positive semidefinite)，如果对所有非零的 $x \in \mathbf{R}^n$ 都有 $x^{\mathrm{T}} Ax \geqslant 0$；它称为**不定的**(indefinite)，如果存在向量 $y, z \in \mathbf{R}^n$，使得 $y^{\mathrm{T}} Ay < 0 < z^{\mathrm{T}} Az$.

习题 说明为什么半正定的矩阵是正定的，当且仅当它是非奇异的. ◀

我们有关 Hermite 矩阵的最后一个一般性的结论是：$A \in M_n$ 是 Hermite 的，当且仅当它可以写成 $A = B - C$，其中 $B, C \in M_n$ 是半正定的. 这个结论有一半是显然的，另一半则依赖于下面的定义.

定义 4.1.12 设 $A \in M_n$ 是 Hermite 矩阵，$\lambda_1 \geqslant \cdots \geqslant \lambda_n$ 是它的按照非增次序排列的特征值. 设 $\Lambda = \mathrm{diag}(\lambda_1, \cdots, \lambda_n)$，又令 $U \in M_n$ 是酉矩阵，它使得 $A = U\Lambda U^*$. 设 $\lambda_i^+ = \max\{\lambda_i, 0\}$ 以及 $\lambda_i^- = \min\{\lambda_i, 0\}$(两者都对 $i = 1, \cdots, n$ 定义). 设 $\Lambda_+ = \mathrm{diag}(\lambda_1^+, \cdots, \lambda_n^+)$ 以及 $A_+ = U\Lambda_+ U^*$，令 $\Lambda_- = \mathrm{diag}(\lambda_1^-, \cdots, \lambda_n^-)$ 以及 $A_- = -U\Lambda_- U^*$. 矩阵 A_+ 称为 A 的**半正定的部分**(positive semidefinite part).

命题 4.1.13 设 $A \in M_n$ 是 Hermite 矩阵. 那么 $A = A_+ - A_-$，A_+ 与 A_- 中的每一个都是半正定的，A_+ 与 A_- 可交换，$\mathrm{rank}A = \mathrm{rank}A_+ + \mathrm{rank}A_-$，$A_+ A_- = A_- A_+ = 0$，且 A_- 是 $-A$ 的半正定部分.

习题 验证上一个命题中的结论. ◀

问题

4.1.P1 证明：Hermite 矩阵的每一个主子矩阵都是 Hermite 的. 对斜 Hermite 矩阵此结论为真吗？对正

规矩阵呢？证明或给出反例.

4.1.P2　如果 $A \in M_n$ 是 Hermite 的且 $S \in M_n$，证明 SAS^* 是 Hermite 的. SAS^{-1} 呢（如果 S 是非奇异的）？

4.1.P3　设 A，$B \in M_n$ 是 Hermite 的. 证明 A 与 B 相似，当且仅当它们酉相似.

4.1.P4　验证 $(4.1.1)$ 后面的结论 $1 \sim 9$.

4.1.P5　有时我们可以通过证明一个矩阵与某个 Hermite 矩阵相似来证明这个矩阵仅有实的特征值. 设 $A = [a_{ij}] \in M_n(\mathbf{R})$ 是三对角的. 假设对所有 $i = 1, 2, \cdots, n-1$ 都有 $a_{i,i+1}a_{i+1,i} > 0$. 证明：存在一个对角元素为正数的实对角矩阵 D，使得 DAD^{-1} 是对称矩阵，并推出结论"A 仅有实的特征值". 考虑 $\begin{bmatrix} 0 & 1 \\ -1 & 0 \end{bmatrix}$ 并说明为什么关于对角线之外的元素的符号的假设是必要的. 利用极限方法证明：如果对所有 $i = 1, 2, \cdots, n-1$ 都有 $a_{i,i+1}a_{i+1,i} \geqslant 0$，那么特征值为实数的结论依然成立.

4.1.P6　设给定 $A = [a_{ij}]$，$B = [b_{ij}] \in M_n(\mathbf{R})$. （a）证明：对所有 $x \in \mathbf{C}^n$ 都有 $x^* Ax = x^* Bx$ 的充分必要条件是 $A = B$，也就是说，复矩阵是由它所生成的半双线性型所确定的.

4.1.P7　设给定 A，$B \in M_n(\mathbf{F})$，其中 $n \geqslant 2$，而 $\mathbf{F} = \mathbf{R}$ 或者 $\mathbf{C}$. 证明：对所有 $x \in \mathbf{F}^n$ 都有 $x^{\mathrm{T}} Ax = 0$ 的充分必要条件是 $A^{\mathrm{T}} = -A$. 给出一个例子来说明：如果对所有 $x \in \mathbf{F}^n$ 都有 $x^{\mathrm{T}} Ax = x^{\mathrm{T}} Bx$，那么 A 与 B 也未必相等，所以一个实的矩阵或者复的矩阵并不能由它所生成的二次型来确定.

4.1.P8　设 $A = \begin{bmatrix} 1 & 1 \\ 0 & 1 \end{bmatrix}$ 并证明对所有 $x \in \mathbf{C}^2$ 都有 $|x^* Ax| = |x^* A^{\mathrm{T}} x|$. 导出结论：$A \in M_n$ 不是由它所生成的 Hermite 型的绝对值所确定的.

4.1.P9　证明在下述意义上可以说 $A \in M_n$ 是几乎由它所生成的半双线性型的绝对值所确定的：如果给定 A，$B \in M_n$，可以证明对所有 x，$y \in \mathbf{C}^n$ 有 $|x^* Ay| = |x^* By|$ 的充分必要条件是对某个 $\theta \in \mathbf{R}$ 有 $A = e^{i\theta} B$.

4.1.P10　证明：$A \in M_n$ 是 Hermite 的当且仅当 iA 是斜 Hermite 的. 设 $B \in M_n$ 是斜 Hermite 的. 证明：（a）B 的特征值是纯虚数；（b）B^2 的特征值是非正的实数且全为零，当且仅当 $B = 0$.

4.1.P11　设 A，$B \in M_n$ 是 Hermite 矩阵. 说明为什么 $AB - BA$ 是斜 Hermite 矩阵，并由 $(4.1.\text{P10})$ 推出 $\mathrm{tr}(AB)^2 \leqslant \mathrm{tr}(A^2 B^2)$，其中等式当且仅当 $AB = BA$ 时成立.

4.1.P12　设给定 $A \in M_n$. 如果 A 是 Hermite 的，说明为什么 A 的秩等于它的非零特征值的个数，但此结果对非 Hermite 矩阵未必为真. 如果 A 是正规矩阵，证明 $\mathrm{rank} A \geqslant \mathrm{rank} H(A)$，其中等式当且仅当 A 没有非零的虚的特征值时成立. 正规性假设可否去掉？

4.1.P13　假设 $A \in M_n$ 不是零矩阵.（a）证明 $\mathrm{rank} A \geqslant |\mathrm{tr} A|^2 / (\mathrm{tr} A^* A)$，其中等号当且仅当对某个非零的 $a \in \mathbf{C}$ 以及某个 Hermite 射影矩阵 H 有 $A = aH$ 时成立.（b）如果 A 是正规的，说明为什么 $\mathrm{rank} A \geqslant |\mathrm{tr} H(A)|^2 / (\mathrm{tr} H(A)^2)$，所以，如果 A 是 Hermite 矩阵，就有 $\mathrm{rank} A \geqslant |\mathrm{tr} A|^2 / (\mathrm{tr} A^2)$.

4.1.P14　证明：对某个 $\theta \in \mathbf{R}$ 有 $A = e^{i\theta} A^*$ 的充分必要条件是：$e^{-i\theta/2} A$ 是 Hermite 矩阵. 对 $\theta = \pi$，这一结论说的是什么？对 $\theta = 0$ 呢？说明为什么斜 Hermite 矩阵类可以视为无限多个本性 Hermite 矩阵类中的一个 $(0.2.5)$，并描述每一个这样的类的构造.

4.1.P15　说明为什么 $A \in M_n$ 与 Hermite 矩阵相似的充分必要条件是它可以对角化且有实的特征值. 进一步的等价条件见 $(7.6.\text{P1})$.

4.1.P16　对任何 s，$t \in \mathbf{R}$，证明 $\max\{|s|, |t|\} = \frac{1}{2}(|s+t| + |s-t|)$. 对任何 Hermite 矩阵 $A \in M_2$，导出结论 $\rho(A) = \frac{1}{2}|\mathrm{tr} A| + \frac{1}{2}(\mathrm{tr} A^2 - 2\det A)^{1/2}$.

232

4.1. P17 设 $A=[a_{ij}]\in M_2$ 是 Hermite 矩阵且有特征值 λ_1 以及 λ_2. 证明 $(\lambda_1-\lambda_2)^2=(a_{11}-a_{22})^2+4|a_{12}|^2$ 并导出结论 spread$A\geqslant 2|a_{12}|$, 其中等号当且仅当 $a_{11}=a_{22}$ 时成立.

4.1. P18 设给定 $A\in M_n$. 证明: A 是 Hermite 矩阵当且仅当 $A^2=A^*A$.

4.1. P19 设 $A\in M_n$ 是射影矩阵 ($A^2=A$). 我们称 A 是 **Hermite 射影矩阵**(Hermitian projection), 如果 A 是 Hermite 的; 称 A 是**正交射影矩阵**(orthogonal projection), 如果 A 的值域与其零空间正交. 利用(4.1.5)与(4.1.4)证明: A 是 Hermite 射影矩阵, 当且仅当它是正交射影矩阵.

4.1. P20 设 $A\in M_n$ 是射影矩阵. 证明: A 是 Hermite 的, 当且仅当 $AA^*A=A$.

4.1. P21 设 $n\geqslant 2$, 又设给定 $x,y\in \mathbf{C}^n$ 以及 $z_1,\cdots,z_n\in\mathbf{C}$. 考虑 Hermite 矩阵 $A=xy^*+yx^*=\begin{bmatrix}x & y\end{bmatrix}\begin{bmatrix}y & x\end{bmatrix}^*$ 以及斜 Hermite 矩阵 $B=xy^*-yx^*=\begin{bmatrix}x & -y\end{bmatrix}\begin{bmatrix}y & x\end{bmatrix}^*$. (a)证明 A 的特征值是 Re$y^*x\pm(\|x\|^2\|y\|^2-(\text{Im}y^*x)^2)^{1/2}$(若 x 与 y 线性无关, 则其中一个是正的, 一个是负的), 加上 $n-2$ 个零特征值. (b)证明 B 的特征值是 $\mathrm{i}(\text{Im}y^*x\pm(\|x\|^2\|y\|^2-(\text{Re}y^*x)^2)^{1/2})$. (c)如果 x 与 y 是实的, 那么 A 与 B 的特征值是什么? (d)证明: $C=[z_i+\overline{z}_j]\in M_n$ 的特征值是

$$\text{Re}\sum_{i=1}^n z_i\pm\left(n^2\sum_{i=1}^n|z_i|^2-\left(\text{Im}\sum_{i=1}^n z_i\right)^2\right)^{1/2}$$

(如果并非所有的 z_i 都相等, 那么其中一个是正的, 一个是负的)加上 $n-2$ 个为零的特征值. (e)$D=[z_i-\overline{z}_j]\in M_n$ 的特征值是什么? (f)如果所有的 z_i 都是实数, 那么 C 与 D 的特征值是什么? 利用特别的例子(1.3.25)以及(1.3.26)来检验你的答案.

4.1. P22 在 Hermite 矩阵 A 的半正定部分 A_+ 的定义(4.1.12)中, 对角因子 Λ_+ 是唯一确定的, 但是酉因子 U 则不然, 为什么? 利用(2.5.4)的唯一性部分来说明: 为什么无论如何 A_+(从而 A_- 亦然)都是有良好定义的.

4.1. P23 设 $A,B\in M_n$ 是 Hermite 的. 证明: (a)AB 是 Hermite 的, 当且仅当 A 与 B 可交换; (b)trAB 是实数.

4.1. P24 设 $A\in M_n$ 是 Hermite 的. 说明为什么(a)adj$A$ 是 Hermite 的; (b)adj$A$ 是半正定的, 如果 A 是半正定的; (c)adj$A$ 是正定的, 如果 A 是正定的.

4.1. P25 设 $A\in M_n$ 是 Hermite 的, 又设 $r\in\{1,\cdots,n\}$. 说明为什么复合矩阵 $C_r(A)$ 是 Hermite 的. 如果 A 是正定的(半正定的), 说明为什么 $C_r(A)$ 是正定的(半正定的).

4.1. P26 证明: Hermite 矩阵 $P\in M_n$ 是射影矩阵, 当且仅当存在一个酉矩阵 $U\in M_n$, 使得 $P=U(I_k\oplus 0_{n-k})U^*$, 其中 $0\leqslant k\leqslant n$.

4.1. P27 设 $A,P\in M_n$ 并假设 P 是既非 0 也非 I 的 Hermite 射影矩阵. 证明: A 与 P 可交换, 当且仅当 A 与 $B\oplus C$ 酉相似, 其中 $B\in M_k$, $C\in M_{n-k}$, 且 $1\leqslant k\leqslant n-1$.

4.1. P28 如果 $A\in M_n$ 与 $B\oplus C$ 酉相似, 其中 $B\in M_k$, $C\in M_{n-k}$, 且 $1\leqslant k\leqslant n-1$, 那么 A 就称为是**酉可约的**(unitarily reducible); 反之, 则称 A 是**酉不可约的**(unitarily irreducible). 说明为什么 A 是酉不可约的, 当且仅当仅有的与 A 可交换的 Hermite 射影矩阵是零矩阵以及单位矩阵.

4.1. P29 设 $A\in M_n$ 或者是 Hermite 的, 或者是实对称的. 说明为什么 A 是不定的当且仅当它至少有一个正的特征值且至少有一个负的特征值.

4.1. P30 设 $A\in M_n$ 是 Hermite 的, 并假设 rank$A=r>0$. 我们知道 A 是主秩的, 所以它有一个阶为 r 的非零主子式, 见(0.7.6). 但是我们还可以说得更多一点: 利用(4.1.5)记 $A=U\Lambda U^*$, 其中 $U\in M_n$ 是酉矩阵, 而 $\Lambda=\Lambda_r\oplus 0_{n-r}$ 是实对角矩阵. (a)说明为什么 detΛ_r 是非零的实数. (b)分划 $U=[V\ U_2]$, 其中 $V\in M_{n,r}$, 说明为什么 $A=V\Lambda_r V^*$, 这是 A 的一个满秩分解. (c)设 $\alpha,\beta\subseteq\{1,\cdots,n\}$ 是基数为 r 的指标集, 并设 $V[\alpha,\varnothing^c]=V_\alpha$. 说明为什么 $A[\alpha,\beta]=V_\alpha\Lambda_r V_\beta^*$, det$A[\alpha]=|\det V_\alpha|^2\det\Lambda_r$ 以及 det$A[\alpha]\det A[\beta]=\det A[\alpha,\beta]\det A[\beta,\alpha]$. (d)为什么分解式 $A[\alpha]=V_\alpha\Lambda_r V_\alpha^*$ 确保 A 至少有一个阶为 r 的非零主子式, 又为什么每一个这样的子式都有同样

的符号？如果 A 是正规的，那么在(2.5. P48)中有这个结果的一种表述形式.

注记 (4.1.5)的最早的版本似乎属于 A. Cauchy(1829). 他证明了：实对称矩阵 A 的特征值是实的，且实二次型 $Q(x_1, \cdots, x_n) = x^\mathrm{T} Ax$ 可以通过变量的实正交变换变换成实线性型的平方的实倍数之和.

4.2 变分特征以及子空间的交

由于 Hermite 矩阵 $A \in M_n$ 的特征值是实的，我们可以（且的确如此）约定总是将它们按照代数非减的次序排列：

$$\lambda_{\min} = \lambda_1 \leqslant \lambda_2 \leqslant \cdots \leqslant \lambda_{n-1} \leqslant \lambda_n = \lambda_{\max} \tag{4.2.1}$$

当讨论中涉及若干个 Hermite 矩阵时，一种方便的标记它们各自的特征值的做法（总是如同(4.2.1)中那样按照代数次序）是记为 $\{\lambda_i(A)\}_{i=1}^n$，$\{\lambda_i(B)\}_{i=1}^n$，如此等等.

Hermite 矩阵 A 的最小的和最大的特征值可以被刻画成与 **Rayleigh 商** $x^* Ax / x^* x$ 有关的极小与极大问题的解. 支持下面 **Rayleigh 商定理**的基本事实如下：对于 Hermite 矩阵 $A \in M_n$，A 的与不同特征值相伴的特征向量是**自动正交的**，A 与单独一个特征值 λ 相伴的特征向量组成的任何一个非空集合所生成的子空间都包含一组与 λ 相伴的特征向量组成的**标准正交基**，且存在 $\mathbf{C}^n$ 的一组由 A 的特征向量组成的标准正交基.

定理 4.2.2(Rayleigh) 设 $A \in M_n$ 是 Hermite 的，令 A 的特征值排序如在(4.2.1)中那样，设 $i_1, \cdots, i_k$ 是给定的整数，$1 \leqslant i_1 < \cdots < i_k \leqslant n$，设 $x_{i_1}, \cdots, x_{i_k}$ 是标准正交的，且使得对每个 $p = 1, \cdots, k$ 都有 $Ax_{i_p} = \lambda_{i_p} x_{i_p}$，又设 $S = \mathrm{span}\{x_{i_1}, \cdots, x_{i_k}\}$. 那么

(a)

$$\lambda_{i_1} = \min_{\{x:0 \neq x \in S\}} \frac{x^* Ax}{x^* x} = \min_{\{x:x \in S \text{ 且 } \|x\|_2 = 1\}} x^* Ax$$

$$\leqslant \max_{\{x:x \in S \text{ 且 } \|x\|_2 = 1\}} x^* Ax = \max_{\{x:0 \neq x \in S\}} \frac{x^* Ax}{x^* x} = \lambda_{i_k}$$

(b) 对任何单位向量 $x \in S$ 都有 $\lambda_{i_1} \leqslant x^* Ax \leqslant \lambda_{i_k}$，右边（左边）不等式中的等式当且仅当 $Ax = \lambda_{i_k} x (Ax = \lambda_{i_1} x)$ 时成立.

(c) 对任何单位向量 $x \in \mathbf{C}^n$ 都有 $\lambda_{\min} \leqslant x^* Ax \leqslant \lambda_{\max}$，右边（左边）不等式中的等式当且仅当 $Ax = \lambda_{\max} x (Ax = \lambda_{\min} x)$ 时成立. 此外，我们有

$$\lambda_{\max} = \max_{x \neq 0} \frac{x^* Ax}{x^* x} \text{ 以及 } \lambda_{\min} = \min_{x \neq 0} \frac{x^* Ax}{x^* x}$$

证明 如果 $x \in S$ 是非零的，那么 $\xi = x / \|x\|_2$ 是单位向量，且 $x^* Ax / x^* x = x^* Ax / \|x\|_2^2 = \xi^* A\xi$. 对任何给定的单位向量 $x \in S$，存在纯量 $\alpha_1, \cdots, \alpha_k$，使得 $x = \alpha_1 x_{i_1} + \cdots + \alpha_k x_{i_k}$，标准正交性确保 $1 = x^* x = \sum_{p,q=1}^k \bar{\alpha}_p \alpha_q x_{i_p}^* x_{i_q} = |\alpha_1|^2 + \cdots + |\alpha_k|^2$. 那么

$$x^* Ax = (\alpha_1 x_{i_1} + \cdots + \alpha_k x_{i_k})^* (\alpha_1 \lambda_{i_1} x_{i_1} + \cdots + \alpha_k \lambda_{i_k} x_{i_k}) = |\alpha_1|^2 \lambda_{i_1} + \cdots + |\alpha_k|^2 \lambda_{i_k}$$

就是实数 $\lambda_{i_1}, \cdots, \lambda_{i_k}$ 的一个凸组合，所以它介于这些数中最小值(λ_{i_1})以及最大值(λ_{i_k})之间，见附录 B. 此外，$x^* Ax = |\alpha_1|^2 \lambda_{i_1} + \cdots + |\alpha_k|^2 \lambda_{i_k} = \lambda_{i_k}$ 当且仅当只要 $\lambda_{i_p} \neq \lambda_{i_k}$ 就有 $\alpha_p = 0$，当且仅当 $x = \sum_{\{p:\lambda_{i_p} = \lambda_{i_k}\}} \alpha_p x_{i_p}$，当且仅当 $x \in S$ 是 A 的一个与特征值 λ_{i_k} 相伴的特征向

量. 类似的推理就对 $x^* Ax = \lambda_{i_1}$ 建立了等式成立的情形. (c)中的结论可以从(b)中的结论推出, 这是因为如果 $k = n$, 就有 $S = \mathbf{C}^n$.   □

(4.2.2c)的几何解释是: $\lambda_{\max}$ 是连续实值函数 $f(x) = x^* Ax$ 在 $\mathbf{C}^n$ 中的单位球面(这是一个紧集)上的最大值(而 $\lambda_{\min}$ 则是最小值).

习题 设 $A \in M_n$ 是 Hermite 矩阵, $x \in \mathbf{C}^n$ 是非零向量, 又设 $\alpha = x^* Ax / x^* x$. 说明为什么 A 至少有一个特征值在区间 $(-\infty, \alpha]$ 中, 又为什么 A 至少有一个特征值在区间 $[\alpha, \infty)$ 中.   ◀

在关于 Hermite 矩阵的特征值的讨论中, 我们有若干次机会借助于关于子空间交的如下基本结果.

引理 4.2.3(子空间的交) 设 $S_1, \cdots, S_k$ 是 $\mathbf{C}^n$ 的给定的子空间. 如果 $\delta = \dim S_1 + \cdots + \dim S_k - (k-1)n \geqslant 1$, 则存在标准正交向量 $x_1, \cdots, x_\delta$, 使得对每个 $i = 1, \cdots, k$ 都有 $x_1, \cdots, x_\delta \in S_i$. 特别地, $S_1 \cap \cdots \cap S_k$ 包含一个单位向量.

证明 见(0.1.7). 集合 $S_1 \cap \cdots \cap S_k$ 是子空间, 故而所述之不等式确保有 $\dim(S_1 \cap \cdots \cap S_k) \geqslant \delta \geqslant 1$. 设 $x_1, \cdots, x_\delta$ 是 $S_1 \cap \cdots \cap S_k$ 的一组标准正交基中任意 δ 个元素.   □

[235]

习题 从(0.1.7.2)出发, 用归纳法证明(0.1.7.3).   ◀

习题 设 S_1, S_2 以及 S_3 是 $\mathbf{C}^n$ 的给定的子空间. 如果 $\dim S_1 + \dim S_2 \geqslant n+1$, 说明为什么 $S_1 \cap S_2$ 包含一个单位向量. 如果 $\dim S_1 + \dim S_2 + \dim S_3 \geqslant 2n+2$, 说明为什么存在两个单位向量 $x, y \in S_1 \cap S_2 \cap S_3$, 使得 $x^* y = 0$.   ◀

由变分特征所产生的不等式常是那些有关一个适当的实值函数 f 以及一个非空集合 S 的简单结论的结果, 这个简单结论是: 如果用更大的集合 $S' \supset S$ 代替 S, 则 $\sup\{f(x): x \in S\}$ 不减($\inf\{f(x): x \in S\}$ 不增).

引理 4.2.4 设 f 是集合 S 上的一个有界实值函数, 并假设 S_1 与 S_2 是使得 S_1 非空且满足 $S_1 \subset S_2 \subset S$ 的集合. 那么

$$\sup_{x \in S_2} f(x) \geqslant \sup_{x \in S_1} f(x) \geqslant \inf_{x \in S_1} f(x) \geqslant \inf_{x \in S} f(x)$$

在有关 Hermite 矩阵 A 的许多特征值不等式中, A 的特征值的下界可以通过 $-A$ 的特征值的上界得出. 在这方面下面的结论是有用的.

结论 4.2.5 设 $A \in M_n$ 是 Hermite 矩阵且有特征值 $\lambda_1(A) \leqslant \cdots \leqslant \lambda_n(A)$, 排序如同在(4.2.1)中那样. 那么 $-A$ 的有序排列的特征值是 $-\lambda_n(A) \leqslant \cdots \leqslant -\lambda_1(A)$, 即 $\lambda_k(-A) = -\lambda_{n-k+1}(A)$, $k = 1, \cdots, n$.

我们对于著名的 **Courant-Fischer 极小极大定理**(min-max theorem)的证明用到了上面两个引理和 Rayleigh 商定理.

定理 4.2.6(Courant-Fischer) 设 $A \in M_n$ 是 Hermite 矩阵, 且设 $\lambda_1 \leqslant \cdots \leqslant \lambda_n$ 为它的按照代数次序排列的特征值. 设 $k \in \{1, \cdots, n\}$ 且 S 表示 $\mathbf{C}^n$ 的一个子空间. 那么就有

$$\lambda_k = \min_{\{S: \dim S = k\}} \max_{\{x: 0 \neq x \in S\}} \frac{x^* Ax}{x^* x} \tag{4.2.7}$$

以及

$$\lambda_k = \max_{\{S: \dim S = n-k+1\}} \min_{\{x: 0 \neq x \in S\}} \frac{x^* Ax}{x^* x} \tag{4.2.8}$$

证明　设 x_1，$\cdots$，$x_n \in \mathbf{C}^n$ 是标准正交的，且对每个 $i=1$，$\cdots$，n 都有 $Ax_i = \lambda_i x_i$. 设 S 是 $\mathbf{C}^n$ 的任意一个 k 维子空间，又令 $S' = \mathrm{span}\{x_k, \cdots, x_n\}$. 那么

$$\dim S + \dim S' = k + (n-k+1) = n+1$$

所以(4.2.3)确保 $\{x: 0 \neq x \in S \cap S'\}$ 是非空的. 借助于(4.2.4)以及(4.2.2)，我们看到

$$\sup_{\{x:0\neq x\in S\}} \frac{x^* Ax}{x^* x} \geq \sup_{\{x:0\neq x\in S\cap S'\}} \frac{x^* Ax}{x^* x} \geq \inf_{\{x:0\neq x\in S\cap S'\}} \frac{x^* Ax}{x^* x}$$

$$\geq \inf_{\{x:0\neq x\in S'\}} \frac{x^* Ax}{x^* x} = \min_{\{x:0\neq x\in S'\}} \frac{x^* Ax}{x^* x} = \lambda_k$$

它蕴含

$$\inf_{\{x:\dim S=k\}} \sup_{\{x:0\neq x\in S\}} \frac{x^* Ax}{x^* x} \geq \lambda_k \tag{4.2.9}$$

然而，$\mathrm{span}\{x_1, \cdots, x_k\}$ 包含特征向量 x_k，$\mathrm{span}\{x_1, \cdots, x_k\}$ 是对于子空间 S 的一种选择，且 $x_k^* Ax_k / x_k^* x_k = \lambda_k$，所以不等式(4.2.9)实际上是等式，其中的下确界与上确界是达到的：

$$\inf_{\{S:\dim S=k\}} \sup_{\{x:0\neq x\in S\}} \frac{x^* Ax}{x^* x} = \min_{\{S:\min S=k\}} \max_{\{x:0\neq x\in S\}} \frac{x^* Ax}{x^* x} = \lambda_k$$

结论(4.2.8)可通过将(4.2.7)与(4.2.5)应用于 $-A$ 得出：

$$-\lambda_k = \min_{\{S:\dim S=n-k+1\}} \max_{\{x:0\neq x\in S\}} \frac{x^*(-A)x}{x^* x} = \min_{\{S:\dim S=n-k+1\}} \max_{\{x:0\neq x\in S\}} \left(\frac{x^* Ax}{x^* x}\right)$$

$$= \min_{\{S:\dim S=n-k+1\}} \left(-\min_{\{x:0\neq x\in S\}} \frac{x^* Ax}{x^* x}\right) = -\left(\max_{\{S:\dim S=n-k+1\}} \min_{\{x:0\neq x\in S\}} \frac{x^* Ax}{x^* x}\right)$$

由此就得出(4.2.8). □

如果在(4.2.7)中有 $k=n$，或者在(4.2.8)中有 $k=1$，就可以略去外层的最优化并置 $S = \mathbf{C}^n$，因为这是仅有的 n 维子空间. 在这两种情形，结论转化成(4.2.2c).

如果有一个 Hermite 矩阵 $A \in M_n$ 以及它的 Hermite 型 $x^* Ax$ 在一个子空间上的界，就可以对它的特征值来谈点什么.

定理 4.2.10　设 $A \in M_n$ 是 Hermite 矩阵，A 的特征值按照增加的次序排列(4.2.1). 设 S 是 $\mathbf{C}^n$ 的一个给定的 k 维子空间，又设给定 $c \in \mathbf{R}$.

(a) 若对每个单位向量 $x \in S$ 都有 $x^* Ax \geq c (x^* Ax > c)$，则 $\lambda_{n-k+1}(A) \geq c (\lambda_{n-k+1}(A) > c)$.

(b) 若对每个单位向量 $x \in S$ 都有 $x^* Ax \leq c (x^* Ax < c)$，则 $\lambda_k(A) \leq c (\lambda_k(A) < c)$.

证明　设 x_1，$\cdots$，$x_n \in \mathbf{C}^n$ 是标准正交的，且对每个 $i=1$，$\cdots$，n 都有 $Ax_i = \lambda_i(A) x_i$，又设 $S_1 = \mathrm{span}\{x_1, \cdots, x_{n-k+1}\}$. 那么 $\dim S + \dim S_1 = k + (n-k+1) = n+1$，所以(4.2.3)确保存在一个单位向量 $x \in S \cap S_1$. 我们在(a)中的假设 $x^* Ax \geq c (x \in S)$ 以及(4.2.2) $(x \in S_1)$ 合在一起就确保有

$$c \leq x^* Ax \leq \lambda_{n-k+1}(A) \tag{4.2.11}$$

所以 $\lambda_{n-k+1}(A) \geq c$，如果 $x^* Ax > c$，则有严格不等式成立. (b)中有关 A 的特征值的上界的结论可通过将(a)应用于 $-A$ 得出. □

推论 4.2.12　设 $A \in M_n$ 是 Hermite 矩阵，如果对一个 k 维子空间中所有的 x 都有 $x^* Ax \geq 0$，那么 A 至少有 k 个非负的特征值. 如果对一个 k 维子空间中所有非零的 x 都有

$x^* Ax > 0$，那么 A 至少有 k 个正的特征值.

证明 上面的定理确保 $\lambda_{n-k+1}(A) \geqslant 0(\lambda_{n-k+1}(A) > 0)$，以及 $\lambda_n(A) \geqslant \cdots \geqslant \lambda_{n-k+1}(A)$.

□

问题

4.2.P1 说明为什么结论(4.2.7)和(4.2.8)等价于

$$\lambda_k = \min_{\langle S: \dim S = k\rangle} \max_{\{x: x \in S, \|x\|_2 = 1\}} x^* Ax$$

以及

$$\lambda_k = \max_{\langle S: \dim S = n-k+1\rangle} \min_{\{x: x \in S, \|x\|_2 = 1\}} x^* Ax$$

4.2.P2 设 $A \in M_n$ 是 Hermite 矩阵，并假设 A 至少有一个特征值是正的. 证明 $\lambda_{\max}(A) = \max\{1/x^* x: x^* Ax = 1\}$.

4.2.P3 如果 $A = [a_{ij}] \in M_n$ 是 Hermite 矩阵，利用(4.2.2c)证明：对所有 $i = 1, \cdots, n$ 都有 $\lambda_{\max}(A) \geqslant a_{ii} \geqslant \lambda_{\min}(A)$，其中一个不等式中的等号仅当对所有 $j = 1, \cdots, n(j \neq i)$ 有 $a_{ij} = a_{ji} = 0$ 时对某个 i 成立. 考虑 $A = \mathrm{diag}(1, 2, 3)$，并说明为什么对所有 $j = 1, \cdots, n(j \neq i)$ 有 $a_{ij} = a_{ji} = 0$ 成立这一条件不蕴含 a_{ii} 等于 $\lambda_{\max}(A)$ 或者等于 $\lambda_{\min}(A)$.

4.2.P4 设 $A = [a_{ij}] = [a_1 \cdots a_n] \in M_n$，又设 σ_1 是 A 的最大的奇异值. 将上一个问题应用于 Hermite 矩阵 $A^* A$，并证明对所有 $i, j = 1, \cdots, n$ 都有 $\sigma_1 \geqslant \|a_j\|_2 \geqslant |a_{ij}|$.

4.2.P5 设 $A = \begin{bmatrix} 1 & 2 \\ 0 & 1 \end{bmatrix}$. A 的特征值是什么？$\max\{x^\mathrm{T} Ax/x^\mathrm{T} x: 0 \neq x \in \mathbf{R}^2\}$ 是什么？$\max \mathrm{Re}\{x^* Ax/x^* x: 0 \neq x \in \mathbf{C}^2\}$ 又是什么？这与(4.2.2)矛盾吗？

4.2.P6 设 $\lambda_1, \cdots, \lambda_n$ 是 $A \in M_n$ 的特征值，我们没有假设它是 Hermite 矩阵. 证明

$$\min_{x \neq 0} \left| \frac{x^* Ax}{x^* x} \right| \leqslant |\lambda_i| \leqslant \max_{x \neq 0} \left| \frac{x^* Ax}{x^* x} \right|, \quad i = 1, 2, \cdots, n$$

并证明在哪一个不等式中都可能有严格不等式成立.

4.2.P7 证明：秩-零化度定理 0.2.3.1 蕴含子空间交的引理 0.1.7.1 以及(4.2.3).

4.2.P8 假设 $A, B \in M_n$ 是 Hermite 矩阵，B 是半正定的，且特征值 $\{\lambda_i(A)\}_{i=1}^n$ 以及 $\{\lambda_i(B)\}_{i=1}^n$ 如在(4.2.1)中那样按序排列. 利用(4.2.6)证明：对所有 $k = 1, \cdots, n$ 都有 $\lambda_k(A+B) \geqslant \lambda_k(A)$.

4.2.P9 对(4.2.10)的另一种证明提供细节：先由(4.2.7)导出(b)，然后再将(b)应用于 $-A$ 导出(a).

注记以及进一步的阅读参考 变分特征(4.2.2)是由 John William Strutt(Rayleigh 男爵三世，因发现元素氩而成为 1904 年诺贝尔物理奖获得者)发现的，见 Rayleigh(1945)第 89 节. 实对称矩阵的特征值的极小极大特征的结果(4.2.6)出现在 E. Fischer, Über quadratische Formen mit reelen Koeffizienten, *Monatsh. Math. und Physik* 16(1905)234-249 中；而 Richard Courant 则将它延拓到了无穷维算子的情形，并将其放进 Courant 与 Hilbert(1937)合著的经典教科书之中.

4.3 Hermite 矩阵的特征值不等式

Hermann Weyl 的如下定理是大量不等式的源泉，这些不等式要么涉及两个 Hermite 矩阵之和，要么与加边的 Hermite 矩阵有关.

定理 4.3.1(Weyl) 设 $A, B \in M_n$ 是 Hermite 矩阵，又设 A, B 以及 $A+B$ 各自的特征值分别是 $\{\lambda_i(A)\}_{i=1}^n, \{\lambda_i(B)\}_{i=1}^n$ 以及 $\{\lambda_i(A+B)\}_{i=1}^n$，它们每一个都如同在(4.2.1)中那样按照代数次序排列. 那么，对每一个 $i = 1, \cdots, n$ 就有

$$\lambda_i(A+B) \leqslant \lambda_{i+j}(A) + \lambda_{n-j}(B), \quad j=0,1,\cdots,n-i \tag{4.3.2a}$$

其中的等式对某一对 i，j 成立，当且仅当存在一个非零向量 x，使得 $Ax = \lambda_{i+j}(A)x$，$Bx = \lambda_{n-j}(B)x$ 以及 $(A+B)x = \lambda_i(A+B)x$．又对每一个 $i=1$，$\cdots$，n 有

$$\lambda_{i-j+1}(A) + \lambda_j(B) \leqslant \lambda_i(A+B), \quad j=1,\cdots,i \tag{4.3.2b}$$

其中的等式对某一对 i，j 成立，当且仅当存在一个非零向量 x，使得 $Ax = \lambda_{i-j+1}(A)x$，$Bx = \lambda_j(B)x$ 以及 $(A+B)x = \lambda_i(A+B)x$．如果 A 与 B 没有公共的特征向量，那么 (4.3.2a，b) 中的每个不等式都是严格不等式．

证明 设 x_1，$\cdots$，x_n，y_1，$\cdots$，y_n 以及 z_1，$\cdots$，z_n 分别是 A，B 以及 $A+B$ 的标准正交的特征向量组，使得对每一个 $i=1$，$\cdots$，n 都有 $Ax_i = \lambda_i(A)x_i$，$By_i = \lambda_i(B)y_i$ 以及 $(A+B)z_i = \lambda_i(A+B)z_i$．对给定的 $i \in \{1, \cdots, n\}$ 以及任意的 $j \in \{0, \cdots, n-i\}$，设 $S_1 = \mathrm{span}\{x_1, \cdots, x_{i+j}\}$，$S_2 = \mathrm{span}\{y_1, \cdots, y_{n-j}\}$ 以及 $S_3 = \mathrm{span}\{z_i, \cdots, z_n\}$．那么

$$\dim S_1 + \dim S_2 + \dim S_3 = (i+j) + (n-j) + (n-i+1) = 2n+1$$

所以 (4.2.3) 确保存在一个单位向量 $x \in S_1 \bigcap S_2 \bigcap S_3$．现在借助 (4.2.2) 三次就得到两个不等式

$$\lambda_i(A+B) \leqslant x^*(A+B)x = x^*Ax + x^*Bx \leqslant \lambda_{i+j}(A) + \lambda_{n-j}(B)$$

第一个不等式由 $x \in S_3$ 得出，而第二个不等式则分别由 $x \in S_1$ 以及 $x \in S_2$ 得出．(4.3.2a) 中关于等式成立情形的命题由 (4.2.2) 中对单位向量 x 成立等式的情形以及以下诸不等式推出：$x^*Ax \leqslant \lambda_{i+j}(A)$，$x \in S_1$；$x^*Bx \leqslant \lambda_{n-j}(B)$，$x \in S_2$；以及 $\lambda_i(A+B) \leqslant x^*(A+B)x$，$x \in S_3$．

不等式 (4.3.2b) 以及它们的等式成立的情形可以通过将 (4.3.2a) 应用于 $-A$，$-B$ 以及 $-(A+B)$ 并利用 (4.2.5) 而得出：

$$-\lambda_{n-i+1}(A+B) - \lambda_i(-A-B) \leqslant \lambda_{i+j}(-A) + \lambda_{n-j}(-B) = -\lambda_{n-i-j+1}(A) - \lambda_{j+1}(B)$$

如果我们令 $i' = n-i+1$ 以及 $j' = j+1$，则上一个不等式就变成

$$\lambda_{i'}(A+B) \geqslant \lambda_{i'-j'+1}(A) + \lambda_{j'}(B), \quad j'=1,\cdots,i'$$

这就是 (4.3.2b)．

如果 A 与 B 没有公共的特征向量，那么 (4.3.2a) 和 (4.3.2b) 中等式成立的必要条件就不可能满足． $\square$

Weyl 定理描述了一个 Hermite 矩阵 A 的特征值可能会发生什么，如果它受到一个 Hermite 矩阵 B 加性的扰动．关于扰动矩阵 B 的各种不同的条件将会导致出现成为 (4.3.2a) 和 (4.3.2b) 的特例的不等式．在下面的每一个推论中，我们继续使用与 (4.3.1) 中同样的记号，而且继续坚持对所有列出的特征值按照代数的次序排序 (4.2.1)．

习题 设 $B \in M_n$ 是 Hermite 矩阵．如果 B 恰好有 π 个正的特征值，而且恰好有 ν 个负的特征值，说明为什么 $\lambda_{n-\pi}(B) \leqslant 0$ 以及 $\lambda_{\nu+1}(B) \geqslant 0$，其中的等式当且仅当 $n > \pi + \nu$，也即当且仅当 B 是奇异矩阵时成立． ◀

推论 4.3.3 设 A，$B \in M_n$ 是 Hermite 矩阵．假设 B 恰好有 π 个正的特征值，而且恰好有 ν 个负的特征值，那么

$$\lambda_i(A+B) \leqslant \lambda_{i+\pi}(A), \quad i=1,\cdots,n-\pi \tag{4.3.4a}$$

其中等式对某个 i 成立，当且仅当 B 是奇异的且存在非零向量 x，使得 $Ax = \lambda_{i+\pi}(A)x$，

$Bx=0$ 以及 $(A+B)x=\lambda_i(A+B)x$. 我们还有

$$\lambda_{i-v}(A) \leqslant \lambda_i(A+B), \quad i=v+1,\cdots,n \qquad (4.3.4b)$$

其中等式对某个 i 成立,当且仅当 B 是奇异的且存在一个非零向量 x,使得 $Ax=\lambda_{i-v}(A)x$,$Bx=0$ 以及 $(A+B)x=\lambda_i(A+B)x$. (4.3.4a)和(4.3.4b)中每一个不等式都是严格不等式,如果:要么(a)B 是非奇异的,要么(b)对 A 的每一个特征向量都有 $Bx\neq0$.

证明 在(4.3.2a)中取 $j=n-\pi$,并利用上一个习题得到 $\lambda_i(A+B)\leqslant\lambda_{i+\pi}(A)+\lambda_{n-\pi}(B)\leqslant\lambda_{i+\pi}(A)$,其中等式成立,当且仅当 B 是奇异的,且存在一个非零向量 x,使得 $Ax=\lambda_{i+\pi}(A)x$,$Bx=0$ 以及 $(A+B)x=\lambda_i(A+B)x$. 类似的讨论表明(4.3.4b)由(4.3.2b)中取 $j=\nu+1$ 得出.   □

▷ **习题** 设 $B\in M_n$ 是 Hermite 矩阵. 如果 B 是奇异的,且 $\mathrm{rank}B=r$,说明为什么 $\lambda_{n-r}(B)\leqslant0$ 以及 $\lambda_{r+1}(B)\geqslant0$. ◁

推论 4.3.5 设 $A,B\in M_n$ 是 Hermite 矩阵. 假设 B 是奇异的,且 $\mathrm{rank}B=r$. 那么

$$\lambda_i(A+B) \leqslant \lambda_{i+r}(A), \quad i=1,\cdots,n-r \qquad (4.3.6a)$$

其中的等式对某个 i 成立,当且仅当 $\lambda_{n-r}(B)=0$,且存在一个非零向量 x,使得 $Ax=\lambda_{i+r}(A)x$,$Bx=0$ 以及 $(A+B)x=\lambda_i(A+B)x$. 又有

$$\lambda_{i-r}(A) \leqslant \lambda_i(A+B), \quad i=r+1,\cdots,n \qquad (4.3.6b)$$

其中的等式对某个 i 成立,当且仅当 $\lambda_{r+1}(B)=0$,且存在一个非零向量 x,使得 $Ax=\lambda_{i-r}(A)x$,$Bx=0$ 以及 $(A+B)x=\lambda_i(A+B)x$. 如果对 A 的每个特征向量 x 有 $Bx\neq0$,那么(4.3.6a)和(4.3.6b)中每一个不等式都是严格不等式.

证明 为验证(4.3.6a),在(4.3.2a)中取 $j=r$ 并利用上一个习题得到 $\lambda_i(A+B)\leqslant\lambda_{i+r}(A)+\lambda_{n-r}(B)\leqslant\lambda_{i+r}(A)$,其中等式当且仅当 $\lambda_{n-r}(B)=0$ 且在(4.3.2a)中对 $j=r$ 有等式成立时才成立. 类似的讨论表明(4.3.6b)由(4.3.4b)中取 $j=r+1$ 得出.   □

▷ **习题** 设 $B\in M_n$ 是 Hermite 矩阵. 如果 B 恰有一个正的特征值且恰有一个负的特征值,说明为什么 $\lambda_2(B)\geqslant0$ 且 $\lambda_{n-1}(B)\leqslant0$,其中的等式当且仅当 $n>2$ 时成立. ◁

推论 4.3.7 设 $A,B\in M_n$ 是 Hermite 矩阵. 假设 B 恰好有一个正的特征值,而且恰好有一个负的特征值. 那么

$$\lambda_1(A+B) \leqslant \lambda_2(A)$$
$$\lambda_{i-1}(A) \leqslant \lambda_i(A+B) \leqslant \lambda_{i+1}(A), \quad i=2,\cdots,n-1 \qquad (4.3.8)$$
$$\lambda_{n-1}(A) \leqslant \lambda_n(A+B)$$

如同在(4.3.3)中所述的那样,等式对 $\pi=\nu=1$ 成立,例如,$\lambda_i(A+B)=\lambda_{i+1}(A)$ 当且仅当 $n>2$ 且存在一个非零向量 x,使得 $Ax=\lambda_{i+1}(A)x$,$Bx=0$ 以及 $(A+B)x=\lambda_i(A+B)x$ 时成立. 如果(a)$n=2$,或者(b)对 A 的每个特征向量 x 有 $Bx\neq0$,那么(4.3.8)中每一个不等式都是严格的不等式.

证明 在(4.3.4a)和(4.3.4b)中取 $\pi=\nu=1$ 并利用上一个习题.   □

▷ **习题** 假设 $z\in\mathbf{C}^n$ 是非零的且 $n\geqslant2$. 说明为什么 $\lambda_{n-1}(zz^*)=0=\lambda_2(zz^*)$. ◁

下面的推论称为关于 Hermite 矩阵的秩 1-Hermite 摄动的**交错定理**(interlacing theorem).

推论 4.3.9 设 $n\geqslant2$,$A\in M_n$ 是 Hermite 矩阵,又设 $z\in\mathbf{C}^n$ 不为零向量. 那么

$$\lambda_i(A) \leqslant \lambda_i(A+zz^*) \leqslant \lambda_{i+1}(A), \quad i=1,\cdots,n-1 \qquad (4.3.10)$$
$$\lambda_n(A) \leqslant \lambda_n(A+zz^*)$$

如同在（4.3.3）中描述的那样，（4.3.10）中的等式对 $\pi=1$ 以及 $\nu=0$ 成立，例如，$\lambda_i(A+zz^*)=\lambda_{i+1}(A)$ 当且仅当存在一个非零向量 x，使得 $Ax=\lambda_{i+1}(A)x$，$z^*x=0$ 以及 $(A+zz^*)x=\lambda_i(A+zz^*)x$. 又有

$$\lambda_1(A-zz^*) \leqslant \lambda_1(A) \qquad (4.3.11)$$
$$\lambda_{i-1}(A) \leqslant \lambda_i(A-zz^*) \leqslant \lambda_i(A), \quad i=2,\cdots,n$$

如同在（4.3.3）中描述的那样，（4.3.11）中的等式对 $\pi=0$ 以及 $\nu=1$ 成立. 如果 A 没有特征向量与 z 正交，那么（4.3.10，11）中的每一个不等式都是严格的不等式.

证明 在（4.3.4a）中取 $\pi=1$ 以及 $\nu=0$；在（4.3.4b）中取 $\pi=0$ 以及 $\nu=1$. 利用上一个习题. □

习题 设 $B\in M_n$ 是半正定的. 说明为什么 $\lambda_1(B)=0$ 当且仅当 B 是奇异的. ◄

下面的推论称为**单调定理**（monotonicity theorem）.

推论 4.3.12 设 A，$B\in M_n$ 是 Hermite 矩阵，并假设 B 是半正定的. 那么

$$\lambda_i(A) \leqslant \lambda_i(A+B), \quad i=1,\cdots,n \qquad (4.3.13)$$

其中等式对某个 i 成立，当且仅当 B 是奇异的，且存在一个非零向量 x，使得 $Ax=\lambda_i(A)x$，$Bx=0$ 以及 $(A+B)x=\lambda_i(A+B)x$. 如果 B 是正定的，那么

$$\lambda_i(A) < \lambda_i(A+B), \quad i=1,\cdots,n \qquad (4.3.14)$$

证明 对 $\nu=0$ 应用（4.3.4b）并利用上一个习题. 如果 B 是非奇异的，则（4.3.13）中的等式不可能成立. □

推论 4.3.15 设 A，$B\in M_n$ 是 Hermite 矩阵. 那么

$$\lambda_i(A)+\lambda_1(B) \leqslant \lambda_i(A+B) \leqslant \lambda_i(A)+\lambda_n(B), \quad i=1,\cdots,n \qquad (4.3.16)$$

其中上界中的等式成立，当且仅当存在一个非零向量 x，使得 $Ax=\lambda_i(A)x$，$Bx=\lambda_n(B)x$ 以及 $(A+B)x=\lambda_i(A+B)x$；下界中的等式成立，当且仅当存在一个非零向量 x，使得 $Ax=\lambda_i(A)x$，$Bx=\lambda_1(B)x$ 以及 $(A+B)x=\lambda_i(A+B)x$. 如果 A 与 B 没有公共的特征向量，那么（4.3.16）中每一个不等式都是严格不等式.

证明 在（4.3.2a）中取 $j=0$，而在（4.3.2b）中取 $j=1$. □

习题 设给定 $y\in \mathbf{C}^n$ 以及 $a\in \mathbf{R}$，又设 $K=\begin{bmatrix} 0_n & y \\ y^* & a \end{bmatrix} \in M_{n+1}$. 证明 K 的特征值是 $(a\pm\sqrt{a^2+4y^*y})/2$ 再加上 $n-1$ 个为零的特征值. 如果 $y\neq 0$，推出结论：K 恰好有一个正的特征值，也恰好有一个负的特征值. 提示：（1.2.P13(b)）. ◄

Weyl 不等式以及它们的推论考虑的是 Hermite 矩阵的加性 Hermite 摄动. 从 Hermite 矩阵中取出一个主子矩阵，或者通过对它加边作成一个更大的 Hermite 矩阵，都会出现加性的特征值不等式. 下面的结果是关于加边的 Hermite 矩阵的 **Cauchy 交错定理**，有时也称为**分离定理**（separation theorem）.

定理 4.3.17（Cauchy） 设 $B\in M_n$ 是 Hermite 矩阵，设给定 $y\in \mathbf{C}^n$ 以及 $a\in \mathbf{R}$，又设

241

$$A = \begin{bmatrix} B & y \\ y^* & a \end{bmatrix} \in M_{n+1}. \quad 那么$$

$$\lambda_1(A) \leqslant \lambda_1(B) \leqslant \lambda_2(A) \leqslant \cdots \leqslant \lambda_n(A) \leqslant \lambda_n(B) \leqslant \lambda_{n+1}(A) \qquad (4.3.18)$$

其中 $\lambda_i(A) = \lambda_i(B)$ 成立的充分必要条件是：存在一个非零的 $z \in \mathbf{C}^n$，使得 $Bz = \lambda_i(B)z$，$y^* z = 0$，以及 $Bz = \lambda_i(A)z$；$\lambda_i(B) = \lambda_{i+1}(A)$ 成立的充分必要条件是：存在一个非零的 $z \in \mathbf{C}^n$，使得 $Bz = \lambda_i(B)z$，$y^* z = 0$，以及 $Bz = \lambda_{i+1}(A)z$. 如果 B 没有与 y 正交的特征向量，则 (4.3.18) 中的每一个不等式都是严格不等式.

证明   如果我们用 $A + \mu I_{n+1}$ 代替 A（这就用 $B + \mu I_n$ 代替了 B），那么结论中有序排列的特征值的交错性不变. 于是，不失一般性，可以假设 B 与 A 是正定的. 考虑 Hermite 矩阵 $\mathcal{H} = \begin{bmatrix} B & 0 \\ 0 & 0_1 \end{bmatrix}$ 以及 $\mathcal{K} = \begin{bmatrix} 0_n & y \\ y^* & a \end{bmatrix}$，对它们有 $A = \mathcal{H} + \mathcal{K}$. $\mathcal{H} = B \oplus [0]$ 的有序排列的特征值是 $\lambda_1(\mathcal{H}) = 0 < \lambda_1(B) = \lambda_2(\mathcal{H}) \leqslant \lambda_2(B) = \lambda_3(\mathcal{H}) \leqslant \cdots$，即对所有 $i = 1, \cdots, n$ 都有 $\lambda_{i+1}(\mathcal{H}) = \lambda_i(B)$. 上一个习题表明 $\mathcal{K}$ 恰好有一个正的特征值和一个负的特征值，故而不等式 (4.3.8) 确保

$$\lambda_i(A) = \lambda_i(\mathcal{H} + \mathcal{K}) \leqslant \lambda_{i+1}(\mathcal{H}) = \lambda_i(B), \quad i = 1, \cdots, n \qquad (4.3.19)$$

对一个给定的 i，(4.3.19) 中等式成立的必要与充分条件表述在 (4.3.7) 中：存在一个非零的 $x \in \mathbf{C}^{n+1}$，使得 $\mathcal{H}x = \lambda_{i+1}(\mathcal{H})x$，$\mathcal{K}x = 0$，$Ax = \lambda_i(A)x$. 如果我们用 $z \in \mathbf{C}^n$ 来分划 $x = \begin{bmatrix} z \\ \zeta \end{bmatrix}$ 并利用恒等式 $\lambda_{i+1}(\mathcal{H}) = \lambda_i(B)$，计算揭示这些条件对于以下结论是等价的：存在一个非零的 $z \in \mathbf{C}^n$，使得 $Bz = \lambda_i(B)z$，$y^* z = 0$ 以及 $Bz = \lambda_i(A)z$. 特别地，如果 B 没有与 y 正交的特征向量，那么就不存在 i，使得必要条件 $z \neq 0$，$Bz = \lambda_i(B)z$ 以及 $y^* z = 0$ 能得到满足.

对 $i = 1, \cdots, n$，不等式 $\lambda_i(B) \leqslant \lambda_{i+1}(A)$ 可以通过将 (4.3.19) 应用于 $-A$ 并利用 (4.2.5) 而得到：

$$-\lambda_{(n+1)-i+1}(A) = \lambda_i(-A) \leqslant \lambda_i(-B) = -\lambda_{n-i+1}(B) \qquad (4.3.20)$$

如果置 $i' = n - i + 1$，我们就对 $i' = 1, \cdots, n$ 得到等价的不等式 $\lambda_{i'+1}(A) \geqslant \lambda_{i'}(B)$. (4.3.20) 中等式出现的情形再次由 (4.3.7) 得出. $\square$

我们已经讨论了特征值交错定理的两个例子：如果一个给定的 Hermite 矩阵或者通过增加一个秩 1 的 Hermite 矩阵或者通过加边来加以修改，那么新旧特征值必定是交错的. 事实上，(4.3.9) 以及 (4.3.17) 中的每一个结论都蕴含另外一个，见 (7.2.P15). 关于这些定理的逆有何结论？如果给定由实数组成的两个交错集，它们能是一个 Hermite 矩阵以及它的加边矩阵的特征值吗？它们能是一个 Hermite 矩阵以及它的秩 1 加性摄动矩阵的特征值吗？下面两个定理对这两个问题给出了肯定的回答.

定理 4.3.21   设 $\lambda_1, \cdots, \lambda_n$ 以及 $\mu_1, \cdots, \mu_{n+1}$ 是满足交错不等式

$$\mu_1 \leqslant \lambda_1 \leqslant \mu_2 \leqslant \lambda_2 \leqslant \cdots \leqslant \lambda_{n-1} \leqslant \mu_n \leqslant \lambda_n \leqslant \mu_{n+1} \qquad (4.3.22)$$

的实数. 设 $\Lambda = \mathrm{diag}(\lambda_1, \lambda_2, \cdots, \lambda_n)$. 则可以这样来选取一个实数 a 以及一个实向量 $y = [y_i] \in \mathbf{R}^n$，使得

$$A = \begin{bmatrix} \Lambda & y \\ y^{\mathrm{T}} & a \end{bmatrix} \in M_{n+1}(\mathbf{R}) \qquad (4.3.23)$$

的特征值是 μ_1，$\cdots$，μ_{n+1}.

证明 我们希望 A 的特征值是 μ_1，$\cdots$，μ_{n+1}，故而 a 由等式

$$\mu_1 + \cdots + \mu_{n+1} = \mathrm{tr}A = \mathrm{tr}\Lambda + a = \lambda_1 + \cdots + \lambda_n + a$$

确定. A 的特征多项式是 $p_A(t) = (t-\mu_1)\cdots(t-\mu_{n+1})$，它也是加边矩阵 $tI-A$ 的行列式，我们可以用 Cauchy 展开式(0.8.5.10)来计算它：

$$p_A(t) = \det(tI - A) = (t-a)\det(tI - \Lambda) - y^{\mathrm{T}}\mathrm{adj}(tI - \Lambda)y$$

$$= (t-a)\prod_{i=1}^{n}(t-\lambda_i) - \sum_{i=1}^{n}\left(y_i^2\prod_{j\neq i}(t-\lambda_j)\right)$$

如果我们把有关 $p_A(t)$ 的这两个表达式组合起来，并引进变量 $\eta_i = y_i^2$，$i=1$，$\cdots$，n，就得到等式

$$\sum_{i=1}^{n}\left(\eta_i\prod_{j\neq i}(t-\lambda_j)\right) = (t-a)\prod_{i=1}^{n}(t-\lambda_i) - \prod_{i=1}^{n+1}(t-\mu_i) \tag{4.3.24}$$

我们必须要证明存在**非负的** η_1，$\cdots$，η_n 满足(4.3.24).

选取任一个 $\lambda\in\{\lambda_1,\cdots,\lambda_n\}$，假设 λ 作为 Λ 的特征值的重数(恰好)为 $m\geqslant 1$，且 $\lambda = \lambda_k = \cdots = \lambda_{k+m-1}$，所以 $\lambda_{k-1} < \lambda < \lambda_{k+m}$. 为了集中说明一般的情形，假设 $1 < k < n+1-m$，并留给读者对以下的推理进行修改以解决 $k=1$ 以及 $k+m-1=n$ 的特殊(较容易)情形.

交错不等式(4.3.22)**要求** $\mu_{k+1} = \cdots = \mu_{k+m-1} = \lambda$，它们**允许** $\mu_k = \lambda$ 以及/或者 $\lambda = \mu_{k+m}$. 设

$$f_{\lambda+}(t) = \prod_{i=1}^{k-1}(t-\lambda_i), \quad f_{\lambda-}(t) = \prod_{i=k+m}^{n}(t-\lambda_i)$$

以及

$$g_{\lambda+}(t) = \prod_{i=1}^{k}(t-\mu_i), \quad g_{\lambda-}(t) = \prod_{i=k+m}^{n+1}(t-\mu_i)$$

注意到 $f_{\lambda+}(\lambda) > 0$，$f_{\lambda-}(\lambda) \neq 0$ 以及 $\mathrm{sign}(f_{\lambda-}(\lambda)) = (-1)^{n-(k+m)+1}$. 又有 $g_{\lambda+}(\lambda) \geqslant 0$，$g_{\lambda-}(\lambda) \leqslant 0$，$g_{\lambda+}(\lambda) = 0$ 成立的充分必要条件是 $\mu_k = \lambda$，而 $g_{\lambda-}(\lambda) = 0$ 成立的充分必要条件是 $\lambda = \mu_{k+m}$. 如果 $\lambda < \mu_{k+m}$，那么 $\mathrm{sign}(g_{\lambda-}(\lambda)) = (-1)^{n+1-(k+m)+1}$.

现在来仔细检查(4.3.24)：如果 $i\leqslant k-1$ 或者 $i\geqslant k+m$，则 η_i 的系数包含一个因子 $(t-\lambda)^m$，这是因为 $\lambda = \lambda_k = \cdots = \lambda_{k+m-1}$. 然而，对每个 $i=k$，$\cdots$，$k+m-1$，η_i 的系数是 $f_{\lambda+}(t)(t-\lambda)^{m-1}f_{\lambda-}(t)$. 而在(4.3.24)的右边，第一项包含一个因子 $(t-\lambda)^m$，而第二项等于 $g_{\lambda+}(t)(t-\lambda)^{m-1}g_{\lambda-}(t)$. 这些观察的结论使我们可以用 $(t-\lambda)^{m-1}$ 来除(4.3.24)的两边，置 $t=\lambda$ 就得到等式

$$(\eta_k + \cdots + \eta_{k+m-1})f_{\lambda+}(\lambda)f_{\lambda-}(\lambda) = -g_{\lambda+}(\lambda)g_{\lambda-}(\lambda)$$

这就是

$$(\eta_k + \cdots + \eta_{k+m-1}) = \left(\frac{g_{\lambda+}(\lambda)}{f_{\lambda+}(\lambda)}\right)\left(\frac{-g_{\lambda-}(\lambda)}{f_{\lambda-}(\lambda)}\right) \tag{4.3.25}$$

如果(4.3.25)的右边为零(即如果 $\mu_k = \lambda$ 或者 $\lambda = \mu_{k+m}$)，我们就取 $\eta_k = \cdots = \eta_{k+m-1} = 0$.

244 反之(即如果 $\mu_k < \lambda < \mu_{k+m}$),我们知道 $(g_{\lambda+}(\lambda)/f_{\lambda+}(\lambda)) > 0$,所以只需要验证

$$\mathrm{sign}\left(\frac{-g_{\lambda-}(\lambda)}{f_{\lambda-}(\lambda)}\right) = \frac{-(-1)^{n-k-m+2}}{(-1)^{n-k-m+1}} = +1$$

就够了,然后选取**任意**非负的 η_k,$\cdots$,η_{k+m-1}(它们的和是(4.3.25)中的正的值). □

习题 如果(a)$m = n$,或者(b)$k = 1$ 且 $m < n$,对上一定理的证明提供细节. ◀

定理 4.3.26 设 λ_1,$\cdots$,λ_n 以及 μ_1,$\cdots$,μ_n 是满足交错不等式

$$\lambda_1 \leqslant \mu_1 \leqslant \lambda_2 \leqslant \mu_2 \leqslant \cdots \leqslant \lambda_n \leqslant \mu_n \tag{4.3.27}$$

的实数. 设 $\Lambda = \mathrm{diag}\{\lambda_1, \cdots, \lambda_n\}$. 那么存在一个实向量 $z \in \mathbf{R}^n$,使得 $\Lambda + zz^*$ 的特征值是 μ_1,$\cdots$,μ_n.

证明 不失一般性,我们假设 $\lambda_1 > 0$,因为如果 $\lambda_1 \leqslant 0$,就令 $c > -\lambda_1$,并用 $\lambda_i + c$ 代替每一个 λ_i,同时用 $\mu_i + c$ 代替每一个 μ_i. 这种移位并不对交错不等式(4.3.27)产生影响. 如果有一个向量 z,使得 $\Lambda + cI + zz^*$ 的特征值是 $\mu_1 + c$,$\cdots$,$\mu_n + c$,那么 $\Lambda + zz^*$ 的特征值就是 μ_1,$\cdots$,μ_n.

设 $\mu_0 = 0$,并假设

$$0 = \mu_0 < \lambda_1 \leqslant \mu_1 \leqslant \lambda_2 \leqslant \mu_2 \leqslant \cdots \leqslant \lambda_n \leqslant \mu_n$$

定理 4.3.21 确保存在一个实数 a 以及一个实向量 y,使得 μ_0,μ_1,$\cdots$,μ_n 是奇异矩阵 $A = \begin{bmatrix} \Lambda & y \\ y^\mathrm{T} & a \end{bmatrix}$ 的特征值(它的最小的特征值是零). 设 $R = \Lambda^{1/2} = \mathrm{diag}(\lambda_1^{1/2}, \cdots, \lambda_n^{1/2})$. A 的前 n 列是线性无关的(Λ 是非奇异的),所以 A 的最后一列必定是它的前 n 列的线性组合,也即存在一个实向量 w,使得 $\begin{bmatrix} y \\ a \end{bmatrix} = \begin{bmatrix} \Lambda \\ y^\mathrm{T} \end{bmatrix} w = \begin{bmatrix} R^2 w \\ y^\mathrm{T} w \end{bmatrix}$. 我们断言有 $y = R^2 w$,$w = R^{-2} y$ 以及 $a = y^\mathrm{T} w = w^\mathrm{T} R^2 w = (Rw)^\mathrm{T}(Rw)$. 设 $z = Rw = R^{-1} y$. 由于

$$A = \begin{bmatrix} R^2 & R(Rw) \\ (Rw)^\mathrm{T} R & (Rw)^\mathrm{T}(Rw) \end{bmatrix} = \begin{bmatrix} R \\ z^\mathrm{T} \end{bmatrix} \begin{bmatrix} R & z \end{bmatrix}$$

的特征值是 0,μ_1,$\cdots$,μ_n,(1.3.22)确保 μ_1,$\cdots$,μ_n 是

$$\begin{bmatrix} R & z \end{bmatrix} \begin{bmatrix} R \\ z^\mathrm{T} \end{bmatrix} = R^2 + zz^\mathrm{T} = \Lambda + zz^\mathrm{T}$$

的特征值. □

定理 4.3.17 可以从两种观点来评价:一方面,它考虑的是这样一个矩阵的特征值,这个矩阵是通过向给定的 Hermite 矩阵**添加**新的最后一行和最后一列而得到的加边矩阵;另一方面,它考虑的是从一个给定的 Hermite 矩阵中**删去**最后一行和最后一列所得到的矩阵的特征值的性状. 当然,对于交错特征值来说,删去**最后**一行和最后一列没有什么特别的地方:去掉一个 Hermite 矩阵 A 的**任何**一行以及对应的列所得到的矩阵的特征值与去掉一个与 A 一定置换相似的矩阵的最后一行和最后列所得到的矩阵的特征值是相

245 同的.

我们或许会希望从一个 Hermite 矩阵中删去若干行以及对应的列. 剩下的矩阵是原来矩阵的主子矩阵. 下一个结果,有时称之为**包容原理**(inclusion principle),可以通过重复应用交错不等式(4.3.18)得到;我们用 Rayleigh 商定理以及子空间交引理来证明它,这些

工具使得我们可以弄清楚等式成立以及多重特征值的情形.

定理 4.3.28 设 $A \in M_n$ 是 Hermite 矩阵，分划成

$$A = \begin{bmatrix} B & C \\ C^* & D \end{bmatrix}, \quad B \in M_m, D \in M_{n-m}, C \in M_{m,n-m} \tag{4.3.29}$$

设 A 与 B 的特征值如同在(4.2.1)中那样排序. 那么

$$\lambda_i(A) \leqslant \lambda_i(B) < \lambda_{i+n-m}(A), \quad i = 1, \cdots, m \tag{4.3.30}$$

其中下界中的等式对某个 i 成立，当且仅当存在一个非零的 $\xi \in M_m$，使得 $B\xi = \lambda_i(B)\xi$ 以及 $C^*\xi = 0$；上界中的等式对某个 i 成立，当且仅当存在一个非零的 $\xi \in M_m$，使得

$$B\xi = \lambda_{i+n-m}(A)\xi \text{ 以及 } C^*\xi = 0$$

如果 $i \in \{1, \cdots, m\}$，$1 \leqslant r \leqslant i$，且

$$\lambda_{i-r+1}(A) = \cdots = \lambda_i(A) = \lambda_i(B) \tag{4.3.31}$$

那么 $\lambda_{i-r+1}(B) = \cdots = \lambda_i(B)$，且存在标准正交的向量 $\xi_1, \cdots, \xi_r \in \mathbf{C}^m$，使得对每一个 $j = 1, \cdots, r$ 都有 $B\xi_j = \lambda_i(B)\xi_j$ 以及 $C^*\xi_j = 0$.

如果 $i \in \{1, \cdots, m\}$，$1 \leqslant r \leqslant m-i+1$，且

$$\lambda_i(B) = \lambda_{i+n-m}(A) = \cdots = \lambda_{i+n-m+r-1}(A) \tag{4.3.32}$$

那么 $\lambda_i(B) = \cdots = \lambda_{i+n-m+r-1}(B)$，且存在标准正交的向量 $\xi_1, \cdots, \xi_r \in \mathbf{C}^m$，使得对每个 $j = 1, \cdots, r$ 有 $B\xi_j = \lambda_i(B)\xi_j$ 以及 $C^*\xi_j = 0$.

证明 设 $x_1, \cdots, x_n \in \mathbf{C}^n$ 以及 $y_1, \cdots, y_m \in \mathbf{C}^m$ 是分别由 A 与 B 的特征向量组成的标准正交组，使得对每个 $i = 1, \cdots, n$ 有 $Ax_i = \lambda_i(A)x_i$，且对每个 $i = 1, \cdots, m$ 有 $By_i = \lambda_i(B)y_i$. 设对每个 $i = 1, \cdots, m$ 有 $\hat{y}_i = \begin{bmatrix} y_i \\ 0 \end{bmatrix} \in \mathbf{C}^n$. 对给定的 $i \in \{1, \cdots, m\}$，令 $S_1 = \mathrm{span}\{x_1, \cdots, x_{i+n-m}\}$ 以及 $S_2 = \mathrm{span}\{\hat{y}_i, \cdots, \hat{y}_m\}$. 那么

$$\dim S_1 + \dim S_2 = (i+n-m) + (m-i+1) - n + 1$$

所以(4.2.3)确保存在一个单位向量 $x \in S_1 \bigcap S_2$. 由于 $x \in S_2$，它对某个单位向量 $\xi \in \mathrm{span}\{y_i, \cdots, y_m\} \subset \mathbf{C}^m$ 有形式 $x = \begin{bmatrix} \xi \\ 0 \end{bmatrix}$. 注意到

$$x^*Ax = \begin{bmatrix} \xi^* & 0 \end{bmatrix} \begin{bmatrix} B & C \\ C^* & D \end{bmatrix} \begin{bmatrix} \xi \\ 0 \end{bmatrix} = \begin{bmatrix} \xi^* & 0 \end{bmatrix} \begin{bmatrix} B\xi \\ C^*\xi \end{bmatrix} = \xi^* B\xi$$

现在借助(4.2.2)两次得到两个不等式

$$\lambda_i(B) \leqslant \xi^* B\xi = x^*Ax \leqslant \lambda_{i+n-m}(A) \tag{4.3.33}$$

第一个不等式由 $\xi \in \mathrm{span}\{y_i, \cdots, y_m\}$ 得出，而第二个不等式则由 $x \in S_1$ 得出. 有关 (4.3.33)中等式成立的情形的命题可以从(4.2.2)中对单位向量 x 成立等式的情形以及不等式 $\lambda_i(B) \leqslant \xi^* B\xi$，$\xi \in \mathrm{span}\{y_1, \cdots, y_m\}$ 以及 $x^*Ax \leqslant \lambda_{i+n-m}(A)$，$x = \begin{bmatrix} \xi \\ 0 \end{bmatrix} \in S_1 \bigcap S_2$ 推出.

246

如果 A 与 B 的特征值满足(4.3.31)，那么(4.3.30)就确保 $\lambda_{i-r+1}(A) \leqslant \lambda_{i-r+1}(B) \leqslant \cdots \leqslant \lambda_{i-1}(B) \leqslant \lambda_i(B) = \lambda_{i-r+1}(A)$，所以 $\lambda_{i-r+1}(B) = \cdots = \lambda_i(B)$. 设 $S_1 = \mathrm{span}\{x_1, \cdots, x_{i+n-m}\}$ 以及 $S_2 = \mathrm{span}\{\hat{y}_{i-r+1}, \cdots, \hat{y}_m\}$. 那么 $\dim S_1 + \dim S_2 = (i+n-m) + (m-i+r) = n+r$，所以 (4.2.3)告诉我们 $\dim(S_1 \bigcap S_2) \geqslant r$. 由此推出，存在标准正交向量 $x_1, \cdots, x_r \in S_1 \bigcap S_2$，

使得(恰如在上面一个等式中那样)每一个 $x_j = \begin{bmatrix} \xi_j \\ 0 \end{bmatrix}$，其中 $\xi_1, \cdots, \xi_r$ 是 $\mathrm{span}\{y_{i-r+1}, \cdots, y_m\}$ 中的标准正交向量，$B\xi_j = \lambda_i(B)\xi_j$，又对每个 $j=1, \cdots, r$ 有 $C^*\xi_j = 0$. 结论(4.3.31) 可以用类似的方式验证. □

习题 对 $r=1$，说明为什么(4.3.31)和(4.3.32)后面的结论可以转化为 ◀ (4.3.30)后面的结论.

习题 对 $m=1$ 以及 $i=1$，说明为什么(4.3.30)后面的结论等价于(4.2.P3)中的结论. ◀

习题 说明为什么不等式(4.3.30)全都是严格的不等式，如果或者(a)C 是行满秩的， ◀ 或者(b)对 B 的每一个特征向量 x，都有 $C^*x \neq 0$.

推论 4.3.34 设 $A = [a_{ij}] \in M_n$ 是 Hermite 矩阵，如同在(4.3.29)中那样分划，又设 A 的特征值如同在(4.2.1)中那样有序排列. 那么就有

$$a_{11} + a_{22} + \cdots + a_{mm} \geqslant \lambda_1(A) + \cdots + \lambda_m(A) \tag{4.3.35a}$$

以及

$$a_{11} + a_{22} + \cdots + a_{mn} \leqslant \lambda_{n-m+1}(A) + \cdots + \lambda_n(A) \tag{4.3.35b}$$

如果(4.3.35a)和(4.3.35b)中有一个不等式成为等式，那么就有 $C=0$ 以及 $A = B \oplus D$. 更一般地，假设 $k \geqslant 2$ 且这样来分划 $A = [A_{ij}]_{i,j=1}^k$，使得 $A_{ii} \in M_{n_i}$. 如果对每个 $p=1, \cdots, k-1$ 都有

$$\mathrm{tr}A_{11} + \cdots + \mathrm{tr}A_{pp} = \sum_{i=1}^{n_1 + \cdots + n_p} \lambda_i(A) \tag{4.3.36a}$$

那么 $A = A_{11} \oplus \cdots \oplus A_{kk}$；$A_{11}$ 的特征值是 $\lambda_1(A), \cdots, \lambda_{n_1}(A)$，$A_{22}$ 的特征值是 $\lambda_{n_1+1}(A), \cdots, \lambda_{n_1+n_2}(A)$，如此等等. 如果对每个 $p=1, \cdots, k-1$ 都有

$$\mathrm{tr}A_{11} + \cdots + \mathrm{tr}A_{pp} = \sum_{i=n-n_1-\cdots-n_p+1}^{n} \lambda_i(A) \tag{4.3.36b}$$

那么 $A = A_{11} \oplus \cdots \oplus A_{kk}$；$A_{11}$ 的特征值是 $\lambda_{n-n_1+1}(A), \cdots, \lambda_n(A)$，$A_{22}$ 的特征值是 $\lambda_{n-n_1-n_2+1}(A), \cdots, \lambda_{n-n_1}(A)$，如此等等.

证明 (4.3.30)左边的不等式确保对每个 $i=1, \cdots, m$ 都有 $\lambda_i(B) \geqslant \lambda_i(A)$，所以 ₂₄₇ $\mathrm{tr}B = \lambda_1(B) + \cdots + \lambda_m(B) \geqslant \lambda_1(A) + \cdots + \lambda_m(A) = \mathrm{tr}B$ 就蕴含对每个 $i=1, \cdots, m$ 都有 $\lambda_i(A) = \lambda_i(B)$. 类似地，(4.3.30)右边的不等式蕴含对每个 $i=1, \cdots, m$ 都有 $\lambda_i(B) = \lambda_{i+n-m}(A)$. (4.3.30)、(4.3.31)、(4.3.32)中等式成立的情形确保存在 B 的标准正交的特征向量 $\xi_1, \cdots, \xi_m$，使得对每一个 $j=1, \cdots, m$ 都有 $C^*\xi_j = 0$. 由于 $\mathrm{rank}C = \mathrm{rank}C^* \leqslant m - \dim(\mathrm{nullspace}C^*) \leqslant m - m = 0$，我们得出结论 $C=0$.

等式(4.3.36a)蕴含 $A = A_{11} \oplus \cdots \oplus A_{kk}$ 这一结论可以用归纳法从(4.3.35a)中等式成立的情形得出. 记 $A = \begin{bmatrix} A_{11} & C_2 \\ C_2^* & D_2 \end{bmatrix}$，其中 $D_2 = [A_{ij}]_{i,j=2}^k$. 由于 $\mathrm{tr}A_{11} = \sum_{i=1}^{n_1}\lambda_i(A)$，我们知道 $C_2 = 0$，$A = A_{11} \oplus D_2$，且 D_2 的有序排列的特征值是 $\lambda_{n_1+1}(A) \leqslant \cdots \leqslant \lambda_n(A)$. 记 $D_2 = \begin{bmatrix} A_{22} & C_3 \\ C_3^* & D_3 \end{bmatrix}$，其中 $D_3 = [A_{ij}]_{i,j=3}^k$. 对于 $p=2$ 的假设条件(4.3.36a)确保 $\mathrm{tr}A_{22} = \lambda_{n_1+1}(A) + \cdots + \lambda_{n_1+n_2}(A)$ 是 D_2 的

n_2 个最小的特征值之和，所以 $C_3=0$，如此等等．有关(4.3.36b)的结论可以用归纳法按照同样的方式从(4.3.35b)得出． □

(4.3.28)的下述推论称为 Poincaré 分离定理．

推论 4.3.37 设 $A\in M_n$ 是 Hermite 矩阵，假设 $1\leqslant m\leqslant n$，又设 u_1，$\cdots$，$u_m\in\mathbf{C}^n$ 是标准正交的．设 $B_m=[u_i^*Au_j]_{i,j=1}^m\in M_m$，并令 A 与 B_m 的特征值如同在(4.2.1)中那样排序．那么

$$\lambda_i(A)\leqslant\lambda_i(B_m)\leqslant\lambda_{i+n-m}(A),\quad i=1,\cdots,m \tag{4.3.38}$$

证明 如果 $m<n$，就再选取另外 $n-m$ 个向量 u_{m+1}，$\cdots$，u_n，使得 $U=[u_1\ \cdots\ u_n]\in M_n$ 是酉矩阵．那么 U^*AU 就与 A 有同样的特征值，而 B_m 则是从 U^*AU 中删去最后 $n-m$ 行以及列之后所得到的主子矩阵．现在结论就从(4.3.28)得出． □

上一个推论中的矩阵 B_m 可以写成 $B_m=V^*AV$，其中 $V\in M_{n,m}$ 的列是标准正交的．由于 $\mathrm{tr}B_m=\lambda_1(B_m)+\cdots+\lambda_m(B_m)$，下面两个变分特征可以通过将诸不等式(4.3.38)相加并选择适当的 V 得出．它们是(4.2.2)的推广．

推论 4.3.39 设 $A\in M_n$ 是 Hermite 矩阵，并假设 $1\leqslant m\leqslant n$．那么

$$\lambda_1(A)+\cdots+\lambda_m(A)=\min_{\substack{V\in M_{n,m}\\V^*V=I_m}}\mathrm{tr}V^*AV$$

$$\lambda_{n-m+1}(A)+\cdots+\lambda_n(A)=\max_{\substack{V\in M_{n,m}\\V^*V=I_m}}\mathrm{tr}V^*AV \tag{4.3.40}$$

对每一个 $m=1$，$\cdots$，$n-1$，(4.3.40)中的最小值或者最大值可以对这样一个矩阵 V 取到，这个矩阵的列是与 A 的 m 个最小的或者最大的特征值相伴的标准正交的特征向量；对于 $m=n$，对任何酉矩阵 V 都有 $\mathrm{tr}V^*AV=\mathrm{tr}AVV^*=\mathrm{tr}A$．

Hermite 矩阵的特征值以及主对角线元素是实数，它们各自的和相等．Hermite 矩阵的主对角线元素与它的特征值之间的确切关系与**优化**（majorization）这一概念有关，这一概念是由变分恒等式(4.4.40)引发的．

定义 4.3.41 设给定 $x=[x_i]\in\mathbf{R}^n$ 以及 $y=[y_i]\in\mathbf{R}^n$．我们称 x 使 y 优化，如果对每个 $k=1$，$\cdots$，n 都有

$$\max_{1\leqslant i_1<\cdots<i_k\leqslant n}\sum_{i=1}^k x_{i_j}\geqslant\max_{1\leqslant i_1<\cdots<i_k\leqslant n}\sum_{j=1}^k y_{i_j} \tag{4.3.42}$$

其中等式在 $k=n$ 时成立．

定义 4.3.43 设给定 $z=[z_i]\in\mathbf{R}^n$．z 的**非增重排**（nonincreasing rearrangement）是向量 $z^\downarrow=[z_i^\downarrow]\in\mathbf{R}^n$，它的元素组与 z 的相同（包括重数），不过是按照非增次序的重新排列 $z_{i_1}=z_1^\downarrow\geqslant\cdots\geqslant z_{i_n}=z_n^\downarrow$．$z$ 的**非减重排**（nondecreasing rearrangement）是向量 $z^\uparrow=[z_i^\uparrow]\in\mathbf{R}^n$，它的元素组与 z 的相同（包括重数），不过是按照非减次序的重新排列 $z_{j_1}=z_1^\uparrow\leqslant\cdots\leqslant z_{j_n}=z_n^\uparrow$．

习题 说明为什么优化不等式(4.3.42)等价于"上-下"不等式

$$\sum_{i=1}^k x_i^\downarrow\geqslant\sum_{i=1}^k y_i^\downarrow \tag{4.3.44a}$$

（对每一个 $k=1$，2，$\cdots$，n），其中的等式当 $k=n$ 时成立，它也等价于"下-上"不等式

$$\sum_{i=1}^{k} y_i^{\uparrow} \geqslant \sum_{i=1}^{k} x_i^{\uparrow} \qquad (4.3.44b)$$

(对每一个 $k=1$，2，$\cdots$，n)，其中的等式当 $k=n$ 时成立. 提示：设 $s=\sum_{i=1}^{n} y_i = \sum_{i=1}^{n} x_i$.

那么 $\sum_{i=1}^{k} y_i^{\uparrow} = s - \sum_{i=1}^{n-k+1} y_i^{\downarrow}$ 且 $\sum_{i=1}^{k} x_i^{\uparrow} = s - \sum_{i=1}^{n-k+1} x_i^{\downarrow}$. ◀

习题 设 x，$y \in \mathbf{R}^n$，又设 P，$Q \in M_n$ 是置换矩阵. 说明为什么 x 优化 y 当且仅当 Px 优化 Qy. ◀

习题 设 $x=[x_i]$，$y=[y_i] \in \mathbf{R}^n$，并假设 x 优化 y. 说明为什么 $x_1^{\downarrow} \geqslant y_1^{\downarrow} \geqslant y_n^{\downarrow} \geqslant x_n^{\downarrow}$. ◀

下面两个定理展示了在矩阵分析中优化这一概念是如何出现的.

定理 4.3.45(Schur) 设 $A=[a_{ij}] \in M_n$ 是 Hermite 矩阵. 它的特征值组成的向量 $\lambda(A)=[\lambda_i(A)]_{i=1}^{n}$ 优化它的主对角线元素组成的向量 $d(A)=[a_{ii}]_{i=1}^{n}$，即对每个 $k=1$，2，$\cdots$，n 都有

$$\sum_{i=1}^{k} \lambda_i(A)^{\downarrow} \geqslant \sum_{i=1}^{k} d_i(A)^{\downarrow} \qquad (4.3.46)$$

其中等式当 $k=n$ 时成立. 如果不等式(4.3.46)对某个 $k \in \{1, \cdots, n-1\}$ 成为等式，那么 A 置换相似于 $B \oplus D$，其中 $B \in M_k$.

证明 设 $P \in M_n$ 是这样一个置换矩阵，它使得 PAP^{T} 的位于 i，i 处的元素是 $d_i(A)^{\downarrow}$ (对每个 $i=1$，$\cdots$，n)(0.9.5). PAP^{T}(以及 A)的特征值组成的向量是 A 的特征值组成的向量 $\lambda(A)$. 如同在(4.3.29)中那样分划 PAP^{T}. 设给定 $k \in \{1, \cdots, n-1\}$. 这样(4.3.36)就确保 $\lambda_1(A)^{\downarrow} + \cdots + \lambda_k(A)^{\downarrow} \geqslant d_1(A)^{\downarrow} + \cdots + d_k(A)^{\downarrow}$；当然，$\lambda_n(A)^{\downarrow} + \cdots + \lambda_1(A)^{\downarrow} = \mathrm{tr}A = d_1(A)^{\downarrow} + \cdots + d_n(A)^{\downarrow}$. 如果(4.3.46)对某个 $k \in \{1, \cdots, n-1\}$ 有等式成立，则(4.3.34)确保有 $PAP^{\mathrm{T}}=B \oplus D$，其中 $B \in M_k$. □

习题 设 x，$y \in \mathbf{R}^n$. 说明为什么 $(x^{\downarrow} + y^{\downarrow})^{\downarrow} = x^{\downarrow} + y^{\downarrow}$. ◀

习题 设 $x \in \mathbf{R}^n$. 说明为什么 $(-x)^{\downarrow} = -(x^{\uparrow})$. ◀

定理 4.3.47 设 A，$B \in M_n$ 是 Hermite 矩阵. 分别用 $\lambda(A)$，$\lambda(B)$ 以及 $\lambda(A+B)$ 表示 A，B 以及 $A+B$ 的特征值组成的 n 元向量. 那么

(a) (Fan)$\lambda(A)^{\downarrow} + \lambda(B)^{\downarrow}$ 使 $\lambda(A+B)$ 优化.

(b) (Lidskii)$\lambda(A+B)$ 使 $\lambda(A)^{\downarrow} + \lambda(B)^{\uparrow}$ 优化.

证明 (a) 对任何 $k \in \{1, \cdots, n-1\}$，利用(4.3.40)将 $A+B$ 的 k 个最大的特征值之和写成

$$\sum_{i=1}^{k} \lambda_i(A+B)^{\downarrow} = \max_{\substack{V \in M_{n,k} \\ V^*V=I_k}} \mathrm{tr}V^*(A+B)V = \max_{\substack{V \in M_{n,k} \\ V^*V=I_k}} (\mathrm{tr}V^*AV + \mathrm{tr}V^*BV)$$

$$\leqslant \max_{\substack{V \in M_{n,k} \\ V^*V=I_k}} \mathrm{tr}V^*AV + \max_{\substack{V \in M_{n,k} \\ V^*V=I_k}} \mathrm{tr}V^*BV$$

$$= \sum_{i=1}^{k} \lambda_i(A)^{\downarrow} + \sum_{i=1}^{k} \lambda_i(B)^{\downarrow} = \sum_{i=1}^{k} (\lambda_i(A)^{\downarrow} + \lambda_i(B)^{\downarrow})$$

由于 $\mathrm{tr}(A+B)=\mathrm{tr}A+\mathrm{tr}B$，故而对 $k=n$ 我们有等式成立．

（b）用一种等价的形式重新表述 Lidskii 不等式是很方便的．如果我们用 $A'+B'$ 代替 A，用 $-A'$ 代替 B，这样我们就得到等价的结论"$\lambda(A+B)=\lambda(B')$ 使 $\lambda(A)^{\downarrow}+\lambda(B)^{\uparrow}=\lambda(A'+B')^{\downarrow}+\lambda(-A)^{\uparrow}=\lambda(A'+B')^{\downarrow}-\lambda(A')^{\downarrow}$ 优化"．这样一来，只需要证明对任何 Hermite 矩阵 A，$B\in M_n$，$\lambda(B)$ 都使 $\lambda(A+B)^{\downarrow}-\lambda(A)^{\downarrow}$ 优化就够了．优化不等式中 $k=n$ 的情形可以如同在（a）中那样推导出来：$\mathrm{tr}B=\mathrm{tr}(A+B)-\mathrm{tr}A$．设给定 $k\in\{1,\cdots,n-1\}$．我们必须要证明

$$\sum_{i=1}^{k} (\lambda_i(A+B)^{\downarrow} - \lambda_i(A)^{\downarrow})^{\downarrow} \leqslant \sum_{i=1}^{k} \lambda_i(B)^{\downarrow}$$

我们可以假设 $\lambda_k(B)^{\downarrow}=0$；如若不然，就用 $B-\lambda_k(B)^{\downarrow}I$ 代替 B，这使得上面不等式的两边都减少了 $k\lambda_k(B)$．将 B 如同在（4.1.13）中那样表示成两个半正定矩阵之差：$B=B_+-B_-$．那么，对每个 $i=1,\cdots,k$ 就有 $\lambda_i(B)^{\downarrow}=\lambda_i(B_+)^{\downarrow}$，所以 $\sum_{i=1}^{k}\lambda_i(B)^{\downarrow}=\sum_{i=1}^{k}\lambda_i(B_+)^{\downarrow}=\sum_{i=1}^{n}\lambda_i(B_+)=\mathrm{tr}B_+$，这是因为对所有 $i\geqslant k$ 都有 $\lambda_i(B)^{\downarrow}\leqslant 0$．于是，我们必须证明

$$\sum_{i=1}^{k} (\lambda_i(A+B_+-B_-)^{\downarrow} - \lambda_i(A)^{\downarrow})^{\downarrow} \leqslant \mathrm{tr}B_+$$

由于 $-B_-$ 是半正定的，（4.3.12）就确保对每一个 $i=1,\cdots,n$ 都有 $\lambda_i(A+B_+-B_-)^{\downarrow}-\lambda_i(A)^{\downarrow}\leqslant\lambda_i(A+B_+)-\lambda_i(A)$，同时对每一个 $i=1,\cdots,n$ 都有 $\lambda_i(A+B_+)^{\downarrow}\geqslant\lambda_i(A)^{\downarrow}$．这样一来就有

$$\sum_{i=1}^{k} (\lambda_i(A+B_+-B_-)^{\downarrow} - \lambda_i(A)^{\downarrow})^{\downarrow} \leqslant \sum_{i=1}^{k} (\lambda_i(A+B_+)^{\downarrow} - \lambda_i(A)^{\downarrow})^{\downarrow}$$

$$\leqslant \sum_{i=1}^{n} (\lambda_i(A+B_+)^{\downarrow} - \lambda_i(A)^{\downarrow})^{\downarrow} = \sum_{i=1}^{n} (\lambda_i(A+B_+)^{\downarrow} - \lambda_i(A)^{\downarrow})$$

$$= \mathrm{tr}(A+B_+) - \mathrm{tr}A = \mathrm{tr}A + \mathrm{tr}B_+ - \mathrm{tr}A = \mathrm{tr}B_+ \qquad \square$$

习题 在上一定理的假设下，说明为什么 $\lambda(A)^{\downarrow}+\lambda(B)^{\downarrow}$ 使 $\lambda(A+B)$ 优化，又为什么 $\lambda(B)$ 使 $\lambda(A+B)^{\downarrow}-\lambda(A)^{\downarrow}$ 优化．

下面的（4.3.45）的逆表明，优化是 Hermite 矩阵的对角元素与其特征值之间的一个**精确的关系**．

定理 4.3.48 设 $n\geqslant 1$，设给定 $x=[x_i]\in\mathbf{R}^n$ 以及 $y=[y_i]\in\mathbf{R}^n$，并假设 x 使 y 优化．令 $\Lambda=\mathrm{diag}\,x\in M_n(\mathbf{R})$．则存在一个实正交矩阵 Q，使得 $\mathrm{diag}(Q^{\mathrm{T}}\Lambda Q)=y$，即存在一个实对称矩阵，其特征值为 $x_1,\cdots,x_n$，而其主对角线元素为 $y_1,\cdots,y_n$．

证明 不失一般性，我们可以假设向量 x 与 y 的元素按照非增次序 $x_1\geqslant x_2\geqslant\cdots$ 以及 $y_1\geqslant y_2\geqslant\cdots$ 排列．

对 $n=1$，结论是平凡的：$x_1=y_1$，$Q=[1]$ 且 $A=[x_1]$，所以我们可以假设 $n\geqslant 2$．

不等式（4.3.44a，b）确保 $x_1\geqslant y_1\geqslant y_n\geqslant x_n$，因此，如果 $x_1=x_n$，就推出 x 与 y 的所有元素都相等，$Q=I$，且 $A=x_1I$．因此我们可以假设 $x_1>x_n$．

对 $n=2$，我们有 $x_1 > x_2$ 以及 $x_1 \geqslant y_1 \geqslant y_2 = (x_1 - y_1) + x_2 \geqslant x_2$. 考虑实矩阵

$$P = \frac{1}{\sqrt{x_1 - x_2}} \begin{bmatrix} \sqrt{x_1 - y_2} & -\sqrt{y_2 - x_2} \\ \sqrt{y_2 - x_2} & \sqrt{x_1 - y_2} \end{bmatrix}$$

计算表明 $PP^{\mathrm{T}} = I$，所以 P 是实的正交矩阵. 进一步的计算揭示 $P^{\mathrm{T}} \Lambda P$ 的处于 $(1, 1)$ 位置的元素是 $x_1 + x_2 - y_2 = y_1$，而处于 $(2, 2)$ 位置的元素是 y_2，也就是 $\mathrm{diag}(P^{\mathrm{T}} \Lambda P) = [y_1 \quad y_2]^{\mathrm{T}}$.

现在用归纳法. 设 $n \geqslant 3$，并假设如果 x 与 y 的大小至多为 $n-1$，则该定理的结论为真.

设 $k \in \{1, \cdots, n\}$ 是满足 $x_k \geqslant y_1$ 的最大整数. 由于 $x_1 \geqslant y_1$，我们知道 $k \geqslant 1$，且我们可以假设 $k \leqslant n-1$，从而 $x_k \geqslant y_1 > x_{k+1} \geqslant x_n$. 为什么？如果 $k = n$，那么 $x_n \geqslant y_1 \geqslant y_n \geqslant x_n$，所以 $x_n = y_1$，且对每一个 $i = 1, \cdots, n$ 都有 $y_i = y_1$. 此外，条件 $\sum_{i=1}^{n} x_i = \sum_{i=1}^{n} y_i$ 蕴含

$$0 = \sum_{i=1}^{n} (x_i - y_i) = \sum_{i=1}^{n} (x_i - y_1) \geqslant \sum_{i=1}^{n} (x_n - y_1) = \sum_{i=1}^{n} 0 = 0$$

由于每一个 $x_i - y_1 \geqslant x_n - y_1 \geqslant 0$，我们断言每一个 $x_i = y_1$，这与我们的一般性的假设 $x_1 > x_n$ 矛盾.

设 $\eta = x_k + x_{k+1} - y_1$，并注意到 $\eta = (x_k - y_1) + x_{k+1} \geqslant x_{k+1}$. 从而有 $x_k \geqslant y_1 > x_{k+1}$ 以及 $x_k + x_{k+1} = y_1 + \eta$，故而向量 $[x_k \quad x_{k+1}]^{\mathrm{T}}$ 使得向量 $[y_1 \quad \eta]^{\mathrm{T}}$ 优化，且 $x_k > x_{k+1}$. 设 $D_1 = \begin{bmatrix} x_k & 0 \\ 0 & x_{k+1} \end{bmatrix}$. 在 $n = 2$ 这一情形的构造指出了怎样得到一个实的正交矩阵 P_1，使得 $\mathrm{diag}(P_1^{\mathrm{T}} D_1 P_1) = [y_1 \quad \eta]^{\mathrm{T}}$. 由于 $x_k = \eta + (y_1 - x_{k+1}) > \eta$，如果 $k = 1$，我们就有 $x_1 > \eta \geqslant x_2 \geqslant \cdots \geqslant x_n$；如果 $k > 1$，我们就有 $x_1 \geqslant \cdots \geqslant x_{k-1} \geqslant x_k > \eta \geqslant x_{k+1} \geqslant \cdots \geqslant x_n$. 如果 $k = 1$，就设 $D_2 = \mathrm{diag}(x_3, \cdots, x_n)$；如果 $k > 1$，就设 $D_2 = \mathrm{diag}(x_1, \cdots, x_{k-1}, x_{k+2}, \cdots, x_n)$. 那么对某个 $z \in \mathbf{R}^{n-1}$ 就有

$$\begin{bmatrix} P_1 & 0 \\ 0 & I_{n-2} \end{bmatrix}^{\mathrm{T}} \begin{bmatrix} D_1 & 0 \\ 0 & D_2 \end{bmatrix} \begin{bmatrix} P_1 & 0 \\ 0 & I_{n-2} \end{bmatrix} = \begin{bmatrix} y_1 & z^{\mathrm{T}} \\ z & [\eta] \oplus D_2 \end{bmatrix}$$

只要证明存在一个实的正交矩阵 $P_2 \in M_{n-1}$，使得 $\mathrm{diag}(P_2^{\mathrm{T}}([\eta] \oplus D_2) P_2) = [y_2 \quad \cdots \quad y_n]^{\mathrm{T}}$. 按照归纳假设，如果向量 $\hat{x} = \mathrm{diag}([\eta] \oplus D_2)$ 使向量 $\hat{y} = [y_2 \quad \cdots \quad y_n]^{\mathrm{T}}$ 优化，那么这样的 P_2 就存在.

注意到 $\hat{y} = \hat{y}^{\downarrow}$. 如果 $k = 1$，那么 $\hat{x} = \hat{x}^{\downarrow} = [\eta \quad x_3 \quad \cdots \quad x_n]^{\mathrm{T}}$；如果 $k > 1$，那么 $\hat{x}^{\downarrow} = [x_1 \quad \cdots \quad x_{k-1} \quad \eta \quad x_{k+2} \quad \cdots \quad x_n]^{\mathrm{T}}$，因为 $x_{k-1} \geqslant x_k > \eta \geqslant x_{k+1} \geqslant x_{k+2}$.

假设 $k = 1$. 那么对每个 $m = 1, \cdots, n-1$ 都有

$$\sum_{i=1}^{m} \hat{x}_i^{\downarrow} = \eta + \sum_{i=2}^{m} x_{i+1} = x_1 + x_2 - y_1 + \sum_{i=3}^{m+1} x_i$$

$$= \sum_{i=1}^{m+1} x_i - y_1 \geqslant \sum_{i=1}^{m+1} y_i - y_1 = \sum_{i=2}^{m+1} y_i = \sum_{i=1}^{m} \hat{y}_i^{\downarrow}$$

其中等式对 $m = n-1$ 成立.

现在假设 $k > 1$. 对每个 $m \in \{1, \cdots, k-1\}$ 我们有

$$\sum_{i=1}^{m} \hat{x}_i^{\downarrow} = \sum_{i=1}^{m} x_i \geqslant \sum_{i=1}^{m} y_i \geqslant \sum_{i=1}^{m} y_{i+1} = \sum_{i=2}^{m+1} y_i = \sum_{i=1}^{m} \hat{y}_i^{\downarrow}$$

对 $m=k$ 我们有

$$\sum_{i=1}^{k} \hat{x}_i^{\downarrow} = \sum_{i=1}^{k-1} x_i + \eta = \sum_{i=1}^{k-1} x_i + x_k + x_{k+1} - y_1 = \sum_{i=1}^{k+1} x_i - y_1$$

$$\geqslant \sum_{i=1}^{k+1} y_i - y_1 = \sum_{i=2}^{k+1} y_i = \sum_{i=1}^{k} \hat{y}_i^{\downarrow}$$

252

其中等式对 $k=n-1$ 成立. 最后，如果 $k \leqslant n-2$，且 $m \in \{k+1, \cdots, n-1\}$，我们就有

$$\sum_{i=1}^{m} \hat{x}_i^{\downarrow} = \sum_{i=1}^{k} \hat{x}_i^{\downarrow} + \sum_{i=k+1}^{m} \hat{x}_i^{\downarrow} = \sum_{i=1}^{k+1} x_i - y_1 + \sum_{i=k+1}^{m} x_{i+1} = \sum_{i=1}^{k+1} x_i - y_1 + \sum_{i=k+2}^{m+1} x_i = \sum_{i=1}^{m+1} x_i - y_1$$

$$\geqslant \sum_{i=1}^{m+1} y_i - y_1 = \sum_{i=2}^{m+1} y_i = \sum_{i=1}^{m} \hat{y}_i^{\downarrow}$$

其中等式对 $m=n-1$ 成立.　　　　　　　　　　　　　　　　　　□

上一个定理允许我们给出优化关系的一个几何特征. 矩阵 $A=[a_{ij}] \in M_n$ 称为是**双随机的**（doubly stochastic），如果它的元素是非负的，且每一行以及每一列的元素之和都等于 $+1$. 定理 8.7.2（Birkhoff 定理）说的是：一个 $n \times n$ 矩阵是双随机的，当且仅当它是（至多 $n!$ 个）置换矩阵的凸组合.

习题　如果 S，P_1，$P_2 \in M_n$，S 是双随机的，且 P_1 与 P_2 是置换矩阵，说明为什么 $P_1 S P_2$ 是双随机的.　◄

习题　设 $A \in M_n$，并令 $e \in \mathbf{R}^n$ 是元素全为 $+1$ 的向量. 说明为什么 A 的每一行以及每一列的元素之和都等于 $+1$ 的充分必要条件是 $Ae=A^{\mathrm{T}}e=e$.　◄

定理 4.3.49　设 $n \geqslant 2$，设给定 $x=[x_i] \in \mathbf{R}^n$ 以及 $y=[y_i] \in \mathbf{R}^n$. 则如下诸结论等价：

（a）x 使 y 优化.

（b）存在一个双随机矩阵 $S=[s_{ij}] \in M_n$，使得 $y=Sx$.

（c）$y \in \left\{ \sum_{i=1}^{n!} \alpha_i P_i x : \alpha_i \geqslant 0, \sum_{i=1}^{n!} \alpha_i = 1 \text{ 且每一个 } P_i \text{ 都是置换矩阵} \right\}$.

证明　如果 x 优化 y，那么上一个定理确保存在一个实的正交矩阵 $Q=[q_{ij}] \in M_n$，使得 $y=\mathrm{diag}(Q\mathrm{diag}(x)Q^{\mathrm{T}})$. 计算显示对每个 $i=1, \cdots, n$ 都有 $y_i = \sum_{j=1}^{n} q_{ij}^2 x_j$，也即 $y=Sx$，其中 $S=[q_{ij}^2] \in M_n$. S 的元素是非负的，且它的行和与列和都等于 $+1$，这是因为 Q 的每一行以及每一列都是单位向量.

定理 8.7.2 断言（b）与（c）的等价性，所以只要证明（b）蕴含（a）就够了.

假设 $y=Sx$ 且 S 是双随机的. 设 P_1 与 P_2 是置换矩阵，它们使得 $x=P_1 x^{\downarrow}$ 以及 $y=P_2 y^{\downarrow}$. 那么 $y^{\downarrow}=(P_2^{\mathrm{T}} S P_1)x^{\downarrow}$. 借用上一个习题，我们看出：不失一般性，我们可以假设 $x_1 \geqslant \cdots \geqslant x_n$，$y_1 \geqslant \cdots \geqslant y_n$，$y=Sx$，且 S 是双随机的. 设 $w_j^{(k)} = \sum_{i=1}^{k} s_{ij}$，并注意到 $0 \leqslant w_j^{(k)} \leqslant 1$，$w_j^{(n)}=1$，以及 $\sum_{j=1}^{n} w_j^{(k)} = k$. 由于 $y_i = \sum_{j=1}^{n} s_{ij} x_j$，对每个 $k=1, \cdots, n$ 我们有

253 $\sum_{i=1}^{k} y_i = \sum_{i=1}^{k} \sum_{j=1}^{n} s_{ij} x_j = \sum_{j=1}^{n} w_j^{(k)} x_j$. 特别地，$\sum_{i=1}^{n} y_i = \sum_{j=1}^{n} w_j^{(n)} x_j = \sum_{j=1}^{n} x_j$. 对 $k \in \{1, \cdots, n-1\}$计算

$$\sum_{i=1}^{k} x_i - \sum_{i=1}^{k} y_i = \sum_{i=1}^{k} x_i - \sum_{i=1}^{k} w_i^{(k)} x_i = \sum_{i=1}^{k} (x_i - x_k) + k x_k - \sum_{i=1}^{n} w_i^{(k)} (x_i - x_k) - k x_k$$

$$= \sum_{i=1}^{k} (x_i - x_k) - \sum_{i=1}^{k} w_i^{(k)} (x_i - x_k) - \sum_{i=k+1}^{n} w_i^{(k)} (x_i - x_k)$$

$$= \sum_{i=1}^{k} (x_i - x_k)(1 - w_i^{(k)}) + \sum_{i=k+1}^{n} w_i^{(k)} (x_k - x_i) \geqslant 0$$

我们断定，对每个 $k = 1, \cdots, n$ 都有 $\sum_{i=1}^{k} x_i \geqslant \sum_{i=1}^{k} y_i$，其中等式对 $k = n$ 成立．   □

于是，被一个给定的向量 x 优化的所有的向量的集合是通过排列 x 的元素所得到的（至多 $n!$ 个不同的）向量生成的凸包.

优化关系的如下特征告诉我们：一个矩阵 A 的 Hermite 部分的特征值使得 A 的特征值的 Hermite 部分优化.

定理 4.3.50 设给定 $x = [x_i] \in \mathbf{R}^n$ 以及 $z = [z_i] \in \mathbf{C}^n$. 那么 x 使 $\mathrm{Re} z = [\mathrm{Re} z_i]_{i=1}^{n}$ 优化，当且仅当存在一个 $A \in M_n$，使得 $z_1, \cdots, z_n$ 是 A 的特征值，而 $x_1, \cdots, x_n$ 是 $H(A) = (A + A^*)/2$ 的特征值.

证明 设 $\lambda_1, \cdots, \lambda_n$ 是 $A \in M_n$ 的特征值，并利用 (2.3.1) 记 $A = UTU^*$，其中 $T = [t_{ij}] \in M_n$ 是上三角的，且对 $i = 1, \cdots, n$ 有 $t_{ii} = \lambda_i$. 计算表明有 $H(A) = U H(T) U^*$ 以及 $\mathrm{diag} H(T) = [\mathrm{Re} \lambda_1 \cdots \mathrm{Re} \lambda_n]^{\mathrm{T}}$，它被 $H(T)$ 的特征值优化，而 $H(T)$ 的特征值与 $H(A)$ 的特征值相同 (4.3.45).

反过来，如果 x 使 $\mathrm{Re} z$ 优化，则存在一个 Hermite 矩阵 $B = [b_{ij}] \in M_n$，使得 x 的元素是 B 的特征值，且 $\mathrm{diag} B = \mathrm{Re} z$ (4.3.48). 设 $T = [t_{ij}] \in M_n$ 是一个上三角矩阵，它使得对 $1 \leqslant i < j \leqslant n$ 有 $\mathrm{diag} T = z$ 以及 $t_{ij} = 2 b_{ij}$. 那么 $z_1, \cdots, z_n$ 就是 T 的特征值，且 $H(T) = B$，它的特征值就是 $x_1, \cdots, x_n$.   □

我们关于优化的最后一个结果是有关 $\mathrm{tr} AB$ 的界，这里 A 与 B 中每一个都是（但它们的乘积未必是）Hermite 矩阵.

习题 设 $x = [x_i], y = [y_i] \in \mathbf{R}^n$，并假设 x 优化 y. 说明为什么对每一个 $k = 1, \cdots, n$ 都有 $\sum_{i=1}^{k} x_i^{\downarrow} \geqslant \sum_{i=1}^{k} y_i$，其中等式对 $k = n$ 成立．   ◀

254 **习题** 设 $x = [x_i], y = [y_i] \in \mathbf{R}^n$. 说明为什么 x 优化 y 当且仅当 $-x$ 优化 $-y$.   ◀

引理 4.3.51 设 $x = [x_i], y = [y_i], w = [w_i] \in \mathbf{R}^n$. 假设 x 优化 y. 那么

$$\sum_{i=1}^{n} w_i^{\downarrow} x_i^{\uparrow} \leqslant \sum_{i=1}^{n} w_i^{\downarrow} y_i \leqslant \sum_{i=1}^{n} w_i^{\downarrow} x_i^{\downarrow} \tag{4.3.52}$$

设对每一个 $k = 1, \cdots, n$ 有 $\hat{X}_k = \sum_{i=1}^{k} x_i^{\downarrow}$，$\check{X}_k = \sum_{i=1}^{k} x_i^{\uparrow}$ 以及 $Y_k = \sum_{i=1}^{k} y_i$. (4.3.52) 右边的不等式成为等式的充分必要条件是

$$(w_i^{\downarrow} - w_{i+1}^{\downarrow})(\hat{X}_i - Y_i) = 0 \quad 对每个 \ i = 1, \cdots, n-1 \tag{4.3.52a}$$

(4.3.52)左边的不等式成为等式的充分必要条件是

$$(w_i^{\downarrow} - w_{i+1}^{\downarrow})(\check{X}_i - Y_i) = 0 \quad 对每个 \ i = 1, \cdots, n-1 \tag{4.3.52b}$$

证明　由于 x 优化 y，对每一个 $k = 1, \cdots, n-1$ 我们有 $\hat{X}_k \geqslant Y_k$，又有 $\hat{X}_n = Y_n$. 利用分部求和法（两次）以及每个 $w_i - w_{i+1}$ 都是非负的这一假设，我们来计算

$$\sum_{i=1}^{k} w_i^{\downarrow} y_i = \sum_{i=1}^{n-1} (w_i^{\downarrow} - w_{i+1}^{\downarrow}) Y_i + w_n^{\downarrow} Y_n \leqslant \sum_{i=1}^{n-1} (w_i^{\downarrow} - w_{i+1}^{\downarrow}) \hat{X}_i + w_n^{\downarrow} Y_n$$

$$= \sum_{i=1}^{n-1} (w_i^{\downarrow} - w_{i+1}^{\downarrow}) \hat{X}_i + w_n^{\downarrow} \hat{X}_n = \sum_{i=1}^{k} w_i^{\downarrow} x_i^{\downarrow}$$

这就证明了结论中的上界，上界中等式成立当且仅当对每个 $i = 1, \cdots, n-1$ 有 $(w_i^{\downarrow} - w_{i+1}^{\downarrow}) Y_i = (w_i^{\downarrow} - w_{i+1}^{\downarrow}) \hat{X}_i$，也即当且仅当对每个 $i = 1, \cdots, n-1$ 有 $(w_i^{\downarrow} - w_{i+1}^{\downarrow})(\hat{X}_i - Y_i) = 0$. 由于 $-x$ 使 $-y$ 优化，我们可以将上界应用于向量 $-x$，$-y$ 以及 w：

$$\sum_{i=1}^{n} w_i^{\downarrow} (-y_i) \leqslant \sum_{i=1}^{n} w_i^{\downarrow} (-x)_i^{\downarrow} = \sum_{i=1}^{n} w_i^{\downarrow} (-(x)_i^{\uparrow}) = -\sum_{i=1}^{n} w_i^{\downarrow} x_i^{\uparrow}$$

这也就是 $\sum_{i=1}^{n} w_i^{\downarrow} x_i^{\uparrow} \leqslant \sum_{i=1}^{n} w_i^{\downarrow} y_i$，这就是结论中的下界. 等式成立的情形可利用不等式 $-Y_k \leqslant -\check{X}_k$ 并用同样的方式得出. $\qquad\square$

定理 4.3.53　设 $A, B \in M_n$ 是 Hermite 矩阵，且分别有特征值作成的向量 $\lambda(A) = [\lambda_i(A)]_{i=1}^n$ 以及 $\lambda(B) = [\lambda_i(B)]_{i=1}^n$. 那么

$$\sum_{i=1}^{n} \lambda_i(A)^{\downarrow} \lambda_i(B)^{\uparrow} \leqslant \mathrm{tr} AB \leqslant \sum_{i=1}^{n} \lambda_i(A)^{\downarrow} \lambda_i(B)^{\downarrow} \tag{4.3.54}$$

如果(4.3.54)中有一个不等式成了等式，那么 A 与 B 可交换. 如果(4.3.54)右边的不等式成为等式，那么就存在一个酉矩阵 $U \in M_n$，使得 $A = U \mathrm{diag}(\lambda(A)^{\downarrow}) U^*$ 以及 $B = U \mathrm{diag}(\lambda(B)^{\downarrow}) U^*$. 如果(4.3.54)左边的不等式成为等式，那么就存在一个酉矩阵 $U \in M_n$，使得 $A = U \mathrm{diag}(\lambda(A)^{\downarrow}) U^*$ 以及 $B = U \mathrm{diag}(\lambda(B)^{\uparrow}) U^*$.

证明　设 $A = U \Lambda U^*$，其中 $U \in M_n$ 是酉矩阵，而 $\Lambda = \mathrm{diag} \lambda(A)^{\downarrow}$. 设 $\tilde{B} = [\beta_{ij}] = U^* B U$. 那么 $\mathrm{tr} AB = \mathrm{tr} U \Lambda U^* B = \mathrm{tr} \Lambda U^* B U = \mathrm{tr} \Lambda \tilde{B} = \sum_{i=1}^{n} \lambda_i(A)^{\downarrow} \beta_{ii}$. 由于 $\tilde{B}$ 的特征值组成的向量（它就是 B 的特征值组成的向量）使得 $\tilde{B}$ 的主对角线元素组成的向量优化(4.3.48)，结论所述的不等式就可以通过对 $x = \lambda(B)$，$y = \mathrm{diag}\,\tilde{B}$ 以及 $w = \lambda(A)$ 应用上一个引理而导出.

假设(4.3.54)右边的不等式成为等式. 假设 A 有 k 个不同的特征值 $\alpha_1 > \alpha_2 > \cdots > \alpha_k$，它们各自的重数分别为 $n_1, n_2, \cdots, n_k$，并分划 $\tilde{B} = [\tilde{B}_{ij}]_{i,j=1}^k$，使得每一个 $\tilde{B}_{ii} \in M_{n_i}$. (4.3.52)中等式成立的情形确保每一个 $(\lambda_i(A)^{\downarrow} - \lambda_{i+1}(A)^{\downarrow})(\hat{X}_i - Y_i) = 0$，它仅对 $i = n_1$，$n_1 + n_2, \cdots$ 才是有意义的，在这些情形有 $\lambda_{n_i}(A)^{\downarrow} - \lambda_{n_i+1}(A)^{\downarrow} = \alpha_i - \alpha_{i+1} > 0$，而且必有 $\check{X}_{n_1+\cdots+n_i} - Y_{n_1+\cdots+n_i} = 0$. 于是，(4.3.54)中的右边不等式中的等式就蕴含对每个 $p = 1, \cdots, k-1$ 都有

255

$$Y_{n_1+\cdots+n_p} = \operatorname{tr} \widetilde{B}_{11} + \cdots + \operatorname{tr} \widetilde{B}_{pp} = \check{X}_{n_1+\cdots+n_p} = \sum_{i=1}^{n_1+\cdots+n_p} \lambda_i(\widetilde{B})^\downarrow$$

现在由推论 4.3.34(等式(4.3.36b))推出 $\widetilde{B} = \widetilde{B}_{11} \oplus \cdots \oplus \widetilde{B}_{kk}$. $\widetilde{B}_{11}$ 的特征值是 $\lambda_1(B)^\downarrow$, $\cdots$, $\lambda_{n_1}(B)^\downarrow$, $\widetilde{B}_{22}$ 的特征值是 $\lambda_{n_1+1}(B)^\downarrow$, $\cdots$, $\lambda_{n_1+n_2}(B)^\downarrow$, 如此等等. 由于 $\Lambda = \alpha_1 I_{n_1} \oplus \cdots \oplus \alpha_k I_{n_k}$ 是与分块对角矩阵 $\widetilde{B}$ 共形的, 我们就有 $\Lambda \widetilde{B} = \widetilde{B} \Lambda$, 这就是 $\Lambda U^* B U = U^* B U \Lambda$ 或者 $AB = U\Lambda U^* B = BU\Lambda U^* = BA$. 最后, 每一个 $\widetilde{B}_{ii} = \widetilde{U}_i \widetilde{\Lambda}_i \widetilde{U}_i^*$, 其中 $\widetilde{U}_i \in M_{n_i}$ 是酉矩阵, 而 $\widetilde{\Lambda}_i$ 是对角矩阵, 它的主对角线元素是按照非增次序排列的 $\widetilde{B}_{ii}$ 的特征值. 设 $\widetilde{U} = \widetilde{U}_1 \oplus \cdots \oplus \widetilde{U}_k$, 并注意到 $\widetilde{\Lambda} = \widetilde{\Lambda}_1 \oplus \cdots \oplus \widetilde{\Lambda}_k = \operatorname{diag}(\lambda(B)^\downarrow)$. 此外, 有 $\widetilde{B} = \widetilde{U} \widetilde{\Lambda} \widetilde{U}^*$ 以及 $\widetilde{U} \Lambda \widetilde{U}^* = \Lambda$. 这样就有 $A = U\Lambda U^* = (U\widetilde{U})\Lambda(U\widetilde{U})^* = (U\widetilde{U})\operatorname{diag}(\lambda(A)^\downarrow)(U\widetilde{U})^*$ 以及 $B = U\widetilde{B}U^* = (U\widetilde{U}) \times \widetilde{\Lambda}(U\widetilde{U})^* = (U\widetilde{U})\operatorname{diag}(\lambda(B)^\downarrow)(U\widetilde{U})^*$.

(4.3.54)的左边不等式中等式成立的情形可以在右边不等式中用 $-B$ 取代 B 推导出来. □

问题

4.3.P1 设 A, $B \in M_n$ 是 Hermite 矩阵. 利用(4.3.1)证明 $\lambda_1(B) \leqslant \lambda_i(A+B) - \lambda_i(A) \leqslant \lambda_n(B)$, 并导出结论: 对所有 $i = 1, \cdots, n$ 都有 $|\lambda_i(A+B) - \lambda_i(A)| \leqslant \rho(B)$. 这就是关于 Hermite 矩阵的特征值的**摄动定理**的一个简单的例子, 有关更多摄动定理的内容见(6.3).

4.3.P2 考虑 $A = \begin{bmatrix} 0 & 1 \\ 0 & 0 \end{bmatrix}$ 以及 $B = \begin{bmatrix} 0 & 0 \\ 1 & 0 \end{bmatrix}$, 并且证明: 如果 A 与 B 不是 Hermite 矩阵, 那么 Weyl 不等式(4.3.2a, b)不一定成立.

4.3.P3 如果 A, $B \in M_n$ 是 Hermite 矩阵, 且它们的特征值按照(4.2.1)中那样排列, 说明为什么 $\lambda_i(A+B) \leqslant \min\{\lambda_j(A) + \lambda_k(B): j+k = i+n\}$, $i \in \{1, \cdots, n\}$.

4.3.P4 如果 A, $B \in M_n$ 是 Hermite 矩阵, 且 $A-B$ 只有非负的特征值, 说明为什么对所有 $i = 1, 2, \cdots, n$ 都有 $\lambda_i(A) \geqslant \lambda_i(B)$.

4.3.P5 设 $A \in M_n$ 是 Hermite 矩阵, 设 $a_k = \det A[\{1, \cdots, k\}]$ 是 A 的 k 阶前主子式, $k = 1, \cdots, n$, 又假设所有 $a_k \neq 0$. 证明 A 的负特征值的个数等于序列 $+1$, a_1, a_2, $\cdots$, a_n 中符号改变的次数. 说明为什么 A 是正定的, 当且仅当 A 的每一个主子式都是正的. 如果有某个 $a_i = 0$ 呢?

4.3.P6 假设 $A = [a_{ij}] \in M_n$ 是 Hermite 矩阵, 它的最小的和最大的特征值是 λ_1 以及 λ_n, 又对某个 $i \in \{1, \cdots, n\}$, 或者 $a_{ii} = \lambda_1$, 或者 $a_{ii} = \lambda_n$. 利用(4.3.34)证明: 对所有 $k = 1, \cdots, n$, $k \neq i$ 都有 $a_{ik} = a_{ki} = 0$. 如果 A 有一个主对角线元素是 A 的异于 λ_1 和 λ_n 的特征值, 会有何种特殊的事情发生?

4.3.P7 对(4.3.45)的如下证明概述提供细节, 这一证明是对维数用归纳法并利用 Cauchy 交错定理来实现的. 对 $n=1$, 没什么要证明的; 假设结论中的优化对阶为 $n-1$ 的 Hermite 矩阵已然成立. 设 $\hat{A} \in M_{n-1}$ 是从 A 中去掉代数意义上最小的对角元素 $d_n^\downarrow$ 所在的行和列之后得到的主子矩阵. 设 $\hat{\lambda}_i$ 是由 $\hat{A}$ 的特征值按照非增次序排列所得到的向量. 归纳假设确保 $\sum_{i=1}^{k} \widetilde{\lambda}_i^\downarrow \geqslant \sum_{i=1}^{k} d_i^\downarrow$, 而 (4.3.17)则确保 $\sum_{i=1}^{k} \lambda_i^\downarrow \geqslant \sum_{i=1}^{k} \hat{\lambda}_i^\downarrow$, 这两者都是对 $k = 1, \cdots, n-1$ 成立的. 这样一来, 对 $k = 1, \cdots, n-1$ 就有 $\sum_{i=1}^{k} \lambda_i^\downarrow \geqslant \sum_{i=1}^{k} d_i^\downarrow$. 为什么当 $k = n$ 时有等式成立?

4.3.P8 设 $e \in \mathbf{R}^n$ 是所有元素皆为 1 的向量, $e_i \in \mathbf{R}^n$ 是标准 Euclid 基向量中的一个, 又设 $y \in \mathbf{R}^n$. (a)如

果 e 优化 y，证明 $y=e$．（b）如果 e_i 优化 y，证明 y 的所有元素都在 0 与 1 之间．

4.3.P9 设 $A\in M_n(\mathbf{R})$，并假设对每个 $x\in\mathbf{R}^n$，x 都优化 Ax．证明 A 是双随机的．

4.3.P10 如果 $A=[a_{ij}]\in M_n$ 是正规的，那么 $A=U\Lambda U^*$，其中 $U=[u_{ij}]\in M_n$ 是酉矩阵，而 $\Lambda=\mathrm{diag}(\lambda_1,\cdots,\lambda_n)\in M_n$，它不一定是实的．证明 $S=[\,|\,u_{ij}\,|^2\,]$ 是双随机的，且 $\mathrm{diag}A=S(\mathrm{diag}\Lambda)$．一个以这样一种方式从酉矩阵 U 中产生出来的双随机矩阵 S 称为**单随机的**（unistochastic）；如果 U 是实的（如同在 (4.3.52) 的证明中那样），则称 S 为**正交随机的**（orthostochastic）．

4.3.P11 设 $A=[a_{ij}]\in M_n$．对如下结论的证明推理补充细节：如果 A 有某些"小的"列或者行，那么它必定也有某些"小的"奇异值．设 $\sigma_1^2\geqslant\cdots\geqslant\sigma_n^2$ 是 A 的有序排列的奇异值平方序列（即按照非增次序排列的 AA^* 的特征值）．设 $R_1^2\geqslant\cdots\geqslant R_n^2$ 是 A 的行的有序排列的 Euclid 长度之平方（即按照非增次序排列的 AA^* 的主对角线元素）．说明为什么对 $k=1,\cdots,n$ 有 $\displaystyle\sum_{i=n-k+1}^{n}R_i^2\geqslant\sum_{i=n-k+1}^{n}\sigma_i^2$，同时有一组涉及列的 Euclid 长度的类似的不等式．如果 A 是正规的，关于 A 的特征值你能得出什么结论？

4.3.P12 设 $A\in M_n(\mathbf{R})$ 如同在 (4.3.29) 中那样分划，其中 $B=[b_{ij}]\in M_m$，而 $C=[c_{ij}]\in M_{m,n-m}$．继续利用上一个问题中的记号．如果 A 的 m 个最大的奇异值是 B 的奇异值，证明 $C=0$ 以及 $A=B\oplus D$．

4.3.P13 对如下结论的证明概述提供细节，这个定理说的是加边 Hermite 矩阵的 Cauchy 交错定理 (4.3.17) 蕴含 Hermite 矩阵的秩 1 摄动的交错定理 (4.3.9)：设 $z\in\mathbf{C}^n$，又设 $A\in M_n$ 是 Hermite 矩阵．我们希望证明 (4.3.10)．如同在 (4.3.26) 的证明中那样，我们可以假设 $A=\Lambda=\mathrm{diag}(\lambda_1,\cdots,\lambda_n)$ 是对角矩阵，且是正定的．为什么？设 $R=\mathrm{diag}(\lambda_1^{1/2},\cdots,\lambda_n^{1/2})$．那么 $\Lambda+zz^*=\begin{bmatrix}R & z\end{bmatrix}\begin{bmatrix}R\\ z^*\end{bmatrix}$ 与 $\begin{bmatrix}R\\ z^*\end{bmatrix}\begin{bmatrix}R & z\end{bmatrix}=\begin{bmatrix}\Lambda & Rz\\ z^*R & z^*z\end{bmatrix}$ 有同样的特征值（除了多出一个零），它们是 $0\leqslant\lambda_1(\Lambda+zz^*)\leqslant\cdots\leqslant\lambda_n(\Lambda+zz^*)$．Cauchy 定理说的是这些特征值被 A 的特征值交错隔开．

4.3.P14 设 $r\in\{1,\cdots,n\}$，且用 H_n 表示由 $n\times n$ 的 Hermite 矩阵组成的实向量空间．对给定的 $A\in H_n$，将它的特征值如同在 (4.2.1) 中那样排序．设 $f_r(A)=\lambda_1(A)+\cdots+\lambda_r(A)$，并令 $g_r(A)=\lambda_{n-r+1}(A)+\cdots+\lambda_n(A)$．证明 f_r 是 H_n 上的凹函数，而 g_r 则是 H_n 上的凸函数．

257

4.3.P15 设 $A\in M_n$ 是半正定的，又设 $m\in\{1,\cdots,n\}$．（a）设 $V\in M_{n,m}$ 的列是标准正交的．利用 (4.3.37) 证明
$$\lambda_1(A)\cdots\lambda_m(A)\leqslant\det V^*AV\leqslant\lambda_{n-m+1}(A)\cdots\lambda_n(A)$$
（b）如果 $X\in M_{n,m}$，证明
$$\lambda_1(A)\cdots\lambda_m(A)\det X^*X\leqslant\det X^*AX\leqslant\lambda_{n-m+1}(A)\cdots\lambda_n(A)\det X^*X$$

4.3.P16 （a）如果 $A\in M_2$ 是正规的，证明 $\mathrm{spread}A\geqslant 2\,|a_{12}|$，并给出一个例子来证明这个界是最好可能的了．为什么也有 $\mathrm{spread}A\geqslant 2\,|a_{21}|$？（b）如果 $A\in M_n$ 是 Hermite 矩阵，而 $\hat{A}$ 是 A 的主子矩阵，证明 $\mathrm{spread}A\geqslant\mathrm{spread}\,\hat{A}$，并利用 (a) 推出结论 $\mathrm{spread}A\geqslant 2\max\{\,|a_{ij}|:i,j=1,\cdots,n,\ i\neq j\}$．有关 $\mathrm{spread}A$ 的上界，请见 (2.5.P61)．

4.3.P17 设 $A=[a_{ij}]\in M_n$ 是 Hermite 矩阵，且是三对角矩阵，又假设对每一个 $i=1,\cdots,n-1$ 都有 $a_{i,i+1}\neq 0$（A 是**未约化的** (0.9.9)，它也是**不可约的** (irreducible)(6.2.22)，这是因为它是 Hermite 矩阵）．这个问题对交错不等式 (4.3.18) 是严格不等式给出两个证明，对 A 有不同的特征值给出三个证明．（a）设 $x=[x_i]$ 是 A 的一个特征向量．证明 $x_n\neq 0$．（b）设 $\hat{A}$ 是 A 的任意一个 $n-1$ 阶主子矩阵．利用 (4.3.17) 中等式成立的条件证明：A 与 $\hat{A}$ 的有序排列的特征值之间

的交错不等式(4.3.18)全都是严格不等式. (c)由(b)推导出 A 有不同的特征值. (d)利用(1.4.P11)用不同的方式证明 A 有不同的特征值. (e)设 $p_k(t)$ 是 A 的前 $k\times k$ 主子矩阵的特征多项式,并设 $p_0(t)=1$. 证明 $p_1(t)=t-a_{11}$,且对 $k=2$,$\cdots$,n 有 $p_k(t)=(t-a_{kk})p_{k-1}(t)-|a_{k-1,k}|^2 p_{k-2}(t)$. (f)利用(e)证明 A 与 $\hat{A}$ 的有序排列的特征值之间的交错不等式(4.3.18)全都是严格不等式,并推导出 A 有不同的特征值.

4.3. P18 设 $\Lambda=\mathrm{diag}(\lambda_1,\cdots,\lambda_n)\in M_n(\mathbf{R})$,并假设 $\lambda_1<\cdots<\lambda_n$(不同的特征值). 如果 $z\in\mathbf{C}^n$ 没有元素为零,说明为什么 $\lambda_1<\lambda_1(\Lambda+zz^*)<\cdots<\lambda_{n-1}<\lambda_{n-1}(\Lambda+zz^*)<\lambda_n<\lambda_n(\Lambda+zz^*)$(全都是严格不等式的交错).

4.3. P19 设 $A\in M_n$ 是 Hermite 矩阵,又设 $z\in\mathbf{C}^n$. 利用(4.3.9)的记号,说明为什么对每个 $i=1$,$\cdots$,n 都有 $\lambda_i(A+zz^*)=\lambda_i(A)+\mu_i$,且每个 $\mu_i\geqslant 0$. 证明 $\sum_{i=1}^n \mu_i = z^*z = \|z\|_2^2$.

4.3. P20 设 $\lambda\in\mathbf{C}$,$a\in\mathbf{R}$,$y\in\mathbf{C}^n$ 以及 $A=\begin{bmatrix}\lambda I_n & y \\ y^* & a\end{bmatrix}\in M_{n+1}$. 利用(4.3.17)证明 λ 是 A 的重数至少为 $n-1$的特征值. 另外两个特征值是什么?

4.3. P21 设 $A\in M_n$ 是 Hermite 矩阵,$a\in\mathbf{R}$,$y\in\mathbf{C}^n$. (a)设 $\hat{A}=\begin{bmatrix}A & y \\ y^* & a\end{bmatrix}\in M_{n+1}$. 说明为什么 $\mathrm{rank}\,\hat{A}-\mathrm{rank}A$只能取值 0,1 或者 2.(b)设 $\hat{A}=A\pm yy^*$. 说明为什么 $\mathrm{rank}\,\hat{A}-\mathrm{rank}A$ 只能取值 -1,0 或者 $+1$. 有关它的推广以及改进,见(4.3.P27).

4.3. P22 设 $a_1,\cdots,a_n$ 是 n 个给定的不全相等的正实数. 设 $A=[a_i+a_j]_{i,j=1}^n\in M_n(\mathbf{R})$. 从一般的原理说明为什么 A 有一个正的以及一个负的特征值.

4.3. P23 设给定 x,$y\in\mathbf{R}^n$. 利用(4.3.47a, b)对下述结论给出简短的证明. (a)$x+y$ 被 $x^{\downarrow}+y^{\downarrow}$ 优化,以及(b)$x+y$ 优化 $x^{\downarrow}+y^{\uparrow}$. 你能不借助于(4.3.47)来证明这两个优化结果吗?

4.3. P24 设 A,$B\in M_n$ 是 Hermite 矩阵. 在(4.3.47)中我们见识了 Lidskii 不等式的两种等价的形式:"$\lambda(A+B)$ 优化 $\lambda(A)^{\downarrow}+\lambda(B)^{\uparrow}$"以及"$\lambda(B)$ 优化 $\lambda(A+B)^{\downarrow}-\lambda(A)^{\downarrow}$". 证明它们等价于第三种形式"$\lambda(A-B)$ 优化 $\lambda(A)^{\downarrow}-\lambda(B)^{\downarrow}$".

4.3. P25 设 $A\in M_n$ 是上双对角的(0.9.10). (a)证明:它的奇异值只与它的元素的绝对值有关. (b)假设对每个 $i=1$,$\cdots$,n 有 $a_{ii}\neq 0$,且对每个 $i=1$,$\cdots$,$n-1$ 有 $a_{i,i+1}\neq 0$. 证明 A 有 n 个不同的奇异值.

4.3. P26 设 A,$B\in M_n$ 是三对角的. (a)如果 A 与 B^* 是未约化的(0.9.9),且 $\lambda\in\mathbf{C}$,说明为什么 $AB^*-\lambda I$ 的前 $n-2$ 列是线性无关的,所以,对每个 $\lambda\in\mathbf{C}$ 都有 $\mathrm{rank}(AB-\lambda I)\geqslant n-2$. 为什么 AB 的每个特征值的几何重数至多为 2?(b)如果 A 的每个超对角线以及次对角线元素都不为零(即如果 A 是不可约化的),说明为什么 A 的每个奇异值的重数都至多为 2.(c)不可约的三对角矩阵 $A=\begin{bmatrix}0 & 1 \\ 1 & 0\end{bmatrix}$ 的特征值和奇异值是什么?

4.3. P27 设给定 $A\in M_n$,y,$z\in\mathbf{C}^n$ 以及 $a\in\mathbf{C}$. 假设 $1\leqslant\mathrm{rank}A=r<n$,设 $\hat{A}=\begin{bmatrix}A & y \\ z^{\mathrm{T}} & a\end{bmatrix}$,并令 $\delta=\mathrm{rank}\,\hat{A}-\mathrm{rank}A$. (a)说明为什么 $\mathrm{rank}\begin{bmatrix}0_n & y \\ z^{\mathrm{T}} & a\end{bmatrix}\leqslant 2$ 并导出结论 $1\leqslant\delta\leqslant 2$. (b)对"$\delta=2$ 当且仅当 y 不在 A 的列空间之中且 z^{T} 不在 A 的行空间之中"这一结论的证明概述提供细节:利用(0.4.6)(f)记 $A=S\begin{bmatrix}I_r & 0 \\ 0 & 0_{n-r}\end{bmatrix}R$,其中 S,$R\in M_n$ 是非奇异的. 分划 $S^{-1}y=\begin{bmatrix}y_1 \\ y_2\end{bmatrix}$ 以及 $R^{-\mathrm{T}}z=\begin{bmatrix}z_1 \\ z_2\end{bmatrix}$,其中 y_1,$z_1\in\mathbf{C}^r$. 那么 y 在 A 的列空间中,当且仅当 $y_2=0$,又 z 在 A^{T} 的列空间中,当且仅当 $z_2=0$. 此外,

$$\text{rank } \hat{A} = \text{rank} \begin{bmatrix} I_r & 0 & y_1 \\ 0 & 0_{n-r} & y_2 \\ z_1^T & z_2^T & a \end{bmatrix} = r+2$$

成立，当且仅当 $y_2 \neq 0 \neq z_2$。(c)如果 A 是 Hermite 的，且 $z = \bar{y}$，说明为什么 $\delta = 2$ 成立当且仅当 y 不在 A 的列空间中。与(4.3.P21a)比较。

4.3.P28 在(4.3.47)的假设下，证明"$\lambda(A+B)^{\downarrow} + \lambda(A-B)^{\downarrow}$ 优化 $2\lambda(A)$"这一结论等价于 Fan 不等式 (4.3.47a)。

4.3.P29 设 $A = [A_{ij}]_{i,j=1}^m \in M_n$ 是 Hermite 矩阵且将它这样来分划，使得对每个 $i = 1, \cdots, m$ 有 $A_{ii} \in M_{n_i}$，且 $n_1 + \cdots + n_m = n$。证明：A 的特征值组成的向量使 $A_{11} \oplus \cdots \oplus A_{mn}$ 的特征值组成的向量优化。说明为什么这一结论是(4.3.45)的推广。

4.3.P30 Schur 优化定理(4.3.45)有一个分块矩阵的推广，它在不等式(4.3.46)中放置了一个中间项。设 $A = [A_{ij}]_{i,j=1}^k$ 是分划的 Hermite 矩阵，且设 $d(A) = [a_{ii}]_{i=1}^n$ 是它的主对角元素组成的向量。证明 $d(A)$ 被 $\lambda(A_{11} \oplus \cdots \oplus A_{kk})$ 优化，而后者则反过来被 $\lambda(A)$ 优化。

注记以及进一步的阅读参考 有关优化的更多的信息，见 Marshall 以及 Olkin(1979)。Lidskii 不等式 (4.3.47b)是许多重要的摄动界的基础，见(6.3)以及(7.4)。文献中可以找到这些著名不等式的多个证明，本教程中的证明取自 C. K. Li 以及 R. Mathias, The Lidskii-Mirsky-Wielandt theorem-additive and multiplicative versions, *Numer. Math.* 81(1999)377-413. 有关一般性的特征值不等式总体(它将 Weyl 不等式(4.3.1)、Fan 不等式(4.3.47a)以及 Lidskii 不等式(4.3.47b)作为自己的特例)的全面的讨论，见 R. Bhatia, Linear algebra to quantum cohomology：The story of Alfred Horn's inequalities, *Amer. Math. Monthly* 108(2001)289-318. 问题 4.3.P17 对下述结论提供了两个证明：交错不等式(4.3.18)对包含(实) Jacobi 矩阵在内的一类矩阵是严格的。反过来我们已知：如果 $2n-1$ 个实数满足不等式 $\lambda_1 < \mu_1 < \lambda_2 < \mu_2 < \cdots < \lambda_{n-1} < \mu_{n-1} < \lambda_n$，那么就存在唯一一个 Jacobi 矩阵 A，使得 $\lambda_1, \cdots, \lambda_n$ 是它的特征值，而 $\mu_1, \cdots, \mu_{n-1}$ 是它的 $n-1$ 阶前主子矩阵的特征值，见 O. H. Hald, Inverse eigenvalue problems for Jacobi matrices, *Linear Algebra Appl.* 14(1976)63-85.

259

4.4 酉相合与复对称矩阵

复的 Hermite 矩阵以及对称矩阵在研究复平面上的单位圆盘的解析映射时都会出现。如果 f 是单位圆盘上的一个复解析函数，且被标准化为满足 $f(0) = 0$ 以及 $f'(0) = 1$，那么 $f(z)$ 是 1 对 1 的(有时称为单叶的，univalent 或者 schlicht)，当且仅当它对所有 $z_1, \cdots, z_n \in \mathbf{C}$，$|z_i| < 1$，对所有 $x_1, \cdots, x_n \in \mathbf{C}$ 以及所有 $n = 1, 2, \cdots$ 都满足 **Grunsky 不等式**

$$\sum_{i,j=1}^n x_i \bar{x}_j \log \frac{1}{1 - z_i \bar{z}_j} \geq \left| \sum_{i,j=1}^n x_i x_j \log \left(\frac{z_i z_j}{f(z_i) f(z_j)} \frac{f(z_i) - f(z_j)}{z_i - z_j} \right) \right|$$

如果 $z_i = z_j$，那么 Grunsky 不等式右边的差商可以解释成 $f'(z_1)$；如果 $z_i = 0$，我们可以将 $z_i / f(z_i)$ 解释为 $1/f'(0)$。这些棘手的不等式有非常简单的代数形式

$$x^* A x \geq |x^T B x| \tag{4.4.1}$$

其中 $x = [x_i] \in \mathbf{C}^n$，$A = [a_{ij}] \in M_n$，$B = [b_{ij}] \in M_n$，

$$a_{ij} = \log \frac{1}{1 - z_i \bar{z}_j}, \quad b_{ij} = \log \left(\frac{z_i z_j}{f(z_i) f(z_j)} \frac{f(z_i) - f(z_j)}{z_i - z_j} \right)$$

矩阵 A 是 Hermite 的，而 B 是复对称的。Grunsky 不等式的一种更加简单的等价形式，请见(7.7.P19)。

如果我们在(4.4.1)中作变量的酉变换 $x \to Ux$，那么 $A \to U^*AU$ 就是通过酉相似作的变换，而 $B \to U^{\mathrm{T}}BU$ 则是由酉相合作的变换.

复对称矩阵出现在各种有关矩的问题中. 例如，设 a_0，a_1，a_2，$\cdots$ 是一个给定的复数序列，设 $n \geqslant 1$ 是一个给定的正整数，并定义 $A_{n+1} = [a_{i+j}]_{i,j=1}^n \in M_{n+1}$，它是一个复对称的 Hankel 矩阵(0.9.8). 对 $x \in \mathbf{C}^{n+1}$，考虑二次型 $x^{\mathrm{T}}A_{n+1}x$，我们要问是否存在一个固定的常数 $c > 0$，使得有

$$|x^{\mathrm{T}}A_{n+1}x| \leqslant cx^*x, \qquad \text{对所有 } x \in \mathbf{C}^{n+1} \text{ 以及每个 } n = 0,1,2,\cdots$$

根据 Nehari 的一个定理，这个条件要满足的充分必要条件是：存在一个 Lebesgue 可测且几乎处处有界的函数 $f: \mathbf{R} \to \mathbf{C}$，且此函数的 Fourier 系数是给定的数 a_0，a_1，a_2，$\cdots$. 上一个不等式中的常数 c 就是 $|f|$ 的**本性上确界**(essential supremum).

复对称矩阵出现在线性系统的阻尼振动、波在连续介质中的传播以及广义相对论的研究中.

酉相似是在正规矩阵或者 Hermite 矩阵的研究中一种天然的等价关系：U^*AU 是正规的(Hermite 的)，如果 U 是酉矩阵，且 A 是正规的(Hermite 的). **酉相合**是在复对称矩阵或者复斜对称矩阵的研究中的一种天然的等价关系：$U^{\mathrm{T}}AU$ 是对称的(斜对称的)，如果 U 是酉矩阵，且 A 是对称的(斜对称的). 我们在研究酉相合时将会频繁使用这样一个事实：如果 A，$B \in M_n$ 是酉相合的，那么 $A\overline{A}$ 与 $B\overline{B}$ 是酉相似的，从而有同样的特征值.

习题 假设 A，$B \in M_n$ 是酉相合的，即对某个酉矩阵 $U \in M_n$ 有 $A = UBU^{\mathrm{T}}$. 说明为什么 $A\overline{A}$ 与 $B\overline{B}$ 是酉相似的，AA^* 与 BB^* 是酉相似的，以及 $A^{\mathrm{T}}\overline{A}$ 与 $B^{\mathrm{T}}\overline{B}$ 是酉相似的. 此外，所有这三个酉相似可以通过同一个酉矩阵来实现. ◀

习题 设 $A = \begin{bmatrix} 0 & 1 \\ 0 & 0 \end{bmatrix}$ 以及 $B = 0_2$. 证明 $A\overline{A} = B\overline{B}$，并说明为什么 A 与 B 不是酉相合的. ◀

习题 假设 $\Delta \in M_n$ 是上三角的. 说明为什么 $\Delta\overline{\Delta}$ 的所有特征值都是实的且是非负的. 提示：$\Delta\overline{\Delta}$ 的主对角元素是什么？ ◀

习题 考虑 $A = [a] \in M_1$，其中 $a = |a|e^{i\theta}$ 以及 $\theta \in \mathbf{R}$. 证明 A 与实矩阵 $B = [|a|]$ 酉相合. 提示：考虑 $U = [e^{-i\theta/2}]$. ◀

我们已经知道(见(2.6.6a))，复对称矩阵 A 酉相合于一个非负的对角矩阵，它的对角元素是 A 的奇异值. 在这一节里，我们要指出这个基本结果是与酉相合有关的一种分解的推论，它是与(2.3.1)类似的结果：每一个复矩阵都酉相合于一个分块上三角矩阵，该分块上三角矩阵的对角分块是 1×1 或者 2×2 的. 第一步我们指出可以怎样利用 $A\overline{A}$ 的非负特征值并通过酉相合达到部分的三角化.

引理 4.4.2 设给定 $A \in M_n$，λ 是 $A\overline{A}$ 的一个特征值，又设 $x \in \mathbf{C}^n$ 是 $A\overline{A}$ 的与 λ 相伴的单位特征向量. 设 $\mathcal{S} = \mathrm{span}\{A\overline{x}, x\}$，它的维数是 1 或者 2.

(a) 如果 $\dim \mathcal{S} = 1$，则 λ 是非负的实数，且存在一个单位向量 $z \in \mathcal{S}$，使得 $A\overline{z} = \sigma z$，其中 $\sigma \geqslant 0$，且 $\sigma^2 = \lambda$.

(b) 假设 $\dim \mathcal{S} = 2$. 如果 λ 是非负的实数，那么存在一个单位向量 $z \in \mathcal{S}$，使得 $A\overline{z} = \sigma z$，其中 $\sigma \geqslant 0$，且 $\sigma^2 = \lambda$. 如果 λ 不是实的，或者是负的实数，那么对每个 $y \in \mathcal{S}$ 就

有 $A\bar{y}\in\mathcal{S}$.

    证明 （a）如果 $\dim\mathcal{S}=1$，那么 $\{A\bar{x},x\}$ 是线性相关的，且对某个 $\mu\in\mathbf{C}$ 有 $A\bar{x}=\mu x$. 计算 $\lambda x=A\overline{Ax}=A\overline{(A\bar{x})}=A\overline{\mu x}=\bar{\mu}A\bar{x}=\bar{\mu}\mu x=|\mu|^2 x$，所以 $|\mu|^2=\lambda$. 选取 $\theta\in\mathbf{R}$，使得 $\mathrm{e}^{-2i\theta}\mu=|\mu|$，又设 $\sigma=|\lambda|$. 那么

$$A(\mathrm{e}^{i\theta}\bar{x})=\mathrm{e}^{-i\theta}A\bar{x}=\mathrm{e}^{-i\theta}\mu x=(\mathrm{e}^{-2i\theta}\mu)(\mathrm{e}^{i\theta}x)=|\mu|(\mathrm{e}^{i\theta}x)=\sigma(\mathrm{e}^{i\theta}x)$$

所以 $z=\mathrm{e}^{i\theta}x$ 是 $\mathcal{S}$ 中一个单位向量，它使得 $A\bar{z}=\sigma z$，其中 $\sigma\geqslant0$，且 $\sigma^2=\lambda$.

    （b）如果 $\dim\mathcal{S}=2$，那么 $\{A\bar{x},x\}$ 是线性无关的，从而它是 $\mathcal{S}$ 的一个基. 任何 $y\in\mathcal{S}$ 可以表示成 $y=\alpha A\bar{x}+\beta x$（对某个 $\alpha,\beta\in\mathbf{C}$），且有 $A\bar{y}=A(\bar{\alpha}\overline{A}x+\bar{\beta}\bar{x})=\bar{\alpha}A\overline{A}x+\bar{\beta}A\bar{x}=\bar{\alpha}\lambda x+\bar{\beta}A\bar{x}\in\mathcal{S}$. 如果 λ 是非负实数，设 $\sigma=\sqrt{\lambda}\geqslant0$，并设 $y=A\bar{x}+\sigma x$，它是非零的，这是由于它是基向量的一个非平凡的线性组合. 那么

$$A\bar{y}=A(\overline{A}x+\sigma\bar{x})=A\overline{A}x+\sigma A\bar{x}=\lambda x+\sigma A\bar{x}=\sigma^2 x+\sigma A\bar{x}=\sigma(A\bar{x}+\sigma x)=\sigma y$$

所以 $z=y/\|y\|_2$ 是 $\mathcal{S}$ 中一个单位向量，它使得 $A\bar{z}=\sigma z$，$\sigma\geqslant0$ 以及 $\sigma^2=\lambda$. $\qquad\square$

    子空间 $\mathcal{S}\subset\mathbf{C}^n$ 称为是 **A-共轭不变的**（A-coninvariant），如果 $A\in M_n$，且对每个 $x\in\mathcal{S}$ 都有 $A\bar{x}\in\mathcal{S}$. A-共轭不变性这一概念是 A-不变量（1.3.16）的自然类似. 对每个 $A\in M_n$，总存在一个一维的 A-不变子空间：任何一个特征向量张成的子空间. 上一个引理确保对每个 $A\in M_n$，总存在一个维数为 1 或者 2 的 A-共轭不变子空间：如果 $A\overline{A}$ 有一个非负的特征值，则存在一个维数为 1 的 A-共轭不变子空间（(4.4.2a)和(4.4.2b)中构造的向量 z 张成的子空间）；如若不然，则存在一个维数为 2 的 A-共轭不变子空间（(4.4.2)中构造的子空间 $\mathcal{S}$）.

    定理 4.4.3 设给定 $A\in M_n$ 以及 $p\in\{0,1,\cdots,n\}$. 假设 $A\overline{A}$ 至少有 p 个非负的实特征值，其中包括 $\lambda_1,\cdots,\lambda_p$. 则存在一个酉矩阵 $U\in M_n$，使得

$$A=U\begin{bmatrix}\Delta & \bigstar \\ 0 & C\end{bmatrix}U^{\mathrm{T}}$$

其中 $\Delta=[d_{ij}]\in M_p$ 是上三角的，对 $i=1,\cdots,p$ 有 $d_{ii}=\sqrt{\lambda_i}\geqslant0$，且 $C\in M_{n-p}$. 如果 $A\overline{A}$ 恰好有 p 个非负的实特征值，那么 $C\overline{C}$ 没有非负的实特征值.

    证明 与在 $p=0$ 的情形一样，$n=1$ 的情形也是平凡的（见上一个习题），所以我们假设 $n\geqslant2$ 且 $p\geqslant1$.

    考虑如下的化简：设 x 是 $A\overline{A}$ 的一个与非负实特征值 λ 相伴的单位特征向量，并设 $\sigma=\sqrt{\lambda}\geqslant0$. 上一个引理确保存在一个单位向量 z，使得 $A\bar{z}=\sigma z$. 设 $V=[z\quad v_2\quad\cdots\quad v_n]\in M_n$ 是酉矩阵，并考虑酉相合 $\overline{V}^{\mathrm{T}}A\overline{V}$. 它的位于 1，1 处的元素是 $z^*A\bar{z}=\sigma z^* z=\sigma$. V 的列的正交性确保 $\overline{V}^{\mathrm{T}}A\overline{V}$ 的第一列中其他的元素是零：对 $i=2,\cdots,n$ 有 $v_i^*A\bar{z}=\sigma v_i^* z=0$. 于是有 262

$$A=V\begin{bmatrix}\sigma & \bigstar \\ 0 & A_2\end{bmatrix}V^{\mathrm{T}},\quad A_2\in M_{n-1},\quad\sigma=\sqrt{\lambda}\geqslant0$$

以及

$$A\overline{A}=V\begin{bmatrix}\sigma^2 & \bigstar \\ 0 & A_2\overline{A_2}\end{bmatrix}V^*=V\begin{bmatrix}\lambda & \bigstar \\ 0 & A_2\overline{A_2}\end{bmatrix}V^*$$

如果 $A_2\in M_{n-p}$ 或者 $A_2\overline{A_2}$ 没有非负的实特征值，我们就停止.

如果 $A_2\overline{A}_2$ 有一个非负的实特征值，就将上面的化简应用于 A_2，如同在 $(2.3.1)$ 的证明中所做的那样. 经过至多 p 步化简，我们就得到结论中所说的分块形式. □

习题 说明为什么一个上三角矩阵是对称的，当且仅当它是对角的. ◀

推论 4.4.4 设给定 $A\in M_n$.

(a) 如果存在一个酉矩阵 $U\in M_n$，使得 $A=U\Delta U^{\mathrm{T}}$，且 Δ 是上三角的，那么 $A\overline{A}$ 的每一个特征值都是非负的.

(b) 如果 $A\overline{A}$ 有至少 $n-1$ 个非负的实特征值，那么就存在一个酉矩阵 $U\in M_n$，使得 $A=U\Delta U^{\mathrm{T}}$，其中 $\Delta=[d_{ij}]$ 是上三角的，每一个 $d_{ii}\geqslant 0$，且 d_{11}^2，$\cdots$，d_{nn}^2 是 $A\overline{A}$ 的特征值，它们全都是非负的实数.

(c) (Autonne) 如果 A 是对称的，那么就存在一个酉矩阵 $U\in M_n$，使得 $A=U\Sigma U^{\mathrm{T}}$，其中 Σ 是非负的对角矩阵，其对角线上的元素是 A 的奇异值按照任意你所希望的次序的排列.

(d) (唯一性) 假设 A 是对称的，且 $\mathrm{rank}A=r$. 设 s_1，$\cdots$，s_d 是 A 的不同的正的奇异值，按照任何给定的次序排列，其重数分别为 n_1，$\cdots$，n_d. 设 $\Sigma=s_1 I_{n_1}\oplus\cdots\oplus s_d I_{n_d}\oplus 0_{n-r}$. 如果 A 是非奇异的，则为零的分块不出现：设 U，$V\in M_n$ 是酉矩阵. 那么，$A=U\Sigma U^{\mathrm{T}}=V\Sigma V^{\mathrm{T}}$ 成立当且仅当 $V=UZ$，$Z=Q_1\oplus\cdots\oplus Q_d\oplus\widetilde{Z}$，$\widetilde{Z}\in M_{n-r}$ 是酉矩阵，且每一个 $Q_j\in M_{n_j}$ 都是实正交的. 如果 A 的奇异值是不同的 (即如果 $d\geqslant n-1$)，那么 $V=UD$，其中 $D=\mathrm{diag}(d_1，\cdots，d_n)$，对每个 $i=1$，$\cdots$，$n-1$ 有 $d_i=\pm 1$，又当 A 非奇异时有 $d_n=\pm 1$，而当 A 为奇异时则有 $d_n\in\mathbf{C}$，其中 $|d_n|=1$.

证明 (a) 如果 $A=U\Delta U^{\mathrm{T}}$，且 Δ 是上三角的，那么 $A\overline{A}=U\Delta U^{\mathrm{T}}\overline{U}\overline{\Delta}U^*=U\Delta\overline{\Delta}U^*$ 的特征值是 $\Delta\overline{\Delta}$ 的主对角线元素，而后者是非负的.

(b) 如果 $A\overline{A}$ 有至少 $n-1$ 个非负的实特征值，我们就有 $(4.4.3)$ 中 $p\geqslant n-1$ 的情形，故而 A 酉相合于一个上三角矩阵. (a) 的结论确保 $A\overline{A}$ 的每一个特征值都是非负的，且结论中所说的分解现在就可以通过最终在 $(4.4.3)$ 中借用 $p=n$ 的结果推出.

(c) 如果 A 是对称的，$A\overline{A}=A\overline{A}^{\mathrm{T}}=AA^*$ 的特征值就是 A 的奇异值的平方 $(2.6.3b)$，所以 (a) 确保 $A=U\Delta U^{\mathrm{T}}$，其中 $\Delta=[d_{ij}]$ 是上三角的，而 d_{11}，$\cdots$，d_{nn} 则是 A 的奇异值. 由于 Δ 与对称矩阵 A 是酉相合的，故而它本身也是对称的，从而是对角的. 对任何置换矩阵 P，我们有 $A=(UP)(P^{\mathrm{T}}\Delta P)(UP)^{\mathrm{T}}$，所以这些奇异值可以按照任何所希望的次序出现.

(d) 两个分解 $A=U\Sigma\overline{U}^*=V\Sigma\overline{V}^*$ 是奇异值分解，故而 $(2.6.5)$ 确保 $U=VX$ 以及 $\overline{U}=\overline{V}Y$，其中 $X=Z_1\oplus\cdots\oplus Z_d\oplus\widetilde{Z}$ 以及 $Y=Z_1\oplus\cdots\oplus Z_d\oplus\widetilde{Y}$ 是酉矩阵，而每一个 $Z_j\in M_{n_j}$. 这样就有 $X=V^*U=\overline{V^{\mathrm{T}}\overline{U}}=\overline{Y}$，故而每一个 $Z_j=\overline{Z}_j$ 都是实的酉矩阵，即实正交矩阵. 有不同奇异值情形的结论可由其特殊性推出. □

如果 $A\overline{A}$ 没有非负的实特征值，则定理 $4.4.3$ 激励我们考虑 $A\in M_n$ 可以通过酉相合化简成的这样一种形式. 推论 $3.4.1.9$ 确保 $A\overline{A}$ 总是与一个实矩阵相似，故而 $\mathrm{tr}A\overline{A}$ 总是实的，且 $A\overline{A}$ 的任何非实的特征值都必定共轭成对出现.

假设 $A\in M_2$. 如果 $A\overline{A}$ 没有哪一个特征值是非负的实数，那么由于 $A\overline{A}$ 与一个实矩阵相似，它的特征值只有两种可能性：它们或者是非实的共轭对，或者两个都是负实数；在后面这种情形，下述命题说出了某种值得注意的结果：它们必定相等. $A\overline{A}$ 的特征多项式

是 $p_{A\bar{A}}(t) = t^2 - (\mathrm{tr}A\bar{A})t + \det A\bar{A} = t^2 - (\mathrm{tr}A\bar{A})t + |\det A|^2$，它有实零点的充分必要条件是：它的判别式不是负的，即其充分必要条件是 $(\mathrm{tr}A\bar{A})^2 - 4|\det A|^2 \geqslant 0$. 如果 $A\bar{A}$ 有两个负的特征值，那么它们的和 $\mathrm{tr}A\bar{A}$ 必定是负数.

习题 如果 $A \in M_n$ 是斜对称的，说明为什么 $A\bar{A}$ 的每个特征值都是实的且非正数. 提示：$A\bar{A} = -AA^*$. ◄

习题 设 $A \in M_n$. 说明为什么 $f(A) = \mathrm{tr}A\bar{A}$ 与 $g(A) = \det(A\bar{A}) = |\det A|^2$ 是 A 的酉相合不变函数，也就是说，对每个酉矩阵 $U \in M_n$ 有 $f(UAU^\mathrm{T}) = f(A)$ 以及 $g(UAU^\mathrm{T}) = g(A)$. 如果 $n = 2$，为什么 $A\bar{A}$ 的特征多项式的判别式是 A 的酉相合不变函数？ ◄

命题 4.4.5 设给定 $A \in M_n$，又设 $\sigma_1 \geqslant \sigma_2 \geqslant 0$ 是 A 的对称部分 $S(A) = \frac{1}{2}(A + A^\mathrm{T})$ 的奇异值. 如果 $\sigma_1 = \sigma_2$，就令 $\sigma = \sigma_1$.

（a）A 酉相合于

$$\begin{bmatrix} \sigma_1 & \zeta \\ -\zeta & \sigma_2 \end{bmatrix}, \quad \zeta \in \mathbf{C} \tag{4.4.6}$$

（b）$A\bar{A}$ 有一对非实的共轭的特征值，当且仅当 A 酉相合于

$$\begin{bmatrix} \sigma_1 & \zeta \\ -\zeta & \sigma_2 \end{bmatrix}, \quad \zeta \in \mathbf{C}, 2|\sigma_1\bar{\zeta} + \sigma_2\zeta| > \sigma_1^2 - \sigma_2^2 \tag{4.4.7}$$

如果 $\sigma_1 = \sigma_2$，(4.4.7) 中施加于 σ_1，σ_2 以及 ζ 之上的条件等价于条件 $\sigma > 0$ 以及 $\mathrm{Re}\,\zeta \neq 0$.

（c）$A\bar{A}$ 有两个负实数为其特征值，当且仅当 $\sigma_1 = \sigma_2$，且 A 酉相合于

$$\begin{bmatrix} \sigma & i\xi \\ -i\xi & \sigma \end{bmatrix}, \quad \xi \in \mathbf{R}, \xi > \sigma \geqslant 0 \tag{4.4.8a}$$

在此情形 $\sigma^2 - \xi^2$ 是 $A\bar{A}$ 的负的二重特征值. 如果在 (4.4.8a) 中有 $\sigma = 0$，那么 A 酉相合于

$$\begin{bmatrix} 0 & \xi \\ -\xi & 0 \end{bmatrix}, \quad \xi \in \mathbf{R}, \xi > 0 \tag{4.4.8b}$$

在此情形 $-\xi^2$ 是 $A\bar{A}$ 的负的二重特征值，而 ξ 则是 A 的二重奇异值.

（d）设 λ_1，λ_2 是 $A\bar{A}$ 的特征值. 如果 λ_1 不是实数，那么 $\lambda_2 = \bar{\lambda}_1$. 如果 λ_1 是实数且是非负的，则 λ_2 亦然. 如果 λ_1 是实的且是负的，那么 $\lambda_2 = \lambda_1$.

证明 （a）用 $A = S(A) + C(A)$ 表示它的对称以及斜对称部分之和 (0.2.5). 上一个推论确保存在一个酉矩阵 $U \in M_2$，使得 $S(A) = U\begin{bmatrix} \sigma_1 & 0 \\ 0 & \sigma_2 \end{bmatrix}U^\mathrm{T}$，所以 $A = U\left(\begin{bmatrix} \sigma_1 & 0 \\ 0 & \sigma_2 \end{bmatrix} + U^*C(A)\bar{U}\right)U^\mathrm{T}$. 矩阵 $U^*C(A)\bar{U}$ 是斜对称的，所以对某个 $\zeta \in \mathbf{C}$，它有 $\begin{bmatrix} 0 & \zeta \\ -\zeta & 0 \end{bmatrix}$ 的形状.

（b）如果我们希望计算 $A\bar{A}$ 的迹或者行列式，上一个习题允许我们假设 A 有 (4.4.6) 的形状. 在此情形，计算表明

$$\mathrm{tr}A\bar{A} = \sigma_1^2 + \sigma_2^2 - 2|\zeta|^2, \quad |\det A|^2 = \sigma_1^2\sigma_2^2 + 2\sigma_1\sigma_2\mathrm{Re}\,\zeta^2 + |\zeta|^4$$

而 $p_{A\bar{A}}(t)$ 的判别式是

$$r(A) = (\mathrm{tr}A\,\overline{A})^2 - 4\,|\det A|^2 = (\sigma_1^2 - \sigma_2^2)^2 - 4\,|\sigma_1\,\overline{\zeta} + \sigma_2\zeta\,|^2$$

那么 $A\overline{A}$ 有一对非实的共轭特征值,当且仅当 $r(A)<0$,当且仅当 $2|\sigma_1\overline{\zeta} + \sigma_2\zeta| > \sigma_1^2 - \sigma_2^2$.

(c) 现在假设 $A\overline{A}$ 有两个负的实特征值,所以 $r(A)\geqslant 0$ 且 $\mathrm{tr}A\overline{A}<0$,即 $2\,|\zeta|^2 > \sigma_1^2 + \sigma_2^2$. 设对 $\theta \in \mathbf{R}$ 有 $\zeta = |\zeta|\,\mathrm{e}^{i\theta}$,并且计算

$$\begin{aligned}
0 \leqslant r(A) &= (\sigma_1^2 - \sigma_2^2)^2 - 4\,|\sigma_1\,\overline{\zeta} + \sigma_2\zeta\,|^2 = (\sigma_1^2 - \sigma_2^2)^2 - 4\,|\zeta|^2\,|\sigma_1\mathrm{e}^{-i\theta} + \sigma_2\mathrm{e}^{i\theta}|^2 \\
&= (\sigma_1^2 - \sigma_2^2)^2 - 4\,|\zeta|^2(\sigma_1^2 + 2\sigma_1\sigma_2\cos 2\theta + \sigma_2^2) \\
&\leqslant (\sigma_1^2 - \sigma_2^2)^2 - 2(\sigma_1^2 + \sigma_2^2)(\sigma_1^2 - 2\sigma_1\sigma_2 + \sigma_2^2) \\
&= (\sigma_1 - \sigma_2)^2(\sigma_1 + \sigma_2)^2 - 2(\sigma_1^2 + \sigma_2^2)(\sigma_1 - \sigma_2)^2 \\
&= (\sigma_1 - \sigma_2)^2(\sigma_1^2 + 2\sigma_1\sigma_2 + \sigma_2^2 - 2\sigma_1^2 - 2\sigma_2^2) \\
&= -(\sigma_1 - \sigma_2)^4
\end{aligned}$$

它蕴含 $\sigma_1 = \sigma_2$. 在此情形,$r(A) = -4\sigma^2\,|\overline{\zeta} + \zeta|^2 = -8\sigma^2\,|\mathrm{Re}\,\zeta| \geqslant 0$,所以或者 $\mathrm{Re}\,\zeta = 0$,或者 $\sigma = 0$. 如果 $\mathrm{Re}\,\zeta = 0$,设 $\zeta = i\xi$,其中 ξ 是一个非零的实数. 由于 $\mathrm{tr}A\overline{A} = \sigma_1^2 + \sigma_2^2 - 2\,|\zeta|^2 = 2(\sigma^2 - \xi^2) < 0$,由此推出有 $|\xi| > \sigma$. 于是,如果 $\xi > 0$,则 A 有 (4.4.8a) 的形式;如果 $\xi < 0$,则它有 (4.4.8a) 的转置的形式. 在后一种情形,通过反序矩阵 $\begin{bmatrix} 0 & 1 \\ 1 & 0 \end{bmatrix}$ 做一个酉相合就得到 (4.4.8a) 的形式. 如果 $\sigma = 0$,那么 $S(A) = 0$,所以对某个非零的 $\zeta \in \mathbf{C}$,$A = C(A)$ 有形式 $\begin{bmatrix} 0 & \zeta \\ -\zeta & 0 \end{bmatrix}$. 设对某个 $\theta \in \mathbf{R}$ 有 $\zeta = |\zeta|\,\mathrm{e}^{i\theta}$,并计算酉相合 $(\mathrm{e}^{-i\theta/2}\,I)\,A\,(\mathrm{e}^{-i\theta/2}\,I) = \begin{bmatrix} 0 & |\zeta| \\ -|\zeta| & 0 \end{bmatrix}$,它有 (4.4.8b) 的形式. 有关负的二重特征值的结论,见下面的习题.

[265]

(d) 由于 $A\overline{A}$ 与一个实矩阵相似,它有非实的特征值,当且仅当它有一对共轭的非实的特征值. 这样一来,如果 λ_1 不是实的,就有 $\lambda_2 = \overline{\lambda_1}$;如果 λ_1 是实的,那么 λ_2 也必定是实的. 如果 λ_1 是实的且是非负的,则 (4.4.4b) 确保 λ_2 是实的且是非负的. 最后,如果 λ 是实的且是负的,则前面两种情形确保 λ_2 是实的且不可能是非负的,即 λ_1 与 λ_2 两者都是负的;而 (c) 则确保它们相等.

习题 如果 A 酉相合于一个形如 (4.4.8a) 的矩阵,证明 $\sigma^2 - \xi^2$ 是 $A\overline{A}$ 的负的二重特征值. 如果 A 酉相合于一个形如 (4.4.8b) 的矩阵,证明 $-\xi^2$ 是 $A\overline{A}$ 的负的二重特征值,而 ξ 则是 A 的一个二重奇异值. ◀

习题 设给定 $A \in M_2$,所以它酉相合于一个形如 (4.4.6) 的矩阵. 说明为什么 $\sigma_1 = \sigma_2$ 当且仅当 A 的对称部分是一个酉矩阵的纯量倍数. ◀

现在我们已经掌握了一切必要的工具来证明每一个复方阵 A 都酉相合于一个分块上三角矩阵,其中每一个对角分块或者是 1×1 的,或者是 2×2 的,且有特殊的形式.

定理 4.4.9(Youla) 设给定 $A \in M_n$. 设 $p \in \{0, 1, \cdots, n\}$,并假设 $A\overline{A}$ 恰有 p 个非负的实特征值. 那么就存在一个酉矩阵 $U \in M_n$,使得

$$A = U \begin{bmatrix} \Delta & \bigstar \\ 0 & \Gamma \end{bmatrix} U^{\mathrm{T}} \tag{4.4.10}$$

其中或者没有 Δ(如果 $p = 0$),或者 $\Delta = [d_{ij}] \in M_p$ 是上三角的,对 $i = 1, \cdots, p$ 有 $d_{ii} \geqslant 0$,

且 d_{11}^2，$\cdots$，d_{pp}^2 是 $A\,\overline{A}$ 的非负的特征值. 或者 Γ 不出现（如果 $p=n$），或者 $q=n-p\geqslant 2$ 是偶数，$\Gamma=[\Gamma_{ij}]_{i,j=1}^{q/2}\in M_q$ 是分块 2×2 上三角矩阵，且对每个 $j=1,\cdots,q/2$，$\Gamma_{jj}\,\overline{\Gamma}_{jj}$ 的特征值或者是非实的共轭对，或者是一对相等的负实数.

（a）如果 $\Gamma_{jj}\,\overline{\Gamma}_{jj}$ 有一对非实的共轭特征值，那么 Γ_{jj} 或者可以选取为形式

$$\Gamma_{jj}=\begin{bmatrix}\sigma_1 & \zeta \\ -\zeta & \sigma_2\end{bmatrix},\quad \begin{cases}\sigma_1,\sigma_2\in\mathbf{R},\zeta\in\mathbf{C},\sigma_1>\sigma_2\geqslant 0,\\ 2|\sigma_1\overline{\zeta}+\sigma_2\zeta|>\sigma_1^2-\sigma_2^2\end{cases}\qquad (4.4.11a)$$

或者可选取为形式

$$\Gamma_{jj}=\begin{bmatrix}\sigma & \zeta \\ -\zeta & \sigma\end{bmatrix},\quad \sigma\in\mathbf{R},\zeta\in\mathbf{C},\sigma>0,\mathrm{Re}\,\zeta\neq 0\qquad (4.4.11b)$$

（b）如果 $\Gamma_{jj}\,\overline{\Gamma}_{jj}$ 有一对相等的负的实特征值，那么 Γ_{jj} 或者可以选取为形式

$$\Gamma_{jj}=\begin{bmatrix}\sigma & i\xi \\ -i\xi & \sigma\end{bmatrix},\quad \sigma,\xi\in\mathbf{R},\xi>\sigma>0\qquad (4.4.12a)$$

或者可选取为形式

$$\Gamma_{jj}=\begin{bmatrix}0 & \xi \\ -\xi & 0\end{bmatrix},\quad \xi\in\mathbf{R},\xi>0\qquad (4.4.12b)$$

$\boxed{266}$

证明　定理 4.4.3 确保 A 酉相合于一个形如 $\begin{bmatrix}\Delta & \bigstar \\ 0 & C\end{bmatrix}$ 的分块上三角矩阵，其中 $\Delta\in M_p$ 有所述的性质. 只要考虑这样一个矩阵 $C\in M_q$ 就够了：它满足 $q=n-p>0$，且 $C\overline{C}$ 没有非负的特征值. 如果 $q=1$ 且 $C=[c]$，那么 $C\overline{C}=[|c|^2]$ 有一个非负的特征值，故而 $q\geqslant 2$.

考虑下面的化简：设 λ 是 $C\overline{C}$ 的一个特征值，所以 λ 或者不是实的，或者它是负的实数. 设 x 是 $C\overline{C}$ 的与 λ 相伴的单位特征向量，并考虑子空间 $\mathcal{S}=\mathrm{span}\{C\overline{x},\ x\}\subset\mathbf{C}^q$. 引理 4.2.2 确保 $\dim\mathcal{S}=2$ 且 $\mathcal{S}$ 是 C-共轭不变的，即 $C\overline{\mathcal{S}}\subset\mathcal{S}$. 设 $\{u,v\}$ 是 $\mathcal{S}$ 的一组标准正交基，又设 $V=[u\quad v\quad v_3\quad\cdots\quad v_n]\in M_n$ 是酉矩阵，所以 $v_3,\cdots,v_n$ 中每一个都与 $\mathcal{S}$ 正交. $C\overline{V}=[C\overline{u}\quad C\overline{v}\quad C\overline{v}_3\quad\cdots\quad C\overline{v}_n]$ 的前两列是 $\mathcal{S}$ 中的向量，所以它们与 $v_3,\cdots,v_n$ 中的每一个都正交. 这就意味着

$$V^*C\overline{V}=\begin{bmatrix}C_{11} & \bigstar \\ 0 & D\end{bmatrix}$$

其中 $C_{11}\in M_2$，$D\in M_{q-2}$，且 $C_{11}\overline{C}_{11}$ 与 $D\overline{D}$ 中的每一个都没有非负的实特征值. 的确，(4.4.5d) 确保：如果 λ 不是实的，那么 $C_{11}\overline{C}_{11}$ 有特征值 λ 以及 $\overline{\lambda}$；如果 λ 是实的，它就是 $C_{11}\overline{C}_{11}$ 的一个负的二重特征值.

如果 $q-2=0$，我们就停止；如若不然，就有 $q-2\geqslant 2$（$q-2=1$ 是不允许的，因为 $D\overline{D}$ 没有非负的实特征值）. 于是，我们可以对 D 应用简化算法. 经过有限多步简化之后，我们发现 C 与一个 2×2 分块上三角矩阵 $\hat{C}=[C_{ij}]_{i,j=1}^{q/2}$ 酉相合.

每一个 2×2 矩阵 $C_{jj}\overline{C}_{jj}$ 或者有非实的成对共轭的特征值，或者有一对负的相等的特征值，所以 (4.4.5) 确保存在酉矩阵 $U_j\in M_2$，使得每一个矩阵 $U_j^*C_{jj}\overline{U}_j$ 都有 (4.4.7)，(4.4.8a) 或者 (4.4.8b) 的形式. 设 $U=U_1\oplus\cdots\oplus U_{q/2}$. 那么 $\Gamma=U^*\hat{C}\overline{U}$ 就与 C 酉相合，且有结论中所说的分块上三角构造. □

推论 4.4.13 设给定 $A \in M_n$. $A\overline{A}$ 的非实的特征值成对共轭出现. 而 $A\overline{A}$ 的负的实特征值则是以相等的一对出现.

证明 如同在 (4.4.10) 中那样分解 A. $A\overline{A}$ 的特征值就是 $\Delta\overline{\Delta} \oplus \Gamma\overline{\Gamma}$ 的特征值, 它们是 Δ 的主对角线元素的绝对值的平方, 另外添上 $\Gamma\overline{\Gamma}$ 的所有 2×2 对角分块的特征值. 后面这些特征值或者作为非实的特征值成对出现, 或者作为一对相等的负的实特征值出现. □

上一个推论中的结论可以大大加强: 如果 λ 是 $A\overline{A}$ 的一个负的实特征值, 那么对每个 $k=1$, 2, $\cdots$, 在 $A\overline{A}$ 的 Jordan 标准型中有偶数个分块 $J_k(\lambda)$, 见 (4.6.16).

在酉相合这方面, Youla 分解 (4.4.10) 是有用的, 正如 (2.3.1) 中描述的 Schur 分解在酉相似这方面有用是一样的. 但是没有哪一种分解能对各自的等价关系给出一种标准型. $A\overline{A}$ 的特征值决定了 (4.4.10) 中 Δ 的主对角元素, 但不能决定其对角线之外的元素; 它们决定了 Γ 的对角分块的特征值, 但不能确定那些分块的特定的形式, 更不要说对角线之外的分块了.

接下来我们要研究复方阵的一个集合, 在酉相合之下 (4.4.10) 对它们不提供标准型, 对于这个集合中的矩阵 A (它包含所有复的对称矩阵、复的斜对称矩阵、酉矩阵以及实的正规矩阵), $A\overline{A}$ 的特征值完全决定了 A 的酉相合等价类.

定义 4.4.14 矩阵 $A \in M_n$ 是共轭正规的, 如果 $AA^* = \overline{A^*A}$.

习题 验证: 复对称矩阵、复的斜对称矩阵、酉矩阵以及实正规矩阵都是共轭正规的. ◀

(2.5.2) 的如下类似的结果在共轭正规矩阵的研究中起着关键的作用.

引理 4.4.15 假设 $A \in M_n$ 被分划成

$$A = \begin{bmatrix} A_{11} & A_{12} \\ 0 & A_{22} \end{bmatrix}$$

其中 A_{11} 与 A_{22} 是方阵. 那么 A 是共轭正规的, 当且仅当 A_{11} 与 A_{22} 是共轭正规的, 且 $A_{12}=0$. 一个分块上三角矩阵是共轭正规的, 当且仅当其对角线之外的每一个分块都是零, 且它的每一个对角分块都是共轭正规的. 特别地, 上三角矩阵是共轭正规的, 当且仅当它是对角矩阵.

证明 如同 (2.5.2) 的证明那样进行, 将等式 $\overline{A^*A} = AA^*$ 的位于 $(1,1)$ 处的分块等同起来: $\overline{A_{11}^*A_{11}} = A_{11}A_{11}^* + A_{12}A_{12}^*$. 然而, $\operatorname{tr} \overline{A_{11}^*A_{11}} = \overline{\operatorname{tr} A_{11}^*A_{11}} = \operatorname{tr} A_{11}^*A_{11}$, 这是因为 Hermite 矩阵的迹是实的. 证明的其余部分与 (2.5.2) 的相同. □

习题 如果 $A \in M_n$, 而 $U \in M_n$ 是酉矩阵, 证明: A 是共轭正规的, 当且仅当 UAU^T 是共轭正规的, 即共轭正规性是一个酉相合不变量. ◀

习题 如果 $A \in M_n$ 是共轭正规的, 且 $c \in \mathbf{C}$, 证明 cA 是共轭正规的. ◀

习题 如果 $A \in M_n$ 以及 $B \in M_m$, 证明 A 与 B 是共轭正规的, 当且仅当 $A \oplus B$ 是共轭正规的. ◀

习题 如果 $A = [a] \in M_1$ 或者 $A = \begin{bmatrix} a & b \\ -b & a \end{bmatrix} \in M_2(\mathbf{R})$, 证明 A 是共轭正规的. ◀

如下关于共轭正规矩阵的标准型是正规矩阵的谱定理的一个类似的结果, 它与实正规矩阵的标准型 (2.5.8) 有许多共同之处.

定理 4.4.16 矩阵 $A \in M_n$ 是共轭正规的, 当且仅当它酉相合于形如

$$\Sigma \oplus \tau_1 \begin{bmatrix} a_1 & b_1 \\ -b_1 & a_1 \end{bmatrix} \oplus \cdots \oplus \tau_q \begin{bmatrix} a_q & b_q \\ -b_q & a_q \end{bmatrix} \qquad (4.4.17)$$

的一个直和，其中 $2q \leqslant n$，$\Sigma \in M_{n-2q}$ 是非负的对角矩阵，而 a_j，b_j，τ_j 是实的纯量，它们满足 $a_j \geqslant 0$，$0 < b_j \leqslant 1$，$a_j^2 + b_j^2 = 1$ 以及 $\tau_j > 0$（对每一个 $j = 1, \cdots, q$）. (4.4.17) 中的参数是由 $A\overline{A}$ 的特征值唯一决定的：Σ^2 的对角元素是 $A\overline{A}$ 的非负的实特征值；如果 $A\overline{A}$ 的非实的以及非负的特征值表示为 $r_j \mathrm{e}^{\pm i\theta_j}$，$j = 1, \cdots, m$，$r_j > 0$，$0 < \theta_j \leqslant \pi/2$，那么 $\tau_j = \sqrt{r_j} > 0$，$a_j = \cos\theta_j$ 以及 $b_j = \sin\theta_j$，$j = 1, \cdots, q$.

证明 假设 A 是共轭正规的，并将它如在 (4.4.10) 中那样分解. 共轭正规性的酉相合不变量确保 $\begin{bmatrix} \Delta & \bigstar \\ 0 & \Gamma \end{bmatrix}$ 是共轭正规的，而 (4.4.15) 则告诉我们它是分块对角的，Δ 是对角的，$\Gamma = \Gamma_{11} \oplus \cdots \oplus \Gamma_{qq}$ 是 2×2 分块对角的，且每一个 Γ_{jj} 都是共轭正规的. 那么 $\Sigma = \Delta$，且分块 Γ_{jj} 是 (4.4.9) 中所描述的那种类型的分块的特定形式.

如果一个分块 Γ_{jj} 有 (4.4.11a) 的形状，且它是共轭正规的，计算表明 $\sigma_1 \bar{\zeta} = \sigma_2 \zeta$，它蕴含 $\sigma_1 |\zeta| = \sigma_2 |\zeta|$. 由于 $\sigma_1 > 0$ 以及 $\zeta \neq 0$ 是在 (4.4.11a) 中的参数上附加的条件所要求的，由此推出 $\sigma_1 = \sigma_2 > 0$，且 $\zeta = \bar{\zeta}$ 是实的. 于是，Γ_{jj} 有 (4.4.11b) 的形式，其中 ζ 是正实数，即 Γ_{jj} 是一个形如 $\begin{bmatrix} \alpha & \beta \\ -\beta & \alpha \end{bmatrix}$ 的分块，其中 α，$\beta > 0$. 设 $\tau = (\alpha^2 + \beta^2)^{1/2}$，$a = \alpha/\tau$ 以及 $b = \beta/\tau$. 我们已经证明了：形如 (4.4.11a) 的共轭正规分块酉相合于 $\tau \begin{bmatrix} a & b \\ -b & a \end{bmatrix}$，其中 τ，$a > 0$，$0 < b < 1$，且 $a^2 + b^2 = 1$.

我们来验证：没有一个形如 (4.4.12a) 的分块是共轭正规的（$2i\sigma\xi \neq 0$），然而，任何形如 (4.4.12b) 的分块都是实正规的，所以它是共轭正规的. 如果设 $\tau = \xi$，我们就有一个形如 $\tau \begin{bmatrix} a & b \\ -b & a \end{bmatrix}$ 的分块，其中 $\tau > 0$，$a = 0$ 以及 $b = 1$.

我们现在已经确立了 A 的一种分解，这种分解有结论中所说的形式. (4.4.17) 的每一个直和项都是共轭正规的，所以它们的直和以及它的任何酉相合都是共轭正规的.

分块对角矩阵 (4.4.17) 是实的，故而它的平方与 $A\overline{A}$ 有同样的特征值. (4.4.17) 中的每一个 2×2 分块都是一个实正交矩阵的正的纯量倍数且有一对形如 $\tau_j(a_j \pm ib_j) = \tau_j \mathrm{e}^{\pm i\theta_j} = \tau_j(\cos\theta_j + i\sin\theta_j)$ 的特征值，其中 $\theta_j \in (0, \pi/2]$（因为 $a_j \geqslant 0$，且 $b_j > 0$）；它的平方的特征值是 $\tau_j^2 \mathrm{e}^{\pm 2i\theta_j}$，$\theta_j \in (0, \pi/2]$. $A\overline{A}$ 的特征值要么是非负的实数（这些特征值的非负的平方根决定了 (4.4.17) 中的 Σ），要么是形如 $\tau_j^2 \mathrm{e}^{\pm 2i\theta_j}$，$\tau_j > 0$，$\theta_j \in (0, \pi/2]$ 的成对的数（这些数决定了 (4.4.17) 中 2×2 分块中的参数）. $\square$

推论 4.4.18 复方阵是共轭正规的，当且仅当它酉相合于由实正交矩阵的非负纯量倍数组成的一个直和.

证明 上面的定理是说：共轭正规矩阵酉相合于由 1×1 以及 2×2 的实正交矩阵的非负纯量倍数组成的一个直和. 反之，如果 $A = UZU^{\mathrm{T}}$，其中 U 是酉矩阵，$Z = \sigma_1 Q_1 \oplus \cdots \oplus \sigma_m Q_m$，每一个 $\sigma_j \geqslant 0$，又每一个 $Q_j \in M_{n_j}$ 是实正交的，那么 $AA^* = UZZ^{\mathrm{T}}U^* = U(\sigma_1^2 Q_1 Q_1^{\mathrm{T}} \oplus \cdots \oplus \sigma_m^2 Q_m Q_m^{\mathrm{T}})U^* = U(\sigma_1^2 I_{n_1} \oplus \cdots \oplus \sigma_m^2 I_{n_m})U^*$ 以及 $\overline{A^* A} = U(Z^{\mathrm{T}}Z)U^* = U(\sigma_1^2 Q_1^{\mathrm{T}} Q_1 \oplus \cdots \oplus$

269 $\sigma_m^2 Q_m^{\mathrm{T}} Q_m) U^* = U(\sigma_1^2 I_{n_1} \oplus \cdots \oplus \sigma_m^2 I_{n_m}) U^*$.   □

斜对称矩阵以及酉矩阵在酉相合之下的标准型是共轭正规矩阵的标准型的推论.

推论 4.4.19 设 $A \in M_n$ 是斜对称矩阵. 那么 $r = \mathrm{rank} A$ 是偶数, A 的非零的奇异值成对出现 $\sigma_1 = \sigma_2 = s_1 \geqslant \sigma_3 = \sigma_4 = s_2 \geqslant \cdots \geqslant \sigma_{r-1} = \sigma_r = s_{r/2} \geqslant 0$, 且 A 酉相合于

$$0_{n-r} \oplus \begin{bmatrix} 0 & s_1 \\ -s_1 & 0 \end{bmatrix} \oplus \cdots \oplus \begin{bmatrix} 0 & s_{r/2} \\ -s_{r/2} & 0 \end{bmatrix} \tag{4.4.20}$$

证明 由于 A 是斜对称的, 故而它是共轭正规的, 且它的标准型(4.4.17)必定是斜对称的. 这就意味着 $\Sigma = 0$ 以及每个 $a_j = 0$.   □

推论 4.4.21 设 $V \in M_n$ 是酉矩阵. 那么 V 酉相合于

$$I_{n-2q} \oplus \begin{bmatrix} a_1 & b_1 \\ -b_1 & a_1 \end{bmatrix} \oplus \cdots \oplus \begin{bmatrix} a_q & b_q \\ -b_q & a_q \end{bmatrix} \tag{4.4.22}$$

其中 $2q \leqslant n$; a_j, b_j 是实的纯量, 它们使得 $a_j \geqslant 0$, $0 < b_j \leqslant 1$; 又对每个 $j = 1, \cdots, q$ 有 $a_j^2 + b_j^2 = 1$. (4.4.22)中的参数是由 $V \overline{V}$ 的特征值唯一决定的: $n - 2q$ 是 $+1$ 作为 $V \overline{V}$ 的特征值的重数; 如果 $e^{\pm 2i\theta_j}$, $j = 1, \cdots, q$, $0 < \theta_j \leqslant \pi/2$ 是 $V \overline{V}$ 的非实且非负的特征值, 那么 $a_j = \cos \theta_j$ 且 $b_j = \sin \theta_j$, $j = 1, \cdots, q$.

证明 由于 V 是酉矩阵, 它是共轭正规的且它的标准型(4.4.17)必定是酉矩阵. 这就蕴含 Σ 是酉矩阵, 所以 $\Sigma = I$. 它还蕴含(4.4.17)中每个 2×2 直和项是酉矩阵. (4.4.17) 中的分块 $\begin{bmatrix} a_j & b_j \\ -b_j & a_j \end{bmatrix}$ 是实正交的, 所以每个 $\tau_j = 1$.

(4.4.22)中的参数按照与(4.4.17)中同样的方法来决定.   □

关于复对称矩阵的 Jordan 标准型有什么特殊的吗? 作为回答这个问题的第一步, 我们考虑对称矩阵

$$S_m = \frac{1}{\sqrt{2}}(I_m + iK_m) \tag{4.4.23}$$

其中 $K_m \in M_m$ 是反序矩阵(0.9.5.1). 注意 K_m 是对称的, 且 $K_m^2 = I_m$.

习题 验证: (4.4.23)中定义的矩阵 S_m 是酉矩阵.   ◀

习题 设 $J_m(0)$ 是阶为 m 的幂零 Jordan 块. 验证: (a) $K_m J_m(0) = [h_{ij}]$ 是对称的;
270 (b) $J_m(0) K_m = [h_{ij}]$ 是对称的; (c) $K_m J_m(0) K_m = J_m(0)^{\mathrm{T}}$. 提示: 见(3.2.3).   ◀

习题 设 $J_m(\lambda)$ 是与特征值 λ 相关的 m 阶 Jordan 块. 验证

$$S_m J_m(\lambda) S_m^{-1} = S_m J_m(\lambda) S_m^* = S_m(\lambda I_m + J_m(0)) S_m^*$$

$$= \lambda I_m + S_m J_m(0) S_m^* = \lambda I_m + \frac{1}{2}(I + iK_m) J_m(0)(I - iK_m)$$

$$= \lambda I_m + \frac{1}{2}(J_m(0) + K_m J_m(0) K_m) + \frac{i}{2} K_m J_m(0) - \frac{i}{2} J_m(0) K_m$$

并说明为什么 $S_m J_m(\lambda) S_m^{-1}$ 是对称的.   ◀

定理 4.4.24 每一个 $A \in M_n$ 都与一个复对称矩阵相似.

证明 每一个 $A \in M_n$ 都与 Jordan 块的一个直和相似, 而前面的一些习题表明: 每一个 Jordan 块都与一个对称矩阵相似. 从而, 每一个 $A \in M_n$ 都与对称矩阵的一个直和相似.   □

上面的定理表明，复对称矩阵的 Jordan 标准型没有任何特殊之处：每一个 Jordan 矩阵都相似于一个复对称矩阵.

定理 4.4.24 也蕴含如下结论：每一个复矩阵都相似于它的转置，且可以写成两个复对称矩阵的乘积；有关这个结果的一个不同的方法，见(3.2.3.2).

推论 4.4.25 设给定 $A \in M_n$. 则存在对称矩阵 B，$C \in M_n$，使得 $A = BC$. 其中或者 B，或者 C 可以选取为非奇异的.

证明 利用上一个定理记 $A = SES^{-1}$，其中 $E = E^T$，且 S 是非奇异的. 这样 $A = (SES^T)S^{-T}S^{-1} = (SES^T)(SS^T)^{-1} = (SS^T)(S^{-T}ES^{-1})$. □

下面的引理在讨论复对称矩阵的对角化时是有用的

引理 4.4.26 设 $X \in M_{n,k}$，其中 $k \leqslant n$. 那么，$X^T X$ 是非奇异的当且仅当 $X = YB$，其中 $Y \in M_{n,k}$，$Y^T Y = I_k$，且 $B \in M_k$ 是非奇异的.

证明 若 $X = YB$ 且 $Y^T Y = I_k$，则 $X^T X = B^T Y^T Y B = B^T B$ 是非奇异的，当且仅当 B 是非奇异的. 反之，对因子 $X^T X = U\Sigma U^T$ 利用(4.4.4c)，这个因子中的 $U \in M_k$ 是酉矩阵，而 $U^* X^T X \overline{U} = (X \overline{U})^T (X \overline{U}) = \Sigma = \mathrm{diag}(\sigma_1, \cdots, \sigma_k)$ 则是非负对角的. 如果 $X^T X$ 是非奇异的，则 $U^* X^T X \overline{U} = \Sigma$ 亦然. 设 $R = \mathrm{diag}(\sigma_1^{1/2}, \cdots, \sigma_k^{1/2})$，并注意到有 $R^{-1}(X \overline{U})^T (X \overline{U}) R^{-1} = (X \overline{U} R^{-1})^T (X \overline{U} R^{-1}) = R^{-1} \Sigma R^{-1} = I_k$. 于是，对于 $Y = (X \overline{U} R^{-1})$ 以及 $B = RU^T$ 我们有 $Y^T Y = I_k$，$X = YB$，且 B 是非奇异的. □

例 对 $X \in M_{n,k}$ 以及 $k < n$，说明为什么当 $X^T X$ 非奇异时有 $\mathrm{rank} X = k$，但是即使当 $\mathrm{rank} X = k$ 时，$X^T X$ 也可能是奇异的. **提示**：考虑 $X = [1 \quad i]^T$.

例 设 λ 是对称矩阵 $A \in M_n$ 的特征值. 说明为什么 x 是 A 的与 λ 相伴的右特征向量，当且仅当 $\overline{x}$ 是 A 的与 λ 相伴的左特征向量.

如果 $A \in M_n$ 是对称的，且对对角矩阵 $\Lambda \in M_n$ 以及非奇异的 $S \in M_n$ 有 $A = S\Lambda S^{-1}$，那么 Λ 是对称的，但是由此分解式还不能明显看出 A 是对称的. 然而，如果 S 是复正交矩阵，则有 $S^{-1} = S^T$，而且复正交对角化 $A = S\Lambda S^{-1} = S\Lambda S^T$ 显然是对称的.

定理 4.4.27 设 $A \in M_n$ 是对称的. 那么 A 可以对角化，当且仅当它可以复正交对角化.

证明 如果存在一个复正交矩阵 Q，使得 $Q^T A Q$ 是对角的，那么 A 自然就是可以对角化的；只有相反的结论是有意思的. 假设 A 可以对角化，又设 x，$y \in \mathbb{C}^n$ 是 A 的满足 $Ax = \lambda x$ 以及 $Ay = \mu y$ 的特征向量，因此 $\overline{y}^* A = (Ay)^T = \mu y^T = \mu \overline{y}^*$. 如果 $\lambda \neq \mu$，那么双正交原理(1.4.7)确保 x 与 $\overline{y}$ 正交，即 $\overline{y}^* x = y^T x = 0$. 设 $\lambda_1, \cdots, \lambda_d$ 是 A 的不同的特征值，各自的重数分别为 $n_1, \cdots, n_d$，又设 $A = S\Lambda S^{-1}$，其中 S 是非奇异的，而 $\Lambda = \lambda_1 I_{n_1} \oplus \cdots \oplus \lambda_d I_{n_d}$. 与 Λ 共形地分划 $S = [S_1 \quad S_2 \quad \cdots \quad S_d]$ 的列，并注意到对 $i = 1, 2, \cdots, d$ 有 $AS_i = \lambda_i S_i$. 双正交性确保 $S_i^T S_j = 0$(如果 $i \neq j$). 由此推出 $S^T S = S_1^T S_1 \oplus \cdots \oplus S_d^T S_d$ 是分块对角的. 由于 $S^T S$ 是非奇异的，每一个对角分块 $S_i^T S_i$ 都是非奇异的，$i = 1, 2, \cdots, d$. 这样一来，(4.4.26)就确保每一个 $S_i = Y_i B_i$，其中 $Y_i^T Y_i = I_{n_i}$，且 B_i 是非奇异的. 此外 $0 = S_i^T S_j = B_i^T Y_i^T Y_j B_j$(对 $i \neq j$)蕴含 $Y_i^T Y_j = 0$(对 $i \neq j$). 设 $Y = [Y_1 \quad \cdots \quad Y_d]$ 以及 $B = B_1 \oplus \cdots \oplus B_d$. 那么 Y 是复正交的，B 是非奇异的，$S = YB$，且 $A = S\Lambda S^{-1} = YB\Lambda B^{-1} Y^T = Y(\lambda_1 B_1 B_1^{-1} \oplus \cdots \oplus$

$\lambda_d B_d B_d^{-1})Y^T=Y\Lambda Y^T$.

定理 4.4.27 有一个重要的推广：如果 A，$B\in M_n$，且存在单独一个多项式 $p(t)$，使得 $A^T=p(A)$ 以及 $B^T=p(B)$（特别地，如果 A 与 B 是对称的），那么 A 与 B 是相似的，当且仅当它们可以通过一个复的正交相似实现相似，见 Horn 以及 Johnson(1991)一书中的推论 6.4.18.

（4.4.24）前面的习题指出了怎样构造对称的标准分块，这些分块可以拼接在一起得到任意一个复方阵在相似下的对称的标准型.

问题

4.4.P1 设 $A\in M_n$. 证明：(a)A 是对称的，当且仅当存在一个 $S\in M_n$，使得 $\text{rank}S=\text{rank}A$ 以及 $A=SS^T$；(b)A 是对称的酉矩阵，当且仅当存在一个酉矩阵 $V\in M_n$，使得 $A=VV^T$.

4.4.P2 对如下证明(4.4.4c)的方法提供细节，它用到实的表示. 设 $A\in M_n$ 是对称的. 如果 A 是奇异的，且 $\text{rank}A=r$，它与 $A'\oplus 0_{n-r}$ 酉相合，其中 $A'\in M_r$ 是非奇异且是对称的，见(2.6.P20b). 假设 A 是对称的且是非奇异的. 设 $A=A_1+iA_2$，其中 A_1，A_2 是实的，又设 x，$y\in \mathbf{R}^n$. 考虑实的表示 $R_2(A)=\begin{bmatrix} A_1 & A_2 \\ A_2 & -A_1 \end{bmatrix}$（见(1.3.P21)），其中 A_1，A_2 以及 $R_2(A)$ 都是实对称的. (a)$R_2(A)$ 是非奇异的. (b)$R_2(A)\begin{bmatrix} x \\ -y \end{bmatrix}=\lambda\begin{bmatrix} x \\ -y \end{bmatrix}$ 当且仅当 $R_2(A)\begin{bmatrix} y \\ x \end{bmatrix}=-\lambda\begin{bmatrix} y \\ x \end{bmatrix}$，所以 $R_2(A)$ 的特征值 $\pm$ 成对出现. (c)设 $\begin{bmatrix} x_1 \\ -y_1 \end{bmatrix}$，$\cdots$，$\begin{bmatrix} x_n \\ -y_n \end{bmatrix}$ 是 $R_2(A)$ 的与正的特征值 λ_1，$\cdots$，λ_n 相伴的标准正交的特征向量，设 $X=\begin{bmatrix} x_1 & \cdots & x_n \end{bmatrix}$，$Y=\begin{bmatrix} y_1 & \cdots & y_n \end{bmatrix}$，$\Sigma=\text{diag}(\lambda_1,\cdots,\lambda_n)$，$V=\begin{bmatrix} X & Y \\ -Y & X \end{bmatrix}$ 以及 $\Lambda=\Sigma\oplus(-\Sigma)$. 那么 V 是实正交的，且 $R_2(A)=V\Lambda V^T$. 设 $U=X-iY$，所以 $V=R_1(\overline{U})$（见(1.3.P20)). 说明为什么 U 是酉矩阵，并证明 $U\Sigma U^T=A$.

4.4.P3 对如下证明(4.4.4c)的方法提供细节. 设 $A\in M_n$ 是对称的. (a)$A\overline{A}$ 是 Hermite 矩阵，所以 $A\overline{A}=V\Lambda_1 V^*$，其中 V 是酉矩阵，而 Λ_1 是实对角矩阵. (b)$V^* A \overline{V}=B$ 是对称的且是正规的，所以(2.5.P57)确保 $B=Q\Lambda Q^T$，其中 Λ 是对角的，而 Q 是实正交的. (c)$A=(VQ)\Lambda(VQ)^T$. 设对对角矩阵 E 以及 Σ 有 $\Lambda=E\Sigma E^T$，E 是酉矩阵，而 Σ 是非负的，这样就对 $U=VQE$ 得到 $A=U\Sigma U^T$.

4.4.P4 当 A 是实对称矩阵时，(4.4.4c)的结论是什么？它与实对称矩阵的谱分解(2.5.11a)有何联系？

4.4.P5 设 $A\in M_n$. (a)利用(2.5.20a)证明：A 酉相似于一个复对称矩阵，当且仅当 A 可以通过一个对称的酉矩阵与 A^T 相似. (b)如果 A 与 A^T 酉相似，且 $n\in\{2,\cdots,7\}$，那么 A 必定酉相似于一个复对称矩阵，但若 $n=8$ 则不然！见 S. R. Garcia 以及 J. E. Tener, Unitary equivalence of a matrix to its transpose, *J. Operator Theory* 68(2012)179-203. (c)然而，$A\oplus A^T$ 总是与它的转置酉相似，利用 $\begin{bmatrix} 0 & I \\ I & 0 \end{bmatrix}$ 证明之.

4.4.P6 设给定 $A\in M_2$，并采用(4.4.5)中的记号. 证明：(a)$A\overline{A}$ 有两个非实的共轭特征值，当且仅当 $-2|\det A|<\text{tr}A\overline{A}<2|\det A|$；(b)$A\overline{A}$ 有两个负的实特征值，当且仅当 $\text{tr}A\overline{A}\leqslant-2|\det A|<0$.

4.4.P7 将(4.4.3)的证明中的化简算法应用于 $A=\begin{bmatrix} 1 & i \\ -i & 1 \end{bmatrix}$. 证明对 $\Delta=\begin{bmatrix} 0 & 2 \\ 0 & 0 \end{bmatrix}$ 以及 $U=\frac{1}{\sqrt{2}}\begin{bmatrix} 1 & 1 \\ -i & i \end{bmatrix}$ 有 $A=U\Delta U^T$.

4.4. P8 将 (4.4.3) 中的化简算法应用于 $A = \begin{bmatrix} 1 & i \\ i & 1 \end{bmatrix}$. 证明它酉相合于 $\mathrm{diag}(\sqrt{2}, \sqrt{2})$.

4.4. P9 设 $A \in M_n$. (a) 证明存在一个酉矩阵 $U \in M_n$, 使得 UAU^* 是实的，当且仅当存在一个对称的酉矩阵 $W \in M_n$, 使得 $\overline{A} = WAW^* = WA\,\overline{W}$. (b) 证明：存在一个酉矩阵 $U \in M_n$, 使得 UAU^{T} 是实的，当且仅当存在一个对称的酉矩阵 $W \in M_n$, 使得 $\overline{A} = WAW^{\mathrm{T}} = WAW$.

4.4. P10 如果 $n > 1$ 且 $v \in \mathbf{C}^n$ 是非零的迷向向量，为什么对称矩阵 $A = vv^{\mathrm{T}}$ 不可对角化？它的 Jordan 标准型是什么？

4.4. P11 如果 $A \in M_n$ 是对称的且非奇异，证明 A^{-1} 是对称的.

4.4. P12 由 (4.4.24) 推导出结论：每一个复方阵都与它的转置相似.

4.4. P13 每一个实方阵都与一个实对称矩阵相似吗？与复对称矩阵相似吗？可以通过实相似矩阵实现相似吗？为什么？

4.4. P14 设 $z = [z_1 \; z_2 \; \cdots \; z_n]^{\mathrm{T}}$ 是由 n 个复变量组成的向量，又设 $f(z)$ 是在某个区域 $D \subset \mathbf{C}^n$ 定义的复解析函数. 那么 $H = [\partial^2 f / \partial z_i \partial z_j] \in M_n$ 在每一个点 $z \in D$ 都是对称的. (4.0.3) 中的讨论表明，我们可以假设一般线性偏微分算子 $Lf = \displaystyle\sum_{i,j=1}^{n} a_{ij}(z) \frac{\partial^2 f}{\partial z_i \partial z_j}$ 中的系数矩阵 $A = [a_{ij}]$ 是对称的. 在每一点 $z_0 \in D$, 说明为什么存在变量的一个酉变换 $z \to U\zeta$, 使得在新坐标系中，L 在点 z_0 处是对角的，即在 $z = z_0$ 有 $Lf = \displaystyle\sum_{i=1}^{n} \sigma_i \frac{\partial^2 f}{\partial \zeta_i^2}$, $\sigma_1 \geqslant \sigma_2 \geqslant \cdots \geqslant \sigma_n \geqslant 0$.

273

4.4. P15 设 $A, B \in M_n$ 是共轭正规的. 说明为什么 A 与 B 酉相合，当且仅当 $A\overline{A}$ 与 $B\overline{B}$ 有相同的特征值.

4.4. P16 (4.4.17) 中 2×2 的实正交分块是由 $A\overline{A}$ 的非实非负的特征值对 $\tau_j^2 e^{\pm 2i\theta_j}$, $\theta_j \in (0, \pi/2]$ 所得到的角来决定的 ($a_j = \cos\theta_j$, $b_j = \sin\theta_j$). 利用上一个问题来证明：每一个这样的分块都酉相合于一个酉（因而也是相合正规的）分块 $\begin{bmatrix} 0 & 1 \\ e^{2i\theta_j} & 0 \end{bmatrix}$, 并说明作为相合正规矩阵的标准型，这个结论可以怎样导致 (4.4.17) 的另外一个表述：$A \in M_n$ 是共轭正规的，当且仅当它酉相合于一个由分块组成的直和，这些分块中每一个都有如下形状

$$[\sigma] \text{ 或者 } \tau \begin{bmatrix} 0 & 1 \\ e^{i\theta} & 0 \end{bmatrix}, \quad \sigma, \tau, \theta \in \mathbf{R}, \quad \sigma \geqslant 0, \quad \tau > 0, \quad 0 < \theta \leqslant \pi \qquad (4.4.28)$$

说明为什么此直和中的分块中的参数是由 $A\overline{A}$ 的特征值唯一决定的.

4.4. P17 设 σ_1 是对称矩阵 $A \in M_n$ 的最大的奇异值. 证明 $\{x^{\mathrm{T}}Ax : \|x\|_2 = 1\} = \{z \in \mathbf{C} : |z| \leqslant \sigma_1\}$. 将这个结果与 (4.2.2) 比较. 如果 A 不是对称的，你有什么结论？

4.4. P18 说明以下结论成立的理由：$A \in M_n$ 是共轭正规的，当且仅当它酉相合于一个实的正规矩阵.

4.4. P19 设 $A \in M_n$. 说明为什么 $\mathrm{tr} A\overline{A}$ 是实的（但不一定是非负的），并证明 $\mathrm{tr} AA^* \geqslant \mathrm{tr} A\overline{A}$.

4.4. P20 设 $J_m(\lambda)$ 是 Jordan 块 (3.1.2), 并设 K_m 是反序矩阵 (0.9.5.1). 说明为什么 $\hat{J}_m(\lambda) = K_m J_m(\lambda)$ 是对称的，而且是实对称的，如果 λ 是实的. 假设 $A \in M_n$ 有 Jordan 标准型 (3.1.12), 设 $\hat{J} = K_{n_1} J_{n_1}(\lambda_1) \oplus \cdots \oplus K_{n_q} J_{n_q}(\lambda_q)$ 以及 $\hat{K} = K_{n_1} \oplus \cdots \oplus K_{n_q}$. 说明为什么 $A = (S\hat{K}S^{\mathrm{T}})(S^{-\mathrm{T}}\hat{J}S^{-1})$ 是两个复对称矩阵的乘积. 这是 (4.4.25) 的一个不依赖于 (4.4.24) 的证明.

4.4. P21 设 $C_m(a, b)$ 是一个实的 Jordan 块 (3.4.1.4), 并设 K_{2m} 是反序矩阵 (0.9.5.1). 说明为什么 $\hat{C}_m(a, b) = K_{2m} C_m(a, b)$ 是实对称的. 设 $A \in M_n(\mathbf{R})$, 假设 $S \in M_n(\mathbf{R})$ 是非奇异的，且 $S^{-1}AS$ 等于实的 Jordan 矩阵 (3.4.1.6), 设 $\hat{J} = K_{2n_1} C_{n_1}(a, b) \oplus \cdots \oplus K_{2n_p} C_{n_p}(a_p, b_p) \oplus K_{m_1} J_{m_1}(\mu_1) \oplus \cdots \oplus K_{m_r} J_{m_r}(\mu_r)$, 并设 $\hat{K} = K_{2n_1} \oplus \cdots \oplus K_{2n_p} \oplus K_{m_1} \oplus \cdots \oplus K_{m_r}$. 说明为什么 $A = (S\hat{K}S^{\mathrm{T}})(S^{-\mathrm{T}}\hat{J}S^{-1})$ 是两个实对称矩阵的

乘积.

4.4.P22　设 $A \in M_n$ 是对称矩阵，并假设 $A^2 = I$. 说明为什么存在一个复正交矩阵 $Q \in M_n$ 以及 $k \in \{0, 1, \cdots, n\}$，使得 $A = Q(-I_k \oplus I_{n-k})Q^{\mathrm{T}}$.

4.4.P23　设 $A \in M_n$ 是 Toeplitz 矩阵，$K_n \in M_n$ 是反序矩阵. 说明为什么 A 有一个形如 $A = (K_n U)\Sigma U^{\mathrm{T}}$ 的奇异值分解(对某个酉矩阵 $U \in M_n$).

4.4.P24　设 λ 是 $A \in M_n$ 的一个特征值. 假设 x 是 A 的一个(右) λ 特征向量，而 $\bar{x}$ 是 A 的一个左 λ 特征向量. (a)如果 x 是迷向的(0.2.5)，证明 λ 不可能是单重特征值. (b)如果 λ 的几何重数为 1 且不是单重特征值 [⊖]，证明 x 是迷向的.

4.4.P25　设 λ，x 是对称矩阵 $A \in M_n$ 的一个特征对. (a)说明为什么 $\bar{x}$ 是 A 的左 λ 特征向量. (b)如果 x 是迷向的，利用上一个问题证明 λ 不是 A 的单重特征值，特别地，A 不可能有 n 个不同的特征值. (c)如果 λ 的几何重数为 1，且不是单重特征值，说明为什么 x 是迷向的. (d)说明：如果 $m > 1$，为什么(4.4.24)前面那个习题中所构造的对称分块 $S_m J_m(\lambda) S_m^{-1}$ 有一个迷向的特征向量.

274

4.4.P26　证明：实矩阵 A，$B \in M_n(\mathbf{R})$ 复正交相似，当且仅当它们实正交相似.

4.4.P27　设 $A = [a_{ij}] \in M_n$ 是对称的，又设对一个酉矩阵 $U = [u_{ij}]$ 以及一个非负的对角矩阵 $\Sigma = \mathrm{diag}(\sigma_1, \cdots, \sigma_n) \in M_n$ 有 $A = U\Sigma U^{\mathrm{T}}$，其中 $\sigma_1 \geqslant \cdots \geqslant \sigma_n \geqslant 0$. (a)说明为什么 $\mathrm{diag} A = S\mathrm{diag}\,\Sigma = \sum_{j=1}^n \sigma_j s_j$，其中复矩阵 $S = [u_{ij}^2] = [s_1 \cdots s_n] \in M_n$ 的每个行和列的绝对值之和都等于 1. 与(4.3.P10)比较. (b)选取实数 $\theta_1, \cdots, \theta_n$，使得对 $j = 1, \cdots, n$ 有 $\mathrm{e}^{-\mathrm{i}\theta_j} u_{j1}^2 = |u_{j1}^2|$，又设 $z = [\mathrm{e}^{\mathrm{i}\theta_1} \cdots \mathrm{e}^{\mathrm{i}\theta_n}]^{\mathrm{T}}$. 说明为什么 $\sigma_1 = \sigma_1 z^* s_1 = z^* \mathrm{diag} A - \sigma_2 z^* s_2 - \cdots - \sigma_n z^* s_n \leqslant |a_{11}| + \cdots + |a_{nn}| + \sigma_2 + \cdots + \sigma_n$. (c)如果 A 的主对角元素为零，说明为什么它的奇异值必定满足不等式 $\sigma_1 \leqslant \sigma_2 + \cdots + \sigma_n$.

4.4.P28　设给定 $A \in M_n$. 证明 $\det(I + A\bar{A})$ 是实的且是非负的.

4.4.P29　设 $A_{ij} \in M_n$，$i, j = 1, 2$，又设 $A = \begin{bmatrix} A_{11} & A_{12} \\ A_{21} & A_{22} \end{bmatrix} \in M_{2n}$. 我们称 A 是一个**四元数型矩阵**(matrix of quaternion type)，如果 $A_{21} = -\bar{A}_{12}$ 且 $A_{22} = \bar{A}_{11}$. 四元数型矩阵 $A = [A_{ij}]_{i,j=1}^2$(每一个 $A_{ij} \in M_n$)也称为(四元数阵 $A_{11} + A_{12}\,j$ 的)一个**复表示**(complex representation)(a)说明为什么四元数型的实矩阵 $A = [A_{ij}]_{i,j=1}^2$ 是(1.3.P20)中讨论过的**实表示**(real representation)$R_1(A_{11} + iA_{12})$. (b)如果 $A \in M_{2n}$ 是一个四元数型矩阵，证明 $\det A$ 是实的且是非负的. (c)设 $S_{2n} = \begin{bmatrix} 0_n & I_n \\ -I_n & 0_n \end{bmatrix}$. 证明 $A = [A_{ij}]_{i,j=1}^2$(每个 $A_{ij} \in M_n$)是一个四元数型矩阵，当且仅当 $S_{2n} A = \bar{A} S_{2n}$. (d)设 A，$B \in M_{2n}$ 是四元数型矩阵，设 α，$\beta \in \mathbf{R}$，并设 $p(s, t)$ 是两个不可交换的变量的实系数多项式. 利用(c)中的等式证明 $\bar{A}$，A^{T}，A^*，AB，$\alpha A + \beta B$ 以及 $p(A, B)$ 都是四元数型的矩阵. (e)利用(c)证明：一个四元数型矩阵 $A \in M_{2n}$ 通过 S_{2n} 与 $\bar{A}$ 相似，所以在 A 的 Jordan 标准型中非实的分块成对共轭出现. 为什么 A 与一个实矩阵相似呢？(f)如果 $A = [A_{ij}]_{i,j=1}^2 \in M_{2n}$ 是一个四元数型的实矩阵，说明为什么它的 Jordan 标准型仅由形如 $J_k(\lambda) \oplus J_k(\bar{\lambda})$ 的分块对所组成(λ 或者是实的，或者不是实的)，又为什么 A 相似于 $F \oplus \bar{F}$，其中 $F = A_{11} + iA_{12}$. (g)已知(f)中的结论即使当 A 是复矩阵时也仍然为真：四元数型的矩阵 $A \in M_n$ 的 Jordan 标准型仅由形如 $J_k(\lambda) \oplus J_k(\bar{\lambda})$ 的分块对构成，即对某个 $F \in M_n$，A 相似于 $F \oplus \bar{F}$. 为什么这肯定了 $\det A$ 是实的且是非负的？

4.4.P30　说明为什么 $A \in M_n$ 的下述性质是一个相似不变量(也就是说，如果相似等价类中的一个矩阵有

⊖　指其代数重数大于 1，以下同此. ——译者注

此性质，则该相似等价类中每一个矩阵都具有此性质）：A 可以表示成 $A=BC$，其中一个因子是对称的，而另一个因子是斜对称的（两个因子都是斜对称的，或者两者都是对称的）．为什么可以期待 A 的 Jordan 标准型有三组显明的性质，这些性质对于 A 可以用这三种方式中的每一种方式分解都是必要且充分的？

4.4. P31　$A\in M_n$ 的 Jordan 标准型的何种性质对于它可以表示成为两个均为对称矩阵的因子之乘积 $A=BC$ 是必要且充分的条件？

275

4.4. P32　已知：$A\in M_n$ 可以写成一个对称矩阵以及一个斜对称矩阵的乘积，当且仅当 A 与 $-A$ 相似，即当且仅当 A 的 Jordan 标准型的非奇异的部分仅由形如 $J_k(\lambda)\oplus J_k(-\lambda)$ 的成对分块组成．证明这个结论的"仅当"部分．

4.4. P33　已知：$A\in M_n$ 可以写成两个斜对称矩阵的乘积，当且仅当 A 的 Jordan 标准型的非奇异的部分仅由形如 $J_k(\lambda)\oplus J_k(\lambda)$ 的成对分块组成，而且 A 的与特征值零相关的 Segre 特征（3.1.19）满足不等式 $s_{2k-1}(A,0)-s_{2k}(A,0)\leqslant 1$（对 $k=1,2,\cdots$）．（a）证明这个结论的一半的一个特殊情形：如果 $A\in M_n$ 是非奇异的，且它的 Jordan 标准型仅由形如 $J_k(\lambda)\oplus J_k(\lambda)$ 的成对分块组成，那么 n 是偶数，且 A 相似于一个形如 $\begin{bmatrix} F & 0 \\ 0 & F \end{bmatrix}$ 的分块矩阵，而这个分块矩阵相似于 $\begin{bmatrix} F & 0 \\ 0 & F^{\mathrm{T}} \end{bmatrix}=$ $\begin{bmatrix} 0 & I \\ -I & 0 \end{bmatrix}\begin{bmatrix} 0 & -F^{\mathrm{T}} \\ F & 0 \end{bmatrix}=\begin{bmatrix} 0 & -F \\ F^{\mathrm{T}} & 0 \end{bmatrix}\begin{bmatrix} 0 & I \\ -I & 0 \end{bmatrix}$．（b）设 $w_p(A,0)$（$p=1,2,\cdots$）是 A 的与特征值零相关的 Weyr 特征（3.1.17）．证明：对 $k=1,2,\cdots$ 有 $s_{2k-1}(A,0)-s_{2k}(A,0)\leqslant 1$ 的充分必要条件是对每个使得 $w_p(A,0)$ 是奇数（也就是说，只要 $p\geqslant 2$ 且 $w_p(A,0)$ 是奇数，A 的 Jordan 标准型至少包含一个阶为 $p-1$ 的幂零块）的 $p=2,3,\cdots$ 有 $w_{p-1}(A,0)>w_p(A,0)$．

4.4. P34　尽管复对称矩阵可能有任何给定的 Jordan 标准型（4.4.24），复的斜对称矩阵的 Jordan 标准型却有一种特殊的形式．它仅由下面三种类型的直和项构成：（a）形如 $J_k(\lambda)\oplus J_k(-\lambda)$ 的成对分块，其中 $\lambda\neq 0$；（b）形如 $J_k(0)\oplus J_k(0)$ 的成对分块，其中 k 是偶数；（c）$J_k(0)$，其中 k 是奇数．说明为什么复的斜对称矩阵 A 的 Jordan 标准型能确保 A 相似于 $-A$，再用（3.2.3.1）推导出这个事实．

4.4. P35　为什么实正交矩阵可以对角化？它的 Jordan 标准型是什么？它的实的 Jordan 型是什么？

4.4. P36　设给定非奇异的 $A\in M_n$，并假设存在一个非奇异的复对称矩阵 $S\in M_n$，使得 $A^{\mathrm{T}}=SA^{-1}S^{-1}$．如下证明 A 相似于一个复正交矩阵．选取 $Y\in M_n$，使得 $S=Y^{\mathrm{T}}Y$（4.4. P1），并说明为什么 YAY^{-1} 是复正交矩阵．

4.4. P37　设给定一个非零的 $\lambda\in\mathbf{C}$ 以及一个整数 $m\geqslant 2$．设 $B\in M_n$ 是一个复对称矩阵，Jordan 分块 $J_m(\lambda)$ 与它相似（4.4.24），又设 $A=B\oplus B^{-1}$．（a）说明为什么 A^{-1} 通过反序矩阵 $K_{2m}=\begin{bmatrix} 0 & I_m \\ I_m & 0 \end{bmatrix}$ 相似于 A^{T}．（b）利用上一个问题来说明为什么 A 相似于一个复正交矩阵．（c）说明为什么存在一个复正交矩阵 $Q\in M_4$，它的 Jordan 标准型是 $J_2(2)\oplus J_2\left(\dfrac{1}{2}\right)$，特别地，与（4.4. P35）截然相反，$Q$ 是不可对角化的．已知复正交矩阵的 Jordan 标准型仅仅是下列五种类型的加项之直和：$J_k(\lambda)\oplus J_k(\lambda^{-1})$，其中 $0\neq\lambda\neq\pm 1$；$J_k(1)\oplus J_k(1)$，其中 k 是偶数；$J_k(-1)\oplus J_k(-1)$，其中 k 是偶数；$J_k(1)$，其中 k 是奇数；以及 $J_k(-1)$，其中 k 是奇数．

4.4. P38　设 $A\in M_n$ 以及 $\mathcal{A}=\begin{bmatrix} 0 & A \\ A^{\mathrm{T}} & 0 \end{bmatrix}\in M_{2n}$．我们说 A 有 **QS 分解**（QS factorization），如果存在一个复正交矩阵 $Q\in M_n$ 以及一个复对称矩阵 $S\in M_n$，使得 $A=QS$．已知：A 有 QS 分解，当且仅当对每个 $k=1,\cdots,n$ 有 $\mathrm{rank}(AA^{\mathrm{T}})^k=\mathrm{rank}(A^{\mathrm{T}}A)^k$．（a）利用关于秩的这个条件证明：$A$ 有 QS

276

分解，当且仅当 AA^{T} 相似于 $A^{\mathrm{T}}A$. (b) $\begin{bmatrix} 1 & i \\ 0 & 0 \end{bmatrix}$ 有 QS 分解吗？(c)假设 A 是非奇异的. 为什么它有 QS 分解？在此情形已知：存在一个多项式 $p(t)$，使得 $S=p(A^{\mathrm{T}}A)$，又如果 A 是实的，那么 Q 与 S 两者都可以选为实的，见 Horn 与 Johnson(1991)一书中的定理 6.4.16. (d)如果 A 有 QS 分解，证明 A 通过相似矩阵 $Q \oplus I$ 相似于 $\begin{bmatrix} 0 & S \\ S & 0 \end{bmatrix}$. 说明为什么 A 的 Jordan 标准型仅由形如 $J_k(\lambda) \oplus J_k(-\lambda)$ 的直和项组成. 有关西矩阵的一种特殊的 QS 分解，见(2.5.20b).

4.4. P39　利用上一问题中的 QS 分解证明(4.4.27)的一个稍微更强一点的形式：假设 $A \in M_n$ 是对称的，且对某个非奇异的 B 以及某个对角矩阵 Λ 有 $A = B\Lambda B^{-1}$. 记 $B = QS$，其中 Q 是复正交的，而 S 是对称的. 那么 $A = B\Lambda B^{-1} = Q\Lambda Q^{\mathrm{T}}$.

4.4. P40　设 $A \in M_n$ 以及 $\mathcal{A} = \begin{bmatrix} 0 & A \\ \overline{A} & 0 \end{bmatrix} \in M_{2n}$. 证明：(a) A 是正规的，当且仅当 $\mathcal{A}$ 是共轭正规的；(b) A 是共轭正规的，当且仅当 $\mathcal{A}$ 是正规的.

4.4. P41　设 $A \in M_n$. 已知：$A\overline{A}$ 是正规的（即 A 是相合正规的），当且仅当 A 西相合于一个由分块组成的直和，直和中每一项是

$$[\sigma] \text{ 或者 } \tau \begin{bmatrix} 0 & 1 \\ \mu & 0 \end{bmatrix}, \quad \text{其中 } \sigma,\tau \in \mathbf{R}, \sigma \geqslant 0, \tau > 0, \mu \in \mathbf{C} \text{ 以及 } \mu \neq 1 \quad (4.4.29)$$

如果不计直和中分块的排列次序，并将任何非零的参数 μ 代之以 μ^{-1}（相应地 τ 就代之以 $\tau|\mu|$），那么这个直和是由 A 唯一决定的. (a)利用标准型(4.4.28)以及(4.4.29)证明：每一个共轭正规矩阵都是相合正规的. (b)利用共轭正规性的定义以及(2.5.P27)中有关相合正规矩阵的特征，对每个共轭正规矩阵都是相合正规的这一结论给出一个不同的证明.

4.4. P42　设 $A \in M_n$，并假设 $A\overline{A}$ 是 Hermite 的. 由标准型(4.4.29)导出结论：A 西相合于一个由分块组成的直和，直和中每一项是

$$[\sigma] \text{ 或者 } \tau \begin{bmatrix} 0 & 1 \\ \mu & 0 \end{bmatrix}, \quad \text{其中 } \sigma,\tau,\mu \in \mathbf{R}, \sigma \geqslant 0, \tau > 0, \text{ 以及 } \mu \in [-1,1) \quad (4.4.30)$$

说明为什么这个直和是由 A 唯一决定的，如果不计其中分块的排列次序.

4.4. P43　设 $A \in M_n$，并假设 $A\overline{A}$ 是半正定的. 由标准型(4.4.30)导出结论：A 西相合于一个由分块组成的直和，直和中每一项是

$$[\sigma] \text{ 或者 } \tau \begin{bmatrix} 0 & 1 \\ \mu & 0 \end{bmatrix}, \quad \text{其中 } \sigma,\tau,\mu \in \mathbf{R}, \sigma \geqslant 0, \tau > 0, \text{ 以及 } \mu \in [0,1) \quad (4.4.31)$$

说明为什么这个直和是由 A 唯一决定的，如果不计其中分块的排列次序.

4.4. P44　设 $A \in M_n$. (a)证明：$A\overline{A} = AA^*$ 当且仅当 A 是对称的. (b)证明 $A\overline{A} = -AA^*$ 当且仅当 A 是斜对称的.

4.4. P45　如果 $U, V \in M_n$ 是西矩阵且是对称的，证明它们是西相合的.

4.4. P46　此问题建立在(2.5.P69)以及(2.5.P60)的基础上. (a)如果 $A, B \in M_n$ 是西相合的，证明三对矩阵 (AA^*, BB^*)，$(A\overline{A}, B\overline{B})$ 以及 $(A^{\mathrm{T}}\overline{A}, B^{\mathrm{T}}\overline{B})$ 是同时西相似的. 已知：对于 A 与 B 为西相似的，这个必要条件也是充分的. (b)定义 $4n \times 4n$ 分块上三角矩阵

$$K_A = \begin{bmatrix} 0 & I & AA^* & A\overline{A} \\ & 0 & I & A^{\mathrm{T}}\overline{A} \\ & & 0 & I \\ & & & 0 \end{bmatrix} \text{ 以及 } K_B = \begin{bmatrix} 0 & I & BB^* & B\overline{B} \\ & 0 & I & B^{\mathrm{T}}\overline{B} \\ & & 0 & I \\ & & & 0 \end{bmatrix} \quad (4.4.32)$$

说明为什么 A 与 B 是西相合的，当且仅当 K_A 与 K_B 是西相似的.

4.4.P47 利用(2.5.P69)的定义和记号. (a)如果 $M_A \overline{W} = W M_B$，证明 W 是分块上三角的，如果 i 是奇数，则有 $W_{ii} = W_{11}$；如果 i 是偶数，则有 $W_{ii} = \overline{W_{11}}$. (b)假设 W 是酉矩阵且 $M_A \overline{W} = W M_B$（即 $M_A = W M_B W^T$，所以 M_A 通过 W 与 M_B 酉相合）. 证明：$W_{11} = U$ 是酉矩阵，如果 i 是奇数，则 $W_{ii} = U$；如果 i 是偶数，则 $W_{ii} = \overline{U}$，以及 $W = U \oplus \overline{U} \oplus U \oplus \cdots$ 是分块对角的. 此外，如果 i 是奇数且 j 是偶数，我们有 $A_{ij} = U B_{ij} U^*$（通过 U 同时酉相似）；如果 i 与 j 两者都是奇数，则我们有 $A_{ij} = U B_{ij} U^T$（通过 U 同时酉相似）；如果 i 与 j 两者都是偶数，则我们有 $A_{ij} = \overline{U} B_{ij} U^*$（通过 $\overline{U}$ 同时酉相似）；而如果 i 是偶数而 j 是奇数，则我们有 $A_{ij} = \overline{U} B_{ij} U^T$（通过 $\overline{U}$ 同时酉相似）. (c)描述(a)与(b)中的思想可以怎样用在一个算法中来确定一对给定的矩阵是否是同时酉相似/酉相合的.

4.4.P48 假设 $A \in M_n$ 有不同的奇异值. 利用(4.4.16)证明：A 是共轭正规的，当且仅当它是对称的.

4.4.P49 设 $\Sigma \in M_n$ 是一个非负的拟对角矩阵，它是单位矩阵与形如 $\begin{bmatrix} 0 & \sigma^{-1} \\ \sigma & 0 \end{bmatrix}$ 的分块之直和，其中 $\sigma > 1$. 如果 $U \in M_n$ 是酉矩阵，证明：$A = U \Sigma U^T$ 是共轭对合的. 已知每个共轭对合矩阵都有一个这种形式的奇异值分解，它是与关于复对称矩阵的特殊的奇异值分解(4.4.4c)类似的结果.

注记以及进一步的阅读参考 在酉相合之下可以对任何复方阵得到的分块上三角型见于 D. C. Youla, A normal form for a matrix under the unitary congruence group, *Canad. J. Math.* 13(1961)694-704；Youla 的 2×2 对角分块不同于(但是当然是酉相合于)(4.4.9)中的那些分块. 有关酉相合、共轭正规矩阵、相合正规矩阵以及(4.4.P41)中标准型的证明的更多的信息，见 R. A. Horn 以及 V. V. Sergeichuk, Canonical forms for unitary congruence and * congruence, *Linear Multilinear Algebra* 57(2009)777-815. 有关正规矩阵以及共轭正规矩阵之间的相似之处的说明，以及共轭正规性的 45 个判别法的列表，见 H. Faßbender 以及 Kh. Ikramov, Conjugate-normal matrices：A survey, *Linear Algebra Appl.* 429 (2008) 1425-1441. Leon Autonne(1915)似乎已经发现了复对称矩阵的标准型(4.4.4c)(**Autonne-Takagi 分解**(Autonne-Takagi factorization)；见(2.6)中的注记以及进一步的阅读参考)；其后有许多独立的重新发现以及不同的证明，例如 Takagi(1925)，Jacobson(1939)，Siegel(1943；见(4.4.P3))，Hua(华罗庚)(1944)，Schur(1945；见(4.4.P2))以及 Benedetti 与 Cragnolini(1984). 有关复正交相似之下复对称矩阵的标准型，见 N. H. Scott, A new canonical form for complex symmetric matrices, *Proc. R. Soc. Lond. Ser.* A440(1993)431-442；它用到了(4.4.P24)以及(4.4.P25)中的信息. (4.4.P29g)中有关四元数型矩阵的 Jordan 标准型的结论的证明，见 F. Zhang 以及 Y. Wei, Jordan canonical form of a partitioned complex matrix and its application to real quaternion matrices, *Comm. Algebra* 29(2001)2363-2375. (4.4.P31~P33)中考虑过的矩阵乘积的特征刻画早在 1922 年(H. Stenzel)就已经知道了，现代的证明可以在 L. Rodman, Products of symmetric and skew-symmetric matrices, *Linear Multilinear Algebra* 43(1997)19-34 中找到. (4.4.P34b)所断言的等价性属于 Ross Lippert. 在 Gantmacher (1959) 的第 XI 章以及在 R. A. Horn 与 D. I. Merino, The Jordan canonical forms of complex orthogonal and skew-symmetric matrices, *Linear Algebra Appl.* 302-303(1999) 411-421 中有关于(4.4.P34)以及(4.4.P38)中的 Jordan 标准型的结论的证明. 有关(4.4.P36)中 QS 分解的更多的内容，见 Horn 与 Johnson(1991)一书中的定理 6.4.16；关于秩的条件的证明在 I. Kaplansky, Algebraic polar decomposition, *SIAM J. Matrix Analysis Appl.* 11(1990)213-217 中；也见 R. A. Horn 以及 D. I. Merino, Contragredient equivalence：A canonical form and some applications, *Linear Algebra Appl.* 214(1995)43-92 一文中的定理 13，在那里可以找到另外两个等价条件：对某个复正交相阵 P 以及 Q 有 $A = P A^T Q$ 或者 $A = Q A^T Q$. 有关(4.4.P41)中标准型的推导，见 R. A. Horn 以及 V. V. Sergeichuk, Canonical forms for unitary congruence and * congruence, *Linear Multilinear Algebra* 57(2009)777-815 中的定理 7.1. (4.4.P46)中提及的酉相合的必要充分条件证明在 R. A. Horn 以及 Y. P. Hong, A characterization of unitary congruence, *Linear Multilinear Algebra* 25(1989)105-119 之中. 有关酉相合、

278

同时酉相合、同时酉相似以及（2.5.P69）中的分块矩阵 M_A 的更多的信息，见 T. G. Gerasimova, R. A. Horn 以及 V. V. Sergeichuk, Simultaneous unitary equivalences, *Linear Algebra Appl.*（在印刷中）. （4.4.P49）中特殊的奇异值分解是由 L. Autonne 发现的；作为证明，见 R. A. Horn 以及 D. I. Merino, A real-coninvolutory analog of the polar decomposition, *Linear Algebra Appl.* 190(1993)209-227 一文中的定理 1.5.

4.5 相合以及对角化

一个实的二阶线性偏微分算子有形式

$$Lf = \sum_{i,j=1}^{n} a_{ij}(x) \frac{\partial^2 f(x)}{\partial x_i \partial x_j} + 低阶项 \qquad (4.5.1)$$

其中的系数 $a_{ij}(x)$ 定义在区域 $D \subset \mathbf{R}^n$ 上，而 f 在 D 上是二阶连续可微的. 如同在（4.0.3）中那样，不失一般性，我们可以假设，对所有 $x \in D$，系数矩阵 $A(x) = [a_{ij}(x)]$ 都是实对称的. 我们所称的**低阶项**（lower-order term）指的是含有 f 以及它的一阶导数的项.

如果我们将独立变量用一个非奇异的变换变成新变量 $s = [s_i] \in D \subset \mathbf{R}^n$，那么每一个 $s_i = s_i[x] = s_i(x_1, \cdots, x_n)$，而非奇异性就意味着 Jacobi 矩阵

$$S(x) = \left[\frac{\partial s_i(x)}{\partial x_j} \right] \in M_n$$

279

在 D 的每一点都是非奇异的. 这一假设保证了变量 $x = x(s)$ 的逆变换局部存在. 在这些新的坐标下，算子 L 有形式

$$Lf = \sum_{i,j=1}^{n} \left[\sum_{p,q=1}^{n} \frac{\partial s_i}{\partial x_p} a_{pq} \frac{\partial s_j}{\partial x_q} \right] \frac{\partial^2 f}{\partial s_i \partial s_j} + 低阶项 = \sum_{i,j=1}^{n} b_{ij} \frac{\partial^2 f}{\partial s_i \partial s_j} + 低阶项 \qquad (4.5.2)$$

从而，新的系数矩阵 B（在坐标 $s = [s_i]$ 下）与原来的系数矩阵 A（在坐标 $x = [x_i]$ 下）通过关系式

$$B = SAS^{\mathrm{T}} \qquad (4.5.3^{\mathrm{T}})$$

联系在一起，其中 S 是非奇异的实矩阵.

如果微分算子 L 与某个物理定律有关（例如 Laplace 算子 $L = \nabla^2$ 与静电位势），那么独立变量的坐标的选取不应该影响该物理定律，尽管它影响了 L 的形式. 对于所有那些通过关系式（$4.5.3^{\mathrm{T}}$）与给定的矩阵 A 相联系的矩阵 B 组成的集合，其不变量又是什么呢？

另一个例子来自概率统计. 假设 X_1, X_2, $\cdots$, X_n 是复随机变量，它们在某个具有期望算子 E 的概率空间上有有限的二阶矩，又用 $\mu_i = E(X_i)$ 表示它们各自的均值. Hermite 矩阵 $A = [a_{ij}] = (E[(X_i - \mu_i)\overline{(X_j - \mu_j)}]) = \mathrm{Cov}(X)$ 是随机向量 $X = [X_1 \ \cdots \ X_n]^{\mathrm{T}}$ 的**协方差矩阵**（covariance matrix）. 如果 $S = [s_{ij}] \in M_n$，那么 SX 就是这样一个随机向量，它的元素是 X 的元素的线性组合. SX 的元素之均值是

$$E((SX)_i) = E\left(\sum_{k=1}^{n} s_{ik} X_k \right) = \sum_{k=1}^{n} s_{ik} E(X_k) = \sum_{k=1}^{n} s_{ik} \mu_k$$

而 SX 的协方差矩阵是

$$\mathrm{Cov}(SX) = (E[((SX)_i - E((SX)_i))(\overline{(SX)}_j - E((\overline{SX})_j))])$$

$$= \left(E\left[\left(\sum_{p=1}^{n} s_{ip}(X_p - \mu_p) \right) \left(\sum_{q=1}^{n} \overline{s}_{jq}(\overline{X}_q - \overline{\mu}_q) \right) \right] \right)$$

$$= \left(\sum_{p,q=1}^{n} s_{ip} E \left[(X_p - \mu_p)(\overline{X}_q - \overline{\mu}_q) \right] \overline{s}_{jq} \right) = \left(\sum_{p,q=1}^{n} s_{ip} a_{pq} \overline{s}_{jq} \right) = SAS^*$$

这就表明

$$\mathrm{Cov}(SX) = S\mathrm{Cov}(X)S^* \qquad\qquad (4.5.3^*)$$

作为最后一个例子，考虑一般的二次型

$$Q_A(x) = \sum_{i,j=1}^{n} a_{ij} x_i x_j = x^{\mathrm{T}} A x, \quad x = [x_i] \in \mathbf{C}^n$$

以及 Hermite 型

$$H_B(x) = \sum_{i,j=1}^{n} b_{ij} \overline{x}_i x_j = x^* B x, \quad x = [x_i] \in \mathbf{C}^n$$

其中 $A = [a_{ij}]$ 且 $B = [b_{ij}]$. 如果 $S \in M_n$，那么

$$Q_A(Sx) = (Sx)^{\mathrm{T}} A(Sx) = x^{\mathrm{T}} (S^{\mathrm{T}} A S) x = Q_{S^{\mathrm{T}} A S}(x)$$
$$H_B(Sx) = (Sx)^* B(Sx) = x^* (S^* B S) x = H_{S^* B S}(x)$$

定义 4.5.4 设给定 $A, B \in M_n$. 如果存在一个非奇异的矩阵 S，使得

(a) $B = SAS^*$，那么就说 B 与 A 是 ***相合的**(*congruent)（也称为**星相合的**，star-congruent)或者**共轭相合的**(conjunctive).

(b) $B = SAS^{\mathrm{T}}$，那么就说 B 与 A 是 **相合的**，或者 **ᵀ 相合的**（也称为 **T 相合的**，tee-congruent).

<u>习题</u> 说明为什么相合的(*相合的)矩阵有同样的秩. ◀

如果 A 是 Hermite 的，则 SAS^* 亦然，此结论即便当 S 为奇异时也仍然成立；如果 A 是对称的，则 SAS^{T} 亦然，此结论即便当 S 为奇异时也仍然成立. 通常，我们感兴趣的是保持矩阵类型不变的相合：*相合对 Hermite 矩阵以及 ᵀ 相合对对称矩阵.

这两种类型的相合与相似共享一个重要的性质.

定理 4.5.5 *相合与相合都是等价关系.

证明 自反性：$A = IAI^*$. 对称性：如果 $A = SBS^*$ 并且 S 是非奇异的，那么 $B = S^{-1} A (S^{-1})^*$. 传递性：如果 $A = S_1 B S_1^*$ 且 $B = S_2 C S_2^*$，那么 $A = (S_1 S_2) C (S_1 S_2)^*$. 对于 ᵀ 相合，自反性、对称性以及传递性可以用同样的方式加以验证. □

对于 *相合以及 ᵀ 相合可以得到何种标准型呢？也就是说，如果将 M_n 分划成 *相合 (ᵀ 相合)的等价类，对于每一个等价类的标准代表元可以作何选择呢？我们首先考虑最简单的情形：在 *相合之下 Hermite 矩阵的标准型以及在 ᵀ 相合之下复对称矩阵的标准型.

定义 4.5.6 设 $A \in M_n$ 是 Hermite 的. A 的**惯性指数**(inertia)是有序的三数组

$$i(A) = (i_+(A), i_-(A), i_0(A))$$

其中 $i_+(A)$ 是 A 的正的特征值的个数，$i_-(A)$ 是 A 的负的特征值的个数，而 $i_0(A)$ 则是 A 的为零的特征值的个数. A 的**符号差**(signature)是量 $i_+(A) - i_-(A)$.

<u>习题</u> 说明为什么 $\mathrm{rank}\,A = i_+(A) + i_-(A)$. ◀
<u>习题</u> 说明为什么 Hermite 矩阵的惯性指数是由它的秩以及符号差唯一决定的. ◀

设 $A \in M_n$ 是 Hermite 矩阵，并记 $A = U\Lambda U^*$，其中 $\Lambda = \mathrm{diag}(\lambda_1, \cdots, \lambda_n)$，且 U 是酉矩阵. 为便利起见，假设正的特征值在 Λ 的对角元素中首先出现，接下是负的特征值，最

后则是为零的特征值（如果有的话）. 这样就有 λ_1，λ_2，$\cdots$，$\lambda_{i_+(A)}>0$，$\lambda_{i_+(A)+1}$，$\cdots$，$\lambda_{i_+(A)+i_-(A)}<0$ 以及 $\lambda_{i_+(A)+i_-(A)+1}=\cdots=\lambda_n=0$. 定义实的非奇异的对角矩阵

$$D = \mathrm{diag}(\underbrace{\lambda_1^{1/2},\cdots,\lambda_{i_+(A)}^{1/2}}_{i_+(A)个元素},\underbrace{(-\lambda_{i_+(A)+1})^{1/2},\cdots,(-\lambda_{i_+(A)+i_-(A)})^{1/2}}_{i_-(A)个元素},\underbrace{1,\cdots,1}_{i_0(A)个元素})$$

那么 $\Lambda=DI(A)D$，其中实矩阵

$$I(A) = I_{i_+(A)} \oplus (-I_{i_-(A)}) \oplus 0_{i_0(A)}$$

就是 A 的**惯性矩阵**(inertia matrix). 最后有 $A=U\Lambda U^*=UDI(A)DU^*=SI(A)S^*$，其中 $S=UD$ 是非奇异的. 我们就证明了如下的定理.

定理 4.5.7 每一个 Hermite 矩阵都与它的惯性矩阵*相合.

[习题] 如果 $A\in M_n(\mathbf{R})$ 是对称的，修改上面的方法证明：A 通过一个实矩阵与它的惯性矩阵相合. ◄

惯性矩阵会成为*相合于 A 的矩阵的等价类的一个非常好的标准代表，如果我们知道*相合的 Hermite 矩阵有同样的惯性指数. 这就是下一个定理——**Sylvester 惯性定律**(law of inertia)的内容.

定理 4.5.8(Sylvester) Hermite 矩阵 A，$B\in M_n$ 是*相合的，当且仅当它们有相同的惯性指数，也就是说，当且仅当它们的正的特征值的个数以及负的特征值的个数都相同.

证明 由于 A 与 B 中的每一个都*相合于自己的惯性矩阵，故而如果它们有相同的惯性指数，那么它们必定是*相合的. 相反的结论更有意义.

假设 $S\in M_n$ 是非奇异的且 $A=SBS^*$. 相合的矩阵有同样的秩，所以由此推出 $i_0(A)=i_0(B)$，从而只要证明 $i_+(A)=i_+(B)$ 就够了. 设 v_1，v_2，$\cdots$，$v_{i_+(A)}$ 是 A 的与正的特征值 $\lambda_1(A)$，$\cdots$，$\lambda_{i_+(A)}(A)$ 相伴的标准正交的特征向量，又设 $\mathcal{S}_+(A)=\mathrm{span}\{v_1,\cdots,v_{i_+(A)}\}$. 如果 $x=\alpha_1v_1+\cdots+\alpha_{i_+(A)}v_{i_+(A)}\neq0$，那么 $x^*Ax=\lambda_1(A)|\alpha_1|^2+\cdots+\lambda_{i_+(A)}(A)\times|\alpha_{i_+(A)}|^2>0$；即，对子空间$\mathcal{S}_+(A)$(它的维数为 $i_+(A)$)中所有非零的 x 都有 $x^*Ax>0$. 子空间 $S^*\mathcal{S}_+(A)=\{y: y=S^*x$ 且 $x\in\mathcal{S}_+(A)\}$ 也有维数 $i_+(A)$. 如果 $y=S^*x\neq0$ 且 $x\in\mathcal{S}_+(A)$，那么 $y^*By=x^*(SBS^*)x=x^*Ax>0$，所以(4.2.12)确保有 $i_+(B)\geq i_+(A)$. 如果在上面的推理过程中将 A 与 B 的角色颠倒过来，就会推出有 $i_+(A)\geq i_+(B)$. 我们就得出结论 $i_+(A)=i_+(B)$. □

[习题] 说明为什么 Hermite 矩阵 $A\in M_n$ 与单位矩阵*相合，当且仅当它是正定的. ◄

[习题] 设 A，$B\in M_n(\mathbf{R})$ 是对称的. 说明为什么 A 与 B 是通过一个复矩阵*相合的，当且仅当它们可以通过一个实矩阵*相合. ◄

[习题] 设 A，$S\in M_n$，其中 A 是 Hermite 的，而 S 是非奇异的. 设 $\lambda_1\leq\cdots\leq\lambda_n$ 是 A 的按照非减次序排列的特征值，又设 $\mu_1\leq\cdots\leq\mu_n$ 是 SAS^* 的按照非减次序排列的特征值. 说明下述结论成立之理由：对每个 $j=1$，$\cdots$，n，λ_j 与 μ_j 要么两者都是负的，要么两者都是零，要么两者都是正的. ◄

尽管一个 Hermite 矩阵的按照非增次序排列的特征值各自的**符号**在*相合之下不变，但是它们的**大小**可以改变. 大小改变的界限范围给出在如下定量形式的 Sylvester 定理中.

定理 4.5.9(Ostrowski) 设 A，$S\in M_n$，其中 A 是 Hermite 的，而 S 是非奇异的. 设

A，SAS^* 以及 SS^* 的特征值都按照非减的次序排列 $(4.2.1)$. 设 $\sigma_1 \geqslant \cdots \geqslant \sigma_n > 0$ 是 S 的奇异值. 对每个 $k=1, \cdots, n$，存在一个正实数 $\theta_k \in [\sigma_n^2, \sigma_1^2]$，使得

$$\lambda_k(SAS^*) = \theta_k \lambda_k(A)$$

$$(4.5.10)$$

证明 首先注意 $\sigma_n^2 = \lambda_1(SS^*) \leqslant \cdots \leqslant \sigma_1^2 = \lambda_n(SS^*)$. 设 $1 \leqslant k \leqslant n$，并考虑 Hermite 矩阵 $A - \lambda_k(A)I$，它按照非减次序排列的第 k 个特征值是零. 根据上面一个习题以及定理，对每一个 $j=1, \cdots, n$，$A - \lambda_k(A)I$ 与 $S(A - \lambda_k(A)I)S^* = SAS^* - \lambda_k(A)SS^*$ 各自按照非减次序排列的第 j 个特征值有相同的符号：负的，零，或者正的. 由于 $A - \lambda_k(A)I$ 的第 k 个特征值是零，$(4.3.2a，b)$ 确保有

$$0 = \lambda_k(SAS^* - \lambda_k(A)SS^*) \leqslant \lambda_k(SAS^*) + \lambda_n(-\lambda_k(A)SS^*)$$
$$= \lambda_k(SAS^*) - \lambda_1(\lambda_k(A)SS^*)$$

以及

$$0 = \lambda_k(SAS^* - \lambda_k(A)SS^*) \geqslant \lambda_k(SAS^*) + \lambda_1(-\lambda_k(A)SS^*)$$
$$= \lambda_k(SAS^*) - \lambda_n(\lambda_k(A)SS^*)$$

将这两个不等式组合起来就给出界

$$\lambda_1(\lambda_k(A)SS^*) \leqslant \lambda_k(SAS^*) \leqslant \lambda_n(\lambda_k(A)SS^*)$$

如果 $\lambda_k(A) < 0$，那么 $\lambda_1(\lambda_k(A)SS^*) = \lambda_k(A)\lambda_n(SS^*) = \lambda_k(A)\sigma_1^2$，$\lambda_n(\lambda_k(A)SS^*) = \lambda_k(A) \times \lambda_1(SS^*) = \lambda_k(A)\sigma_n^2$，而

$$\sigma_1^2 \lambda_k(A) \leqslant \lambda_k(SAS^*) \leqslant \sigma_n^2 \lambda_k(A)$$

如果 $\lambda_k(A) > 0$，由同样的方法推出

$$\sigma_n^2 \lambda_k(A) \leqslant \lambda_k(SAS^*) \leqslant \sigma_1^2 \lambda_k(A)$$

在随便哪一种情形（或者在平凡的情形 $\lambda_k(A) = \lambda_k(SAS^*) = 0$），我们都有 $\lambda_k(SAS^*) = \theta_k \lambda_k(A)$（对某个 $\theta_k \in [\sigma_n, \sigma_1]$）. □

283

如果在 Ostrowski 定理中有 $A = I \in M_n$，那么所有 $\lambda_k(A) = 1$ 且 $\theta_k = \lambda_k(SS^*) = \sigma_{n-k+1}^2$. 如果 $S \in M_n$ 是酉矩阵，那么 $\sigma_1 = \sigma_n = 1$ 且所有 $\theta_k = 1$，这就表示特征值在酉相似下的不变性.

连续性推理可以用来将上一个定理拓广到 S 为奇异的情形. 在此情形，设 $\delta > 0$ 使得 $S + \varepsilon I$ 对所有 $\varepsilon \in (0, \delta)$ 均非奇异. 将此定理应用于 A 与 $S + \varepsilon I$，就推导出结论 $\lambda_k((S + \varepsilon I)A(S + \varepsilon I)^*) = \theta_k \lambda_k(A)$，其中 $\lambda_1((S + \varepsilon I)(S + \varepsilon I)^*) \leqslant \theta_k \leqslant \lambda_n((S + \varepsilon I)(S + \varepsilon I)^*)$. 现在令 $\varepsilon \to 0$ 以得到界 $0 \leqslant \theta_k \leqslant \lambda_n(SS^*) = \sigma_1^2$. 这个结果可以看成是 Sylvester 惯性定律对奇异 * 相合的推广.

推论 4.5.11 设 $A, S \in M_n$ 且是 Hermite 的. 设 A 的特征值按照非增次序排列 $(4.2.1)$；设 σ_n 与 σ_1 是 S 的最小的奇异值以及最大的奇异值. 则对每个 $k = 1, 2, \cdots, n$，存在一个非负实数 θ_k，使得 $\sigma_n^2 \leqslant \theta_k \leqslant \sigma_1^2$ 以及 $\lambda_k(SAS^*) = \theta_k \lambda_k(A)$. 特别地，$SAS^*$ 的正的（负的）特征值的个数至多等于 A 的正的（负的）特征值的个数.

对复对称矩阵在 $^\mathrm{T}$ 相合之下的每个等价类寻求标准代表元的问题有一个很简单的解答：只要计算其秩即可.

定理 4.5.12 设 $A, B \in M_n$ 是对称的. 则存在一个非奇异的 $S \in M_n$，使得 $A = SBS^\mathrm{T}$ 的充分必要条件是 $\mathrm{rank}\,A = \mathrm{rank}\,B$.

证明　如果 $A = SBS^T$ 且 S 是非奇异的，那么 $\text{rank}A = \text{rank}B(0.4.6b)$. 反之，利用 $(4.4.4c)$ 记

$$A = U_1 \Sigma_1 U_1^T = U_1 I(\Sigma_1) D_1^2 U_1^T = (U_1 D_1) I(\Sigma_1) (U_1 D_1)^T$$

其中惯性矩阵 $I(\Sigma_1)$ 仅由 A 的秩决定，U_1 是酉矩阵，$\Sigma_1 = \text{diag}(\sigma_1, \sigma_2, \cdots, \sigma_n)$，其中 $\sigma_i \geqslant 0$，又有 $D_1 = \text{diag}(d_1, d_2, \cdots, d_n)$，其中

$$d_i = \begin{cases} \sqrt{\sigma_i}, & \text{如果} \quad \sigma_i > 0 \\ 1, & \text{如果} \quad \sigma_i = 0 \end{cases}$$

注意，D_1 是非奇异的. 按照同样的方式，由类似的定义可以记 $B = (U_2 D_2) I(\Sigma_2) (U_2 D_2)^T$. 如果 $\text{rank}A = \text{rank}B$，那么 $I(\Sigma_1) = I(\Sigma_2)$ 且

$$I(\Sigma_1) = (U_1 D_1)^{-1} A (U_1 D_1)^{-T} = I(\Sigma_2) = (U_2 D_2)^{-1} B (U_2 D_2)^{-T}$$

于是 $A = SBS^T$，其中 $S = (U_1 D_1)(U_2 D_2)^{-1}$.　　　　　　　　　□

　　习题　设 $A, B \in M_n$ 是对称的. 证明：存在非奇异的矩阵 $X, Y \in M_n$，使得 $A = XBY$ 成立的充分必要条件是：存在一个非奇异的 $S \in M_n$，使得 $A = SBS^T$. 提示：$(0.4.6c)$. ◀

　　上一个定理是与关于复矩阵^T 相合的 Sylvester 惯性定律$(4.5.8)$类似的结果. 下面的结果是与$(4.5.9)$以及$(4.5.11)$类似的结果.

284

　　定理 4.5.13　设 $A, S \in M_n$，并假设 A 是对称的. 设 $A = U\Sigma U^T$ 以及 $SAS^T = VMV^T$ 是 A 与 SAS^T 的分解$(4.4.4c)$，其中 U 与 V 是酉矩阵. $\Sigma = \text{diag}(\sigma_1, \sigma_2, \cdots, \sigma_n)$，而 $M = \text{diag}(\mu_1, \mu_2, \cdots, \mu_n)$，其中所有 $\sigma_i, \mu_i \geqslant 0$. 令 $\lambda_i(SS^*)$ 表示 SS^* 的特征值. 假设 σ_i, μ_i 以及 $\lambda_i(SS^*)$ 全都是按照非减次序排列的$(4.2.1)$. 对每个 $k = 1, 2, \cdots, n$，存在一个非负实数 θ_k，其中 $\lambda_1(SS^*) \leqslant \theta_k \leqslant \lambda_n(SS^*)$，使得 $\mu_k = \theta_k \sigma_k$. 如果 S 是非奇异的，则所有 $\theta_k > 0$.

　　证明　我们有 $\mu_k^2 = \lambda_k(SAS^T \overline{SA} S^*) = \lambda_k(S(AS^T \overline{SA}) S^*) = \hat{\theta}_k \lambda_k(AS^T \overline{SA})$，其中 $(4.5.11)$ 确保有 $\lambda_1(SS^*) \leqslant \hat{\theta}_k \leqslant \lambda_n(SS^*)$. 借助 $(1.3.22)$，我们又有 $\mu_k^2 = \hat{\theta}_k \lambda_k(AS^T \overline{SA}) = \hat{\theta}_k \lambda_k(\overline{SA} A S^T) = \hat{\theta}_k \lambda_k(SA \overline{A} S^*)$，因为 $SA \overline{A} S^*$ 有实特征值（它是 Hermite 的）. 再次应用 $(4.5.11)$，对于某个满足 $\lambda_1(SS^*) \leqslant \tilde{\theta}_k \leqslant \lambda_n(SS^*)$ 的 $\tilde{\theta}_k$ 我们得到 $\mu_k^2 = \hat{\theta}_k \tilde{\theta}_k \lambda_k(A \overline{A}) = \hat{\theta}_k \tilde{\theta}_k \sigma_k^2$. 于是，$\mu_k = (\hat{\theta}_k \tilde{\theta}_k)^{1/2} \sigma_k = \theta_k \sigma_k$，其中 $\theta_k = (\hat{\theta}_k \tilde{\theta}_k)^{1/2}$ 满足结论中给出的界.　　　□

　　由$(1.3.19)$我们知道：两个可以（通过相似）对角化的矩阵可以用同一个相似同时实现对角化的充分必要条件是它们可交换. 对于可以通过相合实现同时对角化的矩阵，相应的结果又是什么呢？

　　通过相合实现同时对角化的结果的最早的起因似乎来自于力学中有关稳定平衡的微小振动的研究. 如果一个动力系统的布局是由广义（Lagrange）坐标 $q_1, q_2, \cdots, q_n$ 所指定的，其中坐标系的原点是稳定平衡点，那么在原点附近势能函数 V 以及动能 T 可以用关于广义坐标 q_i 以及广义速度 $\dot{q}_i$ 的实二次型

$$V = \sum_{i,j=1}^n a_{ij} q_i q_j \quad \text{以及} \quad T = \sum_{i,j=1}^n b_{ij} \dot{q}_i \dot{q}_j$$

来近似表示. 这个系统的性状是由 Lagrange 方程

$$\frac{d}{dt}\left(\frac{\partial T}{\partial \dot{q}_i}\right) - \frac{\partial T}{\partial q_i} + \frac{\partial V}{\partial q_i} = 0$$

来控制的，这个方程是一个常系数的二阶线性常微分方程组，它称为是**耦合的**(coupled)（因而难以求解），如果两个二次型 T 与 V 不是对角的. 实矩阵 $A=[a_{ij}]$ 与 $B=[b_{ij}]$ 是对称的.

如果可以找到一个非奇异的实变换 $S=[s_{ij}]\in M_n$，使得 SAS^T 与 SBS^T 均为对角矩阵，那么对于满足

$$q_i = \sum_{j=1}^{n} s_{ij} p_j \tag{4.5.14}$$

的新的广义坐标 p_i，动能与势能二次型两者都是对角的. 在此情形，Lagrange 方程就是由 n 个分开的常系数二阶线性常微分方程组成的**非耦合的**方程组. 这些方程有包含指数函数以及三角函数的标准解，原来问题的解就可以利用(4.5.14)得到.

这样一来，在一类重要的力学问题中，如果能通过相合同时将两个实对称矩阵对角化，就可以对其大大加以简化. 在物理学的基础上，动能的二次型是正定的，显然这就是用相合实行同时对角化的充分（但非必要）条件.

我们对矩阵 A，$B\in M_n$ 的几种类型的同时对角化感兴趣. 如果 A 与 B 是 Hermite 的，我们或许希望有某个酉矩阵 U 使得 UAU^* 与 UBU^* 是对角的，或者也满足于有某个非奇异的矩阵 S，使得 SAS^* 与 SBS^* 是对角的. 如果 A 与 B 是对称的，我们可能希望 UAU^T 与 UBU^T（或者 SAS^T 与 SBS^T）是对角的. 我们或许会有一个混合型问题（例如 Grunsky 不等式(4.4.1)），其中 A 是 Hermite 的，而 B 是对称的，我们希望 UAU^* 与 UBU^T（或者 SAS^* 与 SBS^T）是对角的. 下面的定理说的是酉矩阵的情形.

定理 4.5.15 设给定 A，$B\in M_n$.

（a）假设 A 与 B 是 Hermite 的. 那么存在一个酉矩阵 $U\in M_n$ 以及实对角矩阵 Λ，$M\in M_n(\mathbf{R})$，使得 $A=U\Lambda U^*$ 以及 $B=UMU^*$ 成立的充分必要条件是：AB 是 Hermite 的，即 $AB=BA$.

（b）假设 A 与 B 是对称的. 那么存在一个酉矩阵 $U\in M_n$ 以及对角矩阵 Λ，$M\in M_n$，使得 $A=U\Lambda U^T$ 以及 $B=UMU^T$ 成立的充分必要条件是：$A\overline{B}$ 是正规的. 存在一个酉矩阵 $U\in M_n$ 以及实对角矩阵 Λ，$M\in M_n(\mathbf{R})$，使得 $A=U\Lambda U^T$ 以及 $B=UMU^T$ 成立的充分必要条件是：$A\overline{B}$ 是 Hermite 的，即 $A\overline{B}=B\overline{A}$.

（c）假设 A 是 Hermite 的而 B 是对称的. 那么存在一个酉矩阵 $U\in M_n$ 以及对角矩阵 Λ，$M\in M_n$，使得 $A=U\Lambda U^*$ 以及 $B=UMU^T$ 成立的充分必要条件是：AB 是对称的，即 $AB=B\overline{A}$.

证明 （a）见(4.1.6).

（b）的证明见(2.6.P21)以及(2.6.P22).

（c）如果 $A=U\Lambda U^*$ 且 $B=UMU^T$，那么 $AB=U\Lambda U^* UMU^T=U\Lambda MU^T$ 是对称的. 此外，$AB=(AB)^T=B^TA^T=B\overline{A}$. 反之，假设 $AB=B\overline{A}$ 且 A 有 d 个不同的特征值 λ_1，$\cdots$，λ_d. 设 $A=U\Lambda U^*$，其中 U 是酉矩阵，而 $\Lambda=\lambda_1 I_{n_1}\oplus\cdots\oplus\lambda_d I_{n_d}$. 那么 $AB=U\Lambda U^* B=B\overline{U}\Lambda U^T=B\overline{A}$，所以 $\Lambda U^* B\overline{U}=U^* B\overline{U}\Lambda$，这就意味着 $U^* B\overline{U}=B_1\oplus\cdots\oplus B_d$ 是与 Λ 共形的分块对角矩阵 (2.4.4.2). 此外，每一个分块 $B_j\in M_{n_j}$ 都是对称的，所以(4.4.4c)确保存在酉矩阵 $V_j\in M_{n_j}$

以及非负的对角矩阵 $\Sigma_j \in M_{n_j}$，使得 $B_j = V_j \Sigma_j V_j^T$，$j=1$，$\cdots$，d. 设 $V = V_1 \oplus \cdots \oplus V_d$，$\Sigma = \Sigma_1 \oplus \cdots \oplus \Sigma_d$ 以及 $W = UV$，注意 V 与 Λ 可交换. 那么就有 $B = U(B_1 \oplus \cdots \oplus B_d) U^T = UV\Sigma V^T U^T = W\Sigma W^T$ 以及 $W\Lambda W^* = UV\Lambda V^* U^* = U\Lambda VV^* U^* = U\Lambda U^* = A$. □

我们现在从所考虑的酉相合转向非奇异的相合来扩大相应的相合类，不过要增加一个假设条件：A 与 B 中有一个是非奇异的. 下面定理的(c)这一部分需要如下新的概念，在下一节里我们要对它详细加以研究.

定义 4.5.16 矩阵 $A \in M_n$ 称为**可共轭对角化的**(condiagonalizable)，如果存在一个非奇异的 $S \in M_n$ 以及一个对角矩阵 $\Lambda \in M_n$，使得 $A = S\Lambda \overline{S}^{-1}$.

关于可共轭对角化矩阵的三个事实用在下一个定理的证明中. 第一个事实是：上一个定义中对角矩阵 Λ 中的纯量可以假设按照所希望的任何次序出现：如果 P 是一个置换矩阵，那么 $A = S\Lambda \overline{S}^{-1} = SP^T P\Lambda P^T P \overline{S}^{-1} = (SP^T)(P\Lambda P^T)\overline{(SP^T)}^{-1}$. 第二个事实是我们可以假设 Λ 是实的且是非负对角的：如果 $\Lambda = \mathrm{diag}(|\lambda_1|e^{i\theta_1}$，$\cdots$，$|\lambda_n|e^{i\theta_n})$，设 $|\Lambda| = \mathrm{diag}(|\lambda_1|$，$\cdots$，$|\lambda_n|)$ 以及 $D = \mathrm{diag}(|\lambda_1|e^{i\theta_1/2}$，$\cdots$，$|\lambda_n|e^{i\theta_n/2})$，后者等于 $\overline{D}^{-1}$. 那么 $\Lambda = D|\Lambda|D$ 且 $A = S\Lambda \overline{S}^{-1} = SD|\Lambda|D\overline{S}^{-1} = (SD)|\Lambda|\overline{(SD)}^{-1}$. 第三个事实是：如果 A 非奇异，那么它是可共轭对角化的，当且仅当 A^{-1} 可以共轭对角化：$A = S\Lambda \overline{S}^{-1}$ 当且仅当 $A^{-1} = \overline{S}\Lambda^{-1}S^{-1}$.

定理 4.5.17 设给定 A，$B \in M_n$.

(a) 假设 A 与 B 是 Hermite 的且 A 是非奇异的. 设 $C = A^{-1}B$. 则存在一个非奇异的 $S \in M_n$ 以及实对角矩阵 Λ 与 M，使得 $A = S\Lambda S^*$ 以及 $B = SMS^*$ 成立的充分必要条件是 C 可对角化且有实特征值.

(b) 假设 A 与 B 是对称的且 A 是非奇异的. 设 $C = A^{-1}B$. 则存在一个非奇异的 $S \in M_n$ 以及复对角矩阵 Λ 与 M，使得 $A = S\Lambda S^T$ 以及 $B = SMS^T$ 成立的充分必要条件是 C 可对角化.

(c) 假设 A 是 Hermite 的而 B 是对称的，且 A 与 B 中至少有一个是非奇异的. 如果 A 是非奇异的，设 $C = A^{-1}B$；如果 B 是非奇异的，就设 $C = B^{-1}A$. 则存在一个非奇异的 $S \in M_n$ 以及实对角矩阵 Λ 与 M，使得 $A = S\Lambda S^*$ 以及 $B = SMS^T$ 成立的充分必要条件是 C 可共轭对角化.

证明 在每一种情形，用计算即可验证所陈述的通过相合实现同时对角化的条件的必要性，故而我们只讨论它们的充分性. 前两种情形可以用平行的方法证明，但第三种情形稍有不同.

(a) 假设 A 与 B 是 Hermite 的，A 是非奇异的，且存在一个非奇异的 S，使得 $C = A^{-1}B = S\Lambda S^{-1}$，$\Lambda = \lambda_1 I_{n_1} \oplus \cdots \oplus \lambda_d I_{n_d}$ 是实对角的，且 $\lambda_1 < \cdots < \lambda_d$. 那么 $BS = AS\Lambda$，从而 $S^* BS = S^* AS\Lambda$. 如果将 $S^* BS = [B_{ij}]_{i,j=1}^d$ 以及 $S^* AS = [A_{ij}]_{i,j=1}^d$ 按照与 Λ 共形的方式加以分划，对所有 i，$j = 1$，$\cdots$，d 就有等式 $B_{ij} = \lambda_j A_{ij}$（等价于 $B_{ij}^* = \lambda_j A_{ij}^*$，这是因为 λ_j 是实的）以及 $B_{ji} = \lambda_i A_{ji}$. $S^* BS$ 与 $S^* AS$ 两者都是 Hermite 的，所以 $B_{ji} = B_{ij}^*$，$A_{ji} = A_{ij}^*$，且 $B_{ij}^* = \lambda_i A_{ij}^*$. 将这些等式组合起来，我们就得到结论 $(\lambda_i - \lambda_j)A_{ij}^* = 0$. 于是对所有 $i \neq j$ 有 $A_{ij} = 0$，所以有 $S^* AS = A_{11} \oplus \cdots \oplus A_{dd}$ 以及 $S^* BS = S^* AS\Lambda$. 对每个 $i = 1$，$\cdots$，d，设 $V_i \in M_{n_i}$ 是酉矩

阵且使得 $A_{ii}=V_i^* D_i V_i$，其中 D_i 是对角的且是实的(4.1.5). 设 $V=V_1 \oplus \cdots \oplus V_d$ 和 $D=D_1 \oplus \cdots \oplus D_d$，注意到 V 与 Λ 可交换，就有 $S^* A S=V^* D V$ 以及 $S^* B S=S^* A S \Lambda=V^* D V \Lambda=V^* D \Lambda V$. 我们得出结论 $A=S^{-*} V^* D V S^{-1}=RDR^*$ 以及 $B=S^{-*} V^* D \Lambda V S^{-1}=R(D\Lambda)R^*$，其中 $R=S^{-*} V^*$.

(b) 假设 A 与 B 是对称的，A 是非奇异的，且存在一个非奇异的 S，使得 $C=A^{-1}B=S\Lambda S^{-1}$，$\Lambda=\lambda_1 I_{n_1} \oplus \cdots \oplus \lambda_d I_{n_d}$ 是复对角的，又对所有 $i \neq j$ 有 $\lambda_i \neq \lambda_j$. 这样就有 $BS=AS\Lambda$，从而 $S^T B S=S^T A S\Lambda$. 如果我们将 $S^T B S=[B_{ij}]_{i,j=1}^d$ 以及 $S^T A S=[A_{ij}]_{i,j=1}^d$ 按照与 Λ 共形的方式加以分划，则对所有 i，$j=1$，$\cdots$，d 我们就有等式 $B_{ij}=\lambda_j A_{ij}$(等价于 $B_{ij}^T=\lambda_j A_{ij}^T$)以及 $B_{ji}=\lambda_i A_{ji}$. $S^T B S$ 与 $S^T A S$ 两者都是对称的，所以 $B_{ji}=B_{ij}^T$，$A_{ji}=A_{ij}^T$ 以及 $B_{ij}^T=\lambda_i A_{ij}^T$. 将这些等式组合起来，我们就得出结论 $(\lambda_i-\lambda_j)A_{ij}^T=0$. 从而对所有 $i \neq j$ 有 $A_{ij}=0$，所以有 $S^T A S=A_{11} \oplus \cdots \oplus A_{dd}$ 以及 $S^T B S=S^T A S\Lambda$. 对每个 $i=1$，$\cdots$，d，设 $V_i \in M_{n_i}$ 是酉矩阵且使得 $A_{ii}=V_i^T D_i V_i$，其中 D_i 是对角的且是非负的(4.4.4c). 设 $V=V_1 \oplus \cdots \oplus V_d$ 以及 $D=D_1 \oplus \cdots \oplus D_d$，注意到 V 与 Λ 可交换. 这样就有 $S^T A S=V^T D V$ 以及 $S^T B S=S^T A S\Lambda=V^T D V \Lambda=V^T D \Lambda V$. 我们就得出结论 $A=S^{-T} V^T D V S^{-1}=RDR^T$ 以及 $B=S^{-T} V^T D \Lambda V S^{-1}=R(D\Lambda)R^T$，其中 $R=S^{-T} V^T$.

(c) 假设 A 是 Hermite 的而 B 是对称的，且它们中至少有一个是非奇异的. 如果 A 是非奇异的，设 $C=A^{-1}B$；如果 B 是非奇异的，就设 $C=B^{-1}A$. 我们还假设存在一个非奇异的 S，使得 $C=S\Lambda \overline{S}^{-1}$，其中 $\Lambda=\lambda_1 I_{n_1} \oplus \cdots \oplus \lambda_d I_{n_d} \in M_n$ 是实的且是非负对角的，$0 \leqslant \lambda_1 < \cdots < \lambda_d$. 如果 A 与 B 两者都是非奇异的，那么对 C 无论作何选择都无关紧要，这是由于它是可共轭对角化的充分必要条件是它的逆是可共轭对角化的.

首先假设 A 是非奇异的. 这样就有 $A^{-1}B=S\Lambda \overline{S}^{-1}$，所以 $B\overline{S}=AS\Lambda$，从而 $S^* B \overline{S}=S^* A S\Lambda$. 如果我们与 Λ 共形地分划对称矩阵 $S^* B \overline{S}=\overline{S}^T B \overline{S}=[B_{ij}]_{i,j=1}^d$ 以及 Hermite 矩阵 $S^* A S=[A_{ij}]_{i,j=1}^d$，则对所有 i，$j=1$，$\cdots$，d 我们就有等式 $B_{ij}=\lambda_j A_{ij}$ 以及 $B_{ji}=\lambda_i A_{ji}$(等价于 $B_{ij}^T=\lambda_i A_{ij}^*$ 以及 $B_{ij}=\lambda_i \overline{A_{ij}}$). 将这些等式组合起来，我们就得到 $\lambda_j A_{ij}=\lambda_i \overline{A_{ij}}$，它蕴含对 $i \neq j$ 有 $A_{ij}=0$(观察 A_{ij} 的元素：如果 $i \neq j$，$\lambda_j a=\lambda_i \overline{a} \Rightarrow \lambda_j |a|=\lambda_i |a| \Rightarrow a=0$)，于是 $S^* A S=A_{11} \oplus \cdots \oplus A_{dd}$ 是分块对角的且是 Hermite 的. 进而，每一个分块 $B_{ii}=\lambda_{ii} A_{ii}$ 都既是对称的，又是 Hermite 的，故而 A_{ii} 是实对称的，如果 $\lambda_i \neq 0$. 如果 $\lambda_i \neq 0$，就设 $V_i \in M_{n_i}$ 是实正交的，且使得 $A_{ii}=V_i^T D_i V_i$，其中 D_i 是对角的且是实的(4.1.5). 如果 $\lambda_1=0$，就设 V_1 是酉矩阵，它使得 $A_{11}=V_1^* D_1 V_1$，其中 D_1 是对角的且是实的. 设 $V=V_1 \oplus \cdots \oplus V_d$ 以及 $D=D_1 \oplus \cdots \oplus D_d$. 注意到 D 是实的，V 与 Λ 可交换，Λ 是实的，且 ΛV 是实的(对所有 $i>1$，V_i 都是实的，而如果 V_1 不是实的，则 $\lambda_1 V_1=0$). 这样就有 $S^* A S=V^* D V$ 以及 $S^* B \overline{S}=S^* A S\Lambda=V^* D V \Lambda=V^* D \Lambda V=V^* D \overline{\Lambda V}=V^* D \Lambda \overline{V}$. 我们得出结论 $A=S^{-*} V^* \times D V S^{-1}=RDR^*$ 以及 $B=S^{-*} V^* \Lambda D \overline{V} S^{-1}=R(D\Lambda)R^T$，其中 $R=S^{-*} V^*$.

最后，如果 B 是非奇异的，那么 $B^{-1}A=S\Lambda \overline{S}^{-1}$ 且 $S^T A \overline{S}=S^T B S\Lambda$. 由此，论证的进行恰如在 A 为非奇异的情形一样：我们发现，如果 $\lambda_i \neq 0$，则对称矩阵 $S^T B S=B_{11} \oplus \cdots \oplus B_{dd}$ 是分块对角的，而 B_{ii} 是实对称的. 如果 $\lambda_1=0$，利用(4.4.4c)通过酉相合将 B_{11} 对角化，并将分别使 A 与 B 对角化的相合整合成型. $\square$

习题 对上一个定理(c)的证明中第二部分提供细节. ◀

习题 回到(4.4.25),并说明为什么(4.5.17b)中的判别法极大地限制了 A 与 B. ◀

在上一定理的(a)与(b)中,对矩阵 $C=A^{-1}B$ 有一个熟知的限制条件,这个条件等价于分别用相合实现同时对角化:C 可以对角化(可能有实的特征值). 在(c)中,我们要求 C 可以共轭对角化,这等价于要求 $\operatorname{rank}C=\operatorname{rank}C\bar{C}$,$C\bar{C}$ 的每一个特征值都是实的且是非负的,而且 $C\bar{C}$ 是可以对角化的,见(4.6.11).

为研究用同时的 * 相合将一对非零的奇异 Hermite 矩阵对角化这一问题,我们退后一步以另辟蹊径. 任何 $A\in M_n$ 都可以用唯一的方式表示成 $A=H+\mathrm{i}K$(它的 Toeplitz 分解,见(4.1.2)),其中 H 与 K 是 Hermite 的. 矩阵 $H=\frac{1}{2}(A+A^*)$ 是 A 的 Hermite 部分,而 $K=\frac{1}{2}(A-A^*)$ 则是 A 的斜 Hermite 部分.

引理 4.5.18 设给定 $A\in M_n$,又设 $A=H+\mathrm{i}K$,其中 H 与 K 是 Hermite 的. 那么,A 可以通过 * 相合对角化,当且仅当 H 与 K 可以通过 * 相合同时对角化.

证明 如果存在一个非奇异的 $S\in M_n$,使得 $SHS^*=\Lambda$ 以及 $SKS^*=M$ 两者都是对角的,那么 $SAS^*=SHS^*+\mathrm{i}SKS^*=\Lambda+\mathrm{i}M$ 是对角的. 为证明其逆,只需要指出:如果 $B=[b_{jk}]$ 与 $C=[c_{jk}]$ 是 $n\times n$ 的 Hermite 矩阵,且 $B+\mathrm{i}C=[b_{jk}+\mathrm{i}c_{jk}]$ 是对角的,那么 B 与 C 两者都是对角的. 对任何 $j\neq k$,我们都有 $b_{jk}+\mathrm{i}c_{jk}=0$ 以及 $b_{kj}+\mathrm{i}c_{kj}=\bar{b}_{jk}+\mathrm{i}\bar{c}_{jk}=0$,所以 $\overline{\bar{b}_{jk}+\mathrm{i}\,\bar{c}_{kj}}=b_{jk}-\mathrm{i}c_{jk}=0$. $b_{jk}+\mathrm{i}c_{jk}=0$ 以及 $b_{jk}-\mathrm{i}c_{jk}=0$ 这一对方程仅有平凡的解 $b_{jk}=c_{jk}=0$. □

上一个引理表明:将一对同阶的 Hermite 矩阵通过 * 相合同时对角化的问题等价于用 * 相合使一个复方阵对角化. 解决后一问题的一种方法是通过 * 相合的标准型,它包含三种类型的标准分块. 第一种类型是奇异的 Jordan 分块 $J_k(0)$ 组成的族,$k=1,2,\cdots$;这种类型的最小的分块是 $J_1(0)=[0]$. 第二种类型是非奇异的 Hankel 矩阵

$$\Delta_k=\begin{bmatrix} & & & & 1 \\ & & & \cdot\cdot & \mathrm{i} \\ & & 1 & \cdot\cdot & \\ 1 & \mathrm{i} & & & \end{bmatrix}\in M_k,\quad k=1,2,\cdots \tag{4.5.19}$$

组成的族. 阶为 1 以及 2 的这种类型的分块是 $\Delta_1=[1]$ 以及 $\Delta_2=\begin{bmatrix}0 & 1\\1 & \mathrm{i}\end{bmatrix}$. 第三种类型的族由包含非奇异的 Jordan 分块

$$H_{2k}(\mu)=\begin{bmatrix}0 & I_k\\J_k(\mu) & 0\end{bmatrix}\in M_{2k},\quad \mu\neq 0,k=1,2,\cdots \tag{4.5.20}$$

的偶数阶非奇异的复的分块组成. 这种类型的最小的分块是 $H_2=\begin{bmatrix}0 & 1\\\mu & 0\end{bmatrix}$.

现在我们可以来陈述 * **相合标准型定理**(* congruence canonical form theorem)了.

定理 4.5.21 每一个复方阵 * 相合于由以下三种类型的矩阵组成的一个直和,除了其中直和项的次序之外,它是唯一确定的:

类型 0:$J_k(0)$,$k=1,2,\cdots$;

类型 I：$\lambda \Delta_k$，$k=1$，2，…，其中 $\lambda = e^{i\theta}$，$0 \leqslant \theta < 2\pi$；

类型 II：$H_{2k}(\mu)$，$k=1$，2，…，其中 $|\mu| > 1$.

或者代替类型 I 的对称的矩阵 Δ_k，我们可以用（4.5.24）中定义的实矩阵 Γ_k 或者满足下述条件的其他任何非奇异的矩阵 $F_k \in M_k$：对于它存在一个实数 ϕ_k，使得 $F_k^{-*} F_k$ 相似于 Jordan 分块 $J_k(e^{i\phi_k})$.

恰如 Jordan 标准型那样，* 相合标准型定理中的唯一性结论可能是它在应用中最有用的特性.

> **习题**　设 A，B，$S \in M_n$ 是非奇异的，并假设 $A = SBS^*$. 说明为什么 $A^{-*} A = S^{-*} (B^{-*} B) S^*$ 以及为什么 $A^{-*} A$ 与 $B^{-*} B$ 有同样的 Jordan 标准型.　◀

> **习题**　设 $A = [i] \in M_1$ 以及 $B = [-i] \in M_1$. 说明为什么 $A^{-*} A = B^{-*} B$，但是 A 与 B 不是 * 相合的. 提示：如果 $S = [s]$，那么 $SAS^* = ?$　◀

（4.5.21）中类型 0、类型 I 以及类型 II 的矩阵是 * 相合的标准分块（canonical block for * congruence）. 与一个给定的 $A \in M_n$ * 相合的标准分块之直和就是它的 * **相合标准型**（* congruence canonical form）. 两个 * 相合标准型是**相同的**，如果其中一个可以通过对另一个的标准分块作重新排列而得到.

对于一个给定的 $\theta \in [0, 2\pi)$，如果一个给定的 $A \in M_n$ 的 * 相合标准型恰好包含 m 个形如 $e^{i\theta} \Delta_k$ 的分块，我们就称 **θ 是 A 的阶为 k 且重数为 m 的标准角**（canonical angle of A of order k and multiplicity m）. 换言之，我们把复平面中的射线 $\{re^{i\theta} : 0 < r < \infty\}$ 称为 **A 的阶为 k 且重数为 m 的标准射线**（canonical ray of A of order k and multiplicity m）. 如果 A 所有的类型 I 的分块已知都是 1×1 的（例如，如果 A 是正规的，见（4.5.P11）），那么我们习惯上就只说标准角（射线）θ 以及它的重数，而不提及它的阶.

给定的 $A \in M_n$ 的所有的类型 0 的分块之直和是其（关于 * 相合的）**奇异部分**（singular part），任何一个与 A 的所有类型 I 以及类型 II 的分块之直和 * 相合的矩阵是其（再次是关于 * 相合的）**正规部分**（regular part）. A 的奇异部分是唯一确定的（当然，这是指除了直和项的排列次序外），A 的正规部分的 * 相合等价类则是唯一确定的.

如果 $A \in M_n$ 是非奇异的，则矩阵 $A^{-*} A$ 是 A 的 * **余方阵**（* cosquare）. 上面的几个习题表明：非奇异的 * 相合矩阵有相似的 * 余方阵，但是有相似的 * 余方阵的矩阵未必就是 * 相合的. 尽管许多不同的矩阵都可能是 A 的正规的部分，但它们必定全都在同一个 * 相合等价类中.

* 余方阵的 Jordan 标准型受到一种由计算所揭示的限制条件：$(A^{-*} A)^{-*} = AA^{-*}$，它相似于 $A^{-*} A$（1.3.22）. 这样一来，如果 μ 是 $A^{-*} A$ 的一个特征值（它必定不为零），而 $J_k(\mu)$ 是 $A^{-*} A$ 的 Jordan 标准型中的一个分块，那么与 $J_k(\mu)^{-*}$（即 $J_k(\overline{\mu}^{-1})$）相似的 Jordan 分块必定也会出现. 如果 $|\mu| = 1$，这个结论不产生任何有用的信息，这是因为在此情形有 $\overline{\mu}^{-1} = \mu$. 然而，它告诉我们：如果 $|\mu| \neq 1$，则 $A^{-*} A$ 的 Jordan 标准型中的任何分块 $J_k(\mu)$ 都与一个分块 $J_k(\overline{\mu}^{-1})$ 配合成对. 于是，* 余方阵的 Jordan 标准型**仅**包含形如 $J_k(e^{i\theta})$ 的分块（对某个实数 θ）以及形如 $J_k(\mu) \oplus J_k(\overline{\mu}^{-1})$ 的成对的分块（对 $0 \neq |\mu| \neq 1$）.

一个非奇异的 $A \in M_n$ 的 * 相合标准型（4.5.21）中的分块 $\lambda \Delta_k$ 以及 $H_{2k}(\mu)$ 是从一个 * 余方阵的特殊的 Jordan 标准型中提出来的. 如果 $\mu \neq 0$，那么

$$H_{2k}(\mu)^{-*}H_{2k}(\mu) = \begin{bmatrix} 0 & J_k(\mu)^{-1} \\ I_k & 0 \end{bmatrix}^* \begin{bmatrix} 0 & I_k \\ J_k(\mu) & 0 \end{bmatrix} = \begin{bmatrix} 0 & I_k \\ J_k(\mu)^{-*} & 0 \end{bmatrix}\begin{bmatrix} 0 & I_k \\ J_k(\mu) & 0 \end{bmatrix}$$

$$= \begin{bmatrix} J_k(\mu) & 0 \\ 0 & J_k(\mu)^{-*} \end{bmatrix}$$

它相似于 $J_k(\mu) \oplus J_k(\overline{\mu}^{-1})$. 在 * 余方阵 A 的 Jordan 标准型中的分块 $H_{2k}(\mu)$ 与形如 $J_k(\mu) \oplus J_k(\overline{\mu}^{-1})$ 的分块对($|\mu| \neq 1$)之间存在一个一一对应.

如果 $|\lambda| = 1$, 计算显示 $(\lambda\Delta_k)^{-*}(\lambda\Delta_k)$ 相似于 $J_k(\lambda^2)$, 见(4.5. P15). 如果非奇异矩阵 $A \in M_n$ 的 * 余方阵的 Jordan 标准型是 $J_{k_1}(e^{i\theta}) \oplus \cdots \oplus J_{k_p}(e^{i\theta}) \oplus J$, 其中 $\theta \in [0, 2\pi)$, 而 $e^{i\theta}$ 不是 J 的特征值, 那么 A 的 * 相合标准型是 $\pm e^{i\theta/2}\Delta_{k_1} \oplus \cdots \oplus \pm e^{i\theta/2}\Delta_{k_p} \oplus C$, 其中要选择一种特定的 $\pm$ 号, 且 C 中不出现形如 $\pm e^{i\theta/2}\Delta_k$ 的分块. $\pm$ 号不可能由 A 的 * 余方阵来确定, 但是它们可以利用关于 A 的其他信息来决定.

习题 说明为什么非奇异的 $A \in M_n$ 的 * 余方阵的 Jordan 标准型仅仅决定了包含它的标准射线的复平面中的**直线**; 它决定了标准射线(角)的**阶**, 但不能决定它们的**重数**. ◄

* 相合标准型的第一个应用是得到如下的**消去定理**(cancellation theorem).

定理 4.5.22 设给定 A, $B \in M_p$ 以及 $C \in M_q$. 那么 $A \oplus C$ 与 $B \oplus C$ 是 * 相合的, 当且仅当 A 与 B 是 * 相合的.

证明 如果存在一个非奇异的 $S \in M_p$, 使得 $A = SBS^*$, 那么 $S \oplus I_q$ 是非奇异的, 且有 $(S \oplus I_q)(B \oplus C)(S \oplus I_q)^* = SBS^* \oplus C = A \oplus C$. 反过来, 假设 $A \oplus C$ 与 $B \oplus C$ 是 * 相合的. 设 L_A, L_B 以及 L_C 分别记 A, B 以及 C 的 * 相合标准型, 它们每一个都是类型 0、类型 I 以及类型 II 的分块之直和. 设 S_A, S_B 以及 S_C 是非奇异的矩阵, 它们满足 $A = S_A L_A S_A^*$, $B = S_B L_B S_B^*$ 以及 $C = S_C L_C S_C^*$. 那么 $L_A \oplus L_C$(通过 $S_A \oplus S_C$)与 $A \oplus C$ 是 * 相合的, 根据假设后者 * 相合于 $B \oplus C$, 它则(通过 $S_B \oplus S_C$)* 相合于 $L_B \oplus L_C$. 这样一来, $L_A \oplus L_C$ 与 $L_B \oplus L_C$ 就是 * 相合的, 且它们每一个都是标准分块的直和, 故而 * 相合的标准型的唯一性确保其中一个能通过排列直和项而从另一个得到; 这个命题在去掉 L_C 的直和项之后依然为真. 剩下的直和项的直和就是 A 的 * 相合标准型; 它也是 B 的 * 相合标准型. 由于 A 与 B 有相同的 * 相合标准型, 所以它们是 * 相合的. □

确定给定的 $A \in M_n$ 的 * 相合标准型的典型做法分三步走.

步骤 1 构造一个非奇异的 $A \in M_n$, 使得 $A = S(B \oplus N)S^*$, 其中 $N = J_{r_1}(0) \oplus \cdots \oplus J_{r_p}(0)$ 是幂零 Jordan 分块的直和, 而 B 是非奇异的. 这样一个结构称为 A 的**正规化**(regularization). 正规化可以按照一种特别的方式来进行(看来是关于矩阵的某些信息减轻了这种构造的困难), 或者也可以应用一种已知的正规化算法. 由于通过 A 的正规化所产生的直和 $B \oplus N$ 与 A 的 * 相合标准型是 * 相合的, (4.5.21)中唯一性的结论确保 N 是 A 的奇异的部分, 这样消去定理就确保 B 是 A 关于 * 相合的正规的部分.

步骤 2 计算 A 的正规部分的 * 余方阵的 Jordan 标准型. 它完全确定了 A 的类型 II 的分块, 除了符号之外, 它还确定了类型 I 的分块.

步骤 3 利用已知的算法或者一种特别的方法确定 A 的类型 I 的分块的符号.

习题 设给定 A, B, $S \in M_n$. 假设 S 是非奇异的, 且 $A = SBS^*$. 设 $v = $

dim nullspace A，$\delta = \dim((\text{nullspace } A) \bigcap (\text{nullspace } A^*))$，$v' = \dim \text{nullspace } B$ 以及 $\delta' = \dim((\text{nullspace } B) \bigcap (\text{nullspace } B^*))$. 说明为什么 $v = v'$ 以及 $\delta = \delta'$，也就是说，dim nullspace A 与 $\dim((\text{nullspace } A) \bigcap (\text{nullspace } A^*))$ 是 $*$ 相合不变量. 说明为什么 $v = \delta$ 的充分必要条件是 A 与 A^* 的零空间相同. ◀

对给定的 $A \in M_n$，正规化算法首先计算上面习题中描述的两个不变量 v 与 δ. 在 A 的 $*$ 相合标准型中 1×1 分块 $J_1(0)$ 的个数是 δ. 如果 $v = \delta$（即 A 与 A^* 的零空间是相同的），则算法终止，而 0_d 就是 A 的奇异部分. 如果 $v > \delta$，则算法确定了将 A 化简为一个特殊的分块型的 $*$ 相合，该算法就这样在化简的矩阵的一个特殊分块上反复使用. 这个算法的结果是一列整数不变量，它们确定了 A 的奇异部分中分块 $J_k(0)$ 的个数（对每一个 $k = 1, \cdots, n$）.

给定的 $A \in M_n$ 可以用 $*$ 相合对角化，当且仅当(a)它的 $*$ 相合标准型不包含类型 II 的分块（最小的类型 II 的分块是 2×2 的），(b)它的类型 0 的分块是 $J_1(0) = [0]$，以及(c)它的类型 I 的分块是 $\lambda \Delta_1 = [\lambda]$（对某个满足 $|\lambda| = 1$ 的 λ）. 于是，A 可以用 $*$ 相合对角化且 $\text{rank} A = r$ 的充分必要条件是：存在一个非奇异的 $S \in M_n$，使得 $A = S(\Lambda \oplus 0_{n-r})S^*$，其中 $\Lambda = \text{diag}(\lambda_1, \cdots, \lambda_r)$，且对所有 $j = 1, \cdots, r$ 都有 $|\lambda_j| = 1$. 如果我们分划 $S = [S_1 \quad S_2]$，其中 $S_1 \in M_r$，那么 $A = [S_1 \quad S_2](\Lambda \oplus 0_{n-r})[S_1 \quad S_2]^* = S_1 \Lambda S_1^*$. 设 $S_1 = U_1 R$ 是 QR 分解 (2.1.4)，并设 $U = [U_1 \quad U_2] \in M_n$ 是酉矩阵. 那么 $A = S_1 \Lambda S_1^* = U_1 R \Lambda R^* U_1^*$，所以

$$U^* A U = \begin{bmatrix} U_1^* \\ U_2^* \end{bmatrix} U_1 R \Lambda R^* U_1^* [U_1 U_2] = \begin{bmatrix} R \Lambda R^* & 0 \\ 0 & 0_{n-r} \end{bmatrix}$$

这样一来，A 就（酉）$*$ 相合于 $R \Lambda R^* \oplus 0_{n-r}$，从而 $R \Lambda R^*$ 是 A 的正规部分.

假设一个非奇异的 $B \in M_r$ 可以用 $*$ 相合对角化. 由于在 B 的 $*$ 相合标准型中没有类型 II 的分块，故而 $*$ 余方阵 $B^{-*} B$ 的 Jordan 标准型只包含形如 $J_1(\lambda)$ 的分块（$|\lambda| = 1$），也就是说 $B^{-*} B$ 可以对角化，且它所有特征值的模都是 1. 设 $S \in M_n$ 是非奇异的，且使得 $B^{-*} B = S \Lambda S^{-1}$，其中 $\Lambda = \text{diag}(e^{i\theta_1} I_{n_1} \oplus \cdots \oplus e^{i\theta_d} I_{n_d})$，$\theta_j \in [0, 2\pi)$，且对 $j \neq k$ 有 $\theta_j \neq \theta_k$. 那么 $B = B^* S \Lambda S^{-1}$，$BS = B^* S \Lambda$ 以及 $S^* BS = S^* B^* S \Lambda$. 设 $\mathcal{B} = S^* BS$，又注意到 $\mathcal{B} = \mathcal{B}^* \Lambda \Rightarrow \mathcal{B} = (\mathcal{B}^* \Lambda)^* \Lambda = \Lambda^* \mathcal{B} \Lambda \Rightarrow \Lambda \mathcal{B} = \mathcal{B} \Lambda$，这是因为 Λ 是酉矩阵. 如果我们与 Λ 共形地分划 $[\mathcal{B}_{jk}]_{j,k=1}^d$，则 $\mathcal{B}$ 与 Λ 的交换性蕴含 (2.4.4.2) $\mathcal{B}$ 与 Λ 是共形分块对角的：$\mathcal{B} = \mathcal{B}_1 \oplus \cdots \oplus \mathcal{B}_d$. 此外，等式 $\mathcal{B} = \mathcal{B}^* \Lambda$ 蕴含 $\mathcal{B}_j = e^{i\theta_j} \mathcal{B}_j^*$ 以及 $e^{-i\theta_j/2} \mathcal{B}_j = e^{i\theta_j/2} \mathcal{B}_j^* = (e^{-i\theta_j/2} \mathcal{B}_j)^*$，所以对每个 $j = 1, \cdots, d$，$e^{-i\theta_j/2} \mathcal{B}_j$ 都是 Hermite 的. 每一个 Hermite 矩阵都 $*$ 相合于它的惯性矩阵 (4.5.7)，所以对每个 $j = 1, \cdots, d$，都存在一个非奇异的 $S_j \in M_{n_j}$ 以及非负整数 n_j^+ 与 n_j^-，使得 $n_j^+ + n_j^- = n_j$ 以及 $e^{-i\theta_j/2} \mathcal{B}_j = S_j (I_{n_j^+} \oplus (-I_{n_j^-}))S_j^*$，即 $\mathcal{B}_j = e^{i\theta_j/2} S_j (I_{n_j^+} \oplus (-I_{n_j^-}))S_j^* = e^{i\theta_j/2} S_j (e^{i\theta_j/2} I_{n_j^+} \oplus e^{i(\pi + \theta_j/2)} I_{n_j^-})S_j^*$. 我们就得出结论：$\mathcal{B}$ 与

$$e^{i\theta_1/2} I_{n_1^+} \oplus e^{i(\pi + \theta_1/2)} I_{n_1^-} \oplus \cdots \oplus e^{i\theta_d/2} I_{n_d^+} \oplus e^{i(\pi + \theta_d/2)} I_{n_d^-} \tag{4.5.23}$$

是 $*$ 相合的，后者是类型 I 的分块之直和，从而它就是 B 的 $*$ 相合标准型. B 的标准角（射线）是 $\frac{1}{2}\theta_1, \cdots, \frac{1}{2}\theta_d$（各自的重数是 $n_1^+, \cdots, n_d^+$）再添上 $\pi + \frac{1}{2}\theta_1, \cdots, \pi + \frac{1}{2}\theta_d$（各自的重数是 $n_1^-, \cdots, n_d^-$）.

上面的分析引导到一个算法，它可以确定一个给定的 $A \in M_n$ 是否可以用 $*$ 相合来实现

292

对角化，又如果的确可以对角化，此法可以确定它的 * 相合标准型.

步骤 1 检查 A 与 A^* 是否有相同的零空间. 如果不相同，就停止；A 是不可以用 * 相合来对角化的. 如果确有相同的零空间，设 $U_2 \in M_{n,n-r}$ 的列是标准正交的，它们组成 A 的零空间的一组基，又设 $U=[U_1 \quad U_2] \in M_n$ 是酉矩阵. 那么 AU_2 与 $U_2^* A$ 两者皆为零矩阵，所以

$$U^* A U = \begin{bmatrix} U_1^* \\ U_2^* \end{bmatrix} A [U_1 \quad U_2] = \begin{bmatrix} U_1^* A U_1 & U_1^* A U_2 \\ U_2^* A U_1 & U_2^* A U_2 \end{bmatrix} = \begin{bmatrix} U_1^* A U_1 & 0 \\ 0 & 0_{n-r} \end{bmatrix}$$

且 $B=U_1^* A U_1$ 是 A 的正规部分.

步骤 2 检查 (a) $B^{-*} B$ 是否可以对角化，以及 (b) $B^{-*} B$ 的每一个特征值的模是否为 1. 如果这两个条件中有哪一个不满足，就停止；A 是不可通过 * 相合实现对角化的. 如若不然，则 A 可以通过 * 相合对角化.

步骤 3 将 $B^{-*} B$ 对角化，即构造一个非奇异的 $S \in M_n$，使得 $B^{-*} B=S\Lambda S^{-1}$，其中 $\Lambda = e^{i\theta_1} I_{n_1} \oplus \cdots \oplus e^{i\theta_d} I_{n_d}$，每一个 $\theta_j \in [0, 2\pi)$，且对 $j \neq k$ 有 $\theta_j \neq \theta_k$. 这样一来，$S^* B S=B_1 \oplus \cdots \oplus B_d$ 就是与 Λ 共形的分块对角矩阵，且 $e^{-i\theta_j/2} B_j$ 是 Hermite 矩阵 $(j=1, \cdots, d)$. 确定 $e^{-i\theta_j/2} B_j$ 的正的特征值的个数 n_j^+，并设 $n_j^- = n-n_j^+$，$j=1, \cdots, d$. 则 A 的 * 相合标准型就是

$$e^{i\theta_1/2} I_{n_1^+} \oplus \oplus e^{i(\pi+\theta_1/2)} I_{n_1^-} \oplus \cdots \oplus e^{i\theta_d/2} I_{n_d^+} \oplus e^{i(\pi+\theta_d/2)} I_{n_d^-} \oplus 0_{n-r}$$

我们将上面讨论的内容总结成如下的定理.

定理 4.5.24 设给定 $A \in M_n$，并设 $A=H+iK$，其中 H 与 K 是 Hermite 的. 设 B 是 A 的正规部分，又设 $\mathcal{B}=B^{-*} B$. 则下述结论是等价的：

(a) H 与 K 可以用 * 相合同时对角化.

(b) A 可以用 * 相合对角化.

(c) A 与 A^* 有相同的零空间，$\mathcal{B}$ 可以对角化，且 $\mathcal{B}$ 的每一个特征值的模都是 1.

习题 设给定 $A \in M_n$，且 $r=\text{rank} A$，并假设 A 与 A^* 有同样的零空间. 设 $A=V\Sigma W^*$ 是奇异值分解 (2.6.3)，其中 $V=[V_1 \quad V_2]$ 且 $V_1 \in M_{n,r}$. 说明为什么 $V_1^* A V_1$ 是 A 关于 * 相合的正规部分. ◀

对于矩阵的相合 (^{T} 相合) 还有一种简单的标准型，它包含一族新的非奇异的标准分块

$$\Gamma_k = \begin{bmatrix} & & & & & (-1)^{k+1} \\ & & & & \ddots & (-1)^k \\ & & & -1 & \ddots & \\ & & 1 & 1 & & \\ & -1 & -1 & & & \\ 1 & 1 & & & & \end{bmatrix} \in M_k, \quad k=1,2,\cdots \quad (4.5.24)$$

这个族中阶为 1 和阶为 2 的分块是 $\Gamma_1=[1]$ 和 $\Gamma_2=\begin{bmatrix} 0 & -1 \\ 1 & 1 \end{bmatrix}$. 有如下的**相合标准型定理** (congruence canonical form theorem).

定理 4.5.25 每一个复方阵与由下面三种类型的矩阵组成的直和相合，除了直和项的排列次序外，这个直和是唯一确定的：

类型 0：$J_k(0)$，$k=1, 2, \cdots$；

类型 I：Γ_k，$k=1$，2，$\cdots$；

类型 II：$H_{2k}(\mu)$，$k=1$，2，$\cdots$，其中 $0\neq\mu\neq(-1)^{k+1}$，μ 除了用 μ^{-1} 代替之外是唯一确定的.

习题　设 A，B，$S\in M_n$ 是非奇异的，并假设 $A=SBS^{\mathrm{T}}$. 说明为什么 $A^{-\mathrm{T}}A=S^{-\mathrm{T}}(B^{-\mathrm{T}}B)S^{\mathrm{T}}$，以及为什么 $A^{-\mathrm{T}}A$ 与 $B^{-\mathrm{T}}B$ 有同样的 Jordan 标准型.　◀

习题　设 $A\in M_n$ 是非奇异的. 说明为什么 $A^{-\mathrm{T}}A$ 相似于 $(A^{-\mathrm{T}}A)^{-\mathrm{T}}$，后者是相似于 $(A^{-\mathrm{T}}A)^{-1}$ 的. 为什么当 $\mu\neq\pm1$ 时，$A^{-\mathrm{T}}A$ 的 Jordan 标准型中任意一个分块 $J_k(\mu)$ 都必定与分块 $J_k(\mu^{-1})$ 成对出现？　◀

非奇异的 $A\in M_n$ 的**余方阵**（cosquare）是矩阵 $A^{-\mathrm{T}}A$，它的 Jordan 标准型有一个很特别的形式：它只包含形如 $J_k((-1)^{k+1})$ 的分块以及形如 $J_k(\mu)\oplus J_k(\mu^{-1})$ 的成对的分块，其中 $0\neq\mu\neq(-1)^{k+1}$. 矩阵 Γ_k 出现在相合的标准型中，是因为它的余方阵相似于 $J_k((-1)^{k+1})$，见（4.5.P25）.

习题　如果 $\mu\neq0$，说明为什么 $H_{2k}(\mu)$ 的余方阵相似于 $J_k(\mu)\oplus J_k(\mu^{-1})$.　◀

相合的标准型定理蕴含一个**消去定理**，这个定理可以用与（4.5.22）相同的方式加以证明，且再次严重依赖于（4.5.25）中的唯一性结论.

定理 4.5.26　设给定 A，$B\in M_p$ 以及 $C\in M_q$. 那么 $A\oplus C$ 与 $B\oplus C$ 是相合的，当且仅当 A 与 B 是相合的.

确定一个给定的 $A\in M_n$ 的相合标准型只有两步.

步骤 1　通过构造一个满足 $A=S(B\oplus N)S^{\mathrm{T}}$ 的非奇异矩阵 $S\in M_n$ 来使 A 正规化，其中 $N=J_{r_1}(0)\oplus\cdots\oplus J_{r_p}(0)$，即关于相合唯一确定的 A 的**奇异部分**（singular part），而**正规部分**（regular part）B 是非奇异的. 我们可以按照一种特别的方式，或者也可以用已知的**正规化算法**来确定 N，非奇异求和项 B 的相合等价类（不是 B 自身）是由 A 唯一确定的，B 是 A 关于相合的正规部分.

步骤 2　如下计算余方阵 $B^{-\mathrm{T}}B$ 的 Jordan 标准型. 它决定了 A 的类型 I 以及类型 II 的分块：每一个分块 $J_k((-1)^{k+1})$ 对应于一个类型 I 的分块 Γ_k；每一对分块 $J_k(\mu)\oplus J_k(\mu^{-1})$ 对应于一个类型 II 的分块 $H_{2k}(\mu)$，其中 μ 可以代之以 μ^{-1}（这两个变量是一致的）.

在确定一个矩阵的 * 相合标准型的算法中要解决的类型 I 分块的符号这个恼人的问题在相合标准型中并不出现.

定理 4.5.27　设 A，$B\in M_n$ 是非奇异的. 那么 A 与 B 相合，当且仅当 $A^{-\mathrm{T}}A$ 相似于 $B^{-\mathrm{T}}B$.

作为 * 相合以及相合的标准型定理的推论，我们可以对任意一对同阶的 Hermite 矩阵以及也可以对这样一对同阶的矩阵导出其**标准对**（canonical pair）：其中一个是任意的复对称矩阵，而另一个则是任意的复斜对称矩阵，见附录 F.

问题

4.5.P1　设 A，$B\in M_n$，又假设 B 是非奇异的. 证明：存在一个 $C\in M_n$，使得 $A=BC$. 此外，对任何非奇异的 $S\in M_n$，我们有 $SAS^*=(SBS^*)C'$，其中 C' 与 C 相似.

4.5.P2　设 A，$B\in M_n$ 是斜对称的. 证明：存在一个非奇异的 $S\in M_n$ 使得 $A=SBS^{\mathrm{T}}$，当且仅当 $\mathrm{rank}A=\mathrm{rank}B$.

295

4. 5. P3　设 A，$B \in M_n$ 是 Hermite 矩阵．(a)如果 A 与 B 是 *相合的，证明：对所有 $k=2$，3，$\cdots$，A^k 与 B^k 都是 *相合的．(b)如果 A^2 与 B^2 是 *相合的，A 与 B 是否 *相合呢？为什么？(c)证明：$C=\begin{bmatrix} 0 & 1 \\ 0 & 0 \end{bmatrix}$ 与 $D=\begin{bmatrix} 0 & 1 \\ 0 & 1 \end{bmatrix}$ 是 *相合的，但是 C^2 与 D^2 不是 *相合的．这与(a)是否矛盾？

4. 5. P4　证明(4.5.17a)如下的推广：设 A_1，A_2，$\cdots$，$A_k \in M_n$ 是 Hermite 矩阵，并假设 A_1 是非奇异的．则存在一个非奇异的 $T \in M_n$，使得对所有 $i=1$，$\cdots$，k，$T^* A_i T$ 都是对角的，当且仅当 $\{ A_1^{-1} A_i : i=2, \cdots, n \}$ 是一个有实特征值的可对角化矩阵组成的交换族．(4.5.17b)的相应的推广是什么？

4. 5. P5　具有实对称系数矩阵 $A(x)=[a_{ij}(x)]$ 的微分算子 $L(4.0.4)$ 称为在点 $x \in D \subset \mathbf{R}^n$ 是**椭圆的**(elliptic)，如果 $A(x)$ 是非奇异的，且它所有的特征值都有相同的符号；L 在点 x 是**双曲的**(hyperbolic)，如果 $A(x)$ 是非奇异的，且它的特征值中有 $n-1$ 个有相同的符号，而有一个特征值有相反的符号．说明为什么在一点关于一个坐标系是椭圆的(双曲的)微分算子在这一点关于每一个其他的坐标系也都是椭圆的(双曲的)算子．Laplace 方程 $\frac{\partial^2 f}{\partial x^2} + \frac{\partial^2 f}{\partial y^2} + \frac{\partial^2 f}{\partial z^2} = 0$ 给出椭圆微分算子的一个例子，波动方程 $\frac{\partial^2 f}{\partial x^2} + \frac{\partial^2 f}{\partial y^2} + \frac{\partial^2 f}{\partial z^2} - \frac{\partial^2 f}{\partial t^2} = 0$ 给出双曲微分算子的一个例子．这两者都是在笛卡儿坐标系中表示的．尽管两者在球面坐标系或者柱面坐标系中看起来形式迥异，它们也仍然分别是椭圆的以及双曲的．

4. 5. P6　证明：$\begin{bmatrix} 0 & 1 \\ 1 & 0 \end{bmatrix}$ 与 $\begin{bmatrix} 1 & 0 \\ 0 & -1 \end{bmatrix}$ 可以通过一个酉相合同时化为对角型，但不可以通过 *相合同时化为对角型．按照(4.5.17b)的证明思路寻求一个酉矩阵，使之能通过相合实现同时对角化．

4. 5. P7　证明 $\begin{bmatrix} 1 & 1 \\ 1 & 0 \end{bmatrix}$ 与 $\begin{bmatrix} 0 & 1 \\ 1 & 0 \end{bmatrix}$ 不可能通过 *相合或者相合同时化为对角型．

4. 5. P8　设 A，$S \in M_n$，其中 A 是 Hermite 的，而 S 是非奇异的．设 A 与 SAS^* 的特征值如在(4.2.1)中那样按照非减的次序排列．设 $\lambda_k(A)$ 是一个非零的特征值．从(4.5.9)推导出相对特征值摄动界限 $|\lambda_k(SAS^*) - \lambda_k(A)| / |\lambda_k(A)| \leqslant \rho(I - SS^*)$．如果 S 是酉矩阵，这个结果说的是什么？如果 S"接近于酉矩阵"呢？

4. 5. P9　设 $A \in M_n$ 并假设 $\mathrm{rank} A = r$．说明为什么如下结论等价．(a) *相合正规化算法在第一步后就终止；(b)$\mathrm{nullspace} A = \mathrm{nullspace} A^*$；(c)$\mathrm{range} A = \mathrm{range} A^*$；(d)存在一个非奇异的 $B \in M_r$ 以及一个酉矩阵 $U \in M_n$，使得 $A = U(B \oplus 0_{n-r}) U^*$；(e)$A$ 是一个 EP 矩阵(2.6.P28)．

4. 5. P10　设 $A \in M_n$．假设 $\mathrm{rank} A = r$ 以及 $\mathrm{nullspace} A = \mathrm{nullspace} A^*$．证明 A 是主秩的(0.7.6.2)，也即 A 有一个非奇异的 $r \times r$ 主子矩阵．

4. 5. P11　设 $A \in M_n$ 是非零的且是正规的，设 $\lambda_1 = |\lambda_1| e^{i\theta_1}$，$\cdots$，$\lambda_r = |\lambda_r| e^{i\theta_r}$ 是它的非零的特征值，其中每一个 $\theta_j \in [0, 2\pi)$；设 $\Lambda = \mathrm{diag}(\lambda_1, \cdots, \lambda_r)$．仔细说明为什么有如下各结果．(a)$A$ 满足(4.5.23)中三个所述条件的每一个．(要求验明每一结论的正确性；不是要你证明其中一个结论再利用它们的等价性．)(b)A 的 *相合标准型是 $[e^{i\theta_1}] \oplus \cdots \oplus [e^{i\theta_r}] \oplus 0_{n-r}$．(c)如果角度 θ_1，$\cdots$，θ_r 中间有 d 个不同的角度 ϕ_1，$\cdots$，ϕ_d，各自有重数 n_1，$\cdots$，n_d，且 $n_1 + \cdots + n_d = r$，那么，每一个 ϕ_j 都是 A 的重数为 n_j 的标准角．(d)在每一条射线 $\{ re^{i\phi_j} : 0 < r < \infty \}$ 上恰好有 A 的 n_j 个特征值，$j=1$，$\cdots$，d．(e)如果 $B \in M_n$ 是正规的，则 B 与 A 是 *相合的，当且仅当 $\mathrm{rank} B = \mathrm{rank} A$，且 B 在每条射线 $\{ re^{i\phi_j} : 0 < r < \infty \}$，$j=1$，$\cdots$，$d$ 上恰好有 n_j 个特征值．

296

4. 5. P12　在 A 是 Hermite 矩阵的假设下重新考虑上一个问题．为什么 d 的仅有可能的值是 1 与 2？为什么 $\theta_1 = 0$ 或者 $\theta_2 = \pi$ 是仅有的可能的标准角？与 A 的惯性指数有关的重数 n_1 与 n_2 是什么？说明为什么*相合标准型定理可以被视为关于 Hermite 矩阵的 Sylvester 惯性定理对任意复方阵的推广？

4.5.P13 设 $U, V \in M_n$ 是酉矩阵．证明 U 与 V 是*相合的，当且仅当它们是相似的，当且仅当它们有同样的特征值．

4.5.P14 设 $A \in M_n$ 以及 $A = H + iK$，其中 H 以及 K 是 Hermite 的，且 H 是非奇异的．(a) 利用 (4.5.17)，(4.5.18) 以及 (4.5.24) 中的命题说明为什么 $H^{-1}K$ 可以对角化且有实的特征值的充分必要条件是：A 非奇异且可以通过*相合对角化．无须计算！(b) 现在来做计算：假设 $S \in M_n$ 是非奇异的，且 $H^{-1}K = S \Lambda S^{-1}$，其中 $\Lambda = \mathrm{diag}(\lambda_1, \cdots, \lambda_n)$ 是实的．证明：A 非奇异且 $A^{-*}A = SMS^*$，$M = \mathrm{diag}(\mu_1, \cdots, \mu_n)$，且每个 $\mu_j = (1 + i\lambda_j)/(1 - i\lambda_j)$ 的模都为 1．导出结论：H 与 K 可以通过*相合同时对角化．(c) 假设 A 非奇异且 $A^{-*}A = S\Lambda S^*$，其中 $S \in M_n$ 是非奇异的，而 Λ 是对角的酉矩阵．记 $\Lambda = \mathrm{diag}(e^{i\theta_1}, \cdots, e^{i\theta_n})$，其中所有 $\theta_j \in [0, 2\pi)$．说明为什么 $H = S\,\mathrm{diag}(\cos\theta_1, \cdots, \cos\theta_n)S^*$，$K = S\,\mathrm{diag}(\sin\theta_1, \cdots, \sin\theta_n)S^*$，且对所有 $j = 1, \cdots, n$ 都有 $\frac{3}{2}\pi \neq \theta_j \neq \frac{1}{2}\pi$．

4.5.P15 (a) 说明为什么反对角线下方每个位置上的元素均为零的 Hankel 矩阵完全由它第一行的元素所确定．(b) 标准分块 Δ_k (4.5.19) 的逆是一个 Hankel 矩阵，它反对角线下方每一个位置的元素均为零，其第一行从右向左通过接连输入序列 1，$-i$，-1，i，1，$-i$，-1，i，1，$\cdots$ 中的元素直到填满该行构成．例如，Δ_3^{-1} 的第一行是 $[-1 \ -i \ 1]$，Δ_4^{-1} 的第一行是 $[i \ -1 \ -i \ 1]$，以及 Δ_5^{-1} 的第一行是 $[1 \ i \ -1 \ -i \ 1]$．通过用 Δ_k^{-1} 所陈述的形式计算 $\Delta_k^{-1}\Delta_k$，以此来验证这一结论．(c) 证明 $\Delta_k^{-*}\Delta_k$ 是一个上三角的矩阵（实际上它是一个 Toeplitz 矩阵），其主对角线元素全都是 $+1$，且其第一条超对角线元素全都是 2i．(d) 说明为什么 $\Delta_k^{-1}\Delta_k$ 的 Jordan 标准型是 $J_k(1)$．

4.5.P16 在*相合之下，$n \times n$ 复 Hermite 矩阵集合中有多少个不相交的等价类？在 $n \times n$ 实对称矩阵集合中呢？

4.5.P17 在相合之下，$n \times n$ 复对称矩阵集合中有多少个不相交的等价类？在 $n \times n$ 实对称矩阵集合中呢？

4.5.P18 设 $A, B \in M_n$，其中 A 与 B 是实对称的，且 A 是非奇异的．证明：如果推广的特征多项式 $p_{A,B}(t) = \det(tA - B)$ 有 n 个不同的零点，那么 A 与 B 可以通过相合同时实现对角化．

4.5.P19 对 Sylvester 惯性定律 (4.5.8) 的如下的另一种证明的概述提供细节．设 $A, B \in M_n$ 是非奇异的，并假设 A 是 Hermite 的．设 $S = QR$ 是 QR 分解 (2.1.14)，其中 $Q \in M_n$ 是酉矩阵，而 $R \in M_n$ 是主对角元素为正数的上三角矩阵．证明：如果 $0 \leqslant t \leqslant 1$，则 $S(t) = tQ + (1-t)QR$ 是非奇异的，又设 $A(t) = S(t)AS(t)^*$．那么 $A(0)$ 等于什么？$A(1)$ 呢？说明为什么 $A(0)$ 与 $A(1)$ 有相同个数的正的（负的）特征值．对很小的 $\varepsilon > 0$，通过考虑 $A \pm \varepsilon I$ 来处理一般的情形．

4.5.P20 设 $A \in M_n$，且设 $p_A(t) = t^n + a_{n-1}(A)t^{n-1} + \cdots + a_1(A)t + a_0(A)$ 是它的特征多项式．(a) 记住：系数 $a_i(A)$，$i = 0, 1, \cdots, n-1$ 是 A 的特征值的初等对称函数 (1.2.15)．这些系数为什么是 A 的连续函数呢？(a) 如果 A 是正规的，说明：为什么 $\mathrm{rank}A = r$ 蕴含 A 恰有 r 个非零的特征值（用 $\lambda_1, \cdots, \lambda_r$ 来记它们），这就蕴含 $a_{n-r+1}(A) = a_{n-r+2}(A) = \cdots = a_0(A) = 0$ 以及 $a_{n-r}(A) = \lambda_1 \cdots \lambda_r$．(c) 设 $\mathcal{S} \subset M_n$ 是由 Hermite 矩阵组成的一个连通集，它们全都有同样的秩 r．证明 $\mathcal{S}$ 中每一个矩阵都有同样的惯性指数．(d) 用例子证明：如果 $\mathcal{S}$ 不连通，则 (c) 中的结论不一定正确．

4.5.P21 设 $A \in M_n$ 是 Hermite 矩阵并分划成 $A = \begin{bmatrix} B & C \\ C^* & D \end{bmatrix}$，其中 B 是非奇异的．设 $S = D - C^*B^{-1}C$ 表示 B 在 A 中的 Schur 补．(a) 说明为什么恒等式 (0.8.5.3) 展现了 A 与 $B \oplus S$ 之间的一个*相合．(b) 证明 **Haynsworth 定理** (Haynsworth's theorem)：A，B 以及 S 的惯性指数由恒等式

$$i_+(A) = i_+(B) + i_+(S)$$

297

$$i_-(A) = i_-(B) + i_-(S)$$
$$i_0(A) = i_0(S)$$

(4.5.28)

联系在一起，也即 $I(A) = I(B) + I(S)$. 有关的结果见 (7.1.P28).

4.5.P22　设 $B \in M_n$ 是 Hermite 矩阵，给定 $y \in \mathbf{C}^n$ 以及 $a \in \mathbf{R}$，又设 $A = \begin{bmatrix} B & y \\ y^* & a \end{bmatrix} \in M_{n+1}$. 利用上一个问题中的 Haynsworth 定理证明 Cauchy 交错不等式 (4.3.18).

4.5.P23　设 $\{A_1, \cdots A_k\} \subset M_n$ 是给定的一族复对称矩阵，又设 $\mathcal{G} = \{A_i \overline{A_j}: i, j = 1, \cdots, k\}$. 如果存在一个酉矩阵 $U \in M_n$，使得 UA_iU^T 对所有 $i = 1, \cdots, k$ 都是对角矩阵，说明为什么 $\mathcal{G}$ 是一个交换族. 当 $k = 2$ 时这会化简成什么，它与 (4.5.15b) 的联系又是什么？事实上，$\mathcal{G}$ 的交换性也足以确保 $\mathcal{G}$ 可以通过酉相合实现同时对角化.

4.5.P24　设 $\mathcal{F} = \{A_1, \cdots A_k\} \subset M_n$ 是一族复对称矩阵，而 $\mathcal{H} = \{B_1, \cdots B_m\} \subset M_n$ 则是由 Hermite 矩阵组成的矩阵族，又设 $\mathcal{G} = \{A_i \overline{A_j}: i, j = 1, \cdots, k\}$. 如果存在一个酉矩阵 $U \in M_n$，使得每一个 UA_iU^T 以及每一个 UB_jU^* 都是对角的，证明 $\mathcal{G}$ 与 $\mathcal{H}$ 中的每一个都是交换族，且 B_jA_i 对所有 $i = 1, \cdots, k$ 以及所有 $j = 1, \cdots, m$ 都是对称的. 当 $k = m = l$ 时，它会化简成什么结论？又它与 (4.5.15c) 的联系又是什么？事实上，这些条件也足以确保 $\mathcal{F}$ 与 $\mathcal{H}$ 可以各自通过相合同时对角化.

4.5.P25　验证

$$\Gamma_k^{-T}\Gamma_k = \begin{bmatrix} \vdots & \vdots & \vdots & \vdots & \ddots \\ -1 & -1 & -1 & -1 & \\ 1 & 1 & 1 & & \\ -1 & -1 & & & \\ 1 & & & & \end{bmatrix} \quad \Gamma_k = (-1)^{k+1}\begin{bmatrix} 1 & 2 & & & \bigstar \\ & 1 & \ddots & & \\ & & \ddots & & 2 \\ & & & & 1 \end{bmatrix}$$

以此证明标准分块 Γ_k (4.5.24) 的余方阵与 $J_k((-1)^{k+1})$ 相似.

4.5.P26　假设 $\mu \in \mathbf{C}$ 不是零. 证明 $H_{2k}(\mu)$ 相合于 $H_{2k}(\overline{\mu}) = \overline{H_{2k}(\mu)}$，当且仅当要么 μ 是实数，要么 $|\mu| = 1$.

4.5.P27　设 $B \in M_n$，$C = B \oplus \overline{B}$，且定义 $S = \dfrac{e^{i\pi/4}}{\sqrt{2}}\begin{bmatrix} 0_n & iI_n \\ -iI_n & 0_n \end{bmatrix}$. (a) 说明为什么 S 是酉的、对称的，且还是共轭对合的. (b) 证明 SCS^T 与 SCS^* 两者都是实的，即 C 与一个实矩阵既是相合的，也是 * 相合的. (c) 说明为什么 C 既与 $\overline{C}$ 是相合的，也与它是 * 相合的.

4.5.P28　设 $A \in M_n$，并假设 A 相合于 $\overline{A}$. (a) 利用 (4.5.25) 以及 (4.5.P26) 证明 A 相合于一个如下类型的项的直和: (i) 形如 $J_k(0)$，Γ_k 或者 $H_{2k}(r)$ 的实的分块，其中 r 是实数且或者 $r = (-1)^k$，或者 $|r| > 1$; (ii) 形如 $H_{2k}(\mu)$ 的分块，其中 $|\mu| = 1$，$\mu \neq \pm 1$，且 μ 除了可用 $\overline{\mu}$ 代替外是完全确定的 (也即 $H_{2k}(\mu)$ 与 $H_{2k}(\overline{\mu})$ 是相合的); (iii) 成对的形如 $H_{2k}(\mu) \oplus H_{2k}(\overline{\mu})$ 的分块，其中 μ 不是实数，且 $|\mu| > 1$. (b) 利用上一个问题证明 A 与一个实矩阵相合.

4.5.P29　设 $A \in M_n$，并假设 A 与 $\overline{A}$ 是 * 相合的. (a) 利用 (4.5.21) 证明 A 与一个如下类型的项的直和是 * 相合的: (i) 形如 $J_k(0)$，$\pm \Gamma_k$ 或者 $H_{2k}(r)$ 的实的分块，其中 r 是实数且 $|r| > 1$; (ii) 成对的形如 $\lambda\Gamma_k \oplus \overline{\lambda}\Gamma_k$ 的分块，其中 $|\lambda| = 1$ 且 $\lambda \neq \pm 1$，或者是形如 $H_{2k}(\mu) \oplus H_{2k}(\overline{\mu})$ 的分块，其中 μ 不是实数，且 $|\mu| > 1$. (b) 利用 (4.5.P27) 证明 A 与一个实矩阵 * 相合.

4.5.P30　设 $A \in M_n$. 说明为什么 A 与 $\overline{A}$ 是相合的 (* 相合的)，当且仅当 A 与一个实矩阵是相合的 (* 相合的).

4.5.P31　说明为什么 (a) $\begin{bmatrix} 0 & 1 \\ i & 0 \end{bmatrix}$ 相合于一个实矩阵，但 $\begin{bmatrix} 0 & 1 \\ 2i & 0 \end{bmatrix}$ 则不然; (b) (a) 中任何一个矩阵都不与实矩阵 * 相合.

4.5.P32　假设 $A \in M_{2n}$ 是一个四元数型的矩阵（见(4.4.P29)）. 说明为什么(a)A 通过 $S_{2n} = \begin{bmatrix} 0_n & I_n \\ -I_n & 0_n \end{bmatrix}$ 相合于 $\overline{A}$；(b)任何四元数型的矩阵都与一个实矩阵相合.

4.5.P33　设 $A \in M_n$. 利用(4.5.25)证明 A 与 A^T 是相合的.

4.5.P34　设 $A \in M_n$. 利用(4.5.21)证明 A 与 A^T 是 *相合的.

4.5.P35　设 $A = \begin{bmatrix} 1 & -1 \\ -1 & 1 \end{bmatrix}$ 以及 $B = \begin{bmatrix} 1 & 0 \\ 0 & -1 \end{bmatrix}$. (a)利用(4.5.17)与(4.5.24)这两者来证明 A 与 B 不可通过 *相合实现同时对角化. (b)利用(4.5.17)证明 A 与 B 不可通过相合实现同时对角化. (c)证明：只要 $x \in \mathbb{C}^2$ 以及 $x^* A x = 0$，就有 $x^* B x = 0$.

4.5.P36　设 $A, B \in M_n$ 是 Hermite 的. 假设 A 是不定的，且只要 $x \in \mathbb{C}^n$ 以及 $x^* A x = 0$，就有 $x^* B x = 0$. (a)证明存在一个实的纯量 κ，使得 $B = \kappa A$，特别地，A 与 B 可以通过 *相合同时对角化. (b)证明：如果假设 $A, B \in M_n(\mathbf{R})$ 是对称的，A 是不定的，且只要 $x \in \mathbf{R}^n$ 以及 $x^T A x = 0$ 就有 $x^T B x = 0$，则(a)中的结论仍然正确. (c)利用上一个问题说明为什么我们不能去掉 A 是不定的这一假设条件.

4.5.P37　设 $A \in M_n$ 是非奇异的. 证明下面诸命题等价((a)与(b)的等价性在(4.5.24)之中)：

(a) A 可以通过 *相合对角化，即存在一个非奇异的矩阵 $S \in M_n$ 以及一个对角矩阵 $D = \mathrm{diag}(e^{i\theta_1}, \cdots, e^{i\theta_n})$，使得 $A = SDS^*$.

(b) $A^{-*}A$ 可以对角化，且其每一个特征值的模都是 1.

(c) 存在一个非奇异的 $S \in M_n$ 以及一个非奇异的对角矩阵 Λ，使得 $A = S\Lambda S^*$.

(d) 存在 $\mathbb{C}^n$ 的由 $X = [x_1 \cdots x_n]$ 以及 $Y = [y_1 \cdots y_n]$ 的列给出的两组基以及一个非奇异的对角矩阵 $\Lambda = \mathrm{diag}(\lambda_1, \cdots, \lambda_n)$，使得 $X^* Y = I$，且对每个 $j = 1, \cdots, n$ 都有 $Ax_j = \lambda_j y_j$.

299

(e) 存在一个正定的 $B \in M_n$，使得 $A^* BA = ABA^*$.

(f) 存在一个正定的 $B \in M_n$ 以及一个非奇异的正规矩阵 $C \in M_n$，使得 $A = BCB$.

说明这六个命题中的每一个怎样表示出正规矩阵的一种性质. 为此，可通过 *相合对角化的矩阵称为是**可以正规化的**(normalizable).

注记以及进一步的阅读参考　有关多于两个矩阵的同时对角化的结果(以及(4.5.P23)与(4.5.P24)中结论的证明)，见 Y. P. Hong 以及 R. A. Horn, On simultaneous reduction of families of matrices to triangular or diagonal form by unitary congruence, *Linear Multilinear Algebra* 17(1985)，271-288. 有关 *相合以及相合标准型定理的证明，(4.5.22)后面以及(4.5.26)后面所给出的算法的详细内容，确定 *相合中类型 I 的分块的符号的两个算法，以及向异于 $\mathbf{C}$ 的其他域上的矩阵的推广，参见 R. A. Horn 以及 V. V. Sergeichuk，(a) A regularization algorithm for matrices of bilinear and sesquilinear forms, *Linear Algebra Appl.* 412(2006)380-395. (b) Canonical forms for complex matrix congruence and *congruence, *Linear Algebra Appl.* 416(2006)1010-1032, 以及(c)Canonical matrices of bilinear and sesquilinear forms, *Linear Algebra Appl.* 428(2008)193-223. 问题(4.5.P36)出现在狭义相对论中，其中 $A = \mathrm{diag}(1, 1, 1, -c)$，这里的 c 是光的速度. 它说明，Lorentz 变换是四维时空中与 Einstein 有关光速普适假设相容的仅有的线性坐标变换. 有关的阐述见 J. H. Elton, Indefinite quadratic forms and the invariance of the interval in special relativity, *Amer. Math. Monthly* 117(2010)540-547. 可以正规化的矩阵这一术语(见(4.5.P37))大概是在 K. Fan, Normalizable operators, *Linear Algebra Appl.* 52/53(1983)253-263 中创造出来的.

4.6　共轭相似以及共轭对角化

在这一节里，我们要研究并拓广共轭对角化这一概念，这一概念是在(4.5.17c)中自然出现的.

定义 4.6.1 矩阵 A，$B \in M_n$ 称为是**共轭相似**的（consimilar），如果存在一个非奇异的 $S \in M_n$，使得 $A = SB\overline{S}^{-1}$.

如果 U 是酉矩阵，那么 $\overline{U}^{-1} = \overline{U}^* = U^{\mathrm{T}}$，所以酉相合（$A = UBU^{\mathrm{T}}$）以及酉共轭相似（$A = UB\overline{U}^{-1}$）是相同的；如果 Q 是复正交的，则有 $\overline{Q}^{-1} = \overline{Q}^{\mathrm{T}} = Q^*$，所以复正交的 * 相合（$A = QBQ^*$）与复正交的共轭相似（$A = QB\overline{Q}^{-1}$）是相同的；如果 R 是实的非奇异矩阵，那么 $\overline{R}^{-1} = R^{-1}$，故而实相似（$A = RBR^{-1}$）与实共轭相似（$A = RB\overline{R}^{-1}$）是相同的.

对于 1 阶矩阵，相似是平凡的（$sas^{-1} = a$），但是共轭相似是一个旋转：如果 $s = |s| e^{i\theta}$ 则有 $sa\overline{s}^{-1} = |s| e^{i\theta} a |s|^{-1} e^{i\theta} = e^{2i\theta} a$.

习题 说明为什么每一个 1×1 复矩阵 $[a]$ 都共轭相似于 $[\overline{a}]$，共轭相似于 $[-a]$，以及共轭相似于实矩阵 $[|a|]$ 的. ◀

[300]

习题 如果 A，$B \in M_n$ 可以通过共轭对合矩阵实现共轭相似，那么它们之间有何关系？ ◀

共轭相似性是 M_n 上的一个等价关系（0.11）. 我们或许要问：哪些等价类包含分块三角矩阵、三角矩阵或者对角矩阵的代表元？

定义 4.6.2 矩阵 $A \in M_n$ 称为是**可共轭三角化**的（contriangularizable）（**可分块共轭三角化**的），如果存在一个非奇异的 $S \in M_n$，使得 $S^{-1} A \overline{S}^{-1}$ 是上三角的（分块上三角的）；称它是**可共轭对角化**的（condiagonalizable），如果 S 可以这样来选取，使得 $S^{-1} A \overline{S}$ 是对角的. 称它是**可共轭酉三角化**的（unitarily contriangularizable），或者**可共轭酉对角化**的（unitarily condiagonalizable），如果它酉相合于一个所要求形状的矩阵.

我们在（4.4.4）中遇到过共轭酉三角化（用酉相合实现三角化）以及共轭酉对角化（用酉相合实现对角化）. 如果 $A \in M_n$ 可以共轭酉三角化，又如果 $S^{-1} A \overline{S}^{-1} = \Delta$ 是上三角的，则计算显示 $\Delta \overline{\Delta} = S^{-1} (A\overline{A}) S$ 的主对角线元素是非负的. 反之，如果 $A\overline{A}$ 的每个特征值都是非负的，那么（4.4.4）就确保 A 是可以共轭酉三角化的. 如果 $A\overline{A}$ 的某个特征值不是实的，或者是负的实数，那么 A 不可以共轭三角化，但是（4.4.9）确保它可以分块共轭三角化，其中的分块是 1 阶以及 2 阶的对角分块，这些对角分块与 $A\overline{A}$ 的非实的共轭的特征值或者成对相等的负实的特征值相关联.

定理 4.6.3 设给定 $A \in M_n$. 则以下诸命题等价.

(a) A 可以共轭三角化.

(b) A 可以共轭酉三角化.

(c) $A\overline{A}$ 的每个特征值都是非负的实数.

如果 $A \in M_n$ 是可以共轭酉对角化的，那么就存在一个酉矩阵 U，使得 $A = U\Lambda\overline{U}^{-1} = U\Lambda U^{\mathrm{T}}$，其中 $\Lambda = \mathrm{diag}(\lambda_1, \cdots, \lambda_n)$，由此推出 A 是对称的. 反之，如果 A 是对称的，那么（4.4.4c）确保 A 是可以共轭酉对角化的.

定理 4.6.4 矩阵 $A \in M_n$ 是可以共轭酉对角化的，当且仅当它是对称的.

我们可以怎样来决定一个给定的非对称的方阵是否可以通过（必定非酉的）共轭相似实现共轭对角化？如果 $S = [s_1 \cdots s_2]$ 是非奇异的且按照它的列予以分划，又如果 $S^{-1} A \overline{S}^{-1} = \Lambda = \mathrm{diag}(\lambda_1, \cdots, \lambda_n)$，那么 $A\overline{S}^{-1} = S\Lambda$，所以对 $i = 1, \cdots, n$ 有 $A\overline{s}_i = \lambda_i s_i$.

定义 4.6.5 设给定 $A \in M_n$. 一个非零向量 $x \in \mathbf{C}^n$ 使得对某个 $\lambda \in \mathbf{C}$ 有 $A \overline{x} = \lambda x$，这个向量称为 A 的一个**共轭特征向量**（coneigenvector）；纯量 λ 称为 A 的一个**共轭特征值**（coneigenvalue）. 我们称共轭特征向量 x 是与共轭特征值 λ 相伴的. 元素对 λ，x 称为 A 的一个**共轭特征对**（coneigenpair）.

> **习题** 设 $A \in M_n$ 是奇异的，又设 $\mathcal{N}$ 表示它的零空间. 说明为什么 A 的与共轭特征值 0 相伴的共轭特征向量是复的子空间 $\overline{\mathcal{N}}$ 中的非零的向量（不很重要）.

301

A 的共轭特征向量生成的子空间是一维的共轭不变子空间. 引理 4.4.2 确保每一个 $A \in M_n$ 都有一个维数为 1 或者 2 的共轭不变子空间.

如果 $S^{-1} A \overline{S}^{-1} = \Lambda$ 是对角的，则恒等式 $A \overline{S}^{-1} = S\Lambda$ 确保 S 的每一列都是 A 的一个共轭特征向量，所以存在 $\mathbf{C}^n$ 的一组由 A 的共轭特征向量组成的基. 反之，如果存在 $\mathbf{C}^n$ 的一组由 A 的共轭特征向量组成的基 $\{s_1, \cdots, s_n\}$，那么 $S = [s_1 \quad \cdots \quad s_2]$ 就是非奇异的，对某个对角矩阵 Λ 有 $A \overline{S}^{-1} = S\Lambda$，且 $S^{-1} A \overline{S}^{-1} = \Lambda$. 正如在通常的对角化情形那样，我们得出结论：$A \in M_n$ 是可以共轭对角化的，当且仅当它有 n 个线性无关的共轭特征向量.

如果 $A \overline{x} = \lambda x$，那么对任何 $\theta \in \mathbf{R}$ 有 $A(\overline{e^{i\theta} x}) = e^{-i\theta} A \overline{x} = e^{-i\theta} \lambda x = (e^{-2i\theta} \lambda)(e^{i\theta} x)$. 于是，如果 λ 是 A 的共轭特征值，则对所有 $\theta \in \mathbf{R}$，$e^{-2i\theta} \lambda$ 也是 A 的共轭特征值；$e^{i\theta} x$ 是一个相伴的共轭特征向量. 较为方便的做法是从模相等的共轭特征值 $e^{-2i\theta} \lambda$ 中选取唯一一个非负的代表元 $|\lambda|$，并利用一个与之相伴的共轭特征向量.

> **习题** 设给定 $A \in M_n$，假设 λ，x 是 A 的一组共轭特征对，又设 $\mathcal{S} = \{x : A \overline{x} = \lambda x\}$. 如果 $\lambda \neq 0$，说明为什么 $\mathcal{S}$ 不是 $\mathbf{C}$ 上的向量空间（从而它也不是 $\mathbf{C}^n$ 的子空间），但它是 $\mathbf{R}$ 上的一个向量空间. 向量空间 $\mathcal{S}$（如果 $\lambda > 0$，它仅仅是实向量空间，而如果 $\lambda = 0$，则它是一个复向量空间）是 **A 的与共轭特征值 λ 相伴的共轭特征空间**（coneigenspace of A associated with the coneigenvalue λ）.

此外，如果 $A \overline{x} = \lambda x$，那么 $A \overline{A} x = A(\overline{A \overline{x}}) = A(\overline{\lambda x}) = \overline{\lambda} A \overline{x} = \overline{\lambda} \lambda x = |\lambda|^2 x$，所以 λ 是 A 的共轭特征值，仅当 $|\lambda|^2$ 是 $A \overline{A}$ 的一个（一定非负的）特征值.

> **习题** 对于 $A = \begin{bmatrix} 0 & -1 \\ 1 & 0 \end{bmatrix}$，证明 $A \overline{A}$ 没有非负的特征值，并说明为什么 A 没有共轭特征向量（从而也没有共轭特征值）.

我们刚刚关注的关于共轭特征值存在的必要条件也是充分的.

命题 4.6.6 设给定 $A \in M_n$ 以及 $\lambda \geq 0$，设 $\sigma = \sqrt{\lambda} \geq 0$，并假设存在一个非零的向量 x，使得 $A \overline{A} x = \lambda x$. 则存在一个非零向量 y，使得 $A \overline{y} = \sigma y$.

(a) 如果 $\lambda = 0$，则 $\overline{A}$ 是奇异的，且对 $\overline{A}$ 的零空间中任意的非零向量 z，可以取 $y = \overline{z}$.

(b) 如果 $\lambda > 0$，则对满足 $A \overline{x} \neq -e^{2i\theta} \sigma x$ 的任意的 $\theta \in [0, \pi)$ 可以取 $y = e^{-i\theta} A \overline{x} + e^{i\theta} \sigma x$，至多有 $\theta \in [0, \pi)$ 的一个值被排除在外.

(c) 如果 λ 作为 $A \overline{A}$ 的特征值的几何重数为 1，那么，对某个 $\theta \in [0, \pi)$，x 是 A 的与共轭特征值 $e^{2i\theta} \sigma$ 相伴的共轭特征向量，且 $y = e^{i\theta} x$ 满足 $A \overline{y} = \sigma y$.

证明 (a) 如果 $A \overline{A} x = 0$，则 $A \overline{A}$ 是奇异的，所以 $0 = \det A \overline{A} = |\det \overline{A}|^2$，$\overline{A}$ 是奇异的，故而存在非零向量 z 使得 $\overline{A} z = 0$ 以及 $\overline{A} z = A \overline{z} = 0$.

(b) 假设 $\sigma>0$, 则 $\sigma x\neq0$. 如果向量 $A\bar{x}$, σx 是线性相关的, 则对唯——个复的纯量 c 有 $A\bar{x}=c\sigma x$; 如果它们是线性无关的, 则对每一个复的纯量 c 都有 $A\bar{x}\neq c\sigma x$. 特别地, 对至多一个 $\theta\in[0,\pi)$ 有 $A\bar{x}=-\mathrm{e}^{2\mathrm{i}\theta}\sigma x$. 如果 $\theta\in[0,\pi)$ 使得 $A\bar{x}\neq-\mathrm{e}^{2\mathrm{i}\theta}\sigma x$, 那么 $y\neq0$, 且 $A\bar{y}=\mathrm{e}^{\mathrm{i}\theta}A\overline{A}\bar{x}+\mathrm{e}^{-\mathrm{i}\theta}\sigma A\bar{x}=\mathrm{e}^{\mathrm{i}\theta}\lambda x+\mathrm{e}^{-\mathrm{i}\theta}\sigma A\bar{x}=\sigma(\mathrm{e}^{-\mathrm{i}\theta}A\bar{x}+\mathrm{e}^{\mathrm{i}\theta}\sigma x)=\sigma y$.

(c) $A\overline{A}(A\bar{x})=A\overline{(A\overline{A}x)}=A(\overline{\lambda x})=\lambda(A\bar{x})$, 所以对某个纯量 c 有 $A\bar{x}=cx$(有可能 $c=0$), 这是因为 λ 作为 $A\overline{A}$ 的特征值, 其几何重数为 1. 这样就有 $\lambda x=A\overline{A}x=A(\overline{A\bar{x}})=A(\overline{cx})=\bar{c}A\bar{x}=\bar{c}cx=|c|^2x$, 它确保 $|c|=\sigma$. 设 $c=\mathrm{e}^{2\mathrm{i}\theta}\sigma$. 则有 $A\bar{x}=cx=\mathrm{e}^{2\mathrm{i}\theta}\sigma x$ 以及 $A(\overline{\mathrm{e}^{\mathrm{i}\theta}x})=\sigma(\mathrm{e}^{\mathrm{i}\theta}\sigma x)$. $\square$

习题 设 σ 是非负的实数, $A=\begin{bmatrix}\sigma & \mathrm{i}\\0 & \sigma\end{bmatrix}$ 以及 $x=[1\;\;\mathrm{i}]^{\mathrm{T}}$. 说明为什么 x 是 $A\overline{A}$ 的与特征值 σ^2 相伴的特征向量, 但它不是 A 的共轭特征向量. 如果 $\sigma=0$, 验证标准基向量 e_1 是 A 的与共轭特征值零相伴的共轭特征向量. 如果 $\sigma>0$, 验证 $y=A\bar{x}+\sigma x$ 是 A 的与共轭特征值 σ 相伴的共轭特征向量. ◄

尽管 $A\overline{A}$ 的与一个非负特征值 λ 相伴的特征向量不一定是 A 的共轭特征向量, (4.6.6)的证明表明可以怎样利用这样一个向量来构造 A 的与非负的共轭特征值 $\sqrt{\lambda}$ 相伴的共轭特征向量. 如果 λ 是正的且作为 $A\overline{A}$ 的特征值的几何重数为 g, 那么 A 的与正的共轭特征值 $\sqrt{\lambda}$ 相伴的共轭特征空间就是一个 g 维的实向量空间, 且存在(4.6.6)的一个推广, 这个推广表明了怎样从 $A\overline{A}$ 的与特征值 λ 相伴的特征空间的一组给定的基出发为它构造出一组基; 见(4.6.P16~P18).

下面的结果是与(1.3.8)类似的结果.

命题 4.6.7 设给定 $A\in M_n$, 又设 x_1, x_2, $\cdots$, x_k 是与 A 的对应的共轭特征值 λ_1, λ_2, $\cdots$, λ_k 相伴的共轭特征向量. 如果只要 $1\leqslant i$, $j\leqslant k$ 且 $i\neq j$ 就有 $|\lambda_i|\neq|\lambda_j|$, 那么向量 x_1, x_2, $\cdots$, x_k 是线性无关的.

证明 每个 x_i 都是 $A\overline{A}$ 的与特征值 $|\lambda_i|^2$ 相伴的特征向量. 引理 1.3.8 确保诸向量 x_1, $\cdots$, x_k 是线性无关的. $\square$

这一结果以及(4.6.6)合在一起就对一个给定矩阵的线性无关的共轭特征向量的个数给出一个下界, 并对共轭对角化给出一个充分条件, 这是一个与(1.3.9)类似的结果. 如果 $A\overline{A}$ 有不同的特征值, 则任何可以使 $A\overline{A}$ 对角化(通过相似)的非奇异矩阵也可以使 A 共轭对角化, 这一结论似乎令人惊奇.

推论 4.6.8 设给定 $A\in M_n$, 并假设 $A\overline{A}$ 有 k 个不同的非负特征值.

(a) 矩阵 A 至少有 k 个线性无关的共轭特征向量.

(b) 如果 $k=0$, 则 A 没有共轭特征向量.

(c) 假设 $k=n$. 那么 A 是可以共轭对角化的. 此外, 如果 $S\in M_n$ 是非奇异的, $A\overline{A}=S\Lambda S^{-1}$, 且 Λ 是非负的对角矩阵, 那么 $S^{-1}A\overline{S}^{-1}=D$ 是对角的, 且存在一个对角的酉矩阵 Θ, 使得 $A=Y\sum\overline{Y}^{-1}$, 其中 $Y=S\Theta$, $\sum$ 是非负对角的, 且 $\sum^2=\Lambda$.

证明 仅(d)中第二个结论需要验证. 设 $\Lambda=\mathrm{diag}(\lambda_1,\cdots,\lambda_n)$, 又对每个 $j=1,\cdots,n$ 设 $\sigma_j^2=\lambda_j$ 以及 $\sigma_j\geqslant0$, 设 $\sum=\mathrm{diag}(\sigma_1,\cdots,\sigma_n)$, 又设将 $S=[s_1\;\cdots\;s_n]$ 按照它的列进行分划.

每一列 s_j 都是 $A\overline{A}$ 的与一个非负特征值 λ_j 相伴的特征向量，该特征值的代数（从而几何）重数是 1. 于是 (4.4.6d) 确保每一个 s_j 都是 A 的一个共轭特征向量，而且确保有 $A\overline{s}_j = \mathrm{e}^{2\mathrm{i}\theta_j}\sigma_j s_j$（对某个 $\theta_j \in [0, \pi)$）以及 $A\overline{y}_j = \sigma_j y_j$，其中 $y_j = \mathrm{e}^{\mathrm{i}\theta}s_j$. 设 $Y = [y_1 \ \cdots \ y_n]$ 以及 $\Theta = \mathrm{diag}(\mathrm{e}^{\mathrm{i}\theta_1}, \cdots, \mathrm{e}^{\mathrm{i}\theta_n})$. 那么就有 $Y = S\Theta$，$D = \sum \Theta^2$ 以及 $A = (S\Theta)\sum\overline{(S\Theta)}^{-1} = Y\sum\overline{Y}^{-1}$. $\quad\square$

[303]

我们的目的是要对一个给定的矩阵是否可以共轭对角化给出一个简单的条件，而作为第一步，我们来证明共轭对合矩阵 (0.9.13) 共轭相似于单位矩阵.

引理 4.6.9 设给定 $A \in M_n$. 那么，$A\overline{A} = I$ 当且仅当存在一个非奇异的 $S \in M_n$，使得 $A = S\overline{S}^{-1}$.

证明 如果 $A = S\overline{S}^{-1}$，则 $A\overline{A} = S\overline{S}^{-1}\overline{S}S^{-1} = I$. 反之，假设 $A\overline{A} = I$，令 $S_\theta = \mathrm{e}^{\mathrm{i}\theta}A + \mathrm{e}^{-\mathrm{i}\theta}I$，$\theta \in \mathbf{R}$，并计算

$$A\overline{S}_\theta = A(\mathrm{e}^{-\mathrm{i}\theta}\overline{A} + \mathrm{e}^{\mathrm{i}\theta}I) = \mathrm{e}^{-\mathrm{i}\theta}A\overline{A} + \mathrm{e}^{\mathrm{i}\theta}A = \mathrm{e}^{\mathrm{i}\theta}A + \mathrm{e}^{-\mathrm{i}\theta}I = S_\theta \qquad (4.6.10)$$

则存在某个 $\theta_0 \in [0, \pi)$，使得 $-\mathrm{e}^{2\mathrm{i}\theta_0}$ 不是 A 的特征值（至多有 n 个值被排除在外），且 S_{θ_0} 是非奇异的，(4.6.10) 确保有 $A = S_{\theta_0}\overline{S}_{\theta_0}^{-1}$. $\quad\square$

现在可以来陈述并证明共轭对角化的一个必要且充分条件了. 有关计算共轭对角化的算法，见 (4.6.P21)，它推广了 (4.6.8c) 中的构造.

定理 4.6.11 给定的 $A \in M_n$ 是可以共轭对角化的，当且仅当 $A\overline{A}$ 可以对角化（通过相似），$A\overline{A}$ 的每一个特征值都是非负实数，且 $\mathrm{rank}A = \mathrm{rank}A\overline{A}$.

证明 如果 $A = SD\overline{S}^{-1}$，且 $D \in M_n$ 是对角的，那么 $A\overline{A} = SD\overline{S}^{-1}\overline{S}\,\overline{D}S^{-1} = SD\overline{D}S^{-1}$，且 $A\overline{A}$ 与 A 两者的秩就是 D 中非零的对角元素的个数.

反之，假设 $\mathrm{rank}A = \mathrm{rank}A\overline{A}$，且存在一个非奇异的 S，使得 $A\overline{A} = S\Lambda S^{-1}$，其中 $\Lambda = \lambda_1 I_{n_1} \oplus \cdots \oplus \lambda_d I_{n_d}$ 是实的对角矩阵，$0 \leqslant \lambda_1 < \cdots < \lambda_d$，且只要 $i \neq j$，就有 $\lambda_i \neq \lambda_j$. 这样就有

$$S^{-1}A\overline{A}S = S^{-1}A\overline{S}\,\overline{S}^{-1}\overline{A}S = (S^{-1}A\overline{S})(\overline{S^{-1}A\overline{S}}) = \Lambda$$

设 $S^{-1}A\overline{S} = B = [B_{ij}]_{i,j=1}^d$ 与 Λ 共形地加以分划. 我们有 $B\overline{B} = \Lambda = \overline{\Lambda} = \overline{B}\,\overline{\overline{B}} = \overline{B}B$，所以 B 与 $\overline{B}$ 可交换. 此外，$B\Lambda = B(B\overline{B}) = B(\overline{B}B) = (B\overline{B})B = \Lambda B$，所以 B 与 Λ 可交换，而且 (2.4.4.2) 确保 $B = B_{11} \oplus \cdots \oplus B_{dd}$ 是分块对角的且是与 Λ 共形的. 恒等式 $B\overline{B} = \Lambda$ 告诉我们：对每个 $i = 1, \cdots, k$ 都有 $B_{ii}\overline{B}_{ii} = \lambda_i I_{n_i}$. 假设对每个 $i = 1, \cdots, d$ 有 $\sigma_i \geqslant 0$ 以及 $\sigma_i^2 = \lambda_i$. 如果 $\lambda_i > 0$，则 B_{ii} 是非奇异的，且 $(\sigma_i^{-1}B_{ii})\overline{(\sigma_i^{-1}B_{ii})} = I_{n_i}$. 上一个引理确保存在一个非奇异的 $R_i \in M_{n_i}$，使得 $\sigma_i^{-1}B_{ii} = R_i\overline{R}_i^{-1}$，即 $B_{ii} = \sigma_i R_i\overline{R}_i^{-1}$. 一方面，我们有 $\mathrm{rank}A = \mathrm{rank}B = \sum_{i=1}^d \mathrm{rank}B_{ii} = \mathrm{rank}B_{11} + \sum_{i=2}^d n_i$. 另一方面，我们有 $\mathrm{rank}A = \mathrm{rank}A\overline{A} = \mathrm{rank}\Lambda = \beta_1 + \sum_{i=2}^d n_i$，其中 $\beta_1 = 0$（如果 $\lambda_1 = 0$）以及 $\beta_1 = n_1$（如果 $\lambda_1 > 0$）. 我们断言 $\mathrm{rank}B_{11} = \beta_1$，所以 $B_{11} = 0$（如果 $\lambda_1 = 0$）. 从而，在 $\lambda_1 = 0$ 或者 $\lambda_1 > 0$ 中的随便哪一种情形，都有 $B_{11} = \sigma_1 I_{n_1}$，故而如果 $\lambda_1 = 0$，则我们可以取 $R_1 = I_{n_1}$. 如果设 $R = R_1 \oplus \cdots \oplus R_d$ 以及 $\sum = \sigma_1 I_{n_1} \oplus \cdots \oplus \sigma_d I_{n_d}$，就推出结论 $B = R(\sigma_1 I_{n_1} \oplus \cdots \oplus \sigma_d I_{n_d})\overline{R}^{-1} = R\sum\overline{R}^{-1}$ 以及 $A = SB\overline{S}^{-1} = (SR)\sum\overline{(SR)}^{-1}$. $\quad\square$

[304]

上一个引理以及定理在酉相合意义下的表述形式，见 (4.6.P26) 以及 (4.6.P27).

通常的相似的理论是在研究不同的基之间的线性变换时产生的. 在一般的情形，共轭相

似性是在研究不同的基之间的反线性变换时产生的. **半线性变换**(semilinear transformation)有时也称为**反线性变换**(antilinear transformation)，它是从一个复向量空间到另一个复向量空间的一个映射 $T: V \to W$，它是加性的(对所有 x，$y \in V$ 都有 $T(x+y) = Tx + Ty$)而且是**共轭齐次的**(conjugate homogeneous)(对所有 $a \in \mathbf{C}$ 以及所有 $x \in V$ 都有 $T(ax) = \bar{a}Tx$，有时也称为**反齐次的**，antihomogeneous). 量子力学中的**时光逆转**(time reversal)就是半线性变换的一个例子.

当然，并非每个矩阵都是可以共轭对角化的，但是对于每个复方阵都与之共轭相似的方阵有一个标准型. **共轭相似标准型定理**(consimilarity canonical form theorem)如下示.

定理 4.6.12 每一个复方阵都共轭相似于一个直和，这个直和除了直和项的排列次序外是唯一确定的，它由以下三种类型的矩阵的直和项组成:

类型 0: $J_k(0)$，$k = 1$，2，$\cdots$；

类型 I: $J_k(\sigma)$，$k = 1$，2，$\cdots$，其中 σ 是正的实数；

类型 II: $H_{2k}(\mu)$，$k = 1$，2，$\cdots$，其中 $H_{2k}(\mu)$ 有 $(4.5.20)$ 的形状，而 μ 要么不是实数，要么是负的实数.

习题 如果 $\mu \in \mathbf{C}$，说明为什么 $H_{2k}(\mu)H_{2k}(\bar{\mu})$ 相似于 $J_k(\mu) \oplus J_k(\bar{\mu})$.

如同 $(4.5.22)$ 的证明中那样，由 $(4.6.12)$ 可以得出关于共轭相似的**消去定理**(cancellation theorem).

定理 4.6.13 设给定 A，$B \in M_p$ 以及 $C \in M_q$. 那么 $A \oplus C$ 共轭相似于 $B \oplus C$，当且仅当 A 共轭相似于 B.

$A\bar{A}$ 的 Jordan 标准型有特殊的形式: 它的非奇异的部分只包含形如 $J_k(\lambda)$ 的分块，其中 λ 是正的实数，还包含形如 $J_k(\mu) \oplus J_k(\bar{\mu})$ 的成对的分块，其中 μ 不能既是实数又是正数(即 μ 或者是负的实数，或者不是实数)；而它的奇异部分则相似于一个幂零矩阵的平方(见 4.6.P22).

如同在 $(4.6.12)$ 中描述的那样，给定的 $A \in M_n$ 的**共轭标准型**(concanonical form)是它共轭相似的类型 0、类型 I 以及类型 II 的分块所组成的直和. 它可以分两步来决定.

步骤 1. 设 $r_0 = n$，$r_1 = \text{rank}A$，$r_{2k} = \text{rank}(A\bar{A})^k$，以及 $r_{2k+1} = \text{rank}((A\bar{A})^k A)$(对 $k = 1$，2，$\cdots$). 整数 $w_j = r_{j-1} - r_j$，$j = 1$，$\cdots$，$n+1$，如下确定 A 的共轭标准型中类型 0 的分块: 有 $w_k - w_{k+1}$ 个形如 $J_k(0)$ 的分块，$k = 1$，$\cdots$，n.

步骤 2. 计算 $A\bar{A}$ 的 Jordan 标准型的非奇异的部分. 如下确定 A 的标准型中类型 I 以及类型 II 的分块: 每一个分块 $J_k(\lambda)$(其中 $\lambda > 0$)对应于一个类型 I 的分块 $J_k(\sigma)$(其中 $\sigma > 0$ 且 $\sigma^2 = \lambda$)；每一对分块 $J_k(\mu) \oplus J_k(\bar{\mu})$(其中 μ 不是实数，或者是负的实数)对应于一个类型 II 的分块 $H_{2k}(\mu)$.

推论 4.6.14 设 A，$B \in M_n$. 那么 A 共轭相似于 B，当且仅当 $A\bar{A}$ 相似于 $B\bar{B}$，$\text{rank}A = \text{rank}B$，且对 $k = 1$，$\cdots$，$[n/2]$ 有 $\text{rank}(A\bar{A})^k A = \text{rank}(B\bar{B})^k B$. 如果 A 与 B 是非奇异的，那么 A 共轭相似于 B，当且仅当 $A\bar{A}$ 相似于 $B\bar{B}$.

证明 所述条件的必要性是显然的，所以我们仅考虑其充分性. A 与 B 的共轭标准型中的类型 I 以及类型 II 的分块由 $A\bar{A}$ 的 Jordan 标准型确定，这是因为它与 $B\bar{B}$ 的 Jordan 标准型是相同的. 所说的关于秩的条件(与条件 $\text{rank}(A\bar{A})^k = \text{rank}(B\bar{B})^k$，$k = 1$，$2$，$\cdots$，

$[n/2]$合在一起，这些条件是 $A\overline{A}$ 与 $B\overline{B}$ 相似性的推论)确保 A 与 B 的共轭标准型中类型 0 的分块是相同的. □

习题 利用上一个推论证明：每一个复方阵都共轭相似于它的负矩阵、它的共轭、它的转置以及它的共轭转置. ◀

可以证明：这三种类型的共轭标准分块的每一种都与一个 Hermite 矩阵共轭相似，也与一个实矩阵共轭相似. 这样就由(4.6.12)推出：每个复方阵都共轭相似于一个 Hermite 矩阵，也共轭相似于一个实矩阵.

推论 4.6.15 设给定 $A\in M_n$. 那么 A 共轭相似于 $-A$、$\overline{A}$、A^{T} 以及 A^*，它还共轭相似于一个 Hermite 矩阵，共轭相似于一个实矩阵.

推论 4.6.16 设给定 $A\in M_n$. 那么 $A\overline{A}$ 相似于一个实矩阵的平方.

证明 推论 4.6.15 确保存在一个非奇异的 $S\in M_n$ 以及一个实矩阵 $R\in M_n(\mathbf{R})$，使得 $A=SR\,\overline{S}^{-1}$. 那么 $A\overline{A}=SR\,\overline{S}^{-1}\overline{SR}\,\overline{S}^{-1}=SR^2S^{-1}$. □

上一个推论和它的证明对(4.4.13)中所见证的现象提供了完整的解释：假设 λ 是 $A\overline{A}$ 的负的实特征值. 设 μ 是一个纯虚的纯量，使得 $\mu^2=\lambda$ 以及 $\mathrm{Im}\mu>0$. 分块 $J_k(\lambda)$ 出现在 $A\overline{A}$ 的 Jordan 标准型中，当且仅当它出现在 R^2 的 Jordan 标准型中，当且仅当要么 $J_k(\mu)$ 要么 $J_k(-\mu)$ 出现在 R 的 Jordan 标准型中. 然而，因为 R 是实的，且 $\overline{\mu}=-\mu$，这**两种**分块都必定在 R 的 Jordan 标准型中出现，的确，它们每一种都有同样的个数. 于是，在 R^2（从而也就是 $A\overline{A}$）的 Jordan 标准型中分块 $J_k(\lambda)$ 的个数是偶数.

推论 4.6.17 设给定 $A\in M_n$.

(a) $A=HS(A=SH$ 同样)，其中 H 是 Hermite 的，S 是对称的，其中随便哪个因子都可以选取为非奇异的.

(b) $A=BE(A=EB$ 同样)，其中 B 相似于一个实矩阵，而 E 是共轭对合的.

证明 (a) 利用(4.6.15)记 $A=SH\,\overline{S}^{-1}$，其中 S 是非奇异的，而 H 是 Hermite 的. 这样 $A=(SHS^*)(S^{-*}\,\overline{S}^{-1})=(SHS^*)(\overline{S}^{-\mathrm{T}}\overline{S}^{-1})$ 就是一个 Hermite 矩阵与一个非奇异的对称矩阵的乘积. 现在记 $A=SB\,\overline{S}^{-1}$，其中 B 是对称的. 那么 $A=(SS^*)(S^{-*}\,B\,\overline{S}^{-1})=(SS^*)(\overline{S}^{-\mathrm{T}}B\,\overline{S}^{-1})$ 是一个非奇异的 Hermite 矩阵与一个对称矩阵的乘积. 为了将因子的次序反转过来，记 $A=(SS^{\mathrm{T}})(S^{-\mathrm{T}}H\,\overline{S}^{-1})$ 或者 $A=(SBS^{\mathrm{T}})(S^{-\mathrm{T}}\overline{S}^{-1})$.

(b) 利用(4.6.15)记 $A=SR\,\overline{S}^{-1}$，其中 S 是非奇异的，而 R 是实的. 这样 $A=(SRS^{-1})(S\,\overline{S}^{-1})=(S\,\overline{S})(\overline{S}R\,\overline{S}^{-1})$ 就是一个共轭对合矩阵以及一个与实矩阵相似的矩阵之积(按照两种次序). □

我们关于共轭相似的最后的结果是一个判别法，它可能是(4.6.14)的另一个有用的工具. 有关另一个判别法，见(4.6.P17).

定理 4.6.18 设给定 $A,B\in M_n$. 则如下诸命题等价.

(a) A 与 B 是共轭相似的.

(b) $\begin{bmatrix}0 & A \\ \overline{A} & 0\end{bmatrix}$ 相似于 $\begin{bmatrix}0 & B \\ \overline{B} & 0\end{bmatrix}$.

(c) $\begin{bmatrix}0 & A \\ -\overline{A} & 0\end{bmatrix}$ 相似于 $\begin{bmatrix}0 & B \\ -\overline{B} & 0\end{bmatrix}$.

306

习题 　如果 $A = SB\overline{B}^{-1}$，利用相似矩阵 $\begin{bmatrix} S & 0 \\ 0 & \overline{S} \end{bmatrix}$ 来证明：上一个定理中（a）蕴含（b）以

及（c）.　　◀

问题

4.6.P1 　说明为什么共轭相似性是 M_n 上一个等价关系.

4.6.P2 　证明：(a) $\begin{bmatrix} i & 1 \\ 0 & i \end{bmatrix}$ 不可以（通过相似）对角化，但它可以共轭对角化. (b) $\begin{bmatrix} 1 & -1 \\ 1 & 1 \end{bmatrix}$ 可以对角化，但不可以共轭对角化. (c) $\begin{bmatrix} 0 & 1 \\ 0 & 0 \end{bmatrix}$ 既不可对角化，也不可共轭对角化.

4.6.P3 　设给定 $A \in M_n$，假设 λ 是 A 的一个正的共轭特征值，而 $x_1, \cdots, x_k$ 是 A 的与 λ 相伴的共轭特征向量. 证明：向量 $x_1, \cdots, x_k$ 在 $\mathbf{C}$ 上线性无关，当且仅当它们在 $\mathbf{R}$ 上线性无关.

4.6.P4 　定理 4.6.11 对于单个矩阵的共轭对角化给出了必要且充分的条件，但是如果我们有若干个矩阵打算同时共轭对角化呢？设给定 $\{A_1, A_2, \cdots, A_k\} \subset M_n$，并假设存在一个非奇异的 $S \in M_n$，使得 $A_i = S\Lambda_i \overline{S}^{-1}$（对 $i = 1, \cdots, k$）且每个 Λ_i 都是对角的. 证明：(a) 每一个 A_i 都是可以共轭对角化的；(b) 每一个 $A_i \overline{A}_i$ 都可对角化；(c) 乘积组成的族 $\{A_i \overline{A}_j : i, j = 1, \cdots, k\}$ 可交换；(d) 对所有 $i, j = 1, \cdots, k$，$A_i \overline{A}_j + A_j \overline{A}_i$ 的每一个特征值都是实数，而 $A_i \overline{A}_j - A_j \overline{A}_i$ 的每一个特征值都是虚数. 当 $k = 1$ 时这个结论说的是什么？

4.6.P5 　如果 $A \in M_n$ 使得 $A\overline{A} = \Lambda = \lambda_1 I_{n_1} \oplus \cdots \oplus \lambda_k I_{n_k}$（如果 $i \neq j$，就有 $\lambda_i \neq \lambda_j$），且所有 $\lambda_i \geqslant 0$，证明：存在一个酉矩阵 $U \in M_n$，使得 $A = U\Delta U^{\mathrm{T}}$ 以及 $\Delta = \Delta_1 \oplus \cdots \oplus \Delta_k$，其中每个 $\Delta_i \in M_{n_i}$ 都是上三角的.

4.6.P6 　引理 4.6.9 是说：$A \in M_n$ 有分解式 $A = S\overline{S}^{-1}$（对某个非奇异的 $S \in M_n$），当且仅当 $A\overline{A} = I$. 证明：对某个酉矩阵 $U \in M_n$ 有 $A = U\overline{U}^{-1} = UU^{\mathrm{T}}$，当且仅当 $A^{-1} = \overline{A}$ 且 A 是对称的.

307

4.6.P7 　设 $A \in M_n$ 是共轭对合的. 证明：存在单独一个非奇异的 $S \in M_n$，使得对任何 $X \in M_n$，SXS^{-1} 都是实的，且使得有 $A\overline{X} = XA$.

4.6.P8 　如果 $A \in M_n$ 是对角的或者是上三角的，证明 A 的特征值以及共轭特征值依下述方式联系在一起：如果 λ 是 A 的一个特征值，那么对所有 $\theta \in \mathbf{R}$，$e^{i\theta}\lambda$ 都是 A 的一个共轭特征值，又如果 μ 是 A 的一个共轭特征值，那么对某个 $\theta \in \mathbf{R}$，$e^{i\theta}\mu$ 都是 A 的一个特征值.

4.6.P9 　设给定 $A \in M_n$，并假设 n 是奇数. 说明为什么 A 有一组共轭特征对.

4.6.P10 　设 $A \in M_n$ 是对称的. 由 (4.6.11) 的命题导出结论：A 可以共轭对角化（不一定是酉对角化）. 按照如下三个步骤来修改 (4.6.11) 的证明，以此证明此共轭对角化可以通过一个酉矩阵来实现：(a) 说明为什么 S 可以取为酉矩阵. (b) 为什么每一个分块 B_{ii} 是对称的？利用 (2.5.18) 证明：$\sigma_j^{-1} B_{jj} = R_j^2 = R_j \overline{R}_j^{-1}$，其中 $R_j = Q_j D_j Q_j^{\mathrm{T}}$，$Q_j$ 是实正交矩阵，而 D_j 是对角的酉矩阵. (c) 说明为什么 R 可以取为酉矩阵. 将所有这些合在一起还可得到 (4.4.4c) 的另一个证明.

4.6.P11 　如果 $A \in M_n(\mathbf{R})$，说明为什么它的共轭标准型的奇异部分与它的 Jordan 标准型的奇异部分相同.

4.6.P12 　设 $A = \begin{bmatrix} 1 & i \\ i & -1 \end{bmatrix}$. 说明为什么 A 的 Jordan 标准型是 $J_2(0)$. (a) 利用 (4.6.13) 后面的算法验证 A 的共轭标准型是 $J_1(2) \oplus J_1(0)$. (b) 利用 (4.4.4c) 得出同样的结论.

4.6.P13 　(4.6.17b) 的分解怎样推广了如下的事实：每一个复数 z 都可以写成 $z = re^{i\theta}$（其中 r 与 θ 是实数）？如果 $A \in M_{m,n}$ 可以分解成 $A = RE$，其中 $R \in M_{m,n}(\mathbf{R})$ 是实的，而 $E \in M_n$ 是共轭对合的，说明为什么 $\mathrm{range}\,A = \mathrm{range}\,\overline{A}$. 关于分解式 $A = RE$ 成立的这一必要条件也是充分的：见 Horn 以及 Johnson(1991) 一书中的定理 6.4.23.

4.6.P14 　如果 $\mu \in \mathbf{C}$，证明 $H_{2k}(\mu)$ 共轭相似于 $H_{2k}(\overline{\mu})$. 现在利用 (4.6.12) 证明：每一个 $A \in M_n$ 都共轭相似于 $\overline{A}$.

4.6.P15 利用(4.6.14)证明：对任何 $\theta\in\mathbf{R}$，每一个 $A\in M_n$ 都共轭相似于 $e^{i\theta}A$.

4.6.P16 设给定 $A\in M_n$，假设 λ 是 $A\overline{A}$ 的几何重数为 $g\geqslant 1$ 的正的特征值，又设 $\sigma=\sqrt{\lambda}>0$. （a）如果 z_1，$\cdots$，z_k 是（在 $\mathbf{C}$ 上的）线性无关的向量，使得对每个 $j=1$，$\cdots$，k 都有 $A\overline{z}_j=\sigma z_j$，说明为什么 $k\leqslant g$. （b）利用(4.6.12)证明：存在 g 个（在 $\mathbf{C}$ 上）线性无关的向量 z_1，$\cdots$，z_g，使得对每个 $j=1$，$\cdots$，g 都有 $A\overline{z}_j=\sigma z_j$. （c）说明为什么(b)确保 A 的与共轭特征值 σ 相伴的共轭特征空间（一个实向量空间）的维数**至少**是 g. （d）说明为什么(a)与(4.6.P3)确保 A 的与共轭特征值 σ 相伴的共轭特征空间（一个实向量空间）的维数**至多**是 g. （e）导出结论：**A 的与共轭特征值 σ 相伴的共轭特征空间是一个 g 维的实向量空间.**

下面两个问题提出四种算法来确定 $A\in M_n$ 的与一个给定的正的共轭特征值 σ 相伴的共轭特征空间的一组基，假设给定 $A\overline{A}$ 的与特征值 σ^2 相伴的特征空间的一组基.

4.6.P17 设给定 $A\in M_n$，假设 λ 是 $A\overline{A}$ 的一个几何重数为 $g\geqslant 1$ 的正的特征值，又设 $\sigma=\sqrt{\lambda}>0$. 令 x_1，$\cdots$，x_g 是 $A\overline{A}$ 的与特征值 λ 相伴的线性无关的特征向量，又令 $X=[x_1\ \cdots\ x_g]\in M_{n,g}$，所以 $\mathrm{rank}X=g$，且 $A\overline{A}=\lambda X$. 问题是要构造一个矩阵 $Y=[y_1\ \cdots\ y_g]\in M_{n,g}$，使得 $\mathrm{rank}Y=g$ 以及 $A\overline{Y}=\sigma Y$，这就确保 Y 的列是 A 的与共轭特征值 σ 相伴的共轭特征空间（它是一个 g 维的实向量空间）的一组基. 说明为什么恒等式 $A\overline{A}X=\lambda X$ 蕴含 $\mathrm{rank}A\overline{X}=g$. 为什么 X 的列空间等于 $A\overline{A}$ 的与其特征值 λ 相伴的特征空间？说明为什么 $A\overline{A}(A\overline{X})=\lambda(A\overline{X})$，又为什么这个恒等式蕴含：存在某个矩阵 $B\in M_g$，使得 $A\overline{X}=XB$. 为什么 B 是唯一的？为什么 B 是非奇异的？

算法 I. 通过求解线性方程组 $A\overline{X}=XB$ 来确定矩阵 B. 为什么这是有可能做到的？由于 $\mathrm{rank}(B+e^{2i\theta}\sigma I)<g$ 成立的充分必要条件是：$-e^{2i\theta}\sigma$ 是 B 的一个特征值，故而至多存在 $\theta\in[0,\pi)$ 的 g 个值，使得 $B+e^{2i\theta}\sigma I$ 不是列满秩的. 选取任意一个使得 $\mathrm{rank}(B+e^{2i\theta}\sigma I)=g$ 成立的 $\theta\in[0,\pi)$，并设 $Y=e^{-i\theta}X(B+e^{2i\theta}\sigma I)$. 验证 $\mathrm{rank}Y=g$ 以及 $A\overline{Y}=\sigma Y$. 注意，Y 的每一列（即由该算法产生的每一个共轭特征向量）都是所有特征向量 x_1，$\cdots$，x_g 的一个线性组合的一个旋转.

算法 II. 利用恒等式 $XB=A\overline{X}$ 记 $e^{-i\theta}X(B+e^{2i\theta}\sigma I)=e^{-i\theta}A\overline{X}+e^{i\theta}\sigma X$，它对 $\theta\in[0,\pi)$ 的至多 g 个值不能是列满秩的. 选取任意一个满足 $\mathrm{rank}(e^{-i\theta}A\overline{X}+e^{i\theta}\sigma X)=g$ 的 $\theta\in[0,\pi)$，又设 $Y=e^{-i\theta}A\overline{X}+e^{i\theta}\sigma X$. 验证 $A\overline{Y}=\sigma Y$. 说明可以怎样通过试错法（猜测加检验）找出一个合适的 θ. 注意到 Y 的每一列都形如 $y_j=e^{-i\theta}A\overline{x}_j+e^{i\theta}x_j$，$j=1$，$\cdots$，$g$；每一个 y_j 都只依赖于 x_j，恰如(4.6.6)中所述.

算法 III. 验证 $\lambda X=A\overline{A}X=A(\overline{A\overline{X}})=A(\overline{XB})=XB\overline{B}$，并说明为什么 $B\overline{B}=\lambda I$，即 $\sigma^{-1}B$ 是共轭对合的. 如果 C 是共轭对合的矩阵，那么存在一个共轭对合的矩阵 E，使得 $C=E^2$，见 Horn 以及 Johnson(1991)中的(6.4.22). 设 $\sigma^{-1}B=E^2$，其中 E 是共轭对合的，又设 $Y=XE$. 验证 $\mathrm{rank}Y=g$ 以及 $A\overline{Y}=\sigma Y$. 注意 Y 的每一列都是所有的特征向量 x_1，$\cdots$，x_g 通过系数作出的一个线性组合，它们的矩阵组成一种旋转（$E\overline{E}=I$）.

当 $g=1$ 时，这三个算法会产生出什么结果？与(4.6.6)比较.

4.6.P18 将 $A\in M_n$ 记为 $A=A_1+iA_2$，其中 A_1，$A_2\in M_n(\mathbf{R})$，并考虑它的实表示 $R_2(A)=\begin{bmatrix}A_1 & A_2\\ A_2 & -A_1\end{bmatrix}\in M_{2n}(\mathbf{R})$，见(1.3.P21). 设 $x=u+iv\neq 0$，u，$v\in\mathbf{R}^n$，$w=\begin{bmatrix}u\\v\end{bmatrix}$，$T=\begin{bmatrix}0 & -I_n\\ I_n & 0\end{bmatrix}$ 以及 $z=Tw$. （a）证明：$A\overline{x}=\sigma x$，$\sigma\in\mathbf{R}\Leftrightarrow\begin{bmatrix}\mathrm{Re}A\overline{x}\\ \mathrm{Im}\overline{x}\end{bmatrix}=\sigma\begin{bmatrix}\mathrm{Re}x\\ \mathrm{Im}x\end{bmatrix}\sigma\in\mathbf{R}\Leftrightarrow R_2(A)w=\sigma w$，$\sigma\in\mathbf{R}$，这是一个通常的实特征对问题. （b）证明：$A\overline{x}=\sigma x$，$\sigma\in\mathbf{R}\Leftrightarrow A\overline{(ix)}=-\sigma(ix)$，$\sigma\in\mathbf{R}\Leftrightarrow R_2(A)z=-\sigma z$，$\sigma\in\mathbf{R}$. （c）利用(1.3.P21f)证明 $R_2(A)$ 的非零的特征值按照 $\pm$ 成对出现，而非实的特征值则共轭成对出现. （d）说明为什么 A 有共轭特征值，当且仅当 $R_2(A)$ 有实的特征值，当且仅当 $A\overline{A}$ 有实的非负的特征值. （e）假设 σ 是 $R_2(A)$ 的一个几何重数为 $g\geqslant 1$ 的正的特

征值；设 w_1，$\cdots$，w_g 是 $R_2(A)$（在 $\mathbf{R}$ 上的）的与 σ 相伴的线性无关的特征向量；又设 $w_j = \begin{bmatrix} u_j \\ v_j \end{bmatrix}$，$z_j = Tw_j$，$y_j = u_j + \mathrm{i}v_j$，$\alpha_j$，$\beta_j \in \mathbf{R}$ 以及 $c_j = \alpha_j + \mathrm{i}\beta_j$（对 $j = 1$，$\cdots$，g）. 说明为什么 z_1，$\cdots$，z_g 是 $R_2(A)$（在 $\mathbf{R}$ 上的）的与特征值 $-\sigma$ 相伴的线性无关的特征向量. 证明 $\sum_{j=1}^{g} c_j y_j = 0 \Rightarrow \sum_{j=1}^{g} \alpha_j u_j = \sum_{j=1}^{g} \beta_j v_j$ 以及 $\sum_{j=1}^{g} \alpha_j v_j = -\sum_{j=1}^{g} \beta_j u_j \Rightarrow \sum_{j=1}^{g} \alpha_j w_j = -\sum_{j=1}^{g} \beta_j z_j \Rightarrow \sum_{j=1}^{g} \alpha_j \sigma w_j = \sum_{j=1}^{g} \beta_j \sigma z_j \Rightarrow \sum_{j=1}^{g} \alpha_j w_j = 0$ 以及 $\sum_{j=1}^{g} \beta_j z_j = 0 \Rightarrow \alpha_1 = \cdots = \alpha_g = 0$ 以及 $\beta_1 = \cdots = \beta_g = 0 \Rightarrow c_1 = \cdots = c_g = 0$. 导出结论：$y_1$，$\cdots$，$y_g$ 是 A 的（在 $\mathbf{C}$ 上的）与正的共轭特征值 σ 相伴的线性无关的共轭特征向量.（f）利用（1.3.P21c）证明：g 等于 σ^2 作为 $A\overline{A}$ 的特征值的几何重数.

4.6.P19 设 A，$B \in M_n$. 证明：实表示 $R_2(A)$ 与 $R_2(B)$ 是相似的，当且仅当 A 与 B 共轭相似.

4.6.P20 设 $A \in M_n$ 是奇异的. 说明为什么 $\mathcal{N} = \{x \in \mathbf{C}^n : A\overline{x} = 0\}$ 是 $\mathcal{S} = \{x \in \mathbf{C}^n : AA\overline{x} = 0\}$ 的一个子空间，这里 $\mathcal{N}$ 是 A 的与共轭特征值零相伴的共轭特征空间，而 $\mathcal{S}$ 则是 $A\overline{A}$ 的零空间. 如果 $\mathrm{rank}A = \mathrm{rank}A\overline{A}$，说明为什么 $\mathcal{N} = \mathcal{S}$.

4.6.P21 假设 $A \in M_n$ 是可共轭对角化的. 给定 $A\overline{A}$ 一个通常的对角化，对下面构造 A 的共轭对角化的算法的正确性予以确证的过程提供细节. 设 $A\overline{A} = S\Lambda S^{-1}$，其中 $\Lambda = \lambda_1 I_{n_1} \oplus \cdots \oplus \lambda_d I_{n_d}$，$\lambda_1 > \cdots > \lambda_d \geq 0$ 是 $A\overline{A}$ 的不同的特征值，非奇异矩阵 S 与 Λ 共形地分化成 $S = [S_1 \cdots S_d]$. 对每个使得 $\lambda_j > 0$ 成立的 $j = 1$，$\cdots$，d，令 $\sigma_j = \sqrt{\lambda_j} > 0$；如果 $\lambda_d = 0$，就令 $\sigma_d = 1$. 设 $\Sigma = \sigma_1 I_{n_1} \oplus \cdots \oplus \sigma_d I_{n_d}$. 对每个 $j = 1$，$\cdots$，d，设 $Y_j = e^{-\mathrm{i}\theta_j} A \overline{S}_j^{-1} + e^{\mathrm{i}\theta_j} \sigma_j S_j$，其中 θ_j 是实区间 $[0, \pi)$ 中任意一个满足 $\mathrm{rank}Y_j = n_j$ 的值（至多有 n_j 个值被排除在外）；如果 $\lambda_d = 0$，就令 $\theta_d = 0$. 设 $Y = [Y_1 \cdots Y_d]$. 那么 $A\overline{Y} = Y\Sigma$ 且 Y 是非奇异的，所以 $A = Y\Sigma \overline{Y}^{-1}$ 就是 A 的共轭对角化. 设 $\Theta = e^{\mathrm{i}\theta_1} I_{n_1} \oplus \cdots \oplus e^{\mathrm{i}\theta_d} I_{n_d}$，并注意到 $Y = A\overline{S}\,\overline{\Theta} + S\Sigma\Theta$. 如果每一个 $n_j = 1$，会发生什么？与（4.6.8）比较.

4.6.P22 考虑幂零 Jordan 矩阵 $J = J_{n_1}(0) \oplus \cdots \oplus J_{n_k}(0)$，设 $q = \max\{n_1$，$\cdots$，$n_k\}$，又设 w_1，$\cdots w_q$ 是 J 的 Weyr 特征，所以 $w_1 = k$. 已知 J 是一个幂零矩阵的平方的 Jordan 标准型，当且仅当序列 w_1，$\cdots w_q$ 不包含两次相继出现同一个奇整数，又如果 k 是奇数，则 $w_1 - w_2 > 0$（即，如果 J 中分块的个数是奇数，那就至少存在一个阶为 1 的分块），见 Horn 以及 Johnson（1991）中的推论 6.4.13. 下面的 Jordan 矩阵中哪一个是幂零矩阵的平方的 Jordan 标准型？如果有，是哪一个矩阵？$J = J_2(0)$，$J = J_2(0) \oplus J_2(0)$，$J = J_2(0) \oplus J_2(0) \oplus J_2(0)$，$J = J_3(0) \oplus J_1(0)$，$J = J_5(0) \oplus J_2(0) \oplus J_1(0)$.

4.6.P23 设 $A \in M_n$. 令 $J = B \oplus N$ 是 $A\overline{A}$ 的 Jordan 标准型，其中 B 是非奇异的，而 N 是幂零的. 由（4.6.16）导出：（a）B 是一个仅由两种类型分块组成的直和：$J_k(\lambda)$，其中 λ 是正的实数，以及形如 $J_k(\mu) \oplus J_k(\overline{\mu})$ 的成对的分块，其中 μ 不是实数或者正数；（b）N 相似于一个幂零矩阵的平方. 对某个 $A \in M_3$，$J_1(1) \oplus J_2(0)$ 可以是 $A\overline{A}$ 的 Jordan 标准型吗？

4.6.P24 设 $A \in M_n$，又设 $\mathcal{A} = \begin{bmatrix} 0 & A \\ \overline{A} & 0 \end{bmatrix} \in M_{2n}$. 推论 4.6.15 确保存在一个非奇异的 $S \in M_n$ 以及一个实的 $R \in M_n(\mathbf{R})$，使得 $A = SR\overline{S}^{-1}$.（a）证明 $\mathcal{A}$ 通过相似矩阵 $S \oplus \overline{S}$ 相似于 $\begin{bmatrix} 0 & R \\ R & 0 \end{bmatrix}$.（b）说明为什么 $\mathcal{A}$ 的 Jordan 标准型仅由以下两种类型的直和项组成：$J_k(\lambda) \oplus J_k(-\lambda)$，其中 λ 是实数且是非负的，以及 $J_k(\lambda) \oplus J_k(-\lambda) \oplus J_k(\overline{\lambda}) \oplus J_k(-\overline{\lambda})$，其中 λ 不是实数.

4.6.P25 重返（4.5.P35）. 利用（4.5.17）证明：不存在非奇异的 $S \in M_2$，使得 $S^* AS$ 与 $S^T BS$ 两者都是对角矩阵.

4.6.P26 设 $\Delta = [d_{ij}] \in M_n$ 是上三角矩阵. 假设 Δ 与 $D = d_1 I_{n_1} \oplus \cdots \oplus d_k I_{n_k}$ 有同样的主对角线，d_1，$\cdots$，

d_k 是非负的实数且各不相同. 如果 $\Delta\,\overline{\Delta}$ 是正规的，证明 $\Delta=\Delta_1\oplus\cdots\oplus\Delta_k$，其中每一个 $\Delta_j\in M_{n_j}$ 都是上三角的，且与 $d_jI_{n_j}$ 有同样的对角线.

4.6. P27 对于(4.6.9)有一个共轭酉相似的类似结果：如果 $B\in M_m$ 且 $B\,\overline{B}=I$，那么就存在一个酉矩阵 $U\in M_m$，使得

$$B=U\left(I_{n-2q}\oplus\begin{bmatrix}0&\sigma_1^{-1}\\\sigma_1&0\end{bmatrix}\oplus\cdots\oplus\begin{bmatrix}0&\sigma_q^{-1}\\\sigma_q&0\end{bmatrix}\right)U^{\mathrm{T}} \tag{4.6.19}$$

其中 $\sigma_1,\ \sigma_1^{-1},\ \cdots,\ \sigma_q,\ \sigma_q^{-1}$ 是 B 的异于 1 的奇异值. (a)利用这一事实以及(3.4.P5)证明 (4.6.11)的关于共轭酉相似的一个类似的结果：给定的 $A\in M_n$ 酉相合于由形如

$$[\sigma],\quad\begin{bmatrix}0&s\\0&0\end{bmatrix},\quad\tau\begin{bmatrix}0&t\\t^{-1}&0\end{bmatrix}=\tau t\begin{bmatrix}0&1\\t^{-2}&0\end{bmatrix}$$

$$\sigma,\tau,s,t\in\mathbf{R},\sigma\geqslant,\tau>0,s>0,0<t<1 \tag{4.6.20}$$

的分块组成之直和，当且仅当 $A\,\overline{A}$ 是半正定的(即 $A\,\overline{A}$ 是可以酉对角化的，且有非负的实特征值). (b)说明为什么两个共轭对合矩阵是酉相合的，当且仅当它们有同样的奇异值. 分解式(4.6.19)可以视为共轭对合矩阵的一种特殊的奇异值分解，它与斜对称矩阵的特殊的奇异值分解(2.6.6.1)类似. (c)说明为什么(a)中的分解是由 A 唯一确定的(除了分块的排列次序之外). (d)将标准型(a)与(4.4.P43)中的结果加以比较.

4.6. P28 设 $A=\begin{bmatrix}0&-1\\1&0\end{bmatrix}$，它可以看成实的、复的或者四元数型的矩阵. 验证如下命题：(a)A 没有实的特征向量，从而也没有实的特征值. 那就是说，不存在非零的实向量 x 以及实的纯量 λ，使得 $Ax=\lambda x$. 然而，它有复的特征向量 $x_\pm=\begin{bmatrix}\pm i\\1\end{bmatrix}$ 以及相伴的复的特征值 $\lambda_\pm=\pm i$. (b)A 没有复的共轭特征向量，从而也没有复的共轭特征值. 即，不存在非零的复向量 x 以及复的纯量 λ，使得 $A\,\overline{x}=\lambda x$(等价地有 $A\,\overline{x}=x\lambda$). 不过，它有与四元数型右共轭特征值 $\lambda_\pm=\pm i$ 相伴的四元数型共轭特征向量 $x_\pm=\begin{bmatrix}\pm j\\k\end{bmatrix}$：$A\,\overline{x}_\pm=x_\pm\lambda_\pm$. 但是它没有与四元数型左共轭特征值相伴的四元数型共轭特征向量：不存在非零的四元数型向量 x 以及四元数型纯量 λ，使得 $A\,\overline{x}=\lambda x$. 在您验证时，请注意乘积的四元数共轭的逆序法则：$\overline{ab}=\overline{b}\,\overline{a}$.

注记以及进一步的阅读参考   有关共轭相似以及(4.6.P4)的最后一句中的结论的证明的更多的信息，请见(4.5)末尾提及的 Hong 以及 Horn 的那篇论文. 有关(4.6.12)的证明以及(4.6.15)中有关与 Hermite 矩阵或者与实矩阵共轭相似的结论，见 Y. P. Hong 以及 R. A. Horn, A canonical form for matrices under consimilarity, *Linear Algebra Appl.* 102(1988)143-168. (4.6.16)中的结论无须借助共轭标准型(4.6.12)就可以证明；见 K. Asano 以及 T. Nakayama, Überhalblineare Transformationen, *Mat. Ann.* 115(1938)87-114 中的定理 20. 有关(4.6.17)的一个证明以及(4.6.16)的另一个证明，见 P. L. Hsu, On a kind of transformations of matrices, *Acta Math. Sinica* 5 (1955) 333-346. 解决(4.6.17)的另一种途径，在 R. A. Horn 以及 D. I. Merino, Contragredient equivalence：A canonical form and some applications, *Linear Algebra Appl.* 214(1995)43-92 的定理 30 中. 有关标准型(4.6.19)的一个证明，见 R. A. Horn 以及 V. V. Sergeichuk, Canonical forms for unitary congruence and * congruence, *Linear Multilinear Algebra* 57 (2009)777-815 中的推论 8.4. 关于(4.6.P28)中思想的更多的信息，见 Huang Liping, Consimilarity of quaternion matrices and complex matrices, *Linear Algebra Appl.* 331(2001)21-30.

第 5 章　向量的范数与矩阵的范数

5.0　导言

Euclid 长度(0.6.1)是在 $\mathbf{R}^2$ 或者 $\mathbf{R}^3$ 中最为熟知的关于"大小"以及"接近程度"的度量. 一个实向量被视为"小的", 如果 $\|x\|_2 = (x^{\mathrm{T}}x)^{1/2}$ 是"小的". 两个实向量是"接近的", 如果 $\|x-y\|_2$ 是很小的.

除了 Euclid 长度之外, 是否还有其他有用的方法来度量实向量或复向量的"大小"? 关于反映 M_n 的代数结构的矩阵的"大小", 可以说些什么呢?

我们要通过研究向量范数(norm)以及矩阵的范数来讨论这些问题. 范数可以看成是 Euclid 长度的一种推广, 但是范数的研究不只是数学推广中的一个练习题. 范数在研究矩阵的幂级数以及有关数值计算的算法分析以及估计中自然出现.

例 5.0.1(收敛性)　如果 x 是一个满足 $|x|<1$ 的复数, 我们知道
$$(1-x)^{-1} = 1 + x + x^2 + x^3 + \cdots$$
这就提示我们想到有计算方阵 $I-A$ 之逆矩阵的公式
$$(I-A)^{-1} = I + A + A^2 + A^3 + \cdots$$
但是它在什么时候成立呢? 现在弄清楚了其充分条件是 A 的任意的矩阵范数都要小于 1. 有许多像

$$\mathrm{e}^A = \sum_{k=0}^{\infty} \frac{1}{k!} A^k$$

这样的其他的幂级数可以合理地定义自变量是矩阵的矩阵值函数, 这些幂级数可以利用范数证明是收敛的. 在截断的幂级数中为了计算一个特殊的函数值达到所需的精确度时, 范数可以用来确定所需的项数.

例 5.0.2(精度)　假设我们希望计算 A^{-1}(或者 e^A, 或者是 A 的某个另外的函数), 但却并不确切地知道 A 的元素. 它们有可能是由试验(通过分析其他数据, 或者是从引入舍入误差的事先计算)得到的. 我们可以将 $A = A_0 + E$ 视为"真确的"A_0 加上一个误差 E, 而且我们乐于估计在 $A^{-1} = (A_0 + E)^{-1}$ 的计算中潜在的误差, 以此取代计算真正的 A_0^{-1}. 知道$(A_0 + E)^{-1} - A_0^{-1}$ 的界限可能与知道逆矩阵的精确值同样重要, 而范数则提供了一种系统的方法来处理这样的问题.

例 5.0.3(界限)　如同由矩阵的摄动所产生的这些量的变化的界限一样, 特征值以及奇异值的界限常与范数有关.

例 5.0.4(连续性)　$\mathbf{F}^n(\mathbf{F}=\mathbf{R}$ 或者等于 $\mathbf{C})$ 上的一个实值或者复值函数 f 在 f 的定义域 $\mathcal{D}$ 中一点 x_0 处的连续性的标准定义是说: 对每个给定的 $\varepsilon>0$, 存在一个 $\delta>0$, 使得只要 $x \in \mathcal{D}$ 且 $\|x-x_0\|_2<\delta$, 就有 $|f(x)-f(x_0)|<\varepsilon$. 一个自然的推广是考虑在一个赋予异于 Euclid 范数的其他范数的向量空间上定义的函数的连续性.

5.1　范数的定义与内积的定义

实的或者复的向量空间上的范数的四条公理如下示.

定义 5.1.1 设 V 是域 $\mathbf{F}(\mathbf{F}=\mathbf{R}$ 或者 $\mathbf{C})$ 上的一个向量空间. 函数 $\|\cdot\|: V \to \mathbf{R}$ 称为是一个**范数**(norm)(有时也称为**向量范数**, 如果对所有 $x, y \in V$ 以及所有 $c \in \mathbf{F}$,

(1) $\|x\| \geqslant 0$ ……………………… 非负性

(1a) $\|x\|=0$ 当且仅当 $x=0$ ……………… 正性

(2) $\|cx\|=|c|\|x\|$ ……………………… 齐性

(3) $\|x+y\| \leqslant \|x\|+\|y\|$ ……………… 三角不等式

这四个公理表达了平面上的 Euclid 长度的某些熟知的性质. Euclid 长度具有另外的一些性质, 这些性质不能由这四条公理推导出来, 一个例子是平行四边形恒等式(5.1.9). 三角不等式表示范数有**次加性**(subadditivity).

如果 $\|\cdot\|$ 是实的或者复的向量空间 V 上的一个范数, 正性和齐性公理(1a)以及(2)确保, 可以把任何非零向量 x 标准化, 从而产生一个单位向量 $u=\|x\|^{-1}x$: $\|u\| = \|\|x\|^{-1}x\|=\|x\|^{-1}\|x\|=1$. 一个实的或者复的向量空间 V, 与一个给定的范数 $\|\cdot\|$ 合在一起称为一个**赋范线性空间**(normed linear space)(**赋范向量空间**).

满足(5.1.1)中公理(1)、(2)以及(3)的函数 $\|\cdot\|: V \to \mathbf{R}$ 称为**半范数**(seminorm). 非零向量的半范数有可能为零.

314

引理 5.1.2 如果 $\|\cdot\|$ 是在一个实的或者复的向量空间 V 上的一个半向量范数, 那么对所有 $x, y \in V$ 都有 $|\|x\|-\|y\|| \leqslant \|x-y\|$.

证明 由于 $y=x+(y-x)$, 不等式
$$\|y\| \leqslant \|x\|+\|y-x\| = \|x\|+\|x-y\|$$
就由三角不等式(3)以及齐性公理(2)得出. 由此推出
$$\|y\|-\|x\| \leqslant \|x-y\|$$
但是也有 $x=y+(x-y)$, 所以再次借助于三角不等式(3)就保证有 $\|x\| \leqslant \|y\|+\|x-y\|$, 从而
$$\|x\|-\|y\| \leqslant \|x-y\|$$
这样我们就证明了 $\pm(\|x\|-\|y\|) \leqslant \|x-y\|$, 它等价于引理的结论. □

与 $\mathbf{R}^n$ 或者 $\mathbf{C}^n$ 上的 Euclid 长度相关联的是向量 y 与 x 的通常的 Euclid 内积 y^*x (0.6.1), 它与两个向量之间的"角度"有某种关系: 如果 $y^*x=0$, 则 x 与 y 正交. 我们选取 Euclid 内积的那些最基本的性质总结成为内积的公理.

定义 5.1.3 设 V 是域 $\mathbf{F}(\mathbf{F}=\mathbf{R}$ 或者 $\mathbf{C})$ 上的一个向量空间. 函数 $\langle \cdot, \cdot \rangle: V \times V \to \mathbf{F}$ 称为一个**内积**(inner product), 如果对所有 $x, y, z \in V$ 以及所有 $c \in \mathbf{F}$,

(1) $\langle x, x \rangle \geqslant 0$ ……………………… 非负性

(1a) $\langle x, x \rangle=0$ 当且仅当 $x=0$ ………… 正性

(2) $\langle x+y, z \rangle=\langle x, z \rangle+\langle y, z \rangle$ …… 加性

(3) $\langle cx, y \rangle=c\langle x, y \rangle$ ………………… 齐性

(4) $\langle x, y \rangle=\overline{\langle y, x \rangle}$ ……………… Hermite 性质

公理(2)、(3)以及(4)表明 $\langle \cdot, \cdot \rangle$ 是一个半双线性函数, 公理(1a)以及(1)要求当 $x \neq 0$ 时有 $\langle x, x \rangle > 0$.

习题 证明: $\mathbf{C}^n$ 上的 Euclid 内积 $\langle x, y \rangle=y^*x$ 满足内积的五条公理. ◀

习题 设 $D=\mathrm{diag}(d_1,\ \cdots,\ d_n)\in M_n(\mathbf{F})$，并考虑由 $(x,\ y)=y^*Dx$ 所定义的函数 $(\cdot,\ \cdot)\colon V\times V\to \mathbf{F}$. $(\cdot,\ \cdot)$ 满足内积的那五条公理中的哪几条？在 D 上施加什么条件才能使 $(\cdot,\ \cdot)$ 成为内积？ ◄

习题 设 $a,\ b,\ c,\ d\in \mathbf{F}$ 以及 $x,\ y,\ w,\ z\in \mathbf{F}^n$. 从 (5.1.3) 中的五条公理推导出下面的性质：

(a) $\langle x,\ cy\rangle=\bar{c}\langle x,\ y\rangle$

(b) $\langle x,\ y+z\rangle=\langle x,\ y\rangle+\langle x,\ z\rangle$

(c) $\langle ax+by,\ cw+dz\rangle=a\bar{c}\langle x,\ w\rangle+b\bar{c}\langle y,\ w\rangle+a\bar{d}\langle x,\ z\rangle+b\bar{d}\langle y,\ z\rangle$

(d) $\langle x,\ \langle x,\ y\rangle y\rangle=|\langle x,\ y\rangle|^2$

(e) 对所有 $y\in V$ 都有 $\langle x,\ y\rangle=0$ 的充分必要条件是 $x=0$. ◄

性质 (a)～(d) 为所有的半双线性函数所具有，只有性质 (e) 依赖于公理 (1) 以及 (1a).

Cauchy-Schwarz 不等式是所有内积的一个重要性质.

定理 5.1.4（Cauchy-Schwarz 不等式） 设 $\langle\cdot,\ \cdot\rangle$ 是域 $\mathbf{F}$（$\mathbf{F}=\mathbf{R}$ 或者 $\mathbf{C}$）上向量空间 V 上的的一个内积. 那么

$$|\langle x,y\rangle|^2\leqslant\langle x,x\rangle\langle y,y\rangle,\qquad \text{对所有 } x,y\in V \tag{5.1.5}$$

其中的等式当且仅当 x 与 y 线性相关时成立，即当且仅当对某个 $\alpha\in\mathbf{F}$ 有 $x=\alpha y$ 或者 $y=\alpha x$ 时成立.

证明 设给定 $x,\ y\in V$. 如果 $x=y=0$，则没有什么要证明的，故而可以假设 $y\neq 0$. 设 $v=\langle y,\ y\rangle x-\langle x,\ y\rangle y$，并计算

$$
\begin{aligned}
0\leqslant\langle v,v\rangle &=\langle\langle y,y\rangle x-\langle x,y\rangle y,\langle y,y\rangle x-\langle x,y\rangle y\rangle\\
&=\langle y,y\rangle^2\langle x,x\rangle-\langle y,y\rangle\overline{\langle x,y\rangle}\langle x,y\rangle-\langle x,y\rangle\langle y,x\rangle\langle y,y\rangle+\langle y,y\rangle\overline{\langle x,y\rangle}\langle x,y\rangle\\
&=\langle y,y\rangle^2\langle x,x\rangle-\langle y,y\rangle|\langle x,y\rangle|^2\\
&=\langle y,y\rangle(\langle x,x\rangle\langle y,y\rangle-|\langle x,y\rangle|^2)
\end{aligned}\tag{5.1.6}
$$

由于 $\langle y,\ y\rangle>0$，我们断言有 $\langle x,\ x\rangle\langle y,\ y\rangle\geqslant|\langle x,\ y\rangle|^2$，其中的等式当且仅当 $\langle v,\ v\rangle=0$ 时成立，当且仅当 $v=\langle y,\ y\rangle x-\langle x,\ y\rangle y=0$ 时成立，后者是 x 与 y 的一个非平凡的线性组合. 这就证实了不等式 (5.1.5)，其中的等式当且仅当 x 与 y 线性相关时成立. □

推论 5.1.7 如果 $\langle\cdot,\ \cdot\rangle$ 是实的或者复的向量空间 V 上的内积，那么由 $\|x\|=\langle x,\ x\rangle^{1/2}$ 定义的函数 $\|\cdot\|\colon V\to[0,\ \infty)$ 是 V 上的一个范数.

习题 证明 (5.1.7). 提示：验证三角不等式，计算 $\|x+y\|^2=\langle x+y,\ x+y\rangle$ 并利用 Cauchy-Schwarz 不等式. ◄

如果 $\langle\cdot,\ \cdot\rangle$ 是一个实的或者复的向量空间 V 上的内积，V 上的函数 $\|x\|=\langle x,\ x\rangle^{1/2}$ 称为**从内积导出的**（derived from an inner product）（即从 $\langle\cdot,\ \cdot\rangle$ 导出的），(5.1.7) 确保 $\|\cdot\|$ 是 V 上的一个范数. 一个实的或者复的向量空间 V，与一个给定的内积 $\langle\cdot,\ \cdot\rangle$ 合起来称为一个**内积空间**（inner product space），赋予其一个导出范数，任何内积空间也都是一个赋范线性空间.

满足 (5.1.3) 中的内积公理 (1)、(2)、(3) 以及 (4) 但不一定满足公理 (1a) 的函数 $\langle\cdot,\ \cdot\rangle\colon V\times V\to\mathbf{F}$ 称为一个**半内积**（semi-inner product），它是这样一个半双线性函数：对所有 $x\in V$ 满足 $\langle x,\ x\rangle\geqslant 0$. 有关半内积的一个重要的事实是：与内积一样，它们满足 Cauchy-Schwarz 不等式.

定理 5.1.8 设$\langle\cdot,\cdot\rangle$是域$\mathbf{F}(\mathbf{F}=\mathbf{R}$或者$\mathbf{C})$上一个向量空间$V$上的半内积. 那么对所有$x$, $y\in V$有$|\langle x,y\rangle|^2\leqslant\langle x,x\rangle\langle y,y\rangle$, 且由$\|x\|=\langle x,x\rangle^{1/2}$定义的函数$\|\cdot\|:V\to[0,\infty)$是$V$上的半范数.

证明 设给定x, $y\in V$. 考虑多项式$p(t)=\langle tx-\mathrm{e}^{\mathrm{i}\theta}y,tx-\mathrm{e}^{\mathrm{i}\theta}y\rangle$. 那么对所有$t$, $\theta\in\mathbf{R}$都有$p(t)=t^2\|x\|^2-2t\mathrm{Re}(\mathrm{e}^{-\mathrm{i}\theta}\langle x,y\rangle)+\|y\|^2\geqslant 0$. 选取任何满足$\mathrm{Re}(\mathrm{e}^{-\mathrm{i}\theta}\langle x,y\rangle)=|\langle x,y\rangle|$的$\theta$. 如果$\|x\|=0$且$\langle x,y\rangle\neq 0$, 那么$p(t)=2t\langle x,y\rangle+\|y\|^2$对$t$的充分大的负值是负的. 我们断言: 如果$\|x\|=0$, 就有$\langle x,y\rangle=0$, 故而不等式$|\langle x,y\rangle|^2\leqslant\|x\|^2\|y\|^2$在此情形为真. 现在假设$\|x\|\neq 0$, 并定义$t_0=|\langle x,y\rangle|/\|x\|^2$. 则$p(t_0)=-|\langle x,y\rangle|^2/\|x\|^2+\|y\|^2\geqslant 0$, 所以$|\langle x,y\rangle|^2\leqslant\|x\|^2\|y\|^2$. $\|\cdot\|$是半范数这一结论可以如同在(5.1.7)的证明中那样得出, 这是由于关于$\langle\cdot,\cdot\rangle$的Cauchy-Schwarz不等式蕴含关于$\|\cdot\|$的三角不等式. □

316

习题 设$A=\mathrm{diag}(1,0)\in M_2$. 证明: $\langle x,y\rangle=y^*Ax$定义$\mathbf{C}^2$上的一个半内积. 考虑线性无关的向量$x=[1\quad 0]^\mathrm{T}$以及$y=[1\quad 1]^\mathrm{T}$. 证明$|\langle x,y\rangle|^2=\langle x,x\rangle\langle y,y\rangle\neq 0$, 所以关于内积的Cauchy-Schwarz不等式中非常有用的有关等式出现情形的特征刻画在推广到半内积时就消失了. ◀

问题

在下面每一个问题中, V是$\mathbf{F}=\mathbf{R}$或者$\mathbf{C}$上的一个给定的向量空间.

5.1.P1 令e_i表示$\mathbf{F}^n$中第i个标准基向量, 并假设$\|\cdot\|$是$\mathbf{F}^n$上一个半范数. 证明$\|x\|\leqslant\sum_{i=1}^n|x_i|\,\|e_i\|$.

5.1.P2 如果$\|\cdot\|$是V上一个半范数, 证明$V_0=\{v\in V:\|v\|=0\}$是V的子空间, 称为$\|\cdot\|$的**零空间** (null space). (a)如果S是V的满足$V_0\bigcap S=\{0\}$的任意一个子空间, 证明$\|\cdot\|$是S上的一个范数. (b)考虑如下定义的一个关系$x\sim y$: $x\sim y$当且仅当$\|x-y\|=0$. 证明: $\sim$是V上的一个等价关系, 这个等价关系的等价类有$\hat{x}=\{x+y\in V:y\in V_0\}$的形状, 这些等价类的集合以自然的方式构成一个向量空间. 证明: 函数$\|\hat{x}\|=\{\|x\|:x\in\hat{x}\}$有良好的定义, 且是等价类构成的向量空间上的一个范数. (c)说明为什么存在一个与每个向量半范数相伴的范数. (d)零函数(对所有x都有$f(x)=0$)是半范数吗? (e)设$n\geqslant 1$, 而$z\in\mathbf{C}^n$是一个给定的非零向量. 说明为什么函数$\|x\|=|z^*x|$是$\mathbf{C}^n$上的一个不是范数的半范数. $\|\cdot\|$的零空间是什么? 用几何方法描述等价关系$\sim$.

5.1.P3 设x与y是V中给定的非零向量. 用
$$\cos\theta=\frac{|\langle x,y\rangle|}{\langle x,x\rangle^{1/2}\langle y,y\rangle^{1/2}},\quad 0\leqslant\theta\leqslant\frac{\pi}{2}$$
定义子空间$\mathrm{span}\{x\}$与$\mathrm{span}\{y\}$之间的角度θ. 为什么θ有良好的定义, 即为什么所述之分数介于0与1之间? 注意到对任何非零的c, $d\in\mathbf{C}$, 如果x与y分别被cx与dy代替, θ不改变, 由此就确证了这个术语的正确性, 说明原因.

5.1.P4 设$\|\cdot\|$是V上的一个由内积导出的范数. (a)证明: 对所有x, $y\in V$它满足**平行四边形恒等式** (parallelogram identity)
$$\frac{1}{2}(\|x+y\|^2+\|x-y\|^2)=\|x\|^2+\|y\|^2\tag{5.1.9}$$
为什么这个恒等式这样命名呢? 平行四边形恒等式的正确性对于给定的范数是从内积导出的范数来说是必要且充分的, 见(5.1.P12). (b)对任何$m\in\{2,3,\cdots\}$以及任何给定的向量$x_1,\cdots,$

$x_m \in V$，证明 $\displaystyle\sum_{1 \leqslant i < j \leqslant m} \|x_i - x_j\|^2 + \left\|\sum_{i=1}^{m} x_i\right\|^2 = m \sum_{i=1}^{m} \|x_i\|^2$，并说明为什么对 $m = 2$ 这个恒等式化为 (5.1.9).

5.1. P5　考虑 $\mathbf{C}^n$ 上的函数 $\|x\|_\infty = \max_{1 \leqslant i \leqslant n} |x_i|$. 证明：$\|\cdot\|_\infty$ 是一个范数，但不是从内积导出的范数.

5.1. P6　如果 $\|\cdot\|$ 是 V 上的一个由内积导出的范数，证明对所有 x，$y \in V$ 有

$$\mathrm{Re}\langle x, y \rangle = \frac{1}{4}(\|x + y\|^2 - \|x - y\|^2) \tag{5.1.10}$$

此式称为**极化恒等式**(polirization identity). 证明

$$\mathrm{Re}\langle x, y \rangle = \frac{1}{2}(\|x + y\|^2 - \|x\|^2 - \|y\|^2)$$

5.1. P7　证明函数 $\|x\|_1 = |x_1| + \cdots + |x_n|$ 是 $\mathbf{C}^n$ 上一个不满足极化恒等式 (5.1.10) 的范数. 因此，它也不是从任何内积导出的.

5.1. P8　如果 $\|\cdot\|$ 是 V 上的一个从内积 $\langle\cdot,\cdot\rangle$ 导出的范数，证明对所有 x，$y \in V$ 都有

$$\|x + y\| \, \|x - y\| \leqslant \|x\|^2 + \|y\|^2 \tag{5.1.11}$$

其中的等式当且仅当 $\mathrm{Re}\langle x, y\rangle = 0$ 时成立. 在有 Euclid 内积的 $\mathbf{R}^2$ 中这个不等式的意义是什么？利用上一个问题中定义的范数，证明存在不满足 (5.1.11) 的向量 x，$y \in \mathbf{R}^2$.

5.1. P9　设 $\|\cdot\|$ 是 V 上的一个由内积导出的范数，设 x，$y \in V$，并假设 $y \neq 0$. 证明：(a) 使得 $\|x - \alpha y\|$ 取最小值的纯量 α_0 是 $\alpha_0 = \langle x, y\rangle / \|y\|^2$；(b) $x - \alpha_0 y$ 与 y 正交.

5.1. P10　证明：(5.1.1) 中的非负性公理 (1) 可以由 (2) 以及 (3) 导出.

5.1. P11　设 $\|\cdot\|$ 是 V 上的一个由内积 $\langle\cdot,\cdot\rangle$ 导出的范数，又设 x，$y \in V$. 证明：$\|x + y\|^2 = \|x\|^2 + \|y\|^2$ 当且仅当 $\mathrm{Re}\langle x, y\rangle = 0$. 如果 $V = \mathbf{R}^2$，此结论的含义是什么？

5.1. P12　下面给出了"平行四边形恒等式 (5.1.9) 是实的或者复的向量空间上给定的范数是由内积导出的充分条件"这一结论的证明概要，请补充证明细节. 首先考虑 $\mathbf{R}$ 上有给定范数 $\|\cdot\|$ 的向量空间 V 的情形. (a) 定义

$$\langle x, y \rangle = \frac{1}{2}(\|x + y\|^2 - \|x\|^2 - \|y\|^2) \tag{5.1.12}$$

证明按照这种方式定义的 $\langle\cdot,\cdot\rangle$ 满足 (5.1.3) 中的公理 (1)、(1a) 以及 (4)，且满足 $\langle x, x\rangle = \|x\|^2$. (b) 利用 (5.1.9) 证明

$$4\langle x, y\rangle + 4\langle z, y\rangle = 2\|x + y\|^2 + 2\|z + y\|^2 - 2\|x\|^2 - 2\|z\|^2 - 4\|y\|^2$$
$$= \|x + 2y + z\|^2 - \|x + z\|^2 - 4\|y\|^2 = 4\langle x + z, y\rangle$$

并推导出 (5.1.3) 中的加性公理是满足的. (c) 利用加性公理证明：只要 m 与 n 是非负的整数，就有 $\langle nx, y\rangle = n\langle x, y\rangle$ 以及 $m\langle m^{-1} nx, y\rangle = \langle nx, y\rangle = n\langle x, y\rangle$ 成立. 利用 (5.1.9) 以及 (5.1.12) 证明 $\langle -x, y\rangle = -\langle x, y\rangle$ 并得出结论：只要 $a \in \mathbf{R}$ 是有理数，就有 $\langle ax, y\rangle = a\langle x, y\rangle$. (d) 设 $p(t) = t^2\|x\|^2 + 2t\langle x, y\rangle + \|y\|^2$，$t \in \mathbf{R}$，证明：如果 t 是有理数，就有 $p(t) = \|tx + y\|^2$. 由 $p(t)$ 的连续性推出结论：对所有 $t \in \mathbf{R}$ 有 $p(t) \geqslant 0$. 由 $p(t)$ 的判别式必定不是正数这一事实推导出 Cauchy-Schwarz 不等式 $\|\langle x, y\rangle\|^2 \leqslant \|x\|^2 \|y\|^2$. (e) 现在设 $a \in \mathbf{R}$ 并证明对任何有理数 b 皆有

$$|\langle ax, y\rangle - a\langle x, y\rangle| = |\langle(a - b)x, y\rangle + (b - a)\langle x, y\rangle|$$
$$\leqslant |\langle(a - b)x, y\rangle| + |(b - a)\langle x, y\rangle| \leqslant 2|a - b|\,\|x\|\,\|y\|$$

注意，这里的上界可以做到任意小. 导出结论：(5.1.3) 中的齐性公理 (3) 满足. 这就表明 $\langle\cdot,\cdot\rangle$ 是 V 上的内积.

V 上函数 $\|\cdot\|$ 的三角不等式，即 (5.1.1) 中的公理 (3) 没有用在上面的论证过程中. 因此，

(5.1.1)中作为 V 上函数 $\|\cdot\|$ 的公理(1)、(1a)以及(2)，再加上(5.1.9)一起就蕴含它是从内积导出的，从而它是一个范数，故而它必定满足三角不等式. (f)现在假设 V 是一个复的向量空间. 定义

$$\langle x,y\rangle = \frac{1}{2}(\|x+y\|^2 - \|x\|^2 - \|y\|^2) + \frac{i}{2}(\|x+iy\|^2 - \|x\|^2 - \|y\|^2)$$

为什么 $\mathrm{Re}\langle x,\ y\rangle$ 是被视为 $\mathbf{R}$ 上的一个向量空间的 V 上的内积呢? 利用这个事实以及(5.1.9)证明: $\langle\cdot,\cdot\rangle$ 是作为 $\mathbf{C}$ 上的一个向量空间 V 上的内积.

5.1.P13　设 $\|\cdot\|$ 是 V 上一个由内积导出的范数. 对如下 **Hlawka 不等式**的证明概述提供细节，该不等式是说: 对所有 $x,y,z\in V$ 有

$$\|x+y\| + \|x+z\| + \|y+z\| \leqslant \|x+y+z\| + \|x\| + \|y\| + \|z\| \qquad (5.1.13)$$

(a) 设 s 表示(5.1.13)的左边，又用 h 表示它的右边. 证明: $s\leqslant h$ 足以证明 $h^2 - hs \geqslant 0$.
(b) 计算 $h^2 - hs =$

$$\|x+y+z\|^2 + \|x\|^2 + \|y\|^2 + \|z\|^2 - \|x+y\|^2 - \|x+z\|^2 - \|y+z\|^2$$
$$+ (\|x\| + \|y\| - \|x+y\|)(\|z\| - \|x+y\| + \|x+y+z\|)$$
$$+ (\|y\| + \|z\| - \|y+z\|)(\|x\| - \|y+z\| + \|x+y+z\|)$$
$$+ (\|z\| + \|x\| - \|z+x\|)(\|y\| - \|z+x\| + \|x+y+z\|)$$

(c) 利用"此范数是由内积导出的"这一假设证明上面显示的公式的第一行为零. (d)利用三角不等式证明: 上面显示的公式中最后三行的每一行中的两个因子都是非负的.

5.1.P14　设 $x_1,\cdots,x_n$ 是 n 个给定的实数，它有**均值**(mean) $\mu = n^{-1}\sum_{i=1}^{n} x_i$ 以及**方差**(variance)$\sigma = \left(n^{-1}\sum_{i=1}^{n}(x_i - \mu)^2\right)^{1/2}$ ⊖. 利用 Cauchy-Schwarz 不等式证明: 对任何 $j\in\{1,\cdots,n\}$ 有 $(x_j - \mu)^2 \leqslant (n-1)\sigma^2$，其中的等式对某个 j 成立，当且仅当对所有 $p,q\neq j$ 都有 $x_p = x_q$. 元素为一列实数所产生的加强的界限

$$\mu - \sigma\sqrt{n-1} \leqslant x_j \leqslant \mu + \sigma\sqrt{n-1} \qquad (5.1.14)$$

与 E. N. Laguerre(1880)以及 P. N. Samuelson(1968)的名字联系在一起.

5.1.P15　设 $\|\cdot\|$ 是 V 上一个由内积导出的范数. 设 m 为正整数，$x_1,\cdots,x_m,z\in V$，又设 $y = m^{-1}(x_1,\cdots,x_m)$. 证明 $\|z-y\|^2 = m^{-1}\sum_{i=1}^{m}(\|z-x_i\|^2 - \|y-x_i\|^2)$.

[319]

进一步的阅读参考　平行四边形恒等式对于"一个给定的范数是由内积导出的"这一结论来说是必要且充分的条件，这一结论的第一个证明似乎属于 P. Jordan 以及 J. von Neumann，On inner products in linear metric spaces，*Ann. of Math.*(2)36(1935)，719-723. (5.1.P10)中的证明概述来自 D. Fearnley-Sander 以及 J. S. V. Symons，Apollonius and inner products，*Amer. Math. Monthly* 81(1974)，990-993.

5.2　范数的例子与内积的例子

向量 $x = [x_1\cdots x_n]^{\mathrm{T}}\in\mathbf{C}^n$ 的 Euclid 范数(l_2 范数)

$$\|x\|_2 = (|x_1|^2 + \cdots + |x_n|^2)^{1/2} \qquad (5.2.1)$$

可能是最为熟知的范数，因为 $\|x-y\|_2$ 度量的是两个点 $x,y\in\mathbf{C}^n$ 之间的标准的 Euclid 距离. 它是由 Euclid 内积(即 $\|x\|_2 = \langle x,\ x\rangle^{1/2} = (x^* x)^{1/2}$)导出的，且它是**酉不变的**(unitarily

---

⊖　此处作者使用的 variance 的定义实际上不是 variance 的原意"方差"，而是它的算术平方根，即通常定义的 standard deviation，即"标准差". —— 译者注

invariant)：对所有 $x \in \mathbf{C}^n$ 以及每个酉矩阵 $U \in M_n$ 都有 $\|Ux\|_2 = \|x\|_2$ (2.1.4)．事实上，Euclid 范数的正的纯量倍数是 $\mathbf{C}^n$ 上**仅有的**酉不变的范数，见(5.2.P6)．

$\mathbf{C}^n$ 上的**和范数**(l_1 范数)是

$$\|x\|_1 = |x_1| + \cdots + |x_n| \qquad (5.2.2)$$

这个范数也称为**曼哈顿范数**(Manhattan norm)，也称为**出租车范数**(taxicab norm)，因为它模拟的是出租车在垂直的街道以及大道组成的网络上穿越的距离．

习题　验证$\|\cdot\|_1$ 是 $\mathbf{C}^n$ 上一个范数．问题(5.2.P7)表明：$\|\cdot\|_1$ 不满足极化恒等式，所以它不是由内积导出的．用例子来证明它不满足平行四边形恒等式． ◀

$\mathbf{C}^n$ 上的**最大值范数**(max norm)(l_∞ 范数)定义为

$$\|x\|_\infty = \max\{|x_1|, \cdots, |x_n|\} \qquad (5.2.3)$$

问题 5.2.P5 表明：$\|\cdot\|_\infty$ 不是由内积导出的．

$\mathbf{C}^n$ 上的 l_p **范数**(l_p-norm)定义为

$$\|x\|_p = (|x_1|^p + \cdots + |x_n|^p)^{1/p}, \quad p \geqslant 1 \qquad (5.2.4)$$

习题　验证：对 $p \geqslant 1$，$\|\cdot\|_p$ 是 $\mathbf{C}^n$ 上一个范数．提示：对于 l_p 范数的三角不等式就是 **Minkowski 和不等式**(Minkowski's sum inequality)，见(B9)． ◀

$\mathbf{C}^n$ 上一个重要的离散的范数族填补了和范数与最大值范数之间的空隙．对每一个 $k = 1, \cdots, n$，向量 x 的 k 范数(k-norm)是通过将 x 的元素的绝对值按照非增次序排列，并将 k 个最大的值相加所得到的，即

$$\|x\|_{[k]} = |x_{i_1}| + \cdots + |x_{i_k}|, \qquad \text{其中 } |x_{i_k}| \geqslant \cdots \geqslant |x_{i_n}| \qquad (5.2.5)$$

k 范数在酉不变矩阵范数的理论中起着重要的作用，见(7.4.7)．

习题　验证：对每一个 $k = 1, 2, \cdots$，$\|\cdot\|_{[k]}$ 都是 $\mathbf{C}^n$ 上的范数，且 $\|\cdot\|_\infty = \|\cdot\|_{[1]} \leqslant \|\cdot\|_{[2]} \leqslant \cdots \leqslant \|\cdot\|_{[n]} = \|\cdot\|_1$． ◀

$\mathbf{C}^n$ 上的任意一个范数都可以用来定义 n 维实的或者复的向量空间 V 上的范数(通过一组基)．如果 $\mathcal{B} = \{b^{(1)}, \cdots, b^{(n)}\}$ 是 V 的一组基，又如果将 $x = \sum_{i=1}^{n} x_i b^{(i)}$ 表示为基向量的(唯一的)线性组合，那么映射 $x \to [x]_\mathcal{B} = [x_1 \cdots x_n]^\mathrm{T} \in \mathbf{C}^n$ 就是 V 到 $\mathbf{C}^n$ 上的一个同构．如果 $\|\cdot\|$ 是 $\mathbf{C}^n$ 上任意一个给定的范数，那么 $\|x\|_\mathcal{B} = \|[x]_\mathcal{B}\|$ 就是 V 上的一个范数．

习题　验证上一个结论． ◀

习题　验证：l_p 范数与 k 范数是绝对范数，它们是**置换不变的**(permutation invariant)，也就是说，对所有 $x \in \mathbf{C}^n$ 以及每个置换矩阵 $P \in M_n$，x 与 Px 的范数都相等．这些范数中哪一个是酉不变的呢？ ◀

设 $S \in M_{m,n}$ 是列满秩的，故有 $m \geqslant n$．设 $\|\cdot\|$ 是 $\mathbf{C}^m$ 上一个给定的范数，并对 $x \in \mathbf{C}^n$ 定义

$$\|x\|_S = \|Sx\| \qquad (5.2.6)$$

那么，$\|\cdot\|_S$ 是 $\mathbf{C}^n$ 上一个范数．

习题　验证上一个结论．如果 S 不是列满秩的，将会有何种结果发生？ ◀

习题　对什么样的非奇异的 $S \in M_2$ 以及 $\mathbf{C}^2$ 上的范数 $\|\cdot\|$，函数 $(|2x_1 - 3x_2|^2 + |x_2|^2)^{1/2}$ 是形如 $\|Sx\|$ 的一个范数？ ◀

考虑具有 **Frobenius 内积**(inner product)

$$\langle A,B\rangle_F = \mathrm{tr}B^* A \tag{5.2.7}$$

的复向量空间 $V=M_{m,n}$. 由 Frobenius 内积导出的范数称为 $M_{m,n}$ 上的 l_2 范数(也称为 **Frobenius 范数**):$\|A\|_2 = (\mathrm{tr}A^* A)^{1/2}$,它在(2.5.2)的证明中起作用.

习题　验证:$M_{m,n}$ 上的 Frobenius 内积满足内积的公理. ◀

习题　$M_{m,1}$ 上的 Frobenius 内积看起来像什么样? ◀

范数以及内积的定义并不要求基向量空间是有限维的. 这里有向量空间 $C[a,b]$ 上四个范数的例子,此向量空间由所有在实区间 $[a,b]$ 上连续的实值或者复值函数组成:

$$\|f\|_2 = \left[\int_a^b |f(t)|^2 \mathrm{d}t\right]^{1/2} \qquad L_2\ 范数$$

$$\|f\|_1 = \int_a^b |f(t)|\,\mathrm{d}t \qquad L_1\ 范数$$

$$\|f\|_p = \left[\int_a^b |f(t)|^p \mathrm{d}t\right]^{1/p},\ p\geqslant 1 \qquad L_p\ 范数$$

$$\|f\|_\infty = \max\{|f(x)|:x\in[a,b]\} \qquad L_\infty\ 范数$$

习题　验证:

$$\langle f,g\rangle = \int_a^b f(t)\,\overline{g(t)}\mathrm{d}t \tag{5.2.8}$$

是 $C[a,b]$ 上的内积,且 L_2 范数是由它导出的. ◀ 321

问题

5.2.P1　如果 $0<p<1$,那么 $\|x\|_p = (|x_1|^p + \cdots + |x_n|^p)^{1/p}$ 定义了 $\mathbf{C}^n$ 上的一个函数,它满足除一条以外所有其他有关范数的公理. 它不满足哪一条? 给出一个例子.

5.2.P2　证明:对每一个 $x\in\mathbf{C}^n$ 有 $\|x\|_\infty = \lim_{p\to\infty}\|x\|_p$.

5.2.P3　证明:$\mathbf{C}^n$ 上的任何半范数都有 $\|\cdot\|_S$ 的形状(对某个范数 $\|\cdot\|$ 以及某个 $S\in M_n$).

5.2.P4　设 $w_1,\cdots,w_n$ 是给定的正实数,且 $p\geqslant 1$. 对什么样的 $S\in M_n$,**加权 l_p 范数**(weighted l_p-norm)$\|x\|=(w_1|x_1|^p+\cdots+w_n|x_n|^p)^{1/p}$ 是一个形如 $\|Sx\|_p$ 的范数?

5.2.P5　设 $x_0\in[a,b]\in\mathbf{R}$ 是一个给定的点. 证明:函数 $\|f\|_{x_0}=|f(x_0)|$ 是 $C[a,b]$ 上一个不是范数的半范数(如果 $a<b$). 它的零空间是什么? $\mathbf{C}^n$ 上类似的半范数是什么?

5.2.P6　如果 $\|\cdot\|$ 是 $\mathbf{C}^n$ 上一个酉不变范数,证明:对每个 $x\in\mathbf{C}^n$ 有 $\|x\|=\|x\|_2\|e_1\|$. 说明为什么 Euclid 范数是 $\mathbf{C}^n$ 上满足 $\|e_1\|=1$ 的仅有的酉不变范数.

5.2.P7　假设 $\|\cdot\|$ 是实的或复的向量空间 V 上的一个范数.(a)证明:对所有非零的 $x,y\in V$ 有

$$\left\|\frac{x}{\|x\|}-\frac{y}{\|y\|}\right\|\leqslant\frac{c\|x-y\|}{\|x\|+\|y\|} \tag{5.2.9}$$

其中 $c=4$.(b)考虑 $\mathbf{R}^2$ 上的和范数 $\|x\|_1$ 以及向量 $x=[1\ \varepsilon]^\mathrm{T}$ 与 $y=[1\ 0]^\mathrm{T}$,其中 $\varepsilon>0$. 证明:在此情形不等式(5.2.9)就是 $2\varepsilon(1+\varepsilon)^{-1}\leqslant c\varepsilon(2+\varepsilon)^{-1}$,并说明为什么(5.2.9)对每个实的或复的向量空间上的每个范数都是正确的,当且仅当 $c\geqslant 4$.(c)如果范数 $\|\cdot\|$ 是由内积导出的,证明:(a)中的结论对 $c=2$ 成立.

5.2.P8　设 V 是一个实的或复的内积空间,而 $u\in V$ 是单位向量(关于导出范数). 对任何 $x\in V$,定义 $x_{\perp u}=x-\langle x,u\rangle u$. 证明:(a)$x_{\perp u}$ 与 u 正交,且 $\|x_{\perp u}\|^2=\|x\|^2-|\langle x,u\rangle|^2\leqslant\|x\|^2$;(b)对任何纯量 λ 有 $\|x_{\perp u}\|=\|(x-\lambda u)_{\perp u}\|$;以及(c)$\langle x,y\rangle-\langle x,u\rangle\langle u,y\rangle=\langle x_{\perp u},y_{\perp u}\rangle$. 导出结论:对任何 $x,y,u\in V$ 有

$$|\langle x,y\rangle - \langle x,u\rangle \langle u,y\rangle| \leqslant \|x-\lambda u\| \|y-\mu u\| \tag{5.2.10}$$

其中 u 是一个单位向量, 而 λ, μ 是任意的纯量. 说明为什么(5.2.10)中 λ 与 μ 的最优选择是 $\lambda = \langle x, u\rangle$, $\mu = \langle y, u\rangle$. 在特殊情形, 这些有可能不是最有启发性的或者最方便的选择.

5.2.P9 假设 $-\infty < a < b < \infty$, 并令 V 是 $[a, b]$ 上的实值连续函数组成的以(5.2.8)为内积的实的内积空间. 对给定的 f, $g \in V$, 假设对所有 $t \in [a, b]$ 有 $-\infty < \alpha \leqslant f(t) \leqslant \beta < \infty$ 以及 $-\infty < \gamma < g(t) \leqslant \delta < \infty$. 从不等式(5.2.10)推导出 **Grüss 不等式**

$$\left| \frac{1}{b-a} \int_a^b f(t)g(t)\,\mathrm{d}t - \frac{1}{(b-a)^2} \int_a^b f(t)\,\mathrm{d}t \int_a^b g(t)\,\mathrm{d}t \right| \leqslant \frac{(\beta-\alpha)(\delta-\gamma)}{4} \tag{5.2.11}$$

5.2.P10 设 $\lambda_1, \cdots, \lambda_n$ 是 $A \in M_n$ 的特征值. 说明为什么 Schur 不等式(2.3.2a)可以写成

$$\sum_{i=1}^n |\lambda_i|^2 \leqslant \|A\|_2^2 \tag{5.2.12}$$

说明为什么更好的不等式(2.6.9)可以写成

$$\sum_{i=1}^n |\lambda_i|^2 \leqslant \sqrt{\|A\|_2^4 - \|AA^* - A^*A\|_2^2} \tag{5.2.13}$$

而甚至更好的不等式(2.6.10)可以写成

$$\sum_{i=1}^n |\lambda_i|^2 \leqslant \sqrt{\left(\|A\|_2^2 - \frac{1}{n}|\langle A,I\rangle_F|^2\right)^2 - \|AA^* - A^*A\|_2^2} + \frac{1}{n}|\langle A,I\rangle_F|^2 \tag{5.2.14}$$

5.2.P11 假设 $\|\cdot\|$ 是实的或者复的向量空间 V 上的范数, 又设 x 与 y 是 V 中给定的非零向量. 证明

$$\|x+y\| \leqslant \|x\| + \|y\| - \left(2 - \left\|\frac{x}{\|x\|} + \frac{y}{\|y\|}\right\|\right) \min\{\|x\|, \|y\|\} \tag{5.2.15}$$

以及

$$\|x+y\| \geqslant \|x\| + \|y\| - \left(2 - \left\|\frac{x}{\|x\|} + \frac{y}{\|y\|}\right\|\right) \min\{\|x\|, \|y\|\} \tag{5.2.16}$$

其中等式当 $\|x\| = \|y\|$ 或者 $x = cy$(c 是正实数)时成立.

5.2.P12 利用上一问题中的记号, 从(5.2.15)以及(5.2.16)导出结论

$$\frac{\|x-y\| - |\|x\| - \|y\||}{\min\{\|x\|, \|y\|\}} \leqslant \left\|\frac{x}{\|x\|} - \frac{y}{\|y\|}\right\|$$
$$\leqslant \frac{\|x-y\| + |\|x\| - \|y\||}{\max\{\|x\|, \|y\|\}} \tag{5.2.17}$$

5.2.P13 利用上一问题中的记号, 证明(5.2.17)中的上界小于或等于(5.2.9)中的上界(其最优值为 $c=4$):

$$\left\|\frac{x}{\|x\|} - \frac{y}{\|y\|}\right\| \leqslant \frac{\|x-y\| + |\|x\| - \|y\||}{\max\{\|x\|, \|y\|\}}$$
$$\leqslant \frac{2\|x-y\|}{\max\{\|x\|, \|y\|\}} \leqslant \frac{4\|x-y\|}{\|x\| + \|y\|} \tag{5.2.18}$$

5.2.P14 设 $A \in M_n$ 并记 $A = H + \mathrm{i}K$, 其中 H 以及 K 是 Hermite 的, 见(0.2.5). 在 Frobenius 范数中, 对于 A 的最好的 Hermite 逼近是什么? 也就是说, 什么样的 X_0 能对每一个 Hermite 矩阵 $X \in M_n$ 都满足 $\|A - X_0\|_2^2 \leqslant \|A - X\|_2^2$? 最好的半正定矩阵的逼近是什么? (a)证明 $\|A\|_2^2 = \|H\|_2^2 + \|K\|_2^2$. (b)如果 $X \in M_n$ 是 Hermite 的, 证明 $\|A - X\|_2^2 = \|H - X\|_2^2 + \|K\|_2^2 \geqslant \|K\|_2^2$, 等式对 $X = X_0 = H$ 成立. (c)如果 $H = U\Lambda U^*$, 其中 U 是酉矩阵, 而 $\Lambda = \mathrm{diag}(\lambda_1, \cdots, \lambda_n)$, X 是半正定的, 且 $U^*XU = Y = [y_{ij}]$, 证明 $\|H - X\|_2^2 = \|\Lambda - Y\|_2^2 = \sum_{i=1}^n (\lambda_i - y_{ii})^2 + \sum_{i \neq j} |y_{ij}|^2$. 为什么对 $X = X_0 = H_+$(H 的半正定部分)它得以最小化, 见(4.1.12).

进一步的阅读参考 有关 Minkowski 不等式以及其他经典不等式的详尽的讨论, 见 Beckenbach 以及

Bellman(1965)一书. 有关(a)(5.2.1)中等式对 $c=4$ 成立的充分必要条件是 $x=y$ 以及(b)对所有非零的 x 以及 y，(5.2.1)对 $c=2$ 成立是范数可由内积导出的必要且充分条件这两个结论的证明，见 W. A. Kirk 以及 M. F. Smiley，Another characterization of inner product space，*Amer. Math. Monthly* 71(1964)890-891.

5.3 范数的代数性质

从给定的范数出发，可以用若干种方法构造出新的范数. 例如，两个范数的和是一个范数，且一个范数任意正的倍数还是范数. 同样地，如果 $\|\cdot\|_\alpha$ 与 $\|\cdot\|_\beta$ 是范数，那么由 $\|x\|=\max\{\|x\|_\alpha,\ \|x\|_\beta\}$ 定义的函数 $\|\cdot\|$ 也是范数. 这些结论全都是如下结果的特例.

定理 5.3.1 设 $\|\cdot\|_{\alpha_1},\ \cdots,\ \|\cdot\|_{\alpha_m}$ 是域 **F**(**F**=**R** 或者 **C**)上的向量空间 V 上给定的范数，又令 $\|\cdot\|$ 是 $\mathbf{R}^m$ 上一个满足 $\|y\|\leqslant\|y+z\|$（对所有有非负元素的向量 $y,\ z\in\mathbf{R}^m$）的范数. 那么，由 $f(x)=\|[\|x\|_{\alpha_1},\ \cdots,\ \|x\|_{\alpha_m}]^{\mathrm{T}}\|$ 所定义的函数 $f:V\to\mathbf{R}$ 是 V 上一个范数.

上一个定理中关于范数 $\|\cdot\|$ 的单调性的假设是确保所构造的函数 f 满足三角不等式所需要的. 每一个 l_p 范数，就如同 $\mathbf{R}^m$ 上仅仅是 x 的元素的绝对值的函数的任何一个范数 $\|x\|_\beta$ 一样，都有这个单调性，见(5.4.19c)以及(5.6.P42). 然而，某些范数没有这个性质.

习题 证明(5.3.1).

问题

5.3. P1 由(5.3.1)导出结论：两个范数的和或者最大值是一个范数. 两个范数的最小值呢？

5.3. P2 设 $m=2$. 证明：$\|x\|=|x_1-x_2|+|x_2|$ 是 $\mathbf{R}^2$ 上不满足(5.3.1)中单调条件的一个范数. 证明：$f(x)=\|[\|x\|_\infty,\ \|x\|_1]^{\mathrm{T}}\|=\min\{|x_1|,\ |x_2|\}+|x_1|+|x_2|$ 满足关于 $\mathbf{R}^2$ 上范数的非负性、正性以及齐性公理，但不满足三角不等式.

5.4 范数的解析性质

上面两节中的例子表明：在一个实的或者复的向量空间上许多不同的实值函数都能满足范数的公理. 这是一件好事，因为对某个给定的目的来说，一个范数有可能比另一个范数更方便或者更合适. 例如，l_2 范数对最优化问题更方便，因为除了在原点之外它都是连续可微的. 另一方面，l_1 范数虽然只在一个更小的集合上可微，但它在数理统计中更受欢迎，这是因为它会引导到比经典的回归估计更有活力的估计方法. l_∞ 范数通常是用起来最为自然的，因为它直接监测的是各个元素的收敛性，不过它可能在使用时会在分析上以及代数上出现不方便之处.

在实际应用中，可以以它为基础最自然地建立起一套理论的范数与在一种给定的情形最容易计算的范数可能并不相同. 这样一来，重要的就是要知晓两个不同的范数之间可能存在的关系. 幸运的是，在有限维的情形，所有范数在某种加强的意义下都是"等价的".

分析中一个基本概念是**序列的收敛性**(convergence of sequence). 在赋范线性空间中，我们有如下的收敛性定义.

定义 5.4.1 设 V 是有给定范数 $\|\cdot\|$ 的一个实的或者复的向量空间. 我们称 V 中一个向量序列 $\{x^{(k)}\}$ 关于 $\|\cdot\|$ **收敛**(converge)于一个向量 $x\in V$，当且仅当 $\lim_{k\to\infty}\|x^{(k)}-x\|=0$. 如果 $\{x^{(k)}\}$ 关于 $\|\cdot\|$ 收敛于 x，我们就写成关于 $\|\cdot\|$ 有 $\lim_{k\to\infty}x^{(k)}=x$.

324

向量序列关于一个给定的范数可能收敛于两个不同的极限吗?

习题 如果关于 $\|\cdot\|$ 有 $\lim_{k\to\infty} x^{(k)} = x$ 以及 $\lim_{k\to\infty} x^{(k)} = y$,考虑 $\|x-y\| = \|x-x_k+x_k-y\|$ 以及三角不等式来证明 $x=y$. 于是,序列的极限(关于一个给定的范数)如果存在,就是唯一的. ◀

一个向量序列有可能关于一个范数收敛,而关于另一个范数不收敛吗?

例 5.4.2 考虑 $C[0,1]$ 中的一个由

$$f_k(x) = 0, \qquad\qquad\qquad 0 \leqslant x \leqslant \frac{1}{k}$$

$$f_k(x) = 2(k^{3/2}x - k^{1/2}), \qquad \frac{1}{k} \leqslant x \leqslant \frac{3}{2k}$$

$$f_k(x) = 2(-k^{3/2}x + 2k^{1/2}), \quad \frac{3}{2k} \leqslant x \leqslant \frac{2}{k}$$

$$f_k(x) = 0, \qquad\qquad\qquad \frac{2}{k} \leqslant x \leqslant 1$$

所定义的函数序列 $\{f_k\}$([0,1]上所有的实值或者复值连续函数的向量空间),对 $k=2,3,4,\cdots$ 计算表明

$$\|f_k\|_1 = \frac{1}{2}k^{-1/2} \to 0, \quad \text{当 } k \to \infty \text{ 时}$$

$$\|f_k\|_2 = \frac{1}{\sqrt{3}}, \qquad\qquad \text{对所有 } k = 1,2,\cdots$$

$$\|f_k\|_\infty = k^{1/2} \to \infty, \quad \text{当 } k \to \infty \text{ 时}$$

于是,关于 L_1 范数有 $\lim_{k\to\infty} f_k = 0$,但是关于 L_2 范数或者 L_∞ 范数则不然. 序列 $\{f_k\}$ 关于 L_2 范数是有界的,但是关于 L_∞ 则是无界的.

习题 概略介绍上一个例子中描述的函数,并验证关于 L_1 范数、L_2 范数以及 L_∞ 范数所做出的结论. ◀

幸运的是,(5.4.2)中奇怪的现象在有限维赋范线性空间中不可能出现. 而成为这一事实的基础的,则是关于赋范线性空间上连续函数的某些基本结果,见附录 E.

引理 5.4.3 设 $\|\cdot\|$ 是域 $\mathbf{F}(\mathbf{F}=\mathbf{R}$ 或者 $\mathbf{C})$ 上的向量空间 V 上一个范数,$m \geqslant 1$ 是一个给定的正整数,$x^{(1)}, x^{(2)}, \cdots, x^{(m)} \in V$ 是给定的向量,又对任意的 $z = [z_1 \cdots z_m]^{\mathrm{T}} \in \mathbf{F}^m$ 定义 $x(z) = z_1 x^{(1)} + z_2 x^{(2)} + \cdots + z_m x^{(m)}$. 那么,由

$$g(z) = \|x(z)\| = \|z_1 x^{(1)} + z_2 x^{(2)} + \cdots + z_m x^{(m)}\|$$

所定义的函数 $g: \mathbf{F}^m \to \mathbf{R}$ 就是 $\mathbf{F}^m$ 上关于 Euclid 范数一致连续的函数.

证明 设 $u = [u_1 \cdots u_m]^{\mathrm{T}}$ 以及 $v = [v_1 \cdots v_m]^{\mathrm{T}}$. 利用(5.2.1)以及 Cauchy-Schwarz 不等式计算

$$|g(x(u)) - g(x(v))| = |\,\|x(u)\| - \|x(v)\|\,| \leqslant \|x(u) - x(v)\|$$

$$= \left\|\sum_{i=1}^m (u_i - v_i)x^{(i)}\right\| \leqslant \sum_{i=1}^m |u_i - v_i|\,\|x^{(i)}\|$$

$$\leqslant \left(\sum_{i=1}^m |u_i - v_i|^2\right)^{1/2} \left(\sum_{i=1}^m \|x^{(i)}\|^2\right)^{1/2} = C\|u - v\|_2$$

其中有限常数 $C=\left(\sum_{i=1}^{m}\|x^{(i)}\|^2\right)^{1/2}$ 仅与范数 $\|\cdot\|$ 以及 m 个向量 $x^{(1)},\cdots,x^{(m)}$ 有关. 如果每个 $x^{(i)}=0$,则对每个 z 都有 $g(z)=0$,所以 g 肯定是一致连续的. 如果有某个 $x^{(i)}\neq0$,那么 $C>0$,且只要 $\|u-v\|_2<\varepsilon/C$ 就有 $|g(x(u))-g(x(v))|<\varepsilon$. □

上一个引理中的赋范线性空间 V 不一定是有限维的. 然而,V 的有限维度对于下面的基本结果是极其重要的.

定理 5.4.4 设 f_1 与 f_2 是域 $\mathbf{F}$($\mathbf{F}=\mathbf{R}$ 或者 $\mathbf{C}$)上一个有限维向量空间 V 上的实值函数,设 $\mathcal{B}=\{x^{(1)},\cdots,x^{(n)}\}$ 是 V 的一组基,又设对所有 $z=[z_1 \cdots z_n]^\mathrm{T}\in\mathbf{F}^n$ 有 $x(z)=z_1x^{(1)}+\cdots+z_nx^{(n)}$. 假设 f_1 与 f_2 是

(a) 正的: 对所有 $x\in V$ 有 $f_i(x)\geqslant0$,又 $f_i(x)=0$ 当且仅当 $x=0$

(b) 齐性的: 对所有 $\alpha\in\mathbf{F}$ 以及所有 $x\in V$ 有 $f_i(\alpha x)=|\alpha|f_i(x)$

(c) 连续的: $f_1(x(z))$ 在 $\mathbf{F}^n$ 上关于 Euclid 范数是连续的

那么就存在有限的正常数 C_m 以及 C_M,使得
$$C_m f_1(x)\leqslant f_2(x)\leqslant C_M f_1(x),\quad 对所有 x\in V$$

证明 在 Euclid 单位球面 $S=\{z\in\mathbf{F}^n:\|z\|_2=1\}$(它是 $\mathbf{F}^n$ 中关于 Euclid 范数的一个紧集)上定义 $h(z)=f_2(x(z))/f_1(x(z))$. 正性假设(a)确保对所有 $z\in S$ 都有 $f_i(x(z))>0$,于是作为连续函数之积的 $h(z)$(这里用到连续性假设(c))在 S 上也是连续的. 带有 Euclid 范数的 $\mathbf{F}^n$ 上的 Weierstrass 定理(见附录 E)确保 f 在 S 上取到有限的正的最大值 C_M 以及正的最小值 C_m,所以对所有 $z\in S$ 都有 $C_m\leqslant f_2(x(z))/f_1(x(z))\leqslant C_M$ 以及 $C_m f_1(x(z))\leqslant f_2(x(z))\leqslant C_M f_1(x(z))$. 因为对每个非零的 $z\in\mathbf{F}^n$ 都有 $z/\|z\|_2\in S$,故而齐性假设(b)就确保: 对所有非零的 $z\in\mathbf{F}^n$,每一个 $f_i\left(x\left(\dfrac{z}{\|z\|_2}\right)\right)=f_i(\|z\|_2^{-1}x(z))=\|z\|_2^{-1}f_i(x(z))$,所以所有非零的 $z\in\mathbf{F}^n$ 都有 $C_m f_1(x(z))\leqslant f_2(x(z))\leqslant C_M f_1(x(z))$;这些不等式对 $z=0$ 也成立,因为 $f_1(0)=f_2(0)=0$. 但是每一个 $x\in V$ 可以表示成 $x=x(z)$(对某个 $z\in\mathbf{F}^n$),因为 $\mathcal{B}$ 是一组基,所以结论中的不等式对所有 $x\in V$ 都成立. □

如果一个有限维实的或者复的向量空间上的实值函数满足(5.4.4)中陈述的正性、齐性以及连续性这三个假设,它就称为一个 **准范数**(pre-norm).

当然,准范数的最重要的例子是范数.(5.4.3)是说,每个范数都满足(5.4.4)中的连续性假设(c). 满足三角不等式的准范数是范数.

推论 5.4.5 设 $\|\cdot\|_\alpha$ 以及 $\|\cdot\|_\beta$ 是有限维实或者复向量空间 V 上给定的范数. 那么就存在有限的正常数 C_m 与 C_M,使得对所有 $x\in V$ 都有 $C_m\|x\|_\alpha\leqslant\|x\|_\beta\leqslant C_M\|x\|_\alpha$.

习题 设 $x=[x_1 \ x_2]^\mathrm{T}\in\mathbf{R}^2$ 并考虑 $\mathbf{R}^2$ 上如下的范数: $\|x\|_\alpha\equiv\|[10x_1 \ x_2]^\mathrm{T}\|_\infty$ 以及 $\|x\|_\beta\equiv\|[x_1 \ 10x_2]^\mathrm{T}\|_\infty$. 证明: $f(x)=(\|x\|_\alpha\|x\|_\beta)^{1/2}$ 是 $\mathbf{R}^2$ 上一个不是范数的准范数,见 (5.4.P15). 提示: 考虑 $f([1 \ 1]^\mathrm{T})$,$f([0 \ 1]^\mathrm{T})$ 以及 $f([1 \ 0]^\mathrm{T})$. ◀

习题 如果 $\|\cdot\|_{\alpha_1},\cdots,\|\cdot\|_{\alpha_k}$ 是 V 上的范数,证明: $f(x)=(\|x\|_{\alpha_1}\cdots\|x\|_{\alpha_k})^{1/k}$ 以及 $h(x)=\min\{\|x\|_{\alpha_1},\cdots,\|x\|_{\alpha_k}\}$ 是 V 上的准范数,但它们不一定是范数.

(5.4.5)的一个重要的推论是如下事实: 有限维复向量空间中向量序列的收敛性与所采用的范数无关. ◀

推论 5.4.6　如果 $\|\cdot\|_\alpha$ 与 $\|\cdot\|_\beta$ 是有限维实或者复向量空间 V 上的范数, 又如果 $\{x^{(k)}\}$ 是 V 中一列给定的向量, 那么, 关于 $\|\cdot\|_\alpha$ 有 $\lim_{k\to\infty}x^{(k)}=x$ 的充分必要条件是: 关于 $\|\cdot\|_\beta$ 有 $\lim_{k\to\infty}x^{(k)}=x$.

证明　由于对所有 k 都有 $C_m\|x^{(k)}-x\|_\alpha\leqslant\|x^{(k)}-x\|_\beta\leqslant C_M\|x^{(k)}-x\|_\alpha$, 由此推出: 当 $k\to\infty$ 时有 $\|x^{(k)}-x\|_\alpha\to 0$ 成立的充分必要条件是当 $k\to\infty$ 时有 $\|x^{(k)}-x\|_\beta\to 0$.　　　□

定义 5.4.7　实或者复向量空间上两个给定的范数称为**等价的**(equivalent), 如果只要一个向量序列 $\{x^{(k)}\}$ 关于其中一个范数收敛于一个向量 x, 那么它就关于另一个范数也收敛于 x.

推论 5.4.6 确保**对有限维实或者复向量空间, 所有的范数都是等价的**. 例 5.4.2 说明了: 对无限维向量空间来说, 情况是非常不同的.

由于 $\mathbf{R}^n$ 或 $\mathbf{C}^n$ 上所有的范数都等价于 $\|\cdot\|_\infty$, 对给定的一列向量 $x^{(k)}=[x_i^k]_{i=1}^n$, 关于任何范数都有 $\lim_{k\to\infty}x^{(k)}=x$ 的充分必要条件是: 对每个 $i=1,\cdots,n$ 都有 $\lim_{k\to\infty}x_i^{(k)}=x_i$.

另一个重要的事实是: 单位球以及单位球面关于 $\mathbf{R}^n$ 或者 $\mathbf{C}^n$ 上任意的准范数或者范数永远都是紧的. 由此, 在这样一个单位球或者单位球面上的连续的实值或者复值函数都是有界的. 如果它是实值函数的话, 它还取到它的最大以及最小值.

推论 5.4.8　设 $V=\mathbf{F}^n$($\mathbf{F}=\mathbf{R}$ 或者 $\mathbf{C}$), 并设 $f(\cdot)$ 是 V 上的一个准范数或者范数. 那么集合 $\{x: f(x)\leqslant 1\}$ 与 $\{x: f(x)=1\}$ 是紧集.

证明　只要证明每一个集合关于 Euclid 范数是闭的且有界就够了. 定理 5.4.4 确保存在某个有限的 $C>0$, 使得对所有 $x\in V$ 都有 $\|x\|_2\leqslant Cf(x)$, 故而集合 $\{x: f(x)\leqslant 1\}$ 与 $\{x: f(x)=1\}$ 两者都包含在中心在原点、半径为 C 的 Euclid 球内. 集合 $\{x: f(x)\leqslant 1\}$ 与 $\{x: f(x)=1\}$ 两者都是闭的, 因为 $f(\cdot)$ 是连续的.　　　□

有时我们会遇到确定一个给定的序列 $\{x^{(k)}\}$ 究竟是否收敛这样的问题. 为此, 重要的是要有一个收敛的判别法, 这个判别法里不明显含有该序列的极限(如果它存在的话). 如果有这样一个极限, 那么, 当 $k,j\to\infty$ 时就有

$$\|x^{(k)}-x^{(j)}\|=\|x^{(k)}-x+x-x^{(j)}\|\leqslant\|x^{(k)}-x\|+\|x-x^{(j)}\|\to 0$$

这就是下述定义之动因.

定义 5.4.9　向量空间 V 中一个序列 $\{x^{(k)}\}$ 称为是关于范数 $\|\cdot\|$ 的一个 Cauchy 序列, 如果对每个 $\varepsilon>0$, 都存在一个正整数 $N(\varepsilon)$, 使得只要 $k_1,k_2\geqslant N(\varepsilon)$ 就有 $\|x^{(k_1)}-x^{(k_2)}\|\leqslant\varepsilon$.

定理 5.4.10　设 $\|\cdot\|$ 是有限维实或者复向量空间 V 上一个给定的范数, 又设 $\{x^{(k)}\}$ 是 V 中一个给定的向量序列. 序列 $\{x^{(k)}\}$ 收敛于 V 中一个向量, 当且仅当它关于范数 $\|\cdot\|$ 是一个 Cauchy 序列.

证明　选取 V 的一组基 $\mathcal{B}$, 并考虑等价的范数 $\|[x]_\mathcal{B}\|_\infty$, 我们看到, 如果我们假设对某个整数 n 有 $V=\mathbf{R}^n$ 或者 $\mathbf{C}^n$, 且假设范数就是 $\|\cdot\|_\infty$, 是不失一般性的. 如果 $\{x^{(k)}\}$ 是一个 Cauchy 序列, 那么对每一个 $i=1,\cdots,n$, 每一个由元素组成的实或者复的序列 $\{x_i^{(k)}\}$ 也为 Cauchy 序列. 由于由实数或者复数组成的 Cauchy 序列必定有极限, 这就意味着, 对每个 $i=1,\cdots,n$ 都存在一个纯量 x_i, 使得 $\lim_{k\to\infty}x_i^{(k)}=x_i$; 验证 $\lim_{k\to\infty}x^{(k)}=x=[x_1\ \cdots\ x_n]^\mathrm{T}$. 反之, 如果存在一个向量 x, 使得 $\lim_{k\to\infty}x^{(k)}=x$, 那么 $\|x^{(k_1)}-x^{(k_2)}\|\leqslant\|x^{(k_1)}-x\|+$

$\|x-x^{(k_2)}\|$，故而给定的序列是 Cauchy 序列. □

一个序列是 Cauchy 序列，当且仅当它收敛于某个（实的或者复的）纯量. 这个结论是实数域或者复数域的一个基本性质（它用在上一个定理的证明中）. 这个性质称为实数域以及复数域的**完备性**（completeness property）. 我们刚刚证明了：完备性可以延拓到关于任何范数的有限维实或者复向量空间. 不幸的是，无限维赋范线性空间可能没有完备性.

定义 5.4.11 一个赋范线性空间 V 称为关于它的范数 $\|\cdot\|$ 是**完备**的（complete），如果 V 中每一个关于 $\|\cdot\|$ 是 Cauchy 序列的序列都收敛于 V 的一个点.

习题 考虑带有 L_1 范数的向量空间 $C[0, 1]$，并考虑由

$$f_k(t) = 0, \qquad\qquad 0 \leqslant t \leqslant \frac{1}{2} - \frac{1}{k}$$

$$f_k(t) = \frac{k}{2}\left(t - \frac{1}{2} + \frac{1}{k}\right), \qquad \frac{1}{2} - \frac{1}{k} \leqslant t \leqslant \frac{1}{2} + \frac{1}{k}$$

$$f_k(t) = 1, \qquad\qquad \frac{1}{2} + \frac{1}{k} \leqslant t \leqslant 1$$

所定义的函数序列 $\{f_k\}$. 概略描述函数 f_k. 证明 $\{f_k\}$ 是 Cauchy 序列，但不存在函数 $f \in C[0, 1]$，使得关于 L_1 范数有 $\lim_{k\to\infty} f_k = f$.

利用 $\mathbf{R}^n$ 或者 $\mathbf{C}^n$ 上任何范数或者准范数的单位球都是紧集这一事实，我们可以引进另外一个有用的方法，此法可以利用 Euclid 内积从老的范数生成新的范数. ◀

定义 5.4.12 设 $f(\cdot)$ 是 $V = \mathbf{F}^n$（$\mathbf{F} = \mathbf{R}$ 或者 $\mathbf{C}$）上的一个准范数. 那么函数

$$f^D(y) = \max_{f(x)=1} \mathrm{Re}\langle x, y\rangle = \max_{f(x)=1} \mathrm{Re}\, y^* x$$

称为 f 的**对偶范数**（dual norm）.

首先注意，对偶范数是 V 上一个有良好定义的函数，因为对每个固定的 $y \in V$，$\mathrm{Re}\, y^* x$ 都是 x 的连续函数，且集合 $\{x: f(x)=1\}$ 是紧的. Weierstrass 定理确保 $\mathrm{Re}\, y^* x$ 的最大值能在这个集合中的某个点取到. 如果 c 是一个纯量，$|c|=1$，那么 f 的齐性允许我们计算

$$\max_{f(x)=1} |y^* x| = \max_{f(x)=1} \max_{|c|=1} \mathrm{Re}(cy^* x) = \max_{f(x)=1} \max_{|c|=1} \mathrm{Re}\, y^* (cx)$$

$$= \max_{|c|=1} \max_{f(x/c)=1} \mathrm{Re}\, y^* x = \max_{f(x)=1} \mathrm{Re}\, y^* x$$

此外，

$$\max_{f(x)=1} |y^* x| = \max_{x\neq 0} \left| y^* \frac{x}{f(x)} \right| = \max_{x\neq 0} \frac{|y^* x|}{f(x)}$$

所以，对偶范数的一种等价的、有时用起来方便的另一种表达方式是

$$f^D(y) = \max_{f(x)=1} |y^* x| = \max_{x\neq 0} \frac{|y^* x|}{f(x)} \tag{5.4.12a}$$

最后，我们注意到**对偶范数**这个名称对于函数 f^D 来说是实至名归的. 函数 $f^D(\cdot)$ 显然是齐次的. 因为如果 $y \neq 0$，它是正的，而 $f(\cdot)$ 的齐性确保有

$$f^D(y) = \max_{f(x)=1} |y^* x| \geqslant \left| y^* \frac{y}{f(y)} \right| = \frac{\|y\|_2^2}{f(y)} > 0$$

值得注意的是，即使 $f(\cdot)$ 不服从三角不等式，$f^D(\cdot)$ 也总是服从的：

$$f^D(y+z) = \max_{f(x)=1} |(y+z)^* x| \leqslant \max_{f(x)=1} (|y^* x| + |z^* x|)$$

$$\leqslant \max_{f(x)=1} |y^* x| + \max_{f(x)=1} |z^* x| = f^D(y) + f^D(z)$$

准范数的对偶范数是正的、齐次的，且满足三角不等式，所以它是一个范数. 特别地，范数的对偶范数恒为一个范数.

下面的引理中给出对偶范数的一个简单的不等式，它是 Cauchy-Schwarz 不等式的一个自然的推广.

引理 5.4.13 设 $f(\cdot)$ 是 $V = \mathbf{F}^n (\mathbf{F} = \mathbf{R}$ 或者 $\mathbf{C})$ 上的一个准范数. 那么，对所有 $x，y \in V$ 我们有

$$|y^* x| \leqslant f(x) f^D(y)$$

以及

$$|y^* x| \leqslant f^D(x) f(y)$$

证明 如果 $x \neq 0$，那么

$$\left| y^* \frac{x}{f(x)} \right| \leqslant \max_{f(z)=1} |y^* z| = f^D(y)$$

从而 $|y^* x| \leqslant f(x) f^D(y)$. 当然，这个不等式对 $x=0$ 也成立. 第二个不等式由第一个推出，这是因为 $|y^* x| = |x^* y|$.   □

辨认出与某些熟悉的范数对偶的范数是有教益的. 例如，如果 $\|\cdot\|$ 是 $\mathbf{C}^n$ 上一个范数，而 $S \in M_n$ 是非奇异的，由(5.2.6)定义的范数 $\|\cdot\|_S$ 的对偶范数是什么？我们计算

$$\|y\|_S^D = \max_{x \neq 0} \frac{|y^* x|}{\|x\|_S} = \max_{x \neq 0} \frac{|y^* x|}{\|Sx\|} = \max_{z \neq 0} \frac{|y^* S^{-1} z|}{\|z\|}$$

$$= \max_{z \neq 0} \frac{|(S^{-*} y)^* z|}{\|z\|} = \|S^{-*} y\|^D \tag{5.4.14}$$

并导出结论 $(\|\cdot\|_S)^D = (\|\cdot\|^D)_{S^{-*}}$.

如果 $x，y \in \mathbf{C}^n$，那么

$$|y^* x| = \left| \sum_{i=1}^n \overline{y}_i x_i \right| \leqslant \sum_{i=1}^n |\overline{y}_i x_i|$$

$$\leqslant \begin{cases} (\max_{1 \leqslant i \leqslant n} |y_i|) \sum_{j=1}^n |x_j| = \|y\|_\infty \|x\|_1 \\ (\max_{1 \leqslant i \leqslant n} |x_i|) \sum_{j=1}^n |y_j| = \|x\|_\infty \|y\|_1 \end{cases} \tag{5.4.15}$$

设 $y \in \mathbf{C}^n$ 是一个给定的非零向量. (5.4.15)中上面那个不等式对于下面描述的向量 x 有等式成立：这个向量对单独一个满足 $|y_i| = \|y\|_\infty$ 的 i 有 $x_i = 1$，而对所有 $j \neq i$ 都有 $x_j = 0$.

(5.4.15)中下面那个不等式对如下描述的向量 x 有等式成立：对所有满足 $y_i \neq 0$ 的 i 都有 $x_i = y_i / |y_i|$，而在其他情形均有 $x_j = 0$. 从而

$$\|y\|_1^D = \max_{\|x\|_1 = 1} |y^* x| = \max_{\|x\|_1 = 1} \|y\|_\infty \|x\|_1 = \|y\|_\infty$$

$$\|y\|_\infty^D = \max_{\|x\|_\infty = 1} |y^* x| = \max_{\|x\|_\infty = 1} \|y\|_1 \|x\|_\infty = \|y\|_1$$

我们就得出结论

$$\|\cdot\|_1^D = \|\cdot\|_\infty, \quad \|\cdot\|_\infty^D = \|\cdot\|_1 \qquad (5.4.15a)$$

现在考虑 Euclid 范数，一个给定的非零向量 y 以及一个任意的向量 x. Cauchy-Schwarz 不等式说的是

$$|y^* x| = \left| \sum_{i=1}^n \overline{y}_i x_i \right| \leqslant \|y\|_2 \|x\|_2$$

其中等式当 $x = y / \|y\|_2$ 时成立. 利用上面对于 l_1 范数以及 l_∞ 范数的讨论方法，我们求得 $\|y\|_2^D = \|y\|_2$，所以 Euclid 范数是其自身的对偶范数.

习题 说明为什么 (5.4.13) 中的不等式是 Cauchy-Schwarz 不等式 (5.1.4) 的推广. ◀

对任何 $p \geqslant 1$，考虑 l_p 范数以及 l_q 范数，其中 q 由关系式 $1/p + 1/q = 1$ 定义. 注意到 $1 < p < \infty$ 成立的充分必要条件是 $1 < q < \infty$. Hölder 不等式 (见附录 B) 允许我们用不等式 $|y^* x| \leqslant \|x\|_p \|y\|_q$ 代替 (5.4.15). 于是，对给定的向量 $y = [y_i]$ 就有 $\|y\|_p^D = \max_{\|x\|_p = 1} |y^* x| \leqslant \|y\|_q$，如果 $y = 0$，则此式对所有 x 有等式成立；如果 $y \neq 0$，它对由

$$x_i = \begin{cases} 0 & \text{如果 } y_i = 0 \\ \dfrac{|y_i|^q}{\overline{y}_i \|y\|_q^{q-1}} & \text{如果 } y_i \neq 0 \end{cases}$$

所定义的 $x = [x_i]$ 有等式成立. 由此推出 $\|y\|_p^D = \|y\|_q$，从而 $\|\cdot\|_q^D = \|\cdot\|_p$.

这样一来，对所有 l_p 范数，对偶范数的对偶就是原来的范数. 此事并非偶然，见 (5.5.9). 此外，仅有的是其自身对偶的 l_p 范数是 Euclid 范数. 如同我们在对偶范数的两个有用的性质之后所作注解说明的那样，这也并非偶然.

引理 5.4.16 设 $f(\cdot)$ 与 $g(\cdot)$ 是 $V = \mathbf{F}^n (\mathbf{F} = \mathbf{R}$ 或者 $\mathbf{C})$ 上的准范数，又设给定 $c > 0$. 那么

(a) $cf(\cdot)$ 是 V 上的准范数，且它的对偶范数是 $c^{-1} f^D(\cdot)$；

(b) 如果对所有 $x \in V$ 都有 $f(x) \leqslant g(x)$，那么对所有 $y \in V$ 都有 $f^D(y) \geqslant g^D(y)$.

证明 函数 $cf(\cdot)$ 是正的、齐次且连续的，所以它是一个准范数. 剩下的结论由 (5.4.12a) 推出. □

习题 对上一个引理的证明提供细节. ◀

定理 5.4.17 设 $\|\cdot\|$ 是 $V = \mathbf{F}^n (\mathbf{F} = \mathbf{R}$ 或者 $\mathbf{C})$ 上的范数，又设给定 $c > 0$. 那么，对所有 $x \in V$ 都有 $\|x\| = c\|x\|^D$ 成立的充分必要条件是 $\|\cdot\| = \sqrt{c} \cdot \|\cdot\|_2$. 特别地，$\|\cdot\| = \|\cdot\|^D$ 成立的充分必要条件是 $\|\cdot\| = \|\cdot\|_2$.

证明 如果 $\|\cdot\| = \sqrt{c} \cdot \|\cdot\|_2$ 且 $x \in V$，则 (5.4.16(a)) 确保 $\|\cdot\|^D = \dfrac{1}{\sqrt{c}} \|\cdot\|_2^D = \dfrac{1}{\sqrt{c}} \|\cdot\|_2 = c^{-1} \|\cdot\|$. 对于相反的结论，考虑范数 $N(x) = c^{-1/2} \|x\|$. 假设条件 $\|\cdot\| = c\|\cdot\|^D$ 确保 $N^D(\cdot) = c^{1/2} \|\cdot\|^D = c^{1/2} c^{-1} \|\cdot\| = c^{-1/2} \|\cdot\| = N(\cdot)$，所以 $N(\cdot)$ 是自对偶的. 现在由 (5.4.13) 推出，对每个 $x \in V$ 都有 $\|x\|_2^2 = |x^* x| \leqslant N(x) N^D(x)$，即对所有 $x \in V$ 都有 $\|x\|_2 \leqslant N(x)$. 但是 (5.4.16b) 确保对所有 $x \in V$ 都有 $\|x\|_2 \geqslant N(x)$，所以 $\|\cdot\|_2 = N(\cdot)$.

$\mathbf{R}^n$ 或者 $\mathbf{C}^n$ 上的每一个 k 范数以及每一个 l_p 范数都具有如下的性质：向量的范数仅与其元素的绝对值有关且还是 x 的元素的绝对值的**非减函数**. 这两个性质并非是不相干的.

定义 5.4.18 如果 $x = [x_i] \in V = \mathbf{F}^n (\mathbf{F} = \mathbf{R}$ 或者 $\mathbf{C})$，设 $|x| = [|x_i|]$ 表示 x 逐个元素

331

的绝对值. 我们说 $|x| \leqslant |y|$, 如果对所有 $i = 1$, $\cdots$, n 都有 $|x_i| \leqslant |y_i|$. V 上的范数称为是

(a) **单调的**(monotone), 如果 $|x| \leqslant |y|$ 蕴含对所有 x, $y \in V$ 都有 $\|x\| \leqslant \|y\|$;

(b) **绝对的**(absolute), 如果对所有 $x \in V$ 都有 $\|x\| = \| |x| \|$.

定理 5.4.19 设 $\|\cdot\|$ 是 $V = \mathbf{F}^n$ ($\mathbf{F} = \mathbf{R}$ 或者 $\mathbf{C}$) 上一个范数.

(a) 如果 $\|\cdot\|$ 是绝对的, 那么对所有 $y \in V$ 都有

$$\|y\|^D = \max_{x \neq 0} \frac{| |y|^{\mathrm{T}} |x| |}{\|x\|} \tag{5.4.20}$$

(b) 如果 $\|\cdot\|$ 是绝对的, 那么 $\|\cdot\|^D$ 是绝对的且是单调的.

(c) 范数 $\|\cdot\|$ 是绝对的, 当且仅当它是单调的.

证明 假设 $\mathbf{F} = \mathbf{C}$.

(a) 假设 $\|\cdot\|$ 是绝对的. 对一个给定的 $y = [y_k] \in \mathbf{C}^n$, 任意的 $x = [x_k] \in \mathbf{C}^n$ 以及任意的 $z = [z_k] \in \mathbf{C}^n$, 其中 $|z| = |x|$, 我们有 $|y^* z| = \left| \sum_{k=1}^{n} \overline{y}_k z_k \right| \leqslant \sum_{k=1}^{n} |y_k| |z_k| = |y|^{\mathrm{T}} |z| = |y|^{\mathrm{T}} |x|$, 其中等式对 $z_k = \mathrm{e}^{\mathrm{i}\theta_k} x_k$ 成立, 如果我们选取实参数 $\theta_1, \cdots, \theta_n$ 使得 $\mathrm{e}^{\mathrm{i}\theta_k} \overline{y}_k z_k$ 是非负实数. 从而有

$$\|y\|^D = \max_{x \neq 0} \frac{|y^* x|}{\|x\|} = \max_{x \neq 0} \max_{|z| = |x|} \frac{|y^* z|}{\|z\|} = \max_{x \neq 0} \frac{| |y|^{\mathrm{T}} |x| |}{\|x\|}$$

(b) 假设 $\|\cdot\|$ 是绝对的. 表达式(5.4.20)表明: 对所有 $y \in \mathbf{C}^n$ 都有 $\|y\|^D = \| |y| \|^D$. 此外, 如果 $|z| \leqslant |y|$, 那么

$$\|z\|^D = \max_{x \neq 0} \frac{| |z|^{\mathrm{T}} |x| |}{\|x\|} \leqslant \max_{x \neq 0} \frac{| |y|^{\mathrm{T}} |x| |}{\|x\|} = \|y\|^D$$

所以 $\|\cdot\|^D$ 是单调的.

(c) 如果 $\|\cdot\|$ 是单调的, 且 $|y| = |x|$, 那么有 $|y| \leqslant |x|$ 以及 $|y| \geqslant |x|$, 所以 $\|y\| \leqslant \|x\|$, $\|y\| \geqslant \|x\|$, 故而 $\|y\| = \|x\|$. 反之, 假设 $\|\cdot\|$ 是绝对的. 设 $k \in \{1, \cdots, n\}$ 以及 $\alpha \in [0, 1]$. 那么

$$\left\| [x_1 \ \cdots \ x_{k-1} \ \alpha x_k \ x_{k+1} \ \cdots \ x_n]^{\mathrm{T}} \right\|$$

$$= \left\| \frac{1}{2}(1-\alpha)[x_1 \ \cdots \ x_{k-1} \ -x_k \ x_{k+1} \ \cdots \ x_n]^{\mathrm{T}} + \frac{1}{2}(1-\alpha)x + \alpha x \right\|$$

$$\leqslant \frac{1}{2}(1-\alpha)\left\| [x_1 \ \cdots \ x_{k-1} \ -x_k \ x_{k+1} \ \cdots \ x_n]^{\mathrm{T}} \right\| + \frac{1}{2}(1-\alpha)\|x\| + \alpha\|x\|$$

$$= \frac{1}{2}(1-\alpha)\|x\| + \frac{1}{2}(1-\alpha)\|x\| + \alpha\|x\| = \|x\|$$

由此推出, 对每一个 $x \in \mathbf{C}^n$ 以及对 $\alpha_k \in [0, 1]$ ($k = 1, \cdots, n$) 的所有选取都有 $\| [\alpha_1 x_1 \ \cdots \ \alpha_n x_n]^{\mathrm{T}} \| \leqslant \|x\|$. 如果 $|y| \leqslant |x|$, 那么存在 $\alpha_k \in [0, 1]$ 使得 $|y_k| = \alpha_k |x_k|$, $k = 1, \cdots, n$, 故而 $\|y\| \leqslant \|x\|$.

习题 对 $\mathbf{F} = \mathbf{R}$ 证明上一个定理. ◀

有关绝对的范数是单调的这一结论的一个理性的证明, 见(5.5.11).

问题

5.4. P1 说明为什么(5.4.5)可以等价地表述为

$$C_m(\|\cdot\|_\alpha, \|\cdot\|_\beta) \leqslant \frac{\|x\|_\beta}{\|x\|_\alpha} \leqslant C_M(\|\cdot\|_\alpha, \|\cdot\|_\beta), \text{ 对所有 } x \neq 0,$$

其中 $C_m(\cdot)$ 以及 $C_M(\cdot, \cdot)$ 表示与(5.4.5)中各个范数相关的最好可能的常数. 证明 $C_m(\|\cdot\|_\beta, \|\cdot\|_\alpha) = C_M(\|\cdot\|_\alpha, \|\cdot\|_\beta)^{-1}$.

5.4. P2 对 $C_m(\|\cdot\|_\alpha, \|\cdot\|_\gamma)$ 给出一个界，这个界中要包含 $C_m(\|\cdot\|_\alpha, \|\cdot\|_\beta)$ 以及 $C_m(\|\cdot\|_\beta, \|\cdot\|_\gamma)$. 对 C_M 做同样的事.

5.4. P3 如果 $1 \leqslant p_1 < p_2 < \infty$，证明 $\mathbf{C}^n$ 或者 $\mathbf{R}^n$ 上对应的 l_p 范数之间的最好的界是

$$\|x\|_{p_2} \leqslant \|x\|_{p_1} \leqslant n^{\left(\frac{1}{p_1} - \frac{1}{p_2}\right)} \|x\|_{p_2} \qquad (5.4.21)$$

验证下面关于界限 $\|x\|_\alpha \leqslant C_{\alpha\beta} \|x\|_\beta$ 的表格中的数据

$$[C_{\alpha\beta}] = $$

$\alpha \backslash \beta$	1	2	∞
1	1	$\sqrt{n}$	n
2	1	1	$\sqrt{n}$
∞	1	1	1

对表格中每一个数据，给出一个能取到结论中界限的非零向量 x.

5.4. P4 证明：实或者复向量空间上的两个范数是等价的，当且仅当它们是由如同(5.4.5)中那样的两个常数以及一个不等式联系在一起的.

5.4. P5 证明：(5.4.2)中的函数 f_k 有这样的性质：对每个 x 有 $f(x) \to 0$，当 $k, j \to \infty$ 时有 $\|f_k - f_j\|_1 \to 0$，又对每个 $k \leqslant 2$，存在某个 $J > k$，使得对所有 $j > J$ 都有 $\|f_k - f_j\|_\infty > k^{1/2}$. 于是，无限维赋范线性空间中的序列有可能在一种意义(逐点而言)下是收敛的，可能关于一个范数是 Cauchy 序列，但关于另一个范数不是 Cauchy 序列.

5.4. P6 设 V 是一个完备的实或者复向量空间，$\{x^{(k)}\}$ 是 V 中一个给定的序列，而 $\|\cdot\|$ 则是 V 上一个给定的范数. 如果存在一个 $M \geqslant 0$，使得对所有 $n = 1, 2, \cdots$ 都有 $\sum_{k=1}^{n} \|x^{(k)}\| \leqslant M$，证明：由 $y^{(n)} = \sum_{k=1}^{n} x^{(k)}$ 定义的部分和序列 $\{y^{(n)}\}$ 收敛于 V 的一个点. 这个结论推广了关于实数组成的无穷级数收敛性的哪一个定理？

5.4. P7 证明：对每个 $x \in \mathbf{C}^n$ 有 $\|x\|_\infty = \lim_{p \to \infty} \|x\|_p$. 如果 $|x| > 0$，则 $\lim_{p \to -\infty} \|x\|_p$ 等于什么？

5.4. P8 证明：$\mathbf{R}^n$ 或者 $\mathbf{C}^n$ 上 k 范数的对偶范数是

$$\|y\|_{[k]}^D = \max\left\{\frac{1}{k}\|y\|_1, \|y\|_\infty\right\} \qquad (5.4.22)$$

如果 $k = 1$ 或者 $k = n$，这个结论说的是什么？

5.4. P9 设 $\|\cdot\|$ 是 $\mathbf{R}^n$ 或者 $\mathbf{C}^n$ 上一个范数，并设 e_i 是标准基向量(0.1.7). 说明为什么 $\|e_i\| \|e_i\|^D \geqslant 1$. 你能找到一个满足 $\|e_1\| \|e_1\|^D > 1$ 的范数吗？

5.4. P10 设 $\|\cdot\|_\alpha$ 与 $\|\cdot\|_\beta$ 是 $\mathbf{C}^n$ 上两个给定的范数，并假设存在某个 $C > 0$，使得对所有 $x \in \mathbf{C}^n$ 都有 $\|x\|_\alpha \leqslant C \|x\|_\beta$. 说明为什么对所有 $x \in \mathbf{C}^n$ 都有 $\|x\|_\beta^D \leqslant C \|x\|_\alpha^D$？

5.4. P11 设 $\|\cdot\|$ 是 $\mathbf{F}^n$($\mathbf{F} = \mathbf{R}$ 或者 $\mathbf{C}$)上一个范数. 一个矩阵 $A \in M_n(\mathbf{F})$ 称为关于 $\|\cdot\|$ 是一个**等距**(isometry)，如果对所有 $x \in \mathbf{F}^n$ 有 $\|Ax\| = \|x\|$. 例如，任何酉矩阵对于 Euclid 范数都是一个等距，单位矩阵对每一个范数都是等距. 证明如下结论：(a)对 $\|\cdot\|$ 的每一个等距是非奇异的. (b)如果 $A, B \in M_n(\mathbf{F})$ 对于 $\|\cdot\|$ 是等距，那么 A^{-1} 与 AB 亦然. 由此，关于 $\|\cdot\|$ 的等距之集

333

合构成一般线性群的一个子群. 这个子群称为 $\|\cdot\|$ 的**等距群**(isometry group). (c)如果 $A \in M_n$ 是关于 $\|\cdot\|$ 的一个等距, 那么 A 的每个特征值的模都是 1. 已知 $\|\cdot\|$ 的等距群相似于 $M_n(\mathbf{F})$ 中由酉矩阵组成的一个群(Auerbach 定理), 所以 A 与一个酉矩阵相似, 见(7.6.P21~P23)(d) 如果 $A \in M_n(\mathbf{F})$ 是关于 $\|\cdot\|$ 的一个等距, 那么 $|\det A| = 1$. (e)任何酉广义置换矩阵对于每个 k 范数以及每个 l_p 范数($1 \leqslant p \leqslant \infty$)都是一个等距. 描述一个典型的酉广义置换矩阵.

5.4.P12　设 $\|\cdot\|$ 是 $\mathbf{F}^n(\mathbf{F}=\mathbf{R}$ 或者 $\mathbf{C})$ 上一个范数. 如果 $A \in M_n$ 是关于 $\|\cdot\|$ 的一个等距, 证明 A^* 是关于 $\|\cdot\|^D$ 的一个等距. 现在说明为什么 $\|\cdot\|^D$ 的等距群**恰好**就是 $\|\cdot\|$ 的等距群中元素的共轭转置组成的集合.

5.4.P13　设 $A \in M_n(\mathbf{F})(\mathbf{F}=\mathbf{R}$ 或者 $\mathbf{C})$, 又假设 $1 \leqslant p \leqslant \infty$ 但 $p \neq 2$. 证明 A 是关于 $\mathbf{F}^n$ 上 l_p 范数的等距, 当且仅当它是一个酉广义置换矩阵.

5.4.P14　考虑由 $f(x) = |x_1 x_2|^{1/2}$ 所定义的函数 $f: \mathbf{R}^2 \to \mathbf{R}$. 证明: 集合 $\{x: f(x)=1\}$ 不是紧的. 这与 (5.4.8)矛盾吗?

5.4.P15　考虑正文中给出的 $\mathbf{R}^2$ 上的准范数 $f(x) = (\|x\|_\alpha \|x\|_\beta)^{1/2}$ 这个例子, 其中 $\|x\|_\alpha = \|[10x_1 \ \ x_2]^T\|_\infty$, 而 $\|x\|_\beta = \|[x_1 \ \ 10x_2]^T\|_\infty$. 证明: 单位球 $\{x \in \mathbf{R}^2: f(x) \leqslant 1\}$ 在第一象限中由直线段 $x_2 = 1/\sqrt{10}$ 与 $x_1 = 1/\sqrt{10}$ 以及双曲线 $x_1 x_2 = 1/100$ 的一段弧所界定的那部分范围内是有界的. 概略描述这个集合并证明它不是凸的. 为什么单位球在余下三个象限的剩余部分是通过这个集合跨越坐标轴的相继反射所得到的? 证明: 对偶范数的单位球 $\{x \in \mathbf{R}^2: f^D(x) \leqslant 1\}$ 在第一象限中由直线段 $x_1/10 + x_2 = \sqrt{10}$ 以及 $x_1 + x_2/10 = \sqrt{10}$ 所界定的范围内是有界的, 且 f^D 的整个单位球是由其在第一象限的部分通过相继反射得到的, 而且它是凸的. 证明: f^{DD} 的单位球在第一象限由直线段 $x_2 = 1/\sqrt{10}$, $x_1 = 1/\sqrt{10}$ 以及 $x_1 + x_2 = 11/(10\sqrt{10})$ 所界限的部分是有界的; 这个单位球的其余部分是由这个集合跨越坐标轴的相继反射所得到的; 而且它是凸的. 最后, 将 f^{DD} 的单位球与 f 的单位球比较, 并证明前者恰好是后者的闭的凸包.

5.4.P16　设 $\|\cdot\|$ 是 $V = \mathbf{R}^n$ 或者 $\mathbf{C}^n$ 上一个范数. 证明 $\max_{\|x\| \neq 0}(\|x\|^D / \|x\|) = \max_{\|x\|=1} \max_{\|y\|=1} \left(\frac{x}{\|x\|_2}\right)^* \left(\frac{y}{\|y\|_2}\right) \|x\|_2 \|y\|_2 \leqslant \max_{\|x\|=1} \|x\|_2^2$ (将此常数称为 C_M) 以及 $\min_{\|x\| \neq 0}(\|x\|^D / \|x\|) \geqslant \min_{\|x\|=1} \|x\|_2^2$ (将此常数称为 C_m). 导出结论: 对所有 $x \in V$ 有 $C_m \|x\| \leqslant \|x\|^D \leqslant C_M \|x\|$, 所以几何常数给出每个范数与它的对偶范数之间的界限.

5.4.P17　设 $f(\cdot)$ 是 $\mathbf{R}^n$ 或者 $\mathbf{C}^n$ 上一个准范数. 证明: $f^D(y) = \max_{f(x) \leqslant 1} \operatorname{Re} y^* x = \max_{f(x) \leqslant 1} |y^* x| = \max_{x \neq 0} \frac{\operatorname{Re} y^* x}{f(x)}$.

5.4.P18　设 $\|\cdot\|$ 是 $V = \mathbf{R}^n$ 或者 $\mathbf{C}^n$ 上一个范数, 又设 $x_1, \cdots, x_n \in V$ 是线性无关的. 说明为什么存在某个 $\varepsilon > 0$, 使得只要对所有 $i = 1, \cdots, n$ 有 $\|x_i - y_i\| < \varepsilon$, 那么 $y_1, \cdots, y_n \in V$ 就是线性无关的.

进一步的阅读参考　有关对偶范数的更多的信息, 见 Householder(1964)一书. 准范数的对偶是范数这一思想似乎属于 J. von Neumann, 他在 Some matrix-inequalities and metrization of metric-space, *Tomsk Univ. Rev.* 1(1937)205-218. 中讨论了规范函数(gauge function)(现在它称为**对称的绝对范数**[symmetric absolute norm]). 这篇文章的一个更容易得到的来源或许是 von Neumann 选集(Collected Works)(由 A. H. Taub 编辑, Macmillan, New York, 1962)第 4 卷.

5.5　范数的对偶以及几何性质

范数的基本几何特征是它的单位球, 透过它可以深入洞察范数的性质.

定义 5.5.1　设 $\|\cdot\|$ 是实或者复向量空间 V 上的一个范数, x 是 V 的一个点, 又设给

定 $r > 0$. 以 x 为中心半径为 r 的球定义为集合

$$B_{\|\cdot\|}(r;x) = \{y \in V: \|y - x\| \leqslant r\}$$

$\|\cdot\|$ 的单位球是集合

$$B_{\|\cdot\|} = B_{\|\cdot\|}(1;0) = \{y \in V: \|y\| \leqslant 1\}$$

习题　证明：对每个 $r > 0$ 以及每个 $x \in V$, $B(r;x) = \{y+x: y \in B(r;0)\} = x + B(r;0)$. ◀

以任意点 x 为中心具有给定半径的球与以原点为中心有同样半径的球看起来相同，它正好是平移到点 x. 单位球是范数用几何方式的简洁表述，由于范数有齐性，所以它刻画出范数的特征(实际上需要的只是 $B_{\|\cdot\|}$ 的边界). 我们的目的是要精确地确定 $\mathbf{C}^n$ 的哪些子集能是某个范数的单位球.

习题　概略描述 $\mathbf{R}^2$ 上的 l_1 范数、l_2 范数以及 l_∞ 范数的单位球并把它们的极值点都找出来. 在这些单位球之间存在任何包含关系吗？什么样的点必定在 $\mathbf{R}^2$ 上每一个 l_p 范数的单位球的边界上？概略描述某些其他的 l_p 范数的单位球. ◀

习题　如果 $\|\cdot\|_\alpha$ 与 $\|\cdot\|_\beta$ 是 V 上的范数，说明为什么对所有 $x \in V$ 有 $\|x\|_\alpha \leqslant \|x\|_\beta$, 当且仅当 $B_{\|\cdot\|_\beta} \subset B_{\|\cdot\|_\alpha}$. 范数上的自然的偏序反映在它们的单位球的几何包含关系中. 当范数乘以一个正常数时，单位球会发生什么？ ◀

习题　如果 $\|\cdot\|$ 是 V 上一个范数，如果 $x \in V$, 又如果 α 是一个纯量，它使得 $\|\alpha x\| = \|x\|$, 证明：或者有 $x = 0$, 或者有 $|\alpha| = 1$. 如果 $x \neq 0$, 导出结论：每一条射线 $\{\alpha x: \alpha > 0\}$ 都与 $\|\cdot\|$ 的单位球的边界相交恰好一次. ◀

定义 5.5.2　称范数是**多面体的**(polyhedral), 如果它的单位球是一个多面体.

习题　l_p 范数中哪一些是多面体的？ ◀

习题　如果 $\|\cdot\|$ 是一个多面体范数且如果 $S \in M_n$ 是非奇异的，那么 $\|\cdot\|_S$ 是多面体的吗？ ◀

在一个有范数的向量空间中，开集与闭集这些基本的拓扑概念与在 Euclid 空间 $\mathbf{R}^n$ 中的定义方式相同.

定义 5.5.3　设 $\|\cdot\|$ 是一个实或者复向量空间 V 上的一个范数，又设 S 是 V 的一个子集. 点 $x \in S$ 称为 S 的一个**内点**(interior point), 如果存在某个 $\varepsilon > 0$, 使得 $B(\varepsilon;x) \subset S$. 集合 S 称为**开的**(open), 如果 S 的每个点都是内点；S 称为**闭的**(closed), 如果它的补是开的. S 的**极限点**(limit point)是这样一个点 $x \in V$, 它对于某个序列 $\{x^{(k)}\} \subset S$ 关于 $\|\cdot\|$ 满足 $\lim_{k \to \infty} x^{(k)} = x$. S 的**闭包**(closure)是 S 与它的极限点组成的集合之并集. S 的**边界**(boundary)是 S 的闭包与 S 的补集的闭包的交. 集合 S 称为**有界的**(bounded), 如果存在某个 $M > 0$, 使得 $S \subset B_{\|\cdot\|}(M;0)$. 集合 S 称为**紧的**(compact), 如果从每一个由开集 S_α 作成的覆盖 $\bigcup_\alpha S_\alpha \supseteq S$ 都可以选取出有限多个开集 $S_{\alpha_1}, \cdots, S_{\alpha_N}$, 使得 $\bigcup_{i=1}^N S_{\alpha_i} \supseteq S$.

结论 5.5.4　如果 $\|\cdot\|$ 是一个正维度的实或者复向量空间 V 上的一个范数，那么 0 是单位球 $B_{\|\cdot\|}$ 的一个内点. 这可以从范数 $\|\cdot\|$ 的齐性以及正性推导出来：$B_{\|\cdot\|}\left(\frac{1}{2};0\right) \subset B_{\|\cdot\|}(1;0)$, 而且前者的边界在后者的内部.

结论 5.5.5   范数的单位球是**平衡的**(equilibrated),也就是说,如果 x 在单位球内,那么对满足 $|\alpha|=1$ 的所有纯量 α,αx 也都在单位球内. 这可以从范数的齐性推出.

结论 5.5.6   有限维向量空间上范数的单位球是紧的:它是有界的,且是闭的,因为范数永远是连续函数. 在有限维的情形,有界闭集都是紧的,尽管此结论在无限维的情形不一定为真. 紧集的一个基本性质是 Weierstrass 定理(见附录 E):紧集上的连续实值函数是有界的,且在该集合上同时取到上确界以及下确界. 为此,我们通常将它们称为这个函数在紧集上的"最大值"与"最小值".

[336]

习题   考虑有可数多个元素的向量 $x=[x_i]$ 组成的复向量空间 l_2,赋予其范数 $\|x\|_2 = \left(\sum\limits_{k=1}^{\infty} |x_k|^2 \right)^{1/2}$. 证明:对每一对不同的单位基向量 e_k 以及 e_j,都有 $\|e_k-e_j\|_2=\sqrt{2},k,j=1,2,\cdots$. 于是,$e_1,e_2,e_3,\cdots$ 不存在无限子列能是 Cauchy 序列,所以不存在收敛的子序列. 导出结论:l_2 的单位球不可能是紧的. ◀

结论 5.5.7   范数的单位球是**凸的**(convex):如果 $\|x\|\leqslant 1$,$\|y\|\leqslant 1$,且 $\alpha\in[0,1]$,那么
$$\|\alpha x+(1-\alpha)y\| \leqslant \|\alpha x\|+\|(1-\alpha)y\|$$
$$= \alpha\|x\|+(1-\alpha)\|y\| \leqslant \alpha+(1-\alpha) \leqslant 1$$
从而凸组合 $\alpha x+(1-\alpha)y$ 在单位球中.

上面关于范数的单位球的必要条件对于刻画范数的特征来说也是充分的.

定理 5.5.8   正维数的有限维实或者复向量空间 V 中的集合 B 是一个范数的单位球,当且仅当 B(i)是紧的,(ii)是凸的,(iii)是平衡的,以及(iv)以 0 作为一个内点.

证明   条件(i)~(iv)的必要性已经评述过了. 为了确立它们的充分性,考虑任何一个非零的点 $x\in V$. 构造一条从原点经过 x 的射线 $\{\alpha x:0\leqslant\alpha\leqslant 1\}$,并通过沿着从原点到 x 的射线的成比例的距离来定义 x 的"长度",其中该射线的从原点到单位球的边界上的唯一一点的区间的长度用作为一个单位. 也就是说,我们用
$$\|x\| = \begin{cases} 0 & \text{如果 } x=0 \\ \min\{\dfrac{1}{t}:t>0 \text{ 且 } tx\in B\} & \text{如果 } x\neq 0 \end{cases}$$
定义 $\|x\|$. 这个函数有良好的定义,它是有限的,且对每个非零的向量 x 都是正的,因为 B 是紧的,且以 0 作为一个内点. 利用平衡性假设可以推出 $\|\cdot\|$ 是一个齐次函数,所以剩下来只需要检查它满足三角不等式即可. 如果 x 与 y 是给定的非零向量,那么 $x/\|x\|$ 与 $y/\|y\|$ 都是 B 内的单位向量. 根据凸性,向量
$$z = \frac{\|x\|}{\|x\|+\|y\|}\frac{x}{\|x\|} + \frac{\|y\|}{\|x\|+\|y\|}\frac{y}{\|y\|}$$
也在 B 中. 这样一来就有 $\|z\|\leqslant 1$,从而 $\|x+y\|\leqslant\|x\|+\|y\|$. □

习题   对(5.5.8)的证明提供细节,小心注意这四个假设条件中的每一个是在何处用到的. ◀

范数的单位球的凸性是与许多深刻且令人惊讶的内涵密切相关的一个事实. 其中之一就是如下的对偶定理,我们将以准范数为背景对它加以陈述. 其中涉及的关键思想是非常

[337]

自然的(见附录 B):(a)Co(S),它称为 $\mathbf{R}^n$ 或者 $\mathbf{C}^n$ 中一个给定集合 S 的凸包,是包含 S 的最小的凸集,即包含 S 的所有凸集之交;(b)$\overline{\text{Co}(S)}$,称为 S 的凸包之闭包,它是包含 S

的所有(位于一个超平面一边的所有)闭的半空间之交集；(c)如果 x 是包含在包含 S 的每一个闭的半空间之中的点，那么 $x \in \overline{\mathrm{Co}(S)}$。这些几何概念直接引导到一个重要的事实：任何范数都是其对偶范数之对偶。

定理 5.5.9(对偶定理) 设 f 是 $V = \mathbf{R}^n$ 或者 $\mathbf{C}^n$ 上一个准范数，用 f^D 表示 f 的对偶范数，用 f^{DD} 表示 f^D 的对偶范数，设 $B = \{x \in V: f(x) \leqslant 1\}$，又设 $B'' = \{x \in V: f^{DD}(x) \leqslant 1\}$。那么

(a) 对所有 $x \in V$ 有 $f^{DD}(x) \leqslant f(x)$，所以 $B \subset B''$

(b) $B'' = \overline{\mathrm{Co}(S)}$，$B$ 的凸包的闭包

(c) 如果 f 是范数，那么 $B = B''$，且 $f^{DD} = f$

(d) 如果 f 是范数且给定 $x_0 \in V$，那么就存在某个 $z \in V$(不一定是唯一的)，使得 $f^D(z) = 1$ 以及 $f(x_0) = z^* x_0$，也即对所有 $x \in V$ 有 $|z^* x| \leqslant f(x)$，以及有 $f(x_0) = z^* x_0$。

证明 (a) 如果 $x \in V$ 是一个给定的向量，那么(5.4.13)确保对任何 $y \in V$ 都有 $|y^* x| \leqslant f(x) f^D(y)$，从而

$$f^{DD}(x) = \max_{f^D(y)=1} |y^* x| \leqslant \max_{f^D(y)=1} f(x) f^D(y) = f(x)$$

于是，对所有 $x \in V$ 都有 $f^{DD}(x) \leqslant f(x)$，这是一个与几何命题 $B \subset B''$ 等价的不等式。

(b) 集合 $\{t \in V: \mathrm{Re}\, t^* v \leqslant 1\}$ 是一个包含原点的闭的半空间，且任何这样的半空间都可以用这样的方式表示。利用对偶范数的定义，设 $u \in B''$ 是一个给定的点，并注意到

$$u \in \{t: \mathrm{Re}\, t^* v \leqslant 1, \text{对每个满足 } f^D(v) \leqslant 1 \text{ 的 } v\}$$
$$= \{t: \mathrm{Re}\, t^* v \leqslant 1, \text{对每个满足 } v^* w \leqslant 1 \text{ 的 } v(\text{对每个满足 } f(w) \leqslant 1 \text{ 的 } w)\}$$
$$= \{t: \mathrm{Re}\, t^* v \leqslant 1, \text{对每个满足 } w^* v \leqslant 1 \text{ 的 } v(\text{对所有 } w \in B)\}$$

这样一来，u 就在每一个包含 B 的闭的半空间之内。由于所有这样闭的半空间的交是 $\overline{\mathrm{Co}(S)}$，我们断定有 $u \in \overline{\mathrm{Co}(S)}$。但是点 $u \in B''$ 是任意的，故有 $B'' \subset \overline{\mathrm{Co}(S)}$。由于 $\mathrm{Co}(B)$ 是包含 B 的所有凸集的交，而 B'' 是包含 B 的凸集，故而我们有 $\mathrm{Co}(B) \subset B''$。集合 B'' 是一个范数的单位球，所以它是紧的，从而是闭的。我们断言 $\overline{\mathrm{Co}(S)} \subset \overline{B''} = B''$，从而 $B'' = \overline{\mathrm{Co}(S)}$。

(c) 如果 f 是一个范数，那么它的单位球就是凸的且是闭的，所以 $B = \overline{\mathrm{Co}(S)} = B''$。由于它们的单位球相同，故而范数 f 与 f^{DD} 相同。

(d) 对每个给定的 $x_0 \in V$，(c)确保有 $f(x_0) = \max_{f^D(y)=1} \mathrm{Re}\, y^* x_0$，而范数 f^D 的单位球面的紧性确保存在某个 z，使得 $f^D(z) = 1$ 以及 $\max_{f^D(y)=1} \mathrm{Re}\, y^* x_0 = \mathrm{Re}\, z^* x_0$。如果 $z^* x_0$ 不是实数且不是非负的，就会存在一个实数 θ，使得 $\mathrm{Re}(e^{-i\theta} z^* x_0) > 0 > \mathrm{Re}\, z^* x_0$(当然就有 $f^D(e^{\theta} z) = f^D(z) = 1$)，这与最大性矛盾：对 f^D 的单位球面中的所有 y 都有 $\mathrm{Re}\, z^* x_0 \geqslant \mathrm{Re}\, y^* x_0$。 $\square$

338

上一定理中的结论(c)(对任何范数 f 有 $f^{DD} = f$)可能是对偶定理的最重要且应用最广泛的部分。例如，它允许我们将任何范数 f 表示为

$$f(x) = \max_{f^D(y)=1} \mathrm{Re}\, y^* x \tag{5.5.10}$$

这个表示就是**拟线性化**(quasilinearization)的一个例子。

下面的推论说明了对偶性可以怎样用来给出(5.4.19c)一个简短的合乎理性的证明。

推论 5.5.11 $\mathbf{R}^n$ 或者 $\mathbf{C}^n$ 上的绝对范数是单调的。

证明 假设 $\|\cdot\|$ 是 $\mathbf{F}^n$ 上一个绝对范数。定理 5.4.19b 确保它的对偶 $\|\cdot\|^D$ 是绝对的。

对偶定理告诉我们：$\|\cdot\|$ 是绝对范数 $\|\cdot\|^D$ 的对偶，故而由 (5.4.19b) 推出 $\|\cdot\|$ 是单调的. $\qquad\square$

问题

5.5. P1 证明：赋范线性空间中一个集合是闭的，当且仅当它包含它所有的极限点.

5.5. P2 证明：赋范线性空间中一个集合 S 中的每个点都是 S 的一个极限点，所以 S 的闭包正好就是 S 的极限点组成之集合.

5.5. P3 给出赋范线性空间中一个既开又闭的集合的例子. 给出一个既不开又不闭的集合的例子.

5.5. P4 设 S 是一个以 $\|\cdot\|$ 作为范数的实或者复向量空间 V 中一个紧集. 证明 S 是闭的且是有界的. 如果 $\{x_a\}\subset S$ 是一个给定的无限序列，证明存在一个可数子列 $\{x_{a_i}\}\subset\{x_a\}$ 以及一个点 $x\in S$，使得关于 $\|\cdot\|$ 有 $\lim_{i\to\infty}x_{a_i}=x$. 证明：紧集的任何闭子集都是紧的.

5.5. P5 (5.5.8) 中如果 $\dim V=0$ 会发生什么？

5.5. P6 对 $x=[x_i]\in\mathbf{R}^2$ 定义 $f(x)=|x_2|$. 证明 f 是 $\mathbf{R}^2$ 上一个半范数，并描述集合 $B=\{x\in\mathbf{R}^2:f(x)\leqslant 1\}$. B 不具有 (5.5.8) 中性质 (i)～(iv) 中的哪些性质？

5.5. P7 如果 $\|\cdot\|_\alpha$ 以及 $\|\cdot\|_\beta$ 是向量空间上的范数，而 $\|\cdot\|$ 是由 $\|x\|=\{\|x\|_\alpha,\ \|x\|_\beta\}$ 定义的范数，证明 $B_{\|\cdot\|}=B_{\|\cdot\|_\alpha}\bigcap B_{\|\cdot\|_\beta}$.

5.5. P8 设 $f(\cdot)$ 是 $\mathbf{R}^n$ 或者 $\mathbf{C}^n$ 上的一个准范数. 证明：$f^{DD}(\cdot)$ 是一致小于或者等于 $f(\cdot)$ 的最大的范数，也就是说，如果 $\|\cdot\|$ 是对所有 x 都满足 $\|x\|\leqslant f(x)$ 的范数，证明对所有 x 都有 $\|x\|\leqslant f^{DD}(x)$.

5.5. P9 设 $\|\cdot\|$ 是 $\mathbf{F}^n$（$\mathbf{R}^n$ 或者 $\mathbf{C}^n$）上一个绝对范数，$z=[z_i]\in\mathbf{F}^n$ 是一个给定的非零向量，又设 e_i（对某个 $i\in\{1,\cdots,n\}$）是 $\mathbf{F}^n$ 中一个标准基向量 (0.1.7). (a) 为什么 $\|e_i\|\,\|e_i\|^D\geqslant 1$？(b) 说明为什么 $|z_i|\,\|e_i\|=\|\,|z_i|e_i\,\|\leqslant\|\,|z|\,\|=\|z\|$，以及为什么 $\|e_i\|^D=\max_{\|y\|=1}|y_i|\leqslant 1/\|e_i\|$. (c) 导出结论：对每一个 $i=1,\cdots,n$ 都有 $\|e_i\|\,\|e_i\|^D=1$ 并重新回到 (5.4.P9). (d) $\mathbf{F}^n$ 上一个范数 $v(\cdot)$ 称为是**标准化的**(standardized)，如果对每一个 $i=1,\cdots,n$ 都有 $v(e_i)=1$. 说明为什么一个绝对的标准化范数的对偶是绝对的标准化范数.

5.5. P10 设 V 是 $\mathbf{R}^n$ 或者 $\mathbf{C}^n$，又令 $k\in\{1,\cdots,n\}$. 说明为什么 $\|\cdot\|_{(k)}=\max\left\{\dfrac{1}{k}\|\cdot\|_1,\ \|\cdot\|_\infty\right\}$ 是 V 上一个范数，又为什么它的对偶是 k 范数，也即 $\|\cdot\|_{(k)}^D=\|\cdot\|_{[k]}$. (5.5.P7) 对于范数 $\|\cdot\|_{(k)}$ 的单位球告诉了我们什么？绘图描绘出 $\mathbf{R}^2$ 上两个 k 范数的交性质.

5.5. P11 假设 $\mathbf{F}^n$（$\mathbf{R}^n$ 或者 $\mathbf{C}^n$）上一个范数 $\|\cdot\|$ 是**弱单调的**(weakly monotone)：对所有 $x\in\mathbf{F}^n$ 以及所有 $k=1,\cdots,n$ 都有

$$\|[x_1\ \cdots\ x_{k-1}\ 0\ x_{k+1}\ \cdots\ x_n]^{\mathrm{T}}\|\leqslant\|[x_1\ \cdots\ x_{k-1}\ x_k\ x_{k+1}\ \cdots\ x_n]^{\mathrm{T}}\|$$

(a) 说明为什么它满足在 (5.4.19(c)) 的证明中出现的那个表面上看起来更强的条件：对每个 $x\in\mathbf{C}^n$ 以及对 $\alpha_k\in[0,1]$，$k=1,\cdots,n$ 的所有选取都有 $\|[\alpha_1 x_1\cdots\alpha_n x_n]^{\mathrm{T}}\|\leqslant\|x\|$. 于是，若给定一个弱单调范数的单位球面上一个点，且它有一个坐标收缩到零，那么这样所产生的整个线段必定都在单位球内. 说明为什么单调范数是弱单调的.

(b) 证明：以 $\pm[2\ \ 2]^{\mathrm{T}}$ 以及 $\pm[1\ \ -1]^{\mathrm{T}}$ 为顶点的平行四边形是 $\mathbf{R}^2$ 上一个不是弱单调的范数的单位球. (c) 函数 $f(x)=|x_1-x_2|+|x_2|$ 是 $\mathbf{R}^2$ 上一个范数吗？它是单调的吗？它是弱单调的吗？概略描述它的单位球. (d) 如果 $x=[x_1\ \ x_2]^{\mathrm{T}}$ 是一个绝对范数的单位球的边界上的一个点，那么诸点 $[\pm x_1\ \ \pm x_2]^{\mathrm{T}}$（所有四种可能的选择）亦然. 通过概略描述并展示 $\mathbf{R}^2$ 上不是绝对范数的范数的单位球来描述这个几何性质. 在 $\mathbf{R}^n$ 中会发生什么？(e) 概略描述 $\mathbf{R}^2$ 中以 $\pm[0\ \ 1]^{\mathrm{T}}$，$\pm[1\ \ 0]^{\mathrm{T}}$ 以及 $\pm[1\ \ 1]^{\mathrm{T}}$ 为顶点的多边形. 说明为什么它是 $\mathbf{R}^n$ 上弱单调的但不是单调的范数的单位球（从而它也不是绝对范数）.

进一步的阅读参考 有关范数的几何方面的更多的讨论，见 Householder(1964) 一书. 我们有关对偶定理

（它将范数或者半范数的第二对偶的单位球与包含其单位球的所有半空间的交等同起来）的证明中的关键思想曾被 von Neumann 用在（5.4）末尾提到的那篇论文中．有关凸集、凸包以及半空间的详尽的讨论，见 Valentine(1964)一书．

5.6 矩阵范数

由于 M_n 本身是一个 n^2 维的向量空间，我们可以用 $\mathbf{C}^{n^2}$ 上任意一个范数来度量矩阵的"大小"．然而，M_n 不只是一个高维的向量空间；它有一种自然的乘法运算，且它在将乘积 AB 的"大小"与 A 以及 B 的"大小"联系起来作出估计时常常是有用的．

函数 $\|\!|\cdot|\!\|: M_n \rightarrow \mathbf{R}$ 称为一个**矩阵范数**（matrix norm），如果对所有 A，$B \in M_n$，它满足如下五条公理：

（1）$\|\!|A|\!\| \geqslant 0$　　　　　　　　　　非负性

（1a）$\|\!|A|\!\| = 0$ 当且仅当 $A = 0$　　　正性

（2）对所有 $c \in \mathbf{C}$ 有 $\|\!|cA|\!\| = |c|\,\|\!|A|\!\|$　齐性

（3）$\|\!|A+B|\!\| \leqslant \|\!|A|\!\| + \|\!|B|\!\|$　　三角不等式

（4）$\|\!|AB|\!\| \leqslant \|\!|A|\!\|\,\|\!|B|\!\|$　　　次积性

矩阵范数有时称为**环范数**（ring norm）．矩阵范数的前面四个性质与范数的公理（5.1.1）是完全相同的．不是对所有 A 以及 B 都满足性质（4）的那种矩阵上的范数称为**矩阵上的向量范数**（vector norm on matrix），有时也称之为**广义矩阵范数**（generalized matrix norm）．矩阵半范数以及广义矩阵半范数也可以通过去掉公理（1a）来定义．

由于对任何矩阵范数都有 $\|\!|A^2|\!\| = \|\!|AA|\!\| \leqslant \|\!|A|\!\|\,\|\!|A|\!\| = \|\!|A|\!\|^2$，由此推出：对于满足 $A^2 = A$ 的任何矩阵 A，都有 $\|\!|A|\!\| \geqslant 1$．特别地，对任何矩阵范数都有 $\|\!|I|\!\| \geqslant 1$．如果 A 是非奇异的，那么 $I = AA^{-1}$，所以 $\|\!|I|\!\| = \|\!|AA^{-1}|\!\| \leqslant \|\!|A|\!\|\,\|\!|A^{-1}|\!\|$，我们就有下界估计

$$\|\!|A^{-1}|\!\| \geqslant \frac{\|\!|I|\!\|}{\|\!|A|\!\|}$$

此不等式对任何矩阵范数 $\|\!|\cdot|\!\|$ 都成立．

习题　如果 $\|\!|\cdot|\!\|$ 是一个矩阵范数，证明：对每个 $k = 1$，2，$\cdots$ 以及所有 $A \in M_n$ 都有 $\|\!|A^k|\!\| \leqslant \|\!|A|\!\|^k$．给出一个使得这个不等式不成立的矩阵上的范数的例子．　◀

在应用到向量空间 M_n 时，（5.2）中引进的范数中有一些是矩阵范数，而有一些则不是．最熟悉的例子是 l_p 范数（对 $p = 1$，2，∞）．已经知道它们都是范数，所以只需要验证公理（4）．

例　对 $A \in M_n$ 用

$$\|A\|_1 = \sum_{i,j=1}^n |a_{ij}| \tag{5.6.0.1}$$

定义的 l_1 范数是矩阵范数，因为

$$\|AB\|_1 = \sum_{i,j=1}^n \left| \sum_{k=1}^n a_{ik}b_{kj} \right| \leqslant \sum_{i,j,k=1}^n |a_{ik}b_{kj}| \leqslant \sum_{i,j,k,m=1}^n |a_{ik}b_{mj}|$$

$$= \left(\sum_{i,k=1}^n |a_{ik}| \right) \left(\sum_{j,m=1}^n |b_{mj}| \right) = \|A\|_1 \|B\|_1$$

第一个不等式来自三角不等式，而第二个不等式则是由于向和式中添加了额外的项.

例 对 $A \in M_n$ 用

$$\|A\|_2 = |\operatorname{tr} AA^*|^{1/2} = \left(\sum_{i,j=1}^n |a_{ij}|^2\right)^{1/2} \tag{5.6.0.2}$$

定义的 l_2 范数（Frobenius 范数、Schur 范数或者 Hilbert-Schmidt 范数）是矩阵范数，因为

$$\|AB\|_2 = \left(\sum_{i,j=1}^n \left|\sum_{k=1}^n a_{ik} b_{kj}\right|^2\right)^{1/2} \leqslant \left(\sum_{i,j=1}^n \left(\sum_{k=1}^n |a_{ik}|^2\right)\left(\sum_{m=1}^n |b_{mj}|^2\right)\right)^{1/2}$$

$$= \left(\sum_{i,k=1}^n |a_{ik}|^2\right)^{1/2}\left(\sum_{m,j=1}^n |b_{mj}|^2\right)^{1/2} = \|A\|_2 \|B\|_2$$

注意，Frobenius 范数是绝对范数，它恰好是 A 作为 $\mathbf{C}^{n^2}$ 中一个向量时的 Euclid 范数. 由于 $\operatorname{tr} AA^*$ 是 AA^* 的特征值之和，且这些特征值恰好是 A 的奇异值的平方，这样我们就对 Frobenius 范数有了另一种特征刻画(2.6.3.3)：

$$\|A\|_2 = \sqrt{\sigma_1(A)^2 + \cdots + \sigma_n(A)^2}$$

A 的奇异值与 A^* 的奇异值是相同的，而且它们在 A 的酉等价变换之下是不变的(2.6)，所以对所有酉矩阵 $U, V \in M_n$ 有

$$\|A\|_2 = \|A^*\|_2 \quad \text{and} \quad \|A\|_2 = \|UAV\|_2$$

习题 证明：不利用奇异值的性质，而从定义 $\|A\|_2 = |\operatorname{tr} AA^*|^{1/2}$ 出发证明上一个公式中的两个恒等式. ◄

例 对 $A \in M_n$ 用

$$\|A\|_\infty = \max_{1 \leqslant i,j \leqslant n} |a_{ij}| \tag{5.6.0.3}$$

定义的 l_∞ 范数是向量空间 M_n 上的范数，但它不是矩阵范数. 考虑矩阵 $J = \begin{bmatrix} 1 & 1 \\ 1 & 1 \end{bmatrix} \in M_2$，并计算 $J^2 = 2J$，$\|J\|_\infty = 1$，$\|J^2\|_\infty = \|2J\|_\infty = 2\|J\|_\infty = 2$. 由于 $\|J^2\|_\infty > \|J\|_\infty^2$，故而 $\|\cdot\|_\infty$ 不是次积性的. 然而，如果定义

$$N(A) = n\|A\|_\infty, \quad A \in M_n \tag{5.6.0.4}$$

这样就有

$$N(AB) = n \max_{1 \leqslant i,j \leqslant n} \left|\sum_{k=1}^n a_{ik} b_{kj}\right| \leqslant n \max_{1 \leqslant i,j \leqslant n} \sum_{k=1}^n |a_{ik} b_{kj}|$$

$$\leqslant n \max_{1 \leqslant i,j \leqslant n} \sum_{k=1}^n \|A\|_\infty \|B\|_\infty = n\|A\|_\infty n\|B\|_\infty = N(A)N(B)$$

这样一来，矩阵上的 l_∞ 范数的纯量倍数是矩阵范数. 这并非偶然，见(5.7.11).

下面的例子展现了介于 $\|A\|_\infty$ 与 $n\|A\|_\infty$ 之间的矩阵范数.

例 设 $A = [a_1 \ \cdots \ a_n] \in M_n$ 按照它的列进行分划，并定义

$$N_\infty(A) = \sum_{j=1}^n \|a_j\|_\infty \tag{5.6.0.5}$$

我们来检验 $N_\infty(\cdot)$ 是范数，又如果设 $B = [b_{ij}] = [b_1 \cdots b_n] \in M_n$，下面的计算表明 $N_\infty(\cdot)$

是矩阵范数:

$$N_\infty(AB) = \sum_{j=1}^{n} \| Ab_j \|_\infty = \sum_{j=1}^{n} \Big\| \sum_{k=1}^{n} a_k b_{kj} \Big\|_\infty \leqslant \sum_{j=1}^{n} \sum_{k=1}^{n} \| a_k b_{kj} \|_\infty$$

$$= \sum_{j=1}^{n} \sum_{k=1}^{n} \| a_k \|_\infty | b_{kj} | \leqslant \sum_{j=1}^{n} \sum_{k=1}^{n} \| a_k \|_\infty \| b_j \|_\infty$$

$$= \Big(\sum_{k=1}^{n} \| a_k \|_\infty \Big) \Big(\sum_{j=1}^{n} \| b_j \|_\infty \Big) = N_\infty(A) N_\infty(B)$$

作为 $N_\infty(\cdot)$ 是矩阵范数的构造性证明,见(5.6.40)以及它后面的习题.

与 $\mathbf{C}^n$ 上每一个范数 $\| \cdot \|$ 伴随有一个矩阵范数 $\| \cdot \|$,后者是根据下面的定义由 M_n 上的 $\| \cdot \|$ "诱导"而得来的.

定义 5.6.1 设 $\| \cdot \|$ 是 $\mathbf{C}^n$ 上一个范数. 在 M_n 上用

$$\| A \| = \max_{\| x \| = 1} \| Ax \|$$

定义 $\| \cdot \|$.

习题 证明:(5.6.1)中定义的函数可以按照下面的另一种方式加以计算:

$$\| A \| = \max_{\| x \| \leqslant 1} \| Ax \| = \max_{x \neq 0} \frac{\| Ax \|}{\| x \|}$$

$$= \max_{\| x \|_a = 1} \frac{\| Ax \|}{\| x \|}, \quad \text{其中} \| \cdot \|_a \text{ 是 } \mathbf{C}^n \text{ 上任意一个给定的范数} \quad \blacktriangleleft$$

定理 5.6.2 (5.6.1)中定义的函数 $\| \cdot \|$ 有如下性质:

(a) $\| I \| = 1$;

(b) 对任意的 $A \in M_n$ 以及任意的 $y \in \mathbf{C}^n$,有 $\| Ay \| \leqslant \| A \| \| y \|$;

(c) $\| \cdot \|$ 是 M_n 上一个矩阵范数;

(d) $\| A \| = \max_{\| x \| = \| y \|^D = 1} | y^* Ax |$.

证明 (a) $\| I \| = \max_{\| x \| = 1} \| Ix \| = \max_{\| x \| = 1} \| x \| = 1$.

(b) 结论中的不等式对 $y = 0$ 成立,故设给定 $y \neq 0$ 并考虑单位向量 $y / \| y \|$. 我们有 $\| A \| = \max_{\| x \| = 1} \| Ax \| \geqslant \Big\| A \dfrac{y}{\| y \|} \Big\| = \| Ay \| / \| y \|$,所以 $\| A \| \| y \| \geqslant \| Ay \|$.

(c) 我们来验证五条公理:

公理(1):$\| A \|$ 是一个非负值函数的最大值,所以它是非负的.

公理(1a):如果 $A \neq 0$,就存在一个单位向量 y,使得 $Ay \neq 0$,所以 $\| A \| \geqslant \| Ay \| > 0$. 如果 $A = 0$,那么对所有 x 有 $Ax = 0$,从而 $\| A \| = 0$.

公理(2):

$$\| cA \| = \max_{\| x \| = 1} \| cAx \| = \max_{\| x \| = 1} (| c | \| Ax \|)$$

$$= | c | \max_{\| x \| = 1} \| Ax \| = | c | \| A \|$$

公理(3):对任何单位向量 x,我们有

$$\| (A+B)x \| = \| Ax + Bx \| \leqslant \| Ax \| + \| Bx \|$$

$$\leqslant \| A \| + \| B \|$$

所以 $\|A+B\|=\max\limits_{\|x\|=1}\|(A+B)x\|\leqslant\|A\|+\|B\|$.

公理(4)：对任何单位向量 x，我们有
$$\|ABx\|=\|A(Bx)\|\leqslant\|A\|\|Bx\|\leqslant\|A\|\|B\|$$
所以 $\|AB\|=\max\limits_{\|x\|=1}\|ABx\|\leqslant\|A\|\|B\|$.

(d) 利用对偶定理(5.5.9c)计算
$$\max_{\|x\|=\|y\|^D=1}|y^*Ax|=\max_{\|x\|=1}\Big(\max_{\|y\|^D=1}|y^*Ax|\Big)=\max_{\|x\|=1}\|Ax\|^{DD}$$
$$=\max_{\|x\|=1}\|Ax\|=\|A\| \qquad\square$$

定义 5.6.3 (5.6.1)中定义的函数 $\|\cdot\|$ 是由范数 $\|\cdot\|$ 诱导的矩阵范数. 它有时也称为与向量范数 $\|\cdot\|$ 相伴的**算子范数**(operator norm)或者**最小上界**(Lub)**范数**(least upper bound norm).

(5.6.2b)中的不等式是说：向量范数 $\|\cdot\|$ 与矩阵范数 $\|\cdot\|$ 是**相容的**(compatible). 定理 5.6.2 表明：**给定 $\mathbf{C}^n$ 上任何范数，都存在 M_n 上一个相容的矩阵范数**.

矩阵上满足 $\|I\|=1$ 的范数 $\|\cdot\|$ 称为是**单位的**(unital). 上一个定理是说：每个诱导的矩阵范数都是单位的. 矩阵上的 l_∞ 范数是单位范数，但不是矩阵范数.（5.6.33.1）展现了一个并非诱导的单位矩阵范数.

矩阵上的**诱导范数**永远是矩阵范数. 这样一来，证明 M_n 上一个非负值函数是矩阵范数的一种方法是证明它是由某个向量范数按照(5.6.1)中的指定方式产生出来的. 在下面关于这个原理的每一个例子中，我们都取 $A=[a_{ij}]\in M_n$.

例 5.6.4 M_n 上的**最大列和矩阵范数**(maximum columnsum matrix norm) $\|\cdot\|_1$ 定义为
$$\|A\|_1=\max_{1\leqslant j\leqslant n}\sum_{i=1}^n|a_{ij}|$$

我们断言 $\|\cdot\|_1$ 是由 $\mathbf{C}^n$ 上的 l_1 范数诱导的，从而它是一个矩阵范数. 为证明这一点，将 A 按照它的列分划为 $A=[a_1\ \cdots\ a_n]$. 那么就有 $\|A\|_1=\max\limits_{1\leqslant i\leqslant n}\|a_i\|_1$. 如果 $x=[x_i]$，那么
$$\|Ax\|_1=\|x_1a_1+\cdots+x_na_n\|_1\leqslant\sum_{i=1}^n\|x_ia_i\|_1=\sum_{i=1}^n|x_i|\|a_i\|_1$$
$$\leqslant\sum_{i=1}^n|x_i|(\max_{1\leqslant k\leqslant n}\|a_k\|_1)=\sum_{i=1}^n|x_i|\|A\|_1=\|x\|_1\|A\|_1$$
故而 $\max\limits_{\|x\|_1=1}\|Ax\|_1\leqslant\|A\|_1$. 如果现在选取 $x=e_k$（第 k 个单位基向量），则对任何 $k=1,\cdots,n$ 就有
$$\max_{\|x\|_1=1}\|Ax\|_1\geqslant\|1a_k\|_1=\|a_k\|_1$$
从而
$$\max_{\|x\|_1=1}\|Ax\|_1\geqslant\max_{1\leqslant k\leqslant n}\|a_k\|_1=\|A\|_1$$

习题 由定义直接证明 $\|\cdot\|_1$ 是矩阵范数.

例 5.6.5 **最大行和矩阵范数**(maximum row sum matrix norm) $\|\cdot\|_\infty$ 定义为

$$\parallel A \parallel_\infty = \max_{1 \leqslant i \leqslant n} \sum_{j=1}^n |a_{ij}|$$

我们断言 $\parallel \cdot \parallel_\infty$ 是由 $\mathbf{C}^n$ 上的 l_∞ 范数诱导的，从而它是一个矩阵范数. 计算

$$\parallel Ax \parallel_\infty = \max_{1 \leqslant i \leqslant n} \left| \sum_{j=1}^n a_{ij} x_j \right| \leqslant \max_{1 \leqslant i \leqslant n} \sum_{j=1}^n |a_{ij} x_j|$$

$$\leqslant \max_{1 \leqslant i \leqslant n} \sum_{j=1}^n |a_{ij}| \parallel x \parallel_\infty = \parallel A \parallel_\infty \parallel x \parallel_\infty$$

故而 $\max_{\parallel x \parallel_\infty = 1} \parallel Ax \parallel_\infty \leqslant \parallel A \parallel_\infty$. 如果 $A=0$，则没什么要证明的，所以我们可以假设 $A \neq 0$. 假设 A 的第 k 行不是零，并用

$$z_i = \frac{\overline{a_{ki}}}{|a_{ki}|}, \quad \text{如果 } a_{ki} \neq 0$$

$$z_i = 1, \quad a_{ki} = 0$$

定义向量 $z = [z_i] \in \mathbf{C}^n$. 那么，对所有 $j = 1, 2, \cdots, n$ 就有 $\parallel z \parallel_\infty = 1$，$a_{kj} z_j = |a_{kj}|$，以及

$$\max_{\parallel x \parallel_\infty = 1} \parallel Az \parallel_\infty \geqslant \parallel Az \parallel_\infty = \max_{1 \leqslant i \leqslant n} \left| \sum_{j=1}^n a_{ij} z_j \right| \geqslant \left| \sum_{j=1}^n a_{kj} z_j \right| = \sum_{j=1}^n |a_{kj}|$$

从而有

$$\max_{\parallel x \parallel_\infty = 1} \parallel Ax \parallel_\infty \geqslant \max_{1 \leqslant k \leqslant n} \sum_{j=1}^n |a_{kj}| = \parallel A \parallel_\infty$$

习题 由定义直接验证 $\parallel \cdot \parallel_\infty$ 是 M_n 上的矩阵范数. ◀

345

例 5.6.6 M_n 上的**谱范数**(spectral norm) $\parallel \cdot \parallel_2$ 定义为

$$\parallel A \parallel_2 = \sigma_1(A), A \text{ 的最大奇异值}$$

我们断言 $\parallel \cdot \parallel_2$ 是由 $\mathbf{C}^n$ 上的 l_2 范数诱导的，因此它是矩阵范数. 设 $A = V \Sigma W^*$ 是 A 的奇异值分解，其中 V 与 W 是酉矩阵，$\Sigma = \mathrm{diag}(\sigma_1, \cdots, \sigma_n)$，且 $\sigma_1 \geqslant \cdots \geqslant \sigma_n \geqslant 0$，见(2.6.3). 利用 Euclid 范数的酉不变性以及单调性(5.4.19)来计算

$$\max_{\parallel x \parallel_2 = 1} \parallel Ax \parallel_2 = \max_{\parallel x \parallel_2 = 1} \parallel V \Sigma W^* x \parallel_2 = \max_{\parallel x \parallel_2 = 1} \parallel \Sigma W^* x \parallel_2$$

$$= \max_{\parallel Wy \parallel_2 = 1} \parallel \Sigma y \parallel_2 = \max_{\parallel y \parallel_2 = 1} \parallel \Sigma y \parallel_2$$

$$\leqslant \max_{\parallel y \parallel_2 = 1} \parallel \sigma_1 y \parallel_2 = \sigma_1 \max_{\parallel y \parallel_2 = 1} \parallel y \parallel_2 = \sigma_1$$

然而，对 $y = e_1$ 有 $\parallel \Sigma y \parallel_2 = \sigma_1$，所以我们断定 $\max_{\parallel x \parallel_2 = 1} \parallel Ax \parallel_2 = \sigma_1(A)$.

习题 利用(4.2.2)对"谱范数是由 Euclid 向量范数诱导的"这一结论给出另一个证明：
$$\max_{\parallel x \parallel_2 = 1} \parallel Ax \parallel_2^2 = \max_{\parallel x \parallel_2 = 1} x^* A^* Ax = \lambda_{\max}(A^* A) = \sigma_1(A)^2.$$ ◀

习题 下面对"表达式(5.6.2d)对谱范数是正确的"这一结论给出一个证明，请对此证明提供细节补充：

$$\max_{\parallel x \parallel_2 = \parallel y \parallel_2 = 1} |y^* V \Sigma W^* x| = \max_{\parallel W\xi \parallel_2 = \parallel V\eta \parallel_2 = 1} |\eta^* \Sigma \xi|$$

$$= \max_{\parallel \xi \parallel_2 = \parallel \eta \parallel_2 = 1} |\eta^* \Sigma \xi| = \sigma_1(A)$$ ◀

习题 说明为什么对任何 $A \in M_n$ 以及任何酉矩阵 $U, V \in M_n$ 都有 $\|UAV\|_2 = \|A\|_2$. ◀

接下来我们要证明: 通过向任何矩阵范数中插入一个固定的相似, 可以产生出新的矩阵范数.

定理 5.6.7 假设 $\|\cdot\|$ 是 M_n 上一个矩阵范数, 而 $S \in M_n$ 是非奇异的. 那么函数

$$\|A\|_S = \|SAS^{-1}\|, \qquad 对所有 A \in M_n$$

是一个矩阵范数. 此外, 如果 $\|\cdot\|$ 是由 $\mathbb{C}^n$ 上的范数 $\|\cdot\|$ 诱导的, 那么矩阵范数 $\|\cdot\|_S$ 是由 $\mathbb{C}^n$ 上 (5.2.6) 定义的范数 $\|\cdot\|_S$ 所诱导的.

证明 公理 (1)、(1a)、(2) 以及 (3) 可以直接对 $\|\cdot\|_S$ 加以验证. $\|\cdot\|_S$ 的次积性由计算

$$\|AB\|_S = \|SABS^{-1}\| = \|(SAS^{-1})(SBS^{-1})\|$$
$$\leqslant \|SAS^{-1}\| \, \|SBS^{-1}\| = \|A\|_S \|B\|_S$$

得出. 最后一个结论由计算

$$\max_{\|x\|_S=1} \|Ax\|_S = \max_{\|Sx\|=1} \|SAx\| = \max_{\|y\|=1} \|SAS^{-1}y\| = \|SAS^{-1}\|$$

推出.   □

有关 (5.6.7) 可以如何用来调节矩阵范数以达到一个特殊的目的, 请见 (5.6.10).

矩阵范数的一个重要的应用是对矩阵的谱半径 (1.2.9) 提供界限. 如果 λ 是 A 的任意一个特征值, $Ax = \lambda x$, 且 $x \neq 0$, 考虑秩 1 矩阵 $X = xe^T = [x \cdots x] \in M_n$, 并注意到 $AX = \lambda X$. 如果 $\|\cdot\|$ 是任意一个矩阵范数, 那么

$$|\lambda| \, \|X\| = \|\lambda X\| = \|AX\| \leqslant \|A\| \, \|X\| \tag{5.6.8}$$

于是 $|\lambda| \leqslant \|A\|$. 由于存在某个特征值 λ 使得 $|\lambda| = \rho(A)$, 由此推出 $\rho(A) \leqslant \|A\|$. 现在假设 A 是非奇异的, 且 λ 是 A 的任意一个特征值. 我们知道 λ^{-1} 是 A^{-1} 的一个特征值, 从而 $|\lambda^{-1}| \leqslant \|A^{-1}\|$. 我们就证明了下面的定理.

定理 5.6.9 设 $\|\cdot\|$ 是 M_n 上一个矩阵范数, 设 $A \in M_n$, 又设 λ 是 A 的一个特征值. 那么

(a) $|\lambda| \leqslant \rho(A) \leqslant \|A\|$;

如果 A 是非奇异的, 那么

(b) $\rho(A) \geqslant |\lambda| \geqslant 1/\|A^{-1}\|$.

习题 如果 $A, B \in M_n$ 是正规的, 说明为什么 $\rho(A) = \|A\|_2$ 以及 $\rho(AB) \leqslant \|AB\|_2 \leqslant \|A\|_2 \|B\|_2 = \rho(A)\rho(B)$. 给出一个 $C, D \in M_n$ 的例子, 使得 $\rho(CD) > \rho(C)\rho(D)$. ◀

习题 设 $A \in M_n$ 有奇异值 $\sigma_1 \geqslant \cdots \geqslant \sigma_n \geqslant 0$ 以及特征值的绝对值 $|\lambda_1| \geqslant \cdots \geqslant |\lambda_n|$. 利用谱范数以及上一个定理中的界, 证明 $|\lambda_1| \leqslant \sigma_1$, 又如果 A 是非奇异的, 则有 $|\lambda_n| \geqslant \sigma_n > 0$. 提示: A^{-1} 的最大的奇异值是什么? ◀

习题 设 $\|\cdot\|$ 是 M_n 上一个矩阵范数. 证明: (a) $\mathbb{C}^n$ 上由 $\|x\| = \|xe^T\| = \|[x \cdots x]\|$ 定义的函数 $\|\cdot\|$ 是 $\mathbb{C}^n$ 上一个范数; (b) 对所有 $x \in \mathbb{C}^n$ 以及所有 $A \in M_n$, 都有 $\|Ax\| \leqslant \|A\| \|x\|$, 即 $\mathbb{C}^n$ 上的范数 $\|\cdot\|$ 与矩阵范数 $\|\cdot\|$ 是相容的. 从而, 给定 M_n 上任意一个矩阵范数, 都存在 $\mathbb{C}^n$ 上一个相容的向量范数. ◀

习题 设 $N(\cdot)$ 是 M_n 上一个范数，它不一定是矩阵范数，又假设存在 $\mathbb{C}^n$ 上一个与之相容的范数 $\|\cdot\|$，即对所有 $A\in M_n$ 以及所有 $x\in \mathbb{C}^n$ 有 $\|Ax\|\leqslant N(A)\|x\|$。导出结论：对所有 $A\in M_n$ 有 $N(A)\geqslant\rho(A)$。提示：考虑一个非零的 x，它使得 $Ax=\lambda x$ 以及 $|\lambda|=\rho(A)$。

尽管谱半径函数本身并不是 M_n 上的范数（见 (5.6.P19)），对每个 $A\in M_n$，它是 A 的所有矩阵范数的值的最大下界。

引理 5.6.10 设给定 $A\in M_n$ 以及 $\varepsilon>0$。则存在一个矩阵范数 $\|\cdot\|$，使得 $\rho(A)\leqslant\|A\|\leqslant\rho(A)+\varepsilon$。

证明 定理 2.3.1 确保存在一个酉矩阵 $U\in M_n$ 以及一个上三角矩阵 $\Delta\in M_n$，使得 $A=U\Delta U^*$。置 $D_t=\mathrm{diag}(t,\ t^2,\ t^3,\ \cdots,\ t^n)$，并计算

$$D_t\Delta D_t^{-1}=\begin{bmatrix}\lambda_1 & t^{-1}d_{12} & t^{-2}d_{13} & \cdots & t^{-n+1}d_{1n}\\ 0 & \lambda_2 & t^{-1}d_{23} & \cdots & t^{-n+2}d_{2n}\\ 0 & 0 & \lambda_3 & \cdots & t^{-n+3}d_{3n}\\ \cdot & \cdot & \cdot & \cdots & \cdot\\ 0 & 0 & 0 & \cdots & t^{-1}d_{n-1,n}\\ 0 & 0 & 0 & \cdots & \lambda_n\end{bmatrix}$$

于是，对足够大的 $t>0$，$D_t\Delta D_t^{-1}$ 的对角线之外所有元素的绝对值之和小于 ε。特别地，对所有足够大的 t 有 $\|D_t\Delta D_t^{-1}\|_1\leqslant\rho(A)+\varepsilon$。于是，对任意的 $B\in M_n$，如果我们用

$$\|B\|=\|D_tU^*BUD_t^{-1}\|_1=\|(D_tU^*)B(D_tU^*)^{-1}\|_1$$

定义矩阵范数 $\|\cdot\|$，且如果我们选取 t 足够大，则 (5.6.7) 确保我们构造出一个满足 $\|A\|\leqslant\rho(A)+\varepsilon$ 的矩阵范数。当然，下界 $\|A\|\geqslant\rho(A)$ 对任何矩阵范数都成立。

习题 设给定 $A\in M_n$。利用上一个结果证明 $\rho(A)=\inf\{\|A\|:\|\cdot\|$ 是诱导的矩阵范数$\}$。提示：(5.6.10) 以及 (5.6.7)。关于对某个矩阵范数 $\|\cdot\|$ 满足 $\rho(A)=\|A\|$ 的矩阵 A 的特征刻画，见 (5.6.P38) 以及 (5.6.P39)。

我们对于满足 $A^k\to 0$（当 $k\to\infty$ 时）的矩阵 A 的特征刻画很感兴趣。下面的结果是我们解决这个问题所需要的最后一个工具。

引理 5.6.11 设给定 $A\in M_n$。如果存在一个矩阵范数 $\|\cdot\|$ 使得 $\|A\|<1$，那么 $\lim\limits_{k\to\infty}A^k=0$，也即当 $k\to\infty$ 时，A^k 的每个元素都趋向于零。

证明 如果 $\|A\|<1$，则当 $k\to\infty$ 时 $\|A^k\|\leqslant\|A\|^k\to 0$。这就是说，关于范数 $\|\cdot\|$ 有 $A^k\to 0$，但是由于 n^2 维赋范线性空间 M_n 上所有的范数都是等价的，由此推出：关于 M_n 上的向量范数 $\|\cdot\|_\infty$ 有 $A^k\to 0$。 $\square$

习题 将上一个定理的证明与 (3.2.5) 中的论证方法作比较。

习题 给出一个矩阵 $A\in M_n$ 以及两个矩阵范数 $\|\cdot\|_\alpha$ 与 $\|\cdot\|_\beta$ 的例子，使得 $\|A\|_\alpha<1$ 以及 $\|A\|_\beta>1$。你的结论是什么？$\lim\limits_{k\to\infty}A^k=0$ 是否成立？

使得 $\lim\limits_{k\to\infty}A^k=0$ 成立的矩阵 $A\in M_n$ 称为**收敛的**（convergent），它们在迭代过程分析以及其他许多应用中是非常重要的。幸运的是，它们的特征可以用谱半径不等式加以刻画。

定理 5.6.12 设 $A\in M_n$。那么 $\lim\limits_{k\to\infty}A^k=0$ 当且仅当 $\rho(A)<1$。

证明 如果 $A^k \to 0$，且如果 $x \neq 0$ 是使得 $Ax = \lambda x$ 成立的一个向量，那么仅当 $|\lambda| < 1$ 时才有 $A^k x = \lambda^k x \to 0$. 由于这个不等式必须对 A 的每一个特征值都成立，这就得出 $\rho(A) < 1$. 反之，如果 $\rho(A) < 1$，那么(5.6.10)就确保存在某个矩阵范数 $\vert\!\vert\!\vert \cdot \vert\!\vert\!\vert$ 使得 $\vert\!\vert\!\vert A \vert\!\vert\!\vert < 1$. 从而 (5.6.11)就确保当 $k \to \infty$ 时有 $A^k \to 0$.

习题 考虑矩阵 $A = \begin{bmatrix} 0.5 & 1 \\ 0 & 0.5 \end{bmatrix} \in M_2$. 显式计算 A^k 以及 $\rho(A^k)$(对 $k = 2$, 3, $\cdots$). 证明 $\rho(A^k) = \rho(A)^k$. 当 $k \to \infty$ 时，下面各式性状如何：A^k，$\vert\!\vert\!\vert A^k \vert\!\vert\!\vert_1$，$\vert\!\vert\!\vert A^k \vert\!\vert\!\vert_\infty$ 以及 $\vert\!\vert\!\vert A^k \vert\!\vert\!\vert_2$？它们的元素呢？◀

习题 设 $A = \begin{bmatrix} 0.5 & 1 \\ -0.125 & 0.5 \end{bmatrix}$，又用递归公式 $x^{(k+1)} = A x^{(k)}$ (对 $k = 0$, 1, $\cdots$)定义向量序列 $x^{(0)}$，$x^{(1)}$，$x^{(2)}$，$\cdots$. 证明：无论起始向量 $x^{(0)}$ 如何选择，当 $k \to \infty$ 时都有 $x^{(k)} \to 0$. 提示：$x^{(k)} = A^k x^{(0)}$；选取适当的范数并利用界限 $\Vert x^{(k)} \Vert \leqslant \vert\!\vert\!\vert A^k \vert\!\vert\!\vert \Vert x^{(0)} \Vert$. ◀

有时我们需要知道当 $k \to \infty$ 时 A^k 的元素大小的界限. 一个有用的界就是上一定理的一个直接推论

推论 5.6.13 设给定 $A \in M_n$ 以及 $\varepsilon > 0$. 则存在一个常数 $C = C(A, \varepsilon)$，使得对所有 $k = 1$，2，$\cdots$ 以及所有 i，$j = 1$，$\cdots$，n 都有 $|(A^k)ij| \leqslant C(\rho(A) + \varepsilon)^k$.

证明 考虑矩阵 $\widetilde{A} = [\rho(A) + \varepsilon]^{-1} A$，它的谱半径严格小于 1. 我们知道当 $k \to \infty$ 时有 $\widetilde{A}^k \to 0$. 特别地，序列 $\{\widetilde{A}^k\}$ 是有界的，所以存在某个有限的 $C > 0$，使得对所有 $k = 1$，2，$\cdots$ 以及所有 i，$j = 1$，$\cdots$，n 都有 $|(\widetilde{A}^k)_{ij}| \leqslant C$. 这就是结论中的界.

习题 设 $A = \begin{bmatrix} a & 1 \\ 0 & a \end{bmatrix}$，显式计算 A^k，并证明在(5.6.13)中并不总是可以取 $\varepsilon = 0$. ◀

尽管说 A^k 的单个元素的性状与 $k \to \infty$ 时 $\rho(A)^k$ 的性状相仿是不够精确的，对于任何矩阵范数 $\vert\!\vert\!\vert \cdot \vert\!\vert\!\vert$，序列 $\{\vert\!\vert\!\vert A^k \vert\!\vert\!\vert\}$ 的确都有这个渐近性质.

推论 5.6.14 (Gelfand 公式) 设 $\vert\!\vert\!\vert \cdot \vert\!\vert\!\vert$ 是 M_n 上一个矩阵范数，又设 $A \in M_n$. 那么 $\rho(A) = \lim\limits_{k \to \infty} \vert\!\vert\!\vert A^k \vert\!\vert\!\vert^{1/k}$.

证明 由于 $\rho(A)^k = \rho(A^k) \leqslant \vert\!\vert\!\vert A^k \vert\!\vert\!\vert$，故而对所有 $k = 1$，2，$\cdots$ 都有 $\rho(A) \leqslant \vert\!\vert\!\vert A^k \vert\!\vert\!\vert^{1/k}$. 如果给定 $\varepsilon > 0$，则矩阵 $\widetilde{A} = [\rho(A) + \varepsilon]^{-1} A$ 的谱半径严格小于 1，从而它是收敛的. 这样一来，当 $k \to \infty$ 时就有 $\vert\!\vert\!\vert \widetilde{A}^k \vert\!\vert\!\vert \to 0$，且存在某个 $N = N(\varepsilon, A)$，使得对所有 $k \geqslant N$ 都有 $\vert\!\vert\!\vert \widetilde{A}^k \vert\!\vert\!\vert \leqslant 1$. 这正好就是如下命题：对所有 $k \geqslant N$ 都有 $\vert\!\vert\!\vert A^k \vert\!\vert\!\vert \leqslant (\rho(A) + \varepsilon)^k$，或者说对所有 $k \geqslant N$ 都有 $\vert\!\vert\!\vert A^k \vert\!\vert\!\vert^{1/k} \leqslant \rho(A) + \varepsilon$. 由于 $\varepsilon > 0$ 是任意的，且对所有 k 有 $\rho(A) \leqslant \vert\!\vert\!\vert A^k \vert\!\vert\!\vert^{1/k}$，我们就推出极限 $\lim\limits_{k \to \infty} \vert\!\vert\!\vert A^k \vert\!\vert\!\vert^{1/k}$ 存在且等于 $\rho(A)$.

有关矩阵的无限序列或者无穷级数的收敛性的许多问题都可以利用范数来解答.

习题 设 $\{A_k\} \subset M_n$ 是给定的无限矩阵序列. 证明：如果存在 M_n 上某个范数 $\vert\!\vert\!\vert \cdot \vert\!\vert\!\vert$ 使得数值级数 $\sum\limits_{k=0}^{\infty} \vert\!\vert\!\vert A_k \vert\!\vert\!\vert$ 收敛(甚至也可以只要它的部分和有界)，那么级数 $\sum\limits_{k=0}^{\infty} A_k$ 就收敛于 M_n 中某个矩阵. 提示：证明其部分和构成一个 Cauchy 序列. ◀

矩阵范数很适合用于处理矩阵的幂级数. 分析中的核心结论是，**复的纯量幂级数**

$\sum\limits_{k=0}^{\infty} a_k z^k$ 有收敛半径 $R \geqslant 0$: 如果 $|z| < R$，则该幂级数绝对收敛，而当 $|z| > R$ 时它发散；$R = \infty$ 与 $R = 0$ 这两者都有可能，如果 $|z| = R$，则收敛或者发散都有可能发生. 收敛半径可以用 $R = (\limsup\limits_{k \to \infty} \sqrt[k]{|a_k|})^{-1}$ 来计算，它等于 $\lim\limits_{k \to \infty} \left| \dfrac{a_k}{a_{k+1}} \right|$，如果这个极限存在的话（比值判别法）. 对给定的 $A \in M_n$ 以及任何矩阵范数 $\interleave \cdot \interleave$，计算

$$\interleave \sum a_k A^k \interleave \leqslant \sum \interleave a_k A^k \interleave = \sum |a_k| \interleave A^k \interleave$$
$$\leqslant \sum |a_k| \interleave A \interleave^k$$

显示: 如果 $\interleave A \interleave < R$（对应的纯量幂级数的收敛半径），则矩阵幂级数 $\sum\limits_{k=0}^{\infty} a_k A^k$ 收敛. 然而，$\interleave \cdot \interleave$ 可能是**任何一个**矩阵范数，而 (5.6.10) 确保这样一个矩阵范数存在当且仅当 $\rho(A) < R$. 我们将这些结果总结在在下面的定理中.

定理 5.6.15 设 R 是纯量幂级数 $\sum\limits_{k=0}^{\infty} a_k z^k$ 的收敛半径，又设给定 $A \in M_n$. 如果 $\rho(A) < R$，则矩阵幂级数 $\sum\limits_{k=0}^{\infty} a_k A^k$ 收敛. 如果存在 M_n 上一个矩阵范数 $\interleave \cdot \interleave$ 使得 $\interleave A \interleave < R$，那么这个条件就满足.

习题 假设解析函数 $f(z)$ 通过一个收敛半径为 $R > 0$ 的幂级数 $f(z) = \sum\limits_{k=0}^{\infty} a_k z^k$ 定义在零的一个邻域中，设 $\interleave \cdot \interleave$ 是 M_n 上一个矩阵范数. 说明为什么 $f(A) = \sum\limits_{k=0}^{\infty} a_k A^k$ 对所有满足 $\interleave A \interleave < R$ 的 $A \in M_n$ 都有良好的定义. 更一般地，说明为什么 $f(A)$ 对于满足 $\rho(A) < R$ 的所有 $A \in M_n$ 都有良好的定义. ◀

习题 指数函数 $e^z = \sum\limits_{k=0}^{\infty} \dfrac{1}{k!} z^k$ 的幂级数的收敛半径是什么？说明为什么由幂级数 $e^A = \sum\limits_{k=0}^{\infty} \dfrac{1}{k!} A^k$ 所给出的矩阵指数函数对每个 $A \in M_n$ 都有良好的定义. ◀

习题 你怎样定义 $\cos A$？怎样定义 $\sin A$？$\log(I - A)$ 呢？对什么样的矩阵它们有定义？ ◀

如果 $A \in M_n$ 可以对角化，$A = S \Lambda S^{-1}$，$\Lambda = \mathrm{diag}(\lambda_1, \cdots, \lambda_n)$，一个给定的复值函数 f 的定义域包含集合 $\langle \lambda_1, \cdots, \lambda_n \rangle$，**初等矩阵函数**（primary matrix function）$f(A)$ 定义为 $f(A) = S f(\Lambda) S^{-1}$，其中 $f(\Lambda) = \mathrm{diag}(f(\lambda_1), \cdots, f(\lambda_n))$. 这个定义看起来与（永远不是唯一的）对角化矩阵 S 的选择有关，但实际上不然. 为看出其中的缘由，如同在 (1.3.13) 中那样，假设将 Λ 中任何相等的特征值都集中在一起是很方便的. 如果 $A = T \Lambda T^{-1}$，那么 (1.3.27) 确保有 $T = SR$，其中 R 是与 Λ 共形的分块对角矩阵，它的本质特征是 $R\Lambda = \Lambda R$，从而也有 $R f(\Lambda) = f(\Lambda) R$，这是因为 $f(\Lambda)$ 是与 R 共形的纯量矩阵的分块对角的直和. 这样就有 $f(A) = f(T \Lambda T^{-1}) = T f(\Lambda) T^{-1} = S R f(\Lambda) R^{-1} S = S f(\Lambda) R R^{-1} S = S f(\Lambda) S$，这表明可对角化的矩阵的初等矩阵函数有良好的定义.

在上面 $f(A)$ 作为初等矩阵函数(而不是作为幂级数)的定义中,我们对函数 f 要求很少(它不需要是解析的),但我们对矩阵要求的更多(它必须是可对角化的). 不可对角化的矩阵的初等矩阵函数可以定义,但必须对其可微性有某种要求,见 Horn 以及 Johnson (1991)一书的第 6 章.

习题 如果 $A \in M_n$ 可以对角化,且如果解析函数 $f(z) = \sum\limits_{k=0}^{\infty} a_k z^k$ 是由一个收敛半径大于 $\rho(A)$ 的幂级数所定义的,证明:$f(A)$ 的初等矩阵函数定义与它的幂级数定义一致.

提示:考虑:$\sum\limits_{k=0}^{\infty} a_k (S \Lambda S^{-1})^k = S(\sum\limits_{k=0}^{\infty} a_k \Lambda^k) S^{-1}$. ◀

推论 5.6.16 矩阵 $A \in M_n$ 是非奇异的,如果存在一个矩阵范数 $\|\|\cdot\|\|$,使得 $\|\|I-A\|\| < 1$. 如果这个条件满足,那么

$$A^{-1} = \sum_{k=0}^{\infty} (I-A)^k$$

证明 如果 $\|\|I-A\|\| < 1$,那么级数 $\sum\limits_{k=0}^{\infty} (I-A)^k$ 就收敛于某个矩阵 C,这是因为级数 $\sum z^k$ 的收敛半径为 1. 但是由于当 $N \to \infty$ 时有

$$A \sum_{k=0}^{N} (I-A)^k = (I-(I-A)) \sum_{k=0}^{N} (I-A)^k = I - (I-A)^{N+1} \to I$$

故而我们断定有 $C = A^{-1}$. □

习题 说明为什么上一个推论中的命题等价于如下的命题:如果 $\|\|\cdot\|\|$ 是矩阵范数,且如果 $\|\|A\|\| < 1$,那么 $I-A$ 是非奇异的,而且 $(I-A)^{-1} = \sum\limits_{k=0}^{\infty} A^k$. ◀

习题 设 $\|\|\cdot\|\|$ 是 M_n 上一个矩阵范数. 假设 $A, B \in M_n$ 满足不等式 $\|\|BA-I\|\| < 1$. 证明:A 与 B 两者皆为非奇异的. 我们可以将 B 视为 A 的一个**近似的逆**(approximate inverse). ◀

习题 如果矩阵范数 $\|\|\cdot\|\|$ 有如下之性质:$\|\|I\|\| = 1$(如果它是一个诱导的范数,就会是这种情形),又如果 $A \in M_n$ 满足 $\|\|A\|\| < 1$,证明

$$\frac{1}{1+\|\|A\|\|} \leqslant \|\|(I-A)^{-1}\|\| \leqslant \frac{1}{1-\|\|A\|\|}$$

提示:对上界利用不等式 $\|\|(I-A)^{-1}\|\| \leqslant \sum\limits_{k=0}^{\infty} \|\|A\|\|^k$. 对下界利用一般的不等式 $\|\|B^{-1}\|\| \geqslant 1/\|\|B\|\|$ 以及三角不等式. ◀

习题 设 $\|\|\cdot\|\|$ 是一个矩阵范数,它使得 $\|\|I\|\| \geqslant 1$. 证明:只要 $\|\|A\|\| < 1$,就有

$$\frac{\|\|I\|\|}{\|\|I\|\| + \|\|A\|\|} \leqslant \|\|(I-A)^{-1}\|\| \leqslant \frac{\|\|I\|\| - (\|\|I\|\| - 1)\|\|A\|\|}{1 - \|\|A\|\|}$$ ◀

习题 如果 $A, B \in M_n$,A 是非奇异的,且如果 $A+B$ 是奇异的,证明:对任何矩阵范数 $\|\|\cdot\|\|$ 都有 $\|\|B\|\| \geqslant 1/\|\|A^{-1}\|\|$. 于是,对于一个非奇异的矩阵可以用奇异的矩阵逼近到怎样精确的程度,是有一个内在的限度的. 提示:$A+B = A(I+A^{-1}B)$. 如果 $\|\|A^{-1}B\|\| < 1$,那么 $I+A^{-1}B$ 就会是非奇异的. ◀

关于非奇异性的一个有用的且容易计算的判别法是上一个推论的推论.

推论 5.6.17 设 $A = [a_{ij}] \in M_n$. 如果对所有 $i = 1, \cdots, n$ 都有 $|a_{ii}| > \sum\limits_{j \neq i} |a_{ij}|$, 那么 A 是非奇异的.

证明 假设条件确保 A 的每一个主对角元素都不为零. 置 $D = \mathrm{diag}(a_{11}, \cdots, a_{nn})$ 并检查 $D^{-1}A$ 的所有主对角元素皆为 1, 而 $B = [b_{ij}] = I - D^{-1}A$ 的所有主对角元素皆为零, 且当 $i \neq j$ 时有 $b_{ij} = -a_{ij}/a_{ii}$. 考虑最大行和矩阵范数 $\lvert\!\lvert\!\lvert \cdot \rvert\!\rvert\!\rvert_\infty$. 假设保证有 $\lvert\!\lvert\!\lvert B \rvert\!\rvert\!\rvert_\infty < 1$, 所以 (5.6.16) 确保 $I - B = D^{-1}A$ 是非奇异的, 从而 A 是非奇异的. □

满足 (5.6.17) 中假设条件的矩阵称为**严格对角占优的** (strictly diagonally dominant). 非奇异性的这个充分条件通常称为 Levy-Desplanques 定理, 且它还可以稍作改进, 见 (6.1), (6.2) 以及 (6.4).

现在专注于讨论 (5.6.1) 中所定义的诱导的矩阵范数, 它们有一个重要的极小性. 因为人们常常希望通过判别条件 $\lvert\!\lvert\!\lvert A \rvert\!\rvert\!\rvert < 1$ 来确定给定的矩阵 A 是收敛的, 很自然会倾向于采用尽可能一致地小的矩阵范数. 所有诱导的矩阵范数都有这个所希望的性质, 这个性质正是对诱导矩阵范数的特征的刻画.

有限维空间上任何两个范数都是等价的, 故而对任意给定的一对矩阵范数 $\lvert\!\lvert\!\lvert \cdot \rvert\!\rvert\!\rvert_\alpha$ 以及 $\lvert\!\lvert\!\lvert \cdot \rvert\!\rvert\!\rvert_\beta$, 存在一个最小的有限正常数 $C_{\alpha\beta}$, 使得对所有 $A \in M_n$ 都有 $\lvert\!\lvert\!\lvert A \rvert\!\rvert\!\rvert_\alpha \leqslant C_{\alpha\beta} \lvert\!\lvert\!\lvert A \rvert\!\rvert\!\rvert_\beta$. 这个常数可以作为

$$C_{\alpha\beta} = \max_{A \neq 0} \frac{\lvert\!\lvert\!\lvert A \rvert\!\rvert\!\rvert_\alpha}{\lvert\!\lvert\!\lvert A \rvert\!\rvert\!\rvert_\beta}$$

来计算. 如果将 α 与 β 的作用反过来, 则必定存在一个类似定义的最小有限正常数 $C_{\beta\alpha}$, 使得对所有 $A \in M_n$ 都有 $\lvert\!\lvert\!\lvert A \rvert\!\rvert\!\rvert_\beta \leqslant C_{\beta\alpha} \lvert\!\lvert\!\lvert A \rvert\!\rvert\!\rvert_\alpha$. 一般来说, 在 $C_{\alpha\beta}$ 与 $C_{\beta\alpha}$ 之间不存在明显的关系, 但是如果检查 (5.6.P23) 中的表, 我们看到它左上方的 3×3 角区是对称的, 即对三个矩阵范数 $\lvert\!\lvert\!\lvert \cdot \rvert\!\rvert\!\rvert_1$, $\lvert\!\lvert\!\lvert \cdot \rvert\!\rvert\!\rvert_2$ 以及 $\lvert\!\lvert\!\lvert \cdot \rvert\!\rvert\!\rvert_\infty$ 中的每一对都有 $C_{\alpha\beta} = C_{\beta\alpha}$. 所有这三个矩阵范数都是诱导的范数, 而下面的定理指出了, 这个对称性反映了所有诱导范数的一个性质: 如果对所有 $A \in M_n$ 都有 $\lvert\!\lvert\!\lvert A \rvert\!\rvert\!\rvert_\alpha \leqslant C \lvert\!\lvert\!\lvert A \rvert\!\rvert\!\rvert_\beta$, 那么对所有 $A \in M_n$ 也都有 $\lvert\!\lvert\!\lvert A \rvert\!\rvert\!\rvert_\beta \leqslant C \lvert\!\lvert\!\lvert A \rvert\!\rvert\!\rvert_\alpha$, 即

$$\frac{1}{C} \lvert\!\lvert\!\lvert A \rvert\!\rvert\!\rvert_\beta \leqslant \lvert\!\lvert\!\lvert A \rvert\!\rvert\!\rvert_\alpha \leqslant C \lvert\!\lvert\!\lvert A \rvert\!\rvert\!\rvert_\beta, \quad \text{对所有 } A \in M_n$$

定理 5.6.18 设 $\lvert\!\lvert \cdot \rvert\!\rvert_\alpha$ 以及 $\lvert\!\lvert \cdot \rvert\!\rvert_\beta$ 是 $\mathbf{C}^n$ 上给定的范数. 设 $\lvert\!\lvert\!\lvert \cdot \rvert\!\rvert\!\rvert_\alpha$ 以及 $\lvert\!\lvert\!\lvert \cdot \rvert\!\rvert\!\rvert_\beta$ 是 M_n 上分别由它们诱导的矩阵范数, 即

$$\lvert\!\lvert\!\lvert A \rvert\!\rvert\!\rvert_\alpha = \max_{x \neq 0} \frac{\lVert Ax \rVert_\alpha}{\lVert x \rVert_\alpha} \text{ 以及 } \lvert\!\lvert\!\lvert A \rvert\!\rvert\!\rvert_\beta = \max_{x \neq 0} \frac{\lVert Ax \rVert_\beta}{\lVert x \rVert_\beta}$$

定义

$$R_{\alpha\beta} = \max_{x \neq 0} \frac{\lVert x \rVert_\alpha}{\lVert x \rVert_\beta} \text{ 以及 } R_{\beta\alpha} = \max_{x \neq 0} \frac{\lVert x \rVert_\beta}{\lVert x \rVert_\alpha} \qquad (5.6.19)$$

352

那么就有

$$\max_{A \neq 0} \frac{\lvert\!\lvert\!\lvert A \rvert\!\rvert\!\rvert_\alpha}{\lvert\!\lvert\!\lvert A \rvert\!\rvert\!\rvert_\beta} = R_{\alpha\beta} R_{\beta\alpha} \qquad (5.6.20)$$

以及

$$\max_{A\neq 0}\frac{\|A\|_\alpha}{\|A\|_\beta}=\max_{A\neq 0}\frac{\|A\|_\beta}{\|A\|_\alpha}=R_{\alpha\beta}R_{\beta\alpha}\tag{5.6.21}$$

证明 不等式 (5.6.10) 说的是对所有 x，$y\in\mathbf{C}^n$ 有 $\|x\|_\alpha\leqslant R_{\alpha\beta}\|x\|_\beta$ 以及 $\|y\|_\beta\leqslant R_{\beta\alpha}$ $\|y\|_\alpha$，在这两种情形，等式都有可能对某些非零的向量成立。设给定一个非零的 $A\in M_n$，并设 $\xi\in\mathbf{C}^n$ 是一个非零向量，它满足 $\|A\xi\|_\alpha=\|A\|_\alpha\|\xi\|_\alpha$。那么对**所有**非零的 A 都有

$$\|A\|_\alpha=\frac{\|A\xi\|_\alpha}{\|\xi\|_\alpha}=\frac{\|\xi\|_\beta\|A\xi\|_\alpha}{\|\xi\|_\alpha\|\xi\|_\beta}\leqslant\frac{\|\xi\|_\beta}{\|\xi\|_\alpha}\frac{R_{\alpha\beta}\|A\xi\|_\beta}{\|\xi\|_\beta}$$

$$\leqslant R_{\beta\alpha}R_{\alpha\beta}\frac{\|A\xi\|_\beta}{\|\xi\|_\beta}\leqslant R_{\beta\alpha}R_{\alpha\beta}\|A\|_\beta\tag{5.6.22}$$

这样就有

$$\max_{A\neq 0}\frac{\|A\|_\alpha}{\|A\|_\beta}\leqslant R_{\alpha\beta}R_{\beta\alpha}$$

我们断定存在**某个**非零的 $B\in M_n$，对于它不等式 (5.6.22) 可以反转过来，在此情形我们就会有

$$R_{\alpha\beta}R_{\beta\alpha}\leqslant\frac{\|B\|_\alpha}{\|B\|_\beta}\leqslant\max_{A\neq 0}\frac{\|A\|_\alpha}{\|A\|_\beta}\leqslant R_{\alpha\beta}R_{\beta\alpha}$$

这就证明了 (5.6.20)。

为验证我们的论断，设 y_0 与 z_0 是非零向量，它们使得 $\|y_0\|_\alpha=R_{\alpha\beta}\|y_0\|_\beta$ 以及 $\|z_0\|_\beta=R_{\beta\alpha}\|z_0\|_\alpha$。定理 5.5.9d 确保存在一个 $w\in\mathbf{C}^n$，使得

(a) $|w^*x|\leqslant\|x\|_\beta$（对所有 $x\in\mathbf{C}^n$）；

(b) $w^*z_0=\|z_0\|_\beta$。

考虑矩阵 $B=y_0w^*$。利用 (b) 我们有

$$\frac{\|Bz_0\|_\alpha}{\|z_0\|_\alpha}=\frac{\|y_0w^*z_0\|_\alpha}{\|z_0\|_\alpha}=\frac{|w^*z_0|\|y_0\|_\alpha}{\|z_0\|_\alpha}=\frac{\|z_0\|_\beta}{\|z_0\|_\alpha}\frac{\|y_0\|_\alpha}{\|y_0\|_\beta}$$

所以我们有下界

$$\|B\|_\alpha\geqslant\frac{\|z_0\|_\beta\|y_0\|_\alpha}{\|z_0\|_\alpha}=\frac{\|z_0\|_\beta}{\|z_0\|_\alpha}\frac{\|y_0\|_\alpha}{\|y_0\|_\beta}\|y_0\|_\beta=R_{\beta\alpha}R_{\alpha\beta}\|y_0\|_\beta$$

另一方面，我们可以用 (a) 得到

$$\frac{\|By_0\|_\beta}{\|y_0\|_\beta}=\frac{\|y_0w^*y_0\|_\beta}{\|y_0\|_\beta}=\frac{|w^*y_0|\|y_0\|_\beta}{\|y_0\|_\beta}=|w^*y_0|\leqslant\|y_0\|_\beta$$

从而我们有上界 $\|B\|_\beta\leqslant\|y_0\|_\beta$。将这两个界合起来就有

$$\|B\|_\alpha\geqslant R_{\beta\alpha}R_{\alpha\beta}\|y_0\|_\beta\geqslant R_{\alpha\beta}R_{\beta\alpha}\|B\|_\beta$$

353 这正是所要求的。

结论 (5.6.21) 由恒等式 (5.6.20) 的右边关于 α 与 β 的对称性得出。 □

什么时候 $\mathbf{C}^n$ 上两个给定的范数诱导出 M_n 上同一个矩阵范数？其答案是这些范数中有一个必定是另一个的纯量倍数。

引理 5.6.23 设 $\|\cdot\|_\alpha$ 以及 $\|\cdot\|_\beta$ 是 $\mathbf{C}^n$ 上的范数，又设 $\||\cdot\||_\alpha$ 以及 $\||\cdot\||_\beta$ 表示 M_n 上由它们各自诱导的矩阵范数。那么

$$R_{\alpha\beta}R_{\beta\alpha}\geqslant 1\tag{5.6.24}$$

此外，下述结论是等价的：

(a) $R_{\alpha\beta}R_{\beta\alpha}=1$；

(b) 存在某个 $c>0$，使得对所有 $x\in\mathbf{C}^n$ 都有 $\|x\|_\alpha=c\|x\|_\beta$；

(c) $\|\!|\cdot\|\!|_\alpha=\|\!|\cdot\|\!|_\beta$.

证明 注意到

$$R_{\beta\alpha}=\max_{x\neq0}\frac{\|x\|_\beta}{\|x\|_\alpha}=\left(\min_{x\neq0}\frac{\|x\|_\alpha}{\|x\|_\beta}\right)^{-1}\geqslant\left(\max_{x\neq0}\frac{\|x\|_\alpha}{\|x\|_\beta}\right)^{-1}=\frac{1}{R_{\alpha\beta}}$$

其中等式当且仅当

$$\min_{x\neq0}\frac{\|x\|_\alpha}{\|x\|_\beta}=\max_{x\neq0}\frac{\|x\|_\alpha}{\|x\|_\beta}$$

时成立，而后者当且仅当对所有 $x\neq0$ 函数 $\|x\|_\alpha/\|x\|_\beta$ 都是常数时才会发生．于是，(a)与(b)是等价的．如果 $\|\!|\cdot\|\!|_\alpha=c\|\!|\cdot\|\!|_\beta$，那么对任何 $A\in M_n$ 都有

$$\|\!|A\|\!|_\alpha=\max_{x\neq0}\frac{\|Ax\|_\alpha}{\|x\|_\alpha}=\max_{x\neq0}\frac{c\|Ax\|_\beta}{c\|x\|_\beta}$$

$$=\max_{x\neq0}\frac{\|Ax\|_\beta}{\|x\|_\beta}=\|\!|A\|\!|_\beta$$

所以 (b)$\Rightarrow$(c)．最后，如果 $\|\!|\cdot\|\!|_\alpha=\|\!|\cdot\|\!|_\beta$，则 (5.6.20) 表明 $R_{\alpha\beta}R_{\beta\alpha}=1$，从而有 (c)$\Rightarrow$(a)． $\square$

推论 5.6.25 设 $\|\!|\cdot\|\!|_\alpha$ 以及 $\|\!|\cdot\|\!|_\beta$ 是 M_n 上诱导的矩阵范数．那么对所有 $A\in M_n$ 都有 $\|\!|A\|\!|_\alpha\leqslant\|\!|A\|\!|_\beta$ 成立的充分必要条件是对所有 $A\in M_n$ 都有 $\|\!|A\|\!|_\alpha=\|\!|A\|\!|_\beta$.

证明 如果对所有 $A\in M_n$ 都有 $\|\!|A\|\!|_\alpha\leqslant\|\!|A\|\!|_\beta$，那么 (5.6.21) 确保对所有 $A\in M_n$ 都有 $\|\!|A\|\!|_\beta\leqslant\|\!|A\|\!|_\alpha$. $\square$

上一个推论说的是：没有哪个诱导的矩阵范数一致地小于与它不同的诱导矩阵范数．下面的定理说的要更多一些：没有哪个矩阵范数能一致小于与它不同的诱导矩阵范数．

定理 5.6.26 设 $\|\!|\cdot\|\!|$ 是 M_n 上给定的矩阵范数，设 $\|\!|\cdot\|\!|_\alpha$ 是 M_n 上一个给定的诱导矩阵范数，设给定一个非零的向量 $z\in\mathbf{C}^n$，并定义

$$\|x\|_z=\|\!|xz^*\|\!|,\text{对所有 }x\in\mathbf{C}^n \tag{5.6.27}$$

那么

(a) $\|\cdot\|_z$ 是 $\mathbf{C}^n$ 上的范数；

(b) 诱导的矩阵范数

$$N_z(A)=\max_{x\neq0}\frac{\|Ax\|_z}{\|x\|_z}=\max_{x\neq0}\frac{\|\!|Axz^*\|\!|}{\|\!|xz^*\|\!|} \tag{5.6.28}$$

对每个 $A\in M_n$ 都满足不等式 $N_z(A)\leqslant\|\!|A\|\!|$.

(c) 对每个 $A\in M_n$ 有 $\|\!|A\|\!|\leqslant\|\!|A\|\!|_\alpha$ 当且仅当对每个 $A\in M_n$ 都有 $N_z(A)=\|\!|A\|\!|=\|\!|A\|\!|_\alpha$.

证明 (a) 我们来验证 $\|\cdot\|_z$ 满足 (5.1.1) 中的四个公理，对此目的 $\|\!|\cdot\|\!|$ 的次积性不是必须的．

(b) 利用 $\|\!|\cdot\|\!|$ 的次积性计算给出对所有 $A\in M_n$ 都有

$$N_z(A)=\max_{x\neq0}\frac{\|Ax\|_z}{\|x\|_z}=\max_{x\neq0}\frac{\|\!|Axz^*\|\!|}{\|\!|xz^*\|\!|}\leqslant\max_{x\neq0}\frac{\|\!|A\|\!|\,\|\!|xz^*\|\!|}{\|\!|xz^*\|\!|}=\|\!|A\|\!|$$

354

(c) 假设对所有 $A \in M_n$ 有 $\vvvert A \vvvert \leqslant \vvvert A \vvvert_\alpha$. 则 (b) 确保对所有 $A \in M_n$ 有 $N_z(A) \leqslant$ $\vvvert A \vvvert \leqslant \vvvert A \vvvert_\alpha$. 但是 $N_z(\cdot)$ 与 $\vvvert \cdot \vvvert_\alpha$ 两者都是诱导范数, 所以 (5.6.25) 确保对所有 $A \in M_n$ 有 $N_z(A) = \vvvert A \vvvert_\alpha$. □

习题 设 $\vvvert \cdot \vvvert$ 是 M_n 上一个给定的诱导矩阵范数, 而 $N_z(\cdot)$ 是 (5.6.28) 中定义的诱导矩阵范数. 由上面的定理导出结论: 对每个非零的 $z \in \mathbf{C}^n$ 都有 $N_z(\cdot) = \vvvert \cdot \vvvert$. ◄

上面习题中的结果可以用富有教益的不同方式进行处理. 对一个给定的诱导矩阵范数 $\vvvert \cdot \vvvert$, 利用 (5.6.2d) 以及 (5.5.9d) 计算

$$\vvvert Axz^* \vvvert = \max_{\|\xi\| = \|\eta\|^D = 1} |\eta^* Axz^* \xi| = \max_{\|\eta\|^D = 1} |\eta^* Ax| \max_{\|\xi\| = 1} |\xi^* z|$$
$$= \|Ax\|^{DD} \|z\|^D = \|Ax\| \|z\|^D \tag{5.6.29}$$

$A = I$ 的特殊情形给出恒等式

$$\vvvert xz^* \vvvert = \|x\|_z = \|x\| \|z\|^D \tag{5.6.30}$$

如果 $z \neq 0$, 我们就有

$$N_z(\cdot) = \max_{x \neq 0} \frac{\vvvert Axz^* \vvvert}{\vvvert xz^* \vvvert} = \max_{x \neq 0} \frac{\|Ax\| \|z\|^D}{\|x\| \|z\|^D}$$
$$= \max_{x \neq 0} \frac{\|Ax\|}{\|x\|} = \vvvert A \vvvert$$

上面的结果启发我们考虑如下的定义以及诱导/极小矩阵范数的进一步的性质.

定义 5.6.31 M_n 上一个矩阵范数 $\vvvert \cdot \vvvert$ 称为是一个**最小矩阵范数** (minimal matrix norm) (或者称为是**最小的**), 如果 M_n 上对所有 $A \in M_n$ 都满足 $N(A) \leqslant \vvvert A \vvvert$ 的仅有的矩阵范数 $N(\cdot)$ 是 $N(\cdot) = \vvvert \cdot \vvvert$.

定理 5.6.32 设 $\vvvert \cdot \vvvert$ 是 M_n 上一个矩阵范数. 对一个非零的 $z \in \mathbf{C}^n$, 令 $N_z(\cdot)$ 是由 (5.6.27) 以及 (5.6.28) 定义的诱导矩阵范数. 则以下诸结论等价:

(a) $\vvvert \cdot \vvvert$ 是一个诱导矩阵范数;

(b) $\vvvert \cdot \vvvert$ 是一个极小矩阵范数;

(c) 对所有非零的 $z \in \mathbf{C}^n$ 有 $\vvvert \cdot \vvvert = N_z(\cdot)$;

(d) 对某个非零的 $z \in \mathbf{C}^n$ 有 $\vvvert \cdot \vvvert = N_z(\cdot)$.

证明 蕴含关系 (a) ⇒ (b) 由 (5.6.26c) 得出. 蕴含关系 (b) ⇒ (c) 是 (5.6.26b). 而蕴含关系 (c) ⇒ (d) 是很显然的. □

从这些结论中还可以稍微多得出一些结果. 如果 $\vvvert \cdot \vvvert$ 是一个矩阵范数且对所有非零的 $y, z \in \mathbf{C}^n$ 都有 $N_y(\cdot) = N_z(\cdot)$, 那么 (5.6.23) 中的蕴含关系 (c) ⇒ (b) 就确保存在一个正的常数 c_{yz}, 使得对所有 $x \in \mathbf{C}^n$ 都有 $\|x\|_y = c_{yz} \|x\|_z$. 例如, 如果 $\vvvert \cdot \vvvert$ 是**诱导的**, 则上面的定理就确保 $N_z(\cdot)$ 与 z 无关, 而下面的习题则给出了常数 c_{yz}.

习题 如果 $\vvvert \cdot \vvvert$ 是由 $\mathbf{C}^n$ 上的范数 $\|\cdot\|$ 所诱导的, 证明 $c_{yz} = \|y\|^D / \|z\|^D$. 提示: (5.6.30). ◄

定理 5.6.33 设 $\vvvert \cdot \vvvert$ 是 M_n 上一个矩阵范数, 又设 $\vvvert \cdot \vvvert_z$ 是 $\mathbf{C}^n$ 上由 (5.6.27) 定义的一个范数. 则下面两个命题是等价的:

(a) 对每一对非零向量 $y, z \in \mathbf{C}^n$, 存在一个正的常数 c_{yz}, 使得对所有 $x \in \mathbf{C}^n$ 都有 $\|x\|_y = c_{yz} \|x\|_z$;

(b) 对所有 x，y，$z \in \mathbf{C}^n$ 都有 $\|\|xy^*\|\| \|\|zz^*\|\| = \|\|xz^*\|\| \|\|zy^*\|\|$.

假设 $\|\|\cdot\|\|$ 是由 $\mathbf{C}^n$ 上的范数 $\|\cdot\|$ 诱导的. 那么

(c) $\|\cdot\|$ 对 $c_{yz} = \|y\|^D / \|z\|^D$ 满足(a)以及(b)，又对任意非零的 $z \in \mathbf{C}^n$ 我们有

$$\|x\|_y = \|\|xy^*\|\| = \frac{\|\|xz^*\|\| \|\|zy^*\|\|}{\|\|zz^*\|\|} = \frac{\|x\|_z \|z\|_y}{\|z\|_z}$$

证明 假设(a)成立. 由于(b)当 $y=0$ 或者 $z=0$ 时为真，故而我们可以假设 $y \neq 0 \neq z$. 这样就有

$$\|\|xz^*\|\| \|\|zy^*\|\| = \|x\|_z \|z\|_y = c_{yz}^{-1} \|x\|_y c_{yz} \|z\|_z$$
$$= \|x\|_y \|z\|_z = \|\|xy^*\|\| \|\|zz^*\|\|$$

反之，如果我们假设(b)成立，且如果 $y \neq 0 \neq z$，那么对 $c_{yz} = \|\|zy^*\|\| / \|\|zz^*\|\|$ 就得出(a).

如果 $\|\|\cdot\|\|$ 是诱导的，那么(5.6.30)就将 $\|x\|_y = \|x\| \|y\|^D$ 与 $\|x\|_z = \|x\| \|z\|^D$ 等同起来. 计算表明：(a)被 $\|x\|_y = \|y\|^D \|x\|_z / \|z\|^D$ 所满足，从而(b)也被它满足. $\quad\square$

习题 诱导范数的任何正的纯量倍数都满足(5.6.33(b))中的恒等式. 证明：矩阵范数 $\|\|\cdot\|\|_1$ 与 $\|\|\cdot\|\|_2$ 这两者都满足这个恒等式，但它们中任何一个都不是诱导范数的纯量倍数. ◄

习题 说明为什么函数

$$\|\|A\|\| = \max\{\|\|A\|\|_1, \|\|A\|\|_\infty\} \tag{5.6.33.1}$$

356

是 M_n 上的单位矩阵范数. ◄

在(5.6.2)中我们看到，每一个诱导矩阵范数都是单位的，但是(5.6.33.1)是并非诱导的单位矩阵范数：对所有 $A \in M_n$ 有 $\|\|A\|\|_1 \leqslant \|\|A\|\|$，以及对 $A_0 = \begin{bmatrix} 1 & 0 \\ 1 & 3 \end{bmatrix}$ 有 $\|\|A_0\|\|_1 < \|\|A_0\|\|$，所以 $\|\|\cdot\|\|$ 不是极小的，从而不可能是诱导的. 有关(5.6.33.1)中构造的一个推广，见(5.6.P7).

M_n 上一个范数 $\|\|\cdot\|\|$（不一定是矩阵范数）称为**酉不变的**(unitarily invariant)，如果对所有 $A \in M_n$ 以及所有的酉矩阵 U，$V \in M_n$ 都有 $\|A\| = \|UAV\|$；**酉不变矩阵范数**(unitarily invariant matrix norm)是 M_n 上一个有次积性的酉不变范数. 我们已经看到：Frobenius 范数以及谱范数是酉不变的矩阵范数，但是 Frobenius 范数不是诱导范数.

定理 5.6.34 设 $\|\|\cdot\|\|$ 是 M_n 上一个酉不变的矩阵范数，又假设 $z \in \mathbf{C}^n$ 是非零的. 那么

(a) 由(5.6.27)定义的向量范数 $\|\cdot\|_z$ 是酉不变的；

(b) $\|\cdot\|_z$ 是 Euclid 向量范数的纯量倍数，也即存在一个正的纯量 c_z，使得 $\|\cdot\|_z = c_z \|\cdot\|_2$；

(c) 由(5.6.28)定义的诱导矩阵范数 $N_z(\cdot)$ 是谱范数；

(d) 对所有 $A \in M_n$ 有 $\|A\|_2 \leqslant \|A\|$；

(e) 如果 $\|\|\cdot\|\|$ 是诱导的（它也是酉不变的），那么它是谱范数.

证明 (a) 如果 $U \in M_n$ 是酉矩阵，那么 $\|Ux\|_z = \|\|Uxz^*\|\| = \|\|xz^*\|\| = \|x\|_z$.

(b) 对每个 $x \in \mathbf{C}^n$，存在一个酉矩阵 $U \in M_n$，使得 $Ux = \|x\|_2 e_1$ (2.1.13)，故而对所有 $x \in \mathbf{C}^n$，都有 $\|x\|_z = \|Ux\|_z = \|\|Uxz^*\|\| = \|\| \|x\|_2 e_1 z^* \|\| = \|x\|_2 \|\|e_1 z^*\|\|$.

(c) $N_z(A) = \max\limits_{x \neq 0} \|Ax\|_z / \|x\|_z = \max\limits_{x \neq 0} (c_z \|Ax\|_2 / (c_z \|x\|_2)) = \max\limits_{x \neq 0} \|Ax\|_2 / \|x\|_2 = \|A\|_2$.

(d) 这个结论就是(5.6.26b).

(e) 这个结论就是(5.6.26c). □

如果 $\|\cdot\|$ 是 M_n 上一个范数，计算表明由

$$\|A\|' = \|A^*\|$$

所定义的函数 $\|\cdot\|'$ 是 M_n 上一个范数，且 $(\|A\|')' = \|A\|$. 范数 $\|\cdot\|'$ 称为是 $\|\cdot\|$ 的**伴随范数**(adjoint norm).

习题 如果 $\|\cdot\|$ 是 M_n 上一个矩阵范数，证明它的伴随范数也是一个矩阵范数. ◄

计算也表明对所有 $A \in M_n$ 有 $\|A\|_2' = \|A^*\|_2 = \|A\|_2$ 以及 $\|A\|_1' = \|A^*\|_1 = \|A\|_1$，但并非每个范数或者每个矩阵范数都有这个性质：$\|\cdot\|_1' = \|\cdot\|_\infty$. M_n 上对所有 $A \in M_n$ 都满足 $\|A\| = \|A\|'$ 的范数 $\|\cdot\|$ 就称为**自伴随的**(self-adjoint). 如同 Frobenius 范数以及谱范数那样，l_1 矩阵范数是自伴随的.

习题 说明为什么 M_n 上每个酉不变范数都是自伴随的，并给出 M_n 上一个自伴随但并非酉不变范数的例子. 提示：如果 $A = V\Sigma W^*$ 是奇异值分解，又如果 $\|\cdot\|$ 是酉不变的，那么 $\|A\| = \|\Sigma\|$. ◄

作为仅有的自伴随的诱导矩阵范数，谱范数是极其重要的.

定理 5.6.35 设 $\|\cdot\|$ 是 M_n 上的矩阵范数，它是由 $\mathbf{C}^n$ 上一个范数 $\|\cdot\|$ 诱导的. 那么

(a) $\|\cdot\|'$ 是由范数 $\|\cdot\|^D$ 诱导的；

(b) 如果 $\|\cdot\|$ 是自伴随的(它也是诱导的)，那么它是谱范数.

证明 (a)利用(5.6.2d)计算

$$\|A\|' = \|A^*\| = \max_{\|x\|=\|y\|^D=1} |y^*A^*x| = \max_{\|x\|=\|y\|^D=1} |x^*Ay|$$
$$= \max_{\|y\|^D=1} \max_{\|x\|=1} |x^*Ay| = \max_{\|y\|^D=1} \|Ay\|^D$$

(b)如果 $\|\cdot\| = \|\cdot\|'$，则(a)确保 $\|\cdot\|$ 是由 $\|\cdot\|$ 以及 $\|\cdot\|^D$ 这两者诱导的. 引理 5.6.23 告诉我们：$\|\cdot\|$ 是 $\|\cdot\|^D$ 的纯量倍数，而(5.4.17)确保 $\|\cdot\| = \|\cdot\|_2$.

由于 $\|\cdot\|$ 是由 Euclid 向量范数诱导的，它就是谱范数.

绝对范数与单调范数是在(5.4.18)中引进的. 对于它们所诱导的矩阵范数有一个有用的特征刻画.

定理 5.6.36 设 $\|\cdot\|$ 是 M_n 上一个矩阵范数，它是由 $\mathbf{C}^n$ 上一个范数 $\|\cdot\|$ 诱导的. 则以下诸命题是等价的：

(a) $\|\cdot\|$ 是绝对范数；

(b) $\|\cdot\|$ 是单调范数；

(c) 如果 $\Lambda = \mathrm{diag}(\lambda_1, \cdots, \lambda_n)$，那么 $\|\Lambda\| = \max_{1\leqslant i\leqslant n} |\lambda_i|$.

证明 (a)与(b)的等价性就是(5.4.19c)中的结论. 为证明(b)蕴含(c)，假设 $\|\cdot\|$ 是单调的，设 $\Lambda = \mathrm{diag}(\lambda_1, \cdots, \lambda_n)$，又设 $L = \max\{|\lambda_1|, \cdots, |\lambda_n|\} = |\lambda_k|$. 那么 $|\Lambda x| \leqslant |Lx|$，从而 $\|\Lambda x\| \leqslant \|Lx\| = L\|x\|$，其中等式对 $x = e_k$ 成立. 于是

$$\|\Lambda\| = \max_{x\neq 0} \frac{\|\Lambda x\|}{\|x\|} \leqslant \max_{x\neq 0} \frac{L\|x\|}{\|x\|} = L \tag{5.6.37}$$

其中等式对 $x = e_k$ 成立. 为证明(c)蕴含(b)，设给定 $x, y \in \mathbf{C}^n$，其中 $|x| \leqslant |y|$. 选取复

数 λ_k，使得 $x_k=\lambda_k y_k$ 以及 $|\lambda_k|\leqslant 1$，$k=1$，$\cdots$，n，又设 $\Lambda=\mathrm{diag}(\lambda_1,\cdots,\lambda_n)$．那么 $\|x\|=\|\Lambda y\|\leqslant\|\Lambda\|\|y\|=\max\limits_{1\leqslant i\leqslant n}|\lambda_i|\|y\|\leqslant\|y\|$，所以 $\|\cdot\|$ 是单调的．$\qquad\square$

因为向量空间 M_n 是具有 Frobenius 内积 (5.2.7) 的内积空间，我们可以对 M_n 上的任何范数定义**对偶范数** (5.4.12)．

定义 5.6.38 设 $\|\cdot\|$ 是 M_n 上的范数．则它的对偶范数是
$$\|A\|^D=\max_{\|B\|=1}\mathrm{Re}\langle A,B\rangle_F=\max_{\|B\|=1}\mathrm{Re\,tr}B^*A,\quad\text{对每个}\ A\in M_n$$

|习题| 说明为什么作为 M_n 上范数 $\|\cdot\|$ 的对偶的另一种表示可以得到 (5.4.12a) 的一个类似的结果，例如，$\|A\|^D=\max\limits_{\|B\|=1}|\mathrm{tr}B^*A|=\max\limits_{\|B\|\leqslant 1}|\mathrm{tr}B^*A|=\max\limits_{B\neq 0}\dfrac{|\mathrm{tr}B^*A|}{\|B\|}$．$\qquad\blacktriangleleft$

|习题| 证明 $\|\cdot\|_F^D=\|\cdot\|_F$，即 M_n 上的 Frobenius 范数是自对偶的．提示：$|\langle A,B\rangle_F|\leqslant\|A\|_F\|B\|_F$，其中的等式当 $A=B$ 时成立．$\qquad\blacktriangleleft$

定理 5.6.39 设 $\|\cdot\|$ 是 M_n 上的范数．那么

(a) $\|\cdot\|$ 是自伴随的充分必要条件是 $\|\cdot\|^D$ 是自伴随的；

(b) $\|\cdot\|$ 是酉不变的充分必要条件是 $\|\cdot\|^D$ 是酉不变的．

证明 在每一种情形，"必要性"都从计算得出，而"充分性"则由对偶定理 (5.5.9(c)) 得出．

(a) 假设 $\|\cdot\|$ 是自伴随的．那么
$$\|A^*\|^D=\max_{B\neq 0}\frac{|\mathrm{tr}B^*A^*|}{\|B\|}=\max_{B\neq 0}\frac{|\mathrm{tr}BA^*|}{\|B^*\|}=\max_{B\neq 0}\frac{|\mathrm{tr}BA^*|}{\|B\|}$$
$$=\max_{B\neq 0}\frac{|\mathrm{tr}(BA^*)^*|}{\|B\|}=\max_{B\neq 0}\frac{|\mathrm{tr}AB^*|}{\|B\|}$$
$$=\max_{B\neq 0}\frac{|\mathrm{tr}B^*A|}{\|B\|}=\|A\|$$

(b) 假设 $\|\cdot\|$ 是酉不变的．那么对任意的酉矩阵 U，$V\in M_n$，我们有
$$\|UAV\|^D=\max_{B\neq 0}=\frac{|\mathrm{tr}B^*UAV|}{\|B\|}=\max_{B\neq 0}\frac{|\mathrm{tr}(U^*BV^*)^*A|}{\|B\|}$$
$$=\max_{C\neq 0}\frac{|\mathrm{tr}C^*A|}{\|UCV\|}=\max_{C\neq 0}\frac{|\mathrm{tr}C^*A|}{\|C\|}=\|A\|\qquad\square$$

|习题| 证明 M_n 上的（非诱导的）矩阵范数 $\|\cdot\|_1$ (5.6.0.1) 的对偶就是 M_n 上的范数 $\|\cdot\|_\infty$ (5.6.0.3)；证明不等式 $\|A^*\|_1\leqslant\|A\|_1^D$ **不是**对所有 $A\in M_n$ 都成立；证明 $\|\cdot\|_1^D$ **不是**矩阵范数；又证明对所有 A，$B\in M_n$ 都有 $\|AB\|_1^D\leqslant\|A^*\|_1\|B\|_1^D$．提示：回顾 $\mathbf{C}^n$ 上向量范数 $\|\cdot\|_1$ 的对偶的计算 (5.4.15a)．$\qquad\blacktriangleleft$

|习题| 设 $\|\cdot\|$ 是 M_n 上一个范数，又给定 $A\in M_n$．说明为什么存在某个 $X\in M_n$，使得 $\|X\|=1$ 以及 $|\mathrm{tr}X^*A|=\|A\|^D$．对任何满足 $\|Y\|=1$ 的 $Y\in M_n$，为什么有 $|\mathrm{tr}Y^*A|\leqslant\|A\|^D$？$\qquad\blacktriangleleft$

定理 5.6.40 设 $\|\|\cdot\|\|$ 是 M_n 上一个矩阵范数．那么对所有 A，$B\in M_n$ 都有
$$\|\|AB\|\|^D\leqslant\begin{cases}\|\|A^*\|\|\,\|\|B\|\|^D\\\|\|A\|\|^D\,\|\|B^*\|\|\end{cases}$$
如果对所有 $A\in M_n$ 都有 $\|\|A^*\|\|\leqslant\|\|A\|\|^D$，那么 $\|\|\cdot\|\|^D$ 是 M_n 上一个矩阵范数．

证明 我们仅证明第二个上界. 设 $X \in M_n$ 使得 $\|\!|X|\!\| = 1$ 以及 $|\mathrm{tr}X^*AB| = \|\!|AB|\!\|^D$. 利用 $\|\!|\cdot|\!\|$ 的次积性计算

$$\|\!|AB|\!\|^D = |\mathrm{tr}X^*AB| = |\mathrm{tr}(XB^*)^*A| \leqslant \|\!|XB^*|\!\|\,\|\!|A|\!\|^D$$
$$\leqslant \|\!|X|\!\|\,\|\!|B^*|\!\|\,\|\!|A|\!\|^D = \|\!|A|\!\|^D\,\|\!|B^*|\!\|$$

如果对所有 $B \in M_n$ 都有 $\|\!|B^*|\!\| \leqslant \|\!|B|\!\|^D$, 那么对所有 $A, B \in M_n$ 就都有 $\|\!|AB|\!\|^D \leqslant \|\!|A|\!\|^D\,\|\!|B^*|\!\| \leqslant \|\!|A|\!\|^D\,\|\!|B|\!\|^D$. $\square$

$\boxed{\text{习题}}$ 证明 M_n 上的诱导矩阵范数 $\|\!|\cdot|\!\|_1$ 的对偶(5.6.4)是范数 $N_\infty(A) = \sum\limits_{j=1}^{n} \|a_j\|_\infty$, 其中 $A = [a_1 \cdots a_n]$ 是按照它的列所做的分划. 证明对所有 $A \in M_n$ 都有 $\|\!|A^*|\!\|_1 \leqslant N_\infty(A)$, 其中等式当 $\mathrm{rank}A \leqslant 1$ 时成立. 以这个不等式以及上一个定理作为基础, 说明为什么 $N_\infty(A)$ 必定是一个矩阵范数; 有关这一事实用计算给出的证明, 见(5.6.0.5). 为什么 $N_\infty(\cdot)$ 不是诱导的矩阵范数? 如果 $\Lambda = \mathrm{diag}(\lambda_1, \cdots, \lambda_n)$ 是对角矩阵, 验证 $\|\!|\Lambda|\!\|_1 = \max\limits_i |\lambda_i|$ 以及 $\|\!|\Lambda|\!\|_1^D = N_\infty(\Lambda) = |\lambda_1| + \cdots + |\lambda_n|$. 注意 $\|\!|\cdot|\!\|_1$ 是由一个绝对向量范数诱导的. 提示:

$$\|\!|A|\!\|_1^D = \max_{\|\!|B|\!\|_1 = 1} |\mathrm{tr}B^*A| \leqslant \max_{\|\!|B|\!\|_1 = 1} \sum_{j=1}^{n} |b_j^*a_j|$$
$$\leqslant \max_{\|\!|B|\!\|_1 = 1} \sum_{j=1}^{n} \|a_j\|_\infty \|b_j\|_1 \leqslant \sum_{j=1}^{n} \|aj\|_\infty \max_{\|\!|B|\!\|_1 = 1} \|\!|B|\!\|_1 \qquad \blacktriangleleft$$

描述由 $0-1$ 矩阵 E_{ij} 组成的一个线性组合, 它使得其中等式成立, 并得出结论 $\|\!|\cdot|\!\|_1^D = N_\infty(\cdot)$.

我们已经看到: 矩阵范数的对偶不一定是矩阵范数, 而诱导矩阵范数的对偶有可能是一个非诱导的矩阵范数. 下面的定理说的是: **诱导矩阵范数的对偶永远是一个矩阵范数**, 这就给出了构造矩阵范数的一种新的方法: 取任何一个诱导矩阵范数的对偶.

定理 5.6.41 设 $\|\!|\cdot|\!\|$ 是 M_n 上由 $\mathbf{C}^n$ 上的范数 $\|\cdot\|$ 诱导的矩阵范数. 那么

(a) $\|\!|A^*|\!\| = \max\{|\mathrm{tr}B^*A| : \|\!|B|\!\| = 1 \text{ 且 } \mathrm{rank}B = 1\}$;

(b) 对所有 $A \in M_n$ 都有 $\|\!|A^*|\!\| \leqslant \|\!|A|\!\|^D$;

(c) $\|\!|A|\!\|^D$ 是矩阵范数;

(d) 如果 $\mathrm{rank}A \leqslant 1$, 则有 $\|\!|A^*|\!\| = \|\!|A|\!\|^D$.

$\boxed{360}$

证明 (a) 如果对某个非零的 $x, y \in \mathbf{C}^n$ 有 $B = xy^*$, 那么(5.6.30)就确保 $\|\!|B|\!\| = \|\!|xy^*|\!\| = \|x\|\,\|y\|^D$. 计算给出

$$\max_{\mathrm{rank}B=1} \frac{|\mathrm{tr}B^*A|}{\|\!|B|\!\|} = \max_{x \neq 0 \neq y} \frac{|\mathrm{tr}(yx^*A)|}{\|x\|\,\|y\|^D} = \max_{x \neq 0 \neq y} \frac{|x^*Ay|}{\|x\|\,\|y\|^D}$$
$$= \max_{x \neq 0 \neq y} \frac{|y^*A^*x|}{\|x\|\,\|y\|^D} = \max_{x \neq 0 \neq y} \left| \frac{y^*}{\|y\|^D} A^* \frac{x}{\|x\|} \right|$$
$$= \max_{\|\eta\|^D = \|\xi\| = 1} |\eta^*A^*\xi| = \max_{\|\xi\| = 1} \|A^*\xi\|^{DD}$$
$$= \max_{\|\xi\| = 1} \|A^*\xi\| = \|\!|A^*|\!\|$$

(b) 注意到

$$\|A^*\| = \max_{\text{rank} B=1} \frac{|\,\text{tr} B^* A\,|}{\|B\|} \leqslant \max_{B \neq 0} \frac{|\,\text{tr} B^* A\,|}{\|B\|} = \|A\|^D$$

（c）这个结论由（b）以及（5.6.40）推出.

（d）假设对某个非零的 u，$v \in \mathbf{C}^n$ 有 $A = uv^*$. 根据（5.6.30），有 $\|A^*\| = \|v\| \|u\|^D$，所以我们必须证明 $\|A\|^D = \|v\| \|u\|^D$. 计算给出

$$\|uv^*\|^D = \max_{B \neq 0} \frac{|\,\text{tr} B^* uv^*\,|}{\|B\|} = \max_{B \neq 0} \frac{|v^* B^* u|}{\|B\|}$$

$$= \max_{B \neq 0} \frac{|u^* Bv|}{\|B\|} \leqslant \max_{B \neq 0} \frac{\|u\|^D \|Bv\|}{\|B\|}$$

$$\leqslant \max_{B \neq 0} \frac{\|u\|^D \|B\| \|v\|}{\|B\|} = \|u\|^D \|v\|$$

为完成证明，我们必须指出：$B = xy^*$ 可以这样来选取，使得它满足 $\|B\| = 1$ 以及 $|u^* Bv| = \|u\|^D \|v\|$. 借助（5.5.9d）来选取向量 x 以及 y，使得（i）$\|x\| = 1$ 以及 $x^* u = \|u\|^D$（这里 $f(\cdot) = \|\cdot\|^D$）以及（ii）$\|y\|^D = 1$ 以及 $y^* v = \|v\|$（这里 $f(\cdot) = \|\cdot\|$）. 那么就有 $\|B\| = \|x\| \|y\|^D = 1$ 以及 $|u^* Bv| = |u^* x| \, |y^* v| = \|u\|^D \|v\|$. □

习题 设 $\|\cdot\|$ 是 M_n 上一个范数并考虑它的伴随范数 $\|\cdot\|'$. 说明为什么范数 $\|\cdot\|'$ 的对偶是如下的函数：对每一个 $A \in M_n$ 都有 $v(A) = \|A^*\|^D$. 如果 $\|\cdot\|$ 是 M_n 上一个诱导的矩阵范数，说明为什么 $v(A) = \|A^*\|^D$ 是矩阵范数. 如果 $\|\cdot\|$ 是矩阵范数 $\|\cdot\|_1$，那么 $v(A)$ 是什么？这个构造还给出了产生新的矩阵范数的另外一种方法：对任何诱导的矩阵范数 $\|\cdot\|$，取它的伴随范数的对偶. ◀

我们最后一个定理是与（5.6.36）对偶的结果.

定理 5.6.42 假设 $\mathbf{C}^n$ 上一个绝对范数 $\|\cdot\|$ 诱导出 M_n 上一个矩阵范数 $\|\cdot\|$，又设 $\|\cdot\|^D$ 是它的对偶范数. 那么 $\|\cdot\|^D$ 是矩阵范数，且对每个对角矩阵 $\Lambda = \text{diag}(\lambda_1, \cdots, \lambda_n) \in M_n$，我们都有 $\|\Lambda\|^D = |\lambda_1| + \cdots + |\lambda_n|$.

证明 上一个定理确保 $\|\cdot\|^D$ 是一个矩阵范数. 记 $\Lambda = \text{diag}(e^{i\theta_1}|\lambda_1|, \cdots, e^{i\theta_n}|\lambda_n|)$，并设 $U = \text{diag}(e^{i\theta_1}, \cdots, e^{i\theta_n})$；则（5.6.36）确保有 $\|U\| = 1$. 这样就有

361

$$\|\Lambda\|^D = \max_{\|B\|=1} |\,\text{tr} B^* \Lambda\,| \geqslant |\text{tr} U^* \Lambda| = |\lambda_1| + \cdots + |\lambda_n|$$

反之，记 $\Lambda = \lambda_1 E_{11} + \cdots + \lambda_n E_{nn}$，其中每一个 $E_{ii} = e_i e_i^*$（0.1.7）. 那么就有

$$\|\Lambda\|^D \leqslant \|\lambda_1 E_{11}\|^D + \cdots + \|\lambda_n E_{nn}\|^D = |\lambda_1| \|E_{11}\|^D + \cdots + |\lambda_n| \|E_{nn}\|^D$$

所以只要证明每一个 $\|E_{ii}\|^D = 1$ 就够了. 由于每一个 E_{ii} 的秩都为 1，（5.6.30）以及（5.4.13）确保有 $\|E_{ii}\|^D = \|e_i\| \|e_i\|^D \geqslant 1$. 对任何向量 $x = [x_i] \in \mathbf{C}^n$ 以及任何 $i \in \{1, \cdots, n\}$，我们都有 $|x| \geqslant |x_i e_i|$，所以 $\|\cdot\|$ 的单调性确保 $\|x\| = \|\,|x|\,\| \geqslant \|\,|x_i e_i|\,\| = |x_i| \, \|e_i\|$. 这样一来就有

$$\|e_i\|^D = \max_{x \neq 0} \frac{|x^* e_i|}{\|x\|} = \max_{x \neq 0} \frac{|x_i|}{\|x\|} \leqslant \max_{x \neq 0} \frac{\|x\|}{\|x\| \|e_i\|} = \frac{1}{\|e_i\|}$$

所以 $\|e_i\| \|e_i\|^D \leqslant 1$. 我们就得出结论：每一个 $\|e_i\| \|e_i\|^D = 1$，如所要求的那样. □

例 M_n 上的谱范数是酉不变的，且是由 Euclid 范数（它是一个绝对范数）所诱导的. 定理 5.6.39 确保 $\|\cdot\|_2^D$ 是酉不变的，所以，如果 $A \in M_n$ 且 $A = V \sum W^*$ 是奇异值分解，

那么上一个定理就允许我们计算

$$\|A\|_2^D = \|V \sum W^*\|_2^D = \|\sum\|_2^D$$
$$= \mathrm{tr} \sum = \sigma_1(A) + \cdots + \sigma_n(A) = \|A\|_{\mathrm{tr}}$$

定理 5.6.42 确保这个新的范数, 称为**迹范数**(trace norm), 是酉不变的矩阵范数. 这个结果相当令人吃惊, 因为所有奇异值之和要么是 M_n 上的次加性函数要么是次积性函数这一结果远不是那么明显可见, 见(7.4.7)以及(7.4.10).

问题

5.6.P1 说明为什么 M_n 上的 l_1 范数是非诱导范数的矩阵范数.

5.6.P2 给出一个异于 I 以及 0 的 2×2 射影矩阵的例子. 证明 0 与 1 是射影矩阵的仅有可能的特征值. 说明为什么射影矩阵 A 是可以对角化的, 又为什么如果 $A \neq 0$ 则对任何矩阵范数 $\|\cdot\|$ 都有 $\|A\| \geqslant 1$.

5.6.P3 如果 $\|\cdot\|$ 是 M_n 上矩阵范数, 证明: 对所有 $c \geqslant 1$, $c\|\cdot\|$ 都是矩阵范数. 然而, 请证明: 对任何 $c < 1$, 无论是 $c\|\cdot\|_1$ 还是 $c\|\cdot\|_2$ 都不是矩阵范数.

5.6.P4 在(5.6.1)中同一种范数涉及两种不同的方法: 度量 x 的大小以及度量 Ax 的大小. 更一般地, 我们可以用 $\|A\|_{\alpha,\beta} = \max_{\|x\|_\alpha = 1} \|Ax\|_\beta$ 来定义 $\|\cdot\|_{\alpha,\beta}$, 其中 $\|\cdot\|_\alpha$ 以及 $\|\cdot\|_\beta$ 是两个(有可能不同的)向量范数. 这样一个函数 $\|\cdot\|_{\alpha,\beta}$ 会是一个矩阵范数吗? 这一概念或许会被用来定义 $m \times n$ 矩阵上的范数, 这是由于 $\|\cdot\|_\alpha$ 可以取为 $\mathbf{C}^n$ 上一个范数, 而 $\|\cdot\|_\beta$ 可以取为 $\mathbf{C}^n$ 上一个范数. 在这方面 $\|\cdot\|_{\alpha,\beta}$ 有哪些与诱导的矩阵范数类似的性质?

5.6.P5 用 $\|\cdot\|_p$ 表示 M_n 上由 $\mathbf{C}^n$ 上的 l_p 范数($p \geqslant 1$)所诱导的矩阵范数. 利用(5.4.21)以及(5.6.21)证明

$$\max_{A \neq 0} \frac{\|A\|_{p_1}}{\|A\|_{p_2}} = n^{(\min\{p_1,p_2\})^{-1} - (\max\{p_1,p_2\})^{-1}}$$

导出结论: 对所有 $A \in M_n$ 以及所有 $p \geqslant 1$, 有

$$n^{\frac{1}{p}-1}\|A\|_1 \leqslant \|A\|_p \leqslant n^{1-\frac{1}{p}}\|A\|_1$$
$$n^{-\left|\frac{1}{p}-\frac{1}{2}\right|}\|A\|_2 \leqslant \|A\|_p \leqslant n^{\left|\frac{1}{p}-\frac{1}{2}\right|}\|A\|_2$$

以及

$$n^{-\frac{1}{p}}\|A\|_\infty \leqslant \|A\|_p \leqslant n^{\frac{1}{p}}\|A\|_\infty$$

5.6.P6 验证: 关于 $\|\cdot\|$ 的公理(1)～(3)蕴含对(5.6.7)中的 $\|\cdot\|_S$ 有同样的公理成立. 因此, 如果假设中以及结论中的"矩阵范数"代之以"矩阵上的范数", 那么(5.6.7)依然成立.

5.6.P7 这个问题推广了(5.6.33.1)中的构造. 设 $N_1(\cdot), \cdots, N_m(\cdot)$ 是 M_n 上的矩阵范数, 设 $\|\cdot\|$ 是 $\mathbf{C}^n$ 上一个绝对范数, 它使得对所有 $x \in \mathbf{C}^n$ 都有 $\|x\| \geqslant \|x\|_\infty$, 又定义 $\|A\| = \|[N_1(A) \cdots N_m(A)]^T\|$. (a)证明: 对任何标准基向量 e_k 都有 $\|e_k\| \geqslant 1$. (b)证明 $\|\cdot\|$ 是 M_n 上一个矩阵范数.

5.6.P8 证明 M_n 的非奇异矩阵在 M_n 中是**稠密的**(dense), 即证明 M_n 中每个矩阵都是非奇异矩阵的极限. 奇异矩阵在 M_n 中是稠密的吗?

5.6.P9 证明: 对每个 $n \geqslant 1$, $\mathbf{C}^n$ 上范数的集合是凸的, 但是对任何 $n \geqslant 2$, M_n 上矩阵范数的集合不是凸的. 如果 $N_1(\cdot)$ 与 $N_2(\cdot)$ 是 M_n 上的矩阵范数, 证明: $N(\cdot) = \frac{1}{2}(N_1(\cdot) + N_2(\cdot))$ 是矩阵

范数的充分必要条件是：对所有 A, $B \in M_n$ 都有

$$(N_1(A) - N_2(A))(N_1(B) - N_2(B))$$
$$\leqslant 2(N_1(A)N_1(B) - N_1(AB)) + 2(N_2(A)N_2(B) - N_2(AB))$$

有关酉不变矩阵范数的集合是凸集的证明见(7.4.10.2).

5.6.P10 设 $\| \cdot \|$ 是 $\mathbf{C}^n$ 上一个给定的范数. 按照列将任何 $A = [a_1 \cdots a_n] \in M_n$ 加以分划, 并定义 $N_{\| \cdot \|}(A) = \max_{1 \leqslant i \leqslant n} \| a_i \|$. (a)证明: $N_{\| \cdot \|}(\cdot)$ 是 M_n 上一个范数. (b)证明: $N_{\| \cdot \|}(\cdot)$ 是 M_n 上一个矩阵范数, 当且仅当对所有 $x \in \mathbf{C}^n$ 都有 $\| x \| \geqslant \| x \|_1$. (c)对每个 $i = 1, \cdots, n$, 设 $d_i(A) = \| a_i \|$ (如果 $a_i \neq 0$) 以及设 $d_i(A) = 1$ (如果 $a_i = 0$), 并定义 $D_A = \text{diag}(d_1(A), \cdots, d_n(A))$. 说明为什么 $N_{\| \cdot \|}(AD_A^{-1}) \leqslant 1$. (d)如果 $N_{\| \cdot \|}(\cdot)$ 是一个矩阵范数, 说明为什么 $\rho(AD_A^{-1}) \leqslant 1$, $|\det(AD_A^{-1})| \leqslant 1$ 以及 $|\det A| \leqslant \det D_A = d_1(A) \cdots d_n(A)$. 导出结论: 如果 $N_{\| \cdot \|}(\cdot)$ 是一个矩阵范数, 那么 $|\det A| \leqslant \| a_1 \| \cdots \| a_n \|$. (小心: 如果有某个 $a_i = 0$ 会怎么样呢?)(e)考虑 $\| \cdot \| = \| \cdot \|_1$. 说明为什么 $N_{\| \cdot \|_1}(A) = \| A \|_1$ 并导出结论

$$|\det A| \leqslant \| a_1 \|_1 \cdots \| a_n \|_1 \tag{5.6.43}$$

(f)考虑 $\| \cdot \| = n \| \cdot \|_\infty$. 说明为什么 $N_{n \| \cdot \|_\infty}(A) = n \| A \|_\infty$ 并推出结论 $|\det A| \leqslant n^n \| A \|_\infty^n$. 将这个界与(2.3.P10)中的一个界作比较. 哪一个结果更好? (g)考虑 $\| \cdot \| = \| \cdot \|_2$. 说明为什么 $N_{\| \cdot \|_2}(A)$ **不是**矩阵范数, 所以我们不可能用(d)中的方法导出结论

$$|\det A| \leqslant \| a_1 \|_2 \cdots \| a_n \|_2 \tag{5.6.44}$$

尽管如此, 这个不等式(Hadamard 不等式)是正确的, 见(2.1.P23)或者(7.8.3). 在这里会发生什么呢? (h)说明为什么(5.6.44)是比(5.6.43)更好的界, 这也同样是(d)中的方法对 Euclid 范数失效的原因.

5.6.P11 说明为什么 $\| AA^* \|_2 = \| A^* A \|_2 = \| A \|_2^2$.

5.6.P12 设给定 A, $B \in M_n$, 又设 $\| \cdot \|$ 是 M_n 上一个矩阵范数. 为什么 $\| AB \pm BA \| \leqslant 2 \| A \| \| B \|$? 这些上界不是非常令人满意的, 因为我们有一种感觉: $AB - BA$ 应该比 $AB + BA$ 更小. 我们可以证明一个更加满意的上界, 如果 A 与 B 是半正定的并且我们利用谱范数: (a)如果 A 是半正定的, 证明 $\| A - \frac{1}{2} \| A \|_2 I \|_2 = \frac{1}{2} \| A \|_2$. (b)设 $\alpha, \beta \in \mathbf{C}$, 并说明为什么 $\| AB - BA \| = \| (A - \alpha I)(B - \beta I) - (B - \beta I)(A - \alpha I) \| \leqslant 2 \| A - \alpha I \| \| B - \beta I \|$. (c)设 $\alpha = \frac{1}{2} \| A \|_2$ 以及 $\beta = \frac{1}{2} \| B \|_2$. 导出结论: 如果 A 与 B 是半正定的, 就有 $\| AB - BA \|_2 \leqslant \frac{1}{2} \| A \|_2 \| B \|_2$.

5.6.P13 如果 $A \in M_n$ 是奇异的, 说明为什么对每个矩阵范数 $\| \cdot \|$ 都有 $\| I - A \| \geqslant 1$.

5.6.P14 设 $\| \cdot \|_\alpha$ 与 $\| \cdot \|_\beta$ 是 M_n 上给定的矩阵范数. 在何种条件下矩阵范数 $\| \cdot \| = \max\{ \| \cdot \|_\alpha, \| \cdot \|_\beta \}$ 是一个诱导的范数?

5.6.P15 给出一个矩阵 A 的例子, 使得对每个矩阵范数 $\| \cdot \|$ 都有 $\rho(A) \leqslant \| A \|$.

5.6.P16 设 $A = [a_{ij}] \in M_n$, 其中 $n \geqslant 2$. 说明为什么 M_n 上由 $\| A \| = n \max_{1 \leqslant i,j \leqslant n} |a_{ij}|$ 定义的函数 $\| \cdot \|$ 是一个非诱导的矩阵范数.

5.6.P17 利用(5.6.16)中的思想计算矩阵

$$\begin{bmatrix} 1 & -2 & 1 \\ 0 & 1 & 3 \\ 0 & 0 & 1 \end{bmatrix}$$

的逆.

5.6. P18 说明怎样推广(5.6.P17)中的方法来计算任何一个非奇异的上三角矩阵 $A \in M_n$ 的逆.

5.6. P19 谱半径 $\rho(\cdot)$ 是 M_n 上一个非负连续的齐次函数,它不是 M_n 上的矩阵范数、范数、半范数或者准范数. 给出例子来说明:(a)对某个 $A \neq 0$ 有可能有 $\rho(A) = 0$;(b)有可能有 $\rho(A+B) > \rho(A) + \rho(B)$;(c)有可能有 $\rho(AB) > \rho(A)\rho(B) > 0$.

5.6. P20 证明:对所有 A,$B \in M_n$ 都有 $\|AB\|_2 \leqslant \|A\|_2 \|B\|_2$ 以及 $\|AB\|_2 \leqslant \|A\|_2 \|B\|_2$. 导出结论 $\|A\|_2 \leqslant \sqrt{n} \|A\|_2$.

5.6. P21 对 M_n 上的任何矩阵范数 $\|\cdot\|$ 以及所有 $A \in M_n$ 都有 $\|A\|_2 \leqslant \|A\|^{1/2} \|A^*\|^{1/2}$. 导出结论 $\|A\|_2 \leqslant \|A\|_1^{1/2} \|A^*\|_\infty^{1/2}$.

5.6. P22 证明:矩阵范数 $\|\cdot\|$ 是单位的,当且仅当对所有 $A \in M_n$ 都有 $\|A\|^D \geqslant |\mathrm{tr}A|$.

5.6. P23 验证下面的 6×6 表格中的元素给出满足如下结论中的最好的常数 $C_{\alpha\beta}$:对所有 $A \in M_n$ 都有 $\|A\|_\alpha \leqslant C_{\alpha\beta} \|A\|_\beta$. 例如,我们断言 Frobenius 范数(第 5 行,不计标号最顶层的那一行)以及谱范数(第 2 列,不计标号在左边的那一列)对所有 $A \in M_n$ 都满足不等式 $\|A\|_2 \leqslant \sqrt{n} \|A\|_2$,常数 $\sqrt{n}$ 在表中的位置(5,2)处. 表中每一个范数都是矩阵范数.

$\|\cdot\|_\alpha \backslash \|\cdot\|_\beta$	$\|\cdot\|_1$	$\|\cdot\|_2$	$\|\cdot\|_\infty$	$\|\cdot\|_1$	$\|\cdot\|_2$	$n\|\cdot\|_\infty$
$\|\cdot\|_1$	1	$\sqrt{n}$	n	1	$\sqrt{n}$	1
$\|\cdot\|_2$	$\sqrt{n}$	1	$\sqrt{n}$	1	1	1
$\|\cdot\|_\infty$	n	$\sqrt{n}$	1	1	$\sqrt{n}$	1
$\|\cdot\|_1$	n	$n^{3/2}$	n	1	n	n
$\|\cdot\|_2$	$\sqrt{n}$	$\sqrt{n}$	$\sqrt{n}$	1	1	1
$n\|\cdot\|_\infty$	n	n	n	1	n	1

5.6. P24 证明:(5.6.P23)中位于(5,2)位置处的界可以改进为 $\|A\|_2 \leqslant (\mathrm{rank}A)^{1/2} \|A\|_2$.

5.6. P25 设 $A \in M_n$ 是循环矩阵(0.9.6.1),其第一行是 $[a_1 \cdots a_n]$,又设 $\omega = \mathrm{e}^{2\pi \mathrm{i}/n}$. 证明
$$|a_1 + \cdots + a_n| \leqslant \max_{\ell=1,\cdots,n} \left| \sum_{k=0}^{n-1} a_{k+1} \omega^{k(\ell-1)} \right| \leqslant \|A\|_2 \leqslant |a_1| + \cdots + |a_n|$$

5.6. P26 如果 $A \in M_n$ 且 $\rho(A) < 1$,证明 **Neumann 级数** $I + A + A^2 + \cdots$ 收敛于 $(I-A)^{-1}$.

5.6. P27 任何次数至少为 1 的多项式 $f(z)$ 都可以写成形式 $f(z) = \gamma z^k p(z)$,其中 γ 是非零的常数,且
$$p(z) = z^n + a_{n-1} z^{n-1} + a_{n-2} z^{n-2} + \cdots + a_1 z + a_0 \tag{5.6.45}$$
是一个首 1 多项式,其中 $p(0) = a_0 \neq 0$. $p(z) = 0$ 的根是 $f(z) = 0$ 的非零的根,正是由于这些根我们才能给出各种不同的界. 设 $C(p) \in M_n$ 表示(5.6.45)中多项式 $p(z)$ 的友矩阵. $C(p)$ 的特征值是多项式 p 的零点,计入重数(3.3.14).(a)利用(5.6.9)证明:如果 $\tilde{z}$ 是 $p(z) = 0$ 的一个根,又如果 $\|\cdot\|$ 是 M_n 上任意一个矩阵范数,那么 $|\tilde{z}| \leqslant \|C(p)\|$. 在下面,$\tilde{z}$ 表示 $p(z) = 0$ 的任意一个根.(b)利用 $\|\cdot\|_2$ 证明
$$|\tilde{z}| \leqslant \sqrt{n + |a_0|^2 + |a_1|^2 + \cdots + |a_{n-1}|^2} \tag{5.6.46}$$
(c)利用 $\|\cdot\|_\infty$ 证明
$$\begin{aligned}|\tilde{z}| &\leqslant \max\{|a_0|, 1 + |a_1|, \cdots, 1 + |a_{n-1}|\} \\ &\leqslant 1 + \max\{|a_0|, |a_1|, \cdots, |a_{n-1}|\}\end{aligned} \tag{5.6.47}$$
关于根的这个界称为 **Cauchy 界**.(d)利用 $\|\cdot\|_1$ 证明
$$|\tilde{z}| \leqslant \max\{1, |a_0| + |a_1| + \cdots + |a_{n-1}|\}$$

$$\leqslant 1+|a_0|+|a_1|+\cdots+|a_{n-1}|\tag{5.6.48}$$

它称为 **Montel 界**. 为什么它比 Cauchy 界要差? (e)利用 $\|\cdot\|_1$ 证明

$$|\widetilde{z}|\leqslant(n-1)+|a_0|+|a_1|+\cdots+|a_{n-1}|$$

对于所有 $n>2$, 这是一个比 Montel 界还要差的界. (f)利用 $n\|\cdot\|_\infty$ 证明

$$|\widetilde{z}|\leqslant n\max\{1,|a_0|,|a_1|,\cdots,|a_{n-1}|\}$$

这个界要比(5.6.48)更差些.

5.6.P28　继续采用上一个问题中的记号, 我们力图来改进(5.6.46)中的界. 设 $s=|a_0|^2+|a_1|^2+\cdots+|a_{n-1}|^2$. 将友矩阵记为 $C(p)=S+R$, 其中 $S=J_n(0)^{\mathrm{T}}$ 是 $n\times n$ 幂零 Jordan 分块的转置, 而 $R=C(p)-J_n(0)$ 则是一个秩 1 矩阵, 它的最后一列是仅有的非零列. (a)证明 $SR^*=RS^*=0$, $\|SS^*\|_2=1$ 以及 $\|RR^*\|_2=\|R^*R\|_2=s$. (b)证明

$$\|C(p)\|_2^2=\|C(p)C(p)^*\|_2=\|(S+R)(S+R)^*\|_2$$
$$=\|SS^*+RR^*\|_2\leqslant\|SS^*\|_2+\|RR^*\|_2$$

并推导出 **Carmichael-Mason 界**(Carmichael and Mason's bound)

$$|\widetilde{z}|\leqslant\sqrt{1+|a_0|^2+|a_1|^2+\cdots+|a_{n-1}|^2}=\sqrt{s+1}\tag{5.6.49}$$

对所有 $n\geqslant2$ 这是比(5.6.46)更好的界. (c)最后, 利用 $C(p)$ 的最大奇异值的精确值(3.3.16)得到甚至更好的界

$$|\widetilde{z}|\leqslant\sqrt{\frac{1}{2}\left(s+1+\sqrt{(s+1)^2-4|a_0|^2}\right)}=\sigma_1(C(p))\tag{5.6.50}$$

证明 $1\leqslant\sigma_1(C(p))<\sqrt{s+1}$(以及 $\sigma_1(C(p))=1$ 成立当且仅当 $a_1=\cdots=a_{n-1}=0$), 所以界 (5.6.50)永远优于界(5.6.49).

5.6.P29　将 Montel 界(5.6.48)应用于多项式

$$q(z)=(z-1)p(z)$$
$$=z^{n+1}+(a_{n-1}-1)z^n+(a_{n-2}-a_{n-1})z^{n-1}+\cdots+(a_0-a_1)z+a_0$$

并证明

$$|\widetilde{z}|\leqslant\max\{1,|a_0|+|a_0-a_1|+\cdots+|a_{n-2}-a_{n-1}|+|a_{n-1}-1|\}$$

证明这个表达式的第二项不小于 1, 并得出 Montel 的另外一个界

$$|\widetilde{z}|\leqslant|a_0|+|a_0-a_1|+\cdots+|a_{n-2}-a_{n-1}|+|a_{n-1}-1|$$

5.6.P30　利用上面 Montel 界证明 **Kakeya 定理**: 如果 $f(z)=a_nz^n+a_{n-1}z^{n-1}+\cdots+a_1z+a_0$ 是一个给定的有非负实系数 a_i 的多项式, 且系数有如下意义下所指示的单调性 $a_n\geqslant a_{n-1}\geqslant\cdots\geqslant a_1\geqslant a_0$, 那么 $f(z)=0$ 的所有的根都在单位圆盘内, 即所有 $|\widetilde{z}|\leqslant1$.

5.6.P31　上面四个问题全都关心 $p(z)=0$ 的根的绝对值的上界, 不过它们也能用来得到下界. 证明: 如果 $p(z)$ 由(5.6.45)给定, 其中 $a_0\neq0$, 那么

$$q(z)=\frac{1}{a_0}z^np\left(\frac{1}{z}\right)=z^n+\frac{a_1}{a_0}z^{n-1}+\frac{a_2}{a_0}z^{n-2}+\cdots+\frac{a_{n-1}}{a_0}z+\frac{1}{a_0}$$

就是一个 n 次多项式, 其零点是 $p(z)=0$ 的根的倒数. 利用相应的关于 $q(z)=0$ 的根的上界就得到如下的关于 $p(z)=0$ 的根 $\widetilde{z}$ 的如下下界.

Cauchy:

$$|\widetilde{z}|\geqslant\frac{|a_0|}{\max\{1,|a_0|+|a_{n-1}|,|a_0|+|a_{n-2}|,\cdots,|a_0|+|a_1|\}}$$
$$\geqslant\frac{|a_0|}{|a_0|+\max\{1,|a_{n-1}|,|a_{n-2}|,\cdots,|a_1|\}}$$

Montel：

$$|\widetilde{z}| \geqslant \frac{|a_0|}{\max\{|a_0|, 1+|a_1|+|a_2|+\cdots+|a_{n-1}|\}}$$

$$\geqslant \frac{|a_0|}{1+|a_0|+|a_1|+\cdots+|a_{n-1}|}$$

Carmichael-Mason：

$$|\widetilde{z}| \geqslant \frac{|a_0|}{\sqrt{1+|a_0|^2+|a_1|^2+\cdots+|a_{n-1}|^2}} = \frac{|a_0|}{\sqrt{s+1}}$$

其中 $s = |a_0|^2+|a_1|^2+\cdots+|a_{n-1}|^2$．最后，利用(5.6.9b)以及 $C(p)$ 的最小奇异值的精确值 (3.3.16)得到下界

$$|\widetilde{z}| \geqslant \sqrt{\frac{1}{2}(s+1-\sqrt{(s+1)^2-4|a_0|^2})}$$

$$= \frac{\sqrt{2}|a_0|}{\sqrt{s+1+\sqrt{(s+1)^2-4|a_0|^2}}} = \frac{|a_0|}{\sigma_1(C(p))} \tag{5.6.51}$$

说明为什么它要好于上一个由 Carmichael-Mason 界所得出的下界．利用(5.6.50)以及(5.6.51) 这两个界描述一个包含 $p(z)$ 的所有零点的圆环域．如果 $p(z) = z^5+1$，这个圆环域是什么？

5. 6. P32　考虑多项式 $p(z) = \frac{1}{n!}z^n + \frac{1}{(n-1)!}z^{n-1}+\cdots+\frac{1}{2}z^2+z+1$，它是指数函数 e^z 的幂级数的第 n 个部分 和．证明：$p(z)=0$ 的所有的根 $\widetilde{z}$ 都满足不等式 $\frac{1}{2} \leqslant |\widetilde{z}| \leqslant 1+n!$．将 Kakeya 定理应用于 $z^n p(1/z)$ 以 证明实际上所有的根都满足 $|\widetilde{z}| \geqslant 1$．

5. 6. P33　由于对任何一个非奇异的矩阵 D 都有 $\rho(A) = \rho(D^{-1}AD)$，故而(5.6.P27)中用过的方法可以应 用于 $D^{-1}C(p)D$ 以得到(5.6.45)中多项式 $p(z)$ 的零点的另外的界限．作出便于计算的选择 $D =$ $\mathrm{diag}(p_1, \cdots, p_n)$，其中所有 $p_i > 0$，并将 Cauchy 界(5.6.47)推广到

$$|\widetilde{z}| \leqslant \max\{|a_0|\frac{p_n}{p_1}, |a_1|\frac{p_{n-1}}{p_1}+\frac{p_{n-1}}{p_n}, |a_2|\frac{p_{n-2}}{p_1}+\frac{p_{n-2}}{p_{n-1}}, \cdots$$

$$\cdots, |a_{n-2}|\frac{p_2}{p_1}+\frac{p_2}{p_3}, |a_{n-1}|+\frac{p_1}{p_2}\}, \tag{5.6.52}$$

此结果对任何正的参数 $p_1, p_2, \cdots, p_n$ 都成立．

5. 6. P34　如果(5.6.45)中所有系数 a_k 都不为零，选取上一个问题中的参数为 $p_k = p_1 / |a_{n-k+1}|$，$k = 2$， 3，$\cdots$，n，并由(5.6.52)推导出 $p(z)$ 零点 $\widetilde{z}$ 的 Kojima 界：

$$|\widetilde{z}| \leqslant \max\{\left|\frac{a_0}{a_1}\right|, 2\left|\frac{a_1}{a_2}\right|, 2\left|\frac{a_2}{a_3}\right|, \cdots, 2\left|\frac{a_{n-2}}{a_{n-1}}\right|, 2|a_{n-1}|\} \tag{5.6.53}$$

5. 6. P35　现在将(5.6.P33)中的参数选取为 $p_k = r^k$，$k = 1, \cdots, n$(对某个 $r > 0$)，并证明(5.6.52)蕴含以 下的界对任何 $r > 0$ 成立：

$$|\widetilde{z}| \leqslant \max\{|a_0|r^{n-1}, |a_1|r^{n-2}+r^{-1}, |a_2|r^{n-3}+r^{-1}, \cdots,$$

$$\cdots, |a_{n-2}|r+r^{-1}, |a_{n-1}|+r^{-1}\} \tag{5.6.54}$$

$$\leqslant \frac{1}{r} + \max_{0 \leqslant k \leqslant n-1}\{|a_k|r^{n-k-1}\}, \quad \text{对任何 } r > 0$$

5. 6. P36　如果 $A \in M_n$，证明：Hermite 矩阵 $\hat{A} = \begin{bmatrix} 0 & A \\ A^* & 0 \end{bmatrix} \in M_{2n}$ 与 A 有同样的谱范数．

5. 6. P37　证明：与 Frobenius 范数不同，谱范数不是由 M_n 上的内积导出的．

5.6.P38 设给定 $A\in M_n$. 证明：存在一个矩阵范数 $\|\|\cdot\|\|$，使得 $\|\|A\|\|=\rho(A)$ 当且仅当 A 的每个最大模特征值都是半单的，即当且仅当只要 $J_k(\lambda)$ 是 A 的一个 Jordan 分块且 $|\lambda|=\rho(A)$，那么就有 $k=1$.

5.6.P39 如果矩阵范数是谱范数，则上一个问题中的结果可以改进. **谱矩阵**(spectral matrix)就是其谱范数与谱半径相等的矩阵. (a)如果 $U\in M_n$ 是酉矩阵且 $\alpha\in\mathbf{C}$，说明为什么 αU 是谱矩阵. (b)利用 (2.3.1)证明：如果 $A\in M_n$ 不是一个酉矩阵的纯量倍数，那么 A 是谱矩阵当且仅当存在一个酉矩阵 $U\in M_n$，使得 $U^*AU=\|\|A\|\|_2(B\oplus C)$，其中 $B=[b_{ij}]$ 是上三角的，$\|B\|_2<1$，所有 $|b_{ii}|<1$，且 C 是一个对角的酉矩阵. 说明为什么谱矩阵的每一个最大模特征值不仅仅是半单的特征值，而且也是正规的特征值. (c)如果 $A,B\in M_n$ 是谱矩阵，证明 $\rho(AB)\leqslant\rho(A)\rho(B)$.

5.6.P40 (a)计算 $\begin{bmatrix}1&1\\1&1\end{bmatrix}$ 与 $\begin{bmatrix}1&1\\1&-1\end{bmatrix}$ 的谱范数. 得出结论：M_n 上的谱范数尽管是由 $\mathbf{C}^n$ 上的一个绝对范数诱导的，它也不是 M_n 上的绝对范数，这其中一个基本的原因见(7.4.11.1). (b)计算 $\begin{bmatrix}1&1\\-1&1\end{bmatrix}$ 与 $\begin{bmatrix}1&1\\0&1\end{bmatrix}$ 的谱范数. 导出结论：将矩阵的一个元素置为零有可能增加它的谱范数. (c)对 $A\in M_n$，证明 $\|\|A\|\|_2\leqslant\|\||A|\|\|_2$. (d)如果 $A,B\in M_n$ 的元素是非负实数且 $A\leqslant B$，证明 $\|\|A\|\|_2\leqslant\|\|B\|\|_2$.

5.6.P41 设 $\|\cdot\|$ 是 $\mathbf{C}^n$ 上一个绝对范数，而 $\|\|\cdot\|\|$ 是 M_n 上由它诱导的一个矩阵范数. 定义 $N(A)=\|\||A|\|\|$. (a)证明对所有 $A\in M_n$ 都有 $\|\|A\|\|\leqslant N(A)$，且存在一个由非负元素组成的向量 z，它满足 $\|z\|=1$ 以及 $N(A)=\||A|z\|$. (b)证明 $N(\cdot)$ 是 M_n 上一个绝对矩阵范数. (c)如果 $A,B\in M_n$ 的元素是非负实数且 $A\leqslant B$，证明 $\|\|A\|\|\leqslant\|\|B\|\|$. (d)如果 $\|\|\cdot\|\|$ 是谱范数 $\|\|\cdot\|\|_2$，证明：对所有 $A\in M_n$ 有 $\|\|A\|\|_2\leqslant\|\||A|\|\|_2\leqslant\sqrt{\mathrm{rank}A}\|\|A\|\|_2$，又如果 A 与 B 的元素是非负实数且 $A\leqslant B$，则有 $\|\|A\|\|_2\leqslant\|\|B\|\|_2$.

5.6.P42 尽管谱范数不是绝对范数，但是它与每一个由绝对向量范数诱导的矩阵范数都有上一个问题的 (c)中所确立的较弱的单调性. M_n 上一个范数 $\|\|\cdot\|\|$ 称为是在正的**超卦限上单调的**(monotone on the positive orthant)，如果只要 $A,B\in M_n(\mathbf{R})$ 且 $A\geqslant B\geqslant0$(指逐个元素满足此不等式)，就有 $\|\|A\|\|\geqslant\|\|B\|\|$. 对如下结论的证明提供细节：由单调向量范数诱导的任何矩阵范数都是在正的超卦限上单调的：设 $A,B\in M_n(\mathbf{R})$ 并假设 $A\geqslant B\geqslant0$. 设矩阵范数 $\|\|\cdot\|\|$ 是由一个单调的向量范数 $\|\cdot\|$ 诱导的. 那么 $\|\|B\|\|=\max\limits_{x\neq0}\dfrac{\|Bx\|}{\|x\|}=\max\limits_{x\neq0}\dfrac{\|Bx\|}{\|x\|}\leqslant\max\limits_{x\neq0}\dfrac{\|B|x|\|}{\|x\|}\leqslant\max\limits_{x\neq0}\dfrac{\|A|x|\|}{\|x\|}\leqslant\max\limits_{x\neq0}\dfrac{\|Ax\|}{\|x\|}=\|\|A\|\|$.

368

5.6.P43 设 $A\in M_n$，并设 $U^*AU=T$ 是酉上三角化(2.3.1). 利用 e^A 的幂级数定义证明 $\mathrm{e}^T=U^*\mathrm{e}^AU$. 导出结论 $\det\mathrm{e}^A=\mathrm{e}^{\mathrm{tr}A}$，所以 e^A 永远是非奇异的.

5.6.P44 假设 $A=[a_{ij}]\in M_n(\mathbf{R})$ 仅以整数(正的、负的或者零)为其元素，且 $K=\max|a_{ij}|=\|A\|_\infty$. 设 $\lambda_1,\cdots,\lambda_m$ 是 A 的非零的特征值，按重数计算. 说明为什么(a)对每个 $i=1,\cdots,m$ 都有 $|\lambda_i|\leqslant nK$(一个整数)；(b)特征多项式 $p_A(t)$ 的每一个非零的系数都是整数，因此其模至少是 1；(c)$p_A(t)=t^{n-m}g_A(t)$，其中 $g_A(t)$ 是一个 m 次多项式，满足 $|g_A(0)|=|\lambda_1\cdots\lambda_m|\geqslant1$；(d)$\min\limits_{i=1,\cdots,m}|\lambda_i|\geqslant1/(nK)^{m-1}\geqslant1/(nK)^{n-1}$；(e)如果 A 是 4×4 非奇异的对称矩阵，其元素是 ±1 与 0，A^{-1} 的元素没有绝对值大于 64 的. 的确，A^{-1} 没有任何一列的 Euclid 范数大于 64.

5.6.P45 设 $\|\|\cdot\|\|$ 是 M_n 上一个由 $\mathbf{C}^n$ 上的范数 $\|\cdot\|$ 诱导的矩阵范数，并假设 $A=XY^*$，其中 $X=[x_1\cdots x_k]\in M_{n,k}$ 且 $Y=[y_1\cdots y_k]\in M_{n,k}$. 证明 $\|\|A\|\|\leqslant\sum\limits_{i=1}^k\|x_i\|\|y_i\|^D$，其中等式当 $k=1$ 时成立.

5.6. P46　设 $A \in M_n$ 是非奇异的，并假设 M_n 上的矩阵范数 $\| \cdot \|$ 是由 $\mathbf{C}^n$ 上的向量范数 $\| \cdot \|$ 诱导的. 证明 $\| A^{-1} \| = 1 / \min\limits_{\| x \| = 1} \| A x \|$.

在下面五个问题中，$\| \cdot \|$ 是 M 上一个矩阵范数，$S_n = \{ X : X \in M_n$ 且 X 是奇异的$\}$，又对给定的 $A \in M_n$，$\mathrm{dist}_{\| \cdot \|}(A, S_n) = \inf \{ \| A - B \| : B \in S_n \}$ 是从 A 到 M_n 中奇异矩阵的集合的距离. 我们想要证明 $\mathrm{dist}_{\| \cdot \|}(A, S_n)$ 与 $\| A^{-1} \|$ 是密切相关的.

5.6. P47　如果 $A, B \in M_n$，A 是非奇异的，而 B 是奇异的，证明

$$\| A - B \| \geqslant 1 / \| A^{-1} \| \qquad\qquad (5.6.55)$$

一个非奇异的矩阵能用奇异矩阵很接近地近似吗？

5.6. P48　(a)说明为什么 S_n 是一个闭集，即如果对所有 $i = 1, 2, \cdots$ 都有 $X_i \in S_n$，又有 $B \in M_n$，且当 $i \to \infty$ 时有 $\| X_i - B \| \to 0$，那么 $B \in S_n$. (b)说明为什么 $\mathrm{dist}_{\| \cdot \|}(A, S_n) = \| A - B_0 \|$. (c)如果 A 是非奇异的，说明为什么 $\mathrm{dist}_{\| \cdot \|}(A, S_n) \geqslant \| A^{-1} \|^{-1}$.

5.6. P49　假设 $\| \cdot \|$ 是由 $\mathbf{C}^n$ 上的范数 $\| \cdot \|$ 诱导的，并假设 $A \in M_n$ 是非奇异的. 设 $x_0, y_0 \in \mathbf{C}^n$ 是满足 $\| x_0 \| = \| y_0 \|^D = 1$ 以及 $y_0^* A^{-1} x_0 = \| A^{-1} \|$ 的向量，见(5.6. P54). 设 $E = -x_0 y_0^* / \| A^{-1} \|^{-1}$.
(a)证明 $\| E \| = \| A^{-1} \|^{-1}$. (b)证明 $(A + E) A^{-1} x_0 = 0$，所以 $A + E \in S_n$. (c)导出结论：如果 $\| \cdot \|$ 是诱导的矩阵范数，那么对每个非奇异的 A 都有 $\mathrm{dist}_{\| \cdot \|}(A, S_n) = \| A^{-1} \|^{-1}$.

5.6. P50　假设 $\| \cdot \|$ 是 M_n 上一个**非诱导**的矩阵范数. 那么(5.6.26)确保存在 M_n 上一个**诱导**的矩阵范数 $N(\cdot)$，使得对所有 $A \in M_n$ 都有 $N(A) \leqslant \| A \|$. (a)说明为什么存在一个 $\hat{C} \in M_n$，使得 $N(\hat{C}) < \| \hat{C} \|$. (b)证明：存在一个**非奇异的** $C \in M_n$，使得 $N(C^{-1}) < \| C^{-1} \|$. (c)说明为什么 $\mathrm{dist}_{\| \cdot \|}(C, S_n) \geqslant \mathrm{dist}_{N(\cdot)}(C, S_n) = N(C^{-1})^{-1} > \| C^{-1} \|^{-1}$.

5.6. P51　说明为什么 M_n 上的矩阵范数 $\| \cdot \|$ 是诱导的，当且仅当对每个非奇异的 $A \in M_n$ 都有 $\mathrm{dist}_{\| \cdot \|}(A, S_n) = \| A^{-1} \|^{-1}$.

5.6. P52　对谱范数确定(5.6. P49)中的构造. 如果 $A \in M_n$ 是非奇异的，且 $A = V \Sigma W^*$ 是奇异值分解(2.6.3.1)，证明：可以取 x_0 作为 V 的最后一列，而取 y_0 作为 W 的最后一列. 为什么 σ_n 是从 A(关于范数 $\| \cdot \|_2$)到最近的一个奇异矩阵的距离？证明 $A + E = V \hat{\Sigma} W^*$，其中 $\hat{\Sigma} = \mathrm{diag}(\sigma_1, \cdots, \sigma_{n-1}, 0)$.

5.6. P53　对最大行和范数以及矩阵 $A = \begin{bmatrix} 1 & 0 \\ 1 & 1/2 \end{bmatrix}$ 确定(5.6. P49)中的构造. 证明我们可以取 $x_0 = [-1 \quad 1]^{\mathrm{T}}$ 以及 $y_0 = [0 \quad 1]^{\mathrm{T}}$. 为什么 $1/4$ 是从 A(关于范数 $\| \cdot \|_\infty$)到最近的一个奇异矩阵的距离？证明 $A + E = \begin{bmatrix} 1 & 1/4 \\ 1 & 1/4 \end{bmatrix}$.

5.6. P54　用来确保(5.6. P49)中向量 x_0 以及 y_0 的存在性的一般性原理是：紧集的笛卡儿乘积仍是紧集. 与这种情形有关的紧集是范数 $\| \cdot \|$ 的单位球以及它的对偶. (a)证明：笛卡儿积 $\mathbf{C}^n \times \mathbf{C}^n = \{ (x, y) : x, y \in \mathbf{C}^n \}$ 是复的赋范线性空间，如果我们定义 $(x, y) + (\xi, \eta) = (x + \xi, y + \eta)$，$\alpha(x, y) = (\alpha x, \alpha y)$ 以及 $N((x, y)) = \max \{ \| x \|, \| y \|^D \}$. (b)证明 $B_{\| \cdot \|} \times B_{\| \cdot \|^D}$ 是 $\mathbf{C}^n \times \mathbf{C}^n$ 的一个闭子集(关于范数 $N(\cdot)$). (c)证明 $B_{\| \cdot \|} \times B_{\| \cdot \|^D}$ 是 $\mathbf{C}^n \times \mathbf{C}^n$ 的一个有界子集(关于范数 $N(\cdot)$). (d)得出结论：$B_{\| \cdot \|} \times B_{\| \cdot \|^D}$ 是 $\mathbf{C}^n \times \mathbf{C}^n$ 的一个紧子集(关于范数 $N(\cdot)$). (e)假设 $A \in M_n$ 是非奇异的. 实值函数 $f(x, y) = | y^* A^{-1} x |$ 在 $B_{\| \cdot \|} \times B_{\| \cdot \|^D}$ 上是连续的，所以它在某点 $(\hat{x}, \hat{y}_0) \in B_{\| \cdot \|} \times B_{\| \cdot \|^D}$ 取到它的最大值. 存在某个实数 θ，使得 $\hat{y}_0^* A^{-1} (e^{i\theta} \hat{x}) = | \hat{y}_0^* A^{-1} \hat{x} |$. 取 $x_0 = e^{i\theta} \hat{x}$. 为什么 $(x_0, y_0) \in B_{\| \cdot \|} \times B_{\| \cdot \|^D}$？为什么 $\| x_0 \| = \| y_0 \|^D = 1$？

5.6. P55　设 $\mid\mid\mid \cdot \mid\mid\mid$ 是 M_m 上给定的矩阵范数，并定义函数 $N(\cdot)$：$M_{mn} \to \mathbf{R}$ 如下：将每个 $A \in M_{mn}$ 分划成 $A = [A_{ij}]_{i,j=1}^n$，其中每个分块 $A_{ij} \in M_m$．定义 $N(A) = \max\limits_{1 \leqslant i \leqslant n} \sum\limits_{j=1}^n \mid\mid\mid A_{ij} \mid\mid\mid$．(a)证明 $N(\cdot)$ 是 M_{mn} 上一个矩阵范数．(b)如果 $m = 1$，$N(\cdot)$ 是什么？有关这种类型的矩阵范数的应用，见 (6.1. P17).

5.6. P56　设 $\mid\mid\mid \cdot \mid\mid\mid$ 是 M_n 上一个自伴随的矩阵范数，例如，它可以是酉不变的矩阵范数．证明：对每个 $A \in M_n$ 都有 $\|A\|_2 \leqslant \mid\mid\mid A \mid\mid\mid$．

5.6. P57　设将 $A \in M_n$ 的特征值安排成 $|\lambda_1| \geqslant \cdots \geqslant |\lambda_n|$，并设 $\sigma_1 \geqslant \cdots \geqslant \sigma_n$ 是它的有序排列的奇异值．证明对每个 $r = 1, \cdots, n$ 都有 $|\lambda_1 \cdots \lambda_r| \leqslant \sigma_1 \cdots \sigma_r$，证明方法是将 (5.6.9) 中的界应用于谱范数以及复合矩阵 $C_r(A)$，见 (2.6. P33) 以及 (2.3. P12).

5.6. P58　(a)给出一个矩阵 $A, B \in M_2$ 的例子，使得 $\|AB\|_2 \neq \|BA\|_2$（Frobenius 范数）．(b)如果 $A, B \in M_n$，A 是正规的，而 B 是 Hermite 的，证明 $\|AB\|_2 = \|BA\|_2$．一个推广的结果见 (7.3. P43).

进一步的阅读参考　在 H. Schneider 与 G. Strang, Comparison theorems for supremum norms, *Numer. Math.* 4(1962)15-20 一文之中有关于确定诱导范数之间的界限(5.6.18)这一问题的进一步的讨论．(5.6. P23)的表中的界取自 B. J. Stone, Best possible ratios of certain matrix norms, *Numer. Math.* 4(1962) 114-116，这篇论文中还包含了进一步的界限以及参考文献．有关用矩阵范数来确定多项式零点(5.6. P27 到 P35)的进一步的讨论，见 M. Fujii 与 F. Kubo, Operator norms as bounds for roots of algebraic equations, *Proc. Japan Acad.* 49(1973)805-808. Belitskii 与 Lyubich(1988)这一整本著作都是奉献给矩阵范数的．

370

5.7　矩阵上的向量范数

尽管范数的所有公理对于一个有用的关于矩阵"大小"的概念是必须的，对某些重要的应用来说，矩阵范数的次积性公理并非是必要的．例如，Gelfand 公式(5.6.14)并不要求次积性，而且它对向量范数甚至对准范数都是成立的．在这一节里，我们要讨论矩阵上的向量范数，即在向量空间 M_n 上不一定有次积性的范数．我们用 $G(\cdot)$ 表示 M_n 上一个通用的向量范数，并首先讨论 M_n 上某些范数的例子，这些范数或许是矩阵范数，或许不是矩阵范数．

例1　如果 $G(\cdot)$ 是 M_n 上一个范数，且如果 $S, T \in M_n$ 是非奇异的，那么
$$G_{S,T}(A) = G(SAT), \quad A \in M_n \tag{5.7.1}$$
是 M_n 上一个范数．即使 $G(\cdot)$ 是矩阵范数，$G_{S,T}(\cdot)$ 也不一定是次积性的，除非 $T = S^{-1}$ (5.6.7).

习题　证明(5.7.1)中的 $G_{S,T}(\cdot)$ 总是 M_n 上的范数．◀

习题　设 $S = T = \dfrac{1}{2} I$，而 $G(\cdot) = n \|\cdot\|_\infty$，并证明 $G_{S,T}(\cdot)$ 不是矩阵范数．◀

例2　两个同样大小的矩阵 $A = [a_{ij}]$ 与 $B = [b_{ij}]$ 的 Hadamard **乘积**是它们逐个元素的乘积 $A \circ B = [a_{ij} b_{ij}]$．如果 $H \in M_n$ 没有为零的元素，又如果 $G(\cdot)$ 是 M_n 上任意一个范数，那么
$$G_H(A) = G(H \circ A), \quad H \in M_n, |H| > 0 \tag{5.7.2}$$
就是 M_n 上一个范数．即便 $G(\cdot)$ 是矩阵范数，$G_H(\cdot)$ 也不一定是次积性的．

习题　证明：(5.7.2)中的 $G_H(\cdot)$ 总是一个范数．◀

习题　证明：$(5.7.2)$中的 $G_H(\cdot)$ 可能是也可能不是矩阵范数，这要视 H 如何选取而定. 考虑矩阵范数 $G(\cdot)=\|\cdot\|_1$，矩阵

$$H_1 = \begin{bmatrix} 1 & 1 \\ 1 & 1 \end{bmatrix} \quad 或 \quad H_2 = \begin{bmatrix} 2 & 1 \\ 1 & 2 \end{bmatrix} \tag{5.7.3}$$

以及

$$A = \begin{bmatrix} 0 & 1 \\ 0 & 0 \end{bmatrix}, \quad B = \begin{bmatrix} 0 & 0 \\ 1 & 0 \end{bmatrix} \quad 以及 \quad AB \tag{5.7.4}$$

注意，对所有 $C\in M_2$ 有 $G_{H_1}(C) \leqslant G_{H_2}(C)$.　◄

　　例 3　由

$$G_C\left(\begin{bmatrix} a & b \\ c & d \end{bmatrix} \right) = \frac{1}{2}\big[\,|a+d|+|a-d|+|b|+|c|\,\big] \tag{5.7.5}$$

定义的函数 $G_C(\cdot)$ 是 M_2 上的范数.

371　　**习题**　证明：$(5.7.5)$ 中的 $G_C(\cdot)$ 是一个范数，但不是矩阵范数. 提示：考虑矩阵 $(5.7.4)$.　◄

　　例 4　如果 $A\in M_n$，那么集合 $F(A)=\{x^*Ax: x\in \mathbf{C}^n \ 且 \ x^*x=1\}$ 是 A 的**值域**(field of values)或者**取值范围**(numerical range)，而函数

$$r(A) = \max_{\|x\|_2=1} |x^*Ax| = \max\{|z|: z\in F(A)\} \tag{5.7.6}$$

就是 A 的**数值半径**(numerical radius).

　　习题　证明 $r(\cdot)$ 是 M_n 上一个范数. 提示：关于正性公理$(1a)$，见$(4.1.P6)$. 然而，数值半径不是矩阵范数，见$(5.7.P10)$.　◄

　　例 5　M_n 上的 l_∞ 范数是

$$\|A\|_\infty = \max_{1\leqslant i,j\leqslant n} |a_{ij}| \tag{5.7.7}$$

在$(5.6.0.3$ 和 $5.6.0.4)$中我们看到了，$\|\cdot\|_\infty$ 是 M_n 上一个范数，但不是矩阵范数. 然而，$n\|\cdot\|_\infty$ 是矩阵范数.

　　上一个例子说明了：M_n 上有许多并非矩阵范数的范数. 这些范数中有一些具有矩阵范数的由次积性推出的某些性质，而有一些则不具有这些性质. 但是 M_n 上每一个范数都与任何一个矩阵范数**等价**(在它们有同样的收敛序列这个意义下). 事实上，由$(5.4.4)$可以得到一个稍微更加一般的结果.

　　定理 5.7.8　设 f 是 M_n 上一个准范数，即是 M_n 上一个正的、齐次且连续的实值函数$(5.4.4)$，又设 $\|\cdot\|$ 是 M_n 上一个矩阵范数. 那么就存在有限的正常数 C_m 以及 C_M，使得对所有 $A\in M_n$ 都有

$$C_m\|A\| \leqslant f(A) \leqslant C_M\|A\| \tag{5.7.9}$$

特别地，如果 $f(\cdot)$ 是 M_n 上一个向量范数，则这些不等式成立.

　　界限$(5.7.9)$在将有关矩阵范数的结论推广到矩阵上的向量范数时，或者更一般地，推广到矩阵上的准范数时常常是有用的. 例如，按照这种方式 Gelfand 公式$(5.6.14)$得以推广.

定理 5.7.10 如果 f 是 M_n 上一个准范数，特别地，如果它是一个向量范数，那么对所有 $A \in M_n$ 都有 $\lim\limits_{k \to \infty} [f(A^k)]^{1/k} = \rho(A)$.

证明 设 $\|\!\|\!|\cdot|\!\|\!\|$ 是 M_n 上一个矩阵范数并考虑不等式 $(5.7.9)$，此不等式蕴含对所有 $k = 1,2,3,\cdots$ 都有

$$C_m^{1/k} \|\!\|\!| A^k |\!\|\!\|^{1/k} \leqslant [f(A^k)]^{1/k} \leqslant C_M^{1/k} \|\!\|\!| A^k |\!\|\!\|^{1/k}$$

但是 $C_m^{1/k} \to 1$，$C_M^{1/k} \to 1$，且当 $k \to \infty$ 时有 $\|\!\|\!| A^k |\!\|\!\|^{1/k} \to \rho(A)(5.6.14)$，故而我们断定 $\lim\limits_{k \to \infty} [f(A^k)]^{1/k}$ 存在且有结论中的值.

例 5 展现了第二种含义，按照这种含义，M_n 上的任何范数都等价于一个矩阵范数. 范数 $\|\!\|\!|\cdot|\!\|\!\|_\infty$ 的一个正的纯量倍数是一个矩阵范数. 这并不意外：M_n 上的每个范数在乘了一个适当的正整数之后都变成了矩阵范数. 这个基本结果是范数函数的连续性以及单位球面的紧性的一个推论.

定理 5.7.11 设 $G(\cdot)$ 是 M_n 上一个向量范数，又设

$$c(G) = \max_{G(A) = 1 = G(B)} G(AB)$$

对一个正的实纯量 γ，$\gamma G(\cdot)$ 是 M_n 上一个矩阵范数的充分必要条件是 $\gamma \geqslant c(G)$. 如果 $\|\!\|\!|\cdot|\!\|\!\|$ 是 M_n 上一个矩阵范数，而 C_m 与 C_M 是满足

$$C_m \|\!\|\!| A |\!\|\!\| \leqslant G(A) \leqslant C_M \|\!\|\!| A |\!\|\!\| \quad \text{对所有 } A \in M_n \tag{5.7.11a}$$

的正常数，又如果我们令 $\gamma_0 = C_M / C_m^2$，那么 $\gamma_0 G(\cdot)$ 就是一个矩阵范数，从而有 $\gamma_0 \geqslant c(G)$.

证明 数值 $c(G)$ 是一个正的连续函数在一个紧集上的最大值，所以它是有限的正数. 对任何非零的 $A, B \in M_n$，我们有

$$c(G) \geqslant G\left(\frac{A}{G(A)} \frac{B}{G(B)} \right) = \frac{G(AB)}{G(A)G(B)}$$

即 $G(AB) \leqslant c(G)G(A)G(B)$，从而对所有 $A, B \in M_n$ 有

$$c(G)G(AB) \leqslant (c(G)G(A))(c(G)G(B))$$

于是 $c(G)G(\cdot)$ 是一个矩阵范数. 如果 $\gamma > c(G)$，那么

$$\gamma G(AB) \leqslant \frac{\gamma}{c(G)}(c(G)G(A))(c(G)G(B)) = (\gamma G(A))(c(G)G(B))$$
$$\leqslant (\gamma G(A))(\gamma G(B))$$

所以 $\gamma G(\cdot)$ 是矩阵范数. 如果 $\gamma > 0$，$\gamma < c(G)$，且 $\gamma G(\cdot)$ 是矩阵范数，那么对所有满足 $G(A) = G(B) = 1$ 的 A 以及 B，我们都有 $\gamma G(AB) \leqslant \gamma G(A) \gamma G(B) = \gamma^2$，所以 $\max\limits_{G(A) = 1 = G(B)} G(AB) \leqslant \gamma < c(G)$，这是一个矛盾. 最后，计算

$$\gamma_0 G(AB) \leqslant \gamma_0 C_M \|\!\|\!| AB |\!\|\!\| \leqslant \gamma_0 C_M \|\!\|\!| A |\!\|\!\| \|\!\|\!| A |\!\|\!\|$$
$$\leqslant \gamma_0 \frac{C_M}{C_m^2} G(A)G(B) = (\gamma_0 G(A))(\gamma_0 G(B))$$

所以 $\gamma_0 G(\cdot)$ 是一个矩阵范数. □

习题 由 $(5.7.11)$ 以及 $(5.6.14)$ 推导出关于 M_n 上向量范数的 Gelfand 公式. ◀

矩阵范数 $\|\!\|\!|\cdot|\!\|\!\|$ 的一个重要性质是：它是**谱占优的**(spectrally dominant)，即对每一个 $A \in M_n$ 都有 $\|\!\|\!| A |\!\|\!\| \geqslant \rho(A)$. 值得一提的是，$M_n$ 上的向量范数即使不是次积性的，也可能是谱占优的. 现在我们来研究这种情况何时可能发生.

定义 5.7.12 $\mathbf{C}^n$ 上的范数 $\|\cdot\|$ 以及 M_n 上的向量范数 $G(\cdot)$ 称为**相容的**(compatible)，如果对所有 $x \in \mathbf{C}^n$ 以及所有 $A \in M_n$ 都有 $\|Ax\| \leqslant G(A)\|x\|$. 有时也用术语**相容的**(consistent)，有时范数 $\|\cdot\|$ 也称为**从属于**(subordinate to)范数 $G(\cdot)$.

定理 5.7.13   如果 $\|\cdot\|$ 是 M_n 上一个矩阵范数，那么就存在 $\mathbf{C}^n$ 上一个与之相容的范数. 如果 $\|\cdot\|$ 是 $\mathbf{C}^n$ 上一个范数，那么就存在 M_n 上一个与之相容的矩阵范数.

证明   对任何非零的向量 z，(5.6.27)中定义的范数 $\|\cdot\|_z$ 与给定的矩阵范数 $\|\cdot\|$ 是相容的：$\|Ax\|_z = \|Axz^*\| \leqslant \|A\| \|xz^*\| = \|A\| \|x\|_z$. $\mathbf{C}^n$ 上任意给定的范数与它所诱导的 M_n 上的矩阵范数都是相容的(5.6.2b).

定理 5.7.14   设 $G(\cdot)$ 是 M_n 上一个范数，它与 $\mathbf{C}^n$ 上一个范数 $\|\cdot\|$ 相容. 那么

$$G(A_1) \cdots G(A_k) \geqslant \rho(A_1 \cdots A_k), \text{对所有 } A_1, \cdots, A_k \in M_n, k = 1, 2, \cdots \quad (5.7.15)$$

特别地，$G(A)$ 是谱占优的.

证明   考虑 $k=2$ 的情形，并设 $x \in \mathbf{C}^n$ 是一个非零向量，它使得 $A_1 A_2 x = \lambda x$，其中 $|\lambda| = \rho(A_1 A_2)$. 那么

$$\rho(A_1 A_2)\|x\| = \|\lambda x\| = \|A_1 A_2 x\| = \|A_1(A_2 x)\|$$
$$\leqslant G(A_1)\|A_2 x\| \leqslant G(A_1) G(A_2)\|x\|$$

由于 $\|x\| \neq 0$，我们断言 $\rho(A_1 A_2) \leqslant G(A_1) G(A_2)$. 一般情形由归纳法得出.   □

习题   验证上一定理中 $k=1$ 以及 $k=3$ 的情形.   ◀

M_n 上哪一个向量范数与 $\mathbf{C}^n$ 上某个范数是相容的？条件 (5.7.15) 是必要的. 为了证明它也是充分的，我们需要一个技术性的引理.

引理 5.7.16   设 $G(\cdot)$ 是 M_n 上一个满足 (5.7.15) 的向量范数. 则存在一个有限的正常数 $\gamma(G)$，使得对所有 $A_1, A_2, \cdots, A_k \in M_n$ 以及所有 $k = 1, 2, \cdots$ 都有

$$G(A_1) \cdots G(A_k) \geqslant \gamma(G) \|A_1 \cdots A_k\|_2$$

证明   设 k 是一个给定的正整数，给定 $A_1, \cdots, A_k \in M_n$，又设 $A_1 \cdots A_k = V \Sigma W^*$ 是奇异值分解 (2.6.3). 假设条件允许我们利用 (5.7.15) 计算

$$G(V^*) G(A_1) \cdots G(A_k) G(W) \geqslant \rho(V^* A_1 \cdots A_k W) = \rho(\Sigma) = \|\Sigma\|_2$$
$$= \|V^* A_1 \cdots A_k W\|_2 = \|A_1 \cdots A_k\|_2$$

最后一个等式由这个谱范数的酉不变性得出. 由于 $G(\cdot)$ 是在酉矩阵组成的紧集上的一个连续函数，$\mu(G) = \max\{G(U) : U \in M_n \text{ 是酉矩阵}\}$ 是一个有限的正数. 我们断定有

$$G(A_1) \cdots G(A_k) \geqslant \frac{1}{G(V^*) G(W)} \|A_1 \cdots A_k\|_2$$
$$\geqslant \mu(G)^{-2} \|A_1 \cdots A_k\|_2$$ □

定理 5.7.17 M_n 上一个向量范数 $G(\cdot)$ 与 $\mathbf{C}^n$ 上某个范数相容，当且仅当它满足不等式 (5.7.15).

证明   (5.7.14) 中已经证明了其中的一个蕴含关系. 为证明另一个蕴含关系，我们认为只要证明存在 M_n 上一个矩阵范数 $\|\cdot\|$，使得对所有 $A \in M_n$ 都有 $G(A) \geqslant \|A\|$ 即可. 如果这样的矩阵范数存在，设 $\|\cdot\|$ 是 $\mathbf{C}^n$ 上一个与之相容的范数 (5.7.13)，并设给定 $x \in \mathbf{C}^n$ 以及 $A \in M_n$. 那么 $\|Ax\| \leqslant \|A\| \|x\| \leqslant G(A)\|x\|$，所以范数 $\|\cdot\|$ 也是与 $G(\cdot)$ 相容的.

对于给定的 $A \in M_n$，有多种方法将它表示成矩阵的乘积或者矩阵乘积之和. 定义

$$\|\|A\|\| = \inf\left\{\sum_i G(A_{i1})\cdots G(A_{ik_i}): \sum_i A_{i1}\cdots A_{ik_i} = A, 每一个 A_{ij} \in M_n\right\}$$

函数 $\|\| \cdot \|\|$ 是非负齐次的. 它是取正值的吗? 如果 $\sum_i A_{i1}\cdots A_{ik_i} = A \neq 0$，那么(5.7.16)以及关于谱范数的三角不等式确保有

$$\sum_i G(A_{i1})\cdots G(A_{ik_i}) \geqslant \sum_i \gamma(G)\|\|A_{i1}\cdots A_{ik_i}\|\|_2$$

$$\geqslant \gamma(G)\|\|\sum_i A_{i1}\cdots A_{ik_i}\|\|_2 = \gamma(G)\|\|A\|\|_2 > 0$$

所以 $\|\| \cdot \|\|$ 是正的. 关于 $\|\| \cdot \|\|$ 的三角不等式以及次积性由它作为乘积之和的下确界这一定义得出. □

习题　仔细说明为什么上一个定理中构造的函数 $\|\| \cdot \|\|$ 是次加性的且是次积性的. 提示: 如果 $C=A+B$ 或者 $C=AB$，那么 A 与 B 的(分别)作为乘积之和的每一个表示都产生 C 作为乘积之和的一个表示. 当然，并非 C 作为乘积之和的所有的表示都会以这种方式出现.

习题　设 $G(\cdot)$ 是 M_2 上一个向量范数，又设 $J_2(0)$ 是阶为 2 的幂零 Jordan 分块. 如果 $G(\cdot)$ 与 $\mathbf{C}^2$ 上一个范数 $\|\cdot\|$ 是相容的，说明为什么 $\|e_1\| = \|J_2(0)e_2\| \leqslant G(J_2(0))\|e_2\|$ 以及 $\|e_2\| = \|J_2(0)^T e_1\| \leqslant G(J_2(0)^T)\|e_1\|$，它蕴含 $\|e_1\| \leqslant G(J_2(0))G(J_2(0)^T)\|e_1\|$. 导出结论: 不等式 $G(J_2(0))G(J_2(0)^T) \geqslant 1$ 是使得 $G(\cdot)$ 与 $\mathbf{C}^2$ 上某个向量范数相容的必要条件. 说明为什么(5.7.5)中定义的范数 $G_c(\cdot)$ 不与 $\mathbf{C}^2$ 上任何范数相容.

习题　即使(5.7.5)中定义的范数 $G_c(\cdot)$ 不与 $\mathbf{C}^2$ 上任何范数相容，证明它也是谱占优的. 借助(5.7.17)加以讨论. 提示: 利用(1.2.4b)证明

$$\rho\left(\begin{bmatrix} a & b \\ c & d \end{bmatrix}\right) \leqslant \frac{1}{2}\{|a-d| + \sqrt{|a+d|^2 + 4|bc|}\} \leqslant G_c\left(\begin{bmatrix} a & b \\ c & d \end{bmatrix}\right)$$

我们已经看到了: M_n 上某些向量范数在 $\mathbf{C}^n$ 上有相容的范数，而有一些则没有. 那些有相容范数的是谱占优的; 而那些没有相容范数的有可能是谱占优的，也有可能不是谱占优的. 我们有必要与充分的条件来判断 M_n 上一个向量范数在 $\mathbf{C}^n$ 上是否有某个相容的范数，而且我们知道: $\mathbf{C}^n$ 上任意一个范数都与 M_n 上由它所诱导的有次积性的范数相容. 什么时候 $\mathbf{C}^n$ 上的范数与 M_n 上非次积性的范数相容呢? 结论是永远如此.

定理 5.7.18　$\mathbf{C}^n$ 上每一个范数与 M_n 上一个非矩阵范数的向量范数相容.

证明　设 $\|\cdot\|$ 是 $\mathbf{C}^n$ 上一个范数，而 $P \in M_n$ 是任意一个主对角线为零的置换矩阵，例如循环矩阵(0.9.6.2). 设 $\|\| \cdot \|\|$ 表示 M_n 上由 $\|\cdot\|$ 诱导的矩阵范数. 对任何 $A = [a_{ij}] \in M_n$ 定义

$$G(A) = \|\|A\|\| + \|\|P\|\|\,\|\|P^T\|\| \max_{1 \leqslant i \leqslant n} |a_{ii}|$$

那么 $G(\cdot)$ 就是 M_n 上的一个范数. 此外，对所有 $A \in M_n$ 以及所有 $x \in \mathbf{C}^n$ 都有 $G(A) \geqslant \|\|A\|\|$ 以及 $\|Ax\| \leqslant \|\|A\|\|\,\|x\| \leqslant G(A)\|x\|$，所以 $G(\cdot)$ 与 $\|\cdot\|$ 相容. 然而，我们有 $G(P) = \|\|P\|\|$ 以及 $G(P^T) = \|\|P^T\|\|$，所以

$$G(PP^T) = G(I) = \|\|I\|\| + \|\|P\|\|\,\|\|P^T\|\| = 1 + \|\|P\|\|\,\|\|P^T\|\| > G(P)G(P^T)$$

因此，$G(\cdot)$ 不是次积性的.   □

习题 设 $A=[a_{ij}]\in M_n$ 并考虑范数 $G(A)=\interleave A+\operatorname{diag}(a_{11},\cdots,a_{nn})\interleave_\infty$. 证明 $G(\cdot)$ 有 (5.7.2) 的形状（H 是什么？），从而它是 M_n 上一个范数. 证明：$G(\cdot)$ 与 $\mathbf{C}^n$ 上的范数 $\interleave\cdot\interleave_\infty$ 是相容的. 设 $A=\begin{bmatrix}0 & 1\\ 1 & 0\end{bmatrix}$ 并计算 $G(A)$ 以及 $G(A^2)$. 说明为什么 $G(\cdot)$ 不是次积性的.   ◀

在这一节里我们最后的目标是对 M_n 上的范数 $G(\cdot)$ 的谱占优给出一个必要且充分的条件，而且我们集中致力于研究次积性的一个较弱的形式：如果对每个 $A\in M_n$ 存在一个正的常数 γ_A，使得对所有 $k=1, 2, \cdots$ 都有 $G(A^k)\leqslant\gamma_A G(A)^k$，那么对所有 $k=1, 2, \cdots$ 就有 $G(A^k)^{1/k}\leqslant\gamma_A^{1/k}G(A)$，从而 (5.7.10) 确保有 $\rho(A)\leqslant G(A)$，即 $G(\cdot)$ 是谱占优的. 在证明这个充分条件也是必要条件时，$G(\cdot)$ 的次加性显然有决定性的意义.

习题 设 $G(\cdot)$ 是 M_n 上一个范数. 说明为什么下列诸命题等价：

(a) 对每个 $A\in M_n$，存在一个正的常数 γ_A（只与 A 以及 $G(\cdot)$ 有关），使得对所有 $k=1, 2, \cdots$ 都有 $G(A^k)\leqslant\gamma_A G(A)^k$；

(b) 对每个满足 $G(A)=1$ 的 $A\in M_n$，序列 $G(A), G(A^2), G(A^3), \cdots$ 是有界的；

(c) 对每个满足 $G(A)=1$ 的 $A\in M_n$，所有矩阵 $A, A^2, A^3, \cdots$ 的元素都在一个有界集合中.   ◀

习题 设 $G(\cdot)$ 是 M_n 上一个范数，设 $S\in M_n$ 是非奇异的，又设对任何 $A\in M_n$ 都有 $G_S(A)=G(SAS^{-1})$. 说明为什么 $G(\cdot)$ 是谱占优的，当且仅当 $G_S(\cdot)$ 是谱占优的.   ◀

引理 5.7.19 设 $G(\cdot)$ 是 M_n 上一个**谱占优的范数**（spectrally dominant norm），又给定 $A\in M_n$，且设 λ 是 A 的一个特征值，它使得 $|\lambda|=\rho(A)$. 如果 λ 不是半单的，那么 $G(A)>\rho(A)$.

证明 如果 $\rho(A)=0$，那么，0 不是 A 的半单的特征值，当且仅当 $A\neq0$，而在 $A=0$ 的情形则有 $G(A)>0$. 这样一来，我们可以假设 $\rho(A)\neq0$. 由于我们可以通过考虑 $e^{i\theta}\rho(A)^{-1}A$ 将任何一个最大模特征值标准化，故而也可以假设 $\lambda=1$ 是 A 的一个特征值且 $G(A)\geqslant\rho(A)=1$. 假设 1 不是 A 的半单的特征值，即 A 的 Jordan 标准块是 $J_m(1)\oplus B$，其中 $m\geqslant2$，$B\in M_{n-m}$ 以及 $\rho(B)\leqslant1$. 我们必须证明 $G(A)>1$. 上一个习题允许我们假设 $A=J_m(1)\oplus B$，我们必须证明 $G(A)>1$. 设 $E_m\in M_m$ 是位于 m，1 处的元素等于 1 而所有其他元素皆为零的矩阵. 设 $F=E_m\oplus0_{n-m}$ 并记 $A=I_m\oplus B+J_m(0)\oplus0_{n-m}$. 对任何 $\varepsilon>0$，设 $A_\varepsilon=A+\varepsilon F=(I_m+J_m(0)+\varepsilon E_m)\oplus B$. 这样就有 $\rho(I_m+J_m(0)+\varepsilon E_m)=1+\varepsilon^{1/m}>\rho(B)$，见 (1.2.P22). 由此就有

$$1+\varepsilon^{1/m}=\rho(A_\varepsilon)\leqslant G(A_\varepsilon)=G(A+\varepsilon F)$$
$$\leqslant G(A)+G(\varepsilon F)=G(A)+\varepsilon G(F)$$

如果 $G(A)=1$，那么 $\varepsilon^{1/m}\leqslant\varepsilon G(F)$，或者 $1\leqslant\varepsilon^{\frac{m-1}{m}}G(F)$，而这对所有 $\varepsilon>0$ 都是不可能的，这是因为当 $\varepsilon\to0$ 时 $\varepsilon^{\frac{m-1}{m}}\to0$. 我们断言有 $G(A)>1$.   □

定理 5.7.20 M_n 上的范数 $G(\cdot)$ 是谱占优的，当且仅当对每个 $A\in M_n$ 都存在一个正的常数 γ_A（仅依赖于 A 以及 $G(\cdot)$），使得

$$G(A^k)\leqslant\gamma_A G(A)^k, \quad \text{对所有 } k=1,2,\cdots \tag{5.7.20a}$$

证明　我们只需要证明所说的条件是必要的. 假设 $A \in M_n$ 以及 $G(A) = 1 \geqslant \rho(A)$. 上一个引理确保 A 的每一个 Jordan 块都有 $J_m(\lambda)$ 的形状, 其中 $|\lambda| \leqslant 1$, 又当 $|\lambda| = 1$ 时有 $m = 1$. 由此或者有 $|\lambda| < 1$ 以及 $J_m(\lambda)^k \to 0 (5.6.12)$, 或者有 $|\lambda| = 1$, $m = 1$, 且 $J_m(\lambda)^k = \lambda^k$, $k = 1, 2, \cdots$ 是一个有界的序列. 我们得出结论: 所有矩阵 $A, A^2, A^3, \cdots$ 的元素在一个有界集合中. □

问题

5.7.P1　设 $G(\cdot)$ 是 M_n 上一个向量范数, 并设 $z \in \mathbf{C}^n$ 是非零的. 证明: 函数 $\|x\| = G(xz^*)$ 是 $\mathbf{C}^n$ 上一个范数. 如果 $z = e$ 或者 $z = e_1$, 这个函数是什么?

5.7.P2　设 $G(\cdot)$ 是 M_n 上一个向量范数, 且有 $A \in M_n$, 又设 $\varepsilon > 0$. 证明: 存在一个正常数 $K(\varepsilon, A)$, 使得对所有 $k > K(\varepsilon, A)$ 都有 $(\rho(A) - \varepsilon)^k \leqslant G(A^k) \leqslant (\rho(A) + \varepsilon)^k$.

5.7.P3　设 $G(\cdot)$ 是 M_n 上一个向量范数, 又设 $A \in M_n$. (a)利用上一个问题证明: 如果 $\rho(A) < 1$, 那么当 $k \to \infty$ 时有 $G(A^k) \to 0$. 它以何种速率趋向于零? (b)反之, 如果当 $k \to \infty$ 时有 $G(A^k) \to 0$, 证明 $\rho(A) < 1$. (c)关于矩阵的幂级数的收敛性(利用向量范数)你能给出什么样的结论?

5.7.P4　设 $G(\cdot)$ 是 M_n 上一个向量范数, 并用 $G'(A) = \max\limits_{G(B)=1} G(AB)$ 定义函数 $G': M_n \to \mathbf{R}$. 证明: $G'(\cdot)$ 是 M_n 上一个单位矩阵范数. 如果 $G(I) = 1$, 证明: 对所有 $A \in M_n$ 都有 $G'(A) \geqslant G(A)$.
下面四个问题继续使用(5.7.P4)的记号与假设.

5.7.P5　设 $G(\cdot)$ 是一个矩阵范数. 证明: 对所有 $A \in M_n$ 都有 $G'(A) \leqslant G(A)$, 又如果 $G(I) = 1$, 则有 $G'(\cdot) = G(\cdot)$.

5.7.P6　定义 $G''(A) = \max\limits_{G'(B)=1} G'(AB)$. 证明 $G''(\cdot) = G'(\cdot)$.

5.7.P7　如果 $G(I) = 1$, 证明: $G(\cdot)$ 是一个矩阵范数, 当且仅当对所有 $A \in M_n$ 都有 $G'(A) \leqslant G(A)$.

5.7.P8　证明: 可以在(5.7.P4)有关 $G'(\cdot)$ 的定义中出现的 A 与 B 的次序反过来从而得到另外一个矩阵范数. 用例子说明它可能不同于 $G'(\cdot)$.

5.7.P9　证明: $\mathbf{C}^n$ 与 M_n 上一个给定的范数相容的所有向量半范数的集合是一个凸集. 事实上它是一个凸锥.

5.7.P10　通过考虑矩阵(5.7.4)并将 $r(AB)$ 与 $r(A)r(B)$ 作比较来证明: 数值半径不是 M_n 上的矩阵范数.

5.7.P11　(a)证明 $r(J_2(0)) = \dfrac{1}{2}$. (b)说明为什么数值半径不与 $\mathbf{C}^n$ 上任何范数相容. (c)证明: $A \in M_n$ 的谱包含在它的值域之中. (d)说明为什么其数值半径是谱占优的.

5.7.P12　说明为什么 $\mathbf{C}^n$ 上没有范数与 M_n 上的范数 $\|\cdot\|_\infty$ 相容, 但是 $\mathbf{C}^n$ 上有某个范数与 M_n 上的范数 $n\|\cdot\|_\infty$ 相容.

5.7.P13　对 $A = [a_{ij}] \in M_{m,n}$, 设 $r_i(A) = [a_{i1} \quad \cdots \quad a_{in}]^\mathrm{T}$ 以及 $c_j(A) = [a_{1j} \quad \cdots \quad a_{mj}]^\mathrm{T}$, 并假设 $\|\cdot\|_\alpha$ 与 $\|\cdot\|_\beta$ 分别是 $\mathbf{C}^n$ 以及 $\mathbf{C}^m$ 上的范数. 用
$$G_{\beta,\alpha}(A) = \|[\|r_1(A)\|_\alpha \quad \cdots \quad \|r_m(A)\|_\alpha]^\mathrm{T}\|_\beta$$
定义 $G_{\beta,\alpha}: M_{m,n} \to \mathbf{R}$, 而用
$$G^{\alpha,\beta}(A) = \|[\|c_1(A)\|_\beta \quad \cdots \quad \|c_n(A)\|_\beta]^\mathrm{T}\|_\alpha$$
定义 $G^{\alpha,\beta}: M_{m,n} \to \mathbf{R}$. 证明: $G_{\beta,\alpha}(\cdot)$ 与 $G^{\alpha,\beta}(\cdot)$ 每一个都是 $M_{m,n}$ 上的范数, 不过 $G^{\alpha,\beta}(\cdot)$ 不一定与 $G_{\alpha,\beta}(\cdot)$ 相同.

5.7.P14　将上一问题中的 $G_{\beta,\alpha}(\cdot)$ 与(5.6.P4)中定义的范数 $\|\|\cdot\|\|_{\alpha,\beta}$ 作比较, 并用例子说明: 即使当 $m = n$ 时(即使当 $\|\cdot\|_\alpha = \|\cdot\|_\beta$ 时), $G_{\beta,\alpha}(\cdot)$ 也不一定是 M_n 上的矩阵范数.

5.7.P15　考虑(5.7.P13)中的范数. (a)如果 $\|\cdot\|_\alpha = \|\cdot\|_2 = \|\cdot\|_\beta$, 哪一个范数是 $G_{\beta,\alpha}(\cdot)$? $G^{\alpha,\beta}(\cdot)$ 呢? (b)如果 $\|\cdot\|_\alpha = \|\cdot\|_1$ 且 $\|\cdot\|_\beta = \|\cdot\|_\infty$, 哪一个范数是 $G_{\beta,\alpha}(\cdot)$? $G^{\beta,\alpha}(\cdot)$ 呢? $G_{\alpha,\beta}(\cdot)$

377

与 $G^{\alpha,\beta}(\cdot)$ 有何关系？

5.7.P16　设 $n\geqslant 2$ 且 $G(\cdot)$ 是 M_n 上一个相似不变的半范数，即对所有 $A,S\in M_n$ 都有 $G(SAS^{-1})=G(A)$，其中 S 是非奇异的．(a)证明：对每个幂零矩阵 $N\in M_n$ 皆有 $G(N)=0$，并推出结论：$G(\cdot)$ 不可能是范数．(b)证明：对所有 $A\in M_n$ 都有 $G(A)=n^{-1}G(I_n)\,|\,\mathrm{tr}A\,|$．

5.7.P17　如果 $G(\cdot)$ 是 M_n 上一个范数，$G(\cdot)$ 的**谱特征**(spectral characteristic)定义为 $m(G)=\max\limits_{G(A)\leqslant 1}\rho(A)$．证明 $G(\cdot)$ 是谱占优的，当且仅当 $m(G)\leqslant 1$，并证明：M_n 上的任何范数都可以通过乘以一个常数而转变成为一个谱占优的范数；这样的最小的常数就是 $m(G)$．M_n 上一个范数 $G(\cdot)$ 称为是**最小谱占优的**(minimally spectrally dominant)，如果 $m(G)=1$．

5.7.P18　如果 $G(\cdot)$ 是 M_n 上一个单位范数，说明为什么 $m(G)\geqslant 1$．说明为什么 M_n 中任何一个谱占优的单位范数必定是最小谱占优的．为什么每一个诱导的矩阵范数都是最小谱占优的？为什么数值半径是最小谱占优的？

5.7.P19　证明：谱特征是 M_n 上的范数的锥上一个凸函数，并导出结论：M_n 上所有谱占优范数的集合是凸的．

378

5.7.P20　证明如下有关 M_n 上数值半径函数 $r(\cdot)$ 的结论．(a)$r(\cdot)$ 不是酉不变的，但它是酉相似不变的：只要 $U\in M_n$ 是酉矩阵，就有 $r(U^*AU)=r(A)$．(b)对所有 $A\in M_n$ 都有 $r(A)=\max\limits_{\|x\|_2=1}|x^*Ax|\leqslant\max\limits_{\|x\|_2=1}\|Ax\|_2\|x\|_2=\||A\||_2$，且只要 A 是正规的，就有 $r(A)=\rho(A)=\||A\||_2$．给出一个满足 $r(A)<\||A\||_2$ 的 $A\in M_n$ 的例子．(c)对所有 $A\in M_n$ 都有 $r(A)=r(A^*)$．(d)对所有 $A\in M_n$ 都有 $\||A\||_2\leqslant 2r(A)$．(e)界

$$\frac{1}{2}\||A\||_2\leqslant r(A)\leqslant\||A\||_2 \qquad (5.7.21)$$

是可能最好的．

5.7.P21　利用不等式(5.7.21)以及(5.7.11)证明：$4r(\cdot)$ 是 M_n 上的矩阵范数．考虑 $A=J_2(0)$，A^* 以及 AA^* 来证明：对任何 $\gamma\in(0,4)$，$\gamma r(\cdot)$ 不是矩阵范数．

5.7.P22　由(5.7.21)以及(5.6.P23)中的不等式

$$\frac{1}{\sqrt{n}}\|A\|_2\leqslant\||A\||_2\leqslant\|A\|_2 \qquad (5.7.22)$$

导出结论：对所有 $A\in M_n$ 都有

$$\frac{1}{2\sqrt{n}}\|A\|_2\leqslant r(A)\leqslant\|A\|_2 \qquad (5.7.23)$$

证明　其中的上界是最好可能的．验证：$A=J_2(0)$ 以及 $A=I$ 分别是(5.7.21)以及(5.7.22)的下界中等式成立的例子，而 $A=E_{11}$ 则是(5.7.21)以及(5.7.22)的上界中等式成立的例子．说明为什么这样一来(5.7.23)中的上界必定是最好可能的，并给出一个等式情形的例子．然而，(5.7.23)中的下界不是最好可能的．为什么存在最大的有限正常数 c_n，使得对所有 $A\in M_n$ 都有 $c_n\|A\|_2\leqslant r(A)$？已知对偶数 n 有 $c_n=(2n)^{-1/2}$，而对奇数 n 有 $c_n=(2n-1)^{-1/2}$．对偶数 n，等式的情形是与形如 $\alpha J_2(0)$ 的矩阵的直和酉相似的矩阵，其中 $|\alpha|=r(A)$；而当 n 是奇数时，必须加进单独一个 1×1 的直和项 $[\alpha]$，$|\alpha|=r(A)$．

5.7.P23　如果 $x\in\mathbf{C}^n$ 以及 $X=xx^*$（Hermite 秩 1 矩阵），证明 $\|X\|_2=\|x\|_2^2$．证明：$A\in M_n$ 的值域是 A 到单位范数秩 1 的 Hermite 矩阵集合上的投影（利用 Frobenius 内积）的集合．说明为什么 $r(A)=\max\{|\langle A,X\rangle_F|:X$ 是秩 1 的 Hermite 矩阵，且 $\|X\|_2=1\}$，并证明 $r(A)\leqslant\|A\|_2$．

5.7.P24　数值半径与一个自然的逼近问题有关．对一个给定的 $A\in M_n$，假设我们希望按照 Frobenius 范数用一个秩 1 的 Hermite 矩阵的纯量倍数尽可能好地逼近 A（最小平方逼近）．设 $c\in\mathbf{C}$，$x\in\mathbf{C}^n$，

以及 $\|x\|_2=1$. 证明 $\|A-cxx^*\|_2^2 \geqslant \|A\|_2^2 - 2|c\langle A, xx^*\rangle_F| + |c|^2$, 它对 $c=\langle A, \widetilde{x}\widetilde{x}^*\rangle_F$ 取到最小值, 其中 $\widetilde{x}$ 是满足 $r(A)=|\widetilde{x}^* A\widetilde{x}|$ 的一个单位向量. 导出结论: 对所有 $c\in\mathbf{C}$ 以及所有单位向量 x 有 $\|A-r(A)\widetilde{x}\widetilde{x}^*\|_2 \leqslant \|A-cxx^*\|_2$.

5.7.P25 数值半径 $r(\cdot)$ 是谱占优的, 所以它满足弱的幂不等式 (5.7.20a). 这个问题的目的就是要证明: 它实际上对所有 $m=1, 2, \cdots$ 以及所有 $A\in M_n$ 都满足更强的幂不等式 $r(A^m)\leqslant r(A)^m$. 379

(a) 为什么只要证明如下结论就足够了: 如果 $r(A)\leqslant 1$, 则对所有 $m=1, 2, \cdots$ 有 $r(A^m)\leqslant 1$?

(b) 设 $m\geqslant 2$ 是给定的正整数, 它对余下的讨论均固定不变, 又用 $\{w_k\}=\{e^{2\pi ik/m}\}_{k=1}^m$ 表示 m 次单位根的集合. 注意 $\{w_k\}$ 是一个有限的乘法群, 且对每个 $j=1, 2, \cdots, m$ 都有 $\{w_j w_k\}_{k=1}^m=\{w_k\}_{k=1}^m$. 注意 $1-z^m=\prod\limits_{k=1}^m (1-w_k z)$, 并且证明

$$p(z) = \frac{1}{m}\sum_{j=1}^m \prod_{\substack{k=1\\k\neq j}}^m (1-w_k z) = 1, \quad \text{对所有 } z\in\mathbf{C}$$

(c) 证明

$$I-A^m = \prod_{k=1}^m (I-w_k A) \text{ 以及 } I = \frac{1}{m}\sum_{j=1}^m \prod_{\substack{k=1\\k\neq j}}^m (I-w_k A)$$

(d) 设 $x\in\mathbf{C}^n$ 是任何一个单位向量, $\|x\|_2=1$, 又设 $A\in M_n$. 验证

$$1-x^* A^m x = x^*(I-A^m)x = (Ix)^*(I-A^m)x$$

$$= \Big(\frac{1}{m}\sum_{j=1}^m \prod_{\substack{k=1\\k\neq j}}^m (I-w_k A)x\Big)^* \Big(\prod_{k=1}^m (I-w_k A)x\Big)$$

$$= \frac{1}{m}\sum_{j=1}^m z_j^*[(I-w_j A)z_j], \quad \text{其中 } z_j = \prod_{\substack{k=1\\k\neq j}}^m (I-w_k A)x$$

$$= \frac{1}{m}\sum_{\substack{j=1\\z_j\neq 0}}^m \|z_j\|_2^2 \Big(1-w_j\Big(\frac{z_j}{\|z_j\|_2}\Big)^* A\Big(\frac{z_j}{\|z_j\|_2}\Big)\Big)$$

(e) 在上一个等式中用 $e^{i\theta}A$ 代替 A, 就得到对任何实数 θ 有

$$1-e^{im\theta}x^* A^m x = \frac{1}{m}\sum_{\substack{j=1\\z_j\neq 0}}^m \|z_j\|_2^2 \Big(1-e^{i\theta}w_j\Big(\frac{z_j}{\|z_j\|_2}\Big)^* A\Big(\frac{z_j}{\|z_j\|_2}\Big)\Big)$$

现在假设 $r(A)\leqslant 1$, 证明这个等式右边的实部对任何 $\theta\in\mathbf{R}$ 都是非负的, 并导出结论: 其左边的实部必定对任何 $\theta\in\mathbf{R}$ 也是非负的. 由于 θ 是任意的, 证出有 $|x^* A^m x|\leqslant 1$, 从而有 $r(A^m)\leqslant 1$.

5.7.P26 即使数值半径满足对所有 $A\in M_n$ 以及所有 $m=1, 2, \cdots$ 都满足幂不等式 $r(A^m)\leqslant r(A)^m$, 它也不对所有 $A\in M_n$ 以及所有 $m, k=1, 2, \cdots$ 满足不等式 $r(A^{k+m})\leqslant r(A^k)r(A^m)$. 通过考虑 $A=J_4(0), k=1$ 以及 $m=2$ 对此加以验证. 证明 $r(A^2)=r(A^3)=\frac{1}{2}$ 以及 $r(A)<1$.

5.7.P27 设 $P\in M_n$ 是一个射影矩阵, 故而 $P^2=P$. 假设 $0\neq P\neq I$. 为什么 $I-P$ 是射影矩阵? 为什么对每个矩阵范数 $\|\|\cdot\|\|$ 有 $\|\|P\|\|\geqslant 1$? 利用 P 的酉相似标准型 (3.4.3.3) 证明: (a) 不仅仅 $\|P\|_2\geqslant 1$, 而且 P 的**每一个**非零的奇异值都大于或者等于 1; (b) P 与 $I-P$ 的大于 1 的奇异值是相同的; (c) P 与 $I-P$ 的值域相同; (d) P 与 $I-P$ 的数值半径相同.

进一步的阅读参考 关于涉及数值半径的不等式的更多的讨论, 见 M. Goldberg 与 E. Tadmor, On the numerical radius and its applications, *Linear Algebra Appl.* 42(1982)263-284. (5.7.P25)中的幂不等式的证明取自 C. Pearcy, An elementary proof of the power inequality for the numerical radius, *Michigan Math.* 380

$J.13(1966)289$-291. 有关值域以及数值半径的更多的信息，见 Horn 与 Johnson(1991)一书的第 1 章. 这一节里的某些素材取自 C. R. Johnson, Multiplicativity and compatibility of generalized matrix norms, *Linear Algebra Appl.* 16 (1977) 25-37；Locally compatible generalized matrix norms, *Numer. Math.* 27 (1977) 391-394；以 及 Power inequalities and spectral dominance of generalized matrix norms, *Linear Algebra Appl.* 28(1979)117-130，在其中还可以找到进一步的结果.

5.8 条件数：逆矩阵与线性方程组

作为矩阵以及向量范数的一个应用，我们来考虑在计算矩阵的逆以及计算线性方程组的解时界定误差限这个问题.

如果求一个给定的非奇异矩阵 $A \in M_n$ 的逆矩阵的计算是在一台数字计算机上用浮点算术进行，就不可避免地必然会产生舍入误差以及截断误差. 此外，A 的元素有可能是带有误差的实验或者测量的结果，对于它们的值可能会有某种不确定性. 计算中的误差以及数据中的误差会怎样影响所计算的矩阵的逆的元素呢？

对许多通常的算法，计算期间产生的舍入误差以及数据产生的误差都可以用同样的方式照章处理. 设 $\|\cdot\|$ 是一个给定的矩阵范数，并假设 $A \in M_n$ 是非奇异的. 我们想要计算 A 的逆，不过并不是面对这个矩阵，而是改为处理 $B = A + \Delta A$，其中我们假设

$$\|A^{-1} \Delta A\| < 1 \tag{5.8.0}$$

以确保 B 是非奇异的. 由于 $B = A(I + A^{-1}\Delta A)$ 以及 $\rho(A^{-1}\Delta A) \leqslant \|A^{-1}\Delta A\| < 1$，假设条件 (5.8.0) 就确保 $-1 \notin \sigma(A^{-1}\Delta A)$，从而 B 是非奇异的.

我们有 $A^{-1}(\Delta A)B^{-1} = A^{-1}(B - A)B^{-1} = A^{-1} - B^{-1}$，所以

$$\|A^{-1} - B^{-1}\| = \|A^{-1}\Delta A B^{-1}\| \leqslant \|A^{-1}\Delta A\| \|B^{-1}\| \tag{5.8.1}$$

由于 $B^{-1} = A^{-1} - A^{-1}(\Delta A)B^{-1}$，我们也有

$$\|B^{-1}\| \leqslant \|A^{-1}\| + \|A^{-1}\Delta A B^{-1}\| \leqslant \|A^{-1}\| + \|A^{-1}\Delta A\| \|B^{-1}\|$$

它等价于不等式

$$\|B^{-1}\| = \|(A + \Delta A)^{-1}\| \leqslant \frac{\|A^{-1}\|}{1 - \|A^{-1}\Delta A\|} \tag{5.8.2}$$

将(5.8.1)与(5.8.2)组合起来就给出界

$$\|A^{-1} - B^{-1}\| \leqslant \frac{\|A^{-1}\| \|A^{-1}\Delta A\|}{1 - \|A^{-1}\Delta A\|} \leqslant \frac{\|A^{-1}\| \|A^{-1}\| \|\Delta A\|}{1 - \|A^{-1}\Delta A\|}$$

从而，计算逆矩阵时的相对误差的上界是

$$\frac{\|A^{-1} - (A + \Delta A)^{-1}\|}{\|A^{-1}\|} \leqslant \frac{\|A^{-1}\| \|A\|}{1 - \|A^{-1}\Delta A\|} \frac{\|\Delta A\|}{\|A\|}$$

量

$$\kappa(A) = \begin{cases} \|A^{-1}\| \|A\| & \text{如果 } A \text{ 非奇异} \\ \infty & \text{如果 } A \text{ 是奇异的} \end{cases} \tag{5.8.3}$$

称为**矩阵逆关于矩阵范数** $\|\cdot\|$ **的条件数**(condition number for matrix inversion with respect to $\|\cdot\|$). 注意：对任何矩阵范数都有 $\kappa(A) = \|A^{-1}\| \|A\| \geqslant \|A^{-1}A\| = \|I\| \geqslant 1$. 我们就证明了界

$$\frac{\|A^{-1} - (A + \Delta A)^{-1}\|}{\|A^{-1}\|} \leqslant \frac{\kappa(A)}{1 - \|A^{-1}\Delta A\|} \frac{\|\Delta A\|}{\|A\|} \tag{5.8.4}$$

如果我们将假设条件(5.8.0)加强为

$$\|A^{-1}\|\,\|\Delta A\| < 1 \tag{5.8.5}$$

并注意到

$$\|A^{-1}\|\,\|\Delta A\| = \|A^{-1}\|\,\|A\|\frac{\|\Delta A\|}{\|A\|} = \kappa(A)\frac{\|\Delta A\|}{\|A\|}$$

那么就由(5.8.4)得出

$$\frac{\|A^{-1}-(A+\Delta A)^{-1}\|}{\|A^{-1}\|} \leqslant \frac{\kappa(A)}{1-\kappa(A)\frac{\|\Delta A\|}{\|A\|}}\frac{\|\Delta A\|}{\|A\|} \tag{5.8.6}$$

它作为数据的相对误差以及 A 的条件数的函数，是关于 A 的逆的计算中出现的相对误差的一个上界. 这样一个界称为**先验的**(a priori)界，这是因为它只与任何计算完成之前已知的数据有关.

如果 $\|A^{-1}\|\,\|\Delta A\|$ 不仅小于 1，而且还**大大地**小于 1，则(5.8.6)右边的阶为 $\kappa(A)\|\Delta A\|/\|A\|$，故而我们有充分的理由相信：只要 $\kappa(A)$ 不大，那么矩阵逆的相对误差与数据的相对误差有同样的阶.

为研究逆矩阵这一目的，我们称 A 是**病态的**(ill-conditioned)或者**贫态的**(poorly conditioned)，如果 $\kappa(A)$ 很大；如果 $\kappa(A)$ 小（接近于 1），我们就称 A 是**良态的**(well-conditioned)；如果 $\kappa(A)=1$，我们就称 A 是**优态的**(perfectly conditioned). 当然，关于态质的所有这些表述都是相对于一个指定的矩阵范数 $\|\cdot\|$ 而言的.

习题 如果 $A\in M_n$ 非奇异且用到谱范数，说明为什么 $\kappa(A)=\sigma_1(A)/\sigma_n(A)$，它是最大与最小奇异值的比值. ◀

习题 如果 $U,V\in M_n$ 是酉矩阵，又如果在(5.8.3)中用到的是一个酉不变的矩阵范数，说明为什么 $\kappa(A)=\kappa(UAV)$：一个给定矩阵的酉变换并不会使它的态质变得更坏. 这个结论是数值线性代数中许多稳定算法的基础. ◀

习题 说明为什么非奇异的 $A\in M_n$ 是一个酉矩阵的纯量倍数的充分必要条件是关于谱范数有 $\kappa(A)=1$. ◀

382

习题 证明：对任何 $A,B\in M_n$，关于任何矩阵范数都有 $\kappa(AB)\leqslant\kappa(A)\kappa(B)$，所以我们对于经受一列变换的矩阵的条件数的增长有一个上界. 如果这些变换中的每一个都是酉变换，你能得出何种结论？ ◀

类似的考虑可以用来对线性方程组的解的精确度给出先验的界. 假设我们想要求解线性方程组

$$Ax = b, \quad A \in M_n \text{ 是非奇异的且 } b \in \mathbf{C}^n \text{ 是非零向量} \tag{5.8.7}$$

但是由于计算误差或者数据中存在的不确定性，我们实际上是(精确地)求解一个摄动方程组

$$(A+\Delta A)\,\tilde{x} = b+\Delta b, \quad A,\Delta A\in M_n, b,\Delta b\in\mathbf{C}^n, \tilde{x}=x+\Delta x$$

$\tilde{x}$ 与 x 有多么接近，即 Δx 能有多大？我们可以用矩阵范数以及相容的向量范数来得到解的相对误差的界，这个界表示成为数据中的相对误差以及 A 的条件数的函数.

设给定 M_n 上一个矩阵范数 $\|\cdot\|$ 以及 $\mathbf{C}^n$ 上一个相容的向量范数 $\|\cdot\|$，并再次假设不等式(5.8.0)满足. 由于 $Ax=b$，方程组即为

$$(A+\Delta A)\,\tilde{x} = (A+\Delta A)(x+Dx) = Ax+(\Delta A)x+(A+\Delta A)\Delta x$$

$$= b + (\Delta A)x + (A + \Delta A)\Delta x = b + \Delta b$$

或者

$$(\Delta A)x + (A + \Delta A)\Delta x = \Delta b$$

这样一来，就有 $\Delta x = (A + \Delta A)^{-1}(\Delta b - (\Delta A)x)$ 以及

$$\|\Delta x\| = \|(A + \Delta A)^{-1}(\Delta b - \Delta A x)\|$$
$$\leqslant \|(A + \Delta A)^{-1}\|(\|\Delta b\| + \|(\Delta A)x\|)$$

借助于(5.8.2)以及相容性，我们就有

$$\|\Delta x\| \leqslant \frac{\|A^{-1}\|}{1 - \|A^{-1}\Delta A\|}(\|\Delta b\| + \|\Delta A\|\|x\|)$$

从而

$$\frac{\|\Delta x\|}{\|x\|} \leqslant \frac{\|A^{-1}\|\|A\|}{1 - \|A^{-1}\Delta A\|}\left(\frac{\|\Delta b\|}{\|A\|\|x\|} + \frac{\|\Delta A\|}{\|A\|}\right)$$

利用 $\mathcal{K}(A)$ 的定义以及界 $\|b\| = \|Ax\| \leqslant \|A\|\|x\|$，我们得到

$$\frac{\|\Delta x\|}{\|x\|} \leqslant \frac{\kappa(A)}{1 - \|A^{-1}\Delta A\|}\left(\frac{\|\Delta b\|}{\|b\|} + \frac{\|\Delta A\|}{\|A\|}\right) \tag{5.8.8}$$

如果我们再次做出更强的假设(5.8.6)，我们就得到较弱的然而却是更加明晰的界

$$\frac{\|\Delta x\|}{\|x\|} \leqslant \frac{\kappa(A)}{1 - \kappa(A)\dfrac{\|\Delta A\|}{\|A\|}}\left(\frac{\|\Delta b\|}{\|b\|} + \frac{\|\Delta A\|}{\|A\|}\right) \tag{5.8.9}$$

383

这个界与(5.8.6)有同样的特征以及推论：如果线性方程组(5.8.7)中的系数矩阵是良态的，那么关于解的相对误差与关于数据的相对误差有相同的阶.

如果现成的有(5.8.7)的一个计算出来的解，可以将它用于**后验的**(a posteriori)界中. 再次设 $\|\cdot\|$ 是一个与向量范数 $\|\cdot\|$ 相容的矩阵范数，设 x 是(5.6.7)的精确解，并考虑**剩余向量**(residual vector) $r = b - A\hat{x}$. 由于 $A^{-1}r = A^{-1}(b - A\hat{x}) = A^{-1}b - \hat{x} = x - \hat{x}$，我们就有界 $\|x - \hat{x}\| = \|A^{-1}r\| \leqslant \|A^{-1}\|\|r\|$ 以及 $\|b\| = \|Ax\| \leqslant \|A\|\|x\|$，也就是 $1 \leqslant \|A\|\|x\|/\|b\|$. 那么

$$\|x - \hat{x}\| \leqslant \|A^{-1}\|\|r\| \leqslant \frac{\|A\|\|x\|}{\|b\|}\|A^{-1}\|\|r\|$$
$$= \|A\|\|A^{-1}\|\frac{\|r\|}{\|b\|}\|x\|$$

所以在算出的解与精确解之间的相对误差就有界限

$$\frac{\|x - \hat{x}\|}{\|x\|} \leqslant \kappa(A)\frac{\|r\|}{\|b\|} \tag{5.8.10}$$

其中用来计算条件数 $\kappa(A)$ 的矩阵范数与向量范数 $\|\cdot\|$ 是相容的. 对于一个良态的问题，解的相对误差与剩余向量的相对误差有同样的阶. 然而，对于一个病态的问题，产生很小剩余所计算出的解与它的精确解仍有可能相差甚远.

矩阵范数误差界限的一个共同特征是它们的保守性：即使实际误差很小，上界也可能很大. 然而，如果一个有中等大小元素的中等大小的矩阵有很大的条件数，那么 A^{-1} 必定有一些大的元素，因而最好对下面的原因保持极大的关注.

如果 $Ax = b$，又如果我们令 $C = [c_{ij}] = A^{-1}$，那么对恒等式 $x = Cb$ 关于元素 b_j 微分就给出恒等式

$$\frac{\partial x_i}{\partial b_j} = c_{ij}, \quad i,j = 1,\cdots,n \tag{5.8.11}$$

此外，如果我们把 $C=A^{-1}$ 看成是 A 的函数，那么它的元素正好是 A 的元素的有理函数，从而也是可微的. 恒等式 $CA=I$ 意味着对所有 i，$q=1$，$\cdots$，n 都有 $\sum_{p=1}^{n} c_{ip} a_{pq} = \delta_{iq}$，从而有

$$\sum_{p=1}^{n} \left(\frac{\partial c_{ip}}{\partial a_{jk}} a_{pq} + \delta_{pq,jk} c_{ip} \right) = \sum_{p=1}^{n} \frac{\partial c_{ip}}{\partial a_{jk}} a_{pq} + \delta_{qk} c_{ij} = 0$$

这也就是

$$\sum_{p=1}^{n} \frac{\partial c_{ip}}{\partial a_{jk}} a_{pk} = -\delta_{qk} c_{ij}, \quad i,j,k = 1,\cdots,n$$

现在对恒等式 $x=Cb$ 关于 a_{jk} 微分得到

$$\frac{\partial x_i}{\partial a_{jk}} = \sum_{p=1}^{n} \frac{\partial c_{ip}}{\partial a_{jk}} b_p = \sum_{p=1}^{n} \sum_{q=1}^{n} \frac{\partial c_{ip}}{\partial a_{jk}} a_{pq} x_q$$

$$= \sum_{q=1}^{n} \left(\sum_{p=1}^{n} \frac{\partial c_{ip}}{\partial a_{jk}} a_{pq} \right) x_q = \sum_{q=1}^{n} (-\delta_{qk} c_{ij}) x_q = -c_{ij} x_k$$

这就是恒等式

$$\frac{\partial x_i}{\partial a_{jk}} = -c_{ij} \sum_{p=1}^{n} c_{kp} b_p \tag{5.8.12}$$

从而(5.8.11)以及(5.8.12)提醒我们：如果 $C=A^{-1}$ 有任何相对来说比较大的元素，那么解 x 的某个元素对于 b 以及 A 的某些元素的摄动可能就会有很大且不可避免的敏感度.

问题

5.8.P1 设 $A \in M_n$ 是非奇异的且是正规的. 说明为什么 A 的逆关于谱范数的条件数是 $\kappa(A) = \rho(A)\rho(A^{-1})$.

5.8.P2 计算正规矩阵 $A_\varepsilon = \begin{bmatrix} 1 & -1 \\ -1 & 1+\varepsilon \end{bmatrix}$ 的特征值以及逆，这里 $\varepsilon > 0$. 证明 A_ε 的最大的与最小的特征值的绝对值的比值当 $\varepsilon \to 0$ 时是 $O(\varepsilon^{-1})$. 利用(5.8.P1)导出结论：A 关于谱范数的条件数是 $\kappa(A_\varepsilon) = O(\varepsilon^{-1})$. 利用 A_ε^{-1} 的精确形式验证：关于**任何**范数都有 $\kappa(A_\varepsilon) = O(\varepsilon^{-1})$.

5.8.P3 计算矩阵 $B_\varepsilon = \begin{bmatrix} 1 & -1 \\ 1 & -1-\varepsilon \end{bmatrix}$ 的特征值及其逆，这里 $\varepsilon > 0$. 说明为什么 B_ε 不是正规的. 利用 B_ε^{-1} 的精确形式证明：对于小的 ε，B_ε 关于任何矩阵范数的条件数都是 $\kappa(B_\varepsilon) = O(\varepsilon^{-1})$. 然而请证明：$B$ 的最大的与最小的特征值的绝对值的比值当 $\varepsilon \to 0$ 时是有界的. 关于 B_ε 的最大的与最小奇异值的比值你有何结论？

5.8.P4 证明：对任何非奇异的 $A \in M_n$ 以及任何矩阵范数，都有 $\kappa(A) \geqslant \rho(A)\rho(A^{-1})$. 于是，如果它的最大特征值与最小特征值的绝对值之比值很大，那么 A 对于它的逆必定是病态的，而不论它是否是正规的. 然而，上一个问题表明：即使当这个比值不大时，非正规矩阵对于逆也有可能是病态的.

5.8.P5 关于逆的条件数 $\kappa(A)$ 与所用的矩阵范数有关. 证明在如下的意义下，关于逆的所有的条件数都是等价的：如果 $\kappa_a(A) = \|A^{-1}\|_a \|A\|_a$ 以及 $\kappa_\beta(A) = \|A^{-1}\|_\beta \|A\|_\beta$，那么就存在有限的正常数 $C_{\alpha,\beta}$ 与 $C_{\beta,\alpha}$，使得

$$C_{\alpha,\beta} \kappa_\alpha(A) \leqslant \kappa_\beta(A) \leqslant C_{\beta,\alpha} \kappa_\alpha(A), \quad \text{对所有 } A \in M_n$$

5.8.P6 设 $\|\|\cdot\|\|$ 是 M_n 上一个矩阵范数，它是由 $\mathbf{C}^n$ 上向量范数 $\|\cdot\|$ 诱导的，又设 $A \in M_n$ 非奇异.

(a)证明：A 的条件数(5.8.3)可以不用 $\|\|\cdot\|\|$ 而如下法进行计算：

$$\kappa(A) = \frac{\max\{\|Ax\| : \|x\| = 1\}}{\min\{\|Ax\| : \|x\| = 1\}}$$

(b)证明: $\kappa(A) = 1$ 当且仅当 A 是关于范数 $\|\cdot\|$ 的一个等距的非零的纯量倍数.

5.8.P7　如果 $\det A$ 很小(很大), $\kappa(A)$ 必定很大吗?

5.8.P8　设 $B_\varepsilon(\varepsilon > 0)$ 是(5.8.P3)中的矩阵并考虑以 $x = [1\ \ 0]^{\mathrm{T}}$ 为精确解且以 $\hat{x} = [1 + \varepsilon^{-1/2}\ \ \ \varepsilon^{-1/2}]^{\mathrm{T}}$ 为近似解的线性方程组 $B_\varepsilon x = [1\ \ 1]^{\mathrm{T}}$. 证明: 当 $\varepsilon \to 0$ 时有 $\|r\|/\|b\| = O(\varepsilon^{1/2})$, 但是解中的相对误差是 $\|x - \hat{x}\|/\|x\| = O(\varepsilon^{-1/2})$ (当 $\varepsilon \to 0$ 时). 于是, 即使对应的近似解有大的误差, 也能观察到相对较小的剩余. 说明(5.8.10)是如何将一个(小的)相对剩余变换成相对误差的一个正确的(大的)上界.

5.8.P9　一个常被提及的病态矩阵的例子是 Hilbert 矩阵(0.9.12). 由于 H_n 是正规的, 它对于逆的关于谱范数的条件数是 $\kappa(H_n) = \rho(H_n)\rho(H_n)$. 有这样一个事实: H_n 的条件数渐近地等于 e^{cn}, 其中常数 c 近似为 3.5, 还有这样一个事实: 当 $n \to \infty$ 时有 $\rho(H_n) = \pi + O(1/\log n)$. 我们有 $\kappa(H_3)$: 5×10^2, $\kappa(H_6)$: 1.5×10^7 以及 $\kappa(H_8)$: 1.5×10^{10}. 说明为什么 H_n 是如此病态的, 尽管 H_n 的元素是一致有界的, 且 $\rho(H_n)$ 并不大.

5.8.P10　如果用到谱范数, 证明 $\kappa(A^*A) = \kappa(AA^*) = \kappa(A)^2$. 说明: 就问题的本质而言, 为什么用数值方法求解 $A^*Ax = y$ 的问题不比求解 $Ax = z$ 更容易.

5.8.P11　设 $A \in M_n$ 是非奇异的. 利用(5.6.55)证明: 对任何奇异的 $B \in M_n$ 都有 $\kappa(A) \geqslant \|A\|/\|A - B\|$. 这里 $\|\cdot\|$ 是任意的矩阵范数, 而 $\kappa(\cdot)$ 则是与之相关的条件数. 在证明给定的矩阵 A 是病态的时候, 这个下界可能是有用的.

5.8.P12　设 $A = [a_{ij}] \in M_n$ 是上三角矩阵, 其中所有 $a_{ii} \neq 0$. 利用上一个问题来证明: A 关于最大行和范数的条件数有下界 $\kappa(A) \geqslant \|A\|_\infty / \min\limits_{1 \leqslant i \leqslant n} |a_{ii}|$.

5.8.P13　见(5.6.P47～5.6.P51). 如果 $A \in M_n$ 是非奇异的, 且 $\|\cdot\|$ 是 M_n 上一个矩阵范数, 说明为什么 $\kappa(A) = \|A\|/\mathrm{dist}\|\cdot\|(A, \mathcal{S}_n)$, 如果 $\|\cdot\|$ 是诱导的; 又为什么 $\kappa(A) \geqslant \|A\|/\mathrm{dist}\|\cdot\|(A, \mathcal{S}_n)$, 如果 $\|\cdot\|$ 不是诱导的, 其中严格不等式对于某个 A 成立.

5.8.P14　证明: 友矩阵(3.3.12)关于谱范数的条件数是

$$\kappa(C(p)) = \frac{s + 1 + \sqrt{(s+1)^2 - 4|a_0|^2}}{2|a_0|} \tag{5.8.13}$$

其中 $s = |a_0|^2 + |a_1|^2 + \cdots + |a_{n-1}|^2$.

进一步的阅读参考　求出线性方程组的解中误差的先验的界一直是数值线性代数中的一个中心问题, 见

Stewart(1973)一书.

第6章　特征值的位置与摄动

6.0　引言

对角矩阵的特征值非常容易确定，且矩阵的特征值是其元素的连续函数，所以自然要问，关于在下述意义下"几乎对角的"矩阵的特征值我们是否能说出任何有用的东西：这种矩阵位于对角线之外的元素是以某种方式受到主对角元素的控制．这样的矩阵出现在实际问题中：对椭圆偏微分方程的边界值问题进行数值离散化所得到的大线性方程组就是这种形式的典型例子．

在涉及振动系统的长期稳定性的微分方程问题中，知晓一个给定矩阵在左半平面中的所有特征值可能有重要的意义．在统计分析或者数值分析中，我们有可能想要证明一个给定的 Hermite 矩阵的所有特征值都是正的．在这一章里，我们要描述一些简单的判别法，它们足以保证一个给定矩阵的特征值包含在一个给定的半平面、圆盘或者射线等之中．

矩阵 A 的所有特征值都位于复平面上以原点为中心、半径为 $\|A\|$ 的一个圆盘中，其中 $\|\cdot\|$ 是任意一个矩阵范数．还有其他更小、更容易确定且要么包含特征值要么不包含特征值的集合吗？在这一章里我们要辨识若干个这样的集合．

如果矩阵 A 经受一个摄动 $A \to A+E$，那么特征值的连续性就确保：如果摄动矩阵在某种意义下很小，那么特征值的变化应该不会太大．在这一章里，我们要探讨当矩阵经受摄动时特征值的性状，并给出某些显式表达的界，它们将给出矩阵经过摄动之后其特征值有可能最大偏移的界限．

6.1　Geršgorin 圆盘

对任何 $A \in M_n$，我们总可以记 $A = D+B$，其中 $D = \mathrm{diag}(a_{11}, \cdots, a_{nn})$ 集中展示了 A 的主对角线，而 $B = A-D$ 的主对角线为零．如果我们令 $A_\varepsilon = D+\varepsilon B$，那么 $A_0 = D$ 且 $A_1 = A$．$A_0 = D$ 的特征值容易确定：它们正好是复平面上的点 $a_{11}, \cdots, a_{nn}$，再计入它们的重数．我们知道，如果 ε 足够小，则 A_ε 的特征值局限在点 $a_{11}, \cdots, a_{nn}$ 的某个很小的邻域内．下面的 Geršgorin 圆盘定理（disc theorem）使这个结论变得精确：某些以点 a_{ii} 为中心的容易计算的圆盘保证包含 A 的特征值．

387

定理 6.1.1(Geršgorin)　设 $A = [a_{ij}] \in M_n$，用

$$R_i'(A) = \sum_{j \neq i} |a_{ij}|, \quad i = 1, \cdots, n \qquad (6.1.1a)$$

表示 A 的**删去的绝对行和**(deleted absolute row sum)，并考虑 n 个 Geršgorin 圆盘

$$\{z \in \mathbf{C}: |z-a_{ii}| \leqslant R_i'(A)\}, \quad i = 1, \cdots, n$$

则 A 的特征值就在 Geršgorin 圆盘的并集

$$G(A) = \bigcup_{i=1}^{n} \{z \in \mathbf{C}: |z-a_{ii}| \leqslant R_i'(A)\} \qquad (6.1.2)$$

之中．此外，如果这 n 个组成 $G(A)$ 的圆盘中有 k 个的并集构成一个集合 $G_k(A)$，它与剩下的

那 $n-k$ 个圆盘不相交,那么 $G_k(A)$ 就恰好包含 A 的 k 个特征值(按照它们的代数重数计算).

证明 设 λ, x 是 A 的一组特征对,所以有 $Ax=\lambda x$ 以及 $x=[x_i]\neq 0$. 设 $p\in\{1,\cdots,n\}$ 是一个指标,它使得 $|x_p|=\|x\|_\infty=\max\limits_{1\leqslant i\leqslant n}|x_i|$. 那么对所有 $i=1$, 2, $\cdots$, n 都有 $|x_i|\leqslant|x_p|$,而且当然有 $x_p\neq 0$,这是由于 $x\neq 0$. 将恒等式 $Ax=\lambda x$ 两边的第 p 个元素等同起来就显示有 $\lambda x_p=\sum\limits_{j=1}^{n}a_{pj}x_j$,我们将它写成

$$x_p(\lambda-a_{pp})=\sum_{j\neq p}a_{pj}x_j$$

三角不等式与我们关于 x_p 的假设确保有

$$|x_p||\lambda-a_{pp}|=\left|\sum_{j\neq p}a_{pj}x_j\right|\leqslant\sum_{j\neq p}|a_{pj}x_j|=\sum_{j\neq p}|a_{pj}||x_j|$$
$$\leqslant|x_p|\sum_{j\neq p}|a_{pj}|=|x_p|R'_p$$

由于 $x_p\neq 0$,我们得出结论 $|\lambda-a_{pp}|\leqslant R'_p$,也就是说,$\lambda$ 在圆盘 $\{z\in\mathbf{C}:|z-a_{pp}|\leqslant R'_p(A)\}$ 中. 特别地,λ 在由 (6.1.2) 定义的更大的集合 $G(A)$ 中.

现在假设组成 $G(A)$ 的 n 个圆盘中有 k 个与所有剩下的 $n-k$ 个圆盘都是不相交的. 在对 A 做了一个合适的置换相似之后,我们或许可以假设 $G_k(A)=\bigcup\limits_{i=1}^{k}\{z\in\mathbf{C}:|z-a_{ii}|\leqslant R'_i\}$ 与 $G_k(A)^c=\bigcup\limits_{i=k+1}^{n}\{z\in\mathbf{C}:|z-a_{ii}|\leqslant R'_i\}$ 是不相交的. 记 $A=D+B$,其中 $D=\operatorname{diag}(a_{11},\cdots,a_{nn})$,而 $B=A-D$. 定义 $A_\varepsilon=D+\varepsilon B$,并在论证的剩余部分始终假设 $\varepsilon\in[0,1]$. 注意到 $A_0=D$,$A_1=A$ 以及对每个 $i=1,\cdots,n$ 都有 $R'_i(A_\varepsilon)=R'_i(\varepsilon B)=\varepsilon R'_i(A)$. 于是,$A_\varepsilon$ 的那 n 个 Geršgorin 圆盘中的每一个都包含在 A 的对应的 Geršgorin 圆盘中. 特别地,

$$G_k(A_\varepsilon)=\bigcup_{i=1}^{k}\{z\in\mathbf{C}:|z-a_{ii}|\leqslant\varepsilon R'_i(A)\}$$

包含在 $G_k(A)$ 中且它与 $G_k(A)^c$ 不相交. 我们知道,A_ε 的所有的特征值都包含在 $G(A_\varepsilon)$ 中,而后者则包含在 $G_k(A)\bigcup G_k(A)^c$ 中.

设 Γ 是复平面上包围 $G_k(A)$ 且与 $G_k(A)^c$ 不相交的一条可求长的简单闭曲线;Γ 不经过任何 A_ε 的任何特征值. 设 $p_\varepsilon(z)$ 表示 A_ε 的特征多项式,故而对所有 $z\in\Gamma$ 以及所有 $\varepsilon\in[0,1]$ 都有 $p_\varepsilon(z)\neq 0$. $p_\varepsilon(z)$ 的零点就是 A_ε 的特征值(按照它们的代数重数计算),且 $p_\varepsilon(z)=\det(zI-A_\varepsilon)=\det(zI-D-\varepsilon B)$ 的系数是 ε 的多项式. 幅角原理确保 $p_\varepsilon(z)$ 在 Γ 内部(即在以 Γ 为边界的有界区域内部)的零点个数是

$$N(\varepsilon)=\frac{1}{2\pi i}\oint_\Gamma\frac{p'_\varepsilon(z)}{p_\varepsilon(z)}\mathrm{d}z$$

这个积分是 z 与 ε 这两者的有理函数,即对每个 $\varepsilon\in[0,1]$,它在 Γ 的某个邻域内是 z 的解析函数. 由此可知,整值函数 $N(\varepsilon)$ 在区间 $[0,1]$ 上是连续的,所以在 $[0,1]$ 上它是一个常数函数. 由于 $p_0(t)=(t-a_{11})\cdots(t-a_{nn})$ 在 Γ 内部恰好有 k 个零点(即点 $a_{11},\cdots,a_{nn}$),我们知道有 $N(0)=k$. 从而,$N(1)=N(0)=k$ 就是 A 在 Γ 内部的特征值的个数. 最后,定理的第一个结论确保 A 在 Γ 内部的任意特征值都包含在 $G_k(A)$ 中,这就证明了 A 在 $G_k(A)$

中恰好有 k 个特征值这一结论. □

(6.1.1)中第二个结论的假设条件没有要求集合 $G_k(A)$ 是连通的. 如果 $G_k(A)$ 不连通, 它就是圆盘组成的两个或者更多个不相交的并集之并集, 所以再次可以将定理应用到每一个由圆盘组成的并集上. 用这样的方式我们得到 A 的特征值的位置的更加细致的描述. 如果 $G_k(A)$ 是连通的, 就不可能通过(6.1.1)得到进一步的改进, 不过我们可以做出的最好的结论是: 它恰好包含 A 的 k 个特征值.

(6.1.2)中的集合 $G(A)$ 称为 A 的(关于行的)Geršgorin 集, Geršgorin 圆盘的边界则称为 Geršgorin 圆. 由于 A 与 A^{T} 有同样的特征值, 我们可以将 Geršgorin 定理应用于 A^{T} 而得到关于 A 的列的 Geršgorin 圆盘定理. 所产生的集合包含 A 的特征值, 而且它是由 A 的对角元素所确定的, 又它的删去的绝对列和是

$$C_j'(A) = \sum_{i \neq j} |a_{ij}|, \quad j = 1, \cdots, n \tag{6.1.2a}$$

推论 6.1.3 $A = [a_{ij}] \in M_n$ 的特征值在 n 个圆盘的并集

$$\bigcup_{j=1}^n \{z \in \mathbf{C} : |z - a_{jj}| \leqslant C_j'\} = G(A^{\mathrm{T}}) \tag{6.1.4}$$

之中. 此外, 如果这些圆盘中有 k 个构成一个集合 $\mathcal{G}_k(A)$, 它与剩下的 $n-k$ 个圆盘不相交, 那么 $\mathcal{G}_k(A)$ 恰好包含 A 的 k 个特征值(按照它们的代数重数计算).

习题 说明为什么 A 的特征值在 $G(A) \bigcap G(A^{\mathrm{T}})$ 中. 用 3×3 矩阵的例子 $A = [a_{ij}]$ 加以说明, 其中 $a_{ij} = i/j$. ◀

A 的特征值在两个 Geršgorin 圆盘(6.1.2)以及(6.1.4)之中, 特别地, 它们包含 A 的最大模特征值. 在 $G(A)$ 的第 i 个圆盘中离原点最远的那个点的模是 $|a_{ii}| + R_i' = \sum_{j=1}^n |a_{ij}|$, 所以, 这些数值中的最大者就是 A 的谱半径的一个上界. 当然, 类似的论证方法也可以对绝对列和来进行.

推论 6.1.5 如果 $A = [a_{ij}] \in M_n$, 那么

$$\rho(A) \leqslant \min\left\{ \max_i \sum_{j=1}^n |a_{ij}|, \max_j \sum_{i=1}^n |a_{ij}| \right\}$$

这个结果不令人吃惊, 因为它说的就是 $\rho(A) \leqslant \|A\|_\infty$ 以及 $\rho(A) \leqslant \|A\|_1$, 见(5.6.9). 但有意思的是对这个事实有一个本质上是几何方法的推导.

由于只要 S 是非奇异的, $S^{-1}AS$ 与 A 就有同样的特征值, 故而我们能将 Geršgorin 定理应用于 $S^{-1}AS$, 从而得到 A 的进一步的特征值包容集. 一种特别方便的方式是选取 $S = D = \mathrm{diag}(p_1, p_2, \cdots, p_n)$, 其中所有 $p_i > 0$. 对 $D^{-1}AD = [p_j a_{ij}/p_i]$ 以及它的转置应用 Geršgorin 圆盘定理就得到下面的结果.

推论 6.1.6 设 $A = [a_{ij}] \in M_n$, 并设 $p_1, p_2, \cdots, p_n$ 是正的实数. 则 A 的特征值在 n 个圆盘的并集

$$\bigcup_{i=1}^n \left\{ z \in \mathbf{C} : |z - a_{ii}| \leqslant \frac{1}{p_i} \sum_{j \neq i} p_j |a_{ij}| \right\} = G(D^{-1}AD)$$

之中. 此外, 如果这些圆盘中有 k 个的并集构成一个集合 $G_k(D^{-1}AD)$, 它与剩下的 $n-k$ 个圆盘中的每一个都不相交, 那么 $G_k(D^{-1}AD)$ 中就恰好有 A 的 k 个特征值(按照代数重数

计算). 同样的结论对集合

$$\bigcup_{j=1}^{n} \left\{ z \in \mathbf{C} : |z - a_{jj}| \leqslant p_j \sum_{i \neq j} \frac{1}{p_i} |a_{ij}| \right\} = G(DA^{\mathrm{T}}D^{-1})$$

也为真.

矩阵 $A = \begin{bmatrix} 1 & 1 \\ 0 & 2 \end{bmatrix}$ 有特征值 1 以及 2. 直接应用 Geršgorin 定理对其特征值给出相当粗略的估计(图 6.1.7a),但是上一个推论中额外的参数使得我们有足够的灵活性对特征值得到任意好的估计(图 6.1.7b).

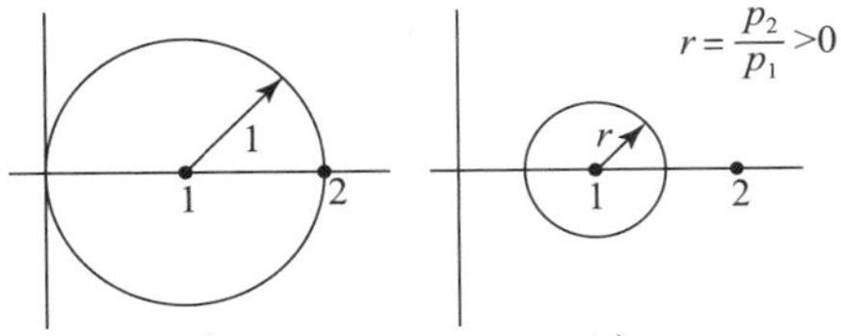

图 6.1.7 (6.1.1)以及(6.1.6)
表示的 Geršgorin 圆盘

习题 考虑矩阵

$$A = \begin{bmatrix} 7 & -16 & 8 \\ -16 & 7 & -8 \\ 8 & -8 & -5 \end{bmatrix}$$

请利用 Geršgorin 定理对 A 的特征值的位置以及 A 的谱半径尽可能多说出一些结论. 然后考虑 $D^{-1}AD$,其中 $D = \mathrm{diag}(p_1, p_2, p_3)$. 你能对所确定的特征值的位置得到任何改进吗? 最后,计算真实的特征值并评估你给出的估计的效果. ◀

习题 说明为什么 A 的每一个特征值都在集合 $\bigcap_D G(D^{-1}AD)$ 中,其中的交取遍主对角线元素全为正数的所有对角矩阵. ◀

引进自由参数的想法也可以用来得到谱半径估计式(6.1.5)的一个更加一般的形式.

推论 6.1.8 设 $A = [a_{ij}] \in M_n$. 那么就有

$$\rho(A) \leqslant \min_{p_1, \cdots, p_n > 0} \max_{1 \leqslant i \leqslant n} \frac{1}{p_i} \sum_{j=1}^{n} p_j |a_{ij}|$$

以及

$$\rho(A) \leqslant \min_{p_1, \cdots, p_n > 0} \max_{1 \leqslant j \leqslant n} p_j \sum_{i=1}^{n} \frac{1}{p_i} |a_{ij}|$$

习题 证明上一个推论. ◀

习题 设 $A = \begin{bmatrix} a & b \\ c & d \end{bmatrix}$ 的元素是正实数. (a)计算一个显式对角矩阵 $\widetilde{D}$,使得 $\|\widetilde{D}^{-1}A\widetilde{D}\|_\infty = \min_D \|D^{-1}AD\|_\infty$,其中的最小值取遍主对角线元素皆为正数的所有的 2×2 对角矩阵 D. (b)计算 $\|\widetilde{D}^{-1}A\widetilde{D}\|_\infty$ 以及 $\rho(A)$. 注意它们是相等的. ◀

由(8.1.31)推出:如果 A 是元素为正的(或者更一般地,元素是非负的且不可约的) $n \times n$ 实矩阵,那么经过 $D^{-1}AD$ 上的最大行和的所有的 D 所取的最小值等于 A 的谱半径. 如果 A 有负的元素,就不一定是这种情形.

习题 考虑 $A = \begin{bmatrix} 1 & 1 \\ -1.5 & 2 \end{bmatrix}$. 证明

$$\rho(A) < \min \left\{ \|D^{-1}AD\|_\infty : D = \mathrm{diag}(p_1, p_2) \text{ 且 } p_1, p_2 > 0 \right\}$$

如果能对矩阵的特征值处于(或者不在)某种集合中有一些进一步的信息,那么这种信息有可能与 Geršgorin 圆盘定理一道用来对特征值的位置给出甚至更精确的结果. 例如, 如果 A 是 Hermite 的, 那么它的特征值全都是实的, 所以它们都在集合 $\mathbf{R} \cap G(A)$ 中, 而这是实的闭区间的有限并集.

习题 关于斜 Hermite 矩阵的特征值的位置, 你能由 (6.1.1) 得出什么结论? 对酉矩阵呢? 实正交矩阵呢? ◄

由于方阵非奇异的充分必要条件是零不在它的谱中, 因而, 建立一些条件将零从包含特征值的已知集合中排除出去, 是有意义的.

定义 6.1.9 矩阵 $A = [a_{ij}] \in M_n$ 称为**对角占优的** (diagonally dominant), 如果

$$|a_{ii}| \geqslant \sum_{j \neq i} |a_{ij}| = R'_i, \quad \text{对所有 } i = 1, \cdots, n$$

称它是**严格对角占优的** (strictly diagonally dominant), 如果

$$|a_{ii}| > \sum_{j \neq i} |a_{ij}| = R'_i, \quad \text{对所有 } i = 1, \cdots, n$$

由所述情况的几何状态明显可以看出, 零不可能在任何闭的 Geršgorin 圆盘中, 如果 A 是严格对角占优的. 此外, 如果其所有主对角线元素 a_{ii} 是实的且是正的, 那么这些圆盘中的每一个都在右半开平面中; 如果 A 还是 Hermite 的, 那么它的特征值是实数, 所以它们必定全都是实的, 且是正的. 我们将这些结论总结在下面的定理中, 其中的结论 (a) 称为 Levy-Desplanques 定理, 见 (5.6.17).

定理 6.1.10 设 $A = [a_{ij}] \in M_n$ 是严格对角占优的. 那么

(a) A 是非奇异的;

(b) 如果对所有 $i = 1, \cdots, n$ 都有 $a_{ii} > 0$, 那么 A 的每个特征值都有正的实部;

(c) 如果 A 是 Hermite 的, 且对所有 $i = 1, \cdots, n$ 都有 $a_{ii} > 0$, 那么 A 是正定的.

习题 考虑 $\begin{bmatrix} 1 & 1 \\ 1 & 1 \end{bmatrix}$ 以及 $\begin{bmatrix} 1 & 1 \\ 1-\varepsilon & 1 \end{bmatrix}$. 证明: 对角占优不足以保证非奇异性, 而严格对角占优对非奇异性也不是必要条件. ◄

如果我们仔细利用 (6.1.6) 中额外的参数, 我们就能将作为非奇异性的充分条件的严格对角占优假设稍加放松.

定理 6.1.11 假设 $A = [a_{ij}] \in M_n$ 的对角元素是非零的数. 如果 A 是对角占优的, 且对 $i \in \{1, \cdots, n\}$ 中至少 $n-1$ 个值有 $|a_{ii}| > R'_i$, 那么它是非奇异的.

证明 对某个 k 我们有 $|a_{ii}| > R'_i$ (对所有 $i \neq k$), 且 $|a_{kk}| \geqslant R'_k$. 如果 $|a_{kk}| > R'_k$, 则 A 的非奇异性由 (6.1.10) 推出, 故而我们可以假设 $|a_{kk}| = R'_k > 0$. 在 (6.1.6) 中, 设对所有 $i \neq k$ 有 $p_i = 1$, 又设 $p_k = 1 + \varepsilon$, $\varepsilon > 0$. 那么就有

$$\frac{1}{p_k} \sum_{j \neq k} p_j |a_{kj}| = \frac{1}{1+\varepsilon} R'_k < |a_{kk}|, \quad \text{对任意的 } \varepsilon > 0$$

以及

$$\frac{1}{p_i} \sum_{j \neq i} p_j |a_{ij}| = R'_i + \varepsilon |a_{ik}|, \quad \text{对所有 } i \neq k$$

由于对所有 $i \neq k$ 有 $R'_i < |a_{ii}|$, 故而我们可以选取 $\varepsilon > 0$ 足够小, 使得对所有 $i \neq k$ 有 $R'_i + \varepsilon |a_{ik}| < |a_{ii}|$. 这样一来, (6.1.6) 确保点 $z = 0$ 被排除在 $G(D^{-1}AD)$ 之外. 由此得出 A 是

392

非奇异的.

　　Geršgorin 定理以及它的变形给出 A 的特征值的包容集，这些包容集仅依赖于 A 的主对角元素以及它位于对角线之外的元素的**绝对值**. 利用 $S^{-1}AS$ 与 A 有相同的特征值这一事实就引导我们得到(6.1.6)并导出如下事实：闭集

$$\bigcap_D G(D^{-1}AD),D = \mathrm{diag}(p_1,\cdots,p_n), \quad 所有\ p_i > 0 \tag{6.1.12}$$

包含 $A\in M_n$ 的特征值. 我们或许能对特征值得到甚至更小的包容集，如果我们打算认可不一定是对角的相似性. 但是如果我们只限于对角相似且只利用主对角元素以及对角线之外元素的绝对值，我们能否做得比(6.1.12)更好? 答案是否定的，理由如下：设 z 是集合(6.1.12)的边界上的任意一个给定的点. 则 R. Varga 已经证明了：存在一个矩阵 $B = [b_{ij}]\in M_n$，使得 z 是 B 的一个特征值，对所有 $i=1,\cdots,n$ 都有 $b_{ii}=a_{ii}$，且对所有 $i,j=1,\cdots,n$ 都有 $|b_{ij}|=|a_{ij}|$.

问题

6.1. P1　考虑如下的迭代算法来求解 $n\times n$ 线性方程组 $Ax=y$，其中 A 与 y 是给定的.
　　　(i) 设 $B=I-A$ 并将方程组改写为 $x=Bx+y$.
　　　(ii) 选择一个起始向量 $x^{(0)}$.
　　　(iii) 对 $m=0,1,2,\cdots$，计算 $x^{(m+1)}=Bx^{(m)}+y$ 并希望当 $m\to\infty$ 时有 $x^{(m)}\to x$.
　　　(a)设 $\varepsilon^{(m)}=x^{(m)}-x$，并证明 $\varepsilon^{(m)}=B^m(x^{(0)}-x)$. (b) 导出结论：如果 $\rho(I-A)<1$，那么当 $m\to\infty$ 时有 $x^{(m)}\to x$，而无论你选取什么样的起始逼近向量 $x^{(0)}$. (c)利用 Geršgorin 定理对 A 给出一个足以保证算法有效的简单的显式条件.

393
6.1. P2　证明 $\bigcap_S G(S^{-1}AS)=\sigma(A)$，这里的交集取过所有非奇异的 S.

6.1. P3　设 $A=[a_{ij}]=[a_1\cdots a_n]\in M_n$. 利用(6.1.5)证明
$$|\det A| \leqslant \prod_{j=1}^n \left(\sum_{i=1}^n |a_{ij}|\right) = \prod_{j=1}^n \|a_j\|_1$$
对于行也有类似的不等式. 与(5.6.P10)中的方法作比较.

6.1. P4　设 $A\in M_n$ 并考虑(6.1.2)中定义的集合 $G(A)$. 在正文中我们证明了：(6.1.1)中的结论"A 的所有特征值都在 $G(A)$ 中"蕴含(6.1.10a). 证明相反的蕴含关系.

6.1. P5　假设 $A\in M_n$ 的 n 个 Geršgorin 圆盘相互不相交. (a)如果 A 是实的，证明 A 的每个特征值都是实的. (b)如果 $A\in M_n$ 的主对角线元素都是实数，且其特征多项式仅有实的系数，证明 A 的每个特征值都是实的.

6.1. P6　如果 $A=[a_{ij}]\in M_n$，又如果对 i 的 k 个不同的值有 $|a_{ii}|>R_i'$，利用 A 的主子矩阵的性质证明 $\mathrm{rank}A\geqslant k$.

6.1. P7　假设 $A\in M_n$ 是幂等的，但是 $A\neq I$. 证明 A 不可能是严格对角占优的(或者不可约对角占优的，见(6.2.25)以及(6.2.27)).

6.1. P8　假设 $A\in M_n$ 是严格对角占优的，即对所有 $i=1,\cdots,n$ 都有 $|a_{ii}|>R_i'$. 证明对 $k=1,\cdots,n$ 的至少一个值有 $|a_{kk}|>C_k'$.

6.1. P9　假设 $A=[a_{ij}]\in M_n$ 是严格对角占优的，又设 $D=\mathrm{diag}(a_{11},\cdots,a_m)$. 说明为什么 D 是非奇异的，并证明 $\rho(I-D^{-1}A)<1$.

6.1. P10　如果 $A=[a_{ij}]=[a_1\ \cdots\ a_n]\in M_n$，证明 $\mathrm{rank}A\geqslant \sum_{i:a_i\neq 0}(|a_{ii}|/\|a_i\|_1)$.

6.1. P11　如果 $A=[a_{ij}]=[a_1\ \cdots\ a_n]\in M_n$，证明 $\mathrm{rank}A\geqslant \sum_{i:a_i\neq 0}(|a_{ii}|^2/\|a_i\|_2^2)$.

6.1.P12 设 $A \in M_n$. 证明：如果 A 是 Toeplitz 矩阵，或者更一般地，如果 A 是全对称的且它所有的主对角元素都相等，那么 $G(A) = G(A^T)$.

6.1.P13 假设 $A = [a_{ij}] \in M_n(\mathbf{R})$ 是严格对角占优的. 证明 $\det A$ 与乘积 $a_{11} \cdots a_{nn}$ 有同样的符号.

6.1.P14 设 $A = [a_{ij}] \in M_n$. (a)如果对某个 i, $j \in \{1, \cdots, n\}$ 有 $|a_{ii} - a_{jj}| > R'_i + R'_j$, 说明为什么 A 的与它的第 i 行以及第 j 行对应的 Geršgorin 圆盘是不相交的. (b)假设对所有不同的 i, $j \in \{1, \cdots, n\}$ 都有 $|a_{ii} - a_{jj}| > R'_i + R'_j$, 说明为什么 A 有 n 个不同的特征值. (c)假设 A 是实的且对所有不同的 i, $j \in \{1, \cdots, n\}$ 皆有 $|a_{ii} - a_{jj}| > R'_i + R'_j$. 说明为什么 A 有 n 个不同的实的特征值.

6.1.P15 假设 $A = [a_{ij}] \in M_n$ 是对角占优的. (a)证明 $\rho(A) \leqslant 2 \max_i |a_{ii}|$. (b)如果 A 是严格对角占优的, 说明为什么 $\rho(A) < 2 \max_i |a_{ii}|$.

6.1.P16 这个问题探索最大值：**Gauss 消元法保持严格对角占优**. 设 $n \geqslant 2$ 并假设 $A \in M_n$ 是严格对角占优的. (a)说明为什么 A 的每一个前主子矩阵都是非奇异的. (b)分划 $A = \begin{bmatrix} a & y^T \\ x & B \end{bmatrix}$, 其中 x, $y \in \mathbf{C}^{n-1}$. 说明为什么对 A 的第一列用 Gauss 消元法产生出矩阵 $A' = \begin{bmatrix} a & y^T \\ 0 & C \end{bmatrix}$, 其中 $C = B - a^{-1}xy^T$. 证明：C（从而 A'）是严格对角占优的. (c)分划 $A = \begin{bmatrix} A_{11} & A_{12} \\ A_{21} & A_{22} \end{bmatrix}$, 其中 $A_{11} \in M_k$. 设 $C = A_{22} - A_{21}A_{11}^{-1}A_{12}$ 是 A_{11} 在 A 中的 Schur 补. 利用(a)以及归纳法说明为什么 $\begin{bmatrix} A_{11} & A_{12} \\ 0 & C \end{bmatrix}$（它是对 A 的第一分块列用 Gauss 消元法所得的结果）是严格对角占优的.

394

6.1.P17 这个问题探索 Geršgorin 定理对分块矩阵的推广. 设 $\|\!|\cdot|\!\|$ 是 M_m 上一个给定的矩阵范数, 并考虑(5.6.P55)所定义的 M_{mn} 上的矩阵范数 $N(\cdot)$, 我们采用(5.6.P55)的记号. 对任何 $A = [A_{ij}]_{i,j=1}^n \in M_{mn}$, 定义

$$\mathcal{R}'_i = \sum_{j \neq i} \|\!| A_{ij} |\!\|, \quad i = 1, \cdots, n$$

设 $D = A_{11} \oplus \cdots \oplus A_{nn}$. (a)假设 $z \in \mathbf{C}$ 不是 D 特征值. 说明为什么 $zI - A = (zI - D)(I - (zI - D)^{-1}(A - D))$, 然后利用(5.6.16)后面的习题导出结论：如果 $N((zI - D)^{-1}(A - D)) < 1$, 那么 z 不是 A 的特征值. 证明 $N((zI - D)^{-1}(A - D)) \leqslant \max_{1 \leqslant i \leqslant n}(\|\!| (zI - A_{ii})^{-1} |\!\| \mathcal{R}'_i)$. (b)如果 $z \in \mathbf{C}$ 不是矩阵 $A_{11}, \cdots, A_{nn}$ 中任何一个的特征值, 又如果对每个 $i = 1, \cdots, n$ 都有 $\|\!| (zI - A_{ii})^{-1} |\!\|^{-1} > \mathcal{R}'_i$, 说明为什么 z 不是 A 的特征值. (c)说明为什么 A 的每个特征值都包含在集合

$$\bigcup_{i=1}^n \sigma(A_{ii}) \cup \bigcup_{i=1}^n \{z \in \mathbf{C} : z \notin \sigma(A_{ii}) \text{ 且 } \|\!| (zI - A_{ii})^{-1} |\!\|^{-1} \leqslant \mathcal{R}'_i\} \tag{6.1.13}$$

之中. (d)我们称 $A \in M_{mn}$ 是**关于 M_m 上一个矩阵范数 $\|\!|\cdot|\!\|$ 分块严格对角占优的**, 如果每一个对角分块 A_{ii} 都是非奇异的, 且对每个 $i = 1, \cdots, n$ 都有 $\|\!| A_{ii}^{-1} |\!\|^{-1} > \mathcal{R}'_i$. 利用(6.1.13)证明：$A$ 是非奇异的, 如果存在 M_m 上一个矩阵范数, 使得 A 关于它是分块严格对角占优的. (e)假设 $m = 1$. 在这种情形什么是分块严格占优的? 证明：集合(6.1.13)以及(6.1.2)在此情形是相同的. 在这种情形写出上面对(6.1.13)的推导, 并得到 Geršgorin 定理的一个异于正文中给出的证明. (f)现在假设 $\|\!|\cdot|\!\|$ 是 M_m 上的谱范数, 每一个对角分块 A_{ii} 都是正规的, 且对每一个 $i = 1, \cdots, m$ 都有 $\sigma(A_{ii}) = \{\lambda_1^{(i)}, \cdots, \lambda_m^{(i)}\}$. 证明：在此情形特征值的包容集(6.1.13)就是诸圆盘的并集

$$\bigcup_{i=1}^n \bigcup_{j=1}^m \{z \in \mathbf{C} : |z - \lambda_j^{(i)}| \leqslant \sum_{k \neq i} \|\!| A_{ik} |\!\|_2\} \tag{6.1.14}$$

当 $m=1$ 时这个集合是什么？(g)设 $m=n=2$，$A_{11}=A_{22}=\begin{bmatrix} 0 & 1 \\ 1 & 0 \end{bmatrix}$，而 $A_{12}=A_{21}^{\mathrm{T}}=\begin{bmatrix} 0 & 0 \\ 0.5 & 0 \end{bmatrix}$.

说明为什么 $A=[A_{ij}]_{i,j=1}^2$ 不是对角占优的，但无论如何它是非奇异的，这是因为它关于 M_2 上的最大列和矩阵范数是分块对角占优的. 利用(6.1.2)证明 A 的特征值在 $[-1.5, 1.5]$ 中；利用(6.1.14)证明它们在更小的集合 $[-1.5, -0.5] \bigcup [0.5, 1.5]$ 中. A 的特征值近似等于 ± 1.2808 以及 ± 0.7808.

6.1.P18　设 $X=[x_1 \ \cdots \ x_k] \in M_{n,k}$ 是列满秩的. 证明存在一个非奇异的 $R\in M_k$，使得矩阵 $Y=[y_{ij}]=[y_1 \ \cdots \ y_k]=XR$ 有如下性质：存在 k 个不同的指标 $i_1, \cdots, i_k \in \{1, \cdots, n\}$，使得对每个 $j=1, \cdots, k$ 都有 $y_{i_j j}=\|y_j\|_\infty$.

395

6.1.P19　设 λ 是 $A=[a_{ij}] \in M_n$ 的一个特征值，其几何重数为 $k\geqslant 1$. 我们断言：存在 k 个不同的指标 $i_1, \cdots, i_k \in \{1, \cdots, n\}$，使得对每个 $j=1, \cdots, k$ 都有 $\lambda \in \{z\in \mathbf{C}: |z-a_{i_j i_j}| \leqslant R'_{i_j}\}$. 对如下论证提供细节：(a)设 $X\in M_{n,k}$ 的列是 A 的 λ-特征空间的一组基，又设 $Y=[y_1 \ \cdots \ y_k]=XR$ 有上一问题中所描述的性质. (b)$AY=\lambda Y$. (c)再回到(6.1.1)的证明并利用论证中的每一个特征对 λ, y_i. (d)如果 $k=n$，会发生什么？(e)为什么 $\lambda \in \bigcap_{j=1}^k \{z\in \mathbf{C}: |z-a_{i_j i_j}| \leqslant R'_{i_j}\}$？

6.1.P20　设 λ 是 $A\in M_n$ 的一个特征值，其几何重数至少为 $k\geqslant 1$. (a)证明 λ 包含在 A 的每一个由 $n-k+1$ 个不同的 Geršgorin 圆盘组成的并集中，即对**任意选取**的指标 $1\leqslant i_1<\cdots<i_{i-k+1}\leqslant n$ 都有

$$\lambda \in \bigcup_{j=1}^{n-k+1} \{z\in \mathbf{C}: |z-a_{i_j i_j}| \leqslant R'_{i_j}(A)\} \qquad (6.1.15)$$

(b)对(6.1.15)中描述的圆盘的并集有 $\binom{n}{k-1}$ 种不同的可能性. 为什么 λ 在它们的交集中？

(c)讨论 $k=1$ 以及 $k=n$ 的情形.

6.1.P21　如果一个矩阵有特殊的构造，比(6.1.10 和 6.1.11)更弱一些的假设条件有可能足以保证非奇异性. 重新考虑(2.2.P10)，并说明为什么循环矩阵 $A=[a_{ij}] \in M_n$ 是非奇异的，如果它的**任何一行**都是对角占优的，即如果存在某个 $i\in \{1, \cdots, n\}$，使得 $|a_{ii}|>R'_i$.

注记以及进一步的阅读参考　(6.1.1)的原始参考文献是 S. Geršgorin, Über die Abgrenzung der Eigenverte einer Matrix, *Izv. Akad. Nauk. S. S. S. R.* 7(1931)749-754, 6.1.P14 取自 Geršgorin 的论文. 有关 Geršgorin 定理中涉及的思想的历史视角，见 O. Taussky, A recurring theorem on determinants, *Amer. Math. Monthly* 61 (1949) 672-676. 在 R. A. Brualdi 与 S. Mellendorf, Sets in the complex plane containing the eigenvalues of a matrix, *Amer. Math. Monthly* 101(1994)975-985 中有关于 Geršgorin 定理的一个推广的说明. (6.1.10a)中定性的结论有一个定量的形式：A 的最小的奇异值以 $\min_{1\leqslant i\leqslant n} \left\{ |a_{ii}| - \frac{1}{2}(R'_i+C'_i) \right\}$ 作为下界；见 Horn 与 Johnson(1991)一书中的(3.7.17). R. Varga 的书 Varga(2004)包含了 Geršgorin 圆盘、它们的历史以及推广的深入的讨论. 有关集合(6.1.12)有最优性质(它表述在这一节的最后一段中)的一个证明，见 R. Varga, Minimal Gerschgorin sets, *Pacific J. Math.* 15(1965)719-729. (6.1.P18)以及(6.1.P19)中关于 Geršgorin 圆盘以及几何重数的结果属于 F. J. Hall 以及 R. Marsli.

6.2　Geršgorin 圆盘——更仔细的研究

我们已经看到，严格对角占优足以保证非奇异性，但对角占优则不然. 考虑某些 2×2 的例子提示我们有这样的猜想：对角占优加上严格不等式

396

$$|a_{ii}| > R'_i = \sum_{j\neq i} |a_{ij}|, \qquad 对至少一个 i=1,\cdots,n 的值 \qquad (6.2.1)$$

或许足以保证非奇异性. 不幸的是，正如例子

$$\begin{bmatrix} 4 & 2 & 1 \\ 0 & 1 & 1 \\ 0 & 1 & 1 \end{bmatrix} \qquad (6.2.1a)$$

所指出的那样，事实并非如此．不过，在对角占优矩阵上可以加上一些有用的条件，在这样的附加条件下，条件(6.2.1)足以保证非奇异性，而且它们会引导出图论中某些非常有意思的想法．其基本结论是：如果 A 是对角占优的，那么零不可能在任何 Geršgorin 圆盘的内部．

引理 6.2.2 设给定 $A = [a_{ij}] \in M_n$ 以及 $\lambda \in \mathbf{C}$. 那么有以下结论．

（a）λ 不在 A 的任何 Geršgorin 圆盘的内部，当且仅当

$$|\lambda - a_{ii}| \geqslant R_i' = \sum_{j \neq i} |a_{ij}|, \qquad \text{对所有 } i = 1, \cdots, n \qquad (6.2.2a)$$

（b）如果 λ 在(6.1.2)中的 Geršgorin 集合 $G(A)$ 的边界上，那么它满足不等式(6.2.2a)．

（c）A 是对角占优的，当且仅当 $\lambda = 0$ 满足不等式(6.2.2a)．

习题 证明上一个引理． ◀

习题 考虑点 $\lambda = 0$ 以及矩阵 $A = \begin{bmatrix} 1 & 1 \\ 1 & i \end{bmatrix} \oplus \begin{bmatrix} -1 & 1 \\ 1 & -i \end{bmatrix}$. ◀

说明为什么 $G(A)$ 内部的一点能满足不等式(6.2.2a)．

对(6.1.1)的证明做仔细的分析可以弄清楚：如果 A 的一个特征值满足不等式(6.2.2a)（特别地，如果这个特征值是 $G(A)$ 的一个边界点），那么会发生什么．

引理 6.2.3 设 λ，x 是的 $A = [a_{ij}] \in M_n$ 的一个特征对，并假设 λ 满足不等式(6.2.2a). 那么有以下结论．

（a）如果 $p \in \{1, \cdots, n\}$ 且 $|x_p| = \|x\|_\infty$，那么 $|\lambda - a_{pp}| = R_p'$，即 A 的第 p 个 Geršgorin 圆经过 λ.

（b）如果 $p, q \in \{1, \cdots, n\}$，$|x_p| = \|x\|_\infty$，且 $a_{pq} \neq 0$，那么就有 $|x_q| = \|x\|_\infty$.

证明 假设 $|x_p| = \|x\|_\infty$. 那么(6.1.1a)确保有

$$|\lambda - a_{pp}| \|x\|_\infty = |\lambda - a_{pp}| |x_p| = \left| \sum_{j \neq p} a_{pj} x_j \right|$$

$$\leqslant \sum_{j \neq p} |a_{pj}| |x_j| \leqslant \sum_{j \neq p} |a_{pj}| \|x\|_\infty = R_p' \|x\|_\infty \qquad (6.2.4)$$

从而 $|\lambda - a_{pp}| \leqslant R_p'$. 然而，不等式(6.2.2a)确保有 $|\lambda - a_{pp}| \geqslant R_p'$，所以 $|\lambda - a_{pp}| = R_p'$，这就是结论(a). 于是，我们在不等式(6.2.4)的两边有**等式**成立：

$$|\lambda - a_{pp}| \|x\|_\infty = \sum_{j \neq p} |a_{pj}| |x_j| = \sum_{j \neq p} |a_{pj}| \|x\|_\infty = R_p' \|x\|_\infty \qquad (6.2.4a)$$

结论(b)由(6.2.4a)的中心处的等式得出：

$$\sum_{j \neq p} |a_{pj}| (\|x\|_\infty - |x_j|) = 0$$

因为每一个求和项都是非负的，故而它必定为零. 于是，$a_{pq} \neq 0$ 蕴含 $|x_q| = \|x\|_\infty$. □

上面的引理看起来是技术性的，不过它以下面有用的结果及其推论作为它直接导出的结果．

定理 6.2.5　设 $A \in M_n$，并设 λ，$x = [x_i]$ 是的 A 的一个特征对，其中 λ 满足不等式(6.2.2a)．如果 A 的每一个元素都不是零，那么

(a) A 的每个 Geršgorin 圆都经过 λ；

(b) 对所有 $i = 1, \cdots, n$ 都有 $|x_i| = \|x\|_\infty$．

习题　由(6.2.3)导出(6.2.5)．◀

推论 6.2.6　设 $A = [a_{ij}] \in M_n$，并假设 A 的每一个元素都不是零．如果 A 是对角占优的，又如果存在一个 $k \in \{1, \cdots, n\}$，使得 $|a_{kk}| > R'_k$，那么 A 是非奇异的．

证明　由于 A 是对角占优的，$\lambda = 0$ 满足不等式(6.2.2a)．假设条件确保第 k 个 Geršgorin 圆不经过 0，故由上一个定理推出，0 不是 A 的特征值．□

上一个推论既有用又有趣，不过，如果我们更仔细地利用(6.2.3)中的信息，就能做得好得多．

定义 6.2.7　矩阵 $A = [a_{ij}] \in M_n$ 说成有性质 SC，如果对每一对不同的整数 $p, q \in \{1, \cdots, n\}$ 都存在一列不同的整数 $k_1 = p$，$k_2, \cdots, k_m = q$，使得每一个元素 a_{k_1, k_2}，a_{k_2, k_3}，$\cdots$，a_{k_{m-1}, k_m} 都不是零．

例如，考虑 $p = 2$，$q = 1$ 以及(6.2.1a)中的矩阵．那么 $k_2 = 3$ 是仅有可能的选择．但不可能选取 $k_3 = 1$，这是因为位置 $(3, 1)$ 处的元素是零．从而，(6.2.1a)中的矩阵没有性质 SC．

习题　对 $p = 1$，$q = 2$ 以及(6.2.1a)中的矩阵，求出一列整数，它满足(6.2.7)中所陈述的条件．◀

利用这个概念以及(6.2.3)，我们可以如下改进(6.2.5)．

定理 6.2.8(Better 定理)　设 $A \in M_n$，并设 $x = [x_i]$ 是 A 的一个满足不等式(6.2.2a)的特征对．如果 A 有性质 SC，那么

(a) 每一个 Geršgorin 圆都经过 λ；

(b) 对所有 $i = 1, \cdots, n$ 都有 $|x_i| = \|x\|_\infty$．

证明　设 $p \in \{1, \cdots, n\}$ 是使得 $|x_p| = \|x\|_\infty$ 成立的一个指标．那么(6.2.3a)确保 $|\lambda - a_{pp}| = R'_p$，所以第 p 个 Geršgorin 圆经过 λ．设 $q \in \{1, \cdots, n\}$ 是**任意一个**使得 $q \neq p$ 的指标．因为 A 有性质 SC，故而存在一列不同的指标 $k_1 = p$，$k_2, \cdots, k_m = q$，使得每一个元素 a_{k_1, k_2}，$\cdots$，a_{k_{m-1}, k_m} 都不是零．由于 $a_{k_1 k_2} \neq 0$，(6.2.3b)就确保有 $|x_{k_2}| = \|x\|_\infty$，而(6.2.3a)确保有 $|\lambda - a_{k_2 k_2}| = R'_{k_2}$．按此方法做下去，我们就得出有 $|x_{k_i}| = \|x\|_\infty$ 以及 $|\lambda - a_{k_i k_i}| = R'_{k_i}$(对每一个 $i = 2, \cdots, m$)．特别地，对 $i = m$，我们得出结论：第 q 个 Geršgorin 圆经过 λ，且有 $|x_q| = \|x\|_\infty$．□

恰如在(6.2.6)中那样，现在我们可以得到关于非奇异性的一个有用的充分条件．

推论 6.2.9(Better 推论)　假设 $A = [a_{ij}] \in M_n$ 有性质 SC．如果 A 是对角占优的，又如果存在一个 $k \in \{1, \cdots, n\}$，使得 $|a_{kk}| > R'_k$，那么 A 是非奇异的．

习题　由(6.2.8)推导出(6.2.9)．◀

这个奇怪的性质 SC 是什么？注意：它仅仅包含了 A 位于对角线之外的元素的位置；其主对角线元素以及主对角线之外的非零元素的值是不相干的．受这个想法的推动，我们来定义与 A 有关的两个矩阵．

定义 6.2.10　对任何给定的 $A = [a_{ij}] \in M_{m,n}$，定义 $|A| = [|a_{ij}|]$ 以及 $M(A) = [\mu_{ij}]$，

其中 $\mu_{ij}=1$(如果 $a_{ij}\neq0$)以及 $\mu_{ij}=0$(如果 $a_{ij}=0$). 矩阵 $M(A)$ 称为 A 的**指标矩阵**(indicator matrix).

习题 证明：$A\in M_n$ 有性质 SC，当且仅当或者 $|A|$(从而 $|A|$ 与 $M(A)$ 两者)，或者 $M(A)$ 有性质 SC.

在性质 SC 陈述中出现的 A 的非零元素序列可以形象地简述成与 A 关联的一个图中的某种路径.

定义 6.2.11 $A\in M_n$ 的**有向图**(记为 $\Gamma(A)$)是在 n 个结点 P_1，P_2，$\cdots$，P_n 上的这样一个有向图：图 $\Gamma(A)$ 中从 P_i 到 P_j 有一条有向弧存在，当且仅当 $a_{ij}\neq0$.

例

399

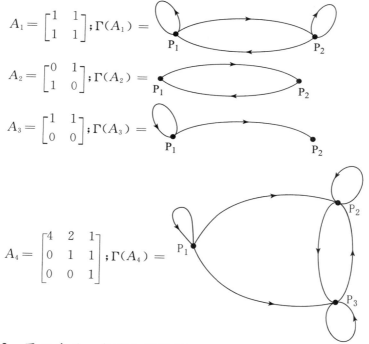

$A_1=\begin{bmatrix}1&1\\1&1\end{bmatrix};\Gamma(A_1)=$

$A_2=\begin{bmatrix}0&1\\1&0\end{bmatrix};\Gamma(A_2)=$

$A_3=\begin{bmatrix}1&1\\0&0\end{bmatrix};\Gamma(A_3)=$

$A_4=\begin{bmatrix}4&2&1\\0&1&1\\0&0&1\end{bmatrix};\Gamma(A_4)=$

定义 6.2.12 图 Γ 中的一条**有向路径**(directed path)γ 是 Γ 中的一列弧 $P_{i_1}P_{i_2}$，$P_{i_2}P_{i_3}$，$P_{i_3}P_{i_4}$，$\cdots$. 有向路径 γ 中有序排列的一列结点是 P_{i_1}，P_{i_2}，$\cdots$. 一条有向路径的**长度**(length)就是在该有向路径中弧的个数，如果这个个数是有限的；反之，这条有向路径就被说成有无限的长度. **回路**(cycle)有时称为**简单有向回路**(simple directed cycle)，是开始与结束都在同一个结点处的有向路径；这个结点在该路径中结点的有序列表中必定恰好出现两次，而在这个结点列表中没有任何其他结点可以出现多于一次. 长度为 1 的回路称为一个**圈**(loop)或者**平凡的回路**(trivial cycle).

定义 6.2.13 一个有向图 Γ 称为是**强连通的**(strongly connected)，如果在 Γ 中每一对不同的结点 P_i，P_j 之间都有一条长度有限的有向路径，其起点是 P_i，而终点是 P_j.

定理 6.2.14 设 $A\in M_n$. 那么 A 有性质 SC，当且仅当有向图 $\Gamma(A)$ 是强连通的.

习题 证明上面的定理.

习题　如果一个有向图 Γ 的每一对结点都属于至少一条回路, 说明为什么 Γ 是强连通的. 考虑矩阵

$$\begin{bmatrix} 0 & 1 & 0 \\ 1 & 0 & 1 \\ 0 & 1 & 0 \end{bmatrix}$$

并对相反的蕴含关系给出一个反例.

　　在一个有向图的两个给定的结点之间有可能有多于一条有向路径, 不过这样两条有不同长度的路径有可能不是本质上不同的, 其中的一条或许包含一条或多条重复的子路径. 如果我们在沿着一条有向路径行走时两次遇到一个给定的结点, 那么这条有向路径就能通过删除第一次以及第二次遇到这一结点之间走过的所有中间的弧(不改变其端点)来加以缩减(删去的子图是一条回路, 或者包含一条回路).

　　结论 6.2.15　设 Γ 是 n 个结点上的一个有向图. 如果在 Γ 的两个给定的结点之间有一条有向路径, 那么它们之间就存在一条长度不大于 $n-1$ 的有向路径.

　　为确定一个给定的矩阵 A 是否有性质 SC, 我们可以检查看 $\Gamma(A)$ 是否是强连通的. 如果 n 不大, 或者 $M(A)$ 有特殊的构造, 那么就有可能核查 $\Gamma(A)$ 以确认在每一对结点之间都有一条路径. 换一种方式, 下面的定理对于不依赖于视觉查验的计算方法提供了基础.

　　定理 6.2.16　设 $A \in M_n$, 而 P_i 与 P_j 是 $\Gamma(A)$ 的给定的结点. 则下面诸命题等价.

　　(a) $\Gamma(A)$ 中存在一条从 P_i 到 P_j 的长度为 m 的有向路径.

　　(b) $|A|^m$ 的位于 i, j 处的元素不为零.

　　(c) $M(A)^m$ 的位于 i, j 处的元素不为零.

　　证明　我们用归纳法来进行. 对 $m=1$ 结论是平凡的. 对 $m=2$ 我们计算出

$$(|A|^2)_{ij} = \sum_{k=1}^{n} |A|_{ik} |A|_{kj} = \sum_{k=1}^{n} |a_{ik}| |a_{kj}|$$

所以 $(|A|^2)_{ij} \neq 0$ 当且仅当对 k 的至少一个值, a_{ik} 与 a_{kj} 两者都不是零. 但这种情形发生的充分必要条件是: 在 $\Gamma(A)$ 中存在一条从 P_i 到 P_j 的长为 2 的路径. 一般地, 假设结论对 $m=q$ 已经证明. 那么

$$(|A|^{q+1})_{ij} = \sum_{k=1}^{n} (|A|^q)_{ik} |A|_{kj} = \sum_{k=1}^{n} (|A|^q)_{ik} |a_{kj}| \neq 0$$

成立的充分必要条件是: 对 k 的至少一个值, $(|A|^q)_{ik}$ 与 $|a_{kj}|$ 两者都不是零. 这种情形出现的充分必要条件是: 存在一条从 P_i 到 P_k 的长为 q 的路径以及一条从 P_k 到 P_j 的长为 1 的路径, 即其充分必要条件是存在一条从 P_i 到 P_j 的长为 $q+1$ 的路径.

　　同样的方法对 $M(A)$ 也有效.　　　　　　　　　　　　　　　　　　　□

　　定义 6.2.17　设 $A = [a_{ij}] \in M_n$. 我们称 $A \geqslant 0$ (A 是非负的), 如果它所有的元素 a_{ij} 都是实的且是非负的. 我们称 $A > 0$ (A 是正的), 如果它所有的元素 a_{ij} 都是实的且是正的.

　　推论 6.2.18　设 $A \in M_n$. 那么 $|A|^m > 0$ 当且仅当从 $\Gamma(A)$ 中的每一个结点 P_i 到每一个结点 P_j 都存在 $\Gamma(A)$ 中的一条长度为 m 的有向路径. 同样的结论对 $M(A)^m$ 也为真.

　　推论 6.2.19　设 $A \in M_n$. 则如下诸结论等价.

（a）A 有性质 SC.

（b）$(I+|A|)^{n-1}>0$.

（c）$(I+M(A))^{n-1}>0$.

证明 $(I+|A|)^{n-1}=I+(n-1)|A|+\binom{n-1}{2}|A|^2+\cdots+|A|^{n-1}>0$ 当且仅当对每一对结点 i, $j(i\neq j)$，矩阵 $|A|,|A|^2,\cdots,|A|^{n-1}$ 中至少有一个在位置 i, j 处有一个正的元素. 但是(6.2.16)确保这种情形发生的充分必要条件是：$\Gamma(A)$ 中有一条从 P_i 到 P_j 的有向路径. 这等价于 $\Gamma(A)$ 是强连通的，而这又等价于 A 有性质 SC. □

401

习题 证明上一个推论中与 $M(A)$ 有关的结论. ◀

推论 6.2.20 如果 $A\in M_n$, i, $j\in\{1,\cdots,n\}$，且 $i\neq j$，那么 $\Gamma(A)$ 中有一条从 P_i 到 P_j 的路径，当且仅当 $(I+|A|)^{n-1}$ 在位置 (i,j) 处的元素不为零.

习题 利用上一个推论对性质 SC 给出一个用显式计算表达的判别法，这个判别法需要 $\log_2(n-1)$ 次矩阵乘法，而不需要用 $n-2$ 次矩阵乘法. 提示：考虑 $(I+|A|)^2$ 以及这个矩阵的平方等. ◀

现在我们再引入一个与性质 SC 等价的特征. 它基于如下的事实：$\Gamma(A)$ 的强连通性正好是 $\Gamma(A)$ 的一个拓扑性质，它与对 $\Gamma(A)$ 的结点所赋予的标号没有关系. 如果我们对结点的标号作排列，则图将或者保持是强连通的，或者保持不是强连通的. 交换 A 的第 i 行与第 j 行以及交换它的第 i 列与第 j 列，就会通过交换结点 P_i 与 P_j 上的标号来改变 $\Gamma(A)$. 反之，与交换 A 的某些行以及列相对应的，是重新给 $\Gamma(A)$ 的结点标号. 于是，置换相似 $A\rightarrow P^TAP$（有限多次交换行以及列的结果）就等价于对 $\Gamma(A)$ 的结点标号进行排列.

重要的是了解是否能找到 A 的行与列的某个排列，以将 A 变成下面的定义中所描述的特殊的分块形式.

定义 6.2.21 矩阵 $A\in M_n$ 称为是**可约的**(reducible)，如果存在一个置换矩阵 $P\in M_n$，使得

$$P^TAP=\begin{bmatrix}B & C\\ 0_{n-r,r} & D\end{bmatrix}\text{以及 } 1\leqslant r\leqslant n-1$$

在上面的定义中，我们没有要求分块 B, C 以及 D 中任何一个有非零的元素. 我们只要求可以通过某些行以及列的交换产生出左下方那个由零元素组成的 $(n-r)\times r$ 分块. 然而，我们的确要求方阵 B 与 D 两者的阶都至少为 1，所以没有任何 1×1 的矩阵是可约的.

习题 如果 A 是可约的，说明为什么它至少有 $n-1$ 个零元素. ◀

假设我们想要求解一个线性方程组 $Ax=y$，并假设 A 是可约的. 如果我们记 $\widetilde{A}=P^TAP=\begin{bmatrix}B & C\\ 0 & D\end{bmatrix}$，我们有 $Ax=P\widetilde{A}P^Tx=y$，或者写成 $\widetilde{A}(P^Tx)=P^Ty$. 令 $P^Tx=\widetilde{x}=\begin{bmatrix}z\\ \zeta\end{bmatrix}$（未知）以及 $P^Ty=\widetilde{y}=\begin{bmatrix}w\\ \omega\end{bmatrix}$（已知），其中 z, $w\in\mathbf{C}^r$ 以及 ζ, $\omega\in\mathbf{C}^{n-r}$. 那么需要求解的方程组就等价于 $\widetilde{A}\widetilde{x}=\widetilde{y}=\begin{bmatrix}B & C\\ 0 & D\end{bmatrix}\begin{bmatrix}z\\ \zeta\end{bmatrix}=\begin{bmatrix}w\\ \omega\end{bmatrix}$，即等价于两个方程组 $D\zeta=\omega$ 以及 $Bz+C\zeta=w$. 如果首先对 ζ 求解 $D\zeta=\omega$，然后再对 z 求解 $Bz=w-C\zeta$，我们就将原来的问题转化成两

个较小的问题. 一个有**可约的**(reducible)系数矩阵的线性方程组可以**化简**成两个更小的线性方程组.

定义 6.2.22 矩阵 $A \in M_n$ 称为**不可约的**(irreducible)，当且仅当它不是可约的.

定理 6.2.23 设 $A \in M_n$. 则下列诸结论等价.

(a) A 是不可约的.

(b) $(I+|A|)^{n-1}>0$.

(c) $(I+M(A))^{n-1}>0$.

证明 为了证明(a)与(b)是等价的，只要证明：A 是可约的当且仅当 $(I+|A|)^{n-1}$ 有一个零元素. 首先假设 A 是可约的，且对某个置换矩阵 P 有 $P^\mathrm{T} A P = \begin{bmatrix} B & C \\ 0 & D \end{bmatrix} = \widetilde{A}$，其中 $B \in M_r$，$D \in M_{n-r}$ 以及 $1 \leqslant r \leqslant n-1$. 注意 $P^\mathrm{T}|A|P = |P^\mathrm{T}AP| = |\widetilde{A}|$，这是因为置换相似的作用效果仅仅是对行以及列进行排列，还要注意 $|\widetilde{A}|^2$，$|\widetilde{A}|^3$，$\cdots$，$|\widetilde{A}|^{n-1}$ 中的每一个矩阵的左下方都有一个 $(n-r) \times r$ 的零分块. 这样就有

$$P^\mathrm{T}(I+|A|)^{n-1}P = (I+P^\mathrm{T}|A|P)^{n-1} = (I+|P^\mathrm{T}AP|)^{n-1}$$
$$= (I+|\widetilde{A}|)^{n-1}$$
$$= I + (n-1)|\widetilde{A}| + \binom{n-1}{2}|\widetilde{A}|^2 + \cdots + |\widetilde{A}|^{n-1}$$

其中每一个求和项的左下角都有一个 $(n-r) \times r$ 的零分快. 于是 $(I+|A|)^{n-1}$ 是可约的，所以它有一个零元素.

反之，假设对某个指标 $p \neq q$，$(I+|A|)^{n-1}$ 的位于 (p, q) 处的元素是 0. 那么，$\Gamma(A)$ 中就没有从 P_p 到 P_q 的有向路径. 定义结点集合

$$S_1 = \{P_i : P_i = P_q \text{ 或者在 } \Gamma(A) \text{ 中存在一条从 } P_i \text{ 到 } P_q \text{ 的路径}\}$$

并设 S_2 是 $\Gamma(A)$ 的所有不在 S_1 中的结点的集合. 注意到 $S_1 \cup S_2 = \{P_1, \cdots, P_n\}$ 以及 $P_q \in S_1 \neq \varnothing$，所以 $S_2 \neq \{P_1, \cdots, P_n\}$. 如果从 S_2 的某个结点 P_i 到 S_1 的某个结点 P_j 有一条路径的话，那么(根据 S_1 的定义)就会存在一条从 P_i 到 P_q 的路径，所以 P_i 就会在 S_1 中. 从而，不存在从 S_2 的任何结点到 S_1 的任何结点的路径. 现在重新标注结点，以使得 $S_1 = \{\widetilde{P}_1, \cdots, \widetilde{P}_r\}$ 以及 $S_2 = \{\widetilde{P}_{r+1}, \cdots, \widetilde{P}_n\}$. 设 P 是与重新标号所对应的置换矩阵. 那么

$$\widetilde{A} = P^\mathrm{T} A P = \begin{bmatrix} B & C \\ 0 & D \end{bmatrix}, \quad B \in M_r, D \in M_{n-r}$$

从而 A 是可约的.

(a)与(c)的论证是相同的.   □

让我们来对此加以总结.

定理 6.2.24 设 $A \in M_n$. 则以下诸结论等价.

(a) A 是不可约的.

(b) $(I+|A|)^{n-1}>0$.

(c) $(I+M(A))^{n-1}>0$.

(d) $\Gamma(A)$ 是强连通的.

（e）A 有性质 SC.

定义 6.2.25 设 $A \in M_n$. 我们称 A 是**不可约对角占优的**（irreducibly diagonally dominant），如果

（a）A 是不可约的，

（b）A 是对角占优的，即对所有 $i = 1, \cdots, n$，都有 $|a_{ii}| \geqslant R_i'(A)$，

（c）存在一个 $i \in \{1, \cdots, n\}$，使得 $|a_{ii}| > R_i'(A)$.

习题 用例子来说明：一个矩阵可以是不可约的而且也是对角占优的，但却不可以是不可约对角占优的.

403

我们所学到的关于不可约矩阵以及在它的 Geršgorin 集合的边界上的任何特征值的知识可以总结如下.

定理 6.2.26（Taussky） 设 $A \in M_n$ 是不可约的，并假设 $\lambda \in \mathbf{C}$ 满足不等式（6.2.2a）. 例如，λ 可能是 Geršgorin 集合 $G(A)$ 的一个边界点. 如果 λ 是 A 的一个特征值，那么 A 的每个 Geršgorin 圆都通过 λ. 等价地，如果 A 的某个 Geršgorin 圆不通过 λ，那么它不是 A 的特征值.

推论 6.2.27（Taussky） 设 $A = [a_{ij}] \in M_n$ 是不可约对角占优的. 那么有以下结论.

（a）A 是非奇异的.

（b）如果 A 的每个主对角线元素都是实的正数，那么 A 的每个特征值都有正的实部.

（c）如果 A 是 Hermite 矩阵且每个主对角元素都是正的，那么 A 的每个特征值都是正的，即 A 是正定的.

问题

6.2.P1 设 $A \in M_n$ 是不可约的，并假设 $n \geqslant 2$. 证明：A 没有为零的行或者列.

6.2.P2 用例子说明（6.2.28）中不可约性的假设条件是必要的.

6.2.P3 假设 $A = [a_{ij}] \in M_n$，λ，$x = [x_i]$ 是 $|A|$ 的一个特征对，且所有 $x_i > 0$. 设 $D = \mathrm{diag}(x_1, \cdots, x_n)$. 说明为什么 $D^{-1}|A|D$ 的每一个 Geršgorin 圆都通过 λ，又为什么 $\lambda = \rho(|A|)$. 画出图来. 关于 $D^{-1}AD$ 的绝对行和你有什么要说的吗？

6.2.P4 第 8 章里将要证明元素为正数的方阵总有一个正的特征值以及一个与之相伴的由正元素组成的特征向量. 利用这个事实以及上一个问题来证明：对所有 $A \in M_n$ 都有 $\rho(A) \leqslant \rho(|A|)$.

6.2.P5 利用（6.2.28）证明：关于多项式 $p(z) = z^n + a_{n-1}z^{n-1} + \cdots + a_1 z + a_0$（其中 $a_0 \neq 0$）的零点 $\tilde{z}$ 的 Cauchy 界（5.6.47）能改进为 $|\tilde{z}| < \max\{|a_0|, |a_1| + 1, |a_2| + 1, \cdots, |a_{n-1}| + 1\}$，只要并非所有的实数 $|a_0|, |a_1| + 1, |a_2| + 1, \cdots, |a_{n-1}| + 1$ 都是相同的. 在 Montel 界（5.6.48）、Camichael-Mason 界（5.6.49）以及 Kojima 界（5.6.53）中可以做出什么样的改进？

6.2.P6 说明为什么：（a）不可约的上 Hessenberg 矩阵是未约化的，并给出一个未约化的上 Hessenberg 矩阵但它是可约的例子；（b）Hermite 或者对称的三对角矩阵是未约化的，当且仅当它是不可约的.

6.2.P7 设 $A \in M_n$ 是实对称的三对角矩阵，它的主对角元素全为 2 且超对角线上元素全为 -1. 利用（6.2.27）证明 A 是正定的.

6.2.P8 设 $A \in M_n$. 我们知道 $\rho(A) \leqslant \|\|A\|\|_\infty$. 如果 A 是不可约的且并非它所有的绝对行和都相等，说明为什么有 $\rho(A) < \|\|A\|\|_\infty$. 不可约的条件可以去掉吗？

404

6.3 特征值摄动定理

设 $D = \mathrm{diag}(\lambda_1, \cdots, \lambda_n) \in M_n$，又设 $E = [e_{ij}] \in M_n$，考虑摄动矩阵 $D + E$. 定理 6.1.1 确保 $D + E$ 的特征值包含在集合

$$\bigcup_{i=1}^{n} \{z \in \mathbf{C}: |z - \lambda_i - e_{ii}| \leqslant R_i'(E) = \sum_{j \neq i} |e_{ij}|\}$$

中，而它又包含在集合

$$\bigcup_{i=1}^{n} \{z \in \mathbf{C}: |z - \lambda_i| \leqslant R_i(E) = \sum_{j=1}^{n} |e_{ij}|\}$$

中. 于是，如果 $\hat{\lambda}$ 是 $D + E$ 的一个特征值，那么就存在 D 的某个特征值 λ_i，使得 $|\hat{\lambda} - \lambda_i| \leqslant \|\|E\|\|_\infty$. 我们可以利用这个界来对一个可以对角化的矩阵的特征值得到一个摄动的界.

结论 6.3.1 设 $A \in M_n$ 可以对角化，并假设 $A = S \Lambda S^{-1}$，其中 S 是非奇异的，而 Λ 是对角的. 设 $E \in M_n$. 如果 $\hat{\lambda}$ 是 $A + E$ 的一个特征值，那么就存在 A 的一个特征值 λ，使得

$$|\hat{\lambda} - \lambda| \leqslant \|\|S\|\|_\infty \|\|E\|\|_\infty \|\|S^{-1}\|\|_\infty = \kappa_\infty(S) \|\|E\|\|_\infty$$

其中 $\kappa_\infty(\cdot)$ 是关于矩阵范数 $\|\|\cdot\|\|_\infty$ 的条件数.

证明 由于 $A + E$ 与 $S^{-1}(A + E)S = \Lambda + S^{-1}ES$ 有同样的特征值，又因为 Λ 是对角的，上面的推理方法表明，存在 A 的某个特征值 λ 使得 $|\hat{\lambda} - \lambda| \leqslant \|\|S^{-1}ES\|\|_\infty$. 故而所说的不等式就由矩阵范数 $\|\|\cdot\|\|_\infty$ 的次积性推导出来. □

最大行和范数是由 $\mathbf{C}^n$ 上的和范数（它是一个绝对范数）诱导的. 我们可以利用 (5.6.36) 来推广上一个结论.

定理 6.3.2 (Bauer 与 Fike) 设 $A \in M_n$ 可以对角化，并假设 $A = S \Lambda S^{-1}$，其中 S 是非奇异的，而 Λ 是对角的. 设 $E \in M_n$ 并设 $\|\|\cdot\|\|$ 是 M_n 上的矩阵范数，它是由 $\mathbf{C}^n$ 上的一个绝对范数所诱导的. 如果 $\hat{\lambda}$ 是 $A + E$ 的一个特征值，则存在 A 的一个特征值 λ，使得

$$|\hat{\lambda} - \lambda| \leqslant \|\|S\|\| \|\|S^{-1}\|\| \|\|E\|\| = \kappa(S) \|\|E\|\| \qquad (6.3.3)$$

其中 $\kappa(\cdot)$ 是关于矩阵范数 $\|\|\cdot\|\|$ 的条件数.

证明 如果 $\hat{\lambda}$ 是 $S^{-1}(A + E)S = \Lambda + S^{-1}ES$ 的一个特征值，那么 $\hat{\lambda}I - \Lambda - S^{-1}ES$ 是奇异的. 如果 $\hat{\lambda}$ 是 A 的一个特征值，则界 (6.3.3) 显然满足. 假设 $\hat{\lambda}$ 不是 A 的特征值，这样 $\hat{\lambda}I - \Lambda$ 就是非奇异的. 在此情形，$(\hat{\lambda}I - \Lambda)^{-1}(\hat{\lambda}I - \Lambda - S^{-1}ES) = I - (\hat{\lambda}I - \Lambda)^{-1}S^{-1}ES$ 是奇异的，所以 (5.1.16) 确保 $\|\|(\hat{\lambda}I - \Lambda)^{-1}S^{-1}ES\|\| \geqslant 1$. 利用 (5.6.36)，我们计算出

$$1 \leqslant \|\|(\hat{\lambda}I - \Lambda)^{-1}S^{-1}ES\|\| \leqslant \|\|S^{-1}ES\|\| \|\|(\hat{\lambda}I - \Lambda)^{-1}\|\|$$

$$= \|\|S^{-1}ES\|\| \max_{1 \leqslant i \leqslant n} |\hat{\lambda} - \lambda_i|^{-1} = \frac{\|\|S^{-1}ES\|\|}{\min\limits_{1 \leqslant i \leqslant n} |\hat{\lambda} - \lambda_i|}$$

从而有

$$\min_{1 \leqslant i \leqslant n} |\hat{\lambda} - \lambda_i| \leqslant \|\|S^{-1}ES\|\| \leqslant \|\|S^{-1}\|\| \|\|S\|\| \|\|E\|\| = \kappa(S) \|\|E\|\| \qquad □$$

习题 给出一个不满足定理假设条件的矩阵范数的例子. ◄

习题 说明为什么酉矩阵关于谱范数有条件数 1. ◄

条件数 $\kappa(\cdot)$ 出现在正文中计算逆矩阵或者求解线性方程组时产生的先验误差界限的 (5.8) 中，但是现在我们看到它出现在可对角化矩阵的计算出的特征值的先验误差界中. 如果我们把 $\hat{\lambda}$ 看成是摄动矩阵 $A + E$ 的一个精确计算的特征值，那么 (6.3.3) 就确保用它作

为 A 的特征值 λ 的近似值所产生的相对误差满足不等式

$$\frac{\hat{\lambda} - \lambda}{\|E\|} \leqslant \kappa(S)$$

所用的矩阵范数必定是由一个绝对向量范数诱导的,且 S 的列是 A 的任意一组线性无关的特征向量. 如果 $\kappa(S)$ 很小(接近于 1),那么数据的微小摄动可能只对特征值产生很小的改变. 然而,如果 $\kappa(S)$ 很大,那么计算出来的 $A+E$ 的特征值有可能对于 A 的特征值是一个不好的近似值.

如果 A 是正规的,就可以取 S 为酉矩阵,它关于谱范数有条件数 1. 于是,正规矩阵关于特征值的计算是良态的.

推论 6.3.4 设 $A,E \in M_n$,并假设 A 是正规的. 如果 $\hat{\lambda}$ 是 $A+E$ 的一个特征值,那么就存在 A 的一个特征值 λ,使得 $|\hat{\lambda} - \lambda| \leqslant \|E\|_2$.

在上一个推论中,无论是摄动矩阵 E 还是经过摄动的矩阵 $A+E$ 都不需要是正规的. 例如,A 可以是实对称的矩阵,它经受一个实的但不一定是对称的摄动.

习题 对(6.3.4)的证明提供细节. ◀

习题 如果 $A,E \in M_n$ 是 Hermite 矩阵,$\lambda_1 \leqslant \cdots \leqslant \lambda_n$ 是 A 的有序排列的特征值,如果 $\hat{\lambda}_1 \leqslant \cdots \leqslant \hat{\lambda}_n$ 是 $A+E$ 的有序排列的特征值,又如果 $\lambda_1(E) \leqslant \cdots \leqslant \lambda_n(E)$ 是 E 的有序排列的特征值,利用 Weyl 不等式(4.3.2a)和(4.2.3b)证明

$$\lambda_1(E) \leqslant \hat{\lambda}_k - \lambda_k \leqslant \lambda_n(E), \quad 对每一个 \ k=1,\cdots,n \tag{6.3.4.1}$$

以及 $|\hat{\lambda}_k - \lambda_k| \leqslant \rho(E) = \|E\|_2$. 为什么这个界好于(6.3.4)中的界? 如果 E 的所有特征值都是非负的,你能有何结论要说? ◀

在数值应用中通常 A 与参与摄动的矩阵 E 两者都是实对称的. 在此情形,以及在 A 与 $A+E$ 两者均为正规矩阵这种更加一般的情形,对于所有特征值的摄动都有 Frobenius 范数上界.

406

定理 6.3.5(Hoffman 与 Wielandt) 设 $A,E \in M_n$,假设 A 与 $A+E$ 两者都是正规的,设 $\lambda_1,\cdots,\lambda_n$ 是 A 的以某种次序排列的特征值,而 $\hat{\lambda}_1,\cdots,\hat{\lambda}_n$ 则是 $A+E$ 的以某种次序排列的特征值. 那么存在整数 $1,\cdots,n$ 的一个置换 $\sigma(\cdot)$,使得

$$\sum_{i=1}^{n} |\hat{\lambda}_{\sigma(i)} - \lambda_i|^2 \leqslant \|E\|_2^2 = \mathrm{tr}(E^*E) \tag{6.3.6}$$

证明 设 $\Lambda = \mathrm{diag}(\lambda_1,\cdots,\lambda_n)$,$\hat{\Lambda} = \mathrm{diag}(\hat{\lambda}_1,\cdots,\hat{\lambda}_n)$,设 $V,W \in M_n$ 是酉矩阵,它们满足 $A = V\Lambda V^*$ 以及 $A+E = W\hat{\Lambda}W^*$,又设 $U = V^*W = [u_{ij}]$. 利用 Frobenius 范数的酉不变性,我们计算出

$$\|E\|_2^2 = \|(A+E) - A\|_2^2 = \|W\hat{\Lambda}W^* - V\Lambda V^*\|_2^2 = \|V^*W\hat{\Lambda} - AV^*W\|_2^2$$

$$= \|U\hat{\Lambda} - \Lambda U\|_2^2 = \sum_{i,j=1}^{n} |\hat{\lambda}_i - \lambda_j|^2 |u_{ij}|^2$$

正如同在(4.3.49)的证明中那样,我们注意到矩阵 $[|u_{ij}|^2]$ 是双随机的. 这样一来就有

$$\|E\|_2^2 = \sum_{i,j=1}^{n} |\hat{\lambda}_i - \lambda_j|^2 |u_{ij}|^2 \geqslant \min\left\{ \sum_{i,j=1}^{n} |\hat{\lambda}_i - \lambda_j|^2 s_{ij} : S = [s_{ij}] \in M_n \ 是双随机的 \right\}$$

函数 $f(S) = \sum_{i,j=1}^{n} |\hat{\lambda}_i - \lambda_i|^2 S_{ij}$ 是在双随机矩阵组成的凸紧集上的一个线性函数，所以 (8.7.3)（Birkhoff 定理的一个推论）就确保 f 在一个置换矩阵 $P = [p_{ij}]$ 处取到它的最小值. 如果 P^{T} 对应于整数 $1, \cdots, n$ 的置换 $\sigma(\cdot)$，我们就有

$$\|E\|_2^2 \geqslant \sum_{i,j=1}^{n} |\hat{\lambda}_i - \lambda_j|^2 \, p_{ij} = \sum_{i=1}^{n} |\hat{\lambda}_{\sigma(i)} - \lambda_i|^2 \tag{6.3.7}$$
□

定理 6.3.5 是说：正规矩阵的特征值在摄动下具有很强的稳定性，但它并没有给出满足所述不等式的特征值的置换. 并不是每一个置换都行的，而且的确其中总会有某个置换使得 (6.3.6) 中的不等式反过来成立，见 (6.3.P8). 不过在 Hermite 矩阵这种重要的特殊情形，特征值的一种自然排序就能获得成功.

推论 6.3.8 设 $A, E \in M_nA$. 假设 A 是 Hermite 矩阵，而 $A + E$ 是正规的，设 $\lambda_1, \cdots, \lambda_n$ 是 A 的特征值，按照递增次序排列 $\lambda_1 \leqslant \cdots \leqslant \lambda_n$，设 $\hat{\lambda}_1, \cdots, \hat{\lambda}_n$ 是 $A + E$ 的特征值，按照如下次序排列 $\operatorname{Re} \hat{\lambda}_1 \leqslant \cdots \leqslant \operatorname{Re} \hat{\lambda}_n$. 那么就有

$$\sum_{i=1}^{n} |\hat{\lambda}_i - \lambda_i|^2 \leqslant \|E\|_2^2$$

证明 上一个定理确保存在 $A + E$ 的特征值的给定次序的一个置换，使得

$$\sum_{i=1}^{n} |\hat{\lambda}_{\sigma(i)} - \lambda_i|^2 \leqslant \|E\|_2^2 \tag{6.3.9}$$

如果列表 $\hat{\lambda}_{\sigma(1)}, \cdots, \hat{\lambda}_{\sigma(n)}$ 中的 $A + E$ 的特征值已经是按照实部增长的次序排列了，那就没有什么要证明的了. 如若不然，列表中就有两个相邻接的特征值不是依照此种次序排列的，比方说有 $\operatorname{Re} \hat{\lambda}_{\sigma(k)} > \operatorname{Re} \hat{\lambda}_{\sigma(k+1)}$，则计算显示

$$|\hat{\lambda}_{\sigma(k)} - \lambda_k|^2 + |\hat{\lambda}_{\sigma(k+1)} - \lambda_{k+1}|^2 = |\hat{\lambda}_{\sigma(k+1)} - \lambda_k|^2 + |\hat{\lambda}_{\sigma(k)} - \lambda_{k+1}|^2 + \Delta(k)$$

其中，$\Delta(k) = 2(\lambda_k - \lambda_{k+1})(\operatorname{Re} \hat{\lambda}_{\sigma(k+1)} - \operatorname{Re} \hat{\lambda}_{\sigma(k)}) \geqslant 0$. 从而有

$$|\hat{\lambda}_{\sigma(k)} - \lambda_k|^2 + |\hat{\lambda}_{\sigma(k+1)} - \lambda_{k+1}| \geqslant |\hat{\lambda}_{\sigma(k+1)} - \lambda_k|^2 + |\hat{\lambda}_{\sigma(k)} - \lambda_{k+1}|^2$$

故而可以交换两个特征值 $\hat{\lambda}_{\sigma(k)}$ 与 $\hat{\lambda}_{\sigma(k+1)}$ 而不增加 (6.3.9) 中的差的平方之和. 经过有限次这样的交换（这样做的结果并不增加 (6.3.9) 的左边），特征值列表 $\hat{\lambda}_{\sigma(1)}, \cdots, \hat{\lambda}_{\sigma(n)}$ 就能变换成列表 $\hat{\lambda}_1, \hat{\lambda}_2, \cdots, \hat{\lambda}_n$.
□

在上述推论的一个重要的特殊情形，A 与 $A + E$ 两者都是 Hermite 的，或者甚至都是实的对称矩阵. 作为 (6.3.8) 在这种情形的一个推广，见 (7.4.9.3).

习题 如果 $A, E \in M_n$ 是 Hermite 矩阵，又如果它们的特征值按照同样的（递增的或者递减的）次序排列，说明为什么

$$\sum_{i=1}^{n} (\lambda_i(A + E) - \lambda_i(A))^2 \leqslant \|E\|_2^2 \qquad \blacktriangleleft$$

习题 考虑 $A = \begin{bmatrix} 0 & 0 \\ 0 & 4 \end{bmatrix}$ 以及 $E = \begin{bmatrix} -1 & -1 \\ 1 & -3 \end{bmatrix}$. 说明为什么 (6.3.5) 中的结论不一定为真，如果 A 与 $A + E$ 有一个不是正规的. 提示：对特征值的任意排序都有 $\sum_{i=1}^{2} (\lambda_i(A + E) - \lambda_i(A))^2 = 16$. $\blacktriangleleft$

如果 A 不可以对角化，则没有已知的像(6.3.2)那样容易表述的界限. 然而，有一个简单的显式公式，它描述了当矩阵的元素经受摄动时，**单重特征值会怎样变化**. (1.4.7)以及(1.4.12)中的基本事实就是这个公式的基础，我们将它们复述如下.

引理 6.3.10 设 λ 是 $A \in M_n$ 的一个单重特征值. 设 x 以及 y 分别是 A 的与 λ 相对应的右以及左特征向量. 那么

(a) $y^* x \neq 0$.

(b) 存在一个非奇异的 $S \in M_n$，使得 $S = [x \quad S_1]$, $S^{-*} = \begin{bmatrix} \frac{y}{x^* y} Z_1 \end{bmatrix}$, $S_1, Z_1 \in M_{n,n-1}$,

$$A = S \begin{bmatrix} \lambda & 0 \\ 0 & A_1 \end{bmatrix} S^{-1} \tag{6.3.11}$$

且 λ 不是 $A_1 \in M_{n-1}$ 的特征值.

定理 6.3.12 设 $A, E \in M_n$，并假设 λ 是 A 的一个单重特征值. 设 x 与 y 分别是 A 的与 λ 相对应的右以及左特征向量. 那么有以下结论.

(a) 对每个给定的 $\varepsilon > 0$，存在一个 $\delta > 0$，使得对所有满足 $|t| < \delta$ 的 $t \in \mathbf{C}$ 都存在 $A + tE$ 的一个唯一的特征值 $\lambda(t)$，使得 $|\lambda(t) - \lambda - t y^* E x / y^* x| \leqslant |t| \varepsilon$.

(b) $\lambda(t)$ 在 $t = 0$ 是连续的，且 $\lim_{t \to 0} \lambda(t) = \lambda$.

(c) $\lambda(t)$ 在 $t = 0$ 是可微的，且

$$\frac{\mathrm{d}\lambda(t)}{\mathrm{d}t}\bigg|_{t=0} = \frac{y^* E x}{y^* x} \tag{6.3.13}$$

证明 我们的策略是寻找一个与 $A + tE$ 相似的矩阵，它以 $\lambda + t x^* E y / y^* x$ 作为它位于 $(1,1)$ 处的元素，而且它的与其第一行相关的 Geršgorin 圆盘的半径至多是 $|t| \varepsilon$，且它与另外的 $n-1$ 个 Geršgorin 圆盘不相交. 设 $\mu = \min\{|\lambda - \hat\lambda| : \hat\lambda$ 是 A 的特征值且 $\hat\lambda \neq \lambda\}$，猜想 $\mu > 0$. 令 $\varepsilon \in (0, \mu/7)$.

利用(6.3.10)的记号，设 $\eta = y / y^* x$，并执行相似

$$S^{-1}(A + tE)S = S^{-1}AS + tS^{-1}ES = \begin{bmatrix} \lambda & 0 \\ 0 & A_1 \end{bmatrix} + t \begin{bmatrix} \eta^* E x & \eta^* E S_1 \\ Z_1^* E x & Z_1^* E S_1 \end{bmatrix}$$

$$= \begin{bmatrix} \lambda + t\eta^* E x & t\eta^* E S_1 \\ t Z_1^* E x & A_1 + t Z_1^* E S_1 \end{bmatrix}$$

它把 $\lambda + t y^* E x / y^* x$ 放在位置 $(1,1)$ 处. 现在执行这样一个相似，它把 A_1 变成(2.4.7.2)中所描述的"几乎对角的"上三角型：$A_1 = S_\varepsilon T_\varepsilon S_\varepsilon^{-1}$，其中 T_ε 是上三角的，其主对角线上的元素是 A_1 的特征值，且删去的绝对行和至多为 ε. 设 $\mathcal{S}_\varepsilon = [1] \oplus S_\varepsilon$，并计算相似

$$\mathcal{S}_\varepsilon^{-1} S^{-1}(A + tE) S \mathcal{S}_\varepsilon = \begin{bmatrix} \lambda + t\eta^* E x & t\eta^* E S_1 \mathcal{S}_\varepsilon \\ t \mathcal{S}_\varepsilon^{-1} Z_1^* E x & T_\varepsilon + t \mathcal{S}_\varepsilon^{-1} Z_1^* E S_1 \mathcal{S}_\varepsilon \end{bmatrix}$$

现在设 $\mathcal{R}(r) = [1] \oplus r I_{n-1}$，其中 $r > 0$，它使得 $r \| \eta^* E S_1 \mathcal{S}_\varepsilon \|_1 < \varepsilon$，并执行最后的相似

$$\mathcal{R}(r)^{-1} \mathcal{S}_\varepsilon^{-1} S^{-1}(A + tE) S \mathcal{S}_\varepsilon \mathcal{R}(r)$$

$$= \begin{bmatrix} \lambda + t\eta^* E x & tr\eta^* E S_1 \mathcal{S}_\varepsilon \\ tr^{-1} \mathcal{S}_\varepsilon^{-1} Z_1^* E x & T_\varepsilon + t \mathcal{S}_\varepsilon^{-1} Z_1^* E S_1 \mathcal{S}_\varepsilon \end{bmatrix} \tag{6.3.13a}$$

选取 $\delta_1 > 0$ 使得 $\delta_1 |\eta^* E x| < \varepsilon$，选取 $\delta_2 > 0$ 使得 $\delta_2 \| r^{-1} \mathcal{S}_\varepsilon^{-1} Z_1^* E x \|_\infty < \varepsilon$，又选取 $\delta_3 > 0$ 使得

$\delta_3 \| \mathcal{S}_\varepsilon^{-1} Z_1^* E S_1 \mathcal{S}_\varepsilon \|_\infty < \varepsilon/2$. 设 $\delta = \min\{\delta_1, \delta_2, \delta_3, 1\}$ 并假设 $0 < |t| < \delta$. $T_\varepsilon + t\, \mathcal{S}_\varepsilon^{-1} Z_1^* E S_1$ $\mathcal{S}_\varepsilon$ 的任何主对角元素 τ 离 A_1 的特征值 $\hat{\lambda}$ 的距离至多为 ε,且环绕 τ 的 Geršgorin 圆盘的每一个点离开 $\hat{\lambda}$ 的距离至多为 4ε(ε 来自 $t\, \mathcal{S}_\varepsilon^{-1} Z_1^* E S_1 \mathcal{S}_\varepsilon$ 的一个对角元素的位移,ε 来自 T_ε 的一个删去的绝对行和,ε 来自 $tr^{-1} \mathcal{S}_\varepsilon^{-1} Z_1^* E x$ 的一个元素,还有 ε 来自 $t\, \mathcal{S}_\varepsilon^{-1} Z_1^* E S_1 \mathcal{S}_\varepsilon$ 的一行). 与主对角元素 $\lambda + t\eta^* E x$ 相关的 Geršgorin 圆盘 G_1 的半径至多为 $|t\varepsilon| \leqslant \varepsilon$,且该圆盘中不存在点离开 λ 的距离大于 $2|t\eta^* E x| < 2\varepsilon$. 由于 $4\varepsilon + 2\varepsilon = 6\varepsilon \leqslant 6\mu/7 < \mu$,由此推出:$G_1$ 与 (6.3.13a) 中矩阵的第 $2, \cdots, n$ 行相关的 Geršgorin 圆盘不相交. 定理 6.1.1 确保 G_1 中的 $A + tE$ 有一个唯一的特征值 $\lambda(t)$,所以 $|\lambda(t) - \lambda - t\eta^* E x| \leqslant |t|\varepsilon$.

(b) 中的结论由如下结论得出:如果 $|t| < \delta$,则有

$$|\lambda(t) - \lambda| \leqslant |\lambda(t) - \lambda - t\eta^* E x| + |t\eta^* E x| \leqslant |t|\varepsilon + \varepsilon \leqslant 2\varepsilon$$

不等式

$$\left| \frac{\lambda(t) - \lambda}{t} - \eta^* E x \right| < \varepsilon, \qquad \text{如果 } 0 < |t| < \delta$$

蕴含 (c) 中的结论.   □

习题 利用上一个定理的假设与记号,设 $x = [x_i]$ 以及 $y = [y_i]$. 说明为什么对所有 i,$j = 1, \cdots, n$ 都有

$$\frac{\partial \lambda}{\partial a_{ij}} = \frac{\overline{y_i} x_j}{y^* x} \tag{6.3.13b}$$

提示 设 $E = E_{ij}$,它是这样一个 $n \times n$ 矩阵,它仅在位置 (i, j) 处有一个非零的元素 1. ◀

习题 设给定 $\varepsilon > 0$. 考虑矩阵 $A = \begin{bmatrix} 1 & 1 \\ 0 & 1+\varepsilon \end{bmatrix}$,单重特征值 $\lambda = 1$,以及右特征向量 $x = [1 \quad 0]^{\mathrm{T}}$ 与左特征向量 $y = [\varepsilon \quad -1]^{\mathrm{T}}$. 对所有四对 i,j 计算 $\partial\lambda/\partial a_{ij}$. 当 $\varepsilon \to 0$ 时会发生什么?推导出结论:矩阵的特征值有可能对某种矩阵摄动相当敏感,如果与它相伴的右以及左特征向量几乎正交. ◀

关于单重特征值的导数的公式 (6.3.13) 对于奇异值有一个类似的结果,见 (7.3.12).

与特征值的情形相对照的是,可对角化矩阵的特征向量只要在矩阵的元素中有微小的摄动就可能有剧烈的变化. 例如,如果 $A = \begin{bmatrix} 1 & 0 \\ 0 & 1 \end{bmatrix}$,$E = \begin{bmatrix} \varepsilon & \delta \\ 0 & 0 \end{bmatrix}$,且 $\varepsilon, \delta \neq 0$,则 $A + E$ 的特征值是 $\lambda = 1$ 以及 $1 + \varepsilon$,而它们各自标准化的右特征向量是

$$\begin{bmatrix} 1 \\ 0 \end{bmatrix} \qquad \text{以及} \qquad \frac{1}{(\varepsilon^2 + \delta^2)^{1/2}} \begin{bmatrix} -\delta \\ \varepsilon \end{bmatrix}$$

适当选取 ε 与 δ 的比值,对于两者都任意小的 ε 以及 δ,第二个特征向量可以选取为指向任意的方向.

到目前为止,我们的特征值摄动估计全都只有先验的界. 它们与所计算出来的特征值,或者特征向量,或者任何由它们导出的量都不相干. 设 $\hat{x} \neq 0$ 是 $A \in M_n$ 的一个"近似特征向量",并设 $\hat{\lambda}$ 是对应的"近似特征值". 如果 A 可以对角化,我们就能用**剩余向量** $r = A\hat{x} - \hat{\lambda}\hat{x}$ 来估计 $\hat{\lambda}$ 逼近 A 的一个特征值的程度能好到何种程度.

定理 6.3.14 设 $A \in M_n$ 可以对角化，其中 $A = S\Lambda S^{-1}$，而 $\Lambda = \mathrm{diag}(\lambda_1, \cdots, \lambda_n)$. 设 $\|\cdot\|$ 是 M_n 上的一个矩阵范数，它是由 $\mathbf{C}^n$ 上一个绝对向量范数 $\|\cdot\|$ 诱导的. 设 $\hat{x} \in \mathbf{C}^n$ 是非零向量，$\hat{\lambda} \in \mathbf{C}$，又设 $r = A\hat{x} - \hat{\lambda}\hat{x}$.

(a) 存在 A 的一个特征值 λ，使得

$$|\hat{\lambda} - \lambda| \leqslant \|S\| \, \|S^{-1}\| \, \frac{\|r\|}{\|\hat{x}\|} = \kappa(S) \frac{\|r\|}{\|\hat{x}\|} \tag{6.3.15}$$

其中 $\kappa(\cdot)$ 是关于 $\|\cdot\|$ 的条件数.

(b) 如果 A 是正规的，则存在 A 的一个特征值 λ，使得

$$|\hat{\lambda} - \lambda| \leqslant \frac{\|r\|_2}{\|\hat{x}\|_2} \tag{6.3.16}$$

证明 如果 $\hat{\lambda}$ 是 A 的一个特征值，那么结论中的界平凡地满足，所以我们可以假设它不是 A 的特征值. 那么就有 $r = A\hat{x} - \hat{\lambda}\hat{x} = S(\Lambda - \hat{\lambda}I)S^{-1}\hat{x}$ 以及 $\hat{x} = S(\Lambda - \hat{\lambda}I)^{-1}S^{-1}r$. 利用 (5.6.36) 计算出

$$\|\hat{x}\| = \|S(\Lambda - \hat{\lambda}I)^{-1}S^{-1}r\| \leqslant \|S(\Lambda - \hat{\lambda}I)^{-1}S^{-1}\| \, \|r\| \leqslant \|S\| \, \|S^{-1}\| \, \|(\Lambda - \hat{\lambda}I)^{-1}\| \, \|r\|$$
$$= \kappa(S) \|(\Lambda - \hat{\lambda}I)^{-1}\| \, \|r\| = \kappa(S) \max_{\lambda \in \sigma(A)} |\lambda - \hat{\lambda}|^{-1} \|r\|$$

从而有

$$\|\hat{x}\| \min_{\lambda \in \sigma(A)} |\lambda - \hat{\lambda}| \leqslant \kappa(S) \|r\|$$

在正规矩阵的情形，界 (6.3.16) 是"正规矩阵可以酉对角化"这一事实的推论，由 Euclid 范数诱导的矩阵范数是谱范数，而且酉矩阵关于谱范数有单位条件数. □

上面的结果应当与关于线性方程组的解中相对误差的后验的界 (5.8.10) 作比较. 如果线性方程组的系数矩阵是病态的，即便它是正规的，很小的剩余也不能确保解有很小的相对误差. 然而 (6.3.16) 说的是：如果 A 是正规的，又如果一个近似的特征对有很小的剩余，那么特征值的绝对误差保证会很小. 在界中条件数不出现.

有关特征值的这个令人愉悦的结果与关于特征向量的一个同样令人愉悦的结果不匹配. 即使是对实对称矩阵，很小的剩余并不能保证近似特征向量接近特征向量的真实值.

习题 考虑 $A = \begin{bmatrix} 1 & \varepsilon \\ \varepsilon & 1 \end{bmatrix}$，其中 $\varepsilon > 0$. 取 $\hat{\lambda} = 1$ 以及 $\hat{x} = [1 \quad 0]^{\mathrm{T}}$，并证明剩余是 $r = [0 \quad \varepsilon]^{\mathrm{T}}$. 证明对所有 $\varepsilon > 0$，A 的特征向量是 $[1 \quad 1]^{\mathrm{T}}$ 以及 $[1 \quad -1]^{\mathrm{T}}$，所以，无论 ε 多么小，$\hat{x}$ 都不与这两个向量中的哪一个近似地平行. 证明：A 的特征值是 $1 + \varepsilon$ 与 $1 - \varepsilon$，并验证 (6.3.16) 中的界.

问题

411

6.3.P1 设 $A = [a_{ij}] \in M_n$ 是正规的，又设 $\lambda_1, \cdots, \lambda_n$ 是它的特征值. 证明：存在整数 $1, \cdots, n$ 的一个置换 σ，使得 $\sum_{i=1}^{n} |a_{ii} - \lambda_{\sigma(i)}|^2 \leqslant \sum_{i \neq j} |a_{ij}|^2$.

6.3.P2 (6.3.14) 中的上界与剩余向量 $r = A\hat{x} - \hat{\lambda}\hat{x}$ 的范数有关. 对给定的 $A \in M_n$ 以及给定的非零向量 $\hat{x}$，$\hat{\lambda}$ 的最优选择是什么？(a) 对于 Euclid 范数以及给定的非零向量 $\hat{x}$，证明：对所有 $\hat{\lambda} \in \mathbf{C}$ 都有 $\|r\|_2 \geqslant \|A\hat{x} - (\hat{x}^* A \hat{x})\hat{x}\|_2$. (b) 如果 A 是正规的，且 y 是一个单位向量，说明为什么在圆盘

$$\{z \in \mathbf{C} : |z - y^* A y| \leqslant (\|Ay\|_2^2 - |y^* A y|^2)^{1/2}\} \tag{6.3.17}$$

中至少有 A 的一个特征值.

(c) 如果 A 是 Hermite 的, 且 y 是一个单位向量, 说明为什么在实的区间

$$\{t \in \mathbf{R} : |t - y^* A y| \leqslant (\|Ay\|_2^2 - (y^* Ay)^2)^{1/2}\}$$

中至少有 A 的一个特征值.

6.3.P3　将正规矩阵 $A \in M_n$ 分划成 $A = \begin{bmatrix} B & X \\ Y & C \end{bmatrix}$, 其中 $B \in M_k$ 以及 $C \in M_{n-k}$. 设 β 是 B 的一个特征值, 而 γ 是 C 的一个特征值. (a) 利用 (6.3.14b) 证明: A 有一个特征值在圆盘 $\{z \in \mathbf{C} : |z - \beta| \leqslant \|Y\|_2\}$ 中, 也有一个特征值在圆盘 $\{z \in \mathbf{C} : |z - \gamma| \leqslant \|X\|_2\}$ 中. (b) 如果 $k = 1$ 且 $A = \begin{bmatrix} b & x^* \\ y & C \end{bmatrix}$, 其中 $b \in \mathbf{C}$ 且 x, $y \in \mathbf{C}^{n-1}$, 说明为什么在圆盘 $\{z \in \mathbf{C} : |z - b| \leqslant \|x\|_2\}$ 中以及在 $\{z \in \mathbf{C} : |z - \gamma| \leqslant \|x\|_2\}$ 中都有 A 的一个特征值.

6.3.P4　设 $A \in M_n$ 是正规的, 设 $\mathcal{S}$ 是 $\mathbf{C}^n$ 的一个给定的 k 维子空间, 又设给定 $\gamma \in \mathbf{C}$ 以及 $\delta > 0$. (a) 如果对每个单位向量 $x \in \mathcal{S}$ 都有 $\|Ax - \gamma x\|_2 \leqslant \delta$, 证明在圆盘 $\{z \in \mathbf{C} : |z - \gamma| \leqslant \delta\}$ 中至少有 A 的 k 个特征值. (b) 说明为什么 (a) 中情形 $k = 1$ 时的结论等价于 (6.3.14b) 中的结论, 并将你在 (a) 中的证明进行特殊处理以给出界 (6.3.16) 的另外一个证明.

6.3.P5　设 t_0 是实数并考虑多项式 $p(t) = (t - t_0)^2$. 对 $\varepsilon > 0$, 证明: 多项式 $p(t) - \varepsilon$ 的零点是 $t_0 \pm \varepsilon^{1/2}$. 说明为什么该多项式的零点的摄动与它的系数的摄动的比值可能是无界的.

6.3.P6　考虑 (6.3.4) 中的界, 它说的是: 对于正规矩阵, 关于特征值的摄动与关于矩阵元素的摄动的比值是有界的. 由于该矩阵的特征值正好是它的特征多项式的零点, 说明这个令人愉悦的情况如何才能与上一个问题中的结论相一致. 其蕴含的意义在于, 试图通过得出其特征多项式然后计算它的零点来计算矩阵 (无论是否是正规矩阵) 的特征值是不明智的: 这会将一个内在为良态的问题转变成一个病态的问题!

6.3.P7　考虑 $A = \begin{bmatrix} 0 & 1 \\ 0 & 0 \end{bmatrix}$, $E = \begin{bmatrix} 0 & 0 \\ 1 & 0 \end{bmatrix}$ 以及 $A + tE$ (对 $t > 0$). (a) A 满足 (6.3.12) 的假设条件吗? (b) 证明 $A + tE$ 的特征值是 $\pm \sqrt{t}$, 并说明为什么特征值 $\lambda(t) = \sqrt{t}$ 在 $t = 0$ 是连续的但不可微. (c) A 满足 (6.3.2) 的假设条件吗? (d) 设 λ 是 A 的一个特征值, 并设 $\lambda(t)$ 是 $A + tE$ 的一个特征值. 说明为什么不存在 $c > 0$, 使得对所有 $t > 0$ 都有 $|\lambda(t) - \lambda| \leqslant c \|tE\|$, 并与 (6.3.3) 的界作比较.

6.3.P8　利用 (6.3.5) 的证明中的方法证明: 在该定理的假设之下, 存在整数 $1, \cdots, n$ 的一个置换 τ, 使得 $\displaystyle\sum_{i=1}^{n} |\hat{\lambda}_{\tau(i)} - \lambda_i|^2 \geqslant \|E\|_2^2$.

6.3.P9　在 (6.3.5) 的证明中我们用到了这样的事实: 如果 $U = [u_{ij}] \in M_n$ 是酉矩阵, 那么 $A = [|u_{ij}|^2]$ 是双随机的以及**单随机的** (unistochastic) (见 (4.3.P10)). 证明下面的双随机矩阵不是单随机的:

$$\begin{bmatrix} \dfrac{1}{2} & \dfrac{1}{2} & 0 \\[2mm] \dfrac{1}{2} & 0 & \dfrac{1}{2} \\[2mm] 0 & \dfrac{1}{2} & \dfrac{1}{2} \end{bmatrix}$$

6.3.P10　考虑实对称矩阵 $A(t) = \begin{bmatrix} 0 & t \\ t & 0 \end{bmatrix}$, $t \in \mathbf{R}$. 证明: $A(t)$ 的特征值是 $\lambda_1(t) = |t|$ 以及 $\lambda_2(t) = -|t|$, 它们中哪一个在 $t = 0$ 都是不可微的. 这与 (6.3.12) 矛盾吗? 为什么?

进一步的阅读参考　(6.3.2) 的第一个表达形式发表在 F. Bauer 与 C. Fike, Norms and exclusion theorems,

Numer. Math. 2(1960)137-141 一文中. (6.3.5)的最初的形式发表在 A. J. Hoffman 与 H. Wielandt, The variation of the spectrum of a normal matrix, *Duke Math.* J. 20(1953)37-39 之中. 在实对称的情形, 这个结果的一个初等证明在 Wilkinson(1965)一书的 pp. 104-109 中. 定理 6.3.12 仅仅是一个非常有趣的内容的一部分. 作为这段佳话的其余部分的总结, 见 J. Moro, J. V. Burke 与 M. L. Overton, On the Lidskii-Vishik-Lyusternik perturbation theory for eigenvalues of matrices with arbitrary Jordan structure, *SIAM J. Matrix Anal. Appl.* 18(1997)793-817; 更多的细节请参看 Baumgärtel(1985), Chatelin(1993) 以及 Kato (1980)这三部著作.

6.4 其他的特征值包容集

我们已经比较详细地讨论了 Geršgorin 圆盘. 有许多著者, 似乎受到 Geršgorin 理论的几何精美之吸引, 将这一理论的思想和方法加以推广以得到其他类型的特征值包容集. 现在我们来讨论其中的几个类型以对迄今所做的工作有所了解.

第一个定理(由 Ostrowski 提出)给出如同 Geršgorin 集合那样由圆盘的并集作成的特征值包容集, 但是这些圆盘的半径既依赖于删去的行和, 也依赖于删去的列和. Geršgorin 定理的行以及列的表述形式都包含在这个结果中, 这个结果还给出了一系列特征值包容集, 它们介于(6.1.2)以及(6.1.4)之间.

定理 6.4.1(Ostrowski) 设 $A = [a_{ij}] \in M_n$, 令 $\alpha \in [0, 1]$, 又用 R_i' 以及 C_i' 表示 A 的删去的行和以及列和:

$$R_i' = \sum_{j \neq i} |a_{ij}| \quad \text{以及} \quad C_i' = \sum_{j \neq i} |a_{ij}| \tag{6.4.2}$$

则 A 的特征值在下列圆盘的并集中:

$$\bigcup_{i=1}^n \{z \in \mathbf{C}: |z - a_{ii}| \leq R_i'^{\alpha} C_i'^{1-\alpha}\} \tag{6.4.3}$$

|413|

证明 $\alpha = 0$ 与 $\alpha = 1$ 的情形已经在(6.1.1)以及(6.1.3)中证明了, 故而可以假设 $0 < \alpha < 1$. 此外, 可以假设所有 $R_i' > 0$, 因为在任何使得 $R_i' = 0$ 的一行中可以插入一个很小的非零元素使 A 产生摄动. 这样产生的矩阵就有特征值包容集(6.4.4), 这个集合要大于 A 的特征值包容集, 当摄动趋向于零时的极限情形就得到我们的结果.

现在假设 $Ax = \lambda x$, 其中 $x = [x_i] \neq 0$. 那么对每个 $i = 1, 2, \cdots, n$ 就有

$$|\lambda - a_{ii}| |x_i| = \left| \sum_{j \neq i} a_{ij} x_j \right| \leq \sum_{j \neq i} |a_{ij}| |x_j| = \sum_{j \neq i} |a_{ij}|^{\alpha} (|a_{ij}|^{1-\alpha} |x_j|)$$
$$\leq \left(\sum_{j \neq i} (|a_{ij}|^{\alpha})^{1/\alpha} \right)^{\alpha} \left(\sum_{j \neq i} (|a_{ij}|^{1-\alpha} |x_j|)^{1/(1-\alpha)} \right)^{1-\alpha} \tag{6.4.4}$$
$$= R_i'^{\alpha} \left(\sum_{j \neq i} |a_{ij}| |x_j|^{1/(1-\alpha)} \right)^{1-\alpha}$$

由于 $R_i' > 0$, 此式等价于

$$\frac{|\lambda - a_{ii}|}{R_i'^{\alpha}} |x_i| \leq \left(\sum_{j=1} |a_{ij}| |x_j|^{1/(1-\alpha)} \right)^{1-\alpha}$$

从而有

$$\left[\frac{|\lambda - a_{ii}|}{R_i'^{\alpha}} \right]^{1/(1-\alpha)} |x_i|^{1/(1-\alpha)} \leq \sum_{j \neq i}^n |a_{ij}| |x_j|^{1/(1-\alpha)} \tag{6.4.5}$$

在(6.4.4)中用到了 Hölder 不等式（附录 B），这里取 $p = 1/\alpha$ 以及 $q = p/(p-1) = 1/(1-\alpha)$. 现在对(6.4.5)关于 i 求和即得

$$\sum_{i=1}^{n} \left(\frac{|\lambda - a_{ii}|}{R_i'^{\alpha}} \right)^{1/(1-\alpha)} |x_i|^{1/(1-\alpha)} \leqslant \sum_{i=1}^{n} \sum_{j \neq i} |a_{ij}| |x_j|^{1/(1-\alpha)} = \sum_{j=1}^{n} C_j' |x_j|^{1/(1-\alpha)}$$

$$(6.4.6)$$

如果对每个满足 $x_i \neq 0$ 的 i 都有

$$\left(\frac{|\lambda - a_{ii}|}{R_i'^{\alpha}} \right)^{1/(1-\alpha)} > C_i'$$

那么(6.4.6)就不可能是正确的. 这样一来，就存在某个 $k \in \{1, \cdots, n\}$，使得 $x_k \neq 0$ 以及

$$\left(\frac{|\lambda - a_{kk}|}{R_k'^{\alpha}} \right)^{1/(1-\alpha)} \leqslant C_k'$$

由此推出 $|\lambda - a_{kk}| \leqslant R_k'^{\alpha} C_k'^{1-\alpha}$，所以 λ 在集合(6.4.3)中. □

习题 考虑 $A = \begin{bmatrix} 1 & 4 \\ 1 & 6 \end{bmatrix}$ 并将它的 Geršgorin 行与列特征值包容集与 $\alpha = \frac{1}{2}$ 时的 Ostrowski 集加以比较. 对于 A 的谱半径，Ostrowski 定理给出什么样的估计，又它与 Geršgorin 估计(6.1.5)进行比较有什么样的结果？ ◀

习题 (6.1.6)的 Ostrowski 表述形式是什么？

在下面一个由 A. Brauer 提出的定理中，又出现了 Geršgorin 定理中那熟悉的元素，只不过现在的行是一次同时取**两行**. 特征值包容集也不再是圆盘，而是称为 Cassini **卵形**(oval of Cassini)的集合. 其证明与 Geršgorin 定理的证明相平行，不过选取的是一个特征向量的**两个**模最大的元素. Brauer 的特征值包容集是 Geršgorin 的特征值包容集的子集. ◀

定理 6.4.7(Brauer) 设 $A = [a_{ij}] \in M_n$，并假设 $n \geqslant 2$. 则 A 的特征值在 $n(n-1)/2$ 个 Cassini 卵形的并集中

$$\bigcup_{i \neq j} \{ z \in \mathbf{C} : |z - a_{ii}| |z - a_{jj}| \leqslant R_i' R_j' \}$$

$$(6.4.8)$$

这个集合包含在 Geršgorin 集(6.1.2)之中.

证明 设 λ 是 A 的一个特征值，并假设 $Ax = \lambda x$，其中 $x = [x_i] \neq 0$. 则存在 x 的一个有最大绝对值的元素，比方说就是 x_p，故而对所有 $i = 1, \cdots, n$ 都有 $|x_p| \geqslant |x_i|$，且有 $x_p \neq 0$. 如果 x 的其他所有的元素都是零，那么假设条件 $Ax = \lambda x$ 就意味着 $a_{pp} = \lambda$，它在集合(6.4.8)中.

现在假设 x 至少有两个非零的元素，又设 x_q 是绝对值第二大的元素. 也就是说，$x_p \neq 0 \neq x_q$，且对所有 $i \in \{1, \cdots, n\}$，$i \neq p$ 都有 $|x_p| \geqslant |x_q| \geqslant |x_i|$. 故而由恒等式 $Ax = \lambda x$ 推出 $x_p(\lambda - a_{pp}) = \sum_{j \neq p} a_{pj} x_j$，从而有

$$|x_p| |\lambda - a_{pp}| = \left| \sum_{j \neq p} a_{pj} x_j \right| \leqslant \sum_{j \neq p} |a_{pj}| |x_j| \leqslant \sum_{j \neq p} |a_{pj}| |x_q| = R_p' |x_q|$$

这也就是

$$|\lambda - a_{pp}| \leqslant R_p' \frac{|x_q|}{|x_p|}$$

$$(6.4.9)$$

但是我们又有 $x_q(\lambda - a_{qq}) = \sum_{j \neq q} a_{qj} x_j$，而它蕴含

$$|x_q| \, |\lambda - a_{qq}| = \left| \sum_{j \neq q} a_{qj} x_j \right| \leqslant \sum_{j \neq q} |a_{qj}| \, |x_j| \leqslant \sum_{j \neq q} |a_{qj}| \, |x_p| = R'_q |x_p|$$

这也就是

$$|\lambda - a_{qq}| \leqslant R'_q \frac{|x_p|}{|x_q|} \qquad (6.4.10)$$

415

取(6.4.9)与(6.4.10)的乘积就可以消去 x 的元素的未知的比值，从而得到不等式

$$|\lambda - a_{pp}| \, |\lambda - a_{qq}| \leqslant R'_p \frac{|x_q|}{|x_p|} R'_q \frac{|x_p|}{|x_q|} = R'_p R'_q$$

于是，特征值 λ 在集合(6.4.8)中.

设 $C_{ij} = \{z \in \mathbf{C}: |z - a_{ii}| \, |z - a_{jj}| \leqslant R'_i R'_j\}$ 是与第 i，$j \in \{1, \cdots, n\}$ 行($i \neq j$)相关联的 Cassini 卵形. 我们断言有 $C_{ij} \subset G_i \bigcup G_j$，其中 $G_i = \{z \in \mathbf{C}: |z - a_{ii}| \leqslant R'_i(A)\}$ 是与 A 的第 i 行相关联的 Geršgorin 圆盘. 如果 $R_i R_j = 0$，我们声称的结论肯定是正确的，所以可以假设 $R_i R_j > 0$. 在此情形就有

$$C_{ij} = \{z \in \mathbf{C}: \frac{|z - a_{ii}|}{R'_i} \frac{|z - a_{jj}|}{R'_j} \leqslant 1\}$$

如果 z 是满足不等式 $\dfrac{|z - a_{ii}|}{R'_i} \dfrac{|z - a_{jj}|}{R'_j} \leqslant 1$ 的一个点，那么这个乘积中的两个比值不可能都大于 1. 这就意味着要么 $z \in G_i$，要么 $z \in G_j$，从而验证了我们的结论. 由此推出 $\bigcup_{i \neq j} C_{ij} \subset \bigcup_i G_i$.

□

习题　Brauer 定理的列和表述形式是什么？　◀

有关特征值包容集的任何定理都蕴含(而且的确也蕴含在)一个与之相关的有关非奇异性的定理之中：我们可以利用 Ostrowski 定理以及 Brauer 定理来叙述一些条件，这些条件能避免 $z = 0$ 包含在相应的特征值包容集之中.

推论 6.4.11　设 $A = [a_{ij}] \in M_n$，其中 $n \geqslant 2$. 则下面的每一个条件都蕴含 A 是非奇异的.

(a) (Ostrowski)对某个 $\alpha \in [0, 1]$，有 $|a_{ii}| > R'^\alpha_i C'^{1-\alpha}_i$(对所有 $i = 1, \cdots, n$).

(b) (Brauer)对所有不同的 i，$j = 1, \cdots, n$ 都有 $|a_{ii}| \, |a_{jj}| > R'_i R'_j$.

习题　利用(6.4.1)以及(6.4.7)证明(6.4.11).　◀

Brauer 的特征值包容集(6.4.8)要小于 Geršgorin 的特征值包容集(6.1.2)，所以它未能具有(6.2.8)中所描述的边界性质，这看来不会令人惊讶.

习题　验证矩阵

$$\begin{bmatrix} 1 & 1 & 1 \\ 2 & 4 & 0 \\ 1 & 0 & 2 \end{bmatrix} \qquad (6.4.11a)$$

是不可约的，且它的特征值 $\lambda = 0$ 在 Brauer 集(6.4.8)的边界上. 说明为什么 Cassini 卵形线 $|z-1| \, |z-2| = 2$ 与 $|z-1| \, |z-4| = 4$ 都通过 λ，但 $|z-4| \, |z-2| = 2$ 则不然.　◀

Brauer 定理包含了一次取两行时删去的行和之乘积. 有一种很诱人的可能性可以得到

额外的特征值包容集, 这就是取 $A \in M_n$ 的 m 行的删去的行和, 并考虑形如

416

$$\bigcup_{i_1, \cdots, i_m \in \mathcal{I}_m} \left\{ Z \in \mathbf{C} : \prod_{k=1}^{m} |z - a_{i_k i_k}| \leqslant \prod_{k=1}^{m} R'_{i_k} \right\} \quad (6.4.12)$$

的集合的并集, 其中 $\mathcal{I}_m = \{i_1, \cdots, i_m \in \{1, \cdots, n\} : i_1, \cdots, i_m$ 是不相同的$\}$. 对每一个 m, 有 $\binom{n}{m}$ 个这种形状的集合: $m=1$ 给出 n 个 Geršgorin 圆盘, 而 $m=2$ 则给出 Brauer 的 $n(n-1)/2$ 个 Cassini 卵形. 然而对 $m \geqslant 3$, 集合 (6.4.12) 不一定是 A 的特征值包容集, 如同例子

$$A = J_2 \oplus I_2 \quad (6.4.13)$$

指出的那样, 其中 $J_2 = \begin{bmatrix} 1 & 1 \\ 1 & 1 \end{bmatrix} \in M_2$. 对于这个矩阵, 如果 $m=3$ 或者 $m=4$, 那么集合 (6.4.12) 全都缩为点 $z=1$.

习题 证明: (6.4.13) 中矩阵的特征值是 $\lambda=0, 1, 1$ 以及 2. 对 $m=1$, $m=2$, 以及 $m=3, 4$, 概略描述集合 (6.4.12). 考虑

$$A = J_2 \oplus I_n \in M_{n+2} \quad (6.4.14)$$

证明对所有 $m \geqslant 3$ 有同样的现象发生. ◀

与集合 (6.4.12) 有关的一个问题是它接受乘积中包含为零的删去的行和. 当然, 如果矩阵 A 不可约, 这种情况是不会发生的, 在这种情形所有的 $R'_i > 0$. 然而, 即使 A 是不可约的, 集合 (6.4.12) 也仍然有可能不是 A 的特征值包容集. 考虑由

$$A_\varepsilon = \begin{bmatrix} 1 & 1 & \varepsilon & \varepsilon \\ 1 & 1 & 0 & 0 \\ \varepsilon & 0 & 1 & 0 \\ \varepsilon & 0 & 0 & 1 \end{bmatrix}, \quad 1 > \varepsilon \geqslant 0 \quad (6.4.15)$$

给出的 (6.4.13) 的摄动. A_ε 的有向图 $\Gamma(A_\varepsilon)$ 是

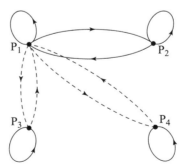

其中虚线标出的弧段在 $\varepsilon=0$ 时消失.

习题 验证: 如果 $\varepsilon \neq 0$, 那么 $\Gamma(A_\varepsilon)$ 是强连通的, A_ε 是不可约的, $R'_1 = 1 + 2\varepsilon$, $R'_2 = 1$, $R'_3 = \varepsilon$, $R'_4 = \varepsilon$, 而 A_ε 的特征值是 $\lambda_\varepsilon = 1, 1, 1 + (1+2\varepsilon^2)^{1/2}$ 以及 $1 - (1+2\varepsilon^2)^{1/2}$. ◀

由于矩阵 (6.4.15) 的任意一个由三个或者更多个删去的行和的乘积都至少包含 ε 的一个因子, 因而, 如果 ε 是正的且充分小, 那么集合 (6.4.12) 不可能是当 $m=3$ 或者 $m=4$ 时

的特征值包容集.

矩阵(6.4.13)以及(6.4.15)的何种性质允许我们在(6.4.12)中可以接受 $m=1$ 以及 417
$m=2$(但 $m=3$ 与 $m=4$ 不可以)来提供一个特征值包容集?注意:在每一种情形,有向图
都包含长度为 1 以及 2 的回路,但不含有长度 3 或者 4 的回路.

由这个结论启发,我们来考虑 3×3 的不可约矩阵

$$B = \begin{bmatrix} -2 & \dfrac{1}{6} & -\dfrac{1}{8} \\ 0 & 1 & -\dfrac{1}{4} \\ 24 & 0 & 1 \end{bmatrix} \qquad (6.4.15a)$$

它以 $\lambda=0$ 作为一个三重特征值. B 的删去的行和是 $R'_1=7/24$,$R'_2=1/4$ 以及 $R'_3=24$.
Brauer 集(6.4.12)是

$$\left\{ Z\in\mathbf{C}: |z+2|\,|z-1|^2 \leqslant \frac{7}{4} \right\}$$

它不包含 λ. 有向图 $\Gamma(B)$ 包含长度为 1,2 以及 3 的回路. Brauer 定理确保:对 $m=2$,三
个集合的并集(6.4.12)包含 λ. 然而,注意到这些集合中正好有一个,即

$$\{z\in\mathbf{C}: |z+2|\,|z-1| \leqslant 7\}$$

包含 B 的所有的特征值. 这个集合与 $\Gamma(B)$ 的仅在长度为 2 的回路中的结点相对应. 这不
是偶然的现象.

有向图 Γ 称为**强连通的**(strongly connected),如果在 Γ 中从每一个结点到**另外的任何**
一个结点都有一条有向路径. 我们称 Γ 是**弱连通的**(weakly connected),如果从它的每一
个结点到**另外的某一个结点**有一条有向的路径以及反方向的有向路径,即 Γ **中的每一个结**
点都属于某个非平凡的回路. **平凡的回路**(或称为圈)是长度为 1 的有向路径,它的起点与
终点是同一个结点.

矩阵 $A\in M_n$ 的有向图 $\Gamma(A)$ 是强连通的,当且仅当 A 是不可约的. 我们称 A 是**弱不可**
约的(weakly irreducible),当且仅当 $\Gamma(A)$ 是弱连通的. 于是,A 是弱不可约的,当且仅当
对每个 $i=1,\cdots,n$,A 的第 i 行至少有一个位于对角线之外的非零元素 a_{ij_i},使得 A 有一
列非零的元素 $a_{k_1k_2}$,$a_{k_2k_3}$,$\cdots$,$a_{k_{m-1}k_m}$,使得 $k_1=j_i$ 以及 $k_m=i$. 这个不便于处理的条件是
对于 A 有性质 SC 所需之要求(6.2.7)的大约一半,而且为了计算的目的,将它叙述成与
(6.2.23)类似的形式更加方便.

引理 6.4.16 矩阵 $A\in M_n$ 是弱不可约的,当且仅当 $B=[b_{ij}]=(I+|A|)^{n-1}$(等价地
说,$B=(I+M(A))^{n-1}$)有如下性质:对每一个 $i=1,\cdots n$,有某个 $j\neq i$ 存在,使得 $b_{ij}b_{ji}\neq$
0,即对每个 $i=1,\cdots n$,对角线之外都有至少一个非零的元素 b_{ij},使得 b_{ji} 不为零.

习题 证明引理(6.4.16). 提示:利用(6.2.19)中的思想. ◀

习题 假设 $A\in M_n$. 证明:A 是弱不可约的,当且仅当 $\Gamma((I+|A|)^{n-1})$ 有如下性质:
它的每一个结点都属于一条长为 2 的回路. 与不可约矩阵对应的性质是什么?哪一个性质
更弱一些?记住:由定义可知回路是**简单的**,仅仅起始的结点(它与终点相同)在结点列表
中才能出现多于一次. ◀

习题 如果 $A\in M_n$ 是弱不可约的,说明为什么所有 $R'_i>0$ 以及所有 $C'_i>0$. ◀ 418

集合 S 上的一个**前序**(preorder)是在 S 的**所有**点对之间定义的一个关系 R，它有如下性质：对任何一对元素 s，$t\in S$，或者有 sRt，或者有 tRs，或者这两者都成立. 前序必定也是自反的(对每个 $s\in S$ 都有 sRs)且是传递的(如果有 sRt 以及 tRu，就有 sRu). 前序有可能不是对称的(sRt 当且仅当 tRs)，而且有可能有 sRt 以及 tRs 成立，但却没有 $s=t$. S 的一个子集 S_0 中的一个点 z 称为是 S_0 的一个**最大元**(maximal element)，如果对所有 $s\in S_0$ 都有 sRz.

习题　设给定一个非空的集合 $S\subset \mathbf{C}$. 证明：由

$$zRw \quad 当且仅当 \quad |z|\leqslant |w|$$

所定义的元素对 z，$w\in S$ 之间的关系是 $\mathbf{C}$ 上的一个前序.　　　◀

引理 6.4.17　设 S 是一个非空的有限集合，在其上定义了一个前序 R. 那么 S 至少包含一个最大元.

证明　将元素排成任意次序 s_1，$\cdots$，s_k. 令 $s=s_1$. 如果 s_2Rs，就只留下 s；如若不然，就令 $s=s_2$. 如果 s_3Rs，就只保留 s；如若不然，就令 $s=s_3$. 对 s_4，$\cdots$，s_k 继续这一过程. s 的最后的值就是一个最大元.　　　□

如果 Γ 是一个有向图，且 P_i 是 Γ 的一个结点，我们就定义 $\Gamma_{\mathrm{out}}(P_i)$ 是异于 P_i 且从 P_i 可以通过某一条长度为 1 的有向路径到达的结点组成的集合. 注意：如果 Γ 是弱连通的，那么对每个结点 $P_i\in \Gamma$，$\Gamma_{\mathrm{out}}(P_i)$ 都是非空的.

我们用 $C(A)$ 记有向图 $\Gamma(A)$ 中非平凡的回路组成的集合. 对矩阵(6.4.13)，$C(A)$ 由单独一条回路 $\gamma =P_1P_2$，P_2P_1 组成；对矩阵(6.4.15)，有三条非平凡的回路，它们的长度全都为 2；对矩阵(6.4.15a)，有两条非平凡的回路，其中一条长度为 2，而另一条长度为 3.

定理 6.4.18(Brualdi)　设 $A=[a_{ij}]\in M_n$ 并假设 $n\geqslant 2$. 如果 A 是弱不可约的，那么 A 的每个特征值都包含在集合

$$\bigcup_{\gamma\in C(A)}\left\{z\in \mathbf{C}:\prod_{P_i\in\gamma}|z-a_{ii}|\leqslant\prod_{P_i\in\gamma}R_i'\right\} \tag{6.4.19}$$

之中. 这个记号表明：如果 $\gamma =P_{i_1}P_{i_2}$，$\cdots$，$P_{i_k}P_{i_{k+1}}$ 是一个非平凡的回路，其中 $P_{i_{k+1}}=P_{i_1}$，那么并集(6.4.19)中对应的集合就由恰好有 k 个因子的乘积来定义，指标 i 取过 k 个值 i_1，$\cdots$，i_k.

证明　A 的弱不可约性确保它的每一个删去的行和都是正的，所以，如果 λ 是 A 的特征值，且对某个 $i=1$，$\cdots$，n 有 $\lambda =a_{ii}$，那么 λ 就在集合(6.4.19)的内部.

对于论证的其余部分，我们假设 λ 是 A 的一个特征值且对所有 $i=1$，$\cdots$，n 都有 $\lambda\neq a_{ii}$. 设对某个非零的向量 $x=[x_i]\in\mathbf{C}^n$ 有 $Ax=\lambda x$. 在 Γ 的结点上用

$$P_iRP_j \quad 当且仅当 \quad |x_i|\leqslant |x_j| \tag{6.4.20}$$

定义一个前序 R. 我们断言：在 $\Gamma(A)$ 中存在一条回路 γ'，它具有以下三个性质.

(a) $\gamma'=P_{i_1}P_{i_2}$，$P_{i_2}P_{i_3}$，$\cdots$，$P_{i_k}P_{i_{k+1}}$ 是非平凡的回路，其中 $k\geqslant 2$ 且 $P_{i_{k+1}}=P_{i_1}$.

(b) 对每个 $j=1$，$\cdots$，k，结点 $P_{i_{j+1}}$ 是 $\Gamma_{\mathrm{out}}(P_{i_j})$ 中的最大结点，即对所有满足 $P_m\in\Gamma_{\mathrm{out}}(P_{i_j})$ 的 m 都有 $|x_{i_{j+1}}|\geqslant |x_m|$.

(c) 所有 $x_{i_j}\neq 0$，$j=1$，$\cdots$，k.

$\tag{6.4.21}$

如果γ'是一个满足条件(6.4.21)的回路，那么恒等式 $Ax=\lambda x$ 就蕴含对每个$j=1,\cdots,k$都有

$$(\lambda-a_{i_ji_j})x_{i_j}=\sum_{m\neq i_j}a_{i_jm}x_m=\sum_{P_m\in\Gamma_{out}(P_{i_j})}a_{i_jm}x_m$$

从而

$$|\lambda-a_{i_ji_j}|\,|x_{i_j}|=\left|\sum_{P_m\in\Gamma_{out}(P_{i_j})}a_{i_jm}x_m\right|\leqslant\sum_{P_m\in\Gamma_{out}(P_{i_j})}|a_{i_jm}|\,|x_m|\qquad(6.4.22)$$

$$\leqslant\sum_{P_m\in\Gamma_{out}(P_{i_j})}|a_{i_jm}|\,|x_{i_{j+1}}|\qquad(6.4.22\mathrm{a})$$

$$=R'_{i_j}\,|x_{i_{j+1}}|$$

现在对不等式(6.4.22)作经过γ'中所有结点的乘积就得到

$$\prod_{j=1}^{k}|\lambda-a_{i_ji_j}|\,|x_{i_j}|\leqslant\prod_{j=1}^{k}R'_{i_j}\,|x_{i_{j+1}}|\qquad(6.4.23)$$

但是

$$\prod_{j=1}^{k}|\lambda-a_{i_ji_j}|=\prod_{P_i\in\gamma'}|\lambda-a_{ii}|\quad\text{以及}\quad\prod_{j=1}^{k}R'_{i_j}=\prod_{P_i\in\gamma'}R'_i$$

又因为 $P_{i_{k+1}}=P_{i_1}$，故而也有 $x_{i_{k+1}}=x_{i_1}$．这样一来就有

$$\prod_{j=1}^{k}|x_{i_j}|=\prod_{j=1}^{k}|x_{i_{j+1}}|\neq0\qquad(6.4.24)$$

于是，用(6.4.24)来除以(6.4.23)，我们就得到

$$\prod_{P_i\in\gamma'}|\lambda-a_{ii}|\leqslant\prod_{P_i\in\gamma'}R'_i\qquad(6.4.25)$$

由于γ'是 $\Gamma(A)$ 中一个条非平凡的回路，故而特征值λ在集合(6.4.19)中。

现在我们必须证明存在一条满足条件(6.4.21)的回路γ'．设i是任意一个满足$x_i\neq0$的指标，并注意到：由于$\Gamma(A)$是弱连通的，所以$\Gamma_{out}(P_i)$是非空的．由于$x_i\neq0$且$\lambda-a_{ii}\neq0$，故而等式

$$0\neq(\lambda-a_{ii})x_i=\sum_{j\neq i}a_{ij}x_j=\sum_{P_j\in\Gamma_{out}(Pi)}a_{ij}x_j$$

确保至少存在$\Gamma_{out}(P_i)$的一个结点(称它为P_j)，与它相对应的特征向量的元素x_j不为零．设$P_{i_1}=P_i$，又设P_{i_2}是$\Gamma_{out}(P_{i_1})$的结点中的最大结点，即对所有满足$P_m\in\Gamma_{out}(P_{i_1})$的$m$，都有$|x_{i_2}|\geqslant|x_m|$．特别地，$|x_{i_2}|\geqslant|x_j|>0$．

假设上面的构造已经产生了一条长度为$j-1$且满足(6.4.21)中的条件(b)与(c)的有向路径 $P_{i_1}P_{i_2}$，$P_{i_2}P_{i_3}$，$\cdots$，$P_{i_{j-1}}P_{i_j}$，我们就正好对$j=2$完成了证明．这样恒等式

$$0\neq(\lambda-a_{i_ji_j})x_{i_j}=\sum_{P_m\in\Gamma_{out}(P_{i_j})}a_{i_jm}x_m$$

就确保$\Gamma_{out}(P_{i_j})$中至少存在一个结点，使得与它相应的那个特征向量元素不为零．选取$P_{i_{j+1}}$是$\Gamma_{out}(P_{i_j})$中的最大结点，它就确保有 $x_{i_{j+1}}\neq0$．

$\Gamma(A)$中仅有有限多个结点，所以对$j=2,3,\cdots$这个构造最终就产生出第一个最大的

结点 $P_{i_q} \in \Gamma_{\text{out}}(P_{i_{q-1}})$，它是作为前面某一步（$2 \leqslant p+1 < q$）的一个结点 P_{i_p} 而产生的. 于是 $\gamma' = P_{i_p} P_{i_{p+1}}$，$P_{i_{p+1}} P_{i_{p+2}}$，$\cdots$，$P_{i_{q-1}} P_{i_q}$ 就是 $\Gamma(A)$ 中一条回路，它满足（6.4.21）中所有三个条件. $\qquad \square$

当 A 不可约时，Brualdi 定理有一个更强的形式，它是（6.2.26）的推广的 Brauer（6.4.7）表述形式.

定理 6.4.26（Brualdi） 设 $A = [a_{ij}] \in M_n$ 是不可约的，并假设 $n \geqslant 2$. 集合（6.4.19）的一个边界点 λ 能是 A 的一个特征值，仅当对每一条非平凡的回路 $\gamma \in C(A)$，每一个集合

$$\left\{ Z \in \mathbf{C} : \prod_{P_i \in \gamma} |z - a_{ii}| \leqslant \prod_{P_i \in \gamma} R_i' \right\} \tag{6.4.27}$$

的边界都通过 λ.

证明 由于所有 $R_i' > 0$，如果对某个 $i \in \{1, \cdots, n\}$ 有 $\lambda = a_{ii}$，那么 λ 不在集合 （6.4.27）的边界上. 于是可以假设对所有 $i = 1, \cdots, n$ 都有 $\lambda \neq a_{ii}$，这样就可以对同样的记号继续用（6.4.18）中的讨论方法，不过要附加一个条件：λ 是 A 的位于集合（6.4.19）边界上的一个特征值. 正如在（6.2.3）的证明中那样，对所有非平凡的回路 $\gamma \in C(A)$，λ 必定满足不等式

$$\prod_{P_i \in \gamma} |\lambda - a_{ii}| \geqslant \prod_{P_i \in \gamma} R_i'$$

其中等式对至少一条 $\gamma \in C(A)$ 成立. 将这个不等式与（6.4.25）比较，我们看出，对于（6.4.18）证明中所构造的特殊的回路 γ' 有

$$\prod_{P_i \in \gamma'} |\lambda - a_{ii}| = \prod_{P_i \in \gamma'} R_i' \tag{6.4.28}$$

从而，如同（6.4.22）中的两个不等式那样，（6.4.23）中的不等式对所有 $j \in \{1, \cdots, k\}$ 都成立等式. 特别地，不等式（6.4.22a）是等式，从而对每个 $P_{i_j} \in \gamma'$ 以及对满足 $P_m \in \Gamma_{\text{out}}(P_{i_j})$ 的所有的 m 都有 $|x_m| = |x_{i_{j-1}}| = c_{i_{j+1}} =$ 常数. 这个结论是对满足条件（6.4.21）的任何回路得到的.

现在定义集合

$$K = \{P_i \in \Gamma(A) : |x_m| = c_i = 常数，对满足 P_m \in \Gamma_{\text{out}}(P_i) 的所有的 m\}.$$

我们知道 K 非空，因为 γ' 的所有结点都在 K 中. 我们希望证明：$\Gamma(A)$ 的每一个结点都在 K 中.

假设 $\Gamma(A)$ 的一个结点 P_q 不在 K 中. 因为 $\Gamma(A)$ 是强连通的，在 $\Gamma(A)$ 中从 K 的每一个结点到这个在外部的结点 P_q 存在至少一条有向路径. 如果从所有这样的有向路径中选择一条有最短长度的路径，那么它的第一条弧必定是从 K 中的一个结点到一个不在 K 中的结点 P_f. 如果我们利用在（6.4.18）的证明中使用的在 $\Gamma(A)$ 的结点上定义的前序，那么就可以用在那里用过的同样的构造：从结点 $P_f = P_{j_1}$ 开始，选取一个最大结点 $P_{j_2} \in \Gamma_{\text{out}}(P_{j_1})$，再选取一个最大结点 $P_{j_3} \in \Gamma_{\text{out}}(P_{j_2})$，如此下去. 在每一步，$\Gamma_{\text{out}}(P_{j_i})$ 都是非空的，因为 $\Gamma(A)$ 是弱（甚至是强）连通的，且由于与前同样的原因，最大结点满足（6.4.21）的条件（c）.

如果在这个构造的某一步我们需要在 K 中还是不在 K 中选取一个最大结点做出一个选择，我们就选取**不在** K 中的. 如果在任一步所有可以选取的最大结点都在 K 中，我们就任选一个，然后沿着一条长度最短（也必定在 K 中）的有向路径到达第一个不在 K 中的

结点，并继续如前选择最大结点．K 的定义确保 K 中的**任何**有向路径都有这样的性质：它的每一个结点都是它的前面一个结点的 Γ_{out} 中的一个最大结点；这就是（6.4.21）的条件（b）．因为 K 的补仅有有限多个结点，这个构造最终产生出 K 的补中的第一个最大结点，它是作为前面某一步中的一个结点产生出来的．在这个构造中，这一结点的第一次以及第二次出现之间的有向路径是一条非平凡的有向回路，它可能不是简单的，因为每当这个构造引导到 K 中的一个结点，我们就会迫使路径离开 K．在受限于 K 的内部的那部分路径中可能仅有有限多条回路，但是它们可以被删去从而保留下一条简单的有向回路 γ''，这个有向回路满足条件（6.4.21）且至少包含一个不在 K 中的结点．

由于回路 γ'' 满足条件（6.4.21），它可以用来代替（6.4.18）的证明中的回路 γ'．根据现在这个证明的第一段中的论证方法我们断言：对所有 $P_m \in \Gamma_{out}(P_{j_r})$（对所有 $P_{j_r} \in \gamma''$）都有 $|x_m| = c_{j_r} =$ 常数．这样一来，γ'' 中的每一个结点都在 K 中，这与 γ'' 至少包含一个不在 K 中的结点这一结论矛盾．这就表明 $\Gamma(A)$ 的每一个结点都在 K 中．

如果 γ 是 $\Gamma(A)$ 中**任意**一条非平凡的回路，它就自动满足条件（6.4.21），因为它所有的结点都在 K 中．于是它可以用来代替（6.4.18）的证明中的 γ'，从而它可以用来代替（6.4.28）中的 γ'．这就是所要的结论：每一个集合（6.4.27）的边界都通过 λ． $\square$

422

推论 6.4.29 如果 $A \in M_n$ 且 $n \geqslant 2$，那么下面条件中的每一个都确保 A 是非奇异的．

（a）A 是弱不可约的，且对每条非平凡的回路 $\gamma \in C(A)$ 有

$$\prod_{P_i \in \gamma} |a_{ii}| > \prod_{P_i \in \gamma} R_i'$$

（b）A 是不可约的，且对每条非平凡的回路 $\gamma \in C(A)$ 有

$$\prod_{P_i \in \gamma} |a_{ii}| \geqslant \prod_{P_i \in \gamma} R_i'$$

其中至少对一条回路有严格不等式成立．

作为最后的结果，我们来陈述 Brauer 定理的一个加强的形式，它确定 A 的特征值的位置在一个可能由比（6.4.7）所要求的个数更少的 Cassini 卵形的并集中．如果 A 是有许多对称位置上元素为零的稀疏（但它是不可约的）矩阵，就有可能极大地削减要考虑的卵形的个数．

定理 6.4.30(Kolotilina) 设 $n \geqslant 2$ 且 $A = [a_{ij}] \in M_n$ 是不可约的．那么 A 的每个特征值都包含在集合

$$\bigcup_{\substack{i \neq j \\ |a_{ij}| + |a_{ji}| \neq 0}} \{z \in \mathbf{C}: |z - a_{ii}||z - a_{jj}| \leqslant R_i' R_j'\} \tag{6.4.31}$$

中．这个记号意味着与不同的行 i 以及 j 对应的卵形仅当 a_{ij} 或者 a_{ji} 不为零时才出现在该并集中．

习题 将上面的定理应用到矩阵（6.4.11a）．（6.4.7）中那三个 Cassini 卵形中哪一个可以省略掉？这个省略掉的卵形包含 A 的特征值吗？ ◀

问题

6.4.P1 证明：如果 $n \geqslant 2$ 且 $A = [a_{ij}]$ 满足关于非奇异性的 Brauer 条件（6.4.11b），那么，对 $i = 1, \cdots, n$ 中至多除了一个数以外所有的值都有 $|a_{ii}| > R_i'$．于是，Brauer 条件仅仅比（6.1.10a）中的 Levy-Desplanques 条件（严格对角占优）稍弱一些．它与（6.1.11）有何关系？

6.4.P2 考虑 $A = \begin{bmatrix} 2 & 3 \\ 1 & 3 \end{bmatrix}$．证明：（6.4.11）中的两个条件都确保 A 是非奇异的，但是无论（6.1.10a）还是

(6.1.11)都不能保证非奇异性. 对于(6.1.11)的列的形式呢?

6.4.P3 证明: 每一个不可约的 $A \in M_n$(对 $n \geqslant 2$)都是弱不可约的. 给出一个不是不可约的然而是弱不可约矩阵的例子.

6.4.P4 利用(6.1.10)以及(6.2.6)中的方法对(6.4.29)的证明提供细节.

423 **6.4.P5** 证明: $A \in M_n$ 是弱不可约的, 当且仅当 A **不**与有一个对角分块是 1×1 的分块三角矩阵置换相似,

6.4.P6 考虑矩阵

$$A = \begin{bmatrix} -2 & 4 & -3 \\ 0 & 1 & -\dfrac{1}{4} \\ 1 & 0 & 1 \end{bmatrix}$$

(a)证明 $\lambda = 0$ 是 A 的一个三重特征值. (b)证明: 对 $m = 3$, 集合 (6.4.12) 是 $\left\{ z \in \mathbf{C} \colon |z+2| \, |z-1|^2 \leqslant \dfrac{7}{4} \right\}$, 它不包含 λ. (c)证明: 对于 A^T 以及 $m = 3$, 集合(6.4.12)的确包含 λ. (d)对于 A 确定集合(6.4.19), 并证明它包含 λ.

6.4.P7 设 $A = [a_{ij}] \in M_n$ 并假设对每一个 $i = 1, \cdots, n$ 都有 $a_{ii} = 0$. 将 A 的删去的绝对行和组成之集合按次序排列成 $R'_{[1]} \geqslant \cdots \geqslant R'_{[n]}$. 证明 $\rho(A) \leqslant (R'_{[1]} R'_{[2]})^{1/2}$.

6.4.P8 尽管 Brauer 集合(6.4.8)不具有类似(6.2.8)中所描述的那种边界特征值性质, 而 Brauer 集合的一个子集的确具有这样的性质: 已知, 如果 $A = [a_{ij}] \in M_n$ 不可约且 λ 是 A 的一个特征值, 而且这个特征值还是集合

$$\bigcup_{\gamma \in C(A)} \bigcup_{\substack{P_i, P_j \in \gamma \\ P_i \neq P_j}} \{ z \in \mathbf{C} \colon |z - a_{ii}| \, |z - a_{jj}| \leqslant R'_i R'_j \}$$

的一个边界点, 那么, 对每个 $\gamma \in C(A)$ 以及每一对不同的结点 P_i, $P_j \in \gamma$, λ 都在集合 $\{ z \in \mathbf{C} \colon |z - a_{ii}| \, |z - a_{jj}| = R'_i R'_j \}$ 之中. (a)说明为什么这个定理不排除 $\lambda = 0$ 是矩阵(6.4.11a)的特征值的可能性. (b)对 A 的非奇异性推导出如下的判别法: 对每一对不同的结点 P_i, $P_j \in \gamma$(对每个 $\gamma \in C(A)$)都有 $|a_{ii}| \, |a_{jj}| \geqslant R'_i R'_j$, 且对至少一个 $\gamma_0 \in C(A)$, 对每一对不同的结点 P_i, $P_j \in \gamma_0$ 都有 $|a_{ii}| \, |a_{jj}| > R'_i R'_j$.

注记以及进一步的阅读参考   有关特征值包容集以及原始文献的许多参考资料的详细介绍, 见 R. Brualdi, Matrices, eigenvalues, and directed graphs, *Linear Multilinear Algebra* 11(1982)143-165. 定理 6.4.7 出现在 A. Ostrowski, Über die Determinanten mit überwiegender Hauptdiagonale, *Comment. Math. Helv.* 10(1937)69-96 一文中; 十年后, 它又被独立地发现并发表于 A. Brauer, Limits for the characteristic roots of a matrix: II, *Duke Math. J.* 14(1947)21-26. 有鉴于此, (6.4.7)有时就称为 Ostrowski-Brauer 定理. 关于(6.4.30)的一个证明, 见 L. Yu. Kolotilina, Generalizations of the Ostrowski-Brauer theorem, *Linear Algebra Appl.* 364(2003) 65-80. (6.4.P6)中的定理的证明在 X. Zhang 与 D. Gu, A note on A. Brauer's theorem, *Linear Algebra Appl.* 196(1994)163-174 一文中. 有关与(6.4.31)类似的一个奇异值包容集, 见 L. Li, The undirected graph and estimates of matrix singular values, *Linear Algebra Appl.* 285(1998)181-188.

424

第 7 章　正定矩阵以及半正定矩阵

7.0　引言

一类具有一种特殊的正性性质的 Hermite 矩阵在许多应用中自然出现. 具有这种正性性质的 Hermite(特别是实对称的)矩阵也提供了正数这个概念到矩阵的一个推广. 这个结论常常会帮助洞悉正定矩阵的性质与应用. 下面的例子描述了这些特殊的 Hermite 矩阵出现的若干途径.

7.0.1　Hesse 矩阵，最小化以及凸性

设 f 是在某个区域 $D \subset \mathbf{R}^n$ 上定义的光滑实值函数. 如果 $y = [y_i]$ 是 D 的一个内点，那么 Taylor 定理是说：对接近 y 的点 $x \in D$ 有

$$f(x) = f(y) + \sum_{i=1}^{n}(x_i - y_i)\frac{\partial f}{\partial x_i}\bigg|_y + \frac{1}{2}\sum_{i,j=1}^{n}(x_i - y_i)(x_j - y_j)\frac{\partial^2 f}{\partial x_i \partial x_j}\bigg|_y + \cdots$$

如果 y 是 f 的一个**临界点**(critical point)，那么在 y 处所有一阶偏导数都为零，且我们有

$$f(x) - f(y) = \frac{1}{2}\sum_{i,j=1}^{n}(x_i - y_i)(x_j - y_j)\frac{\partial^2 f}{\partial x_i \partial x_j}\bigg|_y + \cdots = \frac{1}{2}(x-y)^{\mathrm{T}}H(f;y)(x-y) + \cdots$$

这里的 $n \times n$ 实矩阵

$$H(f;y) = \left[\frac{\partial^2 f}{\partial x_i \partial x_j}\bigg|_y\right]_{i,j=1}^{n}$$

就称为 f 在 y 的 **Hesse 矩阵**. 混合偏导数相等($\partial^2 f / \partial x_i \partial x_j = \partial^2 f / \partial x_j \partial x_i$)就确保它是对称的. 如果二次型

$$z^{\mathrm{T}}H(f;y)z, \quad z \neq 0, \quad z \in \mathbf{R}^n \tag{7.0.1.1}$$

永远是正的，那么 y 是 f 的一个**相对极小**(relative minimum). 如果该二次型永远是负的，那么 y 是 f 的一个**相对极大**(relative maximum). 如果 $n = 1$，则这些判别法恰好就是相对极小或者相对极大的通常的二阶导数判别法.

如果二次型(7.0.1.1)在 D 的所有点都是非负的(并不只是在 f 的临界点)，那么就称 f 是 D 中一个**凸函数**(convex function). 这就是我们所熟悉的 $n = 1$ 的情形的一个直接的推广.

7.0.2　协方差矩阵

设 $X_1, \cdots, X_n$ 是在某个有期望函数 E 的概率空间上具有有限二阶矩的实的或者复的随机变量，并假设 $\mu_i = E(X_i)$ 是它们各自的均值. 则随机向量 $X = (X_1, \cdots, X_n)^{\mathrm{T}}$ 的**协方差矩阵**(covariance matrix)是矩阵 $A = [a_{ij}]$，其中

$$a_{ij} = E[(\overline{X_i} - \overline{\mu_i})(X_j - \mu_j)], \quad i,j = 1, \cdots, n$$

显然 A 是一个 Hermite 矩阵. 此外，对任何 $z = [z_i] \in \mathbf{C}^n$，我们有

$$z^{*}Az = E\left(\sum_{i,j=1}^{n}\overline{z_i}(\overline{X_i} - \overline{\mu_i})z_j(X_j - \mu_j)\right) = E\left|\sum_{i=1}^{n}z_i(X_i - \mu_i)\right|^2 \geqslant 0$$

这一结论中所涉及的期望函数的仅有的性质是它的线性、齐性以及非负性，也就是只要 Y 是非负的随机变量，就有 $E[Y] \geqslant 0$.

无须借助概率论的语言可以做出同样的结论. 如果有一族在实直线上定义的复值函数 f_1, $\cdots$, f_n, 如果 g 是一个实值函数，且所有的积分

$$a_{ij} = \int_{-\infty}^{\infty} \overline{f_i(x)} f_j(x) g(x) \mathrm{d}x, \quad i, j = 1, \cdots, n$$

都有定义并且收敛，那么矩阵 $A = [a_{ij}]$ 就是 Hermite 矩阵. 此外

$$z^* A z = \sum_{i,j=1}^{n} \int_{-\infty}^{\infty} \overline{z_i} \, \overline{f_i(x)} z_j f_j(x) g(x) \mathrm{d}x = \int_{-\infty}^{\infty} | \sum_{i=1}^{n} z_i f_i(x) |^2 g(x) \mathrm{d}x$$

所以，如果函数 g 是非负的，那么这个二次型就是非负的.

7.0.3 非负函数的代数矩

设 f 是单位区间 $[0, 1]$ 上绝对可积的实值函数且考虑数

$$a_k = \int_0^1 x^k f(x) \mathrm{d}x \tag{7.0.3.1}$$

序列 a_0, a_1, a_2, $\cdots$ 是一个 Hausdorff 矩序列 (moment sequence)，它与实二次型

$$\sum_{j,k=0}^{n} a_{j+k} z_j z_k = \sum_{j,k=0}^{n} \int_0^1 x^{j+k} z_j z_k f(x) \mathrm{d}x = \int_0^1 \left(\sum_{k=0}^{n} z_k x^k \right)^2 f(x) \mathrm{d}x \tag{7.0.3.2}$$

自然联系在一起. 矩阵 $A = [a_{i+j}]$ 是实对称的. 如果函数 f 是非负的，那么对所有 $z \in \mathbf{R}^{n+1}$ 以及对每个 $n = 0$, 1, 2, $\cdots$ 都有 $z^{\mathrm{T}} A z \geqslant 0$. 一个具有 A 的构造的矩阵（即其元素 a_{ij} 仅为 $i+j$ 的函数）称为 Hankel 矩阵，而不管它的二次型是不是非负的，见 (0.9.8).

7.0.4 非负函数的三角矩

设 f 是 $[0, 2\pi]$ 上绝对可积的实值函数且考虑数

$$a_k = \int_0^{2\pi} \mathrm{e}^{\mathrm{i}k\theta} f(\theta) \mathrm{d}\theta, \quad k = 0, \pm 1, \pm 2, \cdots \tag{7.0.4.1}$$

序列 a_0, a_1, a_{-1}, a_2, a_{-2}, $\cdots$ 称为 Toeplitz 矩序列，它与二次型

$$\sum_{j,k=0}^{n} a_{j-k} z_j \overline{z}_k = \sum_{j,k=0}^{n} \int_0^{2\pi} \mathrm{e}^{\mathrm{i}(j-k)\theta} z_j \overline{z}_k f(\theta) \mathrm{d}\theta = \int_0^{2\pi} | \sum_{k=0}^{n} z_k \mathrm{e}^{\mathrm{i}k\theta} |^2 f(\theta) \mathrm{d}\theta \tag{7.0.4.2}$$

有自然的联系. 矩阵 $A = [a_{i-j}]$ 是 Hermite 的. 如果函数 f 是非负的，那么对所有 $z \in \mathbf{C}^{n+1}$ 以及每一个 $n = 0$, 1, 2, $\cdots$ 都有 $z^* A z \geqslant 0$. 一个具有 A 的构造的矩阵（即其元素 a_{ij} 仅是 $i-j$ 的函数）称为 Toeplitz 矩阵，而不论它的二次型是否是非负的，见 (0.9.7). Bochner 定理 (Bochner theorem) 是说：二次型 (7.0.4.2) 的非负性对于可用公式 (7.0.4.1) 的稍经修改的形式（用非负的测度 $\mathrm{d}\mu$ 代替 $f(\theta)\mathrm{d}\theta$）生成诸数 a_k 来说既是必要的也是充分的.

7.0.5 微分方程数值解的离散化以及差分格式

假设我们有一个形如

$$-y''(x) + \sigma(x) y(x) = f(x), \quad 0 \leqslant x \leqslant 1$$
$$y(0) = \alpha$$
$$y(1) = \beta$$

的两点边界值问题，其中 α 与 β 是给定的实常数，而 $f(x)$ 与 $\sigma(x)$ 则是给定的实值函数．如果我们把这个问题离散化，并且仅仅寻求 $y(kh)\equiv y_k$ 的值，$k=0,1,\cdots,n+1$，又如果我们对于导数项

$$y''(kh)\cong\frac{y((k+1)h)-2y(kh)+y((k-1)h)}{h^2}=\frac{y_{k+1}-2y_k+y_{k-1}}{h^2}$$

利用均差逼近，我们就得到一组线性方程

$$\frac{-y_{k+1}+2y_k-y_{k-1}}{h^2}+\sigma_k y_k=f_k,\quad k=1,2,\cdots,n$$
$$y_0=\alpha$$
$$y_{n+1}=\beta$$

其中 $h=1/(n+1)$，$y_k=y(kh)$，$\sigma_k=\sigma(kh)$ 以及 $f_k=f(kh)$．边界条件可以掺入其中作为第一个 $(k=1)$ 以及最后一个 $(k=n)$ 方程，从而给出线性方程组

$$(2+h^2\sigma_1)y_1-y_2=h^2f_1+\alpha$$
$$-y_{k-1}+(2+h^2\sigma_k)y_k-y_{k+1}=h^2f_k,\quad k=2,3,\cdots,n-1$$
$$-y_{n-1}+(2+h^2\sigma_n)y_n=h^2f_n+\beta$$

这个方程组可以写成 $Ay=w$，其中 $y=[y_k]\in\mathbf{R}^n$，$w=[h^2f_1+\alpha,\ h^2f_2,\ \cdots,\ h^2f_{n-1},\ h^2f_n+\beta]^{\mathrm{T}}\in\mathbf{R}^n$，且 $A\in M_n$ 是三对角矩阵

$$A=\begin{bmatrix}2+h^2\sigma_1 & -1 & & & \\ -1 & 2+h^2\sigma_2 & -1 & & 0 \\ & \ddots & \ddots & & \ddots \\ & -1 & 2+h^2\sigma_{n-1} & -1 \\ 0 & & -1 & 2+h^2\sigma_n\end{bmatrix}\quad(7.0.5.1)$$

矩阵 A 是实的、对称矩阵，且不管 $\sigma(x)$ 的值如何，它都是三对角的，不过如果我们想要来对任意给定的右边求解 $Ay=w$，那么我们就必须对 $\sigma(x)$ 加上某个条件以确保 A 是非奇异的.

与 A 相关的实二次型是

$$x^{\mathrm{T}}Ax=\left(x_1^2+\sum_{i=1}^{n-1}(x_i-x_{i+1})^2+x_n^2\right)+h^2\sum_{i=1}^n\sigma_i x_i^2$$

由三项作成的第一组是非负的，它仅当 x 的所有元素相等且等于零时才为零．如果函数 σ 是非负的，则最后一个和式是非负的且有

$$x^{\mathrm{T}}Ax\geqslant\left(x_1^2+\sum_{i=1}^{n-1}(x_i-x_{i+1})^2+x_n^2\right)\geqslant0\quad(7.0.5.2)$$

如果 A 是奇异的，那么就存在一个非零的向量 $\hat x\in\mathbf{R}^n$，使得 $A\hat x=0$，从而有 $\hat x^{\mathrm{T}}A\hat x=0$．但是这样一来 $(7.0.5.2)$ 的中间一组项就会变为零，而这就蕴含 $\hat x=0$．于是，如果函数 σ 是非负的，那么矩阵 A 就是非奇异的，且离散化的边界值问题对于任意的边界条件 α 以及 β 都可解.

这是在研究常微分方程或者偏微分方程的数值解时的一个典型的情形．为了计算的稳定性，希望设计一种微分方程问题的离散化，它能引导到一个线性方程组 $Ay=w$，其中 A

是正定的，而当微分方程是椭圆型的时候，这通常是有可能做到的.

具有这些例子里描述的特殊正性性质的矩阵就是这一章里的研究对象，这些矩阵出现在许多应用中，如调和分析、复分析、力学系统的振动理论以及矩阵论的像奇异值分解以及线性最小平方问题的解这样的其他领域中.

问题

7.0.P1 如果序列 a_k 由关于非负函数 f 的公式(7.0.3.1)生成，证明两个二次型

$$\sum_{i,j=1}^{n} a_{i+j+1} z_i z_j, \quad \text{以及} \quad \sum_{i,j=1}^{n}(a_{i+j} - a_{i+j+1}) z_i z_j, \quad z = [z_i] \in \mathbf{R}^n$$

都是非负的.

7.0.P2 简要描述 Hankel 矩阵中的哪些对角线是常数. 对 Toeplitz 矩阵作同样的事.

7.0.P3 证明：(7.0.5.1)中的矩阵 A 永远是不可约的，而且，如果函数 σ 是非负的，它还是不可约对角占优的. 利用(6.2.27)证明 A 是非奇异的且它所有的特征值都是正的.

进一步的阅读参考 有关实的正定矩阵的性质的简短综述，见 C. R. Johnson, Positive definite matrices, *Amer. Math. Monthly* 77（1970）259-264. 其他集中关注正定矩阵且包含大量参考文献的综述是 O. Taussky, Positive definite matrices, *Inequalities* 一书第 309-319 页，ed. O. Shisha, Academic Press, New York，1967；以及 O. Taussky, Positive definite matrices and their role in the study of the characteristic roots of general matrices, *Adv. Math.* 2(1968)175-186. 而 Bhatia(2007)则是一部完全奉献给正定矩阵的书，有一些特别的论题在其中作了深度处理.

7.1 定义与性质

Hermite 矩阵 $A \in M_n$ 称为是**正定的**(positive definite)，如果

$$x^* A x > 0, \quad \text{对所有非零的} \ x \in \mathbf{C}^n \tag{7.1.1a}$$

它称为是**半正定的**(positive semidefinite)，如果

$$x^* A x \geqslant 0, \quad \text{对所有非零的} \ x \in \mathbf{C}^n \tag{7.1.1b}$$

这些定义中蕴含的事实是：如果 A 是 Hermite 的，那么对所有 $x \in \mathbf{C}^n$，$x^* A x$ 都是**实数**，见(4.1.3). 反之，如果 $A \in M_n$ 且对所有 $x \in \mathbf{C}^n$，$x^* A x$ 都是**实数**，那么 A 是 Hermite 的，所以依照惯例在上一个定义里假设 A 是 Hermite 的，其实是多余的，见(4.1.4). 当然，如果 A 是正定的，那它也是半正定的. 在这一节里，我们要继续对(4.1)中开始的那些想法加以讨论.

> **习题** M_1 中的正定矩阵与半正定矩阵是什么？ ◀

> **习题** 说明为什么 $\begin{bmatrix} 1 & 1 \\ 1 & 1 \end{bmatrix}$ 是半正定的但不是正定的. ◀

> **习题** 如果 $A = [a_{ij}] \in M_n$ 是正定的，说明为什么 $\overline{A} = [\overline{a_{ij}}]$，$A^{\mathrm{T}}$，$A^*$ 以及 A^{-1} 全是正定的. 提示：如果 $Ay = x$，则有 $x^* A^{-1} x = y^* A^* y$. ◀

通过将不等式(7.1.1a)以及(7.1.1b)反过来，或者等价地说，分别说成 $-A$ 是正定的或者半正定的，就可以分别定义**负定**(negative definite)以及**半负定**(negative semidefinite)的概念. 如果 A 是 Hermite 的，且 $x^* A x$ 既取正的值，也取负的值，那么 A 就称为是**不定的**(indefinite).

结论 7.1.2 设 $A \in M_n$ 是 Hermite 矩阵. 如果 A 是正定的，那么它所有的主子矩阵都

是正定的. 如果 A 是半正定的, 那么它所有的主子矩阵都是半正定的.

证明 设 α 是 $\{1, \cdots, n\}$ 的一个真子集, 并考虑主子矩阵 $A[\alpha]$, 见 $(0.7.1)$. 设 $x \in \mathbf{C}^n$ 是一个向量, 它使得 $x[\alpha] \neq 0$ 以及 $x[\alpha^c] = 0$. 这样就有 $x \neq 0$ 以及 $x[\alpha]^* A[\alpha] x[\alpha] = x^* A x > 0$. 由于非零向量 $x[\alpha]$ 是任意的, 我们断定 $A[\alpha]$ 是正定的. 第二个结论可以用同样的方式得出.

习题 说明为什么正定(半正定)矩阵的每一个主对角元素都是正的(非负的)实数. ◀

结论 7.1.3 设 $A_1, \cdots, A_k \in M_n$ 是半正定的, 又设 $\alpha_1, \cdots, \alpha_k$ 是非负的实数. 那么 $\sum\limits_{i=1}^{k} \alpha_i A_i$ 是半正定的. 如果存在一个 $j \in \{1, \cdots, k\}$, 使得 $\alpha_j > 0$ 且 A_j 是正定的, 那么 $\sum\limits_{i=1}^{k} \alpha_i A_i$ 是正定的.

证明 设 $x \in \mathbf{C}^n$ 是非零向量, 并注意到 $x^* \left(\sum\limits_{i=1}^{k} \alpha_i A_i \right) x = \sum\limits_{i=1}^{k} \alpha_i (x^* A_i x) \geqslant 0$, 这是因为每一个 $\alpha_i \geqslant 0$ 以及每一个 $x^* A_i x \geqslant 0$. 后一个和式是正的, 如果任何一个相加项都是正的.

结论 7.1.4 正定(半正定)矩阵的每一个特征值都是正的(非负的)实数.

证明 设 λ, x 是半正定矩阵 A 的一个特征对并计算 $x^* A x = x^* \lambda x = \lambda x^* x$. 这样就有 $\lambda = (x^* A x)/x^* x \geqslant 0$, 如果 A 是半正定的; 又有 $\lambda > 0$, 如果 A 是正定的.

推论 7.1.5 设 $A \in M_n$ 是半正定(正定)的. 那么 $\mathrm{tr} A$, $\det A$ 以及 A 的主子式全是非负的(正的). 此外, $\mathrm{tr} A = 0$ 当且仅当 $A = 0$.

证明 A 的迹是它的特征值之和, 而其特征值全都是非负的(正的). 如果这个和为零, 则它的每一个特征值都是零, 从而可对角化的矩阵 A 是零, 见 $(1.3.4)$. A 的行列式是它的特征值的乘积, 而其特征值全为非负的. 主子式是主子矩阵的行列式, 所以它们是非负因子或者正因子的乘积, 见 $(7.1.2)$. □

习题 如果 $A \in M_n$ 是负定的, 说明理由: A 的特征值与迹是负的; 对于奇的 n, $\det A$ 是负的; 而对于偶的 n, 它是正的. ◀

习题 考虑 Hermite 矩阵 $A = \begin{bmatrix} 1 & 0 \\ 0 & -1 \end{bmatrix}$. 给出一个非零向量使得 $x^* A x = 0$, 但 $A x \neq 0$. ◀

下面的结果表明: 上一个习题里描述的现象对半正定矩阵不可能出现.

结论 7.1.6 设 $A \in M_n$ 是半正定的, 且 $x \in \mathbf{C}^n$. 那么 $x^* A x = 0$ 当且仅当 $A x = 0$.

证明 假设 $x \neq 0$ 且 $x^* A x = 0$. 考虑多项式 $p(t) = (t x + A x)^* A (t x + A x) = t^2 x^* A x + 2 t x^* A^2 x + x^* A^3 x = 2 t \|A x\|_2^2 + x^* A^3 x$. 假设条件确保对所有实数 t 有 $p(t) \geqslant 0$. 然而, 如果 $\|A x\|_2 \neq 0$, 则对 t 的充分大的负的值就会有 $p(t) < 0$. 我们断定 $\|A x\|_2 = 0$, 所以 $A x = 0$. □

推论 7.1.7 半正定矩阵是正定的, 当且仅当它是非奇异的.

证明 假设 $A \in M_n$ 是半正定的. 上一个结论确保以下诸命题是等价的: (a) A 是奇异的; (b) 存在一个非零的向量 x, 使得 $A x = 0$; (c) 存在一个非零的向量 x, 使得 $x^* A x = 0$;

(d)A 不是正定的.   □

半正定矩阵的一个重要性质是经过 * 相合之后保持半正定性不变.

结论 7.1.8　设 $A \in M_n$ 是 Hermite 的，且 $C \in M_{n,m}$.

（a）假设 A 是半正定的，那么 C^*AC 是半正定的，$\text{nullspace}\,C^*AC = \text{nullspace}\,AC$，且 $\text{rank}\,C^*AC = \text{rank}\,AC$.

（b）假设 A 是正定的，那么 $\text{rank}\,C^*AC = \text{rank}\,C$，且 C^*AC 是正定的，当且仅当 $\text{rank}\,C = m$.

证明　（a）设 $x \in \mathbf{C}^n$. 设 $y = Cx$ 并注意到 $x^*C^*ACx = y^*Ay \geqslant 0$. 于是，$C^*AC$ 是半正定的. 剩下的结论由（7.1.6）得出：$C^*ACx = 0 \Leftrightarrow x^*C^*ACx = (Cx)^*A(Cx) = 0 \Leftrightarrow A(Cx) = ACx = 0$. 从而 C^*AC 与 AC 的零空间是相同的，故而它们有同样的秩.

（b）由于 A 是非奇异的，由（a）推出有 $\text{rank}\,C = \text{rank}\,AC = \text{rank}\,C^*AC$. 上面的推论确保半正定矩阵 $C^*AC \in M_m$ 是正定的，当且仅当它是非奇异的，这种情形当且仅当 $m = \text{rank}\,C^*AC$ 时成立，而这个数值就等于 $\text{rank}\,C$.   □

习题　如果 $A \in M_n$ 且 $C \in M_n$，其中 $m > n$，用例子证明：即使当 $A \in M_n$ 是半正定的且不是正定的，C^*AC 也有可能是正定的.　◀

下面的结果允许有关正定矩阵的许多结果可以延拓到关于连续变量的半正定的矩阵上去.

结论 7.1.9　设 $A \in M_n$ 是 Hermite 矩阵. 那么 A 是半正定的，当且仅当存在一列正定矩阵 A_1，A_2，$\cdots$，使得当 $k \to \infty$ 时有 $A_k \to A$.

证明　如果 A 是半正定的，设 $A_k = A + k^{-1}I$，$k = 1, 2, \cdots$. 反之，如果当 $k \to \infty$ 时有 $A_k \to A$，且每个 A_k 都是正定的，则对任何非零的 $x \in \mathbf{C}^n$ 都有 $x^*A_kx > 0$（对每个 $k = 1, 2, \cdots$），所以 $\lim_{k \to \infty} x^*A_kx = x^*Ax \geqslant 0$.   □

正定矩阵以及半正定矩阵有两个看起来令人惊叹的特殊性质，这些性质有深刻的推论. 在（3.5.3）中研究 LU 分解时我们曾经遇到过这些性质（**行与列包容性**）：设 $A \in M_n$ 被分划成 $A = \begin{bmatrix} A_{11} & A_{12} \\ A_{21} & A_{22} \end{bmatrix}$，其中 $A_{11} \in M_k$. 我们称 A 有**列包容性质**（column inclusion property），如果对每个 $k \in \{1, \cdots, n-1\}$ 都有 $\text{range}\,A_{12} \subset \text{range}\,A_{11}$. 我们称 A 有**行包容性质**（row inclusion property），如果 A^* 有列包容性质.

习题　将 $A \in M_n$ 分划成 $A = \begin{bmatrix} A_{11} & A_{12} \\ A_{21} & A_{22} \end{bmatrix}$，其中 $A_{11} \in M_k$ 且 $k \in \{1, \cdots, n-1\}$. 说明为什么下列命题是等价的.

（a）A 有列包容性质.

（b）对每个 $k \in \{1, \cdots, n-1\}$，$\text{nullspace}\,A_{11}^* \subset \text{nullspace}\,A_{12}^*$.

（c）对每个 $k \in \{1, \cdots, n-1\}$，A_{12} 的每个列都是 A_{11} 的列的线性组合.

（d）对每个 $k \in \{1, \cdots, n-1\}$，存在一个 $X \in M_{k,n-k}$，使得 $A_{12} = A_{11}X$.

（e）对每个 $k \in \{1, \cdots, n-1\}$，$\text{rank}\begin{bmatrix} A_{11} & A_{12} \end{bmatrix} = \text{rank}\,A_{11}$.　◀

习题　对行包容性质，对应的等价命题是什么?　◀

习题　假设 $A \in M_n$ 是 Hermite 矩阵. 说明为什么 A 有列包容性质，当且仅当它有行包容性质.

结论 7.1.10 每一个半正定的矩阵都有行以及列包容性质. 特别地, 如果 $A=[a_{ij}]$ 是半正定的, 且对某个 $k\in\{1,\cdots,n\}$ 有 $a_{kk}=0$, 那么对每个 $i=1,\cdots,n$ 都有 $a_{ik}=a_{ki}=0$.

证明 设 $A\in M_n$ 是半正定的, 且分划成 $A=\begin{bmatrix}A_{11}&A_{12}\\A_{12}^*&A_{22}\end{bmatrix}$, 其中 $A_{11}\in M_k$ 是 Hermite 矩阵且 $k\in\{1,\cdots,n-1\}$. 只要证明 nullspace$A_{11}\subset$nullspaceA_{12}^* 就够了. 如果 A_{11} 是非奇异的, 则没有什么要证明的, 故而可以假设 $\xi\in\mathbf{C}^k$ 是非零的, 且有 $\xi^*A_{11}=0$. 我们必须证明 $\xi^*A_{12}=0$. 设 $x=\begin{bmatrix}\xi\\0\end{bmatrix}\in\mathbf{C}^n$. 那么 $x^*Ax=\xi^*A_{11}\xi=0$, 所以 (7.1.6) 确保 $x^*A=0$. 这样就有 $0=x^*A=\xi^*[A_{11}\quad A_{12}]=[\xi^*A_{11}\quad\xi^*A_{12}]=[0\quad\xi^*A_{12}]$, 所以 $\xi^*A_{12}=0$. 对于第二个结论, 注意到行包容性确保每一个元素 a_{ik} 都是 a_{kk} 的纯量倍数. □

432

习题 设 $A=\begin{bmatrix}A_{11}&A_{12}\\A_{12}^*&A_{22}\end{bmatrix}\in M_n$ 是半正定的. 如果或者有 $A_{11}=0$, 或者有 $A_{22}=0$, 说明为什么 $A_{12}=0$.

习题 设 $A\in M_n$ 是半正定的. 按照列来分划 $A=[a_1\quad\cdots\quad a_n]$, 设 $\alpha\subset\{1,\cdots,n\}$ 是任意一个非空的指标集, 又设 $j\in\{1,\cdots,n\}$ 是任意的列指标. 说明为什么 $a_j[\alpha]$ 在 $A[\alpha]$ 的列空间. 提示: 置换相似保持正定性, 见 (7.1.8).

存在一个相关的且还要大得多的矩阵类, 它也有行与列的包容性质. 尽管这个类中的矩阵不一定是正定的或者甚至是 Hermite 的, 它们全都有半正定的 Hermite 部分, 见 (4.1.2).

习题 将 $A\in M_n$ 记为 $A=H+iK$, 其中 H 与 K 是 Hermite 矩阵. 如果 $x\in M_n$, 说明为什么以下命题是等价的: (a) $x^*Ax=0$; (b) $x^*A^*x=0$; (c) $x^*Hx=x^*Kx=0$.

引理 7.1.11 假设 $A\in M_n$ 有半正定的 Hermite 部分 $H(A)=\dfrac{1}{2}(A+A^*)$. 那么有下列结论.

(a) nullspace$A\subset$nullspace$H(A)$ 且 nullspace$A^*\subset$nullspace$H(A)$.

(b) rank$H(A)\leqslant$rank$A$.

(c) 下面诸命题等价:

(i) A 与 $H(A)$ 有同样的零空间;

(ii) A^* 与 $H(A)$ 有同样的零空间;

(iii) rank$A=$rank$H(A)$.

证明 (a) 将 A 记为 $A=H+iK$, 其中 H 与 K 是 Hermite 矩阵, 又令 $x\in\mathbf{C}^n$. 如果或者有 $x^*A=0$, 或者有 $Ax=0$, 那么就有 $x^*Ax=0$, 这就蕴含 $x^*Hx=0$. 由 (7.1.6) 就推出 $Hx=0$.

(b) 由 (a) 得出.

(c) 在 (a) 的两个包含关系式中的等式由 (b) 中的等式得出. □

习题 如果 $A\in M_n$, 且 $H(A)$ 是正定的, 说明为什么 A 是非奇异的.

结论 7.1.12 假设 $A\in M_n$ 有半正定的 Hermite 部分 $H(A)$. 如果 rank$A=$

$\mathrm{rank}H(A)$，那么 A 有行包容性质以及列包容性质.

证明 (a)将 $A\in M_n$ 分划成 $A=\begin{bmatrix} A_{11} & A_{12} \\ A_{21} & A_{22} \end{bmatrix}$，其中 $A_{11}\in M_k$ 且 $k\in\{1,\cdots,n-1\}$. 由于 $H(A)$ 是半正定的，上一个引理就确保 A，A^* 以及 $H(A)$ 都有同样的零空间. 如果 A_{11} 是非奇异的，就没有什么要证明的，所以可以假设 A_{11} 是奇异的. 首先考虑列包容性质. 假设 $\xi\in\mathbf{C}^k$ 是一个非零向量，且 $\xi^*A_{11}=0$，我们必须证明 $\xi^*A_{12}=0$. 设 $x=\begin{bmatrix}\xi\\0\end{bmatrix}\in\mathbf{C}^n$，那么 $0=\xi^*A_{11}\xi=x^*Ax=x^*H(A)x+\mathrm{i}x^*K(A)x$，所以 $x^*H(A)x=0$. 由(7.1.6)就推出 $H(A)x=0$. 由于 A^* 与 $H(A)$ 的零空间是相同的，我们就有 $0=x^*A=\xi^*\begin{bmatrix} A_{11} & A_{12} \end{bmatrix}=\begin{bmatrix} \xi^*A_{11} & \xi^*A_{12} \end{bmatrix}=\begin{bmatrix} 0 & \xi^*A_{12} \end{bmatrix}$，所以 $\xi^*A_{12}=0$. 同样的方法(利用 A 与 $H(A)$ 的零空间相等)表明 A^* 有列包容性质，所以 A 有行包容性质. □

> **习题** 上一个结论中的充分条件不是必要条件. 考虑 $A=\begin{bmatrix} \mathrm{i} & 0 \\ 0 & -\mathrm{i} \end{bmatrix}$. 说明为什么 A 既有行包容性质又有列包容性质，但是 $\mathrm{rank}A>\mathrm{rank}H(A)$. ◀

> **习题** 由(7.1.12)推导出(7.1.10). ◀

推论 7.1.13 如果 $A\in M_n$ 有正定的 Hermite 部分，那么 A 有行以及列包容性质.

证明 如果 $H(A)$ 是非奇异的，那么(7.1.11b)确保 $\mathrm{rank}A=n=\mathrm{rank}H(A)$，故而结论由(7.1.12)推出. □

最后一个结论是有关实数的一个事实的推广：如果 a 与 b 是实数且非负，那么 $a+b=0$ 当且仅当 $a=b=0$.

结论 7.1.14 设 $A,B\in M_n$ 是半正定的. 那么

(a) $A+B=0$ 当且仅当 $A=B=0$；

(b) $\mathrm{rank}(A+B)>0$ 当且仅当 A 与 B 中至少有一个不是零矩阵.

证明 (a)只有向右的蕴含关系需要证明. 设 $A=[a_{ij}]$ 以及 $B=[b_{ij}]$，并假设 $A+B=0$. 那么对每个 $i=1,\cdots,n$ 有 $a_{ii}+b_{ii}=0$，且每一个求和项都是非负的实数，故而每一个 $a_{ii}=b_{ii}=0$. 这样由(7.1.10)中第二个结论就得出 $A=B=0$.

(b)$\mathrm{rank}(A+B)=0$ 当且仅当 $A+B=0$，当且仅当 $A=B=0$. □

问题

7.1.P1 设 $A=[a_{ij}]\in M_n$ 是半正定的. 为什么对所有不同的 $i,j\in\{1,\cdots,n\}$ 都有 $a_{ii}b_{jj}\geqslant|a_{ij}|^2$？如果 A 是正定的，为什么对所有不同的 $i,j\in\{1,\cdots,n\}$ 都有 $a_{ii}b_{jj}>|a_{ij}|^2$？如果存在一对不同的指标 i,j，使得 $a_{ii}b_{jj}=|a_{ij}|^2$，为什么 A 是奇异的？

7.1.P2 利用上一个问题证明(7.1.10)中第二个结论：半正定矩阵在主对角线上有一个为零的元素，当且仅当该元素所在的那一行以及那一列整个都为零.

7.1.P3 设 $A=[a_{ij}]\in M_n$ 是半正定的且主对角元素为正数. 证明：矩阵 $[a_{ij}/\sqrt{a_{ii}b_{jj}}]$ 是半正定的，它所有的主对角元素皆为 $+1$，且它所有元素的绝对值都不超过 1. 这样一个矩阵称为**相关矩阵**(correlation matrix).

7.1.P4 如果 $A=[a_{ij}]\in M_n$ 是一个相关矩阵，证明：对所有 $i,j=1,\cdots,n$ 都有 $|a_{ij}|\leqslant 1$. 等式能否成立？如果 A 是正定的，等式能成立吗？

7. 1. P5　如果 $A\in M_n$ 是 Hermite 矩阵. 如果 $|\operatorname{tr}A|<\|A\|_2$（Frobenius 范数），证明 A 是不定的.

7. 1. P6　设 $A\in M_n$ 与 $B\in M_m$ 是 Hermite 矩阵. 证明：$A\oplus B$ 是半正定的，当且仅当 A 与 B 两者都是半正定的. 在正定的情形你能有何结论？

434

7. 1. P7　函数 $f:\mathbf{R}\to\mathbf{C}$ 称为**正定函数**（positive definite function），如果矩阵 $[f(t_i-t_j)]\in M_n$ 对于所有选取的点 $\{t_1,\cdots,t_n\}\subset\mathbf{R}$ 以及所有的 $n=1,2,\cdots$ 都是半正定的. 如果 f 是正定函数，为什么对所有 $t\in\mathbf{R}$ 都有 $f(-t)=\overline{f}(t)$？利用（7.1.5）证明：如果 f 是正定函数，那么（a）$f(0)\geqslant0$；（b）f 是有界函数，且对所有 $t\in\mathbf{R}$ 都有 $|f(t)|\leqslant f(0)$；（c）如果 f 在 0 连续，那么它处处连续.

7. 1. P8　如果 $f_1,\cdots,f_n$ 是正定函数，又如果 $a_1,\cdots,a_n$ 是非负的实数，证明：$f=a_1f_1+\cdots+a_nf_n$ 是正定函数.

7. 1. P9　证明：对每个 $s\in\mathbf{R}$，$f(t)=\mathrm{e}^{ist}$ 都是正定函数. 利用上一个问题证明：对任意选取的点 $s_1,\cdots,s_n\in\mathbf{R}$ 以及任意的非负实数 $a_1,\cdots,a_n$，$f(t)=a_1\mathrm{e}^{is_1t}+\cdots+a_n\mathrm{e}^{is_nt}$ 都是正定函数.

7. 1. P10　证明 $\cos t$ 是正定函数.

7. 1. P11　$\sin t$ 是正定函数吗？

7. 1. P12　如果 g 是 $\mathbf{R}$ 上一个非负且可积的函数，证明 $f(t)=\displaystyle\int_{-\infty}^{\infty}\mathrm{e}^{its}g(s)\mathrm{d}s$ 是正定函数. 说明为什么下列函数是正定的：

(a) $f(t)=\dfrac{\sin\alpha t}{\alpha t}=\dfrac{1}{2\alpha}\displaystyle\int_{-\alpha}^{\alpha}\mathrm{e}^{its}\mathrm{d}s,\alpha>0$.

(b) $f(t)=\mathrm{e}^{-t^2}=\dfrac{1}{2\sqrt{\pi}}\displaystyle\int_{-\infty}^{\infty}\mathrm{e}^{its}\mathrm{e}^{-s^2/2}\mathrm{d}s$.

(c) $f(t)=\mathrm{e}^{-|t|}=\dfrac{1}{\pi}\displaystyle\int_{-\infty}^{\infty}\dfrac{\mathrm{e}^{its}}{1+s^2}\mathrm{d}s$.

(d) $f(t)=\dfrac{1+it}{1+t^2}=\dfrac{1}{1-it}=\displaystyle\int_{0}^{\infty}\mathrm{e}^{its}\mathrm{e}^{-s}\mathrm{d}s$.

另一种可用来证明（b）与（c）中的函数是正定的方法在（7.2.P12）以及（7.2.P14）中.

7. 1. P13　(a) 如果 f 是正定函数，证明：$\overline{f}$ 与 $\dfrac{1}{2}(f+\overline{f})=\operatorname{Re}f$ 是正定函数. （b）从上一个问题推导出 $g(t)=1/(1+t^2)$ 是一个正定函数. （c）$h(t)=it/(1+t^2)$ 是正定函数吗？

7. 1. P14　设 $A\in M_n$ 是半正定的，考虑加边矩阵 $B=\begin{bmatrix}A&y\\y^*&\alpha\end{bmatrix}$. 如果 B 是半正定的，说明为什么 $y\in\operatorname{range}A$.

7. 1. P15　设 f 是正定函数，并假设存在一个正实数 τ，使得 $f(\tau)=f(0)$. 利用上一个问题证明：f 是以 τ 为周期的周期函数，即对所有实数 t 都有 $f(t)=f(t-\tau)$.

7. 1. P16　设给定 $\lambda_1,\cdots,\lambda_n\in\mathbf{C}$，并假设对所有 $j=1,\cdots,n$ 都有 $\operatorname{Re}\lambda_j>0$. 证明：$A=[(\lambda_i+\overline{\lambda}_j)^{-1}]_{i,j=1}^n$ 是半正定的，又当 $\lambda_1,\cdots,\lambda_n$ 不同时它还是正定的. 导出结论：Hankel 矩阵 $A=[(i+j)^{-1}]_{i,j=1}^n$ 以及 $B=[(i+j-1)^{-1}]_{i,j=1}^n$ 是正定的.

7. 1. P17　设 J_n 是 $n\times n$ 全 1 矩阵；见（0.2.8）. 证明：$x^*J_nx=|x_1+\cdots+x_n|^2$，并导出结论：对所有 $n=1,2,\cdots$，J_n 都是半正定的.

7. 1. P18　(a) 假设 $0<\alpha_1<\cdots<\alpha_n$，又设 $A=[\min\{\alpha_i,\alpha_j\}]_{i,j=1}^n$. 证明：$A=\alpha_1J_n+(\alpha_2-\alpha_1)(0_1\oplus J_{n-1})+(\alpha_3-\alpha_2)(0_2\oplus J_{n-2})+\cdots+(\alpha_n-\alpha_{n-1})(0_{n-1}\oplus J_1)$，并证明 A 是正定的. （b）设 $\beta_1,\cdots,\beta_n$ 是正实数，不一定按照代数次序排列，也不一定各不相同. 说明为什么**最小值矩阵**（min matrix）$[\min\{\beta_i,\beta_j\}]$ 是半正定的，又如果只要 $i\neq j$ 就有 $\beta_i\neq\beta_j$，那么它还是正定的. （c）证明：**最大值倒数矩阵**（reciprocal max matrix）$[(\max\{\beta_i,\beta_j\})^{-1}]$ 是半正定的，又如果只要 $i\neq j$ 就有 $\beta_i\neq$

435

β_i，那么它还是正定的.

7.1.P19 利用上一个问题以及极限方法来证明：**核函数**(kernel)$K(s,t)=\min\{s,t\}$在$[0,N]$上（对任何 $N>0$）是半正定的，即对$[0,N]$上所有连续的复值函数 f，都有

$$\int_0^N \int_0^N \min\{s,t\}\overline{f}(s)f(t)\mathrm{d}s\mathrm{d}t \geqslant 0 \qquad (7.1.15)$$

7.1.P20 证明：对 $[0,N]$ 上每个连续的复值函数 f 都有 $\int_0^N \int_0^N \min\{s,t\}\ \overline{f}(s)f(t)\mathrm{d}s\mathrm{d}t =$ $\int_0^N \left| \int_t^N f(s)\mathrm{d}s \right|^2 \mathrm{d}t$，利用它来给出上一个问题中结论的另一个证明. 为什这个证明表明 $K(s,t)=$ $\min\{s,t\}$是正定的？

7.1.P21 设 $A\in M_n$ 有半正定的 Hermite 部分. (a)说明为什么同样的结论对 SAS^* 的 Hermite 部分也为真（对任何非奇异的 $S\in M_n$）. (b)说明为什么 A 的 * 相合标准型的每一个分块都有半正定的 Hermite 部分. (c)考虑(4.5.21)中列举的三种类型的 * 相合标准型分块. 这些分块类型中哪一些有半正定的 Hermite 部分？证明：具有这个性质的仅有的类型零的分块是$[0]$；没有类型 II 的分块有此性质；而有此性质的仅有的类型 I 的分块是 $[e^{i\theta}]$（其中$-\pi/2\leqslant\theta\leqslant\pi/2$）以及 $-\mathrm{i}\begin{bmatrix} 0 & 1 \\ 1 & \mathrm{i} \end{bmatrix}=\begin{bmatrix} 0 & -\mathrm{i} \\ -\mathrm{i} & 1 \end{bmatrix}$. (d)证明：$\mathrm{rank}A=\mathrm{rank}H(A)$当且仅当 A 的 * 相合标准型是一个零矩阵与形如$[e^{i\theta}]$的分块的直和（其中$-\pi/2<\theta<\pi/2$）. (e)说明为什么 $H(A)$ 是正定的，当且仅当存在一个非奇异的 $S\in M_n$，使得

$$A = S\,\mathrm{diag}(e^{i\theta_1},\cdots,e^{i\theta_n})S^*, \quad \text{每一个 } \theta_j \in (-\pi/2,\pi/2) \qquad (7.1.16)$$

(f)如果 $H(A)$是正定的，证明 $H(A^{-1})$ 是正定的. (g)证明：$H(A)$ 是半正定的，当且仅当 A^* 相合于一个形如

$$(I_p + i\Lambda_p) \oplus (0_q + i\Gamma_q) \oplus (E_{2r} + iF_{2r}) \qquad (7.1.17)$$

的分块对角矩阵，其中 $I_p\in M_p$ 是单位矩阵，$\Lambda_p\in M_p$ 是实对角矩阵，$0_q\in M_q$ 是零矩阵，$\Gamma_q = 0_{q_1}\oplus I_{q_2}\oplus(-I_{q_3})\in M_q$ 是惯性矩阵，$E_{2r}=\begin{bmatrix} 0 & 0 \\ 0 & 1 \end{bmatrix}\oplus\cdots\oplus\begin{bmatrix} 0 & 0 \\ 0 & 1 \end{bmatrix}\in M_{2r}$，而 $F_{2r}=\begin{bmatrix} 0 & 1 \\ 1 & 0 \end{bmatrix}\oplus\cdots$ $\oplus\begin{bmatrix} 0 & 1 \\ 1 & 0 \end{bmatrix}\in M_{2r}$. 此外，这个分块对角矩阵除了 Λ_q 的对角元素的排列次序外，是唯一确定的. (h)如果 $H(A)$是正定的，(7.1.17)将会化简到何种形式？说明这一形式与(7.1.16)是如何一致的.

7.1.P22 设 $A\in M_n$ 有半正定的 Hermite 部分 $H(A)$. 我们断言：如果 $H(A^2)$ 是半正定的，那么 $\mathrm{rank}A=\mathrm{rank}H(A)$，从而(7.1.12)就确保 A 有行以及列包容性质. 对下述论证提供细节：(a)设 $r=\mathrm{rank}H(A)$. 经过一个适当的酉相似之后，我们可以假设 $A=\Lambda+iK$，其中 $\Lambda=L\oplus 0_{n-r}$，$L\in M_r$ 是正的对角矩阵，而 $K=\begin{bmatrix} K_{11} & K_{12} \\ K_{12}^* & K_{22} \end{bmatrix}$ 是 Hermite 矩阵且与 Λ 共形地分划. (b)A^2 的右下角分块是$-K_{12}^*K_{12}-K_{22}^2$，所以，如果 $H(A^2)$ 是半正定的，就有 $K_{12}=0$ 以及 $K_{22}=0$. (c)$A=(L+iK_{11})\oplus 0_{n-r}$，所以 $\mathrm{rank}A=\mathrm{rank}L=r$.

7.1.P23 考虑 $A=\begin{bmatrix} 1 & -2 \\ 2 & 1 \end{bmatrix}$. 证明：$H(A)$是正定的，所以(7.1.13)确保 A 有行以及列包容性质，即使 $H(A^2)$不是半正定的.

7.1.P24 设 $A=\begin{bmatrix} A_{11} & A_{12} \\ A_{12}^* & A_{22} \end{bmatrix}\in M_n$ 是半正定的. 利用(7.1.10)证明 $\mathrm{rank}A\leqslant\mathrm{rank}A_{11}+\mathrm{rank}A_{22}$.

7.1.P25 设 $A\in M_n$ 是半正定的，假设 $n=km$，并将 $A=[A_{ij}]_{i,j=1}^k$ 分划成 $k\times k$ 的分块矩阵，其中每一个

分块又都是 $m \times m$ 的. 我们断言: 压缩矩阵 $\mathcal{T} = [\operatorname{tr} A_{ij}]_{i,j=1}^k \in M_k$ 是半正定的. 对以下内容提供细节: (a)设 e_1, $\cdots$, e_m 是 $\mathbf{C}^m$ 的标准基, 又令 $e = e_1 + \cdots + e_m$. 对给定的 $p \in \{1, \cdots, m\}$, 对向量 $\operatorname{vec}(e_p e^{\mathrm{T}}) \in \mathbf{C}^{m^2}$ 加以描述, 见(0.7.8). (b)对每个 $p \in \{1, \cdots, m\}$, 构造 $X_p \in M_{m^2, m}$ 如下: 它的第 p 列是 $\operatorname{vec}(e_p e^{\mathrm{T}})$, 所有其他的列都是零. 说明为什么 $\mathcal{T} = \sum_{p=1}^m X_p^* A X_p$. (c)说明为什么 $\mathcal{T}$ 是半正定的, 利用(7.1.8)以及(7.1.3). 作为一个不同的证明以及保持半正定性的其他的压缩方式, 见(7.2.P25). 在物理学文献中, 压缩矩阵 $\mathcal{T}$ 常称为 A 的**部分迹**(partial trace).

7.1.P26 设 $A \in M_n$. 假设它的 Hermite 部分 $H(A)$ 是半正定的, 且 $\operatorname{rank} A = \operatorname{rank} H(A)$. 说明为什么存在下三角矩阵 L, $L' \in M_n$ 以及上三角矩阵 U, $U' \in M_n$, 使得 L 与 U' 是非奇异的, 且 $A = LU = L'U'$.

7.1.P27 设 A, $B \in M_n$ 是半正定的, 且 $\alpha \subset \{1, \cdots, n\}$. (a)说明为什么对每个 $k = 1$, 2, $\cdots$ 都有 $\operatorname{rank} A^k = \operatorname{rank} A$. (b)利用(7.1.10)证明 $\operatorname{rank}(AB)[\alpha] \leqslant \min\{\operatorname{rank} A[\alpha], \operatorname{rank} B[\alpha]\}$ 以及 $\operatorname{rank} A^2[\alpha] = \operatorname{rank} A[\alpha]$. (c)说明为什么 $\operatorname{rank} A[\alpha] = \operatorname{rank} A^2[\alpha] = \operatorname{rank} A^4[\alpha] = \cdots = \operatorname{rank} A^{2^k}[\alpha] = \cdots$, 并证明对每个 $k = 2$, 3, $\cdots$ 都有 $\operatorname{rank} A[\alpha] = \operatorname{rank} A^k[\alpha]$.

7.1.P28 这个问题是(4.5.P21)的继续. 设 $A \in M_n$ 是半正定的, 并分划成 $A = \begin{bmatrix} B & C \\ C^* & D \end{bmatrix}$. 如果 B 是奇异的, 我们不可能作出它的 Schur 补, 但是列包容性质允许我们作出推广的 Schur 补. (a)设 $C = BX$ 并验证 $*$ 相合

$$\begin{bmatrix} I & 0 \\ -X^* & I \end{bmatrix} \begin{bmatrix} B & C \\ C^* & D \end{bmatrix} \begin{bmatrix} I & -X \\ 0 & I \end{bmatrix} = \begin{bmatrix} B & 0 \\ 0 & D - X^* BX \end{bmatrix}$$

(b)矩阵 X(其存在性由列包容性质保证)不一定是唯一的. 然而, 如果 $C = BY$, 证明 $X^* BX = Y^* BY$, 所以矩阵 $\widetilde{S} = D - X^* BX$ 有良好的定义, 而且与满足条件 $C = BX$ 的 X 的选取无关. (c)如果 B 是非奇异的, 证明 $\widetilde{S} = S = D - C^* B^{-1} C$, 它就是 B 关于 A 的 Schur 补. 此外, 将 $\widetilde{S}$ 称为 B 关于 A 的**推广的 Schur 补**是合理的. (d)说明为什么 $\widetilde{S} = D - X^* BX$ 是半正定的. 又为什么 $\operatorname{rank} A = \operatorname{rank} B + \operatorname{rank} \widetilde{S}$. (e)为什么我们可以将(d)中的两个命题视为 Haynsworth 定理中的恒等式(4.5.28)的类似结果? 这些思想的进一步发展, 见(7.3.P8).

7.1.P29 设 $A = H_1 + \mathrm{i} K_1$, $B = H_2 + \mathrm{i} K_2 \in M_n$, 其中 H_1, H_2, K_1 以及 K_2 都是 Hermite 矩阵, 而 H_1 与 H_2 则是正定矩阵. 利用 $*$ 相合标准型(7.1.15)证明以下诸命题等价.
(a) A 与 B 是 $*$ 相合的.
(b) $A^{-*} A$ 与 $B^{-*} B$ 是相似的.
(c) $A^{-*} A$ 与 $B^{-*} B$ 有同样的特征值.
(d) $H_1^{-1} K_1$ 与 $H_2^{-1} K_2$ 是相似的.
(e) $H_1^{-1} K_1$ 与 $H_2^{-1} K_2$ 有同样的特征值.

7.1.P30 设 $A \in M_n$ 有正定的 Hermite 部分. 证明: $A^{-*} A$ 与一个酉矩阵相似, 且 $I + A^{-*} A$ 是非奇异的.

7.2 特征刻画以及性质

正定矩阵以及半正定矩阵可以用多种不同的有时甚至是令人惊叹的方式加以刻画. (4.1.8)是我们遇到的第一个这样的刻画.

定理 7.2.1 Hermite 矩阵是半正定的, 当且仅当它所有的特征值都是非负的. 它是正定的, 当且仅当它所有的特征值都是正的.

习题 由上一个定理导出结论：非奇异的 Hermite 矩阵 $A \in M_n$ 是正定的，当且仅当 A^{-1} 是正定的. ◀

习题 设 $A \in M_n$ 是半正定的. 利用(7.2.1)证明：A 是正定的，当且仅当 $\mathrm{rank}A = n$. ◀

推论 7.2.2 如果 $A \in M_n$ 是半正定的，那么每个 A^k（对 $k=1$，2，$\cdots$）也都是半正定的.

证明 如果 A 的特征值是 λ_1，$\cdots$，λ_n，那么 A^k 的特征值是 λ_1^k，$\cdots$，λ_n^k. 如果前者都是非负的，那么后者亦然. □

推论 7.2.3 假设 $A = [a_{ij}] \in M_n$ 是 Hermite 矩阵且是严格对角占优的. 如果对所有 $i = 1$，$\cdots$，n 都有 $a_{ii} > 0$，那么 A 是正定的.

证明 这就是(6.1.10c). 这些条件蕴含关于 A 的每一个 Geršgorin 圆盘都在右半开平面中这一结论. 由于 Hermite 矩阵的特征值都是实数，故而 A 的特征值必定都是正的. □

下一个特征刻画从计算上讲对于验证正定性不很实用，但它有理论上的用处.

推论 7.2.4 设 $A \in M_n$ 是 Hermite 矩阵，又设 $p_A(t) = a_n t^n + a_{n-1} t^{n-1} + \cdots + a_{n-m} t^{n-m}$ 是它的特征多项式，其中 $a_n = 1$，$a_{n-m} \neq 0$，且 $1 \leqslant m \leqslant n$. 那么，$A$ 是半正定的，当且仅当对每个 $k = n-m$，$\cdots$，$n-1$ 都有 $a_k a_{k+1} < 0$.

证明 假设是 $p_A(t)$ 的首项系数不为零，且符号是严格交错的. 如果这个条件满足，$p_A(t)$ 就没有负的零点，所以 A 仅有非负的特征值. 反之，如果 A 是半正定的，用 λ_1，$\cdots$，λ_m 记它的正的特征值，它剩下的 $n-m$ 个特征值全都是零. 归纳法论证表明，诸多项式 $(t-\lambda_1)$，$(t-\lambda_1)(t-\lambda_2)$，$\cdots$，$(t-\lambda_1)(t-\lambda_2)\cdots(t-\lambda_m)$ 的系数的符号是严格交错的，乘以 t^{n-m} 就给出 $p_A(t)$. □

下面的定理给出(7.1.5)中关于半正定矩阵的主子式的结论的一个逆命题，在正定的情形它给出一个令人惊奇的结论.

[438]

定理 7.2.5(Sylvester 判别法) 设 $A \in M_n$ 是 Hermite 矩阵.

(a) 如果 A 的每个主子式（包括 $\det A$）都是非负的，那么 A 是半正定的.

(b) 如果 A 的每一个前（后）主子式都是正的（包括 $\det A$），那么 A 是正定的.

(c) 如果 A 的最前面 $n-1$ 个前主子式（最后面 $n-1$ 个尾主子式）都是正的，且 $\det A \geqslant 0$，那么 A 是半正定的.

证明 (a) 设 $r = \mathrm{rank}A$. 如果 $r = 0$，就没有什么要证明的了，所以可以假设 $r \geqslant 1$. 假设条件确保所有 k 阶主子式之和 $E_k(A)$（对每一个 $k = 1$，$\cdots$，n）都是非负的. 每一个 Hermite 矩阵都是主秩的(0.7.6)，所以有 A 的某个 $r \times r$ 主子矩阵是非奇异的，由此推出 $E_r(A)$ 是正的. 如果 $k > r$，则每一个 k 阶子式都为零，所以 $E_k = 0$. A 的特征多项式的表达式(1.2.13)就是

$$p_A(t) = t^{n-r}(t^r - E_1 t^{r-1} + \cdots + (-1)^{r-1} E_{r-1} t + (-1)^r E_r)$$

其中 $E_r > 0$ 且假设条件蕴含 E_k（对每个 $k = 1$，$\cdots$，$r-1$）都是非负的. 多项式 $p(t)/t^{n-m}$ 的系数符号的模式确保它在区间 $(-\infty, 0]$ 中没有零点，它的所有零点必定都是正的. 我们就得出结论：A 的特征值是非负的，所以它是半正定的.

(b) 设 A_k 表示前主子矩阵 $A[\{1, \cdots, k\}]$，$k = 1$，$\cdots$，n. 如果 $\det A_1 > 0$，则 A_1 是

正定的. 如果 $k\in\{1,\cdots,n-1\}$ 且 A_k 是正定的, 那么它所有的特征值都是正的. 交错不等式 (4.3.18) 确保有可能除了它的最小特征值之外, A_{k+1} 的所有特征值都是正的. 但是 A_{k+1} 的**所有**特征值的乘积是 $\det A_{k+1}$, 而这个数是正的, 故我们可以断定 A_{k+1} 的最小特征值也是正的, 从而 A_{k+1} 是正定的. 由此并用归纳法就推出 $A_n=A$ 是正定的. 关于尾主子式的命题从关于前主子式的命题以及 A 的一个适当的置换相似得出.

(c) 假设条件以及 (b) 中的交错论证方法确保 A 至少有 $n-1$ 个正的特征值. 如果 $\det A=0$, 则剩下的那个特征值为零, 所以 A 是半正定的. □

习题 Hermite 矩阵 $\begin{bmatrix} 0 & 0 \\ 0 & -1 \end{bmatrix}$ 的前主子式都是非负的, 但它不是半正定的. 这里发生了什么? 它与上一个定理矛盾吗? ◀

对每个 $k=1,2,\cdots$, 每一个正实数都有一个唯一的正的 k 次根. 正定矩阵有一个对应的性质.

定理 7.2.6 设 $A\in M_n$ 是 Hermite 矩阵, 且是半正定的, 设 $r=\mathrm{rank}A$, 而 $k\in\{2, 3,\cdots\}$.

(a) 存在一个唯一的 Hermite 半正定矩阵 B, 使得 $B^k=A$.

(b) 存在一个实系数多项式 p, 使得 $B=p(A)$. 从而 B 与任何与 A 可交换的矩阵可交换.

(c) $\mathrm{range}A=\mathrm{range}B$, 所以 $\mathrm{rank}A=\mathrm{rank}B$.

(d) 如果 A 是实的, 那么 B 是实的.

证明 表示成 $A=U\Lambda U^*$, 其中 $U=[U_1 \quad U_2]$ 是酉矩阵, $U_1\in M_{n,r}$, $\Lambda=\mathrm{diag}(\lambda_1,\cdots,\lambda_r)\oplus 0_{n-r}$, 且 $\lambda_1,\cdots,\lambda_r$ 是正数. 定义 $B=U\Lambda^{1/k}U^*$, 其中 $\Lambda^{1/k}=\mathrm{diag}(+\lambda_1^{1/k},\cdots,+\lambda_r^{1/k})\oplus 0_{n-r}$, 且在每一情形都是取唯一的非负 k 次根. 这样 B 就是 Hermite 矩阵, 且它是半正定的, 而且有 $B^k=A$. 注意到 $\mathrm{range}A=\mathrm{range}B$ 是 U_1 的列空间, 所以 $\mathrm{rank}A=\mathrm{rank}B=r$. 如果 A 是实的, 且是半正定的, 则 U 可以取为实正交的, 故而在此情形我们的构造就产生出一个实矩阵 B. 接下来要处理唯一性以及交换性的问题.

设 p 是一个多项式, 对 $i=1,\cdots,r$ 有 $p(\lambda_i)=+\lambda_i^{1/k}$; 如果 $r<n$, 则有 $p(0)=0$, 见 (0.9.11), 这就确保 p 有实系数. 那么 $p(\Lambda)=\Lambda^{1/k}$ 且 $p(A)=p(U\Lambda U^*)=Up(\Lambda)U^*=U\Lambda^{1/k}U^*=B$, 这就验证了 (b). 如果 C 是半正定的 Hermite 矩阵, 它满足 $C^k=A$, 那么 $B=p(A)=p(C^k)$, 从而 B 与 C 可交换. 定理 4.1.6 确保存在一个酉矩阵 V, 使得 B 与 C 可以同时对角化, 所以有 $B=V\Lambda_1 V^*$ 以及 $C=V\Lambda_2 V^*$, 其中 $\Lambda_1,\Lambda_2\in M_n$ 是非负的对角矩阵. 由于 $B^k=A=C^k$, 我们就推出 $\Lambda_1^k=\Lambda_2^k$. 非负的数的非负 k 次根的唯一性就蕴含结论 $\Lambda_1=(\Lambda_1^k)^{1/k}=(\Lambda_2^k)^{1/k}=\Lambda_2$, 所以 $B=C$. □

我们将一个 (半) 正定矩阵 A 的唯一的 (半) 正定的平方根记为 $A^{1/2}$. 对每个 $k=1,2,\cdots$, $A^{1/k}$ 表示 A 的唯一的 (半) 正定的 k 次根. 关于上一定理中有关唯一性结论的一个应用, 见 (7.2.P20).

习题 利用上一定理证明中的构造计算 $\begin{bmatrix} 5 & 4 \\ 4 & 5 \end{bmatrix}^{1/2}$. ◀

习题 如果 A 是正定的, 证明 $(A^{1/2})^{-1}=(A^{-1})^{1/2}$. ◀

439

定理 7.2.7   设 $A \in M_n$ 是 Hermite 矩阵.

(a) A 是半正定的，当且仅当存在一个 $B \in M_{m,n}$，使得 $A = B^* B$.

(b) 如果 $A = B^* B$，其中 $B \in M_{m,n}$，又如果 $x \in \mathbf{C}^n$，那么 $Ax = 0$ 当且仅当 $Bx = 0$，所以 nullspace$A$=nullspace$B$，且有 rank$A$=rank$B$.

(c) 如果 $A = B^* B$，其中 $B \in M_{m,n}$，那么 A 是正定的，当且仅当 B 是列满秩的.

证明   (a) 如果对某个 $B \in M_{m,n}$ 有 $A = B^* B$，那么 $x^* Ax = x^* B^* Bx = \|Bx\|_2^2 \geqslant 0$. 结论中的分解式可以得到，例如，取 $B = A^{1/2}$ 以及 $m = n$.

(b) 如果 $Ax = 0$，那么 $x^* Ax = \|Bx\|_2^2 = 0$；如果 $Bx = 0$，则有 $Ax = B^* Bx = 0$，所以 A 与 B 有同样的零空间，从而有同样的零化度以及同样的秩.

(c) A 的零化度是零当且仅当 B 的零化度是零，当且仅当 rank$B = n$.   □

有关上一定理的一个改进，见(7.2.P9).

推论 7.2.8   Hermite 矩阵 A 是正定的，当且仅当它 * 相合于单位矩阵.

证明   这不过是(7.2.7)的复述.   □

习题   设 $A \in M_n$ 是正定的，并假设 $A = C^* C$，其中 $C \in M_n$. 证明：存在一个酉矩阵 $V \in M_n$，使得 $C = VA^{1/2}$. 提示：证明 $A^{-1/2} C^* CA^{-1/2} = (CA^{-1/2})^* (CA^{-1/2}) = I$.   ◀

半正定矩阵的分解式 $A = B^* B$ 可以用多种方法得到. 例如，每一个方阵 C 都有 QR 分解(2.1.14)，所以它可以写成 $C = QR$，其中 Q 是酉矩阵，而 R 是上三角的，其对角元素非负，且它与 C 有同样的秩. 这样就有 $C^* C = (QR)^* QR = R^* Q^* QR = R^* R$.

推论 7.2.9(Cholesky 分解)   设 $A \in M_n$ 是 Hermite 矩阵，那么 A 是半正定的(正定的)，当且仅当存在一个对角元素为非负(正)数的下三角矩阵 $L \in M_n$，使得 $A = LL^*$. 如果 A 是正定的，则 L 是唯一的. 如果 A 是实的，则 L 可以取为实的.

证明   设 $A^{1/2} = QR$ 是 QR 分解，并且设 $L = R^*$. 那么就有 $A = A^{1/2} A^{1/2} = R^* Q^* QR = R^* R = LL^*$. 结论中所述的 L 的性质可以由(2.1.14)中所说的 R 的性质得出.   □

设 $v_1, \cdots, v_m$ 是具有内积 $\langle \cdot, \cdot \rangle$ 的内积空间 V 中的向量. 向量 $v_1, \cdots, v_m$ 关于内积 $\langle \cdot, \cdot \rangle$ 的 **Gram 矩阵** 定义为 $G = [\langle v_j, v_i \rangle]_{i,j=1}^m \in M_m$. 如果 $A \in M_n$ 是半正定的，按照列分划 $A^{1/2} = [v_1, \cdots, v_n]$，并注意到 $A = A^{1/2} A^{1/2} = (A^{1/2})^* A^{1/2} = [v_i^* v_j] = [\langle v_j, v_i \rangle]_{i,j=1}^n$，其中 $\langle \cdot, \cdot \rangle$ 是 $\mathbf{C}^n$ 上的 Euclid 内积. 于是，**每一个半正定的矩阵都是 Gram 矩阵**. 下面的定理通过在更广泛的范围内建立相反的蕴含关系对半正定矩阵提供了另一种特征刻画：在**任何**有限维或非有限维内积空间中，向量的 Gram 矩阵都是半正定的.

定理 7.2.10   设 $v_1, \cdots, v_m$ 是一个具有内积 $\langle \cdot, \cdot \rangle$ 的内积空间 V 中的向量，并设 $G = [\langle v_j, v_i \rangle]_{i,j=1}^m \in M_m$. 那么

(a) G 是 Hermite 矩阵，且是半正定的.

(b) G 是正定的，当且仅当向量 $v_1, \cdots, v_m$ 线性无关.

(c) $G = \dim\mathrm{span}\{v_1, \cdots, v_m\}$.

证明   (a) 设 $\|\cdot\|$ 是从给定的内积导出的范数，并设 $x = [x_i] \in \mathbf{C}^m$，则(5.1.3)中列举的性质确保 G 是 Hermite 的，且有

$$x^* Gx = \sum_{i,j=1}^m \langle v_j, v_i \rangle \overline{x_i} x_j = \sum_{i,j=1}^m \langle x_j v_j, x_i v_i \rangle$$

$$= \langle \sum_{j=1}^{m} x_j v_j, \sum_{i=1}^{m} x_i v_i \rangle = \left\| \sum_{i=1}^{m} x_i v_i \right\|^2 \geqslant 0 \qquad (7.2.11)$$

故而 G 是半正定的.

（b）不等式(7.2.1)成为等式，当且仅当 $\sum_{i=1}^{m} x_i v_i = 0$. 如果 $x \neq 0$ 且向量 $v_1, \cdots, v_m$ 是线性无关的，这不可能发生，在这种情形 G 是正定的. 反之，如果只要 $x \neq 0$ 就有 $x^* G x > 0$，那么，只要 $x \neq 0$ 就有 $\left\| \sum_{i=1}^{m} x_i v_i \right\| \neq 0$，这就蕴含 $v_1, \cdots, v_m$ 是线性无关的.

（c）设 $r = \mathrm{rank} G$，又设 $d = \dim \mathrm{span}\{v_1, \cdots, v_m\}$. 由于 G 是主秩的，所以它有一个 r 阶的非奇异的，从而也是正定的主子矩阵. 那个主子矩阵是向量 v_i 中的 r 个组成的 Gram 矩阵，所以(b)确保这些向量是线性无关的. 这就意味着 $r \leqslant d$. 另一方面，向量 v_i 中有 d 个是线性无关的，这些向量的 Gram 矩阵（再次由(b)得知它是正定的）是 G 的主子矩阵. 这就意味着 $d \leqslant r$. 我们就得出结论 $r = d$. $\qquad \square$

习题 设 $A \in M_n$ 是半正定的，且秩为 r. 说明为什么存在向量 $v_1, \cdots, v_n \in \mathbf{C}^n$，使得 $\mathrm{rank}[v_1 \ \cdots \ v_n] = r$ 以及 $A = [v_i^* v_j]_{i,j=1}^{n}$，这就是关于标准内积的 Gram 矩阵. 提示：见 (7.2.10)前面的讨论. ◀

习题 如果 $A \in M_n$ 是一个内积空间中向量 $v_1, \cdots, v_n$ 的 Gram 矩阵，说明为什么每一个主子矩阵都是从向量组 $v_1, \cdots, v_n$ 中选取出的一组向量的 Gram 矩阵. ◀

习题 将(7.2.10)存于心，讨论(7.1.P25)以及(7.1.P12 与 7.1.P16). 在每一种情形，向量空间 V、内积 $\langle \cdot, \cdot \rangle$、向量 v_i 以及 Gram 矩阵各是什么？ ◀

问题

7.2.P1 设 $A \in M_n$ 是 Hermite 矩阵. 证明：对所有 $k = 1, 2, \cdots$，A^{2k} 是半正定的，而 e^A 是正定的. 见 (5.6.15)后面的习题以及正文.

7.2.P2 设 $A \in M_n$ 是半正定的，又设 $x \in \mathbf{C}^n$. 证明 $x^* A x = \|A^{1/2} x\|_2^2$，并由这个恒等式推导出(7.1.6).

7.2.P3 设 $A = [\min\{i, j\}]_{i,j=1}^{n}$，并设 R 是 $n \times n$ 上三角矩阵，其主对角线上及其上方的元素都是 $+1$. (a)证明 $A = R^{\mathrm{T}} R$(A 的 LU 分解)并导出 A 是正定的. (b)证明：R^{-1} 是上双对角矩阵，它的主对角线元素是 $+1$，而第一条超对角线上的元素是 -1. (c)证明 $A^{-1} = R^{-1} R^{-\mathrm{T}}$ 是三对角矩阵，它的主对角线元素是 $+2$，而第一条次对角线以及第一条超对角线上的元素是 -1.

7.2.P4 如果 $A \in M_n$ 是 Hermite 矩阵且有正的前主子式，证明：在(3.5.6b)中描述的 A 的 LDU 分解中，$U = L^*$ 与 D 是正的对角矩阵. 利用分解式 $A = LDL^*$ 给出(7.2.5b)的一个与交错不等式无关的证明.

7.2.P5 (a) 验证：$L_1 = \begin{bmatrix} 2 & 0 \\ 1 & \sqrt{3} \end{bmatrix}$ 提供了正定矩阵 $A_1 = \begin{bmatrix} 4 & 2 \\ 2 & 4 \end{bmatrix}$ 的 Cholesky 分解(7.2.9)，且 $4 \times 4 \geqslant 2^2 \times (\sqrt{3})^2 = \det A_1$. (b)设 $A = [a_{ij}] \in M_n$ 是正定的，又设 $A = LL^*$ 是 Cholesky 分解. 设 $L = [c_{ij}]$，所以当 $j > i$ 时有 $c_{ij} = 0$. 证明 $\det A = c_{11}^2 \cdots c_{nn}^2$. 证明每一个 $a_{ii} = |c_{i1}|^2 + \cdots + |c_{i,i-1}|^2 + c_{ii}^2 \geqslant c_{ii}^2$，其中的等式当且仅当对每个 $k = 1, \cdots, i-1$ 有 $c_{ik} = 0$ 成立. 推导出 Hadamard **不等式**：$\det A \leqslant a_{11} \cdots a_{nn}$，等式当且仅当 A 是对角矩阵时成立.

7.2.P6 设 $n \geqslant 2$，$A \in M_n$ 是 Hermite 矩阵，令 $B \in M_{n-1}$ 是 A 的一个前主子矩阵. 如果 B 是半正定的，且 $\mathrm{rank} B = \mathrm{rank} A$，证明 A 是半正定的.

7.2.P7 为使 Hermite 矩阵 A 是负定(半负定)的,对它的子式的符号附加什么样的条件才是必要且充分的?

7.2.P8 一个半正定矩阵或正定矩阵可能有是 Hermite 的但不是半正定矩阵的平方根. 它也可能有非 Hermite 的平方根. 对任何 a,$b\in\mathbf{C}$(其中 $b\neq0$),计算矩阵 $\begin{bmatrix}a & b\\ -a^2/b & -a\end{bmatrix}$ 的平方根以及 $\begin{bmatrix}1 & 1\\ 0 & -1\end{bmatrix}$ 的平方根.

7.2.P9 总可以对一个行满秩且各行正交的矩阵 B 得到(7.2.7)中的表示法. (a)假设 $A\in M_n$ 是半正定的,又设 $r=\operatorname{rank}A$. 设 $A=U\Lambda U^*$,其中 U 是酉矩阵,$\Lambda=\Lambda_r\oplus 0_{n-r}$,而 Λ_r 是正的对角矩阵. 与 Λ 共形地分划 $U=[U_1\ \ U_2]$. 证明 $A=B^*B$,其中 $B=\Lambda_r^{1/2}U_1^*\in M_{r,n}$ 是行满秩的且各行正交的. (b)导出结论:秩 1 的半正定矩阵总可以表示成 xx^* 的形式(对某个 $x\in\mathbf{C}^n$).

7.2.P10 设 $A\in M_n$. 定理 4.1.7 说的是:A 与 A^* 通过 Hermite 矩阵相似,当且仅当 A 与一个实矩阵相似. 证明:A 与 A^* 通过 Hermite 正定矩阵相似,当且仅当 A 与一个实对角矩阵相似.

7.2.P11 设 $A\in M_n$ 是 Hermite 矩阵. (a)证明:A 是正定的,当且仅当 $\operatorname{adj}A$ 是正定的且 $\det A>0$. (b)如果 n 是奇数,证明 $\operatorname{adj}(-I_n)$ 是半正定的,所以(a)中关于行列式的条件不能省略. (c)如果 A 是半正定的,证明 $\operatorname{adj}A$ 是半正定的,且 $\det A\geqslant0$. (d)如果 $\operatorname{adj}A$ 是半正定的,且 $\det A\geqslant0$,用例子说明 A 不一定是半正定的.

7.2.P12 设 $r\in\mathbf{C}$ 不为零,并考虑对称的 Toeplitz 矩阵 $M(r,n)=[r^{|i-j|}]_{i,j=1}^n\in M_n(\mathbf{R})$,有时称它为 **Markov 矩阵**. 如下计算 $D_n=\det M(r,n)$:(a)设 M_{ij} 表示从 $M(r,n)$ 中删去第 i 行以及第 j 列所得到的子矩阵. 证明:只要 $|i-j|\geqslant2$ 就有 $\det M_{ij}=0$,并说明为什么 $\operatorname{adj}M(r,n)$ 是三对角的且是对称的. (b)证明 $D_2=1-r^2$,并利用(a),通过按照第一行的代数余子式展开来证明 $D_{n+1}=D_n-r^2D_n=(1-r^2)D_n=(1-r^2)^n$. (c)对 $n\geqslant2$ 得出结论:对所有非零的复数 $r\neq\pm1$,$M(r,n)$ 都是非奇异的. (d)对 $r\in(-1,1)$ 以及 $n\geqslant2$,利用(7.2.5)证明:实对称矩阵 $M(r,n)$ 是正定的. (e)证明:$f(t)=\mathrm{e}^{-|t|}$ 是 $\mathbf{R}$ 上的正定函数,见(7.1.P7).

7.2.P13 如果 $r\neq\pm1$,说明为什么上一问题中的 Markov 矩阵 $M(r,n)$ 有对称的且是三对角的逆矩阵. 证明:$(1-r^2)M(r,n)^{-1}$ 的超对角线以及次对角线上的每个位置上的元素都是 $-r$,它的主对角线上元素是 1,$1+r^2$,$\cdots$,$1+r^2$,1.

7.2.P14 设 $r\in\mathbf{C}$ 不为零,并考虑对称的 Toeplitz 矩阵 $G(r,n)=[r^{(i-j)^2}]_{i,j=1}^n\in M_n$,有时称它为 **Gauss 矩阵**. 如下计算 $D_n=\det G(r,n)$:(a)对于 $j=n$,$n-1$,$\cdots$,2,从第 j 列中减去第 $j-1$ 列的 r^{2j-3} 倍,这样就在位置 $(1,2)$,$\cdots$,$(1,n)$ 处产生生为零的元素. 如果 $\min\{i,j\}\geqslant2$,则位置 i,j 处的新的元素是原来元素的 $1-r^{2(i-1)}$ 倍. (b)重复这一消元过程 $n-2$ 次,从而得到一个下三角矩阵. (c)导出结论:$D_n=\prod_{k=1}^{n-1}(1-r^{2k})D_{n-1}=\prod_{k=1}^{n-1}(1-r^{2k})^{n-k}$. (d)对 $n\geqslant2$,导出结论:对所有满足 $r\notin\{z\in\mathbf{C}:z^{2k}=1,k=1,\cdots,n-1\}$ 的非零的 $r\in\mathbf{C}$,$G(r,n)$ 都是非奇异的. (e)对 $r\in(-1,1)$ 以及 $n\geqslant2$,利用(7.2.5)证明:实对称矩阵 $G(r,n)$ 是正定的. (f)证明:$f(t)=\mathrm{e}^{-t^2}$ 是 $\mathbf{R}$ 上的正定函数.

7.2.P15 设 $A\in M_n$ 是半正定的,且有有序排列的特征值 $\mu_1\leqslant\cdots\leqslant\mu_n$. 设 $z\in\mathbf{C}^n$ 不为零. (a)验证恒等式 $A+zz^*=\begin{bmatrix}A^{1/2} & z\end{bmatrix}\begin{bmatrix}A^{1/2}\\ z^*\end{bmatrix}$ 以及 $\begin{bmatrix}A^{1/2}\\ z^*\end{bmatrix}\begin{bmatrix}A^{1/2} & z\end{bmatrix}=\begin{bmatrix}A & A^{1/2}z\\ z^*A^{1/2} & z^*z\end{bmatrix}$. 用 B 记后面那个矩阵,并设 $\lambda_1\leqslant\lambda_2\leqslant\cdots\leqslant\lambda_n\leqslant\lambda_{n+1}$ 是它的有序排列的特征值. (b)由(1.3.22)导出结论:$\lambda_2\leqslant\cdots\leqslant\lambda_n\leqslant\lambda_{n+1}$ 是 $A+zz^*$ 的有序排列的特征值且 $\lambda_1=0$. (c)说明为什么(4.3.9)以及(4.3.17)中的每一个

都确保交错不等式

$$\lambda_1 \leqslant \mu_1 \leqslant \lambda_2 \leqslant \mu_2 \leqslant \cdots \leqslant \mu_{n-1} \leqslant \lambda_n \leqslant \mu_n \leqslant \lambda_{n+1}$$

成立. (d)说明为什么(4.3.9)以及(4.3.17)中的每一个都蕴含另一个.

7.2.P16　设 $A \in M_n$ 是正定的, 且不是纯量矩阵. 证明: 关于谱范数的条件数 $\kappa(A+tI)$ 是 $t \in [0, \infty)$ 上严格单调减的凸函数.

7.2.P17　设 $A, B \in M_n$ 并假设 A 是正定的. 证明 $C = A + B + B^* + BA^{-1}B^*$ 是半正定的. 如果 $n=1$, C 是什么? 又为什么在这种情形它是非负的?

7.2.P18　如果 $A \in M_n$ 是非奇异的, 证明 $B = A + A^{-*}$ 是非奇异的.

7.2.P19　设 $A \in M_n$ 是正定的, 又设 $x \in \mathbf{C}^n$ 是单位向量. (a)证明 $(x^* A x)^{-1} \leqslant x^* A^{-1} x$, 等式当且仅当 x 是 A 的一个特征向量时成立. (b)如果 $A = [a_{ij}]$ 是非奇异的相关矩阵, 且 $A^{-1} = [\alpha_{ij}]$, 说明为什么每一个 $\alpha_{ii} \geqslant 1$, 等式对某个 $i=p$ 成立当且仅当对所有 $j=1, \cdots, n(j \neq p)$ 都有 $a_{pj} = a_{jp} = 0$.

7.2.P20　设 $A, B \in M_n$ 是正定的. 定理 4.5.8 说的是, 存在一个非奇异的 $S \in M_n$, 使得 $A = SBS^*$. (a)证明: 我们可以选取 $S = A^{1/2} B^{-1/2}$, 它不一定是 Hermite 的. (b)证明: 还可以选取 $S = B^{-1/2}(B^{1/2} A B^{1/2})^{1/2} B^{-1/2}$, 且这样选取的 S 是正定的. (c)利用(7.2.6a)证明: 存在**唯一的**正定矩阵 S, 使得 $A = SBS^*$.

7.2.P21　设 $A, B \in M_n$ 是半正定的. (a)如果 A 与 B 可交换, 证明 AB 是 Hermite 的, 且是半正定的. (b)给出一个例子来说明 AB 不一定是 Hermite 的. (c)利用(1.3.22)来说明为什么 AB 与 $A^{1/2} B A^{1/2}$ 有同样的特征值, 且后者有非负的实的特征值. 为什么这一推理方法不允许我们得出 AB 可以对角化的结论? 尽管如此, 还请参见(7.6.2b). (d)如果 A 是正定的, 说明为什么 AB 与 $A^{1/2} B A^{1/2}$ 相似, 后者则相似于一个非负的对角矩阵.

7.2.P22　设 $A, G, H \in M_n$ 是正定的, 并假设 $GAG = HAH$. 我们断言 $G = H$. 对下面的推理提供细节: (a)设 $X = A^{1/2} G$ 以及 $Y = A^{1/2} H$. 那么 $X^* X = Y^* Y$. (b)$(YX^{-1})^{-1} = (YX^{-1})^*$, 所以 $YX^{-1} = A^{1/2} G H^{-1} A^{-1/2}$ 是酉矩阵. (c)GH^{-1} 的每一个特征值的模都为 1. (d)GH^{-1} 可以对角化, 且它的每一个特征值都是正的. (e)GH^{-1} 的每一个特征值都是 $+1$, 从而有 $GH^{-1} = I$.

444

7.2.P23　设 $A, B \in M_n$ 是正定的. 矩阵

$$G(A, B) = A^{1/2}(A^{-1/2} B A^{-1/2})^{1/2} A^{1/2}$$

称为 A 与 B 的**几何平均**(geometric mean). (a)为什么 $G(A, B)$ 是正定的? (b)如果 A 与 B 可交换, 证明 $G(A, B) = A^{1/2} B^{1/2} = B^{1/2} A^{1/2} = G(B, A)$. (c)证明 $X = G(A, B)$ 是方程 $XA^{-1}X = B$ 的唯一解. 当 $n=1$ 时, X 是什么? (d)证明: $XA^{-1}X = B$ 当且仅当 $XB^{-1}X = A$ 时成立, 并导出结论 $G(A, B) = G(B, A)$. (e)证明 $G(A, \bar{A}) = G(A, A^{\mathrm{T}})$ 是实的. (f)证明 $G(A, A^{-\mathrm{T}}) = G(A, \bar{A}^{-1})$ 是复正交的, 且是共轭对合的.

7.2.P24　设 $A \in M_n$ 是半正定的. 将 $A = X^* X$ 表示成 $X \in M_n$ 的列的 Gram 矩阵, 见(7.2.7a). 设 $k \in \{1, \cdots, n\}$. (a)说明为什么 A 的每个 k 阶主子式为零, 当且仅当从 X 的列中选取的每一组 k 个向量都是线性相关的. (b)如果 A 的每一个 k 阶主子式都是零, 证明: $\mathrm{rank} A < k$, 且 A 的每个阶为 $m \geqslant k$ 的主子式都为零. (c)考虑 $A = \begin{bmatrix} 0 & 1 \\ 1 & 0 \end{bmatrix}$, 并说明为什么(b)中的结论不一定正确, 如果 A 是 Hermite 矩阵但不是半正定矩阵.

7.2.P25　设 $A \in M_n$ 是半正定的, 假设 $n=km$, 并将 $A = [A_{ij}]_{i,j=1}^k$ 分划成 $k \times k$ 分块矩阵, 其中每一个分块都是 $m \times m$ 的. 用 $C_p(A_{ij})$ 表示第 p 个复合矩阵, $p \in \{1, \cdots, m\}$, 见(0.8.1). 记住有 $\mathrm{tr} C_p(A_{ij}) = E_p(A_{ij})$, 见(2.3.P12). 我们断言: 压缩矩阵 $\mathcal{T} = [\mathrm{tr} A_{ij}]_{i,j=1}^k \in M_k$, $\mathcal{C}_p = [C_p(A_{ij})]_{i,j=1}^k \in M_k$, $\varepsilon_p = [E_p(A_{ij})]_{i,j=1}^k$ 以及 $\mathcal{D} = [\det A_{ij}]_{i,j=1}^k$ 全是半正定的. 对以下推理提供细节: (a)设 $A = B^* B$, 其中 $B \in M_n$, 分划 $B = [B_1 \cdots B_k]$, 其中每一个 $B_j \in M_{n,m}$. (b)证明: $\mathcal{T} = [\mathrm{tr}(B_i^* B_j)]_{i,j=1}^k$, 说

明为什么 $\mathcal{T}$ 是 Gram 矩阵，并推出结论：它是半正定的．与(7.1.P25)比较．（c)利用第 p 个复合矩阵的积性性质说明为什么 $\mathcal{C}_p = [C_p(B_i^* B_j)]_{i,j=1}^k = [C_p(B_i)^* C_p(B_j)]_{i,j=1}^k$ 是 Gram 矩阵，并推出结论：它是半正定的．（d)将(b)与(c)中的结果组合起来证明 ε_p 是半正定的．（e)注意 $\mathcal{D} = \varepsilon_m$，并推出结论：它是半正定的．

7.2.P26　设 $A, B \in M_n$ 是半正定的．证明：（a) $0 \leqslant \mathrm{tr}\,AB \leqslant \|A\|_2 \mathrm{tr}\,B$．（b) $\sqrt{\mathrm{tr}\,AB} \leqslant \sqrt{\mathrm{tr}\,A}\,\sqrt{\mathrm{tr}\,B} \leqslant \frac{1}{2}(\mathrm{tr}\,A + \mathrm{tr}\,B)$．

7.2.P27　设 $A_1, \cdots, A_m \in M_n$ 是半正定的．证明 $\left\|\sum_{i=1}^m A_i\right\|_2^2 \geqslant \sum_{i=1}^m \|A_i\|_2^2$．

7.2.P28　设 $A \in M_n$ 是半正定的，又设 $A = B^* B$ 是(7.2.7)中所保证的那种形式的任意一个表达式，其中 $B = [b_1 \ \cdots \ b_n]$．（a)证明：A 是相关矩阵，当且仅当每一个 b_j 都是单位向量．（b)向量 $x = [x_i] \in \mathbf{C}^n$ 称为是**平衡的**(balanced)，如果对每个 $i = 1, \cdots, n$ 都有 $|x_i| \leqslant \sum_{j \neq i} |x_j|$．如果 A 是相关矩阵，证明它的零空间中的每一个向量都是平衡的．（c)证明：$A = [a_{ij}]$ 的每一个主对角元素都是正的，当且仅当每一个 $b_j \neq 0$．（d)如果 A 的每一个主对角元素都是正的，$D = \mathrm{diag}(\sqrt{a_{11}}, \cdots, \sqrt{a_{nn}})$，且 $x \in \mathrm{nullspace}\,A$，证明 Dx 是一个平衡的向量．

7.2.P29　设 $n \geqslant 2$ 且 $A = [a_{ij}] \in M_n$ 是一个相关矩阵．（a)说明为什么对每一对不同的指标 i, j 都有 $|a_{ij}| \leqslant 1$，其中严格不等式当 A 为正定时成立．（b)利用(6.1.1)证明 $\sigma(A) \subset [0, n]$．考虑例子 $A = J_n$，并说明为什么不存在更小的区间能将每一个 $n \times n$ 相关矩阵的每一个特征值都包含在内．（c)如果 A 是正定的，证明 $\lambda \in (0, n)$．（d)假设 A 是三对角的．(i)利用(6.1.1)证明 $\lambda \in [0, 3]$．(ii)利用(1.4.P4)证明 $\lambda \in [0, 2]$，并证明：$\lambda \in \sigma(A)$ 当且仅当 $2 - \lambda \in \sigma(A)$，又如果 n 是奇数，则 $\lambda = 1$ 是 A 的一个特征值．(iii)说明为什么 $\lambda = 2$ 是 A 的特征值，当且仅当 A 是奇异的，并导出结论：如果 A 是正定的，则有 $\sigma(A) \subset (0, 2)$．

7.2.P30　设 $A, B \in M_n$ 是 Hermite 矩阵．（a)如果 A 是正定的，证明 AB 与一个实的对角矩阵相似．证明：AB 与 B 的正的、负的以及为零的特征值的个数相同．（b)给出一个例子来证明：如果 A 是半正定的且是奇异的，那么 AB 不一定是可对角化的．（c)如果 A 是半正定的，说明为什么 $\mathrm{tr}(AB) = \mathrm{tr}(A^{1/2} B A^{1/2})$ 是实的．

7.2.P31　设 $A = [a_{ij}] \in M_n(\mathbf{R})$ 是对称的，且是正定的，又假设 $a_{ij} \leqslant 0$(如果 $i \neq j$)．我们断言：A^{-1} 的元素是非负的．对下述推理提供细节：（a)将 A 的特征值排序为 $0 < \lambda_1 \leqslant \cdots \leqslant \lambda_n$，并令 $\mu \geqslant \max\{\lambda_n, \max_{1 \leqslant i \leqslant n} a_{ii}\}$，那么 $B = \mu I - A$ 的元素是非负的，它的特征值是 $\mu - \lambda_1 \geqslant \cdots \geqslant \mu - \lambda_n \geqslant 0$．（b) $\rho(B) = \mu - \lambda_1 < \mu$．（c) $A^{-1} = \mu^{-1}(I - \mu^{-1}B)^{-1} = \mu^{-1} \sum_{k=0}^\infty \mu^{-k} B^k \geqslant 0$．作为它的一个推广（结论相同但假设条件要弱得多），见(8.3.P15)．

7.2.P32　设 $\langle \cdot, \cdot \rangle$ 是 $\mathbf{C}^n$ 上的一个内积，$\mathcal{B} = \{e_1, \cdots, e_n\}$ 是 $\mathbf{C}^n$ 的标准正交基，又用 $G \in M_n$ 表示 $\mathcal{B}$ 关于内积 $\langle \cdot, \cdot \rangle$ 的 Gram 矩阵．证明对所有 $x, y \in \mathbf{C}^n$ 都有 $\langle x, y \rangle = y^* Gx$．导出结论：函数 $\langle \cdot, \cdot \rangle : \mathbf{C}^n \times \mathbf{C}^n \to \mathbf{C}^n$ 是一个内积，当且仅当存在一个正定矩阵 G，使得对所有 $x, y \in \mathbf{C}^n$ 都有 $\langle x, y \rangle = y^* Gx$．

7.2.P33　$A, B \in M_n$ 的 **Jordan 乘积**定义为 $]A, B[= AB + BA$．A 与 B 的换位子是 $[A, B] = AB - BA$，所以 Jordan 乘积有时称为**反换位子**(anticommutator)．设 A 与 B 是 Hermite 矩阵．（a)证明：$]A, B[$ 是 Hermite 的，所以它有实的特征值以及实的迹．（b)如果 A 与 B 是正定的，证明：$\mathrm{tr}\,]A, B[> 0$，但是考虑 $A = \begin{bmatrix} 20 & 0 \\ 0 & 1 \end{bmatrix}$ 与 $B = \begin{bmatrix} 2 & 1 \\ 1 & 2 \end{bmatrix}$，并导出结论：$]A, B[$ 可能有负的特征值．（c)证明：$[A, B]$ 是斜 Hermite 的，它有纯虚数的特征值，且它的迹为零．

问题(7.2. P34~P36)对有限维量子系统的研究中出现的思想进行探索.

7.2. P34 设 $R \in M_n$ 是 Hermite 的半正定矩阵，它使得 $\text{tr}R=1$(这称为一个**密度矩阵** matrix)，并用

$$\text{Cov}_R(X,Y) = \text{tr}(RXY^*) - (\text{tr}(RX))(\text{tr}(RY^*))$$

(X 与 Y 在状态 R 时的**协方差**)定义函数 $\text{Cov}_R(\cdot,\cdot): M_n \times M_n \to \mathbf{C}$. (a)说明为什么 $\|R^{1/2}\|_2 = 1$(Frobenius 范数)，又为什么 $R^{1/2}=R$ 当且仅当 $\text{rank}R=1$，当且仅当 $R=uu^*$(对某个 Euclid 单位向量 u). 如果 $\text{rank}R=1$，我们的量子系统就处于**纯态**(pure state)；如果 $\text{rank}R>1$，则它处于**混合态**(mixed state). 表达式 $\text{tr}(RX)$ 可以解释成 X 在状态 R 时的平均值(均值). (b)证明 $\text{Cov}_R(X, Y) = \langle R^{1/2}X, R^{1/2}Y \rangle_F - \langle R^{1/2}X, R^{1/2} \rangle_F \langle R^{1/2}, R^{1/2}Y \rangle_F$ (Frobenius 内积). (c)证明：$\text{Cov}_R(\cdot,\cdot)$ 是半双线性的，且 $\text{Cov}_R(X,X) \geqslant 0$，所以 $\text{Cov}_R(\cdot,\cdot)$ 是复向量空间 M_n 上的半内积. 证明：对所有 $\lambda, \mu \in \mathbf{C}$ 都有 $\text{Cov}_R(\lambda I, \mu I)=0$ 以及 $\text{Cov}_R(X-\lambda I, Y-\mu I)=\text{Cov}_R(X, Y)$. (d)定义 $\text{Var}_R(X)=\text{Cov}_R(X,X)$($X$ 在状态 R 时的方差). 证明

$$\text{Var}_R(X) = \text{tr}(RXX^*) - |\text{tr}(RX)|^2$$

这个方差可以解释成 XX^* 的平均值减去 X 的平均值的绝对值的平方(二者都在状态 R). (e)利用 Cauchy-Schwarz 不等式(5.1.8)说明为什么有

$$\text{Var}_R(X)\text{Var}_R(Y) \geqslant |\text{Cov}_R(X,Y)|^2 \tag{7.2.12}$$

7.2. P35 (续；记号相同)如果 $A, B \in M_n$ 是 Hermite 矩阵(我们的量子系统是**可以观察的**). 设 $[A, B]$ 与 $]A, B[$ 分别表示 A 与 B 的换位子以及 Jordan 乘积. (a)证明

$$\text{Cov}_R(A,B) = \text{tr}(RAB) - (\text{tr}(RA))(\text{tr}(RB))$$

其中两个平均值 $\text{tr}(RA)$ 与 $\text{tr}(RB)$ 都是实的. (b)证明

$$\text{Im}\,\text{Cov}_R(A,B) = \frac{1}{2i}(\text{tr}(RAB) - \text{tr}(RBA)) = \frac{1}{2i}\text{tr}(R[A,B])$$

它反映了换位子在状态 R 时的平均值，而且可以解释成在状态 R 时可以观察到的 A 与 B 的非交换性的一种度量. (c)设 $A_0 = A - (\text{tr}(RA))I$ 以及 $B_0 = B - (\text{tr}(RB))I$. 验证 $\text{tr}(RA_0) = \text{tr}(RB_0)=0$(在状态 R 下的均值为零). 证明 $\text{tr}(R]A_0, B_0[) = \text{tr}(R]A, B[) - 2(\text{tr}(RA)) \times (\text{tr}(RB))$. (d)证明

$$\text{ReCov}_R(A,B) = \frac{1}{2}\text{tr}(R]A_0,B_0[) = \frac{1}{2}(\text{Cov}_R(A,B) + \text{Cov}_R(B,A)) \tag{7.2.12}$$

(e)说明为什么不等式

$$\text{Var}_R(A)\text{Var}_R(B) \geqslant \frac{1}{4}|\text{tr}(R[A,B])|^2 + \frac{1}{4}(\text{Cov}_R(A,B) + \text{Cov}_R(B,A))^2 \tag{7.2.13}$$

恰好是与半内积 $\text{Cov}_R(\cdot,\cdot)$ 相关的 Cauchy-Schwarz 不等式(7.2.12)的精细化. 这就是 **Schrödinger 测不准原理**(uncertainty principle)，它蕴含更弱的不等式

$$\text{Var}_R(A)\text{Var}_R(B) \geqslant \frac{1}{4}|\text{tr}(R[A,B])|^2 \tag{7.2.14}$$

这就是 **Heisenberg 测不准原理**. (f)如果对某个实数 λ 有 $AR=\lambda R$(R 是 A 的一个特征状态)，证明 $\text{Var}_R(A)=0$. 说明为什么每一个密度矩阵都是一个纯量矩阵的一个特征状态.

7.2. P36 (续；记号相同)用

$$\text{Corr}_R(X,Y) = \text{tr}(RXY^*) - \text{tr}(R^{1/2}XR^{1/2}Y^*)$$

(Wigner-Yanase **相关系数**)定义函数 $\text{Corr}_R(\cdot,\cdot): M_n \times M_n \to \mathbf{C}$. 定义 $I_R(X)=\text{Corr}_R(X, X)$ (Wigner-Yanase **斜性信息**，skew information)，所以有

$$I_R(X) = \text{tr}(RXX^*) - \text{tr}(R^{1/2}XR^{1/2}X^*)$$

(a)证明：$I_R(X)$ 是实的. (b)证明

$$\text{Corr}_R(X,Y) = \langle R^{1/2}X, R^{1/2}Y \rangle_F - \langle R^{1/2}X, YR^{1/2} \rangle_F$$

以及

447

$$I_R(X) = \|R^{1/2}X\|_2^2 - \langle R^{1/2}X, XR^{1/2}\rangle_F \geqslant \|R^{1/2}X\|_2^2 - \|R^{1/2}X\|_2\|XR^{1/2}\|_2$$

(c) 考虑 $R = \mathrm{diag}(4, 9)$，并证明 $I_R(J_2(0)) = -2$. 这里的问题是 $\|J_2(0)R^{1/2}\|_2 > \|R^{1/2}J_2(0)\|_2$. (d)说明为什么 $\mathrm{Corr}_R(\cdot, \cdot)$ 是 M_n 上的半双线性型，但它不是复向量空间 M_n 上的半内积. 证明 $\mathrm{Corr}_R(\lambda I, \mu I) = 0$ 且对所有 $\lambda, \mu \in \mathbf{C}$ 都有 $\mathrm{Corr}_R(X - \lambda I, Y - \mu I) = \mathrm{Corr}_R(X, Y)$. (e)如果 $X \in M_n$ 是正规的，证明 $I_R(X) \geqslant 0$. (f)证明：如果 $\mathrm{rank}R = 1$，则有 $\mathrm{Corr}_R(X, Y) = \mathrm{Cov}_R(X, Y)$，见(7.2.P34(a)). (g)现在设 $A, B \in M_n$ 是 Hermite 矩阵，所以 $I_R(A)$ 是实数，且是非负的；它被看成是关于可观察到的 A 的密度矩阵 R 的信息内涵的度量. (h)说明为什么 $\mathcal{H}_n = \{A \in M_n: A = A^*\}$ 是一个实的向量空间. (i)说明为什么 $\mathrm{Re}\,\mathrm{Corr}_R(\cdot, \cdot)$ 是实向量空间 $\mathcal{H}_n$ 上的双线性函数，且 $\mathrm{Re}\,\mathrm{Corr}_R(A, A) \geqslant 0$，所以，$\mathrm{Re}\,\mathrm{Corr}_R(\cdot, \cdot)$ 是 $\mathcal{H}_n$ 上的半内积. (j)证明

$$I_R(A) = \mathrm{tr}(RA^2) - \mathrm{tr}((R^{1/2}A)^2) = -\frac{1}{2}\mathrm{tr}([R^{1/2}, A]^2) \qquad (7.2.15)$$

$$\mathrm{Re}\,\mathrm{Corr}_R(A, B) = \frac{1}{2}(\mathrm{Corr}_R(A, B) + \mathrm{Corr}_R(B, A))$$

$$= \frac{1}{4}(I_R(A + B) - I_R(A - B)) \qquad (7.2.16)$$

以及

$$\mathrm{Im}\,\mathrm{Corr}_R(A, B) = \frac{1}{2i}(\mathrm{Corr}_R(A, B) - \mathrm{Corr}_R(B, A))$$

$$= \frac{1}{2i}\mathrm{tr}(R[A, B]) = \mathrm{Im}\,\mathrm{Cov}_R(A, B) \qquad (7.2.17)$$

(k) 利用 Cauchy-Schwarz 不等式证明

$$I_R(A)I_r(B) \geqslant \frac{1}{4}(\mathrm{Corr}_R(A, B) + \mathrm{Corr}_R(B, A))^2$$

$$= \frac{1}{16}(I_R(A + B) - I_R(A - B))^2 \qquad (7.2.18)$$

(l) 考虑由 $f(X, Y) = \mathrm{tr}(R^{1/2}XR^{1/2}Y^*)$ 定义的函数 $f: M_m \times M_n \to \mathbf{C}$. 证明 f 是半双线性的，且 $f(X, X) \geqslant 0$. (m)说明为什么 $|f(X, I)|^2 \leqslant f(X, X)f(I, I) = f(X, X)$，从而对所有 $X \in M_n$ 都有 $|\mathrm{tr}(RX)|^2 \leqslant \mathrm{tr}(R^{1/2}XR^{1/2}X^*)$. (n)说明为什么 $(\mathrm{tr}(RA))^2 \leqslant \mathrm{tr}((R^{1/2}A)^2)$，并导出结论：对于每个可以观察到的 A，有 $I_R(A) \leqslant \mathrm{Var}_R(A)$(斜性信息不大于方差).

7.3 极分解与奇异值分解

每一个复的纯量可以分解成 $z = re^{i\theta}$，其中 r 是实数且是非负的(我们可以将它视为 1×1 的半正定矩阵)，而 $e^{i\theta}$ 的模为 1(我们可以将它视为 1×1 的酉矩阵). 因子 $r = |z|$ 总是唯一确定的，但是因子 $e^{i\theta}$ 仅当 z 不为零时才是唯一确定的. 极分解是这种纯量分解的矩阵类似物，它是奇异值分解的一个直接结果.

448

定理 7.3.1(极分解) 设 $A \in M_{n,m}$.

(a)如果 $n < m$，那么 $A = PU$，其中 $P \in M_n$ 是半正定的，且 $U \in M_{n,m}$ 的行是标准正交的. 因子 $P = (AA^*)^{1/2}$ 是唯一确定的，它是关于 AA^* 的多项式. 如果 $\mathrm{rank}A = n$，则因子 U 是唯一确定的.

(b)如果 $n = m$，那么 $A = PU = UQ$，其中 $P, Q \in M_n$ 是半正定的，而 $U \in M_n$ 是酉矩

阵. 因子 $P=(AA^*)^{1/2}$ 与 $Q=(A^*A)^{1/2}$ 是唯一确定的, P 是关于 AA^* 的多项式, 而 Q 是关于 A^*A 的多项式. 如果 A 是非奇异的, 那么因子 U 是唯一确定的.

(c) 如果 $n>m$, 那么 $A=UQ$, 其中 $Q\in M_m$ 是半正定的, 而 $U\in M_{n,m}$ 的列是标准正交的. 因子 $Q=(A^*A)^{1/2}$ 是唯一确定的, 它是 A^*A 的多项式. 如果 $\mathrm{rank}A=m$, 那么因子 U 是唯一确定的.

(d) 如果 A 是实的, 那么(a), (b)以及(c)中的因子 P, Q 以及 U 都可以取为实的.

证明　我们采用(2.6.3)中的记号, 它确保存在酉矩阵 $V\in M_n$ 与 $W\in M_m$, 以及一个有特殊构造的非负的对角矩阵 $\Sigma\in M_{n,m}$, 使得 $A=V\Sigma W^*$. 设 $q=\min\{n,m\}$, 又设 $\Sigma_q\in M_q$ 是(2.6.3.1)中定义的奇异值的对角矩阵.

(a) 设 $W=[W_1\quad W_2]$, 其中 $W_1\in M_{m,n}$. 那么 $A=V\Sigma W^*=V[\Sigma_n\quad 0]W^*=V\Sigma_n W_1^*=(V\Sigma_n V^*)(VW_1^*)=PU$, 其中 $P=V\Sigma_n V^*$ 是半正定的, 而 $U=VW_1^*$ 的行是标准正交的. 由于 $P^2=V\Sigma_n\Sigma_n V^*=V\Sigma\Sigma^{\mathrm{T}}V^*=(V\Sigma W^*)(W\Sigma^{\mathrm{T}}V^*)=AA^*$. P 作为 AA^* 的(多项的)半正定的平方根是唯一确定的, 见(7.2.6). 如果 $\mathrm{rank}A=n$, 那么 Σ_n 与 P 是正定的, 所以 $U=P^{-1}A$ 是唯一确定的.

(b) 设 $\Sigma=\Sigma_n$. 我们有 $A=V\Sigma W^*=(V\Sigma V^*)(VW^*)=(VW^*)(W\Sigma W^*)$, 所以, 如果设 $P=V\Sigma V^*$, $Q=W\Sigma W^*$ 以及 $U=VW^*$, 我们就有了所要求的形式的分解式. 由于 $P^2=AA^*$ 以及 $Q^2=A^*A$, 故而 P 与 Q 分别作为 AA^* 以及 A^*A 的(多项的)半正定的平方根是唯一确定的. 如果 A 是非奇异的, 那么 $U=P^{-1}A=AQ^{-1}$ 是唯一确定的.

(c) 对 A^* 应用(a).

(d) 如果 A 是实的, 则推论2.6.7确保酉因子 V 与 W 可以取为实正交的. 如果 V 与 W 是实的, 则矩阵 P 与 Q 是实的. □

习题　设 $x\in \mathbf{C}^n=M_{n,1}$ 是非零的向量. 证明: 它的极分解是 $x=up$, 其中 $p=\|x\|_2>0$, 而 $u=x/\|x\|_2$. ◀

习题　设 $A\in M_n$. 利用极分解证明: AA^* 酉相似于 A^*A. 什么样的酉矩阵提供这一相似性? ◀

极分解中半正定因子的唯一性有许多重要的推论. 其中的一个(见(7.3.P33))是下述**薄**(thin)形式的奇异值分解的动因, 这种形式的奇异值分解表明: **任何**可以使 A^*A 对角化的酉矩阵都可以在 A 的奇异值分解中用作为右酉因子.

定理 7.3.2　设 $A\in M_{n,m}$, $q=\min\{n,m\}$ 以及 $r=\mathrm{rank}A$. 假设 $A^*A=W\Lambda W^*$, 其中 $W\in M_m$ 是酉矩阵, $\Lambda=\mathrm{diag}(\sigma_1^2,\cdots\sigma_r^2)\oplus 0_{m-r}$, 而 $\sigma_1\geqslant\cdots\geqslant\sigma_r>0$ 是 A 的有序排列的正的奇异值. 设 $\Sigma_r=\mathrm{diag}(\sigma_1,\cdots,\sigma_r)\in M_r$, 并定义 $\Sigma=\begin{bmatrix}\Sigma_r&0\\0&0\end{bmatrix}\in M_{n,m}$.

449

(a) (薄 SVD)分划 $W=[W_1\quad W_2]$, 其中 $W_1\in M_{m,r}$. 则存在一个 $V_1\in M_{n,r}$, 它的列是标准正交的, 且使得 $A=V_1\Sigma_r W_1^*$.

(b) 存在一个酉矩阵 $V\in M_n$, 使得 $A=V\Sigma W^*$.

(c) 如果 A 是实的, 那么(a)与(b)中的矩阵 W, V 以及 V_1 都可以取为实的.

证明　(a) 设 $D=\Sigma_r\oplus I_{m-r}\in M_m$, 并分划 $X=AWD^{-1}=[V_1\quad Z]\in M_{n,m}$, 其中 $V_1\in M_{n,r}$. 这样就有 $X^*X=D^{-1}W^*A^*AWD^{-1}=D^{-1}\Lambda D^{-1}=I_r\oplus 0_{m-r}$, 又由分块矩阵的乘积

计算给出有

$$\begin{bmatrix} I_r & 0 \\ 0 & 0_{m-r} \end{bmatrix} = X^* X = \begin{bmatrix} V_1^* \\ Z^* \end{bmatrix} \begin{bmatrix} V_1 & Z \end{bmatrix} = \begin{bmatrix} V_1^* V_1 & \bigstar \\ \bigstar & Z^* Z \end{bmatrix}$$

这样一来，就有 $Z=0$，V_1 的列是标准正交的，且 $A = XDW^* = \begin{bmatrix} V_1 & 0 \end{bmatrix}(\Sigma_r \oplus I_{n-r}) \times$

$\begin{bmatrix} W_1^* \\ W_2^* \end{bmatrix} = V_1 \Sigma_r W_1^*.$

(b) 设 $V = \begin{bmatrix} V_1 & V_2 \end{bmatrix} \in M_n$ 是酉矩阵，并注意到 $A = V_1 \Sigma_r W_1^* = \begin{bmatrix} V_1 & V_2 \end{bmatrix}\begin{bmatrix} \Sigma_r & 0 \\ 0 & 0 \end{bmatrix} \times$

$\begin{bmatrix} W_1^* \\ W_2^* \end{bmatrix} = V \Sigma W^*.$

(c) 如果 A 是实的，那么 $A^* A = A^T A$ 是实的，所以它可以用实正交矩阵 W 对角化. □

与任何 $A \in M_{n,m}$ 有关联的是 Hermite 矩阵 $A^* A$，它的特征值告诉我们 A 的奇异值是什么，但是 $A^* A$ 的特征值与 A 的奇异值之间的关系是非线性的. 在这方面，另外的与 A 有关联的 Hermite 矩阵有更好的性质.

定理 7.3.3 设 $A \in M_{n,m}$，$q = \min\{n, m\}$，而 $\sigma_1 \geqslant \cdots \geqslant \sigma_q$ 是 A 的有序排列的奇异值，又定义 Hermite 矩阵

$$\mathcal{A} = \begin{bmatrix} 0 & A \\ A^* & 0 \end{bmatrix} \tag{7.3.4}$$

$\mathcal{A}$ 的有序排列的特征值是

$$-\sigma_1 \leqslant \cdots \leqslant -\sigma_q \leqslant \underbrace{0 = \cdots = 0}_{|n-m| \uparrow} \leqslant \sigma_q \leqslant \cdots \leqslant \sigma_1$$

证明 假设 $n \geqslant m$，并设 $A = V \Sigma W^*$ 是奇异值分解，其中 $\Sigma = \begin{bmatrix} \Sigma_m & 0 \end{bmatrix}^T \in M_{n,m}$. 记左酉因子为 $V = \begin{bmatrix} V_1 & V_2 \end{bmatrix} \in M_n$，其中 $V_1 \in M_{n,m}$. 设 $\hat{V} = V_1/\sqrt{2}$ 以及 $\hat{W} = W/\sqrt{2}$，并定义

$$U = \begin{bmatrix} \hat{V} & -\hat{V} & V_2 \\ \hat{W} & \hat{W} & 0_{m,n-m} \end{bmatrix} \in M_{m+n}$$

计算表明 U 是酉矩阵，且

$$\mathcal{A} = U \begin{bmatrix} \Sigma_m & 0 & 0 \\ 0 & -\Sigma_m & 0 \\ 0 & 0 & 0_{n-m} \end{bmatrix} U^*$$

如果 $m < n$，就改为考虑 A^*. □

上面的定理提供了一座桥梁，它将 Hermite 矩阵的特征值的性质与任意矩阵的奇异值的性质联系在一起. 如何利用这座桥的例子，见 (7.3.P16). 下面两个推论也用到它. 第一个推论是一对奇异值摄动结果，它们是从关于 Hermite 矩阵的特征值的 Weyl 不等式以及关于 Hermite 的 Hoffman-Wielandt 定理得到的；第二个推论是一个交错定理，它是从关于加边 Hermite 矩阵的 Chauchy 交错定理得来的.

推论 7.3.5 设 A，$B \in M_{n,m}$ 以及 $q = \min\{m, n\}$. 设 $\sigma_1(A) \geqslant \cdots \geqslant \sigma_q(A)$ 以及 $\sigma_1(B) \geqslant \cdots \geqslant$

$\sigma_q(B)$ 分别是 A 与 B 的按照非增次序排列的奇异值. 那么

(a) 对每个 $i=1$, $\cdots$, q 都有 $|\sigma_i(A)-\sigma_i(B)| \leqslant \|A-B\|_2$.

(b) $\sum\limits_{i=1}^{q} (\sigma_i(A)-\sigma_i(B))^2 \leqslant \|A-B\|_2^2$.

证明 (a) 设 $E=A-B$, 并将 (6.3.4.1) 应用于 $\mathcal{A}=\begin{bmatrix} 0 & A \\ A^* & 0 \end{bmatrix}$ 以及 $\varepsilon=\begin{bmatrix} 0 & E \\ E^* & 0 \end{bmatrix}$.

(b) 将 (6.3.9) 应用于 $\mathcal{A}$ 以及 ε, 见 (6.3.8) 后面的习题. □

习题 对上一推论的两部分的证明提供细节. ◀

推论 7.3.6 设 A, $B \in M_{n,m}$ 以及 $q=\min\{m, n\}$, 并设 $\hat{A}$ 是由 A 中任意删去一列或者一行而得到的矩阵. 设 $\sigma_1 \geqslant \cdots \geqslant \sigma_q$ 以及 $\hat{\sigma}_1 \geqslant \cdots \geqslant \hat{\sigma}_q$ 分别表示 A 以及 $\hat{A}$ 的有序排列的奇异值, 其中如果 $n \geqslant m$ 且有一列被删去, 或者如果 $n \leqslant m$ 且有一行被删去, 就定义 $\hat{\sigma}_q=0$. 那么就有

$$\sigma_1 \geqslant \hat{\sigma}_1 \geqslant \sigma_2 \geqslant \hat{\sigma}_2 \geqslant \cdots \geqslant \sigma_q \geqslant \hat{\sigma}_q \tag{7.3.7}$$

证明 设 $\mathcal{A}=\begin{bmatrix} 0 & A \\ A^* & 0 \end{bmatrix}$. 从 A 中删去第 i 行, 对应于从 $\mathcal{A}$ 中删去第 i 行以及第 i 列; 从 A 中删去第 j 列, 对应于从 $\mathcal{A}$ 中删去第 $n+j$ 行以及第 $n+j$ 列. 用 $\mathcal{A}_d$ 表示对 $\mathcal{A}$ 作其中某一种删除的结果. (4.3.17) 确保 $\mathcal{A}_d$ 的特征值与 $\mathcal{A}$ 的特征值是交错的. 上一个定理确保 $\mathcal{A}$ 与 $\mathcal{A}_d$ 的特征值之间的交错不等式包含不等式 (7.6.7). □

习题 对上一推论的证明提供细节. ◀

Courant-Fischer 定理的如下类似结论对 Hermite 矩阵的特征值与任意矩阵的奇异值之间密切的逻辑关系提供了另外一个例子.

定理 7.3.8 设 $A \in M_{n,m}$, $q=\min\{m, n\}$, 设 $\sigma_1(A) \geqslant \cdots \geqslant \sigma_q(A)$ 是 A 的有序排列的奇异值, 又设 $k \in \{1, \cdots, q\}$. 那么就有

$$\sigma_k(A) = \min_{\{S:\dim S=m-k+1\}} \max_{\{x:0\neq x\in S\}} \frac{\|Ax\|_2}{\|x\|_2} \tag{7.3.9}$$

以及

$$\sigma_k(A) = \max_{\{S:\dim S=k\}} \min_{\{x:0\neq x\in S\}} \frac{\|Ax\|_2}{\|x\|_2} \tag{7.3.10}$$ 451

证明 这些特征刻画从 (4.2.7) 以及 (4.2.8) 得出. 如果 $\lambda_1 \leqslant \lambda_2 \leqslant \cdots \leqslant \lambda_m$ 是半正定的 Hermite 矩阵 A^*A 的有序排列的特征值, 那么 $\sigma_k^2(A)=\lambda_{m-k+1}(A^*A)$, 而 (4.2.7) 就确保有

$$\sigma_k^2(A) = \lambda_{m-k+1}(A^*A) = \min_{\{S:\dim S=m-k+1\}} \max_{\{x:0\neq x\in S\}} \frac{x^*A^*Ax}{x^*x} = \min_{\{S:\dim S=m-k+1\}} \max_{\{x:0\neq x\in S\}} \frac{\|Ax\|_2^2}{\|x\|_2^2}$$

第二个恒等式可以用同样的方法证明. □

习题 设 $A \in M_n$. 说明为什么对每个 $x \in \mathbf{C}^n$ 有 $\|Ax\|_2 \leqslant \sigma_1(A)\|x\|_2$. 提示: (5.6.2b). ◀

习题 设 A, $B \in M_n$. 利用上一个定理证明: 对每个 $k=1$, $\cdots$, n 都有 $\sigma_k(AB) \leqslant \sigma_1(A)\sigma_k(B)$. ◀

这一节最后的定理陈述了一个有用的基本原理.

定理 7.3.11 设 n, p 以及 q 是正整数, 其中 $p \leqslant q$. 设 $A \in M_{p,n}$ 以及 $B \in M_{q,n}$. 那么 $A^* A = B^* B$ 当且仅当存在一个列为标准正交的 $V \in M_{q,p}$, 使得 $B = VA$. 如果 A 与 B 是实的, 那么 V 可以取为实的.

证明 如果 $B = VA$, 那么 $B^* B = A^* V^* VA = A^* A$. 反之, 如果 $A^* A = B^* B$, 那么利用 (7.3.2) 以及它的记号写成 $A = V_1 \Sigma_r W_1^*$ 以及 $B = V_2 \Sigma_r W_1^*$, 其中 $V_1 \in M_{p,r}$ 与 $V_2 \in M_{q,r}$ 各自有标准正交的列. 设 $\hat{V}_1 = \begin{bmatrix} V_1 \\ 0 \end{bmatrix} \in M_{q,r}$ (如果 $p = q$ 则无须扩大). 这样 $\hat{V}_1$ 就有标准正交的列, 所以 (2.1.18) 就确保存在一个酉矩阵 $U \in M_q$, 使得 $V_2 = U \hat{V}_1$. 如果我们用 $V \in M_{q,r}$ 来分划 $U = \begin{bmatrix} V & Z \end{bmatrix}$, 那么 $V_2 = U \hat{V}_1 = \begin{bmatrix} V & Z \end{bmatrix} \begin{bmatrix} V_1 \\ 0 \end{bmatrix} = VV_1$, 所以 $B = V_2 \Sigma_r W_1^* = VV_1 \Sigma_r W_1^* = VA$. 如果 A 与 B 是实的, (7.3.2) 与 (2.1.18) 就确保 W_1, V_1 以及 U 都可以取为实的. □

在上面定理的典型应用中, 给定一个矩阵 X (可能有某种特殊的构造), 而我们应用半正定矩阵的某些事实来将矩阵 $X^* X$ 分解成 $X^* X = Y^* Y$, 其中 Y 有某种特殊的形式. 如果维数能正确匹配, 我们就能推断: 对某个有标准正交列的矩阵 V 有 $X = VY$, 例子见 (7.3. P34).

问题

在下列问题中, $\sigma_1(X) \geqslant \cdots \geqslant \sigma_q(X)$ 是 $X \in M_{m,n}$ 的有序排列的奇异值, 而 $q = \min\{m, n\}$.

7.3. P1 说明为什么 A 的奇异值是极分解 (7.3.1) 中的半正定因子 P 与 Q 的特征值.

7.3. P2 设 A, $B \in M_n$. 设 $A = P_1 U_1$ 以及 $B = P_2 U_2$ 是极分解. 证明: A 与 B 是酉等价的, 当且仅当 P_1 与 P_2 是酉相似的.

7.3. P3 证明: $A \in M_n$ 有一个为零的奇异值, 当且仅当它有一个为零的特征值.

7.3. P4 设 $A \in M_{m,n}$, 且 $A = V \Sigma W^*$ 是奇异值分解, 其中 $\mathrm{diag}\,\Sigma = [\sigma_1 \ \cdots \ \sigma_q]^{\mathrm{T}}$. 分划 $V = [v_1 \ \cdots \ v_m]$ 以及 $W = [w_1 \ \cdots \ w_n]$. (a) 证明: 对每一个 $k = 1, \cdots, q$ 有 $A^* v_k = \sigma_k w_k$, $A w_k = \sigma_k v_k$ 以及 $v_k^* A w_k = \sigma_k$. 单位向量 w_k 称为 A 的 (右) **奇异向量**; 单位向量 v_k 称为 A 的**左奇异向量** (left singular vector). (b) 设 $i \in \{1, \cdots, q\}$. 证明 $\max\{\|Ax\|_2 : x \in \mathrm{span}\{w_i, \cdots, w_n\}$ 且 $\|x\|_2 = 1\} = \sigma_i = \min\{\|Ax\|_2 : x \in \mathrm{span}\{w_1, \cdots, w_i\}$ 且 $\|x\|_2 = 1\}$.

7.3. P5 设 A, $E \in M_{m,n}$, $k \in \{1, \cdots, q\}$, 假设 σ_k 是 A 的单重非零的奇异值, 又设 v_k 与 w_k 分别是单位奇异向量, 它们满足 $Av_k = \sigma_k w_k$. (a) 说明为什么 σ_k 是 $A = \begin{bmatrix} 0 & A \\ A^* & 0 \end{bmatrix}$ 的单重特征值, 它有相伴的特征向量 $x = \begin{bmatrix} v \\ w \end{bmatrix}$. (b) 利用 (6.3.12) 证明

$$\frac{\mathrm{d}}{\mathrm{d}t} \sigma_k(A + tE)\big|_{t=0} = \mathrm{Re}\, v_k^* E w_k \qquad (7.3.12)$$

7.3. P6 设 $B \in M_n(\mathbf{R})$, $A(t) = \begin{bmatrix} B & x \\ y^* & t \end{bmatrix} \in M_{n+1}(\mathbf{R})$ (对所有 $t \in \mathbf{R}$). 假设 B, x, y 中至少有一个不为零. 设 $\mu = \max\left\{ \sigma_1\left(\begin{bmatrix} B \\ y^* \end{bmatrix}\right), \sigma_1([B \ x]) \right\}$. (a) 说明为什么对所有 t 有 $\sigma_1(A(t)) \geqslant \mu > 0$, 又为什么存在某个 $t_0 \in \mathbf{R}$, 使得 $\sigma_1(A(t_0)) = \min\{\sigma_1(A(t)) : t \in \mathbf{R}\} > 0$. (b) 如果 $\sigma_1(A(t_0))$ 不是 $A(t_0)$ 的单重奇异值, 说明为什么 $\mu = \sigma_1(A(t_0))$. (c) 如果 $\sigma_1(A(t_0))$ 是 $A(t_0)$ 的单重奇异值, 利用 (7.3.12) 证明 $\mu = \sigma_1(A(t_0))$.

7.3. P7　设 $A \in M_{m,n}$，而 $A = V \Sigma W^*$ 是一个奇异值分解．定义 $A^{\dagger} = V \Sigma^{\dagger} W^*$，其中 $\Sigma^{\dagger}$ 是从 Σ 中首先将每一个非零的奇异值代之以它的倒数，然后作转置而得到的．证明：(a) $AA^{\dagger}$ 与 $A^{\dagger}A$ 是 Hermite 矩阵；(b) $AA^{\dagger}A = A$；(c) $A^{\dagger}AA^{\dagger} = A^{\dagger}$；(d) $A^{\dagger} = A^{-1}$，如果 A 是方阵且非奇异；(e) $(A^{\dagger})^{\dagger} = A$；以及 (f) $A^{\dagger}$ 是由性质 (a)～(c) 完全确定的．矩阵 $A^{\dagger}$ 称为 A 的 Moore-Penrose 广义逆．另一可以选择的做法是，写出 $A^{\dagger}$ 的奇异值分解，并证明：它的三个因子是由 (a)～(c) 唯一确定的．

7.3. P8　这个问题是 (7.1. P28) 的继续，我们采用它的记号．(a) 利用上一个问题中的恒等式 (a)～(c) 证明：对任何满足 $C = BX$ 的 X 都有 $X^*BX = C^*B^{\dagger}C$．(b) 导出结论：半正定矩阵 $A = \begin{bmatrix} B & C \\ C^* & D \end{bmatrix}$ 与 $B \oplus (D - C^*B^{\dagger}C)$ 是 $*$ 相合的．(c) 如果 B 是非奇异的，说明为什么 $D - C^*B^{\dagger}C = D - C^*B^{-1}C$ 是非奇异的．(d) 评判将 $D - C^*B^{\dagger}C$ 视为 B 关于 A 的广义 Schur 补的睿智所在．

7.3. P9　线性方程组 $Ax = b$ 的最小平方解 (least squares solution) 是一个向量 x，它使得在所有使 $\|Ax - b\|_2$ 取最小值的向量 x 中 $\|x\|_2$ 是最小的．证明：$x = A^{\dagger}b$ 是 $Ax = b$ 的唯一的最小平方解．

7.3. P10　设 $A = V \Sigma W^*$ 是 $A \in M_{m,n}$ 的奇异值分解，又设 $r = \mathrm{rank}A$．证明：(a) W 的后 $n - r$ 列是 A 的零空间的一组标准正交基；(b) V 的前 r 列是 A 的值域的一组标准正交基；(c) V 的后 $n - r$ 列是 A^* 的零空间的一组标准正交基；以及 (d) W 的前 r 列是 A^* 的值域的一组标准正交基．

7.3. P11　设 $A \in M_{m,n}$．证明 $\sigma_1(A) = \max\{|x^*Ay| : x \in \mathbf{C}^m, y \in \mathbf{C}^n,$ 以及 $\|x\|_2 = \|y\|_2 = 1\}$．

453

7.3. P12　设 $A \in M_{m,n}$ 以及 $B \in M_{p,n}$，设 $C = \begin{bmatrix} A \\ B \end{bmatrix} \in M_{m+p,n}$，$\mathrm{rank}C = r$，又设 $C = V \Sigma W^*$ 是奇异值分解．证明：W 的后 $n - r$ 列是 A 与 B 的零空间的交的一组标准正交基．可以怎样利用奇异值分解来得到 $\mathrm{range}A + \mathrm{range}B$ 的一组标准正交基？

7.3. P13　从极分解 (7.3.1) 导出奇异值分解 (2.6.3)．

7.3. P14　设 $A \in M_n$．证明：A 可以通过相似实现对角化，当且仅当存在一个正定的 Hermite 矩阵 P，使得 $P^{-1}AP$ 是正规的．

7.3. P15　设 $A \in M_{m,n}$．证明 $A = \lim_{t \to 0}(A^*(AA^* + tI)^{-1})$．

7.3. P16　设 $A, B \in M_{m,n}$．奇异值的两个基本不等式是

$$\sigma_{i+j-1}(A + B) \leqslant \sigma_i(A) + \sigma_j(B), \quad \text{如果 } 1 \leqslant i, j \leqslant q \text{ 且 } i + j \leqslant q + 1 \qquad (7.3.13)$$

$$\sigma_{i+j-1}(AB^*) \leqslant \sigma_i(A)\sigma_j(B), \quad \text{如果 } 1 \leqslant i, j \leqslant q \text{ 且 } i + j \leqslant q + 1 \qquad (7.3.14)$$

(a) 为证明 (7.3.13)，设 $\mathcal{A}, \mathcal{B} \in M_{m+n}$ 是如同 (7.3.4) 中定义的那种 Hermite 分块矩阵．说明：对于任何 $k \in \{1, \cdots, q\}$ 有奇异值恒等式 $\sigma_k(A) = \lambda_{m+n-k+1}(\mathcal{A})$．从这个恒等式以及 Weyl 不等式 (4.3.1) 推导出 (7.3.13)．(b) 由 (7.3.13) 导出 $\sigma_1(A + B) \leqslant \sigma_1(A) + \sigma_1(B)$．为什么这没有令人惊奇之处？(c) 给出一个例子来说明：如果 $i > 1$，不等式 $\sigma_i(A + B) \leqslant \sigma_i(A) + \sigma_i(B)$ 不一定成立．(d) 证明摄动的界

$$|\sigma_i(A + B) - \sigma_i(A)| \leqslant \sigma_1(B), \quad \text{对任意的 } i \in \{1, \cdots, q\} \qquad (7.3.15)$$

(e) 由 (7.3.14) 推导出 $\sigma_1(AB^*) \leqslant \sigma_1(A)\sigma_1(B)$．为什么这没有令人惊奇之处？关于 (7.3.14) 的一个仅仅用到手边工具 (极分解、子空间的交、(7.3.P4(b)) 以及 (7.3.8)) 的证明，见 Horn 与 Johnson(1991) 一书中的定理 3.3.16．

7.3. P17　设 $A \in M_n$ 的特征值排序成 $|\lambda_1(A)| \geqslant \cdots \geqslant |\lambda_n(A)|$．(a) 一系列由 H. Weyl(1949) 提出的不等式描述了 A 的按照非增次序排列的特征值的绝对值与其奇异值之间的积性优化：

$$|\lambda_1| + \cdots + |\lambda_k| \leqslant \sigma_1 \cdots \sigma_k, \quad \text{对每个 } k = 1, \cdots, n \qquad (7.3.16)$$

其中等式当 $k = n$ 时成立．作为证明，见 Horn 与 Johnson(1991) 一书中的定理 3.3.2；一个不同的证明，请见 (5.6. P57)．说明为什么 Weyl 的乘积不等式对 $k = 1$ 以及 $k = n$ 成立．(b) 积性不等式 (7.3.16) 蕴含加性不等式

$$|\lambda_1| + \cdots + |\lambda_k| \leqslant \sigma_1 + \cdots + \sigma_k, \quad \text{对每个 } k = 1, \cdots, n \qquad (7.3.17)$$

作为证明，见 Horn 与 Johnson(1991)一书中的定理 3.3.13. 说明为什么不等式(7.3.15)还不(完全)是 A 的绝对特征值与它的奇异值之间的优化关系.

7.3. P18 不等式(7.3.17)中的 $k = n$ 的情形可以用手边的工具得到，而无须依赖乘积不等式(7.3.16). 采用上一问题的记号并提供证明细节：(a)设 $A = UTU^*$，其中 $T = [t_{ij}]$ 是上三角的，且每一个 $t_{ii} = \lambda_i$. 说明为什么存在一个对角的酉矩阵 $D = \mathrm{diag}(d_1, \cdots, d_n)$，使得每一个 $d_i t_{ii} = |\lambda_i|$. (b)设 $DT = V\Sigma W^*$，其中 $V = [v_1 \ \cdots \ v_n]$ 以及 $W = [w_1 \ \cdots \ w_n]$ 是酉矩阵，$\Sigma = \mathrm{diag}(s_1, \cdots, s_n)$，且 $s_1 \geqslant \cdots \geqslant s_n \geqslant 0$. 为什么对每个 $j = 1, \cdots, n$ 都有 $s_j = \sigma_j$？(c)说明为什么 $\sum_j |\lambda_j| = \mathrm{tr} DT = \mathrm{tr} \sum_j (\sigma_j v_j w_j^*) = \left| \sum_j \sigma_j w_j^* v_j \right| \leqslant \sum_j \sigma_j$，等式当且仅当对每个满足 $\sigma_j \neq 0$ 的 j 都有 $w_j = e^{i\theta} v_j$ 时成立. (d)导出结论：存在一个对角的酉矩阵 E，使得 $V\Sigma W^* = V\Sigma E V^*$. (e)说明为什么 DT 是正规的. 导出结论：T 是对角的且 A 是正规的. (f)说明为什么

$$|\lambda_1| + \cdots + |\lambda_n| \leqslant \sigma_1 + \cdots + \sigma_n \qquad (7.3.18)$$

其中等式当且仅当 A 是正规矩阵时成立. (g)说明为什么

$$|\mathrm{tr} A| \leqslant \sigma_1 + \cdots + \sigma_n \qquad (7.3.19)$$

其中等式当且仅当 A 是 Hermite 的且为半正定的矩阵时成立.

7.3. P19 设 $A, B \in M_n$. (a)尽管 AB 与 BA 有同样的特征值，在考察 $\begin{bmatrix} 0 & 1 \\ 0 & 0 \end{bmatrix}$ 与 $\begin{bmatrix} 0 & 0 \\ 0 & 1 \end{bmatrix}$ 之后，说明为什么 AB 与 BA 不一定有同样的奇异值. (b)为什么 AB 与 $B^* A^*$ 有同样的奇异值？(c)如果 A 与 B 是 Hermite 矩阵，证明 AB 与 BA 有同样的奇异值. (d)如果 A 与 B 是正规的，证明 AB 与 BA 有同样的奇异值.

7.3. P20 设 $A \in M_{m,n}$，且令 A 表示矩阵(7.3.4). 设 $v \in \mathbf{C}^n$，并假设 $Av \neq 0$. 设 $u = (Av)/\|Av\|_2$ 以及 $y = \frac{1}{\sqrt{2}} \begin{bmatrix} u \\ v \end{bmatrix}$. 证明 $y^* \mathcal{A} y = \|Av\|_2$，并对 $\mathcal{A}$ 以及 y 计算上界(6.3.17). 导出结论：在实区间

$$\left\{ t \in \mathbf{R} : |t - \|Av\|_2| \leqslant \frac{1}{\sqrt{2}} \|(A^* u - \|Av\|_2 v)\|_2 = \frac{1}{\sqrt{2} \|Av\|_2} \|(A^* A - \|Av\|_2^2 I) v\|_2 \right\}$$

中至少存在 A 的一个奇异值.

7.3. P21 利用(7.3.15)说明为什么对矩阵的"小的"摄动不可能减少它的秩，但有可能使之增加. 多小的摄动算是"小的"？

7.3. P22 证明：$A, B \in M_{m,n}$ 是酉等价的，当且仅当对 $k = 1, \cdots, n$ 有 $\mathrm{tr}((A^* A)^k) = \mathrm{tr}((B^* B)^k)$. 如果 $m = n$，将此条件与(2.2.8)中的条件相比较，该处的条件是判断 A 与 B 是否酉相似的必要且充分条件.

7.3. P23 设 $A, B \in M_n$. (a)证明：$AA^* = BB^*$ 当且仅当存在一个酉矩阵 U 使得 $A = BU$ 时成立. (b)如果 A 是非奇异的，$A = BU$，且 U 是酉矩阵，证明：$A\overline{A} = B\overline{B}$，当且仅当 $A = U^T \overline{A}$. (c)如果 A 与 B 是非奇异的，$AA^* = BB^*$，且 $A\overline{A} = B\overline{B}$，证明 $A^T \overline{A} = B^T \overline{B}$. (d)考虑 $x = \begin{bmatrix} 1 & 1 \end{bmatrix}^T$，$y = \begin{bmatrix} 1 & -1 \end{bmatrix}^T$，$A = \begin{bmatrix} 0 & x^T \\ 0_{2,1} & 0_2 \end{bmatrix}$ 以及 $B = \begin{bmatrix} 0 & y^T \\ 0_{2,1} & 0_2 \end{bmatrix}$. 说明：如果去掉非奇异性的假设，为什么(c)中的蕴含关系不一定成立. (e)在矩阵(4.4.32)中用零分块代替其中位于 $(2, 4)$ 处的分块，从而构造出分块矩阵 K_A'，$K_B' \in M_{4n}$. 如果 A 与 B 是非奇异的，利用(4.4.P46)证明：A 与 B 是酉相合的，当且仅当 K_A' 与 K_B' 是酉相似的.

7.3. P24 设 $A, B \in M_{m,n}$. 证明：A 与 B 是酉等价的，当且仅当 $\begin{bmatrix} 0 & A \\ A^* & 0 \end{bmatrix}$ 与 $\begin{bmatrix} 0 & B \\ B^* & 0 \end{bmatrix}$ 是(酉)相似的.

7.3. P25 设 $A=[a_{ij}]\in M_n$，又设 $U\in M_n$ 是酉矩阵．(a)证明 $|\operatorname{tr}(UA)|\leqslant\sum_{i,j}|a_{ij}|$．(b)证明 $\sigma_1+\cdots+\sigma_n\leqslant\sum_{i,j}|a_{ij}|$ 并与(2.3.P14)比较．

7.3. P26 设 $A\in M_2$ 是 Hermite 半正定矩阵，且不为零矩阵．令 $\tau=+(\operatorname{tr}A+2\sqrt{\det A})^{1/2}$．(a)证明

$$A^{1/2}=\tau^{-1}(A+\sqrt{\det A}I_2)$$

(b)利用这个表达式计算(7.2.6)后面习题中的平方根．

7.3. P27 设 $A\in M_2$ 不是零矩阵，$A=PU$ 以及 $A=VQ$ 是极分解，其中 P 与 Q 是半正定的(且是唯一确定的)．设 $s=(\|A\|_2^2+2|\det A|)^{1/2}$，证明

$$P=s^{-1}(AA^*+|\det A|I_2) \qquad 以及 \qquad Q=s^{-1}(A^*A+|\det A|I_2)$$

注意：如果 A 是实的，那么 P 与 Q 都是实的．

7.3. P28 设 $A\in M_2$ 不是零矩阵，而 θ 是满足 $\det A=e^{i\theta}|\det A|$ 的任意一个实数．设 $Z_\theta=A+e^{i\theta}\operatorname{adj}A^*$ 以及 $\delta=|\det Z_\theta|$．(a)证明 $\delta=(\sigma_1+\sigma_2)^2\neq 0$．(b)证明

$$U=\delta^{-1/2}(A+e^{i\theta}\operatorname{adj}A^*)$$

是酉矩阵，而且 U^*A 与 AU^* 是半正定的．(c)设 P 与 Q 是在上一个问题中所确定的半正定矩阵．说明为什么 $A=PU=UQ$ 是极分解．(d)如果 A 是实的，说明为什么 U 可以取为实的．

7.3. P29 利用上面两个问题计算 $A=\begin{bmatrix}0 & -1 \\ 0 & 0\end{bmatrix}$ 的左右极分解．

7.3. P30 如果 $A\in M_n$ 是非奇异的，说明为什么 A^{-1} 的有序排列的奇异值是 $\sigma_n^{-1}\geqslant\cdots\geqslant\sigma_1^{-1}$．

7.3. P31 说明为什么 $A\in M_n$ 是一个酉矩阵的纯量倍数，当且仅当 $\sigma_1=\cdots=\sigma_n$．

7.3. P32 设 $A\in M_{n,m}$，并假设 $\operatorname{rank}A=r$．(a)利用(7.3.2a)中的薄奇异值分解对 A 提供一个满秩分解 $A=XY^*$，其中 $X\in M_{n,r}$，$Y\in M_{m,r}$，且 $\operatorname{rank}X=\operatorname{rank}Y=r$．(b)设 B 是 A 的这样一个子矩阵：它是 A 的 r 个线性无关的行与 A 的 r 个线性无关的列的交．利用满秩分解 $A=XY^*$ 证明 B 是非奇异的．

7.3. P33 设 $A\in M_{n,m}$，其中 $n\geqslant m$，又设 $P=(A^*A)^{1/2}=W\Sigma W^*\in M_m$．利用(7.3.1)证明：存在一个列是标准正交的矩阵 $V\in M_{n,m}$，使得 $A=V\Sigma W^*$．对于 $n<m$ 的情形有何结论？

7.3. P34 在(7.2.9)中，我们从 QR 分解推导出了 Cholesky 分解．利用(7.3.12)从 Cholesky 分解推导出 QR 分解．

7.3. P35 设 $A\in M_n$，又设 $A=PU$ 是极分解．证明：A 是正规的当且仅当 $PU=UP$．

7.3. P36 设 $A\in M_n$ 是正规的，并假设它的奇异值不相同．(a)关于 A 的特征值你能说什么？(b)如果 A^*A 是实的，证明 A 是对称的．

7.3. P37 设 $A,B\in M_n$ 是 Hermite 矩阵，且是相似的：$A=SBS^{-1}$．如果 $S=UQ$ 是极分解，证明：A 与 B 是通过 U 酉相似的．

456

7.3. P38 设 $V,W\in M_n$ 是酉矩阵，且是 * 相合的：$V=SBS^*$．如果 $S=PU$ 是极分解，证明：V 与 W 是通过 U 酉相似的．

7.3. P39 设 $\Lambda=\operatorname{diag}(\lambda_1,\cdots,\lambda_r)$ 以及 $M=\operatorname{diag}(\mu_1,\cdots,\mu_r)$，其中 $|\lambda_i|=|\mu_i|=1$(对每个 $i=1,\cdots,r$)．设 $D=\Lambda\oplus 0_{n-r}$ 以及 $E=M\oplus 0_{n-r}$．假设 $S=\begin{bmatrix}S_{11} & S_{12} \\ S_{21} & S_{22}\end{bmatrix}\in M_n$ 是非奇异的，且 $D=SES^*$．(a)证明 S_{11} 是非奇异的，且 $\Lambda=S_{11}MS_{11}^*$．(b)证明：存在一个置换矩阵 $P\in M_r$，使得 $D=PMP^{\mathrm{T}}$．

7.3. P40 设 $A\in M_n$．假设 $\operatorname{rank}A=r$，又假设 A 与对角矩阵 $D=\Lambda\oplus 0_{n-r}$ 以及 $E=M\oplus 0_{n-r}$ 是 * 相合的，其中 Λ 与 M 是酉矩阵．证明 Λ 与 M 是置换相似的．参见(4.5)中关于 * 相合标准型的讨论(在

与对角矩阵*相合的特殊情形(4.5.24))并说明为什么这并不令人意外.

7.3.P41 设 A, $B \in M_n$ 是正规的. 证明: A 与 B 是*相合的, 当且仅当 rank$A =$ rank$B$, 且复平面上每一条从原点出发的射线都包含同样多个 A 与 B 的非零的特征值.

7.3.P42 设 $A \in M_{m,n}$, $q = \min\{m, n\}$, $\mathcal{A} = \begin{bmatrix} A & 0 \\ 0 & 0 \end{bmatrix} \in M_{r,s}$, 以及 $t = \min\{r, s\}$. 说明为什么 $\mathcal{A}$ 的奇异值是 $\sigma_1(A)$, $\cdots$, $\sigma_q(A)$ 再添上 $t - q$ 个为零的奇异值.

7.3.P43 设 $\|\cdot\|$ 是 M_n 上的一个酉不变范数. 如果 A, $B \in M_n$, A 是正规的, 且 B 是 Hermite 矩阵, 证明 $\|AB\| = \|BA\|$. 将这个结果与(5.6.P58b)比较.

7.3.P44 设 $A \in M_{m,n}$, 又设 $\hat{A} \in M_{r,s}$ 是 A 的一个子矩阵, 它是从 A 中删去某些行或者某些列而得到的. 设 $p = m - r + n - s$. 对任何 $X \in M_{k,l}$, 令 $\sigma_1(X) \geqslant \sigma_2(X) \geqslant \cdots$ 表示它的按照非增次序排列的奇异值, 且定义 $\sigma_i(X) = 0$, 如果 $i > \min\{k, l\}$. 由(7.3.6)推导出结论

$$\sigma_i(A) \geqslant \sigma_i(\hat{A}) \geqslant \sigma_{i+p}(A), \quad 1 \leqslant i \leqslant \min\{r, s\} \tag{7.3.20}$$

7.3.P45 设 A, $B \in M_n$. 我们断言: A 与 B 酉相似当且仅当存在一个非奇异的 $S \in M_n$, 使得 $A = SBS^{-1}$ 以及 $A^* = SB^*S^{-1}$. 对下述结论的证明提供细节. (a)证明 $A(SS^*) = (SS^*)A$. (b)设 $S = PU$ 是极分解, 其中正定矩阵 P 是关于 SS^* 的多项式. 说明为什么 $AP = PA$. (c)导出结论 $B = S^{-1}AS = U^*AU$. (d)将这个论证方法与证明(2.5.21)所用的方法作比较.

注记以及进一步的阅读参考 (7.3.3)的实的情形由 C. Jordan 发表于 1874 年. 有些著者将(7.3.4)中的 Hermite 矩阵称为 Wielandt **矩阵**. 关于(7.3.14)的进一步应用以及历史综述, 见 R. A. Horn 与 I. Olkin, When does $A^*A = B^*B$ and why does one want to know?, *Amer. Math. Monthly* 103(1996)470-482. 问题 (7.3.P26~P28)对 2×2 矩阵提供了显式极分解, 对于友矩阵也可以得到显式极分解, 见 P. van den Driessche 与 H. K. Wimmer, Explicit polar decompositions of companion matrices, *Electron J. Linear Algebra* 1(1996)64-69. 问题(7.3.P28)以及它对三阶或者更高阶数的矩阵的推广在 R. A. Horn, G. Piazza 以及 T. Politi, Explicit polar decompositions of complex matrices, *Electron. J. Linear Algebra* 18(2009) 693-699 中进行了讨论.

7.4 极分解与奇异值分解的推论

极分解与奇异值分解出现在大量有关矩阵分析的有趣问题之中. 这一节里我们取出一些作为范例, 更多的则作为问题给出. 在整个这一节里, 如果 $X \in M_{m,n}$, 我们就设 $q = \min\{m, n\}$, 并用 $\sigma_1(X) \geqslant \cdots \geqslant \sigma_q(X)$ 来记它的按照非增次序排列的奇异值. 矩阵 $\Sigma(X) = [s_{ij}]$ 是 $m \times n$ 对角矩阵, 它对每个 $i = 1, \cdots, q$ 都满足 $s_{ii} = \sigma_i(X)$.

7.4.1 von Neumann 的迹定理

下面的奇异值不等式在许多矩阵逼近问题中起着关键性的作用. 核心不等式的证明在 (8.7)中, 在那里将作为 Birkhoff 定理的一个应用而得到它.

定理 7.4.1.1(von Neumann) 设 A, $B \in M_{m,n}$, $q = \min\{m, n\}$, 且设 $\sigma_1(A) \geqslant \cdots \geqslant \sigma_q(A)$ 以及 $\sigma_1(B) \geqslant \cdots \geqslant \sigma_q(B)$ 分别表示 A 与 B 的按照非增次序排列的奇异值. 那么

$$\operatorname{Re} \operatorname{tr}(AB^*) \leqslant \sum_{i=1}^{q} \sigma_i(A)\sigma_i(B) \tag{7.4.1.2}$$

证明 如果 $m = n$, 所说的不等式正好就是(8.7.6)的结论. 如果 $m > n$, 用一个为零的分块扩大 A 与 B 以得到方阵, 即定义 $\mathcal{A} = [A \quad 0]$, $\mathcal{B} = [B \quad 0] \in M_m$. 这样就有 $\mathcal{A}\mathcal{B}^* = AB^*$,

这样就由(8.7.6)推出 $\operatorname{Re}\operatorname{tr}(AB^*)=\operatorname{Re}\operatorname{tr}(\mathcal{AB}^*)\leqslant\sum_{i=1}^{m}\sigma_i(\mathcal{A})\sigma_i(\mathcal{B})=\sum_{i=1}^{n}\sigma_i(A)\sigma_i(B)$. 如果 $m<$

n, 就定义 $\mathcal{A}=\begin{bmatrix}A\\0\end{bmatrix}$, $\mathcal{B}=\begin{bmatrix}B\\0\end{bmatrix}\in M_n$. 这样就有 $\mathcal{AB}^*=\begin{bmatrix}AB^*&0\\0&0\end{bmatrix}$, 故而再次由(8.7.6)得出

$\operatorname{Re}\operatorname{tr}(AB^*)=\operatorname{Re}\operatorname{tr}(\mathcal{AB}^*)\leqslant\sum_{i=1}^{n}\sigma_i(\mathcal{A})\sigma_i(\mathcal{B})=\sum_{i=1}^{m}\sigma_i(A)\sigma_i(B)$. $\qquad\square$

推论 7.4.1.3 设 A, $B\in M_{m,n}$, $q=\min\{m,n\}$, 且设 $\sigma_1(A)\geqslant\cdots\geqslant\sigma_q(A)$, $\sigma_1(B)\geqslant\cdots\geqslant$ $\sigma_q(B)$ 分别表示 A 与 B 的按照非增次序排列的奇异值. 那么

(a) $\|A-B\|_2^2\geqslant\sum_{i=1}^{q}(\sigma_i(A)-\sigma_i(B))^2$.

(b) $\sum_{i=1}^{q}\sigma_i(A)=\begin{cases}\max\limits_{\text{酉矩阵}U\in M_n}\operatorname{Re}\operatorname{tr}(AU), & \text{如果 } m\leqslant n\\\max\limits_{\text{酉矩阵}U\in M_m}\operatorname{Re}\operatorname{tr}(UA), & \text{如果 } m\geqslant n\end{cases}$

(c) $\sum_{i=1}^{q}\sigma_i(A)\sigma_i(B)=\max\{\operatorname{Re}\operatorname{tr}(ATB^*U):T\in M_n \text{ 与 } U\in M_m \text{ 是酉矩阵}\}$.

(d) $\sum_{i=1}^{q}\sigma_i(AB^*)\leqslant\sum_{i=1}^{q}\sigma_i(A)\sigma_i(B)$

458

证明 (a) 利用 Frobenius 内积以及(7.4.1.2)就计算出

$\|A-B\|_2^2=\langle A-B,A-B\rangle_F=\langle A,A\rangle_F-\langle A,B\rangle_F-\langle B,A\rangle_F+\langle B,B\rangle_F$

$=\sum_{i=1}^{q}\sigma_i^2(A)-2\operatorname{Re}\operatorname{tr}(AB^*)+\sum_{i=1}^{q}\sigma_i^2(B)\geqslant\sum_{i=1}^{q}\sigma_i^2(A)-2\sum_{i=1}^{q}\sigma_i(A)\sigma_i(B)+\sum_{i=1}^{q}\sigma_i^2(B)$

$=\sum_{i=1}^{q}(\sigma_i(A)-\sigma_i(B))^2$

(b) 如果 $m\leqslant n$, 设 $\mathcal{A}=\begin{bmatrix}A\\0\end{bmatrix}\in M_n$ 并利用(7.4.1.2):

$\operatorname{Re}\operatorname{tr}(AU)=\operatorname{Re}\operatorname{tr}\mathcal{A}U\leqslant\sum_{i=1}^{n}\sigma_i(\mathcal{A})\sigma_i(U^*)=\sum_{i=1}^{n}\sigma_i(\mathcal{A})=\sum_{i=1}^{q}\sigma_i(A)$

如果 $A=PU$ 是一个极分解式, 那么 $\operatorname{Re}\operatorname{tr}(AU^*)=\operatorname{Re}\operatorname{tr}P=\sum_{i=1}^{q}\sigma_i(A)$, 所以上界可以取到. 如果 $m\geqslant n$, 设 $\mathcal{A}=[A\quad 0]\in M_m$ 并再次利用(7.4.1.2):

$\operatorname{Re}\operatorname{tr}(UA)=\operatorname{Re}\operatorname{tr}U\mathcal{A}\leqslant\sum_{i=1}^{m}\sigma_i(U)\sigma_i(\mathcal{A}^*)=\sum_{i=1}^{m}\sigma_i(\mathcal{A})=\sum_{i=1}^{q}\sigma_i(A)$

如果 $A=UQ$ 是一个极分解式, 那么 $\operatorname{Re}\operatorname{tr}(U^*A)=\operatorname{Re}\operatorname{tr}Q=\sum_{i=1}^{q}\sigma_i(A)$, 所以上界可以达到.

(c) 利用(7.4.1.2)来计算 $\operatorname{Re}\operatorname{tr}(ATB^*U)\leqslant\sum_{i=1}^{q}\sigma_i(AT)\sigma_i(U^*B)=\sum_{i=1}^{q}\sigma_i(A)\sigma_i(B)$ (对任何酉矩阵 T 以及 U). 如果 $A=V_1\Sigma_1W_1^*$ 以及 $B=V_2\Sigma_2W_2^*$ 是奇异值分解, 其中 Σ_1 与 Σ_2

的对角元素分别是 $\sigma_1(A)\geqslant\cdots\geqslant\sigma_q(A)$ 以及 $\sigma_1(B)\geqslant\cdots\geqslant\sigma_q(B)$，那么对于 $T=W_1W_2^*$ 以及 $U=V_2V_1^*$，上界是可以达到的. 取这些选择，就有 $ATB^*U=V_1\Sigma_1\Sigma_2^{\mathrm{T}}V_1^*$，它的迹是 $\sum_{i=1}^{q}\sigma_i(A)\sigma_i(B)$.

(d) 设 $AB^*=PU$ 是一个极分解. 利用(7.4.1.2)计算

$$\sum_{i=1}^{q}\sigma_i(AB^*)=\mathrm{tr}P=\mathrm{Re}\,\mathrm{tr}(AB^*U)\leqslant\sum_{i=1}^{q}\sigma_i(A)\sigma_i(U^*B)=\sum_{i=1}^{q}\sigma_i(A)\sigma_i(B) \qquad \square$$

上一个推论的(b)确保对任何 $A\in M_{m,n}$ 都有 $\mathrm{Re}\,\mathrm{tr}A\leqslant\sum_{i=1}^{q}\sigma_i(A)$，但是对于某些应用来说，重要的是要辨识出等式成立的情形. 例如，如果 A 是方阵，则下面的定理表明：当且仅当 A 为半正定时有 $\mathrm{Re}\,\mathrm{tr}A=\sum_{i=1}^{q}\sigma_i(A)$ 成立.

定理 7.4.1.4 设 $A=[a_{ij}]\in M_{m,n}$，$q=\min\{m,n\}$ 以及 $p=\max\{m,n\}$，令 $\alpha=\{1,\cdots,q\}$，又设 $\sigma_1\geqslant\cdots\geqslant\sigma_q$ 是 A 的按照非增次序排列的奇异值，那么 $\mathrm{Re}\,\mathrm{tr}A\leqslant\sum_{i=1}^{q}\sigma_i$，其中的等式当且仅当前主子矩阵 $A[\alpha]$ 为半正定且 A 在这个主子矩阵之外没有非零元素时成立.

证明 我们只关心等式成立的情形. 为了证明结论中的条件是充分的，注意，如果主子矩阵 $A[\alpha]$ 是半正定的，那么它的特征值就是它的奇异值，它们也是 A 的奇异值，这是因为 A 没有其他的元素不为零了. $A[\alpha]$ 的迹是它的特征值之和，这也就是 A 的奇异值之和.

现在假设 $\mathrm{Re}\sum_{i=1}^{q}a_{ii}=\sum_{i=1}^{q}\sigma_i$. 如果 $A=0$，则没有什么要证明的，故可以设 $\mathrm{rank}A=r\geqslant 1$. 如果必要，就用零分块来扩大 A 以得到一个方阵 $\mathcal{A}=\begin{bmatrix}A & 0_{m,p-n}\\ 0_{p-m,n} & 0_{p-m,p-n}\end{bmatrix}\in M_p$，它与 A 有同样的迹以及同样的奇异值. 设 $\mathcal{A}=V\Sigma_rW^*$ 是薄奇异值分解(7.3.2a)，其中 $V=[v_1\ \cdots\ v_r]\in M_{p,r}$ 以及 $W=[w_1\ \cdots\ w_r]\in M_{p,r}$ 的列都是标准正交的，而 $\Sigma_r=\mathrm{diag}(\sigma_1,\cdots,\sigma_r)$. 这样就有

$$\mathrm{Re}\,\mathrm{tr}\,\mathcal{A}=\mathrm{Re}\,\mathrm{tr}A=\mathrm{Re}\sum_{i=1}^{q}a_{ii}=\mathrm{Re}\sum_{i=1}^{p}\sum_{k=1}^{r}v_{ik}\sigma_k\overline{w}_{ik}$$

$$=\mathrm{Re}\sum_{k=1}^{r}\sigma_k\sum_{i=1}^{p}v_{ik}\overline{w}_{ik}=\sum_{k=1}^{r}\sigma_k\mathrm{Re}(w_k^*v_k)=\sum_{k=1}^{r}\sigma_k=\sum_{k=1}^{q}\sigma_k$$

由此推出对每个 $k=1,\cdots,r$ 都有 $\mathrm{Re}(w_k^*v_k)=1$. 由于

$$1=\mathrm{Re}(w_k^*v_k)\overset{(\gamma)}{\leqslant}|w_k^*v_k|\overset{(\delta)}{\leqslant}\|v_k\|_2^2\|w_k\|_2^2=1$$

在 (δ) 处的等式以及 Cauchy-Schwarz 不等式中的等式就确保存在纯量 d_k，使得对每个 $k=1,\cdots,r$ 都有 $v_k=d_kw_k$. 在 (γ) 处的等式确保每一个 $d_k=1$. 这样一来，$V=W$，且 $\mathcal{A}=V\Sigma_rV^*$ 是半正定的. 由此推出，它的主子矩阵 $A[\alpha]$ 是半正定的(7.1.2)，且 $\mathcal{A}$(从而 A) 没有其他的非零元素(7.1.10).

推论 7.4.1.5 设 A, $B \in M_{m,n}$, $q = \min\{m, n\}$, 又设 $\sigma_1(A) \geqslant \cdots \geqslant \sigma_q(A)$ 与 $\sigma_1(B) \geqslant \cdots \geqslant \sigma_q(B)$ 分别表示 A 与 B 的按照非增次序排列的奇异值.

(a) $\|A - B\|_2^2 \geqslant \sum\limits_{i=1}^{q} (\sigma_i(A) - \sigma_i(B))^2$, 其中的等式当且仅当 $\mathrm{Re\,tr}(AB^*) = \sum\limits_{i=1}^{q} \sigma_i(A)\sigma_i(B)$ 时成立.

460

(b) 如果 $\|A - B\|_2^2 = \sum\limits_{i=1}^{q} (\sigma_i(A) - \sigma_i(B))^2$, 那么 AB^* 与 B^*A 两者都是半正定的, 所以 $\mathrm{tr}(AB^*)$ 是实的, 且是非负的.

证明 (a) 所说的不等式是 (7.4.1.3a), 所以我们只关心等式成立的情形, 这种情形当且仅当 (7.4.1.3a) 的证明中的一个不等式有等式成立时才会发生, 即当且仅当 $\mathrm{Re\,tr}(AB^*) = \sum\limits_{i=1}^{q} \sigma_i(A)\sigma_i(B)$ 时才会发生.

(b) 如果 $\|A - B\|_2^2 = \sum\limits_{i=1}^{q} (\sigma_i(A) - \sigma_i(B))^2$, 则上一个定理以及 (7.4.1.3d) 确保有

$$\mathrm{Re\,tr}(AB^*) \leqslant \sum_{i=1}^{q} \sigma_i(AB^*) \leqslant \sum_{i=1}^{q} \sigma_i(A)\sigma_i(B) = \mathrm{Re\,tr}(AB^*)$$

所以 $\mathrm{Re\,tr}(AB^*) = \sum\limits_{i=1}^{q} \sigma_i(AB^*)$, 而上一个定理确保 AB^* 是半正定的. 由于 $\|A - B\|_2^2 = \|B^* - A^*\|_2^2$, 由此推出 $B^*(A^*)^* = B^*A$ 也是半正定的. $\qquad\square$

7.4.2 最近的奇异矩阵与最近的 k 秩矩阵

与一个非奇异矩阵 A 充分接近 (关于某个范数) 的每一个矩阵都是非奇异的 (见 (5.6.17) 前面的那个习题), 但是关于从 A 到奇异矩阵组成的闭集的距离我们能说什么呢? 我们怎样才能找出一个离得最近的奇异矩阵? 它是唯一的吗?

设 $A = V\Sigma W^* \in M_n$ 是奇异值分解, 其中 $\Sigma = \mathrm{diag}(\sigma_1(A), \cdots, \sigma_n(A))$ 且 $\sigma_n(A) > 0$. 如果 $B \in M_n$ 是奇异的, 那么 $\sigma_n(B) = 0$. 不等式 (7.4.1.3a) 确保对每个奇异的 $B \in M_n$ 都有

$$\|A - B\|_2^2 \geqslant \sum_{i=1}^{n} (\sigma_i(A) - \sigma_i(B))^2 = \sum_{i=1}^{n-1} (\sigma_i(A) - \sigma_i(B))^2 + \sigma_n^2(A) \geqslant \sigma_n^2(A)$$

所以, 满足 $\|A - B\|_2^2 = \sigma_n^2(A)$ 的任意的 B 都是在 Frobenius 范数下最接近于 A 的奇异矩阵. 这样一个矩阵的奇异值是唯一确定的: 它们必定是 A 的 $n-1$ 个最大的奇异值以及一个零. 如果我们设 $\Sigma_0 = \mathrm{diag}(\sigma_1(A), \cdots, \sigma_{n-1}(A), 0)$, 并取 $B_0 = V\Sigma_0 W^*$, 那么 $\|A - B_0\|_2^2 = \sum\limits_{i=1}^{n} (\sigma_i(A) - \sigma_i(B))^2 = \sigma_n^2(A)$, 而且如同 (7.4.1.5) 所预测的那样, AB_0^* 与 B_0^*A 都是半正定的. 在 Frobenius 范数下从 A 到 B_0 的距离是 $\sigma_n(A)$, 而且没有哪个奇异矩阵能更接近了, 所以 $\sigma_n(A)$ 就是在 Frobenius 范数下从 A 到由奇异矩阵组成的闭集的最接近的距离. 我们可以将 B_0 视为在 Frobenius 范数下对 A 的最佳奇异逼近.

那么关于唯一性呢? 如果 $\sigma_{n-1}(A) = \sigma_n(A)$, 就设 $\hat{\Sigma}_0 = \mathrm{diag}(\sigma_1(A), \cdots, \sigma_{n-2}(A), 0,$

$\sigma_n(A)$). 这样 $C_0 = V\hat{\Sigma}_0 W^*$ 就是奇异的, $B_0 \ne C_0$, 且 $\|A - C_0\|_2 = \sigma_{n-1}(A) = \sigma_n(A) = \|A - B_0\|_2$, 所以, 在这种情形下对 A 的最佳奇异逼近不是唯一的. 然而, 如果 $\sigma_{n-1}(A) > \sigma_n(A)$, 则 B_0 是满足 $\|A - B\|_2 = \sigma_n(A)$ 的唯一的奇异矩阵, 见(7.4. P17).

如果 $A \in M_{m,n}$, $\mathrm{rank} A = r$ 且 $1 \le k < r$, 同样的原理可以应用于寻求对于 A 的"最佳 k 秩逼近". 设 $A = V\Sigma W^*$ 是奇异值分解, 其中 $\Sigma \in M_{m,n}$ 的对角元素是 $\sigma_1(A) \geqslant \cdots \geqslant \sigma_q(A)$. 如果 $B \in M_{m,n}$ 且 $\mathrm{rank} B = k$, 则(7.4.1.3a)确保有

$$\|A - B\|_2^2 \geqslant \sum_{i=1}^{q} (\sigma_i(A) - \sigma_i(B))^2 = \sum_{i=1}^{k} (\sigma_i(A) - \sigma_i(B))^2 + \sum_{i=k+1}^{q} \sigma_i^2(A) \geqslant \sum_{i=k+1}^{q} \sigma_i^2(A)$$

所以, 任何满足 $\|A - B\|_2^2 = \sum_{i=k+1}^{q} \sigma_i^2(A)$ 的 B 都是对 A 的最佳 k 秩逼近. 这样一个矩阵的奇异值再次是唯一确定的, 它们必定是 A 的 k 个最大的奇异值以及 $q-k$ 个零. 如果我们设 $\Sigma_0 \in M_{m,n}$ 是对角矩阵, 它的对角元素是 $\sigma_1(A), \cdots, \sigma_k(A)$ 以及 $q-k$ 个零, 又取 $B_0 = V\Sigma_0 W^*$, 那么 $\|A - B_0\|_2^2 = \sum_{i=k+1}^{q} \sigma_i^2(A)$, 所以 B_0 是 A 的最佳 k 秩逼近, 它是唯一的, 当且仅当 $\sigma_{k-1}(A) > \sigma_k(A)$. 在 Frobenius 范数下从 A 到最近的秩为 k 的矩阵之距离是 $\left(\sum_{i=k+1}^{q} \sigma_i^2(A)\right)^{1/2}$.

7.4.3 线性方程组的最小平方解

设给定 $A \in M_{m,n}$ 以及 $b \in \mathbf{C}^m$, 设 $m \geqslant n$, 并假设 $\mathrm{rank} A = k$. 考虑可以怎样来用奇异值分解 $A = V\Sigma W^*$ "求解"线性方程组 $Ax = b$. 我们想要选取一个 $x \in \mathbf{C}^n$, 使得 $\|Ax - b\|_2$ 最小化. 按照列来分划 $V = [v_1 \quad \cdots \quad v_m] \in M_m$ 以及 $W = [w_1 \quad \cdots \quad w_n] \in M_n$. 向量 $Ax - b = V\Sigma W^* x - b$ 与 $\Sigma W^* x - V^* b$ 有同样的 Euclid 范数. 设 $\xi = W^* x$ 以及 $\beta = V^* b$, 所以有 $\xi = [\xi_i] = [w_i^* x]_{i=1}^n$ 以及 $\beta = [\beta_i] = [w_i^* \beta]_{i=1}^m$. 向量

$$\Sigma \xi - \beta = [\sigma_1 \xi_1 - \beta_1 \quad \cdots \quad \sigma_k \xi_k - \beta_k \quad \beta_{k+1} \quad \cdots \quad \beta_m]^{\mathrm{T}}$$

的 Euclid 范数取到它的最小值 $\left(\sum_{i=k+1}^{m} |\beta_i|^2\right)^{1/2}$, 如果对每个 $i=1, \cdots, k$ 我们选取 $\xi_i = \sigma_i^{-1} \beta_i = \sigma_i^{-1} w_i^* \beta$; 如果接下来对每个 $i=k+1, \cdots, n$ 我们选取 $\xi_i = 0$, 那么向量 ξ 的 Euclid 范数就得到最小化. 也就是说, $x = \sum_{i=1}^{k} (\sigma_i^{-1} v_i^* b) w_i$ 是有最小 Euclid 范数且使得 $\|Ax - b\|_2$ 取到 $\left(\sum_{i=k+1}^{m} |v_i^* b|^2\right)^{1/2}$ 的最小值的向量.

习题 如果 $A \in M_{m,n}$ 且 $\mathrm{rank} A = n$, 利用上面的分析来说明: 为什么存在一个 $x \in \mathbf{C}^n$, 使得 $Ax = b$ 当且仅当 b 与 A^* 的零空间正交. 说明为什么这个解是唯一的且可以表示成 $x = (A^* A)^{-1} A^* b$. ◀

7.4.4 用酉矩阵的纯量倍数作逼近

用酉矩阵的纯量倍数对给定的 $A \in M_n$ 所作的最佳最小平方逼近是什么? 借助(7.4.1.3a), 对任何酉矩阵 $U \in M_n$ 以及任何 $c \in \mathbf{C}$, 我们都有

$$\|A-cU\|_2^2 \geqslant \sum_{i=1}^n (\sigma_i(A)-\sigma_i(cU))^2 = \sum_{i=1}^n (\sigma_i(A)-|c|\sigma_i(U))^2$$

$$= \sum_{i=1}^n (\sigma_i(A)-|c|)^2 = \sum_{i=1}^n \sigma_i^2(A)-2|c|\sum_{i=1}^n \sigma_i(A)+n|c|^2$$

462

它当 $|c|=\dfrac{1}{n}\sum_{i=1}^n \sigma_i(A)=\mu$ 时取到最小值，这是 A 的奇异值的均值. 对任何酉矩阵 $U\in M_n$，所得到的下界是

$$\|A-cU\|_2^2 \geqslant \sum_{i=1}^n \sigma_i^2(A)-n\mu^2 = \sum_{i=1}^n (\sigma_i(A)-\mu)^2$$

我们知道：如果 cU 是一个极小化子，那么 $(cU)^*A$ 就是半正定的. 极分解 (7.3.1) 提示我们：如果 $A=PU_0$ 是一个极分解，那么它的酉极因子可能就是一个很好的候选对象. 我们来计算 $\text{tr}P=\sum_{i=1}^n \sigma_i(A)=n\mu$ 以及

$$\|PU_0-\mu U_0\|_2^2 = \|P-\mu I\|_2^2 = \text{tr}P^2-2\mu\text{tr}P+n\mu^2 = \|A\|_2^2-2n\mu^2+n\mu^2 = \|A\|_2^2-n\mu^2$$

所以 $\left(\dfrac{1}{n}\text{tr}P\right)U_0$ 就是用酉矩阵的纯量倍数对 A 所作的最佳最小平方逼近.

7.4.5 酉 Procrustes 问题

设 $A,B\in M_{m,n}$. 在 Frobenius 范数下，对某个酉矩阵 $U\in M_m$，可以用"旋转"UB 对 A 做出多好的逼近？这个问题在因子分析中称为关于 A 以及 B 的 Procrustes 问题.

对任何酉矩阵 $U\in M_m$ 我们有

$$\|A-UB\|_2^2 = \|A\|_2^2-2\text{Re tr}(AB^*U^*)+\|B\|_2^2$$

$$\geqslant \|A\|_2^2-2\sum_{i=1}^m \sigma_i(AB^*)+\|B\|_2^2 \qquad (7.4.5.1)$$

其中等式当且仅当 AB^*U^* 为半正定时成立. 如果 $AB^*=PU_0$ 是极分解，那么 $AB^*U_0^* = P$ 是半正定的，且 $\text{tr}(AB^*U_0^*)=\text{tr}P=\sum_{i=1}^m \sigma_i(AB^*)$，所以 $\|A-UB\|_2^2 = \|A\|_2^2-2\text{tr}P+\|B\|_2^2$ 达到 (7.4.5.1) 中的下界.

于是，U_0B 是 B 的酉旋转到 A 的最佳最小平方逼近，且有 $\|A-U_0B\|_2^2 = \|A\|_2^2-2\text{tr}P+\|B\|_2^2$.

7.4.6 一个两边旋转问题

设 $A,B\in M_{m,n}$. 在 Frobenius 范数下，对某个酉矩阵 $U\in M_m$ 以及 $T\in M_m$，用一个两边旋转 UBT 可以对 A 做出好到什么程度的逼近呢？

对任何这样的酉矩阵 U 以及 T，(7.4.1.3a) 确保有

$$\|A-UBT\|_2^2 \geqslant \sum_{i=1}^q (\sigma_i(A)-\sigma_i(UBT))^2 = \sum_{i=1}^q (\sigma_i(A)-\sigma_i(B))^2 \qquad (7.4.6.1)$$

设 $A=V_1\Sigma_1W_1^*$ 是奇异值分解，其中 Σ_1 的对角元素是 $\sigma_1(A)\geqslant\cdots\geqslant\sigma_q(A)$，又设 $B=$

$V_2\Sigma_2W_2^*$ 是奇异值分解，其中 Σ_2 的对角元素是 $\sigma_1(B)\geqslant\cdots\geqslant\sigma_q(B)$. 设 $U_0=V_1V_2^*$ 以及 $T_0=W_2W_1^*$. 那么就有 $\|A-U_0BT_0\|_2^2=\|V_1\Sigma_1W_1^*-V_1\Sigma_2W_1^*\|_2^2=\|\Sigma_1-\Sigma_2\|_2^2=\sum_{i=1}^m(\sigma_i(A)-\sigma_i(B))^2$，所以 U_0BT_0 达到(7.4.6.1)的下界.

7.4.7 酉不变范数与对称的规范函数

如果 $A\in M_{m,n}$ 且 $A=V\Sigma W^*$ 是奇异值分解，又如果 $\|\cdot\|$ 是一个酉不变范数，那么 $\|A\|=\|V\Sigma W^*\|=\|\Sigma\|$，所以，矩阵的酉不变范数只与奇异值有关. 对于这一依赖关系的性质我们能说些什么呢？

假设 $X=[x_{ij}]$，$Y=[y_{ij}]\in M_{m,n}$ 是对角矩阵，且对 $i=1$，$\cdots$，q 分别有对角元素 $x_{ii}=x_i$ 以及 $y_{ii}=y_i$. 设 $x=[x_i]$，$y=[y_i]\in\mathbf{C}^q$. 那么 X^*X 就是对角矩阵且有对角元素 $|x_1|^2$，$\cdots$，$|x_q|^2$（如果 $q<n$，则还要添上 $n-q$ 个为零的元素），所以 X 的（不一定按照非增次序排列的）奇异值是 $|x_1|$，$\cdots$，$|x_q|$. 用
$$g(x)=g([x_1\quad\cdots\quad x_q]^{\mathrm{T}})=\|X\|$$
定义函数 $g\colon\mathbf{C}^q\to\mathbf{R}^+$. 则函数 g 有来自范数 $\|\cdot\|$ 的一些性质：

(a) 对所有 $x\in\mathbf{C}^q$ 都有 $g(x)\geqslant0$，因为 $\|X\|$ 永远是非负的；

(b) 当且仅当 $x=0$ 时有 $g(x)=0$，因为当且仅当 $X=0$ 时有 $\|X\|=0$；

(c) 对所有 $x\in\mathbf{C}^q$ 以及所有 $\alpha\in\mathbf{C}$ 都有 $g(\alpha x)=|\alpha|g(x)$，因为对所有 $\alpha\in\mathbf{C}$ 以及所有 $X\in M_{m,n}$ 都有 $\|\alpha X\|=|\alpha|\|X\|$；

(d) 对所有 x，$y\in\mathbf{C}^q$ 都有 $g(x+y)\leqslant g(x)+g(y)$，因为对所有 X，$Y\in M_{m,n}$ 都有 $\|X+Y\|\leqslant\|X\|+\|Y\|$.

这四个性质确保 g 是 $\mathbf{C}^q$ 上的一个**范数**；它还有另外两个性质：

(e) g 是 $\mathbf{C}^q$ 上的一个绝对范数，这是因为与向量 $x=[x_i]$ 以及 $|x|=[|x_i|]$ 相关的矩阵 X 与 $|X|$ 有同样的奇异值，即 $|x_1|$，$\cdots$，$|x_q|$；

(f) 对所有 $x\in\mathbf{C}^q$ 以及每个置换矩阵 $P\in M_q$ 都有 $g(Px)=g(x)$，因为 $\|\cdot\|$ 是酉不变的. 例如，如果 $q=m\leqslant n$，那么 $g(x)=\|X\|=\|PX(P^{\mathrm{T}}\oplus I_{n-m})\|=g(Px)$.

习题　如果 $q=n\leqslant m$，说明为什么对所有 $x\in\mathbf{C}^n$ 以及每个置换矩阵 $P\in M_n$ 都有 $g(x)=g(Px)$.　◀

习题　根据上面的规定，说明为什么 Euclid 范数、最大值范数以及和范数是分别与 Frobenius 范数、谱范数以及迹范数相关的向量范数. 这些范数是置换不变的绝对范数吗？　◀

定义 7.4.7.1　函数 $g\colon\mathbf{C}^q\to\mathbf{R}^+$ 称为是**对称的规范函数**（symmetric gauge function），如果它是这样一个绝对向量范数：对每个 $x\in\mathbf{C}^q$ 以及每个置换矩阵 $P\in M_q$ 都有 $g(x)=g(Px)$.

上面的讨论表明：$M_{m,n}$ 上每一个酉不变范数都决定了 $\mathbf{C}^q$ 上一个对称的规范函数. 下面定理的有意思的那一半说的是：每一个酉不变范数都是由一个对称的规范函数决定的，所以在 $M_{m,n}$ 上的酉不变范数与 $\mathbf{C}^q$ 上对称的规范函数之间存在一个一一对应.

定理 7.4.7.2　设 m 与 n 是给定的正整数，而 $q=\min\{m,n\}$. 对任何 $A\in M_{m,n}$，设 $A=$

$V\Sigma(A)W^*$，其中 $V\in M_m$ 以及 $W\in M_n$ 都是酉矩阵，而 $\Sigma(A)=[s_{ij}]\in M_{m,n}$ 则是非负的对角矩阵，它的主对角元素是 A 的按照非增次序排列的奇异值：$\sigma_1(A)\geqslant\cdots\geqslant\sigma_q(A)$. 设 $s(A)=[\sigma_1(A) \quad \cdots \quad \sigma_q(A)]^T$.

⟨464⟩

(a) 设 $\|\cdot\|$ 是 $M_{m,n}$ 上一个酉不变范数. 对任何 $x=[x_i]\in \mathbf{C}^q$，令 $X=[x_{ij}]\in M_{m,n}$ 是这样一个对角矩阵：对每一个 $i=1,\cdots,q$ 都有 $x_{ii}=x_i$. 由 $g(x)=\|X\|$ 定义的函数 $g：\mathbf{C}^q\to\mathbf{R}^+$ 是 $\mathbf{C}^q$ 上对称的规范函数.

(b) 设 g 是 $\mathbf{C}^q$ 上的一个对称的规范函数. 由 $\|A\|=g(s(A))$ 定义的函数 $\|\cdot\|：M_{m,n}\to\mathbf{R}^+$ 是 $M_{m,n}$ 上的酉不变范数.

证明 (a) 中的结论已经证明了，所以我们只需要处理 (b). 首先注意到 $\|\cdot\|$ 是在 $M_{m,n}$ 上有良好定义的函数，因为一个矩阵的奇异值是唯一确定的. 矩阵的奇异值的酉不变性确保对所有酉矩阵 $U\in M_m$ 以及 $V\in M_n$ 都有 $\|UAV\|=g(s(UAV))=g(s(A))=\|A\|$. 因为 g 是一个向量范数，故而对所有 $A\in M_{m,n}$ 都有 $\|A\|\geqslant 0$，其中等式当且仅当 $g(s(A))=0$ 时成立，当且仅当 $s(A)=0$ 时成立，当且仅当 $A=0$ 时成立. 注意到 $\|cA\|=g(s(cA))=g(|c|s(A))=|c|g(s(A))=|c|\|A\|$ 就得出齐性.

最后，我们必须证明 $\|\cdot\|$ 满足三角不等式. 对任意给定的 $A,B\in M_{m,n}$，计算给出

$$\|A+B\|=g(s(A+B))\overset{(\alpha)}{=}g^{DD}(s(A+B))\overset{(\beta)}{=}\max_{g^D(y)=1}\mathrm{Re}(y^*s(A+B))$$

$$=\max_{g^D(s(C))=1}\sum_{i=1}^q\sigma_i(A+B)\sigma_i(C)\overset{(\gamma)}{=}\max_{g^D(s(\Sigma))=1}\max_{T,U\text{是酉矩阵}}\mathrm{Retr}((A+B)T\Sigma^*U)$$

$$\leqslant\max_{g^D(s(\Sigma))=1}\max_{T,U\text{是酉矩阵}}\mathrm{Retr}(AT\Sigma^*U)+\max_{g^D(s(\Sigma))=1}\max_{T,U\text{是酉矩阵}}\mathrm{Retr}(BT\Sigma^*U)$$

$$\overset{(\gamma)}{=}\max_{g^D(s(\Sigma))=1}\sum_{i=1}^q\sigma_i(A)\sigma_i(\Sigma)+\max_{g^D(s(\Sigma))=1}\sum_{i=1}^q\sigma_i(B)\sigma_i(\Sigma)$$

$$=\max_{g^D(y)=1}\mathrm{Re}(y^*s(A))+\max_{g^D(y)=1}\mathrm{Re}(y^*s(B))\overset{(\beta)}{=}g^{DD}(s(A))+g^{DD}(s(B))$$

$$\overset{(\alpha)}{=}g(s(A))+g(s(B))=\|A\|+\|B\|$$

我们已经用到了 (5.5.9c) 以及如下诸假设条件：在标记为 (α) 的等式处用到 g 是一个范数，在标记为 (β) 的等式处用到 (5.5.10)，而在标记为 (γ) 的等式处则用到 (7.4.1.3c). 我们还利用了 (4.3.52) 以及如下事实：向量 $s(A+B)$，$s(A)$ 以及 $s(B)$ 的元素都是非负的. 所以，为了达到各自的最大值，只需要考虑 y 个元素为非负的向量. □

$\mathbf{C}^n$ 上一族对称的规范函数的一个熟悉的例子是 l_p 范数族 (5.2.4). $M_{m,n}$ 上由 l_p 范数所决定的酉不变范数称为 **Schatten p 范数**.

⟨465⟩

7.4.8 樊畿的优势定理

k 范数族 (5.2.5) 是对称的规范函数，它们在酉不变范数的理论中起着特殊的作用. $M_{m,n}$ 上对应的酉不变范数称为 **樊畿 k 范数**（Ky Fan k-norm），我们将它们记为

$$\|A\|_{[k]}=\sigma_1(A)+\cdots+\sigma_k(A),\quad k=1,\cdots,q=\min\{m,n\}\qquad(7.4.8.1)$$

假设 $\|\cdot\|$ 是 $M_{m,n}$ 上的酉不变范数，又设 g 是与它相伴的对称的规范函数，如同在上一

节里所描述的那样，我们也采用那里的记号．这样一来，对任何 $A \in M_{m,n}$，我们就有

$$\|A\| = g(s(A)) = \max_{g^D(y)=1} \mathrm{Re}(y^* s(A)) = \max_{g^D(s(\Sigma))=1} \sum_{i=1}^{q} \sigma_i(A) \sigma_i(\Sigma) \qquad (7.4.8.2)$$

而分部求和法就给出恒等式

$$\sum_{i=1}^{q} \sigma_i(A) \sigma_i(\Sigma) = \sigma_1(\Sigma) \sigma_1(A) + \sum_{i=2}^{q-1} \left((\sigma_i(\Sigma) - \sigma_{i+1}(\Sigma)) \sum_{j=1}^{i} \sigma_j(A) \right) + \sigma_q(\Sigma) \sum_{j=1}^{q} \sigma_i(A)$$

$$= \sigma_1(\Sigma) \|A\|_{[1]} + \sum_{i=2}^{q-1} (\sigma_i(\Sigma) - \sigma_{i+1}(\Sigma)) \|A\|_{[i]} + \sigma_q(\Sigma) \|A\|_{[q]} \qquad (7.4.8.3)$$

注意到 $\sigma_1(\Sigma) \geqslant 0$，每一个 $\sigma_i(\Sigma) - \sigma_{i+1}(\Sigma) \geqslant 0$，以及 $\sigma_q(\Sigma) \geqslant 0$，所以，如果 $B \in M_{m,n}$，且对每个 $k = 1, \cdots, q$ 都有 $\|A\|_{[k]} \leqslant \|B\|_{[k]}$，那么

$$\sum_{i=1}^{q} \sigma_i(A) \sigma_i(\Sigma) = \sigma_1(\Sigma) \|A\|_{[1]} + \sum_{i=2}^{q-1} (\sigma_i(\Sigma) - \sigma_{i+1}(\Sigma)) \|A\|_{[i]} + \sigma_q(\Sigma) \|A\|_{[q]}$$

$$\leqslant \sigma_1(\Sigma) \|B\|_{[1]} + \sum_{i=2}^{q-1} (\sigma_i(\Sigma) - \sigma_{i+1}(\Sigma)) \|B\|_{[i]} + \sigma_q(\Sigma) \|B\|_{[q]}$$

$$= \sum_{i=1}^{q} \sigma_i(B) \sigma_i(\Sigma)$$

从而，

$$\|A\| = \max_{g^D(s(\Sigma))=1} \sum_{i=1}^{q} \sigma_i(A) \sigma_i(\Sigma) \leqslant \max_{g^D(s(\Sigma))=1} \sum_{i=1}^{q} \sigma_i(B) \sigma_i(\Sigma) = \|B\|$$

这个讨论表明：如果对每个 $k = 1, \cdots, q$ 都有 $\|A\|_{[k]} \leqslant \|B\|_{[k]}$，那么对**每个酉不变范数** $\|\cdot\|$ 都有 $\|A\| \leqslant \|B\|$．反之，如果对 $M_{m,n}$ 上的每个酉不变范数 $\|\cdot\|$ 都有 $\|A\| \leqslant \|B\|$，那么这个不等式对于 $M_{m,n}$ 上的樊畿 k 范数必定成立．我们将这些结论总结在下面的定理中．

定理 7.4.8.4 设给定 $A, B \in M_{m,n}$．那么，对 $M_{m,n}$ 上的每个酉不变范数 $\|\cdot\|$ 都有 $\|A\| \leqslant \|B\|$，当且仅当对每个 $k = 1, \cdots, q = \min\{m, n\}$ 都有 $\|A\|_{[k]} \leqslant \|B\|_{[k]}$．

7.4.9　酉不变范数逼近的界

不等式 (7.4.1.3a) 以及 (7.3.5b) 说的是：对 Frobenius 范数以及任何 $A, B \in M_{m,n}$，都有 $\|A - B\|_2 \geqslant \|\Sigma(A) - \Sigma(B)\|_2$．不等式 (7.3.5a) 说的是：对谱范数以及任何 $A, B \in M_{m,n}$，都有 $\|A - B\|_2 \geqslant \|\Sigma(A) - \Sigma(B)\|_2$．事实上，这些不等式对 $M_{m,n}$ 上的**每一个**酉不变范数都是成立的．

定理 7.4.9.1 设 m 与 n 是给定的正整数，又设 $q = \min\{m, n\}$．对任何 $A, B \in M_{m,n}$，设 $A = V_1 \Sigma(A) W_1^*$ 以及 $B = V_2 \Sigma(B) W_2^*$，其中 $V_1, V_2 \in M_m$ 以及 $W_1, W_2 \in M_n$ 是酉矩阵，而 $\Sigma(A) = [s_{ij}(A)]$，$\Sigma(B) = [s_{ij}(B)] \in M_{m,n}$ 是非负的对角矩阵，其对角元素 $s_{ii}(A) = \sigma_i(A)$ 以及 $s_{ii}(B) = \sigma_i(B)$ 分别是 A 与 B 的按照非增次序排列的奇异值．这样，对 $M_{m,n}$ 上的每一个酉不变范数 $\|\cdot\|$ 都有 $\|A - B\| \geqslant \|\Sigma(A) - \Sigma(B)\|$．

证明 设

$$\mathcal{A} = \begin{bmatrix} 0 & A \\ A^* & 0 \end{bmatrix} \quad 以及 \quad \mathcal{B} = \begin{bmatrix} 0 & B \\ B^* & 0 \end{bmatrix}$$

根据(7.3.3)，按照代数非增次序排列的 $\mathcal{A}$ 的特征值是

$$\sigma_1(A) \geqslant \cdots \geqslant \sigma_q(A) \geqslant \underbrace{0 = \cdots = 0}_{|m-n|} \geqslant -\sigma_q(A) \geqslant \cdots \geqslant -\sigma_1(A)$$

对于 $\mathcal{B}$ 以及 $\mathcal{A}-\mathcal{B}$ 的特征值有类似的按照代数非增次序排列的表达式. $\mathcal{A}$ 与 $\mathcal{B}$ 的各自的有序排列的特征值之差是 $\pm(\sigma_1(A)-\sigma_1(B)), \cdots, \pm(\sigma_q(A)-\sigma_q(B))$，再添上 $|m-n|$ 个零. 尽管还不清楚按照代数数值的大小应当如何来给这些值排序，其中 q 个最大的值应该是 $|\sigma_1(A)-\sigma_1(B)|, \cdots, |\sigma_q(A)-\sigma_q(B)|$. 定理 4.3.47(b) 确保 $\lambda(\mathcal{A}-\mathcal{B})$ 使得 $\lambda^{\downarrow}(\mathcal{A})-\lambda^{\downarrow}(\mathcal{B})$ 优化，即有

$$\sum_{i=1}^{k} \sigma_i(A-B) \geqslant \max_{1 \leqslant i_1 < \cdots < i_k \leqslant q} \sum_{j=1}^{k} |\sigma_{i_j}(A) - \sigma_{i_j}(B)|, \quad k=1,\cdots,q$$

检查这些不等式揭示出它们正好就是不等式

$$\|A-B\|_{[k]} \geqslant \|\Sigma(A) - \Sigma(B)\|_{[k]}, \quad k=1,\cdots,q$$

所以(7.4.8.4)确保对 $M_{m,n}$ 上的每一个酉不变范数 $\|\cdot\|$ 都有 $\|A-B\| \geqslant \|\Sigma(A)-\Sigma(B)\|$. $\square$

上一定理的一个推论是下述问题的一个推广：对于一个给定的 $A \in M_{m,n}$，其中 $\mathrm{rank}A > k$，求它的最佳(在最小平方的意义上)k 秩逼近，我们曾在(7.4.2)中考虑过这个问题. 如果 $\|\cdot\|$ 是在 $M_{m,n}$ 上的一个酉不变范数，又如果 $B \in M_{m,n}$ 且 $\mathrm{rank}B = k$，那么就有 $\sigma_1(B) \geqslant \cdots \geqslant \sigma_k(B) > 0 = \sigma_{k+1}(B) = \cdots = \sigma_q(B)$. 利用 $M_{m,n}$ 中的对角矩阵上的酉不变范数是单调范数这样一个事实，对于任何满足 $\mathrm{rank}B = k$ 的 $B \in M_{m,n}$，我们就有

$$\|A-B\| \geqslant \|\Sigma(A) - \Sigma(B)\|$$
$$= \|\mathrm{diag}(\sigma_1(A)-\sigma_1(B), \cdots, \sigma_k(A)-\sigma_k(B), \sigma_{k+1}(A), \cdots, \sigma_q(A))\|$$
$$\geqslant \|\mathrm{diag}(0, \cdots, 0, \sigma_{k+1}(A), \cdots, \sigma_q(A))\| \qquad (7.4.9.2)$$

如果 $A = V\Sigma(A)W^*$ 是奇异值分解，我们永远能取 $B = V\Sigma_0 W^*$ 使得不等式(7.4.9.2)中的等式成立，其中 $\Sigma_0 \in M_{m,n}$ 是非负的对角矩阵，其对角元素是 $\sigma_1(A), \cdots, \sigma_k(A)$ 再添上 $q-k$ 个零. 于是，在 Frobenius 范数下给出对 A 的最佳 k 秩逼近的同一个矩阵，在**每一个**酉不变范数下都给出对 A 的最佳逼近.

<u>习题</u>　在谱范数下，用 k 秩矩阵可以逼近 $A \in M_{m,n}$ 到怎样的程度？　◀

(7.4.9.1)的另一个推论是(6.3.8)(Hoffman-Wielandt 定理)的对任何酉不变范数都正确的一种形式. 对 Hermite 矩阵 $H \in M_n$，$\mathrm{diag}\lambda^{\downarrow}(H) \in M_n$ 是这样一个对角矩阵，它的对角元素是 H 的按照非增次序排列的特征值.

推论 7.4.9.3(Mirsky)　设 A，$B \in M_n$ 是 Hermite 矩阵，又设 $\|\cdot\|$ 是 M_n 上的酉不变范数. 那么

$$\|\mathrm{diag}\lambda^{\downarrow}(A) - \mathrm{diag}\lambda^{\downarrow}(B)\| \leqslant \|A-B\| \qquad (7.4.9.4)$$

证明　设 $\mu \in [0, \infty)$ 使得 $A+\mu I$ 与 $B+\mu I$ 两者均为半正定的. 那么就有

$$\Sigma(A+\mu I) = \mathrm{diag}\lambda^{\downarrow}(A+\mu I) = \mathrm{diag}\lambda^{\downarrow}(A) + \mu I$$

以及 $\Sigma(B+\mu I) = \mathrm{diag}\lambda^{\downarrow}(B) + \mu I$. 定理 7.4.9.1 确保有

$$\|\mathrm{diag}\lambda^{\downarrow}(A) - \mathrm{diag}\lambda^{\downarrow}(B)\| = \|(\Sigma(A+\mu I) - \mu I) - (\Sigma(B+\mu I) - \mu I)\|$$

467

$$= \|\Sigma(A+\mu I) - \Sigma(B+\mu I)\|$$
$$\leqslant \|(A+\mu I) - (B+\mu I)\| = \|A-B\| \qquad\square$$

习题 设 A，$E \in M_n$ 是 Hermite 矩阵. 对于什么样的酉不变范数，(6.3.4)以及 (6.3.8)中的界是上一个推论的自然结果？ ◄

7.4.10 酉不变矩阵范数

设 $\|\cdot\|$ 是 M_n 上的酉不变矩阵范数. 对任何 $A \in M_n$，(5.6.34d)确保有 $\|A\| \geqslant \sigma_1(A)$. 下面的定理对这个结论给出一个逆命题.

定理 7.4.10.1 M_n 上的酉不变范数 $\|\cdot\|$ 是矩阵范数，当且仅当对所有 $A \in M_n$ 都有 $\|A\| \geqslant \sigma_1(A)$.

证明 假设对所有 $X \in M_n$ 都有 $\|X\| \geqslant \sigma_1(X)$，又设给定 A，$B \in M_n$. 我们必须证明 $\|AB\| \leqslant \|A\| \|B\|$. 设 g 是由 $\|\cdot\|$ 所决定的对称的规范函数. 在下面的计算中，我们采用 (7.4.7)的记号并利用 g 是单调范数这一事实，也利用奇异值不等式 $\sigma_k(AB) \leqslant \sigma_1(A)\sigma_k(B)$，见(7.3.11)前面的习题：

$$\|AB\| = g(s(AB)) = g([\sigma_1(AB)\sigma_2(AB)\cdots\sigma_n(AB)]^T)$$
$$\leqslant g([\sigma_1(A)\sigma_1(B)\sigma_1(A)\sigma_2(B)\cdots\sigma_1(A)\sigma_n(B)]^T)$$
$$= \sigma_1(A)g([\sigma_1(B)\sigma_2(B)\cdots\sigma_n(B)]^T)$$
$$= \sigma_1(A)g(s(B)) = \sigma_1(A)\|B\|$$
$$\leqslant \|A\| \|B\| \qquad\square$$

这个定理确保：对 $p \geqslant 1$，樊畿 k 范数以及 Schatten p 范数是 M_n 上的酉不变矩阵范数.

尽管矩阵范数的凸组合不一定是矩阵范数（见(5.6.P9)），但是酉不变矩阵范数的凸组合恒为酉不变矩阵范数.

推论 7.4.10.2 设 $\|\cdot\|_a$ 与 $\|\cdot\|_b$ 是 M_n 上的酉不变矩阵范数，又设 $\alpha \in [0, 1]$，那么 $\alpha\|\cdot\|_a + (1-\alpha)\|\cdot\|_b$ 是 M_n 上的酉不变矩阵范数.

证明 凸组合 $\alpha\|\cdot\|_a + (1-\alpha)\|\cdot\|_b$ 是一个酉不变范数，又因为

$$\alpha\|A\|_a + (1-\alpha)\|A\|_b \geqslant \alpha\sigma_1(A) + (1-\alpha)\sigma_1(A) = \sigma_1(A)$$

故而上一个定理确保它是一个矩阵范数. $\qquad\square$

7.4.11 矩阵上的绝对酉不变范数

矩阵 $A = [a_{ij}] \in M_{m,n}$ 的 Frobenius 范数可以表示成 $\|A\|_2 = (\sigma_1(A)^2 + \cdots + \sigma_n(A)^2)^{1/2}$，也可表示成 $\|A\|_2 = \left(\sum_{i,j}|a_{ij}|^2\right)^{1/2}$，所以它既是酉不变的，也是绝对的. $M_{m,n}$ 上是否还有其他的绝对酉不变范数？下面的习题是通向这个问题解答的第一步.

习题 设给定 $\alpha \geqslant \beta > 0$. 设 $a = \frac{1}{2}(\sqrt{\alpha^2+\beta^2}+\alpha-\beta)$，$b = \sqrt{\alpha\beta/2}$ 以及 $c = \frac{1}{2}(\sqrt{\alpha^2+\beta^2}-\alpha+\beta)$. 考虑实对称矩阵 $B_\pm = \begin{bmatrix} a & b \\ b & \pm c \end{bmatrix}$. 证明 a，b，$c > 0$，B_+ 的特征值是 $\sqrt{\alpha^2+\beta^2}$ 以及 0，而 B_- 的特征值是 α 以及 $-\beta$. 导出结论：B_+ 的奇异值是 $\sqrt{\alpha^2+\beta^2}$ 以及 0；而 B_- 的奇异值是

α 以及 β. 提示：$(1.2.4b)$，$a+c=\sqrt{\alpha^2+\beta^2}$，以及 $a-c=\alpha-\beta$.

定理 7.4.11.1 设 $\|\cdot\|$ 是 $M_{m,n}$ 上的酉不变范数. 那么，$\|\cdot\|$ 是绝对范数，当且仅当它是 Frobenius 范数的一个正的纯量倍数.

证明 为方便起见，假设 $\|\cdot\|$ 是标准化的，使得有 $\|E_{11}\|=1$，其中 $E_{11}\in M_{m,n}$ 在位置 $(1,1)$ 处的元素是 1，而别的地方的元素都是零. 设 $q=\min\{m,n\}$，又用 $\sigma_1\geqslant\cdots\geqslant\sigma_q$ 表示给定的 $A\in M_{m,n}$ 的奇异值. 我们断言有 $\|A\|=\|A\|_2=(\sigma_1^2+\cdots+\sigma_q^2)^{1/2}$.

如果 $\text{rank}A=1$，则有 $\|A\|=\|\Sigma(A)\|=\|\sigma_1 E_{11}\|=\sigma_1\|E_{11}\|=\sigma_1=\|A\|_2$.

如果 $\text{rank}A=2$，定义 $A_\pm=\begin{bmatrix} B_\pm & 0 \\ 0 & 0 \end{bmatrix}\in M_{m,n}$，其中 $B_\pm=\begin{bmatrix} a & b \\ b & \pm c \end{bmatrix}$，$a=\frac{1}{2}(\sqrt{\sigma_1^2+\sigma_2^2}+\sigma_1-\sigma_2)$，$b=\sqrt{\sigma_1\sigma_2/2}$，而 $c=\frac{1}{2}(\sqrt{\sigma_1^2+\sigma_2^2}-\sigma_1+\sigma_2)$. 上一个习题确保 A_- 的奇异值是 σ_1 以及 σ_2 再添上 $q-2$ 个零，而 A_+ 的奇异值是 $\sqrt{\sigma_1^2+\sigma_2^2}$ 以及 $q-1$ 个零. 在后一种情形有 $\text{rank}A_+=1$，所以 $\|A_+\|=\|A_+\|_2=\sqrt{\sigma_1^2+\sigma_2^2}=\|A\|_2$. 由于 A 与 A_- 有同样的奇异值，且 $\|\cdot\|$ 是酉不变的，我们就有 $\|A\|=\|A_-\|$；由于 $\|\cdot\|$ 是绝对的，我们又有 $\|A_-\|=\|A_+\|$. 由此就推出 $\|A\|=\|A_-\|=\|A_+\|=\|A\|_2$.

对 A 的秩用归纳法. 假设 $\text{rank}A=r\geqslant 3$，又对每个满足 $\text{rank}X\leqslant r-1$ 的 $X\in M_n$ 都有 $\|X\|=\|X\|_2$. 定义 $A_\pm=\begin{bmatrix} B_\pm & 0 \\ 0 & 0 \end{bmatrix}\in M_{m,n}$，其中 $B_\pm=\begin{bmatrix} a & b \\ b & \pm c \end{bmatrix}\oplus\text{diag}(\sigma_2,\cdots,\sigma_{r-1})$，$a=\frac{1}{2}(\sqrt{\sigma_1^2+\sigma_r^2}+\sigma_1-\sigma_r)$，$b=\sqrt{\sigma_1\sigma_r/2}$，以及 $c=\frac{1}{2}(\sqrt{\sigma_1^2+\sigma_r^2}-\sigma_1+\sigma_r)$. 上一个习题确保 A_- 的奇异值是 $\sigma_1,\cdots,\sigma_r$ 以及 $q-r$ 个零，而 A_+ 的奇异值则是 $\sqrt{\sigma_1^2+\sigma_r^2}$，$\sigma_2,\cdots,\sigma_{r-1}$ 以及 $q-r+1$ 个零. 归纳假设确保有 $\|A_+\|=\|A_+\|_2=\|A\|_2$，与在秩为 2 的情形相同，酉不变性以及绝对性的假设条件确保 $\|A\|=\|A_-\|=\|A_+\|=\|A\|_2$.

如果 $\|\cdot\|$ 不一定标准化了，我们已经指出了有 $\|\cdot\|/\|E_{11}\|=\|\cdot\|_2$，也就是说，对每个 $A\in M_{m,n}$ 都有 $\|A\|=\|E_{11}\|\|A\|_2$.

□

习题 利用上一个定理给出一个合理的证明：如果 $n\geqslant 2$，M_n 上的谱范数不是绝对范数. 与 $(5.6.P40)$ 比较.

7.4.12 Kantorovich 不等式与 Wielandt 不等式

设 $A\in M_n$ 是 Hermite 矩阵，且是正定的，设 λ_1 与 λ_n 是它的最小的以及最大的特征值. 我们的目的是证明下面两个经典不等式是等价的且是成立的，并且研究它们的某些解析的以及几何的推论.

Kantorovich 不等式是

$$(x^*Ax)(x^*A^{-1}x)\leqslant\frac{(\lambda_1+\lambda_n)^2}{4\lambda_1\lambda_n}\|x\|_2^4, \quad \text{对所有 } x\in\mathbf{C}^n \qquad (7.4.12.1)$$

而 **Wielandt 不等式**则是

$$|x^*Ay|^2\leqslant\left(\frac{\lambda_1-\lambda_n}{\lambda_1+\lambda_n}\right)^2(x^*Ax)(y^*Ay), \quad \text{对所有正交的 } x,y\in\mathbf{C}^n \qquad (7.4.12.2)$$

如果 $x=0$，则不等式(7.4.12.1)成立；如果 $x=0$ 或者 $y=0$，则(7.4.12.2)为真，所以在下面的讨论中我们只考虑 $x\neq 0\neq y$ 的情形.

我们证明 Kantorovich 不等式的方法从两个半正定矩阵 $\lambda_n I-A$ 与 $A-\lambda_1 I$ 以及正定矩阵 A^{-1} 开始. 这三个 Hermite 矩阵可交换，所以它们的乘积是 Hermite 矩阵，且是半正定的. 这样一来，对任何非零向量 x，我们都有

$$0\leqslant x^*(\lambda_n I-A)(A-\lambda_1 I)A^{-1}x=x^*((\lambda_1+\lambda_n)I-\lambda_1\lambda_n A^{-1}-A)x$$

从而

$$x^*Ax+\lambda_1\lambda_n(x^*A^{-1}x)\leqslant(\lambda_1+\lambda_n)(x^*x) \tag{7.4.12.3}$$

设 $t_0=\lambda_1\lambda_n(x^*A^{-1}x)$，并将(7.4.12.3)改写成等价的形式

$$t_0(x^*Ax)\leqslant t_0(\lambda_1+\lambda_n)(x^*x)-t_0^2 \tag{7.4.12.4}$$

函数 $f(t)=t(\lambda_1+\lambda_n)(x^*x)-t^2$ 是凹的，且在 $t=(x^*x)(\lambda_1+\lambda_n)/2$ 有一个临界点，在该点它有全局最大值. 这样就有 $f(t_0)\leqslant(x^*x)^2(\lambda_1+\lambda_n)^2/4$，故而由(7.4.12.4)得到

$$\lambda_1\lambda_n(x^*A^{-1}x)(x^*Ax)\leqslant\frac{1}{4}(\lambda_1+\lambda_n)^2(x^*x)^2$$

这就是 Kantorovich 不等式(7.4.12.1).

我们断言：Kantorovich 不等式蕴含 Wielandt 不等式. 考虑 2×2 正定矩阵 $B=\begin{bmatrix}a & b\\ \bar{b} & c\end{bmatrix}$，它的逆是 $B^{-1}=(\det B)^{-1}\mathrm{adj}B=\begin{bmatrix}c/\det B & *\\ * & *\end{bmatrix}$. 设 $\mu_1\leqslant\mu_2$ 是 B 的特征值. 取 $x=e_1$ 以及 $A=B$，不等式(7.4.12.1)就是

$$\frac{(\mu_1+\mu_2)^2}{4\mu_1\mu_2}\geqslant(e_1^*Be_1)(e_1^*B^{-1}e_1)=\frac{ac}{ac-|b|^2}=\frac{1}{1-\dfrac{|b|^2}{ac}}$$

而计算显示有

$$\frac{|b|^2}{ac}\leqslant\left(\frac{\mu_1-\mu_2}{\mu_1+\mu_2}\right)^2=\left(\frac{1-\dfrac{\mu_2}{\mu_1}}{1+\dfrac{\mu_2}{\mu_1}}\right)^2 \tag{7.4.12.5}$$

现在设 x 与 y 是 $\mathbf{C}^n$ 中任何一对标准正交的向量，并考虑 2×2 正定矩阵

$$B=[x\ \ y]^*A[x\ \ y]=\begin{bmatrix}x^*Ax & x^*Ay\\ y^*Ax & y^*Ay\end{bmatrix}$$

Poincaré 分离定理的交错不等式(4.3.38)确保 B 的特征值 $\mu_1\leqslant\mu_2$ 满足不等式 $0<\lambda_1\leqslant\mu_1\leqslant\mu_2\leqslant\lambda_n$，所以 $0<\dfrac{\mu_2}{\mu_1}\leqslant\dfrac{\lambda_2}{\lambda_1}$. 不等式(7.4.12.5)以及函数 $f(t)=(1-t)^2/(1+t)^2$ 在 $(1,\ \infty)$ 上的单调性确保有

$$\frac{|x^*Ay|^2}{(x^*Ax)(y*Ay)}\leqslant\left(\frac{1-\dfrac{\mu_2}{\mu_1}}{1+\dfrac{\mu_2}{\mu_1}}\right)^2\leqslant\left(\frac{1-\dfrac{\lambda_2}{\lambda_1}}{1+\dfrac{\lambda_2}{\lambda_1}}\right)^2=\left(\frac{\lambda_1-\lambda_n}{\lambda_1+\lambda_n}\right)^2$$

这就是 Wielandt 不等式(7.4.12.2).

习题 说明：如果 $x\in\mathbf{C}^n$ 是 A 的特征向量，为什么(7.4.12.1)与(7.4.12.2)是满足

的. 提示：算术-几何平均不等式.

习题 如果 $x \in \mathbf{C}^n$ 不是 A 的特征向量，说明为什么 $A^{-1}x - (x^* A^{-1}x)x \neq 0$ 以及 $x - (x^* A^{-1}x)Ax \neq 0$.

习题 如果 $x \in \mathbf{C}^n$ 是单位向量，说明为什么 $(x^* Ax)(x^* A^{-1}x) \geqslant 1$，其中严格不等式当 x 不是 A 的特征向量时成立. 提示：$1 = (x^* x)^2 = (x^* A^{1/2} A^{-1/2}x)^2 \leqslant \|A^{1/2}x\|_2^2 \times \|A^{-1/2}x\|_2^2 = (x^* Ax)(x^* A^{-1}x)$，其中等式仅当 $A^{1/2}x = \alpha A^{-1/2}x$ 时成立，在此情形 x 是 A 的一个特征向量.

为了从 Wielandt 不等式推导出 Kantorovich 不等式，设 $x \in \mathbf{C}^n$ 是单位向量，但它不是 A 的特征向量，并定义 $y = A^{-1}x - (x^* A^{-1}x)x$. 那么 $y \neq 0$，且计算显示 $x^* y = 0$，$Ay = x - (x^* A^{-1}x)Ax \neq 0$，$x^* Ay = 1 - (x^* Ax)(x^* A^{-1}x) < 0$，$y^* Ay = -(x^* A^{-1}x)(x^* Ay)$. 在此情形 Wielandt 不等式就是

$$(x^* Ay)^2 \leqslant -\left(\frac{\lambda_1 - \lambda_n}{\lambda_1 + \lambda_n}\right)^2 (x^* Ax)(x^* A^{-1}x)(x^* Ay)$$

所以我们有

$$(x^* Ax)(x^* A^{-1}x) - 1 = -x^* Ay \leqslant \left(\frac{\lambda_1 - \lambda_n}{\lambda_1 + \lambda_n}\right)^2 (x^* Ax)(x^* A^{-1}x)$$

由它就推出有

$$(x^* Ax)(x^* A^{-1}x) \leqslant \frac{(\lambda_1 + \lambda_n)^2}{4\lambda_1 \lambda_n}$$

这就是 Kantorovich 不等式.

习题 设 $u, v \in \mathbf{C}^n$ 是标准正交的向量且满足 $Au = \lambda_1 u$ 以及 $Av = \lambda_n v$. 令 $x = (u+v)/\sqrt{2}$ 以及 $y = (u-v)/\sqrt{2}$. 证明：(7.4.12.2) 对标准正交的向量 x 以及 y 成为等式，且 (7.4.12.1) 对这个单位向量 x 成为等式.

如果 $B \in M_n$ 是非奇异的，且有奇异值 $\sigma_1 \geqslant \cdots \geqslant \sigma_n > 0$，又如果在 Wielandt 不等式 (7.4.12.2) 中取 $A = B^* B$，我们就得到不等式

$$|\langle Bx, By \rangle| \leqslant \left(\frac{\sigma_1^2 - \sigma_n^2}{\sigma_1^2 + \sigma_n^2}\right) \|Bx\| \|By\| = \left(\frac{\kappa^2 - 1}{\kappa^2 + 1}\right) \|Bx\| \|By\| \qquad (7.4.12.6)$$

其中 $x, y \in \mathbf{C}^n$ 是正交的向量，而 $\kappa = \sigma_1/\sigma_n$ 是 B 的谱条件数. 设 $\theta_\kappa \in (0, \pi/2]$ 是满足 $\cos\theta_\kappa = (\kappa^2 - 1)/(\kappa^2 + 1)$ 的唯一的角度.

习题 证明：$\sin\theta_\kappa = 2\kappa/(\kappa^2 + 1)$ 以及 $\cot(\theta_\kappa/2) = \kappa$，其中 $\theta_\kappa \in (0, \pi/2]$.

如果 B，x 以及 y 是实的，那么 (7.4.12.6) 可以写成形式

$$\cos\theta_{Bx,By} = \frac{|\langle Bx, By \rangle|}{\|Bx\| \|By\|} \leqslant \cos\theta_\kappa, \qquad \text{对所有正交的非零向量 } x, y \in \mathbf{R}^n \qquad (7.4.12.7)$$

其中 $\theta_{Bx,By} \in (0, \pi/2]$ 是实向量 Bx 与 By 之间的角度，见 (0.6.3.1). 这一说明给出几何不等式 $0 \leqslant \theta_\kappa \leqslant \theta_{Bx,By}$. 此外，由于存在非零的正交向量，它们使得 (7.4.12.2)（从而也使 (7.4.12.7)）成为等式，所以我们就有这样的几何解释：θ_κ（它仅由 B 的谱条件数所确定）是当 x 与 y 遍取所有标准正交的实向量对时，实向量 Bx 与 By 之间的最小角度. 如果 κ 很大，那么 $\frac{\kappa^2 - 1}{\kappa^2 + 1} = \frac{1 - \kappa^{-2}}{1 + \kappa^{-2}}$ 就接近于 1，且 $\theta_\kappa = \cos^{-1}\left(\frac{1 - \kappa^{-2}}{1 + \kappa^{-2}}\right)$ 接近于零，且反之亦然. 于是，

472

κ 很大, 当且仅当存在一对标准正交的向量 x, y, 使得 Bx 与 By 是近乎平行的.

　　习题　设 $B \in M_n$ 是非奇异的, 设 κ 是它的谱条件数, 又在 Kantorovich 不等式中取 $A = B^*B$. 导出结论: 对任何 $x \in \mathbf{C}^n$ 都有

$$\| Bx \|_2 \| B^{-*} x \|_2 \leqslant \left(\frac{2\kappa}{\kappa^2 + 1} \right) \| x \|_2^2 \qquad (7.4.12.8)$$

$$\sin\theta_\kappa \| Bx \|_2 \| B^{-*} x \|_2 \leqslant \| x \|_2^2 \qquad (7.4.12.9) \blacktriangleleft$$

问题

7.4.P1　假设 $0 < \lambda_1 \leqslant \cdots \leqslant \lambda_n$, α_1, $\cdots$, α_n 是非负的, 且 $\alpha_1 + \cdots + \alpha_n = 1$. 设 $A = (\lambda_1 + \lambda_n)/2$ 以及 $G = \sqrt{\lambda_1 \lambda_n}$($\lambda_1$ 与 λ_n 的算术平均以及几何平均). 由(7.4.12.1)推导出纯量的 Kantorovich 不等式

$$\left(\sum_{i=1}^n \alpha_i \lambda_i \right) \left(\sum_{i=1}^n \alpha_i \lambda_i^{-1} \right) \leqslant A^2 G^{-2} \qquad (7.4.12.10)$$

7.4.P2　设 $A = [a_{ij}] \in M_n$ 是正定的, 且有特征值 $0 < \lambda_1 \leqslant \cdots \leqslant \lambda_n$. 我们知道对所有 $i \neq j$ 都有 $|a_{ij}|^2 < a_{ii}a_{jj}$, 见(7.1.P1). 利用(7.4.12.2)证明更好的界: 对所有 $i \neq j$ 都有 $|a_{ij}|^2 < \left(\frac{\lambda_1 - \lambda_n}{\lambda_1 + \lambda_n} \right)^2 a_{ii}a_{jj}$.

7.4.P3　证明(7.4.12.1)的如下的 2-矩阵推广: 设 B, $C \in M_n$ 是可交换的正定矩阵, 特征值分别为 $0 < \lambda_1 \leqslant \cdots \leqslant \lambda_n$ 以及 $0 < \mu_1 \leqslant \cdots \leqslant \mu_n$. 则 Greub-Rheinboldt 不等式是说有

$$(x^* B^2 x)(x^* C^2 x) \leqslant \frac{(\lambda_1 \mu_1 + \lambda_n \mu_n)^2}{4 \lambda_1 \lambda_n \mu_1 \mu_n} (x^* BCx)^2, \qquad 对任何 x \in \mathbf{C}^n \quad (7.4.12.11)$$

我们可以将它等价地表示成

$$\frac{\langle Bx, Cx \rangle}{\| Bx \|_2 \| Cx \|_2} \geqslant \frac{2 \sqrt{\lambda_1 \lambda_n \mu_1 \mu_n}}{\lambda_1 \mu_1 + \lambda_n \mu_n}, \qquad 对任何非零的 x \in \mathbf{C}^n \quad (7.4.12.12)$$

然而, 与 Kantorovich 不等式不同, 如果 B 与 C 都不是纯量矩阵, 那就不一定存在使得 Greub-Rheinboldt 不等式中等式成立的单位向量 x. (a)证明(7.4.12.11). (b)证明: 如果 B, C 中至少有一个是纯量矩阵, 那么(7.4.12.12)中有可能成立等式. (c)对所选取的什么样的可交换的正定矩阵 B 与 C, (7.4.12.11)转化为(7.4.12.1)? (d)如果 B, C 以及 x 是实的, 从几何上将(7.4.12.12)解释成为向量 Bx 与 By 之间更小的角度的余弦的下界, 即解释成为 Bx 与 By 之间更小的角度的上界.

7.4.P4　设 $A \in M_n$ 是正定的, 且有特征值 $0 < \lambda_1 \leqslant \cdots \leqslant \lambda_n$. 设 u_1, $u_n \in \mathbf{C}^n$ 是标准正交的向量, 使得 $Au_1 = \lambda_1 u_1$ 以及 $Au_n = \lambda_n u_n$, 并设 $\kappa = \lambda_n / \lambda_1$ 是 A 的谱条件数. 由(7.4.12.12)推导出

$$\frac{\langle x, Ax \rangle}{\| x \|_2 \| Ax \|_2} \geqslant \frac{2 \sqrt{\lambda_1 \lambda_n}}{\lambda_1 + \lambda_n} = \frac{2\sqrt{\kappa}}{\kappa + 1}, \qquad 对任何非零的 x \in \mathbf{C}^n \quad (7.4.12.13)$$

其中等式对向量 $x_0 = \lambda_n^{1/2} u_1 + \lambda_1^{1/2} u_n$ 成立. 如果 A 与 x 是实的, 将上面的不等式从几何上解释成

$$\cos\theta_{x,Ax} \geqslant \frac{2\sqrt{\kappa}}{\kappa + 1}, \qquad 对任意的单位向量 x \in \mathbf{R}^n \quad (7.4.12.14)$$

其中对向量 x_0 达到下界. 于是, 对每个单位向量 x 有 $0 \leqslant \theta_{x,Ax} \leqslant \cos^{-1}(2\kappa^{1/2}(\kappa+1)^{-1})$, 下界中的等式对 A 的每个特征向量都成立, 而上界中的等式对 x_0 成立.

7.4.P5　设 $A \in M_n$ 是非奇异的, 又设 κ 是它的谱条件数. 利用极分解以及 Kantorovich 不等式证明

$$\left| (x^* Ax)(x^* A^{-1}x) \right| \leqslant \frac{1}{4} (\kappa^{1/2} + \kappa^{-1/2})^2 \| x \|_2^4, \qquad 对任何 x \in \mathbf{C}^n \quad (7.4.12.15)$$

其中等式对某个单位向量 x 成立.

7.4.P6　设 κ 是正定矩阵 A 的谱条件数. 证明: Kantorovich 不等式以及 Wielandt 不等式分别是

$$(x^* Ax)(x^* A^{-1}x) \leqslant \frac{1}{4} (\kappa^{1/2} + \kappa^{-1/2})^2 \| x \|_2^4, \qquad 对任何 x \in \mathbf{C}^n \quad (7.4.12.16)$$

以及

$$\mid x^* Ay \mid^2 \leqslant \left(\frac{\kappa-1}{\kappa+1}\right)^2 (x^* Ax)(y^* Ay), \quad \text{对所有正交的 } x, y \in \mathbf{C}^n \quad (7.4.12.17)$$

7.4.P7 设 $A \in M_n$ 是非奇异的 Hermite 矩阵, 且有谱条件数 κ. 证明

$$\max_{\|x\|_2=1}(\|Ax\|_2 \|A^{-1}x\|_2) = \frac{1}{2}(\kappa+\kappa^{-1})$$

给出一个使之能取到最大值的向量 x.

7.4.P8 设 $A \in M_n$ 是正定的, 并假设它所有的特征值都在区间 $[m, M]$ 中, 其中 $0 < m < M < \infty$. 证明: 对所有 $x \in \mathbf{C}^n$ 都有 $(x^* Ax)(x^* A^{-1}x) \leqslant (m+M)^2 \|x\|_2^4 / 4mM$.

474

7.4.P9 设 $\alpha_1, \cdots, \alpha_n, \beta_1, \cdots, \beta_n$ 是(不一定按照次序排列的)正实数. 我们知道有 $\sum_{i=1}^n \alpha_i \beta_i \leqslant \sum_{i=1}^n \alpha_i^{\downarrow} \beta_i^{\downarrow}$, 见(4.3.54). Kantorovich 不等式允许我们将这个不等式反转过来:

$$\sum_{i=1}^n \alpha_i^{\downarrow} \beta_i^{\downarrow} \leqslant \frac{m+M}{2\sqrt{mM}} \sum_{i=1}^n \alpha_i \beta_i \quad (7.4.12.18)$$

其中 $0 < m \leqslant \alpha_i/\beta_i \leqslant M < \infty$(对所有 $i = 1, \cdots, n$). 对下面的论证提供细节: (a)设 $A = \mathrm{diag}(\alpha_1/\beta_1, \cdots, \alpha_n/\beta_n)$ 以及 $x = [\sqrt{\alpha_i \beta_i}]_{i=1}^n$. 计算 $(x^{\mathrm{T}} Ax)(x^{\mathrm{T}} A^{-1}x)$, 并利用(7.4.12.1)证明它的一个上界. (b) $\left(\sum_{i=1}^n \alpha_i^{\downarrow} \beta_i^{\downarrow}\right)^2 \leqslant \left(\sum_{i=1}^n \alpha_i^2\right)\left(\sum_{i=1}^n \beta_i^2\right)$ 给出一个下界.

7.4.P10 设 $x, y \in \mathbf{C}^n$ 是非零的向量, 又设 $A, B \in M_n$ 是正定的. (a)证明 $\mid x^* y \mid \leqslant (x^* Ax)(y^* A^{-1}y)$, 其中的等式对 $x = A^{-1}y$ 成立. (b)导出结论: 函数 $f(A, y) = (y^* A^{-1}y)^{-1}$ 有变分表示

$$f(A, y) = \min_{x^* y \neq 0} \frac{x^* Ax}{\mid x^* y \mid^2}$$

(c)导出结论: $f(A+B, y) \geqslant f(A, y) + f(B, y)$. (d)设 $y = e_i$ 是第 i 个标准单位基向量, 导出结论: $\gamma_{ii}^{-1} \geqslant \alpha_{ii}^{-1} + \beta_{ii}^{-1}$, 其中, $(A+B)^{-1} = [\gamma_{ij}]$, $A^{-1} = [\alpha_{ij}]$, 而 $B^{-1} = [\beta_{ij}]$. 这就是 **Bergström 不等式**. (e)说明为什么 Bergström 不等式可以写成如下形式

$$\frac{\det(A+B)}{\det(A+B)[\{i\}^c]} \geqslant \frac{\det A}{\det A[\{i\}^c]} + \frac{\det B}{\det B[\{i\}^c]}, \quad i = 1, \cdots, n \quad (7.4.12.19)$$

其中的分母都是主对角元素的代数余子式.

7.4.P11 设 $A \in M_n$ 是正定的, 设 $x, y \in \mathbf{C}^n$, 又设 α, β 是正实数. 设 $\mathcal{A}_\alpha = \begin{bmatrix} A & x \\ x^* & \alpha \end{bmatrix}$ 以及 $\mathcal{B}_\beta = \begin{bmatrix} B & y \\ y^* & \beta \end{bmatrix}$.

(a)证明 $\det \mathcal{A}_\alpha / \det A = \alpha - x^* A^{-1}x$, $\det \mathcal{B}_\alpha / \det B = \beta - y^* B^{-1}y$ 以及 $\det(\mathcal{A}_\alpha + \mathcal{B}_\alpha)/\det(A+B) = \alpha + \beta - (x+y)^* (A+B)^{-1}(x+y)$. (b)证明

$$\frac{\det(\mathcal{A}_\alpha + \mathcal{B}_\alpha)}{\det(A+B)} - \frac{\det \mathcal{A}_\alpha}{\det A} - \frac{\det \mathcal{B}_\alpha}{\det B} = x^* A^{-1}x + y^* B^{-1}y - (x+y)^* (A+B)^{-1}(x+y) \quad (7.4.12.20)$$

(c)说明为什么 $\mathcal{A}_\alpha$ 与 $\mathcal{B}_\beta$ 对所有充分大的正数 α, β 是都正定的, 并利用(7.4.12.20)证明: (7.4.12.19)蕴含 **Berenstein-Veinstein 不等式**:

$$x^* A^{-1}x + y^* B^{-1}y \geqslant (x+y)^* (A+B)^{-1}(x+y) \quad (7.4.12.21)$$

(d)利用(7.4.12.20)证明: (7.4.12.21)蕴含(7.4.12.19), 并导出结论: Bergström 不等式与 Berenstein-Veinstein 不等式等价.

7.4.P12 设 $N_1(\cdot)$ 与 $N_2(\cdot)$ 是 $M_{m,n}$ 上的酉不变范数. 证明: 函数 $f(A) = N_1(A)/N_2(A)$ 在 $M_{m,n}$ 中的秩 1 矩阵上取值为常数. 这个常数是什么?

7.4.P13 对任何复数 z 以及任何实数 x, 我们有不等式 $\mid z - \mathrm{Re}\, z \mid \leqslant \mid z - x \mid$. 这个结果对方阵 $A \in M_n$ 的一个合理的推广是: 对所有 Hermite 矩阵 $H \in M_n$ 都有

475

$$\left\| A - \frac{1}{2}(A + A^*) \right\| \leqslant \| A - H \| \qquad (7.4.12.22)$$

证明这个不等式对所有酉不变范数 $\| \cdot \|$ 都成立，更一般地，它对所有自伴随范数都成立. 导出结论：从一个给定的 $A \in M_n$ 到 M_n 中 Hermite 矩阵组成的闭集的距离（关于 $\| \cdot \|$）是 $\frac{1}{2} \| A - A^* \|$，这就是 A 的斜 Hermite 部分的范数.

7.4. P14 对任何复数 z，$| \mathrm{Re} z | \leqslant | z |$. 设 $\| \cdot \|$ 是酉不变范数，且 $A \in M_n$. 证明：(a) $\frac{1}{2} \| (A + A^*)/2 \| \leqslant$ $\| A \|$（Hermite 部分）；(b) $\| (A + A^\mathrm{T})/2 \| \leqslant \| A \|$（对称的部分）；(c) $\| (A + \overline{A})/2 \| \leqslant \| A \|$（实的部分）.

7.4. P15 设 $A \in M_n$，且设 $\| \cdot \|$ 是 M_n 上一个酉不变范数. 利用 (7.4.9.1) 证明：对每个酉矩阵 $U \in M_n$ 都有 $\| A - U \| \geqslant \| \sum(A) - I \|$，其中等式当 U 是 A 的极分解式中的酉因子时成立. 导出结论：$\| \sum(A) - I \|$ 是从 A 到 M_n 中酉矩阵组成的紧集的距离（关于 $\| \cdot \|$）.

7.4. P16 设 $A \in M_n$ 有奇异值分解 $A = V \sum(A) W^*$，又设 $\| \cdot \|$ 是 M_n 上一个酉不变范数. 证明：对任何酉矩阵 $U \in M_n$ 都有

$$\left\| \sum(A) - I \right\| \leqslant \| A - U \| \leqslant \left\| \sum(A) + I \right\| \qquad (7.4.12.23)$$

7.4. P17 设 $A \in M_n$ 非奇异，又设 $A = V \sum(A) W^*$ 是奇异值分解，其中 $\sum(A) = \mathrm{diag}(\sigma_1(A), \cdots, \sigma_n(A))$. 我们在 (7.4.2) 中曾经证明了：如果 $\sigma_{n-1}(A) = \sigma_n(A)$，那么在 Frobenius 范数下至少存在两个不同的对 A 最佳的逼近. 下面给出了如下结论的证明概述：如果 $B \in M_n$ 是奇异的，$\| A - B \|_2 = \sigma_n$ (A)，且 $\sigma_{n-1}(A) > \sigma_n(A)$，那么 B 就是 (7.4.2) 中构造的矩阵 B_0. 请对此证明概述提供细节. 条件 $\sigma_{n-1}(A) > \sigma_n(A)$ 仅用在 (d) 与 (e) 中. (a) 设 $\sum_0 = \mathrm{diag}(\sigma_1(A), \cdots, \sigma_{n-1}(A), 0)$. 回顾 (7.4.2) 中的讨论，并说明为什么 B 的奇异值必定与 $\sum_0$ 的奇异值相同，也即 $\sum(B) = \sum_0$. (b) 说明为什么 AB^* 与 $B^* A$ 是半正定的，且 $\mathrm{tr}(AB^*) = \sum_{i=1}^{n-1} \sigma_i^2(A)$. (c) 证明：存在酉矩阵 X, $Y \in M_n$，使得 $A = X \sum(A) Y^*$，$B = X \Lambda Y^*$，且对某个置换矩阵 P 有 $\Lambda = \mathrm{diag}(\lambda_1, \cdots, \lambda_n) = P \sum_0 P^\mathrm{T}$. (d) 证明 $\Lambda = \sum_0$. (e) 证明：存在一个酉矩阵 $Z = U \oplus [e^{i\theta}] \in M_n$ 使得 $X = VZ$, $Y = WZ$，以及 $Z \sum(A) = \sum(A) Z$. (f) 说明为什么 $Z \sum_0 = \sum_0 Z$，并得出结论 $B = B_0$.

7.4. P18 设 $\| \cdot \|$ 是 $M_{n,m}$ 上的酉不变范数. 证明：对所有 $A \in M_{n,m}$ 都有 $\| A \| \leqslant \| |A| \|$.

注记以及进一步的阅读参考 有关 Kantorovich 不等式的推广以及相关的参考文献，见 A. Clausing, Kantorovichi-type inequalities, *Amer. Math. Monthly* 89(1982)314-320. 有关对所有酉不变范数都成立的不等式的更多的信息，见 L. Mirsky, Symmetric gauge functions and unitarily invariant norms, *Quart. J. Math. Oxford* 11(1960)50-59, 以及 K. Fan 与 A. J. Hoffman, Some metric inequalities in the space of matrices, *Proc. Amer. Math. Soc.* 6(1955)111-116. 作为这些结果如何应用在统计学中的例子，以及有关统计文献的进一步的参考资料，见 C. R. Rao, Matrix approximations and reduction of dimensionality in multivariate statistical analysis, *Multivariate Analysis-V*, *Proceedings of the Fifth International Symposium on Multivariate Analysis*, P. R. Krishnaiah, North-Holland, Amsterdam，1980, pp. 1-22.

7.5 Schur 乘积定理

定义 7.5.1 如果 $A = [a_{ij}] \in M_{m,n}$ 以及 $B = [b_{ij}] \in M_{m,n}$，那么 A 与 B 的 Hadamard 乘积（Schur 乘积）定义为逐个元素乘积的矩阵 $A \circ B = [a_{ij} b_{ij}] \in M_{m,n}$.

与通常的矩阵乘积相像的是，Hadamard 乘积关于矩阵加法满足分配律 $A \circ (B + C) = (A \circ B) + (A \circ C)$；而与通常矩阵乘法不同的是，Hadamard 乘积是可交换的，$A \circ B = B \circ A$.

Hadamard 乘积可以从若干不同的观点出发自然地呈现出来. 例如, 如果 f 与 g 是 $\mathbf{R}$ 上的周期为 2π 的实值连续周期函数, 又如果

$$a_k = \int_0^{2\pi} e^{ik\theta} f(\theta) d\theta, \quad b_k = \int_0^{2\pi} e^{ik\theta} g(\theta) d\theta, \quad k = 0, \pm 1, \pm 2, \cdots$$

是它们的三角矩(Fourier 系数), 那么 f 与 g 的卷积

$$h(\theta) = \int_0^{2\pi} f(\theta - t) g(t) dt$$

有三角矩 $c_k = \int_0^{2\pi} e^{ik\theta} h(\theta) d\theta$, 它们满足恒等式 $c_k = a_k b_k$, $k = 0$, ± 1, ± 2, $\cdots$. 于是, h 的三角矩的 Toeplitz 矩阵是 f 与 g 的三角矩的 Toeplitz 矩阵的 Hadamard 乘积:

$$[c_{i-j}] = [a_{i-j}] \circ [b_{i-j}]$$

如果 f 与 g 两者都是非负的实值函数, 那么它们的卷积也是非负的实值函数. 这样一来, 就如同在(7.0.4.1)所指出的那样, 矩阵 $[a_{i-j}]$, $[b_{i-j}]$ 以及 $[c_{i-j}]$ 全都是半正定的. 这是 Schur 乘积定理的一个例子: 两个半正定矩阵的 Hadamard 乘积是半正定的.

作为另一个例子, 考虑积分算子

$$K(f) = \int_a^b K(x, y) f(y) dy$$

其中 $f \in \mathbf{C}[a, b]$, 而核函数 $K(x, y)$ 是有限区间 $[a, b] \times [a, b]$ 上的连续函数. 假设核函数 $H(x, y)$ 满足同样的条件, 且考虑(逐点)乘积的核函数 $L(x, y) = K(x, y) H(x, y)$ 以及与之相关的积分算子

$$L(f) = \int_a^b L(x, y) f(y) dy = \int_a^b K(x, y) H(x, y) f(y) dy$$

477

线性映射 $f \to K(f)$ 是矩阵-向量乘法(作为有限的 Riemann 和逼近该积分)的极限, 积分算子的许多性质都可以通过对矩阵已知的结果取适当的极限得到. 积分的核函数的(逐点)乘积引导出一个积分算子, 从这个观点来看, 这个积分算子就是矩阵的 Hadamard 乘积的连续类似物.

如果积分的核 $K(x, y)$ 有如下性质: 对所有 $f \in \mathbf{C}[a, b]$ 都有

$$\int_a^b \int_a^b K(x, y) f(x) \overline{f}(y) dx dy \geqslant 0$$

那么 $K(x, y)$ 就称为是**半正定的核**(positive semidefinite kernel). 一个经典的结果(Mercer 定理)是: 如果 $K(x, y)$ 是一个有限区间 $[a, b]$ 上的连续的半正定的核, 那么就存在正实数 λ_1, λ_2, $\cdots$(称为"特征值")以及连续函数 $\phi_1(x)$, $\phi_2(x)$, $\cdots$(称为"特征函数"), 使得在 $[a, b] \times [a, b]$ 上有

$$K(x, y) = \sum_{i=1}^{\infty} \frac{\phi_i(x) \overline{\phi}_i(y)}{\lambda_i}$$

而此级数绝对且一致收敛.

如果 $K(x, y)$ 与 $H(x, y)$ 两者都是在 $[a, b]$ 上的连续的半正定的核函数, 那么 $H(x, y)$ 也有绝对且一致收敛的表示: 在 $[a, b] \times [a, b]$ 上有

$$H(x, y) = \sum_{i=1}^{\infty} \frac{\psi_i(x) \overline{\psi}_i(y)}{\mu_i}$$

其中所有 $\mu_i > 0$. (逐点)所做的乘积核函数 $L(x, y) = K(x, y)H(x, y)$ 有表示：在 $[a, b] \times [a, b]$ 上有

$$L(x, y) = \sum_{i,j=1}^{\infty} \frac{\phi_i(x)\psi_j(x)\overline{\phi_i(y)}\,\overline{\psi_j(y)}}{\lambda_i \mu_j}$$

它也是绝对且一致收敛的. 这样就有

$$\int_a^b \int_a^b L(x, y) f(x)\overline{f(y)} \mathrm{d}x\mathrm{d}y = \sum_{i,j=1}^{\infty} \frac{1}{\lambda_i \mu_j} \left| \int_a^b \phi_i(x)\psi_j(x) f(x)\mathrm{d}x \right|^2 \geqslant 0$$

所以 $L(x, y)$ 也是半正定的. 这是 Schur 乘积定理的另一个例子.

习题 两个 Hermite 矩阵的通常的矩阵乘积是 Hermite 的，当且仅当它们可交换. 证明：两个 Hermite 矩阵的 Hadamard 乘积永远都是 Hermite 的. ◀

习题 考虑 $A = \begin{bmatrix} 2 & 1 \\ 1 & 1 \end{bmatrix}$ 与 $B = \begin{bmatrix} 2 & 1 \\ 1 & 3 \end{bmatrix}$. 证明：$A$，$B$ 以及 $A \circ B$ 是正定的，但是 AB 不是对称的，所以它不是半正定的. 验证 AB 可以对角化且有正的特征值. 这是偶然的结果吗？提示：(7.2.P21). ◀

与 Hadamard 乘积相关联的半双线性型可通过一个很方便的方法表示成为通常矩阵乘积的迹.

习题 设给定 $A = [a_{ij}]$，$B = [b_{ij}] \in M_n$. 验证 $\sum_{i,j=1}^n a_{ij}b_{ij} = \mathrm{tr}(AB^{\mathrm{T}})$. ◀

引理 7.5.2 设给定 A，$B \in M_n$ 以及 x，$y \in \mathbf{C}^n$. 设 $\mathrm{diag}\,x$ 以及 $\mathrm{diag}\,y$ 是 $n \times n$ 对角矩阵，它们各自的主对角元素就是 x 与 y 各自的元素，见(0.9.1). 那么

$$x^* (A \circ B) y = \mathrm{tr}((\mathrm{diag}\,\overline{x})A(\mathrm{diag}\,y)B^{\mathrm{T}})$$

证明 设 $A = [a_{ij}]$，$B = [b_{ij}]$，$x = [x_i]$ 以及 $y = [y_i]$. 那么 $(\mathrm{diag}\,\overline{x})A = [\overline{x}_i a_{ij}]$ 且 $B\mathrm{diag}\,y = [b_{ij}y_j]$. 利用上一个习题计算出

$$\mathrm{tr}((\mathrm{diag}\,\overline{x})A(\mathrm{diag}\,y)B^{\mathrm{T}}) = \mathrm{tr}(((\mathrm{diag}\,\overline{x})A)(B\mathrm{diag}\,y)^{\mathrm{T}})$$

$$= \sum_{i,j=1}^n (\overline{x}_i a_{ij})(b_{ij}y_j) = x^*(A \circ B)y \qquad \square$$

习题 设 x，$y \in \mathbf{C}^n$ 以及 $A \in M_n$. 证明 $(xy^*) \circ A = (\mathrm{diag}\,x)A(\mathrm{diag}\,\overline{y})$. ◀

习题 如果 $A \in M_n$ 是 Hermite 矩阵(特别地，如果 A 是半正定的)，说明为什么 $A^{\mathrm{T}} = \overline{A}$. ◀

下面定理的第一个结论就是 **Schur 乘积定理**.

定理 7.5.3 设 A，$B \in M_n$ 是半正定的.

(a) $A \circ B$ 是半正定的.

(b) 如果 A 是正定的，且 B 的每个主对角元素都是正的，那么 $A \circ B$ 是正定的.

(c) 如果 A 与 B 两者都是正定的，那么 $A \circ B$ 是正定的.

证明 设 $A = [a_{ij}]$，$B = [b_{ij}]$，以及 $x = [x_i]$.

(a) 设 $C = (\mathrm{diag}\,x)\overline{B}^{1/2}$，并利用上面的引理计算出

$$x^* (A \circ B) x = \mathrm{tr}((\mathrm{diag}\,\overline{x})A(\mathrm{diag}\,x)\overline{B}) = \mathrm{tr}(\overline{B}^{1/2}(\mathrm{diag}\,\overline{x})A(\mathrm{diag}\,x)\overline{B}^{1/2}) = \mathrm{tr}(C^* AC)$$

由(7.1.8a)推出：$C^* AC$ 是半正定的，所以它有非负的特征值以及非负的迹. 于是，对所

有 $x \in \mathbf{C}^n$ 都有 $x^*(A \circ B)x \geq 0$，所以 $A \circ B$ 是半正定的.

（b）设 $\lambda_1 > 0$ 是 A 的最小的特征值，设 $\beta > 0$ 是 B 的最小的主对角元素，又设 $x = [x_i] \in \mathbf{C}^n$ 是非零的向量. 那么 $A - \lambda_1 I$ 的特征值是非负的，所以它是半正定的，从而 $(A - \lambda_1 I) \circ B$ 是半正定的. 这样就有 $0 \leq x^*((A - \lambda_1 I) \circ B)x = x^*(A \circ B)x - \lambda_1 x^*(I \circ B)x$，所以

$$x^*(A \circ B)x \geq \lambda_1 x^*(I \circ B)x = \lambda_1 \sum_{i=1}^n b_{ii}|x_i|^2 \geq \lambda_1 \beta \|x\|_2^2 > 0$$

（c）如果 B 是正定的，那么(7.1.2)确保它的主对角线元素是正的，结论就从(b)得出. □

481

习题 对任何非零的 $x \in \mathbf{C}^n$，证明：秩 1 矩阵 xx^* 以及 $\overline{x}x^T$ 是半正定的. ◀

定理 7.5.4(Moutard) 设 $A = [a_{ij}] \in M_n$. 那么，A 是半正定的，当且仅当对每个半正定的矩阵 $B = [b_{ij}] \in M_n$ 都有 $\operatorname{tr}(AB^T) = \sum_{i,j=1}^n a_{ij}b_{ij} \geq 0$.

证明 假设 A 与 B 是半正定的，又设 $e \in \mathbf{C}^n$ 是全 1 向量. 那么就有 $\operatorname{diag}(e) = I$，且 $\operatorname{tr}(AB^T) = \operatorname{tr}((\operatorname{diag} e)A(\operatorname{diag} e)B^T) = e^*(A \circ B)e$ 是非负的，这是因为 $A \circ B$ 是半正定的. 反之，如果只要当 B 是半正定时就有 $\operatorname{tr}(AB^T) \geq 0$，设 $x = [x_i] \in \mathbf{C}^n$，$B = \overline{x}x^T$，计算就给出 $\operatorname{tr}(AB^T) = \sum_{i,j=1}^n a_{ij}\overline{x_i}x_j = x^*Ax \geq 0$. □

应用 7.5.5 设 $D \subset \mathbf{R}^n$ 是一个有界开集. $C^2(D)$ 上由

$$Lu = \sum_{i,j=1}^n a_{ij}(x)\frac{\partial^2 u}{\partial x_i \partial x_j} + \sum_{i=1}^n b_i(x)\frac{\partial u}{\partial x_i} + c(x)u \tag{7.5.6}$$

给出的实二阶线性微分算子称为在 D 中是**椭圆的**(elliptic)，如果对所有 $x \in D$，矩阵 $A(x) = [a_{ij}(x)]$ 都是正定的. 假设在 D 中 $u \in \mathbf{C}^2(D)$ 满足方程 $Lu = 0$. 那么关于函数 u 在 D 中的局部极大值以及极小值我们有什么要说的呢？如果 $y \in D$ 是 u 的一个局部极小值，那么对所有 $i = 1, \cdots, n$，在点 y 都有 $\partial u / \partial x_i = 0$，且 Hesse 矩阵 $[\partial^2 u / \partial x_i \partial x_j]$ 在 y 是半正定的. 这样一来，$Lu = 0 = \sum_{i,j=1}^n a_{ij}\frac{\partial^2 u}{\partial x_i \partial x_j} + cu$，所以定理 7.5.4 就确保在点 y 有 $-cu = \sum_{i,j=1}^n a_{ij} \times \frac{\partial^2 u}{\partial x_i \partial x_j} \geq 0$. 特别地，如果 $c(y) < 0$，就有 $u(y) > 0$. 类似的讨论表明：如果 $c(y) < 0$，在相对极大值 $y \in D$ 处有 $u(y) < 0$. 这些简单的结论是下面重要原理的核心内容.

弱极小原理 7.5.7 设(7.5.6)定义的算子 L 在 D 中是椭圆的，又假设在 D 中有 $c(x) < 0$. 如果 $u \in \mathbf{C}^2(D)$ 在 D 中满足 $Lu = 0$，那么 u 就不可能有在内部的负的相对极小或者是在内部的正的相对极大. 再进一步，如果 u 在 D 的闭包上是连续的，且 u 在 D 的边界上是非负的，那么 u 在 D 内处处都是非负的.

由弱极小原理就得到偏微分方程的一个基本的唯一性定理.

Fejér 唯一性定理 7.5.8 假设(7.5.6)定义的算子 L 是椭圆的，假设在 D 中有 $c(x) < 0$，设 f 是 D 上一个给定的实值函数，而 g 则是 ∂D 上一个给定的实值函数. 那么对如下的边界值问题就至多存在一组解：

u 在 D 内二阶连续可微

在 D 中有 $Lu=f$

u 在 D 的闭包上连续

在 ∂D 上有 $u=g$

证明   如果 u_1 与 u_2 是这个问题的两个解, 那么函数 $\pm v=u_1-u_2$ 是在 D 中的问题 $Lv=0$ 以及在 ∂D 上的问题 $v=0$ 的解. 弱极小原理是说: v 与 $-v$ 两者在 D 中都是非负的, 所以在 D 中有 $v=0$.   □

习题   说明弱极小原理以及 Fejér 唯一性定理可以怎样应用到 $D\subset\mathbf{R}^n$ 中的偏微分方程

$$\sum_{i=1}^{n}\frac{\partial^2 u}{\partial x_i \partial x_i}-\lambda u=0$$

上去, 其中 λ 是正的实参数.   ◀

如果 $A=[a_{ij}]\in M_n$ 是半正定的, 那么 $A\circ A=[a_{ij}^2]$ 也是半正定的. 由归纳法论证就推出: 每个正整数次 Hadamard 幂 $A^{(k)}=[a_{ij}^k]$ 都是半正定的, $k=1$, 2, $\cdots$. 由于半正定矩阵的任何非负的线性组合也都是半正定的, 由此就推出

$$[p(a_{ij})]=a_0 J_n+a_1 A+a_2 A^{(2)}+\cdots+a_m A^{(m)}=[a_0+a_1 a_{ij}+a_2 a_{ij}^2+\cdots+a_m a_{ij}^m]$$

是半正定的, 只要 $p(t)=a_0+a_1 t+\cdots+a_m t^m$ 是非负系数的多项式, 矩阵 J_n 是全 1 矩阵.

更一般地, 如果 $f(z)=\sum_{k=0}^{\infty}a_k z^k$ 是一个解析函数, 其中所有的 $a_k\geq 0$, 且收敛半径 $R>0$, 那么用极限方法就可以证明 $[f(a_{ij})]\in M_n$ 是半正定的, 如果所有 $|a_{ij}|<R$. 一个重要的例子是 $f(z)=e^z$, 它的幂级数对所有 $z\in\mathbf{C}$ 都收敛, 且系数全都是正的: $a_k=1/k!$. Hadamard 指数矩阵 $[e^{a_{ij}}]$ 是对每个 $A=[a_{ij}]\in M_n$ 定义的, 它是半正定的, 只要 A 是半正定的, 而且它不能是正定的充分必要条件是 A 以一种特殊的方式成为奇异的.

定理 7.5.9   设 $A=[a_{ij}]\in M_n$ 是半正定的.

(a) 对所有 $k=1$, 2, $\cdots$, Hadamard 幂 $A^{(k)}=[a_{ij}^k]$ 都是半正定的; 它们是正定的, 如果 A 是正定的.

(b) 设 $f(z)=a_0+a_1 z+a_2 z^2+\cdots$ 是有非负系数且收敛半径 $R>0$ 的解析函数. 那么 $[f(a_{ij})]$ 半正定的, 如果对所有 i, $j\in\{1,\cdots,n\}$ 都有 $|a_{ij}|<R$; 此外, 它是正定的, 如果 A 是正定的, 且对某个 $i\in\{1,2,\cdots\}$ 有 $a_i>0$.

(c) Hadamard 指数矩阵 $[e^{a_{ij}}]$ 是半正定的; 它是正定的, 当且仅当 A 没有两行是相同的.

证明   仅仅关于半正定性的结论需要验证. (a) 中的结论由 (7.5.3) 以及归纳法得出. (b) 中的结论由 (a) 得出. (c) 中结论的证明见 (7.5. P18～P21).   □

问题

7.5. P1   设 A, $B\in M_n$ 是半正定的. 下面对 $A\circ B$ 是半正定的这一结论给出了另一种证明的概述, 请补充证明细节: (a) 存在矩阵 $X=[x_1\ \cdots\ x_n]$, $Y=[y_1\ \cdots\ y_n]\in M_n$, 使得 $XX^*=A$ 以及 $YY^*=B$; (b) $A=\sum_{i=1}^{n}x_i x_i^*$ 以及 $B=\sum_{i=1}^{n}y_i y_i^*$; (c) $A\circ B=\sum_{i,j=1}^{n}(x_i x_i^*)\circ(y_j y_j^*)$; (d) 如果 $\xi=[\xi_i]$, $\eta=[\eta_i]\in\mathbf{C}^n$, 那么 $(\xi\xi^*)\circ(\eta\eta^*)=(\xi\circ\eta)(\xi\circ\eta)^*$ 是秩 1 的半正定矩阵.

7.5. P2   设 A, $B\in M_n$. 假设 $H(A)$ (A 的 Hermite 部分) 是正定的, 且 B 是正定的. (a) 证明 $H(A\circ B)$ 是正定的. (b) 说明为什么 $A\circ B$ 有行以及列包容性.

7.5. P3   如果 $A=[a_{ij}]\in M_n$ 是半正定的, 证明矩阵 $[|a_{ij}|^2]$ 也是半正定的.

7.5.P4 设 $A=[a_{ij}]\in M_n$ 是半正定的. 上一个问题确保 $A\circ\overline{A}=[\,|a_{ij}|^2]$ 是半正定的, 但是对 Hadamard 绝对值矩阵 $|A|=[\,|a_{ij}|\,]$ 有何结论呢? (a)假设 A 是正定的. 对 $n=1,2,3$, 利用 Sylvester 判别法 (7.2.5) 证明 $|A|$ 是正定的. 利用极限方法证明: 如果 A 是半正定的 (仅对 $n=1,2,3$), 那么同样的结论成立. (b)问题 (7.1.P10) 确保 cos t 是一个正定的函数, 所以矩阵 $C=[\cos(t_i-t_j)]$ 对所有选取的 $t_1,\cdots,t_n\in\mathbf{R}$ 以及所有 $n=1,2,\cdots$ 都是半正定的. 设 $n=4$; $t_1=0$, $t_2=\pi/4$, $t_3=\pi/2$ 以及 $t_4=3\pi/4$. 计算 $|C|$ 并证明它不是半正定的.

7.5.P5 考虑 (7.5.P4) 中的矩阵 $|C|\in M_4$. 计算 $|C|\circ|C|$ 并验证它是半正定的. 导出结论: $B=|C|\circ|C|$ 是这样一个半正定矩阵, 它的非负的 "Hadamard 平方根" 不是半正定的. 将此结果与通常的平方根 $B^{1/2}$ 的情形作比较.

7.5.P6 考虑矩阵

$$A=\begin{bmatrix} 10 & 3 & -2 & 1 \\ 3 & 10 & 0 & 9 \\ -2 & 0 & 10 & 4 \\ 1 & 9 & 4 & 10 \end{bmatrix}$$

证明: A 是正定的, 但 $|A|$ 不是半正定的.

7.5.P7 设 $K(x,y)$ 是定义在有限区间 $[a,b]$ 的一个连续的积分核. 证明: $K(x,y)$ 是半正定的核, 当且仅当矩阵 $[K(x_i,y_j)]\in M_n$ 对所有选取的点 $x_1,\cdots,x_n\in[a,b]$ 以及所有 $n=1,2,\cdots$ 都是半正定的.

7.5.P8 利用 (7.5.P7) 以及 Schur 乘积定理证明: 半正定积分核的通常的 (逐点) 相乘的乘积是半正定的.

7.5.P9 证明: $f\in\mathbf{C}(\mathbf{R})$ 是正定函数, 当且仅当 $K(s,t)=f(s-t)$ 是半正定的积分核.

7.5.P10 说明为什么两个正定函数的乘积是正定函数.

7.5.P11 如果 $A=[a_{ij}]\in M_n$ 是半正定的, 证明矩阵 $[a_{ij}/(i+j)]$ 也是半正定的.

7.5.P12 设 $A=[a_{ij}]\in M_n$ 是半正定的, 并假设它的每一个元素都不为零. 考虑 Hadamard 逆矩阵 $A^{(-1)}=[a_{ij}^{-1}]$. 证明: $A^{(-1)}$ 是半正定的, 当且仅当 $\mathrm{rank}A=1$, 即当且仅当对某个元素不为零的 $x\in\mathbf{C}^n$ 有 $A=xx^*$.

482

7.5.P13 设 $A,B\in M_n$. 假设 A 是正定的, 而 B 是半正定的. 设 $\nu(B)$ 表示 B 的主对角线上不为零的元素的个数. (a)说明为什么 B 与 $0_{n-\nu(B)}\oplus C$ 置换相似, 其中 $C\in M_{\nu(B)}$ 是半正定的. (b)为什么有 $\nu(B)\geqslant\mathrm{rank}B$? (c)利用 (7.5.3) 证明 $\mathrm{rank}(A\circ B)\geqslant\nu(B)\geqslant\mathrm{rank}B$.

7.5.P14 设 $A\in M_n$ 是正定的. 矩阵 $A\circ A^{-T}=A\circ\overline{A^{-1}}$ 在化学工程过程控制中称为**相对得率阵列** (relative gain array). (a)说明为什么 $A\circ A^{-T}$ 是正定的, 所以它的最小的特征值 $\lambda_{\min}$ 是正的. (b)利用 (7.5.2) 中的迹恒等式证明 $\lambda_{\min}\geqslant1$.

7.5.P15 下面给出了 Hilbert 矩阵 $H_n=[1/(i+j-1)]\in M_n$ 是半正定的这一结论的概略证明, 请对其补充证明细节: (a)$X=[\xi_{ij}]=[(i-1)(j-1)/ij]\in M_n$ 是半正定的矩阵, 且对所有 $i,j=1,\cdots,n$ 都有 $0\leqslant\xi_{ij}<1$; (b)$Y=[i^{-1}j^{-1}]\in M_n$ 是主对角元素为正数的半正定的矩阵; (c)$Z=[1/(1-\xi_{ij})]$ 是半正定的; (d)利用 (7.2.5) 以及 (0.9.12.2) 证明 H_n 实际上是正定的, 有关不同的方法, 见 (7.5.P22).

7.5.P16 设 $A\in M_n$ 是 Hermite 矩阵. 证明: A 是半正定的, 当且仅当对每个半正定的 $B\in M_n$, $A\circ B$ 都是半正定的.

7.5.P17 设 $n_1,\cdots,n_m$ 是 m 个给定的不同的正整数, 又设 $\gcd(n_i,n_j)$ 表示 n_i 与 n_j 的最大公因子, $i,j=1,\cdots,m$. 我们断言: **最大公因子矩阵** (gcd matrix) $G=[\gcd(n_i,n_j)]\in M_m$ 是实对称的半正定矩阵. 对下面的论证提供细节: (a)设 $2\leqslant p_1<\cdots<p_d$ 是所有整数 $n_1,\cdots,n_m$ 的所有不同

的素因子的有序排列. 那么, 对每一个 $i=1$, $\cdots$, m, 就有 $n_i=p_1^{\nu(i,1)}\cdots p_d^{\nu(i,d)}$(对唯一一组正整数 $\nu(i,j)$, $i=1$, $\cdots$, m, $j=1$, $\cdots$, d). (b)$\gcd(n_i,\ n_j)=p_1^{\min\{\nu(i,1),\nu(j,1)\}}\cdots p_d^{\min\{\nu(i,d),\nu(j,d)\}}$. (c) 每一个矩阵$[\min\{\nu(i,k),\ \nu(j,k)\}]$, $k=1$, $\cdots$, d 都是半正定的. (d) 每一个矩阵 $G_k=[p_k^{\min\{\nu(i,k),\nu(j,k)\}}]_{i,j=1}^m$ 都是半正定的. (e)$G=G_1\circ\cdots\circ G_d$.

下面四个问题对(7.5.9(c))中有关 Hadamard 指数矩阵正定性的结论提供了一个证明.

7.5. P18 设 $A=[a_{ij}]\in M_n$ 是半正定的, 又设 $B_t=[\mathrm{e}^{ta_{ij}}]$. 为什么 B_t 对所有 $t>0$ 都是半正定的? 证明以下诸命题等价:

(a) $B_1=[\mathrm{e}^{a_{ij}}]$是奇异的.

(b) 存在一个非零的 $x\in\mathbf{C}^n$, 使得对所有 $t>0$ 都有 $B_tx=0$.

(c) 对所有 $t>0$, B_t 都是奇异的.

下面的想法或许是有用的: $x\neq0$ 以及 $x^*B_1x=0\Rightarrow0=x^*B_1x=x^*J_nx+x^*Ax+\dfrac{1}{2!}x^*A^{(2)}x+\cdots\Rightarrow$ $x^*J_nx=0$, 又对所有 $k=1$, 2, $\cdots$ 都有 $x^*A^{(k)}x=0\Rightarrow0=x^*B_tx=x^*J_nx+tx^*Ax+\dfrac{t^2}{2!}x^*A^{(2)}x+\cdots$ (对所有 $t>0$)$\Rightarrow B_tx=0$(对所有 $t>0$).

7.5. P19 设 $A=\begin{bmatrix}\alpha_1 & \beta\\ \bar{\beta} & \alpha_2\end{bmatrix}\in M_2$ 是半正定的. 我们知道 $B=\begin{bmatrix}\mathrm{e}^{\alpha_1} & \mathrm{e}^{\beta}\\ \mathrm{e}^{\bar{\beta}} & \mathrm{e}^{\alpha_2}\end{bmatrix}$ 是半正定的. 对下面结论的概略证明提供细节: B 是奇异的, 当且仅当 $\alpha_1=\alpha_2=\beta$. (a)$\det B=0\Rightarrow\alpha_1+\alpha_2=2\mathrm{Re}\beta\Rightarrow(\alpha_1^2+\alpha_2^2)/2=2(\mathrm{Re}\beta)^2-\alpha_1\alpha_2$. (b)$A$ 是半正定的$\Rightarrow\alpha_1\alpha_2\geqslant|\beta|^2$. (c)算术-几何不等式确保有

$$2(\mathrm{Re}\beta)^2-\alpha_1\alpha_2=\frac{\alpha_1^2+\alpha_2^2}{2}\geqslant\alpha_1\alpha_2\geqslant(\mathrm{Re}\beta)^2+(\mathrm{Im}\beta)^2 \qquad (7.5.10)$$

(d)$(\mathrm{Re}\beta)^2\geqslant\alpha_1\alpha_2+(\mathrm{lm}\beta)^2\geqslant(\mathrm{Re}\beta)^2+2(\mathrm{lm}\beta)^2\Rightarrow\mathrm{lm}\beta=0$ 且 $\alpha_1+\alpha_2=2\beta$. (e)由(7.5.10)以及(b)推出

$$\beta^2\geqslant2\beta^2-\alpha_1\alpha_2=\frac{\alpha_1^2+\alpha_2^2}{2}\geqslant\alpha_1\alpha_2\geqslant\beta^2$$

所以算术-几何平均不等式中的等式就蕴含 $\alpha_1=\alpha_2$.

7.5. P20 设 $n\geqslant2$, 并假设 $A=[a_{ij}]\in M_n$ 是半正定的. 如果存在不同的 p, $q\in\{1,\ \cdots,\ n\}$, 使得 $a_{pp}=a_{qq}=a_{pq}=\alpha$, 证明 A 的第 p 行与第 q 行是相同的.

7.5. P21 设 $n\geqslant2$, 并假设 $A=[a_{ij}]\in M_n$ 是半正定的, 又设 $B=[\mathrm{e}^{a_{ij}}]$ 是 A 的 Hadamard 指数矩阵, 它是半正定的. 我们断言: **B 是正定的, 当且仅当 A 的行各不相同.** 考虑等价的结论: B 是奇异的, 当且仅当 A 有两行相同. 后面这个条件的充分性是显然的, 故而我们假设 B 是奇异的, 下面对 A 必定有两行相同给出证明的概述, 请补充证明细节: (a)设 $B_t=[\mathrm{e}^{ta_{ij}}]$. 问题(7.5.P18)确保对所有 $t>0$, B_t 都是半正定的且是奇异的. 设 $D_t=\mathrm{diag}(\mathrm{e}^{-ta_{11}/2},\ \cdots,\ \mathrm{e}^{-ta_{nn}/2})$. 那么对所有 $t>0$, $C_t=D_tB_tD_t=[\mathrm{e}^{-t(a_{ii}+a_{jj}-2a_{ij})/2}]$ 都是奇异的相关矩阵. (b)我们知道对所有 i, $j\in\{1,\ \cdots,n\}$ 都有 $b_{ii}b_{jj}\geqslant|b_{ij}|^2$. 如果对所有不同的 i, j, 都有 $b_{ii}b_{jj}>|b_{ij}|^2$, 那么对所有不同的 i, j 就有 $\mathrm{e}^{a_{ii}+a_{jj}}>\mathrm{e}^{2\mathrm{Re}a_{ij}}\Rightarrow a_{ii}+a_{jj}-2\mathrm{Re}a_{ij}>0$(对所有不同的 i, j)$\Rightarrow C_t\to I_n$ (当 $t\to\infty$ 时), 所以对所有充分大的 t, C_t 都是非奇异的. 这个矛盾表明: 必定存在不同的 p, $q\in\{1,\ \cdots,\ n\}$, 使得 $b_{pp}b_{qq}=|b_{pq}|^2$, 即 B 的主子矩阵 $\begin{bmatrix}b_{pp} & b_{pq}\\ b_{qp} & b_{qq}\end{bmatrix}$ 是奇异的. (c)问题(7.5.P19)确保有 $a_{pp}=a_{qq}=a_{pq}$, 而(7.5.P20)则告诉我们 A 的第 p 行与第 q 行是相同的.

7.5. P22 回到(7.5.P15), 并利用(7.5.P18)中的思想来证明 Hilbert 矩阵是正定的. (a)$Z=J_n+X+X^{(2)}+X^{(3)}+\cdots$ 是半正定的. (b)如果 $x\in\mathbf{C}^n$ 不是零向量且 $x^*Zx=0$, 那么就有 $x^*J_nx=0$, 且对所有 $k=1$, 2, $\cdots$ 有 $x^*X^{(k)}x=0$. 从而对所有 $k=1$, 2, $\cdots$ 就有 $J_nx=0$ 以及 $X^{(k)}x=0$.

(c)设对 $j=2$，$\cdots$，n 有 $\alpha_j=(j-1)/j$. 说明为什么对每个 $k=1$，，2，$\cdots$ 都有 $\sum_{i=1}^{n} x_i=0$ 以及 $\sum_{i=1}^{n}$ $\alpha_i^k x_i=0$. (d)为什么由此推出有 $x=0$? (e)证明 H_n 是正定的.

7.5. P23 设 z_1，$\cdots$，z_n 是不同的复数. (a)证明：$n\times n$ 矩阵 $[e^{z_i \bar{z}_j}]$ 以及 $[\cosh(z_i \bar{z}_j)]$ 是正定的. (b)如果 $f(z)=(1-z^3)^{-1}$，且对每个 $i=1$，$\cdots$，n 都有 $|z_i|<1$，证明 $[f(z_i \bar{z}_j)]$ 是正定的.

7.5. P24 设 A，$B=[b_{ij}]\in M_n$ 是半正定. (a)检查(7.5.3(b))的证明，并说明为什么 $\lambda_{\min}(A\circ B)\geqslant \lambda_{\min}(A)\min\{b_{ii}\}$，此式仅当 A 是正定的且 B 的主对角元素均为正数时才是有用的. (b)证明 $\lambda_{\max}(A\circ B)\leqslant\lambda_{\max}(A)\max\{b_{ii}\}$，此式是有用的，而无需任何进一步的假设条件.

7.5. P25 设 $A\in M_n$ 是半正定的，$z\in \mathbf{C}^n$，$c\in \mathbf{R}$，又设 $e\in \mathbf{R}^n$ 是全 1 向量. 定义 $B=[b_{ij}]=A+ze^*+ez^*+cJ_n$. (a)说明为什么 B，它虽然是 Hermite 矩阵，却不一定是半正定的. (b)证明：Hadamard 指数矩阵 $H=[e^{b_{ij}}]$ 是半正定的，而且除非 A 有两行相同，否则它是正定的. (c)如果 $x\in \mathbf{C}^n$ 满足条件 $x^* e=0$，证明 $x^* Bx\geqslant 0$. 矩阵 B 称为是**有条件半正定的**(conditionally positive semidefinite)；这个条件就是：x 必须属于 $\mathbf{C}^n$ 的与 e 正交的 $(n-1)$ 维子空间.

注记以及进一步的阅读参考 有关矩阵逐个元素乘积的范数以及特征值界限的第一个系统的研究似乎是在 I. Schur, Bemerkungen zur Theorie der beschränkten Bilinearformen mit unedlich vielen Veränderlichen, *J. Reine Angew. Math.* 140(1911)1-28 之中，(7.5.3)以及(7.5.P24)中的结果是这篇文章中的定理 VII. 定理 7.5.4 是由 Th. Moutard 于 1894 年发表的，L. Fejér 于 1918 年认识到它蕴含了 Schur 乘积定理. J. Hadamard 于 1899 年研究了解析函数的 Maclaurin 级数的逐项乘积. 有关 Hadamard 乘积的一个简短的历史综述，见 Horn 与 Johnson(1991)一书的 5.0 节. 问题(7.5. P25)描述了比半正定的矩阵类更大的一类 Hermite 矩阵，它们的 Hadamard 指数矩阵是半正定的. 有关此点的讨论以及对 Hadamard 乘积的详尽的处理，见 Horn 与 Johnson(1991)一书 6.3 节.

484

7.6 同时对角化，乘积以及凸性

在这一节里，我们讨论将一对 Hermite 矩阵对角化且保持其 Hermite 性的两种不同的方法. 第一种将放在下面的定理中来讲述，它对于处理乘积是有用的，而第二种则对处理线性组合有用.

定理 7.6.1 设 A，$B\in M_n$ 是 Hermite 矩阵.

(a)如果 A 是正定的，那么就存在非奇异的 $S\in M_n$，使得 $A=SIS^*$ 以及 $B=S^{-*}\Lambda S^{-1}$，其中 Λ 是实对角矩阵. B 与 Λ 的惯性指数相同，所以，如果 B 是半正定的，那么 Λ 是非负对角矩阵；而如果 B 是正定的，那么 Λ 是正的对角矩阵.

(b)如果 A 与 B 是半正定的，且 $\mathrm{rank}A=r$，那么就存在一个非奇异的 $S\in M_n$，使得 $A=S(I_r\oplus 0_{n-r})S^*$ 以及 $B=S^{-*}\Lambda S^{-1}$，其中 Λ 是非负的对角矩阵.

证明 (a)定理 4.5.7 确保存在一个非奇异的 $T\in M_n$，使得 $T^{-1}AT^{-*}=I$. 矩阵 $T^* BT$ 是 Hermite 的，所以存在一个酉矩阵 $U\in M_n$，使得 $U^*(T^* BT)U=\Lambda$ 是对角的. 设 $S=TU$. 那么就有 $S^{-1}AS^{-*}=U^* T^{-1}AT^{-*}U=U^* IU=I$ 以及 $S^* BS=U^* T^* BTU=\Lambda$. 定理 4.5.8 告诉我们：$B$ 与 Λ 有同样的惯性指数.

(b)再次利用(4.5.7)，选取一个非奇异的 $T\in M_n$，使得 $T^{-1}AT^{-*}=I_r\oplus 0_{n-r}$，并与之共形地加以分划 $T^* BT=\begin{bmatrix} B_{11} & B_{12} \\ B_{12}^* & B_{22} \end{bmatrix}$. 由于 $T^* BT$ 是半正定的，(7.1.10)就确保存在一

个 $X \in M_{n-r}$，使得 $B_{12} = B_{11}X$. 设 $R = \begin{bmatrix} I_r & -X \\ 0 & I_{n-r} \end{bmatrix}$，并计算出 $R^* (T^* BT)R = B_{11} \oplus (B_{22} - X^* B_{11}X)$，见 (7.1. P28). 存在酉矩阵 $U_1 \in M_r$ 以及 $U_2 \in M_{n-r}$，使得 $U_1^* B_{11} U_1 = \Lambda_1$ 以及 $U_2^* (B_{22} - X^* B_{11}X)U_2 = \Lambda_2$ 是实的对角矩阵. 设 $U = U_1 \oplus U_2$，$\Lambda = \Lambda_1 \oplus \Lambda_2$，以及 $S = TRU$. 计算表明有 $S^{-1}AS^{-*} = I_r \oplus 0_{n-r}$ 以及 $S^* BS = \Lambda$. □

习题 在上一定理 (a) 这一部分的证明中，说明为什么可以将 T 选取为矩阵 $A^{1/2}$，所以 $S = A^{1/2}U$，其中 U 是任何一个满足如下条件的酉矩阵：$A^{1/2} BA^{1/2} = U\Lambda U^*$ 是一个谱分解. 如果 A 与 B 是实的，利用这个结论证明 S 可以选取为实的. ◀

上一定理对关于矩阵乘积的某些问题有一个直接的应用.

推论 7.6.2 设 A，$B \in M_n$ 是 Hermite 矩阵.

(a) 如果 A 是正定的，那么 AB 可以对角化，且有实的特征值. 此外，如果 B 是正定的或者是半正定的，那么 Λ 分别有正的或者非负的特征值.

(b) 如果 A 与 B 是半正定的，那么 AB 可以对角化，且有非负的特征值.

证明 (a) 利用上一定理 (a) 这一部分给出表示 $A = SS^*$ 以及 $B = S^{-*} \Lambda S^{-1}$. 那么 $AB = SS^* S^{-*} \Lambda S^{-1} = S\Lambda S^{-1}$.

(b) 利用上一定理的 (b) 这一部分给出表示 $A = S(I_r \oplus 0_{n-r})S^*$ 以及 $B = S^{-*} \Lambda S^{-1}$. 那么就有 $AB = S(I_r \oplus 0_{n-r})S^* S^{-*} \Lambda S^{-1} = S(\Lambda_1 \oplus 0_{n-r})$，其中 $\Lambda = \Lambda_1 \oplus \Lambda_2$ 是与 $I_r \oplus 0_{n-r}$ 共形地加以分划的. □

有一种情形不包含在这个推论中，它需要用不同的方法处理. 例子 $A = \begin{bmatrix} 1 & 0 \\ 0 & 0 \end{bmatrix}$ 与 $B = \begin{bmatrix} 0 & 1 \\ 1 & 0 \end{bmatrix}$ 表明：一个半正定矩阵与一个 Hermite 矩阵的乘积不一定可对角化. 下一个定理表明这个例子是典型的：AB 永远是拟可对角化的，而且在它的 Jordan 标准型中的任何 2×2 分块都是幂零的.

定理 7.6.3 设 A，$B \in M_n$ 是 Hermite 矩阵，又假设 A 是半正定的奇异矩阵. 那么 AB 与 $\Lambda \oplus N$ 相似，其中 Λ 是实对角矩阵，而 $N = J_2(0) \oplus \cdots \oplus J_2(0)$ 则是 2×2 的幂零分块的直和. 无论 Λ 或者 N 中的哪个直和项都有可能不出现.

证明 选取一个非奇异的 S，使得 $S^{-1}AS^{-*} = I_r \oplus 0_{n-r}$，并与 $I_r \oplus 0_{n-r}$ 共形地分划 $S^* BS = [B_{ij}]$. 那么 $S^{-1}ABS = (S^{-1}AS^{-*})(S^* BS) = \begin{bmatrix} B_{11} & B_{12} \\ 0 & 0 \end{bmatrix}$，而 $B_{11} \in M_r$ 是 Hermite 矩阵. 如果 B_{11} 是非奇异的，那么 (2.4.6.1) 确保 $\begin{bmatrix} B_{11} & B_{12} \\ 0 & 0 \end{bmatrix}$ 与 $B_{11} \oplus 0_{n-r}$ 相似，后者是可以对角化的. 如果 $\mathrm{rank}B_{11} = p < r$，那么 B_{11} 相似于 $D \oplus 0_{r-p}$，其中 $D \in M_p(\mathbf{R})$ 是非奇异的实对角矩阵. 分划 $B_{12} = \begin{bmatrix} C_1 \\ C_2 \end{bmatrix}$，其中 $C_1 \in M_{p,n-r}$，再次利用 (2.4.6.1) 得到：

$$\begin{bmatrix} D & 0 & C_1 \\ 0 & 0 & C_2 \\ 0 & 0 & 0 \end{bmatrix} \quad \text{相似于} \quad \begin{bmatrix} D & 0 & 0 \\ 0 & 0 & C_2 \\ 0 & 0 & 0 \end{bmatrix} = D \oplus \begin{bmatrix} 0 & C_2 \\ 0 & 0 \end{bmatrix}$$

最后，注意到 $\begin{bmatrix} 0 & C_2 \\ 0 & 0 \end{bmatrix}$ 是幂零的，且其平方为零，所以它的 Jordan 标准型是一个零矩阵与 $\mathrm{rank}\, C_2$ 个 $J_2(0)$ 的直和. $\square$

我们现在转向第二个使一对 Hermite 矩阵对角化并保持其 Hermite 性的方法. 下面结论的证明与(7.6.1)的证明相平行.

定理 7.6.4 设 A，$B \in M_n$ 是 Hermite 矩阵.

(a) 如果 A 是正定的，那么就存在一个非奇异的 $S \in M_n$，使得 $A = SIS^*$ 以及 $B = S\Lambda S^*$，其中 Λ 是实对角矩阵. B 与 Λ 的惯性指数相同，所以，如果 B 是半正定的，则 Λ 是非负对角矩阵；如果 B 是正定的，则它是正的对角矩阵. Λ 的主对角元素是可对角化矩阵 $A^{-1}B$ 的特征值.

(b) 如果 A 与 B 是半正定的，且 $\mathrm{rank}\, A = r$，那么就存在一个非奇异的 $S \in M_n$，使得 $A = S(I_r \oplus 0_{n-r})S^*$ 以及 $B = S\Lambda S^*$，其中 Λ 是非负的对角矩阵. $\mathrm{rank}\, B = \mathrm{rank}\, \Lambda$.

证明 (a) 选取一个非奇异的 $T \in M_n$，使得 $T^{-1}AT^{-*} = I$. 选取一个酉矩阵 $U \in M_n$，使得 $U^*(T^{-1}BT^{-*})U = \Lambda$ 是对角的. 设 $S = TU$. 那么就有 $S^{-1}AS^{-*} = U^* T^{-1}AT^{-*}U = U^* IU = I$ 以及 $S^{-1}BS^{-*} = U^* T^{-1}BT^{-*}U = \Lambda$. 最后的结论由计算得出：$A^{-1}B = (S^{-*}S^{-1})(S\Lambda S^*) = S^{-*}\Lambda S^*$.

(b) 选取一个非奇异的 $T \in M_n$，使得 $T^{-1}AT^{-*} = I_r \oplus 0_{n-r}$，并与之共形地加以分划 $T^{-1}BT^{-*} = \begin{bmatrix} B_{11} & B_{12} \\ B_{12}^* & B_{22} \end{bmatrix}$. 设 $X \in M_{n-r}$ 使得 $B_{12} = B_{11}X$. 设 $R = \begin{bmatrix} I_r & -X \\ 0 & I_{n-r} \end{bmatrix}$，并计算 $R^*(T^{-1}BT^{-*})R = B_{11} \oplus (B_{22} - X^* B_{11} X)$. 存在酉矩阵 $U_1 \in M_r$ 以及 $U_2 \in M_{n-r}$，使得 $U_1^* B_{11}U_1 = \Lambda_1$ 以及 $U_2^*(B_{22} - X^* B_{11} X)U_2 = \Lambda_2$ 是实的对角矩阵. 设 $U = U_1 \oplus U_2$，$\Lambda = \Lambda_1 \oplus \Lambda_2$，以及 $S = TRU$. 那么就有 $S^{-1}AS^{-*} = I_r \oplus 0_{n-r}$ 以及 $S^{-1}BS^{-*} = \Lambda$. $\square$

习题 在上一定理(a)这一部分的证明中，说明为什么可以将 T 选取为矩阵 $A^{1/2}$，所以 $S = A^{1/2}$，其中 U 是任何一个满足如下条件的酉矩阵：$A^{-1/2}BA^{-1/2} = U\Lambda U^*$ 是一个谱分解. 如果 A 与 B 是实的，你有何结论？利用(7.2.9)描述 T 的一种可能的选择，它是下三角的. U 的对应的选取是什么？S 呢？◀

上面诸结论的一个变形可以用类似的方法证明.

定理 7.6.5 设 A，$B \in M_n$. 如果 A 是正定的，而 B 是复对称的，那么就存在一个非奇异的 $S \in M_n$，使得 $A = SIS^*$ 以及 $B = S\Lambda S^T$，其中 Λ 是非负的对角矩阵. Λ^2 的主对角元素是可对角化矩阵 $A^{-1}B\overline{A}^{-1}\overline{B}$ 的特征值.

证明 选取一个非奇异的矩阵 $R \in M_n$，使得 $R^{-1}AR^{-*} = I$. 利用(4.4.4(c))选取一个酉矩阵 $U \in M_n$，使得 $U^* R^{-1}BR^{-T}\overline{U} = \Lambda$ 是非负的对角矩阵. 设 $S = RU$. 那么就有 $S^{-1}AS^{-*} = U^* R^{-1}AR^{-*}U = U^* IU$ 以及 $S^{-1}BS^{-T} = U^* R^{-1}BR^{-T}\overline{U} = \Lambda$. 计算验证了第二个结论：$A^{-1}B\overline{A}^{-1}\overline{B} = (S^{-*}S^{-1})(S\Lambda S^T)(S^{-T}\overline{S}^{-1})(\overline{S}\Lambda S^*) = S^{-*}\Lambda^2 S^*$. $\square$

这个结果在复函数论中有应用：(4.4)中讨论过的有关单叶解析函数的 Grunsky 不等式是正定的 Hermite 矩阵与复对称矩阵所生成的二次型之间的不等式.

下面的结果是(7.6.4a)的一个应用.

定理 7.6.6   函数 $f(A) = \log \det A$ 是在 M_n 中的正定的 Hermite 矩阵组成的凸集上的一个严格凹函数.

证明   设 $A, B \in M_n$ 是正定的. 我们必须要证明: 对所有 $\alpha \in (0, 1)$ 都有

$$\log \det(\alpha A + (1-\alpha)B) \geqslant \alpha \log \det A + (1-\alpha)\log \det B \tag{7.6.7}$$

其中等式当且仅当 $A = B$ 时成立. 利用 (7.6.4a) 记 $A = SIS^*$ 以及 $B = S\Lambda S^*$ (对某个非奇异的 $S \in M_n$ 以及 $\Lambda = \mathrm{diag}(\lambda_1, \cdots, \lambda_n)$, 其中每一个 $\lambda_i > 0$). 这样就有

$$f(\alpha A + (1-\alpha)B) = f(S(\alpha I + (1-\alpha)\Lambda)S^*) = f(SS^*) + f(\alpha I + (1-\alpha)\Lambda)$$
$$= f(A) + f(\alpha I + (1-\alpha)\Lambda)$$

以及

$$\alpha f(A) + (1-\alpha)f(B) = \alpha f(A) + (1-\alpha)f(S\Lambda S^*) = \alpha f(A) + (1-\alpha)(f(SS^*) + f(\Lambda))$$
$$= \alpha f(A) + (1-\alpha)f(A) + (1-\alpha)f(\Lambda) = f(A) + (1-\alpha)f(\Lambda)$$

只需要证明对所有 $\alpha \in (0, 1)$ 都有 $f(\alpha I + (1-\alpha)\Lambda) \geqslant (1-\alpha)f(\Lambda)$ 就够了. 这由对数函数的严格凹性得出:

$$f(\alpha I + (1-\alpha)\Lambda) = \log \prod_{i=1}^{n}(\alpha + (1-\alpha)\lambda_i) = \sum_{i=1}^{n}\log(\alpha + (1-\alpha)\lambda_i)$$
$$\geqslant \sum_{i=1}^{n}(\alpha \log 1 + (1-\alpha)\log \lambda_i) = (1-\alpha)\sum_{i=1}^{n}\log \lambda_i = (1-\alpha)\log \prod_{i=1}^{n}\lambda_i$$
$$= (1-\alpha)\log \det \Lambda = (1-\alpha)f(\Lambda)$$

这个不等式成为等式, 当且仅当每个 $\lambda_i = 1$, 当且仅当 $\Lambda = I$, 当且仅当 $B = SIS^* = A$.   □

定理 7.6.6 常常以下面的形式使用, 这种形式是通过对 (7.6.7) 指数化得到的.

推论 7.6.8   设 $A, B \in M_n$ 是正定的, 且 $0 < \alpha < 1$. 那么

$$\det(\alpha A + (1-\alpha)B) \geqslant (\det A)^\alpha (\det B)^{1-\alpha} \tag{7.6.9a}$$

其中的等式当且仅当 $A = B$ 时成立.

习题   如果 $A, B \in M_n$ 是正定的, 说明为什么有

$$\det\left(\frac{A+B}{2}\right) \geqslant \sqrt{\det AB} \tag{7.6.9b}$$

其中的等式当且仅当 $A = B$ 时成立. 这个不等式可以视为关于行列式的算术-几何平均不等式.

(7.6.4(a)) 的另一个应用来源于与 (7.6.6) 同样的思想.

定理 7.6.10   函数 $f(A) = \mathrm{tr} A^{-1}$ 是 M_n 中正定的 Hermite 矩阵组成的凸集上的严格凸函数.

证明   设 $A, B \in M_n$ 是正定的. 我们必须要证明: 对所有 $\alpha \in (0, 1)$ 都有

$$\mathrm{tr}(\alpha A + (1-\alpha)B)^{-1} \leqslant \alpha \mathrm{tr} A^{-1} + (1-\alpha)\mathrm{tr} B^{-1}$$

其中等式当且仅当 $A = B$ 时成立. 利用 (7.6.4(a)) 记 $A = SIS^*$ 以及 $B = S\Lambda S^*$ (对某个非奇异的 $S \in M_n$ 以及 $\Lambda = \mathrm{diag}(\lambda_1, \cdots, \lambda_n)$, 其中每一个 $\lambda_i > 0$). 设 $s_1, \cdots, s_n$ 是正定矩阵 $S^{-1}S^{-*}$ 的主对角元素 (必定是正的). 那么

$$\mathrm{tr}(\alpha A + (1-\alpha)B)^{-1} = \mathrm{tr}(\alpha SS^* + (1-\alpha)S\Lambda S^*)^{-1} = \mathrm{tr}(S^{-*}(\alpha I + (1-\alpha)\Lambda)^{-1}S^{-1})$$

$$= \mathrm{tr}((\alpha I + (1-\alpha)\Lambda)^{-1} S^{-1} S^{-*}) = \sum_{i=1}^{n} (\alpha + (1-\alpha)\lambda_i)^{-1} s_i$$

$$\leq \sum_{i=1}^{n} (\alpha s_i + (1-\alpha)\lambda_i^{-1} s_i) = \mathrm{tr}(\alpha S^{-1} S^{-*} + (1-\alpha) S^{-1}\Lambda^{-1} S^{-*})$$

$$= \alpha \mathrm{tr} A^{-1} + (1-\alpha)\mathrm{tr} B^{-1}$$

其中等式当且仅当每个 $\lambda_i = 1$，也当且仅当 $A = B$ 时成立. □

更强的结果见 (7.7. P14).

问题

7.6. P1 设 $A \in M_n$. 证明以下诸命题等价.

(a) A 与一个 Hermite 矩阵相似.

(b) A 可以对角化，且有实的特征值.

(c) $A = HK$，其中 $H, K \in M_n$ 是 Hermite 矩阵，且其中至少有一个因子是正定的.

(d) A 通过一个正定的相似矩阵与 A^* 相似.

与 (4.1.7) 比较.

7.6. P2 设 $A, B \in M_n$ 是 Hermite 矩阵. 如果存在实数 α 与 β，使得 $\alpha A + \beta B$ 是正定的，证明：存在一个非奇异的 $S \in M_n$，使得 $S^{-1} A S^{-*}$ 与 $S^{-1} B S^{-*}$ 都是实对角矩阵.

7.6. P3 证明：(7.6.5) 中的矩阵 $A^{-1} B \overline{A}^{-1} \overline{B}$ 与这样一个矩阵相似：这个矩阵与正定矩阵 $A^{-\top}$ 是 * 相合的.

7.6. P4 利用下面的想法证明 (7.6.1b)：设 $S \in M_n$ 是非奇异的，且使得 $A + B = S(I_m \oplus 0_{n-m}) S^*$. 与 $I_m \oplus 0_{n-m}$ 共形地分划 $S^{-1} A S^{-*} = [A_{ij}]$ 以及 $S^{-1} B S^{-*} = [B_{ij}]$. 那么 (7.1.14) 确保 $A_{22} + B_{22} = 0 \Rightarrow A_{22} = B_{22} = 0$，所以 $A_{12} = B_{12} = 0$. $A_{11} + B_{11} = I_m \Rightarrow A_{11}$ 与 B_{11} 可交换，所以它们可以同时酉对角化.

7.6. P5 考虑两个实二次型 $5x_1^2 - 2x_1 x_2 + x_2^2$ 以及 $x_1^2 + 2x_1 x_2 - x_2^2$. (a) 说明**为什么存在一个**非奇异的变量代换 $x \to S\xi$，它把给定的二次型分别变换成 $\alpha_1 \xi_1^2 + \alpha_2 \xi_2^2$ 以及 $\beta_1 \xi_1^2 - \beta_2 \xi_2^2$，其中的 $\alpha_1, \alpha_2, \beta_1, \beta_2$ 都是正的系数. (b) 说明**如何来确定**一个 S 来实现这个变换.

7.6. P6 设 $A, B \in M_n$ 是半正定的. 证明 $\det(A+B) \geq \det A + \det B$，其中的等式当且仅当要么 $A+B$ 是奇异的，要么 $A = 0$，或者 $B = 0$ 时成立.

7.6. P7 设 $A, B \in M_n$ 是 Hermite 矩阵，并假设 A 是正定的. 利用 (7.6.4) 证明：$A+B$ 是正定的，当且仅当 $A^{-1} B$ 的每一个特征值都大于 -1.

7.6. P8 设 $C \in M_n$ 是 Hermite 矩阵，并记 $C = A + iB$，其中 $A, B \in M_n(\mathbf{R})$. 如果 C 是正定的，我们断言有 $|\det B| < \det A$ 以及 $\det C \leq \det A$. 对下面的论证提供细节：(a) 验证 A 是对称的，而 B 是斜对称的，所以 B 的特征值是纯虚数，且共轭成对出现. (b) 证明：C 是正定的，当且仅当 A 是正定的，且 $iA^{-1} B$ 的每个特征值都大于 -1. (c) 如果 A 是正定的，证明：$iA^{-1} B$ 的特征值要么是零，要么 $\pm$ 成对出现. (d) 如果 C 是正定的，那么 A 是正定的，而 $iA^{-1} B$ 的每个特征值都在区间 $(-1, 1)$ 中，且 $iA^{-1} B$ 的特征值要么是零，要么 $\pm$ 成对出现. (e) 如果 C 是正定的，推出结论 $|\det iA^{-1} B| < 1$，从而 $|\det B| < \det A$. 这就是 H. P. Robertson 的一个不等式. (f) 如果 C 是正定的，那么 $\det C = \det A \det(I + iA^{-1} B)$，为什么有 $0 < \det(I + iA^{-1} B) \leq 1$，其中等式当且仅当 $B = 0$ 时成立？(g) 如果 C 是正定的，推出结论 $\det C \leq \det A$，其中等式当且仅当 $B = 0$ 时成立. 这就是 O. Taussky 的一个不等式. 有关这些不等式的推广，见 (7.8.19) 以及 (7.8.24).

7.6. P9 在 (4.1.7) 中，我们发现 $A \in M_n$ 是两个 Hermite 矩阵的乘积，当且仅当 A 与一个实矩阵相似. 利用 (7.6.1a) 证明：$A \in M_n$ 是两个正定的 Hermite 矩阵的乘积，当且仅当 A 可以对角化，且特

489

征值为正数.

7.6.P10 如果 A, B, $C \in M_n$ 是正定的, 我们知道: AB 是正定的, 当且仅当它是 Hermite 的($AB = BA$). 证明: $S = ABC$ 是正定的, 当且仅当它是 Hermite 矩阵($ABC = CBA$). 证明: $\text{tr}(AB)$ 永远是正数, 并给出一个例子, 以证明 $\text{tr}(ABC)$ 有可能是负数.

7.6.P11 下面对上一问题中的结果给出了另一种证明, 请提供证明细节, 采用同样的记号与假设条件: 设 $S(\alpha) = ((1-\alpha)C + \alpha A)BC$(对所有 $\alpha \in [0, 1]$), 并假设 $S(1)$ 是 Hermite 矩阵. (a)为什么对所有 $\alpha \in [0, 1]$, $S(\alpha)$ 都是 Hermite 矩阵? (b)为什么对所有 $\alpha \in [0, 1]$, $S(\alpha)$ 都是非奇异的? (c)$S(\alpha)$ 的特征值连续地依赖于 α, $S(0)$ 的所有的特征值都是正的, 又对所有 $\alpha \in [0, 1]$, $S(\alpha)$ 的每一个特征值都不为零. 导出结论: $S(1)$ 的每一个特征值都是正的.

490

7.6.P12 设 A, $B \in M_n$ 是 Hermite 矩阵, 并假设 A 是半正定的. 定理 7.6.3 说的是: AB 与一个正的对角矩阵 $D_+ \in M_\pi(\mathbf{R})$, 一个负的对角矩阵 $D_- \in M_\nu(\mathbf{R})$, 一个零矩阵以及 s 个 $J_2(0)$(它是 2×2 的幂零 Jordan 分块)所作成的直和相似. (a)检查(7.6.3)的证明, 并证明 $\pi \leqslant i_+(B)$, $\nu \leqslant i_-(B)$, 以及 $s = \text{rank}(AB) - \text{rank}((AB)^2)$, 见(4.5.6).

7.6.P13 设 A, $B \in M_n(\mathbf{R})$ 是对称的正定矩阵, 又设 $x(t) = [x_1(t) \quad \cdots \quad x_n(t)]^\mathrm{T}$. 利用(7.6.2a)或者(7.6.4a)证明: $Ax''(t) = -Bx(t)$ 的每一个解 $x(t)$ 在 $(-\infty, \infty)$ 上都是有界的.

7.6.P14 设 A, $B \in M_n$ 是 Hermite 矩阵. (a)如果 A 是正定的, 或者如果 A 与 B 都是半正定的, 证明: $\rho(AB) = 0$, 当且仅当 $AB = 0$. (b)如果 A 是半正定的, 且 $\rho(AB) = 0$, 那么 $AB = 0$ 吗?

7.6.P15 设 A, $B \in M_n$ 是半正定的非零矩阵. 证明: $\text{tr}AB = \|A^{1/2}B^{1/2}\|_2^2 \geqslant 0$, 其中的等式当且仅当 $AB = 0$ 时成立.

7.6.P16 设 A, $B \in M_n$ 是 Hermite 矩阵, 并假设 A 是半正定的. 证明: AB 与一个实对角矩阵相似, 当且仅当 $\text{rank}(AB) = \text{rank}(AB)^2$.

7.6.P17 设 $\mathcal{S} \subset M_n$ 是由至少包含一个正定矩阵的半正定矩阵组成的紧凸集. (a)说明为什么 $\mu = \sup\{\det A: A \in \mathcal{S}\}$ 是有限的正数, 又为什么存在一个矩阵 $Q \in \mathcal{S}$, 使得 $\mu = \det Q$. (b)利用(7.6.9b)证明: 如果 A_1, $A_2 \in \mathcal{S}$, 且 $\det A_1 = \det A_2 = \mu$, 那么 $A_1 = A_2$. (c)导出结论: 存在**唯一的矩阵** $Q \in \mathcal{S}$, 使得 $\det Q = \max\{\det A: A \in \mathcal{S}\}$.

下面十个问题探讨与一个正定矩阵 $A \in M_n(\mathbf{F})$($\mathbf{F} = \mathbf{R}$ 或者 $\mathbf{C}$)相关联的**椭球**(ellipsoid)$\varepsilon(A) = \{x \in \mathbf{F}^n : x^* Ax \leqslant 1\}$ 的性质.

7.6.P18 设 $A \in M_n(\mathbf{F})$ 是正定的. 证明: $\varepsilon(A)$ 是范数 $\nu_A(x) = \|A^{1/2}x\|_2$ 的单位球, 所以它是凸集.

7.6.P19 (续; 同样的记号)设 $A \in M_n(\mathbf{R})$ 是正定的. 证明: $\varepsilon(A)$ 的体积是 $\text{vol}(\varepsilon(A)) = c_n / \sqrt{\det A}$, 其中 $c_n = \pi^{n/2} \Gamma(1 + n/2)$ 是 $\mathbf{R}^n$ 中 Euclid 单位球的体积; c_n 满足递推公式 $c_1 = 2$, $c_2 = \pi$, $c_n = \dfrac{2\pi}{n}c_{n-2}$ (对 $n = 3, 4, \cdots$). 注意: 较大的行列式对应较小的体积.

7.6.P20 (续; 同样的记号)设 $\|\cdot\|$ 是 $\mathbf{F}^n$ 上一个范数, 并定义 $E(\|\cdot\|) = \{B \in M_n(\mathbf{F}): B$ 是半正定的, 且对所有 $x \in \mathbf{F}^n$ 都有 $x^* Bx \leqslant \|x\|^2\}$. 设 $A \in M_n(\mathbf{F})$ 是正定的, 并考虑(7.6.P18)中定义的范数 $\nu_A(x) = \|A^{1/2}x\|_2$, 它的单位球是 $\varepsilon(A)$. 证明: (a)对每个正定矩阵 $B \in E(\|\cdot\|)$, $\|\cdot\|$ 的单位球都包含在 $\varepsilon(B)$ 中; (b)存在一个 $\varepsilon > 0$, 使得对所有 $x \in \mathbf{F}^n$ 都有 $\varepsilon \nu_A(x) = \nu_{\varepsilon^2 A}(x) \leqslant \|x\|$, 所以 $\varepsilon^2 A \in E(\|\cdot\|)$; (c)$\varepsilon(\varepsilon^2 A)$ 包含 $\|\cdot\|$ 的单位球; (d)集合 $E(\|\cdot\|)$ 是凸的紧集(有界闭集; 对 $M_n(\mathbf{F})$ 上的任何范数), 且包含一个正定矩阵; (e)存在唯一的正定矩阵 $Q \in E(\|\cdot\|)$, 它具有最大行列式; (f)如果 $\mathbf{F} = \mathbf{R}$, $Q \in E(\|\cdot\|)$ 就是满足如下条件的唯一的正定矩阵: $\text{vol}(\varepsilon(Q)) = \min\{\text{vol}(\varepsilon(B)): B$ 是正定矩阵, 且 $\varepsilon(B)$ 包含 $\|\cdot\|$ 的单位球$\}$.

椭球 $\varepsilon(Q)$ 称为**与范数 $\|\cdot\|$ 相伴的 Loewner 椭球**(Loewner ellipsoid associated with the norm $\|\cdot\|$). 正定矩阵 $L = Q^{1/2}$ 称为**与范数 $\|\cdot\|$ 相伴的 Loewner-John 矩阵**. $\|\cdot\|$ 的单位球包含在

（且必定接触到）$\nu_Q(\cdot)=\|L\cdot\|_2$ 的单位球中，所以对所有 $x\in\mathbf{F}^n$ 都有 $\|Lx\|_2\leqslant\|x\|$，其中的等式对某个非零的 $x_0\in\mathbf{F}^n$ 成立．此外，对所有模为 1 的 $c\in\mathbf{F}$ 都有 $\|L(cx_0)\|_2=\|cx_0\|$．

7.6. P21 （续；同样的记号）设 $\mathcal{F}\|\cdot\|=\{A\in M_n(\mathbf{F})\colon A$ 是关于 $\|\cdot\|$ 的一个等距$\}$ 是 $\|\cdot\|$ 的一个等距群，见 (5.4. P11)．设 $A\in\mathcal{F}\|\cdot\|$（所以 $|\det A|=1$），设 L 是 $\|\cdot\|$ 与相伴的 Loewner-John 矩阵，又设 $Q=L^2$．证明：(a)$x^*A^*QAx=(Ax)^*Q(Ax)\leqslant\|Ax\|^2=\|x\|^2$，所以 $A^*QA\in E(\|\cdot\|)$；(b)$\det(A^*QA)=|\det A|^2\det Q=\det Q$，所以

$$A^*QA=Q \tag{7.6.11}$$

(c)由 (7.6.11) 推出

$$LAL^{-1}\text{ 是酉矩阵，如果 }\mathbf{F}=\mathbf{C}\text{；它是实正交的，如果 }\mathbf{F}=\mathbf{R} \tag{7.6.12}$$

(d)$\mathcal{F}$ 是一个有界的积性矩阵群，$\mathcal{F}$ 的每一个成员都可以通过同一个正定矩阵 L 相似于 $M_n(\mathbf{F})$ 中的一个酉矩阵，$\mathcal{F}$ 的每一个成员都可以对角化，$L\mathcal{F}L^{-1}$ 是 $M_n(\mathbf{F})$ 中的酉群组成的一个子群．

7.6. P22 （续；同样的记号）设 $\mathcal{G}\subset M_n(\mathbf{F})$ 是有界的积性矩阵群．我们断言：$\mathbf{F}^n$ 上存在一个范数 $\|\cdot\|_{\mathcal{G}}$，使得 $\mathcal{G}$ 的每一个成员都是 $\|\cdot\|_{\mathcal{G}}$ 的一个等距．对下面的论证提供证明细节：(a)设 $\|\cdot\|$ 是 $\mathbf{F}^n$ 上的任意一个范数．那么 $\|x\|_{\mathcal{G}}=\sup\{\|Bx\|\colon B\in\mathcal{G}\}$ 就定义了 $\mathbf{F}^n$ 上一个范数．(b)如果 $A\in\mathcal{G}$，那么 $\|Ax\|_{\mathcal{G}}=\sup\{\|BAx\|\colon B\in\mathcal{G}\}=\sup\{\|Cx\|\colon C\in\mathcal{G}\}=\|x\|_{\mathcal{G}}$．

7.6. P23 （续；同样的记号）设 $\mathcal{G}\subset M_n(\mathbf{F})$ 是有界的积性矩阵群．由上面两个问题导出结论：与范数 $\|\cdot\|_{\mathcal{G}}$ 相伴的 Loewner-John 矩阵 L 是一个正定矩阵，它使得 LAL^{-1} 对每个 $A\in\mathcal{G}$ 都是酉矩阵．这个结果是 Auerbach 定理的一个很强的形式：有界的积性复（实）矩阵群与一个酉（实对称）矩阵群相似．

7.6. P24 （续；同样的记号）设 $\|\cdot\|$ 是 $\mathbf{F}^n$ 上的绝对范数．证明：它的 Loewner-John 矩阵是正的对角矩阵．

7.6. P25 （续；同样的记号）设 $\|\cdot\|$ 是 $\mathbf{F}^n$ 上一个置换不变的（即 $\|\cdot\|$ 是对称的规范函数）绝对范数，并设 L 是它的 Loewner-John 矩阵．证明：$L=\alpha I$，其中 $\alpha=\min\{\|x\|\colon\|x\|_2=1\}$．

7.6. P26 （续；同样的记号）证明：与 $\mathbf{F}^n$ 上的 l_p 范数相伴的 Loewner-John 矩阵 L 就是 αI，其中当 $1\leqslant p\leqslant 2$ 时有 $\alpha=1$，而当 $p\geqslant 2$ 时 $\alpha=n^{(p-2)/2p}$．

7.6. P27 设 $\|\cdot\|$ 是 $\mathbf{R}^n$ 上的范数．(a)证明：$\mathrm{vol}\varepsilon(Q)\geqslant c_n/\prod\limits_{i=1}^n\|e_i\|$，其中向量 e_i 是 $\mathbf{R}^n$ 中的标准基向量，而 c_n 则是 $\mathbf{R}^n$ 中的 Euclid 单位球的体积．(b)导出结论：如果 $\prod\limits_{i=1}^n\|e_i\|\leqslant 1$，则有 $\mathrm{vol}\varepsilon(Q)\geqslant c_n$（如果 $\|\cdot\|$ 是一个标准化的范数，就是这种情形）．(c)确认：如果 $n=2$ 且 $\|\cdot\|=\|\cdot\|_p$（这是 $\mathbf{R}^2$ 上一个 l_p 范数，$1\leqslant p\leqslant\infty$），则有 $\mathrm{vol}\varepsilon(Q)\geqslant\pi$．如果 $1\leqslant p\leqslant 2$，$\varepsilon(Q)$ 会是什么？如果 $p=\infty$ 呢？

7.6. P28 由 (4.5.17a) 中更一般的结果推导出 (7.6.4a)．

7.6. P29 由 (4.5.17c) 中更一般的结果推导出 (7.6.5)．

注记以及进一步的阅读参考　有关各种正性类矩阵乘积的种种结果，见 C. S. Ballantine 与 C. R. Johnson，Accretive matrix products，*Linear Multilinear Algebra* 3(1975)169-185．有关 (7.6.P12c) 中结论的一个证明，见 R. A. Horn 与 Y. P. Hong，The Jordan canonical form of a product of a Hermitian and a positive semidefinite matrix，*Linear Algebra Appl.* 147(1991)373-386．问题 (7.6.P18~P25) 取自 E. Deutsch 与 H. Schneider，Bounded groups and norm-Hermitian matrices，*Linear Algebra Appl.* 9(1974)9-27，它还包含了 Loewner-John 矩阵的其他有趣的应用．

7.7 Loewner 偏序以及分块矩阵

Hermite 矩阵与实数之间自然的类似（其中半正定矩阵作为非负实数的类似对象）提示

我们存在于 Hermite 矩阵之间的一种序关系.

定义 7.7.1 设 A, $B \in M_n$. 如果 A 与 B 是 Hermite 矩阵, 且 $A-B$ 是半正定的, 我们就记为 $A \geq B$; 如果 A 与 B 是 Hermite 矩阵, 且 $A-B$ 是正定的, 我们就记为 $A > B$.

注意到如果 A 是 Hermite 矩阵, 且是半正定的, 就有 $A \geq 0$; 如果 A 是 Hermite 矩阵, 且是正定的, 就有 $A > 0$.

习题 证明: $A \geq B$ 以及 $B \geq A$ 成立的充分必要条件是 $A = B$. ◄

习题 证明: 关系 $\geq$ 是传递的与自反的, 但是如果 $n > 1$, 那么它不是全序: 如果 $n > 1$, 总是存在 Hermite 矩阵 A, $B \in M_n$, 使得既不成立 $A \geq B$, 也不成立 $B \geq A$. ◄

上一个习题表明: (7.7.1) 中定义的序关系是一个**偏序** (partial order). 它常被称为 Loewner **偏序**.

习题 如果 $A \geq B$ 且 $C \geq 0$, 说明为什么 $A \circ C \geq B \circ C$. 提示: $A - B \geq 0$ 以及 (7.5.3a). ◄

习题 如果 $A \in M_n$ 是 Hermite 矩阵, 其最小以及最大特征值分别为 $\lambda_{\min}(A)$ 以及 $\lambda_{\max}(A)$, 说明为什么 $\lambda_{\max}(A)I \geq A \geq \lambda_{\min}(A)I$. 提示: (4.2.2c). ◄

习题 设 $A \in M_n$ 是 Hermite 矩阵. 说明理由: $I \geq A$ 当且仅当 $\lambda_{\max}(A) \leq 1$; $I > A$ 当且仅当 $\lambda_{\max}(A) < 1$. ◄

实线性空间上一个偏序可以通过辨识一个特殊的闭凸锥来定义, 并把这个线性空间的一个元素说成是 "大于" 另一个元素, 如果它们的差位于这个特殊的锥中. 对于 Loewner 偏序, 实线性空间中的元素是 $n \times n$ 的 Hermite 矩阵, 而那个闭凸锥的元素则是半正定的矩阵. 对这个偏序以及阶为 1 的矩阵, 这个实线性空间就是 $\mathbf{R}$, 而那个闭凸锥就是 $[0, \infty)$: 这就给出了实数上通常的序关系.

不同的偏序提供了下一章的格局: 实线性空间是 $M_n(\mathbf{R})$, 而闭凸锥则由元素为非负数的实矩阵组成.

习题 用例子说明: 如果 $A \geq B$ 且 $A \neq B$, 并不能推出有 $A > B$. ◄

设 $X \in M_{n,m}$. 那么 $\sigma_1(X) = \lambda_{\max}(XX^*)^{1/2} = \lambda_{\max}(X^*X)^{1/2} = \sigma_1(X^*)$ 是 X 的最大的奇异值 (谱范数). 我们称 X 是一个**收缩** (contraction), 如果 $\sigma_1(X) \leq 1$; 称它是一个**严格收缩** (strict contraction), 如果 $\sigma_1(X) < 1$.

Loewner 偏序的下述性质推广了实数的熟知的事实.

定理 7.7.2 设 A, $B \in M_n$ 是 Hermite 矩阵, 且 $S \in M_{n,m}$. 那么

(a) 如果 $A \geq B$, 那么 $S^*AS \geq S^*BS$.

(b) 如果 $\operatorname{rank} S = m$, 那么 $A > B$ 蕴含 $S^*AS > S^*BS$.

(c) 如果 $m = n$ 且 $S \in M_n$ 是非奇异的, 那么 $A > B$ 当且仅当 $S^*AS > S^*BS$. 而 $A \geq B$ 当且仅当 $S^*AS \geq S^*BS$.

(d) $I_m > S^*S$ ($I_n > SS^*$) 当且仅当 S 是一个严格收缩; $I_m \geq S^*S$ ($I_n \geq SS^*$) 当且仅当 S 是一个收缩.

证明 (a) 如果 $(A-B) \geq 0$, 那么 (7.1.8a) 确保 $S^*(A-B)S = S^*AS - S^*BS \geq 0$.

(b) 这个结论可以用同样的方法从 (7.1.8b) 得出.

(c) 如果 $S^*AS > S^*BS$, 那么 $S^{-*}(S^*AS)S^{-1} = A > B = S^{-*}(S^*BS)S^{-1}$, 剩下的结

论可以类似处理.

(d) $I_m \geqslant S^* S$ 当且仅当 $1 \geqslant \lambda_{\max}(S^* S) = \sigma_1(S)^2$，剩下的结论可以类似处理. $\square$

定理 7.7.3 设 $A, B \in M_n$ 是 Hermite 矩阵，并假设 A 是正定的.

(a) 如果 B 是半正定的，那么 $A \geqslant B(A > B)$，当且仅当 $\rho(A^{-1}B) \leqslant 1(\rho(A^{-1}B) < 1)$，当且仅当存在一个半正定的收缩(严格收缩)$X$，使得 $B = A^{1/2} X A^{1/2}$.

(b) $A^2 \geqslant B^2(A^2 > B^2)$，当且仅当 $\sigma_1(A^{-1}B) \leqslant 1(\sigma_1(A^{-1}B) < 1)$，当且仅当存在一个收缩(严格收缩)$X$，使得 $B = AX = X^* A$.

证明 (a) 由上一个定理的(a)与(d)得出：$A \geqslant B$ 当且仅当 $I = A^{-1/2} A A^{-1/2} \geqslant A^{-1/2} B A^{-1/2}$，当且仅当 $1 \geqslant \sigma_1(A^{-1/2} B A^{-1/2})$. 但 $A^{-1/2} B A^{-1/2}$ 是半正定的，所以

$$\sigma_1(A^{-1/2} B A^{-1/2}) = \lambda_{\max}(A^{-1/2} B A^{-1/2}) = \lambda_{\max}(A^{-1/2} A^{-1/2} B) = \lambda_{\max}(A^{-1}B)$$

最后，(7.6.2(a))确保 $A^{-1}B$ 的特征值是非负的实数，所以 $\lambda_{\max}(A^{-1}B) = \rho(A^{-1}B)$. 反之，如果 $B = A^{1/2} X A^{1/2}$ 以及 X 是半正定的收缩，那么 $A^{-1}B = A^{-1} A^{1/2} X A^{1/2} = A^{-1/2} X A^{1/2}$ 就相似于一个半正定的收缩，所以 $\rho(A^{-1}B) = \rho(X) = \sigma_1(X) \leqslant 1$. 如果 $A > B$，则方法相同，但是在这种情形有 $I = A^{-1/2} A A^{-1/2} > A^{-1/2} B A^{-1/2}$，所以 $1 > \sigma_1(A^{-1/2} B A^{-1/2})$.

(b) 由于 B^2 是半正定的，故而 $A^2 \geqslant B^2$ 当且仅当 $I \geqslant A^{-1} B^2 A^{-1}$，当且仅当 $1 \geqslant \sigma_1(A^{-1} B^2 A^{-1}) = \lambda_{\max}((A^{-1}B)(A^{-1}B)^*) = \sigma_1(A^{-1}B)^2$. 设 $X = A^{-1}B$. 那么 X 就是一个收缩，且 $B = AX$ 是 Hermite 矩阵，所以 $AX = X^* A$. 反之，如果 X 是一个收缩，且 $B = AX = X^* A$，那么 $B^2 = AXX^* A$，所以 $A^2 - B^2 = A(I - XX^*)A$ 是半正定的. $\square$

习题 假设 A 是正定的，而 B 是半正定的. 如果 $\sigma_1(A^{-1}B) \leqslant 1$，说明为什么同时有 $A \geqslant B$ 以及 $A^2 \geqslant B^2$ 成立. 提示：对所有 $X \in M_n$ 都有 $\sigma_1(X) \geqslant \rho(X)$，见(5.6.9). ◀

494

推论 7.7.4 设 $A, B \in M_n$ 是 Hermite 矩阵. 设 $\lambda_1(A) \leqslant \cdots \leqslant \lambda_n(A)$ 以及 $\lambda_1(B) \leqslant \cdots \leqslant \lambda_n(B)$ 分别是 A 与 B 的有序排列的特征值.

(a) 如果 $A > 0$ 且 $B > 0$，那么 $A \geqslant B$ 当且仅当 $B^{-1} \geqslant A^{-1}$.

(b) 如果 $A > 0$，$B \geqslant 0$，且 $A \geqslant B$，那么 $A^{1/2} \geqslant B^{1/2}$.

(c) 如果 $A \geqslant B$，那么对每个 $i = 1, \cdots, n$ 都有 $\lambda_i(A) \geqslant \lambda_i(B)$.

(d) 如果 $A \geqslant B$，那么 $\mathrm{tr}A \geqslant \mathrm{tr}B$，其中的等号当且仅当 $A = B$ 时成立.

(e) 如果 $A \geqslant B \geqslant 0$，那么 $\det A \geqslant \det B \geqslant 0$.

证明 (a) 上一个定理确保有如下结论成立：$A \geqslant B$ 当且仅当 $\rho(A^{-1}B) = \rho(BA^{-1}) \leqslant 1$，当且仅当 $B^{-1} \geqslant A^{-1}$.

(b) 设 $X = A^{-1/2} B^{1/2}$. 如果 $A \geqslant B$，那么 $1 \geqslant \rho(A^{-1}B) = \rho(A^{-1/2} B^{1/2} B^{1/2} A^{-1/2}) = \rho((A^{-1/2} B^{1/2})(A^{-1/2} B^{1/2})^*) = \sigma_1(A^{-1/2} B^{1/2})^2 \geqslant \rho(A^{-1/2} B^{1/2})^2$. (7.7.3(a))中的判别法确保有 $A^{1/2} \geqslant B^{1/2}$.

(c) $A = B + (A - B)$ 且 $A - B \geqslant 0$，结论中的特征值不等式就由(4.3.12)得出.

(d) 结论中的不等式由(c)得出. 由于 $A - B \geqslant 0$. (7.1.5)确保 $\mathrm{tr}(A - B) = 0$ 当且仅当 $A - B = 0$ 时成立.

(e) 利用(c)计算 $\det A = \prod_{i=1}^{n} \lambda_i(A) \geqslant \prod_{i=1}^{n} \lambda_i(B) = \det B \geqslant 0$. $\square$

习题 设 $A=\begin{bmatrix} 3 & 1 \\ 1 & 2 \end{bmatrix}$ 以及 $B=\begin{bmatrix} 2 & 0 \\ 0 & 1 \end{bmatrix}$. 证明 $A\succ B\succ 0$, 但是 A^2-B^2 不是半正定的. 于是, (7.7.4b)中的蕴含关系不可能反过来.

习题 如果在上一个推论的每一个结论中都有 $A\succ B$, 相应的结论可以怎样得到加强?

如果一个分划的 Hermite 矩阵 $H=\begin{bmatrix} A & B \\ B^* & C \end{bmatrix}$ 有一个非奇异的前主子矩阵 A, 有关 Schur 补的基本恒等式(0.8.5.3)是非奇异的 $*$ 相合

$$\begin{bmatrix} I & 0 \\ Y^* & I \end{bmatrix} = \begin{bmatrix} A & B \\ B^* & C \end{bmatrix} \begin{bmatrix} I & Y \\ 0 & I \end{bmatrix} = \begin{bmatrix} A & 0 \\ 0 & C-B^*A^{-1}B \end{bmatrix} \tag{7.7.5}$$

其中 $Y=-A^{-1}B$. 这个恒等式以及(7.7.2c)表明: H 是正定的, 当且仅当 A 与它的 Schur 补 $C-B^*A^{-1}B$ 都是正定的; 它是半正定的, 当且仅当 $A\succ 0$ 以及 $C-B^*A^{-1}\times B\geq 0$. 这个结论有一大堆令人赏心悦目的推论. 我们准备通过建立下面的引理给出其中的一些结果.

引理 7.7.6 设 $X\in M_{p,q}$, 又设 $K=\begin{bmatrix} I_p & X \\ X^* & I_q \end{bmatrix}\in M_{p+q}$.

(a) K 是正定的, 当且仅当 X 是一个严格收缩.

(b) K 是半正定的, 当且仅当 X 是一个收缩.

证明 恒等式(7.7.5)以及(7.7.2d)确保: $\begin{bmatrix} I_p & X \\ X^* & I_q \end{bmatrix}\succ 0$, 当且仅当 $I_q-X^*X\succ 0$, 当且仅当 $\sigma_1(X)<1$. (b)中的结论用类似的方式得出. □

定理 7.7.7 设 $H=\begin{bmatrix} A & B \\ B^* & C \end{bmatrix}\in M_{p+q}$ 是 Hermite 矩阵, 其中 $A\in M_p$ 且 $C\in M_q$. 则下面诸命题等价.

(a) H 是正定的.

(b) A 是正定的, 且 $C-B^*A^{-1}B$ 是正定的.

(c) A 与 C 是正定的, 且 $\rho(B^*A^{-1}BC^{-1})<1$.

(d) A 与 C 是正定的, 且 $\sigma_1(A^{-1/2}BC^{-1/2})<1$.

(e) A 与 C 是正定的, 且存在一个严格收缩 $X\in M_{p,q}$, 使得 $B=A^{1/2}XC^{1/2}$.

证明 (a)⇔(b): 已经在(7.7.5)的讨论中展现过了.

(b)⇔(c): 由(7.7.3a)得出.

(c)⇔(d): 设 $X=A^{-1/2}BC^{-1/2}$. 那么 $1>\rho(B^*A^{-1}BC^{-1})=\rho(C^{-1/2}B^*A^{-1}BC^{-1/2})=\rho(X^*X)=\sigma_1(X)^2$.

(d)⇔(e): 对 $X=A^{-1/2}BC^{-1/2}$, 有 $\sigma_1(X)<1$ 且 $B=A^{1/2}XC^{1/2}$.

(e)⇔(a): 设 $B=A^{1/2}XC^{1/2}$, 其中 $X\in M_{p,q}$ 且 $\sigma_1(X)<1$. 设 $S=A^{1/2}\oplus C^{1/2}$. 上面的引理确保 $\begin{bmatrix} I_p & X \\ X^* & I_q \end{bmatrix}\succ 0$, 所以 $H=S^*\begin{bmatrix} I_p & X \\ X^* & I_q \end{bmatrix}S\succ 0$. □

我们利用下面的引理来得到上面的定理在半正定情形的一种表达形式.

引理 7.7.8 设 $A \in M_n$ 是半正定的且是奇异的，又设 $A_k = A + k^{-1}I_n$（对每个 $k = 1$，2，$\cdots$）。对每个 $k = 1$，2，$\cdots$，设 $X_k \in M_{m,n}$ 都是一个收缩。

(a) 每一个 A_k 都是正定的，且 $\lim_{k \to \infty} A_k^{1/2} = A^{1/2}$。

(b) 当 $i \to \infty$ 时，存在一个正整数序列 $k_i \to \infty$，使得 $X = \lim_{k \to \infty} X_{k_i}$ 存在，且它是一个收缩。

证明 (a) 设 $r = \text{rank}A$，λ_1，$\cdots$，λ_r 是 A 的正的特征值，又设 $A = U(\text{diag}(\lambda_1, \cdots, \lambda_r) \oplus 0_{n-r})U^*$ 是谱分解。这样一来，$[0, \infty)$ 上的平方根函数的连续性就确保：当 $k \to \infty$ 时有 $A_k^{1/2} = U(\text{diag}((\lambda_1 + k^{-1})^{1/2}, \cdots, (\lambda_r + k^{-1})^{1/2}) \oplus k^{-1/2}I_{n-r})U^* \to U(\text{diag}(\lambda_1^{1/2}, \cdots, \lambda_r^{1/2}) \oplus 0_{n-r})U^* = A^{1/2}$。

(b) 如果 $B = [b_{ij}] = [b_1 \ \cdots \ b_n] \in M_{m,n}$ 是一个收缩，则对 B 的任何元素我们都有
$$|b_{ij}|^2 \leqslant \|b_j\|_2^2 = \|Be_j\|_2^2 = e_j^\mathsf{T}B^*Be_j \leqslant \lambda_{\max}(B^*B)\|e_j\|_2^2 = \sigma_1(B)^2 \leqslant 1$$
这样一来，这个给定的由收缩组成的序列就是 $M_{m,n}$ 中的一个有界序列，所以它包含一个收敛的子列 $X_{k_i} \to X$（当 $i \to \infty$ 时）。定理 2.6.4 确保 $\sigma_1(X) = \lim_{i \to \infty} \sigma_1(X_{k_i}) \leqslant 1$，所以 X 是一个收缩。 □

定理 7.7.9 设 $H = \begin{bmatrix} A & B \\ B^* & C \end{bmatrix} \in M_{p+q}$ 是 Hermite 矩阵，其中 $A \in M_p$，而 $C \in M_q$。那么下面两个命题是等价的。

(a) H 是半正定的。

(b) A 与 C 是半正定的，且存在一个收缩 $X \in M_{p,q}$，使得 $B = A^{1/2}XC^{1/2}$。

如果 H 是半正定的，我们可以将(b)中的收缩选取为
$$X = \lim_{i \to \infty}(A + k_i^{-1}I_p)^{-1/2}B(C + k_i^{-1}I_q)^{-1/2} \tag{7.7.9.1}$$
（对某个当 $i \to \infty$ 时 $k_i \to \infty$ 的正整数序列）。

如果 H 是半正定的，且 A 与 C 是非奇异的，那么 $X = A^{-1/2}BC^{-1/2}$，且下列诸命题等价。

(c) A 与 C 是正定的，且 $\rho(B^*A^{-1}BC^{-1}) \leqslant 1$。

(d) A 与 C 是正定的，且 $A^{-1/2}BC^{-1/2}$ 是一个收缩。

(e) A 与 C 是正定的，且 $C - B^*A^{-1}B$ 是半正定的。

证明 (a)⇒(b)：考虑 $H_k = H + k^{-1}I_n$（对每一个 $k = 1$，2，$\cdots$）。那么 H_k，$A_k = A + k^{-1}I_p$ 以及 $C_k = C + k^{-1}I_q$ 都是正定的（对每一个 $k = 1$，2，$\cdots$），所以(7.7.7e)确保存在一个收缩 $X_k \in M_{p,q}$，使得 $B = A_k^{1/2}X_kC_k^{1/2}$（对每一个 $k = 1$，2，$\cdots$）。上一个引理告诉我们：存在一个序列 $k_i \to \infty$，使得 $X = \lim_{i \to \infty} X_{k_i}$ 是一个收缩，$\lim_{i \to \infty} A_{k_i}^{1/2} = A^{1/2}$，$\lim_{i \to \infty} C_{k_i}^{1/2} = C^{1/2}$ 以及 $B = \lim_{i \to \infty} A_{k_i}^{1/2}X_{k_i}C_{k_i}^{1/2} = A^{1/2}XC^{1/2}$。

(b)⇒(a)：如果 $B = A^{1/2}XC^{1/2}$ 且 X 是一个收缩，设 $S = A^{1/2} \oplus C^{1/2}$。那么(7.1.8b)以及(7.7.6)就确保 $H = \begin{bmatrix} A & B \\ B^* & C \end{bmatrix} = S\begin{bmatrix} I_p & X \\ X^* & I_q \end{bmatrix}S^*$ 是半正定的。

(b)⇒(c)⇒(d)⇒(e)⇒(a)：与在(7.7.7)中相应的蕴含关系同法证明。 □

特征刻画(7.7.9.1)有一个重要的推论：如果

$$(A+\varepsilon I_p)^{-1/2}B(C+\varepsilon I_q)^{-1/2}$$

对充分小的 $\varepsilon>0$ 是 Hermite 矩阵、斜 Hermite 矩阵、对称矩阵、斜对称矩阵、半正定矩阵或者是实矩阵, 那么满足 $B=A^{1/2}XC^{1/2}$ 的收缩 X 就可以选取具有同样的性质.

推论 7.7.10 设 $A,C\in M_p$ 是 Hermite 矩阵.

(a) 如果 $\begin{bmatrix} A & I_p \\ I_p & C \end{bmatrix}\geq 0$, 那么 $A>0$, $C>0$, $A\geq C^{-1}$, 且 $C\geq A^{-1}$.

(b) 如果 $A>0$, $C>0$, 且要么 $A\geq C^{-1}$, 要么 $C\geq A^{-1}$, 那么 $\begin{bmatrix} A & I_p \\ I_p & C \end{bmatrix}\geq 0$.

(c) 如果 $A>0$, 那么 $\begin{bmatrix} A & I_p \\ I_p & A^{-1} \end{bmatrix}\geq 0$.

(d) 如果 $A>0$, 那么以下诸结论等价: (i) $\begin{bmatrix} A & I_p \\ I_p & A \end{bmatrix}\geq 0$; (ii) $A\geq A^{-1}$; (iii) $A\geq I\geq A^{-1}$.

证明 (a) 假设条件确保 $A\geq 0$ 以及 $C\geq 0$. 定理 (7.7.9b) 确保存在一个收缩 X, 使得 $I=A^{1/2}XC^{1/2}$, 所以 $A^{1/2}$ 与 $C^{1/2}$ 这两者 (从而 A 与 C 也) 是非奇异的. 这样就从 (7.7.9c) 以及 (7.7.4a) 得出 $A\geq C^{-1}$ 以及 $C\geq A^{-1}$.

(b) 与 (c) 由 (7.7.5) 得出.

(d) (i)⇒(ii) 以及 (iii)⇒(i) 由 (7.7.5) 得出. (ii)⇒(iii) 由 (7.7.3a) 得出: $A\geq A^{-1}\Rightarrow \rho(A^{-2})\leq 1\Rightarrow \rho(A^{-1})\leq 1\Rightarrow A\geq I$ 以及 $I\geq A^{-1}$. □

下面定理中的不等式出现在复变函数论以及调和分析之中, 它们最好是被视为关于分划的半正定矩阵的结果.

定理 7.7.11 设 $A\in M_p$ 与 $C\in M_q$ 是半正定的, 又设 $B\in M_{p,q}$. 则下面四个命题等价.

(a) 对所有 $x\in\mathbf{C}^p$ 以及所有 $y\in\mathbf{C}^q$ 都有 $(x^*Ax)(y^*Cy)\geq |x^*By|^2$.

(b) 对所有 $x\in\mathbf{C}^p$ 以及所有 $y\in\mathbf{C}^q$ 都有 $x^*Ax+y^*Cy\geq 2|x^*By|$.

(c) $H=\begin{bmatrix} A & B \\ B^* & C \end{bmatrix}$ 是半正定的.

(d) 存在一个收缩 $X\in M_{p,q}$, 使得 $B=A^{1/2}XC^{1/2}$.

如果 A 与 C 是正定的, 那么以下命题与 (c) 等价:

(e) $\rho(B^*A^{-1}BC^{-1})\leq 1$.

证明 (a)⇒(b): 这个蕴含关系由算术-几何平均不等式得出 $\dfrac{1}{2}(x^*Ax+y^*Cy)\geq (x^*Ax)^{1/2}(y^*Cy)^{1/2}\geq |x^*By|$.

(b)⇒(c): 设 $z=\begin{bmatrix} x^* & y^* \end{bmatrix}^*$ 并计算出

$$z^*Hz = x^*Ax+y^*Cy+2\mathrm{Re}(x^*By)\geq x^*Ax+y^*Cy-2|x^*By|$$

(b) 确保它是非负的.

(c)⇒(d): 这个蕴含关系在 (7.7.9) 中.

(d)⇒(a): 如果 $B=A^{1/2}XC^{1/2}$ 且 X 是一个收缩, 那么 Cauchy-Schwarz 不等式以及 (7.3.9) 允许我们计算出

$$|x^*By|^2 = |x^*A^{1/2}XC^{1/2}y|^2 = |(A^{1/2}x)^*(XC^{1/2}y)|^2$$
$$\leqslant \|A^{1/2}x\|_2^2\|XC^{1/2}y\|_2^2 \leqslant \|A^{1/2}x\|_2^2\sigma_1(X)\|C^{1/2}y\|_2^2$$
$$\leqslant \|A^{1/2}x\|_2^2\|C^{1/2}y\|_2^2 = (x^*Ax)(y^*Cy)$$

(e)⇔(c)：这个等价式在(7.7.7)中.   □

上一定理的下述特殊情形引进了正定概念的一种推广：对所有 x 有 $x^*Ax \geqslant |x^*Bx|$，而不是对所有 x 有 $x^*Ax \geqslant 0$，不同样的推广见(7.7.P16).

推论 7.7.12 设 $A \in M_n$ 是半正定的，又设 $B \in M_n$ 是 Hermite 矩阵. 则下面四个命题等价.

(a) 对所有 $x \in \mathbf{C}^n$ 有 $x^*Ax \geqslant |x^*Bx|$.

(b) 对所有 $x, y \in \mathbf{C}^n$ 有 $x^*Ax + y^*Ay \geqslant 2|x^*By|$.

(c) $H = \begin{bmatrix} A & B \\ B & A \end{bmatrix}$ 是半正定的.

(d) 存在一个 Hermite 收缩 $X \in M_n$，使得 $B = A^{1/2}XA^{1/2}$.

如果 A 是正定的，那么下面的命题与(a)等价：

(e) $\rho(A^{-1}B) \leqslant 1$.

证明 (a)⇒(b)：设 $x, y \in \mathbf{C}^n$ 并利用(a)中的不等式、三角不等式以及 B 的 Hermite 性来计算出

$$2(x^*Ax + y^*Ay) = (x+y)^*A(x+y) + (x-y)^*A(x-y)$$
$$\geqslant |(x+y)^*B(x+y)| + |-(x-y)^*A(x-y)|$$
$$\geqslant |(x+y)^*B(x+y) - (x-y)^*A(x-y)| = 4|x^*By|$$

(b)⇒(c)⇒(d)⇒(a)：在上面的定理中令 $A = C$ 以及 $B = B^*$. 由于 $(A + \varepsilon I)^{-1/2}B(A + \varepsilon I)^{-1/2}$ 对每个 $\varepsilon > 0$ 都是 Hermite 矩阵，(7.7.9)就确保可以取 X 是 Hermite 矩阵.

(e)⇔(c)：在上一个定理中，如果 $A = C$ 且 $B = B^*$，(e)就变成了 $\rho(A^{-1}B)^2 \leqslant 1$. □

下一个推论在半正定矩阵的情形给出基本表示(7.7.3a)的一种表述形式.

推论 7.7.13 设 $A, B \in M_n$ 是半正定的. 则下面诸命题等价.

(a) $A \geqslant B$.

(b) $\begin{bmatrix} A & B \\ B & A \end{bmatrix} \geqslant 0$.

(c) 存在一个半正定的收缩 $X \in M_n$，使得 $B = A^{1/2}XA^{1/2}$.

证明 由于 $A \geqslant B$ 当且仅当对所有 $x \in \mathbf{C}^n$ 有 $x^*Ax \geqslant x^*Bx$，故而结论中的等价性可由在如下一种特殊情形下的(7.7.12)推出来：在此情形 Hermite 矩阵 B 是半正定的，只要可以将 X 选取为半正定的，而不仅仅是 Hermite 矩阵. 但是 $(A + \varepsilon I)^{-1/2}B(A + \varepsilon I)^{-1/2}$ 对每个 $\varepsilon > 0$ 都是半正定矩阵，所以(7.7.9.1)就确保可以取 X 是半正定的. □

推论 7.7.14 设 $A, B, C, D \in M_n$ 是 Hermite 矩阵，又假设 A 与 C 是半正定的. 如果对所有 $x \in \mathbf{C}^n$ 都有 $x^*Ax \geqslant |x^*Bx|$ 以及 $x^*Cx \geqslant |x^*Dx|$，那么对所有 $x \in \mathbf{C}^n$ 就有 $x^*(A \circ C)x \geqslant |x^*(B \circ D)x|$.

证明 假设条件以及(7.7.12)中的蕴含关系(a)⇒(c)确保 $\begin{bmatrix} A & B \\ A & A \end{bmatrix} \geqslant 0$ 以及 $\begin{bmatrix} C & D \\ D & C \end{bmatrix} \geqslant$

0，所以 $(7.5.3)$ 告诉我们有 $\begin{bmatrix} A & B \\ B & A \end{bmatrix} \circ \begin{bmatrix} C & D \\ D & C \end{bmatrix} = \begin{bmatrix} A \circ C & B \circ D \\ B \circ D & A \circ C \end{bmatrix} \geq 0$. 现在结论就从 $(7.7.12)$ 中的蕴含关系 (c)$\Rightarrow$(a) 得出. □

正定矩阵的逆是正定矩阵，正定矩阵的任何主子矩阵都是正定矩阵. 如果将这两个运算先后按照两种次序连续应用，我们就得到满足一个有趣不等式的矩阵.

定理 7.7.15 设 $H \in M_n$ 是正定的，又设 $\alpha \subset \{1, \cdots, n\}$. 那么 $H^{-1}[\alpha] \geq (H[\alpha])^{-1}$.

证明 由于正定矩阵的置换相合是正定的，我们可以假设 $H = \begin{bmatrix} A & B \\ B^* & C \end{bmatrix}$, $\alpha = \{1, \cdots,$

499 $k\}$ 以及 $H[\alpha] = A$. 恒等式 $(0.7.3.1)$ 确保 $H^{-1}[\alpha] = (A - BC^{-1}B^*)^{-1} = (A - B^*C^{-1}B)^{-1} > 0$. 不等式 $A \geq A - B^*C^{-1}B > 0$ 以及 $(7.7.4a)$ 告诉我们 $(A - B^*C^{-1}B)^{-1} \geq A^{-1}$，所以 $H^{-1}[\alpha] = (A - B^*C^{-1}B)^{-1} \geq A^{-1} = (H[\alpha])^{-1}$. □

习题 设 $A = [a_{ij}] \in M_n$ 是正定的，又设 $A^{-1} = [\alpha_{ij}]$. 由上面的定理导出结论：对每一个 $i = 1, \cdots, n$ 都有 $\alpha_{ii} \geq 1/a_{ii}$. ◀

若干个 2×2 的（半）正定的分块矩阵可以利用 $(7.7.9b)$ 构造出来.

定理 7.7.16 设 $A \in M_n$ 是正定的. 则下列矩阵都是半正定的，且是奇异的：

(a) $\begin{bmatrix} A & X \\ X^* & X^*A^{-1}X \end{bmatrix}$（对任意的 $X \in M_{n,m}$）；

(b) $\begin{bmatrix} A & I_n \\ I_n & A^{-1} \end{bmatrix}$；

(c) $\begin{bmatrix} A & A \\ A & A \end{bmatrix}$.

证明 利用 $(7.7.9)$. 在每一种情形，我们验证：对 $\begin{bmatrix} A & B \\ B^* & C \end{bmatrix}$，我们有 A 非奇异且 $C = B^*A^{-1}B$.

(a) $X^*A^{-1}X - X^*A^{-1}X = 0$.

(b) 在 (a) 中取 $X = I_n$.

(c) 在 (a) 中取 $X = A$. □

习题 证明：如果 $A \geq 0$，就有 $\begin{bmatrix} A & A \\ A & A \end{bmatrix} \geq 0$. 提示：考虑 $S \begin{bmatrix} I & I \\ I & I \end{bmatrix} S^*$ 以及 $S = A^{1/2} \oplus A^{1/2}$. ◀

关于半正定矩阵的 Hadamard 乘积的许多不等式都可以通过考虑适当的 2×2 半正定分块矩阵的 Hadamard 乘积得到，$(7.5.3)$ 确保这些乘积是半正定的. 下面的定理是这一技巧的一个实例.

定理 7.7.17 设 $A, B \in M_n$ 是正定的.

(a) $A^{-1} \circ B^{-1} \geq (A \circ B)^{-1}$.

(b) $A^{-1} \circ A^{-1} \geq (A \circ A)^{-1}$.

(c) $A^{-1} \circ A \geq I \geq (A^{-1} \circ A)^{-1}$.

证明 (a) 上一个定理以及 Schur 乘积定理确保

$$\begin{bmatrix} A & I_n \\ I_n & A^{-1} \end{bmatrix} \circ \begin{bmatrix} B & I_n \\ I_n & B^{-1} \end{bmatrix} = \begin{bmatrix} A \circ B & I_n \\ I_n & A^{-1} \circ B^{-1} \end{bmatrix}$$

是半正定的. 这样一来, (7.5.3c) 以及 (7.7.10a) 就确保有 $A^{-1} \circ B^{-1} \geqslant (A \circ B)^{-1}$.

(b) 在 (a) 中取 $B = A$.

(c) 在 (a) 中取 $B = A^{-1}$, 并利用 (7.7.10d). □

我们最后一个结果是上一个定理的一个推论, 它对 (7.5.3a) 给出一个定量形式的下界. 关于不同的下界, 见 (7.5.P24).

500

定理 7.7.18 设 $A, B \in M_n$ 是正定的. 那么 $\lambda_{\min}(A \circ B) \geqslant \max\{\lambda_{\min}(AB), \lambda_{\min}(AB^{\mathrm{T}})\}$.

证明 因为 $\lambda_{\min}(B^{1/2}AB^{1/2}) = \lambda_{\min}(AB)$, 所以 $B^{1/2}AB^{1/2} \geqslant \lambda_{\min}(AB)I$, 它等价于 $A \geqslant \lambda_{\min}(AB)B^{-1}$. 由 (7.7.17c) 就得到 $A \circ B \geqslant \lambda_{\min}(AB)(B^{-1} \circ B) \geqslant \lambda_{\min}(AB)I$, 从而 $\lambda_{\min}(A \circ B) \geqslant \lambda_{\min}(AB)$. 类似地, $\lambda_{\min}((B^{1/2})^{\mathrm{T}}A(B^{1/2})^{\mathrm{T}}) = \lambda_{\min}(AB^{\mathrm{T}})$, 所以 $A \geqslant \lambda_{\min}(AB^{\mathrm{T}})B^{-\mathrm{T}}$, 且 (7.5.P14) 确保有 $A \circ B \geqslant \lambda_{\min}(AB^{\mathrm{T}})(B^{-\mathrm{T}} \circ B) \geqslant \lambda_{\min}(AB^{\mathrm{T}})I$. 由此得出 $\lambda_{\min}(A \circ B) \geqslant \lambda_{\min}(AB^{\mathrm{T}})$. □

问题

7.7.P1 考虑 $\begin{bmatrix} 4 & 0 \\ 0 & 2 \end{bmatrix}$ 以及 $\begin{bmatrix} 1 & 0 \\ 0 & 3 \end{bmatrix}$, 并说明为什么 (7.7.4c) 中的蕴含关系不可能反过来. 然而, 如果 A, $B \in M_n$ 是 Hermite 矩阵; 如果 $A = U\Lambda U^*$ 以及 $B = VMV^*$ 是谱分解, 其中 $\Lambda = \mathrm{diag}(\lambda_1, \cdots, \lambda_n)$, $M = \mathrm{diag}(\mu_1, \cdots, \mu_n)$, $\lambda_1 \leqslant \cdots \leqslant \lambda_n$ 以及 $\mu_1 \leqslant \cdots \leqslant \mu_n$; 又如果 $\Lambda \geqslant M$, 证明存在一个酉矩阵 W, 使得 $W^*AW \geqslant B$. 事实上, 我们可以取 $W = UV^*$.

7.7.P2 设 $A_1, A_2, B_1, B_2 \in M_n$ 是 Hermite 矩阵. 如果 $A_1 \geqslant B_1$ 且有 $A_2 \geqslant B_2$, 证明: $A_1 + A_2 \geqslant B_1 + B_2$.

7.7.P3 (7.7.4b) 中的结论可以改进. 利用 (7.7.8) 证明: 如果 $A \geqslant B \geqslant 0$, 那么 $A^{1/2} \geqslant B^{1/2}$.

7.7.P4 设 $A, B, C, D \in M_n$ 是 Hermite 矩阵. 假设 $A \geqslant B \geqslant 0$ 以及 $C \geqslant D \geqslant 0$. 证明 $A \circ C \geqslant B \circ D \geqslant 0$.

7.7.P5 设 $A, B \in M_n$ 是 Hermite 矩阵. 如果 $A \geqslant B$ 且 $\alpha \subset \{1, \cdots, n\}$, 证明: $A[\alpha] \geqslant B[\alpha]$.

7.7.P6 设 $A, B \in M_n$ 是半正定的. 如果 $A \geqslant B$, 证明: $\mathrm{range}B \subseteq \mathrm{range}A$.

7.7.P7 设 $A \in M_n$, 并设 $y \in \mathbf{C}^n$ 是非零向量. 证明: 存在一个 $x \in \mathbf{C}^n$, 使得 $\|x\|_2 \leqslant 1$ 与 $Ax = y$ 当且仅当 $AA^* \geqslant yy^*$ 时成立.

7.7.P8 设 $H = \begin{bmatrix} A & B \\ B^* & C \end{bmatrix} \in M_n$ 是正定的, 设 $A \in M_k$, 又设 $\alpha = \{1, \cdots, k\}$. 检查 (7.7.15) 的证明, 并说明为什么 $H^{-1}[\alpha] > (H[\alpha])^{-1}$ 当且仅当 B 为列满秩时成立.

7.7.P9 假设 $H = \begin{bmatrix} A & B \\ B^* & C \end{bmatrix} \geqslant 0$. 证明: $\min\{\mathrm{rank}A, \mathrm{rank}C\} \geqslant \mathrm{rank}B$. 特别地, A 与 C 是正定的, 如果 B 是方阵且是非奇异的.

7.7.P10 设 $A \in M_n$ 是正定的, 又设 $x, y \in \mathbf{C}^n$. 证明: $(x^*Ax)(y^*A^{-1}y) \geqslant |x^*y|^2$.

7.7.P11 如果 $H = \begin{bmatrix} A & B \\ B^* & C \end{bmatrix}$ 是半正定的, 且 $A, C \in M_p$, 证明: $(\det A)(\det C) \geqslant |\det B|^2$. 如果 H 是正定的, 你有何结论?

7.7.P12 设 $A, B \in M_n$, 且 $Z = \begin{bmatrix} I & A \\ B^* & I \end{bmatrix}$. 验证 $ZZ^* = \begin{bmatrix} I + AA^* & A + B \\ (A+B)^* & I + B^*B \end{bmatrix}$, 并证明: $|\det(A +$

$$B)\,|^2 \leqslant (\det(I+AA^*))(\det(I+BB^*)).$$

7.7.P13 设 A, $B \in M_n$ 是 Hermite 矩阵, 又设 $\alpha \in (0, 1)$. 验证: $\alpha A^2 + (1-\alpha)B^2 \geqslant (\alpha A + (1-\alpha)B)^2 + \alpha(1-\alpha)(A-B)^2 \geqslant (\alpha A + (1-\alpha)B)^2$. 并导出结论: $f(t) = t^2$ 关于 Hermite 矩阵是严格凸的.

7.7.P14 设 A, $B \in M_n$ 是正定的, 又设 $\alpha \in (0, 1)$. 证明: $\alpha A^{-1} + (1-\alpha)B^{-1} \geqslant (\alpha A + (1-\alpha)B)^{-1}$, 其中等式当且仅当 $A = B$ 时成立. 于是, $f(t) = t^{-1}$ 在正定矩阵上是严格凸的.

7.7.P15 设 $A = [a_{ij}] \in M_n$ 是半正定的, 设 $B = [b_{ij}] \in M_n$ 是 Hermite 矩阵. 并假设对所有 $x \in \mathbf{C}^n$ 都有 $x^* A x \geqslant |x^* B x|$. (a)证明: 对所有 $x \in \mathbf{C}^n$ 以及所有 $k = 1, 2, \cdots$, 都有 $x^* [a_{ij}^k] x \geqslant |x^* [b_{ij}^k] x|$. (b)证明: 对所有 $x \in \mathbf{C}^n$ 都有 $x^* [e^{a_{ij}}] x \geqslant |x^* [e^{b_{ij}}] x|$.

7.7.P16 设 $A \in M_n$ 是半正定的, 又设 $B \in M_n$ 是对称的. 证明下列诸命题等价.

(a) 对所有 $x \in \mathbf{C}^n$ 都有 $x^* A x \geqslant |x^{\mathrm{T}} B x|$.

(b) 对所有 x, $y \in \mathbf{C}^n$ 都有 $x^* A x + y^* A y \geqslant 2|x^{\mathrm{T}} B y|$.

(c) 对所有 x, $y \in \mathbf{C}^n$ 都有 $x^* \overline{A} x + y^* A y \geqslant 2|x^* B y|$.

(d) $H = \begin{bmatrix} \overline{A} & B \\ \overline{B} & A \end{bmatrix}$ 是半正定的.

(e) 存在一个对称的收缩 $X \in M_n$, 使得 $B = \overline{A}^{1/2} X A^{1/2}$.

如果 A 是正定的, 则下面的每一个命题都等价于(c).

(f) $\rho(\overline{B}\,\overline{A}^{-1} B A) \leqslant 1$.

(g) $\sigma_1(\overline{A}^{-1/2} B A^{-1/2}) \leqslant 1$.

7.7.P17 设 A, B, C, $D \in M_n$. 假设 A 与 C 是半正定的, 而 B 与 D 是对称的. 如果对所有 $x \in \mathbf{C}^n$ 都有 $x^* A x \geqslant |x^{\mathrm{T}} B x|$ 以及 $x^* C x \geqslant |x^{\mathrm{T}} D x|$, 证明: 对所有 $x \in \mathbf{C}^n$ 都有 $x^* (A \circ C) x \geqslant |x^{\mathrm{T}} (B \circ D) x|$.

7.7.P18 设 $A = [a_{ij}] \in M_n$ 是半正定的, 设 $B = [b_{ij}] \in M_n$ 是对称的. 又假设对所有 $x \in \mathbf{C}^n$ 都有 $x^* A x \geqslant |x^{\mathrm{T}} B x|$. (a)证明: 对所有 $x \in \mathbf{C}^n$ 以及所有 $k = 1, 2, \cdots$, 都有 $x^* [a_{ij}^k] x \geqslant |x^{\mathrm{T}} [b_{ij}^k] x|$. (b)证明: 对所有 $x \in \mathbf{C}^n$ 都有 $x^* [e^{a_{ij}}] x \geqslant |x^{\mathrm{T}} [e^{b_{ij}}] x|$.

7.7.P19 设 f 是单位圆盘上一个标准化的复解析函数, 它满足 $f(0) = 0$ 以及 $f'(0) = 1$. 考虑 Grunsky 不等式(4.4.1). 说明为什么对满足 $|z_i| < 1$ 的所有的 $z_1, \cdots, z_n \in \mathbf{C}$, 对所有 $x_1, \cdots, x_n \in \mathbf{C}$ 以及所有 $n = 1, 2, \cdots$, 都有

$$\sum_{i,j=1}^{n} \frac{x_i \overline{x_j}}{1 - z_i \overline{z_j}} \geqslant \left| \sum_{i,j=1}^{n} x_i x_j \left(\frac{z_i z_j}{f(z_i) f(z_j)} \frac{f(z_i) - f(z_j)}{z_i - z_j} \right)^{\pm 1} \right| \tag{7.7.19}$$

成立的充分必要条件是: f 是一对一的.

7.7.P20 (a) 说明为什么(7.7.7e)、(7.7.9b)和(7.7.1d)中的收缩 X 可以表示为 $X = (A)^{1/2} B (C)^{1/2}$ (Moore-Penrose 逆), 类似的表达式在(7.7.12d)以及(7.7.P16(d))中. (b)重新审视(7.3.P8), 并说明为什么(7.7.9)中的 Hermite 分块矩阵 H 是半正定的充分必要条件是: A 是半正定的, 且 $C \geqslant B^* A B$.

7.7.P21 设 $A \in M_n$ 是正定的, 且 $B \in M_n$ 是半正定的. (a)证明: 存在一个正的纯量 c, 使得 $cA \geqslant B$. (b)证明: 最小的这样的纯量是 $c = \rho(A^{-1} B)$. (c)证明: 对所有 $X \geqslant 0$, 满足 $cA \circ X \geqslant X$ 的最小的正的纯量 c 是 $c = e^{\mathrm{T}} A^{-1} e$(全 1 向量).

7.7.P22 设 $A \in M_n$ 是正定的, 又设 $A = A_1 + iA_2$, 其中 A_1 与 A_2 是实的. 证明: A_1 是实对称的且是正定的, 而 A_2 则是实的斜对称矩阵.

7.7.P23 设 $A \in M_n$ 是正定的. 我们断言有 $\mathrm{Re} A^{-1} \geqslant (\mathrm{Re} A)^{-1}$ 以及 $\mathrm{range\, Im} A \subset \mathrm{range\, Re} A$ 成立. 参考(1.3.P20)并对下面的证明提供细节: 设 $A = A_1 + iA_2$ 以及 $A^{-1} = B_1 + iB_2$, 其中 A_1, A_2, B_1,

B_2 是实的. 设 $H=\begin{bmatrix} A_1 & A_2 \\ -A_2 & A_1 \end{bmatrix}$ 以及 $K=\begin{bmatrix} B_1 & B_2 \\ -B_2 & B_1 \end{bmatrix}$. (a)$H$ 与 $A \oplus \overline{A}$ 酉相似, 所以, A 是正定的当且仅当 H 是正定的. (b)$H^{-1}=K$. (c)设 $\alpha=\{1, \cdots, n\}$, 那么 $\mathrm{Re}A^{-1}=B_1=H^{-1}[\alpha] \geq (H[\alpha])^{-1}=A_1^{-1}=(\mathrm{Re}A)^{-1}$. (d)$H$ 有列包容性.

7.7. P24　(续; 同样的记号)在上一个问题中如果选取 $\alpha=\{j\}(j \in \{1, \cdots, n\})$, 你会得到什么样的不等式? (b)证明: 存在一个实的斜对称的严格收缩 X, 使得 $\mathrm{Im}A=(\mathrm{Re}A)^{1/2}X(\mathrm{Re}A)^{1/2}$. (c)证明 $\det(\mathrm{Re}A) > |\det(\mathrm{Im}A)|$. 为什么当 n 为奇数时, 这个不等式就不那么有意义了呢?

7.7. P25　设 $A \in M_n$ 是 Hermite 矩阵, 又设 $A=A_1+iA_2$, 其中 A_1 与 A_2 是实的. 证明: A 是正定的当且仅当 A_1 是正定的, 且 $\rho(A_1^{-1}A_2)<1$.

7.7. P26　设 $C_1, \cdots, C_k \in M_n$ 是正定的. 设 $E=(\mathrm{Re}C_1) \circ \cdots \circ (\mathrm{Re}C_k)$ 以及 $F=(\mathrm{Im}C_1) \circ \cdots \circ (\mathrm{Im}C_k)$. 证明: $\det E > |\det F|$. 为什么当 k 为奇数时 $E+iF$ 是正定的? 当 k 为偶数时哪里出现了问题?

7.7. P27　设 $A, B \in M_{m,n}$. 我们断言有 $\sigma_1(A \circ B) \leq \sigma_1(A)\sigma_1(B)$, 对下述证明提供细节: 假设 $A \neq 0 \neq B$, 设 $X=A/\sigma_1(A)$ 以及 $Y=B/\sigma_1(B)$, 那么 $\begin{bmatrix} I_m & X \\ X^* & I_n \end{bmatrix} \circ \begin{bmatrix} I_m & Y \\ Y^* & I_n \end{bmatrix} = \begin{bmatrix} I_m & X \circ Y \\ (X \circ Y)^* & I_n \end{bmatrix}$ 是半正定的, 所以 $X \circ Y$ 是一个收缩.

7.7. P28　设 $A \in M_n$ 是正定的. 证明: 加边矩阵 $\begin{bmatrix} A & x \\ x^* & a \end{bmatrix} \in M_{n+1}$ 是正定的, 当且仅当 $a > x^* A^{-1}x$.

7.7. P29　设 $A \in M_n$ 是正定的. 证明: $A^{-1} \circ \cdots \circ A^{-1} \geq (A \circ \cdots \circ A)^{-1}$ (在每一个 Hadamard 乘积中都有同样多个因子).

7.7. P30　设 $A \in M_n$ 是非奇异的. 证明: $(A^{-1} \circ A)e=e$, 其中 e 是全 1 向量. 如果 A 是正定的, 说明为什么 $A^{-1} \circ A > I$ 是不可能的, 尽管(7.7.17c)确保有 $A^{-1} \circ A \geq I$.

7.7. P31　设 $A \in M_n$ 是 Hermite 矩阵且是非奇异的, 又设 $\mathcal{S} \subset \mathbf{C}^n$ 是子空间. 假设 A 在 $\mathcal{S}$ 上是正定的, 即对所有非零的 $x \in \mathcal{S}$, 都有 $x^* Ax > 0$. 为使得 A(在 $\mathbf{C}^n$ 上)是正定的, 下面两个假设条件中的哪一个是必要且充分的? (a)A 在 $\mathcal{S}^\perp$ 上是正定的, 或者(b)A^{-1} 在 $\mathcal{S}^\perp$ 上是正定的? 在尝试给出证明之前, 请考虑例子 $A=\begin{bmatrix} 1 & 2 \\ 2 & 1 \end{bmatrix}$ 以及 $\mathcal{S}=\mathrm{span}\{e_1\}$.

7.7. P32　设 $A, B \in M_n$ 是正定的. 证明: $A \geq B \Leftrightarrow \begin{bmatrix} I & B^{1/2} \\ B^{1/2} & A \end{bmatrix} \geq 0 \Leftrightarrow \begin{bmatrix} B^{-1} & I \\ I & A \end{bmatrix} \geq 0$.

7.7. P33　设对每一个 $i=1, \cdots, k$, $A_i, B_i \in M_n$ 都是正定的, 又设对每个 $i=1, \cdots, k$ 都有 $\alpha_i \geq 0$. 假设每一个 $A_i \geq B_i$ 以及 $\alpha_1 + \cdots + \alpha_k = 1$. (a)证明 $\sum_{i=1}^{k} \alpha_i A_i \geq \left(\sum_{i=1}^{k} \alpha_i B_i^{1/2} \right)^2$ 以及 $\sum_{i=1}^{k} \alpha_i A_i \geq \left(\sum_{i=1}^{k} \alpha_i B_i^{-1} \right)^{-1}$. (b)如果 $n=1$, $k=2$ 且 $\alpha_1=\alpha_2$, 那么(a)中的不等式表示什么结论? 直接证明这些纯量不等式.

7.7. P34　设 $A \in M_n$. 证明: (a)$AA^* \geq A^* A$ 当且仅当 A 是正规的; (b)$(AA^*)^{1/2} \geq (A^* A)^{1/2}$ 当且仅当 A 是正规的.

7.7. P35　设 $A \in M_n$ 是非奇异的. (a)证明: $\begin{bmatrix} (AA^*)^{1/2} & A \\ A^* & (A^* A)^{1/2} \end{bmatrix}$ 是半正定的且是奇异的. (b)证明: $\begin{bmatrix} (AA^*)^{1/2} & A \\ A^* & (AA^*)^{1/2} \end{bmatrix}$ 是半正定的, 当且仅当 A 是正规的.

7.7. P36　设 $A, B \in M_n$ 是 Hermite 矩阵, 令 $H=\begin{bmatrix} A & B \\ B & A \end{bmatrix}$. (a)重新审视(1.3.P19), 并说明为什么 $H \geq$

0 成立的充分必要条件是 $A \pm B \geq 0$. (b)由(a)推导出(7.7.12a)与(7.7.12c)等价.

7.7. P37 设 A, $B \in M_n$ 是正定的. 证明: $A \circ B^{-1} + A^{-1} \circ B \geq 2I$.

7.7. P38 设 $X \in M_n$ 是 Hermite 矩阵. 证明: X 是一个收缩当且仅当 $I \geq X^2$.

7.7. P39 设 A, $B \in M_n$. 证明 $\begin{bmatrix} I & A \\ A^* & A^*A \end{bmatrix} \geq 0$, 并导出结论 $A^*A \circ B^*B \geq (A \circ B)^*(A \circ B)$.

7.7. P40 设 $A \in M_p$ 是正定的, $B \in M_q$ 是半正定的, 并假设 $H = \begin{bmatrix} A & B \\ B^* & C \end{bmatrix} \in M_{p+q}$ 是半正定的. 用 $S_H(A) = C - B^*A^{-1}B$ 来记 A 在 H 中的 Schur 补. 我们断言有

$$S_H(A) = \max \left\{ E \in M_q : E = E^* \text{ 以及 } H \geq \begin{bmatrix} 0 & 0 \\ 0 & E \end{bmatrix} \right\} \qquad (7.7.20)$$

这里的"max"是关于 Loewner 偏序而言的. 对下述证明提供细节: (a)在(7.7.5)中利用 $*$ 相合来证明: $H - \begin{bmatrix} 0 & 0 \\ 0 & E \end{bmatrix}$ 与 $A \oplus (S_H(A) - E)$ 是 $*$ 相合的. (b)$H - \begin{bmatrix} 0 & 0 \\ 0 & E \end{bmatrix} \geq 0$ 当且仅当 A 是正定的且 $S_H(A) - E \geq 0$ 时成立. (c)其中的"max"在 $E = S_H(A)$(它是半正定的)时达到.

7.7. P41 (续, 同样的记号)设 $H_1 = \begin{bmatrix} A_1 & B_1 \\ B_1^* & C_1 \end{bmatrix}$, $H_2 = \begin{bmatrix} A_2 & B_2 \\ B_2^* & C_2 \end{bmatrix} \in M_{p+q}$ 是半正定的, 又假设 A_1, $A_2 \in M_p$ 是正定的. 利用 Schur 补的变分特征(7.7.20)证明如下结论.

(a)Schur 补的单调性: 如果 $H_1 \geq H_2$, 那么 $S_{H_1}(A_1) \geq S_{H_2}(A_2)$.

(b)Schur 补的凹性: $S_{H_1+H_2}(A_1 + A_2) \geq S_{H_1}(A_1) + S_{H_2}(A_2)$.

(c)说明为什么 $H_1 \circ H_2 \geq \begin{bmatrix} 0 & 0 \\ 0 & S_{H_1}(A_1) \end{bmatrix} \circ H_2 = \begin{bmatrix} 0 & 0 \\ 0 & S_{H_1}(A_1) \circ C_2 \end{bmatrix} \geq \begin{bmatrix} 0 & 0 \\ 0 & S_{H_1}(A_1) \circ S_{H_2}(A_2) \end{bmatrix}$,

并导出结论

$$S_{H_1 \circ H_2}(A_1 \circ A_2) \geq S_{H_1}(A_1) \circ C_2 \geq S_{H_1}(A_1) \circ S_{H_2}(A_2)$$

7.7. P42 设 $A \in M_n$ 并假设 $H(A) = \frac{1}{2}(A + A^*)$($A$ 的 Hermite 部分)是正定的. 利用 $*$ 相合标准型(7.1.15)证明 $H(A)^{-1} \geq H(A^{-1}) > 0$.

7.7. P43 设 A, $B \in M_n$ 是正定的, 并假设 $A \geq B$. 证明: $\det(A+B) \geq \det A + n(\det A)^{\frac{n-1}{n}}(\det B)^{\frac{1}{n}} \geq \det A + n \det B$. 与(7.6. P6)作比较.

7.7. P44 设 A, $B \in M_n$ 是正定的, 并假设 $A \geq B$. 下面给出**从定义出发**对 $B^{-1} \geq A^{-1}$ 所作的证明, 对此证明补充细节: (a)设 x, $y \in \mathbf{C}^n$ 是非零向量. 我们必须证明 $x^*B^{-1}x \geq x^*A^{-1}x$. (b)$(y - B^{-1}x)^*B(y - B^{-1}x) \geq 0 \Rightarrow 2\mathrm{Re}\, y^*x - y^*Ay \geq 2\mathrm{Re}\, y^*x - y^*By$. (c)现在设 $y = A^{-1}x$.

7.7. P45 设 A, $B \in M_n$ 是正定的, 并假设 $H = \begin{bmatrix} B^{-1} & I \\ I & A \end{bmatrix}$. 计算 H/B^{-1} 以及 H/A. 说明为什么 $A \geq B$ 当且仅当 $H \geq 0$, 也当且仅当 $B^{-1} \geq A^{-1}$.

注记以及进一步的阅读参考 1934 年, C. Loewner(K. Löwner)对关于以他的名字命名的偏序为单调的矩阵函数: $A \geq B \Rightarrow f(A) \geq f(B)$ 给出了特征刻画. 他发现了: f 是单调的矩阵函数, 当且仅当它的**差商核** (difference quotient kernel)$L_f(s, t) = (f(s) - f(t))/(s - t)$ 是半正定的. 例如, (7.7.4)表明: 函数 $f(t) = -t^{-1}$ 与 $f(t) = t^{1/2}$ 在正定矩阵上是单调的, 而(7.7.4)后面的习题则表明: 单调的实值函数 $f(t) = t^2$ 在正定矩阵上不是单调的. 下面有关函数、差商核以及相关联的矩阵(每一个 $x_i \in (0, \infty)$)的表对 Loewner 的理论给出了描述:

$$f(t) = -t^{-1} \quad L_f = \frac{1}{st} \qquad \left[\xi_i \xi_j\right]_{i,j=1}^n \geq 0$$

$$f(t) = \sqrt{t} \quad L_f = \frac{1}{\sqrt{s}+\sqrt{t}} \qquad \left[(\xi_i+\xi_j)^{-1}\right]_{i,j=1}^n \geq 0 \text{(7.1.P16)}$$

$$f(t) = t^2 \quad L_f = s+t \qquad \left[\xi_i+\xi_j\right]_{i,j=1}^n \text{ 是不定的 (1.3.25)}$$

还有一种凸矩阵函数(convex matrix function)的理论:$\alpha f(A) + (1-\alpha)f(B) \geq f(\alpha A + (1-\alpha)B)$(对所有 $\alpha \in (0,1)$). 问题(7.7.P13 以及 7.7.P14)研究的是(Hermite 矩阵上的)严格凸函数 $f(t) = t^2$ 以及(正定矩阵上的)严格凸函数 $f(t) = t^{-1}$. 函数 $f(t) = -t^{1/2}$ 以及 $f(t) = t^{-1/2}$ 已知在正定矩阵上是严格凸的. 关于单调矩阵函数以及凸矩阵函数的更多的信息,参看 Horn 与 John(1991)一书的 6.6 节,Bhatia(1997)以及 Donoghue(1974)这两部著作. 有关(7.7.11～13)以及(7.7.P15～P18)中的思想的更多信息,见 C. H. FitzGerald 与 R. A. Horn,On the structure of Hermitian-symmetric inequalities,*J. London Math. Soc.* 15(1977)419－430. 与(7.7.15)以及(7.7.17)有关的进一步的参考文献,见 C. R. Johnson,Partitioned and Hadamard product matrix inequalities,*J. Research NBS* 83(1978)585－591.

7.8　与正定矩阵有关的不等式

　　正定矩阵与涉及行列式、特征值对角元素以及其他的量的大量不等式有关. 在这一节里,我们来审视其中的一些不等式.

　　正定矩阵的基本的行列式不等式是 Hadamard 不等式. 许多其他的不等式或者与它等价,或者是它的推广.

　　定理 7.8.1(Hadamard 不等式)　设 $A = [a_{ij}] \in M_n$ 是正定的. 那么

$$\det A \leqslant a_{11} \cdots a_{nn} \tag{7.8.2}$$

其中的等式当且仅当 A 为对角矩阵时成立.

　　证明　由于 A 是正定的,故而它的主对角线元素是正数,且它对角[*]相合于一个相关矩阵. 设 $D = \mathrm{diag}(a_{11}^{1/2}, \cdots, a_{nn}^{1/2})$,并定义 $C = D^{-1}AD^{-1}$,它也是正定的,它的对角元素均为 1,所以有 $\mathrm{tr}C = n$. 设 $\lambda_1, \cdots, \lambda_n$(必定都是正的)是 C 的特征值. 那么,算术-几何平均不等式就确保有

$$\det C = \lambda_1 \cdots \lambda_n \leqslant \left(\frac{1}{n}(\lambda_1 + \cdots + \lambda_n)\right)^n = \left(\frac{1}{n}\mathrm{tr}C\right)^n = 1$$

其中的等式当且仅当 $\lambda_i = 1$ 时成立. 由于 C 是 Hermite 矩阵,从而是可以对角化的,每一个 $\lambda_i = 1$ 当且仅当 $C = I$ 时成立. 于是

$$\det A = \det(DCD) = (\det C)(\det D)^2 = (\det C)(a_{11} \cdots a_{nn}) \leqslant a_{11} \cdots a_{nn}$$

其中的等式当且仅当 $A = DCD = D^2 = \mathrm{diag}(a_{11}, \cdots, a_{nn})$ 时成立.　　　□

　　对任何非奇异的 $A \in M_n(\mathbf{R})$,$|\det A|$ 都是这样一个 n 维平行六面体的体积,这个平行六面体的棱边是由 A 的列给出的. 如果这些棱边是正交的,这个体积就达到最大值,在此情形,体积就是其棱边长度的乘积. Hadamard 不等式的下述表达形式是这个几何不等式的代数表述:它甚至对复方阵也成立.

　　推论 7.8.3(Hadamard 不等式)　设 $B \in M_n$ 是非奇异的矩阵,且按照列来分划 $B = [b_1 \cdots b_n]$ 以及 $B^* = [\beta_1 \cdots \beta_n]$. 那么就有

$$|\det B| \leqslant \|b_1\|_2 \cdots \|b_n\|_2 \quad \text{以及} \quad |\det B| \leqslant \|\beta_1\|_2 \cdots \|\beta_n\|_2 \tag{7.8.4}$$

(7.8.4)中的各个不等式成为等式的充分必要条件分别是:B 的列(行)是正交的.

505

证明 对正定矩阵 $A = B^* B$ 应用(7.8.2)：$\det A = |\det B|^2$，且 A 的主对角线元素是 $\|b_1\|_2^2 \cdots \|b_n\|_2^2$．$B$ 的列是正交的，当且仅当 A 是对角的．(7.8.4)中的第二个不等式可以通过将第一个不等式应用于 B^* 得到．   □

习题 我们由(7.8.2)导出了(7.8.4)．现在证明(7.8.4)蕴含(7.8.2)．提示：如果 A 是正定的，利用(7.2.7)写成 $A = B^* B$(任何这样的 B 都行)．将(7.8.4)应用于 B 并取平方．◄

Hadamard 不等式对于正定矩阵的某种主子矩阵给出一个命题．我们现在转而讨论另外的三个不等式，它们也给出同样类型的命题．每一个不等式都与 Hadamard 不等式等价．

定理 7.8.5(Fischer 不等式) 假设分划的 Hermite 矩阵

$$H = \begin{bmatrix} A & B \\ B^* & C \end{bmatrix} \in M_{p+q}, \quad A \in M_p \quad \text{以及} \quad C \in M_q$$

是正定的．那么

$$\det H \leqslant (\det A)(\det C) \tag{7.8.6}$$

证明 设 $A = U\Lambda U^*$ 以及 $C = V\Gamma V^*$ 是谱分解，其中 U 与 V 是酉矩阵，而 $\Lambda = \mathrm{diag}(\lambda_1, \cdots, \lambda_p)$ 以及 $\Gamma = \mathrm{diag}(\gamma_1, \cdots, \gamma_q)$ 是正的对角矩阵．设 $W = U \oplus V$ 并计算出

$$W^* HW = \begin{bmatrix} \Lambda & U^* BV \\ V^* B^* U & \Gamma \end{bmatrix}$$

Hadamard 不等式(7.8.2)确保有

$$\det H = \det(W^* HW) \leqslant (\lambda_1 \cdots \lambda_p)(\gamma_1 \cdots \gamma_q) = (\det A)(\det C) \qquad □$$

习题 我们已经从(7.8.2)推导出了(7.8.6)．利用(7.8.6)并用归纳法证明：如果 $H = [H_{ij}]_{i,j=1}^k$ 分划成 $k \times k$ 分块矩阵，其中每一个对角分块 $H_{ii} \in M_{n_i}$，那么

$$\det H \leqslant (\det H_{11}) \cdots (\det H_{kk}) \tag{7.8.7} ◄$$

现在说明为什么(7.8.2)可由(7.8.7)得出，并得出结论：Fischer 不等式等价于 Hadamard 不等式．

Fischer 不等式以及 Hadamard 不等式与不相交的主子矩阵的行列式有关．Hadamard 不等式是 $\det A \leqslant (\det A[\{1\}]) \cdots (\det A[\{n\}])$，而 Fischer 不等式则涉及一对互补的主子矩阵：$\det A \leqslant (\det A[\alpha])(\det A[\alpha^c])$，其中 $\alpha \subset \{1, \cdots, n\}$，又注意到我们有通常的约定 $\det A[\varnothing] = 1$．属于 Koteljanskiĭ 的一个不等式(常称为 **Hadamard-Fischer 不等式**)包含了非互补的情形：主子矩阵允许相互重叠．我们采用约定 $\det A[\alpha] = 1$，如果指标集 α 是空集．则下面的引理是 Fischer 不等式的一个推论．

引理 7.8.8 设 $B \in M_m$ 是正定的．设 $\alpha, \beta \subset \{1, \cdots, m\}$．假设 α^c 与 β^c 是非空的且不相交，又有 $\alpha \cup \beta = \{1, \cdots, m\}$．那么 $\det B[\alpha^c \cup \beta^c] \leqslant (\det B[\alpha^c])(\det B[\beta^c])$．

证明 不失一般性，我们假设 $\beta^c = \{1, \cdots, k\}$，$\alpha^c = \{j, \cdots, m\}$，以及 $1 < k < j < m$．那么 $A[\alpha^c]$ 与 $A[\beta^c]$ 就是 $A[\alpha^c \cup \beta^c]$ 的互补的主子矩阵，所以(7.8.6)确保有 $\det A[\alpha^c \cup \beta^c] \leqslant (\det A[\alpha^c])(\det A[\beta^c])$ 成立．   □

定理 7.8.9(Koteljanskiĭ 不等式) 设 $A \in M_n$ 是正定矩阵，又设 $\alpha, \beta \subset \{1, \cdots, n\}$．那么

$$(\det A[\alpha \cup \beta])(\det A[\alpha \cap \beta]) \leqslant (\det A[\alpha])(\det A[\beta]) \tag{7.8.10}$$

证明 不失一般性，我们假设 $\alpha \bigcup \beta = \{1, \cdots, n\}$（如若不然，就对 $A[\alpha \bigcup \beta]$ 着手去做）. 还可以假设 $\alpha \bigcap \beta$ 是非空的（如果它是空的，则有 $\beta = \alpha^c$，(7.8.10) 就化简为 (7.8.6)）. 最后，我们可以假设 α^c 与 β^c 两者都是非空的（如果 α^c 是空的，则有 $\alpha = \{1, \cdots, n\}$，(7.8.10) 就是平凡的）. 这三个假设确保 α^c 与 β^c 是不相交的且是非空的. 我们的策略是利用 Jacobi 恒等式 (0.8.4.2) 将 $\det A[\alpha \bigcap \beta]$ 表示成可以应用上面引理的形式，然后再一次利用 Jacobi 恒等式. 计算给出

$$\frac{\det A[\alpha \bigcap \beta]}{\det A} = \det A^{-1}[(\alpha \bigcap \beta)^c] = \det A^{-1}[\alpha^c \bigcap \beta^c]$$

$$\leqslant (\det A^{-1}[\alpha^c])(\det A^{-1}[\beta^c]) = \frac{\det A[\alpha]}{\det A} \frac{\det A[\beta]}{\det A}$$

从而 $(\det A)(\det A[\alpha \bigcap \beta]) \leqslant (\det A[\alpha])(\det A[\beta])$. $\qquad\square$

习题 我们已经从 (7.8.6)（经过 (7.8.9)）推导出了 (7.8.10). 证明：(7.8.10) 蕴含 (7.8.6)，并导出结论：Koteljanskiĭ 不等式与 Hadamard 不等式等价. ◀

507

Hadamard 不等式的另一个等价的形式属于 Szász. 对每一个 $k \in \{1, \cdots, n\}$，用 $P_k(A)$ 表示 $A \in M_n$ 的 $\binom{n}{k}$ 个 $k \times k$ 主子式. 注意到 $P_n(A) = \det A$ 以及 $P_1(A) = a_{11} \cdots a_{nn}$，所以 Hadamard 不等式 (7.8.2) 可以重新表述为 $P_n(A) \leqslant P_1(A)$.

定理 7.8.11(Szász 不等式) 设 $A \in M_n$ 是正定的. 那么

$$P_{k+1}(A)^{\binom{n-1}{k}^{-1}} \leqslant P_k(A)^{\binom{n-1}{k-1}^{-1}}, \quad \text{对每个 } k = 1, \cdots, n-1 \tag{7.8.12}$$

证明 恒等式 $A^{-1} = (\det A)^{-1} \text{adj} A$ 使我们想起：A^{-1} 的每一个对角元素都是 A 的一个 $n-1$ 阶主子式与 $\det A$ 的比值. 于是，(7.8.2) 对正定矩阵 A^{-1} 的应用就给出不等式

$$\frac{1}{\det A} = \det A^{-1} \leqslant \frac{P_{n-1}(A)}{(\det A)^n}$$

从而 $P_n(A)^{n-1} = (\det A)^{n-1} \leqslant P_{n-1}(A)$. 由此推出

$$P_n(A) \leqslant P_{n-1}(A)^{1/(n-1)} = P_{n-1}(A)^{\binom{n-1}{n-2}^{-1}} \tag{7.8.13}$$

这就是 Szász 不等式族中 $k = n-1$ 的情形. 剩下的情形可以用归纳法推导出来. 例如，为了得到下一种情形，将 (7.8.13) 应用到 A 的每一个 $n-1$ 阶主子矩阵上. 由于 A 的每一个 $n-2$ 阶主子矩阵作为某个 $n-1$ 阶主子矩阵的主子矩阵出现两次，我们就得到不等式 $P_{n-1}(A)^{n-2} \leqslant P_{n-2}(A)^2$，它蕴含

$$P_{n-1}A^{\binom{n-1}{n-2}^{-1}} = P_{n-1}(A)^{\frac{1}{n-1}} \leqslant P_{n-2}(A)^{\frac{2}{(n-1)(n-2)}} = (P_{n-2}(A)^2)^{\frac{1}{(n-1)(n-2)}} = P_{n-2}(A)^{\binom{n-1}{n-3}^{-1}}$$

这就是 Szász 不等式当 $k = n-2$ 时的情形. 余下的情形可用同样的方法得到. $\qquad\square$

习题 我们已经由 (7.8.2) 导出了 (7.8.12). 利用 (7.8.12) 证明

$$a_{11} \cdots a_{nn} = P_1(A) \geqslant P_2(A)^{\binom{n-1}{2}^{-1}} \geqslant \cdots \geqslant P_{k+1}(A)^{\binom{n-1}{k}^{-1}}$$

$$\geqslant \cdots \geqslant P_n(A)^{\binom{n-1}{n-1}^{-1}} = \det A \tag{7.8.14}$$

其中 $k = 2, \cdots, n-1$. 导出结论：Szász 不等式是与之等价的 Hadamard 不等式的改进的结果. ◀

引理 7.8.15 设 $A = [a_{ij}] \in M_n$ 是半正定的且分划成 $A = \begin{bmatrix} a_{11} & x^* \\ x & A_{22} \end{bmatrix}$，其中 $A_{22} \in$

M_{n-1}. 定义

$$\alpha(A) = \begin{cases} \dfrac{\det A}{\det A_{22}}, & \text{如果 } A_{22} \text{ 是正定的} \\ 0, & \text{其他情形} \end{cases}$$

那么 $\overline{A} = \begin{bmatrix} a_{11} - \alpha(A) & x^* \\ x & A_{22} \end{bmatrix}$ 是半正定的.

证明 如果 A 是奇异的，就没什么要证明的，所以我们假设 A 是正定的. 对尾主子式应用 Sylvester 判别法 (7.2.5). 对每个 $k = 2, \cdots, n$，尾子式 $\det(\widetilde{A}[\{k, \cdots, n\}]) = \det A[\{k, \cdots, n\}]$ 都是正的；$\det \widetilde{A} = \det A - \alpha(A)\det A_{22} = \det A - \det A = 0$. □

习题 利用 (7.8.15) 并用归纳法证明 Hadamard 不等式 (7.8.2). ◀

Hadamard 不等式 (7.8.2) 可以表述成

$$\underbrace{1\cdots1}_{n\text{次}}\det A \leqslant \det(I \circ A)$$

下面的定理是这个结论的一个重要的推广.

定理 7.8.16 (Oppenheim-Schur 不等式) 设 $A = [a_{ij}]$，$B = [b_{ij}] \in M_n$ 是半正定的. 那么就有

$$\max\{a_{11}\cdots a_{nn}\det B, b_{11}\cdots b_{nn}\det A\} \leqslant \det(A \circ B) \tag{7.8.17}$$

以及

$$a_{11}\cdots a_{nn}\det B + b_{11}\cdots b_{nn}\det A \leqslant \det(A \circ B) + \det(AB) \tag{7.8.18}$$

证明 我们继续利用 (7.8.15) 中的记号，并从 (7.8.17) 开始，它对 $n = 1$ 经验证是正确的. 我们对维数用归纳法加以证明，设 $n \geqslant 2$，并假设 (7.8.17) 对阶至多为 $n = 1$ 的矩阵是正确的. 由于 $\widetilde{A}$ 是半正定的，故而 $\widetilde{A} \circ B$ 是半正定的，且有

$$0 \leqslant \det(\widetilde{A} \circ B) = \det(A \circ B) - \det\begin{bmatrix} \alpha(A)b_{11} & 0 \\ * & A_{22} \circ B_{22} \end{bmatrix}$$

$$= \det(A \circ B) - \alpha(A)b_{11}\det(A_{22} \circ B_{22})$$

归纳假设确保有

$$\det(A \circ B) \geqslant \alpha(A)b_{11}(b_{22}\cdots b_{nn}\det A_{22}) = b_{11}b_{22}\cdots b_{nn}\det A$$

(7.8.17) 中的另一个不等式由第一个不等式以及恒等式 $A \circ B = B \circ A$ 得出.

现在考虑 (7.8.18)，我们验证了它对 $n = 1$ 是正确的. 再次用归纳法进行证明，设 $n \geqslant 2$，并假设 (7.8.18) 对阶至多为 $n-1$ 的矩阵是正确的. 将 (7.8.17) 应用于 $\widetilde{A} \circ B$ 得到：

$$(a_{11} - \alpha(A))a_{22}\cdots a_{nn}\det B \leqslant \det(\widetilde{A} \circ B) = \det(A \circ B) - \alpha(A)b_{11}\det(A_{22} \circ B_{22})$$

现在对 $\det(A_{22} \circ B_{22})$ 应用归纳假设：

$$\det(A \circ B) \geqslant (a_{11} - \alpha(A))a_{22}\cdots a_{nn}\det B + \alpha(A)b_{11}\det(A_{22} \circ B_{22})$$

$$\geqslant (a_{11} - \alpha(A))a_{22}\cdots a_{nn}\det B$$

$$+ \alpha(A)b_{11}(a_{22}\cdots a_{nn}\det B_{22} + b_{22}\cdots b_{nn}\det A_{22} - \det(A_{22}B_{22}))$$

将此不等式重新安排如下：

$$\det(A \circ B) + \det(AB) - a_{11}\cdots a_{nn}\det B - b_{11}\cdots b_{nn}\det A$$

$$\geqslant \det(AB) - \alpha(A)a_{22}\cdots a_{nn}\det B + \alpha(A)b_{11}(a_{22}\cdots a_{nn}\det B_{22} - \det(A_{22}B_{22}))$$

$$= \alpha(A)(a_{22}\cdots a_{nn} - \det A_{22})(b_{11}\det B_{22} - \det B).$$

最后，注意到(7.8.2)确保有 $a_{22}\cdots a_{nn} - \det A_{22} \geqslant 0$，而(7.8.6)则确保有 $b_{11}\det B_{22} - \det B \geqslant 0$，所以

$$\det(A \circ B) + \det(AB) - a_{11}\cdots a_{nn}\det B - b_{11}\cdots b_{nn}\det A \geqslant 0$$

这个不等式是(7.8.18)的复述。 □

习题 如果 $A, B \in M_n$ 是正定的，由上一个定理导出结论

$$(\det A)(\det B) \leqslant \det(A \circ B)$$

从而 $\det(A \circ A^{-1}) \geqslant 1$. 将这个不等式与(7.7.17(c))作比较. ◀

习题 如果 $A, B \in M_n$ 是正定的. 说明为什么

$$(\det A)(\det B) \leqslant a_{11}\cdots a_{nn}\det B \leqslant \det(A \circ B) \leqslant a_{11}\cdots a_{nn}b_{11}\cdots b_{nn}$$

一种稍有不同的行列式不等式适用于具有正定的 Hermite 部分的矩阵. 它由关于复数的不等式 $|z| \geqslant |\mathrm{Re}\, z|$ 得出. ◀

定理 7.8.19(Ostrowski-Taussky 不等式) 设 $H, K \in M_n$ 是 Hermite 矩阵，$A = H + iK$. 如果 H 是正定的，那么

$$\det H \leqslant |\det(H + iK)| = |\det A| \tag{7.8.20}$$

其中等式当且仅当 $K = 0$ 时成立，即当且仅当 A 是 Hermite 矩阵时成立.

证明 我们有 $A = H(I + iH^{-1}K)$，所以(7.8.20)等价于不等式 $|\det(I + iH^{-1}K)| \geqslant 1$. 推论 7.6.2a 确保 $H^{-1}K$ 可以对角化，且有实的特征值 $\lambda_1, \cdots, \lambda_n$. 这样就有

$$|\det(I + H^{-1}K)| = \prod_{j=1}^{n} |1 + i\lambda_j|$$

而且只要注意到对任何实数 λ 都有 $|1 + i\lambda|^2 = 1 + \lambda^2 \geqslant 1$（其中等式当且仅当 $\lambda = 0$ 时成立）就够了. 这样一来，不等式(7.8.20)成为等式的充分必要条件就是 $H^{-1}K = 0$，即 $K = 0$ 或者 $A = H$. □

下面的不等式涉及两个正定矩阵之和，它是一个经典的纯量不等式的推论.

定理 7.8.21(Minkowski 行列式不等式) 设 $A, B \in M_n$ 是正定的. 那么

$$(\det A)^{1/n} + (\det B)^{1/n} \leqslant (\det(A + B))^{1/n} \tag{7.8.22}$$

其中等式当且仅当对某个 $c > 0$ 有 $A = cB$ 时成立.

证明 定理 7.6.4 确保存在一个非奇异的 $S \in M_n$，使得 $A = SIS^*$ 以及 $B = S\Lambda S^*$，其中 $\Lambda = \mathrm{diag}(\lambda_1, \cdots, \lambda_n)$ 是正的对角矩阵. 结论(7.8.22)就是

$$(\det SS^*)^{1/n} + (\det S\Lambda S^*)^{1/n} = |\det S|^{2/n} + |\det S|^{2/n}(\det\Lambda)^{1/n} = |\det S|^{2/n}(1 + (\det\Lambda)^{1/n})$$
$$\leqslant |\det S|^{2/n}(\det(I + \Lambda))^{1/n} = (\det(SS^* + S\Lambda S^*))^{1/n}$$

所以我们必须证明 $1 + (\det\Lambda)^{1/n} \leqslant (\det(I + \Lambda))^{1/n}$，这也就是

$$1 + \left(\prod_{i=1}^{n} \lambda_j\right)^{1/n} \leqslant \left(\prod_{i=1}^{n} (1 + \lambda_i)\right)^{1/n} \tag{7.8.23}$$

这个不等式是 Minkowski 乘积不等式(B10)的一个特殊情形，其中的等式当且仅当 $\lambda_1 = \cdots = \lambda_n = c > 0$，即当且仅当 $\Lambda = cB$ 时成立. □

习题 设 $A, B \in M_n$ 是正定矩阵. 由(7.8.22)推导出不等式 $\det(A + B) \geqslant \det A + \det B$. 与(7.4. P6)比较. ◀

不等式(7.8.20)对于二阶或者更高阶的矩阵可以改进. 对 $n = 1$，下面定理中的不等式

就是 $\mathrm{Re}z+|\mathrm{Im}z|\leqslant|z|$，而如果 $\mathrm{Im}z\neq0$，它是错误的.

定理 7.8.24 设 $n\geqslant2$，设 $H,K\in M_n$ 是 Hermite 矩阵，又设 $A=H+\mathrm{i}K$. 如果 H 是正定的，那么

$$\det H+|\det K|\leqslant|\det(H+\mathrm{i}K)|=|\det A|\qquad(7.8.25)$$

如果 $n=2$，不等式 (7.8.25) 成为等式，当且仅当对某个 $c\in\mathbf{R}$ 有 $K=cH$；如果 $n\geqslant3$，则等式当且仅当 $K=0$ 时成立，即当且仅当 A 是 Hermite 矩阵时成立.

证明 按照与 (7.8.19) 的证明同样的方式进行证明. 我们有 $A=H(I+\mathrm{i}H^{-1}K)$，所以有 $|\det A|=(\det H)|\det(I+\mathrm{i}H^{-1}K)|$ 以及 $\det H+|\det K|=(\det H)(1+|\det(H^{-1}K)|)$. 由于 $H^{-1}K$ 相似于实对角矩阵 $\Lambda=\mathrm{diag}(\lambda_1,\cdots,\lambda_n)$，我们必须要证明不等式

$$|\det(I+\mathrm{i}H^{-1}K)|=\prod_{j=1}^{n}|1+\mathrm{i}\lambda_j|\geqslant1+\prod_{j=1}^{n}|\lambda_j|=\det I+|\det(H^{-1}K)|$$

每一个 $|1+\mathrm{i}\lambda_j|^2=1+\lambda_j^2$，所以只要证明等价的不等式

$$\prod_{j=1}^{n}(1+\lambda_j^2)\geqslant(1+\prod_{j=1}^{n}|\lambda_j|)^2,\quad n\geqslant2\text{ 且每个 }\lambda_j\in\mathbf{R}\qquad(7.8.26)$$

如果 $n=2$，则算术-几何平均不等式确保有

$$(1+\lambda_1^2)(1+\lambda_2^2)=1+\lambda_1^2+\lambda_2^2+\lambda_1^2\lambda_2^2\geqslant1+2|\lambda_1\lambda_2|+\lambda_1^2\lambda_2^2=(1+|\lambda_1\lambda_2|)^2$$

其中等式当且仅当 $\lambda_1=\lambda_2=c$，即当且仅当 $K=cH$ 时成立. 现在假设 $n\geqslant3$ 并计算

$$\prod_{j=1}^{n}(1+\lambda_j^2)=1+\prod_{j=1}^{n}\lambda_j^2+\prod_{j=1}^{n}\lambda_j^2+\prod_{j=1}^{n}\lambda_j^2+\text{非负的项}$$

$$\geqslant1+\prod_{j=1}^{n-1}\lambda_j^2+\lambda_n^2+\prod_{j=1}^{n}\lambda_j^2+\prod_{j=1}^{n-1}\lambda_j^2\geqslant1+(\prod_{j=1}^{n-1}\lambda_j^2+\lambda_n^2)+\prod_{j=1}^{n}\lambda_j^2$$

$$\geqslant1+2(\prod_{j=1}^{n-1}|\lambda_j|)|\lambda_n|+\prod_{j=1}^{n}\lambda_j^2=(1+\prod_{j=1}^{n}|\lambda_j|)^2$$

这个计算式中的不等式是省略掉一个非负项之和所得到的结果，而第二个不等式是舍弃和式 $\sum_{j=1}^{n-1}\lambda_j^2$ 所得到的结果，而最后的不等式是算术-几何平均不等式的一个应用. 接下来，如果 $n\geqslant3$，且不等式 (7.8.26) 成为了等式，那么 $\lambda_1=\cdots=\lambda_{n-1}=0$ 且 $\lambda_n=\prod_{j=1}^{n-1}\lambda_j$，它等于零. 反之，如果 $\lambda_1=\cdots=\lambda_n=0$，那么 (7.8.26) 就成为等式. 如果 $n\geqslant3$，我们断言：不等式 (7.8.26) 成为等式，当且仅当 $\Lambda=0$，当且仅当 $K=0$，也当且仅当 A 是 Hermite 矩阵. $\square$

习题 请对下述结论用归纳法的证明提供细节：(7.8.26) 对某个 $n\geqslant3$ 成为等式，当且仅当 $K=0$ ◀

习题 如果 $K=cH$，验证 (7.8.25) 当 $n=2$ 时有等式成立. 当 $n>2$ 时何处出现了问题？ ◀

不等式 (7.8.20) 可以通过将 (7.8.21) 以及 (7.8.24) 的证明中的成分加以组合而得到加强.

定理 7.8.27(樊畿的行列式不等式) 设 $H,K\in M_n$ 是 Hermite 矩阵，又设 $A=H+\mathrm{i}K$. 如果 H 是正定的，那么

$$(\det H)^{2/n} + |\det K|^{2/n} \leqslant |\det(H + \mathrm{i}K)|^{2/n} = |\det A|^{2/n} \qquad (7.8.28)$$

其中等式当且仅当 $H^{-1}K$ 的特征值(必定是实的)有相同的绝对值时成立.

证明　定理 7.6.4 确保存在一个非奇异的 $S \in M_n$，使得 $H = SIS^*$ 以及 $K = S\Lambda S^*$，其中 $\Lambda = \mathrm{diag}(\lambda_1, \cdots, \lambda_n)$ 是实的对角矩阵，它的对角元素就是可对角化矩阵 $H^{-1}K$ 的特征值. 不等式 (7.8.28) 等价于不等式

$$|\det(I + \mathrm{i}\Lambda)|^{2/n} \geqslant 1 + |\det\Lambda|^{2/n}$$

512

由于 $\left(\prod\limits_{j=1}^{n} |1 + \mathrm{i}\lambda_j|\right)^{2/n} = \left(\prod\limits_{j=1}^{n} (1 + \lambda_j^2)\right)^{1/n}$ 以及 $|\det\Lambda|^{2/n} = \left(\prod\limits_{j=1}^{n} \lambda_j^2\right)^{1/n}$，我们必须要证明

$$1 + \left(\prod_{j=1}^{n} \lambda_j^2\right)^{1/n} \leqslant \left(\prod_{j=1}^{n} (1 + \lambda_j^2)\right)^{1/n}$$

它是 Minkowski 不等式 (B10) 的另一个特例. 等式出现的情形在 $\lambda_1^2 = \cdots = \lambda_n^2 = c \geqslant 0$ 时发生. 我们有：$c = 0$ 的充分必要条件是 $K = S\Lambda S^* = 0$. □

习题　在上一个定理的假设条件之下，说明为什么 $H^{-1}K$ 的所有特征值都有同样的绝对值，当且仅当对某个 $c \geqslant 0$ 有 $(H^{-1}K)^2 = cI$. ◀

习题　由 (7.8.25) 以及 (7.8.28) 中的每一个推导出不等式 (7.8.20). ◀

问题

7.8.P1　设 $A, B \in M_n$ 是半正定的. 利用 (7.8.17) 证明：如果 A 是正定的，且 B 的对角元素是正的，那么 $A \circ B$ 是正定的，这就是 (7.5.3b).

7.8.P2　设 $A = [A_{ij}]_{i,j=1}^{n} \in M_{nk}$，其中每一个 $A_{ij} \in M_k$. 证明 Hadamard 不等式 (7.8.2) 的如下分块推广的结论：

$$|\det A| \leqslant \left(\prod_{i=1}^{n} \left(\sum_{j=1}^{n} \|A_{ij}\|_2^2\right)\right)^{k/2}$$

如果 $k = 1$，这个不等式是什么？如果 $n = 1$ 呢？

7.8.P3　设 $A, B \in M_n$ 是正定的. 证明下列诸命题等价.

(a) $A \circ B = AB$.

(b) $\det(A \circ B) = \det(AB)$.

(c) A 与 B 是正的对角矩阵.

7.8.P4　设 $A \in M_n$ 是正定的，且设 $f(A) = (\det A)^{1/n}$. (a) 证明

$$f(A) = \min\left\{\frac{1}{n}\mathrm{tr}(AB) : B \text{ 是正定的且 } \det B = 1\right\} \qquad (7.8.29)$$

(b) 导出结论：$f(A)$ 是正定矩阵组成的凸集上的凹函数.

(c) 由 (b) 推导出 (7.8.21).

7.8.P5　假设 $H_+ = \begin{bmatrix} A & B \\ B^* & C \end{bmatrix}$ 是正定的. (a) 证明 $H_- = \begin{bmatrix} A & -B \\ -B^* & C \end{bmatrix}$ 是正定的. (b) 对两个正定矩阵 $H_\pm$ 应用 Minkowski 不等式 (7.8.22) 并推导出 Fischer 不等式 (7.8.6).

513

7.8.P6　设 $H = \begin{bmatrix} A & B \\ B^* & C \end{bmatrix} \in M_n$ 是正定的. 设 $H = LL^*$ 是 Cholesky 分解 (7.2.9)，其中 $L = \begin{bmatrix} L_{11} & 0 \\ L_{21} & L_{22} \end{bmatrix}$，所以有 $A = L_{11}L_{11}^*$ 以及 $C = L_{22}L_{22}^* + L_{21}L_{21}^*$. 利用这些表达式证明 Fischer 不等式 (7.8.6).

7.8.P7　设 $A = [a_{ij}] \in M_3(\mathbf{R})$. 如果所有 $|a_{ij}| \leqslant 1$，我们断言有 $|\det A| \leqslant 3\sqrt{3}$ 且这个界永远不会达到. 对下面的结论提供证明细节：

$$\frac{\partial}{\partial a_{ij}}(\det A) = (-1)^{i+j}\det A[\{i\}^c, \{j\}^c] \text{ 以及 } \frac{\partial^2}{\partial a_{ij}^2}(\det A) = 0$$

如果 $\det A[\{i\}^c, \{j\}^c] = 0$，那么 $\det A$ 与 a_{ij} 的值无关，于是可以将 a_{ij} 取为 ± 1。如果 $\det A[\{i\}^c, \{j\}^c] \neq 0$，那么 $\det A$ 关于 a_{ij} 就没有相对极大值或者极小值（如果 $-1 < a_{ij} < 1$）。于是，当所有 $a_{ij} = \pm 1$ 时，$|\det A|$ 在给定的限制下取到它的最大值。对 $n=3$ 仅有有限多个这样的矩阵存在。对 $n > 3$ 的一般情形结果如何呢？如果 A 的元素是复数，利用关于解析函数的极大原理（最大模原理）证明：$|\det A|$ 在集合 $\{A \in M_n$：所有 $|a_{ij}| \leqslant 1\}$ 的内部不可能有最大值。

7.8.P8 设 $A = [a_{ij}] \in M_n$。（a）利用 Hadamard 不等式证明：$|\det A| \leqslant \|A\|_{\infty}^n n^{n/2}$，这是 Fredholm 积分方程论中一个很有名的不等式。（b）考虑 A 的特征多项式（1.2.10a），并且证明：对每个 $k = 1, \cdots, n$ 都有 $|a_{n-k}| \leqslant \binom{n}{k} \|A\|_{\infty}^n k^{k/2}$。

7.8.P9 设 $A \in M_n$ 是正定的。证明：$\det A = \min\left\{\prod_{i=1}^n v_i^* A v_i : v_1, \cdots, v_n \in \mathbf{C}^n$ 是标准正交的 $\right\}$。

7.8.P10 设 $A \in M_n$ 是正定的，又设 $u_1, \cdots, u_n \in \mathbf{C}^n$ 是标准正交的。利用上一个问题证明：$u_1, \cdots, u_n$ 是 A 的特征向量且 $u_1^* A u_1, \cdots, u_n^* A u_n$ 是 A 的特征值，当且仅当 $\det A = \prod_{i=1}^n u_i^* A u_i$。

7.8.P11 设 $A = \begin{bmatrix} A_{11} & A_{12} \\ A_{12}^* & A_{22} \end{bmatrix}$ 是正定的。证明关于 Fischer 补的**逆 Fischer 不等式**（reverse Fischer inequality）：$\det(A/A_{11})\det(A/A_{22}) \leqslant \det A$。见（0.8.5）。

7.8.P12 设 $A = [a_{ij}] \in M_n$ 是正定的。分划 $A = \begin{bmatrix} A_{11} & x \\ x^* & a_{nn} \end{bmatrix}$，其中 $A_{11} \in M_{n-1}$。利用 Cauchy 展开式（0.8.5.10）或者 Schur 补证明：$\det A = (a_{nn} - x^* A_{11}^{-1} x)\det A_{11} \leqslant a_{nn}\det A_{11}$，其中的等式当且仅当 $x = 0$ 时成立。利用这个结论，通过归纳法对 Hadamard 不等式（7.8.2）以及它的等式成立的情形给出一个证明。

7.8.P13 设 $A = [a_{ij}] \in M_n$ 是正定的且有特征值 $\lambda_1, \cdots, \lambda_n$。考虑（1.2.14）中定义的 k 次初等对称函数 $S_k(t_1, \cdots, t_n)$。注意到 $S_1(\lambda_1, \cdots, \lambda_n) = \operatorname{tr} A = S_1(a_{11}, \cdots, a_{nn})$ 以及 Hadamard 不等式（7.8.2）可以改述成 $S_n(\lambda_1, \cdots, \lambda_n) \leqslant S_n(a_{11}, \cdots, a_{nn})$。利用（1.2.16）以及（7.8.2）证明：对每个 $k = 1, \cdots, n$ 都有 $S_k(\lambda_1, \cdots, \lambda_n) \leqslant S_k(a_{11}, \cdots, a_{nn})$。

基本行列式不等式（7.8.20），（7.8.25），（7.8.28）的表述形式对非奇异的可标准化的矩阵成立，这些不等式全都可以用统一的方法得到。设 $A = H + iK \in M_n$，其中 H 与 K 是 Hermite 矩阵。假设 A 是非奇异的，且可以用 * 相合来对角化，即存在一个非奇异的 $S \in M_n$ 以及一个对角的酉矩阵 $D = \operatorname{diag}(e^{i\theta_1}, \cdots, e^{i\theta_n})$，使得 $A = SDS^*$，见（4.5.24）以及（4.5.P37）。在这种情形，我们有 $H = S\Gamma S^*$ 以及 $K = S\Sigma S^*$，其中 $\Gamma = \operatorname{diag}(\cos\theta_1, \cdots, \cos\theta_n)$ 以及 $\Sigma = \operatorname{diag}(\sin\theta_1, \cdots, \sin\theta_n)$。在下面七个问题中我们都使用这一记号。

514

7.8.P14 如果 $C \in M_n$ 有正定的 Hermite 部分，证明 C 可以用 * 相合来对角化。给出一个矩阵的例子：它可以用 * 相合来对角化但是它的 Hermite 部分不是正定的。

7.8.P15 验证：$|\det H| = |\det S|^2 |\det \Gamma| = |\det S|^2 \prod_{j=1}^n |\cos\theta_j|$，$|\det K| = |\det S|^2 |\det \Gamma| = |\det S|^2 \prod_{j=1}^n |\sin\theta_j|$ 以及 $|\det A| = |\det S|^2$。

7.8.P16 （（7.8.20）的类似结论）我们断言有 $|\det H| \leqslant |\det A|$。为了证明这个结论，说明为什么只需要证明 $\prod_{j=1}^n |\cos\theta_j| \leqslant 1$ 就够了，并证明之。

7.8.P17 ((7.8.25)的类似结论)我们断言：如果 $n \geqslant 2$，则有 $|\det H| + |\det K| \leqslant |\det A|$. 为了证明这个结论，说明为什么只需要证明当 $n \geqslant 2$ 时有 $\prod\limits_{j=1}^{n} |\cos\theta_j| + \prod\limits_{j=1}^{n} |\sin\theta_j| \leqslant 1$ 就够了，并证明之. 对 $n=1$ 什么地方出了问题？

7.8.P18 ((7.8.28)的类似结论)我们断言：$|\det H|^{2/n} + |\det K|^{2/n} \leqslant |\det A|^{2/n}$. 为了证明这个结论，说明为什么只要证明 $\left(\prod\limits_{j=1}^{n} \cos^2\theta_j \right)^{1/n} + \left(\prod\limits_{j=1}^{n} \sin^2\theta_j \right)^{1/n} \leqslant 1$ 就够了，并证明之.

7.8.P19 (证明(7.8.22)的另一种方法)：如果 H 与 K 是正定的，我们断言有 $(\det H)^{1/n} + (\det K)^{1/n} \leqslant (\det(H+K))^{1/n}$. 为了证明这个结论，说明为什么在每一个 $\theta_j \in (0, \pi/2)$ 的假设下证明 $\left(\prod\limits_{j=1}^{n} \cos\theta_j \right)^{1/n} + \left(\prod\limits_{j=1}^{n} \sin\theta_j \right)^{1/n} \leqslant \left(\prod\limits_{j=1}^{n} (\cos\theta_j + \sin\theta_j) \right)^{1/n}$ 就够了. 证明之.

7.8.P20 由(7.8.P16～P18)推导出不等式(7.8.20)，(7.8.25)以及(7.8.28).

515

第8章　正的矩阵与非负的矩阵

8.0　引言

假设存在 $n \geqslant 2$ 个城市 C_1，$\cdots$，C_n，其中的移民按照如下方式发生：对所有不同的 i，$j \in \{1, \cdots, n\}$，每天上午八点钟，城市 j 的现有人口中一个固定的比例 a_{ij} 都同时移动到城市 i；城市 j 的现有人口中占比 a_{jj} 这部分保留在城市 j 中. 于是，如果我们用 $p_i^{(m)}$ 来记城市 i 在第 m 天的人口，那么在第 m 天与第 $m+1$ 天的人口分布之间就有递归关系

$$p_i^{(m+1)} = a_{i1} p_1^{(m)} + \cdots + a_{in} p_n^{(m)}, \quad i = 1, \cdots, n, \quad m = 0, 1, \cdots$$

如果我们用 $A = [a_{ij}]$ 来表示 $n \times n$ 移民系数矩阵，用 $p^{(m)} = [p_i^{(m)}]$ 表示在第 m 天的人口分布向量，那么

$$p^{(m+1)} = A p^{(m)} = AA p^{(m-1)} = \cdots = A^{m+1} p^{(0)}, \quad m = 0, 1, \cdots$$

其中 $p^{(0)}$ 是开始时的人口分布. 注意：对所有 i，$j \in \{1, \cdots, n\}$ 有 $0 \leqslant a_{ij} \leqslant 1$，且对每个 $j = 1, \cdots, n$ 有 $\sum_{i=1}^{n} a_{ij} = 1$.

为对城市服务以及金融投资做出明智的长期规划，政府官员希望知道在久远的未来人口在城市之间是如何分布的，即他们希望知道对很大的 m，$p^{(m)}$ 的渐近性状. 但是由于 $p^{(m)} = A^m p^{(0)}$，我们就引导到研究 A^m 的渐近性状.

作为一个例子，我们来详细研究两个城市的情形. 我们有 $a_{11} + a_{21} = 1 = a_{12} + a_{22}$，所以如果记 $a_{21} = \alpha$ 以及 $a_{12} = \beta$，我们就有

$$A = \begin{bmatrix} 1-\alpha & \beta \\ \alpha & 1-\beta \end{bmatrix}$$

而且我们对 m 很大时 A^m 的性状感兴趣. 如果 A 可以对角化，我们就能用显式计算 A^m. 于是，我们首先来计算 A 的特征值：$\lambda_2 = 1$ 以及 $\lambda_1 = 1 - \alpha - \beta$. 由于 $0 \leqslant \alpha$，$\beta \leqslant 1$，我们有 $\lambda_2 = 1 \geqslant |\lambda_1| = |1-\alpha-\beta|$，所以 $1 = |\lambda_2| = \rho(A)$，而且 A 的谱半径就是 A 的一个特征值. 此外，除了在 $\alpha = \beta = 0$ 这一平凡的情形之外（在此情形 A 是可约的），我们看到 $\lambda_2 = \rho(A)$ 是 A 的一个单重特征值.

如果 $\alpha + \beta \neq 0$，则各自的特征值是 $x = [\beta \quad \alpha]^{\mathrm{T}}$（对 $\lambda_2 = 1$）以及 $z = [1 \quad -1]^{\mathrm{T}}$（对 λ_1），所以在这种情形 A 可以对角化，且有 $A = S\Lambda S^{-1}$，其中

$$\Lambda = \begin{bmatrix} 1 & 0 \\ 0 & 1-\alpha-\beta \end{bmatrix}, \quad S = \begin{bmatrix} \beta & 1 \\ \alpha & -1 \end{bmatrix} \text{以及} S^{-1} = \frac{1}{\alpha+\beta} \begin{bmatrix} 1 & 1 \\ \alpha & -\beta \end{bmatrix}$$

特征向量 x 的元素是非负的. 它们还是正的，如果 A 是不可约的.

如果 α 与 β 不同时为 1，那么 $|\lambda_1| = |1-\alpha-\beta| < 1$，所以当 $m \to \infty$ 时有 $\lambda_1^m \to 0$. 于是，在此情形我们有

$$\lim_{m \to \infty} A^m = S(\lim_{m \to \infty} \Lambda^m) S^{-1} = S \begin{bmatrix} 1 & 0 \\ 0 & 0 \end{bmatrix} S^{-1} = \frac{1}{\alpha+\beta} \begin{bmatrix} \beta & \beta \\ \alpha & \alpha \end{bmatrix}$$

所以平衡状态的人口分布

$$\lim_{m \to \infty} p^{(m)} = \frac{1}{\alpha + \beta} \begin{bmatrix} \beta & \beta \\ \alpha & \alpha \end{bmatrix} \begin{bmatrix} p_1^{(0)} \\ p_2^{(0)} \end{bmatrix} = \frac{p_1^{(0)} + p_2^{(0)}}{\alpha + \beta} \begin{bmatrix} \beta \\ \alpha \end{bmatrix}$$

与起始状态的分布无关. 矩阵 A^m 逼近一个极限, 这个极限矩阵的列与这样一个特征向量 x 成比例, 而 x 是与特征值 1(A 的谱半径)相伴的特征向量, 且极限状态的人口分布与这同一个特征向量成比例.

两种例外的情形容易单独分析. 如果 $\alpha = \beta = 0$, 那么 $A = I$, $\lim_{m \to \infty} A^m = I$, 且有 $\lim_{m \to \infty} p^{(m)} = p^{(0)}$, 所以极限分布与起始分布有关.

如果 $\alpha = \beta = 1$, 那么 $A = \begin{bmatrix} 0 & 1 \\ 1 & 0 \end{bmatrix}$, 且两个城市在接下来的日子里交换它们的全部人口. A 的幂不趋于于极限, 且人口分布也不趋向于极限, 如果开始的人口分布不相等. 然而, 存在一种含义, 在这种含义下可以达到"平均的平衡状态", 即有

$$\lim_{m \to \infty} \frac{1}{m} \sum_{k=1}^{m} A^k = \begin{bmatrix} 0.5 & 0.5 \\ 0.5 & 0.5 \end{bmatrix} \quad \text{以及} \quad \lim_{m \to \infty} \frac{1}{m} \sum_{k=1}^{m} p^{(k)} = \frac{p_1^{(0)} + p_2^{(0)}}{2} \begin{bmatrix} 1 \\ 1 \end{bmatrix}$$

习题 验证关于极限的这两个结论是正确的. ◀

作为总结, 在这个例子中我们发现以下诸结论.

1. 谱半径 $\rho(A)$ 是 A 的一个特征值, 它并不正好是一个特征值的绝对值.

2. 与特征值 $\rho(A)$ 相伴的特征向量 x 可以取为元素均为非负数的向量, 如果 A 是不可约的, 其元素还可以全取为正数.

3. 如果 A 的每个元素都是正的, 那么 $\rho(A)$ 是一个单重特征值, 它严格大于其他任何一个特征值的模.

4. 如果 A 的每个元素都是正的, 那么 $\lim_{m \to \infty} (A/\rho(A))^m$ 存在且是秩 1 矩阵, 它的每一列都与特征向量 x 成比例.

5. 即使 A 的某个元素为零, 极限 $\lim_{m \to \infty} (1/m) \sum_{k=1}^{m} (A/\rho(A))^k$ 也存在.

这些结论一般来说对 $n \geqslant 2$ 皆为真, 但是不可能用简单的直接方法对一般情形加以分析. 这需要新的工具, 我们将在这一章的其余部分建立这些新的工具.

问题

8.0.P1 证明: 矩阵 $A = \begin{bmatrix} 1 & 1 \\ 0 & 1 \end{bmatrix}$ 有谱半径 1, 且序列 A, A^2, A^3, $\cdots$ 是无界的.

8.0.P2 考虑矩阵 $A_\varepsilon = \begin{bmatrix} (1+\varepsilon)^{-1} & (1+\varepsilon)^{-1} \\ \varepsilon^2 (1+\varepsilon)^{-1} & (1+\varepsilon)^{-1} \end{bmatrix}$, $\varepsilon > 0$. (a)证明: $\lambda_2 = 1$ 是 A_ε 的单重特征值, $\rho(A) = \lambda_2 = 1$ 以及 $1 > |\lambda_1|$. (b)证明: $x = (1+\varepsilon)^{-1} [1 \ \ \varepsilon]^{\mathrm{T}}$ 以及 $y = (1+\varepsilon)(2\varepsilon)^{-1} [\varepsilon \ \ 1]^{\mathrm{T}}$ 分别是 A_ε 与 $A_\varepsilon^{\mathrm{T}}$ 的与特征值 $\lambda = 1$ 对应的特征向量. (c)显式计算 A_ε^m, $m = 1, 2, \cdots$. (d)证明 $\lim_{m \to \infty} A_\varepsilon^m = \frac{1}{2} \begin{bmatrix} 1 & \varepsilon^{-1} \\ \varepsilon & 1 \end{bmatrix}$. (e)计算 xy^{T} 并作出评论. (f)如果 $\varepsilon \to 0$, 会发生什么?

8.0.P3 如果一个 $n \times n$ 城市内部移民系数矩阵是不可约的, 对于民众的迁徙自由你能说些什么?

进一步的阅读参考 关于正的矩阵以及非负矩阵的性质的大量信息以及有关理论与应用文献的许多参考资料, 见 Berman 与 Plemmons(1994)以及 Seneta(1973). Varga(2000)一书包含了关于非负矩阵结果的一个综述, 其中特别侧重于对于数值分析的应用.

8.1 不等式以及推广

设 $A=[a_{ij}]\in M_{m,n}$ 以及 $B=[b_{ij}]\in M_{m,n}$，并定义 $|A|=[|a_{ij}|]$（按元素逐个取绝对值）. 如果 A 与 B 的元素均为实数，我们记

$$A\geqslant 0 \quad \text{如果所有 } a_{ij}\geqslant 0, \quad \text{以及 } A>0 \quad \text{如果所有 } a_{ij}>0$$
$$A\geqslant B \quad \text{如果 } A-B\geqslant 0, \quad \text{以及 } A>B \quad \text{如果 } A-B>0$$

反向的关系 $\leqslant$ 以及 $<$ 可以用类似的方法定义. 如果 $A\geqslant 0$，我们就称 A 是**非负的**（nonnegative）矩阵，而如果 $A>0$，我们就称 A 是**正的**（positive）矩阵. 下面的简单事实可以从定义直接推出来.

习题 设 A，$B\in M_{m,n}$. 证明以下结论.

(8.1.1) $|A|\geqslant 0$ 以及 $|A|=0$ 当且仅当 $A=0$ 时成立.

(8.1.2) 对所有 $a\in\mathbf{C}$ 有 $|aA|=|a||A|$.

(8.1.3) $|A+B|\leqslant|A|+|B|$.

(8.1.4) $A\geqslant 0$ 以及 $A\neq 0\Rightarrow A>0$ 仅当 $m=n=1$ 时成立.

(8.1.5) 如果 $A\geqslant 0$，$B\geqslant 0$ 且 $a,b\geqslant 0$，那么 $aA+bB\geqslant 0$.

(8.1.6) 如果 $A\geqslant B$ 以及 $C\geqslant D$，那么 $A+C\geqslant B+D$.

519

(8.1.7) 如果 $A\geqslant B$ 以及 $B\geqslant C$，那么 $A\geqslant C$.

命题 8.1.8 设给定 $A=[a_{ij}]\in M_n$ 以及 $x=[x_i]\in\mathbf{C}^n$.

(a) $|Ax|\leqslant|A||x|$.

(b) 假设 A 是非负的且有一行是正的. 如果 $|Ax|=A|x|$，那么就存在一个实数 $\theta\in[0,2\pi)$，使得 $\mathrm{e}^{-\mathrm{i}\theta}x=|x|$.

(c) 假设 x 是正的. 如果 $Ax=|A|x$，那么 $A=|A|$，所以 A 是非负的.

证明 (a) 此结论由三角不等式得出：对每个 $k=1,\cdots,n$ 有

$$|Ax|_k=\Big|\sum_j a_{kj}x_j\Big|\leqslant\sum_j|a_{kj}x_j|=\sum_j|a_{kj}||x_j|=(|A||x|)_k \quad (8.1.8.1)$$

(b) 假设条件是 $A\geqslant 0$，$a_{k1},\cdots,a_{kn}$ 全都是正的，而且 $|Ax|=A|x|$. 那么 $|Ax|_k=\big|\sum_j a_{kj}x_j\big|=\sum_j a_{kj}|x_j|=(A|x|)_k$. 这就是三角不等式 (8.1.8.1) 中等式成立的情形，所以存在一个 $\theta\in\mathbf{R}$，使得对每个 $j=1,\cdots,n$ 都有 $\mathrm{e}^{-\mathrm{i}\theta}a_{kj}x_j=a_{kj}|x_j|$，见附录 A. 由于每一个 a_{kj} 都是正的，由此推得对每一个 $j=1,\cdots,n$ 都有 $\mathrm{e}^{-\mathrm{i}\theta}x_j=|x_j|$，即 $\mathrm{e}^{-\mathrm{i}\theta}x=|x|$.

(c) 我们有 $|A|x=\mathrm{Re}(|A|x)=\mathrm{Re}(Ax)=(\mathrm{Re}A)x$，所以 $(|A|-\mathrm{Re}A)x=0$. 但是 $|A|-\mathrm{Re}A\geqslant 0$ 且 $x>0$，所以 (8.1.1) 确保有 $|A|=\mathrm{Re}A$. 这样就有 $A=|A|\geqslant 0$. $\qquad\square$

习题 设 A，B，C，$D\in M_n$，x，$y\in\mathbf{C}^n$，又设 $m\in\{1,2,\cdots\}$. 证明以下结论.

(8.1.9) $|AB|\leqslant|A||B|$.

(8.1.10) $|A^m|\leqslant|A|^m$.

(8.1.11) 如果 $0\leqslant A\leqslant B$ 且 $0\leqslant C\leqslant D$，那么 $0\leqslant AC\leqslant BD$.

(8.1.12) 如果 $0\leqslant A\leqslant B$，那么 $0\leqslant A^m\leqslant B^m$.

(8.1.13) 如果 $A\geqslant 0$，那么 $A^m\geqslant 0$；如果 $A>0$，那么 $A^m>0$.

(8.1.14) 如果 $A>0$，$x\geqslant 0$ 以及 $x\neq 0$，那么 $Ax>0$.

(8.1.15) 如果 $A \geqslant 0$，$x > 0$ 以及 $Ax = 0$，那么 $A = 0$.

(8.1.16) 如果 $|A| \leqslant |B|$，那么 $\|A\|_2 \leqslant \|B\|_2$.

(8.1.17) $\|A\|_2 = \||A|\|_2$. ◀

当然，(8.1.16)和(8.1.17)中的结论对矩阵上的任何绝对向量范数（而不仅仅是对 Frobenius 范数）都成立. 这些事实的第一个应用是关于谱半径的一个不等式.

定理 8.1.18 设 A，$B \in M_n$，并假设 B 是非负的. 如果 $|A| \leqslant B$，那么 $\rho(A) \leqslant \rho(|A|) \leqslant \rho(B)$.

证明 借助于(8.1.10)以及(8.1.12)，对每个 $m = 1$，2，$\cdots$ 我们有 $|A^m| \leqslant |A|^m \leqslant B^m$. 于是(8.1.16)以及(8.1.17)确保对每个 $m = 1$，2，$\cdots$ 有

$$\|A^m\|_2 \leqslant \||A|^m\|_2 \leqslant \|B^m\|_2 \quad \text{以及} \quad \|A^m\|_2^{1/m} \leqslant \||A|^m\|_2^{1/m} \leqslant \|B^m\|_2^{1/m}$$

如果我们现在令 $m \to \infty$ 并应用 Gelfand 公式(5.6.14)，我们就得到 $\rho(A) \leqslant \rho(|A|) \leqslant \rho(B)$. □

推论 8.1.19 设 A，$B \in M_n$ 是非负的. 如果 $0 \leqslant A \leqslant B$，那么 $\rho(A) \leqslant \rho(B)$.

推论 8.1.20 设 $A = [a_{ij}] \in M_n$ 是非负的.

(a) 如果 $\widetilde{A}$ 是 A 的主子矩阵，那么 $\rho(\widetilde{A}) \leqslant \rho(A)$.

(b) $\max_{i=1,\cdots,n} a_{ii} \leqslant \rho(A)$.

(c) $\rho(A) > 0$，如果 A 的任何一个主对角元素都是正的.

证明 (a) 如果 $r = n$，则没有什么要证明的. 假设 $1 \leqslant r < n$，设 $\widetilde{A}$ 是 A 的一个 $r \times r$ 方的主子矩阵，又设 P 是一个置换矩阵，使得 $PAP^T = \begin{bmatrix} \widetilde{A} & B \\ C & D \end{bmatrix}$. 上一个定理就确保有

$$\rho(\widetilde{A}) = \rho(\widetilde{A} \oplus 0_{n-r}) = \rho\left(\begin{bmatrix} \widetilde{A} & 0 \\ 0 & 0 \end{bmatrix}\right) \leqslant \rho\left(\begin{bmatrix} \widetilde{A} & B \\ C & D \end{bmatrix}\right) = \rho(PAP^T) = \rho(A)$$

(b) 取 $r = 1$ 就看出对所有 $i = 1$，$\cdots$，n 都有 $a_{ii} \leqslant \rho(A)$.

(c) $\rho(A) \geqslant \max_{i=1,\cdots,n} a_{ii} > 0$. □

习题 对于(8.1.20)中的不等式来说，A 是非负的这一假设条件是基本重要的. 考虑 $A = \begin{bmatrix} 1 & 1 \\ -1 & -1 \end{bmatrix}$. 是否有 $1 \leqslant \rho(A)$？ ◀

习题 如果 $A > 0$，为什么有 $\rho(A) > 0$？ ◀

由于对于非负矩阵的谱半径我们将有更好的上界，(8.1.18)对于求任意矩阵的谱半径来说将会是有用的.

引理 8.1.21 设 $A = [a_{ij}] \in M_n$ 是非负的. 那么就有 $\rho(A) \leqslant \|A\|_\infty = \max_{1 \leqslant i \leqslant n} \sum_{j=1}^{n} a_{ij}$

以及 $\rho(A) \leqslant \|A\|_1 = \max_{1 \leqslant j \leqslant n} \sum_{i=1}^{n} a_{ij}$. 如果 A 的所有的行和都相等，那么 $\rho(A) = \|A\|_\infty$；如果 A 所有的列和都相等，那么 $\rho(A) = \|A\|_1$.

证明 我们知道：对 A 的任何特征值 λ 以及任何矩阵范数 $\|\cdot\|$，都有 $|\lambda| \leqslant \rho(A) \leqslant \|A\|$. 如果 A 的所有的行和都相等，那么 $e = [1 \ \cdots \ 1]^T$ 就是 A 的具有特征值 $\lambda = \|A\|_\infty$ 的特征向量，所以有 $\|A\|_\infty = \lambda \leqslant \rho(A) \leqslant \|A\|_\infty$. 关于列和的命题可以对 A^T 用同样的

方法得出. □

非负矩阵的**最大的**行和是它的谱半径的一个**上界**；或许令人惊讶的是，**最小的**行和是一个**下界**.

定理 8.1.22 设 $A=[a_{ij}]\in M_n$ 是非负的. 那么就有

$$\min_{1\leqslant i\leqslant n}\sum_{j=1}^{n}a_{ij}\leqslant\rho(A)\leqslant\max_{1\leqslant i\leqslant n}\sum_{j=1}^{n}a_{ij} \qquad (8.1.23)$$

以及

521

$$\min_{1\leqslant j\leqslant n}\sum_{i=1}^{n}a_{ij}\leqslant\rho(A)\leqslant\max_{1\leqslant j\leqslant n}\sum_{i=1}^{n}a_{ij} \qquad (8.1.24)$$

证明 设 $\alpha=\min_{1\leqslant i\leqslant n}\sum_{j=1}^{n}a_{ij}$. 如果 $\alpha=0$，就设 $B=0$. 如果 $\alpha>0$，就定义 $B=[b_{ij}]$，设其中每一个 $b_{ij}=\alpha a_{ij}\left(\sum_{k=1}^{n}a_{ik}\right)^{-1}$. 那么就有 $A\geqslant B\geqslant 0$，且对所有 $i=1$，…，n 都有 $\sum_{j=1}^{n}b_{ij}=\alpha$. 上一个引理确保有 $\rho(B)=\alpha$，且(8.1.19)告诉我们有 $\rho(B)\leqslant\rho(A)$. (8.1.23)中的上界就是(8.1.21)中的范数的界. 列和的界可以将行和的界应用于 A^{T} 得出. □

推论 8.1.25 设 $A=[a_{ij}]\in M_n$. 如果 A 是非负的，且或者对所有 $i=1$，…，n 有 $\sum_{j=1}^{n}a_{ij}>0$，或者对所有 $j=1,\cdots,n$ 有 $\sum_{i=1}^{n}a_{ij}>0$，那么 $\rho(A)>0$. 特别地，如果 $n\geqslant 2$，就有 $\rho(A)>0$，而 A 是不可约的且是非负的.

习题 设 A，$B\in M_n$ 是非负的，并假设 $n\geqslant 2$. 假设 A 是不可约的，而 B 是正的. 说明为什么 A 不可能有为零的行或者为零的列，但是它所有的主对角元素都可以为零. 为什么 AB 是正的？ ◄

通过引进某些自由参数可以将上面的定理加以推广. 如果 $A\geqslant 0$，$S=\mathrm{diag}(x_1,\cdots,x_n)$，且所有 $x_i>0$，那么 $S^{-1}AS=[a_{ij}x_i^{-1}x_j]\geqslant 0$ 且 $\rho(A)=\rho(S^{-1}AS)$. 将(8.1.22)应用于 $S^{-1}AS$ 就产生出下面的结果.

定理 8.1.26 设 $A=[a_{ij}]\in M_n$ 是非负的. 那么对任何正的向量 $x=[x_i]\in\mathbf{R}^n$ 我们有

$$\min_{1\leqslant i\leqslant n}\frac{1}{x_i}\sum_{j=1}^{n}a_{ij}x_j\leqslant\rho(A)\leqslant\max_{1\leqslant i\leqslant n}\frac{1}{x_i}\sum_{j=1}^{n}a_{ij}x_j \qquad (8.1.27)$$

以及

$$\min_{1\leqslant j\leqslant n}x_j\sum_{i=1}^{n}\frac{a_{ij}}{x_i}\leqslant\rho(A)\leqslant\max_{1\leqslant j\leqslant n}x_j\sum_{i=1}^{n}\frac{a_{ij}}{x_i} \qquad (8.1.28)$$

推论 8.1.29 设 $A=[a_{ij}]\in M_n$ 是非负的，又设 $x=[x_i]\in\mathbf{R}^n$ 是一个正的向量. 如果 α，$\beta\geqslant 0$ 使得 $\alpha x\leqslant Ax\leqslant\beta x$，那么 $\alpha\leqslant\rho(A)\leqslant\beta$. 如果 $\alpha x<Ax$，那么 $\alpha<\rho(A)$；如果 $Ax<\beta x$，那么 $\rho(A)<\beta$.

证明 如果 $\alpha x\leqslant Ax$，那么 $\alpha x_i\leqslant(Ax)_i$，且有 $\alpha\leqslant\min_{1\leqslant i\leqslant n}x_i^{-1}\sum_{j=1}^{n}a_{ij}x_j$，所以上一定理就确保有 $\alpha\leqslant\rho(A)$. 如果 $\alpha x<Ax$，那么就存在某个 $\alpha'>\alpha$，使得 $\alpha x<\alpha'x\leqslant Ax$. 在此情形有 $\rho(A)\geqslant\alpha'>\alpha$. 上界可以用同样的方法验证. □

推论 8.1.30 设 $A \in M_n$ 是非负的. 如果 x 是 A 的一个正的特征向量, 那么 $\rho(A)$, x 是 A 的一个特征对; 也即: 如果 $A \geqslant 0$, $x > 0$ 以及 $Ax = \lambda x$, 那么 $\lambda = \rho(A)$.

证明 如果 $x > 0$ 且 $Ax = \lambda x$, 那么 $\lambda \geqslant 0$ 以及 $\lambda x \leqslant Ax \leqslant \lambda x$. 但这样 (8.1.29) 就确保有 $\lambda \leqslant \rho(A) \leqslant \lambda$. $\quad\square$

推论 8.1.31 设 $A = [a_{ij}] \in M_n$ 是非负的. 如果 A 有一个正的特征向量, 那么

$$\rho(A) = \max_{x>0} \min_{1\leqslant i \leqslant n} \frac{1}{x_i} \sum_{j=1}^{n} a_{ij} x_j = \min_{x>0} \max_{1\leqslant i \leqslant n} \frac{1}{x_i} \sum_{j=1}^{n} a_{ij} x_j \tag{8.1.32}$$

习题 证明上一个推论. 提示: 利用 (8.1.27) 中的正的特征向量. $\quad\blacktriangleleft$ | 522 |

推论 8.1.33 设 $A = [a_{ij}] \in M_n$ 是非负的, 并记 $A^m = [a_{ij}^{(m)}]$. 如果 A 有一个正的特征向量 $x = [x_i]$, 那么对所有 $m = 1, 2, \cdots$ 以及所有 $i = 1, \cdots, n$, 我们有

$$\sum_{j=1}^{n} a_{ij}^{(m)} \leqslant \left(\frac{\max_{1\leqslant k \leqslant n} x_k}{\min_{1\leqslant k \leqslant n} x_k} \right) \rho(A)^m \tag{8.1.34a}$$

以及

$$\left(\frac{\min_{1\leqslant k \leqslant n} x_k}{\max_{1\leqslant k \leqslant n} x_k} \right) \rho(A)^m \leqslant \sum_{j=1}^{n} a_{ij}^{(m)} \tag{8.1.34b}$$

如果 $\rho(A) > 0$, 那么对 $m = 1, 2, \cdots$, $[\rho(A)^{-1} A]^m$ 的元素是一致有界的.

证明 设 $x = [x_i]$ 是 A 的一个正的特征向量. 那么 (8.1.30) 确保有 $Ax = \rho(A)x$, 所以对每个 $m = 1, 2, \cdots$ 都有 $A^m x = \rho(A)^m x$. 由于对任意的 $i = 1, \cdots, n$ 有 $A^m \geqslant 0$, 我们就有

$$\rho(A)^m \max_{1\leqslant k \leqslant n} x_k \geqslant \rho(A^m) x_i = (A^m x)_i = \sum_{j=1}^{n} a_{ij}^{(m)} x_j \geqslant (\min_{1\leqslant k \leqslant n} x_k) \sum_{j=1}^{n} a_{ij}^{(m)}$$

由于 $\min_{1\leqslant k \leqslant n} x_k > 0$, 这就得到结论中对于 $\sum_{j=1}^{n} a_{ij}^{(m)}$ 所给出的上界:

$$\rho(A)^m \frac{\max_{1\leqslant k \leqslant n} x_k}{\min_{1\leqslant k \leqslant n} x_k} \geqslant \sum_{j=1}^{n} a_{ij}^{(m)}$$

结论中的下界可以用同样的方式得到. $\quad\square$

问题

8.1.P1 如果 $A \in M_n$ 是非负的, 且对某个正整数 k, A^k 是正的, 说明问什么 $\rho(A) > 0$.

8.1.P2 给出一个 2×2 矩阵 A 的例子, $A \geqslant 0$, A 不是正的, 且 $A^2 > 0$.

8.1.P3 假设 $A \in M_n$ 是非负的, 且不为零. 如果 A 有一个正的特征向量, 说明为什么 $\rho(A) > 0$.

8.1.P4 设 $A \in M_n$. 推论 5.6.13 确保对每个 $\varepsilon > 0$ 存在一个非负的矩阵 $C(A, \varepsilon)$, 使得对所有 $m = 1$, $2, \cdots$ 都有 $|A^m| \leqslant (\rho(A) + \varepsilon)^m C(A, \varepsilon)$. 如果假设 A 是非负的且有一个正的特征向量, 说明为什么存在一个非负的矩阵 $C(A)$, 使得对所有 $m = 1, 2, \cdots$ 都有 $|A^m| \leqslant \rho(A)^m C(A)$. 考虑 $A = \begin{bmatrix} 1 & 1 \\ 0 & 1 \end{bmatrix}$, 并说明为什么关于正特征向量的假设条件是不能去掉的.

8.1.P5 如果 $A \in M_n$ 是非负的且有一个正的特征向量, 证明: A 与一个非负矩阵对角相似, 这个非负矩阵的所有的行和都相等. 等于什么?

| 523 |

8.1.P6 给出一个例子来说明: 可约的非负矩阵可能有一个正的特征向量.

8.1.P7 设 $A = [a_{ij}] \in M_n$ 是非负的, 又设 $x = [x_i] \in \mathbf{R}^n$ 是一个正的向量.

(a) 说明为什么 (8.1.27) 可以改述为

$$\min_{1\leqslant i\leqslant n} \frac{(Ax)_i}{x_i} \leqslant \rho(A) \leqslant \max_{1\leqslant i\leqslant n} \frac{(Ax)_i}{x_i} \qquad (8.1.29)$$

(b) 证明：在(8.1.29)中选取 $x=e$(全 1 向量)就给出(8.1.23)中的界.

(c) 如果 A 有正的行和 $R_i=(Ae)_i$，$i=1,\cdots,n$，证明：在(8.1.29)中选取 $x=Ae$ 将导出改进的界

$$\min_{1\leqslant i\leqslant n} R_i \leqslant \min_{1\leqslant i\leqslant n} \frac{1}{R_i}\sum_{j=1}^n a_{ij}R_j \leqslant \rho(A) \leqslant \max_{1\leqslant i\leqslant n} \frac{1}{R_i}\sum_{j=1}^n a_{ij}R_j \leqslant \max_{1\leqslant i\leqslant n} R_i$$

8.1.P8 设 $A,B\in M_n$ 是非负的，并假设 $A\geqslant B\geqslant 0$. 证明：$|\!|\!|A|\!|\!|_2 \geqslant |\!|\!|B|\!|\!|_2$.

8.1.P9 设 $A\in M_n$. 利用(8.1.18)证明 $|\!|\!|A|\!|\!|_2 \leqslant |\!|\!|\,|A|\,|\!|\!|_2$.

8.1.P10 设 $A=[A_{ij}]_{i,j=1}^k\in M_n$，其中每一个 $A_{ij}\in M_{n_i,n_j}$ 且 $n_1+\cdots+n_k=n$. 设 $G(\cdot)$ 是 M_{n_i,n_j} 上的一个给定的向量范数，$1\leqslant i,j\leqslant k$，它与在所有 $\mathbf{C}^{n_i}$ 上给定的一个范数 $\|\cdot\|$ 是相容的，$1\leqslant i\leqslant k$ (5.7.12). 设 $\mathcal{A}=[G(A_{ij})]\in M_k$. (a)证明 $\rho(\mathcal{A})\leqslant\rho(A)$. (b)给出矩阵上的某些向量范数 $G(\cdot)$ 的例子，对于它们有界限 $\rho(A)\leqslant\rho(\mathcal{A})$ 成立，并请说明理由. (c)说明为什么(5.6.9(a))以及(8.1.18)是(a)的特例，在每一种情形请描述相应的分划、$G(\cdot)$ 以及 $\|\cdot\|$.

8.1.P11 设 $A=[a_{ij}]\in M_n$ 是非负的，σ 是 $\{1,\cdots,n\}$ 的一个给定的置换，又设 $\gamma=a_{1\sigma(1)}a_{2\sigma(2)}\cdots a_{n\sigma(n)}$. 证明：$\rho(A)\geqslant\gamma^{1/n}$. 这个不等式是有意思的，仅当存在一个 σ，使得 $\gamma>0$，这一情形当且仅当 $\Gamma(A)$ 包含一个长度为 n 的回路时才会发生.

8.2 正的矩阵

非负矩阵的理论呈现了正的矩阵的最简单也最精巧的形式，正是对于这种情形，Oskar Perron 于 1907 年发表了他的基本发现. 在展开这一理论时，我们首先讨论与最大模特征值相伴的特征向量的某些值得注意的性质.

引理 8.2.1 设 $A\in M_n$ 是正的. 如果 λ,x 是 A 的一组特征对，且 $|\lambda|=\rho(A)$，那么 $|x|>0$ 且有 $A|x|=\rho(A)|x|$.

证明 假设条件确保有 $z=A|x|>0$(8.1.14). 我们有 $z=A|x|\geqslant|Ax|=|\lambda x|=|\lambda||x|=\rho(A)|x|$，所以 $y=z-\rho(A)|x|\geqslant 0$. 如果 $y=0$，那么 $\rho(A)|x|=A|x|>0$，所以 $\rho(A)>0$ 且 $|x|>0$. 然而，如果 $y\neq 0$，(8.1.14)就再次确保有 $0<Ay=Az-\rho(A)A|x|=Az-\rho(A)z$，在此情形有 $Az>\rho(A)z$. 由(8.1.29)就推出 $\rho(A)>\rho(A)$，这是不可能的. 我们就得出结论 $y=0$. □

我们现在来从这个技术性的结果推导出有关正的矩阵的一个基本事实.

定理 8.2.2 如果 $A\in M_n$ 是正的，则存在正的向量 x 与 y，使得 $Ax=\rho(A)x$ 以及 $y^{\mathrm{T}}A=\rho(A)y^{\mathrm{T}}$.

证明 存在 A 的一组特征对 λ,x，使得 $|\lambda|=\rho(A)$. 上一个引理确保 $\rho(A)$，$|x|$ 也是 A 的一组特征对，且 $|x|>0$. 关于 y 的结论可以通过考虑 A^{T} 得到. □

习题 如果 $A\in M_n$ 且 $A>0$，利用(8.1.31)以及上一个定理说明为什么

$$\rho(A) = \max_{x>0}\min_i \frac{1}{x_i}\sum_{j=1}^n a_{ij}x_j = \min_{x>0}\max_i \frac{1}{x_i}\sum_{j=1}^n a_{ij}x_j \qquad (8.2.2a) \blacktriangleleft$$

在对(8.2.1)的结论作了加强之后，我们就能证明：正的矩阵的仅有的最大模特征值就是它的谱半径.

引理 8.2.3 设 $A\in M_n$ 是正的. 如果 λ,x 是 A 的一组特征对，且 $|\lambda|=\rho(A)$，那么

就存在一个 $\theta\in\mathbf{R}$，使得 $\mathrm{e}^{-\mathrm{i}\theta}x=|x|>0$.

证明 假设条件是：$x\in\mathbf{C}^n$ 是非零的，且 $|Ax|=|\lambda x|=\rho(A)|x|$；(8.2.1)就确保有 $A|x|=\rho(A)|x|$ 以及 $|x|>0$. 由于 $|Ax|=\rho(A)|x|=A|x|$，且 A 的某一(实际上是每一)行是正的，(8.1.8b)就确保存在一个 $\theta\in\mathbf{R}$，使得 $\mathrm{e}^{-\mathrm{i}\theta}x=|x|$. □

定理 8.2.4 设 $A\in M_n$ 是正的. 如果 λ 是 A 的一个特征值，且 $\lambda\neq\rho(A)$，那么 $|\lambda|<\rho(A)$.

证明 设 λ,x 是 A 的一组特征对，所以 $|\lambda|\leqslant\rho(A)$. 如果 $|\lambda|=\rho(A)$，(8.2.3)就确保对某个 $\theta\in\mathbf{R}$ 有 $w=\mathrm{e}^{-\mathrm{i}\theta}x>0$. 由于 $Aw=\lambda w$ 以及 $w>0$，由(8.1.30)就得出 $\lambda=\rho(A)$. □

如果 A 是正的，我们现在知道 $\rho(A)$ 是它的有严格最大模的特征值. 关于 $\rho(A)$ 的几何重数或者代数重数，你能有何结论？

定理 8.2.5 如果 $A\in M_n$ 是正的，那么 $\rho(A)$ 作为 A 的特征值的几何重数为 1.

证明 假设 $w,z\in\mathbf{C}^n$ 是非零的向量，它们满足 $Aw=\rho(A)w$ 以及 $Az=\rho(A)z$. 那么对某个 $\alpha\in\mathbf{C}$ 有 $w=\alpha z$. 引理 8.2.3 确保存在实数 θ_1 以及 θ_2，使得 $p=[p_i]=\mathrm{e}^{-\mathrm{i}\theta_1}z>0$ 以及 $q=[q_i]=\mathrm{e}^{-\mathrm{i}\theta_2}w>0$. 设 $\beta=\min_{1\leqslant i\leqslant n}q_i p_i^{-1}$ 以及 $r=q-\beta p$. 注意到 $r\geqslant 0$ 且 r 至少有一个元素为零. 如果 $r\neq 0$，那么 $0<Ar=Aq-\beta Ap=\rho(A)q-\beta\rho(A)p=\rho(A)(q-\beta p)=\rho(A)r$，所以 $\rho(A)r>0$ 以及 $r>0$，这是一个矛盾. 我们就得出结论：$r=0$，$q=\beta p$ 以及 $w=\beta\mathrm{e}^{\mathrm{i}(\theta_2-\theta_1)}z$. □

推论 8.2.6 设 $A\in M_n$ 是正的. 那么存在唯一的向量 $x=[x_i]\in\mathbf{C}^n$，使得 $Ax=\rho(A)x$ 以及 $\sum_i x_i=1$. 这样一个向量必定是正的.

习题 证明(8.2.6). ◀

在(8.2.6)中所刻画的那个唯一的标准化的特征向量称为 A 的 **Perron 向量**，有时也称为**右 Perron 向量**；$\rho(A)$ 称为 A 的 **Perron 根**. 当然，如果 A 是正的，那么矩阵 A^{T} 也是正的，所以上面关于 A 的特征向量的所有结果也适用于 A^{T}. A^{T} 的与特征值 $\rho(A)$ 对应的且经过标准化使满足 $\sum_i x_i y_i=1$ 的特征向量 $y=[y_i]$ 是正的，而且还是唯一的；它称为 A 的**左 Perron 向量**.

525

习题 如果 $A\in M_n$ 是正的，请仔细说明：为什么满足 $y^{\mathrm{T}}A=\rho(A)y^{\mathrm{T}}$ 的任意一个非零向量 y 都可以如同上一句话中所说的那样来标准化. 又为什么在如此标准化之后，它是正的且是唯一的. ◀

我们关于正的矩阵的谱半径最后一个结果是：它的代数重数也是 1. 接下来，正的矩阵的幂有一个非常特殊的渐近性质.

定理 8.2.7 设 $A\in M_n$ 是正的. 那么 $\rho(A)$ 作为 A 的特征值的代数重数是 1. 如果 x 与 y 是 A 的右以及左 Perron 向量，那么 $\lim_{m\to\infty}(\rho(A)^{-1}A)^m=xy^{\mathrm{T}}$，这是一个正的秩 1 矩阵.

证明 我们知道 $\rho(A)>0$，且 x 与 y 是正的向量，它们满足 $Ax=\rho(A)x$，$y^{\mathrm{T}}A=\rho(A)y^{\mathrm{T}}$ 以及 $y^*x=y^{\mathrm{T}}x=1$. 定理 1.4.12b 确保 $\rho(A)$ 的代数重数为 1，而(1.4.7b)则告诉我们：存在一个非奇异的 $S=[x\ \ S_1]$，使得 $S^{-*}=[y\ \ Z_1]$ 以及 $A=S([\rho(A)]\oplus B)S^{-1}$. 由于 $\rho(A)$ 是 A 的具有严格最大模的单重特征值，所以 $\rho(B)<\rho(A)$，即 $\rho(\rho(A)^{-1}B)<1$. 定理 5.6.12 确保有

$$\left(\frac{1}{\rho(A)}A\right)^m = S\begin{bmatrix} 1 & 0 \\ 0 & (\rho(A)^{-1}B)^m \end{bmatrix}S^{-1}$$

$$\to \begin{bmatrix} x & S_1 \end{bmatrix}\begin{bmatrix} 1 & 0 \\ 0 & 0_{n-1} \end{bmatrix}\begin{bmatrix} y^T \\ Z_1^T \end{bmatrix} = xy^T, \quad \text{当 } m \to \infty \text{ 时} \qquad (8.2.7a)\square$$

下面我们把在这一节里关于正的矩阵所得到的主要结果作一总结.

定理 8.2.8(Perron) 设 $A \in M_n$ 是正的.

(a) $\rho(A) > 0$.

(b) $\rho(A)$ 是 A 的代数重数为 1 的单重特征值.

(c) 存在唯一的实向量 $x = [x_i]$, 使得 $Ax = \rho(A)x$ 以及 $x_1 + \cdots + x_n = 1$, 这个向量是正的.

(d) 存在唯一的实向量 $y = [y_i]$, 使得 $y^T A = \rho(A)y^T$ 以及 $x_1 y_1 + \cdots + x_n y_n = 1$, 这个向量是正的.

(e) 对 A 的每个满足 $\lambda \neq \rho(A)$ 的特征值 λ, 都有 $|\lambda| < \rho(A)$.

(f) 当 $m \to \infty$ 时有 $(\rho(A)^{-1}A)^m \to xy^T$.

Perron 定理有许多应用, 其中的一个展示出任意一个复方阵的特征值包容集. 这个包容集是由谱半径以及控制非负矩阵的主对角元素所决定的.

定理 8.2.9(樊畿) 设 $A = [a_{ij}] \in M_n$. 假设 $B = [b_{ij}] \in M_n$ 是非负的, 且对所有的 $i \neq j$ 都有 $b_{ij} \geq |a_{ij}|$. 那么 A 的每个特征值都在 n 个圆盘的并集

$$\bigcup_{i=1}^n \{z \in \mathbf{C}: |z - a_{ii}| \leq \rho(B) - b_{ii}\} \qquad (8.2.9a)$$

之中. 特别地, A 是非奇异的, 如果对所有 $i = 1, \cdots, n$ 都有 $|a_{ii}| > \rho(B) - b_{ii}$.

证明 首先假设 $B > 0$. 定理 8.2.8 确保存在一个正的向量 x, 使得 $Bx = \rho(B)x$, 从而

$$\sum_{j \neq i} |a_{ij}||x_j| \leq \sum_{j \neq i} b_{ij}x_j = \rho(B)x_i - b_{ii}x_i, \quad \text{对每一个 } i = 1, \cdots, n$$

这样一来, 我们就有

$$\frac{1}{x_i}\sum_{j \neq i} |a_{ij}||x_j| \leq \rho(B) - b_{ii}, \quad \text{对每一个 } i = 1, \cdots, n$$

这个结果由 (6.1.6)(取 $p_i = x_i$) 得出.

如果 B 的某个元素为零, 就考虑 $B_\epsilon = B + \epsilon J_n$(对 $\epsilon > 0$). 那么对所有 $i \neq j$ 都有 $b_{ij} + \epsilon > |a_{ij}|$, 所以樊畿关于 B_ϵ 的特征值包容集就是 n 个形如 $\{z \in \mathbf{C}: |z - a_{ii}| \leq \rho(B_\epsilon) - (b_{ii} + \epsilon)\}$ 的圆盘的并集. 关于非负的 B 的结论现在就从结论 $\rho(B_\epsilon) - (b_{ii} + \epsilon) \to \rho(B) - b_{ii}$(当 $\epsilon \to 0$ 时) 得出.

如果对所有 $i = 1, \cdots, n$ 都有 $|a_{ii}| > \rho(B) - b_{ii}$, 那么 $z = 0$ 不在集合 (8.2.9a) 中. $\square$

(8.2.8) 的 (f) 保证了某种极限的存在. (8.2.7) 的证明以及 (5.6.13) 中的界给出了收敛速率的一个上界:

$$\|(\rho(A)^{-1}A)^m - xy^T\|_\infty = \left\|S\begin{bmatrix} 1 & 0 \\ 0 & (\rho(A)^{-1}B)^m \end{bmatrix}S^{-1}\right\|_\infty \leq Cr^m \qquad (8.2.10)$$

其中 r 是开区间 $(|\lambda_{n-1}|/\rho(A), 1)$ 中的任意一个实数, C 是一个与 r 以及正的矩阵 A 有关的正的常数, 而 $|\lambda_{n-1}| = \max\{|\lambda|: \lambda \in \sigma(A) \text{ 且 } \lambda \neq \rho(A)\}$ 则是 A 的模第二大的特征值的模,

有时称它为**第二特征值**(secondary eigenvalue). 已知

$$\frac{|\lambda_{n-1}|}{\rho(A)} \leqslant \frac{1-\kappa^2}{1+\kappa^2} \tag{8.2.11}$$

其中 $\kappa = \min\{a_{ij}: i, j = 1, \cdots, n\}/\max\{a_{ij}: i, j = 1, \cdots, n\}$. 这个上界容易计算，且可以用来作为(8.2.10)中的速率参数 r.

问题

8.2.P1 如果 $A \in M_n$ 是正的，试详细描述 A^m 当 $m \to \infty$ 时的渐近性状.

8.2.P2 (6.1.8)后面的第二个习题涉及一个 2×2 的正的矩阵. 借助于(8.2.2)后面那个习题来讨论该习题.

8.2.P3 将这一节里导出的结果(它们没有作出关于可对角化的假设)应用于矩阵 $A = \begin{bmatrix} 1-\alpha & \beta \\ \alpha & 1-\beta \end{bmatrix}$, $0 < \alpha$, $\beta < 1$, 并与(8.0)中所达到的结论相比较. 利用(8.2.8b)来说明为什么 A 的特征值必定是不相同的.

8.2.P4 考虑如同(8.0)中描述的那样有 $n > 2$ 个城市的一般性的城市内部移民模型. 如果所有的移民系数 a_{ij} 都是正的，那么当 $m \to \infty$ 时人口分布 $p^{(m)}$ 的渐进形状如何?

8.2.P5 设 $A, B \in M_n$, 并假设 $A > B > 0$. 利用 $\rho(B)$ 的"min max"特征刻画(8.2.2a)证明 $\rho(A) > \rho(B)$.

8.2.P6 如果 $A \in M_n$ 是正的. 又如果 $x = [x_i]$ 是它的 Perron 向量，说明为什么 $\rho(A) = \sum_{i,j=1}^{n} a_{ij} x_j$.

527

8.2.P7 设 $n \geqslant 2$ 且 $A \in M_n$ 是非奇异的. 如果 A 是正的，证明：A^{-1} 不可能是非负的. 如果 A 是非负的，证明：仅当 A 的每一列中恰好只有一个非零的元素时，A^{-1} 才是非负的. 这样的矩阵与置换矩阵有何关系?

8.2.P8 设 $A \in M_n$ 是正的. 设 x 与 y 是正的向量(不一定是 Perron 向量)，使得 $Ax = \rho(A)x$ 以及 $A^T y = \rho(A)y$. 说明为什么 $(\rho(A)^{-1}A)^m \to (y^T x)^{-1} xy^T$.

8.2.P9 设 $A \in M_n$ 是正的，又设 $x = [x_i]$ 是 A 的 Perron 向量. (a)假设**或者**有 $\min_i \sum_{j=1}^{n} a_{ij} = \rho(A)$, **或者**有 $\max_i \sum_{j=1}^{n} a_{ij} = \rho(A)$. 证明 $x_1 = \cdots = x_n$ 并导出结论：A 的**每个**行和都等于 $\rho(A)$. (b)考虑两个基本的不等式(8.1.23). 说明为什么或者两个不等式都是严格不等式，或者两者都是等式. 此外，或者 A 的每个行和都相同，或者两个不等式都是严格不等式. 关于不等式对(8.1.24)，(8.1.27)以及(8.1.28)有何结论?

8.2.P10 假设 $A = [a_{ij}] \in M_n$ 既是正的又是对称的，且恰好有一个正的特征值. 证明：对所有 $i, j = 1, \cdots, n$, 都有 $a_{ij} \geqslant \sqrt{a_{ii}a_{jj}} \geqslant \min(a_{ii}, a_{jj})$.

8.2.P11 设 $A \in M_n$ 是正的，而 $\rho(A)$ 是它的谱半径，又设 $x = [x_i]$ 以及 y 是正的向量，它们满足 $Ax = \rho(A)x$ 以及 $y^T A = \rho(A)y^T$. 我们知道 $\rho(A)$ 的几何重数为 1. 设 $D = \mathrm{diag}(x_1, \cdots, x_n)$, $B = D^{-1}AD$, 又设 $p_B(t) = p_A(t)$ 是它的特征多项式. 对于下面结论的另一种论证方法提供证明细节：(i)$\rho(A)$ 的代数重数为 1 以及 (ii)对某个 $\gamma > 0$ 有 $\mathrm{adj}(\rho(A)I - A) = \gamma xy^T$. (a)$B$ 是正的且与 A 有同样的特征值. (b)B 的每一个行和都等于 $\rho(A) = \rho(B)$. (c)$p_B(\rho(B)) = 0$, 为了证明 $\rho(B)$ 是**单重特征值**，只要证明 $p'_B(t)|_{t=\rho(B)} \neq 0$ 就够了. (d)$p'_B(t) = \mathrm{tradj}(tI - B) = \sum_i p_{B_i}(t)$ (0.8.10.2), 其中 $B_i = B[\{i\}^c]$ 是 B 的 $n-1$ 阶主子矩阵. (e)每一个 B_i 的每一个行和都严格小于 $\rho(B)$, 所以每一个 $\rho(B_i) < \rho(B)$. (f)每一个 $p_{B_i}(t)$ 都在 $\rho(B_i)$ 有最大的实零点，且当 $t \to \infty$ 时有 $p_{B_i}(t) \to +\infty$, 所以每一个 $p_{B_i}(\rho(B)) > 0$. (g)$p'_B(t)|_{t=\rho(B)} > 0$. (h)$\mathrm{adj}(\rho(A)I - A) = \gamma xy^T$ (1.4.11).

(i) $p'_B(t)\big|_{t=\rho(B)} = \mathrm{tr\,adj}(\rho(A)I-A) = \gamma y^{\mathrm{T}}x \Rightarrow \gamma > 0$. (j) 如果 A 的异于 $\rho(A)$ 的特征值是 λ_2, $\cdots$, λ_n, 说明为什么 $\gamma = (\rho(A)-\lambda_2)\cdots(\rho(A)-\lambda_n)/y^{\mathrm{T}}x$, 并利用这个表达式说明为什么 $\gamma > 0$.

8.2.P12 下面给出正的矩阵 $A \in M_n$ 的谱半径是其代数重数为 1 的特征值这一结论的证明, 请对它提供证明细节. (a)如同在上一问题中那样定义 $B = D^{-1}AD$, 所以 B 是正的且与 A 有同样的特征值, 而且 B 的每个行和都等于 $\rho(A)$. (b)对于最大行和矩阵范数, 我们有 $|||B|||_1 = \rho(B)$. (c)(5.6.P38)以及(8.2.5).

8.2.P13 设 $A \in M_n$ 是正的. 证明 $\rho(A) = \lim_{m\to\infty}(\mathrm{tr}A^m)^{1/m}$.

8.2.P14 设 $A \in M_n$ 是正的. 说明为什么(a)$\mathrm{adj}(\rho(A)I-A)$ 是正的; (b)$\mathrm{adj}(\rho(A)I-A)$ 的每一列都是 A 的 Perron 向量的一个正的倍数; (c)$\mathrm{adj}(\rho(A)I-A)$ 的每一行都是 A 的左 Perron 向量的一个正的倍数. 如果 $\rho(A)$ 已知, 这些结论就提供了一个算法来计算 A 的左以及右 Perron 向量, 而无须求解任何线性方程组.

8.2.P15 设 A, $B \in M_n(\mathbf{R})$. 假设 $0 \leqslant A \leqslant B$, 但是 $A \neq B$, 所以 A 的某个(非负的)元素严格小于 B 的对应的元素. 这样(8.1.9)就确保有 $\rho(A) \leqslant \rho(B)$. (a)考虑 $A = \begin{bmatrix} 0 & 1 \\ 0 & 0 \end{bmatrix}$ 以及 $B = \begin{bmatrix} 0 & 2 \\ 0 & 0 \end{bmatrix}$, 证明: $\rho(A) = \rho(B)$ 是可能的. (b)然而如果 B 是正的, 利用(8.2.8)证明 $\rho(A) < \rho(B)$.

8.2.P16 设 $A \in M_n$ 是正的, 又设 $x \in \mathbf{R}^n$ 是 A 的一个非负且非零的特征向量. 参考(1.4.P6)以及双正交性原理来说明为什么 x 不可能是 A 的与任何异于 $\lambda = \rho(A)$ 的特征值相伴的特征向量. 为什么它必定是正的向量?

进一步的阅读参考 有关比值 $|\lambda_{n-1}|/\rho(A)$ 的许多不同的界限, 包括界(8.2.11)在内, 请见 U. Rothblum 与 C. Tan, Upper bounds on the maximum modulus of subdominant eigenvalues of nonnegative matrices, *Linear Algebra Appl.* 66(1985)45 $-$ 86.

8.3 非负的矩阵

上一节里所展开的这个理论的哪一个部分可以(看来要通过适当的极限方法)推广到非正的非负矩阵上去? Perron 定理中仅有的可以通过取极限来推广的结果包含在下述定理中.

定理 8.3.1 如果 $A \in M_n$ 是非负的, 那么 $\rho(A)$ 是 A 的一个特征值, 且存在一个非负的非零向量 x, 使得 $Ax = \rho(A)x$.

证明 对任何 $\varepsilon > 0$, 定义 $A(\varepsilon) = A + \varepsilon J_n$. 设 $x(\varepsilon) = [x(\varepsilon)_i]$ 是 $A(\varepsilon)$ 的 Perron 向量, 所以 $x(\varepsilon) > 0$ 且有 $\sum_{i=1}^n x(\varepsilon)_i = 1$. 由于向量集合 $\{x(\varepsilon): \varepsilon > 0\}$ 包含在紧集 $\{x: x \in \mathbf{C}^n, \|x\|_1 \leqslant 1\}$ 之中, 所以存在满足 $\lim_{k\to\infty}\varepsilon_k = 0$ 的单调递减的序列 $\varepsilon_1 \geqslant \varepsilon_2 \geqslant \cdots$, 使得 $\lim_{k\to\infty}x(\varepsilon_k) = x$ 存在. 由于对于所有 $k = 1$, 2, $\cdots$ 都有 $x(\varepsilon_k) > 0$ 以及 $\|x(\varepsilon_k)\|_1 = 1$, 故而极限向量 $x = \lim_{k\to\infty}x(\varepsilon_k)$ 必定是非负且非零的(的确有 $\|x\|_1 = 1$). 定理 8.1.18 就确保对所有 $k = 1$, 2, $\cdots$ 都有 $\rho(A(\varepsilon_k)) \geqslant \rho(A(\varepsilon_{k+1})) \geqslant \cdots \geqslant \rho(A)$, 所以 $\rho = \lim_{k\to\infty}\rho(A(\varepsilon_k))$ 存在, 且有 $\rho \geqslant \rho(A)$. 然而, $x \neq 0$ 且有

$$Ax = \lim_{k\to\infty}A(\varepsilon_k)x(\varepsilon_k) = \lim_{k\to\infty}\rho(A(\varepsilon_k))x(\varepsilon_k) = \lim_{k\to\infty}\rho(A(\varepsilon_k))\lim_{k\to\infty}x(\varepsilon_k) = \rho x$$

所以 ρ 是 A 的一个特征值. 由此推出 $\rho \leqslant \rho(A)$, 所以 $\rho = \rho(A)$. $\qquad\square$

谱半径的变分特征(8.1.32)的"max min"部分有一个对非负矩阵以及非负向量的推广. 为了得到它, 我们来证明(8.1.29)的对非负矩阵以及非负向量仍然正确的那一半结论.

定理 8.3.2 设 $A \in M_n$ 是非负的，又设 $x \in \mathbf{R}^n$ 是非负的且是非零的. 如果 $\alpha \in \mathbf{R}$ 且 $Ax \geqslant \alpha x$，那么 $\rho(A) \geqslant \alpha$.

证明 设 $A = [a_{ij}]$，$\varepsilon > 0$，并定义 $A(\varepsilon) = A + \varepsilon J_n > 0$. 那么 $A(\varepsilon)$ 就有一个正的左 Perron 向量 $y(\varepsilon)$：$y(\varepsilon)^T A(\varepsilon) = \rho(A(\varepsilon)) y(\varepsilon)^T$. 给定 $Ax - \alpha x \geqslant 0$，所以 $A(\varepsilon)x - \alpha x > Ax - \alpha x \geqslant 0$，从而 $y(\varepsilon)^T (A(\varepsilon)x - \alpha x) = (\rho(A(\varepsilon)) - \alpha) y(\varepsilon)^T x > 0$. 由于 $y(\varepsilon)^T x > 0$，我们就有 $\rho(A(\varepsilon)) - \alpha > 0$（对所有 $\varepsilon > 0$）. 但是当 $\varepsilon \to 0$ 时有 $\rho(A(\varepsilon)) \to \rho(A)$，所以我们断定有 $\rho(A) \geqslant \alpha$. □

推论 8.3.3 如果 $A \in M_n$ 是非负的，那么

$$\rho(A) = \max_{\substack{x \geqslant 0 \\ x \neq 0}} \min_{\substack{1 \leqslant i \leqslant n \\ x_i \neq 0}} \frac{1}{x_i} \sum_{j=1}^n a_{ij} x_j \tag{8.3.3a}$$

证明 设 x 是任意一个非零非负的向量，又设 $\alpha = \min_{x_i \neq 0} \sum_j a_{ij} x_j / x_i$. 那么 $Ax \geqslant \alpha x$，所以上一个定理确保有 $\rho(A) \geqslant \alpha$，从而

$$\rho(A) \geqslant \max_{\substack{x \geqslant 0 \\ x \neq 0}} \min_{\substack{1 \leqslant i \leqslant n \\ x_i \neq 0}} \frac{1}{x_i} \sum_{j=1}^n a_{ij} x_j$$

现在利用 (8.3.1) 来选取一个非零非负的 x，使得 $Ax = \rho(A)x$，它表明等式对 $\alpha = \rho(A)$ 可以取到. □

习题 考虑 $A = \begin{bmatrix} 1 & 0 \\ 0 & 2 \end{bmatrix}$ 以及 $x = \begin{bmatrix} 1 \\ 0 \end{bmatrix}$. 说明为什么 (8.1.29) 中的蕴含关系 $Ax \geqslant \alpha x \Rightarrow \rho(A) \geqslant \alpha$ 不一定正确，如果非负的向量 x 不是正的. 证明：(8.1.32) 中 "min max" 特征刻画对非负矩阵不一定正确. ◀

上一个习题中的矩阵没有正的左特征向量或者右特征向量. 具有正的左特征向量或者右特征向量的非负矩阵有某些特殊的性质.

定理 8.3.4 设 $A \in M_n$ 是非负的. 假设存在一个正的向量 x 以及一个非负的实数 λ，使得或者有 $Ax = \lambda x$，或者有 $x^T A = \lambda x^T$. 那么就有 $\lambda = \rho(A)$.

证明 假设 $x = [x_i] \in \mathbf{R}^n$ 且 $Ax = \lambda x$. 设 $D = \mathrm{diag}(x_1, \cdots, x_n)$ 并定义 $B = D^{-1} A D$，它与 A 有同样的特征值. 那么 $Be = D^{-1} A De = D^{-1} Ax = \lambda D^{-1} x = \lambda e$，所以非负矩阵 B 的每一个行和都等于 λ. 由 (8.1.21) 就推出 $\rho(B) = \lambda$. 如果 $x^T A = \lambda x^T$，就对 A^T 应用这个方法. □

习题 设 $A \in M_n$ 是非负的. 说明为什么：(a) A 的每一个列（行）和都等于 1，当且仅当 $e^T A = e^T (Ae = e)$；(b) 如果 $e^T A = e^T$，那么对每个 $m = 2, 3, \cdots$ 都有 $e^T A^m = e^T$（如果 $Ae = e$，那么 $A^m e = e$）；(c) 在 (b) 中的某一种假设条件下，A^m 的每一个元素都介于零与 1 之间（对每个 $m = 1, 2, \cdots$），所以 A 是幂有界的. ◀

定理 8.3.5 假设 $A \in M_n$ 是非负的，且有一个正的左特征向量.

(a) 如果 $x \in \mathbf{R}^n$ 是非零的且有 $Ax \geqslant \rho(A)x$，那么 x 是 A 的与特征值 $\rho(A)$ 对应的特征向量.

(b) 如果 $A \neq 0$，那么 $\rho(A) > 0$，且 A 的每一个满足 $|\lambda| = \rho(A)$ 的特征值 λ 都是半单的，即 A 的每一个与最大模特征值对应的 Jordan 分块都是 1×1 的.

证明 设 y 是 A 的一个正的左特征向量. 则上面的定理确保有 $A^T y = \rho(A)y$.

529

530

(a) 我们知道 $x \neq 0$ 以及 $Ax - \rho(A)x \geq 0$. 我们需要证明 $Ax - \rho(A)x = 0$. 如果 $Ax - \rho(A)x \neq 0$, 那么 $y^{\mathrm{T}}(Ax - \rho(A)x) > 0$. 然而, $y^{\mathrm{T}}(Ax - \rho(A)x) = \rho(A)y^{\mathrm{T}}x - \rho(A)y^{\mathrm{T}}x = 0$, 这是一个矛盾.

(b) 由于 y 是正的, 而 A 是非零且非负的, 故而 $y^{\mathrm{T}}A$ 的某个元素是正的. 由此, 恒等式 $y^{\mathrm{T}}A = \rho(A)y^{\mathrm{T}}$ 就确保有 $\rho(A) > 0$. 设 $D = \mathrm{diag}(y_1, \cdots, y_n)$ 以及 $B = \rho(A)^{-1}DAD^{-1}$. 只要证明 B 的每一个模为 1 的特征值都是半单的就够了. 计算给出 $e^{\mathrm{T}}B = \rho(A)^{-1}e^{\mathrm{T}}DAD^{-1} = \rho(A)^{-1}y^{\mathrm{T}}AD^{-1} = \rho(A)^{-1}\rho(A)yD^{-1} = e^{\mathrm{T}}$. 上一个习题确保非负矩阵 B 的每一个列和都是 1, 所以 B 是幂有界的, 而结论就由(3.2.5.2)得出. □

习题　假设 A 有一个与特征值 $\rho(A)$ 对应的正的右特征向量, 在此假设条件之下重新叙述并证明上一个定理. ◀

习题　给出一个例子来证明: 上一个定理中 A 是非负的这一假设条件不能去掉. 提示: $A = \begin{bmatrix} 1 & -1 \\ 2 & -2 \end{bmatrix}$ 以及 $x = e$. ◀

如果 $A \in M_n$ 是非负的, 它的特征值 $\rho(A)$ 称为 A 的 **Perron 根**. 因为与非负矩阵的 Perron 根相伴的特征向量(即使它是标准化化的)不一定是唯一确定的, 所以对于非负矩阵就没有 "Perron 向量" 这样一个有良好确定性的概念. 例如, 每个非零的非负向量都是非负矩阵 $A = I$ 的与其 Perron 根 $\rho(A) = 1$ 相伴的特征向量.

问题

8.3.P1　用例子来证明: (8.2.11)中的不包含在(8.3.1)中的各项结论对所有的非负矩阵而言一般并不为真.

8.3.P2　如果 $A \in M_n$ 是非负的, 且对某个 $k \geq 1$, A^k 是正的, 证明 A 有一个正的特征向量.

8.3.P3　如果 $A = [a_{ij}] \in M_n$ 是非负的且是三对角的, 证明 A 所有的特征值都是实的.

8.3.P4　用例子来证明(8.1.30)的如下推广是错误的: 如果 $A \in M_n$ 是非负的, 且有一个非负的特征向量 x, 那么 $Ax = \rho(A)x$.

8.3.P5　考虑 $A = \begin{bmatrix} 0 & 1 \\ 0 & 1 \end{bmatrix}$ 以及 $x = [1 \quad 2]^{\mathrm{T}}$. 说明: 如果我们略去 A 有一个正的左特征向量这一假设条件, 为什么(8.3.5)不一定为真.

8.3.P6　设 $A \in M_n$ 是非负的且是非零的. (a)如果 A 与一个正的矩阵 B 可交换, 证明: B 的左 Perron 向量以及右 Perron 向量分别是 A 的与特征值 $\rho(A)$ 相伴的左以及右特征向量. (b)将(a)中的结果与(1.3.19)中的信息进行比较与对照. (c)如果 A 有正的左以及右特征向量, 证明: 存在一个正的矩阵与 A 可交换.

8.3.P7　假设 $A \in M_n$ 是非负的. (a)如果 A 有一个非负的特征向量, 它有 $r \geq 1$ 个正的元素以及 $n-r$ 个零元素, 证明: 存在一个置换矩阵 P, 使得 $P^{\mathrm{T}}AP = \begin{bmatrix} B & C \\ 0 & D \end{bmatrix}$ 是非负的, $B \in M_r$, $D \in M_{n-r}$, 且 B 有一个正的特征向量. 如果 $r < n$, 证明结论: A 是可约的. (b)说明为什么 A 是不可约的充分必要条件是: 它**所有**非负的特征向量都是正的.

8.3.P8　设 $A \in M_n$ 是非负的. 利用上一个问题来证明: 或者 A 是不可约的, 或者存在一个置换矩阵 P, 使得

$$P^{\mathrm{T}}AP = \begin{bmatrix} A_1 & & \bigstar \\ & \ddots & \\ 0 & & A_k \end{bmatrix} \qquad (8.3.6)$$

是分块上三角矩阵，且每一个对角分块都是不可约的(有可能是 1×1 的零矩阵). 这就是 A 的一个**不可约正规型**(irreducible normal form)(也称为 Frobenius 正规型). 注意到 $\sigma(A) = \sigma(A_1) \cup \cdots \cup \sigma(A_k)$(计入重数)，所以非负矩阵的特征值是零(重数任意)再添上有限多个非负非零的不可约矩阵的谱. 有关它们的谱的特殊性质，见(8.4.6). A 的不可约正规型不一定是唯一的.

8.3.P9 对角线外的元素全都是非负数的矩阵 $A = [a_{ij}] \in M_n(\mathbf{R})$ 称为是**本性非负的**(essentially nonnegative). 如果 A 是本性非负的，说明为什么存在某个 $\lambda > 0$，使得 $\lambda I + A \geqslant 0$. 利用这个结论以及(8.3.1)证明：如果 $A \in M_n$ 是本性非负的，那么 A 就有一个实的特征值 $r(A)$，常称为 A 的**强特征值**(dominant eigenvalue)，它具有性质：对 A 的每一个特征值 λ_i 都有 $r(A) \geqslant \mathrm{Re}\lambda_i$. 证明：$r(A)$ 不一定是 A 的具有最大模的特征值，但是如果 A 是非负的，那么就有 $r(A) = \rho(A)$.

8.3.P10 设 $A \in M_n$ 是非负的，并考虑实对称的非负矩阵 $H(A) = \dfrac{1}{2}(A + A^{\mathrm{T}})$. 证明 $\rho(A) \leqslant \lambda_{\max}(H(A))$.

8.3.P11 假设 $A \in M_n$ 是非负的. (a)说明为什么它的特征多项式可以分解成 $p_A(t) = (t - \rho(A))g(t)$，其中 $g(t) = t^{n-1} + \gamma_1 t^{n-2} + \gamma_2 t^{n-3} + \cdots$，而 $\gamma_1 = \rho(A) - \mathrm{tr}A$. 于是，$\gamma_1 = 0$ 当且仅当 $\mathrm{tr}A = \rho(A)$. (b)如果 $n = 3$ 且 $\mathrm{tr}A = \rho(A) > 0$，说明为什么 A 的特征值是 $\rho(A)$ 以及 $\pm\sqrt{\det A / \rho(A)}$，后者或者是实数，或者是纯虚数. (c)**魔方**(magic square)是 $n \times n$ 的正的矩阵，它的元素是从 1 到 n^2 之间的不同的整数；所有的行和与列和，以及主对角线与反对角线上的元素之和都相等. 如果 $A \in M_n$ 是一个魔方，说明为什么 $\rho(A) = \dfrac{1}{2}n(n^2 + 1)$ 是 A 的一个特征值，且有 $p_A(t) = (t - \rho(A))(t^{n-1} + \gamma_2 t^{n-3} + \cdots)$.

8.3.P12 设 $A \in M_n$ 是非负的. 我们断言 $\mathrm{adj}(\rho(A)I - A)$ 是非负的. 对下面的证明提供细节：(a)如果 r 是实数且 $r > \rho(A)$，证明 $\det(rI - A) > 0$. (b)如果 $r > \rho(A)$，证明 $(rI - A)^{-1}$ 是正的. (c)如果 $r > \rho(A)$，由(a)以及(b)导出结论：$\mathrm{adj}(rI - A) > 0$. (d)导出结论：$\mathrm{adj}(\rho(A)I - A) \geqslant 0$.

8.3.P13 设 $A \in M_n$ 是非负的. (a)如果 $\rho(A)$ 的几何重数大于 1，说明为什么 $\mathrm{adj}(\rho(A)I - A) = 0$. (b)如果 $\rho(A)$ 的代数重数大于 1，$\mathrm{adj}(\rho(A)I - A)$ 可以不为零，但是为什么 $\mathrm{adj}(\rho(A)I - A)$ 的每一个主对角线元素都是零？

8.3.P14 设 $A \in M_n$ 是非负的. 说明为什么(a)$\rho(A)$ 的几何重数有可能大于 1，但这仅当 $\rho(A)I - A$ 的每一个子式都为零时才会发生；(b)$\rho(A)$ 的代数重数有可能大于 1，但这仅当 $\rho(A)I - A$ 的每一个主子式都为零时才会发生.

8.3.P15 设 $A = [a_{ij}] \in M_n(\mathbf{R})$. 假设对所有 $i \neq j$ 都有 $a_{ij} \leqslant 0$，并假设 A 的每一个实的特征值都是正的，这样一个矩阵就称为是一个 $M-$**矩阵**(M-matrix). 对 A^{-1} 是非负的这一结论的如下证明概述提供细节：(a)设 $\mu = \max a_{ii}$，所以 $\mu > 0$；(b)$B = \mu I - A$ 是非负的，且 $\rho(B)$ 是 B 的一个特征值；(c)$\mu - \rho(B)$ 是 A 的一个特征值，所以 $\mu > \rho(B)$；(d)$A^{-1} = \mu^{-1} \displaystyle\sum_{k=0}^{\infty} \mu^{-k}B^k \geqslant 0$. 这个问题的一种特殊情形，见(7.2.P31).

8.3.P16 设 $A, B \in M_n(\mathbf{R})$. (a)证明：A 是非奇异的且 A^{-1} 是非负的，当且仅当只要 $x, y \in \mathbf{R}^n$ 以及 $Ax \geqslant Ay$，就有 $x \geqslant y$. (b)A 称为是**单调的矩阵**(monotone matrix)，如果它满足(a)中等价的条件中的任何一个. 如果 A 与 B 是单调的矩阵，证明 AB 是单调的矩阵. (c)说明为什么每一个 $M-$矩阵都是单调的矩阵.

进一步的阅读参考 关于非负矩阵的特征值的可能性的结果，参见 C. R. Johnson, R. B. Kellogg 以及 A. B. Stephens, Complex eigenvalues of a nonnegative matrix with a specified graph II, *Linear Multilinear Algebra* 7(1979)129-143，以及 C. R. Johnson, Row stochastic matrices similar to doubly stochastic matrices, *Linear Multilinear Algebra* 10(1981)113-130. Bapat 与 Raghavan(1997)一书对有关非负矩阵的

结果是一部包罗万象的参考文献. 有关 M–矩阵的 18 个等价的特征刻画，见 Horn 与 Johnson(1991) 一书的 2.5 节.

8.4 不可约的非负矩阵

对于没有元素为零的矩阵的结果，常常可以推广到不可约的矩阵上去，这是一个有用的且有启发意义的原理. 在第 6 章里基本的 Geršgorin 定理的拓广中我们就已经看到过这个原理的一个例子，现在我们来展示另外一个例子. 其基本思想在 (6.2.24) 中就已经确立了，我们将有关的那部分结果重新叙述在这里.

引理 8.4.1 设 $A \in M_n$ 是非负的. 那么 A 是不可约的，当且仅当 $(I+A)^{n-1} > 0$. ◀

习题 说明为什么 $A \in M_n$ 是不可约的，当且仅当 A^{T} 是不可约的.

我们还需要下面两个引理.

引理 8.4.2 设 $\lambda_1, \cdots, \lambda_n$ 是 $A \in M_n$ 的特征值. 那么 $\lambda_1+1, \cdots, \lambda_n+1$ 是 $I+A$ 的特征值，且 $\rho(I+A) \leqslant \rho(A)+1$. 如果 A 是非负的，那么 $\rho(I+A) = \rho(A)+1$.

证明 第一个结论是 (2.4.2) 的推论. 我们有 $\rho(I+A) = \max_{1 \leqslant i \leqslant n} |\lambda_i+1| \leqslant \max_{1 \leqslant i \leqslant n} |\lambda_i|+1 = \rho(A)+1$. 然而，如果 $A \geqslant 0$，那么 (8.3.1) 就确保 $\rho(A)+1$ 是 $I+A$ 的一个特征值. 故而在此种情形有 $\rho(I+A) = \rho(A)+1$. □

引理 8.4.3 如果 $A \in M_n$ 是非负的，且对某个 $m \geqslant 1$，A^m 是正的，那么 $\rho(A)$ 是 A 的仅有的最大模特征值，它是正的且代数重数为 1.

证明 设 $\lambda_1, \cdots, \lambda_n$ 是 A 的特征值. 那么 $\lambda_1^m, \cdots, \lambda_n^m$ 是 A^m 的特征值. 定理 8.2.8 确保 $\lambda_1^m, \cdots, \lambda_n^m$ 中恰好有一个等于 $\rho(A^m) = \rho(A)^m$，它是正的；所有剩下的特征值的模都严格小于 $\rho(A^m)$. 这样一来，$\lambda_1, \cdots, \lambda_n$ 中就有 $n-1$ 个的模严格小于 $\rho(A)$；(8.3.1) 就确保 $\rho(A)$ 是剩下来的那个特征值. □

现在我们来研究 Perron 定理中有多少可以推广到非负的不可约矩阵. Frobenius 的名字与将关于正的矩阵的 Perron 的结果推广到非负矩阵关联在一起.

定理 8.4.4(Perron-Frobenius) 如果 $A \in M_n$ 是不可约的且是非负的，又假设 $n \geqslant 2$.

(a) $\rho(A) > 0$.

(b) $\rho(A)$ 是 A 的代数重数为 1 的单重特征值.

(c) 存在唯一的实向量 $x = [x_i]$，使得 $Ax = \rho(A)x$ 以及 $x_1 + \cdots + x_n = 1$，这个向量是正的.

(d) 存在唯一的实向量 $y = [y_i]$，使得 $y^{\mathrm{T}}A = \rho(A)y^{\mathrm{T}}$ 以及 $x_1 y_1 + \cdots + x_n y_n = 1$，这个向量是正的.

证明 (a) 推论 8.1.25 表明：甚至在比可约性更弱的条件下也有 $\rho(A) > 0$.

(b) 如果 $\rho(A)$ 是 A 的一个多重特征值，那么 (8.4.2) 就确保 $\rho(A)+1 = \rho(I+A)$ 是 $I+A$ 的一个多重特征值，从而 $(1+\rho(A))^{n-1} = \rho((I+A)^{n-1})$ 是正的矩阵 $(I+A)^{n-1}$ 的一个多重特征值，这与 (8.2.8b) 矛盾.

(c) 定理 8.3.1 确保存在一个非负非零的向量 x，使得 $Ax = \rho(A)x$. 这样就有 $(I+A)^{n-1}x = (\rho(A)+1)^{n-1}x$，而由于 $(I+A)^{n-1}$ 是正的 (8.4.1)，由 (8.1.14) 就推出：$(I+A)^{n-1}x$，从而也有 $x = (\rho(A)+1)^{1-n}(I+A)^{n-1}x$ 是正的. 如果加上标准化 $e^{\mathrm{T}}x = 1$ 这一限

制条件，那么(b)就确保 x 是唯一的.

(d) 将(c)应用于 A^{T} 即可推出.   □

上面的定理确保具有 Perron 根的不可约非负矩阵 A 的左特征空间以及右特征空间是一维的.（8.4.4c)中的向量 x 就是 A 的(右)**Perron 向量**，而(8.4.4d)中的向量 y 则是它的**左 Perron 向量**.

定理 8.4.4(c~d)确保(8.1.30~8.1.33)以及(8.3.4~8.3.5)中的结果适用于不可约的非负矩阵. 谱半径的变分特征(8.1.32)有特别的重要性. 这些结论在(8.1.18)的下述推广中是至关重要的.

定理 8.4.5 设 A，$B\in M_n$. 假设 A 是非负的且是不可约的，又有 $A\geqslant|B|$. 设 $\lambda=\mathrm{e}^{\mathrm{i}\varphi}\rho(B)$ 是 B 的一个给定的最大模特征值. 如果 $\rho(A)=\rho(B)$，那么就存在一个对角的酉矩阵 $D\in M_n$，使得 $B=\mathrm{e}^{\mathrm{i}\varphi}DAD^{-1}$.

证明 设 x 是一个非零向量，它使得 $Bx=\lambda x$，又设 $\rho=\rho(A)=\rho(B)$. 那么

$$\rho|x| = |\lambda x| = |Bx| \leqslant |B||x| \overset{(a)}{\leqslant} A|x| \tag{8.4.5a}$$

定理 8.3.5 以及不等式 $A|x|\geqslant\rho|x|$ 蕴含 $A|x|=\rho|x|$，而(8.4.4)确保 $|x|$ 是正的.（8.4.5a)中不等式 (α) 中的等式告诉我们 $(A-|B|)x=0$. 由于 x 是正的，且 $A-|B|\geqslant 0$，所以(8.1.1)确保 $A=|B|$. 设 D 是满足 $x=D|x|$ 的唯一的对角酉矩阵. 则恒等式 $Bx=\lambda x=\mathrm{e}^{\mathrm{i}\varphi}\rho x$ 等价于恒等式 $BD|x|=\mathrm{e}^{\mathrm{i}\varphi}\rho D|x|$，即 $\mathrm{e}^{-\mathrm{i}\varphi}D^{-1}BDx=\rho|x|=A|x|=|B||x|$. 如果令 $C=\mathrm{e}^{-\mathrm{i}\varphi}D^{-1}BD$，我们就有 $C|x|=|C||x|$，所以(8.1.8c)就确保有 $C=|C|=|B|=A$. 从而有 $B=\mathrm{e}^{\mathrm{i}\varphi}DAD^{-1}$.   □

如果 A 是正的，Perron 定理确保 $\rho(A)$ 是 A 的唯一的最大模特征值. 如果 A 是非负的但不是正的，它或许还有异于 $\rho(A)$ 的最大模特征值. 然而，如果 A 也是不可约的，那么这些特征值(事实上是它**所有的**特征值)都按照正规的模式出现.

推论 8.4.6 设 $A\in M_n$ 是不可约的且是非负的，又假设它恰好有 k 个不同的最大模特征值.

(a)对每个 $p=0$，1，$\cdots$，$k-1$，A 都相似于 $\mathrm{e}^{2\pi\mathrm{i}p/k}A$.

(b)如果 $J_{m_1}(\lambda)\oplus\cdots\oplus J_{m_l}(\lambda)$ 是 A 的 Jordan 标准型的一个直和项，又如果 $p\in\{1,\cdots,k-1\}$，那么 $J_{m_1}(\mathrm{e}^{2\pi\mathrm{i}p/k}\lambda)\oplus\cdots\oplus J_{m_l}(\mathrm{e}^{2\pi\mathrm{i}p/k}\lambda)$ 也是 A 的 Jordan 标准型的一个直和项.

(c)A 的最大模特征值是 $\mathrm{e}^{2\pi\mathrm{i}p/k}\rho(A)$，$p=0$，$1$，$\cdots$，$k-1$，且它们每一个的代数重数均为 1.

证明 如果 $k=1$，就没有什么要证明的，所以假设 $k\geqslant 2$. 设 $\lambda_p=\mathrm{e}^{\mathrm{i}\varphi_p}\rho(A)$ $(p=0$，1，$\cdots$，$k-1)$ 是 A 的不同的最大模特征值，其中 $0=\varphi_0<\varphi_1<\varphi_2<\cdots<\varphi_{k-1}<2\pi$. 设 $S=\{\varphi_0=0$，φ_1，φ_2，$\cdots$，$\varphi_{k-1}\}$，它是 A 的最大模特征值的(恰好 k 个)不同的幅角组成的集合. 由于 A 是实的，它的特征值共轭成对出现，所以 $\varphi_{k-1}=2\pi-\varphi_1$，$\varphi_{k-2}=2\pi-\varphi_2$，等等，即对每一个 $\varphi_p\in S$，元素 $\varphi_{k-p}\in S$ 满足 $\varphi_{k-p}+\varphi_p=0(\mathrm{mod}2\pi)$.

现在对 $B=A$ 以及 $\lambda=\mathrm{e}^{\mathrm{i}\varphi_p}\rho(A)$ (对任意的 $p=0$，1，$\cdots$，$k-1$)来应用上面的定理. 我们发现 $A=B=\mathrm{e}^{\mathrm{i}\varphi_p}D_pAD_p^{-1}=D_p(\mathrm{e}^{\mathrm{i}\varphi_p}A)D_p^{-1}$，也就是说，对任何 $p=0$，1，$\cdots$，$k-1$，A 都与 $\mathrm{e}^{\mathrm{i}\varphi_p}A$ 相似. 这样一来，如果 $J_{m_1}(\lambda)\oplus\cdots\oplus J_{m_l}(\lambda)$ 是 A 的 Jordan 标准型的一个直和

534

项，那么 $J_{m_1}(\mathrm{e}^{i\varphi_p}\lambda) \oplus \cdots \oplus J_{m_l}(\mathrm{e}^{i\varphi_p}\lambda)$ 也是一个直和项. 如果我们将这个结论应用于 A 的与任意最大模特征值 $\lambda = \mathrm{e}^{i\varphi_q}\rho(A)$ 相伴的那部分 Jordan 标准型，并取 $p = k - q$，我们就发现

$$J_{m_1}(\mathrm{e}^{i(\varphi_{k-p}+\varphi_p)}\rho(A)) \oplus \cdots \oplus J_{m_l}(\mathrm{e}^{i(\varphi_{k-p}+\varphi_p)}\rho(A)) = J_{m_1}(\rho(A)) \oplus \cdots \oplus J_{m_l}(\rho(A))$$

是 A 的 Jordan 标准型的一个直和项. 然而，(8.4.4b)确保有 $l = 1$ 以及 $m_1 = 1$，也就是说，每一个最大模特征值都是单重的.

由于 A 与 $\mathrm{e}^{i\varphi_p}A$ 相似，也与 $\mathrm{e}^{i\varphi_q}A$ 相似，由此推出 A 与 $\mathrm{e}^{i(\varphi_p+\varphi_q)}A$ 相似(对任何 p，$q \in \{0, 1, \cdots, k-1\}$). 那就是说，对每一对元素 φ_p，$\varphi_q \in \mathcal{S}$，$\varphi_p + \varphi_q (\mathrm{mod}2\pi)$ 也在 $\mathcal{S}$ 中. 根据归纳法，我们可以推出：对所有 $r = 1, 2, \cdots$，$r\varphi_1 = \varphi_1 + \cdots + \varphi_1 (\mathrm{mod}2\pi)$ 在有限集合 $\mathcal{S}$ 中. $\mathcal{S}$ 的 $k+1$ 个元素 φ_1，$2\varphi_1$，$\cdots$，$k\varphi_1$，$(k+1)\varphi_1$ 不可能全都不相同，所以存在正整数 $r > s \geqslant 1$，使得 $r\varphi_1 = s\varphi_1(\mathrm{mod}2\pi)$，在此情形有 $1 < (r-s) \leqslant k$. 由此得出 $(r-s)\varphi_1 = 0 (\mathrm{mod}2\pi)$，即 $\mathrm{e}^{i(r-s)\varphi_1} = 1$，所以 $\mathrm{e}^{i\varphi_1}$ 是一个单位根. 设 p(必定在 $\{1, \cdots, k\}$ 中)是使得 $\mathrm{e}^{ip\varphi_1} = 1$ 成立的最小正整数. 选取任意一个 $\varphi_m \in \mathcal{S}$. 将区间 $[0, 2\pi)$ 分成 p 个半开的子区间 $[0, \varphi_1)$，$[\varphi_1, 2\varphi_1)$，$\cdots$，$[(p-1)\varphi_1, 2\pi)$. 由于 φ_m 在这些子区间的一个之中，故而存在某个整数 q，$0 \leqslant q \leqslant p-1$，使得 $q\varphi_1 \leqslant \varphi_m < (q+1)\varphi_1$，即 $0 \leqslant \varphi_m - q\varphi_1 < \varphi_1$. 由此推出 $\varphi_m - q\varphi_1 = 0$，这是因为 $\varphi_m - q\varphi_1 \in \mathcal{S}$ 且 φ_1 是 $\mathcal{S}$ 中最小的非零元素. 我们就得出结论：**每一个**元素 φ_m 都是 φ_1 的**某个**正整数倍数. 如果 $p < k$，在集合 $\{0, \varphi_1, 2\varphi_1, \cdots\}$ 中就会有少于 k 个不同的元素，而我们刚刚证明了这个集合包含 $\mathcal{S}$ 中的每个点. 我们就得出结论 $p = k$，$\varphi_m = 2\pi m/k$(对每个 $m = 0, 1, \cdots, k-1$)，而 A 的最大模特征值就是 $\rho(A)$，$\mathrm{e}^{2\pi i/k}\rho(A)$，$\cdots$，$\mathrm{e}^{2\pi i(k-1)/k}\rho(A)$. □

假设 $A \in M_n$ 是不可约的且是非负的，而且有 k 个最大模特征值. 上面的定理确保 A 在任何圆 $\{z \in \mathbf{C}: |z| = r > 0\}$ 上的特征值的个数(计入重数)是 k 的非负整数倍，有可能是零倍. 于是，k 必定是 A 的非零特征值的个数的一个因子.

习题 如果 $A \in M_n$ 是非负的，说明为什么对每个 $m = 1, 2, \cdots$ 都有 $\mathrm{tr}A^m \geqslant 0$. ◀

习题 谱半径为 1 的不可约的非负矩阵 $A \in M_3$ 能有特征值 1，i 以及 $-i$ 吗？如果去掉它是不可约的这一要求，它还能有那些特征值吗？提示：应用上面的推论；考虑 $\mathrm{tr}A^2$. ◀

推论 8.4.7 假设 $A \in M_n$ 是不可约的且是非负的. 如果 A 有 $k > 1$ 个最大模特征值，那么 A 的每一个主对角元素都是零. 此外，对每一个不被 k 整除的正整数 m，A^m 的每一个主对角元素都是零.

证明 设 $\varphi = 2\pi/k$. 推论 8.4.6a 确保 A 与 $\mathrm{e}^{i\varphi}A$ 相似，所以对每个 $m = 1, 2, 3, \cdots$，A^m 都与 $\mathrm{e}^{im\varphi}A^m$ 相似，且有 $\mathrm{tr}A^m = \mathrm{e}^{im\varphi}\mathrm{tr}A^m$. 由于 $\mathrm{e}^{im\varphi}$ 仅当 m 是 k 的整倍数时才是实的且是正的，但如果 A^m 有任何一个正的主对角元素且 m 不被 k 整除，这是不可能的. □

习题 假设 $A \in M_n$ 是不可约的且是非负的. 为了保证 $\rho(A)$ 是 A 的仅有的具有最大模的特征值，说明为什么只需要 A 至少有一个非零的主对角元素**就够了**. 考虑矩阵

$$\begin{bmatrix} 0 & 1 & 1 \\ 1 & 0 & 1 \\ 1 & 1 & 0 \end{bmatrix}$$

并说明为什么这个充分条件不是**必要的**. 你能找到一个 2×2 的例子吗？ ◀

(8.4.7)中的命题可以表述得更加确切：如果 $A \in M_n$ 是不可约的且是非负的，又有 $k >$

1 个最大模特征值，那么就存在一个置换矩阵 P，使得

$$PAP^{\mathrm{T}} = \begin{bmatrix} 0 & A_{12} & & 0 \\ \vdots & 0 & \ddots & \\ 0 & & \ddots & A_{k-1,k} \\ A_{k,1} & 0 & \cdots & 0 \end{bmatrix} \tag{8.4.8}$$

其中主对角的为零的分块是方的，见 Bapat 与 Raghavan(1997)一书中的定理 1.8.3.

问题

8.4.P1　用例子证明：在(8.2.11)中而不在(8.4.4)中的那部分结论一般来说对不可约的非负矩阵不成立.

8.4.P2　给出一个满足 $\rho(I+A)\neq\rho(A)+1$ 的 $A\in M_n$ 的例子. 对 A 给出一个条件，该条件对于 $\rho(I+A)=\rho(A)+1$ 来说是必要且充分的. 如果 A 是非负的，为什么这个条件就满足了呢？

8.4.P3　对于非负矩阵有一个正的特征向量这一结论来说，不可约性是充分的但不是必要的条件. 考虑 $\begin{bmatrix} 1 & 1 \\ 0 & 0 \end{bmatrix}$ 以及 $\begin{bmatrix} 1 & 0 \\ 1 & 0 \end{bmatrix}$ 来证明：可约的非负矩阵可能有也可能没有正的特征向量.

8.4.P4　如果 $n\geqslant2$，又如果 $A\in M_n$ 是不可约的且是非负的，证明矩阵 $(\rho(A)^{-1}A)^m$ 的元素当 $m\to\infty$ 时是一致有界的.

8.4.P5　如果 A，$B\in M_n$，那么 AB 与 BA 有同样的特征值. 考虑 $\begin{bmatrix} 0 & 1 \\ 0 & 1 \end{bmatrix}$ 以及 $\begin{bmatrix} 0 & 0 \\ 1 & 1 \end{bmatrix}$. 说明为什么(a)即使 A 与 B 是非负的，AB 有可能是不可约的，而 BA 是可约的；(b)不可约矩阵可以相似于(甚至酉相似于)一个可约的矩阵.

8.4.P6　证明：(8.3.P6a)中的结论仍然正确，如果 B 是正的这一假设条件代之以更弱的假设条件"B 是不可约的且是非负的".

8.4.P7　证明：多项式 $t^k-1=0$ 的友矩阵是一个有 k 个最大模特征值的 $k\times k$ 非负矩阵的例子. 概略描述这些特征值在复平面中的位置.

8.4.P8　设 p，q 以及 r 是给定的正整数. 构造一个 $p+q+r$ 阶的非负矩阵，它的最大模特征值全都是 p 次、q 次以及 r 次单位根.

8.4.P9　一个不可约的非负矩阵称为是**指数为 k 的循环矩阵**(cycle of index k)，如果它有 $k\geqslant1$ 个最大模特征值. 讨论这个术语的贴切之处.

8.4.P10　设 $A\in M_n$ 是指数为 $k\geqslant1$ 的循环矩阵，说明为什么它的特征多项式是 $p_A(t)=t^r(t^k-\rho(A)^k)(t^k-\mu_2^k)\cdots(t^k-\mu_m^k)$(对某个非负的整数 r 与 m 以及满足 $|\mu_i|<\rho(A)$ 的某些复数 μ_i，$i=2$，$\cdots$，m). 对 $p_A(t)$ 中为零以及非零的系数的模式作出评点，并以特征多项式的形式为基础，对 A 仅有一个最大模特征值给出一个判别法.

8.4.P11　设 $n>1$ 是素数. 如果 $A\in M_n$ 是不可约的、非负且非奇异的，说明为什么要么 $\rho(A)$ 是 A 的仅有的最大模特征值，要么 A 所有的特征值都有最大模.

8.4.P12　设 $p(t)$ 是一个形如(3.3.11)的多项式，其中 $a_0\neq0$，又设 $\widetilde{p}(t)=t^n-|a_{n-1}|t^{n-1}-\cdots-|a_1|t-|a_0|$. 证明：$\widetilde{p}(t)$ 有一个单的正的零点 r，它不小于 $\widetilde{p}(t)$ 或者 $p(t)$ 的任何零点的模. 关于 $\widetilde{p}(t)$ 的零点你有何结论，如果它恰好有 $k>1$ 个模为 r 的零点？

8.4.P13　设 $A=[a_{ij}]\in M_n$ 是不可约的且是非负的，又设 $x=[x_i]$ 以及 $y=[y_i]$ 分别是它的右 Perron 向量以及左 Perron 向量. (a)说明为什么对每个 i，$j\in\{1$，$\cdots$，$n\}$，$\rho(A)$ 都是 a_{ij} 的可微函数，以及为什么对每个 i，$j\in\{1$，$\cdots$，$n\}$ 都有 $\partial\rho(A)/\partial a_{ij}=x_iy_j$. (b)为什么对所有 i，$j\in\{1$，$\cdots$，$n\}$ 都有 $\partial\rho(A)/\partial a_{ij}>0$？

8.4. P14　设 A, $B \in M_n$ 是非负的, 并假设 A 是不可约的. (a)利用上一个问题证明: 如果 $B \neq 0$, 则有 $\rho(A+B) > \rho(A)$. (b)说明为什么 $A+B$ 是不可约的, 并利用(8.4.5)证明: 如果 $B \neq 0$, 则有 $\rho(A+B) > \rho(A)$.

8.4. P15　设 $A \in M_n$ 是非负的. (a)如果 A 是不可约的, 说明为什么 A 的任何非负的特征向量都是 A 的 Perron 向量的一个正的纯量倍数. (b)如果 A 有一对线性无关的非负特征向量, 说明为什么 A 必定是可约的?

8.4. P16　设 $A \in M_n$ 是非负的. (a)说明为什么 A 是不可约的, 当且仅当存在一个多项式 $p(t)$, 使得 $p(A)$ 的每一个元素都不为零. (b)如果 $p(t)$ 是一个次数不高于 d 的多项式, $p(A)$ 的每个元素都不为零, 说明为什么 $(I+A)^d > 0$. (c)假设 A 的极小多项式的次数为 m. 证明: A 是不可约的, 当且仅当 $(I+A)^{m-1} > 0$.

8.4. P17　设 $A \in M_n$ 是非负的且考虑在最小平方的意义下求 A 的一个秩 1 最佳逼近问题: 如果 AA^{T} 或者 $A^{\mathrm{T}}A$ 是不可约的, 求一个 $X \in M_n$, 使得 $\|A-X\|_2 = \min\{\|A-Y\|_2 : Y \in M_n$ 且 $\mathrm{rank}\, Y = 1\}$. 证明: 这样的 X 是非负的、唯一的, 且它由 $X = \sqrt{\rho(AA^{\mathrm{T}})}\, vw^{\mathrm{T}}$ 给出, 其中 v, $w \in \mathbf{R}^n$ 是 AA^{T} 以及 $A^{\mathrm{T}}A$ 的与特征值 $\rho(AA^{\mathrm{T}})$ 相伴的正的单位特征向量.

8.4. P18　对矩阵 $\begin{bmatrix} 1 & 1 \\ 1 & 1 \end{bmatrix}$, $\begin{bmatrix} 1 & 1 \\ 0 & 1 \end{bmatrix}$ 以及 $\begin{bmatrix} 0 & 0 \\ 1 & 1 \end{bmatrix}$ 中的每一个求一个最佳秩 1 最小平方逼近. 说明为什么当 $n > 1$ 时, $I \in M_n$ 的最佳秩 1 最小平方逼近不是唯一的.

8.4. P19　证明: (8.2. P9)中所有的结论在 A 是不可约的且是非负的这一较弱的假设条件之下是正确的.

8.4. P20　设给定 $n \geqslant 2$ 以及 $A \in M_n(\mathbf{R})$. (a)说明为什么 A^2 的每一个负的特征值的代数重数以及几何重数均

为偶数. (b)计算矩阵 $\begin{bmatrix} 0 & 2 \\ -1 & -\dfrac{1}{2} \end{bmatrix}$, $\begin{bmatrix} 0 & -1 & 1 \\ 0 & 0 & 1 \\ 0 & -1 & 0 \end{bmatrix}$ 以及 $\begin{bmatrix} 0 & 1 & \cdots & 1 & n \\ -1 & 0 & \cdots & 0 & 1 \\ \vdots & \vdots & \ddots & \vdots & \vdots \\ -1 & 0 & \cdots & 0 & 1 \\ -1 & -1 & \cdots & -1 & -\dfrac{n-1}{n} \end{bmatrix} \in M_n$

的平方. 这些矩阵中哪一个表明 $A^2 \leqslant 0$ 与 $A^2 \neq 0$ 是可能的, 但会有某些元素为零? 其中哪一个表明(对什么样的 n?)A^2 可以没有为零的元素且只有一个正的元素? (c)如果 $A^2 \leqslant 0$, 说明为什么 A^2 必定是可约的. (d)如果 $n > 2$, 且 A^2 的元素中至少有 $n^2 - n + 2$ 个是负的, 说明为什么 A^2 至少有一个正的元素.

8.4. P21　设 $A \in M_n$ 是不可约的且是非负的. (a)如果存在一个非负非零的向量 x 以及一个正的纯量 α, 使得 $Ax \leqslant \alpha x$, 证明 x 是正的. (b)由(a)推出结论: A 的任何非负的特征向量都是正的, 且是 A 的 Perron 向量的正的纯量倍数.

8.4. P22　设 x_1, $\cdots$, x_{n+2} 是 $\mathbf{R}^n$ 中给定的单位向量, 又设 $G = \{x_i^{\mathrm{T}} x_j\} \in M_{n+2}(\mathbf{R})$ 是它们的 Gram 矩阵. (a)如果 $I-G$ 是非负的, 证明: 它(从而 G 也)必定是可约的. (b)说明为什么在 $\mathbf{R}^n$ 中存在至多 $n+1$ 个向量, 使得它们中任意两个向量之间的夹角都大于 $\pi/2$.

8.4. P23　设 $A \in M_n$ 是不可约的且是非负的, 又设 x 与 y 分别是它的右以及左 Perron 向量. 说明为什么 $\mathrm{adj}(\rho(A)I - A)$ 是秩为 1 的正的矩阵 xy^{T} 的正的纯量倍数.

8.4. P24　设 $A \in M_n$ 是非负的, 并假设 $\rho(A) > 0$. 如果 λ 是 A 的一个最大模特征值, 利用(8.3.6)以及(8.4.6)证明: $\lambda / \rho(A) = e^{i\theta}$ 是一个单位根, 而且对每个 $p = 0$, 1, $\cdots$, $k-1$, $e^{ip\theta}\rho(A)$ 都是 A 的一个特征值. 用例子来说明这些都不一定是 A 的**仅有的**最大模特征值, 且它们不一定是单重的.

8.4. P25　矩阵 $A_1 = \begin{bmatrix} 0 & 1 \\ 1 & 0 \end{bmatrix}$ 表明: (8.2. P13)中的结果对非正的非负矩阵来说不一定成立. 说明为什么

$\lim_{m\to\infty}(\mathrm{tr}A_1^m)^{1/m}$ 不存在. 尽管如此, 我们有 $\limsup_{m\to\infty}(\mathrm{tr}A_1^m)^{1/m}=1=\rho(A_1)$. 下面给出这个极限结果对任何非负矩阵 A 为真的证明步骤, 请对此提供细节: 如果 $\rho(A)=0$, 说明为什么 $\lim_{m\to\infty}(\mathrm{tr}A^m)^{1/m}=\rho(A)$. 现在假设 $\rho(A)>0$. (a) $\mathrm{tr}A^m=\Big|\sum_{i=1}^{n}\lambda_i(A^m)\Big|\leqslant\Big|\sum_{i=1}^{n}\sigma_i(A^m)\Big|=\||A^m\||_{\mathrm{tr}}$, 其中 λ_i 是特征值, σ_i 是奇异值, 而 $\||\cdot\||_{\mathrm{tr}}$ 是迹范数, 见(5.6.42)后面的例子. (b) $\limsup_{m\to\infty}(\mathrm{tr}\ A^m)^{1/m}\leqslant\limsup_{m\to\infty}\||A^m\||_{\mathrm{tr}}^{1/m}=\rho(A)$. (c) 考虑 A 的一个不可约正规型 (8.3.6), 并设 $A_{i_1}\in M_{n_1}$, $\cdots$, $A_{i_g}\in M_{n_g}$ 全都是(8.3.6)中的对角分块, 它们满足 $\rho(A_i)=\rho(A)$. 如果 A_{i_1} 恰好有 k_1 个模为 $\rho(A)$ 的特征值, (8.4.6)就确保 $\rho(A)^{k_1}$ 是 $A_{i_1}^{k_1}$ 的一个重数为 k_1 的特征值, 且其他所有特征值都有严格更小的模. 那么对 $p=1$, 2, $\cdots$ 就有 $A_{i_1}^{pk_1}=\rho(A)^{pk_1}(k_1+o(1))$, 其中 $o(1)$ 是当 $p\to\infty$ 时趋向于零的量. 构造一列正整数 $m_j\to\infty$, 使得对 $j=1$, 2, $\cdots$ 有 $\mathrm{tr}A_{i_1}^{m_j}+\cdots+\mathrm{tr}A_{i_g}^{m_j}=(k_1+\cdots+k_g+o(1))\rho(A)^{m_j}$. (d) 对每个 $j=1$, 2, $\cdots$ 有 $\mathrm{tr}A^{m_j}\geqslant(k_1+\cdots+k_g+o(1))\rho(A)^{m_j}$. (e) 对任何给定的 $\varepsilon\in(0,1/2)$, 都有 $\limsup_{m\to\infty}(\mathrm{tr}A^m)^{1/m}\geqslant\lim_{m\to\infty}(k_1+\cdots+k_g-\varepsilon)^{1/m}\rho(A)$. (f) 导出结论: 如果 $A\in M_n$ 是非负的, 那么

$$\limsup_{m\to\infty}(\mathrm{tr}A^m)^{1/m}=\rho(A) \tag{8.4.9}$$

8.4.P26 设 $A\in M_n$ 是非负的, 又设 $x=[x_i]$ 以及 $y=[y_i]$ 是非负的向量, 它们满足 $Ax=\rho(A)x$ 以及 $y^{\mathrm{T}}A=\rho(A)y^{\mathrm{T}}$. 我们断言: A 是不可约的, 当且仅当 $\rho(A)I-A$ 没有为零的主子式, 当且仅当 $\mathrm{adj}(\rho(A)I-A)=cxy^{\mathrm{T}}$ 是正的. 对下面的论证提供细节: (a) 如果 A 是不可约的, 那么(8.4.4)就确保 $\rho(A)$ 是单重的, 且 $y=[y_i]$ 与 $x=[x_i]$ 是正的. 那么 $\mathrm{adj}(\rho(A)I-A)=cxy^{\mathrm{T}}$ 就是非负的且不为零, 它的主对角线元素是 cx_1y_1, $\cdots$, cx_ny_n, 它们都不是零, 所以它们都是正的且等于 $\rho(A)I-A$ 的主子式. 这样就有 $c>0$ 以及 $cxy^{\mathrm{T}}=\mathrm{adj}(\rho(A)I-A)>0$. (b) 反之, 如果 $\rho(A)I-A$ 没有为零的主子式, 那么 $\rho(A)$ 是单重的, $\mathrm{adj}(\rho(A)I-A)=cxy^{\mathrm{T}}$ 的主对角线是正的, 且 x, y 以及 c 中每一个都是正的. 问题(8.3.P7)确保 A 是不可约的.

539

8.5 本原矩阵

检查(8.2.7)的证明揭示出, 它对不可约的非负矩阵是成立的, 只要我们给出一个附加的假设条件: 不存在异于谱半径的最大模特征值. 这个性质如此重要, 它成为如下定义的动因.

定义 8.5.0 非负矩阵 $A\in M_n$ 称为是**本原的**(primitive), 如果它是不可约的, 且仅有一个非零的最大模特征值.

本原性这个概念属于 Frobenius(1912).

定理 8.5.1 如果 $A\in M_n$ 是非负的且是本原的, 又如果 x 与 y 分别是 A 的右以及左 Perron 向量, 那么 $\lim_{m\to\infty}(\rho(A)^{-1}A)^m=xy^{\mathrm{T}}$, 它是一个正的秩为 1 的矩阵.

证明 我们手边已经有证明(8.2.7)所需的所有工具: $\rho(A)$ 是一个单重特征值, 与之相伴的正的右以及左特征向量 x 与 y 满足 $x^{\mathrm{T}}y=1$. 我们可以执行分解(8.2.7a), 其中 B 的每一个特征值的模都严格小于 $\rho(A)$, 所以 $\lim_{m\to\infty}(\rho(A)^{-1}B)^m=0$ □

我们现在已经将 Perron 定理的全部结论都从正的矩阵类推广到了本原非负的矩阵类. 但在实际上如何才能无须计算出它的最大模特征值就可以判断出一个给定的不可约非负矩阵的本原性呢? 对于本原性的如下特征刻画, 虽然它本身并不是计算上有效的判别法, 却可以引导到若干有用的判别法.

定理 8.5.2 如果 $A\in M_n$ 是非负的, 那么 A 是本原的, 当且仅当对某个 $m\geqslant1$

有 $A^m > 0$.

证明 如果 A^m 是正的，则在 A 的有向图 $\Gamma(A)$ 的每一对结点之间都存在一条长为 m 的有向路径，所以 $\Gamma(A)$ 是强连通的，且 A 是不可约的. 此外，(8.4.3) 确保 A 不存在异于 $\rho(A)$ 的最大模特征值，$\rho(A)$ 是代数单重的. 反之，如果 A 是本原的，那么 $\lim_{m \to \infty} (\rho(A)^{-1}A)^m = xy^\mathrm{T} > 0$，所以存在某个 m，使得 $(\rho(A)^{-1}A)^m > 0$. $\square$

习题 如果 $A \in M_n$ 是非负的且是不可约的，又如果 $A^m > 0$，说明为什么对所有 $p = m+1$，$m+2$，$\cdots$ 都有 $A^p > 0$. ◀

上一个定理中的特征刻画以及 (8.4.6) 中关于非负不可约矩阵的最大模特征值的信息对于判断本原性提供了一个图论的判别法.

540

定理 8.5.3 设 $A \in M_n$ 是不可约的且是非负的，又设 P_1，$\cdots$，P_n 是有向图 $\Gamma(A)$ 的结点. 设 $L_i = \{k_1^{(i)}, k_2^{(i)}, \cdots\}$ 是 $\Gamma(A)$ 中所有起点与终点都在结点 P_i 处 $(i = 1, \cdots, n)$ 的有向路径的长度组成的集合. 设 g_i 是 L_i 中所有长度的最大公因子. 那么，A 是本原的当且仅当 $g_1 = \cdots = g_n = 1$.

证明 A 的不可约性蕴含没有一个集合 L_i 是空的：对每一个 i 以及对任意的 $j \neq i$，在 $\Gamma(A)$ 中都存在从 P_i 到 P_j 的一条路径；$\Gamma(A)$ 中也有从 P_j 到 P_i 的路径. 如果 A 是本原的，那么 (8.5.2) 就确保存在某个 $m \geq 1$，使得有 $A^m > 0$，从而对所有 $k \geq m$ 有 $A^k > 0$. 但这样就对每一个整数 $p \geq 1$ 以及每一个 $i = 1, \cdots, n$ 都有 $m + p \in L_i$，所以对所有 $i = 1, \cdots, n$ 都有 $g_i = 1$.

假设 $A = [a_{ij}]$ 不是本原的，且恰好有 $k > 1$ 个最大模特征值. 推论 8.4.8 确保对每一个不是 k 的整倍数的 m，A^m 都有为零的主对角线；对每一个这样的 m，$\Gamma(A)$ 中不存在起点与终点都在 $\Gamma(A)$ 的任何一个结点上的有向路径. 这样就有 $L_i \subset \{k, 2k, 3k, \cdots\}$，从而对每一个 $i = 1, \cdots, n$ 都有 $g_i \geq k > 1$. $\square$

Romanovsky 的一个定理对于上面的结果提供了进一步的解析：如果 $A \in M_n$ 是不可约的且是非负的，那么 $g_1 = g_2 = \cdots = g_n = k$ 正是 A 的最大模特征值的个数.

下面的结果在许多情形下都是有用的：特别地，它证明了有正的主对角线的不可约的非负矩阵必定是本原的.

引理 8.5.4 如果 $A \in M_n$ 是不可约的且是非负的，又如果它所有的主对角线元素都是正的，那么 $A^{n-1} > 0$，所以 A 是本原的.

证明 如果 A 的每个主对角线元素都是正的，设 $\alpha = \min\{a_{11}, \cdots, a_{nn}\} > 0$，并定义 $B = A - \mathrm{diag}(a_{11}, \cdots, a_{nn})$. 那么 B 是非负的且是不可约的（因为 A 是不可约的），又有 $A \geq \alpha I + B = \alpha(I + (1/\alpha)B)$. 这样一来，(8.4.1) 就确保有 $A^{n-1} \geq \alpha^{n-1}(I + (1/\alpha)B)^{n-1} > 0$. $\square$

习题 如果 $A \in M_n$ 是非负的且对角线上的元素为正数，又如果 A^m 的位于 (i, j) 处的元素是正的，说明为什么对每一个整数 $p \geq 1$，A^{m+p} 的位于 (i, j) 位置处的元素也是正的. ◀

尽管不可约非负矩阵的幂有可能是可约的，但是非负本原矩阵的所有的幂都是本原的.

引理 8.5.5 设 $A \in M_n$ 是非负的且是本原的. 那么对每个整数 $m \geq 1$，A^m 都是非负的且是本原的.

证明 由于 A 的所有充分大的幂都是正的，对任何 m，同样的结论对 A^m 也为真．如果 A^m 是可约的，那么对所有 $p=2$，3，$\cdots$，A^{mp} 也会是可约的，从而这些矩阵不可能是正的．这个矛盾表明 A 的任何幂都不可能是可约的． $\square$

(8.5.2)给出的特征刻画从计算上来说不是检验本原性的有效的判别法，因为还没有通过计算给出过幂的上界．下面的定理提供了一个有限的（但却大得令人沮丧的）上界．

定理 8.5.6 设 $A\in M_n$ 是非负的．如果 A 是本原的，那么对某个正整数 $k\leqslant(n-1)n^n$ 有 $A^k>0$．

证明 因为 A 是不可约的，故而在 $\Gamma(A)$ 中存在一条从结点 P_1 回到自身的有向路径；设 k_1 是最短的这样的路径，故而 $k_1\leqslant n$．矩阵 A^{k_1} 在它的 1，1 位置处有一个正的元素，且 A^{k_1} 的任何幂在 1，1 位置处也有一个正的元素．A 的本原性以及(8.5.5)确保 A^{k_1} 是不可约的，所以在 $\Gamma(A^{k_1})$ 中存在一条从结点 P_2 回到它自身的有向路径；设 $k_2\leqslant n$ 是最短的这种路径的长度．矩阵 $(A^{k_1})^{k_2}=A^{k_1 k_2}$ 在位置$(1,1)$ 以及$(2,2)$ 处有正的元素．继续这个过程沿着主对角线向下就得到一个矩阵 $A^{k_1\cdots k_n}$（其中每一个 $k_i\leqslant n$），它是不可约的且对角线元素都是正数．引理 8.5.4 确保 $(A^{k_1\cdots k_n})^{n-1}>0$．最后，注意有 $k_1\cdots k_n(n-1)\leqslant n^n(n-1)$． $\square$

如果 $A\in M_n$ 是非负的且是本原的，使得 $A^k>0$ 成立的最小的 k 称为 A 的**本原指数**(index of primitivity)，记为 $\gamma(A)$．我们知道有 $\gamma(A)\leqslant n^n(n-1)$，又如果 A 的主对角线元素都是正的，就有 $\gamma(A)\leqslant n-1$．下面的定理给出一个上界，它要比前面的界小得多，而如果 A 只有一个正的对角元素，它就仅仅是后者的两倍那么大．如果 $\Gamma(A)$ 中至少有一条长度为 s 的回路，且 $\Gamma(A)$ 中没有长度小于 s 的回路，我们就称 $\Gamma(A)$ 中**最短的回路长度**为 s．

定理 8.5.7 设 $A\in M_n$ 是非负的且是本原的，又假设 $\Gamma(A)$ 中最短的回路长度为 s．那么 $\gamma(A)\leqslant n+s(n-2)$，即 $A^{n+s(n-2)}>0$．

证明 因为 A 是不可约的，$\Gamma(A)$ 中的每一个结点都包含在一条回路中，且任何一条最短回路的长度都至多为 n．我们可以假设一条最短回路中的不同的结点是 P_1，P_2，$\cdots$，P_s．注意到 $n+s(n-2)=n-s+s(n-1)$，并考虑 $A^{n-s+s(n-1)}=A^{n-s}(A^s)^{n-1}$．分划 $A^{n-s}=\begin{bmatrix}X_{11} & X_{12}\\ X_{21} & X_{22}\end{bmatrix}$，其中 $X_{11}\in M_s$ 以及 $X_{22}\in M_{n-s}$．因为结点 P_1，$\cdots$，P_s 在 $\Gamma(A)$ 中组成一条回路，对每个正整数 m 以及任何 $i\in\{1,\cdots,s\}$，在 $\Gamma(A)$ 中都存在从 P_i 到**某个** P_j（其中 $j\in\{1,\cdots,s\}$）的长为 m 的有向路径．特别地，取 $m=n-s$，X_{11} 的每一行必定都包含至少一个正的元素．对每个 $i\in\{s+1,\cdots,n\}$，$\Gamma(A)$ 中存在一条从 P_i（它不在这条回路中）到在这条回路中的**某个**结点且长度为 $r\leqslant n-s$（不在这条回路中的结点的个数）的有向路径．如果 $r<n-s$，就可以绕这条回路再走 $n-s-r$ 步，从而得到 $\Gamma(A)$ 中从 P_i 到这条回路中的**某个**结点的长度恰好为 $n-s$ 的一条有向路径．由此推出：在 X_{21} 的每一行中都至少有一个非零的元素．

现在分划 $(A^s)^{n-1}=\begin{bmatrix}Y_{11} & Y_{12}\\ Y_{21} & Y_{22}\end{bmatrix}$，其中 $Y_{11}\in M_s$ 以及 $Y_{22}\in M_{n-s}$．因为 P_1，$\cdots$，P_s 在 $\Gamma(A)$ 中组成一条回路，所以在 $\Gamma(A^s)$ 的每一个结点 P_1，$\cdots$，P_s 中都存在一个圈．由于 A 是本原的，所以 A^s 也是本原的，从而它是不可约的．这样一来，对任何 i，$j\in\{1,\cdots,n\}$，$\Gamma(A^s)$ 中就都存在一条从 P_i 到 P_j 的长度至多为 $n-1$ 的有向路径．首先绕着在 P_i 的

圈走足够多的次数，我们就总能构造出这样一条长度恰好为 $n-1$ 的路径. 由此得到 $Y_{11}>0$ 以及 $Y_{12}>0$.

542

为了完成讨论，我们来计算

$$A^{n-s}(A^s)^{n-1} = \begin{bmatrix} X_{11} & X_{12} \\ X_{21} & X_{22} \end{bmatrix} \begin{bmatrix} Y_{11} & Y_{12} \\ Y_{21} & Y_{22} \end{bmatrix} \geqslant \begin{bmatrix} X_{11}Y_{11} & X_{11}Y_{12} \\ X_{21}Y_{11} & X_{21}Y_{12} \end{bmatrix}$$

并利用(8.1.14)导出结论 $A^{n-s}(A^s)^{n-1}>0$. □

(8.5.7)的一个推论是 H. Wielandt 的一个著名的结果，它对本原性指数给出一个很强的上界.

推论 8.5.8 (Wielandt)　设 $A \in M_n$ 是非负的，那么 A 是本原的，当且仅当 $A^{n^2-2n+2}>0$.

证明　如果 A 的某个幂是正的，那么 A 是本原的，所以只有相反的蕴含关系才是我们感兴趣的. 如果 $n=1$，结果是显然的，故我们假设 $n>1$. 如果 A 是本原的，那么它是不可约的，且在 $\Gamma(A)$ 中有回路存在. 如果 $\Gamma(A)$ 中最短回路的长度是 n，那么 $\Gamma(A)$ 中每一个回路的长度都是 n 的倍数，而(8.5.3)则告诉我们 A 不可能是本原的. 于是，$\Gamma(A)$ 中最短回路的长度是 $n-1$ 或者更小，所以(8.5.7)告诉我们 $\gamma(A) \leqslant n+s(n-2) \leqslant n+(n-1)(n-2)=n^2-2n+2$. □

Wielandt 给出一个例子(见(8.5.P4))证明了：对于有为零的主对角线的矩阵来说，界 $\gamma(A) \leqslant n^2-2n+2$ 已经是最好可能的了.

我们知道：如果 A 的主对角线元素是正的，那么，它是本原的当且仅当 $A^{n-1}>0$. 下面的 Holladay 与 Varga 的结果用到了(8.5.7)的证明中所用的思想，从而对于本原性指数给出一个界，如果其主对角线元素中有一些(但可能不是全部)是正的.

定理 8.5.9　设 $A \in M_n$ 是不可约的且是非负的，又假设 A 有 d 个正的主对角元素，$1 \leqslant d \leqslant n$. 那么就有 $A^{2n-d-1}>0$，即 $\gamma(A) \leqslant 2n-d-1$.

证明　在所陈述的假设下，A 必定是本原的，而且 $\Gamma(A)$ 有 d 条回路有(最小的)长度 1. 我们可以假设 $P_1, \cdots, P_d$ 是 $\Gamma(A)$ 中有圈的结点. 考虑 $A^{2n-d-1}=A^{n-d}(A^1)^{n-1}$ 并划分

$$A^{n-d} = \begin{bmatrix} X_{11} & X_{12} \\ X_{21} & X_{22} \end{bmatrix} \text{ 以及 } A^{n-1} = \begin{bmatrix} Y_{11} & Y_{12} \\ Y_{21} & Y_{22} \end{bmatrix}, \text{ 其中 } X_{11}, Y_{11} \in M_d \text{ 以及 } X_{22}, Y_{22} \in M_{n-d}.$$

(8.5.7)的证明中的方法表明：分块 X_{11} 与 X_{21} 的每一行都至少包含一个非零的元素，而分块 Y_{11} 与 Y_{12} 则是正的，从而 $A^{n-d}A^{n-1}$ 是正的. □

习题　证明：$A = \begin{bmatrix} 0 & 1 \\ 1 & 1 \end{bmatrix}$ 是本原的. 它的特征值是什么？计算由(8.5.7)以及(8.5.9)给出的 $\gamma(A)$ 的界. $\gamma(A)$ 的精确值是什么？ ◀

如果我们希望验证一个给定的非负矩阵是本原的，就能检验出它是不可约的，而且 Wielandt 的条件(8.5.8)是满足的. 实际问题中频繁出现的矩阵都有一种特殊的构造，使得我们容易看出来与之相关联的有向图是否是强连通的. 此外，如果一个非负矩阵是不可约的且有某个主对角元素是正的，那么它必定是本原的. 然而，如果一个主对角线为零的矩阵很大且它的元素没有特殊的构造，那么就可能必须要利用(8.4.1)或者(8.5.8)来检验其不可约性或者本原性了. 在其中任何一种情形，一种有用的策略就是将矩阵反复取平方，直到得到的幂次超过临界值(在两种情形临界值分别是 $n-1$ 以及 n^2-2n+2). 例如，

543

如果 $n=10$，那么计算 $(I+A)^2$，$(I+A)^4$，$(I+A)^8$ 以及 $(I+A)^{16}$ 就足以验证不可约性；这是四个矩阵乘法，而不是直接应用(8.4.1)所要求的八个．类似地，当 $n=10$ 时，计算 A^2，A^4，A^8，A^{16}，A^{32}，A^{64} 以及 A^{128} 就足以验证本原性；这是 7 个矩阵乘法，而不是 81 个．在这些考虑中，我们隐含地使用了(8.5.P3)．

问题

8.5.P1 人们有时会遇到本原性的另一种定义：非负方阵 A 称为是本原的，如果存在一个正整数 m，使得 $A^m>0$．这个定义与(8.5.0)一致吗？

8.5.P2 如果 $A\in M_n$ 是非负的且是本原的，又 $A^m=[a_{ij}^{(m)}]$，证明：对所有 i，$j=1$，$\cdots$，n 都有 $\lim_{m\to\infty}(a_{ij}^{(m)})^{1/m}=\rho(A)$．

8.5.P3 如果 $A\in M_n$ 是非负的且是本原的，我们知道对任意正整数 m，A^m 都是本原的．然而，如果 A，$B\in M_n$ 是非负的且是本原的，请给出一个例子说明 AB 不一定是本原的．

8.5.P4 对 $n\geqslant3$，Wielandt 矩阵 $A=[a_{ij}]\in M_n$ 有 $a_{1,2}=a_{2,3}=\cdots=a_{n-1,n}=a_{n,1}=a_{n,2}=1$；所有其他的元素都是零．构作 $\Gamma(A)$ 并利用它来证明 A 是不可约的且是本原的．证明 A^{n^2-2n+1} 的位于 1，1 处的元素是零，而 $A^{n^2-2n+2}>0$．

8.5.P5 设 $A\in M_n$ 是非负的且是不可约的．说明为什么 A 是本原的，如果至少有一个主对角元素是正的．证明：这个充分条件对 $n=2$ 也是必要的，但对 $n\geqslant3$ 则不然．

8.5.P6 对(8.5.9)的证明提供细节．

8.5.P7 讨论在这一节末尾所建议的计算捷径．

8.5.P8 如果 $A\in M_n$ 是幂等的，那么 $A=\lim_{m\to\infty}A^m$．如果 A 是非负不可约且是幂等的，证明：A 是一个正的秩 1 矩阵．

8.5.P9 设 $A\in M_n$ 是非负的．给出一个例子来证明：即使当 A 非本原时，$\lim_{m\to\infty}(\rho(A)^{-1}A)^m$ 也可能存在．的确，A 可以是可约的且有多重最大模特征值．

8.5.P10 证明(8.5.1)的如下部分逆命题：如果 $A\in M_n$ 是非负的且是不可约的，又如果 $\lim_{m\to\infty}(\rho(A)^{-1}A)^m$ 存在，那么 A 是本原的．

8.5.P11 证明 $A=\begin{bmatrix}0&1\\1&0\end{bmatrix}$ 是不可约的，但 A^2 是可约的．这与(8.5.5)矛盾吗？

8.5.P12 给出一个不可约非负矩阵 $A\in M_n$ 的例子，使得 $\lim_{m\to\infty}(\rho(A)^{-1}A)^m$ 不存在．

8.5.P13 如果 $\varepsilon>0$，又如果 $A\in M_n$ 是非负的且是不可约的，证明 $A+\varepsilon I$ 是本原的．导出结论：每个非负的不可约矩阵都是非负的本原矩阵的极限．

8.5.P14 非负矩阵 $A=[a_{ij}]$ 称为是**组合对称的**(combinatorially symmetric)，只要 $a_{ij}>0$ 成立的充分必要条件是对所有 i，$j=1$，$\cdots$，n 都有 $a_{ji}>0$．如果 A 是组合对称且是本原的，证明 $A^{2n-2}>0$．给定有关 $\Gamma(A)$ 的回路的构造的更多信息，你能加强关于 $\gamma(A)$ 的界吗？

8.5.P15 如果 n 是素数，而 $A\in M_n$ 是非负不可约且非奇异的，证明：或者(a)A 是本原的，或者(b)A 相似于 $x^n-\rho(A)^n=0$ 的友矩阵，所以它所有的特征值都有最大模．

8.5.P16 计算非负矩阵 $A\in M_n$ 的 Perron 向量以及谱半径的一种方法是**幂法**(power method)：

$$x^{(0)} \text{ 是一个任意的正的向量}, \quad \sum_{i=1}^{n}x_i^{(0)}=1$$

$$y^{(m+1)}=Ax^{(m)}, \quad \text{对所有 } m=0,1,2,\cdots$$

$$x^{(m+1)}=\frac{y^{(m+1)}}{\sum_{i=1}^{n}y_i^{(m+1)}}, \quad \text{对所有 } m=0,1,2,\cdots$$

544

如果 A 是本原的, 证明: 向量序列 $x^{(m)}$ 收敛于 A 的(右)Perron 向量, 而数列 $\sum_{i=1}^{n} y_i^{(m+1)}$ 则收敛于 A 的 Perron 根. 收敛速度如何? 本原性的假设条件是必要的吗?

8.5.P17   如果 $A \in M_n$ 是非负的, 证明: A 的本原性只与零元素的位置有关, 而与非零元素的大小无关.

8.5.P18   如果 $A \in M_n$ 是非负不可约且对称的, 证明: A 是本原的, 当且仅当 $A+\rho(A)I$ 是非奇异的. 特别地, 如果 A 是半正定的, 这个条件就满足. 以 0 以及 1 作为元素的非负的对称矩阵作为无向图的邻接矩阵而自然出现.

8.5.P19   计算如下每一个矩阵的特征值以及特征向量, 并按照这一章里的关键概念将它们分类(非负的、不可约的、本原的、正的, 等等): $\begin{bmatrix} 1 & 1 \\ 1 & 1 \end{bmatrix}$, $\begin{bmatrix} 0 & 1 \\ 1 & 1 \end{bmatrix}$, $\begin{bmatrix} 1 & 0 \\ 1 & 1 \end{bmatrix}$, $\begin{bmatrix} 1 & 0 \\ 0 & 1 \end{bmatrix}$, $\begin{bmatrix} 0 & 1 \\ 1 & 0 \end{bmatrix}$, $\begin{bmatrix} 1 & 0 \\ 0 & 0 \end{bmatrix}$, $\begin{bmatrix} 0 & 1 \\ 0 & 0 \end{bmatrix}$, $\begin{bmatrix} 0 & 0 \\ 0 & 0 \end{bmatrix}$.

8.5.P20   在(8.5.7)的证明中, 说明为什么 X_{11} 与 X_{12} 的每一列都至少包含一个非零元素, 又为什么 $Y_{21} > 0$.

进一步的阅读参考   有关 Romanovsky 定理的证明, 见 V. Romannovsky, Recherches sur les chaînes de Markoff, *Acta Math.* 66(1936)147-251. 对于非负的本原矩阵 $A \in M_n$, Wielandt 定理说的是 $A^{(n-1)^2+1} > 0$, 有关 $A^{(m-1)^2+1} > 0$ 的证明(其中 m 是 A 的极小多项式的次数), 见 J. Shen, Proof of a conjecture about the exponent of primitive matrices, *Linear Algebra Appl.* 216(1995)185-203.

8.6   一个一般性的极限定理

即使非负矩阵 A 是不可约的, A 的标准化的幂也应该没有极限, 如同例子 $A = \begin{bmatrix} 0 & 1 \\ 1 & 0 \end{bmatrix}$ 所表明的那样. 尽管如此, 还是有一种确切的含义, 在这种意义下**平均来说**这个极限的确存在.

545

习题   设 $\theta \in (0, 2\pi)$. 证明 $(1 - e^{i\theta}) \sum_{m=1}^{N} e^{im\theta} = e^{i\theta} - e^{i(N+1)\theta}$ 并导出结论

$$\frac{1}{N} \sum_{m=1}^{N} e^{im\theta} = \frac{e^{i\theta} - e^{i(N+1)\theta}}{N(1 - e^{i\theta})} \to 0, \quad \text{当 } N \to \infty \text{ 时} \qquad \blacktriangleleft$$

习题   设 $B \in M_n$ 并假设 $\rho(B) < 1$. 证明 $(I - B) \sum_{m=1}^{N} B^m = B - B^{N+1}$ 并导出结论

$$\frac{1}{N} \sum_{m=1}^{N} B^m = \frac{1}{N}(B - B^{N+1})(I - B)^{-1} \to 0, \quad \text{当 } N \to \infty \text{ 时} \qquad \blacktriangleleft$$

定理 8.6.1   设 $A \in M_n$ 是不可约的且是非负的, $n \geq 2$, 又设 x 与 y 分别是 A 的右以及左 Perron 向量. 那么

$$\lim_{N \to \infty} \frac{1}{N} \sum_{m=1}^{N} (\rho(A)^{-1}A)^m = xy^{\mathrm{T}} \qquad (8.6.2)$$

此外, 存在一个有限的正常数 $C = C(A)$, 使得对所有 $N = 1, 2, \cdots$ 都有

$$\left\| \frac{1}{N} \sum_{m=1}^{N} (\rho(A)^{-1}A)^m - xy^{\mathrm{T}} \right\|_\infty \leqslant \frac{C}{N} \qquad (8.6.3)$$

证明 如果 A 是本原的，$\rho(A)^{-1}A$ 就能如同在(8.2.7a)中那样分解，其中 x 是 S 的第一列，而 y 是 S^{-1} 的第一列. 我们就有

$$\frac{1}{N}\sum_{m=1}^{N}(\rho(A)^{-1}A)^m = S\begin{bmatrix} 1 & 0 \\ 0 & \frac{1}{N}\sum_{m=1}^{N}B^m \end{bmatrix}S^{-1}$$

其中 $\rho(B)<1$，所以上面的习题确保有

$$\frac{1}{N}\sum_{m=1}^{N}(\rho(A)^{-1}A)^m \to S\begin{bmatrix} 1 & 0 \\ 0 & 0_{n-1} \end{bmatrix}S^{-1} = xy^{\mathrm{T}}$$

现在假设 A 恰好有 $k>1$ 个最大模特征值，又设 $\theta=2\pi/k$. 推论 8.4.6(c) 确保 $\rho(A)^{-1}A$ 的最大模特征值是 1，$\mathrm{e}^{\mathrm{i}\theta}$，$\mathrm{e}^{2\mathrm{i}\theta}$，$\cdots$，$\mathrm{e}^{(k-1)\mathrm{i}\theta}$，且每一个都是单重的特征值. 于是，存在一个非奇异的 $S\in M_n$，使得 x 是它的第一列，而 y 是 S^{-1} 的第一列，且有

$$\rho(A)^{-1}A = S([1]\oplus[\mathrm{e}^{\mathrm{i}\theta}]\oplus\cdots\oplus[\mathrm{e}^{(k-1)\mathrm{i}\theta}]\oplus B)S^{-1}$$

其中 $B\in M_{n-k}$ 以及 $\rho(B)<1$. 上一个习题就确保有

$$\frac{1}{N}\sum_{m=1}^{N}(\rho(A)^{-1}A)^m = S([1]\oplus[\lambda_{1,N}]\oplus\cdots\oplus[\lambda_{k-1,N}]\oplus\mathcal{B}_N)S^{-1}$$

其中 ⌐546⌐

$$\lambda_{1,N}=\frac{\mathrm{e}^{\mathrm{i}\theta}-\mathrm{e}^{\mathrm{i}(N+1)\theta}}{N(1-\mathrm{e}^{\mathrm{i}\theta})}\to 0，\quad \text{当 } N\to\infty \text{ 时}$$

$$\vdots \quad \vdots \qquad\qquad\qquad \vdots$$

$$\lambda_{k-1,N}=\frac{\mathrm{e}^{\mathrm{i}(k-1)\theta}-\mathrm{e}^{\mathrm{i}(N+1)(k-1)\theta}}{N(1-\mathrm{e}^{\mathrm{i}(k-1)\theta})}\to 0，\quad \text{当 } N\to\infty \text{ 时} \qquad (8.6.4)$$

$$\mathcal{B}_N=\frac{1}{N}(B-B^{N+1})(I-B)^{-1}\to 0，\quad \text{当 } N\to\infty \text{ 时}$$

这样一来就有

$$\frac{1}{N}\sum_{m=1}^{N}(\rho(A)^{-1}A)^m \to S([1]\oplus[0]\oplus\cdots\oplus[0]\oplus 0_{n-k})S^{-1} = xy^{\mathrm{T}}$$

(8.6.3) 中的界是由表达式

$$\frac{1}{N}\sum_{m=1}^{N}(\rho(A)^{-1}A)^m - xy^{\mathrm{T}}$$

$$= S([1]\oplus[\lambda_{1,N}]\oplus\cdots\oplus[\lambda_{k-1,N}]\oplus\mathcal{B}_N)S^{-1} - S([1]\oplus 0_{n-1})S^{-1}$$

$$= S([0]\oplus[\lambda_{1,N}]\oplus\cdots\oplus[\lambda_{k-1,N}]\oplus\mathcal{B}_N)S^{-1}$$

$$= \frac{1}{N}S([0]\oplus[N\lambda_{1,N}]\oplus\cdots\oplus[N\lambda_{k-1,N}]\oplus N\mathcal{B}_N)S^{-1} \qquad (8.6.5)$$

所揭示的.

恒等式(8.6.4)确保(8.6.5)中的矩阵因子当 $N\to\infty$ 时是有界的. $\qquad\square$

问题

8.6.P1 设 $A=\begin{bmatrix} 0 & 1 \\ 1 & 0 \end{bmatrix}$. 计算(8.6.5)中关于矩阵因子的直和. 说明为什么(8.6.1)中的界不可能再被改进了.

8.6.P2 假设 $A\in M_n$ 是不可约且是非负的，令 $n\geqslant 2$，并记 $A^m=[a_{ij}^{(m)}]$（对 $m=1, 2, \cdots$）. 对每一对 i,

j，证明：对无穷多个 m 的值都有 $a_{ij}^{(m)} > 0$. 给出一个例子来证明：也可能有无穷多个 m 的值使得 $a_{ij}^{(m)} = 0$.

8.7 随机矩阵与双随机矩阵

具有性质 $Ae = e$，也即它所有的行和都等于 $+1$ 的非负矩阵 $A \in M_n$ 称为一个 (**行**) **随机矩阵**((row)stochastic matrix)，每一行都可以看成是在一个有 n 个点的样本空间上的离散概率分布. **列随机矩阵**(column stochastic matrix)是行随机矩阵的转置，即 $e^{\mathrm{T}} A = e^{\mathrm{T}}$，这样的矩阵在(8.0)中讨论过的城市之间人口移民模型中出现过. 随机矩阵也出现在 Markov 链的研究以及经济学与运筹学的种类繁复的建模问题之中.

定义等式 $Ae = e$ 以及(8.3.4)告诉我们：$+1$ 不仅是随机矩阵的特征值，而且也是它的谱半径.

M_n 中随机矩阵的集合是一个紧集(它的元素全都在闭的实区间 $[0, 1]$ 之中)，它也是一个凸集：如果 A 与 B 是随机矩阵且 $\alpha \in [0, 1]$，那么

$$(\alpha A + (1-\alpha)B)e = \alpha Ae + (1-\alpha)Be = \alpha e + (1-\alpha)e = e$$

于是，M_n 中的随机矩阵构成一个容易辨认出来的非负矩阵族，它们有一个特殊的正的公共特征向量. 有一个正特征向量的非负矩阵有许多特殊的性质(例如，见(8.1.30)，(8.1.31)，(8.1.33)，(8.3.4))，因此这些性质也为所有的随机矩阵所具有.

习题 说明为什么一个 $n \times n$ 随机矩阵至少有 n 个非零元素. ◄

一个使 A^{T} 也为随机矩阵的随机矩阵 $A \in M_n$ 称为**双随机的**(doubly stochastic)；它所有的行和以及列和都为 $+1$. M_n 中的双随机矩阵的集合是两个紧的凸集之交，所以它也是紧的凸集. 非负矩阵 $A \in M_n$ 是双随机的，当且仅当 $Ae = e$ 与 $e^{\mathrm{T}} A = e^{\mathrm{T}}$ 两者都成立.

在(4.3.49)以及(6.3.5)中我们遇到过两种特殊类型的双随机矩阵：形如 $A = [|u_{ij}|^2]$ (其中 $U = [u_{ij}] \in M_n$ 或者是实正交矩阵，或者是酉矩阵)的正交随机矩阵或者酉随机矩阵.

另一类特殊的双随机矩阵是置换矩阵组成的集合(群). 置换矩阵是基本的而且是具有典型意义的双随机矩阵，因为 Birkhoff 定理说：任何双随机矩阵都是有限多个置换矩阵的一个凸组合.

习题 假设 $n \geqslant 2$，$A = [a_{ij}] \in M_n$ 是双随机的，且有某个 $a_{ii} = 1$. 说明为什么(a)对所有满足 $k \neq i$ 的 $k \in \{1, \cdots, n\}$，都有 $a_{ki} = a_{ik} = 0$；(b)A 置换相似于 $[1] \oplus B$，其中 B 是双随机的；(c)B 的主对角线元素是由 A 的主对角线元素中去掉一个等于 $+1$ 的元素而得到的；以及(d)A 与 B 的特征多项式由等式 $p_A(t) = (t-1)p_B(t)$ 联系在一起. ◄

在准备证明 Birkhoff 定理时，我们来建立如下的引理.

引理 8.7.1 设 $A = [a_{ij}] \in M_n$ 是双随机的矩阵，但它不是单位矩阵. 则存在 $\{1, \cdots, n\}$ 的一个非恒等置换的置换 σ，使得 $a_{1\sigma(1)} \cdots a_{n\sigma(n)} > 0$.

证明 假设 $\{1, \cdots, n\}$ 的每一个非恒等置换 σ_0 的置换 σ 都有性质 $a_{1\sigma(1)} \cdots a_{n\sigma(n)} = 0$. 这个假设以及(0.3.2.1)允许我们计算 A 的特征多项式：

$$p_A(t) = \det(tI - A) = \prod_{i=1}^{n}(t - a_{ii}) + \sum_{\sigma \neq \sigma_0} \left(\mathrm{sgn}\,\sigma \prod_{i=1}^{n}(-a_{i\sigma(i)})\right) = \prod_{i=1}^{n}(t - a_{ii})$$

由此推出 A 的主对角线元素是它的特征值. 由于 $+1$ 是 A 的一个特征值，所以它的主对角

线至少有一个元素是 $+1$. 上面的习题就确保 A 置换相似于 $[1]\oplus B$，其中 $B=[b_{ij}]\in M_{n-1}$ 是双随机的；它的主对角线元素是由 A 的主对角线元素去掉一个为 $+1$ 的元素而得到的；$+1$ 是 B 的一个特征值；且 $p_B(t)=p_A(t)/(t-1)=\prod_{i=1}^{n-1}(t-b_{ii})$. 将上面的论证方法应用到 B 以证明某个 $b_{ii}=1$，所以 A **至少有两个**主对角线元素为 $+1$. 继续按照此法做下去，经过至多 $n-1$ 步之后，我们就得出结论：A 的**每一个**主对角线元素都为 $+1$，所以 $A=I$. 这个矛盾表明必定有某个乘积 $a_{1\sigma(1)}\cdots a_{n\sigma(n)}$ 是正的. $\qquad\square$

在我们给出的 Birkhoff 定理的证明中，我们用到了上面的引理从一个给定的双随机矩阵 A 中抽取出一个置换矩阵的正的倍数. 我们以这样一种方式做这样一种抽取是为了产生一个新的双随机矩阵，它能比 A 至少多出一个为零的元素. 重复这一抽取过程经有限多步之后就得到将 A 表示成置换矩阵的有限凸组合的一个表示.

习题 设 $A\in M_n$ 是双随机的. 如果 A 恰好有 n 个正的元素，说明为什么它是一个置换矩阵. 如果 A 不是置换矩阵，说明为什么它至多有 n^2-n-1 个为零的元素. $\qquad\blacktriangleleft$

定理 8.7.2（Birkhoff） 矩阵 $A\in M_n$ 是双随机的，当且仅当存在置换矩阵 $P_1,\cdots,P_N\in M_n$ 以及正的纯量 $t_1,\cdots,t_N\in\mathbf{R}$，使得 $t_1+\cdots+t_N=1$ 以及

$$A=t_1P_1+\cdots+t_NP_N \tag{8.7.3}$$

此外，有 $N\leqslant n^2-n+1$.

证明 表达式 (8.7.3) 的充分性乃是显然的. 我们通过展示一个算法在有限步之后将它构造出来来证明必要性.

如果 A 是置换矩阵，就没有什么要证明的了. 如若不然，则上面的引理确保存在 $\{1,\cdots,n\}$ 的一个非恒等置换 σ，使得 $a_{1\sigma(1)}\cdots a_{n\sigma(n)}>0$. 设 $\alpha_1=\min\{a_{1\sigma(1)},\cdots,a_{n\sigma(n)}\}$，并对每个 $i=1,\cdots,n$ 用 $p_{i\sigma(i)}=1$ 来定义置换矩阵 $P_1=[p_{ij}]\in M_n$. 如果 $\alpha_1=1$，那么 A 是置换矩阵，所以 $0<\alpha_1<1$. 设 $A_1=(1-\alpha_1)^{-1}(A-\alpha_1P_1)$ 并检查 A_1 是双随机的且它至少比 A 多一个为零的元素，以及 $A=(1-\alpha_1)A_1+\alpha_1P_1$. 如果 A_1 是置换矩阵，就停止，因为我们已经得到了由两个求和项组成的形如 (8.7.3) 的表达式. 如若不然，我们就重复这个方法求得 $\alpha_2\in(0,1)$ 以及置换矩阵 P_2，使得 $A_2=(1-\alpha_2)^{-1}(A_1-\alpha_2P_2)$ 是双随机的且比 A_1 至少多一个为零的元素，以及

$$A=(1-\alpha_1)(1-\alpha_2)A_2+(1-\alpha_1)\alpha_2P_2+\alpha_1P_1$$

如果 A_2 是一个置换矩阵，我们就停止，因为我们已经得到了由三个求和项组成的形如 (8.7.3) 的表达式. 如若不然，我们就重复这个方法直到因为有某个 A_k 是置换矩阵而被迫停止为止，在此点我们有了一个由 $k+1$ 个求和项组成的形如 (8.7.3) 的表达式. 由于 A_k 至少有 k 个为零的元素，又由于双随机矩阵至多有 n^2-n 个为零的元素，故而我们至多只能做 n^2-n 次迭代，且在 (8.7.3) 中至多只能有 n^2-n+1 个求和项. $\qquad\square$

下面的推论是 Birkhoff 定理的一个重要的结论，它有许多应用. 例如，在我们证明 Hoffman-Wielandt 定理 (6.3.5) 时，它是其中一个关键的因素. 它使我们相信：如果我们想要求出双随机矩阵集合上凸函数的最大值，只需要将我们的注意力限制在置换矩阵上就够了. 有关凸函数、凸集以及极值点的讨论，见附录 B.

推论 8.7.4 $n\times n$ 双随机矩阵集合上的实值凸（凹）函数在一个置换矩阵处取到它的最

大值(最小值).

证明 设 f 是在 $n \times n$ 双随机矩阵集合上的一个实值凸函数,设 A 是它在其上取到最大值的一个双随机矩阵,将 $A = t_1 P_1 + \cdots + t_N P_N$ 表示成置换矩阵的凸组合,又设 k 是满足 $f(P_k) = \max\{f(P_i)\colon i = 1, \cdots, n\}$ 的指标. 那么

$$f(A) = f(t_1 P_1 + \cdots + t_N P_N) \leqslant t_1 f(P_1) + \cdots + t_N f(P_N)$$
$$\leqslant t_1 f(P_k) + \cdots + t_N f(P_k) = (t_1 + \cdots + t_N) f(P_k) = f(P_k)$$

由于 f 在 A 取到最大值,我们就有 $f(A) = f(P_k)$. 类似的方法可以证明关于凹函数的最小值的结论也成立.

一个非负矩阵 $A \in M_n$ 称为**次双随机的**(doubly substochastic),如果 $Ae \leqslant e$ 以及 $e^{\mathrm{T}} A \leqslant e^{\mathrm{T}}$,也即它所有的行和以及列和都至多为 1. 下面的引理表明:任何次双随机矩阵都受制于一个双随机矩阵.

引理 8.7.5 设 $A \in M_n$ 是次双随机的. 则存在一个双随机矩阵 $S \in M_n$,使得 $A \leqslant S$.

证明 对任何次双随机矩阵 $S \in M_n$,设 $N(S)$ 表示 S 的小于 1 的行和以及列和的个数,也即向量 Ae 以及 $A^{\mathrm{T}} e$ 中小于 1 的元素个数.

设 $A \in M_n$ 是次双随机的. 那么 A 是双随机的当且仅当 $N(A) = 0$. 如果 $N(A) > 0$,且我们可以证明总存在一个次双随机矩阵 $C \in M_n$ 使得 $A \leqslant C$ 与 $N(C) < N(A)$ 这两者都成立,那么引理的结论就可以用有限归纳法得出.

设 $A = [a_{ij}] \in M_n$ 是次双随机的,并假设 $N(A) > 0$. 由于 A 的行和之和等于它的列和之和,这样就必定有一行(比方说是第 i 行)以及一列(比方说是第 j 列),它们每一个的和都小于 1. 用增加元素 a_{ij} 的办法来修改 A,直到第 i 个行和或者第 j 个列和(或者两者同时)等于 1,设 C 是这样一个修改的矩阵. 那么 C 就是次双随机的,$A \leqslant C$,且 $N(C) < N(A)$. $\qquad\square$

在我们最后的结果中,我们从上一个引理以及(8.7.4)推导出在方阵情形的 von Neumann 迹定理(7.4.1.1).

习题 设 $U = [u_{ij}]$,$V = [v_{ij}] \in M_n$ 是酉矩阵,又设 $S = [\,|u_{ij}\ \ v_{ji}|\,]$. 证明:$S$ 是次双随机的. 提示:Cauchy-Schwarz 不等式. ◀

550

定理 8.7.6(von Neumann) 设 A,$B \in M_n$ 的有序排列的奇异值是 $\sigma_1(A) \geqslant \cdots \geqslant \sigma_n(A)$ 以及 $\sigma_1(B) \geqslant \cdots \geqslant \sigma_n(B)$. 那么

$$\mathrm{Re\,tr}(AB) \leqslant \sum_{i=1}^{n} \sigma_i(A) \sigma_i(B)$$

证明 设 $A = V_1 \Sigma_A W_1^*$ 以及 $B = V_2 \Sigma_B W_2^*$ 是奇异值分解,其中 V_1,W_1,V_2,$W_2 \in M_n$ 是酉矩阵,$\Sigma_A = \mathrm{diag}(\sigma_1(A), \cdots, \sigma_n(A))$ 以及 $\Sigma_B = \mathrm{diag}(\sigma_1(B), \cdots, \sigma_n(B))$. 设 $U = W_1^* V_2 = [u_{ij}]$ 以及 $V = W_2^* V_1 = [v_{ij}]$. 那么

$$\mathrm{Re\,tr}(AB) = \mathrm{Re\,tr}(V_1 \Sigma_A W_1^* V_2 \Sigma_B W_2^*)$$
$$= \mathrm{Re\,tr}(\Sigma_A W_1^* V_2 \Sigma_B W_2^* V_1) = \mathrm{Re\,tr}(\Sigma_A U \Sigma_B V)$$
$$= \mathrm{Re} \sum_{i,j=1}^{n} \sigma_i(A) \sigma_j(B) u_{ij} v_{ji} = \sum_{i,j=1}^{n} \sigma_i(A) \sigma_j(B) \mathrm{Re}(u_{ij} v_{ji})$$

$$\leqslant \sum_{i,j=1}^{n} \sigma_i(A)\sigma_j(B)\,|\,u_{ij}v_{ji}\,|$$

上一个习题告诉我们：矩阵$[\,|\,u_{ij}v_{ji}\,|\,]$是次双随机的，而$(8.7.5)$则确保存在一个双随机矩阵 C，使得$[\,|\,u_{ij}v_{ji}\,|\,]\leqslant C=[\,c_{ij}\,]$. 这样一来就有

$$\mathrm{Re}\,\mathrm{tr}(AB) \leqslant \sum_{i,j=1}^{n}\sigma_i(A)\sigma_j(B)c_{ij} \leqslant \max\Big\{\sum_{i,j=1}^{n}\sigma_i(A)\sigma_j(B)s_{ij}:S=[\,s_{ij}\,]\text{ 是双随机的}\Big\}$$

函数 $f(S)=\sum_{i,j=1}^{n}\sigma_i(A)\sigma_j(B)s_{ij}$ 是双随机矩阵集合上的线性（于是也是凸）函数，所以 $(8.1.4)$告诉我们：它在一个置换矩阵 $P=[\,p_{ij}\,]$处取到它的最大值. 如果 π 是$\{1,\cdots,n\}$ 的一个置换，它使得 $p_{ij}=1$ 成立的充分必要条件是 $j=\pi(i)$，那么

$$\mathrm{Re}\,\mathrm{tr}(AB) \leqslant \sum_{i,j=1}^{n}\sigma_i(A)\sigma_j(B)p_{ij} = \sum_{i=1}^{n}\sigma_i(A)\sigma_{\pi(i)}(B) \leqslant \sum_{i=1}^{n}\sigma_i(A)\sigma_i(B)$$

最后这个不等式由$(4.3.52)$得出.

问题

8.7.P1　证明：M_n 中随机矩阵以及双随机矩阵的集合中的每一个在矩阵乘法之下都构成一个半群，即如果 $A,B\in M_n$ 是（双）随机的，那么 AB 是（双）随机的.

8.7.P2　设 $A\in M_n$ 是随机的，而 λ 是 A 的任意一个满足 $|\lambda|=1$ 的特征值. $\lambda=1$ 就是这样一个特征值，但是可能还有其他这样的特征值. 证明：A 是幂有界的，并导出结论：λ 是 A 的半单的特征值.

8.7.P3　设 $A\in M_n$ 是非负非零的矩阵，它有一个正的特征向量 $x=[\,x_i\,]$，又设 $D=\mathrm{diag}(x_1,\cdots,x_n)$. 证明 $\rho(A)^{-1}D^{-1}AD$ 是随机的. 这个结论使得有关具有正的特征向量的非负矩阵的许多问题可以转化为关于随机矩阵的问题.

8.7.P4　设 $A\in M_n$ 是非负非零的矩阵，它有一个正的特征向量. 说明为什么 A 的每个最大模特征值都是半单的.

8.7.P5　设 $A\in M_n$ 是双随机的，又设 $\sigma_1(A)$ 是它的最大的奇异值. 用两种方法证明 $\sigma_1(A)=\rho(A)=1$，即**双随机矩阵是谱矩阵**. (a)利用表达式$(8.7.3)$. (b)利用$(2.6.\text{P}29)$.

8.7.P6　设 $\|\|\cdot\|\|$ 是 M_n 上由 $\mathbf{R}^n$ 上一个置换不变的范数 $\|\cdot\|$所诱导的矩阵范数. 证明：对 M_n 中每个双随机矩阵，都有 $\|\|A\|\|=1$.

8.7.P7　证明：任何置换矩阵都是双随机矩阵组成的凸集的一个极值点. 如果 A 是置换矩阵，你还能再说些什么呢？

8.7.P8　说明为什么一个矩阵是 $n\times n$ 双随机矩阵组成的凸紧集的一个极值点，**当且仅**当它是一个置换矩阵.

8.7.P9　设 A 是双随机的. (a)证明：A 不可能恰好有 $n+1$ 个正的元素. (b)如果 A 不是置换矩阵，说明为什么它至多有 n^2-n-2 个为零的元素.

8.7.P10　证明：2×2 双随机矩阵是对称的，且对角元素是相等的.

8.7.P11　证明：表达式$(8.7.3)$不一定是唯一的.

8.7.P12　设 $A\in M_n$ 是双随机的、对称的，还是半正定的；设 $A^{1/2}$ 是它的半正定的平方根. (a)证明 $A^{1/2}e=e$，所以 $A^{1/2}$ 所有的行（列）和都是 $+1$. (b)尽管 $A^{1/2}$ 不一定是非负的，证明：如果 $n=2$，则它是非负的（从而也是双随机的）.

8.7.P13　设 $\|\|\cdot\|\|$ 是 M_n 上的酉不变矩阵范数. 证明：对每个双随机矩阵 $A\in M_n$ 都有 $\|\|A\|\|\leqslant\|\|I\|\|$.

8.7.P14　设 $A\in M_n$ 是双随机的且是可约的，证明：A 置换相似于一个形如 $A_1\oplus A_2$ 的矩阵，其中 A_1 与

551

A_2 两者都是双随机的.

8.7. P15　(8.7.2)中的上界可以由 n^2-n+1 化简为 $(n^2-n+1)-(n-1)=n^2-2n+2$. 对以下的论证提供

细节：(a)每一个 $n\times n$ 双随机矩阵 $S=[s_{ij}]$ 都是 $2n-1$ 个线性方程 $\sum_{k=1}^{n} s_{ik}=1(i=1,\cdots,n)$ 以及

$\sum_{k=1}^{n} s_{ki}=1(i=1,\cdots,n-1)$ 的一个解. (b)将这些方程写成形式 $A\operatorname{vec}S=e\in\mathbf{R}^{2n-1}$，见(0.7.8).

(c)$A\in M_{2n-1,n^2}$ 是行满秩的. (d)dimnullspace$A=n^2-2n+1$. (e)$n\times n$ 的双随机矩阵集合可以看

成是 $\mathbf{R}^{n^2-2n+1}$ 中的一个凸多面体. (f)(8.7.3)以及 Carathéodory 定理(见附录 B)蕴含：任何 $n\times$

n 的双随机矩阵都是至多 n^2-2n+2 个置换矩阵的一个凸组合.

注记以及进一步的阅读参考　定理 8.7.2 出现在 G. Birkhoff, Tres observaciones sobre el álgebra lineal,

Univ. Nac. Tucumán Rev. Ser. A 5(1946)147-150 之中. 1916 年，D. König 发表了一个定理，对于元素为

非负有理数的矩阵来说，这个定理与(8.7.2)等价，见 1936 年 König(1936)一书中第 239 页，或者 König

(1990)一书第 381 页. 此外，有时也把(8.7.2)称为 Birkhoff-König 定理. (8.7.2)的证明中仅有的非构造

性部分是找出 $\{1,\cdots,n\}$ 的满足 $a_{1\sigma(1)},\cdots,a_{n\sigma(n)}>0$ 的一个特殊的置换 σ. 为寻找出这样一个置换给出的

一种构造性的算法描述在 Bapat 与 Raghavan(1997)一书的第 64-65 页中，这本书还给出了有关双随机矩

阵的广泛的讨论(见第 2 章)以及许多文献的参考资料.

附　　录

附录 A　复数

复数(complex number)有形式 $z=a+\mathrm{i}b$，其中 a 与 b 是实数，而 i 是一个形式符号，它满足关系式 $\mathrm{i}^2=-1$. 实数 a 称为 z 的**实部**(real part)，记为 $\mathrm{Re}z$；实数 b 称为 z 的**虚部**(imaginary part)，并记为 $\mathrm{Im}z$. 复数 $z=a+\mathrm{i}b$ 的**复共轭**(complex conjugate)是 $\bar{z}=a-\mathrm{i}b$. 复数 $z_1=a_1+\mathrm{i}b_1$ 与 $z_2=a_2+\mathrm{i}b_2$ 的加法与乘法定义为

$$z_1+z_2=(a_1+a_2)+\mathrm{i}(b_1+b_2),\quad z_1z_2=a_1a_2-b_1b_2+\mathrm{i}(a_1b_2+a_2b_1)$$

加法是实部与虚部分别相加的结果，乘法是代数展开以及关系式 $\mathrm{i}^2=-1$ 综合使用的结果. $z=a+\mathrm{i}b$ 的加法逆元是 $-z=-a+\mathrm{i}(-b)$，只要 $z\neq0=0+\mathrm{i}0$，则 z 的乘法逆元就是

$$\frac{1}{z}=\frac{a-\mathrm{i}b}{a^2+b^2}=\frac{a}{a^2+b^2}+\mathrm{i}\left(\frac{-b}{a^2+b^2}\right)$$

复数 z_1 与 z_2 的减法与除法定义为

$$z_1-z_2=z_1+(-z_2),\quad \frac{z_1}{z_2}=z_1\left(\frac{1}{z_2}\right)=\frac{z_1}{z_2}\frac{\bar{z_2}}{\bar{z_2}}$$

所有复数的集合记为 $\mathbf{C}$；加法与乘法运算是可交换的，而且 $\mathbf{C}$ 在这些运算之下构成一个域，其中 $0=0+\mathrm{i}0$ 是加法的单位元，而 $1=1+\mathrm{i}0$ 则是乘法的单位元. 实数 $\mathbf{R}$ 作成 $\mathbf{C}$ 的一个子域. z 的**模**(modulus)，也称为**绝对值**(absolute value)，记为 $|z|$，它是非负的实数 $|z|=+(z\bar{z})^{1/2}=+((\mathrm{Re}z)^2+(\mathrm{Im}z)^2)^{1/2}$；当且仅当 $z=0$ 时有 $|z|=0$. 如果 $z_2\neq0$，则商 z_1/z_2 就是 $(1/|z_2|^2)z_1\bar{z_2}$. 乘法与复共轭运算可交换($\overline{z_1z_2}=\bar{z_1}\bar{z_2}$)，$\overline{(\bar{z})}=z$，$\mathrm{Re}(z_1+z_2)=\mathrm{Re}z_1+\mathrm{Re}z_2$ 以及 $\mathrm{Im}(z_1+z_2)=\mathrm{Im}z_1+\mathrm{Im}z_2$. 我们有 $\mathrm{Re}=\frac{1}{2}(z+\bar{z})$ 以及 $\mathrm{Im}z=\frac{1}{2\mathrm{i}}(z-\bar{z})$. 实数就是使得 $\mathrm{Im}z=0$ 的那些 $z\in\mathbf{C}$，或者等价地说，实数就是使得 $z=\bar{z}$ 的那些复数. 对任何 $z\in\mathbf{C}$，都有 $\mathrm{Re}z\leqslant|z|$，其中的等式当且仅当 z 是实数且非负时成立，此时有 $z=|z|$.

从几何上说，复数 $\mathbf{C}$ 可以视为以 0 为原点、一条"实轴"("x 轴")以及一条"虚轴"("y 轴")组成的笛卡儿(坐标)平面. 复数 $z=a+\mathrm{i}b$ 可以与指定笛卡儿平面上一点的有序实数对 (a,b)(直角坐标)等同起来. **实轴**(real axis)是 $\{z:\mathrm{Im}z=0\}$，而**虚轴**(imaginary axis)则是 $\{z:\mathrm{Re}z=0\}$. $z\in\mathbf{C}$ 在实轴(虚轴)上的射影是 $\mathrm{Re}z(\mathrm{i}\mathrm{Im}z)$. 复共轭是关于实轴的反射，而 $|z|$ 则是 z 到原点的 Euclid 距离. $\mathbf{C}$ 的开的(闭的)**右半平面**(right half-plane)是 $\{z\in\mathbf{C}:\mathrm{Re}z>(\geqslant)0\}$，而 $\mathbf{C}$ 的开的(闭的)**上半平面**(upper half-plane)是 $\{z\in\mathbf{C}:\mathrm{Im}z>(\geqslant)0\}$. $\mathbf{C}$ 的**单位圆盘**(unit disc)是 $\{z\in\mathbf{C}:|z|\leqslant1\}$，而以 $a\in\mathbf{C}$ 为中心、以 r 为半径的圆盘则是 $\{z\in\mathbf{C}:|z-a|\leqslant r\}$.

复平面也可以用**极坐标**(polar coordinate)来描述：$z\in\mathbf{C}$ 的位置是由 z 所在的以原点为中心的圆的半径 $r=|z|$ 以及从实直线出发按照逆时针方向绕行到 z 所在的从原点出发的射线所夹的角度 θ 所指定的. z 的极坐标是 (r,θ). 角度 $\theta=\arg z$ 称为 z 的**幅角**(argument). 我们用记号 $z=r\mathrm{e}^{\mathrm{i}\theta}$，其中 $\mathrm{e}^{\mathrm{i}\theta}=\cos\theta+\mathrm{i}\sin\theta$. 我们有 $|\mathrm{e}^{\mathrm{i}\theta}|=+(\cos^2\theta+\sin^2\theta)^{1/2}=1$，$(\mathrm{e}^{\mathrm{i}\theta})^{-1}=\mathrm{e}^{-\mathrm{i}\theta}$ 以及 $|\mathrm{e}^{\mathrm{i}\theta}z|=|z|$. 由于 $\mathrm{e}^{\mathrm{i}\theta}=\mathrm{e}^{\mathrm{i}(\theta\pm2n\pi)}$，$n=1,2,\cdots$，所以 $\arg z$ 仅仅对 $\mathrm{mod}2\pi$ 是确定的. $z=a+\mathrm{i}b=r\mathrm{e}^{\mathrm{i}\theta}$ 由极坐标到直角坐标的变换是 $a=r\cos\theta$ 以及 $b=r\sin\theta$. 从直角坐标到极坐标的变换是 $r=|z|=(a^2+b^2)^{1/2}$ 以及当 $r\neq0$ 时 $\theta=\arcsin\dfrac{b}{r}=\arg z$，取 $0\leqslant\theta<2\pi$ 作为**幅角的主值**(principal value of the argument). $\mathbf{C}$ 中的单位圆盘是 $\{r\mathrm{e}^{\mathrm{i}\theta}:0\leqslant r\leqslant1$ 且 $0\leqslant\theta<2\pi\}$. 对每个 $z\in\mathbf{C}$，存在一个实数 θ，使得 $\mathrm{e}^{-\mathrm{i}\theta}z=|z|$：如果 $z\neq0$，取 $\theta=\arg z$；如果 $z=0$，则任何实数 θ 均可. 对给定的 $z\in\mathbf{C}$，$\mathrm{e}^{-\mathrm{i}\theta}z=|z|$ 成立的充分必要条件是 z 在射线 $\{r\mathrm{e}^{\mathrm{i}\theta}:r\geqslant0\}$ 上.

对任意给定的复数 $z_1,\cdots,z_m$，**三角不等式**(triangle inequality)是 $|z_1+\cdots+z_m|\leqslant|z_1|+\cdots+$

$|z_m|$. 为了证明这个基本的不等式并弄清楚等式成立的情形, 设 θ 是满足 $e^{-i\theta}(z_1+\cdots+z_m)=|z_1+\cdots+z_m|$ 的一个实数. 那么就有

$$|z_1+\cdots+z_m| = \operatorname{Re}|z_1+\cdots+z_m| = \operatorname{Re}(e^{-i\theta}(z_1+\cdots+z_m))$$
$$= \operatorname{Re}(e^{-i\theta}z_1) + \cdots + \operatorname{Re}(e^{-i\theta}z_m)$$
$$\leqslant |e^{-i\theta}z_1| + \cdots + |e^{-i\theta}z_m| = |z_1| + \cdots + |z_m|$$

其中等式当且仅当对每个 $k=1,\cdots,m$ 都有 $\operatorname{Re}(e^{-i\theta}z_k)=|e^{-i\theta}z_k|$ 时, 即当且仅当每个 $z_k=e^{i\theta}|z_k|$ 都位于同一条射线 $\{re^{i\theta}: r\geqslant 0\}$ 上时成立.

556

附录 B　凸集与凸函数

设 V 为一个包含实数的域上的向量空间. V 的元素的一组元素 $v_1,\cdots,v_k\in V$ 的一个**凸组合**(convex combination)是一个线性组合, 其系数均为非负的实数且和为 1:

$$\alpha_1 v_1+\cdots+\alpha_k v_k; \quad \alpha_1,\cdots,\alpha_k\geqslant 0, \sum_{i=1}^{k}\alpha_i=1$$

V 的一个子集 K 称为**凸的**(convex), 如果 K 的任意选取的一组元素的任意一个凸组合都在 K 中. 等价地说, K 是凸的, 如果 K 中任意**一对**元素的所有凸组合都仍然在 K 中. 从几何上说, 这可以解释成: 连接 K 的任意两点的线段必定包含在 K 中; 也就是说, K 没有"凹凸"或者"洞". 满足如下条件的凸集 K 称为一个**凸锥**(convex cone): 只要 $\alpha>0$ 以及 $x\in K$, 就有 $\alpha x\in K$(等价地说, 凸锥就是这样的集合 K: K 中元素的正的线性组合仍在 K 中). 验证两个凸集(凸锥)的集合之和以及集合之交仍为凸集(凸锥)是轻而易举之事.

现在设 V 为具有给定范数的实的或者复的向量空间, 所以可以谈及 V 中的开集、闭集以及紧集. 闭凸集 K 的一个**极值点**(extreme point)是这样一个点 $z\in K$, 它仅可以用一种平凡的方式表示成 K 中元素的凸组合, 即 $z=\alpha x+(1-\alpha)y$, $0<\alpha<1$, x, $y\in K$ 蕴含 $x=y=z$. 闭凸集可以有有限多个极值点(例如多面体)、也可以有无穷多个极值点(例如闭的圆盘), 或者没有极值点(例如 $\mathbf{R}^2$ 中闭的上半平面). 然而, 紧凸集总有极值点. V 中的点集 S 的**凸包**(convex hull)(记为 $\operatorname{Co}(S)$)是取自 S 的所有点集的所有凸组合组成之集合, 或者等价地说, 是包含 S 的"最小的"凸集(即包含 S 的所有凸集之交集). Krein-Milman 定理说的是: 紧凸集是它的极值点的凸包之闭包. 一个紧凸集称为是**有限生成的**(finitely generated), 如果它有有限多个极值点; 极值点就是凸集的生成元. Carathéodory 定理(有时也称为 Carathéodory-Steinitz 定理)说的是: 集合 $S\subset\mathbf{R}^n$ 的凸包中的任意一点都是 S 中至多 $n+1$ 个点的凸组合.

557

现在假设 V 是具有内积 $\langle\cdot,\cdot\rangle$ 的实的内积空间. **分离超平面定理**(separating hyperplane theorem)说的是: 如果 K_1, $K_2\subseteq V$ 是两个给定的非空且不相交的凸集, 其中 K_1 是闭的, 而 K_2 是紧的, 那么 V 中就存在一个超平面 H, 使得 K_1 在由 H 所确定的闭的半空间的某一个之中, 而 K_2 则在另一个半空间之中, 也即 H 将 K_1 与 K_2 分隔开. V 中的**超平面** H 是 V 的一个一维子空间的正交补的平移: 对给定的向量 p, $q\in V$, $q\neq 0$ 有 $H=\{x\in V: \langle x-p, q\rangle=0\}$. 超平面 H 确定了两个开的**半空间**: $H^+=\{x\in V: \langle x-p, q\rangle>0\}$, $H^-=\{x\in V: \langle x-p, q\rangle<0\}$. 集合 $H_0^+=H^+\cup H$ 与 $H_0^-=H^-\cup H$ 是由 H 确定的闭的半空间. 于是, 分离就意味着对某个向量 p, q 有 $K_1\subseteq H_0^+$ 以及 $K_2\subseteq H_0^-$. 通过对两个凸集附加各种进一步的假设条件, 有各种各样的方法来加强分离性结论. 例如, 如果 K_1 与 K_2 的闭包不相交, 那么分离可以取成严格的, 即 $K_1\subseteq H^+$, $K_2\subseteq H^-$. 任何有界集合 $S\subset V$ 的凸包的闭包都可以作为包含 S 的所有闭的半空间的交而得到.

如果 V 是具有复的内积 $\langle\cdot,\cdot\rangle$ 的向量空间 $\mathbf{C}^n$, 除了 $\mathbf{C}^n$ 必须与 $\mathbf{R}^{2n}$ 等同, 且 $\langle\cdot,\cdot\rangle$ 必须代之以一个实的内积 $\operatorname{Re}\langle\cdot,\cdot\rangle$ 之外, 超平面与半空间可以类似地定义如下: 将 $x+iy\in\mathbf{C}^n$ 与 $\begin{bmatrix}x\\y\end{bmatrix}\in\mathbf{R}^{2n}$ 视为等同, 并注意到根据复内积的共轭线性性质有 $\operatorname{Re}\langle x_1+iy_1, x_2+iy_2\rangle=\langle x_1, x_2\rangle+\langle y_1, y_2\rangle$. 那么 $\langle x_1, x_2\rangle+\langle y_1, y_2\rangle$ 就是 $\begin{bmatrix}x_1\\y_1\end{bmatrix}$ 与 $\begin{bmatrix}x_2\\y_2\end{bmatrix}$ 的(实)内积, 且在 $\mathbf{R}^{2n}$ 上定义的超平面以及半空间在 $\mathbf{C}^n$ 中都有适当的几何解释.

在凸集 $K \subseteq V$ 上定义的实值函数 f 称为**凸的**(convex)，如果对所有 $0 < \alpha < 1$ 以及所有 x，$y \in K$，$y \neq x$ 都有

$$f(\alpha x + (1-\alpha)y) \leqslant \alpha f(x) + (1-\alpha)f(y) \qquad (\text{B1})$$

如果不等式(B1)总是严格的，那么，就称 f 是**严格凸的**(strictly convex)．如果不等式(B1)对所有 $0 < \alpha < 1$ 以及所有 x，$y \in K$，$y \neq x$ 反向成立，则 f 称为**凹的**[concave]；或者**严格凹的**(strictly concave)，如果其反向不等式总是有严格不等式成立．等价地说，凹函数(严格凹函数)是凸函数(严格凸函数)的相反值．从几何上讲，连接任意两个函数值 $f(x)$ 与 $f(y)$ 的弦都位于凸(凹)函数图形的上方(下方)．线性函数既是凸的也是凹的．如果 $V = \mathbf{R}^n$，而 K 是一个开集，则对于有界的凸函数 f，Hesse 矩阵

$$H(x) \equiv \left[\frac{\partial^2 f}{\partial x_i \partial x_j}(x) \right]$$

(它是 $M_n(\mathbf{R})$ 中的一个对称矩阵)在 K 中几乎处处存在，且它在 K 中存在的那些点处必定都是半正定的．在严格凸的情形，它是正定的．反之，在整个凸集上其 Hesse 矩阵均为半正定(正定)矩阵的函数是凸(严格凸)函数．类似地，负定性与凹性相对应．

凸函数以及凹函数的最优化有某些很好的性质．在紧凸集上，凸(凹)函数在极值点上取到它的最大值(最小值)．另一方面，在凸集上凸(凹)函数取到最小值(最大值)的点组成之集合是凸的，而且任何一个局部极小值(极大值)都是整体最小值(最大值)．例如，严格凸函数在凸集的至多一点处取到最小值，且临界点必定是一个最小值．

实数的凸组合服从某些简单而且常常有用的不等式．如果 x_1，$\cdots$，x_k 是给定的实数，那么对任何凸组合：α_1，$\alpha_2 \cdots$，$\alpha_k \geqslant 0$ 以及 $\alpha_1 + \cdots + \alpha_k = 1$，都有

$$\min_{1 \leqslant i \leqslant k} x_i \leqslant \sum_{i=1}^{k} a_i x_i \leqslant \max_{1 \leqslant i \leqslant k} x_i \qquad (\text{B2})$$

对区间上的某种单变量的凸函数 $f(\cdot)$ 的考虑将我们引导到各种经典的不等式．可以用归纳法证明：定义区间上的两点不等式(B1)就蕴含 n 点不等式

$$f\Big(\sum_{i=1}^{n} a_i x_i \Big) \leqslant \sum_{i=1}^{n} \alpha_i f(x_i), \quad n = 2, 3, \cdots \qquad (\text{B3})$$

只要 $\alpha_i \geqslant 0$，$\alpha_1 + \cdots + \alpha_n = 1$，且所有 x_i 都在该区间中．

将(B3)应用于区间 $(0, \infty)$ 上的严格凸函数 $f(x) = -\log x$，就引导出**加权的算术-几何平均不等式**(weighted arithmetic-geometric inequality)

$$\sum_{i=1}^{n} \alpha_i x_i \geqslant \prod_{i=1}^{n} x_i^{a_i}, \quad x_i \geqslant 0 \qquad (\text{B4})$$

当所有 $\alpha_i = 1/n$ 时它包含**算术-几何平均不等式**(arithmetic-geometric inequality)

$$\frac{1}{n} \sum_{i=i}^{n} x_i \geqslant \Big(\prod_{i=1}^{n} x_i \Big)^{1/n}, \quad x_i \geqslant 0 \qquad (\text{B5})$$

当且仅当所有 α_i 相等时，这个不等式成为等式．

将(B3)应用于区间 $(0, \infty)$ 上的严格凸函数 $f(x) = x^p$，$p > 1$ 就引导出 **Hölder 不等式**

$$\sum_{i=1}^{n} x_i y_i \leqslant \Big(\sum_{i=1}^{n} x_i^p \Big)^{1/p} \Big(\sum_{i=1}^{n} y_i^q \Big)^{1/q}, \quad x_i, y_i > 0, p > 1, \frac{1}{p} + \frac{1}{q} = 1 \qquad (\text{B6})$$

当且仅当向量 $[x_i^p]$ 与 $[y_i^q]$ 线性相关时，Hölder 不等式成为等式．如果取 $p = q = 2$，我们就得到 **Cauchy-Schwarz 不等式**的一种形式

$$\sum_{i=1}^{n} x_i y_i \leqslant \Big(\sum_{i=1}^{n} x_i^2 \Big)^{1/2} \Big(\sum_{i=1}^{n} y_i^2 \Big)^{1/2}, \quad x_i, y_i \in \mathbf{R} \qquad (\text{B7})$$

当且仅当向量 $[x_i]$ 与 $[y_i]$ 线性相关时，这个不等式成为等式．作为 Hölder 不等式的极限情形，我们得到

$$\sum_{i=1}^{n} x_i y_i \leqslant \Big(\sum_{i=1}^{n} x_i \Big) \max_{1 \leqslant i \leqslant n} y_i, \quad x_i, y_i \geqslant 0 \qquad (\text{B8})$$

由 Hölder 不等式可以推导出 **Minkowski 和不等式**（Minkowski's sum inequality）

$$\left(\sum_{i=1}^{n}(x_i+y_i)^p\right)^{1/p} \leqslant \left(\sum_{i=1}^{n}x_i^p\right)^{1/p} + \left(\sum_{i=1}^{n}y_i^p\right)^{1/p}, \quad x_i,y_i \geqslant 0, p > 1 \tag{B9}$$

当且仅当向量 $[x_i]$ 与 $[y_i]$ 线性相关时，这个不等式成为等式.

Minkowski 乘积不等式（Minkowski's product inequality）

$$\left(\prod_{i=1}^{n}(x_i+y_i)\right)^{1/n} \geqslant \left(\prod_{i=1}^{n}x_i\right)^{1/n} + \left(\prod_{i=1}^{n}y_i\right)^{1/n}, \quad x_i,y_i \geqslant 0 \tag{B10}$$

是算术-几何平均不等式的一个推论. 当且仅当向量 $[x_i]$ 与 $[y_i]$ 线性相关时，不等式（B10）成为等式.

Jensen 不等式说的是

$$\left(\sum_{i=1}^{n}x_i^{p_1}\right)^{1/p_1} > \left(\sum_{i=1}^{n}x_i^{p_2}\right)^{1/p_2}, \quad x_i,y_i > 0, 0 < p_1 < p_2 \tag{B11}$$

它由计算

$$\frac{\left(\sum_{i=1}^{n}x_i^{p_2}\right)^{1/p_2}}{\left(\sum_{i=1}^{n}x_i^{p_1}\right)^{1/p_1}} = \left[\sum_{i=1}^{n}\left[\frac{x_i^{p_1}}{\sum_{j=1}^{n}x_j^{p_1}}\right]^{p_2/p_1}\right]^{1/p_2} < \left[\sum_{i=1}^{n}\frac{x_i^{p_1}}{\sum_{j=1}^{n}x_j^{p_1}}\right]^{1/p_2} = \left[\frac{\sum_{i=1}^{n}x_i^{p_1}}{\sum_{j=1}^{n}x_j^{p_1}}\right]^{1/p_2} = 1$$

得出.

进一步的阅读参考 有关凸集以及几何的更多信息，见 Valentine（1964）一书. 有关凸函数以及不等式的更多内容，见 Boas（1972）一书. 经典不等式 B4-B11 的证明可以在 Beckenbach 与 Bellman（1965）以及 Hardy，Littlewood 与 Pólya（1959）这两部著作中找到.

560

附录 C   代数基本定理

引进复数 **C** 的一个历史性的诱因是：实系数的多项式可能没有实的零点. 例如，计算表明：$\{1+\mathrm{i}, 1-\mathrm{i}\}$ 是多项式 $p(t)=t^2-2t+2$ 的零点，它没有实的零点. 然而，任何实系数多项式的所有零点都包含在 **C** 中. 事实上，所有复系数多项式的所有零点也都包含在 **C** 中. 于是，**C** 就是一个**代数封闭的域**（algebraically closed field）：不存在这样的域 F，使得 **C** 是 F 的子域，且存在一个系数属于 **C** 的多项式，它有一个零点在 F 中但不在 **C** 中.

代数基本定理（fundamental theorem of algebra）说的是：任何次数至少为 1 的复系数多项式都在 **C** 中至少有一个零点. 利用长除法，如果 $p(z)=0$，那么 $t-z$ 整除 $p(t)$；也即 $p(t)=(t-z)q(t)$，其中 $q(t)$ 是一个复系数多项式，其次数比 p 的次数少 1. p 的零点是 z 加上 q 的零点. 下面的定理是代数基本定理的一个推论.

定理 $n \geqslant 1$ 次复系数多项式在复数范围内恰好有 n 个零点（按照重数计算）.

多项式 p 的一个零点 z 的重数是使得 $(t-z)^k$ 能整除 $p(t)$ 的最大整数 k. 如果零点 z 的重数为 k，那么它在 p 的零点个数 n 中被计算了 k 次. 由此推出，复系数多项式在复数范围内总可以分解成线性因子的乘积.

如果一个**实系数多项式** p 有某些非实的复零点，它们必定**共轭成对**出现，这是因为，如果 $0=p(z)$，那么 $0=\overline{0}=\overline{p(z)}=p(\overline{z})$. 结论 $(x-z)(x-\overline{z})=x^2-2\mathrm{Re}(z)x+|z|^2$ 确保任何实的多项式在实数范围内都可以分解成线性因子以及二次因子的幂的乘积；每一个不可约的二次因子对应于一对共轭的复根.

561 **进一步的阅读参考** 关于代数基本定理的一个初等证明，见 Chids（1979）一书.

附录 D   多项式零点的连续性以及矩阵特征值的连续性

用极具代表性的复分析方法证明的一个事实是：$n \geqslant 1$ 次复系数多项式的零点连续地依赖于其系数.

对于 $z \in \mathbf{C}^n$，设 $f(z)=[f_1(z)\cdots f_m(z)]^{\mathrm{T}}$，其中 $f_i: \mathbf{C}^n \to \mathbf{C}$，$i=1,\cdots,m$. 函数 $f: \mathbf{C}^n \to \mathbf{C}^m$ 在 z 是**连续的**，如果每个 f_i 在 z 都是连续的，$i=1,\cdots,m$. 函数 $f_i: \mathbf{C}^n \to \mathbf{C}$ 在 z 是连续的，如果对 $\mathbf{C}^n$ 上给定的向量范数 $\|\cdot\|$ 以及每个 $\varepsilon>0$，都存在一个 $\delta>0$，使得只要 $\|z-\zeta\|<\delta$，就有 $\|f_i(z)-f_i(\zeta)\|<\varepsilon$.

有人可能会想来通过要求函数 $f: \mathbf{C}^n \to \mathbf{C}^n$ 的连续性来描述多项式的零点对于其系数的连续依赖性，

这个函数将一个 n 次首 1 多项式的 n 个系数(除去首项系数 1 之外的所有系数)变成该多项式的 n 个零点. 然而这里有一个问题. 由于没有自然的方法来定义 n 个零点的排序, 所以就没有明显的方法来定义这个函数. 作为多项式的零点对于系数的连续依赖性的定量的命题, 我们给出如下的

定理 D1 设 $p(t)=t^n+a_1t^{n-1}+\cdots+a_{n-1}t+a_n$ 以及 $q(t)=t^n+b_1t^{n-1}+\cdots+b_{n-1}t+b_n$ 是 $n\geqslant 1$ 次复系数多项式. 设 $\lambda_1,\cdots,\lambda_n$ 是 p 的按照某种次序排列的零点, 而 $\mu_1,\cdots,\mu_n$ 是 q 的按照某种次序排列的零点 (在两种情形都计入重数). 定义

$$\gamma = 2\max_{1\leqslant k\leqslant n}\{\,|\,a_k\,|^{1/k},|\,b_k\,|^{1/k}\,\}$$

那么就存在 $\{1,\cdots,n\}$ 的一个置换 τ, 使得

$$\max_{1\leqslant j\leqslant n}|\lambda_j-\mu_{\tau(j)}|\leqslant 2^{\frac{2n-1}{n}}\Big(\sum_{k=1}^n|\,a_k-b_k\,|\gamma^{n-k}\Big)^{1/n}$$

按照同样的精神, 下面用显式给出的界就确保矩阵特征值的连续性.

定理 D2 设给定 $A,B\in M_n$. 设 $\lambda_1,\cdots,\lambda_n$ 是 A 的按照某种次序排列的特征值, 而 $\mu_1,\cdots,\mu_n$ 则是 B 的按照某种次序排列的特征值(在两种情形均计入重数). 那么就存在 $\{1,\cdots,n\}$ 的一个置换 τ, 使得 ⟨563⟩

$$\max_{1\leqslant j\leqslant n}|\lambda_j-\mu_{\tau(j)}|\leqslant 2^{\frac{2n-1}{n}}\big(\,|||\,A\,|||_2+|||\,B\,|||_2\big)^{\frac{n-1}{n}}\,|||\,A-B\,|||_2^{\frac{1}{n}}$$

进一步的阅读参考　这里提到的两个定理在 R. Bhatia, L. Elsner 以及 G. Krause, Bounds on the variation of the roots of a polynomial and the eigenvalues of a matrix, *Linear Algebra Appl.* 142(1990)195-209 一文中. ⟨564⟩

附录 E　连续性, 紧性以及 Weierstrass 定理

设 V 是具有给定范数 $\|\cdot\|$ 的一个有限维的实的或者复的向量空间. 以 $x\in V$ 为中心、半径为 ε 的**闭球**是 $B_\varepsilon(x)=\{y\in V:\|y-x\|\leqslant\varepsilon\}$; 相对应的**开球**是 $B_\varepsilon(x)=\{y\in V:\|y-x\|<\varepsilon\}$. 集合 $S\subseteq V$ 称为**开的**, 如果对每个 $x\in S$, 都存在一个 $\varepsilon>0$, 使得 $B_\varepsilon(x)\subseteq S$. 集合 $S\subseteq V$ 称为**闭的**, 如果 S 在 V 中的补是开的. 集合 $S\subseteq V$ 称为**有界的**, 如果存在一个 $r>0$, 使得 $S\subseteq B_r(0)$. 等价地说, $S\subseteq V$ 是闭的, 当且仅当 S 中任意一个(关于 $\|\cdot\|$ 的)收敛点列的极限本身也在 S 中; S 是有界的, 当且仅当它包含在某个半径有限的球中. 集合 $S\subseteq V$ 称为**紧的**, 如果它既是闭的, 又是有界的.

对给定的集合 $S\subseteq V$ 以及在 S 上定义的一个给定的实值函数 f, $\inf_{x\in S}f(x)$ 以及 $\sup_{x\in S}f(x)$ 不一定是有限的, 而且即使它们是有限的, 也有可能存在或者有可能不存在 S 中的点 $x_{\min}$ 与 $x_{\max}$, 使得 $f(x_{\min})=\inf_{x\in S}f(x)$ 以及 $f(x_{\max})=\sup_{x\in S}f(x)$, 即 f 在 S 上不一定取到最大值或者最小值. 然而, 在某种情况下, 我们可以确信: f 在 S 上既取到最大值又取到最小值.

在给定的集合 $S\subseteq V$ 上定义的实值或者复值函数 f 称为在点 $x_0\in S$ 是**连续的**(continuous), 如果对每个的 $\varepsilon>0$, 都存在一个 $\delta>0$, 使得只要 $x\in S$ 以及 $\|x-x_0\|<\delta$, 就有 $|f(x)-f(x_0)|<\varepsilon$; f 称为在 S 上**连续的**, 如果它在 S 的每一点都是连续的; f 称为**在 S 上一致连续的**, 如果对每个 $\varepsilon>0$, 都存在一个 $\delta>0$, 使得只要 $x,y\in S$ 以及 $\|x-y\|<\delta$, 就有 $|f(x)-f(y)|<\varepsilon$.

定理(Weierstrass)　设 S 一个具有给定范数 $\|\cdot\|$ 的有限维实的或者复的向量空间 V 的一个紧子集, 又设 $f:S\to\mathbf{R}$ 是一个连续函数. 则存在一个点 $x_{\min}\in S$, 使得

$$f(x_{\min})\leqslant f(x),\quad\text{对所有 }x\in S$$

又存在一个点 $x_{\max}\in S$, 使得

$$f(x)\leqslant f(x_{\max}),\quad\text{对所有 }x\in S$$

也就是说, f 在 S 上取到最小值以及最大值. ⟨565⟩

当然, Weierstrass 定理中的数值 $\max_{x\in S}f(x)$ 以及 $\min_{x\in S}f(x)$ 中的每一个都有可能在 S 的多于一个点上取到.

如果 Weierstrass 定理中的关键假设条件(S 是紧集以及 f 连续)中的某个条件被违反, 则结论有可能不成立. 然而, S 是一个有限维赋范线性空间的子集这一假设并非本质的. 只要适当定义了**紧性**以及**连续性**, Weierstrass 定理对于一般拓扑空间的紧子集上的实值连续函数也成立.

进一步的阅读参考　有关分析以及赋范线性空间更多的信息，见 Kreyszig(1978)一书的第 2 章，或者 Conway(1990)一书第 3 章.

附录 F　标准对

任何复方阵 A 可以唯一地表示成 $A=S(A)+C(A)$，其中 $S(A)=\frac{1}{2}(A+A^{\mathrm{T}})$ 是对称的，而 $C(A)=\frac{1}{2}(A-A^{\mathrm{T}})$ 是斜对称的；它还可以唯一地表示成 $A=H(A)+\mathrm{i}K(A)$，其中 $H(A)=\frac{1}{2}(A+A^{*})$ 与 $K(A)=\frac{1}{2\mathrm{i}}(A-A^{*})$ 两者都是 Hermite 的. $S(A)$ 与 $C(A)$ 的一个同时相合对应于 A 的一个相合；$H(A)$ 与 $K(A)$ 的一个同时 * 相合则对应于 A 的一个 * 相合.

矩阵对 $(S(A)$，$C(A))$ 以及 $(H(A)$，$K(A))$（它们称为**标准对**）可以由 A 的相合以及 * 相合标准型得出. 在描述标准对时，我们利用下面的 $k\times k$ 矩阵：

$$M_k = \begin{bmatrix} 0 & 1 & & 0 \\ 1 & 0 & \ddots & \\ & \ddots & \ddots & 1 \\ 0 & & 1 & 0 \end{bmatrix}, \quad N_k = \begin{bmatrix} 0 & 1 & & 0 \\ -1 & 0 & \ddots & \\ & \ddots & \ddots & 1 \\ 0 & & -1 & 0 \end{bmatrix}$$

$$X_k = \begin{bmatrix} 0 & & & & (-1)^{k+1} \\ & & & \ddots & 0 \\ & & -1 & \ddots & \\ & 1 & 0 & & \\ -1 & & & & \\ 1 & 0 & & & 0 \end{bmatrix}$$

$$Y_k = \begin{bmatrix} 0 & & & & 0 \\ & & & \ddots & (-1)^{k} \\ & & 0 & \ddots & \\ & 0 & 1 & & \\ 0 & -1 & & & \\ 0 & 1 & & & \end{bmatrix}$$

我们还要利用两参数形式的类型Ⅰ的矩阵(4.5.19)

$$\Delta_k(a,b) = \begin{bmatrix} & & & a \\ & & \ddots & b \\ & a & \ddots & \\ a & b & & 0 \end{bmatrix}, \quad a,b \in \mathbf{C}$$

矩阵对 $(A$，$B)$ 是同阶方阵的有序对. 两个矩阵对的直和是 $(A_1$，$A_2)\oplus(B_1$，$B_2)=(A_1\oplus B_1$，$A_2\oplus B_2)$，其中 A_1，$A_2\in M_p$，而 B_1，$B_2\in M_q$. 两个同阶方阵的**斜和**(skew sum)是

$$[A\setminus B] = \begin{bmatrix} 0 & B \\ A & 0 \end{bmatrix}$$

矩阵对 $(A_1$，$A_2)$ 与 $(B_1$，$B_2)$ 称为是**同时相合的**（**同时 * 相合的**），如果存在一个非奇异的矩阵 R，使得 $A_1=R^{\mathrm{T}}B_1R$ 以及 $A_2=R^{\mathrm{T}}B_2R$（$A_1=R^{*}B_1R$ 以及 $A_2=R^{*}B_2R$）. 这个变换就称为一对矩阵通过 R **同时相合的**（**同时 * 相合的**）.

下面的定理列出了可能出现的标准对以及它们与(4.5.21)以及(4.5.25)中列出的三种类型的 * 相合以及相合标准矩阵的关系.

定理 F1　(a) 由一个复对称矩阵 S 与一个同阶的复的斜对称矩阵 C 组成的每一个矩阵对 $(S$，$C)$ 都与

如下三种类型的矩阵对的直和同时相合(除了直和项的排列之外是唯一确定的)，这三种类型的直和每一种都与(4.5.25)所指出的类型的关于 $A=S+C$ 的相合标准矩阵相关.

类型 0：$J_n(0)$	$(M_n,\ N_n)$
类型 I：Γ_n	$(X_n,\ Y_n)$，如果 n 是奇数
	$(Y_n,\ X_n)$，如果 n 是偶数
类型 II：$H_{2n}(\mu)$	$([J_n(\mu+1) \setminus J_n(\mu+1)^{\mathrm{T}}],\ [J_n(\mu-1) \setminus -J_n(\mu-1)^{\mathrm{T}}])$
$0\neq\mu\neq(-1)^{n+1}$	而 μ 除了可以代之以 μ^{-1} 之外是确定的

类型 II 的矩阵对可以用另外两种矩阵对来代替

类型 II：$H_{2n}(\mu)$	$([I_n \setminus I_n],\ [J_n(\nu) \setminus -J_n(\nu)^{\mathrm{T}}])$
$0\neq\mu\neq-1$	$\nu\neq0$，如果 n 是奇数，$\nu\neq\pm1$
$\mu\neq1$ 如果 n 是奇数	ν 除了可以代之以 $-\nu$ 之外是确定的
类型 II：$H_{2n}(-1)$	$([J_n(0) \setminus J_n(0)^{\mathrm{T}}],\ [I_n \setminus -I_n])$
n 是奇数	n 是奇数，

其中

$$\nu=\frac{\mu-1}{\mu+1}$$

568

(b) 每一对同阶的 Hermite 矩阵 $(H,\ K)$ 都与以下四种类型的一对矩阵的直和同时 * 相合(除了直和项的排列次序外，它们是唯一确定的)，这四种类型中的每一种都与(4.5.21)中所指出的类型的关于 $A=H+iK$ 的 * 相合标准矩阵相关：

类型 0：$J_n(0)$	$(M_n,\ iN_n)$
类型 I：$\lambda\Delta_n$	$\pm(\Delta_n(1,\ 0),\ \Delta_n(c,\ 1))$
$\lvert\lambda\rvert=1,\ \lambda^2\neq-1$	$c\in\mathbf{R}$
类型 I：$\lambda\Delta_n$	$\pm(\Delta_n(0,\ 1),\ \Delta_n(1,\ 0))$
$\lambda^2=-1$	
类型 II：$H_{2n}(\mu)$	$([I_n \setminus I_n],\ [J_n(a+ib) \setminus -J_n(a+ib)^*])$
$\lvert\mu\rvert>1$	$a,\ b\in\mathbf{R},\ a+bi\neq i,\ b>0,$

其中

$$a=\frac{2\mathrm{Im}\,\mu}{\lvert1+\mu\rvert^2},\quad b==\frac{\lvert\mu\rvert^2-1}{\lvert1+\mu\rvert^2},\quad c=\frac{\mathrm{Im}\,\lambda}{\mathrm{Re}\,\lambda}$$

进一步的阅读参考　所给出的标准对取自 R. J. Horn 与 V. V. Sergeichuk, Canonical forms for complex matrix congruence and * congruence, *Linear Algebra Appl.* 416(2006)1010-1032. 关于其他形式的标准对，见 P. Lancaster 与 L. Rodman, Canonical forms for Hermitian matrix pairs under strict equivalence and congruence, *SIAM Review* 47(2005)407-443，P. Lancaster 与 L. Rodman, Canonical forms for symmetric/skew-symmetric real matrix pairs under strict equivalence and congruence, *Linear Algebra Appl.* 406(2005) 1-76，R. C. Thompson, Pencils of complex and real symmetric and skew matrices, *Linear Algebra Appl.* 147(1991)323-371，以及 V. V. Sergeichuk, Classification problems for systems of forms and linear mappings, *Math. USSR-Izv.* 31(1988)481-501.

569

参 考 文 献

Aitken, A. C. 1956. *Determinants and Matrices*. 9th ed. Oliver and Boyd, Edinburgh.

Axler, S. 1996. *Linear Algebra Done Right*. Springer, New York.

Bapat, R. B. 1993. *Linear Algebra and Linear Models*. Hindustan Book Agency, Delhi.

Bapat, R. B., and T. E. S. Raghavan. 1997. *Nonnegative Matrices and Applications*. Cambridge University Press, Cambridge.

Barnett, S. 1975. *Introduction to Mathematical Control Theory*. Clarendon Press, Oxford.

Barnett, S. 1979. *Matrix Methods for Engineers and Scientists*. McGraw-Hill, London.

Barnett, S. 1983. *Polynomials and Linear Control Systems*. Dekker, New York.

Barnett, S. 1990. *Matrices: Methods and Applications*. Clarendon Press, Oxford.

Barnett, S., and C. Storey. 1970. *Matrix Methods in Stability Theory*. Barnes and Noble, New York.

Baumgärtel, H. 1985. *Analytic Perturbation Theory for Matrices and Operators*. Birkhäuser, Basel.

Beckenbach, E. F., and R. Bellman. 1965. *Inequalities*. Springer, New York.

Belitskii, G. R., and Yu. I. Lyubich. 1988. *Matrix Norms and Their Applications*. Birkhäuser, Basel.

Bellman, R. 1997. *Introduction to Matrix Analysis*. 2nd ed. SIAM, Philadelphia.

Berman, A. M. Neumann, and R. J. Stern. 1989. *Nonnegative Matrices in Dynamic Systems*. Wiley, New York.

Berman, A., and R. J. Plemmons. 1994. *Nonnegative Matrices in the Mathematical Sciences*. SIAM, Philadelphia.

Bernstein, D. 2009. *Matrix Mathematics*. 2nd ed. Princeton University Press, Princeton.

Bhatia, R. 1987. *Perturbation Bounds for Matrix Eigenvalues*. Longman Scientific and Technical, Essex.

Bhatia, R. 1997. *Matrix Analysis*. Springer, New York.

Bhatia, R. 2007. *Positive Definite Matrices*. Princeton University Press, Princeton.

Boas, R. P. Jr. 1972. *A Primer of Real Functions*. 2nd ed. Carus Mathematical Monographs 13. Mathematical Association of America, Washington, D.C.

Bonsall, F. F., and J. Duncan. 1971. *Numerical Ranges of Normed Operators on Normed Spaces and of Elements of Normed Algebras*. Cambridge University Press, Cambridge.

Bonsall, F. F., and J. Duncan. 1973. *Numerical Ranges II*. Cambridge University Press, Cambridge.

Brualdi, R. A., and H. J. Ryser. 1991. *Combinatorial Matrix Theory*. Cambridge University Press, New York.

Brualdi, R. A., and B. L. Shader. 1995. *Matrices of Sign-Solvable Linear Systems*. Cambridge University Press, New York.

Campell, S. L., and C. D. Meyer. 1991. *Generalized Inverses of Linear Transformations*. Dover, Mineola.

Carlson, D., C. Johnson, D. Lay, and D. Porter, eds. 2002. *Linear Algebra Gems*. Mathematical Association of America, Washington, D.C.

Chatelin, F. 1993. *Eigenvalues of Matrices*. John Wiley, New York.

Childs, L. 1979. *A Concrete Introduction to Higher Algebra*. Springer, Berlin.

Clark, J., K. C. O'Meara, and C. I. Vinsonhaler. 2011. *Advanced Topics in Linear Algebra. Weaving Matrix Problems Through the Weyr Form*. Oxford University Press, Oxford.

Conway, J. 1990. *A Course in Functional Analysis*. 2nd ed. Springer, New York.

Courant, R., and D. Hilbert. 1953. *Methods of Mathematical Physics. Vol. I*, Interscience, New York (originally Julius Springer, Berlin, 1937).

Crilly, T. 2006. *Arthur Cayley: Mathematician Laureate of the Victorian Age*. The Johns Hopkins University Press, Baltimore.

Cullen, C. G. 1966. *Matrices and Linear Transformations*. Addison-Wesley, Reading.

Donoghue, W. F. Jr. 1974. *Monotone Matrix Functions and Analytic Continuation*. Springer, Berlin.

Faddeeva, V. N., Trans. C. D. Benster. 1959. *Computational Methods of Linear Algebra*. Dover, New York.

Fallatt, S. M., and C. R. Johnson. 2011. *Totally Nonnegative Matrices*. Princeton University Press, Princeton.

Fan, Ky. 1959. *Convex Sets and Their Applications*. Lecture Notes, Applied Mathematics Division, Argonne National Laboratory, Summer.

Fieldler, M. 1975. *Spectral Properties of Some Classes of Matrices*. Lecture Notes, Report No. 75.01R. Chalmers University of Technology and the University of Göteborg.

Fiedler, M. 1986. *Special Matrices and Their Applications in Numerical Mathematics*. Martinus Nijhoff, Dordrecht.

Franklin, J. 1968. *Matrix Theory*. Prentice-Hall, Englewood Cliffs.

Gantmacher, F. R. 1959. *The Theory of Matrices*. 2 vols. Chelsea, New York.

Gantmacher, F. R. 1959. *Applications of the Theory of Matrices*. Interscience, New York.

Gantmacher, F. R., and M. G. Krein. 1960. *Oszillationsmatrizen, Oszillationskerne, und kleine Schwingungen mechanische Systeme*. Akademie, Berlin.

Glazman, I. M., and Ju. Il Ljubic. 2006. *Finite-Dimensional Linear Analysis*. Dover, Mineola.

Gohberg, I., P. Lancaster, and L. Rodman. 1982. *Matrix Polynomials*. Academic Press, New York.

Gohberg, I., P. Lancaster, and L. Rodman. 1983. *Matrices and Indefinite Scalar Products*. Birkhäuser, Boston.

Gohberg, I., P. Lancaster, and L. Rodman. 2006. *Invariant Subspaces of Matrices with Applications*. John Wiley, New York, 1986; SIAM, Philadelphia.

Gohberg, I. C., and M. G. Krein. 1969. *Introduction to the Theory of Linear Nonselfadjoint Operators*. American Mathematical Society, Providence.

Golan, J. S. 2004. *The Linear Algebra a Beginning Graduate Student Ought to Know*. Kluwer, Dordrecht.

Graham, A. 1981. *Kronecker Products and Matrix Calculus with Applications*. Horwood, Chichester.

Graybill, F. A. 1983. *Matrices with Applications to Statistics*. 2nd ed. Wadsworth, Belmont.

Greub, W. H. 1978. *Multilinear Algebra*. 2nd ed. Springer, New York.

Golub, G., and C. VanLoan. 1996. *Matrix Computations*. 3rd ed. The Johns Hopkins University Press, Baltimore.

Halmos, P. R. 1958. *Finite-Dimensional Vector Spaces*. Van Nostrand, Princeton.

Halmos, P. R. 1967. *A Hilbert Space Problem Book*. Van Nostrand, Princeton.

Hardy, G. H., J. E. Littlewood, and G. Pólya. 1959. *Inequalities*. Cambridge University Press, Cambridge (first ed. 1934).

Higham, N. J. 2008. *Functions of Matrices*. SIAM, Philadelphia.

Hirsch, M. W., and S. Smale. 1974. *Differential Equations, Dynamical Systems, and Linear Algebra*. Academic Press, New York.

Hogben, L. ed. 2007. *Handbook of Linear Algebra*. Chapman and Hall, Boca Raton.

Horn, R. A., and C. R. Johnson. 1991. *Topics in Matrix Analysis*. Cambridge University Press, Cambridge.

Hoffman, K., and R. Kunze. 1971. *Linear Algebra*. 2nd ed. Prentice-Hall, Englewood Cliffs.

Householder, A. S. 1964. *The Theory of Matrices in Numerical Analysis*. Blaisdell, New York.

Householder, A. S. 1972. *Lectures on Numerical Algebra*. Mathematical Association of America, Buffalo.

Jacobson, N. 1943. *The Theory of Rings*. American Mathematical Society, New York.

Kaplansky, I. 1974. *Linear Algebra and Geometry: A Second Course*. Dover, Mineola.

Karlin, S. 1960. *Total Positivity*. Stanford University Press, Stanford.

Kato, T. 1980. *Perturbation Theory for Linear Operators*, Springer, Berlin.

Kellogg, R. B. 1971. *Topics in Matrix Theory*. Lecture Notes, Report No. 71.04, Chalmers Institute of Technology and the University of Göteberg.

Kőnig, D. 1936. *Theorie der endlichen und unendlichen Graphen*. Akademische Verlagsgesellschaft, Leipzig.

Kőnig, D. 1990. *Theory of Finite and Infinite Graphs*. Birkhäuser, Boston, (translated by R. McCoart with commentary by W. T. Tutte).

Kowalsky, H. 1969. *Lineare Algebra*. 4th ed. deGruyter, Berlin.

Kreyszig, E. 1978. *Introductory Functional Analysis with Applications*. John Wiley, New York.

Lancaster, P. 1969. *Theory of Matrices*. Academic Press, New York.

Lang, S. 1987. *Linear Algebra*. 3rd ed. Springer, New York.

Lancaster, P., and M. Tismenetsky. 1985. *The Theory of Matrices with Applications*. 2nd ed. Academic Press, New York.

Lawson, C., and R. Hanson. 1974. *Solving Least Squares Problems*. Prentice-Hall, Englewood Cliffs.

Lax, P. D. 2007. *Linear Algebra and Its Applications*. 2nd ed. John Wiley, New York.

MacDuffee, C. C. 1946. *The Theory of Matrices*. Chelsea, New York.

Marcus, M. 1973–1975. *Finite Dimensional Multilinear Algebra*. 2 vols. Dekker, New York.

Marcus, M., and H. Minc. 1964. *A Survey of Matrix Theory and Matrix Inequalities*. Allyn and Bacon, Boston.

Marshall, A. W., and I. Olkin. 1979. *Inequalities: Theory of Majorization and Its Applications*. Academic Press, New York.

Minc, H. 1988. *Nonnegative Matrices*. John Wiley, New York.

Mirsky, L. 1963. *An Introduction to Linear Algebra*. Clarendon Press, Oxford.

Muir, T. 1930. *The Theory of Determinants in the Historical Order of Development*. 4 vols. Macmillan, London, 1906, 1911, 1920, 1923; Dover, New York, 1966. *Contributions to the History of Determinants, 1900–1920*. Blackie, London.

Newman, M. 1972. *Integral Matrices*. Academic Press, New York.

Noble, B., and J. W. Daniel. 1988. *Applied Linear Algebra*, 3rd ed. Prentice-Hall, Englewood Cliffs.

O'Meara, K. C., J. Clark, and C. I. Vinsonhaler. 2011. *Advanced Topics in Linear Algebra: Weaving Matrix Properties through the Weyr Form*. Oxford University Press, Oxford.

Ortega, J. M. 1987. *Matrix Theory: A Second Course*. Plenum Press, New York.

Parlett, B. 1998. *The Symmetric Eigenvalue Problem*. SIAM, Philadelphia.

Parshall, K. H. 2006. *James Joseph Sylvester: Jewish Mathematician in a Victorian World*. The Johns Hopkins Press, Baltimore.

Perlis, S. 1952. *Theory of Matrices*. Addison-Wesley, Reading.

Radjavi, H., and P. Rosenthal. 2000. *Simultaneous Triangularization*. Springer, New York.

Rogers, G. S. 1980. *Matrix Derivatives*. Lecture Notes in Statistics, vol. 2. Dekker, New York.

Roman, S. 2010. *Advanced Linear Algebra*. 3rd ed. Graduate Texts in Mathematics. Springer, New York.

Rudin, W. 1976. *Principles of Mathematical Analysis*. 3rd ed. McGraw-Hill, New York.

Seneta, E. 1973. *Nonnegative Matrices*. John Wiley, New York.

Serre, D. 2002. *Matrices: Theory and Applications*. Springer, New York.

Stewart, G. W. 1973. *Introduction to Matrix Computations*. Academic Press, New York.

Stewart, G. W., and J.-G. Sun. 1990. *Matrix Perturbation Theory*. Academic Press, New York.

Strutt, J. W. Baron Rayleigh. 1894. *The Theory of Sound*. Dover, New York, 1945. 1st ed. Macmillan, London, 1877; 2nd ed., revised and enlarged, Macmillan, London.

Suprunenko, D. A., and R. I. Tyshkevich. 1968. *Commutative Matrices*. Academic Press, New York.

Todd, J. ed. 1962. *Survey of Numerical Analysis*. McGraw-Hill, New York.

Turnbull, H. W. 1950. *The Theory of Determinants, Matrices and Invariants*. Blackie, London.

Turnbull, H. W., and A. C. Aitken. 1962. *An Introduction to the Theory of Canonical Matrices*. Blackie, London, 1932; 2nd ed. Blackie, London, 1945; 3rd ed. Dover, Mineola.

Valentine, F. A. 1964. *Convex Sets*. McGraw-Hill, New York.

Varga, R. S. 2000. *Matrix Iterative Analysis*. 2nd ed. Springer, New York.

Varga. R. S. 2004. *Geršgorin and His Circles*. Springer, New York.

Wedderburn, J. H. M. 1934. *Lectures on Matrices*. American Mathematical Society Colloquium Publications XVII. American Mathematical Society, New York.

Wielandt, H. 1996. *Topics in the Analytic Theory of Matrices*. Lecture Notes prepared by R. Meyer. Department of Mathematics, University of Wisconsin, Madison, 1967. Published as pp. 271–352 in *Helmut Wielandt, Mathematische Werke, Mathematical Works. Volume 2: Linear Algebra and Analysis*. Edited by Bertram Huppert and Hans Schneider. Walter de Gruyter, Berlin.

Wilkinson, J. H. 1965. *The Algebraic Eigenvalue Problem*. Clarendon Press, Oxford.

Zhan, X. 2002. *Matrix Inequalities*. Springer, Berlin.

Zhang, F. 2009. *Linear Algebra: Challenging Problems for Students*. 2nd ed. The Johns Hopkins University Press, Baltimore.

Zhang, F. 2011. *Matrix Theory: Basic Results and Techniques*. 2nd ed. Springer, New York.

Zhang, F. ed. 2005. *The Schur Complement and its Applications*. Springer, New York.

Zurmühl, R., and S. Falk. 1986. *Matrizen und ihre Anwendungen, 2: Numerische Methoden*. Springer, Heidelberg.

Zurmühl, R., and S. Falk. 2011. *Matrizen und ihre Anwendungen, 1: Grundlagen*. Springer, Heidelberg.

记　　号

R	实数
R^n	实的 n 元向量组成的实向量空间，$M_{n,1}(\mathbf{R})$
C	复数
C^n	复的 n 元向量组成的复向量空间，$M_{n,1}$
F	域
F^n	**F** 中元素作成的 n 元向量组成的（**F** 上的）向量空间
$M_{m,n}(\mathbf{F})$	**F** 中元素作成的 $m \times n$ 矩阵
$M_{m,n}$	$m \times n$ 复矩阵；与 $M_{m,n}(\mathbf{C})$ 相同
M_n	$n \times n$ 复矩阵；与 $M_{n,n}(\mathbf{C})$ 相同
A，B，C, etc.	矩阵；$A = [a_{ij}]$，等等
x，y，z, etc.	列向量；$x = [x_i]$，等等
I_n	M_n 中的单位矩阵；如果上下文中明确知道它的大小，就简记为 I
$0_{m,n}$	$M_{m,n}$ 中的零矩阵；如果上下文中明确知道它的大小，就简记为 0
$\overline{A}$	A 的元素的复共轭作成的矩阵
A^T	A 的转置
A^*	A 的共轭转置；与 $\overline{A}^T$ 相同
A^{-1}	$A \in M_n$ 的逆矩阵
A^{-T}	$A \in M_n$ 的转置的逆矩阵
A^{-*}	$A \in M_n$ 的共轭转置的逆矩阵
$|A|$	表示矩阵 $[|a_{ij}|]$，这里 $A = [a_{ij}] \in M_n$
adj$A$	$A \in M_n(\mathbf{F})$ 的伴随矩阵；即 A 的元素的代数余子式构成的矩阵之转置矩阵
$A^\dagger$	$A \in M_{m,n}$ 的 Moore-Penrose 逆
A^D	$A \in M_n$ 的 Drazin 逆
$\mathcal{B}$	向量空间的基
e_i	第 i 个标准基向量
e	本书中表示全 1 向量；也常用来表示自然对数的底
$[v]_\mathcal{B}$	向量 v 的 $\mathcal{B}$ 坐标表示
$_{\mathcal{B}_1}[T]_{\mathcal{B}_2}$	线性变换 T 的 $\mathcal{B}_1 - \mathcal{B}_2$ 基表示
$\binom{n}{k}$	二项式系数，其值为 $n! / (k!(n-k)!)$
$p_A(\cdot)$	$A \in M_n$ 的特征多项式
$k(A)$	A（关于某个范数）的条件数
det$A$	$A \in M_n$ 的行列式
$\oplus$	直和
$\Gamma(A)$	A 的有向图
$\|\cdot\|^D$	范数 $\|\cdot\|$ 的对偶范数
$f^D(\cdot)$	准范数 $f(\cdot)$ 的对偶范数
λ	通常用来表示特征值
$[\lambda_i(A)]$	$A \in M_n$ 的特征值组成的向量
$n!$	阶乘：$n(n-1)\cdots 2 \cdot 1$
$G_k(A)$	第 k 个 Geršgorin 圆盘
$G(A)$	Geršgorin 区域，Geršgorin 圆盘之并集
$GL(n, \mathbf{F})$	$M_n(\mathbf{F})$ 中非奇异矩阵组成的群
$A \circ B$	A，$B \in M_{m,n}(\mathbf{F})$ 的 Hadamard 乘积
$\gamma(A)$	本原矩阵 $A \in M_n(\mathbf{R})$ 的本原指数
$M(A)$	$A \in M_n$ 的指标矩阵
$J_k(\lambda)$	以 λ 为特征值的 $k \times k$ Jordan 块
$q_A(\cdot)$	$A \in M_n$ 的极小多项式
$\|\cdot\|_1$	l_1 范数（和范数）
$\|\cdot\|_2$	l_2 范数（Euclid 范数）；Frobenius 范数
$\|\cdot\|_\infty$	l_∞ 范数（最大值范数）
$\|\cdot\|_p$	l_p 范数
$\|x\|_{[k]}$	向量上的 k 范数
$\|A\|_1$	最大列和矩阵范数
$\|A\|_2$	谱矩阵范数；最大的奇异值
$\|A\|_\infty$	最大行和矩阵范数
$N_\infty(A)$	A 的列的最大值范数之和（矩阵范数）
$\|A\|_{tr}$	迹范数（矩阵范数）
$\|A\|_{[k]}$	樊畿 k 范数（矩阵范数）
$r(A)$	数值半径（矩阵上的向量范数）
$\perp$	正交补
per$A$	$A \in M_n$ 的积和式
rank$A$	$A \in M_{m,n}$ 的秩
sgnτ	置换 τ 的符号函数
σ	通常表示奇异值
$\sigma_1(A)$	A 的最大奇异值；谱范数
$[\sigma_i(A)]$	A 的奇异值组成的向量
span$(\mathcal{S})$	向量集合 $\mathcal{S}$ 生成的向量空间

range$A$	A 的列生成的向量空间；A 的列空间
nullspace$A$	$Ax=0$ 的解组成的子空间
$\rho(A)$	$A\in M_n$ 的谱半径
$\sigma(A)$	谱；A 的特征值（按重数计算）
$A[\alpha,\beta]$	A 的由指标集 α 以及 β 所决定的子矩阵
$A[\alpha]$	A 的由指标集 α 所决定的主子矩阵
tr$A$	$A=[a_{ij}]$ 的迹；$\sum_i a_{ii}$
$E_k(A)$	A 的 k 阶主子式之和
$S_k(A)$	特征值的 k 次初等对称函数
A/A_{11}	A_{11} 在 A 中的 Schur 补
$C_r(A)$	A 的第 r 个复合矩阵
Λ,Σ	最典型的是用来表示对角矩阵
$[A,B]$	$A,B\in M_n$ 的换位子；即 $AB-BA$
$]A,B[$	$A,B\in M_n$ 的 Jordan 乘积；即 $AB+BA$
$C(a,b)$	$\begin{bmatrix} a & b \\ -b & a \end{bmatrix}$，实的 Jordan 标准型分块
$w(A,\lambda)$	Weye 特征：$(w_1(A,\lambda),\cdots,w_q(A,\lambda))$
$x_i(A)^{\downarrow}$	实向量 λ 按照非增次序排列的元素
$x_i(A)^{\uparrow}$	实向量 λ 按照非减次序排列的元素
Δ_k	类型 I（对称的）* 相合标准型分块
$H_{2k}(\mu)$	类型 II 相合以及 * 相合标准型分块
Γ_k	类型 I（实的）相合标准型分块
$\langle A,B\rangle_F$	Frobenius 内积
$B_{\|\cdot\|}(r;x)$	以点 x 为中心、半径为 r 的范数球
$F(A)$	$A\in M_n$ 的值域
$R'_i(A)$	删去的行和
$C'_i(A)$	删去的列和
$A\succeq B$	Hermite 矩阵上的 Loewner 偏序
$H(A)$	$A\in M_n$ 的 Hermite 部分

问 题 提 示

1.0 节

1.0. P1 $f(x)=x^{\mathrm{T}}Ax$ 是紧集 $\{x\in\mathbf{R}^n:x^{\mathrm{T}}x=1\}$ 上的连续函数.

1.1 节

1.1. P7 设 λ, x 是 A 的特征值-特征向量对. 那么 $x^*Ax=\lambda x^*x$. 但是 $x^*x>0$ 且 $\overline{x^*Ax}=x^*A^*x=x^*Ax$ 是实的.

1.1. P13 $Ax=\lambda x\Rightarrow(\det A)x=(\mathrm{adj}A)Ax=\lambda(\mathrm{adj}A)x$; $\lambda\neq0\Rightarrow(\mathrm{adj}A)x=(\lambda^{-1}\det A)x$. 如果 $\lambda=0$, 那么或者 $\mathrm{adj}A=0$(如果 $\mathrm{rank}A<n-1$), 或者 $\mathrm{adj}A=\alpha xy^{\mathrm{T}}$(如果 $\mathrm{rank}A=n-1$)(0.8.2).

1.2 节

1.2. P10 实系数多项式的任何非实的复零点都成对共轭出现; 如果 $A\in M_n(\mathbf{R})$, 则 $p_A(t)$ 有实系数.

1.2. P11 设 $\mathcal{B}$ 是 V 的一组基并考虑 $[T]_{\mathcal{B}}$.

1.2. P14 按照第一列的代数余子式计算 $\det(tI-A)$, 然后在下一步中按照第一行的代数余子式来计算.

1.2. P21 例 1.2.8.

1.2. P23 看 $p_A(t)$ 的最后两项; (1.2.13).

1.3 节

1.3. P4 回顾(1.3.12)的证明并证明 B 与 A 可以同时对角化. 观察(0.9.11)并说明为什么存在一个次数至多为 $n-1$ 的(Lagrange 插值)多项式 $p(t)$, 使得 B 的特征值是 $p(\alpha_1)$, …, $p(\alpha_n)$.

1.3. P7 如果 $A^2=B$ 且 $Ax=\lambda x$, 证明 $\lambda^4x=A^4x=B^2x=0$ 并说明为什么 A 的两个特征值都是零. 那么 $\mathrm{tr}A=0$, 所以 $A=\begin{bmatrix}a & b\\ c & -a\end{bmatrix}$. 又有 $\det A=0$, 所以 $a^2+bc=0$. 那么 $A^2=?$

1.3. P10 如果某个线性组合为零, 比方说 $0=\sum_{i=1}^{k}\sum_{j=1}^{n_i}c_{ij}x_j^{(i)}=\sum_{i=1}^{k}y^{(i)}$, 利用(1.3.8)证明每一个 $y^{(i)}=0$.

1.3. P13 考虑 $\begin{bmatrix}0 & 0\\ 0 & 0\end{bmatrix}$ 以及 $\begin{bmatrix}0 & 1\\ 0 & 0\end{bmatrix}$.

1.3. P16 $p_A(t)=t^{n-r}(t^r-t^{r-1}\mathrm{tr}B+\cdots\pm\det B)$. 所以 $E_r(A)\neq0$. (1.2.13)考虑 $\begin{bmatrix}1 & i\\ i & -1\end{bmatrix}$.

1.3. P17 设 $S=C+iD$, 其中 $C=(S+\overline{S})/2$ 以及 $D=(S-\overline{S})/(2i)$. 那么 $AS=SB$ 以及 $A\overline{S}=\overline{S}B$ 就蕴含 $AC=CB$ 以及 $AD=DB$. 与(1.3.28)的证明中同样方式去做.

1.3. P19 (b) 见(0.9.10).

1.3. P21 (o), (n) 以及 (k).

1.3. P23 考虑 $\mathcal{A}$ 的相似(经由 $\begin{bmatrix}I_n & X\\ 0 & I_m\end{bmatrix}$).

1.3. P26 (b) $\widetilde{A}_{pq}=\sum_{i,j=1}^{n}P_{pi}A_{ij}P_{qj}^{\mathrm{T}}=\sum_{i,j=1}^{n}(e_p^{\mathrm{T}}A_{ij}e_q)\varepsilon_i\varepsilon_j^{\mathrm{T}}$.

1.3. P33 (b) (1.3.8). (e)(1.2.10)前面的习题.

1.3. P35 (a) 如果 $\mathcal{A}$ 是可约的, 利用(1.3.17)给出 $A\in M_n$ 的一个例子, 使得 $A\notin\mathcal{A}$.

(b) 如果 $\mathcal{A}=\{0\}$, 那么每一个子空间都是 $\mathcal{A}$ 不变的. (f)如若不然, 设 z 是与子空间 $\mathcal{A}^*x$ 正交的一个非零的向量, 也即对所有 $A\in\mathcal{A}$ 都有 $(A^*x)^*z=x^*Az=0$. 利用(d)选取一个 $A\in\mathcal{A}$, 使得 $Az=x$. (g)如果 $d=\min\{\mathrm{rank}A:A\in\mathcal{A}$ 且 $A\neq0\}>1$, 就选取任意一个满足 $\mathrm{rank}A_d=d$ 的 $A_d\in\mathcal{A}$. 选取不同的 i, j, 使得向量 Ae_i 与 Ae_j 线性无关(A_d 的一对列), 所

以 $A_d e_i \neq 0$，且对所有 $\lambda \in \mathbf{C}$ 都有 $A_d e_j \neq \lambda A_d e_i$．选取 $B \in \mathcal{A}$ 使得 $B(A_d e_i) = e_j$．那么对所有 $\lambda \in \mathbf{C}$ 都有 $A_d B A_d e_i \neq \lambda A_d e_i$．$A_d$ 的值域是 $A_d B$ 不变的$(A_d B(A_d x) = A_d (B A_d x))$，所以它包含 $A_d B$ 的一个特征向量$(1.3.18)$．于是，存在一个 x，使得 $A_d x \neq 0$，且对某个 $\lambda_0 \in \mathbf{C}$ 有 $(A_d B - \lambda_0 I)(A_d x) = 0$．从而，$A_d B A_d - \lambda_0 A_d \in \mathcal{A}$，$A_d B A_d - \lambda_0 A_d \neq 0$，且有 $\mathrm{rank}(A_d B A_d - \lambda A_d) < d$．这个矛盾就蕴含 $d = 1$．(h) 对任意给定的非零的 η，$\zeta \in \mathbf{C}^n$，选取 A，$B \in \mathcal{A}$，使得 $\eta = A y$ 以及 $\zeta = B^* z$．那么 $\eta \zeta^* = A(y z^*) B \in \mathcal{A}$．

1.3. P40 (b) 如果 $B = \sum_{i=1}^{N} \alpha_i A_i = 0$，那么 $0 =]A_i$，$B[= \alpha_i A_i^2$．

1.3. P41 (a) 考虑 $D_2 D_1 A D_2 D_2^{-1}$．

1.4 节

1.4. P6 (a) 双正交原理．

1.4. P7 不失一般性，假设 $\lambda_n = 1$，又设 $y^{(1)}$，$\cdots$，$y^{(n)}$ 是与 λ_1，$\cdots$，λ_n 相伴的线性无关的特征向量．将 $x^{(0)}$（用唯一的方式：为什么是唯一的？）表示成 $x^{(0)} = \alpha_1 y^{(1)} + \cdots + \alpha_n y^{(n)}$，其中 $\alpha_n \neq 0$．那么就对某个纯量 $c_k \neq 0$ 有 $x^{(k)} = c_k (\alpha_1 \lambda_1^k y^{(1)} + \cdots + \alpha_{n-1} \lambda_{n-1}^k y^{(n-1)} + \alpha_n y^{(n)})$．由于 $|\lambda_i|^k \to 0$，$i = 1$，$\cdots$，$n-1$，故而 $x^{(k)}$ 收敛于 $y^{(n)}$ 的一个纯量倍数．

1.4. P9 (b) 考虑 $S^{-1} A S$，其中 $S = \begin{bmatrix} I & 0 \\ z^{\mathrm{T}} & 1 \end{bmatrix}$．

1.4. P11 为什么由 $A - \lambda I$ 的前 $n-1$ 列组成的向量组是线性无关的？

1.4. P13 (a) 见$(1.2.16)$．

1.4. P15 $(A - \lambda I + \kappa z w^*) u = 0 \Rightarrow \kappa (w^* u) y^* z = 0 \Rightarrow w^* u = 0 \Rightarrow u = \alpha x \Rightarrow w^* x = 0$．

1.4. P16 设 λ，$x = [x_i]_{i=1}^n$ 是 A 的一组特征值-特征向量对．那么，对 $k = 1$，$\cdots$，n 就有 $(A - \lambda I) x = 0 \Rightarrow c x_{k-1} + (a - \lambda) x_k + b x_{k+1} = 0 \Rightarrow x_{k+1} + \dfrac{a - \lambda}{b} x_k + \dfrac{c}{b} x_{k-1} = 0$，这是一个边界条件为 $x_0 = x_{n+1} = 0$ 的

二阶差分方程（second order difference equation），而它的**指数方程**（indicial equation）$t^2 + \dfrac{a - \lambda}{b} t + \dfrac{c}{b} = 0$ 有根 r_1 以及 r_2．这个差分方程的通解是(a) $x_k = \alpha r_1^k + \beta r_2^k$，如果 $r_1 \neq r_2$，或者是(b) $x_k = \alpha r_1^k + k \beta r_1^k$，如果 $r_1 = r_2$；α 与 β 是由边界条件决定的．在随便哪一种情形，都有 $r_1 r_2 = c/b$（所以 $r_1 \neq 0 \neq r_2$）以及 $r_1 + r_2 = -(a - \lambda)/b$（所以 $\lambda = a + b(r_1 + r_2)$）．如果 $r_1 = r_2$，则有 $0 = x_0 = x_{n+1} \Rightarrow x = 0$．于是，$r_1 \neq r_2$ 且 $x_k = \alpha r_1^k + \beta r_2^k$，所以 $0 = x_0 = \alpha + \beta$ 以及 $0 = x_{n+1} = \alpha(r_1^{n+1} - r_2^{n+1}) \Rightarrow (r_1 / r_2)^{n+1} = 1 \Rightarrow r_1 / r_2 = \mathrm{e}^{\frac{2\pi i \kappa}{n+1}}$（对某个 $\kappa \in \{1, \cdots, n\}$）．由于 $r_1 r_2 = c/b$，我们有 $r_1 = \pm \sqrt{c/b} \mathrm{e}^{\frac{\pi i \kappa}{n+1}}$ 以及 $r_2 = \pm \sqrt{c/b} \mathrm{e}^{\frac{-\pi i \kappa}{n+1}}$（选取同样的符号）．这样一来，$A$ 的特征值就是 $\{a + b(r_1 + r_2) : \kappa = 1, \cdots, n\} = \left\{ a + 2\sqrt{bc} \cos\left(\dfrac{\pi \kappa}{n+1}\right) : \kappa = 1, \cdots, n \right\}$（对平方根的一种固定选取的符号）．

2.1 节

2.1. P2 利用$(2.1.4g)$以及$(1.1.P1)$．

2.1. P14 $U^{-1} = U^{\mathrm{T}} = U^*$．

2.1. P16 (g) $(1.3.23)[w \quad x]^{\mathrm{T}}[-(w^{\mathrm{T}} w)^{-1} w \quad y] \in M_2(\mathbf{R})$ 的特征值是 $\dfrac{1}{2}\left(x^{\mathrm{T}} y - 1 \pm \mathrm{i}(1 - (x^{\mathrm{T}} y)^2)^{1/2}\right)$．

2.1. P22 $(0.2.7)$．

2.1. P24 (b) $\det B \leqslant \sqrt{27}$．

2.1. P25 $C_r(U^*)$ 与 $C_r(U^{-1})$ 相对照$(0.8.1)$．

2.1. P26 (a) 检查$(2.1.14)$的证明．(b)$(2.1.10)$下面的习题．

2.1. P28 (a) 将上一个问题中的构造应用到 A 的第一列（取 $k = n-1$），然后将它（取 $k = n-2$）应用到变换

后的矩阵的第二列.

2.1.P29　(2.1.10)下面的习题或者(2.1.P21).

2.2 节

2.2.P8　$\text{tr}C=?$；$\begin{bmatrix} 0 & b \\ a & 0 \end{bmatrix}^2=?$ 记 $A=UBU^*$，其中 $B=[b_{ij}]$ 的主对角元素为零. 然后记 $B=B_L+B_R$，其中 $B_L=[\beta_{ij}]$，$\beta_{ij}=b_{ij}$（如果 $i\geqslant j$）以及 $\beta_{ij}=0$（如果 $j>i$）.

2.2.P9　记 $A=UBU^*$，其中 $B=[b_{ij}]$ 的主对角元素为零. 然后记 $B=B_L+B_R$，其中 $B_L=[\beta_{ij}]$；$\beta_{ij}=b_{ij}$（如果 $i\geqslant j$）以及 $\beta_{ij}=0$（如果 $j>i$）.

2.2.P10　如果 $\lambda_1=0$，那么 $|a_i|\leqslant \sum_{j\neq i}|a_j|$.

2.3 节

2.3.P6　如果 Δ_1，$\Delta_2\in M_n$ 两者都是上三角的，$\Delta_1\Delta_2-\Delta_2\Delta_1$ 的主对角线是什么？

2.3.P8　何时 $\begin{bmatrix} a & b \\ 0 & c \end{bmatrix}$ 是复正交的？

2.3.P11　如果 $T\in M_n$ 是严格上三角的，T^2 看起来像什么样子？T^3 呢？T^{n-1} 呢？T^n 呢？

2.3.P12　(a)(0.8.1)以及(2.1.P25). $C_r(UTU^*)=C_r(U)C_r(T)C_r(U)^*$.

2.3.P13　(2.3.4).

2.3.P14　(2.3.1). 对一个适当的对角酉矩阵 D 有 $\sum_i |\lambda_i|=\text{tr}(DT)=\text{tr}(DU^*AU)$.

2.4 节

2.4.P10　(2.4.P9).

2.4.P11　(b)(2.4.P2).

2.4.P12　(b)说明为什么我们可以假设 A 与 B 是上三角的，而 C 是严格上三角的. (c)如果 $A=S\Lambda S^{-1}$，$\Lambda=\lambda_1 I_{n_1}\oplus\cdots\oplus\lambda_d I_{n_d}$，且当 $i\neq j$ 时 $\lambda_i\neq\lambda_j$，设 $\mathcal{C}=S^{-1}CS$ 以及 $\mathcal{B}=S^{-1}BS$. 如果 Λ 与 $\mathcal{C}$ 可交换，那么 $\mathcal{C}$ 与 Λ 是分块对角共形的. 但是 $\mathcal{C}=\Lambda\mathcal{B}-\mathcal{B}\Lambda$ 的对角分块为零，所以 $\mathcal{C}=0$. (f)或者 $C=0$，或者 $\text{rank}C=1$；借助上一个问题中的 Laffey 定理. (g)A，B 以及 C 都是幂零的，但 B^2-C^2 不是；$A+B$ 甚至是非奇异的. (h)考虑

$$A=\begin{bmatrix} e^{4i\theta} & 0 & 0 \\ 0 & e^{2i\theta} & 0 \\ 0 & 0 & e^{2i\theta} \end{bmatrix} \quad \text{以及} \quad B=\begin{bmatrix} 0 & 1 & 0 \\ 0 & 0 & 1 \\ 1 & 0 & 0 \end{bmatrix}, \theta=\frac{\pi}{3}$$

证明 $C^3=0$ 且 AB 的某个特征值不具有 $e^{ik\theta}$ 的形式.

2.4.P14　设 $U_2\in M_{n,n-r}$ 的列是 A^* 的零空间的一组标准正交基，又设 $U=[U_1 U_2]$ 是酉矩阵. 那么 $U^*AU=\begin{bmatrix} U_1^*AU_1 & U_1^*AU_2 \\ 0 & 0 \end{bmatrix}$. 设 $V\in M_r$ 是酉矩阵，且使得 $U_1^*AU_1=V\Delta V^*$，而 Δ 是上三角的. 设 $W=V\oplus I_{n-r}$. 考虑 $(UW)^*A(UW)$.

2.4.P15　(c)$p_{A,I}(1,t)$ 是什么以及为什么 $p_{A,I}(I,A)=0$？

2.4.P19　如果 A 与 B 可以同时上三角化且 $p(s,t)$ 是任意一个关于两个非交换变量的多项式，那么 $p(A,B)(AB-BA)$ 是幂零的. (2.4.8.7). 说明为什么 $p(A_{ii},B_{ii})(A_{ii}B_{ii}-B_{ii}A_{ii})$ 对 $i=1$，2 都是幂零的. (b)考虑 $p(A_1,\cdots,A_m)(A_iA_j-A_jA_i)$.

2.4.P22　(a)$K_m=\left[\sum_{k=1}^{d}\nu_k\mu_k^{i+j-2}\right]_{i,j=1}^m=\sum_{k=1}^{d}\nu_k v_k^{(m)}(v_k^{(m)})^{\text{T}}$. (c)$\text{rank}V_m=\text{rank}D=d\Rightarrow\text{rank}K_m\leqslant d$；$K_d$ 是非奇异的 $\Rightarrow\text{rank}K_m\geqslant d$.

2.4.P25　(b)(2.4.P10).

2.4.P27　在上一个问题中取 $p(t)=p_{CB}(t)$.

2.4. P28   (0.4.6e).

2.4. P31   在此情形 $p_A(t)$ 是什么?

2.4. P33   如同在 (2.4.6.1) 的证明中那样,证明 $A=SDS^{-1}$,其中 $D=A_{11} \oplus A_{22}$ 以及 $S=\begin{bmatrix} I_k & S_{12} \\ 0 & I_{n-k} \end{bmatrix}$. 设 $C=S^{-1}BS$. 那么 $C^p=D$,所以 D 与 C 可交换,后者必定与 D 是分块对角共形的,且 $B=SCS^{-1}$.

2.4. P35   如果 $\mathbf{F}=\mathbf{C}$,考虑 $U=\mathrm{diag}(\mathrm{e}^{\mathrm{i}\theta_1}, \cdots, \mathrm{e}^{\mathrm{i}\theta_n})$,其中 $0 \leqslant \theta_1 < \cdots < \theta_n < 2\pi$. 如果 $\mathbf{F}=\mathbf{R}$,考虑 $U=\mathrm{diag}(\pm 1, \cdots, \pm 1)$,其中有 $n-1$ 个元素有同样的符号,而剩下的元素有相反的符号. 在每一种情形,考虑在 $U=\begin{bmatrix} 0 & 1 \\ 1 & 0 \end{bmatrix} \oplus I_{n-2}$ 上的变化.

2.5 节

2.5. P18   考虑 $A=\begin{bmatrix} 0 & 1 \\ 2 & 0 \end{bmatrix}$ 以及 A^2.

2.5. P20 $\|(A-\lambda I)x\|_2 = \|(A-\lambda I)^* x\|_2$.

2.5. P25   (2.5.16).

2.5. P26   (h) 这些全都是经典的多项式插值问题. 仔细观察 (0.9.11.4).

2.5. P27   (a) (2.5.16). $(AB^*)A=A(B^*A)$. (b) 设 $B=A\overline{A}$. $\Rightarrow$ 的证明: $BA=A\overline{B} \Rightarrow B^*A=A\overline{B}$ (2.5.16). $\Leftarrow$ 的证明: $BB^*=A\overline{(AA^*A^{\mathrm{T}})}=A\overline{(A^{\mathrm{T}}A^*A)}$ 以及 $B^*B=(AA^*A^{\mathrm{T}})\overline{A}$.

2.5. P28   (b) $(AB)A=A(BA)$.

2.5. P31   利用 (2.5.8).

2.5. P33   设 $U \in M_n$ 是一个酉矩阵,它可以使得 $\mathcal{F}$ 中每个成员同时对角化. 设 $B=U\mathrm{diag}(1, 2, \cdots, n)U^*$,$A_\alpha=U\Lambda_\alpha U^*$,其中 $\Lambda_\alpha=\mathrm{diag}(\lambda_1^{(\alpha)}, \cdots, \lambda_n^{(\alpha)})$,又取 $p_\alpha(t)$ 是满足如下条件的 Lagrange 插值多项式: 对 $k=1, 2, \cdots, n$ 有 $p_\alpha(k)=\lambda_k^{(\alpha)}$.

2.5. P34   (b) (2.4.11.1).

2.5. P35   (a) 如果 $xx^*=yy^*$ 且 $x_k \neq 0$,那么对所有 $j=1, \cdots, n$ 就有 $x_j=(\overline{y_k/x_k})y_j$. (b) $AA^*=A^*A \Leftrightarrow uu^*=vv^*$,其中 $u=x/\|x\|_2$ 以及 $v=y/\|y\|_2$.

2.5. P37   (b) (1.3.P14). (d) (2.5.P35).

2.5. P38   (b) (2.4.P12).

2.5. P43   (a) 利用 (2.5.P42) 中偏离正规性的亏量.

2.5. P44   (b) $\mathrm{tr}(A^2B^2)=\mathrm{tr}((AB)(AB)^*)$.

2.5. P46   如果 $A \in M_n(\mathbf{R})$ 且 $T=U^*AU$ 是上三角的,那么 $\overline{T}=U^{\mathrm{T}}A\overline{U}$ 与 A 酉相似,从而也与 T 酉相似,所以 T 与 $\overline{T}$ 的主对角元素的集合是相同的.

2.5. P49   如果 $A=S\Lambda S^{-1}$,设 $S=RQ$ 是 RQ 分解. 那么 $R^{-1}AR$ 是正规的.

2.5. P55   (2.5.P15) 以及 (2.4.P10).

2.5. P56   (2.5.P26).

2.5. P57   利用 (2.5.17). (2.5.17.1) 中哪些分块是对称的或者斜对称的?

2.5. P60 $x^{\mathrm{T}}(ne_j-e)=nx_j$;利用 Cauchy-Schwarz 不等式 (0.6.3).

2.5. P61   (c) 上一个问题以及 (2.5.P42) 中的 $\Delta(A)$.

2.5. P64   (a) (1.3.P39).

2.5. P65   (0.8.1).

2.5. P67   考虑 $\Lambda=\Lambda_r \oplus 0_{n-r}$ 以及 $B=[B_{ij}]_{i,j=1}^2$,其中 $\Lambda_r \in M_r$ 是非奇异的,而 B 与 Λ 是共形分划的. 那么 $\Lambda B=0 \Rightarrow B_{11}=0$ 以及 $B_{12}=0 \Rightarrow B_{21}=0 \Rightarrow B\Lambda=0$.

2.5. P68   假设条件是 A 与 $A_r \oplus 0_{n-r}$ 酉相似,其中 A_r 是非奇异的.

2.5. P69   (a) 比较各个恒等式 $M_A W=WM_B$ 中的分块,从位于 $(k,1)$ 的分块开始. 向右进行一直到位于

$(k，k-1)$处的分块为止．向上到位于$(k-1，1)$处的分块，并向右直到位于$(k-1，k-2)$

处的分块为止．重复这一过程，一次向上移动一个分块行，直到到达位置$(2，1)$处的分块．

(b) (2.5.2).

2.5.P70　(a) 利用上一个问题．(c)(2.2.8).

2.5.P74　考虑 $A=\begin{bmatrix} 0 & i \\ i+1 & 0 \end{bmatrix}$，$B=A^{\mathrm{T}}$，$X=\begin{bmatrix} i & 0 \\ 0 & i+1 \end{bmatrix}$.

2.5.P75　(b) (2.5.16).

2.5.P76　(b) 见(2.5.2)前面的讨论．

2.6 节

2.6.P3　设 $n\leqslant m$(如果 $n>m$，就考虑 B^* 以及 A^*)．在共同的酉等价之后($A=V\Sigma W^*$，$A\to V^* AW$，$B\to V^* BW$)我们可以假设 $A=\Sigma$．如果 ΣB^* 与 $B^*\Sigma$ 是正规的，那么 $\Sigma\Sigma^{\mathrm{T}}B=B\Sigma^{\mathrm{T}}\Sigma$(2.5.27)．设 $\Sigma=\begin{bmatrix}\Sigma_q & 0\end{bmatrix}$，$\Sigma_q=s_1 I_{n_1}\oplus\cdots\oplus s_d I_{n_d}$，$s_1>\cdots>s_d\geqslant 0$，$B=\begin{bmatrix}B_1 & B_2\end{bmatrix}$，其中 $B_1\in M_n$，且 $B_1=[B_{ij}]_{i,j=1}^d$ 是与 Σ_q 共形的．那么就有 $\Sigma\Sigma^{\mathrm{T}}B=B\Sigma^{\mathrm{T}}\Sigma\Rightarrow\Sigma_q^2 B_1=B_1\Sigma_q^2$ 以及 $\Sigma_q^2 B_2=0$，此外，$\Sigma_q B$ 是正规的．如果 $s_d>0$，那么 $B_2=0$，$B_1=B_{11}\oplus\cdots\oplus B_{dd}$，且每一个 B_{ii} 都是正规的．如果 $s_d=0$，那么 $B_2=\begin{bmatrix}0 \\ C\end{bmatrix}$，其中 C 是 $n_d\times(m-n)$ 矩阵，$B_1=B_{11}\oplus\cdots\oplus B_{d-1,d-1}\oplus B_{dd}$，且每一个 B_{11}，$\cdots$，$B_{d-1,d-1}$ 都是正规的；将每一个正规的 B_{ii} 用它们的谱分解式代替之，并将$\begin{bmatrix}B_{dd} & C\end{bmatrix}$用它的奇异值分解替代之．

2.6.P8　设 $A=V\Sigma W^*$．那么 $\mathrm{rank}AB=\mathrm{rank}\Sigma W^* B$，且 $\Sigma W^* B$ 至多有 $\mathrm{rank}A$ 个非零的行．

2.6.P9　设 $D=\Sigma_1\oplus I_{n-r}$，证明 $(AWD^{-1})^*(AWD^{-1})=I_r\oplus 0_{n-r}$，并导出结论 $AWD^{-1}=\begin{bmatrix}V_1 & 0_{n,n-r}\end{bmatrix}$，其中 V_1 的列是标准正交的．设 $L=\begin{bmatrix}V_1 & V_2\end{bmatrix}$ 是酉矩阵．

2.6.P10　上一个问题．

2.6.P11　(2.5.5)以及(2.6.P9).

2.6.P13　只需要考虑其中 $A=\Sigma$ 的情形就足够了．

2.6.P14　(b) A 是正规的，当且仅当 Σ^2 与 $W^* V$ 可交换．

2.6.P15　(2.5.P42).

2.6.P16　(2.6.P3).

2.6.P19　检查恒等式 $U^* U=I$ 以及 $UU^*=I$ 的分块对角元素．例如，$U_{11}U_{11}^*+U_{12}U_{12}^*=I_k\Rightarrow U_{11}U_{11}^*=I_k-U_{12}U_{12}^*\Rightarrow\sigma_i^2(U_{11})=1-\sigma_{k-i+1}^2(U_{12})$.

2.6.P21　(与(2.6.P3)比较)如果 $A\bar{B}=AB^*$ 是正规的，那么$(A\bar{B})^{\mathrm{T}}=\bar{B}A=B^* A$ 是正规的．我们可以取 $A=\Sigma$(利用(2.6.6a)记 $A=U\Sigma U^{\mathrm{T}}$，所以 $\Sigma\widetilde{B}$ 是正规的，且 $\widetilde{B}=U^* B\bar{U}$ 是对称的)，如果 $\Sigma\bar{B}$ 与 $\bar{B}\Sigma$ 是正规的，且 B 是对称的，那么就有 $\Sigma^2 B=B\Sigma^2$(2.5.P27)．记 $\Sigma=s_1 I_{n_1}\oplus\cdots\oplus s_d I_{n_d}$，其中 $s_1>\cdots>s_d\geqslant 0$，并且与 Σ 共形地分划 $B=[B_{ij}]_{i,j=1}^d$．那么 $\Sigma^2 B=B\Sigma^2\Rightarrow B=B_{11}\oplus\cdots\oplus B_{dd}$，且每一个 B_{ii} 都是对称的；如果 $s_i>0$，则 B_{ii} 还是正规的．如果 $s_i>0$，就用 $Q_i\Lambda_i Q_i^{\mathrm{T}}$ 代替 B_{ii}，其中 Q_i 是实正交的，而 Λ_i 是对角的(2.5.P57)；如果 $s_d=0$，就用(2.6.6a)中特殊的奇异值分解来代替 B_{dd}．

2.6.P25　设 $A=V\Sigma W^*$ 是奇异值分解，其中 $\Sigma=\Sigma_r\oplus 0_{n-r}$，记 $A=V\Sigma(W^* V)V^*$，并分划 $W^* V=\begin{bmatrix}K & L \\ M & N\end{bmatrix}$.

2.6.p26　(a) $L=0\Rightarrow M=0\Rightarrow K$ 是酉矩阵．(c)如同在(2.6.P23c)中那样进行．

2.6.P28　(a) 设 $A=V\Sigma W^*$ 是奇异值分解，其中 $\Sigma=\Sigma_1\oplus 0_{n-r}$，并分划 $V=\begin{bmatrix}V_1 & V_2\end{bmatrix}$，$W=\begin{bmatrix}W_1 & W_2\end{bmatrix}$，其中 V_1，$W_1\in M_{n,r}$．那么对某个酉矩阵 $U\in M_r$ 有 $W_1=V_1 U$(为什么?)就确保有 $A=V\begin{bmatrix}\Sigma_1 U & 0 \\ 0 & 0\end{bmatrix}V^*$.

(b) (1.3.P16).

2.6. P29 (2.5. P38).

2.6. P31 (b) (1.3. P19).

2.6. P32 考虑 $\begin{bmatrix} 0 & I_n \\ I_n & 0 \end{bmatrix} A$ 并利用 (2.6. P7).

2.6. P33 $(0.8.1) C_r(V\Sigma W^*) = C_r(V) C_r(\Sigma) C_r(W)^*$.

2.6. P35 将 (2.6.9) 应用于矩阵 $A - \left(\dfrac{1}{n} \mathrm{tr} A\right) I$.

2.7 节

2.7. P1 作排列以及分划.

2.7. P2 假设 $m = n$. 设 $A = V\Sigma W^*$ 是奇异值分解, 其中 $\Sigma = C \oplus I_{n-\nu}$, 而 $C = \mathrm{diag}(c_1, \cdots, c_\nu)$, 其中每一个 $c_j \in [0, 1)$. 设 $S = \mathrm{diag}((1-c_1^2)^{1/2}, \cdots, (1-c_\nu^2)^{1/2})$ 并考虑

$$(V_1 \oplus V) \begin{bmatrix} C & S & 0 \\ -S & C & 0 \\ 0 & 0 & I_{n-\nu} \end{bmatrix} (W_1 \oplus W)^* \in M_{n+\nu}$$

其中 $V_1, W_1 \in M_\nu$ 是任意的酉矩阵. 如果 $m \neq n$, 就用一个为零的分块来填充 A, 使得得到一个阶为 $\max\{m, n\}$ 的正方的短缩, 它有 $\nu + |m-n|$ 个严格小于 1 的奇异值.

2.7. P6 (b) 如果 $u_{12} \neq 0$ 且 $u_{12}/u_{21} = e^{i\phi}$, 考虑通过 $D = \mathrm{diag}(1, e^{i\phi/2})$ 所给出的相似.

3.1 节

3.1. P12 (e) 两者说的都是在 A 的 Jordan 标准型中恰好有 k 个阶为 $\ell = p$ 的分块 $J_1(\lambda)$.

3.1. P16 (3.1.18).

3.1. P17 (3.1. P16).

3.1. P18 (b) (3.1. P17) 以及 (1.3.22).

3.1. P19 (c) (3.1.18).

3.1. P20 (1.3. P16).

3.1. P22 (a) 证明: 存在一个正的对角矩阵 D, 使得 DAD^{-1} 是对称的, 并应用 (3.1. P21).
　　　　　　(b) 对 A 用摄动法并利用连续性.

3.1. P23 (a) 如同在 (3.1. P22) 中那样去做; 选取一个正的对角矩阵 D, 使得 DAD^{-1} 是 Hermite 矩阵.
　　　　　　(c) 考虑 iA; (1.4. P4).

3.1. P24 (d) 考虑 A 与 B 的有向图 (6.2).

3.1. P26 利用 (2.5. P19) 说明为什么只需要证明以下结论就够了: 如果 $x \in \mathbf{C}^n$ 以及 $A^2 x = 0$, 那么 $Ax = 0$. $A^2 x = 0 \Rightarrow 0 = \|A^2 x\|_2^2 = xA^* A^* AAx = x^* A^* A^* AA^* x = \|A^* Ax\|_2^2 \Rightarrow 0 = x^* A^* Ax = \|Ax\|_2^2$.

3.1. P27 $A = S\Lambda S^{-1} = QR\Lambda R^{-1} Q^* \Rightarrow R\Lambda R^{-1}$ 是正规的且是上三角的.

3.1. P30 上一个问题.

3.2 节

3.2. P2 为什么只要考虑 A 是 Jordan 矩阵的情形就够了? 假设 $A = J_k(\lambda) \oplus J_\ell(\lambda) \oplus J$, 其中 J 或者是空的, 或者是一个 Jordan 矩阵, 且 $k, \ell \geqslant 1$. 对任何多项式 $p(t)$, $p(A)$ 的前面 $k+1$ 个对角元素全都等于 $p(\lambda)$. 但是 $-I_k \oplus I_\ell \oplus I_{n-k-\ell}$ 与 A 可交换.

3.2. P3 (1.3. P20f).

3.2. P15 利用上面两个问题.

3.2. P19 (1.4.7).

3.2. P20 (a) (3.2.11.1).

3.2. P24 (a) 记 $A^{\mathrm{T}} = SAS^{-1}$ (3.2.3.1). 那么 $D = AB - B(SAS^{-1}) \Rightarrow DS = A(BS) - (BS)A$. 又有 $AD = DA^{\mathrm{T}} \Rightarrow A(DS) = (DS)A$. 借助 Jacobson 引理导出结论: DS 是幂零的.
　　　　　　(b) 设 $A = S\Lambda S^{-1}$, 其中 $\Lambda = \lambda_1 I_{n_1} \oplus \cdots \oplus \lambda_d I_{n_d}$; 设 $\mathcal{D} = S^{-1} DS$ 以及 $\mathcal{B} = S^{-1} BS^{-\mathrm{T}}$. 那么 $\Lambda \mathcal{D} = \mathcal{D}$

Λ 且 $\mathcal{D}=\Lambda\,\mathcal{B}-\mathcal{B}\,\Lambda$. 导出结论：$\mathcal{D}$ 与 $\mathcal{B}$ 是与 Λ 分块对角共形的，且有 $\mathcal{D}=0$. （c）$D^2=ABD-BA^{\mathrm{T}}D=A(BD)-(BD)A$，又有 $AD^2=(AD)D=DA^{\mathrm{T}}D=D^2A$. 借助 Jacobson 引理导出结论：$D^2$ 是幂零的. （d）设 $A=SJS^{-1}$，其中 $J=J_{n_1}(\lambda_1)\oplus\cdots\oplus J_{n_d}(\lambda_d)$；设 $\mathcal{D}=S^{-1}DS$ 以及 $\mathcal{B}=S^{-1}BS^{-\mathrm{T}}$. 那么 $J\mathcal{D}=\mathcal{D}\,J^{\mathrm{T}}$ 以及 $\mathcal{D}=J\,\mathcal{B}-\mathcal{B}\,J^{\mathrm{T}}$. 导出结论：$\mathcal{D}=\mathcal{D}_1\oplus\cdots\oplus\mathcal{D}_d$ 与 $\mathcal{B}=\mathcal{B}_1\oplus\cdots\oplus\mathcal{B}_d$ 是与 J 分块对角共形的，且对每个 $i=1,\cdots,d$，有 $J_i\,\mathcal{D}_i=\mathcal{D}_i J_i^{\mathrm{T}}$ 以及 $\mathcal{D}_i=J_i\,\mathcal{B}_i-\mathcal{B}_i J_i^{\mathrm{T}}(J_i:=J_{n_i}(\lambda_i))$. 设 $J_i^{\mathrm{T}}=S_iJ_iS_i^{-1}$. 那么 $J_i(\mathcal{D}_iS_i)=(\mathcal{D}_iS_i)J_i$，且有 $(\mathcal{D}_iS_i)=J_i(\mathcal{B}_iS_i)-(\mathcal{B}_iS_i)J_i$. 借助 Jacobson 引理.

3.2. P26　证明 $(B-B^{\mathrm{T}})A=0$，并说明为什么 $\mathrm{rank}(B-B^{\mathrm{T}})\leqslant1$. 见（2.6. P27）.

3.2. P27　（c）见（2.6. P12）.

3.2. P29　（a）$\mathrm{tr}C=0$ 或者利用 Jacobson 引理.

3.2. P31　修改上一个问题中的论证方法. （c′）存在一个非奇异的 $X\in M_n$，使得 $XA=A^{\mathrm{T}}X$. （d′）存在一个非奇异的 $Y\in M_k$，使得 $YA_{11}^{\mathrm{T}}=A_{11}Y$. 设 $C=Y\oplus0_{n-k}$. （f′）设 $B=CX$. 那么 $AB=BA$.

3.2. P32　有关可对角化的情形，见（2.4. P12（c））. 说明为什么只需要考虑 $A=J_2(\lambda)$ 的情形就够了. 借助（3.2.4.2）并证明 C 是严格上三角的；说明为什么 $AB-BA$ 的严格上三角性蕴含 B 是严格上三角的. 在这些论证中，Jacobson 引理可能是有用的.

3.2. P33　利用（2.3.1）（通过酉相似）化简成 A 是上三角矩阵的情形. 这样 B 就是 A 的多项式，也是 A^* 的多项式，所以它既是上三角的，也是下三角的.

3.2. P34　（a）$\overline{A}$ 与 A^{T} 中的每一个都是 A 的多项式，所以它们可交换.

3.2. P36　（a）（3.2.5.2）.

3.3 节

3.3. P3　证明：$t^2-t=t(t-1)$ 使 A 零化.

3.3. P10　利用代数余子式计算行列式.

3.3. P13　（1.2.20）.

3.3. P19　假设 $C^{n-1}\neq0$ 并利用（3.2.4.2）.

3.3. P22　（3.2. P4）.

3.3. P26　（f）$(\lambda_iI-A)q_i(A)=q_A(A)$.

3.3. P28　$K^2=I$，所以对于 K 的极小多项式有三种可能性.

3.3. P29　设 $K=SDS^{-1}$，其中 $D=I_m\oplus(-I_{n-m})$，又设 $\mathcal{A}=S^{-1}AS=[A_{ij}]_{i,j=1}^2$. 那么 KA 相似于 $D\,\mathcal{A}$，且有 $\mathcal{A}=D\,\mathcal{A}\,D\Rightarrow A_{12}=0$ 以及 $A_{22}=0$.

3.3. P30　设 $T=\mathrm{i}I_m\oplus I_{n-m}$ 并计算 $T\,\mathcal{B}\,T^{-1}$.

3.3. P31　利用（3.3.4）.

3.3. P33　将 Schur 不等式（2.3.2a）应用于 p 的友矩阵.

3.4 节

3.4. P1　A 的实的 Jordan 标准型是什么？

3.4. P4　（a）利用（3.4.2.10）以及恒等式（3.4.2.12）. （b）$w_i(A,\lambda_j)^2\geqslant w_i(A,\lambda_j)$.

3.4. P5　如同在（3.4.3.3）中那样，利用（3.4.3.1）；A 的 Weyr 酉型再次是 2×2 分块矩阵，但现在 F_{12} 是列满秩的.

3.4. P8　（c）假设 W 恰好有 p 个对角分块（即 $w_p(J,0)>0$ 且 $w_{p+1}(J,0)=0$）. $P^{\mathrm{T}}WP$ 的前 p 行以及列来自哪里？$P^{\mathrm{T}}WP$ 的首 $p\times p$ 主子矩阵看起来像什么样？如果 $w_p(J,0)>1$，$P^{\mathrm{T}}WP[\{p+1,\cdots,2p\}]$ 看起来像什么样？如果 $w_p(J,0)=1$，又会发生什么？

4.1 节

4.1. P3　如果 $A=SBS^{-1}$，证明 $A=U\Lambda U^*$ 以及 $B=V\Lambda V^*$，其中 U 与 V 是酉矩阵，所以有 $U^*AU=\Lambda=V^*BV$.

4.1. P6　如果对所有 $x\in\mathbf{C}^n$ 都有 $x^*Ax=0$，（4.1.4）就确保 A 是 Hermite 的. 设 x 是 A 的任意一个特征

向量；为什么它对应的特征值必定是零？

4. 1. P9 设 $A=[a_{ij}]$ 以及 $B=[b_{ij}]$. 利用 $x=e_i$ 与 $y=e_j$ 来证明：对所有 i, $j=1$, …, n 都有 $|a_{ij}|=|b_{ij}|$. 设 $x=e_i$, $y=se_j+te_k$, 证明 $|sa_{ij}+ta_{ik}|^2=|sb_{ij}+tb_{ik}|^2$, 从而对所有 s, $t\in\mathbf{C}$ 都有 $\mathrm{Re}(s\bar{t}[a_{ij}\bar{a}_{ik}-b_{ij}\bar{b}_{ik}])=0$. 导出结论：如果 $b_{ij}b_{ik}\neq0$, 则有 $a_{ij}/b_{ij}=a_{ik}/b_{ik}$.

4. 1. P12 $A=\begin{bmatrix}0 & 1 \\ 0 & 0\end{bmatrix}$.

4. 1. P13 (a) (2.4.P2). (b)(4.1.P12).

4. 1. P18 (2.5.P44).

4. 1. P19 $x=(I-A)x+Ax$ 是 A 的零空间以及值域中的向量之和. 如果零空间与值域是正交的，那么 $x^*Ax=((I-A)x+Ax)^*Ax=x^*(A^*A)x$ 是实的.

4. 1. P20 证明 $(A-A^*)^3=0$；$A-A^*$ 是正规的.

4. 1. P25 (0.8.1) 与 (2.3.P12).

4.2 节

4. 2. P3 取 $x=e_i$.

4. 2. P7 如果 S_1 与 S_2 是 $\mathbf{C}^n$ 的子空间，其中 $\dim S_1=p$ 以及 $\dim S_2=q$, 设 $X\in M_{n,p}$ 与 $Y\in M_{n,q}$ 的列分别是 S_1 与 S_2 的基，又设 $Z=[X\ Y]$. 说明为什么 $S_1+S_2=\mathrm{range}Z$, 所以 $\mathrm{rank}Z=\dim(S_1+S_2)$. 由于 $\mathrm{rank}Z+\mathrm{nullity}Z=p+q$, 这就足以证明 $\mathrm{nullity}Z=\dim(\mathrm{range}X\cap\mathrm{range}Y)$.

4. 2. P8 $x^*(A+B)x=x^*Ax+x^*Bx\geqslant x^*Ax$.

4.3 节

4. 3. P5 利用交错性.

4. 3. P6 考虑

$$\begin{bmatrix} 0 & i & 1 \\ -i & 0 & 1 \\ 1 & 1 & 0 \end{bmatrix}$$

4. 3. P8 利用(4.3.48), (4.3.49)或者定义.

4. 3. P9 上一个问题；$x=e$ 以及 $x=e_i$.

4. 3. P12 $\sum_{i,j=1}^m|b_{ij}|^2\leqslant\sum_{i,j=1}^m|b_{ij}|^2+\sum_{i,j}|c_{ij}|^2\leqslant\sum_{i=1}^m R_i^2\leqslant\sum_{i=1}^m\sigma_i^2$, 所以 $\sum_{i=1}^m\sigma_i^2=\sum_{i,j=1}^m|b_{ij}|^2\Rightarrow\sum_{i,j}|c_{ij}|^2=0$.

4. 3. P14 利用拟线性化(4.3.39).

4. 3. P15 (b) (2.1.14)：$X=VR$ 以及 $\det X^*X=\det R^*R$.

4. 3. P16 (a) $A=U^*\Lambda U$, 其中 $U=[u_1\ \ u_2]=[u_{ij}]\in M_2$ 是酉矩阵，而 $\Lambda=\mathrm{diag}(\lambda_1,\lambda_2)=\lambda_1 I+(\lambda_2-\lambda_1)E_{22}$ 是对角矩阵. 计算 $a_{12}=u_1^*\Lambda u_2=(\lambda_2-\lambda_1)\bar{u}_{21}u_{22}$. (b)交错性.

4. 3. P17 (a) $Ax=\lambda x$ 的第 n 个元素是什么？(f) $p_n(\lambda)=p_{n-1}(\lambda)=0\Rightarrow p_{n-1}(\lambda)=p_{n-2}(\lambda)=0\Rightarrow\cdots\Rightarrow p_0(\lambda)=0$.

4. 3. P19 计算 $\mathrm{tr}(A+zz^*)$.

4. 3. P20 (1.2.P13).

4. 3. P21 特征值交错.

4. 3. P22 为什么 $\mathrm{rank}A\leqslant2$? 如果 $a_i\neq a_j$, 为什么主子矩阵 $\begin{bmatrix}2a_i & a_i+a_j \\ a_i+a_j & 2a_j\end{bmatrix}$ 有一个正的以及一个负的特征值？与(1.3.25)比较.

4. 3. P23 考虑 $A=\mathrm{diag}x$ 以及 $B=\mathrm{diag}y$.

4. 3. P25 (a) AA^* 的元素是什么？(b)将(4.3.P17)应用于 AA^*.

4. 3. P29 利用(4.3.39).

4. 3. P30 设 U_{ii} 是酉矩阵，且使得每个 $U_{ii}^*A_{ii}U_{ii}=\Lambda_i$ 都是对角矩阵. 设 $U=U_{11}\oplus\cdots\oplus U_{kk}$. 为什么 $\lambda(A_{11}\oplus\cdots\oplus A_{kk})=d(U^*AU)$ 使得 $d(A)$ 优化？为什么 $\lambda(A)$ 使得 $d(U^*AU)$ 优化？

4.4 节

4.4. P1　(4.4.4c)，其中取 $S=U\Sigma^{1/2}$.

4.4. P4　如果 $A=Q\Lambda Q^{\mathrm{T}}$，其中 Λ 是实对角的，而 Q 是实正交的，记 $\Lambda=\sum D^2$，并设 $U=QD$. 什么时候分解式 $A=U\sum U^{\mathrm{T}}$ 中的所有因子才可以都取成实的矩阵？

4.4. P5　与 Σ 共形地分划 $W=[W_{ij}]=U^{*}V$. $\Sigma\overline{W}=W\Sigma\Rightarrow s_i W_{ij}=s_j\overline{W}_{ij}\Rightarrow W_{ii}$ 是实的，如果 $s_i\neq0$，且 $(s_i-s_j)\mathrm{tr}W_{ij}W_{ij}^{*}=0$.

4.4. P6　考虑 $r(A)=(\mathrm{tr}A\overline{A})^2-4\,|\,\det A\,|^{\,2}$ 的符号，它是 $p_{A\overline{A}}(t)$ 的判别式，并考虑如下事实：如果 $A\overline{A}$ 有两个负的特征值，那么 $\mathrm{tr}A\overline{A}<0$. 特征值的乘积是 $|\det A|^{\,2}$.

4.4. P9　(b) (4.4.P1).

4.4. P19　将 A 表示成 (4.4.10) 中的形状. 利用 Schur 不等式，(4.4.11a)，(4.4.11b)，(4.4.12a)，(4.4.12b) 证明 $\mathrm{tr}AA^{*}\geqslant\mathrm{tr}\Delta\Delta^{*}+\sum_{j=1}^{q/2}\mathrm{tr}\Gamma_{jj}\Gamma_{jj}^{*}\geqslant\mathrm{tr}\Delta\overline{\Delta}+\mathrm{tr}\Gamma\overline{\Gamma}=\mathrm{tr}A\overline{A}$.

4.4. P22　(3.3.P28).

4.4. P23　(0.9.8).

4.4. P24　(a) 利用 (1.4.12a)；另一种方法是利用 (2.4.11.1b). (b) 利用 (1.4.12b).

4.4. P26　如果 Q 是复正交的，且 $A=QBQ^{\mathrm{T}}$，那么每一个字 $W(A,A^{*})=W(A,A^{\mathrm{T}})$ 都 (通过 Q) 相似于 $W(B,B^{\mathrm{T}})=W(B,B^{*})$. 利用 (2.2.6) 以及 (2.5.21).

4.4. P28　$\det(I+X)=\prod_{i=1}^{n}(1+\lambda_i(X))$ 以及 (4.4.13).

4.4. P29　(b) (0.8.5.1)，上一个问题，以及连续性方法. (e) (3.4.1.7). (f) (3.2.P30).

4.4. P30　$SAS^{-1}=SBS^{\mathrm{T}}S^{-\mathrm{T}}CS^{-1}$.

4.4. P31　(4.4.25).

4.4. P32　(3.2.3.1) 以及 (3.2.11).

4.4. P33　(b) 证明：每一个条件的否定都蕴含其他条件的否定；利用 (3.1.P12).

4.4. P35　(2.5.3) 以及 (2.5.14).

4.4. P38　(d) (1.3.P19).

4.4. P39　$A=B\Lambda B^{-1}=B^{-\mathrm{T}}\Lambda B\Rightarrow B^{\mathrm{T}}B\Lambda=\Lambda B^{\mathrm{T}}B\Rightarrow S\Lambda=\Lambda S\Rightarrow A=Q\Lambda Q^{\mathrm{T}}$.

4.4. P44　(a) 关于 (4.4.31) 中的分块，$A\overline{A}=AA^{*}$ 说的是什么？

4.4. P45　(4.4.22).

4.4. P46　(b) (2.5.P69) 以及 (2.5.P70).

4.4. P47　(a) 遵循 (2.5.P69a) 中的提示.

4.4. P48　(2.5.10).

4.5 节

4.5. P2　(4.4.19).

4.5. P4　利用 (1.3.2)，并利用 (4.5.17a) 的证明. 设 $SA_1^{-1}A_i S^{-1}$ 对所有 $i=1,\cdots,k$ 都是实对角的. 设 $B_i=S^{-*}A_i S^{-1}$，并证明 $\{B_i\}$ 是 Hermite 矩阵组成的交换族. 存在一个酉矩阵 U，使得对所有 $i=2,\cdots,k$，$UB_i U^{*}$ 都是对角的；$T=US$ 提供了所要求的 * 相合.

4.5. P10　(4.5.P9c). $A=U(B\oplus 0_{n-r})U^{*}\Rightarrow A=U_1 BU_1^{*}$. 设 $P\in M_n$ 是一个置换矩阵，它使得 $PU_1=\begin{bmatrix}X\\Y\end{bmatrix}$，且 $X\in M_r$ 是非奇异的. 这样的话 $PAP^{\mathrm{T}}=?$

4.5. P11　(a) 为什么 0_{n-r} 是 A 关于 * 相合的奇异的部分，为什么 Λ 是 A 的正规部分？Λ 的 * 余方阵是什么？(b) 用酉 * 相合使 A 对角化，构造一与标准分块之直和的 * 相合，并借助于 (4.5.21) 中的唯一性.

4.5. P13　酉矩阵的 Jordan 标准型 (* 相合标准型) 是什么？

4.5. P14　(b) 如果 $Ax=0$，那么 $H^{-1}Kx=ix$. (c)(4.5.23).

4.5. P18　$A^{-1}B$ 的特征值是什么?

4.5. P20　(d) 考虑 $\mathcal{S}$ 上的连续函数 $a_{n-r}(A)$. 为什么它在 $\mathcal{S}$ 上有固定不变的符号? 如果 A，$B\in\mathcal{S}$ 有不同的惯性指数，设 $f:[0,1]\to\mathcal{S}$ 是一个连续函数，它满足 $f(0)=A$ 以及 $f(1)=B$，并考虑 $g(t)=a_{n-r}(f(t))$.

4.5. P22　如果不等式(4.3.18)不满足，设 k 或者是满足(a)$\lambda_k(A)>\lambda_k(B)$，或者是满足(b)$\lambda_k(B)>\lambda_{k+1}(A)$ 的**最小的指标**. 假设(a)就是这种情形，则 $\lambda_k(A)>\lambda_k(B)\geqslant\lambda_{k-1}(B)\geqslant\lambda_{k-1}(A)$. 设 $\alpha\in(\lambda_k(B),\lambda_k(A))$. 为什么 $B-\alpha I$ 是非奇异的? 利用 Haynsworth 定理证明 $i_-(A-\alpha I)\geqslant i_-(B-\alpha I)$. 为什么有 $\lambda_k(A)-\alpha>0>\lambda_{k-1}(A)-\alpha$ 以及 $\lambda_k(B)-\alpha<0$? 为什么 $A-\alpha I$ 有 $k-1$ 个负的特征值? 为什么 $B-\alpha I$ 至少有 k 个负的特征值? 考虑情形(b).

4.5. P26　利用(4.5.27)以及(4.5.26)前面的那个习题. $H_{2k}(\mu)$ 与 $H_{2k}(\bar{\mu})$ 的余方阵相似，当且仅当或者有 $\mu=\bar{\mu}$，或者有 $\mu=\bar{\mu}^{-1}$.

4.5. P31　如果 A 是非奇异的且与一个实的矩阵*相合，那么 $A^{-*}A$ 与一个实矩阵相似.

4.5. P33　对 $J_k(0)$ 利用(3.2.3)，而对 Γ_k 以及 $H_{2k}(\mu)$ 利用(4.5.27).

4.5. P34　对 $J_k(0)$ 利用(3.2.3). 如果 $J_k(\mu)^{\mathrm{T}}=SJ_k(\mu)S^{-1}$ 且 $S=\begin{bmatrix}0_n & S^*\\ S^{-1} & 0_n\end{bmatrix}$，那么 $SH_{2k}(\mu)^{\mathrm{T}}S^*=H_{2k}(\mu)$.

4.5. P36　(c) 利用(4.5.7)简化成 $A=I_{i_+}\oplus(-I_{i_-})\oplus 0_{i_0}$ 以及 $i_++i_->0$ 的情形. 设 $\alpha=\{1,\cdots,i_+\}$，$\beta=\{i_++1,\cdots,i_++i_-\}$ 以及 $\gamma=\{i_++i_-+1,\cdots,n\}$. 选取向量 x，使得 $x^*Ax=0$，且允许我们由 $x^*Bx=0$ 导出结论：B 有某些元素为零，而其他的元素则与 A 的相应的元素成比例. 在下面选取 x 时，可调节的纯量 c 与 d 的模均为 1. (1)取 $i\in\alpha$ 以及 $j\in\beta$. 选取 $x=e_i+ce_j$. 那么就有 $x^*Bx=b_{ii}+b_{jj}+2\mathrm{Re}\,cb_{ij}=0$. 选取 c 得到 $b_{ii}+b_{jj}\pm|b_{ij}|=0$，所以 $b_{jj}=-b_{ii}$. 现在选取 $x=e_i+ce_j$. 那么就有 $x^*Bx=b_{ii}+b_{jj}+2\mathrm{Re}\,cb_{ij}=b_{ii}-b_{11}+2\mathrm{Re}\,cb_{ij}=0$ 以及 $b_{ii}-b_{11}\pm|b_{ij}|=0$，所以 $b_{ij}=0$ 且 $b_{ii}=b_{11}$. 这就得出结论 $B[\alpha,\beta]=0$，$\mathrm{diag}\,B[\alpha]=[b_{11}\,\cdots\,b_{11}]^{\mathrm{T}}$ 以及 $\mathrm{diag}\,B[\beta]=-[b_{11}\,\cdots\,b_{11}]^{\mathrm{T}}$. (2)取 $i\in\alpha$，$j\in\beta$ 以及 $k\in\gamma$. 选取 $x=e_k$. 则有 $x^*Bx=b_{kk}=0$. 现在选取 $x=e_i+ce_j+de_k$. 则有 $x^*Bx=b_{ii}+2\mathrm{Re}\,cb_{ij}+2\mathrm{Re}\,db_{ik}+b_{jj}+2\mathrm{Re}\,\bar{c}db_{jk}+b_{kk}=2\mathrm{Re}\,db_{ik}+2\mathrm{Re}\,\bar{c}db_{jk}=0$，所以 $|b_{ik}|=\pm|b_{jk}|$. 得出结论 $B[\alpha,\gamma]=0$，$B[\beta,\gamma]=0$ 以及 $\mathrm{diag}\,B[\gamma]=0$. (3)如果 $|\gamma|>1$，就取 $i,j\in\gamma$，$i\neq j$ 以及 $x=e_i+ce_j$. 那么就有 $x^*Bx=b_{ii}+b_{jj}+2\mathrm{Re}\,cb_{ij}=2\mathrm{Re}\,cb_{ij}=0$，所以 $b_{ij}=0$. 得出结论 $B[\gamma]=0$. (4)如果 $|\alpha|>1$，取 $i,j\in\alpha$，$i\neq j$，$k\in\beta$ 以及 $x=3e_i+4ce_j+5e_k$. 这样就有 $x^*Bx=24\mathrm{Re}\,cb_{ij}=0$，所以 $b_{ij}=0$. 得出结论 $B[\alpha]=b_{11}I_{i_+}$. (5)如果 $|\beta|>1$，取 $i\in\alpha$，$j,k\in\beta$，$j\neq k$ 以及 $x=5e_i+3e_j+4ce_k$. 得出结论 $b_{jk}=0$ 以及 $B[\beta]=-b_{11}I_{i_-}$.

4.6 节

4.6. P3　如果 $c_1,\cdots,c_k\in\mathbf{C}$ 且 $z=c_1x_1+\cdots+c_kx_k=0$，那么 $A\bar{z}=\lambda(\bar{c}_1x_1+\cdots+\bar{c}_kx_k)=0$，所以有 $(\mathrm{Re}\,c_1)x_1+\cdots+(\mathrm{Re}\,c_k)x_k=0$ 以及 $(\mathrm{Im}\,c_1)x_1+\cdots+(\mathrm{Im}\,c_k)x_k=0$.

4.6. P6　(4.4.4c).

4.6. P7　将 A 如同在(4.6.9)中那样表示.

4.6. P9　为什么 $A\bar{A}$ 必定至少有一个非负的特征值?

4.6. P14　如果 $\mu\neq 0$，考虑 $H_{2k}(\mu)^{-1}H_{2k}(\mu)\overline{H_{2k}(\mu)}$.

4.6. P16　(a)$A\bar{A}z_j=$? (b)观察类型 I 的分块. (c)在 $\mathbf{C}$ 上的线性无关性总是蕴含在 $\mathbf{R}$ 上的线性无关性. (d)在这种情形(尽管一般情形结论并非如此)，在 $\mathbf{R}$ 上的线性无关性蕴含在 $\mathbf{C}$ 上的线性无关性.

4.6. P17　考虑含有一个未知向量 b_1 的线性方程组 $A\bar{x}_1=Xb_1$. 为什么这个线性方程组是相容的(0.4.2)? 为什么它有**唯一解**?

4.6. P18　(f) g 等于 σ^2(作为 $R_2(A)^2$ 的一个特征值)的几何重数(这个几何重数也等于 σ^2 作为 $A\bar{A}$ 的特征值的几何重数)的一半.

4.6. P19 (1.3. P21)中的(m)与(c)，以及与(4.6.18)合在一起.

4.6. P21 (4.6.11)，(4.6.7)，(4.6.P17)以及(4.6.P20).

4.6. P24 (b)(1.3.P19).

4.6. P26 $D^2\Delta=\Delta\overline{\Delta}\Delta=\Delta\overline{(\overline{\Delta}\Delta)}=\Delta D^2$.

4.6. P27 (a) 从(4.6.3)开始. 如同在上一个问题中那样，如果 A 与 Δ 是酉相合的，那么正规性就确保 Δ 是分块对角的，且必须考虑如下两种情形：$\Delta_j\overline{\Delta_j}=0$ 或者 $\Delta_j\overline{\Delta_j}=\lambda I_{n_j}$（其中 $\lambda>0$）.

5.1 节

5.1. P4 (a) 利用内积表达(5.1.9)中四项中的每一项.

5.1. P10 $\|\vec{0}\|=\|0\vec{0}\|=|0|\,\|\vec{0}\|\Rightarrow\|\vec{0}\|=0$（$\vec{0}$ 表示零向量；而 0 则表示纯量 0）. $0=\|\vec{0}\|=\|x-x\|\leqslant\|x\|+\|-x\|=2\|x\|\Rightarrow(1)$.

5.1. P14 由于 $\sum\limits_{i=1}^{n}(x_i-\mu)=0$，所以 $(x_j-\mu)^2=\Big(\sum\limits_{i\neq j}(x_i-\mu)\Big)^2\leqslant(n-1)\sum\limits_{i\neq j}(x_i-\mu)^2=n(n-1)\sigma^2-(n-1)(x_j-\mu)^2$.

5.2 节

5.2. P6 (2.1.13).

5.2. P7 (a) $\|x\|\left\|\dfrac{x}{\|x\|}-\dfrac{y}{\|y\|}\right\|\leqslant\|x\|\left\|\dfrac{x}{\|x\|}-\dfrac{y}{\|x\|}\right\|+\|x\|\left\|\dfrac{y}{\|x\|}-\dfrac{y}{\|y\|}\right\|=\|x-y\|+|\,\|y\|-\|x\|\,|\leqslant 2\|x-y\|$. (c) $\|x\|\|y\|\left\|\dfrac{x}{\|x\|}-\dfrac{y}{\|y\|}\right\|^2=2\|x\|\|y\|-2\mathrm{Re}\langle x,\,y\rangle=2\|x\|\|y\|-(\|x\|^2+\|y\|^2-\|x-y\|^2)=\|x-y\|^2-(\|x\|-\|y\|)^2$, 从而 $4\|x-y\|^2-(\|x\|+\|y\|)^2\left\|\dfrac{x}{\|x\|}-\dfrac{y}{\|y\|}\right\|^2=\dfrac{(\|x\|-\|y\|)^2}{\|x\|\|y\|}((\|x\|+\|y\|)^2-\|x-y\|^2)\geqslant 0$.

5.2. P9 考虑单位向量 $u(t)=(b-a)^{-1/2}$，$\lambda=(b-a)^{1/2}(\alpha+\beta)/2$ 以及 $\mu=(b-a)^{1/2}(\gamma+\delta)/2$.

5.2. P11 不失一般性，我们假设 $\|x\|\leqslant\|y\|$，并计算出 $\|x+y\|=\left\|\dfrac{x}{\|x\|}\|x\|+\dfrac{x}{\|y\|}\|y\|+\Big(1-\dfrac{\|x\|}{\|y\|}\Big)y\right\|\leqslant\|x\|\left\|\dfrac{x}{\|x\|}+\dfrac{y}{\|y\|}\right\|+\Big(1-\dfrac{\|x\|}{\|y\|}\Big)\|y\|=\|x\|\Big(\left\|\dfrac{x}{\|x\|}+\dfrac{y}{\|y\|}\right\|-1\Big)+\|y\|=\|x\|+\|y\|+\|x\|\Big(\left\|\dfrac{x}{\|x\|}+\dfrac{y}{\|y\|}\right\|-2\Big)$. 对下界，考虑 $\|x+y\|=\left\|\dfrac{y}{\|y\|}\|y\|+\dfrac{y}{\|x\|}\|x\|-\Big(\dfrac{\|y\|}{\|x\|}-1\Big)x\right\|\geqslant\|y\|\left\|\dfrac{y}{\|y\|}y+\dfrac{y}{\|x\|}x\right\|-\Big(\dfrac{\|y\|}{\|x\|}-1\Big)\|x\|$.

5.2. P12 (5.2.16)确保 $\max\{\|x\|,\ \|y\|\}\left\|\dfrac{x}{\|x\|}-\dfrac{y}{\|y\|}\right\|\leqslant\|x-y\|-\|x\|-\|y\|+2\max\{\|x\|,\ \|y\|\}=\|x-y\|+|\,\|x\|-\|y\|\,|$.

5.2. P14 (a)为什么 $\langle H,\,iK\rangle_F+\langle iK,\,H\rangle_F=0$？

5.3 节

5.3. P2 考虑 $y=e_2$，$z=e_1$.

5.4 节

5.4. P3 Jensen 不等式（附录 B）以及 Hölder 不等式：

$$\|x\|_{p1}^{p1}=\sum_{i=1}^{n}|x_i|^{p1}\leqslant\Big(\sum_{i=1}^{n}(|x_i|^{p1})^{\frac{p2}{p1}}\Big)^{\frac{p1}{p2}}\Big(\sum_{i=1}^{n}(1^{\frac{p2}{p2-p1}})\Big)^{\frac{p2-p1}{p2}}=n^{\frac{p2-p1}{p2}}\|x\|_{p1}^{p1}$$

5.4. P4 考虑 $\|\cdot\|_\beta$ 的单位球 S 上的函数 $f(x)=1/\|x\|_\alpha$. 如果 f 在 S 上无界，就存在一个序列 $\langle x_N\rangle\subset S$，它满足 $\|x_N\|_\alpha<1/N$ 以及 $\|x_N\|_\beta=1$（对所有 $N=1,2,\cdots$），这与 $\|\cdot\|_\alpha$ 和 $\|\cdot\|_\beta$ 的等价性相矛盾.

5.4. P8 如果 $1<k<n$ 则转化为：对 $y_1\geqslant\cdots\geqslant y_n\geqslant 0$，使 $x_1y_1+\cdots+x_ny_n$ 在条件 $x_1\geqslant\cdots\geqslant x_k\geqslant 0$，$x_k=$

$x_{k+1} = \cdots = x_n$，$x_1 + \cdots + x_k = 1$ 之下取最大值．设 $x_i = x_k + t_i (i = 1, \cdots, k-1)$，并使得 $f(x_k, t_1, \cdots, t_{k-1}) = x_k (y_1 + \cdots + y_n) + t_1 y_1 + \cdots + t_{k-1} y_{k-1}$ 在 $\mathcal{S} = \{x_k, t_1, \cdots, t_{k-1} : kx_k + t_1 + \cdots + t_{k-1} = 1$ 以及 $x_k, t_1, \cdots, t_{k-1} \geqslant 0\}$ 上取最大值．f 的最大值在 $\mathcal{S}$ 的一个极值点处取到：$x_k = \dfrac{1}{k}$ 以及 $t_1 = \cdots = t_{k-1} = 0$ 处，或者 $x_k = 0$，某个 $t_i = 1$ 且其余所有 $t_j = 0$ 处．

5.4.P9 利用 (5.4.13) 以及 (5.4.14)（取 $A = \begin{bmatrix} 1 & -1 \\ 0 & 1 \end{bmatrix}$ 以及 $\|x\| = \|Ax\|_1$）．

5.4.P12 $\|A^* y\|^D = \max_{\|x\|=1} |y^* Ax| = \max_{\|A^{-1}z\|=1} |y^* z| = \max_{\|z\|=1} |y^* z| = \|y\|^D$．

5.4.P13 (5.4.P11(e))．考虑对 l_p 的等距 $A = [a_{ij}]$，其中 $1 \leqslant p < 2 < q \leqslant \infty$；不然的话，就考虑 A^* 与 l_q．对每一个标准基向量 e_j，$\|Ae_j\|_p = \|e_j\|_p = 1$，所以 (a) 对每一个 $j = 1, \cdots, n$ 都有 $\displaystyle\sum_{i=1}^{n} |a_{ij}|^p = 1$；(b) 对所有 i，$j = 1, \cdots, n$ 都有 $|a_{ij}| \leqslant 1$；(c) $\displaystyle\sum_{i,j=1}^{n} |a_{ij}|^p = n$．对 A^* 以及 q 的考虑表明也有 $\displaystyle\sum_{i,j=1}^{n} |a_{ij}|^q = n$．然而，$|a_{ij}|^q \leqslant |a_{ij}|^p$，其中等式当且仅当 $a_{ij} = 0$ 或者 1 时成立．于是，A 的每一列恰好包含一个非零的元素，且其模为 1；非奇异性确保没有任何一行能有多于一个非零的元素．

5.4.P18 考虑连续函数 $\det Y$，其中 $Y = [y_1 \ \cdots \ y_n]$．

5.5 节

5.5.P8 (5.4.16) 以及 (5.5.14)．

5.5.P10 (5.4.22) 以及对偶定理．

5.5.P11
$$\|[x_1 \ \cdots \ x_{k-1} \ \alpha \ x_k \ x_{k+1} \ \cdots \ x_n]^{\mathrm{T}}\|$$
$$= \|(1-\alpha)[x_1 \ \cdots \ x_{k-1} \ 0 \ x_{k+1} \ \cdots \ x_n]^{\mathrm{T}} + \alpha x\|$$
$$\leqslant (1-\alpha)\|[x_1 \ \cdots \ x_{k-1} \ 0 \ x_{k+1} \ \cdots \ x_n]^{\mathrm{T}}\| + \alpha \|x\|$$
$$\leqslant (1-\alpha)\|x\| + \alpha \|x\| = \|x\|$$

5.6 节

5.6.P7 假设 $\max_k N_k(A) = N_j(A)$．$\|AB\| = \|[N_1(AB) \ \cdots \ N_m(AB)]^{\mathrm{T}}\| \leqslant \|[N_1(A) \ N_1(B) \ \cdots \ N_m(A) \ N_m(B)]^{\mathrm{T}}\| \leqslant (\max_k N_k(A))\|B\| \leqslant N_j(A)\|e_j\| \|B\| \leqslant \|A\| \|B\|$．

5.6.P9 考虑 $N_1(\cdot) = \|\cdot\|_1$，$N_2(\cdot) = \|\cdot\|_2$，$A = \begin{bmatrix} 0 & 1 \\ 0 & 1 \end{bmatrix}$ 以及 $B = A^{\mathrm{T}}$．

5.6.P10 (a) $\Rightarrow$ 的证明：对给定的 x，选取 $\theta_1, \cdots, \theta_n$，使得 $\left| \displaystyle\sum_{j=1}^{n} \mathrm{e}^{\mathrm{i}\theta_j} x_j \right| = \|x\|_1$．设 $A = [\mathrm{e}^{\mathrm{i}\theta_1} e_1 \ \cdots \ \mathrm{e}^{\mathrm{i}\theta_n} e_1]$ 以及 $B = [x \ \cdots \ x]$，使得 $\|x\|_1 \|e_1\| = N_{\|\cdot\|}(AB) \leqslant N_{\|\cdot\|}(A) N_{\|\cdot\|}(B) = \|e_1\| \|x\|$．$\Leftarrow$ 的证明：设 $A = [a_1 \ \cdots \ a_n]$ 以及 $B = [b_1 \ \cdots \ b_n] = [b_{ij}]$．那么 $N_{\|\cdot\|}(AB) = \max_j \|Ab_j\| = \max_j \left\| \displaystyle\sum_i a_i b_{ij} \right\| \leqslant \max_j \displaystyle\sum_i |b_{ij}| \|a_i\| \leqslant \|B\|_1 N_{\|\cdot\|}(B) \leqslant N_{\|\cdot\|}(A) N_{\|\cdot\|}(B)$．(d) $|\det B| \leqslant \rho(B)^n$．为什么？(g) 为了得出结论 $|\det(AD_A^{-1})| \leqslant 1$，只需要知道 $\rho(AD_A^{-1}) \leqslant 1$ 就**够了**，但是这个条件不是必要的．考虑 $A = \begin{bmatrix} 1 & 1 \\ 1 & 2 \end{bmatrix}$，对它有 $\rho(AD_A^{-1}) \sim 1.37$，但尽管如此仍有 $1 = |\det A| \leqslant |a_1|_2 |a_2|_2 = \sqrt{10} < \|a_1\|_1 \|a_2\|_1 = 6$．

5.6.P12 (a) Hermite 矩阵的特征值与奇异值之间有何种联系？为什么 Hermite 矩阵 $A - \dfrac{1}{2}\|A\|_2 I$ 的特征值位于实的区间 $\left[-\dfrac{1}{2}\|A\|_2, \dfrac{1}{2}\|A\|_2\right]$ 中？

5.6.P17　这个级数中仅有三项不为零.

5.6.P18　选取一个对角矩阵 D，使得 DA 的主对角线元素全为 1.

5.6.P19　(c) 考虑 $\begin{bmatrix} 0 & 1 \\ 0 & 0 \end{bmatrix}$，$\begin{bmatrix} 0 & 0 \\ 1 & 0 \end{bmatrix}$，$\begin{bmatrix} 0 & 1 \\ 1 & 0 \end{bmatrix}$ 以及 $\begin{bmatrix} 1 & 1 \\ 0 & 1 \end{bmatrix}$.

5.6.P20　Frobenius 范数是酉不变的且是单调的；$\|\Sigma C\|_2^2 = \sum_{i,j} |\sigma_i c_{ij}|^2 \leqslant \sigma_1 \sum_{i,j} |c_{ij}|^2$.

5.6.P21　$\rho(AA^*) \leqslant \|\|AA^*\|\|$.

5.6.P22　⇒的证明：$\|\|A\|\|^D = \max_{B \neq 0} \dfrac{|\operatorname{tr}B^*A|}{\|B\|} \geqslant \dfrac{|\operatorname{tr}I^*A|}{\|I\|}$. ⇐的证明：$\|\|I\|\| = \max_{B \neq 0} \dfrac{|\operatorname{tr}B^*I|}{\|B\|^D} \leqslant$

　　　　　$\max_{B \neq 0} \dfrac{\|\|B\|\|^D}{\|B\|^D}$，但是对任何矩阵范数都有 $\|\|I\|\| \geqslant 1$.

5.6.P23　提示：下面列表中的 (i, j) 与 (5.6.P23) 中 6×6 常数表中的元素 (i, j) 相对应. 在每一种情形给出的矩阵都是不等式 $\|\|A\|\|_\alpha \leqslant C_{\alpha\beta} \|\|A\|\|_\beta$ 成为等式的结果. "等式"矩阵全都在 M_n 中：I 是单位矩阵；$J = ee^{\mathrm{T}}$ 的元素全为 1；$A_1 = ee^{\mathrm{T}}$ 的第一列元素全为 1，而所有其他元素全为 0；$E_{11} = e_1 e_1^{\mathrm{T}}$ 仅在位置 $(1, 1)$ 处有一个 1，而所有其他元素均为 0.

(1，2)　利用 (5.6.21)，从 (2.1) 推出

(1，3)　$\|\|A\|\|_1 \leqslant \|A\|_1 \leqslant n\|\|A\|\|_\infty$；$A_1$

(1，4)　A_1

(1，5)　$\left(\max_{1 \leqslant j \leqslant n} \sum_{i=1}^{n} |a_{ij}|\right)^2 \leqslant \sum_{j=1}^{n} \left(\sum_{i=1}^{n} |a_{ij}|\right)^2 \leqslant \left(\sum_{j=1}^{n} 1\right)\left(\sum_{i=1}^{n} |a_{ij}|^2\right)$

　　　　　(Cauchy-Schwarz 不等式)；A_1

(1，6)　$\max_{1 \leqslant j \leqslant n} \sum_{i=1}^{n} |a_{ij}| \leqslant n \max_{1 \leqslant i,j \leqslant n} |a_{ij}|$；$J$

(2，1)　由 (2.5) 以及 (5.1) 得出；A_1^*

(2，3)　由 (2.5) 以及 (5.3) 得出；A_1

(2，4)　由 (2.5) 以及 (5.4) 得出；A_2

(2，5)　$\sigma_1(A) \leqslant \left(\sum_{i=1}^{n} \sigma_i^2(A)\right)^{1/2} = \|A\|_2$；$A_1$

(2，6)　由 (2.5) 以及 (5.6) 得出；J

(3，1)　利用 (5.6.21)，由 (1.3) 得出；A_1^*

(3，2)　利用 (5.6.21)，由 (2.3) 得出；A_1^*

(3，4)　A_1^*

(3，5)　与 (1，5) 类似；A_1^*

(3，6)　与 (1，6) 类似；J

(4，1)　$\sum_{j=1}^{n} \sum_{i=1}^{n} |a_{ij}| \leqslant n \max_{1 \leqslant j \leqslant n} \sum_{i=1}^{n} |a_{ij}|$；$I$

(4，2)　由 (4，5) 以及 (5，2) 得出；考虑 Fourier 矩阵 (2.2.P10).

(4，3)　与 (4，1) 类似；I

(4，5)　$\left(\sum_{i,j=1}^{n} |a_{ij}|\right)^2 = \sum_{i,j,p,q=1}^{n} |a_{ij}||a_{pq}| \leqslant \dfrac{1}{2} \sum_{i,j,p,q=1}^{n} (|a_{ij}|^2 + |a_{pq}|^2)$

　　　　　(算术-几何平均不等式)；J

(4，6)　$\sum_{i,j=1}^{n} |a_{ij}| \leqslant n^2 \max_{1 \leqslant i,j \leqslant n} |a_{ij}|$；$J$

(5，1)　$\sum_{j=1}^{n} \sum_{i=1}^{n} |a_{ij}|^2 \leqslant \sum_{j=1}^{n} \left(\sum_{i=1}^{n} |a_{ij}|\right)^2 \leqslant n \left(\max_{1 \leqslant j \leqslant n} \sum_{i=1}^{n} |a_{ij}|\right)^2$；$I$

(5，2)　$\sum\limits_{i,j=1}^{n} |a_{ij}|^2 = \mathrm{tr} A^* A = \sum\limits_{i=1}^{n} \sigma_i^2(A) \leqslant n\sigma_1^2(A)$；$I$

(5，3)　与(5，1)类似；I

(5，4)　$\sum\limits_{i,j=1}^{n} |a_{ij}|^2 \leqslant (\sum\limits_{i,j=1}^{n} |a_{ij}|)^2$；$E_{11}$

(5，6)　$\sum\limits_{i,j=1}^{n} |a_{ij}|^2 \leqslant n^2 \max_{1\leqslant i,j\leqslant n} |a_{ij}|^2$；$J$

(6，1)　$\max_{1\leqslant i,j\leqslant n} |a_{ij}| \leqslant \max_{1\leqslant i,j\leqslant n} \sum\limits_{j=1}^{n} |a_{ij}|$；$I$

(6，2)　$\max_{1\leqslant i,j\leqslant n} |a_{ij}|^2 \leqslant \max_{1\leqslant i\leqslant n} \sum\limits_{j=1}^{n} |a_{ij}|^2 = \max_{1\leqslant i\leqslant n}(A^*A)_{ii} \leqslant \rho(A^*A)$；

　　　　(4.2.P3)；I

(6，3)　与(6，1)类似；I

(6，4)　$\max_{1\leqslant i,j\leqslant n} |a_{ij}| \leqslant \sum\limits_{i,j=1}^{n} |a_{ij}|$；$E_{11}$

(6，5)　$\max_{1\leqslant i,j\leqslant n} |a_{ij}|^2 \leqslant \sum\limits_{i,j=1}^{n} |a_{ij}|^2$；$E_{11}$

5.6.P24　$\mathrm{rank} A$ 等于 A 的非零的奇异值的个数，且 $\|A\|_2 = (\sigma_1^2 + \cdots + \sigma_n^2)^{1/2}$.

5.6.P25　利用(2.2.9)以及(0.9.6.3)；C_n 是酉矩阵.

5.6.P26　如果 $A\in M_n$ 且 $\rho(A)<1$，证明：**Neumann 级数** $I+A+A^2+\cdots$ 收敛于 $(I-A)^{-1}$.

5.6.P36　$\|\hat{A}\|_2 = \rho(\hat{A}^*\hat{A})^{1/2}$.

5.6.P37　考虑 $\begin{bmatrix} 1 & 0 \\ 1 & 0 \end{bmatrix}$，$\begin{bmatrix} 0 & 1 \\ 0 & 0 \end{bmatrix}$，并利用平行四边形恒等式.

5.6.P38　⇒的证明：如果 $A\neq0$，设 $B=A/\|A\|$，所以当 $m\to\infty$ 时 $\|B^m\|$ 是有界的. 如果 $J_k(e^{i\theta})$ 是 B 的 Jordan 块且 $k>1$，那么当 $m\to\infty$ 时 $J_k(e^{i\theta})^m$ 不是有界的. ⇐的证明：如果 A 不是纯量矩阵，利用 (3.1.21)并考虑矩阵范数 $\|X\| = \|S(\varepsilon)^{-1}XS(\varepsilon)\|_\infty$，其中 $0<\varepsilon<\max\{\rho(A)-|\lambda| : \lambda\in\sigma(A)\}$.

5.6.P39　(b) 选取一个 Schur 三角化 $A/\rho(A)=UTU^*$，其中模严格小于 1 的特征值首先出现在 T 的主对角线上，接下来的是模等于 1 的特征值. T 的谱范数是 1，所以 T 的每一列的 Euclid 范数至多为 1. 考虑 T 的包含一个模为 1 的主对角线元素的列. (c)见(5.6.9)后面的习题.

5.6.P40　(c) $\|Ax\|_2 = \||Ax|\|_2 \leqslant \||A||x|\|_2$. (d) $\|Ax\|_2 = \||Ax|\|_2 \leqslant \||A||x|\|_2 \leqslant \|B|x|\|_2$.

5.6.P41　(a) 如果 $\|x\|=1$ 以及 $\|A\| = \|Ax\|$，那么 $\|Ax\| = \||Ax|\| \leqslant \||A||x|\| \leqslant \max_{\|y\|=1} \||A||y|\| = N(A) \leqslant \max_{\|y\|=1} \||A||y|\|$. (b) 如果 $z\geqslant0$ 且 $N(AB) = \||AB|z\|$，那么 $N(AB) \leqslant \||A||B|z\| \leqslant N(A)\||B|z\| \leqslant N(A)N(B)$. (c)设 $z\geqslant0$ 满足 $\|z\|=1$，且 $N(A) = \||A|z\| = \|Az\| = \|A\|$. 那么 $\|Az\| \leqslant \|Bz\| \leqslant \|B\|$. (d) $\||A|\|_2 \leqslant \|A\|_2$.

5.6.P43　如果 $\lambda_1, \cdots, \lambda_n$ 是 T 的主对角线元素，那么 $e^{\lambda_1}, \cdots, e^{\lambda_n}$ 是 e^T 的主对角线元素.

5.6.P44　考虑矩阵范数 $n\|\cdot\|_\infty$.

5.6.P47　$B=A-(A-B)=A(I-A^{-1}(A-B))$ 是奇异的，所以 $\|A^{-1}(A-B)\| \geqslant 1$.

5.6.P48　(c)(5.6.55).

5.6.P56　$\|A\|_2^2 = \rho(A^*A) \leqslant \|A^*A\| \leqslant \|A\|^2$.

5.6.P58　(b) $(AB)^*(AB) = (A^*B)^*(A^*B)$，且 $\|\cdot\|_2$ 是自伴随的.

5.7 节

5.7.P3　考虑 $G(A^k x e^T)$，如果 $Ax=\lambda x$ 且 $x\neq0$. (c)利用向量范数，关于矩阵的幂级数的收敛性你能说些什么呢？

5.7. P11　(b) 上面一个习题表明：$r(J_2(0))r(J_2(0)^\top)\geq 1$ 是相容性的必要条件.

5.7. P16　(a) N 与 $2N$ 相似. (b) 如果 $B\in M_n$ 的主对角线为零，那么它是幂零矩阵的线性组合，所以 $G(B)=0$. 利用 (2.2.3) 以及 (5.1.2) 证明 $G(A)=G((n^{-1}\,\mathrm{tr}A)I_n+B)=n^{-1}\,|\,\mathrm{tr}A\,|\,G(I_n)$.

5.7. P19　对 M_n 上给定的范数 $G_1(\cdot)$ 与 $G_2(\cdot)$ 以及对 $\alpha\in[0,1]$，我们必须证明 $m(\alpha G_1+(1-\alpha)G_2)\leq \alpha m(G_1)+(1-\alpha)mG_2$，也即

$$\max_{A\neq 0}\frac{\rho(A)}{\alpha G_1(A)+(1-\alpha)G_2(A)}\leq\max_{A\neq 0}\frac{\alpha\rho(A)}{G_1(A)}+\max_{A\neq 0}\frac{(1-\alpha)\rho(A)}{G_2(A)}$$

说明为什么只要证明下述结果就够了：如果 $a,b>0$，那么 $(\alpha a+(1-\alpha)b)^{-1}\leq\alpha/a+(1-\alpha)/b$，而这正好就是函数 $f(x)=x^{-1}$ 的凸性.

5.7. P20　(d) $A=H(A)+iK(A)$，其中 $H(A)$ 与 $K(A)$ 是 Hermite 矩阵 (0.2.5)，$H(A)=(A+A^*)/2$，而 $K(A)=(A-A^*)/2i$. 计算 $\||A\||_2\leq\||H(A)\||_2+\||K(A)\||_2=r(H(A))+r(K(A))\leq r(A)+r(A^*)=2r(A)$. (e) 考虑 E_{11} 以及 $J_2(0)$ 的适当的 $n\times n$ 的形式.

5.7. P23　利用 Cauchy-Schwarz 不等式或者 (5.6.41a).

5.7. P25　(b) 注意：$p(z)$ 是一个次数至多为 $m-1$ 的多项式，且 $p(z)=\dfrac{1}{m}\sum\limits_{j=1}^{m}(1-z^m)/(1-w_jz)$，使得对所有 $z\in\mathbf{C}$ 都有 $p(z)=p(w_1z)=\cdots=p(w_mz)$. 从而 $p(z)=$ 常数 $=p(0)=1$.

5.8 节

5.8. P7　考虑 $A=\lambda I\in M_n$.

5.8. P14　(3.3.17).

6.1 节

6.1. P3　如果某一列 a_j 是零，那就没有什么要证明的了. 如果所有 $a_j\neq 0$，设 $B=A\mathrm{diag}(\|a_1\|_1,\cdots,\|a_n\|_1)^{-1}$. 那么 (6.1.5) 就确保 $\rho(B)\leq 1$，所以 $|\det B|\leq 1$.

6.1. P4　将 (6.1.10a) 应用于矩阵 $\lambda I-A$.

6.1. P6　将 (6.1.10) 应用于 A 的主子矩阵，并利用 (0.4.4d).

6.1. P9　利用推论 6.1.5.

6.1. P10　对任何非奇异的对角矩阵 D 都有 $\mathrm{rank}A=\mathrm{rank}(AD)$，所以只需要假设所有的 $a_{ii}\geq 0$ 以及所有的 $\|a_i\|_1$ 取值或者为零，或者为 1. 在此情形，A 所有的特征值都在单位圆盘中，而我们必须要证明 $\mathrm{rank}A\geq\sum\limits_{i=1}^{n}a_{ii}$. 说明为什么有 $\sum\limits_{i=1}^{n}a_{ii}=\sum\limits_{i=1}^{n}\lambda_i\leq\sum\limits_{i=1}^{n}|\lambda_i|\leq A$ 的非零特征值的个数 $\leq\mathrm{rank}A$.

6.1. P11　如同在 (6.1.P10) 中那样，只需要考虑其中所有 $\|a_i\|_2$ 都取值为零或者 1 的情形就足够了. 在此情形我们必须要证明 $\mathrm{rank}A\geq\sum\limits_{i=1}^{n}|a_{ii}|^2=\sum\limits_{i=1}^{n}|e_i^*a_{ii}|^2$，其中 $e_1,\cdots,e_n$ 是 $\mathbf{C}^n$ 中的标准正交基向量. 如果 A 的秩为 k，就选取标准正交基向量 $v_1,\cdots,v_k\in\mathbf{C}^n$，使得 $\mathrm{span}\{v_1,\cdots,v_k\}=\mathrm{span}\{a_1,\cdots,a_n\}$. 那么 $a_i=\sum\limits_{j=1}^{k}(v_j^*a_i)v_j$，所以 $e_i^*a_i=\sum\limits_{j=1}^{k}(v_j^*a_i)(e_i^*v_j)$ 以及 $\sum\limits_{i=1}^{n}|e_i^*a_i|^2\leq\sum\limits_{i=1}^{n}\left(\left(\sum\limits_{j=1}^{k}|v_j^*a_i|^2\right)\left(\sum\limits_{j=1}^{k}|e_i^*v_j|^2\right)\right)=\sum\limits_{j=1}^{k}\sum\limits_{i=1}^{n}|e_i^*v_j|^2=\sum\limits_{j=1}^{k}1$.

6.1. P13　选取一个实的对角正交矩阵 D，使得 DA 的主对角线元素全为正数；利用 (6.1.10b).

6.1. P16　(b) $|a^{-1}|\,\Big|\sum\limits_{j}y_j\Big|<1$，$\sum\limits_{j\neq i}|b_{ij}|<|b_{ii}|-|x_i|$ 以及 $\sum\limits_{j\neq i}|c_{ij}|=\sum\limits_{j\neq i}|b_{ij}-a^{-1}x_iy_j|\leq\sum\limits_{j\neq i}|b_{ij}|+|x_i|\Big(|a^{-1}|\sum\limits_{j}|y_j|\Big)$. (c) Schur 补的唯一性 (0.8.5a).

6.1. P18　选取一个置换矩阵 P_1，使得 P_1X 的第一列的最大模元素在位置 1，1 处. 设 $R_1=\begin{bmatrix}e^{i\theta}&z^*\\0&I_{k-1}\end{bmatrix}$，

并选取 θ 以及 z，使得 $P_1 X R_1 = \begin{bmatrix} \|x\|_\infty & 0 \\ * & X_2 \end{bmatrix}$. 现在考虑 $X_2 \in M_{n-1,k-1}$，并且接下来如同在 (2.3.1)的证明中所做的那样，不断进行压缩，以得到一个置换矩阵 $P = P_{k-1} \cdots P_1$ 以及一个非奇异的上三角矩阵 $R = R_1 \cdots R_{k-1}$，使得 PXR 是这样一个上三角矩阵，它的对角线元素是它的各个列的最大值范数. 设 $Y = XR$.

6. 1. P20 上一个问题.

6.2 节

6. 2. P4 先研究 A 没有元素为零的情形，然后用连续性讨论之.

6. 2. P5 证明：(3.3.12)中的友矩阵 $C(p)$ 是不可约的，如果 $a_0 \neq 0$.

6. 2. P8 (6.2.26)以及(6.2.1a).

6.3 节

6. 3. P1 将(6.3.5)应用于 $B = \mathrm{diag}(a_{11}, \cdots, a_{nn})$ 以及 $E = A - B$.

6. 3. P3 (a) 设 $\xi \in \mathbf{C}^k$ 是一个单位向量，它使得 $B\xi = \beta\xi$，设 $x = \begin{bmatrix} \xi \\ 0 \end{bmatrix}$，并考虑剩余向量 $Ax - \beta x$.

(b) (2.5.P37).

6. 3. P4 如果 $\lambda_1, \cdots, \lambda_n$ 是 A 的特征值，为什么 $|\lambda_1 - \gamma|^2, \cdots, |\lambda_n - \gamma|^2$ 是半正定矩阵 $B = (A-\gamma I)^*(A-\gamma I)$ 的特征值？这里的假设条件是对每个单位向量 $x \in \mathcal{S}$ 都有 $x^* B x \leqslant \delta^2$. 应用(4.2.10(b)).

6.4 节

6. 4. P7 (6.4.7).

7.1 节

7. 1. P1 (7.1.2)以及(7.1.5).

7. 1. P3 用适当的对角矩阵作相合.

7. 1. P5 如果 A 是半正定的，证明 $(\mathrm{tr}A)^2 \geqslant \mathrm{tr}A^2$.

7. 1. P7 $\det[f(t_i - t_j)]_{i,j=1}^n \geqslant 0$. 对(a)，考虑 $n=1$；对(b)，考虑 $n=2$；而对(c)，考虑 $n=3$.

7. 1. P10 $\cos t = (\mathrm{e}^{it} + \mathrm{e}^{-it})/2$.

7. 1. P14 (7.1.10).

7. 1. P15 考虑 $[f(t_i - t_j)]$，其中 $t_1 = 0$，$t_2 = -\tau$ 以及 $t_3 = -t$.

7. 1. P16 考虑 $\int_0^\infty |\sum_{k=1}^n x_k \mathrm{e}^{-\lambda_k s}|^2 \mathrm{d}s$，其中 $x = [x_i] \in \mathbf{C}^n$. 如果对所有 $s > 0$ 有 $f(s) = \sum_{k=1}^n x_k \mathrm{e}^{-\lambda_k s} = 0$，那么 $f(0) = 0$，$f'(0) = 0$，$\cdots$，$f^{(n-1)}(0) = 0$，这是一个关于 x 的元素的线性方程组.

7. 1. P18 (a) 上一个问题. (b) 按照代数大小将这些数排序对应于最小值矩阵的一个置换相似. 考虑(a)中的表示，其中某些求和项是零. (c)考虑 $[\min\{\beta_i^{-1}, \beta_j^{-1}\}]$.

7. 1. P19 将积分表示成 $[0, N]$ 的等距分划上的 Riemann 和的极限.

7. 1. P20 将此二重积分表示成累次积分并用分部积分法.

7. 1. P21 (f) $A^{-1} = (S^{-*})D^{-1}(S^{-*})^*$. D^{-1} 看起来像什么样？换一种方式，注意到 A^{-*} 与 $A = A^{-*}$ AA^{-1} 是 * 相合的，且 $H(A^{-*}) = H(A^{-1})$. (g)直和项与 A 的 * 相合标准型中类型 0 以及类型 I 的分块的 Toeplitz 分解的各种可能性的 * 相合相对应.

7. 1. P24 $\mathrm{rank}A \leqslant \mathrm{rank}[A_{11} \ A_{12}] + \mathrm{rank}[A_{12}^* \ A_{22}] = \mathrm{rank}[A_{11} \ A_{11}X] + \mathrm{rank}[A_{22}Y \ A_{22}]$.

7. 1. P26 (7.1.2)以及(3.5.3).

7. 1. P27 (a) $A = \begin{bmatrix} A_{11} & A_{11}X \\ \star & \star \end{bmatrix}$ 以及 $B = \begin{bmatrix} B_{11} & \star \\ Y^* B_{11} & \star \end{bmatrix}$，所以有 $AB = \begin{bmatrix} A_{11}B_{11} + A_{11}XY^* B_{11} & \star \\ \star & \star \end{bmatrix}$ 以及 $(AB)[\alpha] = A_{11}(I + XY^*)B_{11}$. 如果 $A = B$，那么 $X = Y$，且 $I + XX^*$ 是正定的. (c)(a)$\Rightarrow$ $\mathrm{rank}A^{2^k}[\alpha] = \mathrm{rank}(A^{2^k - k} \cdot A^k) \leqslant \mathrm{rank}A^k[\alpha] = \mathrm{rank}(A^{k-1}A)[\alpha] \leqslant \mathrm{rank}A[\alpha]$.

7.1.P28   (b) $X^* B = Y^* B$，所以 $X^* BX = Y^* BX = Y^* BY$. (c)选取 $X = B^{-1}C$.

7.1.P29   (a) 这就意味着有 $A = S_1 D S_1^*$ 以及 $B = S_2 D S_2^*$；$D = \mathrm{diag}(\mathrm{e}^{\mathrm{i}\theta_1}, \cdots, \mathrm{e}^{\mathrm{i}\theta_n})$，每一个 $\theta_j \in (-\pi/2,$ $\pi/2)$；$D = \Gamma + \mathrm{i}\Sigma$，$\Gamma = \mathrm{diag}(\cos\theta_1, \cdots, \cos\theta_n)$，$\Sigma = \mathrm{diag}(\sin\theta_1, \cdots, \sin\theta_n)$. （b）相似于 D^2，它关于右半开平面中的特征值有唯一的平方根. （d）相似于 $T = \mathrm{diag}(\tan\theta_1, \cdots,$ $\tan\theta_n)$.

7.2 节

7.2.P6   交错性. 如果 A 的最小特征值是负的，它就比 B 有更多的非零特征值.

7.2.P10   如果 $A^* = BAB^{-1}$ 与 $B = B^*$ 是正定的，为什么 $B^{-1/2}A^* B^{1/2} = B^{1/2}AB^{-1/2}$? 如果 $A = S\Lambda S^{-1}$，那么对 $B = SS^*$ 有 $A = BA^* B^{-1}$.

7.2.P11   (a) 如果 A 是非奇异的，那么 $\mathrm{adj}(\mathrm{adj}A) = (\det A)^{n+2}A$. (c)(2.5.P47)，或者考虑 $A_\epsilon = A + \epsilon I$，$\epsilon > 0$. (d)考虑这样一个 $A \in M_n$，其中 $n \geqslant 3$ 且 $\mathrm{rank}A \leqslant n - 2$.

7.2.P12   (a) 如果 $i = 1$ 且 $j > 2$，M_{1j} 的第一列是第二列的倍数. (e)对 $s = \dfrac{i}{m}$ 以及 $t = \dfrac{j}{m}$ 有 $f(s-t) = \mathrm{e}^{\frac{-1}{m}|i-j|} = r^{|i-j|}$，其中 $r = \mathrm{e}^{\frac{-1}{m}} \in (0, 1)$. 利用连续性以及极限方法.

7.2.P13   (7.2.P12a). 利用 $M(r, n)M(r, n)^{-1} = M(r, n)^{-1}M(r, n) = I$ 来确定 $M(r, n)^{-1}$ 的元素.

7.2.P14   (f) 如同在(7.2.P12e)中那样去做.

7.2.P15   为了转化成半正定的情形，用 $A + cI_n$ 代替 A，用 $B + cI_{n+1}$ 代替 B，其中 c 是一个足够大的正数，如同在(4.3.17)的证明中那样.

7.2.P17   设 $D = A^{1/2} + BA^{-1/2}$ 并计算 DD^*.

7.2.P18 $B = A(I + (A^* A)^{-1})$.

7.2.P19   (a) 考虑 $\|x\|_2^2 = (A^{1/2}x)^*(A^{-1/2}x)$ 并利用 Cauchy-Schwarz 不等式. (b)在(a)中设 $x = e_i$.

7.2.P20   (c) 如果 $A = SBS^*$，那么 $B^{1/2}AB^{1/2} = (B^{1/2}SB^{1/2})^2$.

7.2.P21   (a) (4.1.6).

7.2.P22   (d) (7.2.P21).

7.2.P23   (c) 上一个问题. (e)$GA^{-1}G = \overline{A} \Rightarrow \overline{A} = \overline{G}A^{-1}\overline{G}$. (f)$GA^{-1}G = A^{-T} \Rightarrow A^{-T} = G^{-T}A^{-1}G^{-T}$.

7.2.P24   (b) (7.2.10).

7.2.P26   关于 Frobenius 内积的 Cauchy-Schwarz 不等式，(5.4.P3)中的表以及算术-几何平均不等式.

7.2.P27 $\mathrm{tr}\left(\left(\sum\limits_{i=1}^{m} A_i\right)^*\left(\sum\limits_{i=1}^{m} A_i\right)\right) = \sum\limits_{i,j=1}^{m} \mathrm{tr}(A_i A_j) \geqslant \sum\limits_{i=1}^{m} \mathrm{tr}A_i^2$.

7.2.P28   (b) $x_i = -\sum\limits_{j \neq i} b_i^* b_j, x_j = 0$(对每一个 $i = 1, \cdots, n$).

7.2.P29   (a) (7.1.P1).

7.2.P30   (a) $A^{-1/2}ABA^{1/2} = A^{1/2}BA^{1/2}$；(4.5.8). (b)$A = \begin{bmatrix} 1 & 0 \\ 0 & 0 \end{bmatrix}$ 以及 $C = \begin{bmatrix} 0 & 1 \\ 1 & 0 \end{bmatrix}$.

7.2.P33   (b) (7.2.P30c).

7.2.P34   (c) 利用关于 Frobenius 内积的 Cauchy-Schwarz 不等式.

7.2.P36   (a) $X^* RX$ 与 $R^{1/4}XR^{1/2}X^* R^{1/4}$ 是半正定的. (e)(5.6.P58). (l)$R^{1/4}XR^{1/2}X^* R^{1/4}$ 是半正定的.

7.3 节

7.3.P6   (c) 考虑 $\dfrac{\mathrm{d}}{\mathrm{d}t}\sigma_1(A(t_0) + tE)\big|_{t=0}$，其中 $E = \begin{bmatrix} 0_n & 0 \\ 0 & 1 \end{bmatrix}$.

7.3.P7   (f) 如果 $X, Y \in M_{m,n}$(它们起着 A^+ 的作用)满足(a)—(c)，那么 $X = X(AX)^* = XX^* A^* = X(AX)^*(AY)^* = XAY = (XA)^*(YA)^* Y = X^* Y^* Y = (YA)^* Y = Y$. 另一种可供选择的证法是，写出 A^+ 的奇异值分解，并证明它的三个因子都是由(a)~(c)唯一确定的.

7.3.P11 $|x^* Ay| \leqslant \|x\|_2 \|Ay\|_2$.

7.3.P13 对 P 应用谱定理.

7.3.P14 如果 $A=S\Lambda S^{-1}$，就令 $S=PU$.

7.3.P16 (c) $A=\begin{bmatrix} 1 & 0 \\ 0 & 0 \end{bmatrix}$ 以及 $B=\begin{bmatrix} 0 & 0 \\ 0 & 1 \end{bmatrix}$. (d) $\sigma_i(A)=\sigma_i((A+B)-B)\leqslant\sigma_i(A+B)+\sigma_1(B)$.

7.3.P19 (d) 如果 Λ，$M\in M_n$ 是对角矩阵，而 U 是酉矩阵，ΛUM 与 $\overline{\Lambda}\,U\,\overline{M}$ 是对角酉等价的.

7.3.P22 (2.4.P9).

7.3.P23 (a) (7.3.1).

7.3.P25 (a) $\mathrm{tr}(UA)=\sum\limits_{i,j}u_{ij}a_{ji}$. (b) $\mathrm{tr}\Sigma=\mathrm{tr}(V^*AW)=\mathrm{tr}(WV^*\Sigma)$.

7.3.P26 (a) 利用 $p_A(A)=0$ 来证明 $(A^{1/2})^2=A$.

7.3.P28 (c) 表示成 $A=V\sum W^*$ 并分开来考虑以下几种情形：(i) A 非奇异 $(\sigma_1\geqslant\sigma_2>0)$；(ii) A 是奇异的 $(\sigma_1>\sigma_2=0)$.

7.3.P34 如果 $A\in M_{m,n}$，其中 $m\geqslant n$，我们有 $A^*A=R^*R$，其中 $R\in M_n$ 是上三角的.

7.3.P35 如果 A 是正规的，在(7.3.1)中有 $P=Q$.

7.3.P36 考虑极分解 $A=PU$ 并利用上一个问题.

7.3.P37 $A=SBS^{-1}=S^{-*}BS^* \Rightarrow B$ 与 S^*S 可交换，从而也与 Q 可交换.

7.3.P38 $V=SWS^* \Rightarrow P^{-1}V=(UWU^*)P \Rightarrow V=UWU^*$；(7.3.1b)中的酉因子的唯一性.

7.3.P39 (b) 上一个问题.

7.3.P40 上一个问题.

7.3.P41 上一个问题.

7.3.P43 (7.3.P35)；$\|AB\|=\|BA^*\|=\|BPU^*\|=\|BPU\|=\|BA\|$.

7.4 节

7.4.P3 (a) 由于 $B=U\Lambda U^*$ 以及 $C=UMU^*$（对某个酉矩阵 $U\in M_n$），用 $y=U^*x$ 然后用 $z=(\Lambda M)^{1/2}y$ 来书写结论中的不等式. 然后对 $B=\Lambda M^{-1}$ 应用(7.4.12.1)来证明：结论中的不等式对形如 $\lambda_1\lambda_n\mu_j\mu_k/(\lambda_1\mu_j+\lambda_n\mu_k)^2$ 的常数（对指标 $1\leqslant j\neq k\leqslant n$ 的某种选取值）是成立的（而且是最好可能的）. 证明：这种形式的最小常数在 $j=1$ 以及 $k=n$ 时出现.

7.4.P4 取 $B=A^{1/2}$ 以及 $C=I$.

7.4.P5 $|x^*Ax|^2=|x^*PUx|^2=|(P^{1/2}x)^*(P^{1/2}Ux)|\leqslant(x^*Px)((Ux)^*P(Ux))$ 因此 $|(x^*Ax)(x^*A^{-1}x)|\leqslant(x^*Px)(x^*P^{-1}x)((Ux)^*P(Ux))((Ux)^*P^{-1}(Ux))$ 利用(7.4.12.1)两次.

7.4.P10 (a) $x^*y=(A^{1/2}x)^*(A^{-1/2}y)$.

7.4.P11 (a) (0.8.5.10). (d) 记 $A=\begin{bmatrix} A_n & \xi \\ \xi^* & a_{nn} \end{bmatrix}$ 以及 $B=\begin{bmatrix} B_n & \eta \\ \eta^* & b_{nn} \end{bmatrix}$. 在(7.4.12.20)的左边（由假设它是非负的）置 $A_n\to A$，$B_n\to B$，$A\to\mathcal{A}_\alpha$，$B\to\mathcal{B}_\beta$，$\xi\to x$ 以及 $\eta\to y$. 这就对 $i=n$ 证明了(7.4.12.19). 一般情形做置换即可.

7.4.P13 $A-\dfrac{1}{2}(A+A^*)=\dfrac{1}{2}(A-H)+\dfrac{1}{2}(H-A^*)$，因此 $\left\|A-\dfrac{1}{2}(A+A^*)\right\|\leqslant\dfrac{1}{2}\|A-H\|+\dfrac{1}{2}\|H-A^*\|$

7.4.P16 下界见上一个问题. 对上界，利用(7.3.P16)证明 $\sigma_i(A+(-U))\leqslant\sigma_i(A)+1$，这就意味着对每个 $k=1$，$\cdots$，n 都有 $\|A-U\|_{[k]}\leqslant\|\Sigma(A)+I\|_{[k]}$. 借助于(7.4.8.4).

7.4.P17 (b) (7.4.1.7). (c) (2.6.P4). (d) 对(4.3.51)中等式成立的情形，利用条件(4.3.52a)；$w_i=\sigma_i(A)$，$y_i=\lambda_i$，以及 $x_i=\sigma_i(B)$（对 $i=1$，$\cdots$，$n-1$ 它 $=\sigma_i(A)$，而 $x_n=0$）. 假设 A 有 d 个不同的奇异值 $s_1>\cdots>s_{d-1}=\sigma_{n-1}(A)>s_d=\sigma_n(A)$，其相应的重数分别为 n_1，$\cdots$，n_d，其中

$$n_d = 1. \text{ 那么 } (\sigma_{n-1}(A) - \sigma_n(A))\left(\sum_{i=1}^{n-1}\sigma_i(B) - \sum_{i=1}^{n-1}\lambda_i\right) = 0 \Rightarrow \lambda_n = 0. \text{ 现在从上往下对不同的}$$

奇异值进行处理. 由于所有 $\lambda_i \leqslant s_1$, 故而有 $(\sigma_{n_1}(A) - \sigma_{n_1+1}(A))\left(\sum_{i=1}^{n_1}\sigma_i(B) - \sum_{i=1}^{n_1}\lambda_i\right) =$

$$(s_1 - s_2)\left(n_1 s_1 - \sum_{i=1}^{n_1}\lambda_i\right) = 0 \Rightarrow \lambda_1 = \cdots = \lambda_{n_1} = s_1. \text{ 如果 } d > 2, (\sigma_{n_1+n_2}(A) - \sigma_{n_1+n_2+1}(A))$$

$$\left(\sum_{i=1}^{n_1+n_2}\sigma_i(B) - \sum_{i=1}^{n_1+n_2}\lambda_i\right) = (s_2 - s_3)\left(n_2 s_2 - \sum_{i=n_1+1}^{n_1+n_2}\lambda_i\right) = 0 \Rightarrow \lambda_{n_1+1} = \cdots = \lambda_{n_1+n_2} = s_2.$$

(e)(2.6.5).

7.4. P18 注意到 $\|Ax\|_2 \leqslant \||A|x|\|_2 \leqslant \||A||x|\|_2$, 然后借助于 (7.3.8) 来证明: 对所有 $k = 1, \cdots, n$ 有 $\sigma_k(A) \leqslant \sigma_k(|A|)$.

7.5 节

7.5. P1 (a)(7.2.7).

7.5. P3 考虑 $A \circ \overline{A}$.

7.5. P7 为了证明这个矩阵条件是充分的, 考虑对积分的 Riemann 和逼近

$$\int_a^b \int_a^b K(x,y) f(x) \overline{f}(y) \mathrm{d}x \mathrm{d}y \cong \sum_{i,j=1}^n K(x_i, y_j) f(x_i) \overline{f}(x_j) \Delta x_i \Delta x_j$$

为了证明这个矩阵条件是必要的, 考虑函数 $f(x) = \sum_{i=1}^n a_i \delta_\varepsilon(x - x_i)$, 其中 $\delta_\varepsilon(x)$ 是 "近似 δ 函数", 它是连续且非负的, 在区间 $[-\varepsilon, \varepsilon]$ 之外取值恒为零, 且满足 $\int_{-\infty}^\infty \delta_\varepsilon(x)\mathrm{d}x = 1$. 现在令 $\varepsilon \to 0$.

7.5. P11 (7.1. P16).

7.5. P12 将 (7.1. P1) 中的不等式应用于 A 以及 $A^{(-1)}$. 导出结论: A 的每个阶为 2 的主子式都是零并利用 (7.2. P24).

7.5. P14 (a) 设 $x = [x_i]$ 是一个单位向量, 而 $B = A^{1/2}(\mathrm{diag}x)A^{-1/2}$. B 的特征值是 x_i, 所以 $\|B\|_F^2 \geqslant \|x\|_2^2 = 1$. 计算 $x^*(A \circ A^{-1})x = \mathrm{tr}((\mathrm{diag}\,\overline{x})A(\mathrm{diag}x)A^{-1}) = \mathrm{tr}(B^*B) = \|B\|_F^2$. (4.2.2c).

7.5. P15 (c) 对 $f(t) = 1/(1-t)$ 利用 (7.5.9b).

7.5. P17 (c) (7.1. P18). (d) 对 $f_k(t) = \mathrm{e}^{t\ln p_k}$ 利用 (7.5.9b).

7.5. P18 如果 $t > 0$, 则 tA 是半正定的.

7.5. P20 如果 $n = 2$, 就没什么要证明的, 所以可以设 $n \geqslant 3$ 以及 $\alpha = a_{pp}$. 经过置换, 可以假设 $p = 1$ 以及 $q = 2$. A 的首个 2×2 主子矩阵是 $P = \begin{bmatrix} \alpha & \alpha \\ \alpha & \alpha \end{bmatrix}$, 所以 (7.1.10) 确保对每个 $j = 3, \cdots, n$, $\begin{bmatrix} a_{1j} \\ a_{2j} \end{bmatrix}$ 都在 P 的值域中.

7.5. P22 (d) (0.9.11).

7.5. P23 (b) (7.5. P21), 并利用 (7.5. P22) 中的思想.

7.5. P25 (b) $H = \alpha(X \circ Y)$, 其中 $\alpha > 0$, X 是半正定的或者是正定的, 而 Y 是秩 1 的半正定矩阵, 其主对角线元素全是正数.

7.6 节

7.6. P1 (d) 如果 $A^* = S^{-1}AS$, 证明 AS 是 Hermite 矩阵并利用 (7.6.4).

7.6. P5 (7.6.4) 后面的习题.

7.6. P6 (7.6.4).

7.6. P7 $A+B=A(I+A^{-1}B)$.

7.6. P8 (b) 上一个问题.

7.6. P10 记 $S=(AB)C=EC$，其中 E 有正的特征值. 如果 S 是 Hermite 矩阵，说明为什么 $E=SC^{-1}$ 与 S 有同样多个正的特征值，并导出结论：S 是正定的. 考虑 $\begin{bmatrix} 10 & 0 \\ 0 & 1 \end{bmatrix}$，$\begin{bmatrix} 1 & -1 \\ -1 & 2 \end{bmatrix}$ 以及 $\begin{bmatrix} 3 & 5 \\ 5 & 10 \end{bmatrix}$.

7.6. P12 (a) 交错性：B_{11} 是 $S^{-*}BS^{-1}$ 的一个主子矩阵.

7.6. P15 上一个问题.

7.6. P16 (7.6.3).

7.6. P17 $\mu \geq \det((A_1+A_2)/2) \geq (\det A_1 \det A_2)^{1/2}=\mu$.

7.6. P18 (5.2.6).

7.6. P19 $\varepsilon(A)$ 的体积是

$$\mathrm{vol}(\varepsilon(A))=\int_{x\in\varepsilon(A)}dV(x)=\int_{\|y\|_2\leqslant 1}|\det J(y)|\,dV(y)$$

其中 $J(y)=[\partial x_i/\partial y_j]$ 是变量变换 $x\to y=A^{1/2}x$ 的 Jacobi 矩阵.

7.6. P20 (b) (5.4.4). (e)(7.6. P17).

7.6. P21 (b) (7.6. P20). (c) $(LAL^{-1})^*(LAL^{-1})=?$

7.6. P24 设 U_k 是对角矩阵，它在第 k 个位置处的对角元素是 $+1$，而所有其他的对角元素均为 -1. 那么 U_k 是关于 $\|\cdot\|$ 的一个等距，且(7.6.11)蕴含 U_k 与 Q 可交换. 相继考虑 $k=1,2,\cdots$ 并借助于(2.4.4.3).

7.6. P25 上面的问题确保 L 是正的对角矩阵. 对每个置换矩阵 P 都有 $P^{\mathrm{T}}L^2P=L^2$. $\|x\|$ 的单位球包含在(而且必定触及到)$\varepsilon(\alpha^2 I)$ 中，故而对所有 $x\neq 0$ 都有 $\|x/\|x\|\|\leqslant\alpha^{-1}$.

7.6. P26 (5.4.21).

7.6. P27 (a) 如果 $Q=[q_{ij}]$，那么 $e_iQe_i\leqslant\|e_i\|^2$，所以 Hadamard 不等式确保 $\prod_{i=1}^n\|e_i\|^2\geqslant\prod_{i=1}^n q_{ii}\geqslant\det Q$.

7.7 节

7.7. P6 (7.7.3a)以及(7.2.6c).

7.7. P7 如果 A 是非奇异的，则利用上一个问题以及(7.7.2). 如果 A 是奇异的，利用它的奇异值分解将它转化为非奇异的情形.

7.7. P9 $B=A^{1/2}XC^{1/2}$.

7.7. P10 利用(7.7.11)以及(7.7.16)，或者借助于 Cauchy-Schwartz 不等式：$x^*y=(A^{-1}x)^*(Ay)$.

7.7. P14 (a) (7.6.4).

7.7. P15 (a) (7.7.14). (b)幂级数以及三角不等式.

7.7. P16 如同在(7.7.12)的证明中那样去做. 将(b)记为 $\overline{x^*Ax}+y^*Ay\geqslant 2|x^TBy|$，并设 $x\to\overline{x}$. 对 $A\to\overline{A}$ 以及 $B^*=\overline{B}$ 利用(7.7.9). 对每个 $\varepsilon>0$，$(\overline{A}+\varepsilon I)^{-1/2}B(\overline{A}+\varepsilon I)^{-1/2}$ 都是对称的.

7.7. P17 利用上一个问题中的(c).

7.7. P19 上一个问题.

7.7. P21 我们需要 $cA\succeq J=ee^{\mathrm{T}}$.

7.7. P22 对实的 x 考虑 x^*Ax.

7.7. P25 见上一个问题中的(b).

7.7. P30 观察 A^{-1} 的元素的用代数余子式的表示.

7.7. P31 (7.7.15).

7.7. P33 (a)上一个问题.

7.7. P34 (b) (7.7.4d).

7.7. P35 设 $A = PU = UQ$ 是极分解，并说明为什么 $A^*(AA^*)^{-1/2}A = (U^*P)P^{-1}(UQ) = Q = (A^*A)^{1/2}$.
(b) 上一个问题.

7.7. P37 考虑 $(7.7.11b)$，$\begin{bmatrix} A & I \\ I & A^{-1} \end{bmatrix}$ 以及 $\begin{bmatrix} B^{-1} & I \\ I & B \end{bmatrix}$.

7.7. P41 (a) $H_2 - \begin{bmatrix} 0 & 0 \\ 0 & S_{H_2}(A_2) \end{bmatrix} \geq 0$ 以及 $H_1 \geq H_2 \Rightarrow H_1 - \begin{bmatrix} 0 & 0 \\ 0 & S_{H_2}(A_2) \end{bmatrix} \geq 0$，从而有 $S_{H_1}(A_1) \geq S_{H_2}(A_2)$.

(b) $H_1 - \begin{bmatrix} 0 & 0 \\ 0 & S_{H_1}(A_1) \end{bmatrix} \geq 0$ 以及 $H_2 - \begin{bmatrix} 0 & 0 \\ 0 & S_{H_2}(A_2) \end{bmatrix} \geq 0 \Rightarrow H_1 + H_2 - \begin{bmatrix} 0 & 0 \\ 0 & S_{H_1}(A_1) + S_{H_2}(A_2) \end{bmatrix} \geq$

$0 \Rightarrow S_{H_1+H_2}(A_1+A_2) \geq S_{H_1}(A_1) + S_{H_2}(A_2)$. (c)(7.7.P4).

7.7. P42 如果 $z \in \mathbf{C}$ 且 $\mathrm{Re}z > 0$，你必须要证明 $(\mathrm{Re}z)^{-1} \geq \mathrm{Re}(z^{-1})$.

7.7. P43 $\det(A+B) = (\det A)\det(I + A^{-1}B)$ 以及 $\rho(A^{-1}B) \leq 1$.

7.8 节

7.8. P2 对 A^*A 应用 Fischer 不等式，并利用 $|\det B| \leq \|B\|_2^k$，如果 $B \in M_k$.

7.8. P3 $(7.8.18)$：$(a_{11} \cdots a_{mm} - \det A)\det B + (b_{11} \cdots b_{mm} - \det B)\det A \leq 0$.

7.8. P4 (a) $(7.6.2b)$ 以及算术-几何平均不等式：$\sum \lambda_i(AB) \geq n(\prod \lambda_i(AB))^{1/n}$.

7.8. P6 $(7.7.4(e))$.

7.8. P9 设 $V = [v_1 \cdots v_n] \in M_n$ 并对 V^*AV 应用 $(7.8.2)$.

7.8. P11 $\det A = (\det A_{11})\det(A/A_{11})$ 以及 $A_{11} \geq A/A_{22}$.

7.8. P13 $E_k(\lambda_1, \cdots, \lambda_n)$ 是阶为 k 的主子式之和，其中每一个主子式都以 k 个不同的对角线元素的乘积作为上界.

7.8. P17 $\prod\limits_{j=1}^{n} |\cos \theta_j| + \prod\limits_{j=1}^{n} |\sin \theta_j| \leq |\cos \theta_1 \cos \theta_2| + |\sin \theta_1 \sin \theta_2| \leq (\cos^2 \theta_1 + \sin^2 \theta_1)^{1/2}(\cos^2 \theta_2 + \sin^2 \theta_2)^{1/2}$.

7.8. P18 Minkowski 不等式 $(B10)$：

$$\left(\prod_{j=1}^{n} \cos^2 \theta_j\right)^{1/n} + \left(\prod_{j=1}^{n} \sin^2 \theta_j\right)^{1/n} \leq \left(\prod_{j=1}^{n} (\cos^2 \theta_j + \sin^2 \theta_j)\right)^{1/n}.$$

7.8. P19 再次利用 Minkowski 不等式 $(B10)$.

8.0 节

8.0. P2 (f) 置 $B_\varepsilon = (1+\varepsilon)A_\varepsilon$ 并如同正文中同样的方式将 B_ε 对角化.

8.1 节

8.1. P5 考虑 $(8.1.26)$ 前面的说明.

8.1. P8 $\|A\|_2^2 = \rho(A^\mathrm{T}A)$. 为什么 $A^\mathrm{T}A \geq B^\mathrm{T}B$?

8.1. P9 $\rho(A^*A) \leq \rho(|A^*A|)$.

8.1. P10 (a)如果 $|A| > 0$，设 $x > 0$ 使得 $|A|x = \rho(|A|)x$，并分划 $x^\mathrm{T} = [x_1^\mathrm{T} \cdots x_k^\mathrm{T}]^\mathrm{T}$，其中每一个 $x_i \in \mathbf{R}^{n_i}$. 设 $\xi_i = \|x_i\|$ 以及 $\xi = [\xi_i] \in \mathbf{R}^k$. 说明为什么对每个 $i = 1, \cdots, k$ 都有 $\rho(|A|)\xi_i = \left\|\sum\limits_j |A_{ij}|x_j\right\| \leq \sum\limits_j G(|A_{ij}|)\xi_j$，$\mathcal{A}\xi \geq \rho(|A|)\xi$ 以及 $\rho(|A|) \leq \rho(\mathcal{A})$ $(8.1.29)$. 如果 A 有某些为零的元素，考虑 $A + \varepsilon J_n$ 并利用连续性方法.

8.1. P11 A^n 的主对角线元素是 $\sum a_{i i_2} a_{i_2 i_3} \cdots a_{i_{n-1} i_n} a_{i_n i}$，$i = 1, \cdots, n$，其中的求和遍取所有整数 $i_2, \cdots, i_n \in \{1, \cdots, n\}$. 为什么 γ 是其中的一个求和项？$(8.1.20)$.

8.2 节

8.2. P1 有三种情形：$A^m \to 0$，A^m 发散以及 A^m 收敛于一个正的矩阵. 对每一情形刻画其特征并加以分析.

8.2. P5   设 x 是 A 的 Perron 向量, 使得 $Ax > Bx$.

8.2. P9   (a) 如果 $\min_i \sum_{j=1}^{n} a_{ij} = \rho(A)$, 设 p 是任何一个满足 $x_p = \min_i x_i$ 的指标, 并且说明为什么

$$\rho(A)x_p = \sum_{j=1}^{n} a_{pj}x_j \geqslant \sum_{j=1}^{n} a_{pj}x_p \geqslant \rho(A)x_p,$$ 从而对所有 $i=1, \cdots, n$ 都有 $x_i = x_p$.

8.2. P10   交错性以及(8.2.8)确保每一个 2×2 的主子矩阵都恰好有一个正的特征值.

8.2. P11   (j) (1.4. P13). 任何非实的特征值都成对共轭出现.

8.2. P13   对任何给定的 $\varepsilon > 0$, 为什么存在一个 N, 使得对所有 $m > N$ 都有 $1 - \varepsilon < \mathrm{tr}\left(\dfrac{1}{\rho(A)} A^m\right) = 1 + r_1^m + \cdots + r_n^m < 1 + \varepsilon$(这里 $r_k = \lambda_k(A)/\rho(A)$)?

8.2. P14   (c) (8.2. P11).

8.2. P15   (b) 如果 A 的任何一个元素为零, 将它略微增加以得到一个正的矩阵 A', 使得 $0 \leqslant A' \leqslant B$, 但是 $A' \neq B$. 设 y 是 A' 的左 Perron 向量, 而设 x 是 B 的右 Perron 向量. 那么就有 $\rho(B')y^{\mathrm{T}}x = y^{\mathrm{T}}B'x < y^{\mathrm{T}}Ax = \rho(A)y^{\mathrm{T}}x$.

8.3 节

8.3. P1   考虑 $\begin{bmatrix} 1 & 1 \\ 0 & 1 \end{bmatrix}$, $\begin{bmatrix} 1 & 0 \\ 0 & 1 \end{bmatrix}$ 以及 $\begin{bmatrix} 0 & 1 \\ 1 & 0 \end{bmatrix}$.

8.3. P2   如果 $x > 0$ 且 $A^k(Ax) = \rho(A^k)x$, 那么 $A^k(Ax) = \rho(A^k)(Ax)$. 借助于(8.2.5)以及(8.3.4).

8.3. P3   如果所有的次对角线以及超对角线元素都是正的, 那么就存在一个正的对角矩阵 D, 使得 $D^{-1}AD$ 是对称的. 现在利用极限方法.

8.3. P6   (b) $BAx = ABx = \rho(B)Ax$, (8.2.6)以及(8.3.4). 换一种方式, 我们有 $B = S([\rho(B)] \oplus B_1)S^{-1}$ 以及 $A = S([\lambda] \oplus A_1)S^{-1}$, 其中 S 的第一列是 B 的 Perron 向量, 而 $\rho(B)$ 不是 B_1 的特征值.

8.3. P9 $\lambda I + A$ 的特征值是 $\lambda + \lambda_i$.

8.3. P10   (8.3.1): $\rho(A) \leqslant \max\{y^{\mathrm{T}}Ay : y \in \mathbf{R}^n, y \geqslant 0, \text{且} \|y\|_2 = 1\} \leqslant \max\{y^{\mathrm{T}}H(A)y : y \in \mathbf{R}^n \text{且} \|y\|_2 = 1\}$.

8.3. P12   (a) 设 $\lambda \in \sigma(A)$. 如果 λ 是实的, 那么 $r - \lambda \geqslant 0$. 如果 λ 不是实的, 那么 $\bar{\lambda} \in \sigma(A)$ 且 $(r - \lambda)(r - \bar{\lambda}) > 0$.
(b) (5.6.16). (c)连续性.

8.3. P13   (1.2.13), (1.2.15)以及上一个问题. $\rho(A)$ 不是单重的 $\Rightarrow S_{n-1}(\rho(A)I - A) = 0 \Rightarrow E_{n-1}(\rho(A)I - A) = 0 \Rightarrow \mathrm{tradj}(\rho(A)I - A) = 0 \Rightarrow$ 每个主对角元素都为零.

8.3. P16   (a) 假设条件是 $Ax \geqslant 0 \Rightarrow x \geqslant 0$. 如果 $Ax = 0$, 那么 $A(-x) = 0$, 所以 $x \geqslant 0$ 且 $-x \geqslant 0$. 如果 z 是 A^{-1} 的一列, 那么 Az 就是 I_n 的一列, 而 I_n 是非负的.

8.4 节

8.4. P6   (8.4.1).

8.4. P16   (c) $(1+t)^{n-1} = q_A(t)h(t) + r(t)$, 其中 $r(t)$ 的次数至多为 $m-1$.

8.4. P17   利用(7.4.1)中给出的最佳秩 1 逼近的特征刻画.

8.4. P19   (8.2. P9)的提示允许我们导出结论: 对所有满足 $a_{pj} > 0$ 的 j, 有 $x_j = x_p$. 设 $q \neq p$, 又设 $k_1 = p, k_2, k_3, \cdots, k_m = q$ 是一列不同的指标, 它们使得每一个元素 $a_{k_1, k_2}, a_{k_2, k_3}, \cdots, a_{k_{m-1}, k_m}$ 都是正的. 说明为什么 $x_p = x_{k_2} = \cdots = x_{k_{m-1}} = x_q$.

8.4. P20   (c) 如果 A^2 是不可约的、非正的且不为零, 考虑它的负的特征值 $-\rho(A^2)$ 的重数. (d)可约的矩阵的为零的元素可以少到何种程度?

8.4. P21   (a) $(I+A)x \leqslant (\alpha+1)x \Rightarrow (I+A)^{n-1}x \leqslant (\alpha+1)^{n-1}x$.

8.4. P22   (a) $\mathrm{rank}\,G \leqslant n \Rightarrow \lambda = 1$ 是 $I - G$ 的一个重数至少为 2 的特征值.

8.4. P24   设 $A_1 = \begin{bmatrix} 0 & 1 \\ 1 & 0 \end{bmatrix}$, 并设 A_2 是 $p(t) = t^3 - 1$ 的友矩阵. 考虑 $A_1 \oplus A_1$ 以及 $A_1 \oplus A_2$.

8.4. P26   (a)(1.4.11)、(8.3. P12)与(8.3. P13). (b)(8.3. P14).

8.5 节

8.5. P3   考虑 $\begin{bmatrix} 1 & 1 \\ 1 & 0 \end{bmatrix}$ 以及 $\begin{bmatrix} 0 & 1 \\ 1 & 1 \end{bmatrix}$.

8.5. P4   将 A 看成是作用在标准基 $\{e_1, \cdots, e_n\}$ 上的一个线性变换. 那么 $A: e_i \to ?$ $A^{n-1}: e_i \to ?$ $A^{(n-1)(n-1)}: e_1 \to ?$

8.5. P10   如果 $|\mu| = \rho(A)$,$\mu \neq \rho(A)$,$z \neq 0$,且 $Az = \mu z$,那么 $(\rho(A)^{-1}A)^m z \to ?$

8.5. P14   考虑 A^2,并利用(8.5.5)以及(8.5.6). 利用(8.5.8).

8.7 节

8.7. P2   上一个问题以及(3.2.5.2).

8.7. P4   上一个问题.

8.7. P5 $\|A\|_2 \leqslant \sum_i \alpha_i \|P_i\|_2$.

8.7. P6 $Ae = e \Rightarrow \|A\| \geqslant 1$. 对每个置换矩阵有 $\|P\| = 1 \Rightarrow \|A\| \leqslant 1$.

8.7. P7   如果 $A = \alpha_1 B + \alpha_2 C$,其中 $\alpha_1,\alpha_2 \in (0,1)$,$\alpha_1 + \alpha_2 = 1$,且 A,B,C 是双随机的,那么 B 与 C 在 A 的为零的元素的同样的位置上的每一个元素必定为零.

8.7. P8   (8.7.2).

8.7. P9   如果有 $n+1$ 个正的元素,那么某一行至少包含两个正的元素,所以 A 的两个不同的列中每一列都至少包含两个正的元素. 在剩下的 $n-2$ 列中至多包含有 $n-3$ 个正的元素.

8.7. P13   利用樊畿的优势定理以及(8.7.3).

8.7. P14   如果 A 与(6.2.21)中的分块矩阵置换相似,分块 B 的列和是什么?它的行和必定是什么?

索　引

索引中的页码为英文原书页码，与书中边栏标注的页码一致.

C

S